3판

신뢰성공학

3판

신뢰성공학

서순근 · 김호균 · 배석주 · 윤원영 지음

교문사

신뢰성공학 2판이 출간된 지 5년을 앞둔 2019년 말부터 저자들은 2판에서 미흡하게 취급된 부분이나 출간이후 신뢰성공학 분야에서 새롭게 주요한 이슈로 대두된 주제들을 먼저 정리하고 이들을 반영한 새 판을 준비하게 되었다. 최근에 신뢰성공학 분야에서 새롭게 대두되는 주제들로 다음을 들 수 있다.

1. 고장이전에 마모나 노화과정을 정확하고 정밀하게 추적하여 고장이라는 치명적인 결과를 미연에 예방하면서 적절한 대책(예방보전)을 마련하는 분야인 건전성예지관리(prognostics and health management: PHM)의 활발한 연구와 산업에서의 발전
2. 부품, 장비, 제품수준에서의 신뢰성분석 및 예측이라는 범위를 넘어 시스템, 시스템의 시스템(대형시스템), 사회시스템 등과 같이 거대한 네트워크시스템(통신, 전력, 물류 등)의 신뢰성 분석이라는 새로운 연구영역에서의 연구들이 진행되고 있는 현상
3. 전력시스템과 같은 대형 네트워크시스템의 경우 안정적인 평균 혹은 장기적 관점에서의 신뢰성지표(평균운용가용도, 안정적 운용가용도 등) 보다는 resilience measure(긴급회복성)와 같은 일시적 돌발현상에서의 대응성에 관한 지표들을 정의하고 분석하여 예측하여야 하는 필요성이 보다 높아지는 경향
4. 고장자료는 적으나 대량의 상태정보(빅 데이터)가 실시간으로 획득되는 상황에서의 다양한 의사결정(점검 및 보전 등)을 위한 통계적 모형 및 방법론의 요구가 높아지는 추세
5. 시스템의 고장에 의한 사고, 재해에 의한 리스크 관리가 여러 분야에서 주요한 이슈가 되고 있는 실정
6. 시스템이 대형화됨에 따라 구성요소들의 종속성이 높아지므로 이를 고려하여 정확하고 실질적인 신뢰성 분석 및 예측을 위한 신뢰도 분석 및 최적화 방법론에 대한 요구의 증대
7. 대형시스템의 경우는 신뢰성과 함께 안전성, 경제성 등을 통합적으로 관리하여야 최적의 관리가 되므로 통합분석 및 최적화가 요구된다는 사실

그러므로 저자들은 이와 같은 신뢰성 분야에서 새로운 흐름과 경향을 반영하여 2판에서의 각 장, 절의 내용을 가능한 살리면서도 새롭게 해체하고 통합하면서 다음과 같은 내용들을 추가하여 3판의 장들을 구성하였다.

1. 2장의 고장분포의 소개에 앞서 고장모형과 접근법을 설명하므로 전반적 고장과 관련되는 수학적 모형들을 파악할 수 있게 하였다.

2. 3장은 부품수준에서 신뢰성분석에 초점을 맞추어 고장의 물리적 의미, 메커니즘을 소개하고 특히 규격이나 신뢰성 DB을 이용하여 부품의 신뢰성을 예측하는 방법을 추가하였다.
3. 4, 5, 6장은 시스템신뢰도를 구하는 새로운 방법들, 예를 들어 sum of disjoint products(SDP), 시스템 신뢰성의 한계(bounds)를 계산하는 방법, 동적 FTA, Bayesian network 들을 소개하였다.
4. 7장, 8장에서는 수리가능 시스템에 대한 신뢰성 및 가용성 분석과 관련된 문제를 다룬다. 7장에서는 수리가능 시스템의 수행도 척도로서 가용도를 정의하고 다부품으로 구성된 시스템의 가용도를 구하기 위한 방법론에 대해서 설명한다. 특히 수리가능 시스템에 대하여 재발하는 고장들을 비정상포아송과정을 통해 모형화하는 과정 및 마르코프 과정을 이용한 가용도 분석을 보강하였다. 8장에서는 시스템 가용도를 최대화하거나 비용을 최소로 하는 보전정책에 대한 수학적 모형 뿐 아니라 복잡하고 대형인 시스템에 대한 종합적 보전방법론인 신뢰성기반보전과 종합생산보전 등을 다룬다. 특히 새롭게 각광받고 있는 건전성예지관리의 일환으로서 상태기반보전 내용을 보강하였다.
5. 신뢰성자료분석을 다루는 영역의 9장에서는 와이블 분포와 함께 널리 쓰이는 대수정규분포를 따를 경우의 추정법을 추가하고, 지수분포를 따를 때 비교적 분석이 힘든 제1종 관측중단 경우의 신뢰구간 설정법을 보충하였다. 새로 신설된 10장의 신뢰성 시험에서는 이전의 신뢰성 인정시험용도의 신뢰성 샘플링 검사와 더불어 환경시험, 신뢰도 성장시험, 신뢰도 실증시험, 시동 실증시험, 번인(burn-in)과 ESS를 소개하였다. 또한 11장의 가속시험에서는 가속시험계획을 도출하는 시험설계방법을 폭넓게 다루었으며, 열화시험과 가속열화시험을 보완하였다.

   마지막으로 12장에서는 최근에 시행된 레몬법을 소개하고 안전시스템의 신뢰성 등을 통합하여 신뢰성관리로 새롭게 작성하였다.

저자들은 위와 같이 신뢰성분야에서의 새로운 흐름을 반영하고자 노력하였으나 여전히 미흡함을 느끼게 되는 것은 단지 지면관계의 제약만이 아니라 저자들의 능력이 신뢰성 분야가 포함하는 광범위한 영역을 전부 정리하고 반영하기에 부족하다는 것을 받아들이지 않을 수 없음을 인정한다. 예를 들어 소프트웨어 분야에서 신뢰성, 고장 물리, 대형네트워크 시스템분석, 빅데이터 분야 등은 그 분야의 전문적인 지식과 신뢰성이론의 지식을 함께 가지고 있는 전문가들의 책 출간을 기대하면서 출간의 말을 마무리하고자 한다. 끝으로 이 책의 이전 판의 저자로서 참여하여 3판의 완성에 도움을 준 권혁무 교수(부경대), 차명수 교수(경성대), 차지환 교수(이화여대)에게 감사하며 3판의 원고 편집과정에 많은 도움을 주신 교문사 편집부와 3판의 출간을 허락하여 주신 교문사에게 감사드립니다.

2020. 6.

서순근, 김호균, 배석주, 윤원영

현대 사회는 스마트 폰, 컴퓨터, 자동차 등 공학기술로 생산된 제품이나 철도, 발전소 등 다양한 시스템이 없으면 유지되기 힘든 시대이다. 이런 제품이나 시스템들의 규모는 점점 대형화되고 구조는 더욱 복잡화되고 있으며 이들 제품/시스템에 고장이 발생하면 사용자의 사소한 불편부터 원자력 발전소, 비행기 및 대형 선박의 사고 등 사회 전체에 엄청난 재앙을 초래하기도 한다. 특히 최근 들어 신뢰성과 매우 밀접한 안전성에 대한 관심이 증대됨에 따라 신뢰성 공학의 패러다임이 RAM(Reliability, Availability, and Maintainability)에서 RAMS(RAM and Safety)로 변화되고 있다. 따라서 신뢰성 공학은 RAMS 상의 다양한 문제를 해결하는데 주도적 역할을 할 수 있는 공학 분야로서 범용 성격의 관리기술과 기계 및 전기·전자 등의 고유기술을 결합한 학제적 성격이 강한 학문으로 볼 수 있다.

신뢰성을 공학적 관점에서 다룬 이 책의 초판(2008년)과 이의 개정판(2010년)이 발간된 지 5~7년이 경과되었다. 그 동안 신뢰성 공학 분야에서 새롭게 대두되는 시대적 흐름에 부응하고, 저자들의 다년간 강의 경험과 교육 현장의 요구 사항을 수용하며, 특히 주 독자층인 학부생의 학습 성취도를 보다 높일 수 있도록 내용과 구성을 개편하고자 새로운 개정판을 준비하게 되었다. 새 판은 신뢰성 공학의 전반을 포괄하는 5가지 영역으로 구성된 초판 및 이의 개정판의 기본틀 안에서 다음과 같이 개정하였다.

첫째, 신뢰성 입문에 속하는 첫 번째 영역인 1장에서 이 책을 학습해야 될 필요성을 강조하고자 신뢰성의 필요성과 접근법, 발전 배경 등을 보완, 수정하였으며, 신뢰성 기초이론 전개의 일관성을 제고하기 위해 이전 판의 2장과 3장을 통합한 2장을 새롭게 편성하여 신뢰성 척도와 주요 수명분포를 소개하였다.

둘째, 시스템 신뢰성을 다루는 두 번째 영역인 3~4장에서는 기초 이론에 해당되는 시스템 신뢰도 평가 및 신뢰성 설계를 부품 중요도 및 종속고장과 분리하여 장을 재구성하였다.

셋째, 고장해석에 관한 세 번째 영역인 5~6장에서는 고장물리에 기반하여 5장을 보완하였으며, 6장의 미연방지 기술에 속하는 FMEA에서는 자동차 업계에 널리 쓰이는 방법론을 추가하였다.

넷째, 보전도와 가용도 개념과 보전관리를 다루는 네 번째 영역의 7~8장에서는 마르코브 과정을 이용한 가용도 분석을 7장에, 최근 개발된 예방 및 상태보전 정책과 기본적인 검사 정책 등을 8장에 보충하였다.

다섯째, 수명자료 분석과 가속수명시험을 다루는 다섯 번째 영역인 9~10장에서는 와이블 분포를 따를 경우의 통계적 분석법을 보완하고, 더불어 신뢰성 샘플링검사와 신뢰성 실증시험 계획을 9장에 추가하였다.

여섯째, 여섯 번째 영역으로 11장을 신설하여 요즈음 관심이 증대되고 있는 안전시스템의 신뢰성 분석과 기능안전성을 소개하였다.

마지막으로 독자의 흥미를 높이고 이해를 돕기 위해 전반적으로 문장과 수식 전개를 다듬고 예제와 연습문제를 보충하였다.

보편적으로 관련 전공자에게 좀 어렵게 여겨지는 신뢰성 공학을 친숙하고 평이하게 서술하고자 노력하였지만 이 책이 아직도 교재로서 부족하고 미비한 점이 있을 것으로 여겨진다. 향후저자들은 보다 높은 완성도를 가진 신뢰성 공학 전문서적이 될 수 있도록 지속적으로 보완할 것을 약속드린다. 그리고 이 책을 지금까지 교재로 채택하여 강의하시고 조언을 해주신 여러 분들에게 진심으로 감사드리며, 이 책의 출간과정에 도움을 주신 교보문고에 고마운 마음을 전한다.

2015. 5.

서순근, 김호균, 권혁무, 차명수, 윤원영

생산 제품 및 서비스의 품질과 함께 시간에 따른 품질로 축약하여 표현될 수 있는 신뢰성이 기업의 주요 경쟁력 요소로 인식되고 있다. 그러나, 신뢰성 공학에 관한 학부(주로 산업공학과와 통계학과)과정의 전공학도를 위한 입문서나 참고서는 학부 졸업생에게 요구되는 능력을 배양하고자 하는 수요에 비해 드문 편이다. 더불어 저자들의 다년간의 내·외부 강의 경험에 의하면 신뢰성 공학이 품질경영보다 이론과 기법측면에서 어렵지만 현장실무를 위해서는 다양하면서도 심층적인 주제에 관련된 지식이 요구된다. 본서는 이와 같은 요구를 일부나마 충족시키고자 하는 욕심에서 3년간의 준비과정을 거쳐 2008년 초판을 출간하였다.

교재로 강의를 해보니 설명이 부족하거나 오자가 제법 발견되어 이른 시일 내에 개정판을 준비해야겠다는 책임감을 가지게 되었다. 마침 본서가 2009년 문화관광부 우수학술도서에 선정되고, 초판부수가 조기에 소진됨에 따라 개정판을 준비하게 되었다. 그러나 초판이 출간된 지 2년이 채 되지 않아서 전면적인 수정을 하기에는 교육 현장의 요구 사항이 충분히 축적되지 못한 실정이다. 따라서, 이번 개정판에서는 초판의 틀 안에서 다음과 같이 보완하였다.

첫째, 다소 설명이 미흡하거나 불명확한 부분을 다듬고 독자의 이해를 돕기 위해 예제와 연습문제를 보충하였다.
둘째, 학부생에게 어렵게 여겨질 수 있거나 비핵심적인 내용에 관한 절이나 소절에 대해 '*' 표시를 하여 최초 학습시 독자와 담당교수가 탄력적으로 선택할 수 있는 정보를 제공하였다.
셋째, 전문용어와 수식 전개의 일관성을 제고하고 초판의 오·탈자를 교정하였다.

비록 본서가 개정의 범위 측면에서 좀 부족한 듯 보이지만 여러 신뢰성 전문가와 독자들의 의견을 수용하여 지속적으로 미비점을 보완할 것이며, 안전 및 위험분석, 신뢰성 시험계획, 베이지안 접근법, 보증자료 분석 등 미처 다루지 못한 주제는 향후에 보충할 것을 약속드린다. 마지막으로 원고정리에 도움을 준 이정훈 군에게 고마움을 전한다.

2010. 2.
서순근, 김호균, 권혁무, 차명수, 윤원영

이 책은 기본적으로 산업공학 관련 학부생을 위한 신뢰성 공학 교재로서 기초 통계학을 이수한 독자를 대상으로 내용의 범위와 수준을 설정하였다. 그러나 신뢰성 분야에 관심을 가진 대학원생, 기업의 신뢰성 공학자, 설계 엔지니어, 품질업무 종사자 등에게도 도움이 될 수 있도록 심층적인 주제와 실무적인 예제도 함께 포함시켰다. 또한 수학적으로 난해한 부분은 부록에 따로 정리하여 심화학습이 필요할 경우 참고할 수 있도록 하였다. 이 책을 대학교재 혹은 현장의 신뢰성 교재로 선정하여 사용하고자 할 경우 교육대상자나 교육목적을 고려하여 적절한 주제를 선택하여 교육할 수 있을 것이다.

본서는 신뢰성 공학의 확률모형, 통계적 분석법과 공학적 기법을 비교적 균형 있게 다루고자 노력하였으며, 크게 다섯 부분으로 구성되어 있다. 먼저 1~3장으로 구성된 첫 번째 영역에서는 신뢰성의 개요, 주요 수명분포, 신뢰성 척도 등을 다루고 있다. 4와 5장이 포함된 두 번째 영역에서는 시스템 신뢰도와 신뢰성 설계 분야를, 6과 7장의 세 번째 영역에서는 고장모형과 FMEA/FTA 등 고장해석 기법을, 그리고 8과 9장으로 구성된 네 번째 영역에서는 수리가능 시스템의 신뢰성(즉, 보전도와 가용도) 모형 및 보전관리를 다루고 있다. 마지막으로 10장과 11장으로 구성된 다섯 번째 영역에서는 수명자료의 통계적 분석법과 최근에 관심이 증대되고 있는 가속수명시험과 이의 분석과정을 소개하고 있다.

본서가 하나의 전문서적으로서 부족하고 미숙한 점이 많은 것으로 여겨지지만 여러 교수님과 독자들의 의견을 수용하여 좀 더 나은 신뢰성 공학서가 될 수 있도록 지속적으로 미비점을 보완할 것이며, 본서에 미처 다루지 못한 주제는 향후에 보충할 것을 약속드린다.

본서의 저자들은 동일 지역에서 같은 전공분야를 가진 교수라는 인연으로 지역 소재 연구센터 운영과 세미나, 학술대회 준비 등으로 자주 만나는 과정상에서 자연스럽게 제기된 신뢰성 분야의 새롭고 충실한 교재를 쓰자는 의견이 나온 지 5년여, 실제 집필영역을 분담하여 이 작업을 시작한지 3년 정도 소요된 지루한 작업이었지만 최초 기대치보다 좀 미흡하더라도 완성된 교재를 접할 수 있는 충만감도 가질 수 있어 보람된 일이었다고 자평하고 있다. 끝으로 책을 출판할 수 있는 기회를 마련해준 교보문고의 교재출판팀 관계자 여러분들께 진심으로 감사의 마음을 전하고자 한다.

2008. 7.

서순근, 김호균, 차명수, 윤원영, 차지환

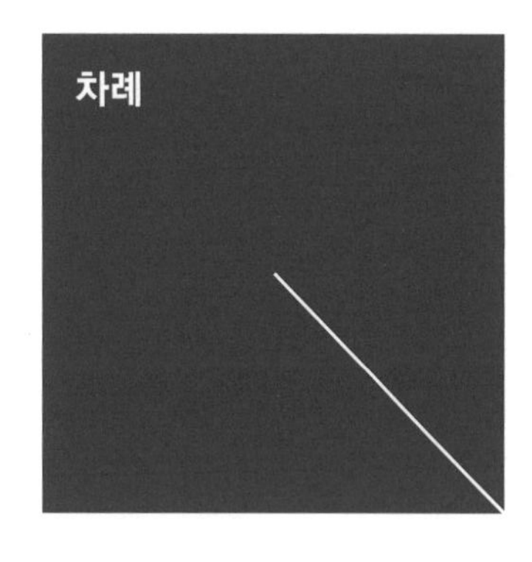

차례

CHAPTER 1
서 론

CHAPTER

01 서론

1.1 신뢰성이란

신뢰성(reliability)은 KS A 3004에 의하면 "주어진 기간 동안 주어진 조건에서 요구기능을 수행할 수 있는 아이템의 능력"으로 정의된다. 여기서 아이템은 부품에서부터 장비, 시스템, 그리고 대형 시스템까지 포함하는 일반적인 개념이라고 할 수 있다. 그러므로 신뢰성을 평가, 예측하기 위해서는 분석대상인 아이템의 환경조건, 작동조건이 규정되어야 하며 요구되는 기능 역시 정의되어야 할 것이다. 신뢰성은 광의의 품질 개념에서는 하나의 속성으로 품질의 개념에 포함되기도 한다. 광의의 품질을 결정하는 속성들로서 고려되는 것으로는 다음과 같은 것들이 있다.

- 성능(performance): 제품이 의도된 일, 즉 기본기능을 수행할 수 있는가에 관련된 속성
- 신뢰성(reliability): 제품이 고장 없이 원래의 성능을 발휘할 수 있는가에 관련된 속성
- 내구성(durability): 제품이 얼마나 오래 동안 견딜 수 있는가에 관련된 속성
- 서비스성(serviceability): 제품이 얼마나 쉽게 수리될 수 있는가에 관련된 속성
- 심미성(aesthetics): 제품이 보기에 얼마나 좋은가에 관련된 속성
- 부차기능(features): 제품이 기본기능 외에 부가적으로 제공하는 기능에 관련된 속성
- 인지도(perceived quality): 제품 생산자의 평판에 관련된 속성
- 적합성(conformance): 제품이 원래 설계의도에 적합하게 제조되었는가에 관련된 속성
- 안전성(safety): 제품이 사용에 따른 위험요소가 없는가에 관련된 속성
- 사용성(usability): 제품이 얼마나 사용하기 편리한가에 관련된 속성

이와 같은 속성들은 제품을 여러 가지 관점에서 살펴보아 도출된 품질의 결정 요소라 할 수

있다. 이들 속성들은 모두 품질의 다양한 단면들을 대변하고 있는 것으로 파악할 수 있을 것이다. 신뢰성은 이들 중에서도 제품의 사용과 관련하여 특히 시간적인 측면을 고려해야 하는 모든 속성들을 포함하는 개념이며 위에 기술된 품질을 구성하는 한 속성으로서의 협의의 신뢰성뿐만 아니라 내구성, 서비스성, 안전성 등에 관계된 광의의 신뢰성으로 정의될 수 있다. 특히 고장 및 안전 등이 가장 중요한 품질요소가 되는 경우 예를 들어 원자력 발전소, 인공위성, 무기체계 등에서는 신뢰성이 제품, 시스템의 품질을 주로 결정하는 경우도 있다.

모든 제품들은 정상적인 조건에서 작동되어 제 성능을 발휘할 수 있도록 설계, 제조되므로 검사를 통해 양품으로 분류된 제품은 초기에는 아무런 문제없이 작동하게 된다. 그러나 사용시간의 경과에 따라 고장이나 결함, 그리고 노후화로 인해 목적하는 기능을 수행할 수 없는 경우가 발생함으로써 이를 분석, 평가하는 신뢰성분석은 제품의 수명주기에 따라 이루어져야 한다. 만약, 제조 당시에 작동되는 제품은 고장 없이 영원히 작동한다면 신뢰성이라는 용어 자체가 불필요할 것이고 모든 제품은 처음에 작동하는 양품과 작동하지 않는 불량품으로 구분할 수 있을 것이므로 시간적 개념이 없는 정적 품질로만 평가해도 될 것이다. 그러나 현실적으로 대부분의 제품은 시간 경과에 따라 설계 시 고려된 한계를 벗어난 충격이나 노후화에 의해 고장 발생이 필연적이며 다만 그때까지 경과시간의 길이가 다를 뿐이다. 여기서 고장은 사전적으로는 '기대 또는 요구수준에 미치지 못하거나 모자라는 것'으로 정의되나, 공학적 관점에서는 불만족 또는 바람직하지 못한 부수효과를 초래하는 제품의 작동 또는 운용을 포함하여 보다 넓은 의미로 정의된다. 한 예로서 Witherell(1994)은 고장을 신뢰성 및 비용 측면에서 '산업체 공장, 제조된 제품, 공정, 재료 또는 서비스가 노후화되거나 의도된 기능을 효과적으로 수행할 수 없게 하는 사건이나 조건'으로 정의하였다. 고장의 발생은 설계, 제조 또는 건설, 보전 및 작동과 같은 요인뿐만 아니라 인간적 요인에 의해서도 많은 영향을 받는다. 부적절한 기계작동, 안전하지 못한 운전습관 및 예측 불가능한 인간의 행동은 여러 가지 상황에서 사고 및 고장을 유발할 수 있다. 예를 들어 엔진이 설계된 것보다 높은 부하에서 작동될 때 출력은 증가하지만 고장을 촉진하게 될 것이다.

고장이 발생하면 제품의 종류에 따라 그 영향의 심각도가 다르게 된다. 예를 들어 자동차에서 에어컨 고장은 어느 정도의 불편을 초래할 뿐이지만 타이어 펑크 또는 브레이크의 고장은 인명손상이나 재산피해를 포함하는 치명적인 인명피해와 중대한 경제적 손실을 야기한다. 고장의 결과가 비행기 충돌, 교량 붕괴, 원자로 고장 등 큰 재앙에 이를 경우에는 경제적 피해 및 인명의 손실이 매우 크며 사회 전체에 지대한 영향을 미치게 된다. 그런데 현대에 접어들수록 새로운 재료 및 제조방법의 사용과 함께 제품은 점점 복잡하게 되었으며 고장의 위험성과 고장 결과로 초래되는 피해는 증가하고 있다. 이에 따라 오늘날 소비자를 제품결함이나 고장으로 인한 피해로부터 제도적으로 보호하기 위해 제조물 책임법 및 보증제도의 법제화가 이루어졌다. 자동차에 관한 한국형 레몬법이 자동차 소비자(사용자)의 권리를 개선하기 위하여 2019년 1월부터 시행되고 있다. 그 결과 생산자 측에서는 인명보호를 위한 안전의 확보뿐만 아니라 피해보상에 따른 경제적인 손실을 방지하고 법적인 책임을 면하기 위해서도 결함에 의한 고장 발생을 최대한 방지하고 고장으로 인한 영향을 최소화하려는 노력이 필요하게 되었다.

생산자와 사용자 및 제도적인 측면을 포함하는 다방면의 노력에도 불구하고 모든 제품은 그 성능에 한계가 있으므로 무한한 기간 동안 고장을 완벽하게 피하는 것은 불가능하다. 따라서 현실적으로는 공학 및 경영의 모든 수단을 동원하여 효과적으로 의도된 사용기간(설계수명) 내에서 고장발생의 빈도를 최소화하고 발생 시 그 영향을 가능한 축소시키고자 하는 노력이 시도되어 왔다. 고장을 없애고 그로 인한 문제를 최소화하기 위해서는 먼저 신뢰성을 정량적으로 평가하여 과학적으로 분석할 필요가 있다. 이에 따라 신뢰성을 명확하게 계량화하기 위한 정량적 척도로 쓰이는 신뢰도를 일반적으로 '제품이 명시된 기간 동안 주어진 환경과 운용조건에서 요구되는 기능을 수행할 수 있는 확률'로 정의하여 신뢰성을 계량적으로 평가하고 있다.

1.1.1 수명주기와 신뢰성

우리가 사용하는 모든 종류의 제품들은 제품수명주기(life cycle)의 각 단계에서 고장 발생가능성이 항상 존재하므로 제품수명주기와 연관시켜 신뢰성의 의미를 살펴보자. 생산자 관점에서의 소비 내구재 또는 산업용 제품의 제품 수명주기는 초기 제품계획 시점부터 개발, 생산, 판매를 거쳐 시장에서 대체, 폐기될 때까지의 기간으로 그림 1.1과 같은 여러 단계를 포함한다.

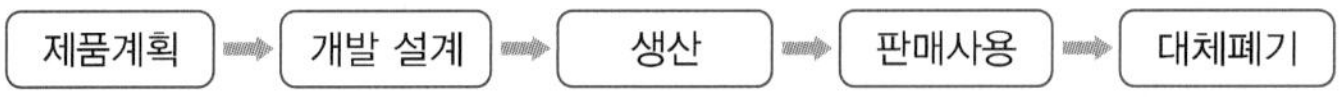

제품계획 → 개발 설계 → 생산 → 판매사용 → 대체폐기

그림 **1.1** 제품수명주기

제품 수명주기는 신뢰성을 포함한 성능목표와 같은 고객 요구사항을 만족시켜 주는 제품을 계획하는 활동으로 시작되는데 제품에 대한 시장과 잠재 수요의 조사연구를 토대로 진행된다. 또한, 부족한 자원의 제약 하에서 목표를 성취할 수 있는지를 평가하여 제품의 타당성(feasibility)을 검토하는 것도 제품계획 단계에서 실시한다. 타당성 분석 결과 프로젝트가 가능하다면 개발 및 설계단계로 진행되는데 이 단계에서는 제품의 개념을 구상하고 설계, 시험 및 수정보완 작업이 반복적으로 수행된다. 보통 초기에 개발된 원형(prototype)의 성능수준은 목표 값에 미치지 못하며 설계의 개선 및 보완을 통해 목표 성능수준을 달성하게 된다. 목표수준이 달성되면 생산단계

로 이행되며 현장에서의 제품 성능을 결정하고 생산 준비 과정으로 제조공정을 설계하고 조정한다. 이 때, 생산 공정에서 제조된 제품이 목표수준과 같은 성능 특성 값을 갖고 있음을 보증하기 위하여 품질보증활동이 요구된다. 그 후 판매 및 마케팅 노력으로 소비자에게 인도된 제품이 일정 기간 사용되어 노후화되거나 새 제품이 등장하여 시장에서 대체/폐기될 때까지 생산은 계속된다. 여기서 소비자는 제품 요구조건을 제공하고 생산자는 이들 요건에 맞게 제품을 구현하게 되는데 요구조건에는 앞에서 열거된 다양한 속성들에 관련된 사항들이 포함된다.

이와 같이 개발 생산된 제품의 성능이 정해진 사용기간 동안 요구된 수준을 고장 없이 지속적으로 만족시켜줄 수 있으면 가장 바람직할 것이다. 그러나 현실적으로는 제품의 사용과정에서의 고장 발생을 완벽하게 방지하는 것은 불가능하다. 공학적 제품이 고장 발생하는 원인은 제품수명주기의 각 단계별로 산재해 있으며 그중 대표적인 내용을 정리해보면 다음과 같다.

- 취약한 설계: 제품이 초기부터 취약하게 설계되었거나 설계오류 내지 부적합한 설계로 인한 고장 원인들
- 과부하: 제품이 사용되는 과정에서 설계된 강도로 견딜 수 없을 정도의 부하가 걸리도록 하는 고장원인들
- 강도와 부하의 산포: 강도가 부하보다 더 높게 설계되었다고 하더라도 생산 혹은 사용 과정에서 강도 및 부하에 산포가 발생하여 일시적으로 부하가 강도보다 크게 되도록 하는 고장원인들
- 마모: 초기에 충분한 강도로 설계된 제품이 사용에 따라 마모되어 고장을 유발하게 되는 원인들
- 시간적인 메커니즘: 배터리의 방전, 장시간 고온 노출 및 인장 부하에 의한 변형, 전자부품 파라미터 값의 점진적 변화 등 시간의 경과에 따라 발생하는 고장 원인들
- 잠재된 오작동: 모두 정상적인 부품들로 제대로 조립된 제품이 특정 순서나 패턴으로 동작시킬 경우에만 발생하는 고장의 원인들
- 오류: 설계 오류, 소프트웨어 코딩 오류, 조립 오류, 시험 오류, 잘못된 사용, 부적절한 유지보수 등 각종 오류에 기인된 고장원인들

이밖에도 수많은 고장원인들이 있을 수 있는데 보통 이러한 원인들로 인한 고장가능성을 완벽하게 제거한다는 것은 불가능하므로 의도된 사용기간 동안 고장이 최소화될 수 있도록 하는 것이 현실적인 목표가 된다.

전통적으로 공학에서는 제품이 어떻게 요구된 기능을 하는가에 초점이 맞추어져 있고 어떻게 요구된 기능을 하지 못하게 되는가는 관심이 다소 적은 편이었다. 공학자는 통상 물리적이거나

화학적인 법칙 혹은 기타 과학적인 법칙이나 이론에 입각하여 제품이 작동하게 되는 원리를 고안하여 제품을 개발하게 된다. 이와 같은 작동 원리는 수학적으로 표현된 확정적인 등식이나 부등식을 토대로 하고 있다. 즉 제품 개발 시 고려되는 제품작동의 기초원리를 나타내는 변수 간 또는 파라미터 간 관계식에는 불확정적인 개연성이 포함되지 않는 것이 보통이다.

그러나 현실적으로 공학자가 직면하는 상황은 소재의 불균일, 공정의 변동, 인간적인 요인에 기인된 변동, 적용대상의 변동 등으로 인해 제품의 생산과 사용의 모든 측면에서 불가피하게 변동요인이 개입될 수밖에 없는 상황이다. 더구나 많은 변수 혹은 파라미터는 시간에 따라 변동하여 질량, 치수, 마찰계수, 강도, 부하 등 기본적인 파라미터들도 절대적으로 고정되어 있지 않으며 여러 가지 변동요인에 영향을 받게 된다. 이와 같은 변동요인들은 필연적으로 제품이 의도한 대로 제 기능을 수행하는데 지장을 초래하게 된다.

제품이 어떻게 원하는 기능을 수행할 수 있는가, 즉, 어떻게 작동하는가에 대해 과학적인 원리와 법칙을 적용할 수 있다면 제품이 어떻게 하면 작동하지 않게 되는가에 대해서도 과학적인 원리와 법칙을 적용하여 분석할 수 있을 것이다. 어떤 제품도 고장발생가능성으로부터 완전히 자유로울 수 없다면 고장에 대한 효과적인 대응책 마련을 위해서도 이와 같은 분석이 필요할 것이다. 일반적으로 제품이 작동하지 않게 되는 메커니즘이나 원인을 제대로 이해한다면 고장을 피할 수 있는 방법도 훨씬 더 쉽게 찾아낼 수 있게 된다. 왜냐 하면, 제품의 고장을 방지한다는 것은 모든 고장원인들을 식별하고 그에 대한 적절한 대응책을 세우는 활동을 기본으로 하기 때문이다. 그러나 제품의 모든 잠재적 고장원인을 빠짐없이 예측한다는 것은 현실적으로 거의 불가능하다. 따라서 고장원인을 직접적으로 제거하는 노력과 함께 그에 관련된 불확실성을 고려하여 고장발생 메커니즘을 모형화하여 분석하고 고장발생을 최소화하기 위한 공학적인 노력이 필요하게 된다.

제품에 요구되는 목표 신뢰성 수준을 달성하기 위해서는 고장원인을 제거함으로써 직접적으로 고장을 예방하는 방법, 제품수명주기의 각 단계마다 필연적으로 존재하는 변동요인을 고려하여 설계나 생산에 여유를 두는 방법, 사용시간의 경과에 따른 제품의 성능저하를 고려하여 미리 보전을 실시하는 방법, 고장 났을 때 신속하게 조치하여 사용에 문제가 없도록 하는 방법 등 여러 가지 접근법이 있을 수 있다. 일반적으로 현장에서는 어느 한 가지 접근방법을 사용하지 않고 여러 방법을 함께 사용하여 원하는 목표를 달성할 수 있도록 하고 있다. 이를 위해서는 설계, 개발, 생산, 서비스 등 제품수명주기의 각 단계에 존재하는 변동의 원인과 영향 그리고 고장발생의 가능성을 과학적으로 분석하는 작업이 선행되어야 한다.

그림 1.2는 제품의 개발 및 설계단계에서 신뢰성 목표를 달성해가는 신뢰성 성장의 전형적인 과정을 나타낸 것이다. 제품의 신뢰성은 정해진 목표 값을 기준으로 타당성 검토가 이루어지며

부품 및 구성품의 신뢰성을 기초로 평가된다. 초기 설계단계에서의 제품 신뢰성은 개발과정에서 목표수준에 미달되는 경우가 많지만 설계개선을 통해 향상된다. 현재의 설계가 신뢰성의 목표 값을 달성할 수 있으면 가용한 부품 및 구성품을 사용한 설계는 타당성이 있다고 판단하게 된다. 그렇지 않을 경우에는 시험－분석－수정보완의 과정을 반복함으로써 신뢰성 향상을 꾀하게 된다. 평가를 위해 시험 생산된 원형은 고장이 발생할 때까지 시험(가혹 조건에서 시험하는 경우도 많음)하여 고장원인을 분석한다. 고장원인이 식별되면 이를 제거하고 치유하기 위하여 설계 및 제조 변경이 이루어지며 이와 같은 활동은 신뢰성 목표가 달성될 때까지 계속된다. 한편, 신뢰성 목표 값이 너무 높게 설정되어 어떤 방식의 개발을 통해서도 목표 값을 달성할 수 없을 경우 개발자는 목표 값을 수정하고 새로운 타당성 검토를 시작해야 한다.

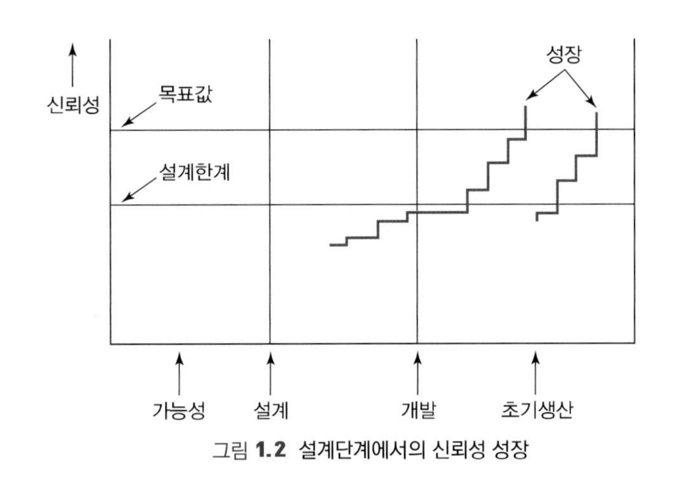

그림 **1.2** 설계단계에서의 신뢰성 성장

개발단계에서 요구되는 목표 신뢰성수준을 달성할 수 있는 설계가 개발되었다고 하더라도 초기 생산단계에서 생산된 제품의 신뢰성은 통상 제조공정의 변동으로 인해 목표 신뢰성수준보다 낮을 수가 있다. 이때는 적절한 공정관리 및 품질관리를 통하여 이러한 변동을 감소시키거나 제거함으로써 생산된 제품의 신뢰성을 향상시켜 목표 값에 도달할 수 있도록 한다. 일단 목표 신뢰성수준이 달성되면 본격적인 생산이 시작되고 제품이 판매되어 소비자에게 인도되어 사용된다. 판매된 제품의 신뢰성은 일정 기간 사용 후 노후화로 인해 감소하게 된다. 노후화는 환경, 작동조건 및 보전을 포함하는 몇 가지 요인에 의해 영향을 받으며 예방보전을 통하여 어느 정도 관리될 수 있다.

제품수명주기 동안 신뢰성 향상을 위한 노력과 신뢰성 변화에 따른 대응책을 마련하는 것은 비단 생산자뿐만 아니라 사용자(구매자) 입장에서도 필요하다. 먼저 생산자 관점에서 제품 신뢰성은 설계, 재료, 제조, 배송 등 여러 가지 기술적 요인에 의해 영향을 받으며 제품의 신뢰성수준에 따라 매출, 보증비용, 리콜 비용, 클레임 손실 등 이익은 구조에 영향을 미친다. 이에 따라 생산자가 제품의 신뢰성과 관련하여 고려해야 할 문제들로서

- 제품신뢰성에 영향을 받게 되는 다양한 보증형태에 대한 보증 서비스 기대비용은 얼마인가?
- 제품신뢰성이 주어졌을 때, 최적 보증조건과 제품가격 전략은 무엇인가?
- 마케팅 전략에 의해 특정한 보증조건(예: 긴 보증기간)이 선택된 경우 제품개발을 고려하여 최적신뢰성을 어떻게 결정해야 하는가?
- 특정한 보증을 서비스하기 위해 필요한 예비품의 수는 보증기간이 연장됨에 따라 어떻게 변화되는가?
- 제품신뢰성이 공정변동에 어떤 영향을 받으며 어떻게 관리하는 것이 좋을까?
- 신뢰성 시험에서 수집된 다양한 자료에 기초하여 부품 또는 구성품의 신뢰성을 어떻게 평가할 것인가?
- 수명주기가 짧아지고 그에 따라 제품개발, 설계기간이 충분하지 않는 상태에서 신뢰성을 어떻게 평가할 것인가? 즉 가속시험의 설계, 분석의 방법론이 적용될 수 있는가?
- 생산자는 신뢰성 관련 결함을 갖는 제품에 대해 언제 리콜을 결정할 것인가?

등이 있다. 한편, 사용자 내지 구매자 입장에서도 구매 후 사용기간 동안 아무런 문제없이 혹은 최소의 운용경비로 제품을 사용하기 위해 다음과 같은 사항들을 고려되어야 할 것이다.

- 어떤 보전정책이 가능하며 어느 정책이 최적인가?
- 제품의 수명주기 동안 부품별로 필요한 예비품의 수와 이들 예비품에 대한 최적 구매전략은 무엇인가?
- 어떻게 보전관리 및 서비스 계약을 평가하고 가장 경제적인 대안을 선택할 것인가?
- 생산자가 구매자의 추가 비용부담으로 확장 보증(extended warranty)을 제공한다고 할 때 추가로 비용을 지불할 것인가?

이와 같이 생산자 및 사용자가 고려하여야 하는 다양한 신뢰성 문제를 해결하기 위해서는 과학적인 원리 혹은 법칙과 수학적 모형을 토대로 한 적절한 분석과 평가가 선행되어야 한다. 낮은 신뢰성은 생산자에게는 판매부진과 높은 보증비용을 초래하며 구매자에게도 불만족과 그에 따른 제반 불편과 추가비용 부담을 안겨주게 된다. 생산자와 사용자 모두의 이익을 위해 제품의 신뢰성을 향상시키고자 할 때, 고장과 고장의 결과 및 고장회피를 위한 기법을 이해하고 다양한 수단들을 효과적으로 통합하여 문제를 해결하는 종합적인 접근방법이 요구된다. 이를 위해 제품수명주기의 전 단계에 걸친 모든 활동에서 신뢰성에 관련된

요인들을 효과적으로 분석하고 효율적인 대응책을 마련해야 할 것이다.

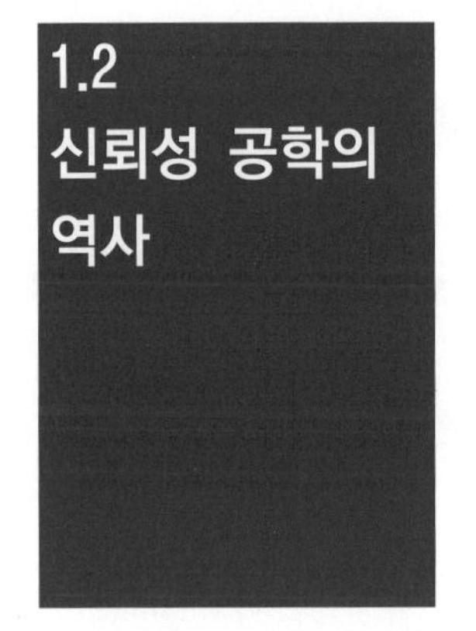

1.2 신뢰성 공학의 역사

이 절에서는 신뢰성 분야가 하나의 독립된 학문 분야로 발전하여 온 과정을 간략히 서술한다. 신뢰성 공학이 독립 학문분야로 출발한 시점을 1957년 AGREE(Advisory Group on the Reliability of Electronic Equipment)의 보고서 발간으로 삼는 것이 보편적이다(Saleh and Marais, 2006; Zio, 2009).

먼저 1950년대에 신뢰성 공학이라는 학문이 탄생된 배경과 동인을 살펴보자. 1910년대 H. Ford에 의해 표준화에 따른 모델 T 자동차의 대량생산이 시작되고 대량생산시스템이 파급됨에 따라 품질문제가 대두되었으며, 1920년대에 W. Shewhart가 통계적 기법을 활용한 통계적 품질관리(SQC)를 제창하였다. 비록 SQC의 기업으로의 보급은 느리게 진행되었지만 통계적 기법의 활용에 대한 관심을 촉발하는 계기가 되었다. 또한 20세기 들어서 오늘날의 디지털 사회를 가능케 한 진공관의 발명과 전자부품으로 널리 쓰이는 진공관의 잦은 고장이 문제가 되었다. 비록 1940년대는 부품이나 기기의 신뢰성에 대해서는 인식이 낮은 시대였지만, 진공관의 짧은 수명을 개선하는 것이 최우선적인 문제이었으므로 이것의 해결이 하나의 중요 과제가 되었다. 이에 따라 1947년에 미국의 ARINC(Aeronautical Inc.)에서 진공관에 관한 고장분석을 실시하고 신뢰개선 프로그램을 제안하였다.

또한 영국 등에서는 1930년대 비행기 사고를 분석하기 위한 척도로 사고율(평균 고장률) 개념이 제안되고 활용되었으며, 2차 대전 중에 독일의 V1 미사일 개발에 신뢰성 개념이 적용되었다. 독일에서 미사일이 가장 약한 부분보다 강해질 수 없다는 개념에 의해 개발된 최초 미사일이 실패로 끝나자, 신뢰성 공학의 개척자의 한 사람인 R. Lusser는 직렬시스템의 성공확률은 독립인 부품 성공확률의 곱이므로 가장 약한 부분보다 더 약해질 수 있다는 Lusser의 법칙을 제안하고, 이런 개념을 활용한 미사일 설계와 개발을 통해 60% 정도의 임무 성공확률을 달성하였다(Villemeur, 1992). 즉, V1 미사일이 최초로 신뢰도 개념을 도입한 제품으로 볼 수 있다.

이와 같이 인류에게 매우 불행한 일이지만 2차 세계대전과 더불어 6.25전쟁이 신뢰성 공학이란 학문의 탄생에 주요한 동인이 되었다. 제2차 세계대전 직후인 1945~1950년에 미국 공군은 전자부품의 품질에 지대한 관심을 기울였다. 그때 이들 부품이 임무 기간에 30% 정도만 제대로 작동하는 것으로 조사되었으며, 그리고 이들 부품을 수리하거나 교체하는 비용이 구입 가격의 10배 이상이나 되는 등 표 1.1과 같이 6.25전쟁이 이런 현황들을 확인하는 계기가 되었다. 이에 따라 이들의 고장 현상을 분석하고 개선하려는 노력이 필요하게 되었으며, 전자부품의 신뢰성 공학을 정식으로 연구하게 되는 계기는 1950년에 미 국방성의 주도로 전자장비의 신뢰성에 관한 특별위원회(Ad Hoc Group on Reliability of Electronic Equipment)의 창설이라고 할 수 있다.

표 **1.1** 신뢰성 공학의 연대표

연도	내용	국가
1816년	시인 겸 평론가인 S. Coleridge가 'Reliability' 최초 사용	영국
1930년대	제1차 대전 이후 다발비행기 개발 : 평균 고장횟수와 평균고장률 개념 적용	영국, 미국
1942	V1 미사일 개발 시 신뢰도 개념 도입	독일
1947	ANIRC(Aeronautical Radio Inc.)에서 진공관에 관한 신뢰성 분석	미국
1940년대	• 극동 지방에 수송된 미 항공장비의 60%가 도착 시 결함 • 미군 창고 적재 예비장비의 50%가 사용 전 고장 • 미 해군 전자장비의 약 70%가 6.25전쟁 초기에 적절하게 가동하지 못함	미국
1950	전자통신기기 특별위원회의 창설	미국
1951	와이블 분포에 관한 논문(W. Weibull) 발간	스웨덴
1953	지수분포를 따르는 진공관 수명의 추정법 논문(B. Epstein and M. Sobel) 발간	미국
1952	AGREE(Advisory Group on Reliability of Electronic Equipment) 발족	미국
1957	AGREE 보고서 발간	미국
1958	MIL-STD-441(군용기기의 신뢰성) 제정 및 유닛, 조립품, 부품의 신뢰성 요구 지침 도출	미국
1961	I. Bazovsky가 최초로 신뢰성 공학에 관한 전문서적 출간(Prentice-Hall)	미국
1961	MIL-HDBK-217(전자장비의 신뢰도 예측) 발간	미국
1962	제1회 신뢰성-보전성 심포지엄 개최, 제1회 고장물리 심포지엄 개최	미국
1963	MIL-STD-690(고장률에 관한 시험법) 제정	미국
1964	신뢰성 성장곡선에 관한 신뢰성관리 매뉴얼(AFSC-M-375) 제정	미국
1965	MIL-STD-785(신뢰성 프로그램 요구사항) 제정	미국
1971	제1회 日科技連(JUSE) 신뢰성-보전성 심포지엄 개최	일본
1978	일본 신뢰성기술협회(현 일본신뢰성학회) 창립	일본
1987	MIL-HDBK-781 신뢰성시험법(지수분포) 발간	미국
1991	제1회 신뢰성-보전성 심포지엄 : 1997년 제7회로 중단	한국
1999	신뢰성학회 발족	한국
2000	• 신뢰성 평가·인증사업(한국, 산업통상자원부 기술표준원) 착수 • (1999년에 시범사업 시작, 1(2000-05), 2(2005-2011), 3단계(2011~2017) 사업 완료, 2017년부터 신뢰성기반 활용지원사업(신뢰성 바우처 사업) 시작	한국
2002	제조물책임법 발효	한국
2008	신뢰성 7가지 도구 제창	일본
2010	신뢰성협회 발족	한국
2019	레몬법 발효	한국

'Reliability'이란 용어의 최초 사용부터 시작하여 연대순으로 신뢰성 공학에 관련된 주요 업적이 표 1.1에 정리되어 있다(Azakhail and Modarres, 2012; Barlow, 1984; Saleh and Marais, 2006).

전술한 바와 같이 상기의 역사적 배경에 따라 미국 국방성의 전자장비의 신뢰성에 관한 자문위원회(AGREE)의 활동이 시작되어, 1957년 AGREE 보고서가 나오면서 신뢰성 공학과 관련 기초 개념이 정립됨으로써 비로소 신뢰성 공학이 독립된 학문 분야로 성립되었다고 할 수 있다. 이 보고서에서는 새로운 시스템을 개발할 때는 신뢰성 시험을 반드시 거쳐야 한다고 강조되고 있고, 여기에는 제품의 원형 제작 및 생산 시 신뢰성 측정 방법과 신뢰성을 고려한 규격의 작성 방법 등이 자세히 기술되어 있기 때문에 오늘날 신뢰성 공학 발전에 커다란 기여를 하였다고 볼 수 있다. 특히 전기·전자시스템의 신뢰성 평가를 위한 다양한 방법론이 개발되었다. 전자시스템의 경우 비교적 짧은 기간에 다수의 시스템을 시험하여 고장자료를 획득할 수 있기 때문에 통계를 활용한 신뢰성 평가가 유용하다고 할 수 있다. 특히 전자시스템의 이치형 논리를 확장하여 부품이나 시스템의 상태를 고장과 작동의 두 가지로 단순화하여 작동에서 고장 상태로 변화하는 시점이 고장 시점이며 이를 확률변수(random variables)로 정의함으로써 고장까지의 시간에 대한 확률분포로서 고장 현상을 모형화하게 되었다.

고장까지의 시간 분포 형태와 관련하여 고장률을 일정한 형태로 가정할 수 있다면 이 시간 분포는 지수분포가 될 것이다. 이는 만일 번인(burn-in)을 통해 부품이나 시스템의 초기 고장을 제거한다고 하면 타당성이 있다고 할 수 있다. 따라서 초기의 신뢰성 공학 분야에서는 부품 수준의 신뢰성과 관련하여 지수분포를 가정하여 다양한 분석 방법을 연구하였다. 특히 지수분포에서 고장률의 역수는 평균수명(MTTF: mean time to failure)이기 때문에 이를 다양한 분석에서 활용하였다.

1950년대 말과 1960년대 초 미국에서는 머큐리(Mercury) 및 제미니(Gemini) 프로그램과 연결된 대륙간탄도미사일(ICBM)과 우주선 연구에 많은 관심이 집중되었으며, 항공우주국(NASA: National Aeronautics and Space Administration)이 1958년에 창설되어 우주 개발을 위한 인공위성의 연구개발에 착수하게 되었다. NASA에서는 인공위성의 신뢰성을 확보하기 위하여 인공위성과 로켓 체계의 신뢰성 분석, 신뢰도 예측, 고장모드 및 영향분석(FMEA: failure mode and effects analysis), 고장나무분석(FTA: fault tree analysis) 등 중요한 기법을 개발하고 활용하는 등 신뢰성 이론의 발전에 많은 기여를 하였다. 이에 따라 부품 수준의 신뢰성 연구에서 대형 시스템의 신뢰성을 분석, 예측하는 연구들로 발전되었다.

또한 1965년에 국제전기기술위원회(IEC: International Electrotechnical Commission) 내에 장치와 부품의 신뢰성 기술위원회가 발족됨으로써 국제적인 부품 신뢰성의 승인 시스템 논의가 시작되었다. 1960년대로 넘어오면서 지수분포는 부품에서의 마모나 노후화를 반영하지 못하므로 이를 반영할 수 있는 와이블 분포나 대수정규분포 등 다양한 분포로 연구가 확장되었으며, 고장물리(PoF: physics of failure) 개념이 소개되기는 하였으나 활발한 연구가 이루어지지는 못하였다. 1960년대는 고급 통계적 기법, 고장의 물리적 원인을 규명하는 고장물리, 건물과 교량 등에 대한 구조 신뢰도의 도입 등 학문의 전문화 과정으로 볼 수 있다.

1970년대 이후는 원자력 발전소를 비롯한 복합시스템에 초점을 맞춘 신뢰도와 안전을 고려한 위험분석 및 RCM(reliability centered maintenance)을 비롯한 설비보전, 소프트웨어의 증가추세를 반영한 소프트웨어 신뢰도 분야 등으로 확대되었다. 특히 1970년대가 되면 부품이나 장비 수준의 신뢰성 분석에서 규모가 좀 더 큰 시스템 수준에서의 신뢰성을 분석하기 위한 방법론으로 FTA가 항공우주 분야나 핵발전소 분야에서 활발히 연구되고 활용되었으며, 또한 충격 모형의 연구나 네트워크 신뢰도 연구도 시작되었다.

1980년대로 들어서면 전자제품, 반도체 분야에서 혁신이 될 만한 커다란 발전이 이루어짐으로써 제품의 수명주기가 매우 짧아졌다. 즉, 신제품 개발이 지속적으로 이루어지고 매년 새로운 제품이 개발 출시되는 등 제품 간 경쟁이 전 세계 시장에서 치열하게 이루어졌다. 이에 따라 무엇보다 품질 및 신뢰성이 중요한 경쟁 요소가 되고, 이를 짧은 개발기간에 검증하고 보증하는 것이 매우 필요하게 되었다. 지금까지 부품의 신뢰성분석 및 예측을 위해 신뢰성시험(수명시험)을 통한 통계 분석은 너무 긴 시간과 많은 비용을 소모함으로써 더욱 유효한 방법론의 필요성이 대두한 것이다. 이를 위해 가속수명시험의 설계, 분석 방법론이 연구되고 개발되었다. 또한 신뢰성 데이터 분석에서의 베이지안 방법론의 응용이 활발하게 이루어지기 시작하지만 계산상의 부담이 큰 단점으로 작용해, 이후 계산 능력 및 알고리즘 분야의 발전이 이를 보완하게 됨으로써 더욱 유용한 연구 분야로 대두하게 된다. 그리고 네트워크 신뢰성 분야가 활발히 연구되기 시작하였으며, 부품 고장 간의 종속성을 분석하고 고려하는 문제로서 공통원인고장 모형 및 분석이 대형 복잡시스템(전력시스템 등)에서 활발하게 연구되었다. 한편 신뢰성 예측도구로 보편적으로 쓰이든 MIL-HDBK 217외에 주요 산업(예를 들면 자동차 산업(전장품), 통신 산업 등)별로 적합한 예측도구가 개발되었다.

1990년대는 초기에 주로 파손역학 관점에서 수행된 고장물리 방법론이 다양한 분야에서 활발하게 연구되기 시작하였다. 특히 컴퓨터와 계산 소프트웨어의 발전, 초가속수명시험(HALT)과 강건설계, 실험계획법 등 시험방법론의 비약적인 발전으로 고장을 더욱 정확히 예측하고 이를 적절히 예방할 수 있게 되었다. 예를 들어 1990년대 초반에 미국의 국방 분야에서 신뢰성물리와 관련된 프로그램을 개발하고 이를 통해 수명시험이나 과거 데이터를 이용한 예측에서 탈피하여 부하분석 및 열화 과정 해석을 통한 더욱 신속하고 정확한 의사결정이 가능하게 되었다.

2000년대로 오면 지금까지 고장률 예측으로 문제점이 노출된 각종 신뢰성 데이터베이스, 즉 MIL-HDBK 217 등을 대체할 수 있는 고장물리 분야가 더욱 다양하게 연구되고 있다. 시스템 신뢰도 분야에서는 대형 시스템 분석을 위한 상용소프트웨어의 개발, 시뮬레이션 방법론의 응용, 기능안전 등 안전성 및 위험분석과의 통합화 등이 이루어져 왔다. 특히 최근에는 재료, 부품, 장비 고장 예측진단 기술의 필요와 활용에 관한 건전성예지관리(PHM: prognostics and health management)가 매우 크게 대두되고 이를 위한 확률과정 이론 및 베이지안 방법론의 연구가 더욱 활발하게 이루어지고 있다.

지금까지 전개된 내용을 토대로 국외의 신뢰성 공학의 발전과정이 그림 1.3에 요약되어 있다(염봉진 외, 2014).

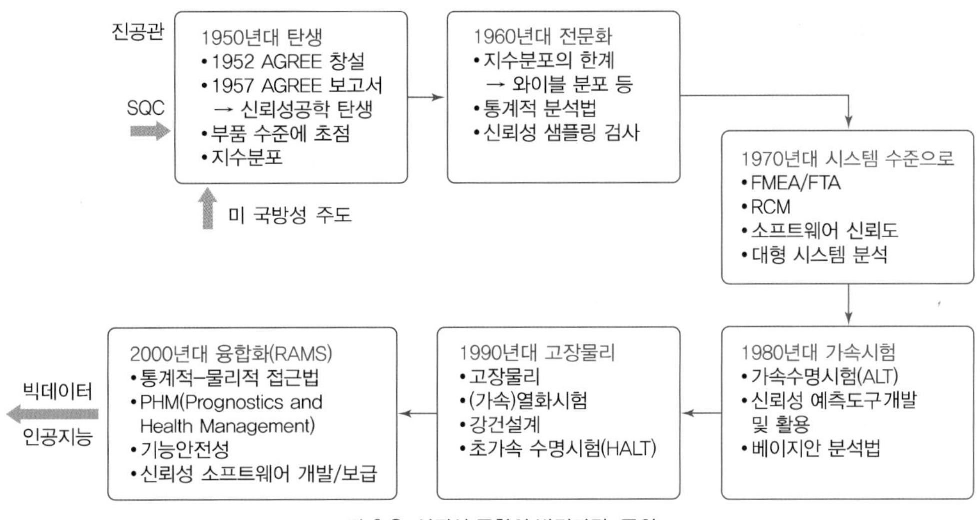

그림 **1.3** 신뢰성 공학의 발전과정: 국외

21세기 신뢰성 공학의 특징으로는 신뢰성요소기술 측면에서 첫째, 가속시험과 관련하여 2013년에 IEC 62506(methods for product accelerated testing)이 제정되었으며, 가속수명시험(ALT)에서 가속열화시험(ADT: accelerated degradation test)과 초가속수명시험(HALT) 등으로 기업의 관심이 이동 중이다. 둘째, 신뢰성예측 분야는 MIL-HDBK-217F에서 Bellcore method, Telcordia SR332, RiAC HDBK-217PLUS(통계적 접근)로 발전하고 있으며 미 Maryland 대학의 CALCE Center에서 제안한 고장물리 접근법으로, 제품에 관한 물리적 시험 없이 제품기능과 신뢰성을 평가하는 가상평가(VQ: virtual qualification)로 진화하고 있는 중이다. 셋째, 학문적 발전과 더불어 신뢰성관리 프로세스 측면에서는 개발단계에서의 신뢰성확보를 위한 기업의 활동에 관심이 점증되고 있다. 이런 시도의 하나로 2008년 일본 CARE(Computer Aided Reliability Engineering) 연구회는 기업에서 유익하게 활용할 수 있는 중요한 신뢰성 관련 도구를 선정하여 신뢰성 7가지 도구(R7)를 주창하였다(鈴木和幸, 2008).

① 신뢰성 데이터베이스(R-DB: reliability database)
② 신뢰성 설계 기법(reliability design technique): 이 책의 5장
③ FMEA/FTA: 6장
④ 설계심사(design review)
⑤ 신뢰성시험(reliability tests): 10장과 11장
⑥ 고장해석(FA: failure analysis): 3장
⑦ 와이블 분석(Weibull analysis): 9장

품질경영 분야에 쓰이는 '품질관리 7도구'를 유사한 방식으로 차용한 R7은 포함되는 신뢰성 도구의 범위를 좁게 한정한 점도 있지만, 현업에 종사하는 실무자에게 학습해야 될 신뢰성 이론과 기법을 집약하고 제품단계별로 적용해야 될 도구를 유기적으로 연결시킨 점은 신뢰성 문제에 고심을 하고 있는 기업에 도움이 될 것으로 여겨진다(①과 ④와 같이 이론적 측면이 강하지 않는 현장 밀착형 신뢰성기술은 이 책에서 다루지 않음).

마지막으로 최근에는 센서, 스마트 칩, IOT 등을 통한 신뢰성 정보(비행기와 기관차 엔진, 발전소, 건설기기, 의료장비, 자동차 등의 환경 및 운용 조건과 제품 열화 정보 등)가 즉시, 광범위하게 대규모로 수집됨에 따라 신뢰성 공학의 역할과 접근법에 대해 변화를 요구하고 있다. 이에 따라 빅 데이터(big data) 여건의 특성을 반영하여 기계학습(machine learning)과 강화학습(deep learning) 등을 통한 신뢰성분석과 예측에 관한 연구가 활발해지고 있다. 또한 신뢰성 공학의 대상이 시스템, 대형시스템(시스템의 시스템), 사회시스템 등과 같이 거대한 네트워크시스템으로 확대됨에 따라 새로운 연구영역이 탄생하고 있다. 방공, 전력, 통신, 물류시스템과 같은 대형 네트워크시스템의 경우 안정적인 평균이나 장기적 관점에서의 신뢰성지표보다 긴급회복성(resilience measure)과 같은 일시적 돌발현상에서의 대응능력에 관한 지표들이 정의되고 분석되고 예측되어야 하는 필요성이 보다 높아지고 있다.

우리나라에서의 신뢰성 분야 연구의 발전을 간략하게 살펴보면 산업계나 학계에서 초기 독립형태로 연구되고 활용되어 오던 신뢰성 분야는 산업자원통상부 산하 기관인 기술표준원에서 2000년부터 신뢰성 평가·인증을 포함한 부품소재 신뢰성사업(1~3단계의 2017년까지)을 추진하여 부품 및 소재별 신뢰성 평가 센터를 통한 범 국가차원의 신뢰성 평가 기반이 구축되었다고 할 수 있다. 현재 민간부문으로 전환하여 시행되고 있는 신뢰성·평가 인증절차는 부품소재 제조업체가 인증 신청을 하면 분야별 정부출연 연구기관 중심으로 설치된 주관 평가기관(현재 기계

· 자동차부품, 세라믹 · 전자부품, 화학소재, 섬유소재, 기초금속소재의 5분야로 구분)에서 신뢰성 평가를 실시하게 되며, 주관기관에서 기술 검토와 심의가 완료되면 기술표준원에서 신뢰성 인증서를 교부하고 있다. 2008년부터 신뢰성 향상사업(신뢰성 평가기반구축사업과 신뢰성 산업체 확산사업)이 기술표준원에서 한국산업기술진흥원으로 이관되었으며, 2017년부터는 신뢰성기반활용지원사업으로 전환하여 신뢰성 바우처 사업(기술개발 및 양산단계 전 범위에서 신뢰성 기술향상 및 융복합 소재부품개발지원)을 지원하고 있다.

그리고 정부는 신뢰성 관련 주요 내용을 더욱 명확하게 규정하고 이를 통한 신뢰성 향상을 도모하기 위해 국가 규격으로 신뢰성 관련 내용을 제정하였다(1.3절 참고). 그리고 기업과 공공기관의 DFSS(design for six sigma)의 활발한 도입과 더불어 전 산업 분야의 제품개발 및 품질향상을 위한 필수적인 수단으로 신뢰성 평가 및 분석기법들이 활용되고 있다.

또한 대학과 정부출연 및 기업 연구소의 신뢰성 전문가 간 연구 교류가 학회(한국신뢰성학회, 대한산업공학회, 한국품질경영학회 등)를 통해 활발하게 이루어지고 있다. 현재 신뢰성 연구는 다양한 응용 분야에서 고유 기술과 결합하여 수행되고 있으며, 최근 들어 무기체계 분야에서 부품 국산화와 국내 개발이 이루어짐으로써 이와 연관된 신뢰성 예측, 보증 등 연구가 새로운 응용 영역으로 대두되고 있다.

신뢰성 공학과 밀접한 법적인 제도로 2002년 제조물책임법의 발효와 더불어 2019년에 레몬법(레몬은 달콤해 보이는 겉모습과는 달리 신맛이 강해 미국에선 '하자 있는 상품'이라는 의미)도 발효되었다. 후자는 신차 구입 후 1년(주행 거리 2만km) 이내에 중대한 하자로 2회(일반 하자는 3회) 이상 수리하고도 증상이 재발하면 제조사에 교환이나 환불을 요구할 수 있는 제도로 소비자를 적극적으로 보호하고 권리를 강구하는 정책의 일환으로 볼 수 있다. 2019년 말 기준으로 국내외 18개 자동차 회사가 참여하고 있어, 신차 구매자의 99%가 이 제도를 이용할 수 있다.

한편 위험사건을 예방하고 인간 · 환경 · 재산에 미치는 영향을 경감하기 위한 자동안전시스템(SIS: safety instrumented system)의 기능안전성(functional safety)에 대한 요건을 정립한 IEC 61508이 1998년에 공표된 이래 매우 높은 안전 방호시스템이 요구되는 산업부문에서 이의 적용이 일반화되고 있다. 기능안전성은 안전기능이나 안전대책에 의해 허용되지 않는 리스크를 미연에 방지하는 기술의 총칭으로, 지금까지 주로 기계 및 전자부품 수준의 신뢰성에 초점이 맞추어진 안전의 개념이 하드웨어와 소프트웨어를 통합한 시스템에 적용될 수 있는 기능안전성이라는 신개념으로 발전되어 시스템 수준의 신뢰성과 안전성을 확보하기 위한 새로운 패러다임으로 전개되고 있다고 볼 수 있다.

이런 기능안전성은 범용적인 기능안전성 규격인 IEC 61508이 최초 발행된 이래 여러 산업분야로 확산되어 각각의 산업분야에 특화된 기능안전성 규격이 지속적으로 제정되고 있다. IEC

61508을 모 표준(기본 안전규격)으로 하여 그룹 또는 제품 안전규격에 속하는 프로세스 산업, 원자력 발전설비, 철도차량, 기계류 제품, 의료기기 등 다양한 산업분야의 기능안전성 관련 국제표준이 제정되었으며, 2011년에는 기능안전성 규격 중에서 최초로 일반용 양산제품에 적용되는 규격인 자동차에 관한 기능안전성 국제표준인 ISO 26262가 제정되었다.

이에 따라 기존의 신뢰성 공학을 총칭한 신뢰성－보전성－가용성인 RAM(reliability, availability, and maintainability)에 안전성을 더하여 RAMS(RAM+safety)로 부르고 있다. 또한 신뢰성을 평가하는데 필수적인 신뢰성시험 등을 통해 적시에 비용대비 효과적으로 결함을 확실하게 검출하고 격리하는 능력인 시험용이성(T: testability)의 역할이 기업과 연구소에서 높아짐에 따라 이를 RAMS(거꾸로 배열)에 추가하여 광의의 신뢰성 기술을 SMART로 부르기도 한다(서순근, 2018).

1.3 신뢰성 공학의 현황

앞 절에서 신뢰성 공학의 발전 과정을 상세히 언급하였다. 이 절에서는 현 시점에서 국내외적으로 신뢰성 공학과 관련된 연구를 주로 하는 전문가들의 주요 학술단체, 그리고 신뢰성관련 주요 연구결과들이 발표되어 최신 관심주제들과 연구결과를 알 수 있는 전문학술지, 신뢰성과 관련된 시험, 관리 등과 관련되는 국내외 규격, 그리고 특히 개발 설계되는 부품의 신뢰성을 예측할 수 있는 각종 신뢰성 데이터베이스들을 간략히 언급하고자 한다.

먼저 신뢰성과 관련 학술단체로서는 미국의 경우 IEEE Reliability Society가 전기, 전자 부품 및 제품의 신뢰성과 관련하여 가장 오래된 학술단체이며 미국산업 및 시스템 공학회(Institute of Industrial and Systems Engineers), 미국 품질학회(The American Society for Quality) 등에서 신뢰성분야의 연구자들이 활발히 학술활동을 하고 연구결과를 발표하고 있다. 무기체계나 우주항공 분야에서 시스템의 신뢰성은 가장 중요한 시스템 성능으로 많은 연구 활동이 이루어져 왔는데 특히 신뢰성관련 군용규격 및 시스템 신뢰성평가, 예측방법론들이 개발되고 적용되었다. 국방관련 연구소, 예를 들어 RIAC(Reliability Information Analysis Center), NASA등에서 신뢰성연구의 초창기부터 다양한 연구개발 및 규격 제정을 수행해 왔다.

일본의 경우 신뢰성관련 주요 학술단체로는 일본신뢰성학회(Reliability Engineering Association of Japan), 일본 품질관리학회(The Japanese Society of Quality Control) 등이 있으며 우리나라의 경우 한국신뢰성학회, 대한산업공학회, 한국품질경영학회 등에서 신뢰성전문가들의 학술활동이 이루어지고 있다.

학술단체들은 정기적으로 회원들의 연구결과들을 발표하는 전문학술지를 발간하는데 위에서 언급된 각국의 신뢰성 관련 학술단체들도 마찬가지로 역시 신뢰성관련 전문학술지를 발간하고 있다. 대표적인 신뢰성관련학술지로서 IEEE Transactions on Reliability(IEEE Reliability Society), IEEE Transactions on Device and Materials Reliability(IEEE Electron Devices Society), Reliability Engineering and System Safety(Elsevier), Quality and Reliability Engineering International(Wiley) 등이 있으며 그 외 운영과학(operations research), 응용통계 관련 학술지에도 신뢰성관련 논문들이 많이 발표된다. 예를 들어 European Journal of Operational Research, Naval Research Logistics Quarterly, Technometrics, Journal of Quality Technology 등 에서도 신뢰성관련 논문들을 볼 수 있다. 또한 개별 공학관련 학술지에서도 해당 분야의 시스템에 대한 신뢰성연구들에 대한 연구결과가 발표되기도 한다.

일본의 경우 신뢰성(일본신뢰성학회), 품질(일본품질관리학회) 등이 있으며 우리나라의 경우 신뢰성연구(한국신뢰성학회), 대한산업공학회지(대한산업공학회), 그리고 한국품질경영학회지(한국품질경영학회), 경영과학회지(한국경영과학회) 등이 있다. 그리고 정기적(매년 혹은 격년)으로 연구자들이 모여 최신 연구결과를 발표하고 토론하는 신뢰성관련 주요 학술대회로는 위에서 언급된 학술단체의 정기학술대회 이외에 미국의 Annual Reliability and Maintainability Symposium, 일본의 신뢰성·보전성 심포지엄, The European Safety and Reliability Conference(ESREL) 등이 있다.

신뢰성과 관련한 규격으로 가장 유명한 것은 미국의 군용규격(MIL-STD and MIL-HDBK)이다. 그러나 공식적으로 미국 국방부는 이 규격들을 강제 적용하지 않는 것으로 정책이 변경되어 현재 재개정 등의 절차가 이루어지지 않고 있다. 최근에는 신뢰성과 관련하여 가장 널리 인정되고 있는 규격(또는 표준)은 IEC 국제규격이다. 신뢰성관련 IEC 국제규격으로는 약 53개 있는데 특히 시험과 관련된 TC 104, Dependability와 관련 TC 56 규격들은 국제적으로 보편화되고 있는 실정으로 우리나라의 경우도 대부분 KS 규격으로 채택하여 적용하고 있다. KS A에서 신뢰성(dependability: 신인성) 관련 규격은 다음과 같다. 먼저 신인성(dependability)의 용어를 정의하고 고장데이터관리를 위한 체계를 정리한 규격으로

KS A 3004: 용어－신인성 및 서비스 품질
KS A 3112: 고장정보 보고, 분석 및 시정조치 시스템

이 있으며 기계부품의 시험과 관련된 규격으로

KS A 5606: 기계 부품의 내구 시험 설계
KS A 5607: 성능 열화 특성에 의한 신뢰성 보증

KS A 5608-1:가속 수명 시험－제1부: 가속 수명 시험의 개요
KS A 5608-2:가속 수명 시험－제2부: 가속 수명 시험의 설계
KS A 5608-3:가속 수명 시험－제3부: 가속 수명 시험 데이터 분석

이 있다.

그리고 신인성관리와 관련하여 데이터정리 및 분석, 보전 및 로지스틱과 관련된 규격이 나음과 같이 있다.

KS A IEC 60300-1: 신인성 관리－제1부: 신인성 관리 시스템
KS A IEC 60300-2: 신인성 관리－제2부: 신인성 관리 지침
KS A IEC 60300-3-1: 신인성 관리－제3부: 적용 지침－제1절: 신인성 분석 기법－방법에 대한 지침
KS A IEC 60300-3-2: 신인성 관리－제3부: 적용지침－제2절: 필드로부터의 신인성 데이터 수집
KS A IEC 60300-3-3: 신인성 관리－제3부: 적용 지침－제3절: 수명 주기 원가 계산
KS A IEC 60300-3-4: 신인성 관리－제3부: 적용 지침－제4절: 신인성 표준에 대한 지침
KS A IEC 60300-3-5: 신인성 관리－3부－5절: 적용지침－신뢰성 시험조건과 통계적 시험원칙
KS A IEC 60300-3-6: 신인성 관리－제3부: 적용 지침－제6절: 신인성의 소프트웨어적 측면
KS A IEC 60300-3-7: 의존성 관리－3부－7절: 사용 지침서－전자 제품의 신뢰성 스트레스 스크리닝
KS A IEC 60300-3-9: 신인성 관리－제3부: 적용 지침－제9절: 기술적 시스템의 리스크 분석
KS A IEC 60300-3-10: 신인성 관리－제3부: 적용 지침－제10절: 보전성
KS A IEC 60300-3-11: 신인성 관리－제3부: 적용 지침－제11절: 신뢰성 중심 보전
KS A IEC 60300-3-12: 신인성 관리－제3부: 적용 지침－제12절: 통합 로지스틱 지원
KS A IEC 60300-3-14: 신인성 관리－제3－14부: 응용지침－보전 및 보전지원

KS A IEC 60319: 전자부품의 신뢰성 데이터의 제시 및 설명
KS A IEC 60410: 계수값 검사를 위한 샘플링 계획과 절차

또한 장비의 신뢰성시험과 보전성과 관련한 다음과 같은 규격이 있다.

KS A IEC 60605-3-1: 장비 신뢰성 시험－제3장: 표준 시험 조건－옥내 휴대용 장비－저급 시뮬레이션
KS A IEC 60605-3-2: 장비 신뢰성 시험－제3장: 표준 시험 조건－기후 변화에 보호되는 장소에 사용하는 고정 장비－고급 시뮬레이션

KS A IEC 60605-3-3: 장비 신뢰성 시험－제3장: 표준 시험 조건－제3절: 시험 주기 3: 부분적으로 기후 변화에 보호되는 장소에서 사용하는 고정 장비－저급 시뮬레이션

KS A IEC 60605-3-6: 장비 신뢰성 시험－제3장: 표준 시험 조건－제6절: 시험 주기 6: 옥외 이동 장비－저급 시뮬레이션

KS A IEC 60605-4: 장비의 신뢰성시험－4부: 지수분포에 대한 통계적 절차－점추정, 신뢰구간, 예측구간 및 허용구간

KS A IEC 60605-6: 장비 신뢰성 시험－6부: 일정 고장률 또는 일정 고장밀도 가정의 타당성에 대한 검정

KS A IEC 60706-2: 장비 보전성－제2부: 설계개발 단계의 보전성 요구조건 및 검토

KS A IEC 60706-3: 장비 보전성－제3부: 데이터의 수집 및 검증과 분석 및 결과제시

KS A IEC 60706-5: 장비 보전성에 대한 지침－제5부: 제4절: 진단시험

KS A IEC 60812: 고장모드 영향분석 절차(FMEA)

KS A IEC 60863: 신뢰성, 보전성 및 가용성 예측치의 제시

KS A IEC 61014: 신뢰성 성장 프로그램

KS A IEC 61025: 결함나무분석(FTA)

KS A IEC 61070: 안정상태(steady-state) 가용성에 대한 적합(compliance) 시험절차

KS A IEC 61078: 신인성 분석 기법－신뢰성 블록 다이어그램(RBD) 방법

KS A IEC 61123: 신뢰성 시험－성공비율에 대한 적합시험 계획KS A IEC 61165: 마코프 기법의 응용

KS A IEC 61124: 신뢰성 시험－일정 고장률 및 일정 고장 강도에 대한 적합성 시험

KS A IEC 61163-1: 신뢰성 스트레스 선별－제1부: 로트 제조 수리 가능 조립품

KS A IEC 61163-2: 신뢰성 스트레스 스크리닝－2부 : 전자 부품

KS A IEC 61164: 신뢰도 성장 - 통계적 검정 및 추정 방법

KS A IEC 61649: 적합도검정, 와이블 분포자료에 대한 신뢰구간 및 신뢰하한

KS A IEC 61650: 신뢰성 자료분석 기법－두 일정 고장률과 두 일정고장(사건) 강도의 비교 절차

KS A IEC 61703: 신뢰성, 가용성, 보전성 및 보전 지원 용어에 대한 수학적 표현

KS A IEC 61709: 전자부품－신뢰도－변환을 위한 고장률 및 스트레스 모델에 대한 기준조건

KS A IEC 61710: 누승/거듭제곱법칙 모델－적합도 검정 및 추정 방법

KS A IEC 61713: 소프트웨어 수명주기 공정을 통한 소프트웨어 신인성－적용지침서

KS A IEC 61882: 위험운전성(HAZOP)－연구 적용지침
KS A IEC 62198: 프로젝트 리스크 관리 적용지침
KS A IEC 62308: 장비 신뢰성－신뢰성 평가 방법
KS A IEC 62309: 재사용 부품을 포함하는 제품의 신인성－기능 및 시험에 대한 요구 사항
KS A IEC 62347: 시스템 신인성 표준서에 대한 지침
KS A IEC 62429: 신뢰성 성장－유일 복합 시스템의 초기 고장 스트레스 시험
KS A IEC 62508: 시스템 수명주기 적용 인간공학 지침

KS C IEC 60050-191: 국제전기기술용어－제191장: 신인성 및 서비스 품질

최근에는 기능안전과 관련 규격들이 많은 주목을 받고 있다. 예를 들어 IEC 61508(일반), IEC 61511(프로세스 산업), IEC 62061(기계류 안전성－안전관련 전기, 전자, 프로그래머블 전자제어계). ISO 13849(기계류), IEC 60335-1(가전 제품), IEC 60601(의료전기기계), ISO26262(자동차), IEC 62278(철도) 등이 제정되어 있으며 우리나라에서 이들 규격의 취득을 위한 준비를 하는 기업들이 늘고 있다.

NASA의 경우 독자적으로 다양한 신뢰성, 안전성관련 규격을 가지고 있는데, 대표적으로 NASA-STD 8729.1은 효과적인 신뢰성·보전성 프로그램 계획, 개발 구축에 관한 규격이며 NPD 8720.1은 신뢰성 보전성 정책과 관련된 문서라고 할 수 있다.

다양한 산업 현장에서 새로운 시스템을 개발하는 경우 개발되는 시스템의 신뢰성을 예측하기 위해 현장에서는 각종 신뢰성데이터베이스, 예측시스템들을 사용한다. 특히 시스템을 구성하게 되는 전자, 기계부품들의 신뢰성을 예측함으로써 개발단계에서 시스템의 신뢰성을 예측할 수 있을 것이다. 이를 위해 현장에서에서는 전통적으로 MIL-HDBK 217을 사용하여 왔다. 그 외 다양한 규격으로 Telcordia(SR-332), NSWC-06/LE10, RDF 200, PRISM and 217Plus, NPRD-95 등이 있으나 아직은 현장에서 만족스러운 신뢰도 예측을 보장하는 규격이나 시스템은 없는 실정이다. 이에 대한 설명은 3장에서 보다 상세히 언급될 예정이다.

마지막으로 신뢰성분석을 위한 소프트웨어를 소개하고자 한다. 신뢰성데이터의 분석과 관련된 소프트웨어로는 예전부터 와이블 분포에 의해 분석을 할 수 있는 다양한 소프트웨어가 있으며, 범용 통계 분석소프트웨어인 R이나 MINITAB, JMP 등으로도 상당한 분석이 가능하다. 신뢰성분야의 특화된 소프트웨어로는 ReliaSoft사에서 보급하는 다양한 신뢰성 분석기능을 가진 소프트웨어로 Weibull++, ALTA, Blocksim, Lamda Predict, XFMEA, RCM++, XFRACAS, RGM 등 을 들 수 있으며, PTC사의 Relex 소프트웨어도 유사한 기능을 지원하는데, FTA, RBD, ALT, Webull, LCC, FRACAS이 있다. 또한 Isograph사와 Relyence사 등도 두 회사와 거의 비슷

한 소프트웨어 구색과 기능을 제공하고 있다.

최근의 신뢰성과 관련된 연구를 보면 항공 우주, 무기체계, 원자력산업, 철도, 기계, 전자 분야와 같은 전통적으로 신뢰성을 중시하였던 분야와 더불어 통신분야, 소프트웨어 분야와 같은 다양한 분야에서 신뢰성과 안전성을 최우선적으로 고려하는 경향이 나타나고 있는 것으로 여겨진다. 기본적으로 신뢰성, 보전성의 개념은 유사하나 각 분야의 특수성에 의해 사용하는 용어, 방법론 등이 상이한 경우도 다수 존재하는 것으로 여겨진다. 총체적인 학제적 협력을 통해 다양한 분야의 다양한 시스템들이 보다 신뢰성이 높고 안전한 시스템으로 설계, 운영되기 위한 공동의 노력이 필요한 시점으로 판단한다.

1.4 신뢰성 공학의 응용분야

신뢰성 연구의 주요 목적은 신뢰성에 관련된 의사결정을 위한 기본정보를 제공하는 것이다. 신뢰성 연구를 시작하기 전에 의사결정자는 신뢰성 문제를 명확하게 정의하고, 연구의 목적과 경계조건 및 한계 등 의사결정의 입력 정보가 정확하고 명확한 형태로 적시에 제공되어야 한다. 신뢰성 공학은 광범위한 분야에 걸쳐 응용될 수 있으며 그 중 대표적인 영역을 몇 가지 기술하면 다음과 같다.

1.4.1 리스크(risk) 분석

정성적인 리스크 분석은 그림 1.4에 나타나 있듯이 보통 다음 세 가지 단계로 진행된다.

(1) 시스템 내 잠재 사고사상(accidental event)의 식별 및 기술

사고사상은 정규 운용조건에서 벗어난 상태를 말하며 시스템의 운용에서 바람직하지 못한 결과를 초래할 수 있다. 예를 들면 석유/가스 공정 공장에서 가스누출은 사고사상으로 정의된다. 많이 사용되는 방법으로서 예비위험분석(PHA: preliminary hazard analysis), HAZOP(hazard and operability analysis), FMECA(failure mode, effects, and criticality analysis) 등이 있다.

(2) 사고사상의 잠재적 원인 식별

원인분석(causal analysis)을 통해 주요 원인들로부터 하위 계층의 세부 원인들에 이르기까지 계층적 구조로 원인들을 식별한다. 주요 원인 및 하부 원인들은 고장나무(fault tree)라 불리는 나무

구조에 의해 체계적으로 기술된다. 사고사상의 확률 추정치를 얻을 수 있으면 확률/빈도를 계산하여 고장나무에 입력한다. 이 단계에서는 고장나무분석(FTA), 신뢰성 블록도(RBD), 영향도(influence diagram) 등이 사용된다.

(3) 결과분석

잘 설계된 시스템은 사고사상의 진행을 차단하거나 사고발생 결과의 피해를 최소화하기 위하여 다양한 차단장치 및 안전기능이 장착되어 있다. 가스누출 사고사상에서 가스탐지 시스템, 비상폐쇄 시스템, 화재예방 시스템(예: 방화벽) 및 대피 시스템/과정 등은 차단장치 및 안전기능의 예가 된다. 사고사상의 최종결과는 이런 시스템이 적절하게 잘 작동하는가에 따라 달라진다. 결과분석은 사상나무분석(ETA: event tree analysis)을 이용하여 실시하는데 화재 및 폭발 부하의 계산, 화재확산의 시뮬레이션, 비상폐쇄 시스템의 신뢰성 평가 등 다양한 분석도구들과 함께 이용된다.

리스크 분석을 위하여 인간, 환경, 재물, 제조의 균일성 등 여러 요인들에 대한 특정한 분석방법들이 요구되는데 가장 일반적으로 사용되는 방법들이 그림 1.4에 각 단계 별로 나열되어 있다. 그림에 정리된 여러 기법 내지 방법들은 대부분 신뢰성 분석에 관련된 기법들로서 신뢰성 분석이 리스크 분석의 주요한 분야임을 알 수 있다.

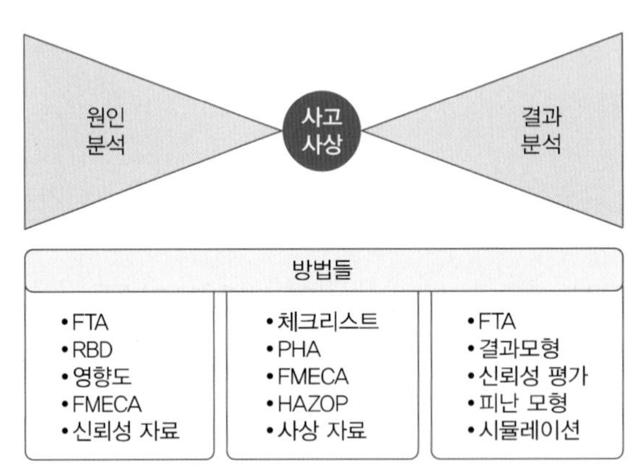

그림 **1.4** 리스크 분석의 단계

1.4.2 환경보호

가스 / 물 청정 시스템과 같은 저공해 시스템의 설계 및 운용을 개선하기 위하여 신뢰성 연구가 활용될 수 있다. 여러 분야 산업계에서는 공장에서의 공해가 대부분 제조공정의 변동성에 기인

되므로 결과적으로 공해감소를 위해 제조공정의 산포를 줄여야 한다고 이해하고 있다. 신뢰성 및 공정 산포에 대한 연구는 제조공정을 최적화하는 중요한 도구 중의 하나이다. 환경 리스크 분석은 표준 리스크 분석과 동일한 절차에 따라 수행되며 신뢰성 분석과 동일한 인터페이스를 갖는다.

1.4.3 품질

ISO 9000 품질경영시스템 규격의 보급에 따라 품질경영 및 보증에 대한 관심이 높아져 왔다. 품질과 신뢰성 개념은 서로 밀접하게 연결되어 있으며 신뢰성은 가장 중요한 품질특성 중 하나로 인식되고 있다. 종합적 품질관리(TQM: total quality management) 시스템의 일부로서 1.3절에 표시된 IEC 60300(신뢰성관리) 시리즈를 포함한 신뢰성 관련 IEC 규격 등 신뢰성관리와 보증을 위한 시스템이 개발되고 구현되고 있다.

1.4.4 보전과 운용 최적화

보전(교체, 수리)은 시스템 고장을 예방하고 고장난 시스템의 기능을 회복시켜 주기 위하여 수행된다. 따라서 보전의 주요 목적은 시스템 신뢰성과 제조/운용의 균일성을 유지하거나 개선하는 것이다. 특히 원자력, 항공, 방위, 해양, 조선 등의 산업분야에서는 보전과 신뢰성 간 관계의 중요성을 인식하고 많은 기업들이 신뢰성기반보전(RCM: reliability centered maintenance) 활동을 수행하기 위하여 노력하고 있다. 신뢰성기반보전 접근법은 모든 산업 분야에서 보전의 비용−효용성 및 통제를 개선하여 가용성 및 안전성을 향상시켜주는 주요한 도구이다. 한편 시스템의 운용과 관련하여 신뢰성 평가는 수명주기비용(LCC: life cycle cost), 로지스틱 지원, 예비품(spare parts) 배분, 작업자 수준 분석 등의 적용분야에 중요한 기초 정보를 제공한다.

최근에는 4차 산업혁명 시대의 도래에 따라, 많은 산업현장에서는 제품생산 및 설비운전을 하면서 발생하는 제어 데이터를 서버로 저장, 활용하여 스마트공장(smart factory)을 구축하고자 건전성예지관리(PHM: prognostics and health management) 기술을 기반한 상태기반보전(CBM: condition-based maintenance)에 대한 연구가 지속적으로 증가하고 있다. 상태기반보전 활동의 핵심요소는 장비·설비의 열화를 측정 및 분석하여 장비·설비의 잔여수명을 정확하게 예측하며, 이를 기반으로 고장 직전에 보전 활동을 실시함으로써 종래 시간기준보전(TBM: time-based maintenance) 방식의 보전주기보다 간격을 확장하여, 유지보수비용 및 인력을 최소화시킬 수 있는 장점이 있다. 이러한 상태기반보전 개념을 확장하여 선행보전 활동을 수행함으로써 사후 보전비용을 최소화할 수 있도록 하는 예지보전(PdM: predictive maintenance)기술에 대한 연구가 최근에 활발히 진행되고 있다.

1.4.5 엔지니어링 설계

신뢰성은 제품의 중요한 품질특성의 하나로서 신뢰성 보증은 엔지니어링 설계프로세스에서 고려해야 할 중요한 의제이다. 여러 가지 산업 분야 특히 원자력, 항공우주, 자동차, 해양 등의 산업분야에서는 이를 이해하여 설계 프로세스에서 신뢰성 프로그램을 통합한다. 동시공학(concurrent engineering) 개념으로서 초기부터 인도까지 통합된 시각으로 제품을 개발함에 있어서 신뢰성은 중요한 고려사항이 된다.

1.4.6 품질 / 신뢰성 검증

공인기관들은 공학 시스템의 생산자 및 사용자에게 시스템이 특정 요구조건을 만족시킨다는 것을 검증하도록 요구한다. 일반적으로 요구조건은 안전 및 환경보호에 기반을 두며 특히 전력과 석유산업은 제품균일성 면에서 엄격한 조건이 요구된다. 생산자는 규격에 따라 요구조건들을 만족시키고 있음을 검증하여야 하며 신뢰성 분석과 신뢰성 실증시험(RDT: reliability demonstration test)은 검증프로세스에 필요한 도구이다. 또한 기술 시스템의 구매자들은 전체 시스템의 일부로서 품질 및 신뢰성의 정량적 평가를 문서화할 것을 요구하는 경향이 있다. 문서화는 FMEA 양식을 기입하는 것부터 장비의 수명시험의 상세한 결과까지 다양하게 요구된다. 항공, 우주, 자동차, 원자력, 방위산업 등 여러 산업분야에서 품질/신뢰성에 대한 문서화를 요구하고 있다.

1.5 이 책의 범위와 구성

1.1절에서 살펴본 바와 같이 제품수명주기를 구성하는 모든 단계에서 필연적으로 신뢰성에 영향을 주는 변동요인이 개입될 수밖에 없다. 통계적인 이론은 이와 같은 변동요인으로 인한 불확실성을 효과적으로 모형화할 수 있는 방법을 제공해 줄 수 있다. 따라서 이 교재에서는 통계적 접근법을 중심으로 부품 및 시스템 신뢰성 분석을 소개하며 주요 목표는 다음과 같다.

- 신뢰성 연구에서 사용되는 전문용어 및 주요 모형을 제시하고 토의한다.
- 신뢰성 공학 및 분석에서 신뢰성 자료의 기본적인 분석방법을 제시한다.
- 신뢰성과 관련하여 현장에서 요구되는 실용적인 다양한 주제들을 다루고 설명한다.
- 최근에 산업 현장이나 연구에서 다루어지는 새로운 주제들을 소개하여 독자들이 이해하는 데 도움을 주고자 한다.

이 책의 중요한 주제는 부품이나 시스템 신뢰도를 평가하고 측정하며 예측하는 방법에 관련되어 있으며, 설계, 제조, 사용단계에서 신뢰성을 향상시키기 위한 다양한 방법론 중에서 특히 4~6장에서는 중복설계(부품의 추가를 통한 시스템신뢰성 개선)를 통한 방법론에 중점을 두고 있다. 여기서 기술된 방법들은 제품 수명주기의 어느 단계에서도 적용 가능하지만 설계단계에서 가장 큰 가치를 갖는다. 이 단계 동안에 시스템의 안전, 품질 및 운용 가용성을 향상시키기 위해 신뢰성공학이 큰 영향을 미친다. 또한 7~8장의 여러 방법들은 시스템의 운용단계에서도 적용 가능하고 시스템 평가, 보전 및 운용과정의 개선에 도움을 줄 수 있다.

9~11장의 신뢰성자료 분석의 내용에 있어서도 점차 제품의 수명주기가 짧아지는 현재 가속수명시험의 설계 및 분석에 대한 내용들이 중요해지고 있어 이들을 심층적으로 다루고자 한다. 마지막으로 12장에서 이전 판에서 다루지 못한 제품보증 등이 추가적으로 정리 언급되었음을 밝혀둔다.

이 책의 전체적인 구성의 흐름은 간단한 경우로부터 시작하여 고등 분석기법이 요구되는 보다 복잡한 경우로 진행하는 형식으로 전개되며 각 장별로 소개되는 내용의 주제를 정리하면 다음과 같다.

1. 서론
2. 고장분포와 신뢰성척도
3. 고장모형 및 신뢰도 분석
4. 구조함수와 시스템 신뢰도 분석
5. 신뢰도 최적설계
6. 시스템 고장해석
7. 수리가능 시스템 분석
8. 최적보전관리
9. 수명자료 분석
10. 신뢰성시험
11. 가속시험
12. 신뢰성관리

부록. 기초 수학, 통계 및 확률이론

CHAPTER 2
고장분포와 신뢰성 척도

CHAPTER 02 고장분포와 신뢰성 척도

2.1 개 요

신뢰성 관련 문제를 보다 체계적이고 과학적으로 취급하기 위해 시스템의 고장을 수학적으로 모형화 할 필요가 있다. 시스템은 여러 개의 부품으로 구성되므로 시스템의 고장은 부품의 고장과 밀접하게 관련되어 있다. 따라서 시스템의 고장을 모형화하기 위해서는 먼저 부품고장을 모형화해야 한다. 부품에는 수리가 가능한 것과 수리가 불가능한 것이 있다. 수리불가능(irrepairable) 부품의 경우에는 최초 고장만을 고려하면 되지만 수리가능(repairable) 부품에 있어서는 수리활동이 후속 고장에 영향을 미치므로 후속 고장을 최초 고장과 연계하여 분석하여야 한다. 이와 같이 부품의 유형에 따라 고장의 수학적인 모형이 다를 수 있지만, 이 장에서는 최초 고장의 모형화에 대해 중점적으로 기술한다.

부품의 상태는 작동 혹은 고장의 두 상태 중 하나로 구분할 수 있다. 또한 부품의 고장은 제조 당시에 발생한 결함으로 인해 이미 고장상태에 있는 경우와 작동시점 이후에 고장이 난 경우로 나누어 볼 수 있다. 전자는 정적 고장으로 작동 즉시 고장상태를 검출할 수 있으며, 후자는 동적 고장으로서 사용도중 고장이 발생한 경우로 수명이 0이면 정적 고장과 일치하게 된다. 따라서 정적 고장은 동적 고장의 특수형으로 취급할 수 있다.

일반적으로 고장의 발생과정은 불확실성을 내포하고 있으므로 수명을 모형화하기 위해 확률이론을 이용한다. 신뢰성공학의 보다 큰 이해를 위해 확률이론에 대한 기본적인 지식이 필요하며, 특히, 확률변수(random variable) 및 분포함수(distribution function)의 개념과 그 특징에 대한 이해가 필요하다. 확률변수 X는 표본공간 내에 있는 각 원소에 하나의 실수값을 대응시키는 함수로 정의되며, 그 값은 예측이 불가능하고 우연적인 발생에 의한 것이라 할 수 있다. 확률변수들의 집합이 셀 수 있는 집합이면 그 확률변수를 이산확률변수(discrete random variable)라 하고, 확률변수가 연속적인 구간 내의 값을 취하면 연속확률변수(continuous random variable)라 한다. 연속확률변수는 부품의 수명을 나타내는데 주로 사용된다. 이 장에서는 먼저 위에서 언급한 신뢰성 분석을 위한 통계적 접근법과 더불어 물리적 접근법을 개략적으로 살펴본다. 또한 수리불가능 부품의 신뢰성을 평가하기 위한 척도를 소개하고 이어서 수명분포로 널리 사용되는 연속형 분포와 해당되는 신뢰성 척도를 설명한 후 신뢰성분석에 많이 사용되는 이산형 분포들을 소개한다.

2.2 신뢰성 분석의 접근법

신뢰성 문제는 적용대상에 따라 하드웨어, 소프트웨어, 인간 신뢰성의 세 부문으로 분류할 수 있다. 본 교재에서는 주로 하드웨어 신뢰성을 다룰 것이지만 하드웨어 시스템도 많은 영역에서 소프트웨어뿐 아니라 운용자 및 보전요원과 같은 인간적 요소를 포함할 수밖에 없다. 따라서 세 부문 간의 상호작용에 대한 종합적인 분석이 매우 중요하지만 이를 심도 있게 다루지는 않는다.

하드웨어 신뢰성의 분석방법에는 통계적 접근법과 물리적 접근법으로 대별할 수 있다. 통계적 접근법은 고장이 발생하는 과정을 고려하지 않는 블랙박스(black box) 접근법에 속하며, 고장시간 모형과 이진반응 모형으로 세분화할 수 있다. 물리적 접근법은 고장이 발생하는 과정의 일부 또는 전부를 반영하는 그레이박스(grey box) 또는 화이트박스(white box) 접근법에 속하며, 성능열화 모형, 스트레스-강도(Stress-Strength) 모형, 고장물리(Physics-of-Failure) 모형으로 세분화된다. 다음은 5가지 모형에 대해 자세하게 소개한다,

가장 널리 쓰이는 신뢰성 모형화 접근법인 고장시간 모형은 어떤 사건 A가 발생할 확률을 $\Pr(A)$로 나타낼 경우에 식 (2.1)과 같이 고장이 발생되는 시간이나 이의 대용척도(일례로 주행거리, 사이클 수 등)를 나타내는 연속 확률변수 T의 확률밀도함수 $f(t)$나 분포함수 $F(t)$로 모형화된다.

$$F(t) = \Pr(T < t) = \int_0^t f(u)du \tag{2.1}$$

고장이 발생하는 과정이 이 모형에 명확하게 반영되지는 않지만 신뢰도, 고장률 및 평균수명과 같은 신뢰성 특성들을 $f(t)$ 혹은 $F(t)$로부터 직접적으로 구할 수 있다. 이로부터 다수의 부품이 결합된 시스템에 대한 신뢰도를 분석할 수 있으며 아이템의 보전 및 교체를 위한 분석도 이런 접근법을 채택하므로 이 책의 대부분의 장들에서 채택되는 접근법이다.

위와 같이 고장시간 모형은 개개 부품의 고장시간을 예측할 수 있으며, 이러한 고장시간들에 대한 수명분포로 대표적인 분포가 2.4절에서 다루는 지수분포, 와이블(Weibull) 분포 및 대수정규분포 등이 있다.

두 번째 통계적 접근법인 이진반응모형에서는 특정 시점까지의 작동 또는 고장의 두 가지 상태의 정보만 활용된다. 예를 들면 신뢰성 인정시험에서는 대상 시험단위를 미리 정해진 시간까지 시험하여 고장 발생 단위 수 혹은 생존 단위 수를 관측하여 시험요건에 대한 통과여부를 판정한다. 이런 모형의 분석법으로 대상 아이템의 수와 작동(또는 고장) 확률이 주어지면 관심 확률(신뢰도 등)을 구할 수 있는 2.4절의 이항분포가 주로 쓰이며, 실제 획득한 고장시간 정보가 있더라도 분석 과정에서 활용되지 않는다.

물리적 접근법의 성능열화 모형에서는 아이템의 상태가 성능열화나 누적손상을 나타내는 연속이고 관측가능한 특성값인 $D(t)$로 모형화되는데, 특히 $D(t)$는 고장이 진행되는 과정을 나타내는 척도가 된다. $D(t)$가 t시점의 성능 열화량일 때 전형적인 성능열화 유형 중 하나가 그림 2.1에 예시되어 있다. 여기서 초반에는 열화율이 높다가 어느 정도의 시간이 경과하면 대부분의 영역에서 (대수변환된) 성능열화가 선형으로 진척되며 말기에는 열화율이 다시 높아지는데, 성능열화량 $D(t)$(또는 변환된 성능열화량)이 규정된 고장수준에 도달하게 되면 고장으로 판정하게 된다.

일반적으로 성능열화 모형은 크게 일반경로모형(general path model)과 확률과정모형(stochastic process model)로 구분된다. 일반경로 모형은 시간의 경과에 따른 열화특성치를 선형 또는 비선형 회귀모형으로 모형화하는 방법론으로서 대표적인 열화경로(degradation path) 모형은 표 2.1 및 그림 2.2와 같다. 이런 모형을 통해 마모, 부식, 확산, 크리프, 피로, 변형 등에 의한 여러 가지 성능열화 현상을 나타낼 수 있으며, 성능열화의 진행에 영향을 미치는 설계변수를 찾기 위한 실험계획법 등이 이 접근법에 쓰일 수 있다. 성능열화 모형에 의한 분석법은 11장에서 소개된다.

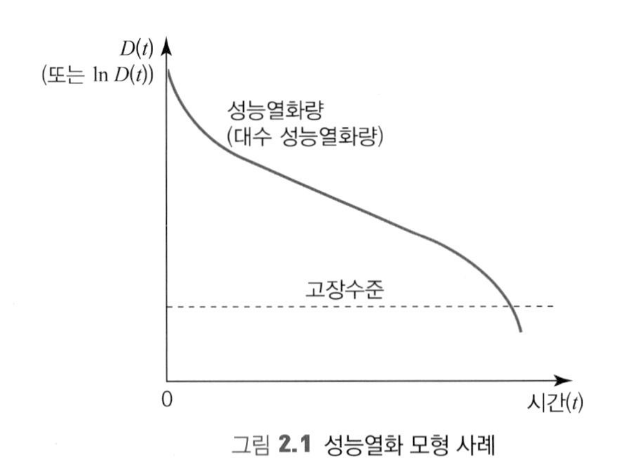

그림 **2.1** 성능열화 모형 사례

표 **2.1** 대표적인 열화경로 모형

선형	지수	대수선형	거듭제곱	기타
$y=a+bt$	$y=ae^{bt}$	$y=a\ln t+b$	$y=at^{b}$	$y=e^{-a}(1-e^{-e^{b}t})$

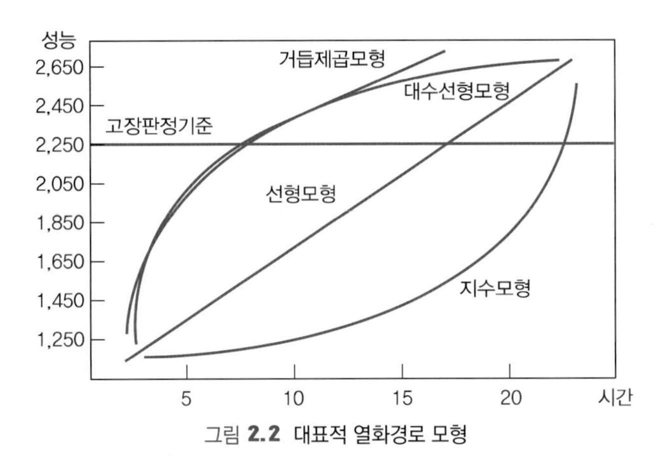

그림 **2.2** 대표적 열화경로 모형

두 번째 물리적 접근법인 스트레스-강도 모형에서는 아이템의 강도가 확률변수 S로 모형화되고 그 아이템에 가해지는 스트레스(부하) L 역시 확률변수로 나타낸다. 그림 2.3은 특정한 시간 t에서 강도 및 스트레스의 분포를 나타내고 있으며 고장은 스트레스가 강도보다 크면 즉시 발생한다. 여기서 아이템의 신뢰도 R은 강도가 스트레스보다 클 확률로 정의되므로 신뢰도는 다음 식으로 나타낼 수 있다.

$$R=\Pr(S>L) \tag{2.2}$$

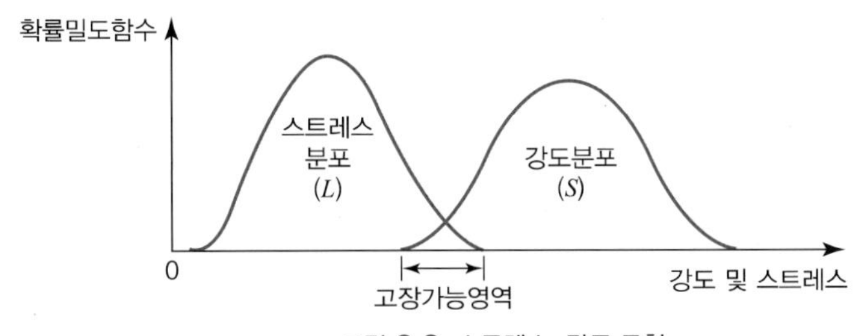

그림 **2.3** 스트레스-강도 모형

스트레스는 보통 시간에 따라 변화하므로 시간의 함수 $L(t)$로 확률변수화할 수 있으며, 아이템 역시 마모, 부식 및 피로 등의 고장 메커니즘으로 인하여 시간이 지남에 따라 퇴화하므로 강도도 시간의 함수 $S(t)$로 확률변수화할 수 있다. 그림 2.4는 $S(t)$ 및 $L(t)$를 예시한 것으로서 아이템의 수명 T는 $S(t)<L(t)$가 될 때까지의 최단시간으로 식 (2.3)과 같이 나타낼 수 있다 (3.4절 참조).

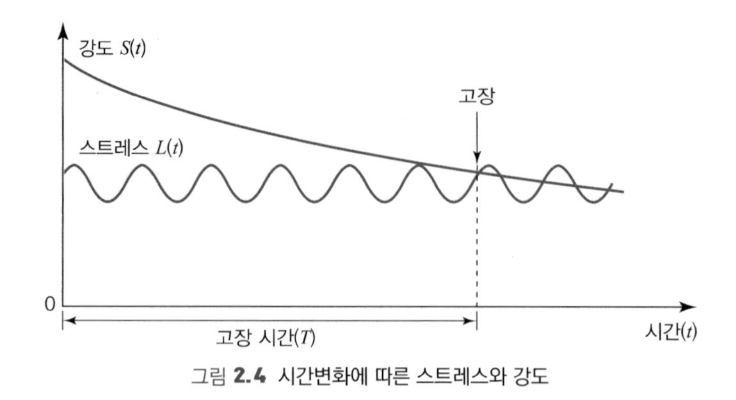

그림 **2.4** 시간변화에 따른 스트레스와 강도

$$T = \min\{t;\ S(t) < L(t)\} \tag{2.3}$$

따라서 시점 t에서의 신뢰도 $R(t)$는 다음과 같이 정의할 수 있다.

$$R(t) = \Pr(T > t) \tag{2.4}$$

스트레스-강도모형은 빔(beam) 및 교량과 같은 구조물의 신뢰성 분석에 주로 사용되므로 구조 신뢰성 분석이라고도 한다(Melchers, 1999). 구조물에 가해지는 스트레스와 강도는 여러 방향에서 작용하여 벡터로 모형화된다.

대표적인 스트레스-강도모형으로서 섬유의 파괴강도를 모형화하는데 와이블 분포의 대안으로 역가우스 분포(inverse Gaussian distribution)가 처음 사용되었다. 역가우스 분포는 분자의 브라운 운동(Brown motion)을 연구하는 과정에서 E. Schrödinger에 의해 1915년에 처음으로 도출되었다. 이외에도 스트레스-강도모형은 제조상의 변동과 환경 및 운용조건 때문에 부품의 강도 S는 다양하게 변화하며 예측하기 어려워 확률변수로 모형화된다. 부품이 사용될 때 스트레스 L이 인가되며 만약 S가 L보다 작으면, 강도는 인가된 스트레스를 견디기가 충분하지 않기 때문에 부품은 즉시 고장 난다. 만약 S가 L보다 크면, 부품의 강도는 인가된 스트레스를 견디기에 충분하므로 부품은 계속 작동할 수 있게 된다.

마지막 물리적 접근법인 고장물리(일명 신뢰성 물리) 모형에서는 물리적, 화학적, 기계적 전기적, 열적 메커니즘 등에 따라 고장이 진행되는 동적 과정을 규명하여 모형화함으로써 고장이 왜 그리고 어떻게 발생하는 지에 심층적인 정보를 얻을 수 있다. 따라서 과학적 및 공학적 연구를 통해 제공된 온도, 습도, 전압 등의 환경 및 운용 스트레스가 수명에 미치는 영향을 나타내는 물리적 또는 경험적 모형을 통해 실제 운용조건 하에서 아이템의 수명에 대한 평가나 예측이 가능하게 된다. 최근 들어 다양한 아이템에 대한 고장물리 모형이 개발되고 있으며, 이에 관한 일부 모형은 3장과 11장에서 다룬다.

한편 신뢰성 공학에 쓰이는 상기 모형과 유사한 접근법을 채택하는 학문분야로 생존분석(survival analysis)과 취업, 실업, 파업, 훈련 프로그램, 투자, 특허, 전쟁, 가전제품 보유, 결혼유지 등의 지속기간을 다루는 계량경제학의 기간분석(duration analysis)이 있다. 특히 생존분석은 제품의 수명이 대상이 되는 신뢰성공학과 달리 인간을 포함한 생명체의 수명이 대상이 되며, 주된 통계적 분석법으로 모수적 방법을 주로 채택하는 신뢰성공학과는 대조적으로 비모수적 방법을 채택하는 경향이 있다. 신뢰성공학에서 주로 모수적 방법을 채택하는 이유는 생존분석과는 달리 얻을 수 있는 시험 단위의 정보가 비교적 한정되어 있으며, 분석목적이 데이터가 획득된 범위를 벗어난 영역으로의 외삽(일례로 가속수명시험)이 될 경우가 많기 때문이다.

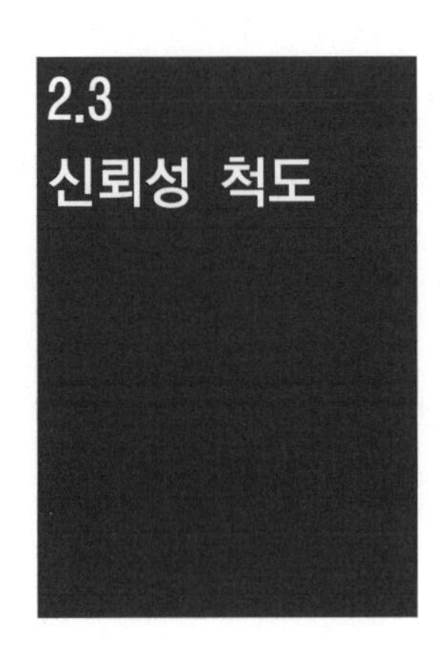

2.3 신뢰성 척도

수명은 부품이 작동을 시작하는 시점부터 처음으로 고장 날 때까지 경과한 시간을 의미하며 확률변수 T로 나타낸다. 수명 T는 달력시간(calendar time)으로만 측정되지 않고 다음과 같이 사용시간(operating time)으로 측정되기도 한다.

- 스위치가 작동하는 횟수
- 자동차의 운전거리
- 베어링의 회전 수
- 주기적으로 작동하는 부품의 사이클 수

위의 예에서 스위치가 작동하는 횟수 등은 이산변수이지만 연속변수로 근사화될 수 있다. 여기서는 특별하게 언급되지 않으면 수명 T는 고장밀도함수 $f(t)$와 고장분포함수 $F(t)$를 갖는 연속변수로 가정한다. 즉

$$F(t) = \Pr(T \le t) = \int_0^t f(u)du, \ t > 0 \tag{2.5}$$

따라서 $F(t)$는 부품이 시간구간 $[0, t]$ 내에 고장 날 확률을 표시한다. 한편 고장밀도함수 $f(t)$는 다음과 같이 정의된다.

$$f(t) = \frac{d}{dt}F(t) = \lim_{\Delta t \to 0} \frac{F(t+\Delta t) - F(t)}{\Delta t} = \lim_{\Delta t \to 0} \frac{\Pr(t < T \le t + \Delta t)}{\Delta t} \tag{2.6}$$

식 (2.6)으로부터 Δt가 작을 때 근사적으로 다음 식이 성립함을 알 수 있다.

$$\Pr(t < T \le t + \Delta t) \simeq f(t) \cdot \Delta t \tag{2.7}$$

고장분포함수와 고장밀도함수를 기초로 정의되는 대표적인 신뢰성 척도는 다음과 같다.

- 신뢰도
- 고장률
- 평균수명
- 평균 잔여수명
- 백분위수명

2.3.1 신뢰도

특정 시점에서의 신뢰도는 시스템 혹은 부품이 작동을 시작하여 그 시점까지 고장 나지 않고 여전히 작동되고 있을 확률로 정의된다. 따라서 시점 t에서의 신뢰도는 부품이 시간구간 $[0, t]$ 동안 고장 나지 않을 확률로서 t의 함수가 된다. 즉 수명을 T라 하면 $R(t) = \Pr(T > t)$의 관계가 성립하며 고장밀도함수를 이용하여 다음 식으로 정리할 수 있다.

$$R(t) = \Pr(T > t) = 1 - \int_0^t f(u)du = \int_t^\infty f(u)du \tag{2.8}$$

신뢰도함수 $R(t)$는 생물학, 의학계에서는 생존함수(survival function)라고도 불린다. 그림 2.5는 고장분포함수 $F(t)$, 고장밀도함수 $f(t)$ 및 신뢰도함수 $R(t)$의 관계를 보여 주고 있다.

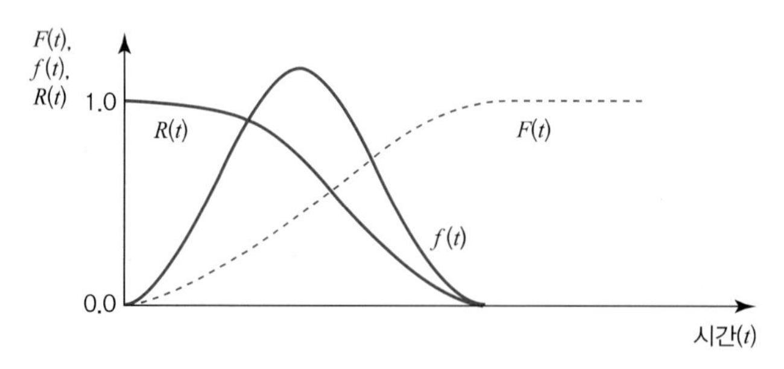

그림 **2.5** 고장분포함수 $F(t)$와 고장밀도함수 $f(t)$ 및 신뢰도함수 $R(t)$

2.3.2 고장률

고장률(failure rate 혹은 hazard rate)은 특정 시점까지 고장 나지 않고 작동하던 부품이 다음 순간에 고장 나게 될 가능성이 어느 정도 될 것인가를 나타내는 척도로서 조건부 확률을 이용하여 유도할 수 있다. 시점 t에서 작동하고 있는 부품이 시간구간 $(t, t+\Delta t]$ 에서 고장 날 확률은 다음과 같다.

$$\Pr(t < T \le t+\Delta t | T > t) = \frac{\Pr(t < T \le t+\Delta t)}{\Pr(T > t)} = \frac{F(t+\Delta t) - F(t)}{R(t)} \tag{2.9}$$

따라서 시점 t에서 작동하고 있는 부품이 다음 순간에 고장 나게 되는 비율은 근사적으로 이 확률을 시간구간 Δt로 나눈 값이 될 것이다. 이렇게 얻어진 식에 $\Delta t \to 0$로 극한값을 취함으로써 고장률 $h(t)$가 얻어진다.

$$h(t) = \lim_{\Delta t \to 0} \frac{F(t+\Delta t) - F(t)}{\Delta t} \cdot \frac{1}{R(t)} = \frac{f(t)}{R(t)} \tag{2.10}$$

식 (2.10)을 이용하여 Δt가 작을 때 시점 t에서 작동하고 있던 부품이 시간구간 $(t, t+\Delta t]$에서 고장 날 확률은 근사적으로 다음과 같이 구할 수 있다.

$$\Pr(t < T \le t+\Delta t | T > t) \approx h(t) \cdot \Delta t \tag{2.11}$$

식 (2.11)에서 $h(t) \cdot \Delta t$는 다수의 동일한 부품을 작동시켰을 경우 시점 t에서 작동하고 있는 부품들 중 곧 고장 날 부품들의 상대적 비율을 근사적으로 나타낸다고 할 수 있다.

한편 $f(t) = \frac{d}{dt}F(t) = \frac{d}{dt}(1 - R(t)) = -R'(t)$의 관계를 이용하여 고장률과 신뢰도 사이에 다음 관계식이 성립함을 알 수 있다.

$$h(t) = \frac{-R'(t)}{R(t)} = -\frac{d}{dt}\ln R(t) \tag{2.12}$$

또한 일반적으로 $R(0) = 1$이므로 $\int_0^t h(u)du = -\ln R(t)$이고 다음 식이 성립한다.

$$R(t) = \exp\left(-\int_0^t h(u)du\right) \tag{2.13}$$

따라서 신뢰도함수 $R(t)$와 고장분포함수 $F(t) = 1 - R(t)$는 고장률함수 $h(t)$에 의해 유일하게 결정된다. 식 (2.12) 및 (2.13)에서 고장밀도함수 $f(t)$는 다음과 같이 표현된다.

$$f(t) = h(t) \cdot \exp\left(-\int_0^t h(u)du\right), \quad t > 0 \tag{2.14}$$

표 2.2에 함수 $F(t)$, $f(t)$, $R(t)$ 및 $h(t)$ 간의 관계가 요약되어 있다.

표 **2.2** $F(t)$, $f(t)$, $R(t)$ 및 $h(t)$ 함수 간의 관계

신뢰성 척도	$F(t)$	$f(t)$	$R(t)$	$h(t)$
$F(t)=$	-	$\int_0^t f(u)du$	$1-R(t)$	$1-\exp\left(-\int_0^t h(u)du\right)$
$f(t)=$	$\frac{d}{dt}F(t)$	-	$-\frac{d}{dt}R(t)$	$h(t)\cdot\exp\left(-\int_0^t h(u)du\right)$
$R(t)=$	$1-F(t)$	$\int_t^\infty f(u)du$	-	$\exp\left(-\int_0^t h(u)du\right)$
$h(t)=$	$\frac{dF(t)/dt}{1-F(t)}$	$\frac{f(t)}{\int_t^\infty f(u)du}$	$-\frac{d}{dt}\ln R(t)$	-

고장률은 시간의 흐름에 따라 감소하는 형(DFR: decreasing failure rate), 증가하는 형(IFR: increasing failure rate) 및 일정한 값을 유지하는 형(CFR: constant failure rate)의 세 유형으로 분류해 볼 수 있다. 그러나 제품 혹은 부품의 전체 수명기간에 걸친 고장률의 변화를 살펴보면, 초기에는 어느 정도의 시간이 경과할 때까지 감소하다가 안정기에 접어들면 상당 기간 일정한 수준으로 유지된 후 제품의 노후화에 따라 다시 증가하여 그림 2.6과 같은 욕조곡선(bathtub curve)의 형태를 나타낸다.

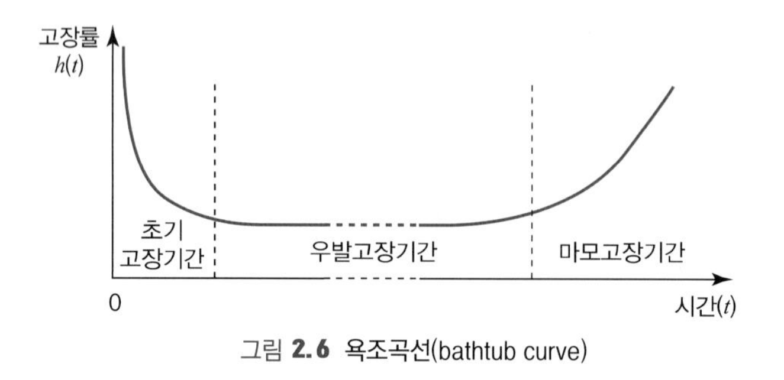

그림 **2.6** 욕조곡선(bathtub curve)

고장률의 형태를 기준으로 제품 혹은 부품의 수명기간을 나누어 보면 초기고장기간, 내용수명기간 및 마모고장기간의 세 기간으로 구분할 수 있다. 보통 초기고장기간의 고장률은 내용(우발)수명기간보다 높게 나타나는데, 이것은 부품 제조 당시에 발견되지 않은 결함들이 작동을 시작하면서 드러나기 때문이다. 초기 고장률은 이와 같은 결함들을 찾아 제거하면서 차츰 감소하여 일정 수준으로 안정되면서 내용수명기간이 시작된다. 내용수명기간은 우발고장기간이라고도 하는데, 고장률이 일정 수준으로 유지되다가 제품이나 부품의 마모로 인해 다시 증가하기 시작하는 시점까지의 기간이다. 경험적으로는 대부분의 기계부품에서 고장률함수가 내용수명기간에도 약간 증가하는 경향을 보인다. 마모고장기간에는 제품이나 부품의 노후화 혹은 마모로 인하여

고장률이 다시 증가하게 된다.

일반적으로 기업에서는 소비자에 대한 품질보증을 위해 제품을 출하하기 전에 공장에서 적절한 디버깅(debugging) 또는 번인(burn-in)을 실시하여 초기 결함을 제거하는데, 그 기간의 길이는 초기고장의 제거정도와 비례하여 설정된다. 또한 마모고장기간에는 적절한 예방보전 등으로 고장률의 급격한 증가를 완화시킬 수 있다.

2.3.3 평균수명

평균수명(MTTF: mean time to failure)은 수리 불가능한 부품일 경우 당해 부품의 평균수명이라 할 수 있으며 다음과 같이 정의된다.

$$MTTF = E(T) = \int_0^\infty tf(t)dt \tag{2.15}$$

참고로 수리가능한 부품일 경우 평균 고장 간격 시간(MTBF: mean time between failures)으로 나타나게 된다. 수리된 부품은 계속 사용이 가능하므로 수리 가능 부품의 평균수명은 MTBF와는 다르게 된다.

MTTF와 관련하여 $f(t) = -R'(t)$에 부분적분을 적용하면 다음과 같은 편리한 식이 얻어진다.

$$MTTF = -\int_0^\infty tR'(t)dt = -[tR(t)]_0^\infty + \int_0^\infty R(t)dt = \int_0^\infty R(t)dt \tag{2.16}$$

예제 2.1

수명을 월 단위로 측정했을 때 다음과 같은 신뢰도함수를 갖는 부품을 고려해 보자.

$$R(t) = \frac{1}{(0.2t+1)^2}, \quad t > 0$$

고장밀도함수는 신뢰도함수를 미분하여

$$f(t) = -R'(t) = \frac{0.4}{(0.2t+1)^3}$$

과 같이 구할 수 있고 고장률함수는

$$h(t) = \frac{f(t)}{R(t)} = \frac{0.4}{0.2t+1}$$

이며, $MTTF$는 다음과 같이 얻을 수 있다.

$$MTTF = \int_0^\infty R(t)dt = 5\text{개월}$$

■■■

2.3.4 평균 잔여수명

자동차, 선박, 항공기 등의 중고 제품을 구입할 경우 향후 얼마나 더 사용할 수 있을 것인가가 중요한 의사결정 요소가 된다. 평균 잔여수명은 이와 같은 상황뿐만 아니라 현장에서 사용되고 있는 기존 설비의 교체 여부를 결정하는 데도 의미 있는 정보를 제공하는 척도이다. 시점 $t=0$에서 시작하여 시점 t에서 계속하여 작동하고 있는 부품의 수명 T를 고려해 보자. 이미 t시간 동안 사용된 부품이지만 추가적으로 x시간 동안 더 사용될 수 있을 확률은 다음과 같다.

$$R(x|t) = \Pr(T > x+t \mid T > t) = \frac{\Pr(T > x+t)}{\Pr(T > t)} = \frac{R(x+t)}{R(t)} \tag{2.17}$$

식 (2.17)을 수명(age) t인 부품의 조건부 생존함수(conditional survivor function)라고 한다. 조건부 생존함수의 고장률함수는 원래 함수의 $x+t$에서의 고장률과 같다.

$$h(x|t) = \frac{-R'(x|t)}{R(x|t)} = \frac{-R'(x+t)/R(t)}{R(x+t)/R(t)} = -\frac{R'(x+t)}{R(x+t)}$$
$$= -\frac{d}{dx}\ln R(x+t) = h(x+t) \tag{2.18}$$

이제 식 (2.18)를 이용하여 수명 t인 부품의 평균 잔여수명(MRL: mean residual life)을 구하면 다음과 같다.

$$MRL(t) = \mu(t) = \int_0^\infty R(x|t)dx = \frac{1}{R(t)}\int_t^\infty R(x)dx \tag{2.19}$$

새로운 부품의 평균 잔여수명은 $\mu(0) = \mu = MTTF$가 된다. 평균 잔여수명과 관련하여 다음 부등식이 성립한다.

$$MRL(t) = \frac{1}{R(t)}\left[\int_0^\infty R(x)dx - \int_0^t R(x)dx\right] \le \frac{1}{R(t)}\left[\int_0^\infty R(x)dx - R(t)\int_0^t dx\right]$$
$$= \frac{1}{R(t)}[MRL(0) - R(t)\cdot t] = \frac{\mu}{R(t)} - t \tag{2.20}$$

경우에 따라서는 전체 수명을 1로 할 때, 잔여수명이 얼마나 되는가를 알아보는 것도 흥미있는 관심사가 될 수 있다. 다음 함수는 잔여수명이 전체 수명에 대해 차지하는 비중을 나타낸다.

$$g(t)= \frac{MRL(t)}{MTTF}= \frac{\mu(t)}{\mu} \tag{2.21}$$

고장률함수 $h(t)$와 시점 t에서의 평균 잔여수명 $\mu(t)$ 사이의 관계는 식 (2.21)를 미분하여 다음이 성립함을 보일 수 있다.

$$h(t)= \frac{1+\mu'(t)}{\mu(t)} \tag{2.22}$$

예제 2.2

고장률함수 $h(t)=t/(t+1)$를 갖는 부품을 고려해 보자. 고장률함수는 증가함수이고 $t\to\infty$일 때 1로 수렴한다. 신뢰도함수는

$$R(t)= \exp\left(-\int_0^t \frac{u}{u+1}du\right)= (t+1)e^{-t}$$

이고 평균수명을 구하면

$$MTTF= \int_0^\infty (t+1)e^{-t}dt= 2$$

이다. 조건부 생존함수와 평균 잔여수명은

$$R(x|t)= \frac{R(x+t)}{R(t)}= \frac{(t+x+1)e^{-(t+x)}}{(t+1)e^{-t}}= \frac{t+x+1}{t+1}e^{-x}$$

$$MRL(t)= \int_0^\infty R(x|t)dx= 1+\frac{1}{t+1}$$

이다. $MRL(t)$가 $t=0$일 때 $MRL(0)=MTTF=2$가 되고 t에 관해 감소하며, $t\to\infty$일 때 $MRL(t)\to 1$이 됨을 알 수 있다.

2.3.5 백분위수명

수명 T의 $100p\%$ 백분위수 t_p는

$$F(t_p)= \Pr\{T\le t_p\}= p \tag{2.23}$$

을 만족시키는 실수 값을 말한다. 이는 분포함수 $F(t)$의 값이 p가 되는 시점으로 전체 부품 중 $100p$%가 고장 나는 시점을 나타낸다. 예를 들면 어느 부품의 5% 백분위수(B_5 수명)가 1000시간이라 하면($t_{0.05}$=1000), 전체 부품의 5%가 고장 나는 시점이 1000시간임을 의미한다.

제품의 품질보증에 관련될 경우 평균수명보다는 백분위수명이 훨씬 더 보편적으로 사용된다. 일반적으로 제품의 설계수명으로 10% 백분위수(B_{10} 수명), 5% 백분위수(B_5 수명), 또는 1% 백분위수(B_1 수명)기 자주 사용된다.

2.4 연속형 수명분포와 신뢰도

이 절에서는 부품 수준에서의 최초 고장 발생시간의 모형화에 유용하게 사용될 수 있는 지수분포, 감마분포, 와이블 분포, 정규분포 및 대수정규분포 별로 신뢰성 척도를 설명한다. 다음으로 신뢰도함수의 상한 및 하한을 도출하는 등 신뢰성 분석에서 유용하게 활용하도록 고장분포를 분류하고자 한다.

2.4.1 지수분포

확률변수 T의 값이 $t \geq 0$ 일 경우 지수분포(exponential distribution)의 분포함수와 확률밀도함수는 다음과 같다.

$$F(t;\theta) = 1 - e^{-\lambda t} \tag{2.24}$$

$$f(t;\theta) = \lambda e^{-\lambda t} \tag{2.25}$$

이 경우 모수집합은 $\Theta = \{\lambda ; \lambda > 0\}$이다. 모수 λ를 갖는 지수분포를 $T \sim \exp(\lambda)$로 표현하며, 지수분포의 평균과 분산은 다음과 같다.

$$\mu = \frac{1}{\lambda},\ \sigma^2 = \frac{1}{\lambda^2} \tag{2.26}$$

식 (2.26)에서 알 수 있는 바와 같이 지수분포의 경우 평균과 표준편차가 같게 된다.

지수분포는 고장분포 중에서 가장 단순한 것으로 수학적으로 다루기 쉬우므로 많이 사용되며,

대개 전기전자 부품의 고장에 대한 모형화에 사용된다. 시점 $t=0$에서 작동하기 시작한 제품이 고장발생까지의 시간분포가 지수분포를 따르면 고장률함수는 다음과 같다.

$$h(t)=\lambda \tag{2.27}$$

즉, 지수분포의 고장률은 일정하여 시간 t 값의 변화에 영향을 받지 않는다는 것을 알 수 있다. 또한 식 (2.24)를 이용하여 전체 부품의 50%가 고장 나게 되는 시점 $t_{0.5}$에 해당되는 t_m(메디안 수명)를 구하면 다음과 같다.

$$t_m = -\frac{1}{\lambda}\ln 0.5 \tag{2.28}$$

그림 2.7은 평균수명 $\mu = 1/\lambda$이 500, 1500, 5000시간일 경우 $f(t)$의 형태를 나타낸 것이다. 고장률 λ가 높은 지수분포가 위쪽에 나타남을 알 수 있다.

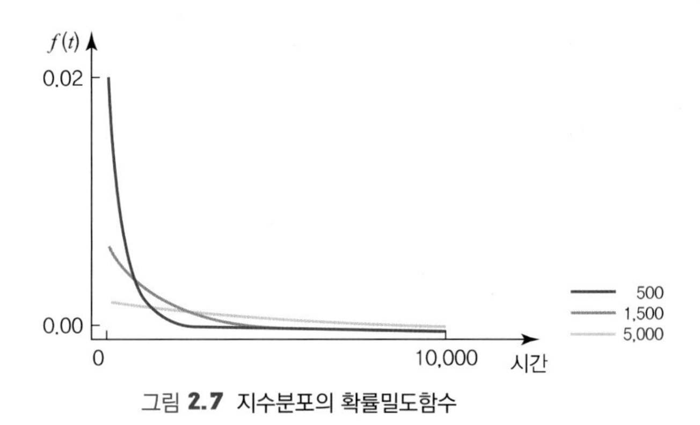

그림 **2.7** 지수분포의 확률밀도함수

예제 2.3

K사에서 출시한 세탁기는 평균 10년 동안 고장이 없다고 한다. 이 세탁기의 수명은 지수분포를 따른다고 할 때 확률밀도함수는 식 (2.25)와 같이 $f(t)=\frac{1}{10}e^{-\frac{1}{10}t}$로 나타낼 수 있다. 이 세탁기가 5년 이내에 고장이 날 확률은 다음과 같이 구해진다.

$$\Pr(T \le 5) = \int_0^5 \frac{1}{10}e^{-\frac{1}{10}t}dt = [-e^{-\frac{1}{10}t}]_0^5 = 1-e^{-\frac{1}{2}} = 0.3935$$

어느 부품의 수명이 지수분포를 따를 경우 평균 잔여수명은

$$MRL(t) = \int_0^\infty R(x|t)dx = \int_0^\infty R(x)dx = MTTF$$

으로서 그 부품의 수명 t에 관계없이 원래의 평균수명과 동일하다. 따라서 이 부품이 작동하는 동안에는 늘 새것(as good as new)과 같게 된다. 지수분포의 이와 같은 성질을 망각성(memoryless property)이라 한다. 그러므로 부품의 수명이 지수분포로 잘 설명될 수 있는 경우 다음과 같은 사실이 성립한다.

- 사용된 제품은 확률적으로 새것과 같기 때문에 작동하고 있는 부품을 예방보전의 목적으로 미리 교체할 아무런 이유가 없다.
- 신뢰도함수, 고장까지의 평균시간 등의 추정은 관측시점에서 부품들의 총 작동시간(TTT, total time on test)과 고장의 수에 대한 데이터를 수집하는 것만으로도 충분하다(9장 참조).

지수분포는 고장발생이 임의적이고 서로 종속적이지 않을 경우에 적용하기 적합한 분포로서 주로 전기 및 전자부품 고장의 모형화에 많이 사용된다. 여러 개의 다른 형태의 부품으로 구성된 복잡한 기기나 시스템의 수명분포는 비교적 넓은 조건하에서 근사적으로 지수분포를 따른다는 'Drenick의 정리'에 힘입어 가장 광범위하게 사용되는 고장분포들 중 하나가 지수분포가 된다. 지수분포가 광범위하게 사용되는 또 다른 이유는 대부분의 다른 분포들에 비해 수학적으로 다루기 쉽다는 점에 있다. 그러나 다루기 쉬운 반면에 분포의 지수성을 가정하기가 쉽지 않다는 단점이 있다.

지수분포의 모수를 $\theta = 1/\lambda$로 두면 고장분포함수는 $F(t) = 1 - e^{-t/\theta}$가 되며 이때 θ를 척도(scale)모수라 한다. 또한 고장이 발생할 때까지 걸리는 시간 $T_i(i = 1, 2, \cdots)$ 가 모수 λ를 갖는 지수분포를 따르면 구간 $(0, t]$에서 발생하는 고장 횟수 N은 모수 $\mu = \lambda t$를 갖는 포아송 분포를 따르게 된다(연습문제 2.9 참조).

예제 2.4

어떤 전구의 평균수명을 $\mu = 1500$시간이라고 한다면 고장률은 $\lambda = 1/1500$=0.0006667로 구할 수 있다. 수명의 중앙값 $t_{0.5}$는 $-\ln 0.5/\lambda = 1039.6$시간이 된다. 따라서 이 전구의 평균수명은 1500시간이지만 1040시간을 사용할 경우 절반은 고장이 난다고 할 수 있다. 또한 t가 500, 1500, 5000시간일 경우, t시간 이후에 전구가 생존해 있을 확률 $R(t)$는 다음과 같다.

t	500	1500	5000
$R(t)$	0.7164	0.3679	0.0356

그리고, 고장이 발생하면 즉시 동일한 전구로 교체된다고 가정할 때 4,500시간 동안에 5번 이상의 전구 교체가 이루어질 확률은 다음과 같다. 구간 [0, 4500]에서 발생하는 고장 횟수 N은 모수

$\mu = \dfrac{1}{1500} \times 4500 = 3$을 갖는 포아송 분포가 된다(2.5.4절 참조).

따라서 $\Pr(N \geq 5) = 1 - \Pr(N \leq 4) = 1 - 0.815 = 0.185$이다.

2.4.2 감마분포

수명 T의 고장밀도함수가 다음과 같을 때, T는 감마분포(gamma distribution)를 따른다고 하고 $T \sim \text{gamma}(\alpha, \lambda)$로 표현된다.

$$f(t) = \frac{\lambda^{\alpha}}{\Gamma(\alpha)} t^{\alpha-1} e^{-\lambda t}, \quad t > 0 \tag{2.29}$$

감마분포의 모수집합은 $\Theta = \{\alpha,\ \lambda\ ;\ \alpha > 0,\ \lambda > 0\}$로서 α는 형상(shape)모수, λ는 척도(scale) 모수를 나타낸다.

그림 2.8은 $\lambda = 2$이고 $\alpha = 0.50,\ 1.00,\ 2.00$일 때 감마분포의 고장밀도함수 $f(t)$ 및 고장률함수 $h(t)$의 모양을 보여 준다. 감마분포는 형상모수 α의 값에 따라 고장률의 유형이 달라지며 $0 < \alpha < 1$이면 *DFR*, $\alpha = 1$이면 *CFR*, 그리고 $\alpha > 1$이면 *IFR* 형태임을 알 수 있다.

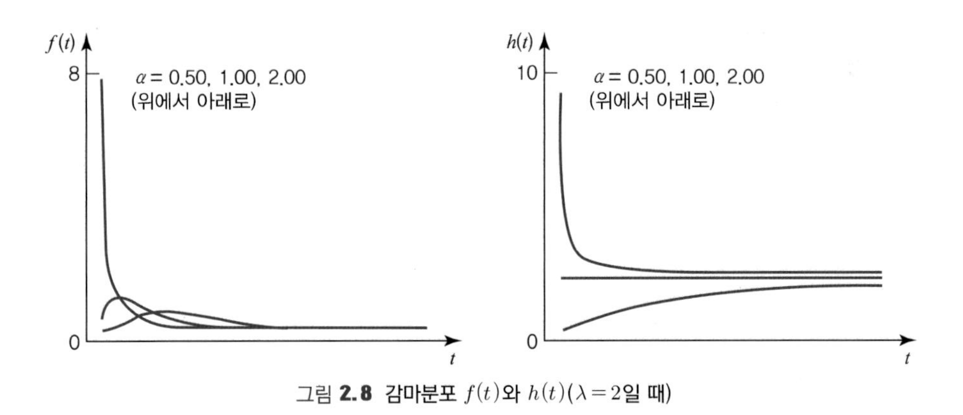

그림 **2.8** 감마분포 $f(t)$와 $h(t)$($\lambda = 2$일 때)

감마분포의 평균과 분산은 각각 다음과 같다.

$$\mu = \frac{\alpha}{\lambda}$$

$$\sigma^2 = \frac{\alpha}{\lambda^2} \tag{2.30}$$

감마분포에서 $\alpha=1$이면 $\lambda=1/\beta$인 지수분포가 된다. 즉 지수분포는 감마분포의 특수한 형태라고 할 수 있다. 형상모수 α가 정수이면 감마분포를 얼랑(Erlang) 분포라고 부르며, 이 경우 α개의 지수 확률변수들의 합의 분포로 이해할 수 있다. 그리고 $\alpha=v/2$ 및 $\lambda=0.5$이면 감마분포는 자유도(degree of freedom)가 v인 카이제곱(χ^2)분포가 된다.

예제 2.4 (계속)

전구에 고장이 발생하면 즉시 동일한 전구로 교체된다고 한다. 2개의 전구로 5,000시간 이상 가동될 수 있는 확률을 구하여 보자. 두 번째 고장이 발생할 때 까지 걸리는 시간 S_2는 모수($\alpha=2$, $\lambda=1/1,500$)인 감마분포를 따른다(연습문제 2.9 참조).

따라서 $\Pr(S_2>5000)=\Pr(N(5000)\le 1)=(1+\frac{1}{1500}\times 5000)e^{-\frac{5000}{1500}}=0.1546$

■■■

2.4.3 와이블 분포

와이블 분포는 신뢰성 분석에서 가장 폭넓게 사용되는 고장분포 중 하나이다. 와이블 분포는 물질의 강도를 모형화하기 위해 스웨덴의 와이블(W. Weibull, 1887~1979) 교수에 의해서 개발되었다. 수명 T의 분포가 다음과 같을 때, T는 2-모수 와이블 분포(two-parameter Weibull distribution)의 분포함수는 갖는다고 하고, $T\sim\text{Weibull}(\lambda,\ \beta)$로 표현된다.

$$F(t;\theta)=1-e^{-(\lambda t)^{\beta}}, \qquad t>0 \tag{2.31}$$

와이블 분포의 모수집합은 $\Theta=\{\lambda,\ \beta;\ \lambda>0,\ \beta>0\}$이고, λ는 척도모수(scale parameter) 이며, β는 형상모수(shape parameter)이다. 와이블 분포의 확률밀도함수는 분포함수를 미분하여 다음과 같이 얻을 수 있으며

$$f(t;\theta)=\frac{d}{dt}F(t)=\beta\lambda^{\beta}t^{\beta-1}e^{-(\lambda t)^{\beta}},\ t>0 \tag{2.32}$$

평균과 분산은 다음과 같다.

$$\mu=\frac{1}{\lambda}\Gamma\left(\frac{1}{\beta}+1\right),\ \sigma^2=\frac{1}{\lambda^2}\left(\Gamma\left(\frac{2}{\beta}+1\right)-\Gamma^2\left(\frac{1}{\beta}+1\right)\right) \tag{2.33}$$

여기서 $\Gamma(\bullet)$는 감마함수로서 $\Gamma(\beta)=\int_0^{\infty}x^{\beta-1}e^{-x}dx$이다.

수명이 와이블 분포를 따를 때, 신뢰도함수와 고장률 함수는 각각 다음과 같이 구할 수 있다.

$$R(t) = \Pr(T > t) = e^{-(\lambda t)^{\beta}}, \quad t > 0 \tag{2.34}$$

$$h(t) = \frac{f(t)}{R(t)} = \beta\lambda^{\beta} t^{\beta-1}, \quad t > 0 \tag{2.35}$$

식 (2.35)의 고장률 함수를 살펴보면 와이블 분포는 적절한 형상모수의 값을 선택함으로써 세 가지 형태의 고장률을 모두 표현할 수 있음을 알 수 있다. 즉, $\beta = 1$인 경우 고장률은 일정하며, $\beta > 1$인 경우 고장률함수 $h(t)$는 증가하고 $0 < \beta < 1$인 경우에는 감소한다. 그림 2.9는 척도모수를 1로 고정시켜 두고 형상모수 β 값에 따른 고장밀도함수 $f(t)$ 및 고장률함수 $h(t)$의 모양을 도시하고 있다.

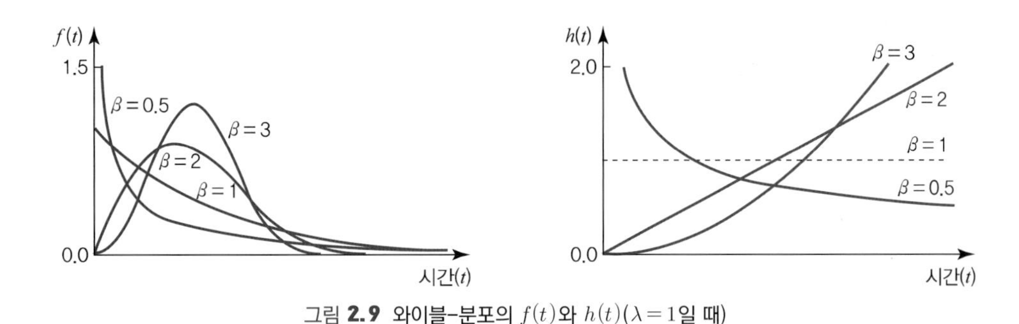

그림 **2.9** 와이블-분포의 $f(t)$와 $h(t)(\lambda = 1$일 때)

한편, 시점 $1/\lambda$에서의 신뢰도는 식 (2.34)로부터 β와는 무관하게

$$R\left(\frac{1}{\lambda}\right) = \frac{1}{e} \approx 0.3679 \tag{2.36}$$

로 결정된다. 여기서 $1/\lambda$ 값을 특성(characteristic)수명이라고 한다. 그리고 MTTF와 메디안 수명은 다음과 같이 얻어진다.

$$MTTF = \int_0^{\infty} R(t)dt = \frac{1}{\lambda}\Gamma\left(\frac{1}{\beta}+1\right) \tag{2.37}$$

$$R(t_m) = 0.50 \;\Rightarrow\; t_m = \frac{1}{\lambda}(\ln 2)^{1/\beta} \tag{2.38}$$

또, 수명 T의 분산은 (2.33)에서

$$\sigma^2 = \frac{1}{\lambda^2}\left(\Gamma\left(\frac{2}{\beta}+1\right) - \Gamma^2\left(\frac{1}{\beta}+1\right)\right) \tag{2.39}$$

로 주어지며 $MTTF/\sigma$는 척도모수 λ와는 무관하게 된다.

와이블 분포가 반도체, 볼 베어링, 엔진, 점용접, 생물학적 유기체 등의 신뢰성 분석에 폭넓게 사용되고 있는 것은 여러 형태의 고장률을 모형화할 수 있을 뿐만 아니라 여러 개의 부품으로 구성된 시스템의 수명은 가장 먼저 고장 나는 부품의 수명에 의해 결정된다는 최약 연결(weakest link)의 법칙에 근거한 현실적인 타당성 때문이다. 즉, 독립적이고 동일한 분포를 따르는 여러 개의 비음의 확률변수(부품 수명)들이 있을 때, 이 중 최소인 확률변수(가장 먼저 고장 나는 부품의 수명)의 분포는 와이블 분포를 따르게 된다.

예제 2.5

초크 밸브의 수명 T는 형상모수 $\beta = 2.25$와 척도모수 $\lambda = 1.15 \times 10^{-4}$인 와이블 분포를 따른다고 하자. 이 밸브가 연속적으로 6개월($t = 4380$시간) 동안 생존하게 될 확률은 다음과 같다.

$$R(t) = e^{-(\lambda t)^{\beta}} = e^{-(1.15 \cdot 10^{-4} \cdot 4380)^{2.25}} \approx 0.808$$

그리고 평균수명과 메디안 수명은 각각

$$MTTF = \frac{1}{\lambda}\Gamma\left(\frac{1}{\beta}+1\right) = \frac{\Gamma(1.44)}{1.15 \cdot 10^{-4}} \approx 7706$$

$$t_m = \frac{1}{\lambda}(\ln 2)^{1/\beta} \approx 7389$$

이다. 처음 6개월($t_1 = 4380$시간) 동안 생존한 밸브가 다음 6개월($t_2 = 4380$시간) 동안 생존할 확률을 구하면

$$R(t_1 + t_2 | t_1) = \frac{R(t_2)}{R(t_1)} = \frac{e^{-(\lambda t_2)^{\beta}}}{e^{-(\lambda t_1)^{\beta}}} \approx 0.448$$

이고, 이 값은 새로운 밸브가 6개월 동안 생존할 확률보다 현저히 낮다는 것을 알 수 있다. 또한 6개월($t = 4380$ 시간) 동안 생존해 온 밸브의 평균 잔여수명은

$$MRL(t) = \frac{1}{R(t)}\int_0^{\infty} R(t+x)dx \approx 4449$$

이다.

■■■

와이블 분포는 $\beta = 1$이면 지수분포, $\beta = 2$이면 레일리(Rayleigh) 분포가 되며 $\beta > 3$이면 정규분포에 근사하게 된다. 또한 $X = (\lambda T)^{\beta}$로 변수변환을 하면 변수 X는 고장률 1인 지수분포를 가지게 된다.

2.4.4 정규분포

정규분포(normal distribution) 또는 가우스 분포(Gaussian distribution)의 확률밀도함수는 $-\infty < x < \infty$ 에서 다음과 같이 정의되고, $X \sim N(\mu, \sigma^2)$라고 표현한다.

$$f(x;\theta) = \frac{1}{\sqrt{2\pi}\cdot\sigma} e^{-(x-\mu)^2/2\sigma^2}, \quad -\infty < x < \infty \tag{2.40}$$

정규분포의 모수집합은 $\Theta = \{\mu, \sigma^2; -\infty < \mu < \infty, \sigma^2 > 0\}$이다. 평균 μ와 표준편차 σ가 결정되면 정규 곡선이 결정된다. 그림 2.10은 평균은 다르지만 표준편차가 같은 2개의 정규곡선을 보여 준다. 두 곡선의 모양은 동일하지만 수평축을 따라서 중심위치가 다름을 알 수 있다.

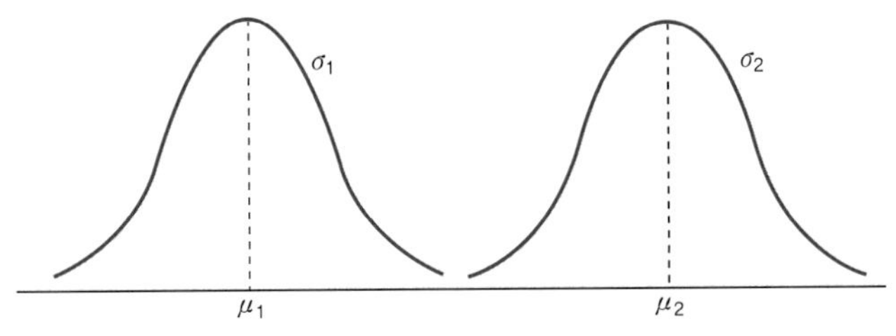

그림 2.10 $\mu_1 < \mu_2$과 $\sigma_1 = \sigma_2$인 두 정규곡선

또한 평균은 같지만 표준편차가 다른 2개의 정규곡선이 그림 2.11에 나타나 있다. 표준편차가 큰 곡선이 작은 곡선보다 아래쪽에 위치하고 더 넓게 퍼져 있음을 알 수 있다.

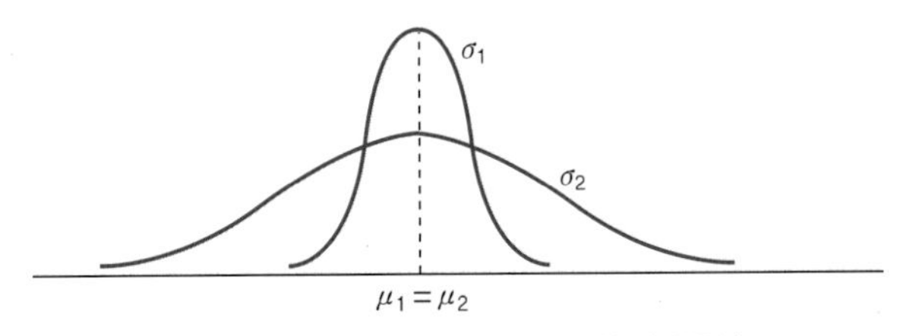

그림 2.11 $\mu_1 = \mu_2$이고 $\sigma_1 < \sigma_2$인 정규곡선

정규분포의 확률은 표준정규분포(standard normal distribution) 표를 이용하여 계산된다. 표준화된 확률변수 $Z = \frac{X-\mu}{\sigma}$는 평균 0, 분산 1인 표준정규분포를 따르며 확률밀도함수는 다음과 같다.

$$\phi(z) = \frac{1}{\sqrt{2\pi}} e^{-z^2/2}, \quad -\infty < z < \infty \tag{2.41}$$

표준정규분포의 분포함수는 보통 $\Phi(\cdot)$로 표기하며 $X \sim N(\mu, \sigma^2)$의 분포함수는 $\Phi(\cdot)$를 이용

하여 나타낼 수 있다. X가 평균 μ, 분산 σ^2인 정규분포를 따르는 확률변수일 때, $\Pr(X \le x) = \Phi[(x-\mu)/\sigma]$의 값으로 계산되므로 분포함수는 다음과 같다.

$$F(x) = \Pr(X \le x) = \Phi\left(\frac{x-\mu}{\sigma}\right) \tag{2.42}$$

예제 2.6

심장박동 조절장치에 사용되는 부품의 제동력은 $\mu = 20$, $\sigma^2 = 4$인 정규분포로 모형화된다고 한다. 장치의 설계 시 ℓ 이상의 제동력이 요구된다면, 이는 $\Pr(X > \ell) = 1 - \Pr(X \le \ell)$로 계산된다. 요구 제동력을 만족시키지 못하면 정상적인 제품이 될 수 없다. 다음은 몇 가지 ℓ 값에 대해서 계산한 확률을 나타낸 것이다.

ℓ	14	16	18	20	22	24	26
$P(X>\ell)$	0.9987	0.9772	0.8413	0.5000	0.1587	0.0228	0.0013

예제 2.7

측정계기를 사용하여 생산품 검사를 시행하는데 $1.50 \pm d$ 내에 들어 있지 않으면 부적합품으로 처리한다. 측정값이 평균 $\mu = 1.50$, 분산 $\sigma^2 = 0.04$인 정규분포를 따른다고 할 때, 그 기준이 측정값의 95%를 포함하도록 d 값을 결정해 보자. $\Phi(1.96) = 0.975$이므로 $\Pr(-1.96 < Z < 1.96) = 0.95$이다. 따라서 $1.96 = \dfrac{(1.50+d)-1.50}{0.2}$이고 $d = (0.2)(1.96) = 0.392$가 된다.

정규분포는 $x < 0$일 경우 $f(x;\theta) > 0$이기 때문에 일반적으로 고장시간의 모형화에 사용될 수 없으나, $\mu \gg \sigma$인 경우에는 $\Pr\{X < 0\} \approx 0$이 되어 고장시간의 모형화에 사용될 수 있다.

수명 T가 $T \sim N(\mu, \sigma^2)$이면, 분포함수의 식 (2.42)로부터 생존함수 $R(t)$는 다음과 같이 표현할 수 있다.

$$R(t) = 1 - \Phi\left(\frac{t-\mu}{\sigma}\right) \tag{2.43}$$

또한 고장률함수는 표준정규분포의 확률밀도함수와 분포함수를 모두 사용하여 다음과 같이 나타낼 수 있다.

$$h(t) = -\frac{R'(t)}{R(t)} = \frac{1}{\sigma} \cdot \frac{\phi((t-\mu)/\sigma)}{1-\Phi((t-\mu)/\sigma)} \tag{2.44}$$

표준정규분포 $N(0,1)$의 고장률함수는 그림 2.12에 나와 있는 바와 같이 모든 t에 대해서 증가함수이며 $t \to \infty$일 때 $h(t) = t$에 접근한다는 것을 알 수 있다.

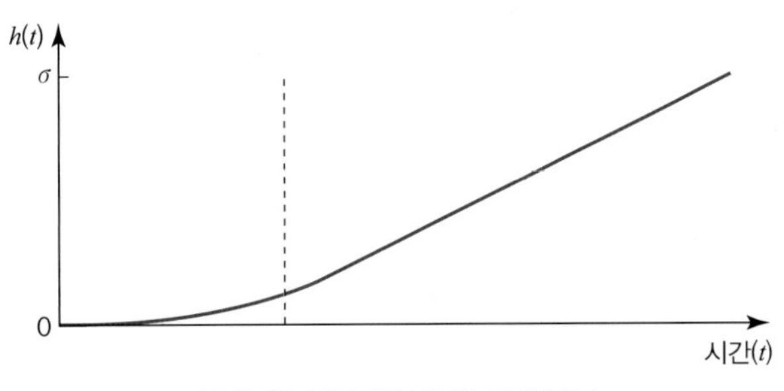

그림 **2.12** 표준정규분포의 고장률함수

제품의 수명은 음의 값을 가질 수 없으므로 정규분포에서 0보다 작은 음수 부분을 절단하여 수명분포로 사용하기도 한다. 이와 같이 좌측이 절단된 정규분포는 다음과 같은 신뢰도함수를 가진다.

$$R(t) = \Pr(T > t \mid T > 0) = \frac{\Phi((\mu - t)/\sigma)}{\Phi(\mu/\sigma)}, \quad t \geq 0 \tag{2.45}$$

또한 고장률함수는

$$h(t) = \frac{-R'(t)}{R(t)} = \frac{1}{\sigma} \cdot \frac{\phi((t-\mu)/\sigma)}{1-\Phi((t-\mu)/\sigma)}, \quad t \geq 0 \tag{2.46}$$

로서 $t \geq 0$일 때의 절단되지 않은 정규분포에 대한 고장률함수와 동일하게 된다.

예제 2.8

어떤 특수한 형태의 자동차 타이어는 평균수명이 50,000km이며 타이어의 5%는 적어도 70,000km 이상 지속된다고 하자. 그러면 타이어 수명 T는 평균 μ=50,000km인 정규분포를 따르며, $Pr(T > 70000) = 0.05$라고 가정할 수 있을 것이다. σ를 T의 표준편차라 하면 변수 $(T-50000)/\sigma$는 표준정규분포가 된다. 따라서

$$\Pr(T > 70000) = 1 - \Pr\left(\frac{T-50000}{\sigma} \leq \frac{70000-50000}{\sigma}\right) = 0.05$$

이고,

$$\Phi\left(\frac{20000}{\sigma}\right) = 0.95 \approx \Phi(1.645)$$

이며 표준편차를 다음과 같이 구할 수 있다.

$$\frac{20000}{\sigma} \approx 1.645 \Rightarrow \sigma \approx 12,158$$

이 타이어를 60,000 km 이상 사용할 확률은

$$\Pr(T \geq 60000) = 1 - \Pr\left(\frac{T-50000}{12158} < \frac{60000-50000}{12158}\right)$$
$$\approx 1 - \Phi(0.823) \approx 0.205$$

임을 알 수 있다.

$t = 60,000\text{km}$ 에서의 고장률함수는 $h(60,000) = \dfrac{1}{12158}\dfrac{\phi(0.823)}{1-\Phi(0.823)} = 0.000114(\text{km}^{-1})$이다. 타이어가 음의 수명일 확률은 계산해 보면

$$\Pr(T < 0) = \Pr\left(\frac{T-50000}{12158} < \frac{-50000}{12158}\right) \approx \Phi(-4.11) \approx 0$$

으로서, 정규분포 대신 절단정규분포를 사용하는 것에 대한 효과는 무시할 수 있다.

2.4.5 대수정규분포

어떤 제품의 수명 T에 대해서, 만약 $Y = \ln T$가 평균 μ, 분산 σ^2인 정규분포를 따른다면, T는 모수 μ와 σ^2을 갖는 대수정규분포(log-normal distribution)를 따른다고 하고 $T \sim LN(\mu, \sigma^2)$와 같이 나타낸다. T의 고장밀도함수, 신뢰도함수 및 고장률함수는 다음과 같다.

$$f(t) = \frac{1}{\sqrt{2\pi}\,\sigma t} e^{-(\ln t - \mu)^2/2\sigma^2}, \quad t > 0 \tag{2.47}$$

$$R(t) = \Pr(T > t) = \Pr(\ln T > \ln t)$$
$$= \Pr\left(\frac{\ln T - \mu}{\sigma} > \frac{\ln t - \mu}{\sigma}\right) = \Phi\left(\frac{\mu - \ln t}{\sigma}\right) \tag{2.48}$$

$$h(t) = -\frac{d}{dt}\left[\ln\Phi\left(\frac{\mu - \ln t}{\sigma}\right)\right] = \frac{\phi[(\mu - \ln t)/\sigma]/\sigma t}{\Phi[(\mu - \ln t)/\sigma]} \tag{2.49}$$

고장밀도함수와 고장률함수를 그림으로 나타내면 그림 2.13과 같은데 그 중 고장률함수 $h(t)$의 형상은 처음에는 증가하여 최댓값에 도달하고 난 뒤 감소하며 $t \to \infty$일 때 $h(t) \to 0$가 된다. 이와 같은 $h(t)$의 특성은 대수정규분포가 수리시간의 모형화에 사용되는 근거가 된다. 수리

율은 고장률에 대응되는 개념으로 적어도 처음에는 증가하는 것으로 가정하는 것이 타당할 것이다. 즉 수리시간의 경과에 따라 다음 짧은 시간 동안에 수리가 완료될 확률은 커지게 된다. 그러나 오랜 기간 동안 수리가 완료되지 못했을 경우 수리하기 어렵거나 치유불능의 고장으로 다음 단기간 이내에 수리될 확률은 줄어들게 될 것이다.

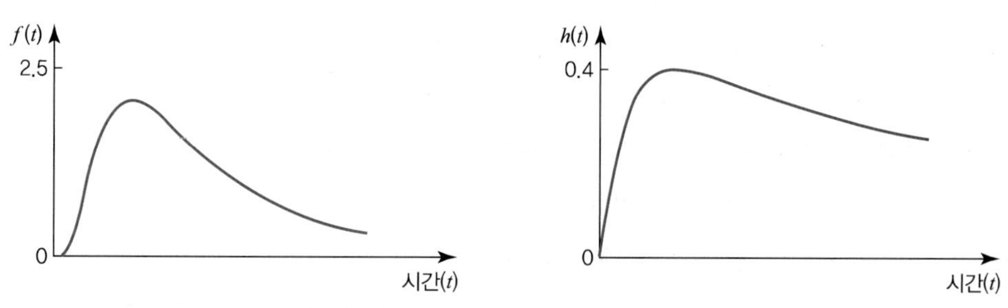

그림 **2.13** 대수정규분포의 확률밀도함수와 고장률함수

수명이 대수정규분포를 따를 경우 평균수명, 메디안 수명 및 분산(모수 σ^2와 구별하기 위해 $Var(T)$로 표기함)은 각각 다음과 같다.

$$MTTF = e^{\mu + \sigma^2/2} \tag{2.50}$$

$$t_m = e^{\mu} \tag{2.51}$$

$$Var(T) = e^{2\mu}\left(e^{2\sigma^2} - e^{\sigma^2}\right) \tag{2.52}$$

대수정규분포의 특성으로서 $T_1, T_2, \ldots, T_n$이 서로 독립적이며 각각 모수 μ_i와 σ_i^2, $i = 1, 2, \ldots, n$을 갖는 대수정규분포를 따른다고 하면, 곱 $T = \prod_{i=1}^{n} T_i$는 모수 $\sum_{i=1}^{n} \mu_i$와 $\sum_{i=1}^{n} \sigma_i^2$을 갖는 대수정규분포를 따르게 된다.

2.4.6 고장분포의 분류

고장률, 신뢰도 등 제품이나 부품의 노화성질에 관련된 개념에 근거하여 고장분포를 여러 가지 범주로 분류할 수 있다. 이와 같은 분류는 신뢰도함수의 상한 및 하한을 도출하는 등 신뢰성 분석에서 유용하게 활용될 수 있다. 고장분포를 분류하기 위하여 평균고장률 및 평균 잔여수명의 개념이 필요하다. 평균고장률 $r(t)$는 다음과 같이 정의된다.

$$r(t) = \frac{\int_0^t h(x)dx}{t} \tag{2.53}$$

고장분포 $F(t)$의 범주는 다음과 같이 분류한다.

1. 고장률함수 $h(t)$가 t의 감소함수이면, DFR(decreasing failure rate)이다.
2. $h(t)$가 일정하면, CFR(constant failure rate)이다.
3. $h(t)$가 t의 증가함수이면, IFR(increasing failure rate)이다.
4. 평균고장률 $r(t)$가 t의 증가함수이면, IFRA(increasing failure rate on the average)이다.
5. $r(t)$가 t의 감소함수이면, DFRA(decreasing failure rate on the average)이다.
6. $[1-F(x+y)] \leq [1-F(x)][1-F(y)]$ 이면, NBU(new better than used)이다.
7. $[1-F(x+y)] \geq [1-F(x)][1-F(y)]$ 이면, NWU(new worse than used)이다.
8. $\int_0^{\infty} [1-F(x+y)]\,dy \leq [1-F(x)] \int_0^{\infty} [1-F(y)]\,dy$이면, NBUE(new better than used in expectation)이다.
9. $\int_0^{\infty} [1-F(x+y)]\,dy \geq [1-F(x)] \int_0^{\infty} [1-F(y)]\,dy$이면, NWUE(new worse than used in expectation)이다.
10. $MRL(t)$가 t의 증가함수이면, IMRL(increasing mean residual life)이다.
11. $MRL(t)$가 t의 감소함수이면, DMRL(decreasing mean residual life)이다.

그림 2.14는 각 범주 간의 포함관계를 나타내고 있다. 즉 IFR 분포함수는 IFRA, NBU, DMRL 및 NBUE이다. 그러나 NBU 분포는 NBUE이지만 IFR 또는 IFRA가 아닐 수 있다(Leemis, 2017).

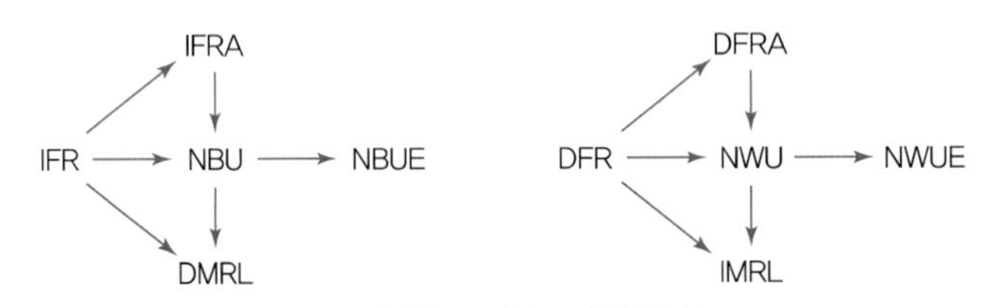

그림 **2.14** 고장분포 간의 관계

2.5 이산형 분포와 신뢰도

이 절에서는 신뢰도 분석에서 많이 사용되는 기본적인 이산 확률분포로서 베르누이 분포, 이항분포, 기하분포 및 포아송 분포에 대해 살펴본다.

2.5.1 베르누이 분포

어떤 시행의 결과가 오직 두 가지, 즉 성공(S) 또는 실패(F)로 나타날 때 이를 베르누이 시행(Bernoulli trial)이라 한다. 이산 확률변수 중 $n=1$인 경우로서 X가 0(실패) 또는 1(성공)의 두 가지 값만 취할 수 있을 때, X의 분포를 베르누이 분포(Bernoulli distribution)라고 한다. 성공률 p를 갖는 베르누이 분포의 경우 모수(parameter)집합은 $\Theta=\{p\,;\ 0\le p\le 1\}$이며, 확률질량함수(probability mass function)는

$$p(x)=p^x(1-p)^{1-x},\quad x=0,1 \tag{2.54}$$

로 나타낼 수 있다. 베르누이 확률변수의 기댓값과 분산은 다음과 같다.

$$E(X)=p\ ,\quad Var(X)=p(1-p) \tag{2.55}$$

베르누이 분포는 부품이 작동하면 $X=1$, 부품이 고장이면 $X=0$로 나타내어 부품 수준에서의 정적인 신뢰도의 모형화에 사용될 수 있다. 즉, X를 부품의 작동여부를 나타내는 상태변수라 할 때, 이 부품의 신뢰도 R은 부품이 정상적으로 작동할 확률이므로

$$R=\Pr(X=1)=p=E(X)$$

X의 기댓값으로 구할 수 있음을 알 수 있다. 이것은 시스템의 상태변수에 대해서도 똑같이 적용할 수 있으므로 4장에서 관련된 내용을 학습하게 될 것이다. 한편, 시스템의 상태가 시간에 따라 변화하는 동적 신뢰도의 경우에는 t시점에서의 신뢰도함수 $R(t)$가 p에 대응된다.

2.5.2 이항분포

성공률이 p인 베르누이 시행이 서로 독립적으로 n번 반복 시행되었을 때, 이산 확률변수 X를 'n번 시행에서의 성공횟수'라고 하자. 확률변수 X가 0과 n 사이의 값을 취할 수 있고, $0\le x\le n$에서 확률질량함수 $p(x)$를 다음과 같이 나타낼 수 있을 경우 이를 이항분포(binomial distribution)라고 한다.

$$p(x)=\frac{n!}{x!(n-x)!}p^x(1-p)^{(n-x)} \tag{2.56}$$

이항 확률변수 X는 n개의 독립적인 베르누이 확률변수의 합으로 볼 수 있으며, 따라서 이항분포는 베르누이 분포의 n차 중합(n-fold convolution)으로부터 얻을 수도 있다. 이항분포의 모수집합은 $\Theta=\{n,\ p\,;\ 0\le p\le 1, 0\le n\le\infty\}$이며 평균과 분산은 다음과 같다.

$$E(X) = np$$
$$Var(X) = np(1-p) \tag{2.57}$$

이항분포는 X가 크기 n인 로트에서 작동되는 제품의 수 혹은 고장 난 제품의 수를 모형화하고자 할 때 사용할 수 있으며, p는 관심사가 무엇인가에 따라 제품이 작동상태에 있을 확률 혹은 제품이 고장상태에 있을 확률을 나타낸다.

예제 2.9

어느 공정에서 생산된 부품이 고장상태에 있을 확률을 p라고 하자. 공정으로부터 n개 표본을 추출하여 그 중 포함된 부적합품의 수를 X라 하면 X는 이항분포를 따르게 된다. 만약 $p=0.03$, $n=40$이라고 하면 표본 40개 중에 포함된 부적합품 수의 평균은 $\mu=4(0.03)=1.20$이며, 표준편차는 $\sigma = \sqrt{40(0.03)(0.97)}=1.0789$가 된다. 또한 표본 40개 가운데 부적합품이 3개 있을 확률은 식 (2.56)에 의해 다음과 같이 계산된다.

$$\Pr(X=3) = \binom{40}{3}(0.03)^3(0.97)^{37} = 0.0864$$

마지막으로 표본 40개 중 부적합품이 3개 이상 속해 있을 확률을 구해 보면 다음과 같다.

$$\begin{aligned}\Pr(X \geq 3) &= 1 - \Pr(X < 3) \\ &= 1 - \Pr(X=0) - \Pr(X=1) - \Pr(X=2) \\ &= 1 - 0.2957 - 0.3658 - 0.2206 = 0.1179\end{aligned}$$

위의 결과를 통해 한 로트의 부품이 40개인 경우 부적합품이 3개 발견될 확률은 8.64%이고, 3개 이상의 부적합품이 발견될 확률은 11.79%라는 것을 알 수 있다.

■■■

예제 2.10

어느 랜턴은 전구가 5개가 들어가는데 이중 2개 이상이 고장이 나면 원하는 밝기가 나오지 않아 고장이 난 것으로 간주한다. 각 전구의 수명은 평균이 100시간인 지수분포를 따른다고 할 때, 이 랜턴을 80시간 사용할 확률을 구하여 보자. 먼저, 각 전구의 신뢰도 R, 즉, 전구가 80시간 동안 살아있을 확률은

$$R = \Pr(T > 80) = \int_{80}^{\infty} \frac{1}{100} e^{-\frac{1}{100}t} dt = e^{-0.8}$$

이다. 전구 5개중 네 개 이상이 살아 있으면 작동하므로 랜턴의 신뢰도 R_s, 즉, 랜턴을 80시간 사용할 확률은

$$R_s = \Pr(X \geq 4) = \sum_{x=4}^{5} \binom{5}{x} (e^{-0.8})^x (1-e^{-0.8})^{5-x}$$

$$= 5(e^{-0.8})^4 (1-e^{-0.8}) + (e^{-0.8})^5 = 0.1305$$

이다.

■■■

p가 0이나 1에 가까운 값이 아닐 때 이항분포에서 n이 커지면, 평균 np, 분산 $np(1-p)$인 정규분포로 근사화할 수 있다. n이 큰 값이면 근사화가 잘 되며, p가 1/2에 가까운 값일 때는 n이 작아도 근사화가 잘 되며, 일반적으로 $np > 5$, $n(1-p) > 5$일 경우에는 근사도가 좋다.

예제 2.11

부적합률이 $p = 0.08$인 제조공정에서 표본으로 $n = 100$개를 랜덤하게 취할 때 부적합품 수가 13개 이상이면 공정의 부적합률이 높다고 판단한다. 이 공정의 부적합률이 높다고 판단되는 확률을 구해 보자. $np = (100)(0.08) = 8$이고, $np(1-p) = (100)(0.08)(0.92) = 7.36$이므로 정규근사를 사용할 수 있다.

따라서 $\Pr(X \geq 13) = \Pr\left(Z \geq \frac{13-8}{\sqrt{7.36}} = 1.84\right) = 0.0329$이다. 즉 2.29%로서 공정의 부적합률이 높다고 판정한다.

■■■

2.5.3 기하분포

이산 확률변수 X가 1과 ∞ 사이의 값을 취할 수 있고, $1 \leq x \leq \infty$에 대해 확률함수 $p(x)$를 다음과 같이 나타낼 수 있을 때 X의 분포를 기하분포(geometric distribution)라 하며, 확률질량함수는 다음과 같다.

$$p(x) = p(1-p)^{x-1} \tag{2.58}$$

기하분포의 모수집합은 $\Theta = \{p\,;\ 0 \leq p \leq 1\}$이며 평균과 분산은 다음과 같다.

$$E(X) = \frac{1}{p}, \quad Var(X) = \frac{(1-p)}{p^2} \tag{2.59}$$

기하분포는 제조공정에서 1개의 부적합품이 발견될 때까지 생산된 제품의 수를 모형화하고자 할 때 사용될 수 있다. 이때 p는 하나의 제품이 부적합품일 확률, $(1-p)$는 적합품일 확률을 나타낸다.

예제 2.12

평균수명이 500시간이고 지수분포를 따르는 센서가 있다. 이 센서가 작동하는지를 연속적으로 모니터링할 수가 없어서 10시간마다 검사를 한다고 한다. 이때 다섯 번째 검사에서 고장이 발견될 확률을 구해 보자. 평균이 500시간인 지수분포를 따르므로, 10시간 내에 고장이 날 확률은

$$\Pr(T \leq 10) = \int_0^{10} \frac{1}{500} e^{-\frac{1}{500}t} dt = 1 - e^{-\frac{1}{50}}$$

이다. 지수분포는 망각성을 가지고 있어서, 이전 구간에서 고장이 발생하지 않았다는 조건하에서 다음 구간에서 고장이 발생할 확률은 일정하다. 따라서 다섯 번째에 고장이 발생할 확률은 식 (2.58)에 의해 $(1 - e^{-\frac{1}{50}})(e^{-\frac{1}{50}})^4 = 0.0183$이 된다.

2.5.4 포아송 분포

이산 확률변수 X가 0과 ∞ 사이의 값을 취할 수 있고, $0 \leq x \leq \infty$에 대해 확률함수 $p(x)$를 다음과 같이 나타낼 수 있을 때 X의 분포를 포아송 분포(Poisson distribution)라고 하며, 확률질량함수는 다음과 같다.

$$p(x) = \frac{e^{-\lambda}\lambda^x}{x!} \tag{2.60}$$

포아송 분포의 모수집합은 $\Theta = \{\lambda;\ \lambda > 0\}$이며 평균과 분산은 다음과 같다.

$$E(X) = \lambda,\ \ Var(X) = \lambda \tag{2.61}$$

포아송 분포는 단위시간이나 단위공간에서 희귀하게 발생하는 사건의 횟수 등을 모형화하고자 할 때 많이 사용되는 분포로서 제품의 고장이나 교통사고와 같은 사건의 발생을 설명할 때 적절하게 사용될 수 있다.

예제 2.13

어떤 부품에 내재된 균열의 수 X는 $\lambda = 0.20$인 포아송 분포로 모형화될 수 있다고 하자. 그러면 부품 균열의 수는 식 (2.61)에 의해 평균적으로 0.2개라 할 수 있다. 또한 부품 균열의 수가 없는 경우와 1개가 있는 경우에 대한 확률은 식 (2.60)에 의해 다음과 같이 계산될 수 있다.

$$\Pr(X=0)=\frac{e^{-0.2}(0.2)^0}{0!}=0.8187,\ \Pr(X=1)=\frac{e^{-0.2}(0.2)^1}{1!}=0.1638$$

또 부품 균열의 수가 2개 이상일 경우에 대한 확률은 다음과 같이 된다.

$$\Pr(X\geq 2)=1-\Pr(X=0)-\Pr(X=1)=0.0175$$

■■■

여기서 고장률이 λ로 일정하고(즉, 지수분포) $n-1$회까지는 수리하여 사용 가능한 제품의 수명 T의 신뢰도를 포아송 분포를 이용하여 구해보자. 이 제품은 $n-1$회까지는 고장이 나더라도 다시 수리하여 사용할 것이므로 n번 째 고장에서 완전히 고장 나서 못 쓰게 된다. 따라서 이 제품의 수명 T는 n번 째 고장이 발생하는 시점까지의 사용시간이 될 것이다. 한편, 만약 $(0,t]$ 동안의 고장횟수를 X라 한다면 X는 확률함수가 다음과 같은 포아송 분포를 따를 것이다.

$$p(x)=\frac{e^{-\lambda t}(\lambda t)^x}{x!},\quad x=0,1,2,\ldots \tag{2.62}$$

이제 이 제품의 시점 t에서의 신뢰도는 $R(t)=\Pr(T>t)$ 로서 사건 $\{T>t\}$는 n번 째 고장이 시점 t 이후에 발생했다는 것으로 시점 t까지는 $n-1$회 이하의 고장이 발생했음($\{X\leq n-1\}$)을 의미한다. 따라서 이 제품의 신뢰도는

$$R(t)=\Pr(T>t)=\Pr(X\leq n-1)=\sum_{x=0}^{n-1}\frac{e^{-\lambda t}(\lambda t)^x}{x!} \tag{2.63}$$

으로 얻어진다. 여기서 $f(t)=-dR(t)/dt$ 의 관계식을 사용하여 T의 밀도함수를 구하면

$$f(t)=\frac{\lambda^n}{\Gamma(n)}t^{n-1}e^{-\lambda t},\ 0<t \tag{2.64}$$

로서 감마분포를 따른다는 것을 확인할 수 있다.

식 (2.63)과 (2.64)를 비교하여 포아송 분포와 감마분포 간의 보다 일반적인 다음 관계가 성립함을 알 수 있으며 이를 수학적으로도 증명할 수 있다(연습문제 2.19 참조).

$$\int_m^\infty \frac{\lambda^\alpha}{\Gamma(\alpha)}t^{\alpha-1}e^{-\lambda t}dz=\sum_{x=0}^{\alpha-1}\frac{(\lambda m)^x e^{-\lambda m}}{x!},\quad \alpha=1,2,3,\ldots \tag{2.65}$$

감마분포에서 $\alpha=\upsilon/2$ 및 $\lambda=1/2$이면 자유도가 υ인 카이제곱분포가 되므로 식 (2.65)는 카이제곱분포와 포아송 분포의 관계에도 사용된다(연습문제 9.7 참조).

연습문제

2.1 어떤 부품의 고장률함수가 $h(t)=t^{-1/2}$이다. 고장확률밀도 $f(t)$, 신뢰도함수 $R(t)$, $MTTF$를 구하라.

2.2 어떤 부품의 수명 T는 일정한 고장률 $h(t)=\lambda=2\cdot 10^{-5}$/시간을 갖는다.

1) 부품이 고장 없이 1500시간 생존할 확률을 구하라.
2) $MTTF$를 구하라.
3) 부품이 $MTTF$ 동안 생존할 확률을 구하라.
4) 부품의 90% 백분위수명을 구하라.

2.3 어떤 부품의 고장률함수는 다음과 같다.

$$h(t)=kt,\ t>0\text{이고 } k>0$$

1) $k=2.0\cdot 10^{-6}/(\text{시간})^2$일 때 부품이 200시간 생존할 확률을 결정하라.
2) $k=2.0\cdot 10^{-6}/(\text{시간})^2$일 때 200시간 후에 작동하고 있는 부품이 400시간 후에도 여전히 작동할 확률을 구하라.

2.4 신뢰도함수 $R(t)$를 갖는 부품의 $MTTF$가 다음과 같이 표현될 수 있음을 보이고 이 공식의 의미를 설명하라.

$$MTTF=\int_0^t R(u)du+R(t)\cdot MRL(t)$$

2.5 확률변수 X는 평균이 θ인 지수분포를 따를 때 $P(X>s+t|X>t)=P(X>s)$가 성립함을 보여라. 이 성질을 망각성(memoryless property)이라고 한다.

2.6 식 (2.26)을 증명하라.

2.7 일정한 고장률 λ를 갖는 어떤 기계가 고장 없이 100시간 생존할 확률은 0.80이다.

1) 고장률 λ를 결정하라.
2) 고장 없이 500시간 생존할 확률을 구하라.
3) 기계가 500시간 작동하고 있을 때 1000시간 이내에 고장 날 확률을 구하라.

2.8 어떤 기기의 고장시간은 지수분포를 따르며, 평균고장률은 0.002/시간이다. $MTTF$와 10시간 이내에 고장 날 확률을 구하라.

2.9 사상 A가 단위시간당 평균 발생 횟수가 λ인 포아송 규칙에 따라 발생한다. 즉 정상 포아송 과정(HPP: homogeneous Poisson process)으로 가정한다. t시간 동안 사상 A의 발생 횟수 $N(t)$는 $\mu=\lambda t$를 갖는 포아송 분포를 따를 때 사상 A가 k번째 발생할 때까지 걸리는 시간 S_k의 분포를 결정해 보자. 사상 $(S_k>t)$는 사상 A가 (0. t] 동안에 많아야 $(k-1)$번 발생한다는 것이다. 따라서 다음 식을 갖게 된다.

$$\Pr(S_k > t) = \Pr(N(t) \le k-1) = \sum_{j=0}^{k-1} \frac{(\lambda t)^j}{j!} e^{-\lambda t}$$

또 시간 S_k의 분포함수 $F_{S_k}(t)$는 다음과 같다.

$$F_{S_k}(t) = 1 - \sum_{j=0}^{k-1} \frac{(\lambda t)^j}{j!} e^{-\lambda t}$$

시간 S_k의 확률밀도함수 $f_{S_k}(t)$가 모수(k, λ)를 갖는 감마분포를 따름을 증명하라.

2.10 어느 부품의 수명은 $\alpha = 2$, $\lambda = 1$인 감마분포를 따른다고 한다. 고장률함수 $h(t)$와 평균 잔여수명 $MRL(t)$를 구하고 각각 t의 증가함수인지 감소함수인지를 밝혀라.

2.11 어느 회로기판의 수명 X는 $\lambda = 1/2{,}000$, $\beta = 1.5$인 와이블 분포로 모형화될 수 있다고 하자. $\Pr(X > 500)$과 $\Pr(X > 2{,}500 \mid X > 2{,}000)$을 구하고 그 의미를 설명하라.

2.12 부록 A의 감마함수를 이용하여 식 (2.33)을 증명하라.

2.13 어떤 부품의 고장시간 분포가 형상모수 $\beta = 1.2$, 척도모수 $\lambda = 4.5 \times 10^{-4}$/시간인 와이블 분포를 따른다. 500시간일 때의 신뢰도와 고장률을 구하라.

2.14 보청기용 전지의 수명(단위 : 년)이 $\lambda = \frac{1}{2}$, $\beta = 2$인 와이블 분포를 따른다고 하자. 이때 전지의 기대수명이 얼마나 될 것이라고 기대할 수 있는가?

2.15 수명 $T \sim Weibull(\lambda, \beta)$일 때 $X = (\lambda T)^\beta$로 변수 변환을 하면 확률변수 X는 고장률이 1인 지수분포를 가지게 됨을 증명하라.

2.16 어떤 부품의 고장시간이 $\mu = 20{,}000$사이클, $\sigma^2 = 2{,}000^2$사이클인 정규분포를 따른다. 19,000사이클 때의 신뢰도와 고장률을 구하라.

2.17 어느 공장에서 생산되는 제품의 수명은 평균 $\mu = 1000$시간, 표준편차 $\sigma = 40$시간의 정규분포를 따른다고 한다.
1) 제품 수명이 950시간과 1100시간 사이에 있을 확률을 구하라.
2) 이 공장에서는 수명이 하위 5%에 속하는 제품을 부적합품으로 간주하여 파기하려고 한다. 수명이 몇 시간 이하이면 파기하여야 하는가?

2.18 어떤 부품의 고장시간은 $\mu = 8.52$, $\sigma = 0.7$인 대수정규분포를 따른다. 이 부품이 2,000시간단위 내에 고장 날 확률과 메디안 수명을 구하라.

2.19 식 (2.65)를 수학적 귀납법을 사용하여 증명하라.

2.20 그림 2.14에서 고장분포가 IFR이면 IFRA가 됨을 보여라.

CHAPTER 3
고장모형 및 신뢰도 분석

고장모형 및 신뢰도 분석

3.1 개 요

시스템이란 부품들로 이루어진 집합이고 시스템의 고장은 부품들의 고장과 관련되어 있다. 앞에서는 부품의 상태를 동작 또는 고장이라는 두 가지 상태로 설명하는 블랙박스 모형을 기초로 부품의 고장을 살펴보았다. 부품은 동작상태에서 시작하여 어느 정도의 시간이 흐른 후 고장상태로 된다. 일반적으로 고장까지의 시간은 확률변수이므로 수명을 고장분포함수로 모형화하였다.

그러나 고장발생 과정을 고장 물리학에 근거하여 고장발생의 내부 메커니즘을 살펴보면 초과스트레스 고장 메커니즘과 마모 고장 메커니즘의 2개 영역으로 나눌 수 있다. 초과스트레스 고장 메커니즘의 경우 가해진 스트레스가 부품의 강도를 초과할 때 고장이 발생하며, 마모 고장 메커니즘의 경우 스트레스가 손상을 누적시켜 누적된 손상이 내구력 한계에 도달하면 고장이 발생한다. 부품의 고장은 소재 특성이나 다른 물리적인 속성 및 부품에 가해지는 스트레스(stress)들 사이의 상호작용들 때문에 발생한다. 부품의 고장을 발생시키는 복잡한 과정은 부품들의 형태에 따라 다른 과정을 거친다. 예를 들면 기계 부품들의 고장과 관련된 고장 메커니즘들은 전자 부품들의 고장과 관련된 고장 메커니즘들과는 다르다.

본 장에서는 부품의 고장을 야기하는 여러 가지 고장 메커니즘를 소개하며 기계 부품 및 전자 부품으로 나누어 고장 메커니즘을 기술한다. 또한, 부품 수준에서 고장에 이르는 고장 물리학에 근거하여 첫 번째 고장까지의 경과시간에 대하여 몇 가지 고장물리 기반 분포를 설명한다. 고장 물리에 근거하여 고장을 모형화하는 데는 여러 가지 확률과정 이론이 필요하며 이에 대해서는 부록 D와 F, G에서 간단하게 소개한다. 본 장에서는 고장모형으로서 정적(static) 신뢰성, 스트레스-강도 모형, 동적(dynamic) 신뢰성, 그리고 초과스트레스(overstress) 모형과 마모 모형을 살펴본다. 또한 블랙박스 모형과 고장 메커니즘 모형을 절충한 다상태(multistate) 모형에 대해서도 기술한다. 끝으로 산업계에서 널리 보급된 부품들의 사용조건에 따른 고장률 예측방법을 다룬다.

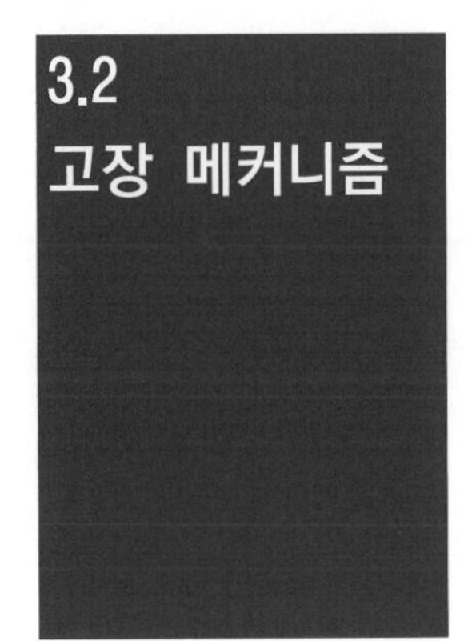

3.2 고장 메커니즘

고장 메커니즘은 초과스트레스 메커니즘과 마모 메커니즘의 2개 영역으로 나눌 수 있다. 초과스트레스 메커니즘은 가해진 스트레스가 부품의 강도를 초과함으로써 고장이 발생하는 것을 말한다. 만약 스트레스가 강도 이하이면 부품 고장에 영구히 영향을 미치지 않는다. 마모 메커니즘은 스트레스가 쌓여 누적된 손상이 부품의 내구력 한계를 벗어남으로써 고장이 발생하는 것이다. 누적된 손상은 스트레스가 제거되었을 때도 사라지지 않으며 부품의 내구력 한계 아래에 있는 한 어떤 성능열화(performance degradation)도 표출되지는 않는다. 그러나 내구력 한계에 도달하게 되면 부품은 고장이 발생한다. 스트레스들은 부품의 구조, 소재들의 물성, 피로, 제조, 그리고 환경 등의 요소들에 의해 영향을 받는다. 두 가지 영역에 해당되는 대표적인 고장 메커니즘들을 살펴보면 다음과 같다.

- 초과스트레스 고장: 취성파괴, 연성파괴, 항복(yield), 비틀림(buckling), 탄성변형, 계면 비접착
- 마모 고장: 마모, 부식, 가지돌기 성장(dentritic growth), 상호확산, 피로균열 진전, 확산, 복사, 피로균열 개시, 크리프

앞에서 설명한 바와 같이 초과스트레스고장이든지 마모고장이든지 간에 고장을 일으키는 근본적인 요인은 스트레스에 있다. 이들 스트레스들은 기계적, 전기적, 열적, 방사능적, 화학적 고장원인으로 구분된다.

- 기계적 고장원인: 탄성 및 소성 변형, 좌굴, 피로균열 개시, 균열성장, 크리프 및 크리프 파단
- 전기적 고장원인: 전기의 방전, 절연파괴, 반도체 장비의 접합파괴, 열전자 주입, 표면 및 용적 트래핑
- 열적 고장원인: 한계 온도를 초과한 가열, 열팽창 및 수축
- 방사능적 고장원인: 이차 우주 방사선
- 화학적 고장원인: 산화, 표면 가지돌기 성장

한편, 부품의 고장은 간혹 이러한 여러 가지 스트레스들 간의 상호작용의 결과 때문에 발생한다. 예를 들어 열팽창 불일치와 스트레스에 의한 부식의 복합적인 작용으로 기계적 고장이 유발될 수 있다. 본 절에서는 기계부품과 전자부품의 고장 메커니즘을 간략하게 설명한다. 보다 상세한 내용은 O'Connor and Kleyner(2012)를 참조하기 바란다.

3.2.1 기계부품 고장 메커니즘

기계부품의 고장은 가해진 기계적 스트레스가 강도보다 클 때 발생하며 그 직접적인 원인은 초과스트레스 혹은 사용에 따른 강도의 약화로 인한 소재의 파괴이다. 초과스트레스 혹은 강도약화를 초래하는 근본 원인들을 보다 구체적으로 열거하면 다음과 같다.

- 마모, 과도한 공차, 또는 부정확한 조립 또는 보전에 의해 기어나 연결부들의 반동(backlash)
- 밸브, 측정 기기 등의 부정확한 조절
- 오염, 부식 또는 표면 손상에 의한 베어링 또는 슬라이드와 같은 접촉운동 부품의 융착(seizing)
- 마모 또는 손상으로 인한 밀봉장치(seal)의 누출
- 틀린 조임, 마모 또는 틀린 체결로 인한 체결요소들(fastener)의 이완
- 마모, 불균형 회전 구성품 또는 공명으로 인한 과도한 진동이나 소음

이들 원인들에 기인된 기계적 스트레스는 인장, 압축 또는 전단변형 등의 형태로 부품 혹은 소재에 작용하게 된다. 인장스트레스는 소재를 당겨 늘릴 때 발생하며 소재의 응집력에 대항하여 작용한다. 그림 3.1은 가해진 인장스트레스의 크기와 소재의 응력변형률(strain) 간 관계를 보여주고 있다. 탄성영역에서는 스트레스가 증가함에 따라 소재가 비례적으로 늘어나며, 소성영역에서는 보다 빠르게 늘어나 마지막으로 파괴에 이르게 된다. 탄성영역에서는 스트레스가 제거되면 소재는 원래의 비응력 길이로 돌아가며 소성영역에서는 스트레스가 제거되면 소재는 일부 또는 전체가 변형된다. 또한, 내부의 응집력보다 큰 스트레스가 가해질 경우에는 소재가 파괴된다. 스트레스와 변형률의 관계는 식 (3.1)의 후크의 법칙(Hooke's law)에 의해 설명된다.

$$\sigma = E\epsilon \tag{3.1}$$

여기서 스트레스(σ)는 단위 면적당 부하의 크기로서 kg/m^2, lbs/in^2(psi) 또는 파스칼 (Pa) (N/m^2)로 측정되며 변형률(ϵ)은 원래 길이에 대한 길이의 변화 비율이다. 또, E는 소재의 탄성계수로서 그 값이 크면 소재가 딱딱하고 낮으면 연성이 있음을 의미한다. 소재의 강도는 비가역 소성변

형이 시작하는 스트레스, 즉 항복강도 또는 파괴가 발생하는 스트레스인 최대 인장강도로 측정된다. 소재의 탄성/소성/파괴 행태는 소재의 원자 또는 분자 구조에 의해 결정된다.

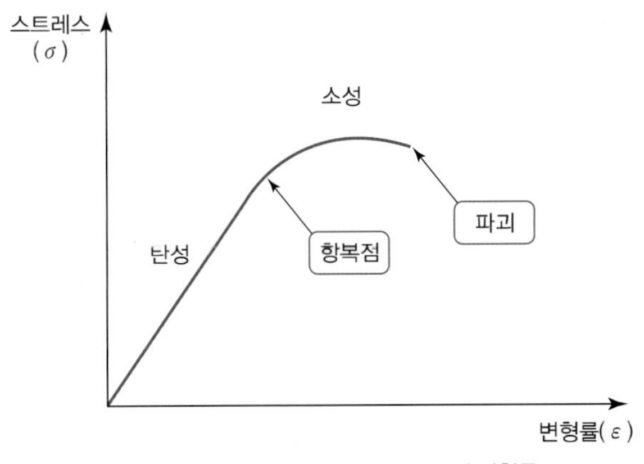

그림 **3.1** 인장스트레스와 소재 변형률

또 다른 중요한 소재특성으로서 인성(toughness)은 취성(brittleness)의 반대 특성으로 파괴에 대한 저항을 나타낸다. 인성은 파괴를 야기하는데 필요한 단위 부피당 에너지 입력량으로 측정된다. 순수 구리와 같이 약한 연성소재는 작은 스트레스에도 쉽게 변형되어 파괴에 이르게 되며 방탄복이나 티타늄 같은 단단한 소재는 쉽게 변형되지 않고 인장강도가 크다. 주철, 유리 또는 세라믹과 같은 취성소재는 매우 낮은 변형을 보이지만 충격, 하중 등의 스트레스가 빠르게 적용될 때는 저항이 낮게 된다.

압축강도는 통상 소재와 부품에 대한 비틀림 형태로 나타나는 고장모드와 부품의 형태에 의존하며 분석과 예측이 훨씬 더 어렵다. 굴곡(bending)하중은 인장력과 압축력을 유발하지만 파괴는 보통 인장력에서 발생한다. 압축파괴는 특히 취성소재에서 많이 발생한다.

스트레스는 전단변형에도 작용하는 것으로 예를 들면 회로 기판에 전자 부품 (집적 회로 패키지)을 연결하는 땜납 부위(solder joint)에서 작업 중에 부품의 온도 상승이 회로 기판에 열팽창을 일으킬 때 땜납 부위에 전단변형 스트레스가 작용하게 된다.

여기서 기계부품의 강도를 약화시키는 주요한 고장 메커니즘인 피로, 크리프(creep), 마모, 부식, 진동 및 충격, 온도영향 등을 간략하게 기술한다.

(1) 피로

소재의 피로손상은 기계적 스트레스가 반복적으로 작용하여 피로한도를 초과할 때 발생한다. 피로는 누적되기 때문에 피로한도를 초과하는 반복적 또는 주기적 스트레스는 결국 고장을 발생시킨다. 예를 들어, 스프링이 주기적으로 피로한도를 넘어 늘어지면 원상회복 불능의 고장이 발생된다. 피로는 반복된 부하의 적용이나 파상적인 하중 및 진동 등 반복적인 스트레스가 가해지는 구조물의 신뢰성에 매우 중요하다.

피로손상은 소재에 반복적으로 스트레스가 가해짐으로써 접촉면에 형성되는 미세한 균열로부터 시작하여 발생한다. 균열은 경계면을 따라 계속 확장되며 그것은 스트레스를 집중시키는 역할을 하게 된다. 균열의 시작과 성장률은 소재의 특성과 표면 및 내부 조건에 따라 달라진다. 피로손상에 대한 저항력을 나타내는 소재속성이 인성이다.

소재는 피로한도 내에서는 수명이 무한하지만 피로한도를 초과하는 높은 스트레스에서는 손상이 누적되어 고장으로 이어진다. 피로한도를 초과하는 주기적 스트레스 값 σ와 고장까지 반복 주기수 N 사이에는 일반적으로 식 (3.2)의 관계가 성립한다.

$$N = A\sigma^{-b} \tag{3.2}$$

여기서 N: 고장까지의 반복횟수　　σ: 주기적 스트레스 값
　　　b: 피로 지수　　　　　　　A: 경험적 상수

그림 3.2의 S-N 곡선은 식 (3.2)를 대수 척도로 도시한 것이다.

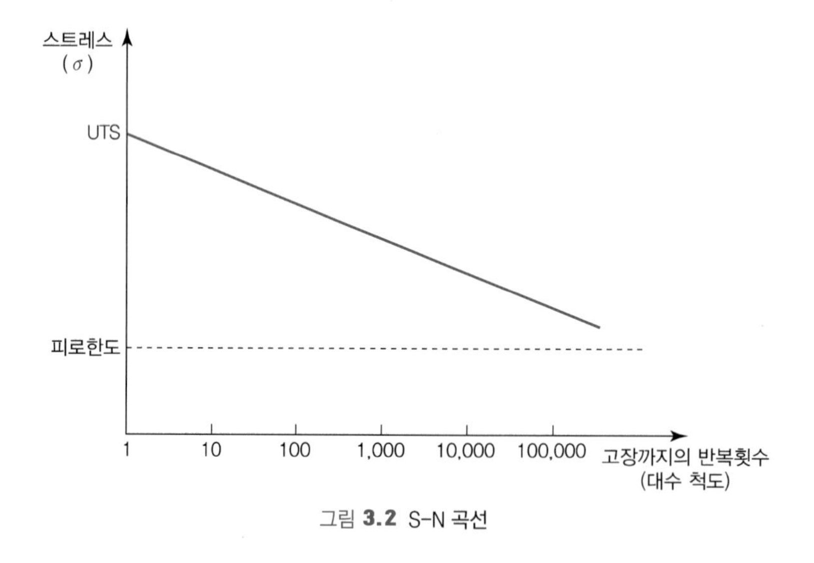

그림 **3.2** S-N 곡선

그림 3.2는 스트레스의 크기가 균일한 가장 단순한 형태의 주기적인 스트레스가 가해지는 상황을 가정한 것이다. 그러나 현실 상황은 크기가 다른 스트레스가 랜덤한 주기로 가해지는 것이 일반적이다. 다양한 스트레스가 가해지는 아이템의 피로수명은 식 (3.3)의 마이너 법칙(Miner's rule)을 사용하여 추정할 수 있다.

$$\sum_{i=1}^{k} \frac{n_i}{N_i} = \frac{n_1}{N_1} + \frac{n_2}{N_2} + \cdots + \frac{n_k}{N_k} = 1 \tag{3.3}$$

여기서 n_i는 피로 한계를 초과하는 특정 수준의 스트레스가 가해진 주기의 수이며 N_i는 그 스트레스 수준에서 고장에 이르기까지 필요한 반복주기수의 중앙값이다. 여기서 피로수명 N_e은 식 (3.4)로 구할 수 있다.

$$N_e = \sum_{i=1}^{k} n_i \tag{3.4}$$

N_e는 등가수명이라고 하며 S−N곡선으로부터 N_e회만큼 반복하여 가해짐으로써 고장을 발생시킬 수 있는 일정한 스트레스의 크기를 구할 수 있다.

예제 3.1

어떤 소재에 대하여 피로한도 스트레스 $4.5 \times 10^8 \text{Nm}^{-2}$를 초과하는 세 가지 부하 값이 있으며 운용 중에 다음의 비율로써 발생한다.

$5.5 \times 10^8 \text{Nm}^{-2}$: 3
$6.5 \times 10^8 \text{Nm}^{-2}$: 2
$7.0 \times 10^8 \text{Nm}^{-2}$: 1

또, 각각의 과부하 수준에서 고장이 발생하기까지 필요한 스트레스 반복횟수는 다음과 같다고 한다.

$5.5 \times 10^8 \text{Nm}^{-2}$: 9.5×10^4cycles
$6.5 \times 10^8 \text{Nm}^{-2}$: 1.5×10^4cycles
$7.0 \times 10^8 \text{Nm}^{-2}$: 0.98×10^4cycles

이제 등가의 동적 스트레스를 평가하기 위해 먼저 식 (3.3)을 이용하여 미지의 상수 C를 구한 후 등가수명을 계산하면 다음과 같다.

$$\frac{3C}{9.5 \times 10^4} + \frac{2C}{1.5 \times 10^4} + \frac{1C}{0.98 \times 10^4} = 1$$

$$C = 3746$$

$$N_e = 3C + 2C + 1C = 2.25 \times 10^4 \text{cycles}$$

그림 3.3의 S−N 곡선으로부터 등가의 동적 스트레스를 구하면 $6.3 \times 10^8 \text{Nm}^{-2}$이다.

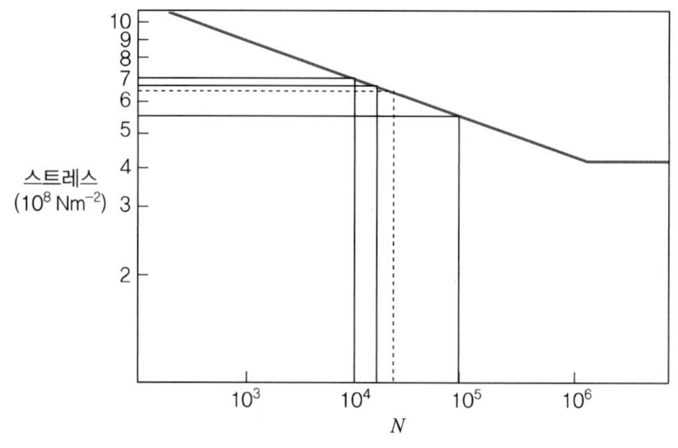

그림 **3.3** 예제 3.1의 부품에 대한 S-N 곡선

(2) 크리프

크리프는 연속적 혹은 주기적인 인장스트레스와 고온의 복합적인 영향으로 인해 미세한 균열의 망 조직이 생성되어 부품의 길이가 점차 늘어나는 현상이다. 크리프는 소재 온도가 절대온도 기준으로 융점의 약 50%를 초과할 때 발생하는 소성변형, 즉 영구적 변형이다. 예로서 가스터빈엔진의 경우, 매우 높은 온도와 원심력의 복합적인 스트레스로 인해 터빈디스크와 날개(blade)와 같은 부품에 무시할 수 없는 영향을 줄 수 있다. 또한, 최근 부품의 표면실장기술을 이용한 전자 조립품에서 발생하는 크리프가 문제되고 있다. 땜납은 약 183℃에서 용융하므로, 시스템의 운용 온도는 일반적으로 크리프 온도 범위 내에 있다. 따라서 주기적으로 반복되는 열의 작용에 의해 가해지는 전단 스트레스로 인해 영구 변형이 발생한다. 이와 같은 변형은 더 높은 전단 스트레스를 유발하여 피로 메커니즘을 가속화한다. 결과적으로 크리프는 금속의 강도 저하와 변형을 가져온다.

(3) 마모

마모는 다른 부품이나 소재와의 상대적 운동으로 인해 부품 표면으로부터 소재가 제거되는 현상이다. 마모는 다양한 메커니즘에 의해 발생하고 어떤 상황에서든 다수의 메커니즘이 작동할 수 있다. 마찰학은 마모를 이해하고 통제하는 것에 관련된 학문분야로 여기서는 마모메커니즘의 주요내용만을 간략하게 기술한다.

접착성 마모는 부드러운 표면이 서로 마찰할 때 발생한다. 접촉 부하는 표면의 돌출부 간 상호작용을 일으키고 상대운동은 접촉면 사이에 국부적으로 열과 저항력을 발생시킨다. 이로 인해 표면 밖으로 벗겨지거나 부스러진 입자들과 마모파편들이 발생한다.

프레팅(fretting)은 접착성 마모와 비슷하지만 접촉된 표면간의 작은 진동성 움직임에 의해 발생한다. 작은 움직임으로 인해 마모파편이 마모부위에서 빠져나가지 못하고 더 작은 크기로 부서져 산화될 수 있다. 동일한 표면 부위에서의 반복된 움직임으로 인해 표면 피로가 누적될 뿐 아니라 산화로 인한 부식으로 마모메커니즘이 촉진될 수도 있다.

연마 마모는 비교적 부드러운 표면이 상대적으로 단단한 표면에 의해 자극 날 때 발생한다. 마모 메커니즘은 기본적으로 부드러운 소재의 자국 난 홈 측면에의 절단 작용이다.

유체 부식은 유체가 충분한 에너지로써 표면에 접촉될 때 접촉 표면에서 발생한다. 예를 들어, 고속 액체분사는 이런 유형의 손상을 일으킬 수 있으며 유체에 고체입자가 포함되어 있으면 마모가 가속화된다. 공동 현상(cavitation)은 급격한 압력변화에 따라 액체가 흐르는 곳에 형성되며 소재표면에서 진공거품이 급격하게 꺼짐으로써 유체부식이 발생된다. 펌프, 프로펠러 및 유압 구성품은 이러한 유형의 손상을 겪는다.

부식마모는 전해작용에 의해 표면으로부터 소재가 제거되는 것을 포함한다. 부식마모가 마모 메커니즘으로서 중요한 이유는 다른 마모과정에 의해 표면으로부터 보호피막이 제거되면 소재가 화학적으로 활성상태로 남겨져 부식이 진행될 수 있기 때문이다. 따라서 부식은 다른 마모메커니즘에 뒤따르는 추가적인 강력한 고장 메커니즘이 될 수 있다.

제품 사용 중에 마모문제가 발생하면 먼저 어떤 다양한 마모메커니즘 또는 메커니즘의 조합이 포함되는지를 결정하기 위하여 마모된 표면을 시험한다. 예를 들면, 평면 베어링이 일단 접착마모의 흔적이 있는 경우, 오일피막 두께 및 가능한 샤프트의 휨 또는 잘못된 정렬상태를 확인하여야 한다. 연마마모로 인한 문제일 경우 윤활유 및 표면을 점검하여 오염이나 마모파편이 없는지 살펴보아야 한다. 마모문제가 심각할 경우에는 해결을 위해 설계변경 혹은 운영 제한이 필요할 수 있다. 심각하지 않을 경우에는 소재의 변경, 표면 처리 또는 윤활유의 변화로 충분할 수 있으며 윤활제의 여과가 효과적인지 확인하는 것도 중요하다.

(4) 부식

부식은 철과 알루미늄, 마그네슘과 같은 비철금속에 영향을 준다. 철제품의 경우, 특히 습한 환경에서 부식은 대단히 심각한 신뢰성 문제이다. 부식은 예로 해안이나 해양 환경에서 염분에 노출되는 등의 화학적인 오염에 의해 가속화된다. 주요한 부식 메커니즘은 산화로서 알루미늄과 같이 매우 단단한 표면층을 형성한 산화물로 내부 소재를 보호하는 소재도 있지만 대부분의 철합금은 그렇지 않기 때문에 산화손상(녹)이 누적된다.

이질적인 금속이 접촉하여 전동전위가 발생한 상태에서 전류가 흐를 수 있는 조건이 형성되었을 때는 직류전류부식이 문제가 될 수 있다. 전류로 인해 금속화합물이 생성되거나 다른 화학반응이 가속화될 수 있다. 또한 전기 및 전자 시스템에서도 서로 다른 금속경계에 유도전류가 흐르면 유사한 결과를 초래하는 전해부식(electrolytic corrosion)이 발생할 수 있다. 예를 들면 접지나 전기적 접합이 적절하지 않을 때 전해부식이 발생할 수 있다. 전해부식은 회로에서 전기적으로 가장 활성화된 요소에 영향을 미친다.

스트레스부식은 인장스트레스 및 부식손상의 조합에 의해 발생한다. 부식은 표면에서 취약한 부분을 발생시키고 균열을 형성하게 한다. 이후 화학적으로 활성상태에 있는 균열선단부로부터 고열이 생성되어 화학반응을 가속화시켜 부식이 빠르게 진행된다.

(5) 진동 및 충격

부품을 사용하거나 배송 또는 보전할 때 노출되는 진동과 충격은 다음과 같은 여러 가지 문제를 유발할 수 있다.

- 피로 또는 기계적 과부하로 인한 파괴
- 베어링, 커넥터 등과 같은 부품의 마모
- 나사, 볼트 등과 같은 잠금장치의 풀림
- 밀봉장치의 마모나 커넥터의 풀림에 의한 유압 및 공압 시스템의 누출
- 소음(10-10000 Hz)의 발생

구조체의 진동은 고정주파수, 시간에 따른 다양한 주파수 또는 공진주파수 범위에서 발생할 수 있다. 넓은 공진주파수의 범위에 걸친 진동을 광대역진동이라고 한다. 진동은 다양한 선형 및 회전축 내부 또는 인접부에서 발생한다.

모든 구조체는 하나 이상의 공진주파수를 가지는데 진동 입력이 공진주파수와 같거나 또는 조화를 이룰 경우 진동변위가 최대가 된다. 예상되는 환경범위 내에 둘 이상의 공진주파수가 있을 수 있으며 이들이 서로 다른 축을 따라 존재할 수도 있다. 또한 비틀림이나 기계적, 음향, 회전 또는 전자기계적 모드의 조합과 같은 복잡한 공명도 있다. 때로는 전자회로기판, 유압배관 및 차량패널에서와 같이 다른 모드나 주파수에서 진동하면서 서로 영향을 주는 동시발생의 공진이 중요할 수도 있다.

공진주파수는 구조체의 견고한 정도에 비례하고 관성에 반비례한다. 따라서 회로판 위의 큰 부품과 같이 비교적 무거운 부품이 있을 경우에는 공진주파수가 예상되는 입력진동보다 충분히 클 수 있도록 견고한 구조체를 사용해야 한다. 한편, 댐핑에 의해 어느 주파수에서나 진폭을 줄일 수도 있고 공진 주파수를 변경할 수 있다. 댐핑 장치의 예로서 유압 및 공압 시스템의 축압기(accumulator), 서스펜션 및 조향 시스템의 기계적 댐퍼, 모터의 방진마운팅 등을 들 수 있다.

(6) 온도 영향

고장은 고온이나 저온에 노출된 소재에 의해 발생할 수도 있다. 주요한 고온고장모드로는 ① 금속 또는 일부 플라스틱의 연화 및 약화, ② 용융, ③ 목탄화, ④ 기타 화학 변화, ⑤ 감소된 윤활유 점도, ⑥ 온도로 가속화된 부식과 같은 상호작용효과 등이 있다. 저온효과는 플라스틱의 취성, 윤활유의 점도 증가, 응축 또는 냉각수의 응축 및 동결을 포함한다. 대부분의 온도효과(용융점, 응축 온도, 동결점, 점도)는 확정적인 것으로 누적되지는 않으므로 온도변화의 시간과 주기의 수는 직접 신뢰성에 영향을 주지 않는다. 그러나 온도에 의한 윤활유 점도 변화에 따라 마모 정도가 달라지는 등의 보조적 영향은 누적될 수 있다.

모든 소재는 고유한 열팽창계수를 가지고 있으므로 열팽창계수가 다른 두 부품으로 조립된 제품이 다양한 온도에 노출되면 기계적 스트레스가 생긴다. 이와 같은 상황의 중요한 사례는 회로기판이나 접착면, 특히 표면실장기술로 집적회로패키지에 전자부품이 부착된 경우이다. IC에 전원이 공급되고 작용할 때 열이 발생하면서 패키지 온도가 상승한다. 발생된 열은 패키지 및 납땜 부위를 통해 회로기판(회로기판에는 열 방출을 개선하기 위한 '열 평면'을 포함할 수 있음)에 전달된다. 패키지의 열흐름 경로에서 열저항으로 인해 패키지가 회로기판보다 온도가 높게 되고 기판의 온도 상승을 지연시킨다. 전원이 주기적으로 공급되면 온도 차이도 주기적으로 발생하여 땜납 부위에 주기적 전단 스트레스를 초래하게 된다. 이와 같은 스트레스로 인해 결합부에 생기는 균열 형태의 피로고장이 발생할 수 있으며 상당한 반복 작용 후에 간헐적인 형태로 전기적 고장을 야기할 수 있다. 이런 종류의 고장은 엔진 제어시스템과 같은 다수의 온-오프 주기를 견뎌야 하는 전자시스템에서 특히 중요하다. 시스템이 진동을 받게 되면 열과 진동 주기의 결합 효과는 상호작용으로 인해 아주 크게 될 수 있다.

화학 반응, 기체나 액체 확산, 그리고 어떤 물리적 반응들은 온도 증가에 의해 가속화되며 이 현상은 식 (3.5)의 아레니우스의 법칙(Arrhenius' law)으로 표현된다.

$$R = K\exp(-E_A/kT) \tag{3.5}$$

여기서 R: 반응속도 K: 상수

E_A: 물리·화학적 프로세스의 활성화 에너지(소재, 고장 메커니즘에 따라 다름)

k: 볼츠만 상수 T: 절대온도

일반적으로 매 10~20℃ 온도의 상승에 대하여 화학적인 반응은 2배로 증가하는데 특히 철과 강의 부식과정은 온도의 영향을 많이 받는다.

습한 환경은 부식과 곰팡이의 성장을 야기하고 고장과정을 가속화할 수 있는데 습도는 온도와 밀접하게 관련되어 있다. 습도는 노점(dew point)에 도달될 때까지는 온도에 반비례하며 수분은 노점 이하에서는 표면에 응축된다. 액체 상태의 물은 오염이 존재할 때 화학적 부식을 가속화시키거나 전해질 공급 시 전해부식을 촉진시키고 커넥터 내 전기 시스템의 단락, 곰팡이 성장 등 고장을 더 많이 유발할 수 있다.

플라스틱은 일반적으로 흡습성(hygroscopic)을 가지고 있어서 노점보다 온도가 높고 낮고 여부에 관계없이 수분을 흡수한다. 그러므로 플라스틱으로 캡슐화된 부품, 특히 전자부품 및 조립품은 원칙적으로 수분이 침투하는 경향이 있다. 최근까지도 습도가 높은 환경에서 사용되면 알루미늄도체 금속피복의 부식을 야기한다는 이유로 플라스틱 캡슐 부품들의 사용이 제한적이었으며 군사 및 항공 우주 시스템에서는 사용이 금지되었다. 그러나 집적 회로와 같은 현대적 구성품은 칩의 표면 보호층의 제어, 플라스틱 소재의 순도 제어 및 캡슐화 공정제어의 향상으로 인해 습기를 효율적으로 방지하게 되어 플라스틱의 응용에 제한이 없게 되었고 습도 관련 고장도 매우 드물게 되었다.

3.2.2 전자부품 고장 메커니즘

신뢰성공학은 주로 전자장비의 낮은 신뢰성 문제를 해결하기 위해 발전하였으며 많은 신뢰성 기법이 전자분야에 적용하면서 개발되었다. 공학의 다른 어떤 분야보다도 전자시스템의 설계 및 구축은 대단히 많은 수의 유사 부품들을 활용해야 되지만 설계자나 제조기술자에 의한 부품 선택권한이 비교적 적은 편이다. 이런 경향은 복잡한 전자시스템의 생산이 시작된 이래 꾸준히 부각되고 있다. 트랜지스터가 집적회로(IC)로 대체되고 대규모 집적회로(LSI)와 초대규모 집적회로(VLSI)가 출현함에 따라 신뢰성에 영향을 미치는 일부 주요요인들에 대한 전자시스템 설계자의 선택권은 감소되고 있다. 그러나 시스템 설계가 점증적으로 주문형 또는 반주문형 집적회로에 구현됨에 따라 이런 경향은 변하고 있다. 전자시스템 설계자는 다른 공학적 기술자들과 함께 생산, 품질관리, 시험계획, 신뢰성 공학 등을 포함한 엔지니어링 팀의 일원으로서 신뢰성문제에 대해 팀 차원으로 접근해야 한다. 기능적으로 올바른 설계가 되었다고 하더라도 팀 접근 없이는 높은 신뢰성을 얻을 수 없게 된다.

대부분의 전자부품이나 시스템의 경우, 신뢰성은 주로 전체 제조공정에 걸친 품질관리에 의해서 결정된다. 이는 비 전자부품도 마찬가지로서 두 경우 모두 규격에 맞는 아이템이 사용되는가에 달렸다. 대부분의 비 전자장비는 요구된 신뢰성을 보증할 수 있는 수준까지 충분한 검사와 시험이 가능하다. 그러나 전자부품들은 거의 캡슐에 밀봉되어 있어 쉽게 검사할 수 없다. 실제 초고신뢰성 제품을 위한 부품의 X-선 검사를 제외하고는 내부 검사가 일반적으로 가능하지 않다. 전자부품은 일단 밀봉되면 검사할 수 없고 대단히 높은 생산율에서 아주 정밀한 치수를 맞춰야 하므로 제조변동으로 인한 결함이 전체 부품의 모집단에 포함되는 것을 피할 수 없다. 제 기능을 하지 못하는 큰 결함은 자동 혹은 수동시험으로 쉽게 검출될 수 있으나, 당장 성능에 영향을 주지 않는 작은 결함은 검출이 거의 불가능하므로 전자부품 고장발생의 주요 원인이 된다.

저항, 축전기, 트랜지스터, 혹은 집적회로 등의 전자부품에서 전형적인 고장 메커니즘인 인입도체와 도선 간의 취약한 기계적 접합을 생각해 보자. 이 전자부품은 부품단위 시험과 시스템 조립 후의 모든 기능시험에서 만족스럽게 작동할 수 있지만 어떤 검사방법도 이 결함을 검출할 수 없다. 그러나 접합이 불량이기 때문에 접합부위에 걸리는 기계적 스트레스나 높은 전류밀도로 인한 과열로 이후 언젠가는 고장 나게 될 것이다. 반도체 소재의 결함 및 불량 기밀성 밀봉(hermetic sealing)과 같은 고장 메커니즘도 이런 효과를 유발한다.

전형적인 전자 고장 메커니즘은 불량 부품의 고장에서 유도된 마모 또는 스트레스에 의한 고장이다. 양호한 부품은 기대수명 동안 명시된 부하가 적용되면 고장 나지 않는다. 모든 불량 부품은 결함과 적용되는 부하의 성격에 따라 특정한 수명특성을 가지므로 전자부품 고장분포의 성격을 일반화할 수 있다.

불량접합의 경우 고장시간은 가해진 전압, 장치 주위의 온도, 진동과 같은 기계적 부하에 의해서 영향을 받기 쉽다. 실리콘 결정의 결함과 같은 다른 고장 메커니즘은 주로 온도변화에 의해서 가속된다. 장치 내의 결함은 높은 국소 전류밀도를 생성하여 결함장치의 임계값을 초과했을 때 고장으로 이어진다. 모든 전자시스템의 불신뢰도(unreliability)는 불량부품에 기인되는데 열악한 환경에서 작동하면 땜납 접합부 및 전선 접합과 같은 연결부위는 신뢰성의 '약한 고리(weak link)'가 될 수 있다. 요구되는 수준의 신뢰성을 확보하기 위하여 설계자는 시스템 내의 부품에 적용된 부하가 정상 상태, 시험 혹은 작업 조건에서 정격부하를 초과하지 않도록 하여야 한다. 전자부품 신뢰성은 온도에 의해 영향을 받으므로 온도에 민감한 특정한 부위의 치명적 결함을 제어하는 설계가 필요하다.

전자시스템의 고장은 강도를 초과하는 부하들 외에 다른 메커니즘에 의해서도 유발될 수 있다. 예를 들면 부품 내 파라미터 유동(drift), 땜납 결함 또는 부품 내 함유물로 인한 단락, 커넥터 접점의 고저항, 공차 불일치 및 전자파 간섭 등이 부하에 의해 유발되지 않는 고장이다.

전자부품은 대부분 피로, 크리프, 마모, 부식 등의 기계부품 고장 메커니즘에 의해 고장이 발생한다. 피로는 표면 탑재 부품 및 변압기, 스위치, 수직으로 설치된 축전기와 같은 비교적 무겁거나 지지되지 않는 부품의 연결부에서의 땜납 연결부위의 일반적인 고장원인이다. 마모는 연결자에 영향을 미치며, 부식은 집적 회로, 연결자 및 기타 부품 표면에 금속도체를 잠식할 수 있다. 전기 및 열 스트레스도 전자 기기에 고유한 고장을 일으킬 수 있으며, 주요한 전기적 스트레스는 전류, 전압 및 전력이다. 전류 흐름이 열을 발생시키기 때문에 모든 전기 및 열 스트레스 간에 강한 상호작용이 있다.

대다수 전자부품은 다음 조건에서 저장 또는 사용 중에는 열화 또는 고장을 일으키는 메커니즘을 갖지 않는다.

- 성능, 스트레스 및 방호의 관점에서 적절한 선택과 인가
- 회로에 조립될 때 불량 또는 손상이 발생되지 않음
- 사용 중 과도한 스트레스 또는 손상이 발생되지 않음

전자 부품의 부적합률은 일반적으로 IC 같은 복잡한 부품에서는 100만 개당 10개 미만이며 단순한 부품에서는 더 낮다. 따라서 잘 설계하고 제조한 전자시스템의 잠재적 신뢰성은 매우 높다. 집적회로 등 전자부품의 여러 가지 형태와 그들의 고장 메커니즘에 대한 구체적인 내용은 O'Connor and Kleyner(2012)를 참조하기 바란다.

3.3 고장물리 기반 분포

3.3.1 대수정규분포

3.2절에서 피로 고장의 분석을 위하여 S-N 곡선을 설명하였다. 피로 고장시간은 대수정규분포로 나타낼 수 있다. 식 (3.2)의 양변에 로그를 취하면

$$\ln N = \ln A - b \ln \sigma \tag{3.6}$$

이다. 만약 $Y = \ln N$, $\alpha = \ln A$, $\beta = -b$, $x = \ln \sigma$ 라고 하면, 식 (3.6)으로부터 Y는 다음과 같은 근사적인 선형 관계식으로 표현될 수 있다.

$$Y = \alpha + \beta x + \varepsilon$$

여기서 ε은 확률적 오차이다. 만약 N이 대수정규분포를 따른다고 가정하면, $Y = \ln N$은 정규분포를 따르게 될 것이며, 선형회귀모형에 대한 일반적인 이론을 이용하여 주어진 스트레스 범위 s에 대한 고장까지의 기대 스트레스 주기 수를 추정할 수 있을 것이다.

그림 3.4는 대수 척도를 사용하여 어떤 아이템의 모집단에 대한 강도와 적용 스트레스가 대수정규분포를 따를 때 강도 저하 현상을 보여주고 있다. 스트레스 분포의 꼬리는 피로한도 S'를 초과하여 피로 손상을 생성시키며 강도 분포의 평균을 감소시킨다. 강도 분포의 분산은 아이템

이 다른 피로 손상을 발생시킬수록 증가한다. N'에서는 스트레스와 강도 분포의 꼬리에서 간섭 현상이 발생하여 고장률 증가(IFR)기간으로 진입한다. 제어된 시험 조건 하에서도 분산이 크며 임의의 서비스 환경 하에서 특히 온도 스트레스, 부식, 손상 또는 제조 변동이 수명 분포의 왼쪽 꼬리를 초과할 때 분산은 매우 크게 된다. 따라서 특히 중요한 부품 및 구조물에 대해서 피로 수명은 보수적으로 예측된다. 안전한 수명 확보를 위한 일반적인 설계방법은 고장에 해당하는 주기를 추정하고 등가 수명 N_e의 기대 변동에 기초하여 안전한 수명을 할당하는 것이다.

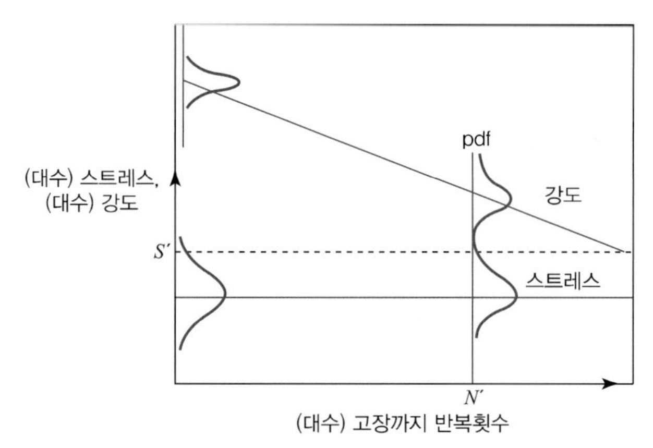

그림 **3.4** 주기적 스트레스를 가질 때 강도 저하현상: S-N 곡선

3.3.2 Birbaum-Saunders(BISA) 분포

복수의 스트레스가 가해지는 경우에는 마이너 법칙을 사용하여 피로수명을 추정할 수 있다. BISA (Birnbaum-Saunders) 수명분포는 마이너 법칙의 확률적 해석에 근거하여 소개되었다. 작업 사이클마다 부분손상이 발생하는데 그 양은 확률적이고 소재나 이전 스트레스 횟수 등에 종속적이다. 작업 사이클 j에서 부분피해의 증가량 Z_j는 평균 μ 및 분산 σ^2을 갖는 확률변수이며 다른 작업 사이클 간의 Z_j는 서로 독립이라고 가정한다.

작업 사이클 n번 뒤의 총 부분피해는 $W_n = Z_1 + Z_2 + \cdots + Z_n$이며 피로 균열이 발생되는 경계값을 초과하는 최소 작업 사이클의 수를 N이라고 하면 다음 관계식이 성립된다.

$$\begin{aligned} \Pr(N \le n) &\simeq \Pr(W_n > w) = 1 - \Pr\left(\sum_{i=1}^{n} Z_i \le w\right) \\ &= 1 - \Pr\left(\sum_{i=1}^{n} \frac{Z_i - \mu}{\sigma\sqrt{n}} \le \frac{w - n\mu}{\sigma\sqrt{n}}\right) \end{aligned} \tag{3.7}$$

부분 손상의 증가량 Z_j들은 독립이고 동일한 분포를 따른다고 가정하므로, n이 크면 중심극한정리에 의해 W_n은 정규분포 $N(n\mu,\, n\sigma^2)$를 따르고 다음 식과 같이 된다.

$$\Pr(N \le n) \approx 1 - \Phi\left(\frac{w - n\mu}{\sigma\sqrt{n}}\right) \tag{3.8}$$

수명 N을 T로 교체하여 이산적 모형을 연속적 모형까지 확대하면 부품의 수명분포는

$$F(t) = \Pr(T \le t) \approx 1 - \Phi\left(\frac{w - t\mu}{\sigma\sqrt{t}}\right) \tag{3.9}$$

이고, $\alpha = \sigma/\sqrt{\mu w}$ 및 $\lambda = \mu/w$를 도입하면

$$F(t) \approx \Phi\left(\frac{1}{\alpha}\left(\sqrt{\lambda t} - \frac{1}{\sqrt{\lambda t}}\right)\right) \tag{3.10}$$

이 된다. 이 분포를 형상모수 α 및 척도모수 λ를 갖는 Birnbaum-Saunders(BISA) 분포라고 한다.

형상모수 α 및 척도모수 λ를 갖는 BISA 분포의 고장분포함수, 신뢰도함수 및 고장밀도함수는 각각 다음과 같다.

$$F(t) = \Phi\left(\frac{1}{\alpha}\left(\sqrt{\lambda t} - \frac{1}{\sqrt{\lambda t}}\right)\right) \tag{3.11}$$

$$R(t) = \Phi\left(\frac{1}{\alpha}\left(\frac{1}{\sqrt{\lambda t}} - \sqrt{\lambda t}\right)\right) \tag{3.12}$$

$$f(t) = \frac{\sqrt{\lambda t} + 1/\sqrt{\lambda t}}{2\alpha t}\frac{1}{\sqrt{2\pi}}e^{-\left(\sqrt{\lambda t} - \left(1/\sqrt{\lambda t}\right)\right)^2/2\alpha^2},\ t > 0 \tag{3.13}$$

고장률함수는 $h(t) = f(t)/R(t)$로 구할 수 있으며 $\lim_{t\to\infty} h(t) = \lambda/2\alpha^2$이 됨을 알 수 있다. 그림 3.5는 BISA 분포의 고장밀도함수와 고장률함수를 도시하고 있다.

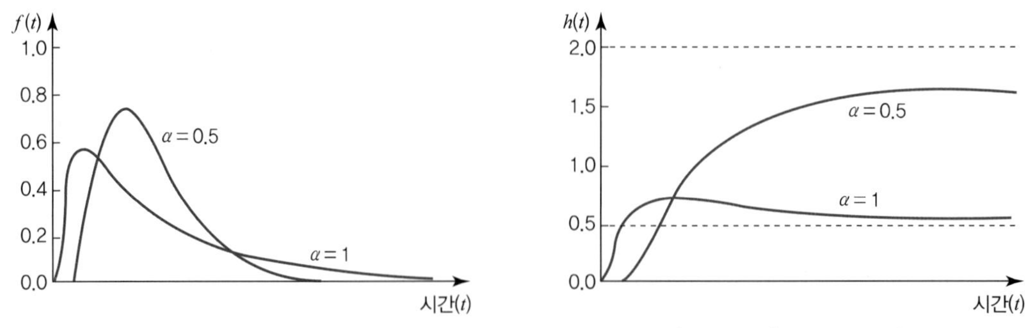

그림 **3.5** BISA 분포의 고장밀도함수와 고장률함수($\lambda = 1$일 때)

또한 $U=\frac{1}{\alpha}\left(\sqrt{\lambda T}-\frac{1}{\sqrt{\lambda T}}\right)$가 표준정규분포를 따른다는 사실을 이용하여 수명 T에 대해 $MTTF$와 $Var(T)$를 구하면 다음과 같게 된다.

$$MTTF=\frac{1}{\lambda}\left(1+\frac{\alpha^2}{2}\right)$$
$$Var(T)=\frac{\alpha^2}{\lambda^2}\left(1+\frac{5\alpha^2}{4}\right) \quad (3.14)$$

3.3.3 역가우스 분포

섬유의 파괴강도를 모형화하는데 와이블 분포의 대안으로 역가우스 분포(inverse Gaussian distribution)가 사용되었다. 역가우스 분포는 분자의 브라운 운동(Brown motion)을 연구하는 과정에서 E. Schrödinger에 의해 처음으로 도출되었으며, A. Wald의 축차확률비검정에서 표본크기의 극한분포이기도 하다. 일부 특성에 정규(가우스)분포의 특성과 역관계가 존재하여 역가우스 분포로 이름이 지어졌다.

고장률함수 $h(t)$가 시점 $t=0$부터 증가하여 어느 시점 $t=t_0$을 정점으로 다시 감소하는 경우가 있다. 지금까지 언급된 분포 중 대수정규분포가 이와 같은 성질을 가지므로 이 경우에 적합하다고 하겠다. 그러나 대수정규분포의 경우 $t\to\infty$일 때 $h(t)\to 0$으로서 고장률이 0이 되는 비현실적인 문제가 있다. 여기서 소개하는 역가우스 분포는 대수정규분포와 같은 성질을 가지면서도 $t\to\infty$일 때 고장률이 0이 아닌 어떤 값으로 수렴하여 현실적으로 보다 적합한 분포라 할 수 있다. 역가우스 분포의 밀도함수는 모수의 표현방식에 따라 다양하게 표기되지만 여기서는 다음의 형태를 사용한다.

$$f(t)=\sqrt{\frac{\lambda}{2\pi t^3}}\,e^{-(\lambda/2\mu^2)[(t-\mu)^2/t]},\ t>0,\ \mu>0,\ \lambda>0 \quad (3.15)$$

모수 μ 및 λ를 갖는 역가우스 분포는 $T\sim IG(\mu,\lambda)$로 나타내며 그 분포함수는 다음과 같다.

$$F(t)=\Phi\left(\frac{\sqrt{\lambda}}{\mu}\sqrt{t}-\sqrt{\lambda}\frac{1}{\sqrt{t}}\right)+\Phi\left(-\frac{\sqrt{\lambda}}{\mu}\sqrt{t}-\sqrt{\lambda}\frac{1}{\sqrt{t}}\right)\cdot e^{2\lambda/\mu},$$
$$t>0,\ \mu>0,\ \lambda>0 \quad (3.16)$$

역가우스 분포의 고장률함수는 다음과 같이 아주 복잡한 형태를 취하지만 $t\to\infty$일 때 $\lambda/(2\mu^2)$으로 수렴한다.

$$h(t) = \frac{f(t)}{1-F(t)}$$

$$= \frac{\sqrt{\frac{\lambda}{2\pi t^3}}\, e^{-(\lambda/2\mu^2)[(t-\mu)^2/t]}}{\Phi(\sqrt{\lambda}/\sqrt{t} - \sqrt{\lambda}\sqrt{t}/\mu) - \Phi(-\sqrt{\lambda}/\sqrt{t} - \sqrt{\lambda}\sqrt{t}/\mu)\cdot e^{2\lambda/\mu}},\ t>0,\ \mu>0,\ \lambda>0 \tag{3.17}$$

그림 3.6은 역가우스 분포의 고장밀도함수와 고장률함수를 도시하고 있다.

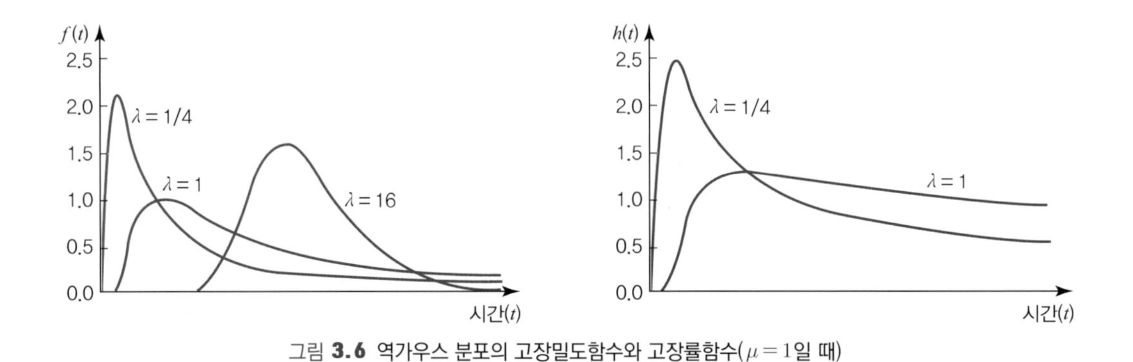

그림 **3.6** 역가우스 분포의 고장밀도함수와 고장률함수($\mu = 1$일 때)

역가우스 분포의 평균과 분산은 다음과 같다.

$$MTTF = \mu,\quad Var(T) = \mu^3/\lambda \tag{3.18}$$

3.3.4 극치분포*

직렬구조로 구성된 시스템이나 금속의 부식, 소재강도 및 절연체 등의 고장은 가장 취약한 부분에서 발생하기 때문에 극치분포는 신뢰성 분석에서 중요한 역할을 한다. 서로 독립이고 동일한 연속 분포함수를 갖는 일련의 확률변수 $T_1, T_2, \ldots, T_n$이 있을 때 다음의 U_n 및 V_n을 극치라 한다.

$$T_{(1)} = \min(T_1, T_2, \ldots, T_n) = U_n$$

$$T_{(n)} = \max(T_1, T_2, \cdots, T_n) = V_n$$

U_n 및 V_n의 분포함수는 다음과 같이 $F_T(\bullet)$로 표현할 수 있다.

$$F_{U_n}(u) = 1 - (1 - F_T(u))^n$$

$$F_{V_n}(v) = F_T(v)^n$$

실제 문제에 있어서는 n 값이 상당히 크기 때문에 $F_T(t)$에 대한 일반적 조건하에서 점근성에 근거하여 $F_{U_n}(u)$ 및 $F_{V_n}(v)$의 간단한 표현식을 찾게 된다. 최소극치 U_n 및 최대극치 V_n의 극한분포는 분포 $F_T(\bullet)$의 형태에 종속되지만 U_n 및 V_n의 가능한 극한분포는 각각 세 가지 형태만 존재하는 것으로 알려져 있다. 여기서는 두 가지 가능한 형태 중에서 세 종의 분포를 소개하고 응용 영역을 살펴본다.

(1) 최소극치의 검벨 분포

확률변수 T_i들의 확률밀도 $f_T(t)$가 $t \to \infty$일 때 빠른 속도로 0에 접근하면, 최소극치 $U_n = T_{(1)}$의 극한분포는 다음 형태를 취한다.

$$F_{T_{(1)}}(t) = 1 - e^{-e^{(t-v)/\alpha}}, \quad -\infty < t < \infty \tag{3.19}$$

여기서 $\alpha(\alpha > 0)$는 최빈수(mode)이고 v는 위치모수이다. 또한 신뢰도함수는

$$R_{T_{(1)}}(t) = 1 - F_{T_{(1)}}(t) = e^{-e^{(t-v)/\alpha}}, \quad -\infty < t < \infty \tag{3.20}$$

이다. 만일 $Y = \dfrac{T-v}{\alpha}$로 표준화시키면 최소극치의 검벨(Gumbel) 분포는 다음의 분포함수와 확률밀도 및 고장률함수를 갖게 된다.

$$F_{Y_{(1)}}(y) = 1 - e^{-e^{y}}, \quad -\infty < y < \infty \tag{3.21}$$

$$f_{Y_{(1)}}(y) = e^{y} \cdot e^{-e^{y}}, \quad -\infty < y < \infty \tag{3.22}$$

$$h_{Y_{(1)}} = \frac{f_{Y_{(1)}}(y)}{1 - F_{Y_{(1)}}(y)} = e^{y}, \quad -\infty < y < \infty \tag{3.23}$$

최소극치의 검벨 분포가 고장모형으로 사용되기 위해서는 확률변수가 음의 값을 가질 확률이 충분히 작아야 한다. 보통 v가 α의 4배 이상이면 이러한 조건을 만족시킨다고 알려져 있다. 한편 최소극치 $T_{(1)}$의 평균값은

$$E(T_{(1)}) = v - \alpha\gamma \tag{3.24}$$

이다. 여기서 γ는 오일러(Euler) 상수로서 $\gamma = 0.5772\cdots$이다.

최소극치의 검벨 분포에서 $t = 0$의 왼쪽 부분을 절단하면 절단된 최소극치의 검벨 분포를 얻을 수 있고 그 신뢰도함수 $R^0_{T_{(1)}}$는 다음과 같게 된다.

$$R^0_{T(1)}(t) = \Pr(T_{(1)} > t \mid T > 0) = \frac{\Pr(T_{(1)} > t)}{\Pr(T_{(1)} > 0)}$$

$$= \frac{e^{-e^{(t-\vartheta)/\alpha}}}{e^{-e^{\vartheta/\alpha}}} = e^{-e^{-(\vartheta/\alpha)(e^{t/\alpha}-1)}},\ t \ge 0$$

여기서 새로운 모수 $\beta = e^{-v/\alpha}$ 및 $\rho = 1/\alpha$를 도입하면 신뢰도함수와 고장률함수는 다음으로 주어진다.

$$R^0_{T_{(1)}}(t) = e^{-\beta(e^{\rho t}-1)},\ t \ge 0 \tag{3.25}$$

$$h^0_{T_{(1)}} = -\frac{d}{dt}\ln R^0_{T_{(1)}}(t) = \frac{d}{dt}\beta(e^{\rho t}-1) = \beta\rho e^{\rho t},\ t \ge 0 \tag{3.26}$$

예제 3.2

벽두께 θ인 스틸파이프의 부식과정을 생각해 보자. 초기에는 표면에 n개의 미세한 피팅이 있고, 구멍 $i\,(i=1,2,\ldots,n)$는 깊이 D_i를 가지고 있다. 부식으로 인해 각 피팅의 깊이는 증가하게 된다. $\max\{D_1, D_2, \ldots, D_n\} = \theta$ 일 때, 즉 피팅이 처음으로 표면을 관통하면 고장이 발생하게 된다. 피팅 i가 표면을 관통할 때까지의 시간을 T_i라고 하면, 스틸파이프의 고장시간은 $T = \min\{T_1, T_2, \ldots, T_n\}$이 된다. 관통시간 T_i는 부식률 k와 잔여 벽두께에 비례할 것이므로 $T_i = k\cdot(\theta - D_i)$라고 가정한다. 또한 초기 피팅깊이 D_i들은 동일하게 오른쪽에서 절단된 지수분포를 따르는 서로 독립인 확률변수들이라고 가정하면 분포함수는 다음과 같게 된다.

$$F_{D_i}(d) = \Pr(D_i \le d \mid D_i \le \theta) = \frac{\Pr(D_i \le d)}{\Pr(D_i \le \theta)}$$

$$= \frac{1-e^{-\eta d}}{1-e^{-\eta\theta}},\ 0 \le d \le \theta$$

따라서 관통시간 T_i의 분포함수는

$$F_{T_i}(t) = \Pr(T_i \le t) = \Pr(k\cdot(\theta - D_i) \le t) = \Pr\left(D_i \ge \theta - \frac{t}{k}\right)$$

$$= 1 - F_{D_i}\left(\theta - \frac{t}{k}\right) = \frac{e^{\eta t/k}-1}{e^{\eta\theta}-1},\ 0 \le t \le k\theta$$

이고 신뢰도함수 $R(t)$는 다음과 같다.

$$R(t) = \Pr(T > t) = \left[1 - F_{T_i}(t)\right]^n,\quad t \ge 0$$

피팅수 n이 매우 크면($n \to \infty$)

$$R(t) = \left[1 - F_{T_i}(t)\right]^n \approx e^{-nF_{T_i}(t)} \approx e^{-n\frac{e^{\eta t/k} - 1}{e^{\eta v}}}, \quad t \geq 0$$

가 되고 새로운 모수 $\beta = n/\left(e^{\eta v} - 1\right)$ 및 $\rho = \eta/k$를 도입하면

$$R(t) \approx e^{-\beta\left(e^{\rho t} - 1\right)}, \quad t \geq 0$$

이 된다. 따라서 피팅부식에 의한 수명은 근사적으로 절단된 최소극치의 검벨 분포를 따르게 된다.

■■■

(2) 최대극치의 검벨 분포

확률변수 T_i들의 확률밀도 $f_T(t)$가 $t \to \infty$일 때 빠른 속도로 0에 접근하면, 최대극치 $V_n = T_{(n)} = \max\{T_1, T_2, \ldots, T_n\}$의 극한분포는 다음 형태를 취한다.

$$F_{T_{(n)}}(t) = e^{-e^{-(t-v)/\alpha}}, \quad -\infty < t < \infty \tag{3.27}$$

여기서 $\alpha > 0$ 및 v는 상수이다. 만일 $Y = \dfrac{T - v}{\alpha}$로 표준화시키면 최대극치의 검벨 분포는 다음의 분포함수와 확률밀도함수를 갖게 된다.

$$F_{Y_{(n)}}(y) = e^{-e^{-y}}, \quad -\infty < y < \infty \tag{3.28}$$

$$f_{Y_{(n)}}(y) = e^{-y} \cdot e^{-e^{-y}}, \quad -\infty < y < \infty \tag{3.29}$$

(3) 최소극치의 와이블 분포

최소극치에 대한 또 다른 극한분포가 와이블 분포이다.

$$F_{T_{(1)}} = 1 - e^{((t-v)/\eta)^\beta}, \quad t \geq v \tag{3.30}$$

여기서 $\beta > 0$, $\eta > 0$ 및 $v > 0$는 상수이다. 표준화된 확률변수는 다음 분포함수를 갖는다.

$$F_{Y_{(1)}}(y) = 1 - e^{-y^\beta}, \quad y > 0 \tag{3.31}$$

한편 와이블 분포를 대수변환하면 최소극치의 검벨 분포를 따른다(9.6절 참조).

예제 3.3

n개의 부품으로 구성된 직렬시스템을 생각해 보자. 각 부품의 고장시간 $T_1, T_2, \cdots, T_n$은 서로 독립이고 동일한 형상모수 β를 갖는 와이블 분포를 따른다고 가정한다.

$$T_i \sim Weibull(\lambda_i, \beta), i = 1, 2, \cdots, n.$$

직렬시스템에서는 부품 중 어느 하나가 고장을 일으키면 시스템이 고장 나므로, 시스템의 고장시간, $T = \min(T_1, T_2, \cdots, T_n)$이다. 시스템 신뢰도 함수, $R(t)$는

$$R(t) = \Pr(T > t) = \Pr(\min_{1 \le i \le n} T_i > t) = \prod_{i=1}^{n} \Pr(T_i > t)$$

$$= \prod_{i=1}^{n} \exp(-(\lambda_i t)^{\beta}) = \exp\left(-\sum_{i=1}^{n}(\lambda_i t)^{\beta}\right) = \exp\left[-\left(\sum_{i=1}^{n}\lambda_i^{\beta}\right)t^{\beta}\right]$$

따라서, 이 직렬시스템의 고장까지 시간은 척도모수 $\lambda = \left(\sum_{i=1}^{n}\lambda_i^{\beta}\right)^{1/\beta}$ 이고, 형상모수 β를 갖는 와이블 분포를 따른다.

n개의 부품이 동일한 분포를 가질 때, 즉 $\lambda_i = \lambda, i = 1, 2, \cdots, n$ 일 때, 시스템의 고장시간은 척도모수 $\lambda \cdot n^{1/\beta}$이고 형상모수 β를 갖는 와이블 분포를 따르게 된다.

3.4 고장모형: 스트레스-강도모형

3.4.1 정적 신뢰성

제조상의 변동 때문에 부품의 강도 X는 다양하게 변화하며 예측하기 어려워 확률변수로 모형화된다. 부품이 사용될 때 스트레스 Y와 접촉하게 되고 만약 X가 Y보다 작으면, 강도는 접촉된 스트레스에 견디기가 충분하지 않기 때문에 부품은 즉시 고장 난다. 만약 Y가 X보다 작으면, 부품의 강도는 스트레스에 견디기에 충분하므로 부품은 작동한다. 스트레스-강도 구조관계에서 부품의 정적 신뢰성 평가모형을 위하여 Y가 확정적(deterministic) 변수일 경우와 확률변수일 경우로 나누어 보자.

(1) 확정적 스트레스와 확률적 강도

Y는 확정적이고, X는 분포함수 $F_X(x)$를 가지는 확률변수인 경우로서 신뢰도 R은 다음과 같이 주어진다.

$$R = P\{X > Y\} = 1 - F_X(Y) \tag{3.32}$$

이 경우 Y의 증가에 따라 부품의 신뢰도는 감소한다.

(2) 확률적 스트레스와 확률적 강도

Y는 분포함수 $F_Y(y)$를 가지는 확률변수이고 X는 분포함수 $F_X(x)$를 가지는 확률변수이다. X와 Y가 독립이라고 가정하면 신뢰도는 $R = \Pr(X > Y)$로 주어진다. R을 구하기 위한 방법으로 다음 두 가지가 있다.

- **방법 1** 먼저 새로운 변수 $Z = X - Y$를 정의하고 그 밀도함수 $f_Z(z)$를 다음과 같이 구한다.

$$f_Z(z) = \int_{-\infty}^{\infty} f_X(t) f_Y(t-z)dt \tag{3.33}$$

식 (3.33)로부터 분포함수 $F_Z(z)$를 구하면 R은 다음과 같이 얻어진다.

$$R = \Pr(Z > 0) = 1 - F_Z(0) \tag{3.34}$$

- **방법 2** 조건부 확률을 이용하여 R을 구한다. 먼저 $Y = y$라는 조건하에서 X가 Y보다 클 확률을 구하면

$$\Pr(X > Y \mid Y = y) = \int_y^{\infty} f_X(x)dx$$

이다. 여기서 조건을 제거하면 다음과 같은 식이 얻어진다.

$$\Pr(X > Y) = \int_{-\infty}^{\infty} f_Y(y) \left\{ \int_y^{\infty} f_X(x)dx \right\} dy \tag{3.35}$$

또한, 식 (3.35)은 다음과 같이 나타낼 수도 있다.

$$\Pr(Y < X) = \int_{-\infty}^{\infty} f_X(x) \left\{ \int_{-\infty}^{x} f_Y(y)dy \right\} dx \tag{3.36}$$

모형 3.1 스트레스 및 강도가 정규분포

강도 X가 평균 μ_X 및 분산 σ_X^2을 가지는 정규분포를 따르고 스트레스 Y도 평균 μ_Y 및 분산 σ_Y^2을 가지는 정규분포를 따른다고 하자. 그러면 Z 또한 평균 $\mu_Z = \mu_X - \mu_Y$, 분산 $\sigma_Z^2 = \sigma_X^2 + \sigma_Y^2$를 가지는 정규분포를 따른다. 그 결과 식 (3.34)로부터

$$R = 1 - F_Z(0) = \Phi(\mu_Z / \sigma_Z) \tag{3.37}$$

이 된다. 여기서 F_Z는 Z의 분포함수이고 $\Phi(\bullet)$는 표준정규분포함수이다.

예제 3.4

어떤 기계 부품에 가해지는 스트레스는 평균(μ_Y) 10, 표준편차(σ_Y) 3을 가진 정규분포를 따른다고 한다. 제조과정에서의 불확실성으로 인해 부품의 강도 또한 평균(μ_X) 25, 표준편차 σ_X를 가지는 정규분포를 따른다고 하자. 그러면 Z는 평균 $\mu_Z = \mu_X - \mu_Y$, 분산 $\sigma_Z^2 = \sigma_X^2 + \sigma_Y^2$를 갖는 정규분포를 따른다. 따라서 신뢰도는 $R = P(Z > 0) = 1 - F_Z(0) = \Phi(\mu_Z / \sigma_Z)$과 같이 구할 수 있고, 특히 $\sigma_X = 5$일 경우를 예로 계산해 보면 $R = \Phi(15/\sqrt{34}) = 0.9950$이 된다. 참고로 σ_X 값에 대한 R의 값들은 다음과 같다.

σ_X	3	4	5	6	7	8
R	0.9998	0.9987	0.9950	0.9873	0.9756	0.9604

이로부터 σ_X가 증가하면 신뢰도는 감소됨을 알 수 있다.

모형 3.2 스트레스 및 강도가 지수분포

강도 및 스트레스가 각각 평균 $1/\lambda_X$ 및 $1/\lambda_Y$을 갖는 지수분포를 따른다. 방법 2에 근거하여 식 (3.35)로부터 신뢰도를 구하면 다음과 같이 된다(연습문제 3.10 참조).

$$R = \frac{\lambda_Y}{\lambda_X + \lambda_Y} = \frac{1}{1 + (\lambda_X / \lambda_Y)} \tag{3.38}$$

예제 3.5

전자 부품에 가해지는 전기적 스트레스는 모수 λ_Y를 가지는 지수분포를 따르고, 부품의 강도는 모수 λ_X를 가지는 지수분포를 따른다고 하자. 이 경우에 신뢰도 R은 식 (3.38)에 나타난 것처럼

λ_X/λ_Y의 함수로 표현된다.

λ_X/λ_Y	1.0	0.9	0.8	0.7	0.6	0.5	0.4	0.3	0.2	0.1
R	0.5	0.53	0.56	0.59	0.63	0.67	0.71	0.77	0.83	0.91

강도의 평균$(1/\lambda_X)$에 대한 스트레스의 평균$(1/\lambda_Y)$의 비(λ_X/λ_Y)가 감소할수록 신뢰도는 증가함을 알 수 있다.

3.4.2 동적 신뢰성*

앞에서 설명한 바와 같이 고장 메커니즘은 기본적으로 두 가지 범주, 즉 초과스트레스 및 마모로 인한 고장으로 나누어진다. 여기서는 각 고장 메커니즘 하의 최초 고장에 관련된 일반적 모형들을 소개한다. 모형화를 위하여 확률과정에 대한 깊은 이해가 요구되지만 여기서는 고장 메커니즘에 근거한 고장모형을 직관적으로 설명하고자 한다. 상세한 수학적 유도 및 결과에 대해서는 관련 문헌을 참조하기 바란다.

(1) 초과스트레스 고장의 모형화

사용 중인 부품의 스트레스가 강도보다 작아 작동상태에 있다고 가정한다. 시간이 경과하여 스트레스가 강도보다 크게 되면 부품은 고장상태가 된다. 이와 관련하여 2개의 다른 모형을 검토해 보자. 모형 3.3에서는 스트레스가 시간이 흘러도 변하지 않으나 부품이 약화되어 강도가 시간 경과에 따라 감소한다. 이것은 피로형태의 고장에 적절하다. 모형 3.4에서는 시간의 경과에 상관없이 강도는 일정하고 스트레스는 시간의 흐름에 따라 랜덤하게 발생한다. 이는 네트워크에서 전원파동, 기계부품에서의 충격 등 부품이 충격 혹은 부하를 받는 경우이다. 이때 스트레스의 크기는 부하 혹은 충격의 크기에 의해 결정된다. 만약 스트레스가 강도보다 작으면 부품에 피해가 없고, 스트레스가 강도를 초과하면 순간적으로 고장이 발생한다.

모형 3.3

스트레스 Y는 그림 3.7에 나와 있는 바와 같이 확정적 또는 확률변수이지만 시간의 경과에 따라 변하지 않으며, 시점 t에서의 부품의 강도 $X(t)$는 시간 흐름에 따라 점차 감소하는 확률변수이다. 처음으로 $X(t)$가 Y보다 작게 되는 시점에서 고장이 발생한다.

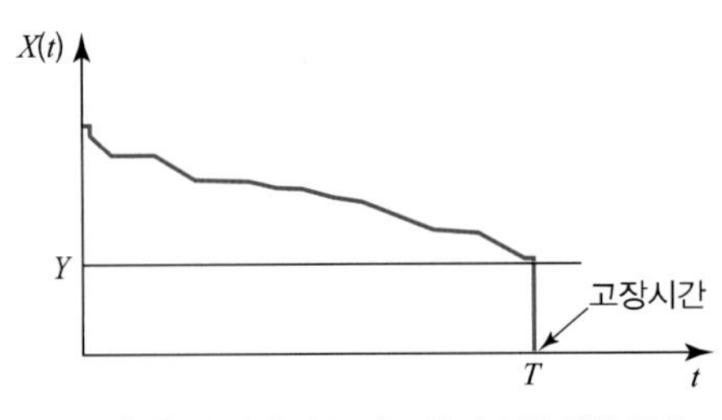

그림 **3.7** 시간에 따른 강도의 감소에 의한 고장

소재열화의 결과로서 $X(t)$의 감소는 일반적으로 불확실하게 발생하므로 $X(t)$는 하나의 확률과정이다. 여기서는 $X(t)$가 함수 $g(t\,;w)$에 의해 설명되는 경우를 살펴본다. w는 확률변수이고 $g(t\,;w)$는 $dg(t\,;w)/dt<0$인 함수이다. $g(t\,;w)$는 $g(t\,;w)=Ae^{-wt}$ 형식의 지수함수라고 하자. 단, $A>Y$이고 w는 $0<a<b$인 구간 $[a,b]$에서의 특정 확률분포를 따르는 확률변수이다. 주어진 w에 대해 고장까지의 시간 T는 $X(T)=g(T;w)<Y$로부터 다음과 같이 주어진다.

$$T=\frac{\ln(A/Y)}{w}$$

w가 확률변수이므로 T 또한 확률변수이고 T의 분포는 w의 분포로부터 얻어진다. 만약 Y를 구간 $[c,d]$에 정의된 확률변수라 한다면($0<c<Y<d<A$), T의 분포는 w와 Y 모두에 의존하게 된다.

예제 3.6

w는 평균 β를 가지는 지수분포를 따르고, Y는 확정적인 스트레스라고 하자. 그러면 T의 밀도함수는 부록 D의 식 (D.1)로부터 다음과 같이 구할 수 있다.

$$f(t)=\left(\frac{K}{\beta t^2}\right)e^{-(K/\beta t)}$$

여기서 $K=\ln(A/Y)$이다. 이 경우 $1/T$는 모수 $\lambda=K/\beta$를 가지는 지수분포를 따른다.

모형 3.4

강도 X는 시간에 따라 변하지 않고 확정적이며 스트레스는 점 과정(point process)으로 모형화되는 충격과 관련된다. t_i는 i번째 충격이 발생하는 시점을 나타내고, Y_i는 부품에 가해진 충격량(스트레스)을 나타낸다. 충격 사이에서는 스트레스가 0이고, 충격이 발생할 경우 $Y_i>X$인 순간에만 고장이 발생한다.

시점 t까지의 충격발생횟수 $N(t)$는 발생률 λ를 갖는 정상 포아송 과정(HPP: Homogeneous Poisson Process)을 따르고, 충격량 Y는 충격발생과정과는 독립이고 분포 함수 $G(y)$를 가지는 확률변수라 하자. 그러면 $N(t)=n$이 주어질 경우, 각 n개 충격들의 원인으로 발생한 스트레스가 부품강도 X 이하일 때만 고장이 나지 않으므로

$$\Pr(T>t|N(t)=n)=\{G(X)\}^n$$

이고 조건을 제거하면

$$\Pr(T>t)=\sum_{n=0}^{\infty}\{G(X)\}^n\Pr(N(t)=n)=\sum_{n=0}^{\infty}\left[\{G(X)\}^n\frac{e^{-\lambda t}(\lambda t)^n}{n!}\right]=e^{-\lambda t[1-G(X)]}$$

이다. 여기서 수명 T의 분포함수를 $H(t)$로 나타내고 $w=G(X)$라 하면

$$H(t)=1-\Pr(T>t)=1-e^{-\lambda(1-w)t}$$

이 된다. 즉 수명은 지수분포를 따르고 평균수명은

$$E[T]=\frac{1}{\lambda(1-w)}$$

이다. X가 증가하면 w도 증가하고 평균수명도 증가한다. 또 충격이 자주 발생하지 않아 λ가 감소할 경우에도 평균수명은 증가한다.

예제 3.7

어느 TV 송신탑은 130mph의 속도에 이르는 태풍에 견디도록 설계되어 있다. 태풍의 강도는 평균 100mph, 표준편차 10mph인 정규분포를 따르며, 태풍은 연평균 5회 포아송 과정으로 발생한다고 하자. $G(y)$는 평균 $\mu=100$, 표준편차 $\sigma=10$의 정규분포이고 $X=130$이므로 $w=\Phi((130-100)/10)$ $=\Phi(3.0)=0.99865$이다. 따라서 송신탑의 고장분포함수는

$$H(t)=1-e^{-0.00675t}$$

로서 평균수명은 $(1/0.00675)=148$년이다. 또한 50년 동안 고장이 없을 확률은 $e^{-0.3375}=0.7136$이다.

■■■

(2) 마모고장의 모형화

마모는 시간에 따라 손상이 누적되어 궁극적으로 부품의 고장을 일으키는 현상이다. 일반적인

예로서 기계적 부품의 균열 성장, 컨베이어 벨트의 손상, 또는 베어링들의 마모 등을 들 수 있다. 이 경우 시간에 따라 증가하는 확률변수 $X(t)$에 의해 모형화되는데, $X(t)$의 값이 어떤 한계 수준 x^*에 도달할 때 고장이 발생한다. $X(t)$의 변화에는 (1) 외부충격들의 결과로 시간상 불연속적인 점에서 발생하는 경우와 (2) 부식의 진행 또는 피로의 누적 등과 같이 시간상 연속적으로 발생하는 경우의 두 가지가 있다.

경우 1: 불연속 시점에서 $X(t)$의 변화

이 경우 $X(t)$의 변화는 충격의 발생시점과 충격량을 고려하여 점 과정에 의해 모형화된다. T_1은 첫 번째 충격까지의 시간을, $T_i(i=2,3,\ldots)$는 충격들 사이의 시간을 나타낸다고 하자. 이들은 동일한 분포함수 $F(t)$를 따르는 서로 독립인 확률변수들이라고 가정한다. 충격 i에 의해 발생된 손상량 $X_i(i=1,2,\ldots)$는 동일한 분포함수 $G(x)$를 가진 서로 독립인 확률변수들이다. $N(t)$를 $[0,t]$에서 발생한 충격 수라고 한다면 시간 t에서 총 손상(total damage)은 $N(t)=1,2,\ldots$에 대하여

$$X(t)=\sum_{i=1}^{N(t)} X_i$$

이고 $X(t)$는 누적과정이다. 여기서 $N(t)=0$이면 $X(t)=0$이다. 또한 T를 수명이라 하면 다음 식으로 주어진다.

$$T=\min\{t : X(t)>x^*\}$$

$H(t)$를 T의 분포함수라고 하면, 총 손상 $X(t)\le x^*$일 때 부품은 시간 t까지는 고장이 나지 않으므로

$$\Pr(T>t)=1-H(t)=\Pr(X(t)\le x^*)$$

이 성립한다. $\Pr(X(t)\le x^*)$는 $N(t)$의 조건부 확률을 이용하여 다음과 같이 구할 수 있다.

$$\Pr(X(t)\le x^*)=\sum_{n=0}^{\infty}\Pr(X(t)\le x^* \mid N(t)=n)\Pr(N(t)=n)$$

$N(t)=n$으로 주어질 때, $X(t)$는 n개 독립변수의 합이므로

$$\Pr(X(t)\le x^* \mid N(t)=n)=G^{(n)}(x^*)$$

이다. 여기서 $G^{(n)}(x)$는 $G(x)$의 n차 중합(convolution)을 의미한다. 또한 $\Pr(N(t)=n)$은 다음과 같이 $F(t)$의 n차 중합 $F^{(n)}$로 나타낼 수 있다.

$$\Pr(N(t)=n)=F^{(n)}(t)-F^{(n+1)}(t)$$

그리고 모든 x에 대해 $G^{(0)}(x)=F^{(0)}(x)=1$인 점을 이용하면, T의 분포함수 $H(t)$는 다음과 같이 구해진다.

$$\begin{aligned} H(t) &= 1-\sum_{n=0}^{\infty} G^{(n)}(x^*)\left[F^{(n)}(t)-F^{(n+1)}(t)\right] \\ &= \sum_{n=0}^{\infty} F^{(n+1)}(t)\left[G^{(n)}(x^*)-G^{(n+1)}(x^*)\right] \end{aligned}$$

평균수명은 다음과 같다.

$$\begin{aligned} E[T] &= \int_0^{\infty} t\cdot h(t)dt = E[T_i]\sum_{n=0}^{\infty}(n+1)[G^{(n)}(x^*)-G^{(n+1)}(x^*)] \\ &= E[T_i]\sum_{n=0}^{\infty} G^{(n)}(x^*) \end{aligned}$$

경우 2: $X(t)$의 연속적인 변화

이 경우에 $X(t)$의 변화들은 다음 식과 같이 적절한 확률적 미분방정식에 의해 모형화되는데

$$dX(t)=\psi_1(X(t))dW(t)+\psi_2(X(t))dt$$

여기서 $\psi_1(X(t))$, $\psi_2(X(t))$는 $X(t)$의 함수이고 $W(t)$는 확률과정이다. $X(0)=0$이고 $X(t)$가 x^*에 도달하면 고장이 발생한다. $W(t)$의 두 가지 형태, 즉 위너(Weiner) 과정과 감마과정이 모형화에 사용된다. 보다 자세한 내용은 Blischke and Murthy(2000) 책을 참고하기 바란다.

3.4.3 기타 고장모형*

고장까지의 시간을 확률변수로 모형화하는 블랙박스 접근법에서는 부품이 동작상태에서 시작하여 어느 정도의 시간경과 후에 고장상태로 된다. 따라서 모형은 동작과 고장의 두 가지 상태를 가진다. 고장 메커니즘을 고려한 화이트박스 접근법에서는 시간 t에서 부품의 마모 상태가 $X(0)=0$이고 비감소변수인 $X(t)$에 의해 결정된다. 고장이 발생하는 한계 수치를 x^*로 나타낼 때 $X(t)$는 $[0, x^*]$ 범위의 값들을 가지게 된다.

앞서 살펴본 바와 같이 고장 이론을 기초로 한 모형들은 복잡한 반면에 블랙박스 접근법을 기초로 하는 모형들은 매우 단순하다. 여기서는 두 가지 접근법을 절충한 다상태 고장모형을 소개한다. 먼저 구간 $[0, x^*]$을 연속으로 증가하는 $x_i(i=0,1,2,\ldots,M)$를 이용하여 $x_0=0$,

$x_M = x^*$이 되도록 M개의 세부구간들로 나눈다. 그러면 주어진 i번째 구간 $(x_{i-1},\ x_i]$에서는 $X(t)$에 상태 $E_{M-(i-1)}(i=1,2,\cdots,M)$가 대응된다. M개 상태들은 부품의 작동상태에서 살아있는 동안 여러 수준들로 퇴화된다. 상태의 첨자가 낮아지면 손상이 점점 더 커지며 부품의 상태가 E_0에 도달하면 고장상태가 된다.

부품이 작동을 시작하면 상태 E_M에서 출발한다. 만일 부품이 시간 t에서 상태 E_i에 있다고 한다면, 이 부품은 다음 시점에서 고장상태 E_0 또는 보다 손상된 상내인 E_{i-1}로 이동할 수 있다. 여기서 전자 즉, 상태 E_i $(i=2,3,\cdots,M)$에서 바로 상태 E_0로 가는 것은 갑작스런 돌발고장을 나타내고, 후자 즉, 상태 E_i로부터 $E_{i-1},\ldots,E_1$를 거쳐 상태 E_0로 가는 마모고장을 나타낸다.

상태 간의 이동은 $(M+1)$개 상태$(E_0, E_1, \cdots, E_M)$를 가지는 연속시간 마르코프체인으로 모형화할 수 있다. $X(t)$는 시간 t에서의 상태를 나타낸다. 만약 $X(t)=E_i$ 즉, 시간 t에서 상태가 E_i이면 그것은 2개의 다른 상태로 이동이 가능하다. 변이율 λ를 가지고 E_{i-1}으로 이동하는 확률과 변이율 μ를 가지고 E_0로 이동하는 확률은 다음과 같이 주어진다.

$$P_{i,(i-1)} = \frac{\lambda}{\lambda+\mu} \quad \text{그리고} \quad P_{i,0} = \frac{\mu}{\lambda+\mu}$$

상태 E_0에 들어가면 $X(t)$는 이후 계속 머물게 되는 흡수상태가 된다. 수명 T는 $t=0$에서 $X(t)$가 상태 E_M에서 출발하여 상태 E_0로 들어갈 때까지의 시간을 나타내는 확률변수이고, 그 분포함수 $H(t)$는 다음과 같게 된다(Blischke and Murthy, 2000).

$$H(t) = 1 - e^{-\mu t}\left[1 - \frac{\int_0^t \lambda^M x^{(M-1)} e^{-\lambda x}\,dx}{\Gamma(M)}\right]$$

3.5 부품의 신뢰성 예측

3.5.1 신뢰성 예측

고품질 및 고신뢰성을 요구하는 시장 상황에서 제품이나 부품을 판매, 공급하기 전에 혹은 사용하기 전에 신뢰도를 정확히 예측하는 것은 매우 유용하며 대단히 필요한 정보이다. 특히 품질보증 하에서 판매되는 제품의 경우 판매자의 입장에서는 보증비용을 추정할 수 있으며 AS(after- service) 센터의 운영과 관련하여 최적의 운영네트워크를 설계하고 운영할 수 있는 기본 정보가 될 것이다. 한편 소비자의 입장에서는 신뢰도 정보를 가지고서 제품의 구매에서 가격만이 아니라 종합적인 수명주기(라이프사이클) 비용 측면에서 구매를 결정할 수 있을 것이다. 특히 보전지원 비용, 예비부품 요구량에 대한 정확한 추정이 가능하므로 제품의 수명주기 동안의 최적 운영을 위한 다양한 의사결정을 합리적으로 할 수 있을 것이다.

일반적으로 신뢰성 예측은 부품이나 제품이 설계, 생산되어 소비자에게 인도되기 전까지 개발의 초기단계에서부터 마지막 출하결정의 단계까지 지속적으로 미래의 사용단계에서의 신뢰도를 추정 평가하는 일련의 활동을 말한다. 초기에 정해진 신뢰성의 목표를 개발의 각 단계에서 실현가능한지를 지속적으로 점검하는 활동이라고도 할 수 있다. 이는 부품의 수준에서의 신뢰도만이 아니라 시스템수준에서의 신뢰도를 평가하는 것으로 진행되는 것이 일반적이다. 여기서는 지금까지 일반적으로 산업에서 사용되는 신뢰성예측방법들을 간단히 소개하고자 한다.

먼저 가장 널리 이용되는 규격들은 MIL-HDBK 217, Bellcore/Telcordia(SR-22), NSWC-06/LE10 등으로 주로 전자부품의 신뢰성 예측을 지원하는 표준들이다. 이중에 가장 근간이 되는 MIL-HDBK-217을 중심으로 간략하게 소개하고자 한다.

3.5.2 MIL-HDBK-217

MIL-HDBK-217은 미 국방성에서 전자장비의 신뢰성 예측을 목적으로 1961년 제안된 신뢰성 표준규격으로 30여 년간 다양한의 부품과 시스템에 대한 필드 고장률 자료를 바탕으로 2~3년 주기로 개정되었으며, 가장 최근 개정된 것이 1995년의 MIL-HDBK-217F 버전이다. 현재는 미국방성에서 지원을 중지하여 더 이상 개정이 되지 않지만 여전히 전 세계적으로 전자·전기·통신 부품의 신뢰성 예측도구들로서 계속하여 이용되고 있다.

이 규격에서는 부품, 시스템의 고장률은 일정고장률(고장시간은 지수분포)을 가지는 것으로 가정한다. 고장률을 추정하는 방법으로는 부품점수방법과 부품스트레스 분석방법의 두 가지가 제시되어 있는데 부품점수방법은 부품스트레스분석방법보다 단순한 방법으로 초기설계단계에서와 같이 충분한 정보가 없는 경우에 간단한 정보(품질, 환경, 수량 등)로부터 부품의 고장률을 분석하는 방법이며 후자는 보다 상세한 정보, 예를 들어 실제 적용시의 온도 조건, 전기적 스트레스 등에 대한 상세한 정보가 요구된다. 고장률 모형에서의 계수들은 실험에 의해서 산출된 것이 아니고 필드에서 수집된 고장률 자료를 분석하여 각 부품의 고장에 영향을 주는 고장요소를 설정하고, 고장률 자료를 통계 분석한 결과로서 작성된 것이다.

(1) 부품점수방법

부품, 시스템의 설계 초기단계에 적용할 수 있는 방법으로 상대적으로 적은 정보를 가지고 분석이 가능한 비교적 단순한 방법에 속한다. 부품의 고장률은 다음과 같이 추정된다.

$$\lambda = \sum_{i=1}^{m} n_i \pi_{Qi} \lambda_{bi} \tag{3.39}$$

여기서 m은 시스템에 포함된 i부품 종류의 개수, n_i는 유사 부품의 수이며 λ_{bi}는 핸드북에서 제공하는 i부품종류의 포괄적인 고장률이다. 부품재료와 시험기준을 고려한 품질인자(π_Q)를 곱하여 부품의 고장률을 산출한다. 시간단위는 작동시간기준이며 $1/10^6$hr이다.

(2) 부품 스트레스 방법

이 방법에서는 먼저 대상 부품의 상세한 정보를 요구한다. 품질수준, 환경조건(육상, 해상, 항공, 우주 등의 범주를 중심으로 세분화된 14가지) 등급, 동작온도, 부품의 동작 시 인가되는 전압, 전류, 전력 등의 전기적 스트레스 등이 포함되며, 부품별로 포함되는 보정인자가 다르고 적용여건에 따라 그 값도 달라진다.

많은 부품의 예측 고장률 λ는 공통적으로 다음과 같은 식으로 표현되며 시간단위는 $1/10^6$hr이다.

$$\lambda = \lambda_b \prod_i \pi_i \tag{3.40}$$

여기서, λ_b는 기본 고장률로 부품종류 및 유형에 의해 결정되며 π_i는 Q(품질조건), T(온도), S(전기적 스트레스), E(환경조건)에 대한 보정인자들이다. 독립인 부품으로 이루어진 제품의 경우는 개별 부품의 고장률을 더하면 된다(부품간의 독립성을 가정함). micro-circuits, micro-processors 등의 경우는 가법모형을 사용하는데 예를 들어 micro-circuits의 경우는 다음과 같이 고장률을 예측한다.

$$\lambda = \pi_Q \pi_L (C_1 \pi_T + C_2 \pi_E) \tag{3.41}$$

여기서 C_1은 다이 복잡성에 따른 고장률이고 C_2은 패키지 고장률이며 π_i는 보정인자들이다.

예제 3.8

캐패시터의 고장률을 산출하는 과정을 간단히 예를 들어 설명하라(전태보, 2010).

고려되는 캐패시터의 유형이 CQ(미설정 신뢰성품질수준)이며 동작주위 온도는 50도 이며 400V의

DC 정격(인가된 AC전압은 50V)에서 작동되며 용량은 $0.05\mu F$ 이고 고정육상(ground fixed) 환경조건이다. 이 정보를 바탕으로 핸드북의 유형별 기본고장률을 찾으면 $\lambda_b = 0.00051$이며 온도, 용량, 스트레스표의 1열의 값을 적용하면 된다. 그리고 직렬저항은 1이다. 온도보정인자, 용량보정인자, 품질보정인자(미설정 경우), 환경보정인자(고정육상조건)를 구하면 $\pi_T = 1.6$, $\pi_C = 0.76$, $\pi_Q = 3$, $\pi_E = 10$이다. 전압스트레스 보정인자를 구하기 위해 먼저 동작전압 대 정격전압의 비가 필요하며, 이 값에 의해 얻은 전압스트레스 보정인자는 $\pi_V = 2.9$이다. 그러므로 최종적으로 예측된 고장률은 $\lambda = 0.00051 \times 1.6 \times 0.76 \times 3 \times 10 \times 2.9 \approx 0.054$(백만 시간)이다.

■■■

지금까지 간략히 설명된 전자부품의 신뢰성 예측에 널리 쓰였던 군용규격 MIL-HDBK-217F는 1995년 이후에는 더 이상 개정이 안 되고 있는데 반해 전자부품, 전자시스템은 급속하게 품질 및 성능이 좋아졌고 종류도 다양화되어지고 있다는 것이다. 그래서 예측 관련 규격은 그 부품 및 시스템의 발전 속도를 반영하지 못하고 있는 실정으로 첫째, 최근의 전자제품 및 시스템의 고장원인의 단지 일부만이 부품의 내부적인 고장에 의한 것으로 부품의 고장률 예측으로 제품이나 시스템의 고장률을 예측하는 것은 불완전하다고 할 수 있다. 둘째, 최근의 연구에 의하면 온도의 고장률에 대한 영향이 크지 않다는 것이다. 마지막으로 고려되는 보정인자 중에 실제로 영향이 적은 것들이 있다는 연구결과도 보고되고 있고 또한 고려되어 있지 않은 중요한 보정인자들이 존재한다는 것이다. 이 같은 문제의식에서 새로운 예측규격의 개발이 추진되었다.

몇 가지 대표적인 규격을 소개하면 최근에 미국 RIAC(Reliability Information Analysis Center)에서는 MIL-HDBK-217F를 수정 및 보완한 217Plus(2006)를 개발하였으며, 217F를 대체하기 위해 지속적으로 연구 및 평가를 수행하고 있다. 217Plus는 부품수준의 예측모형에 추가로 독립적인 시스템 모형이 존재한다. 시스템 모형은 부품들의 고장률을 근거로 고장률을 산출하되 여러 고장요인들(설계, 제조, 부품, 시스템관리, 마모, 유도, 전기적 과부하 등)에 대한 프로세스 등급화과정을 거쳐 갱신한다. 최종적으로 과거의 경험이나 필드 데이터를 통합적으로 이용하는 베이지언 방법을 사용한다.

전자부품과 관련된 민간 규격으로 가장 널리 사용되는 것은 Telcordia SR-332(2016)으로 Bellcore TR-332를 개선한 것이다. Bellcore 예측규격은 MIL-HDBK-217 규격을 기반으로 AT&T Bell 연구소에서 개발된 것이다. 이 규격은 세 가지 방법론을 제시하는데, Bellcore/Telcordia 규격에서 제시하는 고장률 모형에 의한 예측, 두 번째는 실험실 시험데이터와 규격이 제시하는 고장률모형을 통합하여 예측하는 경우, 마지막으로 필드데이터를 통합하여 예측하는 기법들이다. 더욱이 SR-332 는 초기고장문제와 번인을 강조한다. 그 외에 상용 고장률 예측 DB로 IEC TR

62830(2004), Fides Guide 2009(2009) 등이 있다.

전자부품이 아닌 부품에 대한 신뢰성 예측 규격으로는 NSWC(Naval Surface Warfare Center)-2006 있다. 이 규격은 기계 부품의 다양한 종류에 대한 고장률을 예측하는 방법을 제시하는데 온도, 스트레스, 유동률(flow rate) 등의 인자들을 고려한다. 전자부품이 아닌 부품에 대한 다른 신뢰성 예측 규격으로 RIAC의 NPRD-95이 있다. 그러나 기본적으로 기계분야는 전자분야와 달리 환경조건의 정형화와 예측 모형개발의 어려움, 고장데이터의 불충분, 일정 고장률이 아닌 마모 고장률 형태를 따르는 점 등에 의해 개발된 규격들을 현장에 적용하는 데는 아직은 매우 제한적이다.

연습 문제

3.1 신뢰성 시험의 결과 10V에서 트랜지스터의 고장률은 시간에 관계없이 일정하지만 동작온도(X_1, ℃)와 정격전압에 대한 동작전압의 비율(X_2)에 좌우되며 다음 식으로 주어짐을 알 수 있다. 동작온도와 전압은 50℃와 12V이다. 다음을 구하라.

$$h(t|x_1,\ x_2)=e^{-(10.0+0.02x_1+5.5x_2)}\times 10^{-3}$$

1) $MTTF$

2) 1000시간 내 고장 나지 않을 확률

3) 300시간 동안 고장 나지 않은 조건에서 1000시간 동안 고장 나지 않을 확률

3.2 인장 스트레스가 가해지는 소재에 대한 일반적인 변형 현상을 도시하고 설명하여라. 그리고 취성(brittleness), 인성(toughness), 전성(ductileness) 소재에 따라 어떤 차이가 있는지를 각각 예를 들어 설명하라.

3.3 어떤 부품을 5,000시간 작동시키면서 6가지 스트레스 (S_j, $j=1, 2, \cdots, 6$)에 가해지는 발생빈도 n_j를 조사하여 다음과 같은 결과를 얻었다. 여기서 N_j는 부품이 스트레스 S_j에 노출될 때 균열까지의 가상 반복 횟수이다. 이 부품의 수명을 예측하라.

S_j	S_1	S_2	S_3	S_4	S_5	S_6
n_j	2.0	2.5	8.3	4.1	0.5	0.2
N_j	50	30	20	15	10	5

3.4 온도 상승이 전자 부품의 신뢰성에 어떻게 영향을 미치는 가를 특정한 전자 부품의 형태와 고장 메커니즘으로써 설명하라.

3.5* 어떤 소재의 고장시간은 형상모수 α 및 척도모수 λ를 갖는 Birnbaum-Saunders (BISA) 분포를 따른다고 가정하자. 고장률함수 $h(t)$의 극한값이 다음과 같이 됨을 증명하라.

$$\lim_{t\to\infty} h(t)=\frac{\lambda}{2\alpha^2}$$

3.6 새로 개발된 소재는 부품 10개로 구성되어 있으며 직렬로 연결되어 있다. 각 부품의 수명은 척도모수 $\lambda=0.0769$/년, 형상모수 $\beta=2$인 와이블 분포를 따른다고 하자. 2년의 보증기간 동안에 제품이 고장 날 확률과 평균수명을 구하라.

3.7 어떤 구성품은 스트레스 100psi까지 견딜 수 있도록 설계되어 있다. 평균 80psi를 갖는 지수분포를 따르는 랜덤 스트레스가 걸릴 때 구성품의 정적 신뢰도를 구하라. 만일 스트레스가 평균 80psi이고 표준편차가 30psi를 갖는 정규분포를 따른다면 신뢰도는 어떻게 변하는가?

3.8 확률적 강도를 갖는 지지철재에 1000lbs의 확정적 스트레스가 걸린다. 강도가 다음과 같을 때 지지철재가 파괴될 확률을 구하라.

1) 평균 7500lbs를 갖는 지수분포

2) 척도모수 1/(7000lbs) 및 형상모수 0.80을 갖는 와이블 분포

3) 평균 7500lbs 및 형상모수 $\sigma = 10.0$을 갖는 대수정규분포

3.9 어떤 소재의 강도는 평균 50kg, 표준편차 2kg의 정규분포를 따르고, 스트레스 크기는 평균 45kg, 표준편차 2kg의 정규분포를 따른다고 하자. 이 소재가 파괴될 확률은 얼마인가?

3.10 스트레스－강도 모형에서 강도 및 스트레스가 각각 평균 $1/\lambda_X$ 및 $1/\lambda_Y$를 갖는 지수분포를 따른다고 하자. 이때 $R = \lambda_Y/(\lambda_X + \lambda_Y)$(식 (3.38))임을 증명하라.

3.11 어떤 전원함(power pack)에서의 출력전압의 변동분포는 근사적으로 평균 100V를 갖는 지수분포를 따른다고 알려져 있다. 전원함에 요구되는 최소 전압도 평균 60V를 갖는 지수분포를 따른다. 전원함의 신뢰도는 얼마인가?

3.12* 어떤 댐은 30피트의 홍수 수준에 견디도록 설계되어 있다. 홍수는 평균적으로 2년에 한 번꼴로 포아송 과정으로 발생한다. 홍수 후 물의 높이는 평균 5피트의 지수분포를 갖는 확률변수이다. 15년 동안의 댐의 신뢰도를 구하라.

3.13 전자부품의 신뢰성을 예측하는 MIL HDBK-217, SRR-332, 217Plus의 차이를 설명하라.

3.14 충격이 발생하는 시점들은 포아송 과정(시간당 평균발생건수 = 5)을 따르고 한 번의 충격으로 발생되는 충격량은 서로 독립이면서 지수분포(평균 2)를 따른다고 한다. 충격량은 누적되며 이 누적량이 10보다 크면 고장이 발생한다고 하자. 평균 고장까지 시간을 구하라.

CHAPTER 4
구조함수와 시스템 신뢰도 분석

CHAPTER

04 구조함수와 시스템 신뢰도 분석

4.1 개 요

시스템은 크게 나누어 한번 고장이 나면 그대로 폐기되는 수리불가능 시스템과 고장이 발생하더라도 수리를 하면 계속하여 사용할 수 있는 수리가능 시스템의 두 가지로 분류할 수 있다. 이 장에서는 n개의 독립된 수리불가능 부품들로 구성된 시스템에 대해 구조함수를 이용하여 분석하고 신뢰도함수를 유도하는 과정을 다루도록 한다. 먼저 이러한 구조함수의 정의가 필요한 이유와 이의 유용성에 관하여 간단하게 살펴보기로 하자. 다음과 같은 직렬구조 시스템을 고려하자.

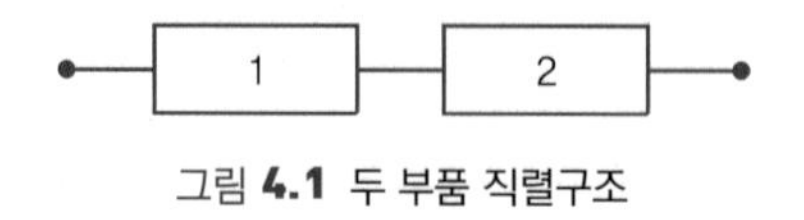

그림 4.1 두 부품 직렬구조

위의 직렬구조 시스템은 두 부품이 모두 작동하면 양 끝점이 연결되어 작동하는 구조를 가지고 있다. 즉 두 부품이 모두 작동하는 경우에만 시스템이 작동하고, 두 부품 중 하나라도 고장나면 시스템이 고장 나는 구조를 가진 시스템이다. 위의 시스템에 대하여 특정 시점에서 부품 1의 신뢰도 함수를 R_1, 부품 2의 신뢰도함수를 R_2, 전체 시스템의 신뢰도함수를 R_S라고 하자. 그리고 특정 시점에서 부품 1이 작동하는 사건을 A_1, 부품 2가 작동하는 사건을 A_2로 나타내고, 이들 두 부품의 작동은 서로 독립적이라 가정하자. 그러면 두 사건 A_1과 A_2는 서로 독립이라 할 수 있다. 따라서 시스템의 신뢰도함수는 두 독립사건의 곱사건의 확률의 성질을 이용하여 다음과 같이 구할 수 있다.

$$\begin{aligned} R_S &= \Pr(\text{시스템이 작동할 사상}) \\ &= \Pr(A_1 \cap A_2) = \Pr(A_1)\Pr(A_2) = R_1 R_2 \end{aligned}$$

위에서 얻어진 신뢰도함수를 다른 방식으로 구하는 방법을 고려해 보도록 하자. 확률변수 X가 0과 1만을 갖는 이산 확률변수라 하면, 이의 기댓값은

$$E[X] = 0 \cdot \Pr(X=0) + 1 \cdot \Pr(X=1) = \Pr(X=1)$$

로 주어짐을 알 수 있다. 따라서 만약 시스템이 작동하면 1의 값을 갖고 고장이면 0의 값을 갖는 함수 ϕ를 찾을 수 있다면, 그 기댓값 $E[\phi]$를 계산함으로써 시스템의 신뢰도함수를 구할 수 있다. 함수 ϕ의 값은 개개의 부품의 상태에 따라 달라질 것이므로 먼저 개개의 부품의 상태를 나타내는 다음과 같은 확률변수를 정의하자.

$$X_i = \begin{cases} 1, & \text{부품 } i\text{가 작동하는 경우} \\ 0, & \text{부품 } i\text{가 고장상태인 경우} \end{cases}$$

그림 4.1의 시스템은 2개의 부품으로 구성되어 있으므로 $i = 1, 2$이고 모든 부품이 작동할 때만(즉 모든 X_i가 1일 때만) 시스템이 작동하므로($\phi = 1$) 함수 ϕ는 다음과 같게 될 것이다.

$$\phi = \phi(X_1, X_2) = X_1 X_2$$

따라서 두 부품의 상태가 독립이면 시스템의 신뢰도함수는

$$R_S = E[\phi] = E[X_1 X_2] = E[X_1]E[X_2] = R_1 R_2$$

와 같이 유도될 수 있다. 물론 위에서 고려한 단순한 직렬구조 시스템의 경우 앞서 설명한 방식으로 신뢰도함수를 유도하는 것이 보다 간편하다. 하지만 복잡한 구조를 갖는 시스템의 경우 그런 방식으로 구하는 것이 일반적으로 매우 복잡하다. 먼저 시스템의 구조함수를 구하고 이로부터 신뢰도함수를 유도하는 방법이 유용하다.

이 장에서는 먼저 구조함수를 이용하여 신뢰도함수를 구하는 일반적인 방법에 관하여 알아보고, 이를 토대로 직렬과 병렬을 포함한 다양한 구조를 가진 시스템의 신뢰도를 구하는 과정을 다루고자 한다.

4.2 신뢰성 블록도

앞에서 살펴본 예를 통해 알 수 있듯이, 신뢰도함수를 구하기 위해서 시스템의 구조와 관련한 구조함수를 유도할 수 있어야 하며, 이를 위해서 먼저 시스템의 구조를 잘 파악할 필요가 있다. 이러한 목적을 위하여 이 절에서는 신뢰성 블록도(RBD: reliability block diagram)를 통해서 시스템의 구조를 설명하고자 한다. 신뢰성 블록도는 시스템의 기

능을 설명하기 위한 성공지향 네트워크(success-oriented network)로서, 시스템의 특정한 기능을 수행하기 위해 요구되는 부품들의 논리적 연결들을 표현하고 있다.

신뢰성 블록도는 수리 불가능한 부품들을 가지며 고장발생 순서와는 무관한 시스템에 적합하다. n개의 서로 다른 부품들로 이루어져 있는 시스템을 고려해 보자. n개의 각 부품들은 그림 4.2에 도시된 바와 같이 블록으로 표현되며 끝점 a와 b 사이가 연결되어 있을 때 부품 i는 작동한다고 말한다. 이것은 부품 i가 모든 측면에서 작동한다는 것을 의미하는 것은 아니며 단지 관심을 가지고 있는 특정 기능이 수행된다는 것을 의미한다. 따라서 개별 시스템의 기능에 대해 분석 목적과 이에 따른 작동의 기준과 범위를 명확하게 정의하여야 한다.

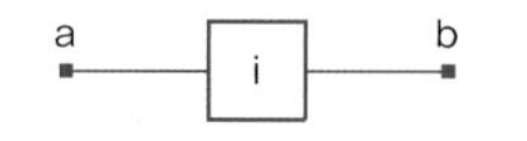

그림 **4.2** 블록에 의한 부품 i의 표현

이 절에서는 가장 간단한 직렬구조와 병렬구조 시스템에 대하여 신뢰성 블록도를 설명하고자 한다.

그림 4.3의 신뢰성 블록도와 같이 n개의 부품들이 모두 작동하여야만 시스템이 작동되는 구조를 직렬구조(series structure)라 한다. 직렬구조에서는 부품들을 나타내는 n개의 모든 블록들이 연결될 때에만 끝점 a와 b 사이가 연결되어 시스템이 작동하게 된다.

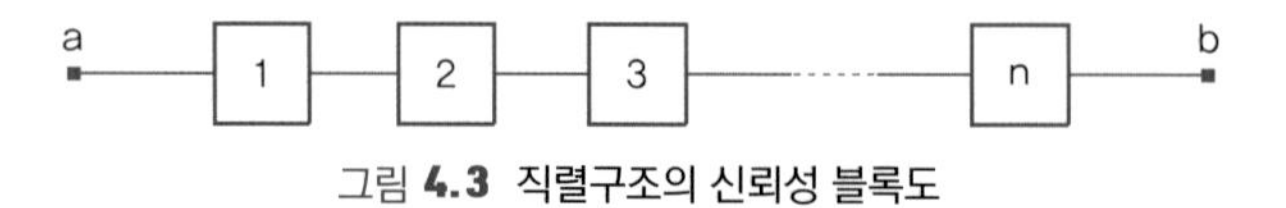

그림 **4.3** 직렬구조의 신뢰성 블록도

그림 4.4의 신뢰성 블록도와 같이 n개의 부품들 중 적어도 하나의 부품만 작동해도 시스템이 작동하는 구조를 병렬구조(parallel structure)라 한다. 이 경우 부품들을 나타내는 n개의 블록들 중 적어도 하나의 블록만 연결되면 끝점 a와 b 사이가 연결되어 시스템이 작동하게 된다.

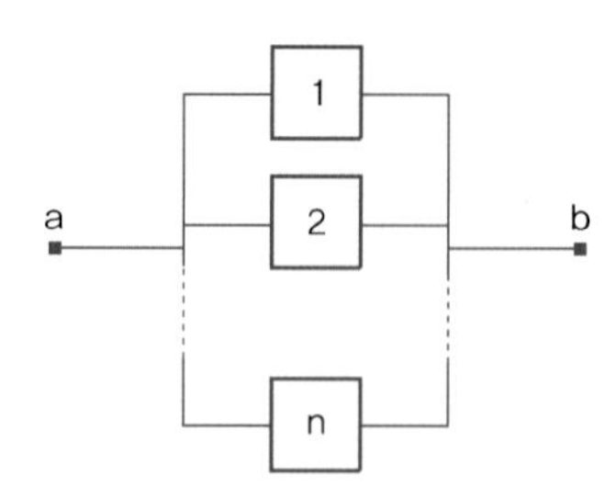

그림 **4.4** 병렬구조의 신뢰성 블록도

이러한 직렬구조와 병렬구조 이외에 보다 복잡한 구조를 갖는 시스템에 대해서도 시스템의 구조를 신뢰성 블록도로 나타낼 수 있다. 이후 전개되는 절에서 이들에 관한 예를 접할 수 있다.

4.3 구조함수

4.1절에서 하나의 예를 통하여 시스템의 구조와 관련한 구조함수를 유도하고 이로부터 신뢰도함수를 도출할 수 있음을 보았다. 이 절에서는 시스템의 구조함수에 관해 보다 정확한 정의를 내리도록 하자. 시스템을 구성하고 있는 모든 부품들이 작동상태와 고장상태의 두 가지 상태만을 갖는다고 가정하면, 부품 $i(i=1, 2, \ldots, n)$의 상태는 다음과 같은 이진변수 x_i에 의해 표현될 수 있다.

$$x_i = \begin{cases} 1, & \text{부품 } i\text{가 작동하는 경우} \\ 0, & \text{부품 } i\text{가 고장상태인 경우} \end{cases}$$

이와 같은 이진변수들의 모임 $\boldsymbol{x} = (x_1, x_2, \ldots, x_n)$을 상태벡터라 한다. n개의 모든 부품들의 상태를 알 경우 시스템의 작동여부를 알 수 있다고 가정하자.

비슷한 방법으로 시스템의 상태는 다음과 같은 이진함수에 의해 기술될 수 있다.

$$\phi(\boldsymbol{x}) = \phi(x_1, x_2, \ldots, x_n) = \begin{cases} 1, & \text{시스템이 작동하는 경우} \\ 0, & \text{시스템이 고장상태인 경우} \end{cases} \tag{4.1}$$

여기서 $\phi(\boldsymbol{x})$는 시스템의 구조 혹은 구조함수라고 한다. 이후 그게 더 자연스럽다고 생각될 경우 시스템 대신에 구조라는 표현을 사용할 것이다. 이하 기본적인 구조들의 예를 살펴본다.

4.3.1 직렬구조

그림 4.3은 n차 직렬구조(차수: 부품의 수)의 신뢰성 블록도를 보여 주고 있다. 이 경우 모든 부품이 작동하여 a와 b 사이가 연결되면 시스템이 작동하게 됨을 알 수 있다. 이러한 직렬구조의 구조함수는

$$\phi(\boldsymbol{x}) = x_1 \cdot x_2 \cdots x_n = \prod_{i=1}^{n} x_i \tag{4.2}$$

로 주어지며, 또한 $\prod_{i=1}^{n} x_i = \min_{i=1,2,\ldots,n} x_i$ 가 성립한다.

4.3.2 병렬구조

그림 4.4의 신뢰성 블록도에 주어져 있는 n차 병렬구조의 구조함수는 다음과 같이 나타낼 수 있다.

$$\phi(\boldsymbol{x}) = 1-(1-x_1)(1-x_2)\cdots(1-x_n) = 1-\prod_{i=1}^{n}(1-x_i) \tag{4.3}$$

식 (4.3)의 우변은 종종 $\coprod_{i=1}^{n} x_i$로 쓰기도 하는데 $\coprod$는 'ip'라고 읽는다. 따라서 2차 병렬구조는 다음과 같은 구조함수를 가진다.

$$\phi(x_1, x_2) = 1-(1-x_1)(1-x_2) = \coprod_{i=1}^{2} x_i$$

여기서 구조함수 $\coprod_{i=1}^{2} x_i$의 값은 x_1과 x_2가 이진변수이기 때문에 둘 중 큰 값과 일치할 것이다. 또한 n차 병렬구조의 구조함수의 값은 x_i들의 최댓값과 동일할 것이다. 따라서 다음 식이 성립한다.

$$\coprod_{i=1}^{n} x_i = \max_{i=1,2,\ldots,n} x_i$$

4.3.3 n 중 k 구조

n개의 부품들 중 적어도 k개의 부품만 작동하면 전체 시스템이 작동하는 시스템을 **n 중 k 구조**(k-out-of-n structure)라 한다. 따라서 직렬구조는 n 중 n 구조에 해당되며, 병렬구조는 n 중 1 구조에 해당된다. n 중 k 구조에 대한 구조함수는 다음과 같이 나타낼 수 있다.

$$\phi(\boldsymbol{x}) = \begin{cases} 1, & \sum_{i=1}^{n} x_i \geq k \\ 0, & \sum_{i=1}^{n} x_i < k \end{cases} \tag{4.4}$$

일례로 그림 4.5(a)에 나타나 있는 것과 같은 3 중 2 구조를 고려해 보자. 이 경우 하나의 부품 고장은 허용되는 반면에 2개 이상의 부품이 고장 나면 시스템은 고장 나게 된다. 3 중 2 구조에 대한 신뢰성 블록도는 그림 4.5(b)와 같이 나타낼 수도 있다. 이러한 표현방식은 IEC 61078에 의해 선호되기는 하지만 구조함수를 도출하기 위한 수단으로서는 보다 많은 문제를 안고 있으므로, 앞으로는 그림 4.5(a)에서와 같은 표현방식을 채택한다.

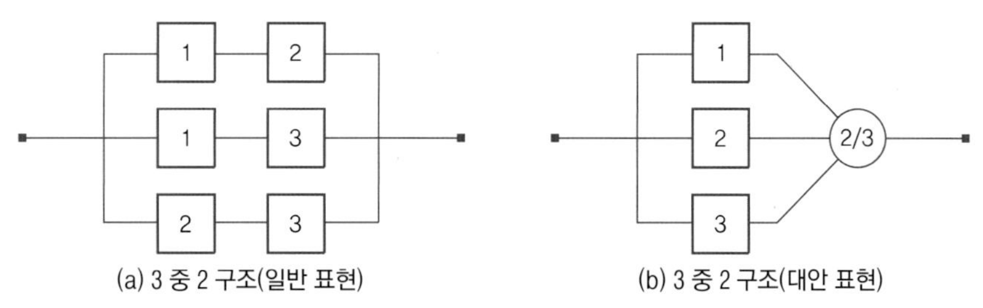

그림 **4.5** 3 중 2 구조

3 중 2 구조에 대한 예로서, 3개의 엔진 중 적어도 2개의 엔진만 작동한다면 비행할 수 있는 3개의 엔진이 장착된 비행기를 들 수 있다. 3 중 2 구조에 대한 구조함수를 다음과 같이 나타낼 수 있다.

$$\begin{aligned}\phi(\boldsymbol{x}) &= x_1x_2 \coprod x_1x_3 \coprod x_2x_3 \\ &= 1-(1-x_1x_2)(1-x_1x_3)(1-x_2x_3) \\ &= x_1x_2+x_1x_3+x_2x_3-x_1^2x_2x_3-x_1x_2^2x_3-x_1x_2x_3^2+x_1^2x_2^2x_3^2 \\ &= x_1x_2+x_1x_3+x_2x_3-2x_1x_2x_3\end{aligned} \tag{4.5}$$

여기서 x_i는 0 또는 1의 값만 가지는 이진변수이므로 모든 i와 $k(>1)$에 대해서 $x_i^k = x_i$ 이다.

(비고) 여기서 고려한 n 중 k 구조는 n 중 $k : G$ 구조(k out of $n : G$ structure)이며 이와 달리 n 중 $k : F$ 구조(k out of $k : F$ 구조)는 k개 이상이 고장이 나면 시스템이 고장 나는 구조이다.

4.4 응집시스템

4.4.1 응집구조

시스템의 구조함수를 구할 때, 먼저 시스템의 기능에 직접적인 역할을 하지 않는 모든 부품(즉, 그 부품의 작동여부가 시스템의 작동여부에 전혀 영향을 주지 않는 부품)을 고려하지 않는 것이 합리적이다. 이와 같이 시스템의 기능에 직접적인 영향을 끼치는 부품을 관계적(relevant)이라 하고 그렇지 않은 부품은 무관계적(irrelevant)이라고 한다. 즉, 부품 i가 무관계적이라 함은 모든 벡터 $(\cdot_i, x)$에 대하여

$$\phi(1_i, \boldsymbol{x}) = \phi(0_i, \boldsymbol{x})$$

의 관계가 성립함을 말한다. 여기서 $(1_i, \boldsymbol{x})$는 'i번째 부품의 상태'=1인 상태벡터, $(0_i, \boldsymbol{x})$는 'i번째 부품의 상태'=0인 상태벡터, $(\cdot_i, \boldsymbol{x})$는 '$i$번째 부품의 상태'=0 또는 1인 상태벡터를 각각 나타낸다. 무관계적 부품의 일례로서 그림 4.6은 부품 2가 무관계적인 두 부품 시스템을 보여준다.

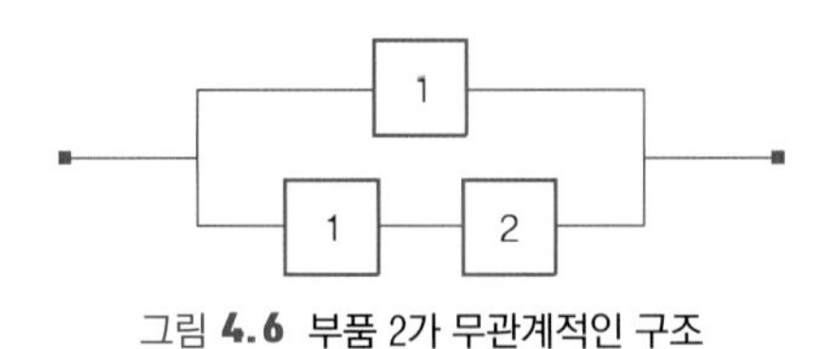

그림 **4.6** 부품 2가 무관계적인 구조

무관계적이지만 시스템에 아주 중요한 부품이 될 수 있는 예도 가끔 있으므로, '관계적/무관계적'이라는 표현이 자칫 잘못된 오해를 초래할 수 있다. 예를 들어 여러 부품으로 구성된 전자제품의 경우 일정 범위를 벗어난 높은 전압이 공급되면 전기 차단 장치가 작동하여 전기를 차단함으로써 시스템을 보호하는 역할을 한다. 이 경우 이러한 차단 장치의 작동여부가 시스템의 작동여부에 영향을 주지는 않지만, 시스템에 있어서 매우 중요한 역할을 담당하고 있다고 할 수 있다. 또한 흔히 무관계적이라 정의할 때는 특정한 시스템의 기능과 관련지어 정의하게 되므로 동일한 부품이 시스템의 다른 기능에 대해서는 관계적이 될 수 있음에 유의해야 한다.

일반적으로 고장상태에 있는 부품을 작동하는 부품과 교체하면 시스템이 이전보다 더 나쁘게 되지 않는다고 가정하는 것이 타당할 것이다. 이를 구조함수에 관한 표현으로 바꾸어 나타내면 구조함수가 각 인자에 대하여 비감소함수가 된다고 할 수 있다. 모든 부품이 관계적이고 구조함수가 각 인자에 대하여 비감소이면 이러한 시스템을 응집시스템(coherent system)이라 한다.

지금까지 우리가 살펴본 그림 4.6을 제외한 모든 시스템은 응집시스템에 속함을 알 수 있다. 우리가 관심을 갖는 모든 시스템이 응집시스템이 되어야 한다고 생각할 수 있지만 반드시 그런 것은 아니다. 어떤 부품이 고장이 나면 결과적으로 다른 부품의 고장을 방지하는 경우를 예로 들 수 있다.

4.4.2 응집시스템의 일반적 특성

앞서 정의한 응집시스템의 세 가지 성질을 알아보고 이들의 의미를 살펴보기로 하자. 이러한 성질들의 증명은 Rausand and Hoyland(2004)를 참조하기 바란다.

• **성질 1** 응집시스템의 구조함수를 $\phi(\boldsymbol{x})$라고 하자. 그러면

$\phi(\mathbf{0})=0$이고 $\phi(\mathbf{1})=1$

이다. 위의 성질은 응집시스템의 경우 모든 부품이 고장상태이면 시스템이 작동하지 않으며, 모든 부품이 작동상태이면 시스템이 작동함을 의미한다.

• **성질 2** n차 응집시스템의 구조함수를 $\phi(\boldsymbol{x})$라고 하자. 그러면

$$\prod_{i=1}^{n} x_i \le \phi(\boldsymbol{x}) \le \coprod_{i=1}^{n} x_i \tag{4.6}$$

이다. 위의 성질은 어떤 시스템이 응집시스템이라면 가장 성능이 나쁜 응집시스템의 경우라 할지라도 n개 부품이 직렬로 연결된 시스템의 성능보다 나쁠 수 없고, 가장 성능이 좋은 응집시스템이라 할지라도 n개 부품이 병렬로 연결된 시스템보다 좋을 수 없다는 의미를 갖는다.

• **성질 3** 두 상태벡터 $x=(x_1, x_2, \ldots, x_n)$ 및 $y=(y_1, y_2, \cdots, y_n)$에 대하여 $\boldsymbol{x}\cdot\boldsymbol{y}$와 $\boldsymbol{x}\coprod\boldsymbol{y}$를 다음과 같이 정의하자.

$$\boldsymbol{x}\cdot\boldsymbol{y}=(x_1 y_1, x_2 y_2, \ldots, x_n y_n)$$

$$\boldsymbol{x}\coprod\boldsymbol{y}=(x_1\coprod y_1, x_2\coprod y_2, \cdots, x_n\coprod y_n)$$

ϕ를 응집구조라고 하면 다음 부등식이 성립한다.

$$\phi(\boldsymbol{x}\coprod\boldsymbol{y}) \ge \phi(\boldsymbol{x})\coprod\phi(\boldsymbol{y}) \tag{4.7}$$

$$\phi(\boldsymbol{x}\cdot\boldsymbol{y}) \le \phi(\boldsymbol{x})\cdot\phi(\boldsymbol{y}) \tag{4.8}$$

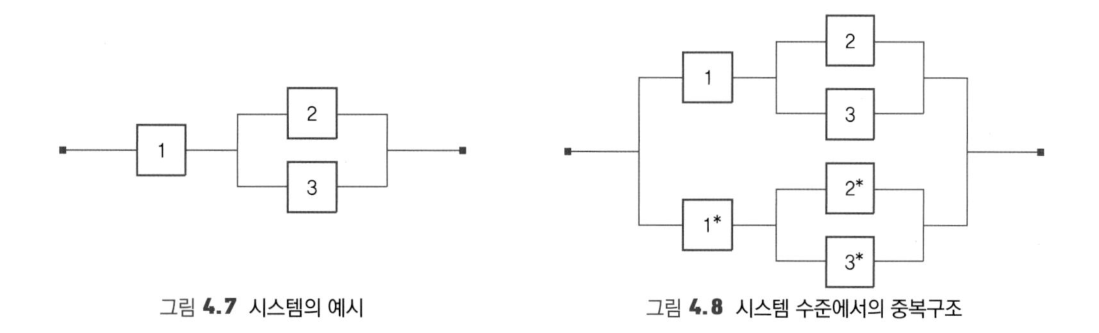

그림 **4.7** 시스템의 예시

그림 **4.8** 시스템 수준에서의 중복구조

특히, 식 (4.7)의 의미를 보다 쉽게 해석해 보자. 그림 4.7의 구조에 대한 구조함수를 $\phi(\boldsymbol{x})$로 정의하고, 역시 상태벡터 $\boldsymbol{y}$를 갖는 동일한 구조의 구조함수를 $\phi(\boldsymbol{y})$로 가정하자. 그림 4.8은 '시스템 수준에서의 중복'을 갖는 구조가 되는데, 이 시스템의 구조함수는 $\phi(\boldsymbol{x})\coprod\phi(\boldsymbol{y})$로 표현된다.

그림 4.7에서 각 쌍 x_i, y_i를 병렬로 연결하여 시스템을 만들어 보면, 그림 4.9와 같이 '부품 수준에서의 중복' 구조를 갖게 되고 이 때 구조함수는 $\phi(\boldsymbol{x}\coprod\boldsymbol{y})$가 된다.

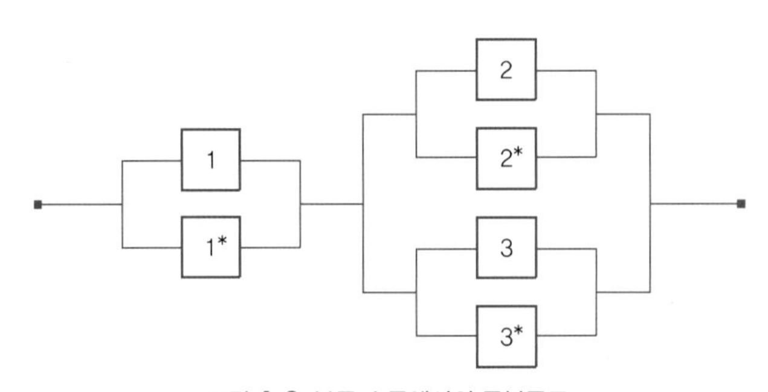

그림 **4.9** 부품 수준에서의 중복구조

성질 3에 의하면, $\phi(\boldsymbol{x}\coprod\boldsymbol{y})\geq\phi(\boldsymbol{x})\coprod\phi(\boldsymbol{y})$가 성립하므로, 이는 시스템 수준에서보다 부품 수준에서의 중복을 도입함으로써 보다 나은 시스템을 얻게 됨을 의미한다. 설계자에게 잘 알려진 이 법칙은 시스템이 2개 이상의 고장 모드를 가질 때는 분명하지 않다. 이런 중복설계의 개념은 5.4절에서 다룬다.

4.4.3 경로와 절단집합을 이용한 구조의 표현

n차 구조는 1부터 n까지 일련번호가 매겨져 있는 n개의 부품들로 구성되어 있으므로 부품의 집합은 다음과 같이 표기된다.

$$C=\{1,\ 2,\ ...,\ n\}$$

집합 C의 원소들을 골랐을 때 그 원소들이 모두 작동하면 시스템이 작동하는 경우 이러한 원소들의 집합을 경로집합(path set)이라 하고 P로 나타낸다. 특정 경로집합이 경로집합으로서의 상태를 상실하지 않으면서(경로집합의 성질을 유지하면서) 더 이상 줄여질 수 없을 때 이를 최소경로집합(minimal path set)이라 한다.

또한 집합 C의 원소들을 골랐을 때 그 원소들이 모두 고장 나면 시스템이 고장 나는 경우 이러한 원소들의 집합을 절단집합(cut set)이라 하고 K로 나타낸다. 특정 절단집합이 절단집합으로서의 상태를 상실하지 않으면서(절단집합의 성질을 유지하면서) 더 이상 줄일 수 없을 때 이를 최소절단집합(minimal cut set)이라 한다.

예제 4.1

그림 4.7의 신뢰성 블록도를 고려해 보자. 부품 집합은 $C=\{1, 2, 3\}$으로서 경로집합과 절단집합은 각각 다음과 같다.

경로집합 :	절단집합 :
$\{1,2\}$*	$\{1\}$*
$\{1,3\}$*	$\{2,3\}$*
$\{1,2,3\}$	$\{1,2\}$
	$\{1,3\}$
	$\{1,2,3\}$

이 중에서 최소경로집합은 $P_1=\{1,2\}$, $P_2=\{1,3\}$이고 최소절단집합은 $K_1=\{1\}$, $K_2=\{2, 3\}$이다. 최소경로집합 및 최소절단집합은 *로 표시되어 있다.

예제 4.2

그림 4.10의 물리적 네트워크와 같은 브리지 구조를 고려해 보자. 최소경로집합은

$$P_1=\{1,4\},\quad P_2=\{2,5\},\quad P_3=\{1,3,5\},\quad P_4=\{2,3,4\}$$

이며, 최소절단집합은

$$K_1=\{1, 2\},\quad K_2=\{4, 5\},\quad K_3=\{1, 3, 5\},\quad K_4=\{2, 3, 4\}$$

이다.

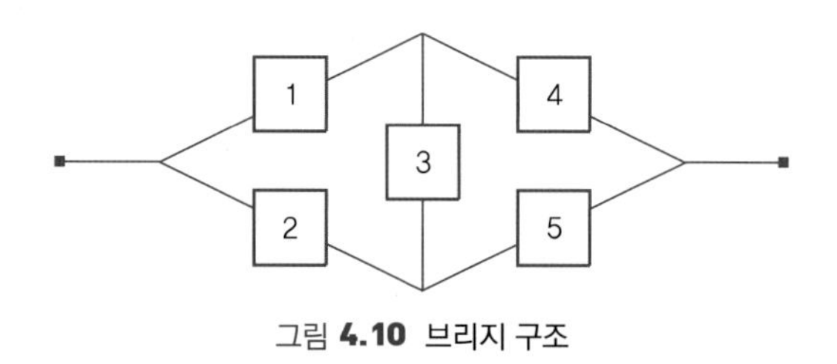

그림 **4.10** 브리지 구조

예제 4.3

그림 4.5의 3 중 2 구조를 고려해 보자. 최소경로집합은

$$P_1 = \{1,2\}, \quad P_2 = \{1,3\}, \; P_3 = \{2,3\}$$

이며, 최소절단집합은

$$K_1 = \{1,2\}, \; K_2 - \{1,3\}, \; K_3 = \{2,3\}$$

이다. 그러므로 3 중 2 구조는 그림 4.11에 나타나 있는 바와 같이 최소절단 병렬구조들의 직렬구조로 표현된다.

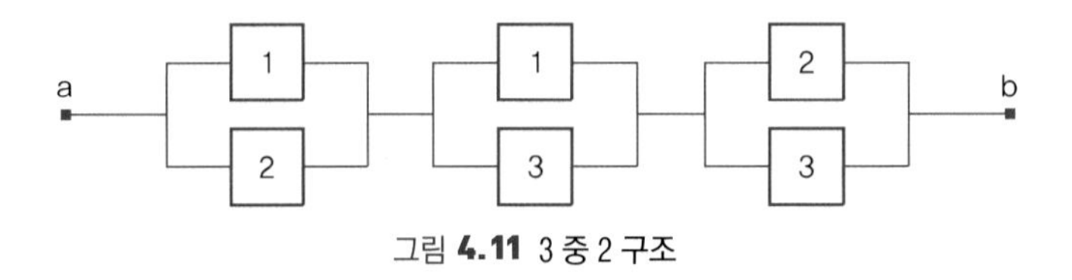

그림 **4.11** 3 중 2 구조

이와 같이 특수한 경우에는 최소절단집합의 수가 최소경로집합의 수와 일치한다. 하지만 이러한 사실이 일반적으로 성립하는 것은 아니다.

최소경로집합 $P_1, P_2, \ldots, P_p$와 최소절단집합 $K_1, K_2, \ldots, K_k$를 갖는 임의의 구조를 고려해 보자. 최소경로집합 P_j에 대하여 다음과 같이 이진함수를 정의하자.

$$\rho_j(x) = \prod_{i \in P_j} x_i, \; j = 1, 2, \ldots, p \tag{4.9}$$

여기서 $\rho_j(\boldsymbol{x})$는 P_j에 속한 부품들로 구성된 직렬구조의 구조함수를 나타내므로, $\rho_j(\boldsymbol{x})$를 j번째 최소경로 직렬구조라 하자. 최소경로 직렬구조 중 적어도 하나가 작동하면 전체 구조가 작동하기 때문에 시스템 구조함수는 다음과 같이 쓸 수 있다.

$$\phi(\boldsymbol{x}) = \coprod_{j=1}^{p} \rho_j(\boldsymbol{x}) = 1 - \prod_{j=1}^{p} (1 - \rho_j(\boldsymbol{x})) \tag{4.10}$$

따라서 시스템은 최소경로 직렬구조의 병렬구조로 해석될 수 있다. 식 (4.9)와 (4.10)을 결합하면 다음 식을 얻을 수 있다.

$$\phi(\boldsymbol{x}) = \coprod_{j=1}^{p} \prod_{i \in P_j} x_i \tag{4.11}$$

예제 4.3 (계속)

그림 4.10의 브리지 구조에서 최소경로집합들은 $P_1 = \{1,4\}$, $P_2 = \{2,5\}$, $P_3 = \{1,3,5\}$, $P_4 = \{2,3,4\}$이다. 따라서 최소경로 직렬구조는

$$\rho_1(\boldsymbol{x}) = x_1 \cdot x_4$$
$$\rho_2(\boldsymbol{x}) = x_2 \cdot x_5$$
$$\rho_3(\boldsymbol{x}) = x_1 \cdot x_3 \cdot x_5$$
$$\rho_4(\boldsymbol{x}) = x_2 \cdot x_3 \cdot x_4$$

이다. 따라서 구조함수는 다음과 같이 나타낼 수 있다.

$$\begin{aligned}\phi(\boldsymbol{x}) &= \coprod_{j=1}^{4} \rho_j(\boldsymbol{x}) = 1 - \prod_{j=1}^{4}(1-\rho_j(\boldsymbol{x})) \\ &= 1-(1-\rho_1(\boldsymbol{x}))(1-\rho_2(\boldsymbol{x}))(1-\rho_3(\boldsymbol{x}))(1-\rho_4(\boldsymbol{x})) \\ &= 1-(1-x_1x_4)(1-x_2x_5)(1-x_1x_3x_5)(1-x_2x_3x_4) \\ &= x_1x_4 + x_2x_5 + x_1x_3x_5 + x_2x_3x_4 - x_1x_3x_4x_5 - x_1x_2x_3x_5 - x_1x_2x_3x_4 \\ &\quad - x_2x_3x_4x_5 - x_1x_2x_4x_5 + 2x_1x_2x_3x_4x_5\end{aligned}$$

여기서 마지막 식은 x_i는 0과 1만을 값으로 취할 수 있는 이진변수이므로, 모든 i와 k에 대해서 $x_i^k = x_i$인 점을 이용하여 전개한 결과이다.

이에 따라 브리지 구조는 그림 4.12와 같은 신뢰성 블록도로 표현될 수 있다.

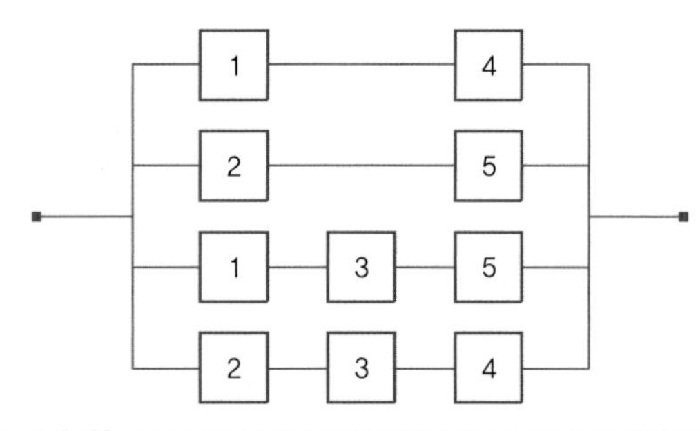

그림 **4.12** 최소경로 직렬구조의 병렬구조로 나타낸 브리지 구조

마찬가지로 최소절단집합 K_j에 대하여 다음과 같은 이진함수를 정의하자.

$$\kappa_j(\boldsymbol{x}) = \coprod_{i \in K_j} x_i = 1 - \prod_{i \in K_j}(1-x_i), \quad j = 1, 2, \ldots, k \tag{4.12}$$

여기서 $\kappa_j(\boldsymbol{x})$는 K_j에 속한 부품들로 구성된 병렬구조의 구조함수를 나타내므로, $\kappa_j(\boldsymbol{x})$는 j번째 최소절단 병렬구조라 한다. 최소절단 병렬구조 중 적어도 하나가 고장 나면 시스템이 고장 나기 때문에 시스템 구조함수는 다음과 같이 쓸 수 있다.

$$\phi(\boldsymbol{x}) = \prod_{j=1}^{k} \kappa_j(\boldsymbol{x}) = \prod_{j=1}^{k} [1 - \prod_{i \in K_j} (1 - x_i)] \tag{4.13}$$

따라서 시스템은 최소절단 병렬구조의 직렬구조로 간주될 수 있다. 식 (4.12)와 (4.13)을 결합함으로써 다음 식을 얻을 수 있다.

$$\phi(\boldsymbol{x}) = \prod_{j=1}^{k} \coprod_{i \in K_j} x_i \tag{4.14}$$

예제 4.3 (계속)

브리지 구조에서 최소절단집합들은 $K_1 = \{1, 2\}$, $K_2 = \{4, 5\}$, $K_3 = \{1, 3, 5\}$, $K_4 = \{2, 3, 4\}$이다. 이에 해당되는 최소절단 병렬구조는

$$\kappa_1(\boldsymbol{x}) = x_1 \coprod x_2 = 1 - (1 - x_1)(1 - x_2)$$
$$\kappa_2(\boldsymbol{x}) = x_4 \coprod x_5 = 1 - (1 - x_4)(1 - x_5)$$
$$\kappa_3(\boldsymbol{x}) = x_1 \coprod x_3 \coprod x_5 = 1 - (1 - x_1)(1 - x_3)(1 - x_5)$$
$$\kappa_4(\boldsymbol{x}) = x_2 \coprod x_3 \coprod x_4 = 1 - (1 - x_2)(1 - x_3)(1 - x_4)$$

가 되고, 이러한 표현식을 식 (4.13)에 대입함으로써 브리지 구조의 구조함수를 찾을 수 있다(연습문제 4.7 참조). 따라서 브리지 구조는 그림 4.13과 같은 신뢰성 블록도로 표현될 수 있다.

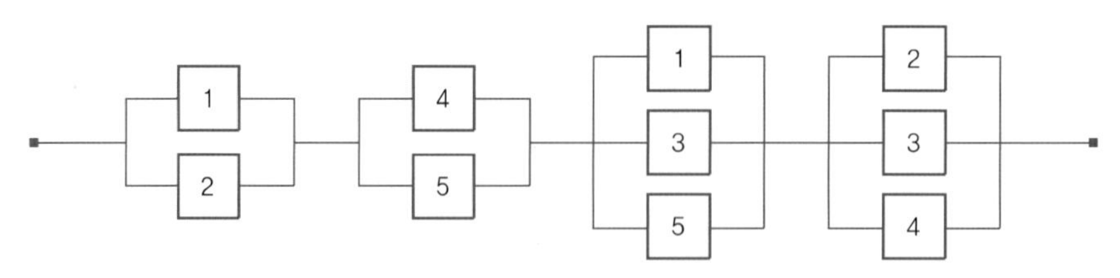

그림 **4.13** 최소절단 병렬구조의 직렬구조로 나타낸 브리지 구조

4.5 기본구조의 시스템 신뢰도

앞에서 시스템과 부품 간의 구조적인 관계를 살펴보고, 블록도를 이용하여 시스템의 구조함수가 어떻게 얻어질 수 있는가를 살펴보았다. 어떠한 부품이 시점 t에서 작동하고 있는지 혹은 고장상태에 있는지에 관한 문제는 확률적인 현상이므로, 시점 t에 n개 부품의 상태를 나타내는 다음과 같은 확률변수를 도입하여 각 부품의 상태를 나타내기로 한다.

$$X_1(t),\ X_2(t),\ \dots,\ X_n(t)$$

따라서 상태벡터와 구조함수는 각각 $\boldsymbol{X}(t) = (X_1(t), X_2(t), \dots, X_n(t))$, $\phi(\boldsymbol{X}(t))$로 나타낼 수 있다. 그리고 이 절에서는 다음과 같은 확률로 표시된 신뢰도가 관심의 대상이 된다.

$$\Pr(X_i(t) = 1) = R_i(t),\ i = 1, 2, \dots, n \tag{4.15}$$

$$\Pr(\phi(\boldsymbol{X}(t)) = 1) = R_S(t) \tag{4.16}$$

여기서 $R_i(t)$, $i = 1,2,\dots,n$은 i번째 부품의 시점 t에서의 신뢰도, $q_i(t) = 1 - R_i(t)$는 i번째 부품의 시점 t에서의 불신뢰도를 나타낸다. 마찬가지로 $R_S(t)$는 시점 t에서의 시스템의 신뢰도, $q_S(t) = 1 - R_S(t)$는 시스템의 불신뢰도를 나타낸다. 이 절에서는 부품들의 고장이 서로 독립인 시스템에 한정한다. 즉, $X_1(t)$, $X_2(t)$, $\dots$, $X_n(t)$가 서로 독립인 확률변수인 경우만을 다루기로 한다.

부품의 상태를 나타내는 확률변수 $X_i(t)$는 0과 1을 갖는 이진 확률변수이므로, 다음과 같은 식이 성립한다.

$$\begin{aligned} E[X_i(t)] &= 0 \cdot \Pr(X_i(t) = 0) + 1 \cdot \Pr(X_i(t) = 1) \\ &= R_i(t),\ i = 1,2,\dots,n \end{aligned}$$

마찬가지로 시점 t에서의 시스템의 신뢰도함수는 다음과 같이 주어진다.

$$R_S(t) = E[\phi(\boldsymbol{X}(t))]$$

따라서 부품들의 고장이 모두 독립적으로 발생하는 경우 시스템 신뢰도 $R_S(t)$는 $R_i(t)$들만의 함수가 된다. 이 절에서는 직렬, 병렬, 직렬과 병렬구조를 특수한 경우로 수용하는 n 중 k, 직렬과 병렬이 결합된 직·병렬구조의 시스템에 대한 신뢰도의 계산 방법과 이들의 제반 성질을 학습한다.

4.5.1 직렬구조

식 (4.2)로부터 시점 t에서 n차 직렬구조 시스템의 구조함수가 다음과 같이 주어진다.

$$\phi(\boldsymbol{X}(t)) = \prod_{i=1}^{n} X_i(t)$$

여기서는 $X_1(t),\ X_2(t),\ \dots,\ X_n(t)$들이 서로 독립이라 가정하므로 시스템의 신뢰도함수는

$$\begin{aligned} R_S(t) &= E(\phi(\boldsymbol{X}(t))) = E(\prod_{i=1}^{n} X_i(t)) \\ &= \prod_{i=1}^{n} E(X_i(t)) = \prod_{i=1}^{n} R_i(t) \end{aligned} \quad (4.17)$$

가 된다. 여기서 한 가지 주목할 사실은 다음과 같은 식이 성립한다는 것이다.

$$R_S(t) \le \min_i(R_i(t))$$

즉, 직렬구조 시스템의 신뢰도는 부품들 중 가장 신뢰도가 낮은 부품의 신뢰도보다 클 수 없음을 알 수 있다.

예제 4.4

3개의 독립부품으로 구성된 직렬구조 시스템을 고려하자. 특정 시점 t에서 각 부품의 신뢰도가 각각 $R_1 = 0.95$, $R_2 = 0.97$, 그리고 $R_3 = 0.94$로 주어졌다면 이 시점에서 시스템의 신뢰도는 식 (4.17)에 의해

$$R_S = R_1 \cdot R_2 \cdot R_3 = 0.95 \cdot 0.97 \cdot 0.94 \approx 0.866$$

임을 알 수 있다.

■■■

모든 부품의 신뢰도함수가 동일하게 $R(t)$로 주어질 경우, n차 직렬구조 시스템의 신뢰도함수는

$$R_S(t) = R(t)^n \quad (4.18)$$

임을 알 수 있다. 만약 $n = 100$이고 $R(t) = 0.995$라고 하면 시스템 신뢰도는

$$R_S(t) = 0.995^{100} \approx 0.606$$

이다. 따라서 부품의 신뢰도가 상대적으로 매우 높다고(= 0.995) 하더라도 $n = 100$ 정도만 되면

직렬구조의 신뢰도는 상당히 낮아짐을 알 수 있다.

독립인 부품들로 구성된 직렬구조 시스템의 신뢰도함수는 식 (4.17)로 주어지므로, 2장에서 학습한 신뢰도와 고장률간의 관계에 의하여 각 부품의 신뢰도함수 $R_i(t)$는

$$R_i(t) = \exp\left(-\int_0^t h_i(u)du\right) \tag{4.19}$$

로 주어진다. 여기서 $h_i(t)$는 시점 t에서 부품 i의 고장률을 나타낸다. 식 (4.19)를 (4.17)에 대입하면

$$R_S(t) = \prod_{i=1}^{n} \exp\left(-\int_0^t h_i(u)du\right) = \exp\left(-\int_0^t \sum_{i=1}^{n} h_i(u)du\right) \tag{4.20}$$

을 얻게 된다. 따라서 직렬구조 시스템의 고장률함수 $h_S(t)$는 다음과 같이 각 부품의 고장률함수들의 합

$$h_S(t) = \sum_{i=1}^{n} h_i(t) \tag{4.21}$$

으로 주어짐을 알 수 있다. 그리고 직렬구조 시스템의 평균수명($MTTF_S$)은

$$MTTF_S = \int_0^\infty R_S(t)dt = \int_0^\infty \exp\left(-\int_0^t \sum_{i=1}^{n} h_i(u)du\right)dt \tag{4.22}$$

로 나타낼 수 있다.

예제 4.5

각 i번째 부품이 상수 고장률 λ_i를 갖는 n개의 독립인 부품으로 구성된 직렬구조 시스템을 생각해 보자. 이러한 직렬구조 시스템의 신뢰도함수는

$$R_S(t) = \exp\left[-\left(\sum_{i=1}^{n} \lambda_i\right)t\right]$$

로 주어지며, 평균수명 $MTTF$는

$$MTTF_S = \int_0^\infty \exp\left[-\left(\sum_{i=1}^{n} \lambda_i\right)t\right] dt = \frac{1}{\sum_{i=1}^{n} \lambda_i}$$

가 된다.

4.5.2 병렬구조

식 (4.3)으로부터 시점 t에서의 n차 병렬구조 시스템의 구조함수는

$$\phi(\boldsymbol{X}(t)) = \coprod_{i=1}^{n} X_i(t) = 1 - \prod_{i=1}^{n}(1 - X_i(t))$$

가 되므로, 신뢰도함수는

$$R_S(t) = E(\phi(\boldsymbol{X}(t))) = 1 - \prod_{i=1}^{n}(1 - E(X_i(t))) \tag{4.23}$$
$$= 1 - \prod_{i=1}^{n}(1 - R_i(t)) = \coprod_{i=1}^{n} R_i(t)$$

와 같이 주어진다.

예제 4.6

3개의 독립부품으로 이루어진 병렬구조 시스템을 생각해 보자. 특정 시점 t 에서 각 부품의 신뢰도가 각각 $R_1 = 0.95$, $R_2 = 0.97$, 그리고 $R_3 = 0.94$로 주어진다면 이 시점에서의 시스템의 신뢰도는 식 (4.23)에 의해

$$R_S(t) = 1 - (1 - R_1)(1 - R_2)(1 - R_3) = 1 - 0.05 \cdot 0.03 \cdot 0.06 \approx 0.99991$$

로 계산된다.

모든 부품의 신뢰도함수가 동일하게 $R(t)$로 주어지는 경우, n차 병렬구조 시스템의 신뢰도함수는

$$R_S(t) = 1 - (1 - R(t))^n \tag{4.24}$$

로 간략화된다.

독립인 부품들로 구성된 병렬구조 시스템의 신뢰도함수는 식 (4.23)과 같이 주어지므로, 만약 모든 부품들이 상수 고장률 $h_i(t) = \lambda_i$, $i = 1,2, ..., n$ 을 갖는다면 신뢰도함수는

$$R_S(t) = 1 - \prod_{i=1}^{n}(1 - e^{-\lambda_i t}) \tag{4.25}$$

가 된다.

예제 4.7

부품의 수명 T_1과 T_2가 각각 고장률함수 λ_1과 λ_2를 갖는 서로 독립인 지수분포를 따르는 경우의 병렬구조 시스템을 고려하자. 이러한 시스템의 신뢰도함수는 식 (4.25)로부터

$$\begin{aligned} R_S(t) &= 1-(1-e^{-\lambda_1 t})(1-e^{-\lambda_2 t}) \\ &= e^{-\lambda_1 t}+e^{-\lambda_2 t}-e^{-(\lambda_1+\lambda_2)t} \end{aligned} \tag{4.26}$$

로 주어진다. 시스템의 평균수명 $MTTF$는

$$MTTF_S = \int_0^\infty R_S(t)dt = \frac{1}{\lambda_1}+\frac{1}{\lambda_2}-\frac{1}{\lambda_1+\lambda_2} \tag{4.27}$$

로 주어진다. 고장률함수는 또한

$$\begin{aligned} h_S(t) &= -\frac{R_S'(t)}{R_S(t)} \\ &= \frac{\lambda_1 e^{-\lambda_1 t}+\lambda_2 e^{-\lambda_2 t}-(\lambda_1+\lambda_2)e^{-(\lambda_1+\lambda_2)t}}{e^{-\lambda_1 t}+e^{-\lambda_2 t}-e^{-(\lambda_1+\lambda_2)t}} \end{aligned} \tag{4.28}$$

로 나타낼 수 있다. 그림 4.14에 $\lambda_1+\lambda_2=1$을 만족시키는 몇몇 λ_1과 λ_2 값에 대하여 $h_S(t)$ 그래프가 그려져 있다. $\lambda_1 \neq \lambda_2$인 경우 시스템의 고장률함수 $h_S(t)$는 최댓값까지 단조증가하다가, 이후 영역에서는 $\min\{\lambda_1, \lambda_2\}$까지 감소하는 형태를 나타낸다.

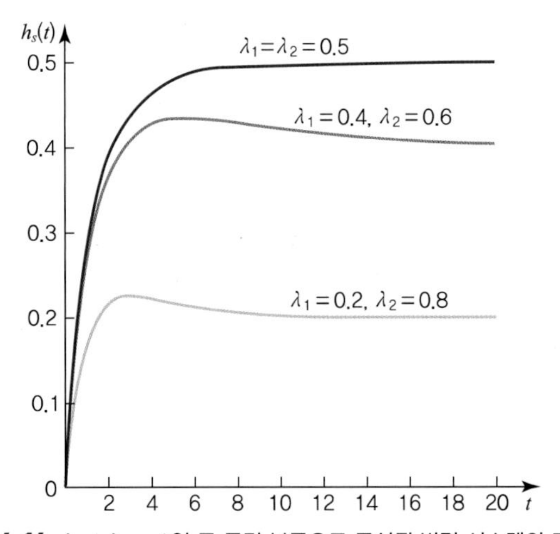

그림 4.14 $\lambda_1+\lambda_2=1$인 두 독립 부품으로 구성된 병렬 시스템의 고장률

이 예에서는 개개의 부품이 상수 고장률을 갖는 지수분포를 따른다 할지라도, 전체 시스템의 고장률함수는 상수 고장률을 갖지 않을 수 있음을 보여 준다. 즉 각각의 부품들의 수명분포는 지수분포를 따른다 할지라도 병렬시스템의 수명 T의 분포는 지수분포를 따르지 않게 된다.

예제 4.8

고장률 λ를 갖는 2개의 독립인 동일한 부품으로 구성된 병렬구조 시스템을 고려하자. 이 시스템의 신뢰도함수는 식 (4.24)로부터

$$R_S(t) = 2e^{-\lambda t} - e^{-2\lambda t} \tag{4.29}$$

로 주어지며, 시스템의 수명에 대한 확률밀도함수는

$$f_S(t) = -R_S'(t) = 2\lambda e^{-\lambda t} - 2\lambda e^{-2\lambda t} \tag{4.30}$$

가 된다. 확률밀도함수 $f_S(t)$에서 최대가 되는 t 값(모드)은

$$t_{\mathrm{mode}} = \frac{\ln 2}{\lambda} \tag{4.31}$$

로 주어지며(연습문제 4.11 참조), 병렬 시스템의 수명의 중앙값은

$$t_m = R^{-1}(0.5) \approx \frac{1.228}{\lambda} \tag{4.32}$$

가 된다. 또한 평균수명 $MTTF$는

$$MTTF_S = \int_0^\infty R_S(t)dt = \frac{3}{2\lambda} \tag{4.33}$$

로 얻어진다. 확률밀도함수 $f_S(t)$가 수명의 모드, 중앙값, 그리고 $MTTF$ 값과 함께 그림 4.15에 나타나 있다. 이 병렬 시스템의 시점 t에서의 평균 잔여수명(MRL)은 식 (2.19)로부터

$$MRL(t) = \frac{1}{R_S(t)}\int_t^\infty R_S(x)dx = \frac{1}{2\lambda} \cdot \frac{4-e^{-\lambda t}}{2-e^{-\lambda t}} \tag{4.34}$$

로 주어진다. 여기서 $\lim_{t\to\infty} MRL(t) = 1/\lambda$가 성립한다. 즉, 시간이 경과됨에 따라 두 부품 중 하나가 고장을 일으키게 되어 언젠가는 하나의 부품만 남게 될 것이다. 따라서 한 부품이 고장날 경우, 전체 시스템의 MRL은 남은 부품의 MRL과 일치하게 된다. 이 예제에서는 부품의 고장률이 λ로 일정하므로 남아 있는 부품의 MRL은 그것의 평균수명인 $1/\lambda$로 주어지게 된다.

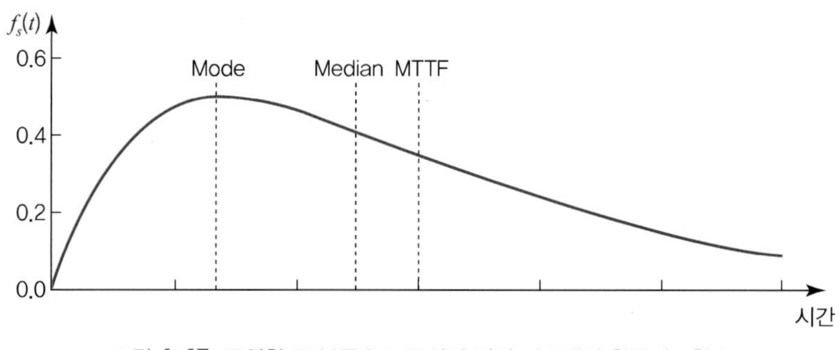

그림 **4.15** 동일한 두 부품으로 구성된 병렬 시스템의 확률밀도함수

일반적으로 상수 고장률 λ인 n차 병렬구조 시스템의 평균수명은 $\frac{1}{\lambda}\left(\frac{1}{1}+\frac{1}{2}+\cdots+\frac{1}{n}\right)$으로 주어지므로(연습문제 4.14 참조), n번째 부품의 병렬구조 $MTTF$에 대한 부가효과는 $\frac{1}{n}$이 된다.

4.5.3 n 중 k 구조

식 (4.4)로부터 시점 t에서 n 중 k 구조를 갖는 시스템의 구조함수가 다음과 같이 주어진다.

$$\phi(\boldsymbol{X}(t)) = \begin{cases} 1, & \sum_{i=1}^{n} X_i(t) \geq k \\ 0, & \sum_{i=1}^{n} X_i(t) < k \end{cases} \tag{4.35}$$

문제를 단순하게 하기 위해 시스템을 구성하는 모든 부품이 동일한 신뢰도함수 $R_i(t) = R(t)$, $i = 1, 2, \ldots, n$을 갖는 경우에 대해 고려하기로 한다. 여기서는 각 부품의 고장이 서로 독립적으로 발생한다고 가정하고 있으므로 특정 시점 t에서 $Y(t) = \sum_{i=1}^{n} X_i(t)$는 다음과 같은 모수 $(n, R(t))$를 갖는 이항분포를 따르게 된다.

$$\Pr(Y(t) = y) = \binom{n}{y} R(t)^y (1 - R(t))^{n-y}, \quad y = 0, 1, \ldots, n \tag{4.36}$$

따라서 동일한 신뢰도를 갖는 부품으로 구성된 n 중 k 구조를 갖는 시스템의 신뢰도함수는

$$R_S(t) = \Pr(Y(t) \geq k) = \sum_{y=k}^{n} \binom{n}{y} R(t)^y (1 - R(t))^{n-y} \tag{4.37}$$

로 주어짐을 알 수 있다.

예제 4.9

4 중 2 구조를 갖는 4개의 동일한 부품으로 구성된 시스템을 고려하자. 특정 시점 t에서 부품의 신뢰도가 $R = 0.97$로 주어진다고 하자. 그러면 이 시점에서 시스템의 신뢰도함수는 식 (4.37)에 의해

$$R_S = \binom{4}{2} 0.97^2 0.03^2 + \binom{4}{3} 0.97^3 0.03 + \binom{4}{4} 0.97^4 \approx 0.99989$$

로 주어진다.

단순한 경우인 3 중 2 구조를 자세하게 분석해 보자. 이 구조의 구조함수는 식 (4.5)로부터

$$\phi(\boldsymbol{X}(t)) = X_1(t)X_2(t) + X_1(t)X_3(t) + X_2(t)X_3(t) - 2X_1(t)X_2(t)X_3(t)$$

로 나타낼 수 있으므로, 3 중 2 구조 시스템의 신뢰도함수는

$$R_S(t) = R_1(t)R_2(t) + R_1(t)R_3(t) + R_2(t)R_3(t) - 2R_1(t)R_2(t)R_3(t) \tag{4.38}$$

로 주어진다. 모든 부품들이 공통의 상수 고장률 λ를 갖는 경우의 신뢰도함수는

$$R_S(t) = 3e^{-2\lambda t} - 2e^{-3\lambda t} \tag{4.39}$$

가 된다. 이에 따라 3 중 2 구조 시스템의 고장률함수는

$$h_S(t) = -\frac{R_S'(t)}{R_S(t)} = \frac{6\lambda(e^{-2\lambda t} - e^{-3\lambda t})}{3e^{-2\lambda t} - 2e^{-3\lambda t}} \tag{4.40}$$

로 주어짐을 확인할 수 있으며 그림 4.16에 고장률함수 $h_S(t)$가 도시되어 있다. 이러한 3 중 2 구조 시스템의 $MTTF$는

$$MTTF_S = \int_0^\infty R_S(t)dt = \frac{3}{2\lambda} - \frac{2}{3\lambda} = \frac{5}{6}\frac{1}{\lambda}$$

가 된다.

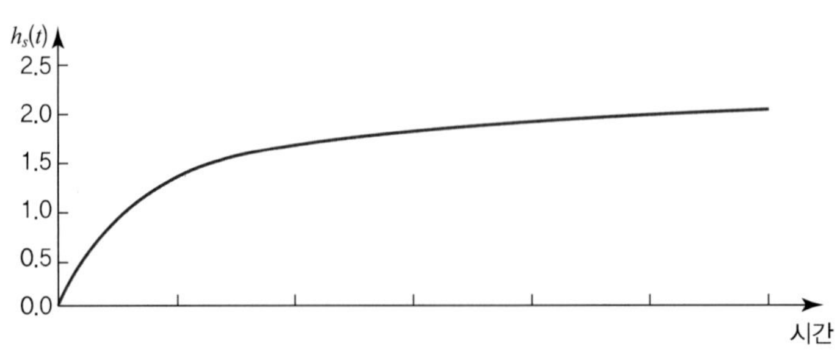

그림 **4.16** 3 중 2 구조의 고장률함수

여기서 다음 세 가지 간단한 시스템을 비교해 보자.

- 단일 부품으로 구성된 시스템(1 중 1 구조)
- 동일한 두 부품으로 구성된 병렬구조 시스템(2 중 1 구조)
- 동일한 부품으로 구성된 3 중 2 구조 시스템

모든 부품들은 공통 상수 고장률 λ를 갖고 있으며 서로 독립이라고 가정한다. 표 4.1은 이들 세 가지 시스템을 비교한 결과를 보여 주고 있다. 여기서 주목할 점은 단일 부품으로 구성된 시스템의 $MTTF$가 3 중 2 시스템보다도 더 높게 나타날 수 있다는 점이다. 그림 4.17은 이들 세 시스템의 신뢰도함수를 비교하여 도시하고 있다. 단일 부품으로 구성된 시스템 대신 3 중 2 시

표 4.1 시스템 1, 2, 3에 대한 간략한 비교

시스템	신뢰도함수 $R_S(t)$	$MTTF_S$
1 중 1 구조	$e^{-\lambda t}$	$\frac{1}{\lambda}$
2 중 1 구조	$2e^{-\lambda t}-e^{-2\lambda t}$	$\frac{3}{2}\frac{1}{\lambda}$
3 중 2 구조	$3e^{-2\lambda t}-2e^{-3\lambda t}$	$\frac{5}{6}\frac{1}{\lambda}$

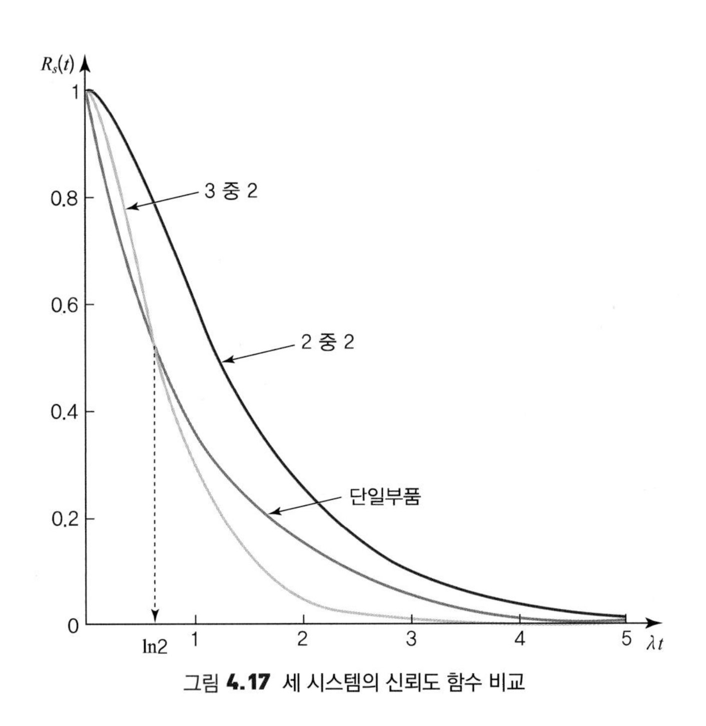

그림 **4.17** 세 시스템의 신뢰도 함수 비교

스템을 도입하는 경우 *MTTF*는 대략 16% 정도 감소하게 된다. 그러나 3 중 2 구조 시스템은 단일 부품 시스템보다 $t < \ln 2/\lambda$일 때 신뢰도가 상당히 더 높게 됨을 확인할 수 있다.

이제 보다 일반적인 경우, 즉 상수 고장률 λ를 갖는 n개의 동일하고 서로 독립인 부품으로 구성된 n 중 k 구조 시스템을 고려하자. 이러한 n 중 k 구조 시스템의 신뢰도함수는 식 (4.37)에 의하여

$$R_S(t) = \sum_{x=k}^{n} \binom{n}{x} e^{-\lambda t x} (1 - e^{-\lambda t})^{n-x} \tag{4.41}$$

로 주어짐을 알 수 있다. 그러면

$$MTTF_S = \sum_{x=k}^{n} \binom{n}{x} \int_0^{\infty} e^{-\lambda t x} (1 - e^{-\lambda t})^{n-x} dt$$

가 되고, 여기서 $v = e^{-\lambda t}$로 치환하여

$$\begin{aligned} MTTF_S &= \sum_{x=k}^{n} \binom{n}{x} \frac{1}{\lambda} \int_0^1 v^{x-1} (1-v)^{n-x} dv = \sum_{x=k}^{n} \binom{n}{x} \frac{1}{\lambda} B(x, n-x+1) \\ &= \sum_{x=k}^{n} \binom{n}{x} \frac{1}{\lambda} \frac{\Gamma(x) \cdot \Gamma(n-x+1)}{\Gamma(n+1)} \\ &= \frac{1}{\lambda} \sum_{x=k}^{n} \binom{n}{x} \frac{(x-1)!(n-x)!}{n!} = \frac{1}{\lambda} \sum_{x=k}^{n} \frac{1}{x} \end{aligned} \tag{4.42}$$

를 얻는다(부록 A.2의 베타함수 참고). 식 (4.42)에 의하여 계산된 몇몇 n 중 k 구조 시스템의 *MTTF*가 표 4.2에 나타나 있다. 여기서 n 중 1 구조 시스템은 병렬 시스템이 되고 n 중 n 구조 시스템은 직렬 시스템이 된다.

표 **4.2** n 중 k 시스템의 *MTTF*

k \ n	1	2	3	4	5
1	$\frac{1}{\lambda}$	$\frac{3}{2\lambda}$	$\frac{11}{6\lambda}$	$\frac{25}{12\lambda}$	$\frac{137}{60\lambda}$
2	–	$\frac{1}{2\lambda}$	$\frac{5}{6\lambda}$	$\frac{13}{12\lambda}$	$\frac{77}{60\lambda}$
3	–	–	$\frac{1}{3\lambda}$	$\frac{7}{12\lambda}$	$\frac{47}{60\lambda}$
4	–	–	–	$\frac{1}{4\lambda}$	$\frac{9}{20\lambda}$
5	–	–	–	–	$\frac{1}{5\lambda}$

4.6 응집 시스템의 신뢰도 계산방법

이 절에서는 n개의 부품이 서로 독립인 경우에 4.5절의 직·병렬 등의 기본적 구조보다 복잡한 구조를 가진 시스템에도 적용할 수 있도록 일반적인 응집 시스템의 신뢰도를 정확하게 계산하는 방법을 다루고자 한다. 이 절에서는 수식의 전개과정을 보다 단순화하고 기호를 간략하게 표현하기 위해 시스템 신뢰도를 계산하는 시점을 특정하여 $\boldsymbol{X}(t)$, $X_i(t)$, $R_i(t)$, $R_S(t)$ 등에서 t부분을 빼고 나타내기로 한다. 이런 접근법을 통해 다시 시간변수를 도입함으로써 시간의 함수가 되는 동적 시스템의 신뢰도함수로 확장할 수 있다.

4.6.1 구조함수에 근거한 계산

정확한 시스템의 신뢰도 계산을 위한 가장 간단한 방법이 앞 절에 설명되어 있다. 시스템의 구조함수를 구한 후, X_i의 제곱, 세제곱 등 거듭제곱을 X_i로 나타낸 다음 기댓값 $E[X_i]$들을 R_i들로 바꾸어 주면 정확한 시스템의 신뢰도를 구할 수 있다. 예를 들면 3중 2 구조에 대해 이 방법을 적용하여 4.3.3절의 구조함수인 식 (4.5)를 구한 후에 4.5.3절의 식 (4.38)과 같이 각 x_i(또는 X_i)를 바로 R_i로 대체하여 이 구조의 시스템 신뢰도를 구하였다.

4.6.2 사상 공간법에 의한 계산

사상 공간법(event space method)은 각 부품들의 상태로부터 발생가능한 모든 사상을 열거하여 상호배반인 사상의 수가 2^n인 사상 공간 목록을 작성하고 각 사상에 대해 시스템의 작동여부로 구분하여 시스템의 신뢰도를 계산하는 방법이다.

특정 사상의 상태를 n차 이진벡터 $\boldsymbol{y}$로 나타내면 시스템의 구조함수는 항상

$$\phi(\boldsymbol{X}) = \sum_{y} \prod_{j=1}^{n} X_j^{y_j}(1-X_j)^{1-y_j}\phi(\boldsymbol{y}) \tag{4.43}$$

로 표현이 가능하다. 여기서 각 사상이 상호배반이므로 $\boldsymbol{y}$에 대한 합은 모든 n차 이진벡터 $\boldsymbol{y}$에 대해 적용된다. $X_1, X_2, \ldots, X_n$들이 서로 독립이라면, $X_j^{y_j}(1-X_j)^{1-y_j}$들 또한 모든 j에 대하여 독립이다. 그런데 y_j들은 단지 0과 1의 값만 취하므로

$$E[X_j^{y_j}(1-X_j)^{1-y_j}] = R_j^{y_j}(1-R_j)^{1-y_j},\ j=1, 2, \ldots, n$$

이 성립한다. 따라서 시스템 신뢰도함수는

$$R_S = E[\phi(\boldsymbol{X})] = \sum_{y} \prod_{j=1}^{n} R_j^{y_j}(1-R_j)^{1-y_j}\phi(\boldsymbol{y}) \tag{4.44}$$

로 주어진다.

식 (4.44)을 이용하여 시스템 신뢰도를 구하는 구체적인 계산 절차는 다음과 같다.

- 우선 모든 가능한 2^n개의 $\boldsymbol{y}$ 벡터들에 대하여 $\phi(\boldsymbol{y})$ 값들을 산출한다.
- 그 다음 구해진 $\phi(\boldsymbol{y})$ 값들을 $\boldsymbol{y}$ 벡터 값들에 의해 변화시켜 가면서 식 (4.44)에 대입하여 값들을 계산한다. 여기서 $\phi(\boldsymbol{y})$ 값은 시스템이 작동상태이면 1의 값을, 그렇지 않으면 0 값을 취한다.

예제 4.10

3 중 2 구조에서 부품 1, 2, 3의 이진변수와 신뢰도가 각각 X_1, X_2, X_3와 R_1, R_2, R_3일 때 이 방법에 의해 신뢰도를 구해 보자. $\boldsymbol{y}$ 벡터의 개수는 $2^3=8$인데 $\phi(\boldsymbol{y})=1$이 되는 $\boldsymbol{y}$는 (1,1,0), (1,0,1), (0,1,1), (1,1,1)이다. 이를 식 (4.44)에 적용하면

$$\begin{aligned} R_S &= R_1R_2(1-R_3)+R_1(1-R_2)R_3+(1-R_1)R_2R_3+R_1R_2R_3 \\ &= R_1R_2+R_1R_3+R_2R_3-2R_1R_2R_3 \end{aligned}$$

가 되므로 4.5절에서 구한 식 (4.38)과 일치한다.

■■■

이 계산방법은 n이 클 때 그리 효율적이지 않으므로 다음에 소개되는 방법들의 사용을 추천한다.

4.6.3 피벗 분해에 의한 계산

신뢰성 블록도에서 구조를 단순화시킬 수 있는 부품인 핵심부품(key component)으로 i번째 부품을 선택하면 피벗(pivot) 분해에 의해 시점 t에서의 시스템 구조함수 $\phi(\boldsymbol{X})$는 다음과 같이 나타낼 수 있다.

$$\begin{aligned} \phi(\boldsymbol{X}) &= X_i \cdot \phi(1_i, \boldsymbol{X}) + (1-X_i)\cdot\phi(0_i,\boldsymbol{X}) \\ &= X_i \cdot [\phi(1_i,\boldsymbol{X}) - \phi(0_i,\boldsymbol{X})] + \phi(0_i,\boldsymbol{X}) \end{aligned}$$

이로부터 부품들이 서로 독립인 경우 시스템의 신뢰도함수는

$$R_S = R_i \cdot E[\phi(1_i, \boldsymbol{X})] + (1 - R_i) \cdot E[\phi(0_i, \boldsymbol{X})]$$

로 주어진다. 여기서

$$g(1_i, \boldsymbol{R}) = E[\phi(1_i, \boldsymbol{X})] = \Pr(\text{대상 구조가 작동} \mid \text{핵심부품 } i \text{ 작동})$$
$$g(0_i, \boldsymbol{R}) = E[\phi(0_i, \boldsymbol{X})] = \Pr(\text{대상 구조가 작동} \mid \text{핵심부품 } i \text{ 고장})$$

라 하면, 시스템 신뢰도는

$$\begin{aligned} R_S &= R_i \cdot g(1_i, \boldsymbol{R}) + (1 - R_i) \cdot g(0_i, \boldsymbol{R}) \\ &= R_i \cdot [g(1_i, \boldsymbol{R}) - g(0_i, \boldsymbol{R})] + g(0_i, \boldsymbol{R}) \end{aligned} \tag{4.45}$$

로 나타난다. 여기서 한 가지 주목할 사실은 다른 모든 부품의 신뢰도가 상수로 유지된다면 시스템의 신뢰도함수 R_S는 R_i의 선형함수로 주어진다는 것이다.

예제 4.11

그림 4.18의 브리지 구조에서 부품 3을 핵심부품으로 선정하여 식 (4.45)를 적용하면 다음과 같이 구할 수 있다.

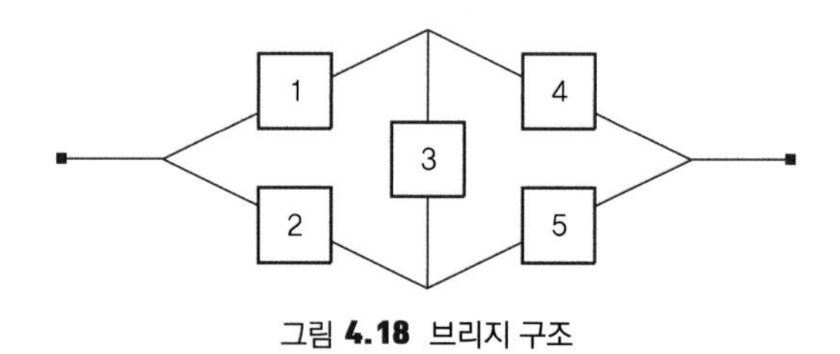

그림 **4.18** 브리지 구조

$$R_S = R_3 \cdot g(1_3, \boldsymbol{R}) + (1 - R_3) \cdot g(0_3, \boldsymbol{R})$$

여기서 $g(1_3, \boldsymbol{R}) = [1 - (1 - R_1)(1 - R_2)][1 - (1 - R_4(t))(1 - R_5)]$, $g(0_3, \boldsymbol{R}) = 1 - (1 - R_1 R_4)(1 - R_2 R_5)$ 로 주어진다.

만약 $R_i = p,\ i = 1, 2, ..., 5$로 부품 신뢰도가 동일하다면 이 구조의 신뢰도는 다음과 같이 간략하게 정리된다.

$$R_S = p(2p - p^2)^2 + (1 - p)(2p^2 - p^4) = 2p^2 + 2p^3 - 5p^4 + 2p^5$$

4.6.4 최소절단/경로집합에 근거한 계산

만약 대상 시스템에 대해 모든 최소절단집합들 $K_1, K_2, \ldots, K_k$와 최소경로집합들 $P_1, P_2, \ldots, P_p$가 결정되었다면, 구조함수는 다음과 같이 최소절단집합을 이용하여

$$\phi(\boldsymbol{X}) = \prod_{j=1}^{k} \coprod_{i \in K_j} X_i \tag{4.46}$$

로 나타내든지, 또는 최소경로집합을 이용하여

$$\phi(\boldsymbol{X}) = \coprod_{j=1}^{p} \prod_{i \in P_j} X_i \tag{4.47}$$

으로 나타낼 수 있다. 따라서 구조함수는 X_i에 관해 선형의 형태로 표현이 가능하다. 여기서 X_i들은 0과 1만 취할 수 있는 이진 확률변수이므로 X_i의 멱지수는 항상 생략될 수 있다. $X_1, X_2, \ldots, X_n$이 독립이라 가정하고 있으므로, 구조함수에서 X_i들을 각각 해당되는 R_i들로 대체함으로써 시스템의 신뢰도를 얻을 수 있다.

예제 4.12

그림 4.19의 구조는 다음과 같은 3개의 최소경로집합을 갖는다.

$$P_1 = \{1, 2, 3\},\ P_2 = \{1, 2, 4\},\ P_3 = \{1, 3, 4\}$$

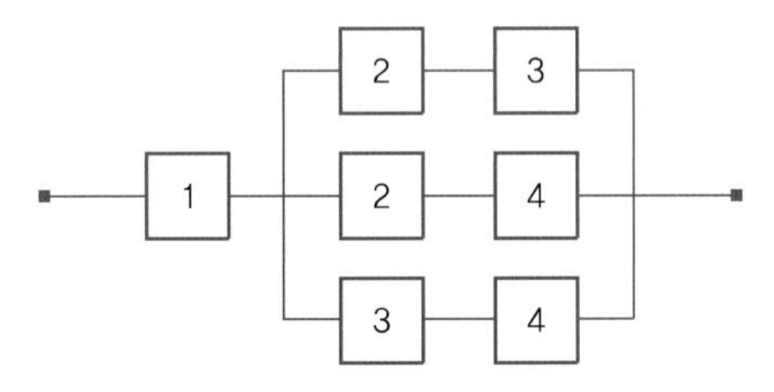

그림 **4.19** 예제 4.12의 신뢰성 블록도

따라서

$$\begin{aligned}
\phi(\boldsymbol{X}) &= \coprod_{j=1}^{3} \prod_{i \in P_j} X_i = X_1X_2X_3 \coprod X_1X_2X_4 \coprod X_1X_3X_4 \\
&= 1 - (1 - X_1X_2X_3)(1 - X_1X_2X_4)(1 - X_1X_3X_4) \\
&= X_1X_2X_3 + X_1X_2X_4 + X_1X_3X_4 - X_1^2X_2^2X_3X_4 - X_1^2X_2X_3^2X_4 \\
&\quad - X_1^2X_2X_3X_4^2 + X_1^3X_2^2X_3^2X_4^2 \\
&= X_1X_2X_3 + X_1X_2X_4 + X_1X_3X_4 - 2X_1X_2X_3X_4
\end{aligned}$$

로 나타낼 수 있다. 여기서 각 부품들이 서로 독립이므로, 시스템의 신뢰도는

$$R_S = R_1R_2R_3 + R_1R_2R_4 + R_1R_3R_4 - 2R_1R_2R_3R_4$$

로 주어짐을 알 수 있다. 여기서 필요한 경우 R_j 대신에 $R_j(t)$, $j = 1, 2, ..., n$으로 대체함으로써 시간변수를 식에 도입할 수 있다.

■■■

4.6.5 포함-제외 원리

이 절에서는 포함-제외 원리(inclusion-exclusion principle)가 어떻게 시스템의 불신뢰도를 결정하는 데 응용될 수 있는지 알아보자. 동일한 접근방법이 시스템의 신뢰도를 결정하기 위해서도 이용될 수 있다.

n개의 독립인 부품으로 구성된 시스템이 최소절단집합 $K_1, K_2, \dots, K_k$를 갖는다고 하자. 사상 E_j를 최소절단집합 K_j에 있는 원소가 모두 고장상태에 있는 사상으로 정의하자. 즉, j번째 최소절단 병렬구조가 시점 t에서 고장 나는 사상으로 정의하자. 그러면 다음의 식

$$\Pr(E_j) = \prod_{i \in K_j} q_i$$

를 얻을 수 있다. 여기서 q_i, $i = 1, 2, ..., n$은 특정 시점에서의 i번째 부품의 불신뢰도($1 - R_i$)를 나타낸다.

최소절단 병렬구조들 중 하나가 고장 나면 전체 시스템이 고장 나게 되므로, 전체 시스템의 불신뢰도는

$$1 - R_S = \Pr\left(\cup_{j=1}^{k} E_j\right) \tag{4.48}$$

로 표현이 가능하다. 일반적으로 각 개별사상들 E_j, $j = 1, 2, ..., k$가 서로 배반이 아니므로, 확률 $Pr\left(\cup_{j=1}^{k} E_j\right)$는 확률이론의 일반적인 덧셈정리에 의해 계산될 수 있다. 즉,

$$1 - R_S = \sum_{j=1}^{k} \Pr(E_j) - \sum_{i<j} \Pr(E_i \cap E_j) + \cdots + (-1)^{k+1} \Pr(E_1 \cap E_2 \cap \cdots \cap E_k) \tag{4.49}$$

이 성립한다. 다음과 같은 기호를 도입하면

$$W_1 = \sum_{j=1}^{k} \Pr(E_j)$$

$$W_2 = \sum_{i<j} \Pr(E_i \cap E_j)$$

$$\cdots$$

$$W_k = \Pr(E_1 \cap E_2 \cap \cdots \cap E_k)$$

식 (4.49)는

$$\begin{aligned} R_S &= 1 - [W_1 - W_2 + W_3 - \cdots + (-1)^{k+1} W_k] \\ &= 1 - \sum_{j=1}^{k} (-1)^{j+1} W_j \end{aligned} \tag{4.50}$$

로 표현이 가능하다.

예제 4.13

그림 4.18의 브리지 구조의 최소절단집합들은

$$K_1 = \{1, 2\},\ K_2 = \{4, 5\},\ K_3 = \{1, 3, 5\},\ K_4 = \{2, 3, 4\}$$

로 주어진다.

사상 B_i, $i = 1, 2, 3, 4, 5$를 i번째 부품이 고장 나는 사상이라 하면, 식 (4.50)에 의해 이러한 브리지 구조의 신뢰도 R_S는

$$R_S = 1 - (W_1 - W_2 + W_3 - W_4)$$

로 주어진다. 여기서

$$\begin{aligned} W_1 &= \sum_{j=1}^{4} \Pr(E_j) \\ &= \Pr(B_1 \cap B_2) + \Pr(B_4 \cap B_5) + \Pr(B_1 \cap B_3 \cap B_5) + \Pr(B_2 \cap B_3 \cap B_4) \\ &= q_1 q_2 + q_4 q_5 + q_1 q_3 q_5 + q_2 q_3 q_4 \\ W_2 &= \sum_{i<j} \Pr(E_i \cap E_j) = \Pr(E_1 \cap E_2) + \Pr(E_1 \cap E_3) + \Pr(E_1 \cap E_4) \\ &\qquad + \Pr(E_2 \cap E_3) + \Pr(E_2 \cap E_4) + \Pr(E_3 \cap E_4) \\ &= \Pr(B_1 \cap B_2 \cap B_4 \cap B_5) + \Pr(B_1 \cap B_2 \cap B_1 \cap B_3 \cap B_5) \\ &\quad + \Pr(B_1 \cap B_2 \cap B_2 \cap B_3 \cap B_4) + \Pr(B_4 \cap B_5 \cap B_1 \cap B_3 \cap B_5) \\ &\quad + \Pr(B_4 \cap B_5 \cap B_2 \cap B_3 \cap B_4) + \Pr(B_1 \cap B_3 \cap B_5 \cap B_2 \cap B_3 \cap B_4) \\ &= q_1 q_2 q_4 q_5 + q_1 q_2 q_3 q_5 + q_1 q_2 q_3 q_4 + q_1 q_3 q_4 q_5 + q_2 q_3 q_4 q_5 + q_1 q_2 q_3 q_4 q_5 \end{aligned}$$

마찬가지로

$$W_3 = 4q_1q_2q_3q_4q_5$$

가 되고,

$$W_4 = q_1q_2q_3q_4q_5$$

로 주어진다. 따라서 시스템의 신뢰도는

$$R_s = 1-(W_1 - W_2 + W_3 - W_4) = 1-(q_1q_2 + q_4q_5 + q_1q_3q_5 + q_2q_3q_4 - q_1q_2q_4q_5 - q_1q_2q_3q_5 - q_1q_2q_3q_4 - q_1q_3q_4q_5 - q_2q_3q_4q_5 + 2q_1q_2q_3q_4q_5)$$

로 주어진다.

■■■

예제 4.13은 식 (4.49)의 일반적인 덧셈정리를 이용함으로써 나중에 서로 상쇄되는 많은 항들의 확률을 사전에 계산하고 있음을 보여 준다. 이러한 비효율성을 경감할 수 있는 대안이 Satyanarayana and Prabhakar(1978)에 의하여 제안되었다. 또한 포함－제외 원리를 이용하는 시스템 신뢰도 계산방법에 대한 여러 대안이 제시되어 왔는데, 그 중에서 Aven(1986)에 의하여 개발된 ERAC 알고리즘이 6장에서 다루는 FT분석의 CARA Fault Tree에 이용되고 있다.

4.6.6 배반 곱의 합 원리(SDPM: sum of disjoint products method)

n개의 독립인 부품으로 구성된 시스템이 최소경로집합 $P_1, P_2, \ldots, P_p$를 갖는다고 하자. 사상 D_j를 최소경로집합 P_j에 있는 원소가 모두 작동상태에 있는 사상으로 정의하자. 즉, j번째 최소경로에서의 부품이 모두 직렬구조로 된 경우 시점 t에서 작동할 사상이다. 그러면 다음의 식으로 시스템 신뢰도를 구할 수 있다.

$$\Pr(D_j) = \prod_{i \in P_j} R_i$$

여기서 R_i, $i = 1, 2, \ldots, n$은 특정 시점에서의 i번째 부품의 신뢰도를 나타낸다.

시스템은 최소경로의 직렬구조로 표현되므로 특정 직렬구조 내의 모든 부품이 작동하면 전체 시스템이 작동하게 되므로, 전체 시스템의 신뢰도는

$$R_S = \Pr\left(\cup_{j=1}^{k} D_j\right) \tag{4.51}$$

로 표현이 가능하다. 일반적으로 각 개별사상들 $D_j,\ j=1,\ 2,\ \ldots,\ p$가 서로 배반이 아니므로, 확률 $\Pr\left(\cup_{j=1}^{k} D_j\right)$을 구하는 것이 중요하다. 배반 곱의 합의 원리(SDPM)는 두 사건의 합의 확률을 다음과 같이 표현 가능한 원리를 이용한다.

$$\Pr(A \cup B) = \Pr(A) + \Pr(\overline{A} \cap B)$$

즉, 다음과 같이 적을 수 있다.

$$R_S = \Pr(D_1) + \Pr(\overline{D_1} \cap D_2) + \Pr(\overline{D_1} \cap \overline{D_2} \cap D_3) + \cdots + \Pr(\overline{D_1} \cap \cdots \cap \overline{D}_{p-1} \cap D_p) \tag{4.52}$$

여기서 각 확률 항은 최소경로집합을 나열한 경우 해당 집합이전까지 각 집합에서 최소 한개 이상의 부품이 고장 나므로 시스템이 작동하지 않는 상태이다가 처음 해당 경로집합의 모든 부품이 작동상태가 되어 시스템이 작동상태가 될 확률을 의미한다. 이 방법에서는 최소경로집합을 어떤 순서로 나열하는 것이 좋은가? 그리고 각 확률 항을 어떻게 구할 것인가 등이 문제이다. 일반적으로 부품 수가 적은 경로집합을 먼저 고려하는 것이 좋은 것으로 알려져 있다(Kuo and Zuo, 2003).

예제 4.14

예제 4.13에서 브리지 구조의 최소경로집합들은

$$P_1 = \{1, 4\},\ P_2 = \{2, 5\},\ P_3 = \{1, 3, 5\},\ P_4 = \{2, 3, 4\}$$

로 주어진다.

사상 $A_i,\ i = 1, 2, 3, 4, 5$를 i번째 부품이 작동하는 사상이라 하면 각 최소경로집합의 모든 부품이 작동하는 사상을 $D_j,\ j = 1, 2, 3, 4$라고 하면 브리지 구조의 신뢰도 R_S는 식 (4.52)로부터

$$R_S = \Pr(D_1) + \Pr(\overline{D}_1 \cap D_2) + \Pr(\overline{D}_1 \cap \overline{D}_2 \cap D_3) + \Pr(\overline{D}_1 \cap \overline{D}_2 \cap \overline{D}_3 \cap D_4)$$

로 주어진다. 여기서

$$P(D_1) = P(A_1 \cap A_4) = R_1 R_4$$

이고, $P(\overline{D}_1 \cap D_2)$을 구하기 위해서는 $\overline{D}_1 \cap D_2$ 사상을 단순화하면

$$\begin{aligned} \overline{D}_1 \cap D_2 &= (\overline{A_1 \cap A_4}) \cap (A_2 \cap A_5) = (\overline{A}_1 \cup \overline{A}_4) \cap (A_2 \cap A_5) \\ &= (\overline{A}_1 \cap A_2 \cap A_5) \cup (\overline{A}_4 \cap A_2 \cap A_5) \end{aligned}$$

이므로, 다음이 얻어진다.

$$\begin{aligned}\Pr(\overline{D_1} \cap D_2) &= \Pr(\overline{A}_1 \cap A_2 \cap A_5) + \Pr(\overline{A}_4 \cap A_2 \cap A_5) - \Pr(\overline{A}_1 \cap A_2 \cap \overline{A}_4 \cap A_5) \\ &= q_1 R_2 R_5 + R_1 R_2 q_4 R_5\end{aligned}$$

그리고 $\overline{D_1} \cap \overline{D_2} \cap D_3 = (\overline{A_1} \cup \overline{A_4}) \cap (\overline{A_2} \cup \overline{A_5}) \cap (A_1 \cap A_3 \cap A_5) = A_1 \cap \overline{A_2} \cap A_3 \cap \overline{A_4} \cap A_5$로 정리 가능하므로 $\Pr(\overline{D}_1 \cap \overline{D}_2 \cap D_3) = \Pr(A_1 \cap \overline{A}_2 \cap A_3 \cap \overline{A}_4 \cap A_5) = R_1\, q_2\, R_3\, q_4\, R_5$로 계산된다. 또한

$$\begin{aligned}\overline{D}_1 \cap \overline{D}_2 \cap \overline{D}_3 \cap D_4 &= (\overline{A}_1 \cup \overline{A}_4) \cap (A_2 \cup A_5) \cap (\overline{A}_1 \cup \overline{A}_3 \cup \overline{A}_5) \cap (A_2 \cap A_3 \cap A_4) \\ &= \overline{A}_1 \cap A_2 \cap A_3 \cap A_4 \cap \overline{A}_5\end{aligned}$$

이 되므로 $P(\overline{D}_1 \cap \overline{D}_2 \cap \overline{D}_3 \cap D_4) = P(\overline{A}_1 \cap A_2 \cap A_3 \cap A_4 \cap \overline{A}_5) = q_1 R_2 R_3 R_4 q_5$로 주어진다. 따라서 시스템의 신뢰도는

$$R_S = R_1 R_2 + q_1 R_2 R_5 + R_1 R_2 q_4 R_5 + R_1 q_2 R_3 q_4 R_5 + q_1 R_2 R_3 R_4 q_5$$

로 주어진다. 이 문제의 시스템 신뢰도는 부록 H의 부울대수를 이용해 보다 수월하게 풀 수 있을 것이다(연습문제 4.18 참조).

■■■

이 소절에서 신뢰성 분야에서 자주 언급되는 하나의 특별한 시스템을 소개하고자 한다. 이는 n 중 연속 k 구조의 시스템(linear consecutive k-out-of-n: F system)이다. 이 같은 구조를 가진 시스템으로 오일파이프라인 시스템이나 계전기(relay) 통신시스템, 컨베이어 시스템 등이 대표적인 예일 것이다. 원유를 생산지역에서 선박수송이 가능한 항구로 파이프라인을 이용하여 운반하는 경우 파이프라인에 일정간격으로 원유의 흐름을 유지시키기 위한 장치들이 설치되어 있다. 각 장치는 원유를 흐르게 하는 장치로 감당할 수 있는 거리, 즉 용량을 가지고 있다. 만일 이 감당거리가 10 킬로미터라고 하더라도 일반적으로 이 거리보다는 적은 5 킬로미터 간격으로 이 장치를 설치한다고 하자. 그러면 최소 연속하여 2개의 장치가 고장 나는 경우에 더 이상 원유를 흘려보낼 수 없을 것이다.

먼저 가장 단순한 경우로 n개의 동일한 부품으로 이루어진 시스템에서 연속 2개의 부품이 고장 나면 고장이 나는 경우 이 시스템의 신뢰도를 구하여 보자. 즉 n 중 연속 2 : F 시스템의 시스템 신뢰도를 구하는 문제가 된다. 여기서 각 부품의 고장이 서로 독립이라는 가정을 하도록 하자. 고장 난 부품의 수 j가 만일 $\left\lfloor \frac{n+1}{2} \right\rfloor$ (floor function, 즉 $\frac{n+1}{2}$ 보다 작은 최대의 정수)보

다 클 경우는 고장 난 부품들이 반드시 연속하게 되는 경우가 있게 될 것이다. 만일 j가 이 수보다 작을 때 연속하여 고장 난 부품이 없을 경우의 수(시스템이 작동상태)를 구하는 문제는 작동하는 $n-j$개 부품 사이에 고장 난 부품이 1개 이하로 배치되면 된다. 따라서 경우의 수는 놓일 수 있는 위치의 수가 $n-j+1$이며 이 위치 중 j개를 선택하는 경우의 수가 되므로 $\binom{n-j+1}{j}$이다(부록 C의 중복조합 참고). 그러므로 독립이고 동일한 고장확률 $1-p$를 가진 n 중 연속 2 : F 시스템의 시스템 신뢰도는 다음과 같다.

$$R_S(2,n) = \sum_{j=0}^{\lfloor (n+1)/2 \rfloor} \binom{n-j+1}{j} (1-p)^j p^{n-j} \tag{4.53}$$

이다. 여기서 k가 2보다 큰 경우($< n$)에 대해 일반적인 시스템 신뢰도 함수는 다음과 같이 표현할 수 있다.

$$R_S(k,n) = \sum_{j=0}^{n} N(j,k,n)(1-p)^j p^{n-j} \tag{4.54}$$

여기서 $N(j,k,n)$는 j개의 부품이 고장 난 상황에서 연속하여 k개 이상의 고장 난 부품들이 위치하지 않는 경우의 수를 나타낸다. 이 경우의 수를 구하는 것이 문제인데 이를 순차적으로 구하는 방법들이 제시되어 있으며 아래에 한 가지가 제시되어 있다(Kuo and Zuo, 2003).

$$N(j,k,n) = \begin{cases} 0, & j = n \geq k \\ \binom{n}{j}, & 0 \leq j \leq k-1 \\ \sum_{i=1}^{k} N(j-i+1,k,n-i), & k \leq j < n \end{cases} \tag{4.55}$$

예제 4.15

신뢰도가 0.95인 11개의 부품으로 이루어진 시스템에서 연속하여 3개 이상이 고장이 난 부품이 있는 경우는 시스템이 고장 나는 11 중 연속 3 : F 시스템의 신뢰도를 구하라. 신뢰도를 구하기 위해 $N(j,k,n)$을 구하여야 하는데, $n-j+1 = 12-j = 0,1,2,\ldots,12$부터 식 (4.55)의 순차식을 이용하여 이들을 구하면

$$N(0,3,11) = 1, N(1,3,11) = 11,\ N(2,3,11) = 55.\ N(3,3,11) = 156$$
$$N(4,3,11) = 266,\ N(5,3,11) = 266,\ N(6,3,11) = 141,\ N(7,3,11) = 30$$
$$N(8,3,11) = 1,\ N(9,3,11) = N(10,3,11) = N(11,3,11) = 0$$

이다. 그러므로

$$R_S(3,11) = \sum_{j=0}^{8} N(j,3,11)(0.05)^j 0.95^{11-j} \approx 0.998$$

이다. 이 시스템의 신뢰도를 구하는 방법으로 최소절단집합을 이용하여도 가능할 것이다. 왜냐하면 이 시스템은 최소절단집합(연속 3개의 부품집합)으로 시스템을 정의할 수 있으므로, 이를 이용하여 포함－배제원리나 SDPM 방법을 이용하여 구할 수 있다.

4.7 시스템 신뢰도 한계

지금까지 시스템의 구조와 부품의 신뢰도가 주어진 경우 시스템의 신뢰도를 구하는 방법에 대해 다루었다. 시스템의 구조가 복잡한 경우 정확한 시스템 신뢰도를 구하는 데에는 많은 시간이 필요하다. 예를 들어 최소절단과 경로집합을 구하는 문제 역시 계산 복잡도가 시스템의 규모가 큰 경우 상당할 것이다. 그래서 이 절에서는 시스템 신뢰도의 상한이나 하한을 간단히 구할 수 있는 방법에 대해 다루고자 한다. 먼저 여기서 응집구조의 시스템에 한정하여 신뢰도의 상·하한을 구하는 문제로 한정한다.

첫 번째 n개의 부품으로 구성된 응집구조의 시스템에 대해 시스템에서 시스템의 구조함수에 대해 다음과 같은 관계가

$$\prod_{j=1}^{n} X_j \le \phi(\boldsymbol{X}) \le \coprod_{j=1}^{n} X_j \text{ 성립하므로 } E\left(\prod_{j=1}^{n} X_j\right) \le E[\phi(\boldsymbol{X})] \le E\left(\coprod_{j=1}^{n} X_j\right) \text{이 된다.}$$

만일 부품의 고장이 독립이면

$$\prod_{i=1}^{n} R_i \le R_S \le 1 - \prod_{i=1}^{n}(1 - R_i) \tag{4.56}$$

가 되어 병렬과 직렬구조가 각각 상한과 하한이 되는 가장 간단한 시스템 신뢰도의 한계이다. 이 식으로부터 얻어진 상·하한은 일반적으로 간격이 넓어 시스템의 신뢰도의 범위를 구하는 목적으로는 그리 유용하지 않을 수 있다.

다음으로 시스템 구조 $\phi(\boldsymbol{X})$는 k개의 최소절단 병렬구조의 직렬구조로 나타낼 수 있고, 또한 p개의 최소경로 직렬구조의 병렬구조로 나타낼 수 있으므로, 이를 반영한 최소절단과 경로집합과 관련된 구조함수의 표현인 다음 관계식에서

$$\phi(\boldsymbol{X}) = \prod_{j=1}^{k} \coprod_{i \in K_j} X_i = \min_{1 \le j \le k} \max_{i \in K_j} X_i \text{ 와 } \phi(\boldsymbol{X}) = \coprod_{j=1}^{p} \prod_{i \in P_j} X_i = \max_{1 \le j \le p} \min_{i \in P_j} X_i$$

이 되므로, 다음의 상·하한이 얻어진다.

$$\left(\max_{1 \le j \le p} \prod_{i \in P_j} R_i\right) \le R_S \le \left(\min_{1 \le j \le k} \left(\coprod_{i \in K_j} R_i\right)\right) \tag{4.57}$$

즉, n개의 부품들로 구성된 시스템 신뢰도는 개별 최소경로 직렬구조 신뢰도의 최대보다 작지 않으며, 또한 개별 최소절단 병렬구조 신뢰도의 최소보다 크지 않다. 식 (4.57)은 식 (4.56)의 시스템의 신뢰도 상·하한에 비해 보다 나은 범위를 제공하지만 두 경계값의 간격이 넓어 시스템 신뢰도를 구하는 데는 그리 유용하지 않을 경우가 발생할 수 있다.

다음으로 최소경로집합들을 고려하자. 각 최소경로집합에 포함된 부품들이 모두 작동하는 것이 아닌 사상을 $\overline{D}_j$라고 하면 시스템 신뢰도는

$$1 - R_S = \Pr(\overline{D}_1 \cap \cdots \cap \overline{D}_p) = \Pr(\overline{D}_1)\Pr(\overline{D}_2 | \overline{D}_1) \cdots \Pr(\overline{D}_p | \overline{D}_1 \cdots \overline{D}_{p-1})$$

이다. 여기서 모든 조건부확률에 대해 $\Pr(\overline{D}_p | \overline{D}_1 \cdots \overline{D}_{p-1}) \ge \Pr(\overline{D}_p)$이 성립된다. 즉 조건부확률이 크다. 그러므로 $1 - R_S \ge \Pr(\overline{D}_1)\Pr(\overline{D}_2) \cdots \Pr(\overline{D}_p)$이 되며, 그리고 최소절단집합에 대해 유사한 방법으로 먼저 각 최소절단집합에 포함된 부품들이 모두 고장 나지 않은 사상을 $\overline{E}_j$라고 하면

$$R_S = \Pr(\overline{E}_1 \cap \cdots \cap \overline{E}_k) = \Pr(\overline{E}_1)\Pr(\overline{E}_2 | \overline{E}_1) \cdots \Pr(\overline{E}_k | \overline{E}_1 \cdots \overline{E}_{k-1})$$

이다. 여기서도 모든 조건부확률에 대해 $\Pr(\overline{E}_k | \overline{E}_1 \cdots \overline{E}_{k-1}) \ge \Pr(\overline{E}_k)$이 성립된다. 그러므로

$$R_S \ge \Pr(\overline{E}_1)\Pr(\overline{E}_2) \cdots \Pr(\overline{E}_k)$$

이 되므로, 시스템 신뢰도에 대한 또 다른 상·하한으로

$$\left(\prod_{j=1}^{k} \coprod_{i \in K_j} R_i\right) \le R_S \le \left(\coprod_{j=1}^{p} \prod_{i \in P_j} R_i\right) \tag{4.58}$$

이 성립된다. 상기 식의 상·하한도 R_S와 차이가 제법 있어 시스템의 신뢰도에 대한 근사하는 목적에 적합하지 않은 경우가 더러 있다. 하지만 부품 신뢰도가 상당히 높을 때 하한 경곗값이 시스템의 신뢰도에 대해 좋은 근삿값이 된다.

예제 4.16

각 부품 고장이 독립이고 신뢰도가 p로 동일할 때 브리지 구조의 신뢰도 상한과 하한은 다음과 같이 구해진다. 시스템 신뢰도에 대한 직병렬구조로부터의 한계는 식(4.56)에 적용하면

$$p^5 \le R_S \le 1-(1-p)^5$$

이 된다. 다음으로 최소경로집합들인 (1,4), (1,5), (1,3,5), (2,3,4) 그리고 최소절단집합 (1,2), (4,5), (1,3,5), (2,3,4) 로부터 동일한 부품 신뢰도의 경우 부품 수가 작은 경로와 절단집합으로부터 다음과 같이 식 (4.57)의 상·하한을 설정한다.

$$p^2 = \max(p^2, p^3) \le R_S \le \min(1-(1-p)^2, 1-(1-p)^3) = 1-(1-p)^2$$

그리고 식 (4.58)으로부터 구한 상·하한은 최소절단 병렬구조의 직렬구조와 최소경로 직렬구조의 병렬구조로부터

$$\left[\{1-(1-p)^3\}^2\{1-(1-p)^2\}\right]^2 \le R_S \le 1-(1-p^2)^2(1-p^3)^2$$

이 된다.

예제 4.17

그림 4.20과 같이 하위 구조에 3 중 2와 2 중 1 구조를 가진 가스안전 시스템을 고려하자. 각 부품은 반드시 독립이며, 특정 시점에서의 신뢰도는

$$R_1 = R_2 = R_3 = 0.997$$

$$R_4 = 0.999$$

$$R_5 = R_6 = 0.998$$

$$R_7 = R_8 = 0.995$$

라고 하자.

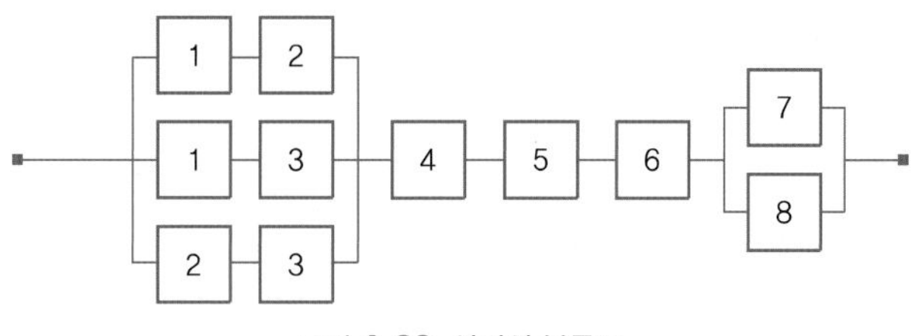

그림 **4.20** 신뢰성 블록도

이 시스템의 최소경로집합과 최소절단집합은 각각 다음과 같다.

최소경로집합	최소절단집합
$P_1 = \{1, 2, 4, 5, 6, 7\}$	$K_1 = \{1, 2\}$
$P_2 = \{1, 2, 4, 5, 6, 8\}$	$K_2 = \{1, 3\}$
$P_3 = \{1, 3, 4, 5, 6, 7\}$	$K_3 = \{2, 3\}$
$P_4 = \{1, 3, 4, 5, 6, 8\}$	$K_4 = \{4\}$
$P_5 = \{2, 3, 4, 5, 6, 7\}$	$K_5 = \{5\}$
$P_6 = \{2, 3, 4, 5, 6, 8\}$	$K_6 = \{6\}$
	$K_7 = \{7, 8\}$

경로 P_1부터 P_6까지의 신뢰도는 모두 다음과 같이 동일하게 구해진다.

$$\prod_{i \in P_j} R_i = (0.997)^2 (0.999)(0.998)^2 (0.995) = 0.9841$$

따라서 시스템 신뢰도의 하한은 식 (4.57)에 의해

$$\max_{1 \leq j \leq 6} \prod_{i \in P_j} R_i = 0.9841$$

로 얻어진다. 상한을 구하기 위해서는 K_1부터 K_7까지에 대해 $\coprod_{i \in K_j} R_i$를 계산해야 한다.

K_1	$1 - (0.003)^2 = 0.999991$
K_2	$1 - (0.003)^2 = 0.999991$
K_3	$1 - (0.003)^2 = 0.999991$
K_4	$= 0.999$
K_5	$= 0.998$
K_6	$= 0.998$
K_7	$1 - (0.005)^2 = 0.999975$

따라서 시스템 신뢰도의 상한은

$$\min_{1 \leq j \leq 7} \coprod_{i \in K_j} R_i = 0.998$$

이므로, 식 (4.57)에 따른 시스템 신뢰도의 상·하한은 다음과 같이 구해진다.

$$0.9841 \leq R_S \leq 0.998$$

이로부터 이 시스템의 근삿값으로 설정할 수 있다. 예를 들면 하한 경곗값을 이 구조 시스템의 보수적인 근삿값으로 삼을 수 있다. 또한 이 시스템의 상·하한을 식 (4.58)에 의해 유사한 방식으로 구할 수 있다(연습문제 4.20 참조).

■■■

지금까지 간단한 시스템 신뢰도의 상한과 하한을 구하는 방법을 설명하였다. 제시된 방법이외에 4.6.5절에서 설명한 포함제외 원리로부터 도출된 시스템 신뢰도의 표현에서 여러 상·하한이 도출될 수 있다. 즉, 식 (4.50)의 $R_S = 1-[W_1 - W_2 + W_3 - \cdots + (-1)^{k+1} W_k]$에서 다음과 같은 부등식을 유도할 수 있다.

$$R_S \geq 1 - W_1 \tag{4.59}$$
$$R_S \leq 1 - W_1 + W_2$$
$$R_S \geq 1 - W_1 + W_2 - W_3$$
$$\cdots$$

또한 4.6.6절의 배반 곱의 합의 원리(식 (4.52))로부터 최소경로집합과 관련하여 유도된 시스템 신뢰도에 관한 다음 식에서

$$R_S = \Pr(D_1) + \Pr(\overline{D_1} \cap D_2) + \Pr(\overline{D_1} \cap \overline{D_2} \cap D_3) + \cdots + \Pr(\overline{D_1} \cap \cdots \cap \overline{D}_{p-1} \cap D_p)$$

시스템 신뢰도의 하한들을 구할 수 있다. 즉, 다음이 성립한다.

$$R_S \geq \Pr(D_1) \tag{4.60}$$
$$R_S \geq \Pr(D_1) + \Pr(\overline{D_1} \cap D_2)$$
$$R_S \geq \Pr(D_1) + \Pr(\overline{D_1} \cap D_2) + \Pr(\overline{D_1} \cap \overline{D_2} \cap D_3)$$
$$\cdots$$

즉 고려하는 경로집합이 추가될수록 하한이 보다 참값에 근접하게 된다. 만일 최소절단집합들에 대해 각 집합에 포함된 부품이 모두 고장 나는 사상을 정의하고 이들의 합집합으로 시스템의 불신뢰도를 표현하여 SDPM를 적용하면 시스템 신뢰도의 상한을 구할 수 있다.

마지막으로 시스템 구조에서 모듈 구조를 파악할 수 있는 경우에는 위에서 구한 방법들을 모듈의 구성품에 적용함으로써 보다 참값에 근접한 시스템 신뢰도의 상·하한을 구할 수 있을 것이다(Barlow and Proschan, 1981).

연습 문제

4.1 크리스마스트리 전등선은 10개의 전등이 직렬로 연결되어 있다. 10개의 동일한 전등은 일정한 고장률 λ를 갖는 독립적인 수명시간을 가진다고 한다(시간 단위: 주). 전등선이 3주 후에 생존할 확률이 최소한 99%가 되게 λ를 결정하라.

4.2 병렬로 연결된 3개의 동일한 부품이 있다. 각 부품이 98% 신뢰성을 가지면 시스템의 신뢰도는 얼마인가?

4.3 5개의 동일한 부품이 병렬로 연결된 시스템에서 시스템 신뢰도가 97%가 되도록 부품의 신뢰도를 결정하라.

4.4 시스템의 신뢰도는 99%가 되어야 한다. 각 부품의 신뢰도가 65%일 때 병렬로 몇 개의 부품이 요구되는가?

4.5 독립적이고 동일한 10개의 부품으로 구성된 직렬구조를 고려하자. 각 부품의 $MTTF$는 5000시간이다.

1) 부품이 일정한 고장률을 가질 때, 시스템의 $MTTF_S$를 결정하라.

2) 다음으로 부품 수명이 형상모수 $\beta = 2.0$을 갖는 와이블 분포를 따른다고 가정하자. $MTTF_S$를 결정하고 1)과 비교하라.

4.6 아래 그림에 나타나 있는 시스템을 고려하자.

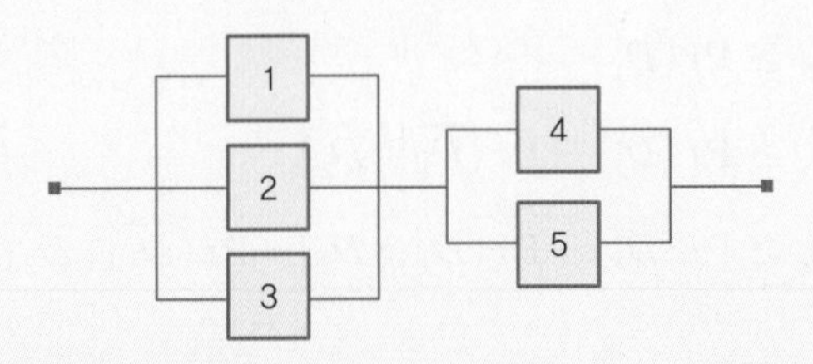

1) 구조함수를 직접적인 방법에 의해 유도하라.

2) 경로집합과 절단집합을 구하고, 최소경로집합과 최소절단집합을 찾아라.

3) 시스템 구조는 최소경로 직렬구조의 병렬구조로 생각할 수 있다는 사실을 이용하여 구조함수를 유도하라.

4) 시스템 구조는 최소절단 병렬구조의 직렬구조로 생각할 수 있다는 사실을 이용하여 구조함수를 유도하라.

5) 위의 1), 3), 4)에서 얻어진 결과들을 비교하라.

4.7 예제 4.2의 브리지 구조에서 최소절단집합으로부터 구조함수를 도출하라.

4.8 아래 그림에 나타나 있는 신뢰성 블록도를 가능한 한 가장 간단한 형태로 나타내 보고, 구조함수를 구하라.

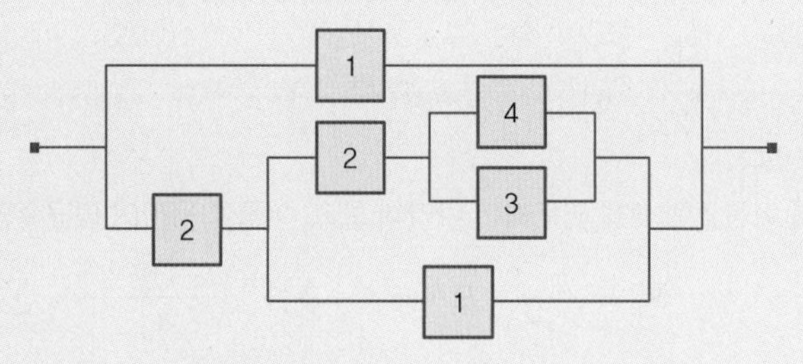

4.9 다음을 보여라.

1) 만약 ϕ가 병렬구조를 나타낸다면

$$\phi(x \coprod y) = \phi(x) \coprod \phi(y)$$

의 관계식이 성립한다.

2) 만약 ϕ가 직렬구조를 나타낸다면

$$\phi(x \cdot y) = \phi(x) \cdot \phi(y)$$

의 관계식이 성립한다.

4.10 다음 그림에 나타난 시스템의 구조함수를 구하기 위하여 적절한 피벗 분해방법을 이용하라.

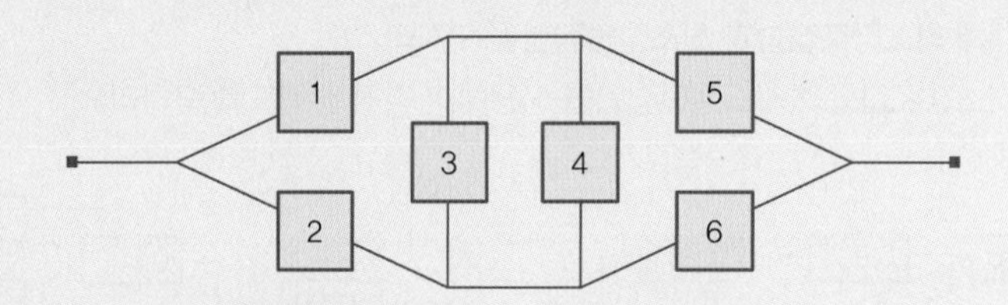

4.11 예제 4.8에서 식 (4.31)과 (4.32)가 성립함을 보여라.

4.12 상수 고장률 λ를 갖는 동일하고 독립인 부품으로 구성된 3 중 2 시스템을 고려하자.

1) 이러한 3 중 2 시스템의 수명 T에 대한 확률밀도함수를 구하라.

2) 수명 T에 대한 모드, 중앙값, 그리고 평균수명을 구하라.

3) 확률밀도함수를 그림으로 나타내 보고, 모드, 중앙값, 그리고 평균수명이 각각 어디에 위치하는지 표시하여 보라.

4) 이러한 3 중 2 시스템의 수명 t에서의 평균 잔여수명(MRL)을 구하라. 다음과 같이 정의되는 함수 $h(t) = MRL(t)/MTTF$를 그려 보라. 또한 이 함수의 극한 $\lim_{t \to \infty} h(t)$를 구하고, 이 극한값에 대한 직관적인 해석을 하라.

4.13 n개의 독립인 부품으로 구성된 직렬구조 시스템을 고려하자. i번째 부품의 수명분포는 공통의 형상모수 β와 척도모수 λ_i, $i = 1, 2, \ldots, n$을 갖는 와이블 분포를 따른다고 가정하자. 그러면 이러한 직렬구조 시스템의 수명 분포는 어떠한 분포를 따르는가?

4.14 고장률함수가 λ로 모두 동일한 n개의 독립인 부품으로 구성된 병렬구조 시스템을 고려하자. 이러한 병렬구조 시스템의 신뢰도함수는

$$R_S(t) = 1 - (1 - e^{-\lambda t})^n$$

로 주어짐을 알 수 있다.

위의 신뢰도함수를 이항 전개식을 이용하여 나타내 보고, 이를 이용하여 평균수명 $MTTF_S$는

$$MTTF_S = \int_0^{\infty} R_S(t)dt = \frac{1}{\lambda}\sum_{x=1}^{n}\binom{n}{x}\frac{(-1)^{x+1}}{x} = \frac{1}{\lambda}\sum_{x=1}^{n}\frac{1}{x}$$

로 주어짐을 보여라.

4.15 다음 두 구조의 신뢰도를 구하라.

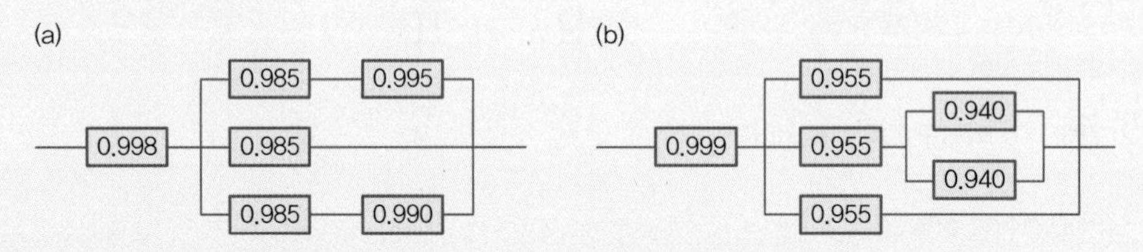

4.16 다음 두 구조의 신뢰도를 구하고자 한다.

1) 피벗 분해법에 의해 두 구조의 신뢰도를 구하라.

2) 두 구조에 대해 최소경로집합과 최소절단집합을 구하라.

3) 두 구조의 최소경로집합과 최소절단집합을 이용하여 각각 신뢰도를 구하라.

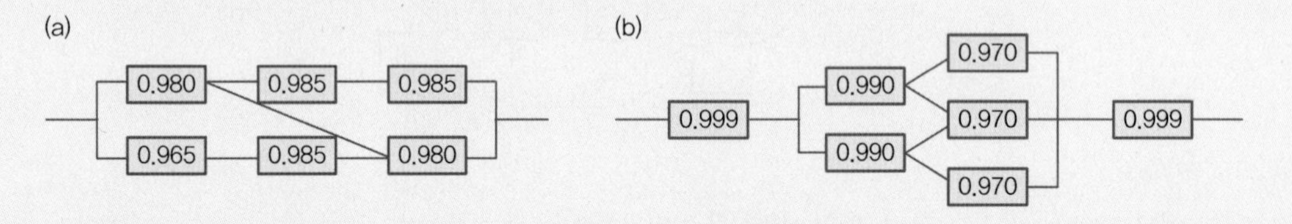

4.17 5개의 부품이 일렬로 구성되어 있는 시스템에서 연속한 2개 이상의 부품이 고장 나면 시스템이 고장 나는 경우를 고려하자. 이런 시스템을 5 중 연속 2 구조로 부른다.

1) 이 시스템의 최소절단집합을 구하라.

2) 위에서 구한 최소절단집합을 이용하여 시스템 구조함수를 구하라.

3) 각 부품의 고장확률이 0.1이고 독립일 경우 시스템 신뢰도를 구하라.

4) 각 부품의 고장확률이 0.1이고 독립일 경우 시스템 신뢰도의 하한을 구하라.

4.18 예제 4.15에서 부울대수에 의해 시스템 신뢰도를 도출하라.

4.19 11개의 부품이 일렬로 구성되어 있는 시스템에서 연속한 3개 이상의 부품이 고장 나면 시스템이 고장 나는 경우를 고려하자. 이런 시스템을 11 중 연속 3 시스템으로 부른다. 부품의 고장 확률은 0.05이다.

1) 이 시스템의 최소절단집합로부터 포함－제외원리를 이용하여 시스템 신뢰도를 구하라.

2) SDPM을 이용하여 시스템 신뢰도를 구하라.

3) 시스템 신뢰도의 상한과 하한을 식 (4.56)～(4.60)을 이용하여 구하고 비교하라.

4.20 예제 4.18에서 다룬 그림 4.20의 구조에 대해 식 (4.58)에 의해 시스템 신뢰도의 상한과 하한을 구하고 예제의 결과와 비교하라.

4.21 식 (4.56), (4.57), (4.58)을 이용하여 연습문제 4.16의 (a), (b) 두 구조에 대해 시스템 신뢰도의 상한과 하한을 구하고 비교하라.

CHAPTER 5
신뢰도 최적설계

신뢰도 최적설계

5.1 개 요

이 장에서는 시스템의 신뢰도를 높이기 위한 방법론에 대해 다루고자 한다. 신뢰도가 높은 시스템을 설계하기 위해서 다양한 개념과 방법론이 연구되고 제시되었는데 이 개요에서는 일반적인 원리에 대해 먼저 설명하고 보다 복잡한 분석을 위한 기초로서 부품의 중요도 평가방법, 그리고 중복구조에서 신뢰도 평가문제 등 수리적인 분석은 각 절에서 다루고자 한다.

신뢰성 설계에서 상식적이라 할 수 있는 원칙으로

- 사용하는 부품(구성품)의 수를 최소화하라.
- 사용하는 부품의 종류를 최소화하라.
- 가능한 표준 부품을 사용하라.
- 고장을 미연에 방지할 수 있도록 설계하라.

는 것이다. 이를 통해 고장의 위험을 최소화 할 수 있을 것이다. 그러나 새로운 기능을 추가하거나 신제품을 개발하는 경우는 필연적으로 새로운 기능의 신 부품을 사용할 수밖에 없는 경우가 많을 것이다.

다음으로 신제품을 개발하거나 새로운 시스템을 설계하는 경우 시스템의 구조를 단순하게 유지하는 것이다. 예를 들어 설계공리의 하나인 독립성의 원리(요구되는 개별기능에 개별의 모듈이 해당되도록 설계)에 근거한 모듈화 설계를 지향하는 것이다. 또는 창의적인 새로운 설계로서 고 신뢰도를 실현할 수 있다. 예를 들어 1960~70년대의 아폴로계획의 달 착륙선 엔진(Lunar Module Ascent Engine)은 무게, 크기의 제약으로 보조장치가 없이 설계되어 고장이 나면 임무실패로 직결되었다. 그래서 신뢰도를 최대화하기 위해서 계약사인 Bell Aerosystems 사는 엔진을 가능한 단순하게 만들었다. 그러므로 throtting(교축: 유체가 밸브, 작은 구멍 등 좁은 통로를 흐를 때 마찰이나 난류 등에 의해서 압력이 낮아지는 현상) 대신에 일정 thrust(추력: 회전체와 회전체의 축방향에 작용하는 외력)가 발생하게 설계하였다. 또한 gimbal 용도를 대신하며 고정식으로 설계하였으며, igniter(점화장치)가 필요하지 않게 하기 위해 propellants(압축가스, 추진체)는 자체 점화(hypergolic self igniting)되도록 설계되었다. 그리고 펌프 대신에 압축 헬륨이 압축가스를 연소실로 공급하도록 설계하는 혁신적인 아이디어를 발휘하였다.

위의 네 번째 원칙에 관련된 신뢰성 설계기법으로 다음을 들 수 있다.

- fail-safe, foolproof 설계: 안전이 중요한 제품의 경우는 한 부품 고장 시 다른 부품, 구조, 연결체의 추가적인 고장이나 손상으로 이어지는 것을 방지하도록 설계하는 것이 fail-safe 설계이다. 예를 들어 과전류의 감지, 차단을 위한 휴즈와 차단기들을 사용한 방법들이다. 또한 인간의 실수에 의해 유도되는 시스템의 치명적인 고장, 사고를 방지하기 위해 인간오류가 발생하더라도 이의 대형고장으로의 진행을 차단하기 위한 방안들을 고려하는 것이 foolproof 설계이다.
- 충분한 안전계수와 derating 설계: 고장은 강도와 스트레스와의 상대적인 크기에 의해 발생하는 현상이므로 먼저 충분한 강도를 가지도록 부품을 설계(여유있는 안전계수 적용)하여 시스템의 신뢰도를 높일 수 있을 것이다. 이 같은 방법과 반대로 부품들이 정격값 이하의 스트레스 하에서 작동되도록 부과되는 스트레스의 크기를 낮게 함으로써 부품들의 고장률을 감소시키는 방법이다. 예를 들어 전자부품들의 중요한 스트레스인 전압, 전류, 온도들을 일정 기준이하로 유지하고 기계적 제품은 진동, 충격 등에 대한 기준을 만족하도록 '충분히 견딜 수 있도록' 설계하는 것이다.
- 부품의 신뢰도 개선 및 중복구조: 시스템 신뢰도는 구성하는 부품의 신뢰도와 시스템의 구조에 의해 결정될 것이다. 그러므로 부품의 신뢰도를 향상시키거나 중복구조를 설계하여 시스템 신뢰도를 향상시킬 수 있을 것이다.

부품의 신뢰도 개선과 중복구조의 최적 방안을 마련하기 위해서는 먼저 여러 부품 가운데에서도 일부 부품들은 다른 것들보다 시스템의 기능 수행에 더욱 밀접하게 관련되어 있기 마련이다. 따라서 같은 시스템의 구성 부품이라고 하더라도 부품별로 그 중요도가 다르게 된다. 부품의 중요도는 시스템 내에서 해당 부품의 위치나 신뢰도 혹은 부품 간 종속 정도에 따라 달라질 것이다. 다음 절에서는 먼저 신뢰성 설계에 도입할 수 있으며 고장 분석에 활용될 수 있는 여러 가지 부품중요도에 관한 척도를 심층적으로 다룬다.

그리고 시스템의 신뢰도를 향상시키는 방법 중 중복부품을 사용하는 경우에 대한 수학적 모형들을 다루며 중복의 결과가 시스템의 신뢰도 어떻게 향상되는가를 분석하고자 한다. 또한 시스템의 신뢰도 목표치가 주어진 경우 부품의 신뢰도 목표치를 결정하는 신뢰도 배분문제를 다루고자 한다. 일반적으로 시스템 신뢰성분석에서는 시스템의 구성 부품의 작동 여부는 서로 독립이라 가정하여 시스템 신뢰도를 구했으나 마지막 절에서는 이런 가정을 좀 더 현실에 맞는 상황으로 일반화하여 부품 간 종속 관계를 고려한 모형을 학습한다.

5.2 부품중요도-시스템 구조 측면

동일한 부품이라 하더라도 시스템 내의 어떠한 위치에서 그 역할을 담당하느냐에 따라 그 중요도가 달라질 수 있다. 이 절에서는 구조 측면에서 어떠한 부품(또는 시스템 내 부품의 위치)이 시스템의 작동 여부에 어느 정도 영향을 미치는지를 계량화하여 부품(또는 시스템 내 부품의 위치)의 중요도를 상대적으로 비교할 수 있는 방법에 관하여 논의하여 보자.

시스템이 작동하는지 아닌지를 결정함에 있어 시스템 내 특정 부품은 다른 것들보다 더 중요한 역할을 할 수 있다. 예를 들어 시스템의 나머지 부분과 직렬로 연결되어 있는 하나의 부품은 시스템의 다른 어떤 부품들과 비교할 때 적어도 동일한 중요도를 지니거나 더 중요하다고 할 수 있다. 시스템에서 개별 부품의 중요도에 대한 정량적 척도를 적절하게 정의할 수 있다면 각 부품의 목표 신뢰도를 결정하거나 전체 시스템의 신뢰도를 높일 수 있도록 구조를 설계하는데 도움이 될 것이다. 이제 이러한 개념의 부품중요도 척도를 정의해 보자.

먼저 중요도 정의에 필요한 새로운 개념을 하나 소개한다. 시스템 구조함수에 대해 $\phi(1_i, \boldsymbol{x}) = 1$ 및 $\phi(0_i, \boldsymbol{x}) = 0$ 이 동시에 성립할 때 상태벡터 $(1_i, \boldsymbol{x})$를 부품 i에 대한 임계경로벡터(critical path vector)라고 한다. 이 조건은 다음 식

$$\phi(1_i, \boldsymbol{x}) - \phi(0_i, \boldsymbol{x}) = 1 \tag{5.1}$$

과 동일한 것으로, 다른 부품들의 상태 $(\cdot_i, \boldsymbol{x})$가 주어졌을 때 부품 i의 작동 여부가 곧 시스템의 작동 여부와 일치한다고 하는 조건이다. 부품 i에 대한 임계경로벡터 $(1_i, \boldsymbol{x})$에 대응되는 임계경로집합(critical path set)은 다음과 같다.

$$C(1_i, \boldsymbol{x}) = \{i\} \cup \{j ; x_j = 1,\ j \neq i\} \tag{5.2}$$

부품 i에 대한 임계경로집합(벡터)들의 총수는

$$\eta_{\phi}(i) = \sum_{(\cdot_i, x)} [\phi(1_i, \boldsymbol{x}) - \phi(0_i, \boldsymbol{x})] \tag{5.3}$$

이다. 부품 i에 대한 임계경로집합(벡터)의 수가 많다는 것은 그만큼 부품 i가 중요하다는 것을 의미한다. 이와 같은 점에 착안하여 Birnbaum(1969)은 부품 i의 구조적 중요도에 대해서 다음과 같은 척도를 제시하였다.

$$B_{\phi}(i) = \frac{\eta_{\phi}(i)}{2^{n-1}} \tag{5.4}$$

여기서 x_j가 이진 변수로서 두 가지의 가능한 값 0과 1만을 가질 수 있으므로 2^{n-1}은 상태벡터 $(\cdot, \boldsymbol{x}) = (x_1, \ldots, x_{i-1}, \cdot, x_{i+1}, \ldots, x_n)$의 총개수임에 주목할 필요가 있다. 즉 구조적 중요도의 Birnbaum 척도 $B_{\phi}(i)$는 2^{n-1}개의 가능한 상태벡터 $(\cdot_i, \boldsymbol{x})$에 대한 부품 i의 임계경로벡터 수의 상대적 비율로 표현된다. 따라서 시스템 내 부품들은 $B_{\phi}(i)$의 크기에 따라 순위를 매길 수 있다.

예제 5.1

그림 5.1의 3 중 2 구조를 고려해 보자.

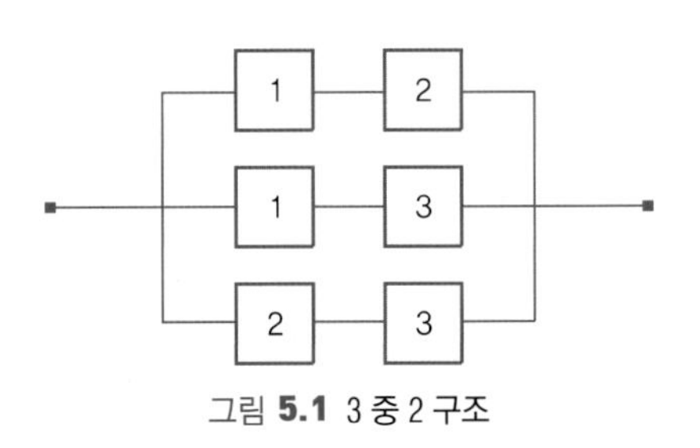

그림 **5.1** 3 중 2 구조

부품 1에 대해서 다음과 같이 임계경로집합을 찾을 수 있다. 이 경우 부품 1에 대한 임계경로벡터들의 총개수는 $\eta_{\phi}(1) = 2$ 이다.

$(\cdot, x_2, x_3)$	$\phi(1, x_2, x_3) - \phi(0, x_2, x_3)$	$C(1_1, x_2, x_3)$
(·, 0, 0)	0	
(·, 0, 1)	1	{1, 3}
(·, 1, 0)	1	{1, 2}
(·, 1, 1)	0	

한편 상태벡터 $(\cdot_1, x_2, x_3)$의 총개수는 $2^{3-1} = 4$이므로 부품 1의 구조적 중요도는

$$B_\phi(1) = \frac{2}{4} = \frac{1}{2}$$

이다. 실제로 3 중 2 구조의 경우 어느 부품이든지 상호 대칭이므로

$$B_\phi(1) = B_\phi(2) = B_\phi(3) = \frac{1}{2}$$

이 되어 부품 1, 2, 3은 구조적 중요도가 모두 동일하다.

예제 5.2

그림 5.2의 구조를 고려해 보자.

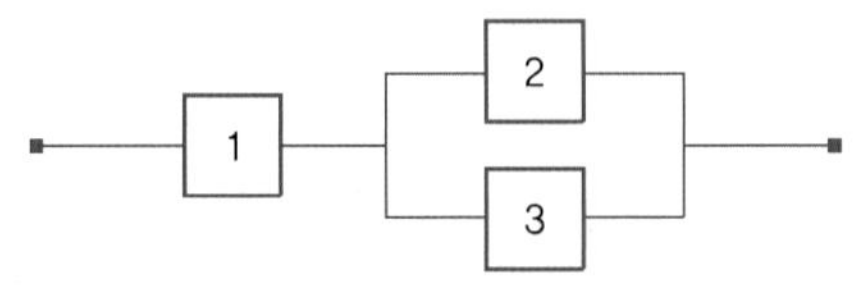

그림 **5.2** 신뢰성 블록도

구조함수는

$$\phi(x_1, x_2, x_3) = x_1(x_2 \coprod x_3) = x_1(1-(1-x_2)(1-x_3))$$

이 된다. 부품 1에 대해서 임계경로집합을 구하면 다음과 같다.

$(\cdot, x_2, x_3)$	$\phi(1, x_2, x_3) - \phi(0, x_2, x_3)$	$C(1_1, x_2, x_3)$
(·, 0, 0)	0	
(·, 0, 1)	1	{1, 3}
(·, 1, 0)	1	{1, 2}
(·, 1, 1)	1	{1, 2, 3}

따라서 부품 1의 구조적 중요도는

$$B_\phi(1) = \frac{\eta_\phi(1)}{2^{3-1}} = \frac{3}{4}$$

이다. 부품 2에 대해서는

$(x_1, \cdot, x_3)$	$\phi(x_1,1,x_3)-\phi(x_1,0,x_3)$	$C(x_1,1,x_3)$
(0, ·, 0)	0	
(0, ·, 1)	0	
(1, ·, 0)	1	{1, 2}
(1, ·, 1)	0	

이므로, 구조적 중요도는

$$B_\phi(2) = \frac{\eta_\phi(2)}{2^{3-1}} = \frac{1}{4}$$

이다. 부품 2와 3은 상호 대칭이므로

$$B_\phi(2) = B_\phi(3) = \frac{\eta_\phi(2)}{2^{3-1}} = \frac{1}{4}$$

이다. 따라서 부품 1은 부품 2와 3에 비해 구조적 중요도가 더 크다고 할 수 있다.

5.3 부품중요도-시스템 신뢰도 측면

앞 절에서는 각 부품의 신뢰도는 고려하지 않고 시스템의 구조만을 고려하여 부품중요도를 결정하는 방법을 알아보았다. 그러나 시스템을 좀 더 효율적으로 운영하기 위해서는 구조적으로는 같은 중요도를 갖는 부품이라고 하더라도 고장이 더 잘 발생하는 부품에 관심을 두고 관리하는 것이 유리할 것이다. 즉 부품의 중요도를 결정할 때 시스템의 구조뿐만 아니라 각 부품의 신뢰도를 함께 고려하는 것이 합리적이라 할 수 있다. 이 절에서는 어떠한 특정 부품의 신뢰도 향상이 시스템의 신뢰도 향상에 어느 정도 기여할 수 있는가 하는 측면에서 부품의 중요도를 계량화하여 상대적인 중요도를 평가할 수 있는 여러 척도에 관하여 알아보자.

부품중요도가 어떻게 이용되는가 하는 것은 시스템의 전체 수명 주기에서 어느 시기에 해당하느냐에 따라 달라진다. 시스템 설계 단계에서는 시스템 전체의 신뢰도를 향상시키기 위하여 취약(병목) 부품과 향상되어야 할 부품을 식별해 내는 데 이용될 수 있다. 부품의 신뢰도는 높은 신뢰도를 지닌 부품을 채택하거나 대기 부품을 도입하거나 부품에 주어지는 작동 부하 또는 환경적 부하를 줄임으로써 향상시킬 수 있다. 부품중요도는 설계자로 하여금 향상되어야 할 부품이 어떠한 것인지를 파악할 수 있는 정보를 제공하며, 중요도에 따라 부품들을 순서화할 수 있도록 돕는다. 한편 시스템의 사용 단계에서는 점검과 보수에 드는 자원을 가장 중요한 부품에 할당할 수 있도록 하는 데 이용될 수 있으며, 더 나은 품질의 부품으로 교체되어야 할 부품이 어떠한 것인지를 명확하게 하는 데 이용된다. 특히 부품중요도는 원자력발전소 등의 확률적 위험평가(probabilistic risk assessment)에 널리 활용되고 있다.

부품중요도의 개념을 어떻게 해석하는가에 따라 그에 대한 척도도 조금씩 다르게 정의될 수 있다. 이 절에서 소개되는 다음의 척도들도 부품중요도의 개념에 대하여 조금씩 다른 해석에 기반을 두고 있다.

1. Birnbaum 척도
2. 결정적 중요도
3. 개선잠재력
4. 위험수용가치
5. 위험감소가치
6. Fussell-Vesely 척도

이 절 전반에 걸쳐 n개의 독립 부품으로 구성된 시스템에서 부품 i, $i=1,2,\dots,n$ 의 신뢰도를 $R_i(t)$, 시스템의 신뢰도함수를 $R_S(t)=g(\boldsymbol{R}(t))$로 나타내기로 한다.

5.3.1 Birnbaum 척도

Birnbaum(1969)은 부품 i의 시점 t에서의 부품중요도를 평가하기 위해 시스템의 신뢰도함수를 $R_i(t)$에 대하여 편미분함으로써 얻어지는 다음과 같은 척도를 제안하였다.

$$I^B(i|t)=\frac{\partial g(\boldsymbol{R}(t))}{\partial R_i(t)},\ i=1,2,\dots,n \tag{5.5}$$

이러한 접근 방법은 민감도 분석에서 잘 알려진 고전 방법으로, 만약 $I^B(i|t)$ 값이 크다면 시점 t에서 부품 i 신뢰도의 작은 변화가 전체 시스템의 신뢰도에 상대적으로 큰 변화를 초래할 수 있음을 의미한다.

n개의 부품이 서로 독립인 경우 시스템의 신뢰도 $g(\boldsymbol{R}(t))$는 식 (4.45)로부터 다음과 같이 $R_i(t)$, $i=1, 2, \dots, n$에 관한 선형 함수로 표현이 가능하다.

$$\begin{aligned} g(\boldsymbol{R}(t)) &= R_i(t)\cdot g(1_i,\boldsymbol{R}(t))+(1-R_i(t))\cdot g(0_i,\boldsymbol{R}(t)) \\ &= R_i(t)\cdot [\,g(1_i,\boldsymbol{R}(t))-g(0_i,\boldsymbol{R}(t))]+g(0_i,\boldsymbol{R}(t)) \end{aligned} \tag{5.6}$$

여기서 $g(1_i,\boldsymbol{R}(t))$는 부품 i가 시점 t에서 작동할 때 시스템이 작동할 확률을 나타내며,

$g(0_i, \boldsymbol{R}(t))$는 부품 i가 시점 t에서 고장 났을 때 시스템이 작동할 확률을 나타낸다. 따라서 부품 i의 시점 t에서의 Birnbaum 척도는

$$I^B(i|t) = \frac{\partial g(\boldsymbol{R}(t))}{\partial R_i(t)} = g(1_i, \boldsymbol{R}(t)) - g(0_i, \boldsymbol{R}(t)) \tag{5.7}$$

로 나타낼 수 있다. 그림 5.3은 $R_i(t)$의 변화에 따른 Birnbaum 척도의 변화를 보여 주고 있다.

여기서 주목할 사실은 부품 i의 Birnbaum척도 $I^B(i|t)$는 시스템의 구조와 다른 부품의 신뢰도에만 의존한다는 점이다. $I^B(i|t)$는 부품 i의 신뢰도 $R_i(t)$와는 무관하며, 이 점이 Birnbaum 척도의 약점으로 여겨진다.

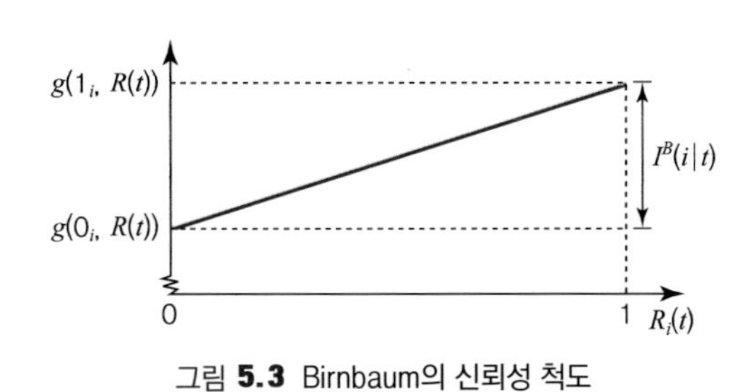

그림 **5.3** Birnbaum의 신뢰성 척도

예제 5.3

서로 독립인 부품 1과 2로 구성된 직렬구조 시스템을 생각해 보자. R_i, $i = 1, 2$를 부품 i의 신뢰도라 하고 R_i가 t의 함수보다는 특정 값을 가진다고 가정하자. 부품 1이 작동하면($X_1 = 1$) 시스템의 작동 여부는 부품 2의 작동 여부와 일치한다. 따라서 이러한 경우 $g(1_1, \boldsymbol{R}) = R_2$가 성립한다. 만약 부품 1이 고장 상태에 있다면 시스템은 부품 2의 상태와 무관하게 고장 상태에 있게 된다. 따라서 이러한 경우 $g(0_1, \boldsymbol{R}) = 0$이 성립한다. 그러므로 식 (5.7) 또는 식 (5.5)로부터 부품 1의 Birnbaum 척도는

$$I^B(1) = g(1_1, \boldsymbol{R}) - g(0_1, \boldsymbol{R}) = R_2$$

로 주어진다.

■■■

여기서 $R_1 > R_2$이면 $I^B(1) = R_2 < I^B(2) = R_1$이 되므로 중복설계에 대한 그림 5.10(a)의 예시(두 부품 직렬구조)에서 신뢰도가 낮은 부품을 중복하는 것은 Birnbaum척도를 설계에 반영한 것으로 볼 수 있다. 즉 직렬구조는 체인과 비교될 수 있는데 체인의 경우 체인 내의 가장 약한

연결고리보다 강할 수 없다. 따라서 Birnbaum 척도는 가장 약한 연결고리가 가장 중요할 것이라는 우리의 직관과 잘 일치한다.

예제 5.4

서로 독립이고 신뢰도가 각각 R_1, R_2인 부품 1과 2로 구성된 병렬구조 시스템을 생각해 보자. 부품 1이 작동하면($X_1 = 1$) 시스템의 작동 여부는 부품 2의 작동 여부와 무관하므로 $g(1_1, \boldsymbol{R}) = 1$이 성립한다. 만약 부품 1이 고장 상태에 있다면 시스템은 부품 2의 작동 여부에 달려 있으므로 $g(0_1, \boldsymbol{R}) = R_2$가 성립한다. 그러므로 식 (5.7) 또는 식 (5.5)로부터 부품 1의 Birnbaum 척도는

$$I^B(1) = g(1_1, \boldsymbol{R}) - g(0_1, \boldsymbol{R}) = 1 - R_2$$

로 주어진다. 여기서 $R_1 > R_2$이면 $I^B(1) = 1 - R_2 > I^B(2) = 1 - R_1$이 되므로 병렬구조 시스템은 직렬구조와 달리 Birnbaum 척도 기준으로는 신뢰도가 높은 부품이 더 중요하다. 즉 병렬구조는 적어도 하나의 부품이 작동하면 전체 시스템이 작동하므로 신뢰도가 가장 높은 부품이 가장 중요한 역할을 하게 된다.

Birnbaum 척도를 $g(\cdot_i, \boldsymbol{R}(t)) = E[\phi(\cdot_i, \boldsymbol{X}(t))]$의 관계를 이용하여 다음과 같이 나타낼 수 있다.

$$\begin{aligned} I^B(i|t) &= E[\phi(1_i, \boldsymbol{X}(t))] - E[\phi(0_i, \boldsymbol{X}(t))] \\ &= E[\phi(1_i, \boldsymbol{X}(t)) - \phi(0_i, \boldsymbol{X}(t))] \end{aligned}$$

$\phi(X(t))$가 응집 구조를 갖는 경우 $[\phi(1_i, \boldsymbol{X}(t)) - \phi(0_i, \boldsymbol{X}(t))]$는 단지 0과 1의 값만을 취할 수 있으므로 식 (5.7)의 Birnbaum 척도는

$$I^B(i|t) = \Pr(\phi(1_i, \boldsymbol{X}(t)) - \phi(0_i, \boldsymbol{X}(t)) = 1) \tag{5.8}$$

로 나타낼 수 있다. 즉 $I^B(i|t)$는 $(1_i, \boldsymbol{X}(t))$가 부품 i에 대하여 시점 t에서 임계경로벡터가 될 확률과 일치함을 알 수 있다. 따라서 부품 i의 신뢰도 $R_i(t)$를 제외한 모든 부품의 신뢰도에 1/2을 대입하면 $I^B(i|t)$는 부품 i의 구조적 중요도 $B_\phi(i)$가 된다.

$(1_i, \boldsymbol{X}(t))$가 부품 i에 대하여 임계경로벡터가 되는 경우 편의상 부품 i가 시스템에 대하여 결정적(critical)이라고 말한다. 다른 말로 표현하면 부품 i의 상태가 시점 t에서 시스템의 작동 여부에 대단히 중요함을 의미한다. 부품 i의 시점 t에서의 Birnbaum 척도는 시점 t에서 부품 i가 시스템에 대하여 결정적이 되도록 하는 상태에 놓이게 될 확률로 이해할 수 있다. 부품중요도에

관한 이와 같은 정의는 부품들이 서로 독립이 아닌 경우에도 적용될 수 있다.

예제 5.5

예제 5.3의 직렬구조에서 부품 1이 시스템에 대하여 결정적인 부품이 되는 조건과 부품 2가 작동하는 조건은 동치가 된다. 따라서 Birnbaum 척도는

$$\begin{aligned} I^B(1) &= \Pr(\text{부품 1이 결정적 부품}) \\ &= \Pr(\text{부품 2가 작동}) = R_2 \end{aligned}$$

로 주어진다.

■■■

다음으로 Birnbaum 척도의 용도에 대해 생각해 보자.

부품 i가 고장률 λ_i를 갖는다고 하자. 어떤 경우에는 고장률 λ_i에 작은 변화를 주었을 때 시스템 신뢰도가 얼마나 많이 변하게 되는지에 관심을 갖게 된다. 이 경우 λ_i의 변화에 대한 시스템 신뢰도의 민감도는 다음과 같이 얻어진다.

$$\frac{\partial R_S(t)}{\partial \lambda_i} = \frac{\partial g(\boldsymbol{R}(t))}{\partial R_i(t)} \cdot \frac{\partial R_i(t)}{\partial \lambda_i} = I^B(i|t) \cdot \frac{\partial R_i(t)}{\partial \lambda_i} \tag{5.9}$$

유사한 개념의 척도가 부품의 신뢰도함수 $R_i(t), i = 1, 2, \ldots, n$과 관련된 모든 모수(parameter)에 대해서 적용될 수 있을 것이다. 예를 들면 각 부품의 신뢰도가 θ_i의 함수인 $R_i(t)$로 주어지는 시스템을 생각해 보자. 모수 θ_i는 고장률, 수리율, 검사빈도 등이 될 수 있다. 시스템의 신뢰도를 향상시키기 위하여 높은 품질의 부품을 구입한다든지 보전정책(8장 참조)을 변화시킴으로써 모수 θ_i를 변화시킬 경우가 있다. 부품 i의 품질 향상에 드는 비용이 모수 θ_i의 함수로서 $c_i = c(\theta_i)$의 형태로 결정된다고 가정하자. 그러면 부품 i에 대한 추가 투자의 효과는

$$\frac{\partial R_S(t)}{\partial c_i} = \frac{\partial g(\boldsymbol{R}(t))}{\partial \theta_i} \cdot \frac{\partial \theta_i}{\partial c_i} = I^B(i|t) \cdot \frac{\partial R_i(t)}{\partial \theta_i} \cdot \frac{\partial \theta_i}{\partial c_i}$$

로 측정될 수 있다.

실제로 복잡한 시스템의 신뢰도 연구에서 시간을 많이 소비하는 작업은 고장률, 수리율 등 입력 모수에 대한 적절한 추정값을 찾는 일이다. 어떤 경우는 다소 정확하지 못한 추정값으로 시작해서 다양한 부품에 대해 Birnbaum 척도를 계산하거나 식 (5.9)의 모수 민감도를 계산한 후 가장 중요한 부품에 대한 정밀한 자료를 찾아내는 데 많은 시간을 투입할 수 있다. Birnbaum 척도

값이 매우 낮은 부품의 경우 시스템의 신뢰도에 거의 영향을 미치지 않기 때문에 그 부품에 대한 정밀한 자료를 얻기 위해 추가 노력을 기울이는 것은 시간 낭비라 할 수 있다.

예제 5.6

예제 5.2의 그림 5.2 구조에서 부품 1, 2, 3은 각각 고장률이 λ_1, λ_2, λ_2인 지수분포를 따르는 경우를 고려하자. 이 구조의 신뢰도는 $R_S(t) = R_1(t)(R_2(t) + R_3(t) - R_2(t)R_3(t))$ 이므로 먼저 세 부품의 Birnbaum 척도는 $R_2(t) = R_3(t)$를 대입하면 다음과 같이 구해진다.

$$I^B(1|t) = 2R_2(t) - R_2(t)^2 = 2e^{-\lambda_2 t} - e^{-2\lambda_2 t}$$

$$I^B(2|t) = I^B(3|t) = R_1(t)(1 - R_3(t)) = e^{-\lambda_1 t} - e^{-(\lambda_1 + \lambda_2)t}$$

여기서 $R_i(t)$, $i = 1, 2, 3$에 1/2을 대입하면 부품 1, 2, 3의 구조적 중요도는 예 5.2와 같이 각각 3/4, 1/4, 1/4이 됨을 확인할 수 있다.

$\lambda_1 = \lambda_2 = 1$ 일 때 t에 따른 $I^B(1|t)$, $I^B(2|t)$의 형태는 그림 5.4에서 볼 수 있는데 그림에서 부품 1의 Birnbaum 척도는 부품 2보다 항상 크게 된다. 또한 부품 1의 Birnbaum 척도는 t가 커지면 단조 감소하지만 부품 2의 Birnbaum 척도는 위로 볼록한 형태를 따르고 있다.

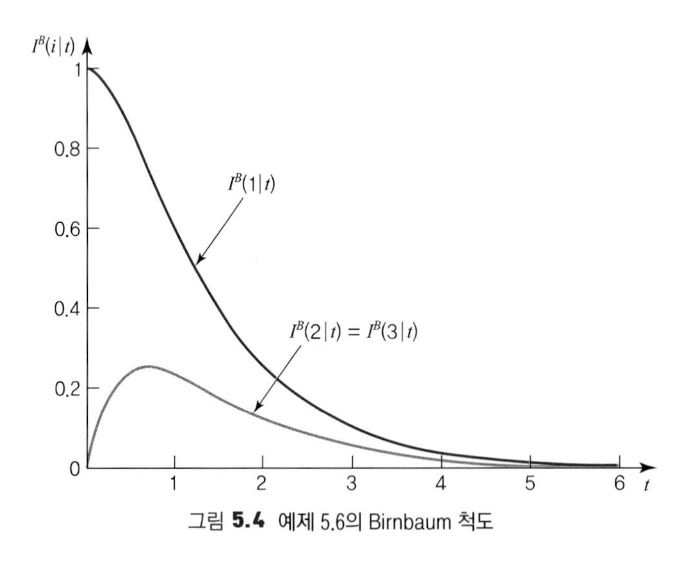

그림 **5.4** 예제 5.6의 Birnbaum 척도

고장률 λ_i의 변화에 대한 시스템 신뢰도의 민감도는 식 (5.9)에 대입하여 다음과 같이 구해진다.

$$\frac{\partial R_S(t)}{\partial \lambda_1} = I^B(1|t) \cdot \frac{\partial R_1(t)}{\partial \lambda_1} = (2e^{-\lambda_2 t} - e^{-2\lambda_2 t})(-te^{-\lambda_1 t}) = -te^{-(\lambda_1 + \lambda_2)t}(2 - e^{-\lambda_2 t})$$

$$\frac{\partial R_S(t)}{\partial \lambda_2} = \frac{\partial R_S(t)}{\partial \lambda_3} = I^B(2|t) \cdot \frac{\partial R_2(t)}{\partial \lambda_2}$$

$$= (e^{-\lambda_1 t} - e^{-(\lambda_1+\lambda_2)t})(-te^{-\lambda_2 t}) = -te^{-(\lambda_1+\lambda_2)t}(1-e^{-\lambda_2 t})$$

부품 1과 2(3)의 고장률 변화에 대한 시스템 신뢰도의 민감도를 보면 항상 부품 1이 음 방향의 민감도가 크므로 부품 1의 고장률이 증가할 때 부품 2보다 시스템 신뢰도의 감소량이 더 큼을 시사하고 있다.

■■■

5.3.2 결정적 중요도

결정적 중요도(CI: criticality importance)는 특히 보전 관리에 우선순위를 두는 경우에 적합한 척도로서 Birnbaum 척도와도 관련이 있다. 부품 i가 결정적(critical)이라는 것은 부품 i의 작동 여부가 시스템의 작동 여부를 결정하는 상태를 의미한다. 부품 i가 결정적인가 아닌가는 부품 i를 제외한 나머지 부품들의 상태에 의존한다. 시점 t에서 시스템이 부품 i가 결정적인 상태에 놓이게 되는 사건 $C(1_i, \boldsymbol{X}(t))$의 확률은 시점 t에서 부품 i의 Birnbaum 척도와 일치하게 된다.

$$\Pr(C(1_i, \boldsymbol{X}(t))) = I^B(i|t) \tag{5.10}$$

그런데 시스템의 부품들이 독립이므로 $C(1_i, \boldsymbol{X}(t))$는 시점 t에서 부품 i의 상태와는 무관하게 된다. 따라서 시점 t에서 부품 i가 결정적인 동시에 고장인 상태에 놓이게 될 확률은

$$\Pr(C(1_i, \boldsymbol{X}(t)) \cap (X_i(t)=0)) = I^B(i|t) \cdot (1-R_i(t)) \tag{5.11}$$

로 주어지게 된다. 이제 시스템의 상태가 고장인 상태, 즉 $\phi(X(t))=0$임을 알고 있다고 가정하자. 시점 t에서 시스템이 고장일 경우 식 (5.11)의 조건부 확률은

$$\Pr(C(1_i, \boldsymbol{X}(t)) \cap (X_i(t)=0) | \phi(X(t))=0) \tag{5.12}$$

으로 주어지게 된다. 그런데 부품 i가 결정적인 상태이고 부품 i가 고장이라는 것($C(1_i, \boldsymbol{X}(t) \cap (X_i(t)=0))$은 곧 시스템의 고장($\phi(\boldsymbol{X}(t))=0$)을 의미하므로 식 (5.11)을 이용하면 (5.12)의 조건부 확률은

$$\frac{\Pr(C(1_i, \boldsymbol{X}(t)) \cap (X_i(t)=0))}{\Pr(\phi(\boldsymbol{X}(t))=0)} = \frac{I^B(i|t) \cdot (1-R_i(t))}{1-g(\boldsymbol{R}(t))} \tag{5.13}$$

로 나타낼 수 있다.

부품 i의 시점 t에서의 결정적 중요도 $I^{CR}(i|t)$는 시스템이 시점 t에서 고장 상태에 있다는 조건이 주어졌을 때 부품 i가 시스템에 대하여 결정적이면서 동시에 시점 t에서 고장 상태일 조건부 확률인 식 (5.14)로 구한다.

$$I^{CR}(i|t) = \frac{I^{B}(i|t) \cdot (1 - R_i(t))}{1 - g(\boldsymbol{R}(t))} \tag{5.14}$$

결정적 중요도 $I^{CR}(i|t)$를 부언하면 시점 t에서 시스템이 고장 상태임을 알 때 부품 i가 시스템의 고장을 유발했을 확률이다. 부품 i가 시스템의 고장을 유발하기 위해서는 부품 i가 결정적이어야 하며, 그것이 고장을 일으켜야 한다. 그러면 부품 i가 고장을 일으킴으로써 시스템이 고장 나며, 부품 i가 수리되면 시스템은 작동을 개시하게 된다. 이와 같은 논리 근거에 의해 결정적 중요도는 복잡한 시스템에서 바로 보전 작업의 우선순위를 정하고자 할 때 많이 사용된다.

5.3.3 개선잠재력*

부품의 중요도를 따지는 데 $i(i = 1, 2, \ldots, n)$ 번째 부품이 $R_i(t) = 1$인 완벽한 부품으로 교체되는 경우 시스템의 신뢰도가 얼마나 증가하게 되는지 알아보는 것은 흥미로운 일이 될 것이다. 부품 i에 대한 시점 t에서의 개선잠재력(IP: improvement potential)은

$$I^{IP}(i|t) = g(1_i, \boldsymbol{R}(t)) - g(\boldsymbol{R}(t)), \;\; i = 1,2, \ldots, n \tag{5.15}$$

으로 정의된다. 한편 Birnbaum 척도 $I^{B}(i|t)$는 그림 5.3에서 직선의 기울기로 볼 수 있으므로

$$I^{B}(i|t) = \frac{g(1_i, \boldsymbol{R}(t)) - g(\boldsymbol{R}(t))}{1 - R_i(t)}, \;\; i = 1,2, \ldots, n \tag{5.16}$$

으로 나타낼 수 있다. 따라서 부품 i에 대한 개선잠재력 $I^{IP}(i|t)$는 다음과 같이 Birnbaum 척도와의 관계식으로 나타낼 수도 있다.

$$I^{IP}(i|t) = I^{B}(i|t) \cdot (1 - R_i(t)) \tag{5.17}$$

부품 i에 대한 개선잠재력은 i번째 부품이 신뢰도 1인 완벽한 부품이 사용된 경우와 실제 부품 i가 사용된 경우의 시스템 신뢰도 차이이다. 실제로 부품 i의 신뢰도를 100%로 향상시키는 것은 불가능한 일이다. 하지만 최신 기술을 사용하여 $R_i(t)$를 $R_i^{(I)}(t)(> R_i(t))$로 향상시킬 수 있다고 가정하자. 그러면

$$I^{CIP}(i|t) = g(R_i^{(I)}(t), \boldsymbol{R}(t)) - g(\boldsymbol{R}(t)) \tag{5.18}$$

로 정의되는 시점 t에서 부품 i에 대한 좀 더 현실적인 가용개선잠재력(CIP: credible improvement potential)을 계산할 수 있다. 여기서 $g(R_i^{(I)}(t),\ \boldsymbol{R}(t))$는 부품 i가 신뢰도 $R_i^{(I)}(t)$를 갖는 부품으로 교체되었을 때의 신뢰도를 나타낸다. 개선잠재력과 유사한 방법으로 가용개선잠재력은

$$I^{CIP}(i|t) = I^{B}(i|t) \cdot \left(R_i^{(I)}(t) - R_i(t)\right) \tag{5.19}$$

로 다시 나타낼 수 있다.

5.3.4 위험수용가치*

위험수용가치(RAW: risk achievement worth)는 핵발전소에서의 확률적 안전도 평가 분야의 위험 중요도에 대한 척도로 소개되었다. 부품 i의 시점 t에서의 위험수용가치는

$$I^{RAW}(i|t) = \frac{1 - g(0_i,\ \boldsymbol{R}(t))}{1 - g(\boldsymbol{R}(t))},\quad i = 1,\ 2,\ \ldots,\ n \tag{5.20}$$

으로 정의된다. 즉 $I^{RAW}(i|t)$는 부품 i가 고장일 경우의 조건부 시스템 불신뢰도와 실제 시스템 불신뢰도의 비로 이루어져 있으며, 1 이상의 값을 가진다. 따라서 위험수용가치는 현재 수준의 시스템 신뢰도를 얻는 데 부품 i의 가치에 대한 척도가 됨을 알 수 있으며, 현 수준의 신뢰도 유지를 위해 해당 부품이 어느 정도 중요한가를 나타낸다고 할 수 있다.

예제 5.7

시점 t에서 신뢰도가 $g(\boldsymbol{R})$로 주어지는 공정 안전 시스템을 고려하자. 실제 응용되는 많은 사례에서 흔히 $g(\boldsymbol{R})$가 시간과 무관하게 되는 장기 혹은 안정 상태의 상황을 연구하게 된다. 안전 시스템 작동에 대한 요구가 발생률 ν_0로 발생한다고 가정하자. 사고는 요구가 있을 때 안전 시스템이 작동하지 않음으로써 발생하게 되므로 사고율은 $\nu_{acc} = \nu_0(1 - g(\boldsymbol{R}))$로 주어지게 된다. 이제 안전 시스템의 부품 i가 작동하지 않는다는 것이 알려져 있다고 가정하자. 이 같은 상황은 예를 들어 부품 i가 수리를 위하여 혹은 다른 이유로 연결되어 있지 않은 경우에 발생할 수 있다. 따라서 조건부 시스템 불신뢰도는 $1 - g(0_i, \boldsymbol{R})$, 부품 i가 기여한 사고율은 $\nu_{acc}^{(i)} = \nu_0 \cdot (1 - g(0_i, \boldsymbol{R}))$로 각각 주어지므로 다음과 같이

$$\nu_{acc}^{(i)} = \frac{(1 - g(0_i,\ \boldsymbol{R}))}{1 - g(\boldsymbol{R})} \cdot \nu_{acc} = I^{RAW}(i) \cdot \nu_{acc}$$

로 나타낼 수 있다. 따라서 부품 i를 연결시키지 않게 되면 사고율은 $I^{RAW}(i)$가 곱해져서 증가하게 된다. ■■■

5.3.5 위험감소가치*

위험감소가치(RRW: risk reduction worth)도 역시 핵발전소에서의 확률적 안전도 평가 분야의 위험 중요도에 대한 척도로 사용된다. 부품 i의 시점 t에서의 위험감소가치는

$$I^{RRW}(i|t) = \frac{1-g(\boldsymbol{R}(t))}{1-g(1_i, \boldsymbol{R}(t))}, \quad i = 1, 2, \ldots, n \tag{5.21}$$

으로 정의된다. 위험감소가치 $I^{RRW}(i|t)$는 부품 i가 신뢰도 $R_i(t) \equiv 1$을 갖는 부품으로 교체된 경우의 조건부 시스템 불신뢰도와 실제의 시스템 불신뢰도의 비로 이루어져 있다. 특히 위험감소가치의 경우에는 $I^{RRW}(i|t) \geq 1$을 만족시키며

$$I^{RRW}(i|t) = \left(1 - \frac{I^{IP}(i|t)}{1-g(\boldsymbol{R}(t))}\right)^{-1}$$

의 관계식을 얻을 수 있다.

예제 5.7 (계속)

부품 i를 $R_i \equiv 1$인 부품으로 교체함으로써 얻게 되는 최대의 잠재적 향상 효과를 알아보자. 이 경우 조건부 시스템 불신뢰도는 $1-g(1_i, \boldsymbol{R})$로 주어지며, 이는 식 (5.21)을 이용하여

$$1-g(1_i, \boldsymbol{R}) = \frac{1-g(\boldsymbol{R})}{I^{RRW}(i)}$$

로 나타낼 수 있다. 만약 $I^{RRW}(i) = 2$로 주어진다면 부품 i를 완벽한 부품으로 교체함으로써 얻게 되는 시스템의 불신뢰도는 원래의 불신뢰도 $1-g(\boldsymbol{R})$의 50%로 줄어들게 된다.

5.3.6 Fussell-Vesely 척도*

Fussell-Vesely의 중요도 척도 $I^{FV}(i|t)$는 시스템이 시점 t에서 고장이라는 조건이 주어졌을 때 부품 i를 포함하는, 적어도 하나의 최소절단집합이 시점 t에서 고장일 확률로 정의된다.

여기서 최소절단집합이 고장 났다고 하는 것은 최소절단집합 내의 모든 부품이 고장 났음을 의미한다. Fussell-Vesely 척도는 부품이 시스템에 대하여 결정적이지 않더라도 시스템의 고장에 기여할 수 있다는 사실을 고려하고 있다. 특정 부품은 그 부품을 포함하는 최소절단집합이 고장 났을 때 시스템의 고장에 기여하게 된다.

최소절단집합 $K_1, K_2, \cdots, K_k$를 갖는 시스템을 생각해 보자. 시점 t에서 시스템은 k개의 최소절단 병렬구조들 $\kappa_1(\boldsymbol{X}(t)), \kappa_2(\boldsymbol{X}(t)), \ldots, \kappa_k(\boldsymbol{X}(t))$의 직렬구조로 나타낼 수 있다. 시스템이 고장을 일으키는 경우는 k개의 최소절단집합 가운데 적어도 하나의 최소절단집합이 고장을 일으키는 경우와 일치한다.

시점 t에서 부품 i를 포함하고 적어도 하나의 최소절단집합이 고장을 일으킬 사건을 $D_i(t)$, 시점 t에서 시스템이 고장 상태인 사건을 $C(t)$, 부품 i를 포함하는 최소절단집합의 총 개수를 m_i, 시점 t에서 부품 i를 포함하는 최소절단집합 j가 고장 날 사건을 '$E_{ji}(t)$, $i=1, 2, \ldots, n$, $j=1, 2, \ldots, m_i$'라 하자. 그러면 Fussell-Vesely 척도는 다음과 같이 정의된다.

$$I^{FV}(i|t) = \Pr(D_i(t)|C(t)) = \frac{\Pr(D_i(t) \cap C(t))}{\Pr(C(t))}$$

그런데 여기서 $D_i(t) \subseteq C(t)$이므로

$$I^{FV}(i|t) = \frac{\Pr(D_i(t))}{\Pr(C(t))} \tag{5.22}$$

로 나타낼 수 있다. 사건 $D_i(t)$가 발생한다는 것은 사건들 $E_{ji}(t)$, $j=1,2,\ldots,m_i$ 가운데 하나 이상이 발생하는 것과 동치이므로

$$D_i(t) = E_{1i}(t) \cup E_{2i}(t) \cup \cdots \cup E_{m_i i}(t)$$

로 나타낼 수 있다. 부품들이 서로 독립이라 가정하고 있으므로,

$$\Pr(C(t)) = \Pr[\phi(\boldsymbol{X}(t)) = 0] = 1 - g(\boldsymbol{R}(t))$$

$$\Pr(E_{ji}(t)) = \Pr[\kappa_{ji}(\boldsymbol{X}(t)) = 0] = \prod_{l \in K_{ji}} [1 - R_l(t)] \tag{5.23}$$

가 성립한다. 여기서 K_{ji}는 부품 i를 포함하는 j번째 최소절단집합을 나타내고, $\kappa_{ji}(\boldsymbol{X}(t))$는 그에 해당하는 최소절단 병렬구조를 나타낸다. 그런데 동일한 부품이 여러 개의 서로 다른 최소절단집합의 원소가 될 수 있으므로 $E_{ji}(t)$, $j=1,2,\ldots,m_i$는 서로 배반이라 할 수 없다. 같은 이유로 부품들이 독립이라 하더라도 사건들 $E_{ji}(t)$, $j=1,2,\ldots,m_i$는 서로 독립이라 할 수 없다.

부품들이 독립이더라도 최소절단 병렬구조들 $\kappa_{ji}(\boldsymbol{X}(t))$은 연관(즉, 양의 종속관계)되게 된다. 그러면 다음과 같은 부등식이 성립함을 보일 수 있다.

$$\Pr(D_i(t)) \le 1 - \prod_{j=1}^{m_i} (1 - \Pr(E_{ji}(t))) \tag{5.24}$$

부품들의 신뢰도가 높은 경우 근사 등호가 성립하게 된다. 따라서 식 (5.22)는

$$I^{FV}(i|t) \approx \frac{1-\prod_{j=1}^{m_i}(1-\Pr(E_{ji}(t)))}{1-g(\boldsymbol{R}(t))} \tag{5.25}$$

와 같이 쓸 수 있다. 이보다 정확도가 떨어지는 근사식으로서

$$I^{FV}(i|t) \approx \frac{\sum_{j=1}^{m_i}\Pr(E_{ji}(t))}{1-g(\boldsymbol{R}(t))} \tag{5.26}$$

를 사용할 수도 있다.

최소절단집합들 $K_1,\ K_2, \ldots, K_k$ 를 갖는 시스템을 고려하자. 부품 i가 시스템에 대하여 결정적이 될 필요조건은 부품 i를 포함하는 최소절단집합들 가운데 적어도 하나의 최소절단집합 내에서 부품 i를 제외한 모든 부품이 고장 상태에 있어야 한다는 것이다. 그러나 부품 i가 시스템에 대하여 결정적이 되려면 다른 나머지 최소절단집합들이 작동되고 있어야 한다. 즉 부품 i를 포함하는 최소절단집합들 가운데 적어도 하나의 최소절단집합 내에서 부품 i를 제외한 모든 부품이 고장 상태에 있어야 한다는 것은 부품 i가 시스템에 대하여 결정적이 되기 위한 필요조건이지 충분조건은 아니다. 바로 이 점이 결정적 중요도 $I^{CR}(i|t)$와 Fussell-Vesely 척도 $I^{FV}(i|t)$ 사이의 유사성과 차이성을 두드러지게 한다. 일반적으로 $I^{FV}(i,t)$는 $I^{CR}(i,t)$와 거의 비슷하거나 큰 값을 가진다.

5.3.7 시스템 구조별 부품중요도 척도의 비교

지금부터 2개의 부품으로 구성된 직렬구조 시스템, 2개의 부품으로 구성된 병렬구조 시스템, 3중 2 구조 시스템의 간단한 예를 통하여 앞에서 다룬 여섯 가지 부품중요도의 사용법을 설명하기로 한다. 부품들은 시간과 무관한 신뢰도 R_i, $i=1,2,3$을 갖는 서로 독립인 부품들이라 가정한다.

예제 5.8

그림 5.5와 같이 2개의 부품으로 이루어진 직렬구조 시스템을 생각해 보자. 각 부품의 신뢰도는 각각 $R_1=0.98$, $R_2=0.96$으로서 시점 t에서 시스템의 신뢰도는 $g(R_1,R_2)=R_1 \cdot R_2=0.9408$로 주어진다.

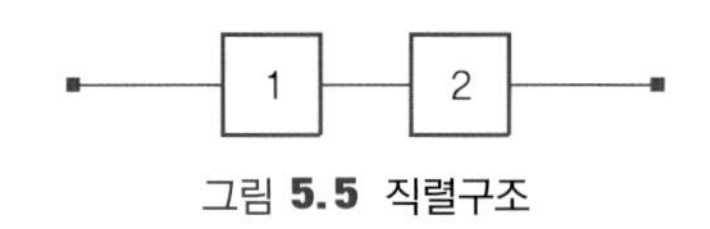

그림 **5.5** 직렬구조

Birnbaum 척도

부품 1, 2의 Birnbaum 척도는 각각

$$I^B(1) = \frac{\partial g(R_1, R_2)}{\partial R_1} = R_2 = 0.96$$

$$I^B(2) = \frac{\partial g(R_1, R_2)}{\partial R_2} = R_1 = 0.98$$

로 구해진다. Birnbaum 척도에 의하면 직렬구조에서는 신뢰도가 가장 낮은 부품이 가장 중요하게 된다.

결정적 중요도

부품 1과 2에 대한 결정적 중요도는 각각

$$I^{CR}(1) = \frac{I^B(1) \cdot (1 - R_1)}{1 - R_1 R_2} = 0.3243$$

$$I^{CR}(2) = \frac{I^B(2) \cdot (1 - R_2)}{1 - R_1 R_2} = 0.6622$$

로 구해진다. 이 결과는 Birnbaum 척도에 의한 순위 결과와 일치한다. 직렬구조에서 가장 약한 부품이 가장 중요하다.

개선잠재력

부품 1과 2에 대한 개선잠재력(IP)은 각각

$$I^{IP}(1) = I^B(1) \cdot (1 - R_1) = 0.0192$$

$$I^{IP}(2) = I^B(2) \cdot (1 - R_2) = 0.0392$$

로 주어진다. 따라서 개선잠재력은 직렬구조에 대해서는 Birnbaum 척도와 동일한 순위를 제공한다. 이 경우에도 가장 약한 부품이 가장 중요하다.

위험수용가치

부품 1과 2에 대한 RAW는 각각

$$I^{RAW}(1) = \frac{1-g(0_1,\boldsymbol{R})}{1-g(\boldsymbol{R})} = \frac{1}{1-R_1R_2} = 16.9$$

$$I^{RAW}(2) = \frac{1-g(0_2,\boldsymbol{R})}{1-g(\boldsymbol{R})} = \frac{1}{1-R_1R_2} = 16.9$$

로 구해진다. RAW 척도에 의하면 직렬구조에서는 모든 부품의 중요도가 같다.

위험감소가치

부품 1과 2에 대한 RRW는 각각

$$I^{RRW}(1) = \frac{1-g(\boldsymbol{R})}{1-g(1_1,\boldsymbol{R})} = \frac{1-R_1R_2}{1-R_2} = 1.480$$

$$I^{RRW}(2) = \frac{1-g(\boldsymbol{R})}{1-g(1_2,\boldsymbol{R})} = \frac{1-R_1R_2}{1-R_1} = 2.960$$

으로 주어진다. RRW 척도에 의하면 직렬구조에서는 신뢰도가 가장 낮은 부품이 가장 중요하다.

Fussell-Vesely 척도

부품 1과 2를 포함하는 최소절단집합은 각각 오직 하나만 존재하므로

$$\Pr(D_1) = 1 - R_1 = 0.02$$

$$\Pr(D_2) = 1 - R_2 = 0.04$$

로 주어지며,

$$\Pr(C) = 1 - g(R_1, R_2) = 1 - R_1R_2 = 0.0592$$

로 얻어진다. 부품 1과 2에 대한 Fussell-Vesely 척도는 각각

$$I^{FV}(1) = \frac{\Pr(D_1)}{\Pr(C)} = \frac{1-R_1}{1-R_1R_2} = 0.3378$$

$$I^{FV}(2) = \frac{\Pr(D_2)}{\Pr(C)} = \frac{1-R_2}{1-R_1R_2} = 0.6757$$

이 된다. 이는 Birnbaum 척도에 의한 순위와 일치하는 결과다. 직렬구조에서 가장 약한 부품이 가장 중요하다.

상기의 직렬구조 시스템에 대한 적용 결과를 요약하면 동등하다고 판정한 위험수용가치를 제외한 5종의 부품중요도 척도 기준 아래에서는 가장 약한 부품이 가장 중요함을 보여 주고 있다.

예제 5.9

그림 5.6에 수록된 2개의 독립 부품으로 이루어진 병렬구조를 고려하자.

그림 **5.6** 병렬구조

시점 t에서 부품의 신뢰도는 예제 5.6의 경우와 동일하다고 가정하자. 그러면 시점 t에서 시스템의 신뢰도는

$$g(R_1, R_2) = R_1 + R_2 - R_1 \cdot R_2 = 0.9992$$

로 주어진다.

Birnbaum 척도

부품 1과 2에 대한 Birnbaum 척도는 각각

$$I^B(1) = \frac{\partial g(R_1, R_2)}{\partial R_1} = 1 - R_2 = 0.04$$

$$I^B(2) = \frac{\partial g(R_1, R_2)}{\partial R_2} = 1 - R_1 = 0.02$$

로 구해진다. Birnbaum 척도에 의하면 병렬구조에서는 신뢰도가 가장 높은 부품이 가장 중요하다.

결정적 중요도

부품 1과 2에 대한 결정적 중요도는 각각

$$I^{CR}(1) = \frac{I^B(1) \cdot (1 - R_1)}{1 - R_1 - R_2 + R_1 R_2} = \frac{(1 - R_1)(1 - R_2)}{(1 - R_1)(1 - R_2)} = 1.000$$

$$I^{CR}(2) = \frac{I^B(2) \cdot (1 - R_2)}{1 - R_1 - R_2 + R_1 R_2} = \frac{(1 - R_1)(1 - R_2)}{(1 - R_1)(1 - R_2)} = 1.000$$

으로 주어진다. 병렬구조에서는 모든 부품이 동일한 결정적 중요도를 갖는다. 이는 직관적으로 매우 당연해 보인다. 만약 병렬구조 시스템이 고장을 일으켰다면 부품 전체 가운데 어떠한 부품을 수리하는가와 상관없이 하나의 부품만 수리하면 이 시스템은 작동을 시작하게 될 것이기 때문이다.

개선잠재력

부품 1과 2에 대한 개선잠재력은 각각

$$I^{IP}(1) = I^{B}(1) \cdot (1 - R_1) = 0.0008$$

$$I^{IP}(2) = I^{B}(2) \cdot (1 - R_2) = 0.0008$$

로 주어진다. 따라서 병렬구조에서 모든 부품은 똑같이 중요하며 동일한 개선잠재력을 갖는다.

위험수용가치

부품 1과 2에 대한 RAW는 각각

$$I^{RAW}(1) = \frac{1 - g(0_1, \boldsymbol{R})}{1 - g(\boldsymbol{R})} = \frac{1 - R_2}{1 - (R_1 + R_2 - R_1 R_2)} = 50.00$$

$$I^{RAW}(2) = \frac{1 - g(0_2, \boldsymbol{R})}{1 - g(\boldsymbol{R})} = \frac{1 - R_1}{1 - (R_1 + R_2 - R_1 R_2)} = 25.00$$

으로 주어짐을 알 수 있다. RAW 척도에 의하면 병렬구조에서는 신뢰도가 가장 높은 부품이 중요하다.

위험감소가치

부품 1과 2에 대한 RRW는 각각 분모가 0이므로

$$I^{RRW}(1) = \frac{1 - g(\boldsymbol{R})}{1 - g(1_1, \boldsymbol{R})} = \infty$$

$$I^{RRW}(2) = \frac{1 - g(\boldsymbol{R})}{1 - g(1_2, \boldsymbol{R})} = \infty$$

로 구해진다. 병렬구조에서는 RRW 척도에 의하면 모든 부품이 똑같이 높은 중요도를 갖는다.

Fussell-Vesely 척도

병렬구조에서는 시스템 자체가 하나의 최소절단집합을 구성한다. 따라서 $D_1(t) = D_2(t) = C(t)$ 관계를 만족시키므로

$$I^{FV}(1|t) = I^{FV}(2|t) = 1$$

의 관계식을 얻는다. 따라서 Fussell-Vesely의 척도에 의하면 병렬구조 내의 모든 부품은 동일한 중요도를 갖는다.

상기의 병렬구조 시스템에 대한 적용 결과를 요약하면 신뢰도가 가장 높은 부품이 가장 중요하다는 Birnbaum 척도와 위험수용가치를 제외한 5종의 부품중요도 척도 기준 아래에서는 부품 신뢰도의 크기와 상관없이 모두 동등하다고 판정하고 있다. ■■■

예제 5.10

그림 5.7과 같은 3 중 2 구조 시스템을 고려하자. 각 부품은 서로 독립이고 신뢰도는 각각 $R_1 = 0.98$, $R_2 = 0.96$, $R_3 = 0.94$로 주어져 있다.

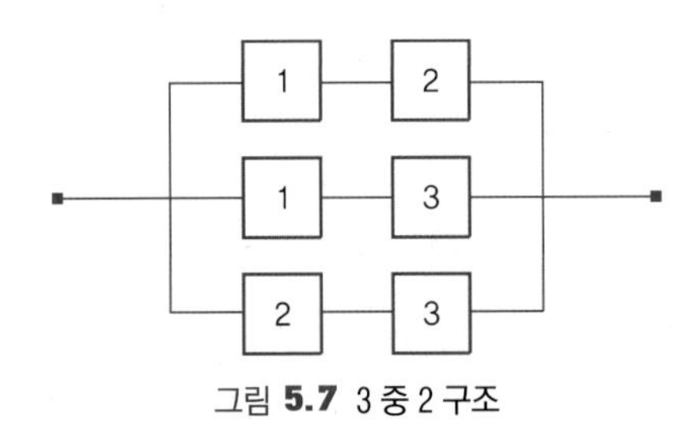

그림 **5.7** 3 중 2 구조

이 시스템의 신뢰도는 $g(\boldsymbol{R}) = R_1R_2 + R_1R_3 + R_2R_3 - 2R_1R_2R_3 = 0.9957$로 계산된다.

Birnbaum 척도

부품 1, 2, 3에 대한 Birnbaum 척도는 각각

$$I^B(1) = \frac{\partial g(\boldsymbol{R})}{\partial R_1} = R_2 + R_3 - 2R_2R_3 = 0.0952$$

$$I^B(2) = \frac{\partial g(\boldsymbol{R})}{\partial R_2} = R_1 + R_3 - 2R_1R_3 = 0.0776$$

$$I^B(3) = \frac{\partial g(\boldsymbol{R})}{\partial R_3} = R_1 + R_2 - 2R_1R_2 = 0.0584$$

로 주어진다. 따라서 이러한 경우

$$I^B(1) > I^B(2) > I^B(3)$$

의 관계식을 만족시킨다. Birnbaum 척도에 의하면 3 중 2 구조에서는 신뢰도가 가장 높은 부품이 가장 중요함을 알 수 있다.

결정적 중요도

부품 1에 대한 결정적 중요도는

$$I^{CR}(1) = \frac{I^B(1) \cdot (1 - R_1)}{1 - R_1R_2 - R_1R_3 - R_2R_3 + 2R_1R_2R_3} = 0.4428$$

이 되며, 마찬가지 방식으로 부품 2와 3에 대한 결정적 중요도는

$$I^{CR}(2) = 0.7219$$
$$I^{CR}(3) = 0.8149$$

로 구해진다. 따라서

$$I^{CR}(1) < I^{CR}(2) < I^{CR}(3)$$

의 관계가 얻어진다. 결정적 중요도에 의하면 3 중 2 구조 시스템에서 가장 중요한 부품은 신뢰도가 가장 낮은 부품이 된다.

개선잠재력

3 중 2 구조 시스템의 경우

$$I^{IP}(1) = I^{B}(1) \cdot (1 - R_1(t)) = 0.0019$$
$$I^{IP}(2) = I^{B}(2) \cdot (1 - R_2(t)) = 0.0031$$
$$I^{IP}(3) = I^{B}(3) \cdot (1 - R_3(t)) = 0.0035$$

로 구해진다. 따라서

$$I^{IP}(1) < I^{IP}(2) < I^{IP}(3)$$

의 관계가 성립한다. 이 경우 결정적 중요도와 동일한 결과를 얻게 된다. 개선잠재력에 의할 경우 3 중 2 시스템에서는 부품중요도가 부품 신뢰도 크기의 역순이 됨을 알 수 있다.

위험수용가치

부품 1, 2, 3에 대한 RAW는 각각

$$I^{RAW}(1) = \frac{1 - g(0_1, \boldsymbol{R})}{1 - g(\boldsymbol{R})} = \frac{1 - R_2R_3}{1 - (R_1R_2 + R_1R_3 + R_2R_3 - 2R_1R_2R_3)} = 22.7$$
$$I^{RAW}(2) = \frac{1 - g(0_2, \boldsymbol{R})}{1 - g(\boldsymbol{R})} = \frac{1 - R_1R_3}{1 - (R_1R_2 + R_1R_3 + R_2R_3 - 2R_1R_2R_3)} = 18.3$$
$$I^{RAW}(3) = \frac{1 - g(0_3, \boldsymbol{R})}{1 - g(\boldsymbol{R})} = \frac{1 - R_1R_2}{1 - (R_1R_2 + R_1R_3 + R_2R_3 - 2R_1R_2R_3)} = 13.8$$

로 주어짐을 알 수 있다. 따라서 이 경우

$$I^{RAW}(1) > I^{RAW}(2) > I^{RAW}(3)$$

으로서 Birnbaum 척도와 동일한 결과를 얻게 된다. 3 중 2 구조에서 RAW는 부품 신뢰도가 감소함에 따라 감소한다.

위험감소가치

부품 1, 2, 3에 대한 RRW는 각각

$$I^{RRW}(1) = \frac{1-g(\boldsymbol{R})}{1-g(1_1, \boldsymbol{R})} = \frac{1-(R_1R_2+R_1R_3+R_2R_3-2R_1R_2R_3)}{1-(R_2+R_3-R_2R_3)} = 1.793$$

$$I^{RRW}(2) = \frac{1-g(\boldsymbol{R})}{1-g(1_2, \boldsymbol{R})} = \frac{1-(R_1R_2+R_1R_3+R_2R_3-2R_1R_2R_3)}{1-(R_1+R_3-R_1R_3)} = 3.587$$

$$I^{RRW}(3) = \frac{1-g(\boldsymbol{R})}{1-g(1_3, \boldsymbol{R})} = \frac{1-(R_1R_2+R_1R_3+R_2R_3-2R_1R_2R_3)}{1-(R_1+R_2-R_1R_2)} = 5.380$$

으로 주어진다. 따라서 이 경우

$$I^{RRW}(1) < I^{RRW}(2) < I^{RRW}(3)$$

으로 결정적 중요도와 동일한 결과를 얻게 된다. 따라서 RRW에 의할 경우 3 중 2 구조 시스템에서 가장 중요한 부품은 신뢰도가 가장 낮은 부품임을 알 수 있다.

Fussell-Vesely 척도

최소절단 병렬구조로 나타낸 3 중 2 시스템의 구조는 그림 5.8과 같은 신뢰성 블록도로 설명될 수 있다.

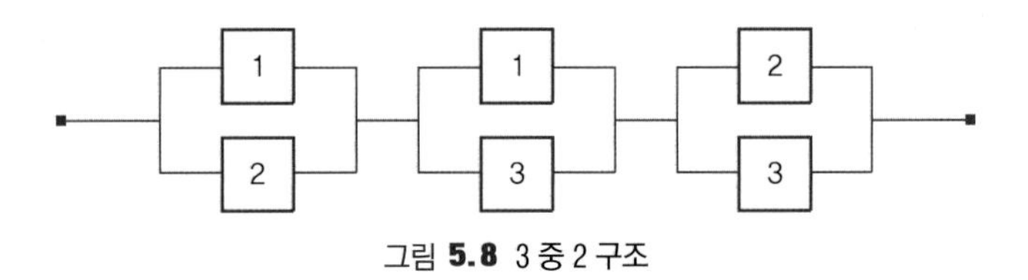

그림 **5.8** 3 중 2 구조

이 구조는 3개의 최소절단집합을 갖는데 각 부품은 2개의 최소절단집합 안에 포함된다. 따라서 이 경우

$$\begin{aligned}\Pr(D_1) &= \Pr(E_{11} \cup E_{12}) \\ &= \Pr(E_{11}) + \Pr(E_{12}) - \Pr(E_{11} \cap E_{12}) \\ &= (1-R_1)(1-R_2) + (1-R_1)(1-R_3) - (1-R_1)(1-R_2)(1-R_3) \approx 0.0020\end{aligned}$$

$$\begin{aligned}\Pr(D_2) &= \Pr(E_{21} \cup E_{22}) \\ &= \Pr(E_{21}) + \Pr(E_{22}) - \Pr(E_{21} \cap E_{22}) \\ &= (1-R_1)(1-R_2) + (1-R_2)(1-R_3) - (1-R_1)(1-R_2)(1-R_3) \approx 0.0032\end{aligned}$$

$$\begin{aligned}\Pr(D_3) &= \Pr(E_{31} \cup E_{32}) \\ &= \Pr(E_{31}) + \Pr(E_{32}) - \Pr(E_{31} \cap E_{32}) \\ &= (1-R_1)(1-R_3) + (1-R_2)(1-R_3) - (1-R_1)(1-R_2)(1-R_3) \approx 0.0036\end{aligned}$$

의 확률을 얻는다. $\Pr(C) = 1 - g(\boldsymbol{R}) = 1 - 0.9957 = 0.0043$이므로 부품 1, 2, 3에 대한 Fussell-Vesely 척도는 각각

$$I^{FV}(1) = \frac{\Pr(D_1)}{\Pr(C)} = \frac{0.0020}{0.0043} \approx 0.4651$$

$$I^{FV}(2) = \frac{\Pr(D_2)}{\Pr(C)} = \frac{0.0032}{0.0043} \approx 0.7442$$

$$I^{FV}(3) = \frac{\Pr(D_3)}{\Pr(C)} = \frac{0.0036}{0.0043} \approx 0.8372$$

로 주어진다. 따라서

$$I^{FV}(1) < I^{FV}(2) < I^{FV}(3)$$

이고, 결정적 중요도와 동일한 결과를 얻게 된다. Fussell-Vesely 척도에 의할 경우 3 중 2 시스템에서 가장 중요한 부품은 신뢰도가 가장 낮은 부품이라 할 수 있다.

상기의 3 중 2 구조 시스템에 대한 적용 결과를 요약하면 병렬구조 시스템과 유사하게 신뢰도가 가장 높은 부품이 가장 중요하다는 Birnbaum 척도와 위험수용가치를 제외한 4종의 부품중요도 척도 기준 아래에서는 전술한 2개 기준과는 반대로 신뢰도가 가장 낮은 부품이 가장 중요하다고 판정하고 있다. 따라서 3중 2 구조 시스템인 경우에 직렬 및 병렬구조 시스템과는 달리 적용되는 부품중요도 척도에 따라 중요도의 순위가 역전될 수 있음에 유의해야 한다.

■■■

5.4 중복설계 및 최적화

5.4.1 중복설계

어떤 시스템 구조에서는 하나의 부품이나 서브시스템(subsystem)이 다른 부품들보다 시스템의 작동에 있어서 훨씬 중요한 경우가 있다. 예를 들면 시스템의 나머지 부분과 직렬로 연결된 부품의 경우 이 부품의 고장은 전체 시스템의 고장을 초래한다. 이럴 경우에 보다 높은 시스템의 신뢰도를 확보하기 위한 두 가지 방법은 (1) 이와 같이 결정적인 역할을 하는 부품에 대하여 더 높은 신뢰도를 갖는 부품을 사용하

든지, 혹은 (2) 이러한 부분에 대하여 하나 혹은 그 이상의 부품을 추가하는 중복설계를 채택하는 것이다. 중요한 부품의 위치에 2개 혹은 그 이상의 부품으로 이루어진 병렬구조로 대치하여 얻어지는 중복을 활성중복(active redundancy)이라고 부른다. 이러한 병렬구조 내의 부품들은 시스템이 작동하는 순간부터 시스템의 부하(load)를 받게 된다.

한편 어떤 시스템의 경우 기존의 부품이 작동하는 동안 예비 부품들은 작동하지 않다가 기존의 부품이 고장 나면 첫 번째 예비 부품이 작동을 시작하고, 또 첫 번째 예비 부품이 고장 나면 두 번째 예비 부품이 작동을 시작하는 방식으로 운용될 수 있다. 이때 대기상태의 부품은 작동하기 전의 대기상태에서는 시스템의 부하를 전혀 받지 않는다(따라서 이 기간 동안은 고장 나지 않는다)라고 가정한다면, 이러한 중복을 수동중복(passive redundancy)이라고 하며, 대기상태의 부품은 차가운 대기상태(cold)에 있다고 말한다. 만약 대기상태의 부품이 대기 기간 동안 매우 약한 부하를 받는다면(따라서 이 기간 동안 고장을 일으킬 수 있다) 이러한 중복을 부분 부하중복(partly loaded 또는 warm redundancy)이라고 부른다. 이 책에서는 4장에서 학습한 활성중복을 간략하게 언급하고 수동중복을 중점적으로 다루기로 한다.

5.4.2 활성중복

총 n개의 부품으로 구성된 경우의 활성중복은 시스템이 사용되기 시작하는 시점부터 모든 n개의 부품이 동시에 작동을 시작하여 단 하나의 부품이 작동하더라도 시스템이 작동하도록 설계된 구조의 중복형태이다. 즉, n개의 부품이 병렬로 연결되어 있는 구조이다. 이와 같은 이유로 활성중복은 병렬중복이라고도 불린다. 따라서 이러한 활성중복을 따르는 시스템의 신뢰도는 병렬구조 시스템의 신뢰도와 동일하게 되므로, 세부적인 내용은 4.5.2절의 병렬구조 시스템을 참조하기 바란다.

5.4.3 수동중복

그림 5.9의 대기 시스템을 고려하도록 하자. 이 시스템은 다음과 같이 작동된다. 부품 1이 $t=0$ 시점에서 작동을 시작하고, 이 부품이 고장 나면 부품 2가 작동을 시작한다. 그리고 또 부품 2가 고장 나면 부품 3이 작동을 시작하는 방식으로 작동한다. 작동상태에 있는 부품을 활성부품(active item)이라 부르고, 작동을 위해 대기상태에 있는 부품을 대기(standby) 혹은 수동(passive) 부품이라 부른다. 전체 n개의 부품이 모두 고장 나게 되면 시스템의 고장이 발생한다.

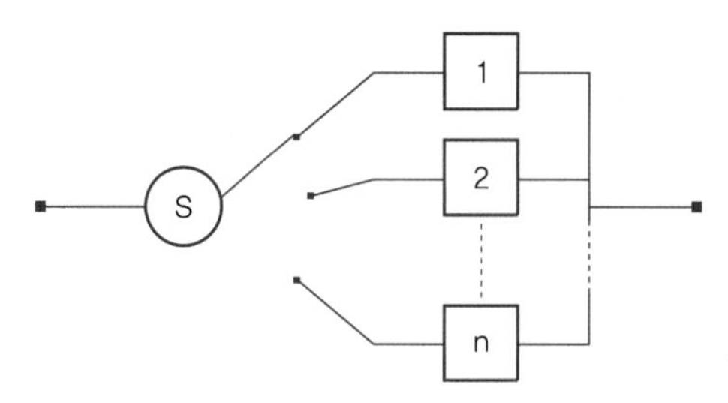

그림 **5.9** n개 부품으로 구성된 대기 시스템

여기서 스위치 S는 완벽하게 작동하며 부품들은 대기상태에서 고장 나지 않는 경우를 먼저 고려한다. T_i, $i=1, 2, ..., n$을 부품 i의 고장 발생 때까지의 시간이라 하자. 그러면 전체 대기 시스템의 수명 T는

$$T=\sum_{i=1}^{n} T_i$$

로 표현이 가능하다. 따라서 시스템의 평균수명 $MTTF_S$는

$$MTTF_S=\sum_{i=1}^{n} MTTF_i$$

로 나타난다. 여기서 $MTTF_i$, $i=1, 2, ..., n$은 부품 i의 평균수명을 나타낸다.

시스템의 수명 T에 대한 정확한 분포는 매우 특수한 경우에 대해 유도가 가능하다. 즉 T_1, T_2, ..., T_n이 서로 독립이고 고장률 λ를 갖는 지수분포를 따르는 경우, T는 모수가 n과 λ인 감마(또는 Erlang) 분포를 따름을 알 수 있다. 이 시스템은 t시간 동안 고장개수가 $n-1$ 이하가 되어야 대상구조가 작동하는데, 고장개수는 평균이 λt인 포아송 분포를 따르므로(부록 F 정상 포아송 과정 참조) 신뢰도함수는

$$R_S(t)=\sum_{k=0}^{n-1} \frac{(\lambda t)^k}{k!} e^{-\lambda t} \tag{5.27}$$

로 주어진다. $n=2$인 경우, 즉 하나의 대기부품이 존재하는 경우를 고려하면, 신뢰도함수는

$$R_S(t)=e^{-\lambda t}+\frac{\lambda t}{1!} e^{-\lambda t}=(1+\lambda t) e^{-\lambda t} \tag{5.28}$$

가 된다.

만약 2개의 대기부품이 있다면(즉, $n=3$인 경우), 신뢰도함수는

$$R_S(t)=e^{-\lambda t}+\frac{\lambda t}{1!} e^{-\lambda t}+\frac{(\lambda t)^2}{2!} e^{-\lambda t}=\left(1+\lambda t+\frac{(\lambda t)^2}{2}\right) e^{-\lambda t} \tag{5.29}$$

가 된다. 만약 정확한 T의 분포를 구할 수 없는 경우라면, 분포에 대한 근사적인 식을 얻을 수 있다. $T_1, T_2, ..., T_n$이 평균이 μ이고 분산이 σ^2인 독립이고 동일한 분포를 따르는 확률변수라면 중심극한정리에 의하여 $n\to\infty$일 때 T는 점근적으로 평균이 $n\mu$이고 분산이 $n\sigma^2$인 정규분포를 따르게 된다. 따라서 n가 충분히 클 때 시스템의 신뢰도함수는 다음과 같이 근사화될 수 있다.

$$R_S(t) = \Pr\left(\sum_{i=1}^{n} T_i > t\right) = 1 - \Pr\left(\sum_{i=1}^{n} T_i \le t\right)$$

$$= 1 - \Pr\left(\frac{\sum_{i=1}^{n} T_i - n\mu}{\sigma\sqrt{n}} \le \frac{t - n\mu}{\sigma\sqrt{n}}\right) \approx \Phi\left(\frac{n\mu - t}{\sigma\sqrt{n}}\right)$$

여기서 $\Phi(\cdot)$는 표준정규분포의 분포함수를 나타낸다.

전술된 식 (5.27)은 활성 상태의 부품이 고장 나게 되면 스위치에 의해 감지되어 곧바로 대기부품을 작동시키게 되는데, 이 때 스위치는 완벽하다고 가정하고 있다. 그러나 일반적으로 스위치가 완벽하지 않은 것이 현실적이므로 스위치가 요구될 때 고장날 확률이 q_s인 경우를 고려하자. 여기서 각 부품들과 스위치가 모두 독립적으로 작동하며, 수리는 실시하지 않는다고 가정한다.

가장 단순한 $n = 2$인 신뢰도를 나타내는 식 (5.28)에서 우변 식의 첫째 항은 단일부품 시스템의 신뢰도를 나타내므로 대기부품이 신뢰도 측면에서 기여하는 부분은 둘째 항이 된다. 따라서 스위치가 요구되는 경우는 둘째 항에만 해당되므로, 스위치의 고장확률을 고려한 신뢰도함수 ($n = 2$이고 동일 부품일 경우)는 다음과 같이 적을 수 있다.

$$R_S(t) = e^{-\lambda t} + (1 - q_s)\lambda t e^{-\lambda t} \tag{5.30}$$

또한 시스템의 $MTTF_S$는

$$MTTF_S = \int_0^{\infty} R_S(t)dt = \frac{1}{\lambda} + \frac{1 - q_s}{\lambda} \tag{5.31}$$

로 주어진다.

예제 5.11

고장률이 $\lambda = 0.001/(\text{시간})$로 동일한 2개의 펌프로 구성된 대기 시스템을 고려하자. 스위치가 작동을 제대로 하지 않을 확률은 0.015로 추정되었다. 이러한 펌프 시스템의 시점 t에서의 신뢰도함수는 식 (5.30)에 의해 주어진다. 따라서 이러한 시스템이 1,000 시간동안 고장 없이 작동할 확률은

$$R_S(1000) = e^{-0.001 \times 1000} + (1 - 0.015)(1)e^{-1} = 0.7302$$

로 구해지며, 시스템의 평균 수명은 식 (5.31)로부터

$$MTTF_S = \frac{1}{0.001} + \frac{1-0.015}{0.001} = 1,985(\text{시간})$$

로 주어진다.

■■■

5.4.4 최적화

시스템의 신뢰도를 향상시키는 방법은 여러 가지이지만 구체적인 방법은 시스템의 특성, 비용, 기능 등에 따라 다르게 결정된다. 병원 혹은 항공관제 시스템이나 핵발전소의 비상전원 공급장치를 고려하고 있다면 비용 면에서 가장 효율적인 방안은 디젤 발전기를 대기 부품으로 시스템에 연결하는 것이 될 것이다. 반면에 인공위성이나 우주선, 심장박동 조절장치 등과 같이 최소한의 부피와 무게가 가장 중요한 고려사항이 되는 경우에는 대기부품을 이용하는 것이 최적의 방법은 아닐 것이다. 이 경우 공간이나 무게의 한계로 인해서 대기부품을 도입하기보다는 부품의 신뢰도를 향상시키는 방안을 생각하게 될 것이다.

이 소절에서는 여러 가지 신뢰성 향상 방법들 중에서도 부품의 중복에 관련된 내용을 집중적으로 살펴본다. 만약 부품을 중복하기로 결정하였다면 중복설계를 어떤 방식으로 할 것인지 결정하기 위해 여러 설계요인들 간의 관계를 살펴보아야 할 것이다. 문제를 단순화하기 위해 그림 5.10(a)와 같이 2개의 부품으로 구성된 시스템을 생각해 보자.

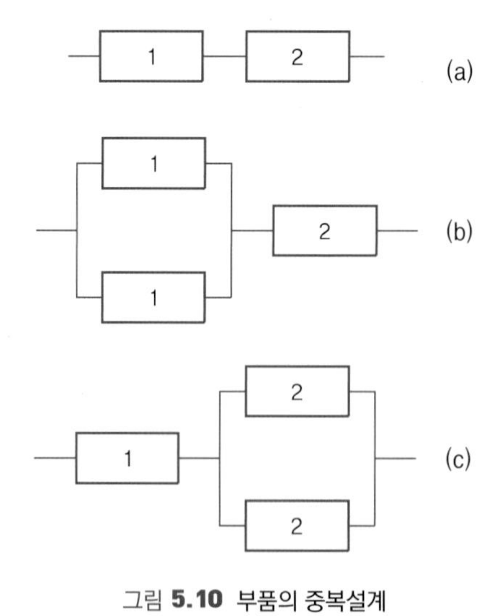

그림 **5.10** 부품의 중복설계

이 시스템의 신뢰도 $R_a(t) = R_1(t)R_2(t)$가 충분히 크지 않을 경우 어떤 부품이 중복부품으로 추가되어야 할지 결정하여 보자. 이에 따른 시스템의 구조도가 그림 5.10(b)와 그림 5.10(c)에 나타나 있다. 각각의 신뢰도는

$$R_b(t) = (2R_1(t) - R_1(t)^2)R_2(t) \tag{5.32}$$

$$R_c(t) = R_1(t)(2R_2(t) - R_2(t)^2) \tag{5.33}$$

로 주어진다. 이들의 차이를 계산해 보면

$$R_b(t) - R_c(t) = R_1(t)R_2(t)(R_2(t) - R_1(t)) \tag{5.34}$$

으로 주어짐을 알 수 있다. 식 (5.34)로부터 $R_2(t) > R_1(t)$을 만족시키면 $R_b(t)$가 더 크고 $R_2(t) < R_1(t)$이면 $R_c(t)$가 더 크게 된다. 이 결과로부터 t의 관심대상 범위에서 신뢰도가 낮은 부품을 중복부품으로 추가하는 것이 유리하다는 것을 알 수 있다. 즉, 모든 t에 대해 $R_2(t) \geq R_1(t)$ 이면 부품 2를 중복하는 것이 명백하지만, t에 따라 두 부품 신뢰도의 대소 관계가 바뀔 경우는 설계수명 또는 임무시간 등의 특정 시점의 신뢰도를 비교하여 중복부품을 선정할 수 있을 것이다.

신뢰도가 낮은 부품을 중복부품으로 추가하는 것이 유리하다는 규칙은 여러 부품으로 구성된 일반적인 시스템으로 확장될 수 있다. 즉 가장 높은 수준의 신뢰도 향상은 시스템 내에서 신뢰도가 가장 낮은 부품을 중복부품으로 추가함으로써 달성될 수 있다.

중복 설계와 관련하여 또 하나의 중요한 문제는 중복해야 할 수준을 결정하는 것이다. 예를 들어 그림 5.11과 같이 세 부품으로 구성된 시스템을 고려하자. 그림 5.11(a)에서는 전체 시스템 수준에서 중복되어 있고 그림 5.11(b)에서는 각 부품 수준에서 중복되어 있다.

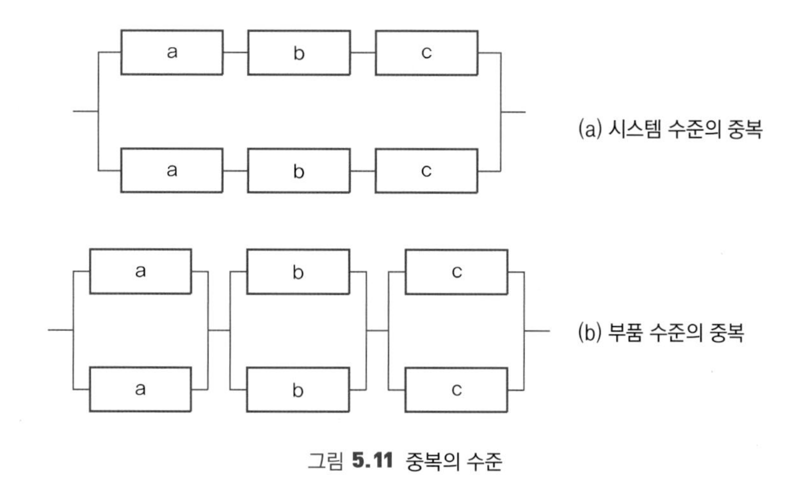

그림 **5.11** 중복의 수준

이제 부품들이 상호 독립이라는 가정 하에 각 시스템의 신뢰도를 구해 보자. 중복이 없을 경우 시스템의 신뢰도는

$$R_S(t) = R_a(t)\, R_b(t)\, R_c(t) \tag{5.35}$$

로 주어진다. 그림 5.11(a)의 시스템 수준에서 중복으로 구성된 시스템의 신뢰도를 $R_{HL}(t)$로 나타낼 때, 이는 식 (5.35)에 대응하는 시스템을 병렬로 연결한 것이므로

$$R_{HL}(t) = 2R_S(t) - R_S^2(t) \tag{5.36}$$

과 같이 구할 수 있다. 여기에 식 (5.35)를 대입하여 부품 신뢰도로 풀어서 나타내면

$$R_{HL}(t) = 2R_a(t)\, R_b(t)\, R_c(t) - R_a(t)^2\, R_b(t)^2\, R_c(t)^2 \tag{5.37}$$

으로 주어진다. 그림 5.10(b)의 부품 수준의 중복으로 구성된 시스템 신뢰도를 $R_{LL}(t)$로 나타낼 때, 이를 구하기 위하여 부품 a, b, c에 대한 병렬구조를 먼저 고려하여 구한다. 2개의 부품 a가 병렬로 연결되어 있을 때 신뢰도는

$$R_A = 2R_a(t) - R_a^2(t) \tag{5.38}$$

이며 b, c에 대해서도 마찬가지로

$$R_B(t) = 2R_b(t) - R_b(t)^2,\ \ R_C(t) = 2R_c(t) - R_c(t)^2 \tag{5.39}$$

로 주어지게 된다. 그림 5.10(b)의 시스템은 이 병렬구조들의 직렬결합으로 이루어져 있으므로 신뢰도는

$$R_{LL}(t) = R_A(t) R_B(t) R_C(t) \tag{5.40}$$

으로 얻어진다. 식 (5.38), (5.39)와 (5.40)를 대입하여

$$R_{LL}(t) = (2R_a(t) - R_a(t)^2)(2R_b(t) - R_b(t)^2)(2R_c(t) - R_c(t)^2) \tag{5.41}$$

을 얻게 된다.

이제 두 시스템을 비교하기 위해 $R_{LL}(t) - R_{HL}(t)$을 계산해 보자. 계산을 쉽게 하기 위해 어떤 시점 t에서도 부품의 신뢰도가 모두 p로 동일하다고 하면

$$R_{HL} = 2p^3 - p^6 \tag{5.42}$$

$$R_{LL} = (2p - p^2)^3 \tag{5.43}$$

로서 간단한 계산을 통하여

$$R_{LL} - R_{HL} = 6p^3(1-p)^2 \tag{5.44}$$

임을 확인할 수 있다. 따라서 4.4.2절의 성질 3에서 전술한 바와 같이 일반적인 경우에도 $R_{LL}(t) > R_{HL}(t)$가 성립하므로 상위수준의 중복보다 하위수준의 중복이 응집시스템의 신뢰도를 더 많이 향상시킨다.

한편 지금까지는 시스템에 발생하는 모든 고장을 한 종류의 동일한 고장으로 취급하였으나 위험상황에서 보호용도로 사용되는 안전시스템(12.4절 참조)에서는 위험고장(fail-to-danger)인가 안전고장(fail-safe)인가에 따라 상당히 다른 결과를 초래할 수 있다. 전자는 위험상황의 발생에도 불구하고 작동하지 않는 고장이고 후자는 위험상황이 아님에도 잘못된 경보를 발생시키는 고장이다. 그런데 위험고장 확률을 줄이기 위해 중복 구조를 많이 도입할수록 안전고장의 발생 확률은 점점 높아지는 상충관계가 발생할 수 있다. 이 경우 두 고장의 발생 관계를 절충한 중복설계를 해야 한다. 보통 위험고장이 미치는 영향이 더 위험하므로 이의 확률이 안전고장 확률보다 더 작게 시스템을 설계한다.

이를 설명하기 위해 각 부품의 위험고장과 안전고장 확률이 각각 p_d와 p_s로 주어지는 n 중 1 병렬 구조 시스템을 고려하자. 그러면 시스템의 위험고장 확률은

$$Q_{dg} = p_d^n \tag{5.45}$$

으로 주어진다. 반면에 어느 한 부품이라도 고장이 발생하면 시스템의 안전고장이 발생하게 되므로 시스템의 안전고장 확률은

$$Q_{sf} = 1-(1-p_s)^n \tag{5.46}$$

으로 주어지게 된다. p_s가 $p_s \ll 1$로 매우 작은 값을 갖는다면 $1-(1-p_s)^n \approx np_s$의 관계식이 성립하여

$$Q_{sf} \approx np_s$$

가 된다. 따라서 시스템 안전고장의 확률은 병렬 구조 내의 부품 수가 증가함에 따라 함께 증가하게 된다.

전자 시스템이나 보안 시스템에 많이 사용되는 n 중 k 구조 시스템인 경우 시스템 내의 위험고장 부품 수를 X_{dg}로 나타내면 시스템의 위험고장 확률은

$$Q_{dg} = \Pr(X_{dg} > n-k) = \sum_{i=n-k+1}^{n} \binom{n}{i} p_d^i (1-p_d)^{n-i} \tag{5.47}$$

으로 주어진다. 만약 p_d가 $p_d \ll 1$로 매우 작은 값을 갖는다면 시스템의 위험고장 확률은 다음

식으로 근사화될 수 있다.

$$Q_{dg} \approx \binom{n}{n-k+1} p_d^{n-k+1} \tag{5.48}$$

반면에 시스템에 안전고장이 발생하기 위해서는 적어도 k개의 부품이 안전고장을 일으켜야 하므로 시스템의 안전고장 확률은 다음 식으로 주어진다.

$$Q_{sf} = \Pr(X_{sf} \geq k) = \sum_{i=k}^{n} \binom{n}{i} p_s^i (1-p_s)^{n-i} \tag{5.49}$$

여기서 X_{sf}는 시스템 내의 안전고장 부품 수를 나타낸다. 만약 p_s가 $p_s \ll 1$로 매우 작은 값을 갖는다면

$$Q_{sf} \approx \binom{n}{k} p_s^k \tag{5.50}$$

으로 근사화될 수 있다. 식 (5.48)와 식 (5.50)로부터 시스템의 위험고장 확률은 $n-k$를 증가시킴으로써 감소하고, 시스템의 안전고장 확률은 k를 증가시킴으로써 감소하게 됨을 알 수 있다.

예제 5.12

n 중 k 구조의 보안 시스템을 설계한다고 하자. 시스템 내의 부품 수 n은 비용을 줄이기 위해 가능한 한 작게 하고자 한다. 각 부품의 위험고장 및 안전고장 확률은 모두 동일하게

$$p_d = 10^{-2},\ p_s = 10^{-2}$$

으로 주어졌다고 하자. 시스템에 대한 요구 사항은 다음과 같다고 한다.

- 시스템 위험고장 확률 $< 10^{-4}$
- 시스템 안전고장 확률 $< 10^{-2}$

이 조건을 만족시키기 위해 n과 k를 어떻게 정해야 할지 알아보자. 식 (5.48)와 식 (5.50)의 근사식을 이용하여 시스템 위험고장과 안전고장의 확률을 구하여 정리하면 다음과 같다.

k/n	시스템 안전고장 확률	시스템 위험고장 확률
1/1	$p_s = 10^{-2}$	$p_d = 10^{-2}$
1/2	$2p_s = 2\times 10^{-2}$	$p_d^2 = 10^{-4}$
2/2	$p_s^2 = 10^{-4}$	$2p_d = 2\times 10^{-2}$
1/3	$3p_s = 3\times 10^{-2}$	$p_d^3 = 10^{-6}$

(계속)

k/n	시스템 안전고장 확률	시스템 위험고장 확률
2/3	$3p_s^2 = 3\times10^{-4}$	$3p_d^2 = 3\times10^{-4}$
3/3	$p_s^3 = 10^{-6}$	$3p_d = 3\times10^{-2}$
1/4	$4p_s = 4\times10^{-2}$	$p_d^4 = 10^{-8}$
2/4	$6p_s^2 = 6\times10^{-4}$	$4p_d^3 = 4\times10^{-6}$
3/4	$4p_s^3 = 4\times10^{-6}$	$6p_d^2 = 6\times10^{-4}$
4/4	$p_s^4 = 10^{-8}$	$4p_d = 4\times10^{-2}$

이 표로부터 주어진 기준을 만족시키기 위해서는 적어도 네 개의 부품이 필요하며, 위험고장 확률이 4 중 3 구조보다 작은 4 중 2 구조 시스템이 적절하다.

■■■

5.5 신뢰도 배분

시스템을 개발하는 경우 설계초기에 시스템의 전체적인 신뢰도목표를 결정하는데 이 경우는 시장의 상황이나 고객의 요구, 그리고 개발비용 등을 고려하게 될 것이다. 시스템의 개발 설계단계에서 전체적인 시스템 신뢰도 목표를 만족시키기 위한 세부적인 설계방안이 제시되어야 할 것이다. 전체 시스템의 신뢰도 목표는 산업에 따라 다양하게 제시되는데 예를 들어 일반적인 제품의 경우는 수명주기까지의 신뢰도, 보증기간까지의 신뢰도 등이나 무기체계의 경우는 운용가용도(operation availability) 등이 사용된다. 이 같은 전반적인 시스템 신뢰도 목표가 주어진 경우 이를 만족시키는 설계를 위해 먼저 신뢰도공학 측면에서 시스템 신뢰도 척도에 영향을 주는 설계인자들을 파악하여야 할 것이다. 여기서는 일단 시스템 신뢰도(수명주기에 대한 신뢰도: 시스템이 수명주기까지 고장 없이 작동할 확률)에 대한 목표가 주어져 있다고 하자. 이를 충족시키기 위해 이 확률에 영향을 주는 요소들을 먼저 파악하여 야 할 것이다.

시스템은 여러 부품들로 구성되어 있다. 그러므로 부품의 신뢰도가 시스템의 신뢰도에 직접적으로 영향을 줄 것이다. 또한 시스템이 부품들로 어떻게 구성되어 있는가(시스템구조)도 시스템 신뢰도에 영향을 줄 것이다. 만일 위의 두 가지 시스템구조와 부품의 신뢰도가 시스템 신뢰도에 가장 주요한 영향요소라고 가정한다면 목표 신뢰도를 만족하는 설계방안을 찾는 문제는 다음과 같이 시스템의 구조함수와 각 부품의 신뢰도함수에 관한 부등식으로 표현가능하다.

$$\phi(R_1(t), R_2(t), \cdots, R_n(t)) \geq R_S{}^*(t) \tag{5.51}$$

여기서 $R_i(t)$와 $R_S{}^*(t)$는 t까지의 i부품의 신뢰도와 시스템 신뢰도의 목표치이며, ϕ는 부품과 시스템 신뢰도를 연결시키는 시스템 구조함수이다.

만일 모든 부품의 고장이 독립이고 시스템의 구조는 직렬구조(즉 임의 부품이 고장이 나면 시스템은 작동되지 않음)라면 식 (5.51)은 다음과 같이 주어진다.

$$\prod_{i=1}^{n} R_i(t) \geq R_S{}^*(t) \tag{5.52}$$

여기서 직렬구조를 가진 시스템이며 각 부품의 고장은 서로 독립이고 지수분포를 따른다고 알려져 있다고 하자. 그러면 (식 5.52)는 다음과 같이 간단히 정리된다.

$$\prod_{i=1}^{n} R_i(t) = e^{-\sum \lambda_i t} \geq R_S{}^*(t) = e^{-\lambda_S^* t} \tag{5.53}$$

$$\sum_{i=1}^{n} \lambda_i \leq \lambda_S{}^*$$

그러므로 부품들의 고장률의 합이 시스템의 목표 고장률 값보다 적어야 될 것이다. 부품의 중요도, 비용 등 다양한 요소들에 대한 정보가 부족하거나 설계초기의 경우에는 간단히 모든 부품의 고장률을 동일하게 설정하는 것이 합리적일 수 있는데(5.3.1절 참조), 이 경우 각 부품의 목표 고장률은 다음과 같다(equal apportion method).

$$\lambda_i{}^* = \lambda_S{}^* / n, i = 1, \cdots, n$$

(1) ARINC의 방법

각 부품의 고장이 독립이고 지수분포를 따르므로 고장률(λ_i)를 가지며 시스템구조가 직렬인 경우 위에서 언급된 바와 같이 부품의 목표고장률은 다음의 부등식을 만족하면 될 것이다.

$$\sum_{i=1}^{n} \lambda_i{}^* \leq \lambda_S{}^*$$

이로부터 단순하게 부품 고장률을 할당하는 신뢰도 배분방법이 최초로 제안되었는데, ARINC (Aeronautical Radio, Incorporated) 방법이라고 불린다. 이의 절차는 다음과 같다.

① 과거, 관측, 추정자료 등으로부터 각 부품 고장률(λ_i)를 정한다.

② 단계 ①의 각 부품 고장률로부터 각 부품의 가중치를 구한다.

$$w_i = \frac{\lambda_i}{\sum_{i=1}^{n} \lambda_i}, i = 1, \cdots, n$$

여기서 w_i는 다음 식을 만족하는 계수로서 i부품의 상대적 고장 취약성을 나타낸다.

$$\sum_{i=1}^{n} w_i = 1$$

③ 다음과 같이 목표 고장률을 만족하는 각 부품의 세로운 고장률을 구힌다.

$$\lambda_i^* = w_i \lambda_S^*, i = 1, \cdots, n \tag{5.54}$$

예제 5.13

현재 개발하고 있는 시스템에 대한 고장률 목표 값를 $\lambda_S^* = 0.005(MTTF_S^* = 200$시간$)$이고, 설계안에 의하면 요구되는 중요 세부기능이 4개 있으며 각 기능을 서로 다른 하나의 부품이 담당한다고 한다. 그러므로 이 시스템은 4개의 부품이 직렬로 연결되어 있는 것으로 고려한다고 할 때 ARINC 방법에 의해 각 부품의 할당된 고장률을 구하라.
먼저 각 부품의 고장률을 추정한 결과가 다음과 같다.

$$\lambda_1 = 0.004, \lambda_2 = 0.006, \lambda_3 = 0.008, \lambda_4 = 0.014,$$

$$\sum_{i=1}^{4} \lambda_i = 0.032$$

각 부품의 가중치를 구한 후에,

$$w_1 = 0.004/0.032 = 0.125, w_2 = 0.1875, w_3 = 0.250, w_4 = 0.4375,$$

각 부품에 배분된 목표 고장률을 구한다.

$$\lambda_1^* = 0.125 \times 0.005 = 0.000625$$

$$\lambda_2^* = 0.1875 \times 0.005 = 0.000938$$

$$\lambda_3^* = 0.250 \times 0.005 = 0.00125$$

$$\lambda_4^* = 0.4375 \times 0.005 = 0.002188$$

(2) AGREE의 방법

n개의 부품으로 이루어진 시스템에서 i번째 부품은 m_i개의 소자로 구성되어 있다. AGREE (Advisory Group on Reliability of Electronic Equipment) 방법은 소자 수에 따른 복잡성, 그리고 각 부품의 작동시간비율(duty cycle), 부품의 중요도(importance index)를 고려하여 부품의 목표 고장률을 결정한다.

먼저 다음과 같이 기호를 정의하자.

t: 시스템 작동시간(신뢰성 목표설정을 위한 기준)

t_i: 부품 i의 작동시간(단, $t_i \le t, i = 1, \cdots, n$)

$R_S{}^*(t)$: 시점 t까지의 시스템 신뢰도 목표치

$R_i^*(t)$: 시점 t_i까지의 부품신뢰도 할당값

m_i: 부품 i에 포함된 소자 수

$M = \sum_{j=1}^{n} m_j$

λ_i: 부품 i의 고장률

v_i: 부품 i 고장 시 시스템의 고장으로 야기되는 확률 또는 고장률의 비율(중요도 지수)

먼저 소자의 개수가 다른 부품들에 대해 소자의 개수를 가중치로 목표 신뢰도를 구해 보자. 직렬구조를 상정하는 경우 식 (5.52)에 의해 시스템 신뢰도목표를 충족시키는 각 각 부품의 목표 신뢰도는 최소 $R_S{}^*(t)^{m_i/M}$가 된다.

부품 i가 고장 날 때 시스템 고장이 발생하게 되는 확률(중요도 지수)를 고려한다면 부품 i의 목표 신뢰도는 다음의 부등식을 만족해야 하므로

$$R_i^*(t_i) + (1 - v_i)(1 - R_i^*(t_i)) \ge [R_S{}^*(t)]^{m_i/M}$$

다음과 같은 조건으로 정리된다.

$$R_i^*(t_i) \ge \frac{1}{v_i}\left[v_i - 1 + (R_S{}^*(t))^{m_i/M}\right]$$

여기서 부품의 고장이 지수분포를 따른다고 할 때 부품 i에 할당된 고장률 λ_i에 대해 풀면 배분 고장률은 식 (5.55)가 된다.

$$\lambda_i{}^* = -\frac{1}{t_i}\ln\lambda_i^* = -\frac{1}{t_i}\ln\left(\frac{v_i - 1 + R_S{}^*(t)^{m_i/M}}{v_i}\right), \quad i = 1, 2, \cdots, n \tag{5.55}$$

이 방법에는 각 부품의 모든 고장이 시스템으로 발생하지 않을 수 있으며(즉 $v_i \leq 1$이면), 부품은 시스템의 작동 시 일정 부분만 작동할 수도 있는 점을 중요하게 고려하고 있음에 유의하여야 할 것이다.

예제 5.14

무선통신 장비는 수신기, 배터리, 송신기, 안테나 하위 시스템의 4가지 구성부품으로 이루어져 있으며, 이 통신장비를 개발하는 설계부서는 2,000 작동시간에서 신뢰도가 0.98이 되도록 규정하고 있다. [표 5.1]의 기초자료를 이용하여 각 부품의 고장률을 AGREE방법에 의해 배분하라.

표 **5.1** 부품정보

부품	중요도 지수 v_i	작동시간 t_i	소자 수 m_i
수신기	0.9	2,000	30
안테나	1.0	2,000	15
송신기	0.8	1,000	25
배터리	1.0	1,500	70

총 소자 수 M은 140이므로 각 부품이 기여하는 신뢰도는 $0.98^{m_i/140}$(표 5.1의 두 번째 칸)이 된다. 이로부터 다음의 결과가 얻어진다.

표 **5.2** AGREE방법에 의한 수행결과

부품	기여 신뢰도	배분 고장률	배분 신뢰도
수신기	0.99568	1.903×10^{-6}	0.99620
안테나	0.99784	1.081×10^{-6}	0.99784
송신기	0.99640	4.510×10^{-6}	0.99550
배터리	0.99995	6.733×10^{-5}	0.98995
시스템	0.98000	1.4227×10^{-6}	0.97963

표 5.2의 배분 고장률(λ_i)은 식 (5.55)에 의해, 배분 신뢰도는 $e^{-\lambda_i^* t_i}$로부터 구해지며, 마지막 줄의 시스템 신뢰도는 부품 신뢰도를 곱하여 계산한 값이다.

부품의 고장이 항상 시스템의 고장으로 발생하지 않기 때문에 표 5.2에서 이를 고려하지 않은 목표 신뢰도 0.98과 이를 고려한 시스템 신뢰도 0.97963간에 미세한 차이가 발생한다.

5.6 종속고장 모형 및 신뢰도 분석

시스템을 구성하는 여러 개 부품이 서로 독립이란 가정은 시스템의 모형을 단순하게 해줄 뿐 아니라 통계분석을 쉽게 해 준다. 그러나 시스템 내의 부품들이 항상 독립적으로 고장이 발생하는 것은 아니다. 어떤 부품의 고장이 다른 부품의 고장을 증가시키면 양의 종속(positive dependence)이라고 하고, 반대로 어떤 부품의 고장이 다른 부품의 고장을 감소시키면 음의 종속(negative dependence)이라고 한다. 신뢰성 응용 사례에서는 일반적으로 양의 종속이 많지만 음의 종속도 발생할 수 있다. 종속고장은 크게 다음과 같은 세 범주로 분류될 수 있다.

5.6.1 공통원인고장

공통원인고장(common cause failure)은 2개 이상의 부품이 고장 원인을 공유함으로써 동시 또는 아주 짧은 시간 내에 부품들에 발생하는 고장으로, 이런 고장은 다음과 같은 원인에 의해 발생할 수 있다.

- 여러 부품이 작동하지 못하거나 설계 환경에 견디지 못하도록 하는 설계상 혹은 재료의 공통 결함
- 여러 부품이 동시에 조정 불량 상태나 작동 불능 상태에 이르게 하는 공통의 설치 혹은 보수 오류
- 여러 부품이 동시에 고장 나도록 하는 진동, 복사열, 습기 등과 같은 공통의 가혹한 환경 요소

그림 5.12에 두 부품 구조인 경우 독립고장과 공통원인고장의 관계가 도시되어 있다.

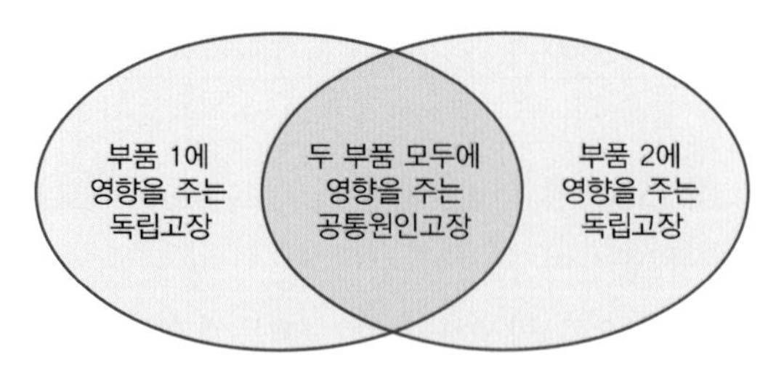

그림 **5.12** 독립고장과 공통원인고장의 관계

5.6.2 연쇄고장

연쇄고장(cascading failure)은 시스템 내의 어떤 한 부품의 고장에 의해 촉발된 체인 효과 혹은 '도미노' 효과에 의해 발생된 다중고장 유형을 가리킨다. 여러 부품이 공통의 부하를 나누고 있는 경우 어떠한 한 부품의 고장은 나머지 부품에 대해 부하를 증가시키게 되며, 결과적으로 고장 가능성을 증가시키게 되는데 이를 부하부담 시스템(load-sharing system)이라 부른다. 이런 연쇄고장은 6.5절에서 소개되는 사상나무 등으로 모형화되고 분석된다.

5.6.3 음의 종속고장

음의 종속고장(negative dependency failure)은 한 부품의 고장이 다른 부품의 고장을 감소시키는 고장 유형이 된다. 일례로 전기 퓨즈(fuse)가 고장 나면서 이후 전기 회로를 차단시킨다면 회로 내 다른 전자 부품들에 대한 부하는 제거되어 다른 부품들의 고장은 줄어들게 된다.

이 책에서는 상기 세 범주의 종속고장 가운데 공통원인고장 모형을 다음 소절에서 자세하게 다루며, 그 다음 소절에서 부하분담 시스템을 소개한다.

5.6.4 공통원인고장 모형

신뢰성 분석은 일반적으로 공학 시스템을 대상으로 한다. 분석을 위해 시스템의 전형적인 특징을 수학적으로 나타낸 모형이나 현장에서 얻어진 실제 데이터를 토대로 한 경험적 모형이 사용될 수 있다. 어느 모형이든 시스템의 구체적인 설계 특성들을 잘 나타내는지 그 타당성을 검토해야 한다. 또한 모형의 올바른 적용을 위해서는 그 한계도 이해하고 있어야 한다.

부품 간의 독립성이 가정될 수 있는 상황이라면 이전에 소개된 모형과 방법들이 신뢰성 분석에 사용될 수 있다. 그러나 부품 간에 기능적 혹은 물리적 상호작용이 있는 상황이라면 그 정도에 따라 부품 간 독립성을 가정하기 어려울 수도 있다. 여기서는 종속고장과 관련된 다음 두 모형을 소개한다.

- 제곱근법(square root method)
- 베타인자 모형(β-factor model)

(1) 제곱근법

공통원인에 의해 모두 고장 날 수 있는 부품들로 구성된 시스템을 생각해 보자. 설명을 쉽게 하기 위해 그림 5.13과 같이 두 부품 1과 2가 병렬로 연결된 시스템을 고려하자.

그림 **5.13** 병렬구조

$A_i(i=1, 2)$는 특정 시점 t에서 부품 i가 고장인 사건, $q_i = \Pr(A_i)$는 부품 i의 불신뢰도를 각각 나타낸다고 하자. 그러면 시점 t에서 시스템의 불신뢰도는 $Q_S = \Pr(A_1 \cap A_2)$로 나타낼 수 있다. 그런데 $(A_1 \cap A_2) \subseteq A_i$로부터 $\Pr(A_1 \cap A_2) \le \Pr(A_i)$, $i=1, 2$가 성립하므로

$$\Pr(A_1 \cap A_2) \le \min\{\Pr(A_1), \Pr(A_2)\} \tag{5.56}$$

의 관계식이 얻어진다. 만약 A_1과 A_2가 독립이라면 $\Pr(A_1 \cap A_2) = \Pr(A_1) \cdot \Pr(A_2)$이 성립하고, 양의 종속이면 $\Pr(A_1|A_2) \ge \Pr(A_1)$이 성립하므로

$$\Pr(A_1 \cap A_2) = \Pr(A_1|A_2) \cdot \Pr(A_2) \ge \Pr(A_1) \cdot \Pr(A_2) \tag{5.57}$$

의 부등식을 얻는다. 따라서 A_1과 A_2가 양의 종속 관계에 있으면

$$\Pr(A_1) \cdot \Pr(A_2) \le \Pr(A_1 \cap A_2) \le \min\{\Pr(A_1), \Pr(A_2)\} \tag{5.58}$$

가 성립한다. 여기서

$$q_L = \Pr(A_1) \cdot \Pr(A_2) = q_1 \cdot q_2, \tag{5.59}$$
$$q_U = \min\{\Pr(A_1), \Pr(A_2)\} = \min\{q_1, q_2\}$$

라 하면 식 (5.52)는 다음과 같이 나타낼 수 있다.

$$q_L \le \Pr(A_1 \cap A_2) \le q_U \tag{5.60}$$

제곱근법에서는 병렬 시스템의 불신뢰도 $Q_S = \Pr(A_1 \cap A_2)$는 하한 q_L과 상한 q_U의 기하평균인 Q_S^*로 근사화된다.

$$Q_S^* = \sqrt{q_L \cdot q_U} \tag{5.61}$$

제곱근법의 취약점은 위의 근사식에서 두 한계값의 기하평균을 취하는 이론적 근거가 없다는 것이다. 또한 부품들 간 결합 정도의 차이를 고려하지 않는다는 점도 이 방법의 약점이다. 이러한 약점들로 인해 여러 가지 보완 노력에도 제곱근법의 활용도는 높지 않은 편이다.

예제 5.15

특정 시점 t에서 공통의 불신뢰도 q를 갖는 n개의 부품으로 구성된 병렬구조를 생각해 보자. A_i, $i=1,2,\ldots,n$ 을 부품 i가 이 시점 t에서 고장인 사상이라 하면 $P(A_i)=q$가 된다.

만약 n개의 부품이 모두 서로 독립이라면 시스템의 불신뢰도는 $Q_S=q^n$으로 주어진다. 부품들이 양의 종속이라면 하한은

$$q_L=\prod_{i=1}^{n}\Pr(A_i)=q^n$$

이고, 상한은

$$q_U=\min\{\Pr(A_1),\ldots,\Pr(A_n)\}=q$$

가 되므로 제곱근법을 적용하여 시스템 불신뢰도를 구하면

$$Q_S^*=\sqrt{q_L\cdot q_U}=q^{(n+1)/2}$$

으로 나타낼 수 있다. [표 5.3]은 $q=0.01$인 경우 제곱근법에 의한 병렬 시스템의 불신뢰도를 보여주고 있다.

표 **5.3** 부품 불신뢰도 $q=0.01$인 경우의 병렬 시스템 불신뢰도(제곱근법)

n	독립 부품인 경우 $Q_S=q^n$	제곱근법 $Q_S^*=q^{(n+1)/2}$
1	10^{-2}	10^{-2}
2	10^{-4}	10^{-3}
3	10^{-6}	10^{-4}
4	10^{-8}	10^{-5}
5	10^{-10}	10^{-6}

(2) 베타인자 모형

베타(β)인자 모형은 Fleming(1974)에 의해 처음 소개되었으며, 오늘날 공통원인고장에 대해 가장 빈번하게 사용되는 모형이다. 상수 고장률 λ를 갖는 n개의 동일한 부품으로 구성된 병렬 시

스템을 고려하자. 부품의 고장은 다음과 같은 두 가지 원인 가운데 하나에 의해 발생할 수 있다고 가정한다.

- 다른 부품의 조건과 상관없이 단지 해당 부품과 관련된 요소
- 시스템의 모든 부품에 동시에 영향을 미치는 외부 사건의 발생

$\lambda^{(i)}$을 원인 1에 의한 고장률, $\lambda^{(c)}$을 원인 2에 의한 고장률이라 하자. 즉 $\lambda^{(i)}$은 개별 부품에만 고유한 원인에 의한 고장률, $\lambda^{(c)}$을 공통원인에 의한 고장률을 나타낸다. 두 고장 원인이 서로 독립이라고 가정하면 그 부품의 전체 고장률 λ는 다음과 같이 두 고장률의 합으로 나타낼 수 있다.

$$\lambda = \lambda^{(i)} + \lambda^{(c)} \tag{5.62}$$

전체 고장률 가운데 공통원인에 의한 고장률이 차지하는 비율을 β라 하면 다음 식이 얻어진다.

$$\beta = \frac{\lambda^{(c)}}{\lambda^{(i)} + \lambda^{(c)}} = \frac{\lambda^{(c)}}{\lambda} \tag{5.63}$$

식 (5.63)로부터

$$\lambda^{(c)} = \beta\lambda \tag{5.64}$$

$$\lambda^{(i)} = (1-\beta)\lambda \tag{5.65}$$

이 각각 성립한다. 따라서 베타(β)인자는 부품의 모든 고장 가운데 공통원인고장의 상대적인 비율을 나타낸다고 할 수 있으며, 고장이 공통원인에 기인되었을 조건부 확률로 해석할 수 있다.

베타인자 모형에서 정해진 값 β에 대하여 공통원인고장률 $\lambda^{(c)} = \beta\lambda$는 전체 고장률 λ가 증가함에 따라 증가한다. 따라서 고장이 잦은 부품의 경우 더 많은 공통원인고장이 발생하게 된다. 때때로 수리와 유지 보수가 공통원인고장의 주원인으로 지적되고 있다. 따라서 많은 수리와 유지 보수를 필요로 하는 부품이 많은 공통원인고장을 일으킨다고 가정하는 것은 타당성이 있다고 할 수 있다.

예제 5.16

고장률 λ를 갖는 n개의 동일한 부품으로 구성된 병렬구조 시스템을 고려하자. 또 모든 부품에 영향을 미치는 외부 사건이 발생할 수 있다고 하자. 이러한 외부 사건은 그림 5.14와 같이 시스템의 나머지 부분과 직렬로 연결된 가상의 부품(C)으로 나타낼 수 있다.

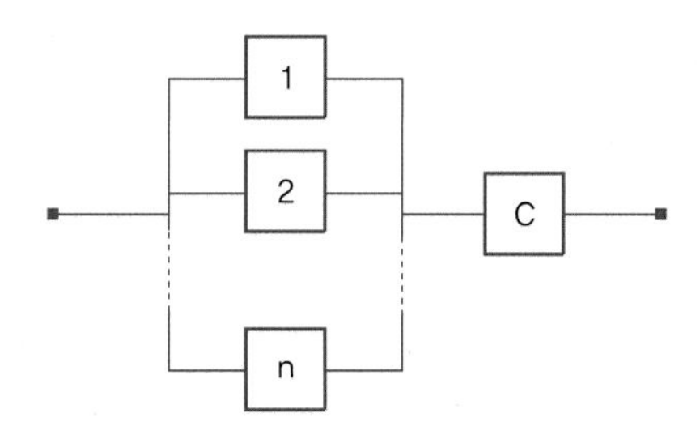

그림 **5.14** 공통고장원인 가상부품 C를 갖는 병렬구조

부품 C의 고장률은 식 (5.64)에 의해 $\lambda^{(c)} = \beta\lambda$로 주어지며, 그림 5.14의 병렬구조 내 n개 부품은 서로 독립이고 고장률 $\lambda^{(i)} = (1-\beta)\lambda$를 갖는다고 생각할 수 있다.
시스템은 수리 불가능하다고 가정하고 $R_I(t)$를 동일한 부품들의 신뢰도함수, $R_C(t)$를 가상의 부품 C의 신뢰도함수라고 하자. 그러면 전체 시스템의 신뢰도함수는

$$\begin{aligned} R_S(t) &= \left[1-(1-R_I(t))^n\right] R_C(t) \\ &= \left[1-(1-e^{-(1-\beta)\lambda t})^n\right] e^{-\beta\lambda t} \end{aligned} \tag{5.66}$$

로 주어진다. 그림 5.15를 보면 공통원인 인자 β가 증가함에 따라 $R(t)$는 감소함을 확인할 수 있다.

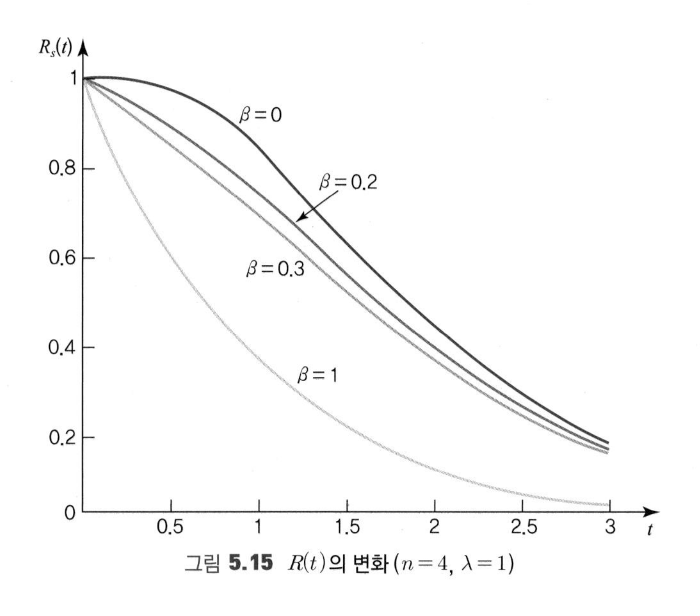

그림 **5.15** $R(t)$의 변화 ($n=4$, $\lambda=1$)

예제 5.16과 같이 모든 부품이 동일한 상수 고장률 λ를 가지고 있고 시스템은 베타인자 모형으로 설명될 수 있는 공통원인고장에 노출되어 있다고 하자. 이런 조건 아래에서 다음 세 가지 시스템을 비교해 보자.

- 단일 부품의 시스템
- 두 부품으로 구성된 병렬구조 시스템
- 3 중 2 구조 시스템

공통원인고장은 단일 부품 시스템인 경우 개별고장과 구별할 필요가 없으므로 신뢰도함수와 평균수명($MTTF$)은 각각

$$R_1(t) = e^{-\lambda t} \text{와 } MTTF_1 = \frac{1}{\lambda}$$

로 주어짐을 알 수 있다.

식 (5.66)에 의하여 병렬구조 시스템의 신뢰도함수는

$$\begin{aligned} R_2(t) &= \left(2e^{-(1-\beta)\lambda t} - e^{-2(1-\beta)\lambda t}\right) \cdot e^{-\beta\lambda t} \\ &= 2e^{-\lambda t} - e^{-(2-\beta)\lambda t} \end{aligned}$$

로 주어진다. 따라서 평균수명은

$$MTTF_2 = \frac{2}{\lambda} - \frac{1}{(2-\beta)\lambda}$$

로 구해진다.

그리고 3 중 2 구조 시스템의 신뢰도함수는 식 (5.66)에 의해

$$\begin{aligned} R_3(t) &= \left(3e^{-2(1-\beta)\lambda t} - 2e^{-3(1-\beta)\lambda t}\right) \cdot e^{-\beta\lambda t} \\ &= 3e^{-(2-\beta)\lambda t} - 2e^{-(3-2\beta)\lambda t} \end{aligned}$$

로 주어지며, 평균수명은

$$MTTF_3 = \frac{3}{(2-\beta)\lambda} - \frac{2}{(3-2\beta)\lambda}$$

로 나타낼 수 있다.

그림 5.16은 $\lambda = 1$인 경우 β에 따른 세 가지 시스템의 평균 수명 변화를 도시하고 있다. $\beta = 1$로서 완전 종속인 경우 세 가지 시스템은 동일한 평균수명을 갖는다는 직관적 결과를 얻을 수 있다.

공통원인고장은 다음과 같은 방어 기술에 의해 상당 부분 예방할 수 있으며, 이를 통해 시스템 신뢰도를 향상시킬 수 있다.

- 방어벽: 잠재적 피해를 한정시킬 수 있는 모든 종류의 물리적 방호물을 설계에 반영

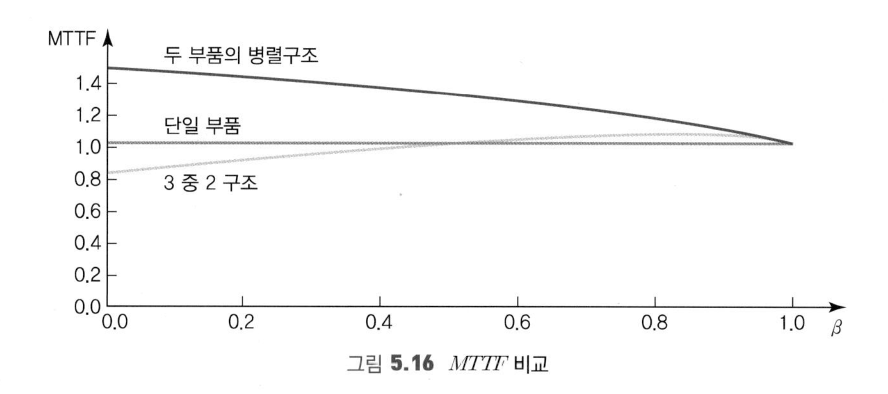

그림 **5.16** $MTTF$ 비교

- 직원교육: 조작자나 작업자가 조작 과정을 숙지하고 모든 작동 기간에 이를 준수하도록 하는 프로그램
- 품질관리: 생산되는 제품이 서류상의 설계와 일치되도록 하고, 작업과 유지 보수가 공인된 절차와 표준 및 규제 요구 사항에 따라 이루어지도록 관리
- 중복: 충분히 많은 수의 부품들에 의해 고장을 감내하여 주어진 기능을 수행할 수 있도록 시스템에 추가된 여분의 동일 부품들
- 예방보전: 조기 고장이나 부품의 노화 방지를 위해 적용하는 유효한 예방보전 프로그램의 활용
- 감시, 검사, 점검: 어떠한 종류의 원인에 의해서든 알려지지 않은 고장이 지속되지 않도록 하는 감시, 빈번한 검사와 점검
- 절차 심사: 부품이나 시스템의 고장을 유발하는 잘못된 작업을 방지하기 위해 행해지는 작업, 유지보수, 교정 및 검사 절차에 대한 심사
- 다양성: 똑같은 부품의 경우 동일한 고장 원인으로부터 피해를 보기 쉽다. 전체 고장 가능성을 줄이기 위한 목적으로 서로 다른 생산자에 의해 생산된 호환성 있는 부품을 함께 사용하거나 완전히 다른 작업 원리를 토대로 한 부가 시스템의 도입

(3) 중복설계에의 영향

5.4절에서 모든 부품이 독립이라는 가정 아래 상위 수준의 중복 구조(시스템 수준 중복)와 하위 수준의 중복 구조(부품 수준 중복)의 신뢰도를 비교해 보았다. 그러나 현실적으로는 보통 하위 수준의 중복 구조가 상위 수준의 중복 구조에 비해 공통고장원인에 노출될 위험이 더 크게 된다. 상위 수준의 중복 구조에서는 비슷한 부품이 물리적으로 서로 떨어지게 되어 상대적으로 공통원인고장이 발생하기 어렵다. 예를 들어 하위 수준의 중복 구조에서 잘못된 연결기의 작동으로 회로판이 가열되어 회로판의 두 중복 칩이 동시에 고장을 일으킬 수 있다. 그러나 상위 수준의 중

복 구조인 경우 2개의 칩이 서로 다른 회로판에 존재하게 되므로 이러한 공통원인고장은 발생할 수 없다.

이제 하위 수준의 중복 구조가 공통원인고장에 노출될 경우를 생각해 보자. 각 부품의 신뢰도는 $R = e^{-\lambda t}$이라 하고 그림 5.11(a)과 그림 5.11(b)의 중복 구조를 고려한다. 상위 중복 구조인 경우 부품들이 물리적으로 서로 떨어져 있으므로 공통원인고장이 발생하지 않는다고 가정할 수 있고, 따라서 시스템 중복 경우의 신뢰도는

$$R_{HL}(t) = e^{-3\lambda t}(2 - e^{-3\lambda t}) \tag{5.67}$$

으로 주어진다. 하위 중복 구조의 경우 베타인자 모형을 도입하여 고장률 λ 가운데 비율 β가 공통원인고장에 의한 것이라고 가정하자. 부품 신뢰도에 베타인자 모형을 적용하면

$$R_A(t) = R_B(t) = R_C(t) = 2e^{-\lambda t} - e^{-2\lambda t}e^{\beta\lambda t} \tag{5.68}$$

이며, 부품 중복 형태의 시스템 신뢰도는

$$R_{LL}(t) = (2e^{-\lambda t} - e^{-2\lambda t}e^{\beta\lambda t})^3 \tag{5.69}$$

으로 주어지게 된다. 따라서 $R_{LL}(t)$과 $R_{HL}(t)$의 대소관계는 β 값에 의존하게 된다.

$R_{LL}(t)$과 $R_{HL}(t)$을 비교하기 위해 그림 5.11에서 각 부품의 신뢰도가 0.99로 주어진다고 하자. 하위 중복 구조가 상위 중복 구조보다 신뢰도가 높게 되려면 β가 어떤 범위의 값을 취해야 하는지 계산해 보자. 식 (5.67)과 (5.69)을 이용하여 $R_{HL}(t) = R_{LL}(t)$을 만족시키는 β 값을 찾으면 $e^{-3\lambda t}(2 - e^{-3\lambda t}) = (2e^{-\lambda t} - e^{-2\lambda t}e^{\beta\lambda t})^3$ 으로부터

$$\beta = \frac{1}{\lambda t}\ln[2 - (2 - e^{-3\lambda t})^{1/3}] + 1$$

이 된다. 그런데 $e^{-\lambda t} = 0.99$이므로 $\lambda t = 0.01005$이고, 이를 대입하면

$$\beta = \frac{1}{0.01005}\ln[2 - (2 - 0.99^3)^{1/3}] + 1 = 0.0197$$

로 주어진다. 따라서 이 경우 β 값이 0.0197보다 크지 않은 범위 내에서는 하위 중복 구조가 더 좋다고 할 수 있다.

5.6.5 부하분담 시스템

대표적 부하분담 시스템은 시스템 기능을 균등하게 분담하는 병렬구조 시스템을 가리킨다. 일례

로 두 대의 용량이 동일한 펌프가 분당 x 리터의 물을 급수장에 공급한다면 각 펌프는 분당 $x/2$ 리터의 물 공급을 담당한다. 항상 분당 x 리터의 물이 공급되어야 할 때 어떤 시점에서 하나의 펌프가 고장 난다면 나머지 다른 펌프는 공급 속도를 2배로 높여야 한다. 이런 부하분담 시스템은 교량 등 구조물이나 송배전 시스템, 인체의 장기(질병에 의해 절제된 신장과 폐)에서 자주 접할 수 있는데 한 부품이 고장이 나면 나머지 다른 부품들은 더욱 가혹한 조건에서 작동하므로 고장률이 증대된다.

부하분담 시스템의 신뢰도 모형은 정적 모형과 동적 모형 두 가지로 대별된다. 정적 모형은 시간과 무관하며, 스트레스-강도 모형에 속한다.

동일한 두 부품으로 구성된 병렬구조로서 정적 모형을 다루어 보자. 부하가 l일 때 각 부품의 강도가 이보다 작아 고장 상태가 되는 불신뢰도를 q_l, 병렬구조 시스템의 불신뢰도와 신뢰도를 Q_S와 R_S로 각각 정의하자. 최초에 각 부품은 l의 부분 부하를 받다가 한 부품이 고장 나면 온전한 부하 $2l$을 받는다.

사상 $A(B)$를 부품 1(2)이 부분 부하를 받다가 고장이 발생하여 부품 2(1)가 온전한 부하를 받게 되고 이후 시스템에 고장이 발생하는 경우를 나타낼 때 시스템 불신뢰도는 다음과 같이 주어진다.

$$Q_S = \Pr(A \cup B) = \Pr(A) + \Pr(B) - \Pr(A \cap B)$$

여기서 두 부품은 부하를 분담하는 종속 관계이지만 각 부품의 고장은 서로 독립이라고 보면 $\Pr(A) = \Pr(B) = q_l q_{2l}$이고 $\Pr(A \cap B) = q_l^2$이므로 시스템 불신뢰도와 신뢰도는 각각 다음과 같이 나타낼 수 있다.

$$\begin{aligned} Q_S &= 2q_l q_{2l} - q_l^2 \\ R_S &= 1 - 2q_l q_{2l} + q_l^2 \end{aligned} \tag{5.70}$$

다음으로 동일한 두 부품으로 구성된 병렬구조로서 동적 모형에 의해 신뢰도를 구해 보자. 부하가 절반(half load)인 l일 때(부분 부하) 각 부품의 고장밀도함수를 $f_h(t)$, 한 부품이 고장 나서 나머지 부품이 온전한 부하(full load)인 $2l$ 아래에 있을 때의 고장밀도함수를 $f_f(t)$, 이에 대응하는 신뢰도함수를 $R_h(t)$와 $R_f(t)$로 각각 정의하자. 어떤 시점 t_h에서 부분 부하를 받는 한 부품이 고장 나면 나머지 부품은 온전한 부하를 받을 때 병렬구조 시스템의 신뢰도 $R_S(t)$는 식 (5.71)로 주어진다.

$$R_S(t) = R_h(t)^2 + 2\int_0^t f_h(t_h) R_h(t_h) R_f(t - t_h)\, dt_h \tag{5.71}$$

식 (5.65)에서 우변 첫 번째 항은 두 부품이 모두 부분 부하 아래에서 작동할 확률이고, 두 번째 항은 부분 부하 아래에서 한 부품이 t_h에서 고장 날 때 다른 부품이 그 시점까지 작동하다가 온전한 부하를 $t-t_h$ 동안 더 받더라도 작동할 확률의 두 배를 나타내고 있다.

한편 이런 부하분담 시스템은 7장에서 소개되는 마르코프 모형에 의해서도 분석할 수 있다.

예제 5.17

지수분포를 따르는 동일한 부품으로 이루어진 병렬구조 시스템을 고려하자. 부분 부하 아래에서 고장률이 λ_h 이고 온전한 부하 아래에서 고장률이 λ_f 일 때 부하분담 시스템의 신뢰도를 구해 보자. 식 (5.71)에 대입하여 다음과 같이 구할 수 있다.

$$R_S(t) = e^{-2\lambda_h t} + 2\int_0^t \lambda_h e^{-\lambda_h t_h} e^{-\lambda_h t_h} e^{-\lambda_f (t-t_h)} dt_h$$

$$= e^{-2\lambda_h t} + 2\lambda_h e^{-\lambda_f t}\int_0^t e^{-(2\lambda_h - \lambda_f)t_h} dt_h$$

$$= \begin{cases} e^{-2\lambda_h t} + \dfrac{2\lambda_h (e^{-\lambda_f t} - e^{-2\lambda_h t})}{2\lambda_h - \lambda_f} = \dfrac{2\lambda_h e^{-\lambda_f t} - \lambda_f e^{-2\lambda_h t}}{2\lambda_h - \lambda_f}, & 2\lambda_h \neq \lambda_f \\ e^{-2\lambda_h t} + 2\lambda_h t e^{-2\lambda_h t}, & 2\lambda_h = \lambda_f \end{cases}$$

특히 $2\lambda_h = \lambda_f$ 인 경우의 고장시간은 지수분포의 망각 성질에 의해 감마분포(gamma$(2, 2\lambda_h)$)를 따르므로 감마분포와 포아송 분포의 관계에 의해서도 쉽게 위의 신뢰도를 구할 수 있다.

연습문제

5.1 부품들의 신뢰도가 $R_1 \geq R_2 \geq R_3$을 만족시키는 독립 부품들로 이루어진 3 중 2 시스템에 대하여 다음이 성립함을 보여라.

1) 만약 $R_3 \geq 0.5$이면 $I^B(1|t) \geq I^B(2|t) \geq I^B(3|t)$이 성립한다.

2) 만약 $R_1 \leq 0.5$이면 $I^B(1|t) \leq I^B(2|t) \leq I^B(3|t)$이 성립한다.

5.2 연습문제 4.6의 3 중 2 시스템에서 부품 3과 4에 대한 구조적 중요도에 관한 척도를 계산하라.

5.3 예제 4.2의 브리지 구조에서 브리지 부품(부품 3)과 부품 1의 구조적 중요도에 관한 척도를 계산하라.

5.4 다음과 같은 구조를 가진 시스템을 고려하자.

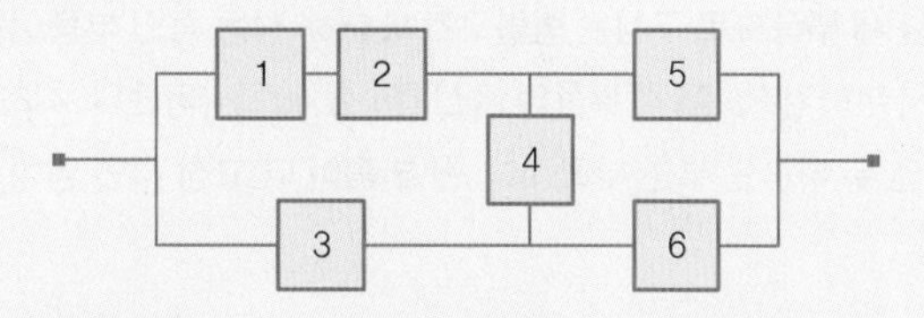

1) 구조함수를 유도하라.

2) 부품들이 서로 독립이라 가정하자. 각 부품의 신뢰도가 $R_i = 0.99$로 주어지는 경우 부품 2와 4에 대한 Birnbaum 척도를 계산하라.

5.5 문제 5.4에서 고려한 시스템에 대하여 여섯 개의 부품이 서로 독립이고 부품 i의 시점 t에서의 신뢰도가 $R_i(t),\ i = 1, 2, \ldots, 6$ 으로 주어진다고 하자.

1) 부품 3에 대한 Birnbaum 척도를 계산하라.

2) 부품 3에 대한 결정적 중요도 척도를 계산하라.

3) 부품 3에 대한 Fussell-Vesely 척도를 계산하라.*

4) 부품의 신뢰도에 대한 적절한 값을 주고 결정적 중요도 척도와 Fussell-Vesely 척도를 계산하고 차이를 비교하라.*

5.6 2개의 동일한 부품으로 구성된 병렬구조 시스템을 고려하자. 각 부품의 불신뢰도를 q로 나타내자.

1) 두 부품이 독립인 경우 시스템의 불신뢰도를 q의 함수로 나타내고 이를 그래프로 그려라.

2) 제곱근법에 의하여 시스템의 불신뢰도를 구하여 q의 함수로 나타내 보고 이를 1)에서 얻어진 그래프와 동일한 좌표 상에 그래프로 그려라.

3) 부품의 불신뢰도가 $q = 0.15$로 주어지는 경우 부품이 독립인 경우와 제곱근법을 이용하는 경우에 대하여 시스템의 불신뢰도 차이를 계산하라.

5.7 예제 4.2의 브리지 구조를 다시 고려하자. 5개의 모든 부품이 상수 고장률 λ를 가지며, 이 시스템이 베타인자로 모형화될 수 있는 공통원인고장에 노출되어 있다고 가정하자. 이러한 브리지 구조의 $MTTF_S$를 β 함수로 구하여 보고, $\lambda = 5 \cdot 10^{-4}$으로 주어질 때 β 함수로 $MTTF_S$를 그래프로 그려라.

5.8 고장률이 (0.001/시간) 으로 일정하지만 20%가 공통원인에 의해 발생되는 부품으로 구성된 다음 구조에 대한 물음에 답하라.

1) 3개의 부품으로 구성된 병렬구조의 신뢰도를 구하라.
2) 3개의 부품으로 구성된 직렬구조의 신뢰도를 구하고, 공통원인 고장이 없을 경우의 직렬구조 신뢰도와 비교하라.

5.9 동일한 세 부품으로 구성된 병렬구조에 대해 작동 중인 부품이 균등하게 부하를 분담할 경우의 신뢰도를 구하라. 여기서 부하가 l일 때 각 부품의 불신뢰도를 q_l로 나타낸다. 최초에 각 부품은 l의 부분 부하를 받다가 한 부품이 고장 나면 두 부품은 부분 부하 $1.5l$, 한 부품이 더 고장 나면 남아 있는 한 부품은 온전한 부하 $3l$을 각각 받는다.

5.10 고장률이 0.001/시간이고 일정한 3개의 부품으로 이루어진 대기 구조에 대해 물음에 답하라.

1) 스위치가 완벽한 경우 $MTTF_S$를 구하라.
2) 스위치가 완벽하고 $t = 100$시간인 경우의 신뢰도를 구하라.
3) 스위치가 요구될 때의 고장확률이 0.001일 때 $MTTF_S$ 를 구하라.
4) 스위치가 요구될 때의 고장확률이 0.001이고 $t = 100$시간인 경우 신뢰도를 구하라.

5.11 두 부품의 직렬 구조 신뢰도가 각각 p_1, p_2 일 때 부품 수준의 중복이 시스템 수준의 중복보다 항상 우수함을 보여라.

5.12 각 부품의 신뢰도가 0.96인 3개의 부품으로 구성된 직렬 구조에서 시스템 수준의 중복과 부품 수준의 중복인 경우의 신뢰도를 구하고 서로 비교하라.

5.13 보증기간 2년(년간 운용시간 8760시간)에 대한 목표신뢰도가 0.95 인 전자제품은 4개의 중요부품으로 이루어져 있다(직렬구조 가정).

1) 유사 부품의 평균고장률이 0.010, 0.015, 0.015, 0.020 로 추정되는 경우 제품의 목표신뢰도를 만족시키는 각 부품의 목표 고장률을 구하라.

2) 각 부품의 소자 수는 100, 150, 50, 100로 주어져 있고 중요도지수는 0.9, 0.8, 1.0, 0.2이며 작동시간비율은 0.7, 1.0, 0.5, 0.2로 주어진 경우 AGREE 방법으로 각 부품의 목표신뢰도를 구하고 목표 고장률을 구하라(지수분포 가정).

5.14 위험고장 및 안전고장확률이 각각 $p_d = 10^{-3}$, $p_s = 10^{-2}$ 인 부품으로 다음과 같이 안전시스템을 설계하였을 때 시스템 위험고장확률과 안전고장확률을 구하라.

1) 부품 2개를 병렬 연결한 구조

2) 3 중 2 구조

5.15 예제 5.11에서 펌프가 대기하는 동안에도 고장이 날수 있다고 하자(부분 부하 중복, warm standby). 대기상태에서의 고장률, $\lambda_s = 0.0005/h$로서 작동상태의 고장률의 반 정도라고 한다. 대기상태에서 고장 나지 않고 작동상태로 변경된 펌프의 고장률은 $\lambda_s = 0.001/h$로 처음부터 작동된 경우와 동일하다고 하자. 이러한 시스템이 1000시간까지 고장 나지 않을 확률을 구하라.

5.16 (Barlow and Proschan 중요도 지수) 시스템을 구성하는 부품의 중요도가 다음과 같이 정의된다고 할 때 3 부품으로 이루어진 그림 5.2의 시스템에서 부품 1, 2의 중요도를 구하라(부품 1, 2, 3의 고장률이 0.01, 0.02, 003으로 주어져 있다).

$$I^{BP}(i) = \int_0^\infty I^B(i|t) f_i(t) dt$$

여기서 $f_i(t)$는 i 부품의 고장밀도함수이고 $I^B(i|t)$는 Birmbaum 중요도지수이다.

CHAPTER 6
시스템 고장해석

CHAPTER 06 시스템 고장해석

6.1 개 요

시스템은 요구되는 기능들을 수행할 수 있도록 상호 연결된 다수의 서브시스템 및 구성품으로 이루어져 있다. 시스템의 고장현상을 모형화할 때 그 구성요소로서 서브시스템 또는 구성품을 나타내기 위하여 기능블록(functional block)이란 용어를 사용한다. 시스템 성능은 작동/고장 또는 여러 가지 부분적 고장 등 시스템 상태에 의해 좌우되고 시스템 상태는 기능블록들의 상태에 의해 결정된다. 신뢰성 기술자의 주요 관심사항은 잠재적 고장을 식별하여 그 발생을 방지하는 것이다. 기능블록의 고장은 '요구되는 기능을 수행하는 능력이 종료된 것'을 말한다. 따라서 신뢰성 기술자는 모든 관련 기능 및 각 기능에 관련된 성능기준을 식별할 수 있어야 한다.

각 기능블록의 상태가 세 가지 이상인 경우는 복잡하여 시스템 고장분석에 사용하기가 상당히 제한적이다. 이 교재에서는 각 기능블록의 상태가 작동 및 고장의 두 가지 상태로 특성화되는 경우로 한정한다.

이 장에서는 먼저 공학 시스템 및 그 인터페이스(interface)를 정의하고 전체 시스템 구조를 기능블록도(functional block diagram)로 나타낸다. 이어 기능블록에 대하여 기능을 분류하고 설명한 후 고장, 고장모드 및 고장영향에 대해 살펴본다. 또한 시스템 신뢰성 분석을 위한 다음 방법들을 소개한다.

(1) 고장모드 및 영향분석(FMEA: failure mode and effects analysis)

각 기능블록의 잠재적 고장모드를 식별하고 그 고장들이 시스템에 미치는 영향을 연구하는 데 사용된다. FMEA는 기본적으로 설계자를 위한 도구이지만 보다 상세한 신뢰성 분석 및 보전계획을 위한 기초로 자주 사용된다.

(2) 고장나무분석(FTA: fault tree analysis)

고장나무(fault tree)는 특정한 시스템 고장의 원인이 되는 잠재적 고장 및 사상의 모든 가능한 결합을 그림으로 설명한다. 고장나무는 분석대상인 최상위 시스템의 고장에서 출발하여 이 고장을 발생시키는 원인을 찾아내는 연역적 접근법으로 작성된다. 여기서 고장 및 사상은 이분법의 논리적 게이트로 결합된다. 기본사상에 대한 확률적 추정값이 구해지면 고장나무를 정량적으로 평가한다.

(3) 신뢰성 블록도(reliability block diagram)

신뢰성 블록도는 여러 가지 블록들이 어떻게 시스템 기능을 만족시키는가를 보여 주는 성공 지향적인 네트워크이다. 4장에서 다룬 신뢰성 블록도를 수학적으로 기술한 구조함수는 시스템 신뢰도를 계산하는 데 사용된다.

(4) 사상나무분석(ETA: event tree analysis)

사상나무분석은 시스템이 정상적인 상태로부터 벗어난 상태인 편차로부터 시작하여 이 편차가 어떻게 진행하는지를 식별해 가는 귀납적 기법이다. 편차로 발생되는 가능한 사상들을 식별하고 이를 예방하기 위해 여러 가지 보호 장치의 기능 및 안전 기능들이 시스템에 설계된다. 여러 보호 장치에 대한 확률을 추정함으로써 사상나무의 정량적 분석을 수행할 수 있다.

(5) 베이지안 네트워크(Bayesian network)

베이지안 네트워크는 시스템 고장에 대한 잠재적 원인을 식별하고 표현하는 데 사용된다. 조직, 인간 및 기술 등의 요인에 사전 확률분포가 주어지고 베이지안 접근법에 의해 네트워크를 정량적으로 평가한다. 베이지안 네트워크에서는 항상 이분법 표현을 사용하는 것은 아니므로 고장나무보다 유연하다.

6.2 시스템 특성 및 고장

공학 시스템은 인간, 프로세스, 재료, 도구, 장비, 설비 및 소프트웨어의 복합체이며, 시스템의 구성요소들이 함께 사용되어 의도된 운용 또는 지원 환경에서 주어진 업무를 수행하거나 특정한 목적, 지원 및 임무요건을 성취한다고 정의된다(MIL-STD 882D). 그림 6.1에 나와 있듯이 공학 시스템은 인간과 인터페이스를 갖는다. 인간은 특정 기능을 통제하거나 수행하는 운용자로서 시스템을 사용하거나 지원하기 위해 청소·주유, 시험 및 수리를 행한다. 시스템의 신뢰성은 이와 같은 기능들의 인터페이스에 영향을 받는다.

공학 시스템은 그 역할과 수명주기의 단계 및 연구 목표에 따라 달리 해석할 수 있으나 일반적으로 다음 두 가지 관점에서 살펴볼 수 있다.

- 구조적 관점 : 여러 가지 서브시스템 및 구성품의 물리적 구조에 초점을 맞추어 해석된다. 일례로 TV의 서비스 요원은 주로 TV의 서브시스템 및 구성품과 이것들이 전자기파를 변환하고 전달하는 방법에 주로 관심을 갖는다.
- 기능적 관점 : 시스템의 다양한 기능과 이들 기능을 만족시키는 방법에 초점을 맞추어 해석된다. 일례로 TV 사용자는 화상 및 음성 등 주로 TV에서 얻어지는 정보에 관심을 갖는다.

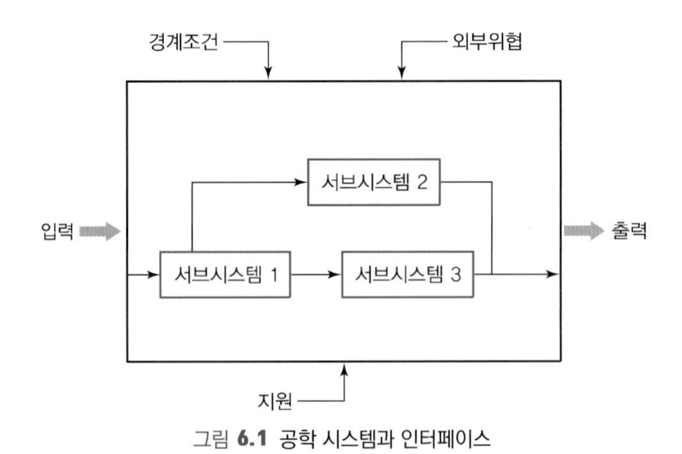

그림 **6.1** 공학 시스템과 인터페이스

새로운 시스템의 초기 설계과정에서는 요구되는 기능들을 정의하고 이 기능들을 만족시키는 시스템을 구상한다. 시스템의 구조적 및 기능적 상호관계를 나타내는 그림으로 사용 기호 및 배치가 다른 여러 형태가 있으나 대부분 기능블록도라고 불린다. 기능블록도는 FMEA혹은 RCM (reliability centered maintenance)을 위한 기초로 권장된다.

6.2.1 시스템 특성

모든 잠재고장을 식별하기 위하여, 신뢰성 기술자는 각 기능블록의 다양한 기능 및 그 기능의 성능기준을 철저하게 이해하여야 한다. 기능분석은 시스템 신뢰성 분석에서 중요한 단계로서 다음과 같은 작업이 수행된다.

- 모든 시스템 기능을 식별한다.
- 시스템의 다양한 운용 모드에서 요구되는 기능을 식별한다.
- 시스템 기능을 계층적으로 분해한다.
- 각 기능의 실현방법을 기술한다.
- 기능 간의 상호관계를 식별한다.
- 다른 시스템 및 환경과의 인터페이스를 식별한다.

기능은 기능블록의 의도된 결과로서 유일한 목적을 가지도록 정의되어야 하며 동사와 명사로 구성된 선언문으로 표현된다. 예를 들면 "흐름을 차단한다.", "용액을 저장한다.", "유체를 펌프질한다.", "신호를 전달한다." 등은 기능을 나타낸 것이다. 기능요건(functional requirement)은 기능에 관련된 성능기준의 규격이다. 예를 들면 기능이 "물을 펌프질한다."라고 하면, 기능요건은 "물의 출력이 분당 100 또는 110리터가 되어야 한다."가 될 것이다. 어떤 기능은 몇 가지 기능요건을 갖기도 한다.

(1) 기능의 분류

복잡한 시스템은 여러 가지 기능을 요구하지만 모든 기능이 동등하게 중요하지는 않다. 여러 기능의 식별 및 분석을 위해 복잡한 시스템을 구성하는 제품들의 기능을 다음과 같이 분류할 수 있다.

- 기본 기능: 의도되거나 주요한 기능으로서 보통 제품 명칭에 반영된다.
- 보조 기능: 기본 기능을 지원하는 기능으로, 예를 들면 발전소 시스템에서 수요가 적은 지역에서 많은 지역으로 전력을 배분하거나, 여분의 전력을 보관 또는 다른 전력 시스템에 판매하는 것은 보조 기능에 해당된다.
- 보호 기능: 사람과 환경을 부상 및 피해로부터 보호하기 위한 기능이다. 일례로 브레이크 메커니즘은 보호 기능을 제공하며 브레이크 기능의 고장은 주요한 사고를 발생시킬 수 있다.
- 정보 기능: 모니터링, 계측, 경고 등을 포함한다. 일례로 정보 기능을 갖는 액체 로켓 엔진의 전자 컨트롤러는 로켓발사 동안에 최고의 성능을 발휘하기 위해 초당 50번씩 성능을 평가하고 밸브를 조정한다.
- 인터페이스 기능: 해당 제품과 다른 제품과의 인터페이스를 취급한다. 일례로 액체 로켓 엔진에서 연결 케이블은 인터페이스 기능을 제공하며 연결이 끊어지면 시스템 성능은 영향을 받게 된다.
- 불필요한 기능: 자동차의 CD 플에이어와 같이 제품에 더 이상 필요 없게 되는 기능으로 시스템 변경이나 신기술의 출현 등으로 발생한다.

장비의 정비계획이나 기능 시험계획 수립과 같은 실제 응용에서는 명백한(evident) 고장과 숨은(hidden, dormant) 고장을 구별하는 것이 중요하다. 따라서 다음의 기능 분류가 필요하다.

- 온라인 기능: 계속적으로 또는 자주 운용되는 기능으로 사용자가 현재 상태에 관한 지식을 가지고 있다. 온라인 기능의 종료는 명백한 고장이 된다.
- 오프라인 기능: 단속적으로 또는 가끔 사용되어 특별한 체크나 시험이 실시된 후 가용성이 알려지는 기능이다. 오프라인 기능의 예로 비상 폐쇄 시스템의 기본 기능이 있다. 대부분의 예방 기능은 오프라인 기능이고 오프라인 기능을 수행하는 능력의 종료는 숨은 고장이 된다.

시스템 및 시스템 기능블록은 일반적으로 여러 가지 운용모드와 각 운용모드에 몇 가지 기능을 갖는다. 운용모드는 정상 운용모드, 시험모드 및 모드 간 전이 그리고 고장, 결함, 또는 작업자 실수로 유도되는 우발모드를 포함한다. 따라서 운용모드는 기능 및 고장모드를 식별하는 데 도움이 된다.

(2) 기능나무

복잡한 시스템에 대하여 기능나무(function tree)는 다양한 기능을 나무 구조로써 보여 준다. 기능나무는 계층적 분해 구조로 시스템 임무로부터 시작하여 보다 낮은 수준에서 필요한 기능들을 보여 준다. 상위 수준의 기능이 어떻게(How) 달성될 것인가를 분석함으로써 기능나무가 생성되며 이런 과정은 가장 낮은 수준에 도달할 때까지 반복된다. 또한 기능나무는 어떤 기능이 왜(Why) 필요한지 역방향으로 개발되며 시스템 수준의 기능에 도달할 때까지 반복되기도 한다. 기능나무는 여러 가지 방법으로 표현될 수 있으며 한 예가 그림 6.2에 나타나 있다.

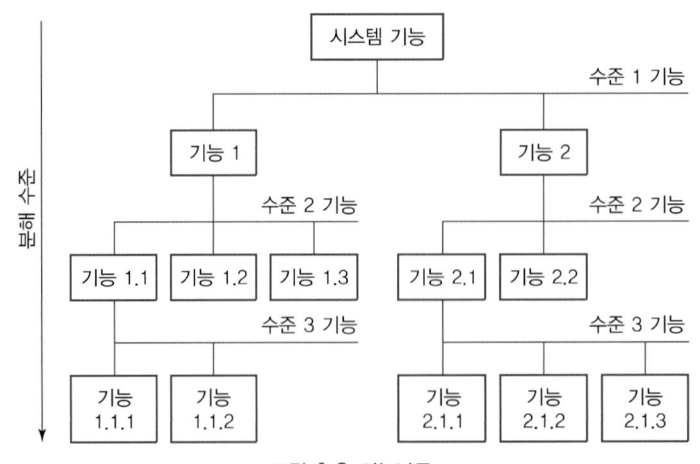

그림 **6.2** 기능나무

기능나무의 대안으로 1965년에 미국가치공학회가 기능분석시스템 기법(FAST: function analysis system technique)을 소개하였다. FAST 다이어그램은 왼쪽에서 오른쪽으로 그려진다. 왼쪽에서 시스템 기능으로 출발하여 이 기능의 달성방법(How)을 요구한다. 첫 번째 수준에서 기능들을 식별하여 다이어그램에 표기하고, 의도된 상세 수준에 도달할 때까지 How를 계속한다. 낮은 수준의 기능들은 AND 혹은 OR 관계로 연결될 수 있으며 동시에 수행되어야 하는 기능들은 수직 화살표로 표시하기도 한다. 그림 6.3은 FAST 다이어그램을 보여 준다.

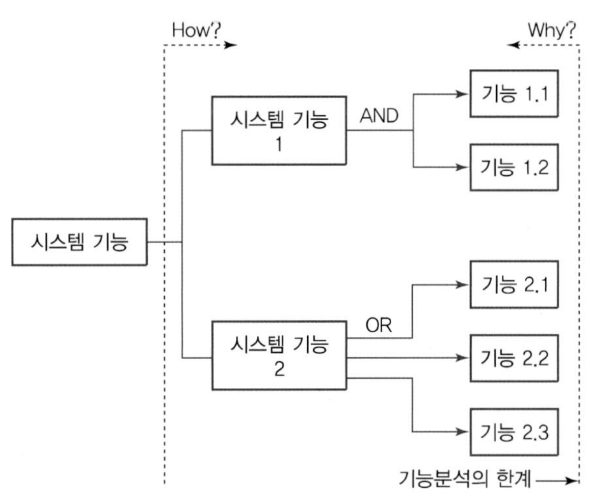

그림 **6.3** FAST 다이어그램

기존 시스템을 분석할 때는 기능 분해보다는 물리적 분해(physical breakdown)를 적용한다. 물리적 분해구조는 기능나무와 비슷하지만, 각 상자는 기능 대신에 물리적 요소를 표현한다. 물리적 요소는 부품, 운용자 및 과정을 포함한다. 각 기능이 단지 하나의 물리적 요소에 의해 수행될 때는 두 가지 접근방법이 비슷한 결과를 나타내지만, 시스템이 중복구조를 가질 때는 달라진다. 한 예로 기능 "물을 펌프질한다."가 2개의 중복 펌프로써 실현될 때, 기능나무에서는 하나의 기능으로 표현되지만 물리적 분해구조에서는 2개의 요소를 갖게 된다.

(3) 기능블록도

기능블록도에는 SADT(structured analysis and design technique), IDEF(integrated definition language) 등 여러 가지가 있으나 여기서는 D. Ross가 1973년에 소개한 SADT를 중심으로 기술한다. SADT 다이어그램에서 각 기능블록은 다음의 다섯 가지 요소로 모형화된다.

- 기능: 수행하여야 할 기능의 정의

- 입력: 기능을 수행하는 데 필요한 에너지, 재료 및 정보
- 통제: 기능이 수행되는 방법을 제한하거나 관리하는 통제 및 다른 요소들
- 메커니즘: 기능을 수행하는 데 필요한 사람, 시스템, 설비 또는 장비
- 출력: 기능의 결과

SADT 다이어그램에서 하나의 기능블록을 도시하면 그림 6.4와 같다. 어떤 기능블록의 출력은 다른 기능블록의 입력 또는 통제 요소가 될 수 있다.

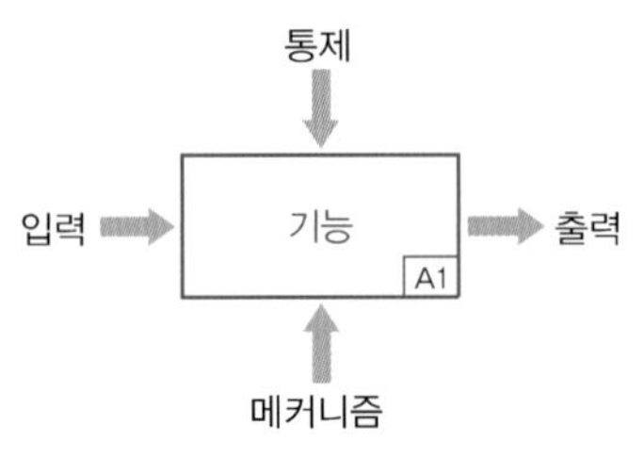

그림 **6.4** SADT 다이어그램 기능블록

SADT 모형을 작성할 때는 그림 6.5에 나와 있는 것처럼 하향식(top-down) 접근방법을 사용한다. 최상위 수준에서 시스템 기능으로 출발하여 요구되는 수준에 도달할 때까지 분해한다. 부모와 자식 간의 관계를 번호 시스템을 사용하여 계층을 유지시킨다.

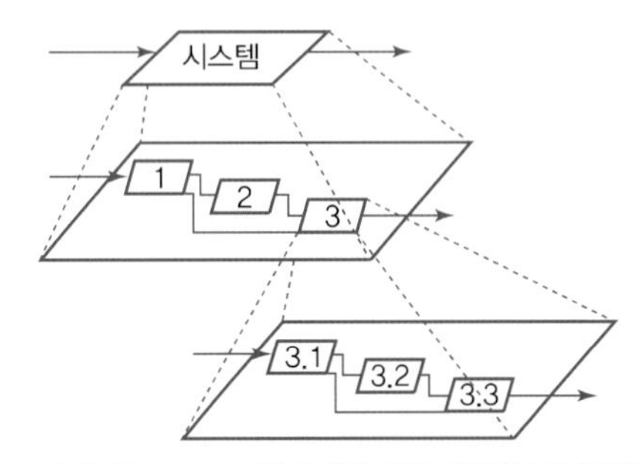

그림 **6.5** SADT 모형 작성을 위한 하향식 접근방법

기능블록도는 새로운 시스템을 위해 요구조건을 정의하고 기능을 특성화하며 요구조건 및 기능수행의 만족스러운 해를 제안하기 위한 기초로 사용된다. 기존 시스템에 대해서는 시스템이 수행하는 기능을 분석하고 기능이 성취되는 메커니즘을 기록하는 데 사용될 수 있다.

6.2.2 고장의 개념과 분류

기능블록의 요구된 기능 모두를 식별할 수 있다고 하더라도 각 기능이 여러 가지 고장모드를

가질 수 있어 모든 고장모드를 식별할 수는 없다. 고장해석을 다루기 전에 고장, 고장모드 및 고장원인에 대한 개념을 살펴보자.

(1) 고장, 결함과 오차

고장(failure)은 요구된 기능이 허용한계를 벗어나 종료되는 사건이고, 결함(fault)은 요구된 기능을 수행하지 못하는 부품의 상태를 말한다. 예방보전 또는 외부자원의 부족으로 인한 의도된 임시휴업은 고장이나 결함에서 제외된다.

고장 분석에서 고장 및 결함과 오차(error)는 구별되어야 한다. 오차는 계산된 값 또는 측정된 값과 목표값과의 차이로 정의된다. 오차는 목표값의 허용한계 내에 있으면 고장이 아니며 고장의 발단이 된다고 할 수 있다. 그림 6.6은 고장, 결함 및 오차 간의 차이를 보여 준다.

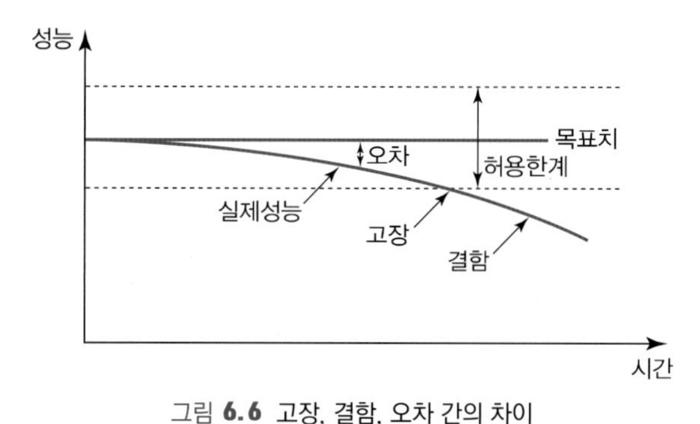

그림 **6.6** 고장, 결함, 오차 간의 차이

(2) 고장모드

고장모드는 결함의 발생을 기술한 것으로 결함유형이라고도 한다. 고장모드를 식별하기 위해 여러 가지 기능의 출력을 살펴보아야 한다. 몇몇 출력은 엄격하게 정의되어 출력 요건의 만족여부가 쉽게 결정되며 어떤 경우에는 출력이 허용한계를 갖는 목표값으로서 정의되기도 한다. 고장모드는 그림 6.7과 같이 분류될 수 있다.

- 간헐적 고장: 단지 짧은 시간 동안에 기능을 하지 못하게 되는 고장. 고장 후 즉시 기능블록은 완전한 작동 상태로 되돌아간다. 특정 조건하에서만 간헐적으로 발생하는 소프트웨어 고장이 좋은 예이다.
- 지속적 고장: 기능블록의 몇몇 부품이 교체되거나 수리될 때까지 지속되는 고장. 지속적 고장은 기능 전체가 손실을 입는 완전고장과 기능 일부가 손실을 입는 부분고장으로 나

누어진다. 이들 각각은 경고 없이 발생하는 돌발고장과 고장의 발생을 경고하는 신호와 함께 발생하는 점진적 고장이 있다. 지속적 고장의 네 가지 범주 중에서 완전고장이면서 돌발고장을 파국적(catastrophic) 고장, 부분 고장이면서 점진적 고장을 쇠퇴(degraded)고장이라고 한다.

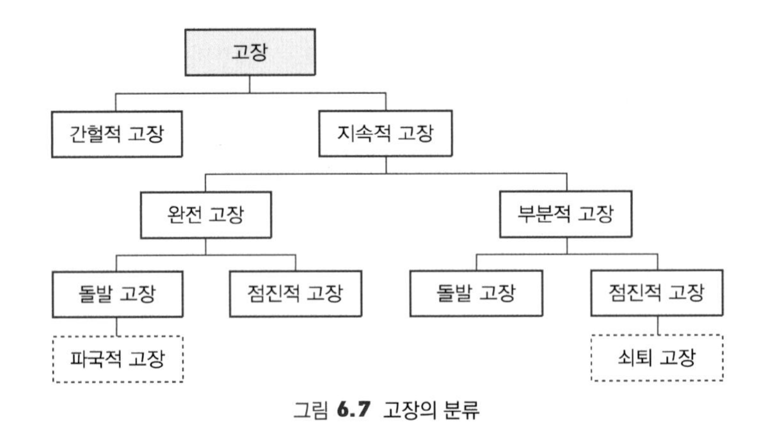

그림 **6.7** 고장의 분류

경우에 따라서는 고장을 기본고장, 2차 고장 및 명령결함(command fault)으로 분류하기도 한다. 기본고장은 기능블록의 자연적 노화에 의해 발생된 고장으로 기능상태로 되돌려야 한다. 2차 고장은 기능블록의 설계한계를 초과한 부하로부터 발생된 고장이며, 명령결함은 부적절한 통제 신호 또는 소음으로 발생된 고장으로 기능상태로 되돌릴 필요가 없다.

(3) 고장원인

고장원인은 '고장을 유발하는 설계, 제조, 또는 사용상의 환경'으로 정의된다. 고장원인은 고장 발생 또는 고장의 재발방지를 위해 필요한 정보이다. 고장원인은 시스템의 수명주기와 관련하여 그림 6.8과 같이 구분되기도 한다.

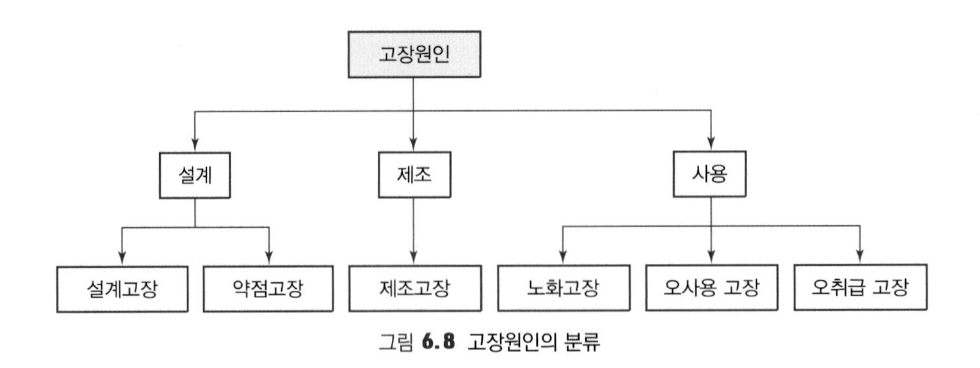

그림 **6.8** 고장원인의 분류

금속 용기를 사용하여 전기오븐에서 요리하는 것은 오사용(misusing) 고장의 좋은 예이며, 백열전구의 경우 기계적 충격으로 필라멘트가 느슨하게 되는 것은 오취급(mishandling) 고장 발생의 예가 된다. 고장은 여러 가지 동시다발적인 원인에 의해 발생할 수도 있다.

고장 메커니즘(mechanism)은 고장을 유발하는 물리적, 화학적, 또는 기타 프로세스로 정의되고, 가장 낮은 수준에서의 고장원인인 마모(wear), 부식, 경화, 피팅(pitting) 및 산화 등으로 해석된다. 고장 메커니즘을 면밀하게 분석함으로써 고장방지 대책을 세울 수 있을 것이다. 예를 들면 마모는 잘못된 재료규격(설계고장), 규격한계 외의 사용(오사용 고장), 수준 낮은 보전(오취급 고장) 등의 결과이다. 이런 원인을 근본원인(root cause)이라고 한다.

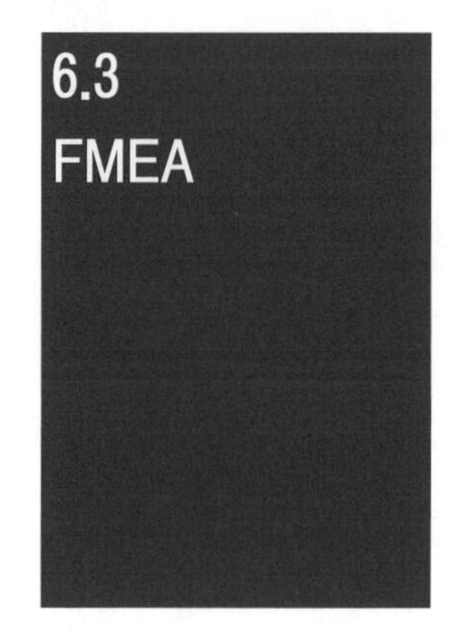

6.3 FMEA

FMEA(failure mode and effects analysis)는 고장해석을 위한 체계적 기법으로 1950년대 초 미국의 군사 시스템에서 발생 가능한 오동작 문제를 연구하기 위하여 신뢰성 기술자에 의해 개발되었다. 그 후 1960년대 중반에는 NASA에서 아폴로 인공위성을 비롯한 우주개발 계획에 FMEA를 활용하여 신뢰성 보증과 안전성 평가에 큰 성과를 얻었다. 이후 다수 일본 기업에서 TQC의 한 기법으로 FMEA를 적용하였으며, 1990년대 들어 ISO 9000, TL 9000, IATF 16949 등의 품질경영시스템과 식스시그마 품질활동 등에 있어서 품질 및 신뢰성 개선활동의 필수적인 기법으로 자리를 잡게 되었다. 또한 FMEA는 신뢰성기반보전(RCM: reliability centered maintenance)의 기본적 분석 도구이기도 하다.

6.3.1 FMEA 목표와 제품개발 과정

IEEE Std. 352에 따르면 FMEA의 목표는 다음과 같다.

- 초기 설계단계에서 고신뢰성 및 고안전성 잠재력을 가진 설계 대안을 선택하도록 돕는다.
- 예상 가능한 모든 고장모드 및 시스템 운용에 있어서 고장모드의 영향을 고려한다.
- 잠재적 고장을 나열하고 그 영향의 크기를 식별한다.
- 시험계획과 시험 및 점검(check-out) 설계에 대한 기준을 조기에 개발한다.
- 신뢰도 및 가용도 분석을 위한 기초를 제공한다.
- 향후 현장 고장분석 및 설계변경에 도움을 줄 수 있는 참고용 문서를 제공한다.

- 절충(trade-off)을 위한 입력 자료를 제공한다.
- 시정조치의 우선순위를 결정하는 기초를 제공한다.
- 중복, 고장검출 시스템, 고장-안전(fail-safe) 특성 및 사동/수동 장치와 관련된 설계요선을 객관적으로 평가한다.

FMEA는 초기 개념설계 단계부터 제품개발 과정에 통합되어야 하고 이후 개발단계 및 운용단계에서 갱신되어야 한다. 설계단계의 FMEA는 설계자에 의해 작성되어야 하고 신뢰성 요건을 충족시키기 위해 개선이 필요한 설계영역을 찾아내는 것이 주요한 목적이다. 갱신된 FMEA는 설계심사 및 검사를 위한 중요한 기초 자료가 된다. 그림 6.9는 제품개발 단계에서의 FMEA 활동을 도시하고 있다.

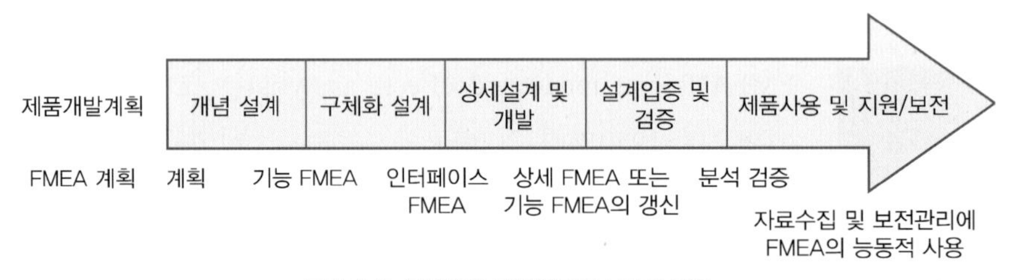

그림 **6.9** 제품개발 단계에서의 FMEA 활동

개념설계 단계에서는 새로운 제품의 주요 기능이 알려지고 요구되는 하위 기능이 식별되어 그림 6.2와 같은 기능나무로 나타난다. 이 단계에서는 아직 하드웨어적인 해법이 알려지지 않으며 기능 FMEA를 이용하여 기능 계층의 각 기능에 대한 잠재고장을 식별하고 평가한다. 따라서 기능 FMEA를 하향식 FMEA라고도 한다. 구체화(형상)설계 단계에서는 인터페이스 FMEA를 실시해야 한다. 인터페이스 FMEA에서는 주로 구성품과 서브시스템 간의 상호 연결과 특히 별도의 팀에 의해 설계된 구성품이나 서브시스템을 집중적으로 분석한다. 상세설계 및 개발 단계에서는 여러 가지 기능에 대하여 하드웨어 및 소프트웨어적인 해법을 결정한다. 또 하드웨어 또는 소프트웨어 단위를 표시하는 상자로 구성된 시스템 분해구조를 작성한다. 중간 규모의 시스템에서도 FMEA의 작업량이 상당하므로 어느 수준까지 분해할 것인지 결정하는 것은 어려운 일이다. 고장률 추정값을 수집할 수 있는 수준까지 분해하는 것이 일반적인 규칙이다. 가장 낮은 분해 수준에서 모든 구성품의 목록이 준비된다.

시스템 분해구조가 작성되면 상세 FMEA를 실시한다. 상세 FMEA는 가장 낮은 분해 수준에서 시작하여 모든 잠재고장을 식별하고 난 뒤 계층구조를 따라 상향식(bottom-up)으로 진행한다. 따라서 상세 FMEA를 상향식 FMEA라고 한다.

하드웨어 및 소프트웨어 구조가 결정되었을 때에도 하향식 접근법을 사용할 경우가 있다. 이 경우, 하향식 접근법에서는 분석이 두 단계로 실시된다. 첫 번째 단계에서는 시스템을 다수의 서브시스템으로 나누고 서브시스템의 필요한 기능 및 유사한 장비에 대한 경험에 근거하여 서브시스템의 가능한 고장모드 및 고장영향을 식별한다. 두 번째 단계에서는 각 서브시스템 내 구성품을 분석한다. 어떤 구성품이 치명적 고장모드를 갖지 않으면 그 서브시스템에 대하여 더 이상 분석하지 않는다. 이와 같은 하향식 접근법은 분석에 요구되는 시간과 노력을 절약할 수 있지만 서브시스템의 모든 고장모드를 찾아내기 어렵다는 단점이 있다.

FMEA는 보전계획 및 운용에 관한 유용한 정보를 포함하고 있다. 따라서 FMEA는 보전계획 시스템에 통합되고 시스템 고장 및 기능불량의 검출에 따라 수정 및 보완되기도 한다. FMEA와 관련된 국제표준으로는 IEC 60812와 AIAG(2008)의 참고 매뉴얼(4판) 등이 있다. 최근 미국의 AIAG(Automotive Industry Active Group: 자동차 산업 실무협회)와 독일의 VDA(Verband der Automobilindustrie: 독일 자동차협회)가 그들의 OEM 및 1차 협력업체 등의 참여 하에 기존 FMEA 매뉴얼을 통합하여 2019년에 AIAG & VDA 핸드북을 발간한 바가 있다. 자동차 업계에서 널리 활용되고 있는 AIAG(2008)에서는 FMEA를 시스템 FMEA, 설계 FMEA(DFMEA) 및 공정 FMEA(PFMEA)로 분류하고 있다.

6.3.2 FMEA 실시과정

FMEA를 실시하기 위하여 시스템의 목적 및 운용 제약조건을 이해하여야 한다. IEEE Std. 352에 의하면 FMEA는 다음과 같은 질문에 답할 수 있어야 한다.

- 각 부품에서 어떻게 고장이 발생하는가?
- 어떤 메커니즘이 이러한 고장모드의 원인인가?
- 고장이 발생하면 그 영향은 무엇인가?
- 고장결과는 안전한가? 또는 안전하지 못한가?
- 고장은 어떻게 검출되는가?
- 설계상에서 고장을 경감하기 위하여 어떤 고유한 방지대책을 세우고 있는가?

분석은 다음과 같이 실시된다.

- 시스템의 정의 및 한계 설정(시스템 영역 내의 구성품 확인)
- 시스템의 주요 기능 정의
- 시스템 운용모드의 표현
- 시스템을 효과적으로 취급할 수 있도록 서브시스템으로 분해

- 서브시스템 간 상호관계를 결정하기 위해 시스템 기능 다이어그램 및 도면 검토. 이들 상호 관계는 각 서브시스템이 하나의 기능블록에 대응되는 기능블록도로 나타낼 수 있다.
- 각 서브시스템에 대한 완선한 구성품 목록 준비
- 시스템 및 그 운용에 영향을 미치는 운용 및 환경적 부하를 기술하고 이들을 검토하여 시스템 및 그 구성품에 미치는 악영향 결정

효과적인 신뢰성 평가를 위하여 FMEA는 지속적으로 반복하여 실시하고 수정 및 보완되어야 한다. FMEA 양식으로는 고장모드-고장원인-고장영향-검지법 차례로 전개되는 표 6.1의 MIL-STD-1629A와 고장모드-고장영향-고장원인-현 설계관리 차례로 전개되는 표 6.2의 AIAG 양식 등이 있다. 여기서는 그림 6.10의 일반적인 양식을 기초로 상세 FMEA의 주요사항을 설명한다.

표 **6.1** 설계 FMEA 양식: MIL-STD-1629A

FMEA 용지

- 시스템:
- 분해수준:
- 참조도면:
- 임무:

- 작성일자:
- 페이지: /
- 작성자:
- 승인자:

식별 번호	아이템 또는 기능명	기능	고장 모드	고장 원인	임무단계 /작동모드	고장영향			검지법	보정 수단	심각도	비고
						국부적 영향	상위수준 영향	최종품 영향				

표 **6.2** 설계 FMEA 양식: AIAG

고장모드 및 영향분석
(설계 FMEA)

_______시스템　　FMEA 번호 ___________　　_______________ 하위시스템
페이지 _____of______　　구성품 _______________　　설계책임 _______________　　작성자 _______________
모델년도/차종 ______　　완료예정일 ___________　　FMEA 최초작성일 _________　　최근개정일 ______　　핵심팀 _____

부품/기능	잠재적 고장 모드	고장의 잠재적 영향	심각도	분류	고장의 잠재적 원인/메커니즘	발생도	현 설계 관리	검출도	위험 우선 점수	권고 조치 사항	책임 및 목표 완료 예정일	조사결과				
												조치내용 및 완료일	심각도	발생도	검출도	위험 우선 점수

고장모드 및 영향분석(FMEA)											
시스템: 참고도면 번호:					작성자: 작성 연월일:					페이지: /	
대상품목			고장			고장 영향		고장률	심각도	대책	의견
참고 번호	기능	운용 모드	고장 모드	고장원인/ 메커니즘	검출도	서브 시스템	시스템 기능				
(1)	(2)	(3)	(4)	(5)	(6)	(7)	(8)	(9)	(10)	(11)	(12)

그림 **6.10** FMEA 양식의 예

(1) 참고번호

대상 단위 또는 참고도면의 이름을 기입한다.

(2) 기능

대상 단위의 기능을 기술한다.

(3) 운용모드

가동 혹은 대기 등 운용모드를 기입한다. 운용모드의 구분이 필요 없을 경우 이 항목은 삭제된다.

(4) 고장모드

각 구성품의 기능 및 운용모드에 대하여 모든 고장모드를 식별하고 기록한다. 고장모드는 기능에 열거된 요구기능을 만족시키지 못하는 것으로 정의된다.

(5) 고장원인 및 메커니즘

식별된 고장모드를 유발할 수 있는 고장 메커니즘을 기록하고 다른 고장원인도 기록한다. 모든 잠재적 고장원인을 찾기 위하여 인터페이스 및 기능블록의 입력을 검토한다.

(6) 고장검출

경고(alarm), 시험, 인간지각 등을 포함한 고장모드의 검출 가능성을 기록한다. 명백한 고장으로 불리는 고장모드는 발생 즉시 검출된다. 예를 들면 가동 중인 운용모드에서 펌프의 고장모드 '가동중단'은 명백한 고장이다. 또 다른 고장형태로는 시험기간 동안에만 검출되는 잠복고장이 있다. 대기 운용모드에서 펌프의 고장모드 '시동고장'은 잠복고장의 예가 된다.

(7) 동일한 서브시스템 내 다른 구성품에 끼치는 영향

고장모드가 서브시스템 내 다른 구성품에 미치는 모든 주요 영향을 기록한다.

(8) 시스템 기능에 끼치는 영향

고장모드가 시스템 기능에 미치는 모든 주요 영향을 기록한다. 고장 후 시스템이 작동하는가 혹은 다른 운용모드로 전환되는가 등의 운용상태를 기록한다. 경우에 따라 항목 (7) 및 (8)을 안전에 끼치는 영향 및 가용성에 끼치는 영향으로 대체하기도 한다.

(9) 고장률

각 고장모드에 대한 고장률을 기록한다. 대부분의 경우 다음과 같이 고장률을 좀 더 광범위한 범주로 분류하는 것이 적절하다.

- 희박함(very unlikely): 1000년에 한 번 또는 더 드물게
- 낮음(remote): 100년에 한 번
- 보통(occasional): 10년에 한 번
- 높음(probable): 1년에 한 번
- 매우 높음(frequent): 1달에 한 번 또는 더 자주

각 고장모드에 관련된 고장률은 운용모드에 따라 달라진다. 예를 들면 밸브의 고장모드 '누출'은 밸브가 열릴 때보다 닫힐 때 발생 가능성이 높아진다.

고장률(발생도)은 시스템의 설계수명 동안에 발생할 수 있는 부품고장들에 대한 누적된 추정치를 등급으로 표시한 것이다. 만약 해당부품의 이 값을 추정할 수 없다면, 그 부품의 설계수명 동안 고장원인에 열거된 원인과 그 고장모드가 발생할 가능성으로 판단한다.

(10) 심각도

고장모드의 심각도는 부상정도, 재산피해, 또는 궁극적으로 발생하는 최악의 잠재적 결과를 의미한다. 고장은 그 심각도에 따라 다음과 같은 범주로 분류할 수 있다.

- 파국적(catastrophic): 사망 또는 부상을 초래하거나 의도된 임무수행을 방해할 수 있는 고장
- 치명적(critical): 허용한계를 초과하여 전체 성능을 저하시키고 위험을 초래하는 고장. 즉각적인 시정조치가 취해지지 않으면 사망 또는 부상을 유발할 수 있음
- 심각(major): 허용한계를 초과하여 전체 성능을 저하시키지만 대안에 의해 적절하게 통제될 수 있는 고장
- 사소(minor): 전체 성능을 저하시키지만 허용한계를 초과하지 않는 고장

(11) 위험감소 대책

고장을 수리하고 기능을 회복시키거나 심각한 결과를 방지하는 가능한 조치를 기록한다. 고장모드의 발생빈도를 감소시킬 수 있는 조치도 기록한다.

(12) 의견

다른 항목에 포함되지 않은 적절한 정보를 기록한다.

고장률 및 심각도를 결합하여 그림 6.11에 나와 있는 바와 같이 위험행렬에서 고장모드의 치명도에 순위를 매길 수 있다. 이 위험행렬은 5개 범주의 고장률과 4개 범주의 심각도로 나뉜다. 가장 치명적인 고장은 위험행렬의 우측 상단에, 가장 덜 치명적인 고장은 좌측 하단에 나타난다.

또한 관리 및 시정조치의 우선순위를 나타내는 *RPN*(risk priority number)을 활용하기도 한다. *RPN*은 잠재적 고장의 상대적 평가 척도로서 심각도, 발생도 및 검출도로 구성되며, 각 구성요소별로 정도에 따라 1~10등급의 단계로 구분되어 있다. *RPN*은 식 (6.1)과 같이 계산되며 1과 1000 사이의 값을 가진다.

$$RPN = \text{심각도(S)} \times \text{발생도(O)} \times \text{검출도(D)} \tag{6.1}$$

*RPN*이 높을수록 위험수준이 높다. 통상 RPN이 100이상인 경우에 조치를 취하여야 하며(엄격한 기준은 아님), 심각도가 9 또는 10인 경우는 우선적으로 조치를 취해야 한다. AIAG(2008)에서는 설계 FMEA(DFMEA)을 위한 심각도, 발생도 및 검출도의 평가기준을 다음 표 6.3~6.5와 같이 제시하였다.

FMEA 실시 과정 중에서 보다 상세한 설명이 필요한 부분(대상 시스템 범위 결정, 기능전개, 고장모드 추출, 고장등급 결정방법 등)에 대해서는 서순근(2018)을 참조하기 바란다.

고장률	심각도			
	사소	심각	치명적	파국적
매우 높음				
높음				
보통	(×)			
낮음		(×)		
희박함	(×)		(×)	

그림 **6.11** 위험행렬

표 **6.3** 심각도 평가기준

영 향	기 준	등 급
안전, 법적 요구사항을 충족시키지 못함	잠재적 고장형태가 경고 없이 영향을 미치거나 정부 법규에 대하여 불일치 사항을 포함	10
	잠재적 고장형태가 경고를 하면서 영향을 미치거나 정부 법규에 대하여 불일치 사항이 포함	9
주요 기능의 상실/저하	주요 기능 상실(제품 작동 불능)	8
	주요 기능 저하(제품은 작동하지만 주요 성능이 떨어짐)	7
보조 기능의 상실/저하	보조 기능 상실(제품은 작동하지만 편의 기능 불능)	6
	보조 기능 저하(제품은 작동하지만 편의 기능 저하)	5
고객불편	대부분의 고객(75% 이상)에 의해 인지되는 결함	4
	평균적인 고객(50% 정도)에 의해 인지되는 결함	3
	예민한 고객(25% 이하)에 의해 인지되는 결함	2
영향 없음	인지할 수 있는 영향 없음	1

표 **6.4** 발생도 평가기준

고장 가능성	고장가능 비율	등 급
매우 높음	10개 중 1개 이상	10
	20개 중 1개	9
높음	50개 중 1개	8
	100개 중 1개	7
보통	500개 중 1개	6
	2,000개 중 1개	5
	10,000개 중 1개	4
낮음	100,000개 중 1개	3
	1,000,000개 중 1개	2
매우 낮음	예방관리 통해 고장이 제거됨	1

표 6.5 검출도 평가기준

검출기회	검출가능성	기준: 설계관리에 의한 검출 가능성	등 급
검출 기회 없음	거의 불가능	설계관리가 없음; 검출 불가능	10
설계의 어느 단계에서도 검출될 것 같지 않음	매우 희박	검출능력이 취약함; 모의실험분석(예: CAE, FEA 등)의 조건이 실제 작업조건과 관련이 없음	9
설계 확정 후 양산전	희 박	설계 확정 후 및 양산 전에 합격/불합격 시험으로 제품검증/타당성 확인으로 검출 가능	8
	매우 낮음	설계 확정 후 및 양산 전에 고장 시험으로 제품검증/타당성 확인으로 검출 가능	7
	낮 음	설계 확정 후 및 양산 전에 성능저하 시험으로 제품검증/타당성 확인으로 검출 가능	6
설계 확정 전	보 통	설계 확정 전에 합격/불합격 시험으로 제품검증/타당성 확인으로 검출 가능	5
	다소 높음	설계 확정 전에 고장 시험으로 제품검증/타당성 확인으로 검출 가능	4
	높 음	설계 확정 전에 성능저하 시험으로 제품검증/타당성 확인으로 검출 가능	3
모의실험분석으로 검출 가능	매우 높음	검출능력이 뛰어남; 설계 확정 이전에 모의실험분석(예, CAE, FEA 등)으로 검출 가능	2
고장예방으로 검출 불필요	거의 확실	설계 해결책을 통하여 철저히 예방되었기 때문에 고장모드가 발생할 수 없음	1

예제 6.1

AIAG(2008) 절차에 따라 자동차 앞 문 어셈블리에 대한 설계 FMEA(DFMEA)의 RPN을 구하도록 하자. 자동차 앞 문 어셈블리는 다음과 같이 여러 가지 기능요건을 갖는다(자동차의 입·출구를 제공, 탑승자를 날씨, 소음, 측면 충격으로부터 보호, 거울, 경첩, 걸쇠, 창문 조절장치를 포함한 하드웨어에 고정수단을 제공, 외관 아이템(페인트, 트림)에 적절한 표면 제공, 내부 문 패널의 무결성 보전). 최종 DFMEA는 모든 기능요건을 분석하여야 하나 여기서는 '내부 문 패널의 무결성 보전' 기능요건에 대한 RPN만을 기술한다.

분석대상은 왁스를 문 패널 내에 수동으로 적용하는 것이며 요구사항은 내부 문 하부 표면을 왁스로 규격 두께까지 덮는 것이다. 특정 표면 위에 불충분한 왁스의 적용범위가 잠재적 고장모드가 되며 고장의 잠재적 영향으로 내부 문 패널의 무결성 위반, 내부 하부 문 패널의 부식, 문의 저하된 수명을 들 수 있다.

잠재적 고장모드가 고객에게 미치는 영향의 심각성을 표 6.3 심각도 평가기준에 따라 등급 7로 평가한다. 잠재적 고장모드에 대한 원인을 고장 메커니즘에 초점을 두고 파악한다. 고장의 잠재적 원인은 '충분히 삽입되지 않은 수동으로 삽입된 스프레이 헤드', '너무 높은 점성, 너무 낮은 온도 및 압력으로 막힘 현상의 스프레이 헤드', '충격으로 인한 변형된 스프레이 헤드' 및 '스프레이 시간의 불충분성'이 된다. 예상되는 고장원인에 의해 잠재 고장모드가 발생할 가능성 정도를 표 6.4 평가기준에 따라 발생도를 평가한다. 고장원인 '충분히 삽입되지 않은 수동으로 삽입된 스프레이 헤드'의 발생도는 과거 엔지니어 경험과 유사한 제품(부품)의 고장발생률에 의해 등급 8로 평가된다. 나머지 고장원인에 대해서도 각각 등급 5, 2, 5로 주어진다.
검출도는 현재 설계관리 방법으로 고장의 원인/메커니즘을 검출할 가능성을 나타낸다. 표 6.5 검출도 평가기준에 의해 각 고장원인을 평가한 결과 각각 등급 5, 5, 5, 7로 평가한다. 따라서 각 고장원인에 대한 RPN은 280, 175, 70, 245로 산출된다.

6.3.3 FMEA 실시 사례

평소 자전거를 타면 여러 종류의 고장이 발생하여 곤란을 겪을 때가 많다. 그 중에서도 자전거의 구동부와 관련된 고장이 큰 비중을 차지한다. 산악용 자전거에 FMEA를 적용한 사례의 일부분(수행단계의 미완성된 양식)이 그림 6.12에 나타나 있다. 고장원인으로 몇 가지가 조사되었으며, 이 중 완성단계에서 RPN(고장률에 의해 발생도 산출)이 가장 큰 고장원인은 '체결볼트 파손으로 인한 페달작동 불능'이며 다음으로 큰 고장원인은 기어 부분의 '충돌로 인한 기어작동 불능'이었다. 이들에 대한 대책 안을 마련하여 실시한 후에 다시 RPN을 조사하여 만족할 만한 수준으로 나타내어야 한다.

6.3.4 응용분야

방위산업, 항공우주산업 및 자동차산업 등 여러 분야에서 시스템 설계과정에 FMEA를 통합하고 FMEA 양식을 시스템 문서화의 일부분으로 요구하고 있다. 일반적으로 자동차 생산업체는 협력업체로 하여금 제품 및 공정 FMEA를 요구한다. 제품 FMEA는 기술 품목들의 상세한 FMEA이고 공정 FMEA는 제조공정을 분석한 것으로 제조 시스템의 고장을 분석하여 조치함으로써 제품 품질에 영향을 미치지 않도록 하기 위한 것이다. 시스템 설계단계의 FMEA는 초기 약점 및 잠재 고장을 찾아내어 설계변경 및 방지책을 마련할 수 있도록 하는 것이 목적이다. FMEA의 결과는 시스템 변경과 보전계획에도 유용하다.

초기 항공산업 분야에서 도입된 RCM(reliability centered maintenance)은 다양한 새로운 항공 시스템의 계획적 보전활동의 기초를 형성하였다. 오늘날 RCM은 여러 산업분야에서 보전계획을 위한 기술로 사용되고 있으며, 특히 원자력 발전소 및 대륙붕 석유/가스산업에 많이 적용되고 있다.

고장모드 및 영향분석(FMEA)

시스템: 산악용 자전거 체인 조립체 작성자: 홍길동

참고도면 번호: A-001 작성 연월일: 2019. 08. 28 페이지: 1/3

대상품목			고장			고장 영향		고장률	심각도	대책	의견
참고번호	기능	운용모드	고장모드	고장원인/메커니즘	검출	서브시스템	시스템기능				
1.a	자전거 동력 조정장치		동력발생 불가	동력발생부의 페달, 베어링, 또는 기어의 고장		동력 발생부, 전달부	자전거 동력, 구동력 발생	0.0004257			
1.b			동력전달 불가	동력발생부의 체인, 변속기, 또는 베어링의 고장							
1.c											
1.d											
1.e											
1.1.a	자전거 동력발생		페달작동 불능	페달파손 또는 이탈		페달, 베어링, 기어	발의 힘을 회전력으로 전환	0.0002715			
1.1.b			회전력제공 불량	베어링고착 또는 마모							
1.1.c			기어작동 불량	기어파손 또는 힘							
1.1.1.a	발의 힘을 회전력으로 변환		파손	충돌	3			0.02	4		
			이탈	체결볼트 파손	4				5	볼트 체결 강구	
1.1.2.a	지지 및 원활한 회전		고착	윤활유 소진	1				3		
			마모	재질불량	1				1		
1.1.3.a	회전운동을 직선운동으로 변환		파손	이물질 침투	1				3		
			힘	충돌	3				5	안전 보호판 설치	
1.2.a	자전거 구동력 발생		체인작동 불능	체인이탈 및 절손							
1.2.b			회전비변환 불능	변속기고착 및 변속불가							
1.2.c			회전력제공 불량	베어링고착 및 마모							
1.2.1.a	직선운동을 회전운동으로 변환		이탈	스프링력 손실							

그림 **6.12** 산악용 자전거 FMEA 사례

FMEA는 RCM을 위한 기본 도구 가운데 하나이다. 또한 FMEA 양식에는 모든 고장모드, 고장 메커니즘 및 증상이 기록되므로 고장 진단 과정 및 수리공의 체크리스트를 위한 기초로서 가치 있는 정보를 제공한다(8.7.1절 참조).

FMEA는 시스템 고장이 단일 구성품 고장에 의해 유발될 경우에 매우 효과적으로 적용할 수 있다. FMEA에서는 각 고장이 시스템 내 다른 고장에 관계없이 독립적으로 발생하는 것으로 간주한다. 따라서 어느 정도 이상의 중복구조를 갖는 시스템 분석에는 FMEA보다 FTA가 더 나은 대안이 된다. FMEA는 주로 하드웨어 고장에 집중하므로 인간의 오류를 적절하게 고려하지 못하는 한계점을 가지고 있다. 또한 별로 중요하지 않은 부품을 포함하여 모든 구성품 고장을 검토하고 문서화하는 것이 가장 큰 약점이다. 특히 중복구조가 많은 대형 시스템의 경우 불필요한 문서화 작업은 주요 단점이 된다.

6.3.5 치명도 분석과 공정FMEA

(1) 치명도 분석

MIL-STD-1629A에서 제안된 치명도 분석(CA: criticality analysis)은 FMEA에서 추출된 고장모드와 아이템의 순위를 결정하는 방법으로 고장 발생수준과 심각도의 영향을 조합한 방법이다. MIL-STD-1629A에서는 6.3.2절에서 다룬 위험행렬에 의한 정성적인 치명도 분석법 외에 이 소절에서 설명되는 고장률과 동격인 치명도 지수(critical number)를 이용한 준 정량적 치명도 분석법을 소개하고 있다. 고장모드의 영향에 치명도나 우선순위가 주어지면 FMEA는 FMECA(failure mode, effects, and criticality analysis)가 된다.

정량적 분석을 위한 고장률 데이터는 계약 시 신뢰도 및 보전도 분석에 사용된 것과 동일한 것으로 실적자료, 유사 제품의 고장률, MIL-HDBK-217의 자료 등을 이용한다.

이런 치명도 분석자료는 설계 신뢰성 분석뿐만 아니라 PHA, FTA 및 고장보전분석 등에 기본 자료로 사용되며, 표 6.6에는 치명도 분석 양식이 수록되어 있다. FMEA와 유사한 항목은 생략하고 CA에 관련된 항목에 대해 설명한다.

아이템의 치명도(C_r)는 아이템의 모든 고장모드나 고장등급이 높은 고장모드에 대한 치명도(C_m)의 합인데, 10^6회 또는 사용시간당 아이템의 고장횟수로서 다음 식과 같이 계산된다.

$$C_r = \sum_{j=1}^{N} (\beta \cdot \alpha \cdot K_E \cdot K_A \cdot \lambda_b \cdot t)_j \times 10^6 \tag{6.2}$$

여기서, N: 아이템의 치명적 고장모드의 수

표 **6.6** 치명도(CA) 양식

• 시스템: • 분해수준: • 참조도면: • 임무:				치명도 분석(CA)									• 작성일자: • 페이지: / • 작성자: • 승인자:
아이템 번호	아이템 / 기능명	기능	고장 모드 및 원인	임무 단계/ 작동 모드	치명도 평가								
					고장 데이터 원전	고장영향 확률 (β)	고장 모드 비 (α)	환경 계수 (K_E)	운용 계수 (K_A)	기본 고장률 (λ_b)	운용 시간 (t)	고장모드 치명도 (C_m)	아이템 지명도 (C_r)

K_E : 운용 시의 환경조건의 보정계수

K_A : 운용 시의 고장률 보정계수

β: 특정 고장모드의 발생 시 시스템의 임무손실 등 치명적 고장이 발생할 조건부 확률로 4등급의 범주(치명손실: $\beta=1$, 중손실: $0.1<\beta<1$, 경손실: $0<\beta \le 0.1$, 비손실: $\beta=0$)로 구분하여 분석자가 판단함

α: 특정 고장모드의 부품 고장률(λ_p)에 대한 비율

λ_b: 신뢰성 데이터 정보원으로부터 얻어진 기본 고장률, 이에 K_E와 K_A를 곱해 λ_p가 산출됨

t: 시스템의 정의 시 임무 당 아이템의 작동시간 또는 사이클 수

C_m: 고장모드의 치명도, $C_m = \beta \cdot \alpha \cdot \lambda_p \cdot t(\times 10^6)$

전자·전기계에서는 K_E와 K_A 값을 구할 수 있는 경우가 많으나, 기계계에서는 그렇지 않으므로 이를 생략(즉, '1'이 되어 $\lambda_p = \lambda_b$)할 수 있다.

치명도 해석을 위해서는 정량적 데이터가 필요하므로 고장 데이터를 수집·해석하여 고장률을 명확하게 알고 있어야 한다. 따라서 신규로 설계된 제품의 평가에는 어려움이 많아 FMEA만을 사용하고 FMECA는 잘 사용하지 않는다.

예제 6.2

다음의 기초자료를 가지고 추진시스템의 아이템, 파이럿 밸브와 릴리프 밸브의 고장모드 치명도 C_m과 아이템 치명도 C_r을 계산하라.

표 6.7의 계산결과와 같이 파일럿 밸브의 C_r는 710, 릴리프 밸브의 C_r는 34가 되어 전자가 더 중요한 아이템이 된다. 아이템 별로 중요한 고장등급만 포함되어 있어 고장모드 비(α)를 더한 값이 '1'이 되지 않는 현상이 발생하고 있다.

표 **6.7** 예제 6.2의 치명도 분석 결과

치명도 분석(CA)

- 시스템: 추진시스템
- 분해수준:
- 참조도면:
- 임무:

- 작성일자:
- 페이지: /
- 작성자:
- 승인자:

아이템 번호	아이템 / 기능명	기능	고장 모드 및 원인	임무 단계/ 작동 모드	고장 영향	치명도 평가								
						고장 데이터 원전	고장 영향 확률(β)	고장 모드 비 (α)	환경 계수 (K_E)	운용 계수 (K_A)	기본 고장률 (λ_b)	운용 시간 (t)	고장모드 치명도 (C_m)	아이템 지명도 (C_r)
파일럿 밸브			폐쇄고장	추력 비행	치명 손실	MIL-HDBK-217	1.0	0.1	50	100	0.05×10^{-6}	10	250	710
			개방상태 유지실패	상동	중 손실	〃	0.6	0.1	〃	〃	〃	〃	150	
			폐쇄상태 유지실패	상동	치명 손실	〃	1.0	0.1	〃	〃	〃	〃	250	
			외부누설	상동	중 손실	〃	0.4	0.6	〃	〃	〃	〃	60	
릴리프 밸브			폐쇄상태 유지실패	상동	중 손실	〃	0.5	0.1	〃	〃	〃	〃	25	34
			외부누설	상동	경 손실	〃	0.03	0.6	〃	〃	〃	〃	9	

(2) 공정 FMEA

설계 FMEA는 제품설계의 부적합과 고장을 대상으로 하고 있으나, 설계가 적절하게 수행되더라도 제조과정에서 의도된 품질과 신뢰성이 반드시 달성되는 것은 아니다. 예를 들면 밀봉 전에 전해 콘덴서의 소자를 맨손으로 만지면 염분이 들어가 사용 중에 전극이 부식하여 펑크 등의 원인이 되며, 정전기 제거 밴드가 없는 반도체를 만지는 경우 정전기에 의해 제품이 파손되는 원인이 된다.

이런 부적합 상태를 대상으로 사전에 검토할 경우에 공정 FMEA(PFMEA)가 사용된다. 설계와 공정 FMEA의 기본적 이론과 절차가 동일하므로 여기서는 양자 간 다른 점만을 설명한다.

우선 설계 FMEA(DFMEA)에서는 상위 시스템을 부품 수준으로 전개하지만, 공정 FMEA에서는 공정이 작업들의 집합이므로 대상 공정을 단위작업으로 전개한다. 따라서 공정 FMEA의 준비를 위해서는 공정을 이해하기 위한 표준이나 문서(공정흐름도, 작업순서도 등)가 요구되며 (Carlson, 2012), 설계 FMEA 양식과 거의 유사한 공정 FMEA 양식에 단위작업을 흐름순서대로 기입한다.

다음으로 고장모드는 공정의 부적합(불량) 모드나 문제 모드에 해당되므로 5M(man, machine, material, method, measurement) 관점에서 단위작업별로 예상되는 부적합을 추출한다. 특별히 사람의 작업이 포함되는 공정에서는 인간에러를 고려해야 한다. 따라서 공정 FMEA의 고장(부적합)모드는 작업실수 유형에 작업실수의 원인인 에러모드가 부적합 모드의 원인에 해당된다.

공정 문제가 발생할 때 공정자체에 대한 영향과 이 공정에서 취급되는 제품에 대한 영향을 모두 고려해야 한다. RPN을 구할 때는 설계 FMEA와 마찬가지로 심각도(고객과 조립/제품에 대한 영향으로 구분), 발생도(공정능력지수를 적용하기도 함) 및 검출도를 고려하여 산정한다. 여기서 고장모드의 심각도 등급은 고객(제품)과 자동차 공정(제조·조립)에 대한 영향을 모두 검토하여 높은 등급을 그 고장모드의 심각도 등급으로 선택한다. 특히 공정이상이 검출되지 않을 경우에는 대량의 부적합품(불량품)이 생산되므로 공정 FMEA에서는 검출도가 주요 지표가 된다. 한편 설계 FMEA와 마찬가지로 공정 FMEA에서도 문제점에 대한 권고 시정조치를 강구하고 지속적으로 개선활동을 하여야 한다.

PFMEA는 공정에서 발생가능한 고장(부적합)모드와 고장(부적합)원인에 초점을 맞추며, 가능한 많은 잠재적 부적합모드를 찾아내어 공정을 잘 이해할 수 있게 한다. 그리고 PFMEA에서는 설계는 완전하다고 전제하며, 양산 이전단계에서 수행한다. 공정 FMEA의 핵심 요소로는 PFMEA 양식 외에 공정흐름도(PFD: process flow diagram)와 공정관리계획(PCP: process control plan)이 있다.

PFD 대용으로 각 공정을 기능으로 표현한 6.2.1절에서 소개된 IDEF와 SADT가 활용가능하다. PCP는 PFD와 PFMEA를 기반으로 작성되며, 개발된 PFMEA 정보 검토와 더불어 추가정보로 인해 필요할 수 있는 특수한 관리방법을 찾고 제품이나 공정에 적용되는 관리방법을 확인하며 제품과 공정의 특정 품질에 관심을 가진다. PFMEA는 서비스 업무에도 활용할 수 있다.

6.4 FTA

FTA(fault tree analysis)는 1962년 벨 전화 연구소의 H. Watson에 의해 대륙간 탄도미사일 발사 시스템의 안전도 평가와 관련하여 고안되었다. 이후 1965년 보잉 항공사의 D. Hassel이 정성적 및 정량적 FTA 기법을 개선하고 컴퓨터 프로그램을 소개하였다. 오늘날 FTA는 위험 및 신뢰성 연구를 위한 가장 보편적인 기법 중의 하나이다. 특히 FTA는 반응로 안전도 연구 등 원자력 발전소의 안전 시스템을 분석하는 데 성공적으로 사용되고 있다. FTA는 분석 목표에 따라 다음과 같이 정성적, 정량적, 또는 양쪽 모두의 분석 결과를 제공할 수 있다.

- 시스템 내 치명적 사상으로 귀결되는 환경조건, 인간실수, 정규사건 및 구성품 고장의 가능한 조합을 나열
- 치명적 사상이 특정 시간 구간 내에서 발생할 확률

FTA는 시스템의 고장 또는 오작동과 같은 바람직하지 않은 결과를 나타내는 정상사상(top event)과 원인들의 관계를 하향식(top-down)으로 표시하는 체계적인 고장분석 방법이다. 또한 FTA는 시스템의 중요한 손실 또는 안전에 악영향을 초래할 수 있는 모든 가능한 사상과 그 인과관계를 밝히는 데 사용되고, 시스템의 설계심사, 환경변화에 따른 안전평가, 신뢰도 개선 등에 이용된다.

고장나무는 시스템 내 잠재적 치명사상(사고)과 환경조건, 인간에러, 일반적인 사건 및 특정한 구성품 고장 등 원인 간의 상호관계를 표시한 논리적 그림이다. 고장나무는 정적 고장나무(SFT: static or standard fault tree)와 동적 고장나무(DFT: dynamic fault tree)로 구분된다. SFT에서는 기본 구성요소들의 한정적 종속 관계만을 수용하지만, DFT에서는 시간 요구사항을 추가하여 SFT를 확장시킨 것이다. 먼저 SFT를 중심으로 FTA를 설명하고 난 뒤 DFT를 살펴본다.

6.4.1 FTA의 분석절차

FTA는 정상사상으로 불리는 특정한 시스템 고장이나 사건으로부터 시작하는 연역적 기법이다. 정상사상을 유발하는 원인사상을 A_1, A_2, ...로 식별하고 AND 게이트와 OR 게이트 등의 논리기호를 사용하여 정상사상과 연결시킨다. 다음으로 사상 $A_i (i = 1, 2, ...)$를 유발하는 모든 잠재원인사상을 식별하고 논리기호로 사상 A_i와 연결시킨다. 이와 같은 과정을 가장 낮은 수준의 사상인 기본사상(basic event)에 도달할 때까지 계속한다.

FTA는 모든 사상에 대하여 발생하거나 발생하지 않는다고 가정하는 이분(binary)분석에 의해 진행된다. 표 6.8에 고장나무에서 사용되는 기호와 의미에 대하여 요약하였다. FTA는 일반적으로 다음의 다섯 단계를 거쳐 진행된다.

① 문제와 경계조건을 정의한다.
② 고장나무를 작성한다.

③ 최소절단집합 및 경로집합을 식별한다.
④ 고장나무의 정성적 분석을 실시한다.
⑤ 고장나무의 정량적 분석을 실시한다.

표 **6.8** 고장나무의 기호

구 분	기호	의미
논리 게이트	OR 게이트 / AND 게이트 (A; E_1 E_2 E_3 / A; E_1 E_2 E_3)	• OR 게이트: 입력사상 중에서 단지 하나의 사상이 발생하여도 출력사상 A가 발생한다. • AND 게이트: 모든 입력사상 E_i가 동시에 발생할 때에만 출력사상 A가 발생한다.
입력사상	기본사상 / 생략사상	• 기본사상: 기본적인 고장 또는 기본부품의 고장을 나타낸다. • 생략사상: 원인이 충분히 밝혀지지 않은 고장사상을 나타낸다. 정보의 부족 또는 결과가 유의하지 않아 근본적인 고장원인들을 고려할 필요가 없는 사상을 의미한다.
표현	해설 사각형	추가정보가 요구될 때 사용한다.
전이기호	전이출력 / 전이입력	고장나무의 작성 시 동일 부분이 반복되지 않도록 하기 위하여 사용되고, 삼각형 꼭지점의 선은 전이출력을, 삼각형 변의 선은 전이입력을 나타낸다.

6.4.2 고장나무의 작성

FTA 실시과정의 첫 번째 활동은 분석해야 할 치명적 사상(사고)과 분석을 위한 경계조건을 정의하는 것이다. 치명적 사상(사고)은 정상사상이라고도 하는데 이를 명확하게 정의하는 것은 매우 중요하다. 예를 들면 '공장에서의 화재'라는 표현은 너무 광범위하고 모호하여 FTA에는 부적절한 정의이다. 정상사상은 What, Where 및 When 질문에 답할 수 있도록 명확하고 구체적으로 정의되어야 한다.

- What: 어떤 종류의 치명적 사상이 발생하는가? (예: 화재)
- Where: 치명적 사상이 어디에서 발생하는가? (예: 공정 산화반응기 내)
- When: 치명적 사상이 언제 발생하는가? (예: 정상운용 중)

따라서 이 경우 '공정 산화반응기 내 정상운용 중 화재'가 보다 정확하게 표현된 것이다. 또한 일관된 분석을 위하여 다음의 경계조건을 주의 깊게 정의하여야 한다.

- 시스템의 물리적 경계: 시스템의 어느 부분이 분석에 포함되고 어느 부분이 포함되지 않는가?
- 초기조건: 정상사상이 발생할 때 시스템의 운용상태는 어떠한가? 시스템이 최대/저하된 용량에서 운전되는가? 어떤 밸브가 개방/폐쇄되었나? 어떤 펌프가 작동하고 있는가?
- 외부 부하에 관한 경계조건: 어떤 형태의 외부 부하가 분석에 포함되어야 하는가? 여기서 외부 부하는 전쟁, 파업, 지진, 번개 등을 의미한다.
- 분해 수준: 고장상태에 대한 잠재적 원인을 식별하기 위해 어느 상세 수준까지 내려가야 하는가? 예를 들면 '밸브고장'으로 원인이 식별되었을 때 만족할 것인가 아니면 밸브 하우징, 밸브 막대, 구동장치 등의 고장이라는 보다 더 상세한 수준까지 분해하여야 하는가? 가용한 정보의 상세 수준과 비교하여 고장나무의 분해 수준을 결정하여야 한다.

고장나무의 작성은 항상 정상사상으로부터 시작된다. 정상사상으로 귀결되는 직접적이고 필요충분한 원인들을 조심스럽게 식별하고 논리 게이트로 정상사상에 연결한다. 정상사상 바로 밑의 첫 수준을 구조화된 방법으로 작성하는 것이 중요하다. 이 첫 수준, 즉 정상 구조원인들은 보통 시스템의 주요 모듈 및 주요 기능의 고장으로 구성된다. 규정된 분해 수준에 이를 때까지 수준별로 전개되어 모든 고장사상이 나타나게 된다. 분석은 "이 사상에 대한 원인은 무엇인가?"라는 질문을 반복적으로 하면서 연역적으로 이루어진다.

고장나무는 다음 규칙에 따라 작성한다.

(1) 고장사상을 기술한다.

각 기본사상에 대하여 주석 난에 무엇을, 언제, 어디서를 명확하게 기술하여야 한다.

(2) 고장사상을 평가한다.

고장사상은 기술적 고장, 인간의 실수, 또는 환경적 부하와 같이 다른 형태일 수 있다. 기술적 고장은 1차 고장, 2차 고장 및 명령결함으로 나누어진다. 구성품의 1차 고장은 통상 기본사상으로 분류되고 2차 고장 및 명령결함은 조사가 더 요구되는 중간 사상으로 분류된다. 고장사상을 평가할 때, "이 고장이 1차 고장이 되는가?"라는 질문을 하고 답이 '예'이면, 그 고장사상을 '정규' 기본사상으로 분류하며, 아닐 경우에는 더 전개하여야 하는 중간 사상 또는 2차 기본사상으로 분류한다. 2차 기본사상은 미전개사상이라고 불리며 정보가 부족하거나 그 결과가 중요하지 않기 때문에 더 이상 검토되지 않는 고장사상을 나타낸다.

(3) 게이트를 완성시킨다.

다음 게이트로 진행하기 전에 각 게이트의 모든 입력을 완전하게 정의하고 표현해야 한다. 고장나무를 수준별로 완성하고 각 수준은 다음 수준을 시작하기 전에 완성되어야 한다.

6.4.3 부울대수와 고장나무의 축소

고장나무는 시스템의 구성요소들을 논리적인 그림으로 표현한다. 고장나무는 여러 기본 부품의 고장과 정상사상의 논리적 관계를 AND 게이트, OR 게이트 등 정적 게이트를 사용하여 나타낸다. 여기서는 주로 OR 게이트와 AND 게이트를 중심으로 설명한다. OR 게이트와 AND 게이트를 수학적으로 표현하기 위하여 부록 H의 부울(Boolean)대수를 이용한다.

(1) OR 게이트

OR 게이트는 기호 '+', '∪' 또는 '∨'로 표시하며(여기서는 '∨'로 표기) 입력사상들의 합집합을 의미한다. 2개의 입력사상 B_1과 B_2를 갖는 OR 게이트를 도시하면 그림 6.13과 같으며 출력사건 B_0를 부울대수로 표시하면 다음과 같다.

$$B_0 = B_1 \vee B_2$$

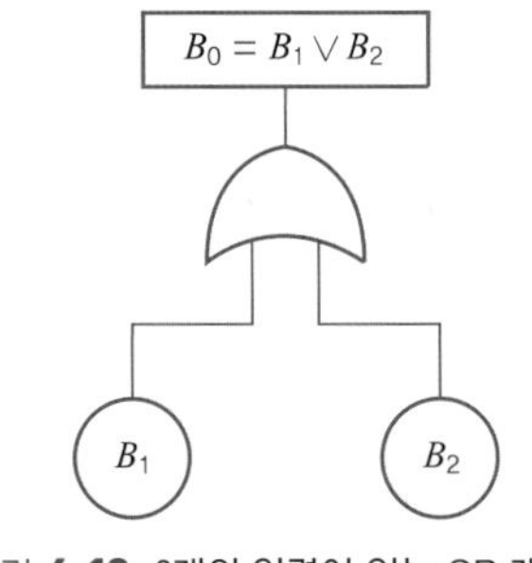

그림 **6.13** 2개의 입력이 있는 OR 게이트

(2) AND 게이트

부울대수에서 AND 게이트는 기호 '·', '∩' 또는 '∧'로 표시하며(여기서는 '∧'로 표기) 입력사상들의 교집합을 의미한다. 그림 6.14는 2개의 입력사상 B_1과 B_2를 갖는 AND 게이트를 도시하고 있다. AND 게이트의 출력사상 B_0는 부울대수에서 다음과 같이 표시된다.

$$B_0 = B_1 \wedge B_2$$

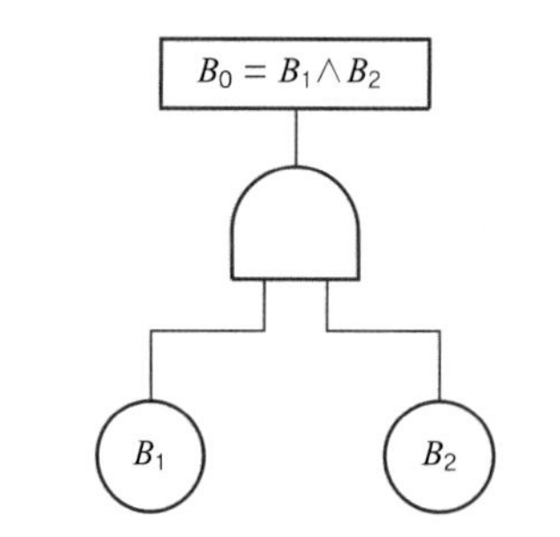

그림 **6.14** 2개의 입력이 있는 AND 게이트

(3) 기타 정적 게이트

정적 게이트에는 OR 게이트와 AND 게이트 외 여러 가지 논리 게이트가 있는데, 표 6.9에 그들의 기호와 의미가 정리되어 있다.

표 **6.9** 기타 정적 논리 게이트의 기호와 의미

기 호	명 칭	설 명
	배타적 OR (XOR)게이트	입력사상 중 어느 것 하나라도 발생하면 출력사상이 발생한다.
m	다수결(majority vote) 게이트	n개 동일한 입력사상 중 $m(m > n/2)$개 이상의 입력사상이 발생하면 출력사상이 발생한다.
	제약(inhibit) 게이트	복수의 입력사상 중 1개가 조건부 발생하고 동시에 나머지 입력사상이 발생하면 출력사상이 발생한다.
	NOT 게이트	입력사상이 발생하지 않으면 출력사상이 발생한다.
	NOR 게이트	전체 입력사상이 발생하지 않을 때에만 출력사상이 발생한다.
	NAND 게이트	입력사상 중 적어도 1개가 발생하지 않으면 출력사상이 발생한다.

고장나무를 단순화하는 과정을 살펴보자. 그림 6.15에서 알파벳 문자들은 고장사상들을 나타낸다. A_1, A_2, A_3와 C는 기본 고장사상이고 B_0, B_1, B_2는 중간 고장사상, T는 정상사상을 나타내고 있다.

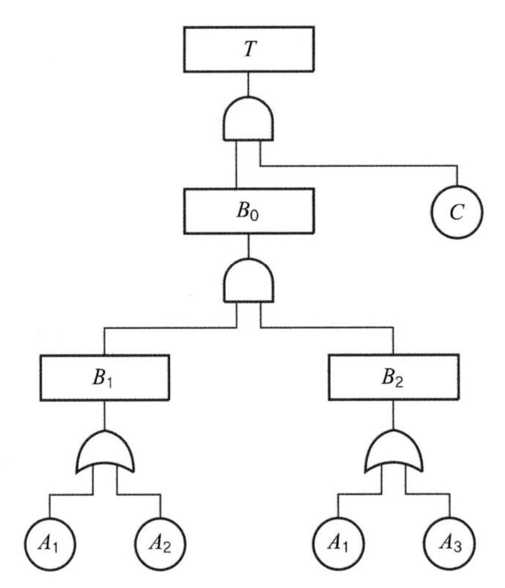

그림 **6.15** 중복된 사상이 있는 고장나무

그림 6.15에서 기본 고장사상 A_1이 중복되어 있다. 이와 같이 중복된 사상들이 있으면 부울대수의 기본 성질을 이용하여 고장나무를 단순화할 수 있다. 그림 6.15의 고장나무를 부울대수로 표현하면 다음과 같다.

$$T = C \wedge B_0 \tag{6.3}$$

$$B_0 = B_1 \wedge B_2 \tag{6.4}$$

$$B_1 = A_1 \vee A_2 \tag{6.5}$$

$$B_2 = A_1 \vee A_3 \tag{6.6}$$

식 (6.4)~(6.6)을 식 (6.3)에 대입하면 다음과 같이 표현된다.

$$T = C \wedge (A_1 \vee A_2) \wedge (A_1 \vee A_3) \tag{6.7}$$

부울대수의 기본 성질(부록 H 참조)을 식 (6.7)에 적용하면 다음과 같이 단순화할 수 있다.

$$T = C \wedge [A_1 \vee (A_2 \wedge A_3)] \tag{6.8}$$

식 (6.8)로부터 그림 6.15의 고장나무는 그림 6.16에 있는 고장나무로 축소된다. 이와 같이 고장나무에 중복된 사건들이 있으면 정량적으로 평가하기 전에 고장나무를 단순화하여야 한다.

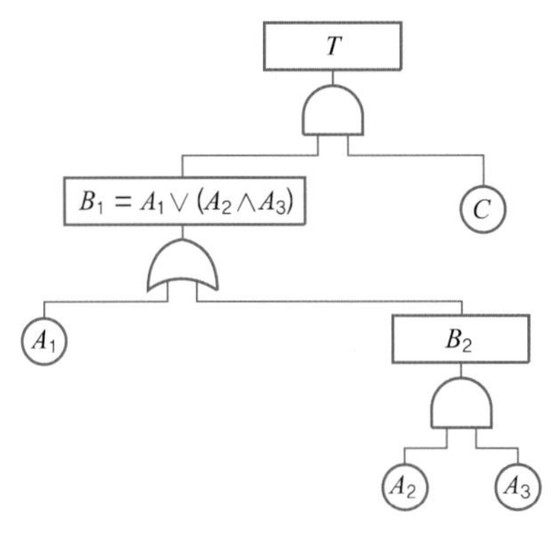

그림 **6.16** 단순화된 고장나무

6.4.4 고장나무의 최소절단집합과 최소경로집합

고장나무는 정상사상으로 귀결되는 고장사상의 가능한 조합에 관한 가치 있는 정보를 제공한다. 정상사상으로 귀결되는 기본사상들의 집합을 절단집합(cut set)이라 하며, 더 이상 축소될 수 없는 절단집합을 최소절단집합(minimal cut set)이라 한다.

작고 간단한 고장나무에서는 최소절단집합을 식별하는 것이 어렵지 않지만 규모가 크고 복잡한 고장나무에서는 효율적인 알고리즘이 필요하게 된다. MOCUS(method for obtaining cut sets)는 매우 효율적으로 최소절단집합을 구하는 알고리즘이다. MOCUS는 정상사상으로부터 AND 게이트와 OR 게이트를 입력사상들로 교체하면서 기본사상들의 목록행렬(list matrix)이 작성될 때까지 하향식으로 진행된다. 그 결과 얻어진 최종 목록행렬의 각 행은 하나의 절단집합을 나타낸다. 이 알고리즘의 중요한 특징은 AND 게이트는 절단집합의 크기를 증가시키고 OR 게이트는 절단집합의 수를 증가시킨다는 점이다. MOCUS 알고리즘의 절차는 다음과 같다.

① 각 논리 게이트를 영문자로 표시한다.

② 기본사상들에 번호를 부여한다.

③ 정상사상을 목록행렬의 1행 1열에 배치한다.

④ 논리 게이트에 대하여 다음 방법에 따라 목록행렬의 원소를 교체한다.

- OR 게이트 대신에 입력사상들을 수직으로 배열한다.
- AND 게이트 대신에 입력사상들을 수평으로 배열한다.

⑤ 모든 논리 게이트가 기본사상으로 교체되면, 다른 절단집합을 포함하는 초집합(super set)을 제거하여 최소절단집합을 구한다.

예제 6.3

그림 6.17의 고장나무를 살펴보자. 고장나무에서 정상 및 중간 사상은 GT로, 기본사상은 숫자로 표시되어 있다. 알고리즘은 정상사상 GT0부터 시작한다.

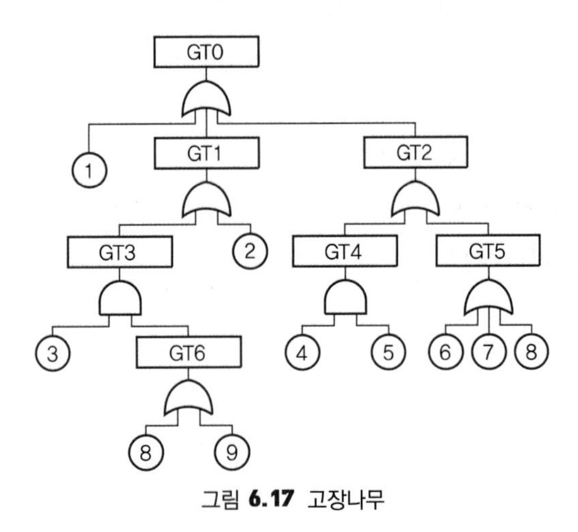

그림 **6.17** 고장나무

정상사상 GT0가 OR 게이트이므로 입력사상 1, GT1, GT2를 수직으로 배치하여 다음과 같이 한 열의 서로 다른 행에 배치한다.

1 GT1 GT2	1단계

OR 게이트의 입력사상들은 각각 출력사상을 발생시키므로 목록행렬의 각 행에 있는 GT0의 입력사상들은 GT0를 발생시킬 수 있는 절단집합의 원소가 된다. 이제 앞에서 설명한 알고리즘의 절차를 따라 최소절단집합을 구해 보자. 완전한 목록행렬을 구하기 위해 중간사상 GT1 및 GT2를 입력사상으로 교체하면 다음과 같이 된다.

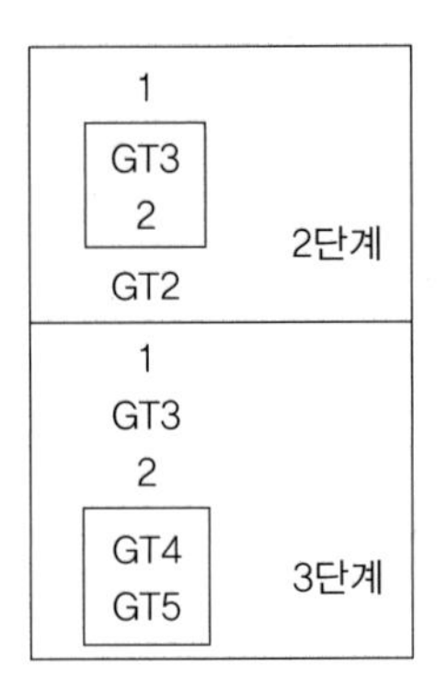

GT3는 AND 게이트로 연결되어 있고 아래에 4단계로 표시된 박스 부분과 같이 입력사상들을 수평으로 교체한다.

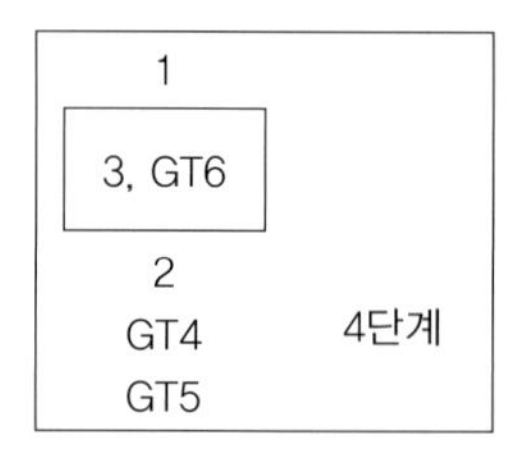

마찬가지 방법으로 중간사상 GT4와 GT5를 입력사상으로 교체한 결과가 5단계와 6단계에 표시되어 있다.

1
3, GT6
2
4, 5
GT5
5단계

1
3, GT6
2
4, 5
6
7
8
6단계

6단계에서는 중간사상 GT6가 OR 게이트로 연결되어 있어 입력사상 8과 9(7단계로 표시됨)로 교체된다.

1
3, 8
3, 9
2
4, 5
6
7
8
7단계

이제 모든 중간사상이 기본사상으로 교체되었으므로, 목록행렬에서 다른 집합을 포함하는 초집합을 제거하고 최소절단집합을 구한다. 절단집합 {3, 8}은 단일사상으로 이루어진 절단집합 {8}이 있으므로 최소절단집합이 아니다. 따라서 이를 제거하면 모든 최소절단집합 {1}, {2}, {6}, {7}, {8}, {3,

9}, {4, 5}를 얻게 된다. 만일 최종 목록행렬에서 중복된 사건이 없으면 구해진 절단집합이 최소절단 집합이며, 그렇지 않으면 최종 목록행렬에서 그 집합을 제거한다.

시스템이 제대로 동작하기 위해서 작동되어야만 하는 구성품들의 조합을 경로집합(path set)이라 하는데, 고장나무에서는 이들의 비발생이 정상사상의 비발생을 보증하는 기본사상들의 집합으로 정의된다. 그리고 최소경로집합(minimal path set)은 그 집합이 경로집합으로 유지되는 최소 집합이다.

고장나무에서 최소경로집합을 찾기 위하여 소위 쌍대(dual)고장나무 개념을 도입한다. 이는 원고장나무에서 AND 게이트와 OR 게이트를 각각 OR 게이트와 AND 게이트로 교체하고 원고장나무의 여사상을 쌍대고장나무의 사상으로 둔다. 이후 최소절단집합을 구하는 알고리즘을 그대로 적용하여 최소경로집합을 구할 수 있다.

6.4.5 고장나무의 정량적 분석

고장나무에 n개의 기본사상이 있다고 하고 상태변수를 다음과 같이 정의하자.

$$Y_i(t)=\begin{cases}1 & \text{시점 } t\text{에서 기본사상 } i\text{가 발생할 때} \\ 0 & \text{다른 경우}\end{cases}, \quad i=1,2,\ldots,n$$

시점 t에서 고장나무의 상태벡터를 $\mathbf{Y}(t)=(Y_1(t), Y_2(t), \ldots, Y_n(t))$ 라 하자. 정량적 분석의 목적은 정상사상의 확률을 결정하는 것이다. 시점 t에서 정상사상의 상태는 이진변수 $\Psi(\mathbf{Y}(t))$로 표현된다.

$$\Psi(Y(t))=\begin{cases}1 & \text{시점 } t\text{에서 정상사상이 발생할 때} \\ 0 & \text{다른 경우}\end{cases}$$

모든 n개 기본사상의 상태를 알면 정상사상의 발생여부를 알 수 있다고 가정하면, $\Psi(\mathbf{Y}(t))$는

$$\Psi(\mathbf{Y}(t))=\Psi(Y_1(t), Y_2(t), \ldots, Y_n(t))$$

로 나타낼 수 있다. 여기서 함수 $\Psi(\mathbf{Y}(t))$를 고장나무의 구조함수라 한다.

한편 기본사상 $i\,(i=1, 2, \ldots, n)$ 가 시점 t에서 발생할 확률을 $q_i(t)$라고 하면

$$\Pr(Y_i(t))=1)=E(Y_i(t))=q_i(t), \qquad i=1, 2, \ldots, n$$

이다. 고장나무에서 기본사상 및 정상사상은 실제로는 사상이 아니라 상태이므로 '기본사상 i가

시점 t에서 발생한다'는 다소 잘못된 표현이다. 여기서 사상이 시점 t에서 발생한다는 것은 시점 t에서 대응되는 상태가 존재한다는 것을 의미한다.

같은 방법으로 정상사상(시스템 고장)이 시점 t에서 발생할 확률 $Q_0(t)$를 구하면 다음과 같다.

$$Q_0(t) = \Pr(\Psi(Y(t)) = 1) = E(\Psi(Y(t)))$$

$q_i(t)$는 시점 t에서 구성품 i의 불신뢰도인 반면에 $Q_0(t)$는 시스템의 불신뢰도이다. $p_i(t)$는 구성품 i가 시점 t에서 작동상태에 있을 확률이라 하자. 기본사상 $i\,(i = 1, 2, ..., n)$는 시스템 내 구성품 i가 고장상태에 있음을 의미하므로

$$\Pr(Y_i(t)) = 1) = q_i(t) = 1 - p_i(t)\,, \quad i = 1, 2, ..., n$$

이다. 시스템 신뢰도를 $p_i(t)$들의 함수 $h(\mathbf{p}(t))$로 나타내면 $Q_0(t)$는

$$Q_0(t) = 1 - h(\mathbf{p}(t)) = 1 - h(1 - q_1(t), 1 - q_2(t), \cdots, 1 - q_n(t)) \tag{6.9}$$

와 같이 $q_i(t)$만의 함수로 나타낼 수 있다.

이제 고장나무에서 사상의 확률을 구해 보기로 하자. 먼저 그림 6.14와 같이 AND 게이트로 연결된 시스템의 경우 모든 기본사상 B_1, B_2, ..., B_n이 동시에 발생해야만 정상사상이 발생하고 구조함수는 다음과 같다.

$$\Psi(\mathbf{Y}(t)) = Y_1(t) \cdot Y_2(t) \cdots Y_n(t) = \prod_{i=1}^{n} Y_i(t)$$

따라서 기본사상이 모두 독립이라 한다면

$$\begin{aligned} Q_0(t) &= E[\Psi(\mathbf{Y}(t))] = E(Y_1(t) \cdot Y_2(t) \cdots Y_n(t)) \\ &= E(Y_1(t)) \cdot E(Y_2(t)) \cdots E(Y_n(t)) \\ &= q_1(t) \cdot q_2(t) \cdots q_n(t) = \prod_{i=1}^{n} q_i(t) \end{aligned} \tag{6.10}$$

과 같이 정상사상이 발생할 확률(시스템 불신뢰도)을 구할 수 있다.

다음으로 그림 6.13과 같이 OR 게이트로 연결되어 있는 시스템의 경우 기본사상 B_1, B_2, ..., B_n 중 최소한 하나가 발생하면 정상사상이 발생하고 구조함수는 다음과 같다.

$$\begin{aligned} \Psi(\mathbf{Y}(t)) &= \coprod_{i=1}^{n} Y_i(t) \\ &= 1 - \prod_{i=1}^{n} (1 - Y_i(t)) \end{aligned}$$

따라서 기본사상이 모두 독립이라 가정하면 정상사상이 발생할 확률은 다음과 같다.

$$Q_0(t) = E(\Psi(\mathbf{Y}(t))) = 1 - \prod_{i=1}^{n} E(1 - Y_i(t)) \tag{6.11}$$
$$= 1 - \prod_{i=1}^{n}(1 - E(Y_i(t))) = 1 - \prod_{i=1}^{n}(1 - q_i(t))$$

AND 게이트와 OR 게이트 외 대표적인 정적 게이트들에 대한 불신뢰도를 계산하는 식이 표 6.10에 정리되어 있다.

표 **6.10** 기타 정적 게이트들의 불신뢰도 계산식

게이트	불신뢰도
배타적 OR 게이트	$n=2$ 일 경우, $Q_0(t) = q_1(t)[1-q_2(t)] + q_2(t)[1-q_1(t)]$ n개의 하위사상이 있을 경우, $Q_0(t) = \sum_{i=1}^{n} q_i(t) \prod_{j \neq i}^{n} [1-q_j(t)]$
다수결 게이트	$n > m \geq 1$ 이고, $Q_0(t) = 1 - \sum_{i=0}^{m-1} \binom{n}{i} [1-q(t)]^i [q(t)]^{n-i}$
NOR 게이트	$Q_0(t) = \prod_{i=1}^{n} [1-q_i(t)]$
NAND 게이트	$Q_0(t) = 1 - \prod_{i=1}^{n} q_i(t)$

대부분의 경우 구조함수에 의한 $Q_0(t)$의 계산은 시간이 많이 걸리는 귀찮은 작업이다. 여기서 $Q_0(t)$의 근사적인 계산법을 소개한다. k개의 최소절단집합 $K_1, K_2, \ldots, K_k$를 갖는 시스템(고장나무)을 고려해 보자. 이 시스템은 그림 6.18의 신뢰성 블록도에 도시된 것처럼 k개의 최소절단이 직렬로 연결된 구조로 표현된다.

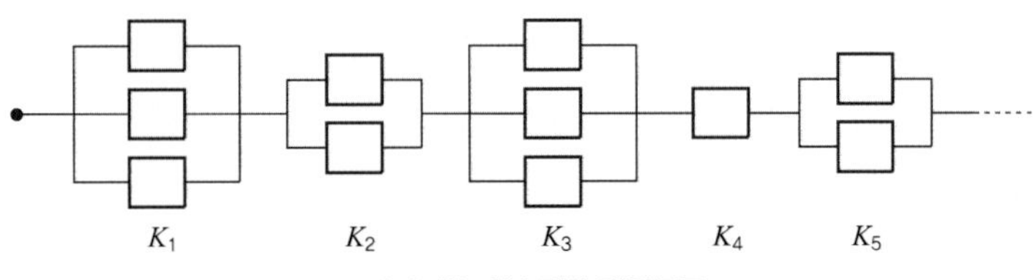

그림 **6.18** 최소절단 직렬구조

이 시스템은 k개의 최소절단 중 최소한 하나라도 고장이 나면 정상사상(고장)이 발생한다. 하나의 최소절단은 그 안의 모든 기본사상이 동시에 발생할 때 고장이 발생한다. 여기서 주의할 사항은 여러 최소절단에 동일한 기본사상이 입력될 수 있으므로 각 기본사상이 독립이라 하더라

도 최소절단들은 서로 독립이 아닐 수도 있다는 점이다.

기본사상이 서로 독립이라고 한다면 최소절단집합 j가 시점 t에서 고장 날 확률 $\breve{Q}_j(t)$는

$$\breve{Q}_j(t) = \prod_{i \in K_j} q_i(t)$$

이다. 만약 k개의 최소절단이 서로 독립이면 다음 식이 성립하게 된다.

$$Q_0(t) = \coprod_{j=1} \breve{Q}_j(t) = 1 - \prod_{j=1}^{k} (1 - \breve{Q}_j(t))$$

그러나 동일한 기본사상이 여러 최소절단집합에 포함될 수 있으므로 최소절단집합들은 양의 종속관계가 있어 다음 관계식을 갖게 된다(4.7절 참조).

$$Q_0(t) \leq 1 - \prod_{j=1}^{k} (1 - \breve{Q}_j(t))$$

이 식은 시스템 고장 확률에 대한 상한을 제공하며, 특히 모든 $q_i(t)$가 매우 작으면 좋은 근사값을 제공한다.

$$Q_0(t) \approx 1 - \prod_{j=1}^{k} (1 - \breve{Q}_j(t))$$

이와 같은 근사법을 상한근사법이라 하며 다수의 FTA 컴퓨터 프로그램(예: CARA Fault Tree)에서 사용된다. 그러나 $q_i(t)$ 중 하나라도 10^{-2}보다 클 때에는 조심스럽게 사용하여야 한다.

실제 응용에서는 시스템 구조를 고장나무에 의해서 모형화할 것인지 혹은 신뢰성 블록도에 의해서 모형화할 것인지를 선택해야 한다. 고장나무가 OR 게이트 및 AND 게이트에 국한될 경우, 두 방법은 동일한 결과를 나타내며 고장나무를 신뢰성 블록도로 전환시킬 수 있으며 그 역도 성립한다.

신뢰성 블록도에서 블록을 통한 연결은 블록에 의해 표현되는 구성품이 작동한다는 것을 의미한다. 다시 말하면 구성품의 하나 혹은 특정한 고장모드군들이 발생하지 않는다는 것을 의미한다. 고장나무에서의 기본사상은 구성품의 고장모드 혹은 고장모드군의 발생이라고 할 수 있다. 고장나무에서 정상사상은 시스템 고장을 나타낸다. 신뢰성 블록도의 직렬구조는 고장나무에서 모든 기본사상들이 OR 게이트를 통해서 연결된 것과 동일하다. 구성품 1, 구성품 2, 또는 구성품 n 중 하나라도 고장 나면 정상사상이 발생하게 된다. 그림 6.19에 신뢰성 블록도와 고장나무 간의 관계가 예시되어 있다.

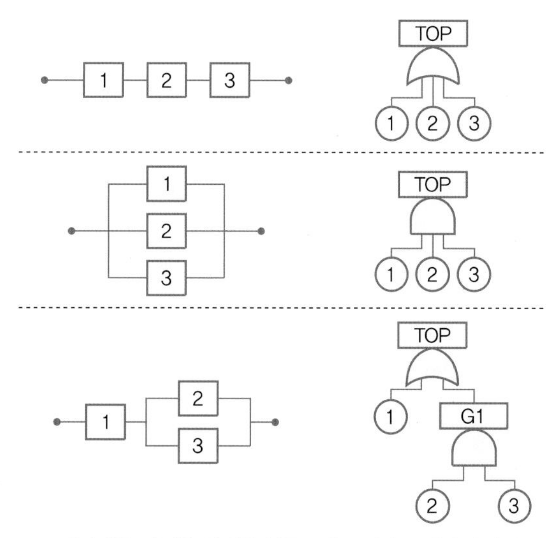

그림 6.19 간단한 신뢰성 블록도와 고장나무 사이의 관계

일반적으로 고장나무를 신뢰성 블록도로 전환하는 작업은 정상사상으로부터 시작하여 게이트를 적절하게 교체함으로써 쉽게 이루어진다. OR 게이트들은 구성품들의 직렬구조로 교체되고 AND 게이트는 구성품들의 병렬구조로 교체된다.

대부분의 실제 적용 시 신뢰성 블록도보다는 고장나무를 먼저 작성하기를 권장한다. 고장나무에서는 명시된 시스템 고장에 대한 모든 잠재적 원인을 조사해야 한다. 신뢰성 블록도를 통해 작동의 측면에서 고려하는 것보다 고장이란 측면에서 고려하면 더 많은 잠재적 고장원인들을 밝혀 낼 수 있다. 또한 고장나무의 작성은 분석자가 고장의 잠재적 원인을 더 잘 이해할 수 있도록 해 준다. 만약 이와 같은 분석이 설계단계에서 이루어진다면 분석자는 시스템의 설계와 운용을 다시 검토하여 잠재적 위험들을 제거하기 위한 행동들을 취하게 될 것이다.

6.4.6 FTA 실시 사례

6.3.3절에서 언급한 산악용 자전거의 체인 조립체 고장의 FTA를 그림 6.20과 같이 표현하였다. 체인 조립체의 고장은 크게 네 가지의 고장형태를 가지고 있으나, 이 중 고장률이 큰 동력발생부와 동력전달부를 표시하고 나머지 기타 고장은 표시하지 않았다.

동력발생부는 페달, 기어 및 베어링으로 구성되며, 동력발생 불가는 기어크랭크의 고장과 베어링의 고착 및 마모에 의해 발생되고, 기어크랭크의 고장은 다시 페달의 파손 및 이탈 또는 기어 파손 및 휨으로 나눌 수 있다. 이 기본사상들의 고장확률이 각각 0.02, 0.035, 0.005라고 하면 동력발생부의 고장확률은 $(1-(1-0.02)\times(1-0.035))\times0.005=0.0002715$가 된다.

동력전달부는 체인, 변속기 및 베어링으로 구성되며, 동력전달 불가는 허브의 고장과 베어링의 고착 및 마모에 의해 발생되고, 허브의 고장은 다시 체인의 이탈 및 절손 또는 변속기 고착 및 변속 불가로 나눌 수 있다. 이 기본사상들의 고장확률이 각각 0.0035, 0.03, 0.0145라고 하면 동력전달부의 고장확률은 $0.0035 \times [1-(1-0.03)\times(1-0.0145)] = 0.000154228$이 된다.

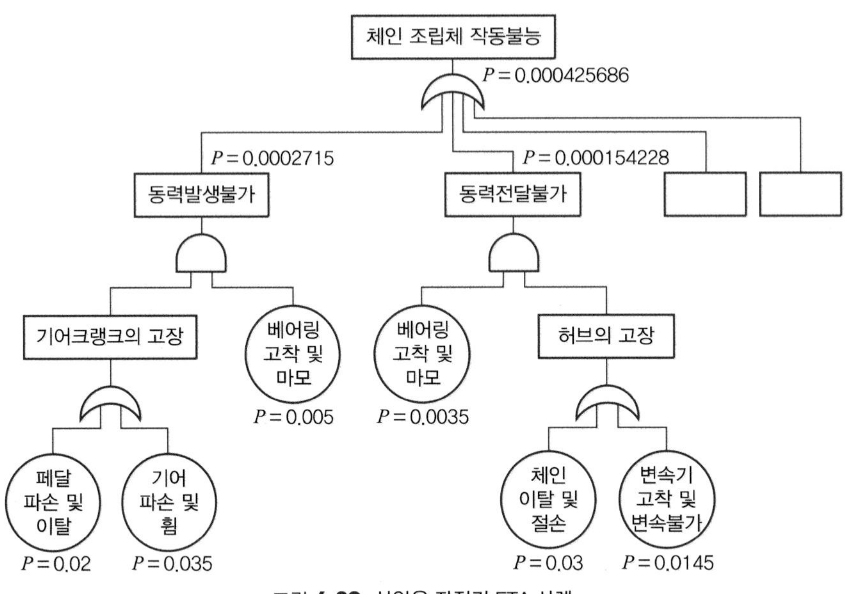

그림 **6.20** 산악용 자전거 FTA 사례

6.4.7 동적 고장나무(Dynamic Fault Tree)*

앞에서 설명된 전통적 고장나무는 다루기가 간편하고 소프트웨어를 사용해 정성적·정량적 분석이 가능하여 신뢰성, 안전 및 보안 영역에 잘 적용되는 모형이다. 전통적 또는 정적 고장나무(SFT: static fault tree)에서는 기본 구성요소들이 통계적으로 독립이며 종속 관계를 한정적으로만 다룬다. SFT를 계층적으로 확대한 동적 고장나무(DFT: dynamic fault tree)는 SFT의 구조 간편성과 결함감내(fault-tolerant) 시스템에서 자주 발생하는 일부 기능 또는 시간적 종속성을 통합한 효과적인 상태 공간 모형화(state-space modeling) 기법을 결합한 것이다(Tang and Trivedi, 2004).

Tang and Trivedi(2004)에 의하면 J. Dugan 등이 처음으로 4가지 동적 게이트, 즉 우선순위 AND(PAND: priority AND) 게이트, 순서 강화(SEQ: sequence enforcing) 게이트, 기능 종속(FDEP: functional dependency) 게이트 및 부분 부하 대기부품(WSP: warm spare) 게이트를 소

개하였다. 대부분의 DFT분석에서 FDEP은 부울(Boolean) OR 게이트로, SEQ는 WSP의 특정형태로 간편화되므로, PAND와 WSP의 2개 게이트가 주요 게이트로 사용된다. 전통적 부울 게이트처럼 고장나무에 동적 게이트를 추가하지만, 확률 계산은 연속시간 마르코프체인(continuous time Markov chain: CTMC)으로 해결한다(부록 G 참조).

그림 6.21(a)의 PAND 게이트에서는 모든 입력 사상이 미리 설정된 순서대로(왼쪽에서 오른쪽으로) 고장이 발생하면 고장에 이른다. B_1이 B_2 전에 고장이 발생하면, 고장상태가 되지만, B_2가 B_1 전에 고장이 발생하면, 작동상태가 되며 고장확률은 PAND 게이트의 출력 확률이 된다. 사상 B_1, B_2의 고장률을 각각 λ_1, λ_2로 가정하면 PAND 게이트는 그림 6.21(b)의 CTMC로 동등하게 표현할 수 있다. CTMC를 통해 시간 t에서의 고장 확률 $\pi_f(t)$를 구한다. 이 고장확률은 비교적 단순한 경우인 B_1이 B_2 전에 고장이 발생할 사상의 확률이므로 T_1, T_2를 두 사상의 고장시간을 나타내는 확률변수라 하면, 다음과 같이 구할 수 있다(연습문제 6.13 참조).

$$\begin{aligned}\pi_f(t) &= \Pr(T_1 \le T_2 \le t) = \int_0^t \int_x^t \lambda_2 e^{-\lambda_2 y} \lambda_1 e^{-\lambda_1 x} dy dx \\ &= \frac{\lambda_1}{\lambda_1+\lambda_2} + \frac{\lambda_2}{\lambda_1+\lambda_2} e^{-(\lambda_1+\lambda_2)t} - e^{-\lambda_2 t}\end{aligned} \tag{6.12}$$

이를 일반화하여 n개 입력사상이 미리 설정된 순서대로 고장이 발생할 경우에만 출력이 고장나는 경우에 n개 입력사상을 갖는 PAND 게이트로 표현할 수 있다.

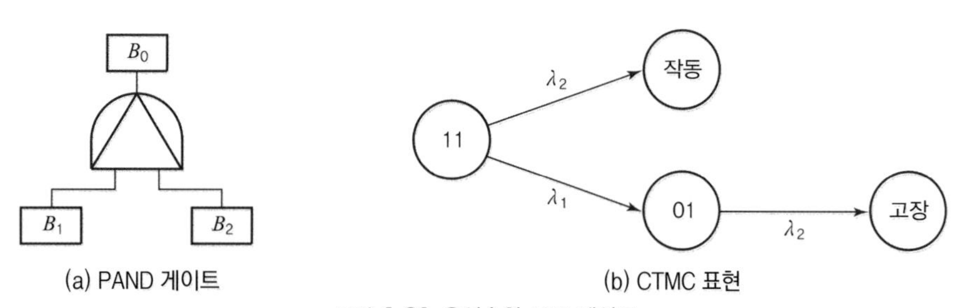

(a) PAND 게이트 (b) CTMC 표현

그림 **6.21** 우선순위 AND 게이트

부분 부하 대기부품에서는 비활동(dormant) 기간 동안 고장이 발생할 수 있지만 고장률은 비활동 인자(dormancy factor)에 의해 감소한다. 정적 고장나무는 비활동 인자에 의한 종속성을 설명할 수 없지만, DFT에서는 그림 6.22(a)처럼 WSP 게이트로 표현가능하다. B_1은 기본 구성품이며 고장이 발생하면 B_2에서 B_n까지 차례로 교체한다. 기본 구성품이 고장 나고 모든 대기부품이 고장 나거나 가용하지 못하면(대기부품이 다른 WSP 게이트에 공유되어 사용될 경우 가용하지 못함) WSP 게이트는 고장이 발생한다.

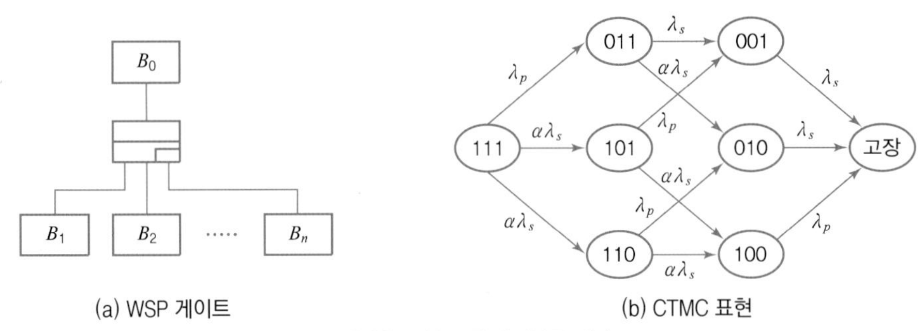

(a) WSP 게이트 (b) CTMC 표현

그림 **6.22** 부분 부하 대기부품 게이트

3개의 구성품으로 구성된 부분 부하 대기시스템을 고려해 보자. 기본 구성품의 고장률이 λ_P이고, 동일한 고장률 λ_S을 갖는 2개 대기부품의 비활동 인자가 α일 때, 대응되는 CTMC가 그림 6.22(b)에 나타나 있다. WSP의 출력 확률은 CTMC 내 '고장' 상태의 확률이다.

DFT 게이트는 동등한 CTMC 모형으로 전환되어 해결되지만 전환이 쉽지 않고 상태 수가 기하급수적으로 증가하게 된다. 이런 어려움을 완화하기 위해 모듈화(modularization)와 고수준 언어의 사용 기법이 함께 사용되었다.

정적 고장나무에 대한 모듈화는 계층적 모형을 제공하여 분리시켜 해결한다. DFT의 모듈은 정적 또는 동적으로 구분되기도 한다. 정적 모듈에서는 기본 사상이 반복되기도 하지만 동적 모듈은 그렇지 않다. 동적 모듈은 동적 게이트를 포함하며 상태 공간을 형성하여 해결한다. 어떤 모듈이 다른 모듈을 포함하지 않으면 그 모듈은 최소(minimal)라고 한다. 정상사상 확률이 주어지듯이 최소모듈은 분리 가능하여 SFT 또는 DFT에서 하나의 기본 사상으로 대체된다. 다른 접근법으로는 최소 동적 모듈을 GSPN(generalized stochastic Petri net)으로 전환하는 것이다.

최근 DFT의 해법으로 대수적 접근법과 베이지안 네트워크(BN)에 기초한 두 가지 접근법이 있으며, 몬테카를로 시뮬레이션도 널리 쓰이고 있다.

예제 6.4 다중 프로세서 시스템(Ghosh et al., 2013)

다중 프로세서 시스템은 병렬 중복구조로 작동하는 3개의 계산 노드(C_1, C_2 및 C_3), 저장 서브시스템과 모든 구성품을 연결해 주는 시스템 버스 B로 구성된다. 여기서 계산노드 $C_i, i=1,2,3$은 각각 프로세서 P_i 및 지역 메모리 뱅크 M_i로 구성되고, 저장 서브시스템은 2개의 하드 디스크 D_1과 D_2로 구성되는데 D_1은 주 디스크이고 D_2는 부분 부하 대기 상태로 있는 백업 복사본이다. 모든 구성품은 시스템 버스 B로 연결된다. 보조 디스크를 업데이트하는 작업을 위해 주 계산 노드 C_1은 작동하고 있어야 한다. 최소한 하나의 계산 노드, 업데이트된 디스크 및 버스가 작동하고 있는 한 시스템은 작동 상태에 있다. 시스템 신뢰도 분석을 위한 DFT 모형이 그림 6.23에 나타나 있다. WSP 게이트의 입력사상은 D_1과 D_2이고 PAND 게이트의 입력사상은 C_1과 D_1이다. C_1이 백업 복사본을 업데이트 하지 않은 채로 D_1에 고장이 발생할 경우에만 PAND 게이트는 고장이 발생한다.

DFT를 해결하기 위한 첫 번째 단계는 독립적 모듈을 찾고 각 모듈을 계층적으로 해결하는 것이다.

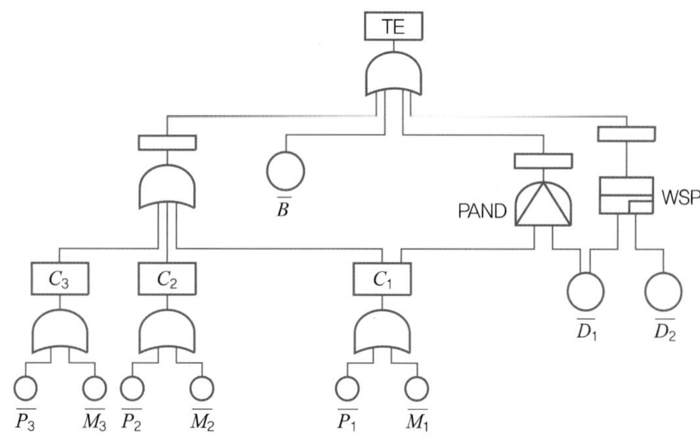

그림 **6.23** 다중 프로세서 시스템의 DFT 모형

CTMC로 전환하기 위해 모듈에 포함된 모든 구성품에 일정한 고장률이 부여되어야 한다. 그림 6.23의 DFT에서, $\overline{B}$($\overline{B}$는 B의 여사상(즉, 고장날 사상)을 나타냄)를 제외한 모든 기본사상은 하나의 동적 모듈에 속하고, 대응되는 CTMC로 전환된다. 직접 전환은 쉽지 않지만, DFT의 게이트들이 점진적으로 GSPN 등으로 전환되어 동적 모듈의 고장 확률을 구할 수 있다. 최초 DFT의 모듈은 모듈 확률이 주어지는 하나의 기본사상으로 대체된다. 모든 동적 모듈이 기본사상으로 대체되면 DFT는 표준 고장나무로 축소되어 해결된다.

6.5 기타 고장해석 방법

6.5.1 사상나무분석(ETA: event tree analysis)

대부분의 사고 시나리오에서 부품고장과 같은 초기사상은 대수롭지 않은 것에서부터 파국적인 것까지 넓은 범위의 결과를 초래한다. 설계가 잘 된 시스템에서는 잠재적 사고사상을 방지하거나 경감하기 위하여 다양한 안전기능(safety function) 또는 방호벽을 제공한다. 안전기능은 장비(가스·화재 경보 시스템, 방화벽, 대피 시스템 등), 인간의 개입, 비상사태 절차 등을 포함한다. 사고사상의 결과는 사고의 경과가 다른 하위 체계, 특히 안전·보호 장치의 후속 고장 또는 작동에 의해서 어떻게 영향을 받는가, 초기사상에 대응하면서 발생한 인간 실수에 의해서 어떻게 영향을 받는가와 날씨조건 및 시간과 같은 다양한 요인에 따라 결정된다.

이런 상황에서는 귀납적(inductive) 방법이 매우 유용하다. ETA는 기본 초기사상에서 출발하여 잠재적 결과까지 연속된 사건들의 경로를 파악하고 평가하는 논리적 나무 그림이다. 사고의 전파에 따라 영향을 받는 부품·인간의 실패 혹은 성공의 결과들을 순차적으로 따라간다. 각 사상은 사상 체인 상 이전 사상(들)의 발생에 따른 조건에 의존한다. 각 사상의 결과는 대부분 이진(Y/N, 실패/작동)이나 다수(Y/부분적/N)로 표현할 수 있다.

ETA는 광범위한 기술 시스템의 리스크 및 신뢰성 분석에 사용된다. 대부분 리스크 분석에 활용되지만 공장 내 안전·보호 장치의 유효성을 검증하기 위한 설계 도구로 사용되기도 하며, 인간 신뢰성 평가에도 사용된다. ETA는 분석 목적에 따라 정성적 또는 정량적 기법으로 구분된다. 정량적 리스크 평가에서는 FTA와 독립적으로 또는 후속으로 이루어진다. 귀납적 분석을 위한 정량적 기법으로 특징은 다음과 같다.

- 초기사상에 의해 야기될 수 있는 가능한 잠재적 결과들을 확률적으로 평가
- 초기사상이 재해로 발전할 것인지 아닌지 판단
- 재해에 대한 확률적 리스크 평가(PRA: probabilistic risk assessment)

ETA는 다음과 같은 절차에 따라 수행한다.

① 사고 시나리오의 초기 사고사상을 파악한다.
② 초기 사고사상을 방호하기 위해 설계된 안전기능을 파악한다.
③ 사상나무(ET)를 작성한다.
④ 결과 위험을 파악한다.
⑤ 결과 위험을 평가한다.
⑥ 수정 조치를 제안하고 분석 결과를 문서화한다.

그림 6.24는 자동차 브레이크 시스템의 ETA를 예시하고 있다. 브레이크가 작동해야 할 사건이 발생하면 브레이크 센서, 브레이크 컨트롤러, 작동장치(actuator) 등 안전장치들이 그 사건이 전파되는 것을 막기 위해 작동하며, 이러한 안전장치들은 보통 성공하지만 때로 실패하기도 한다. 이들 안전장치들이 전부 성공적으로 작동하면 브레이크가 정상 작동하지만 그렇지 않을 경

우에는 고장이 발생한다. ETA는 시나리오 별로 브레이크 고장 결과를 정량적으로 분석할 수 있게 한다.

그림 6.24 브레이크 시스템의 ETA 예시

(1) 초기 사고사상

대상 시스템을 정의하고 분석 범위(시스템, 서브시스템, 인터페이스 등)를 정한다. 시스템 내에 존재하는 위험에 의한 사고 시나리오와 사고 시나리오의 주요 초기사상을 파악한다. 예로 화재, 붕괴, 폭발, 누출 등이 있다. 초기사상을 선택하는 것은 매우 중요한 사항으로 고장이나 사고를 유발하는 가장 유의한 사항으로 정의한다. 초기 사고사상은 기술적 고장이나 인간 실수 및 다른 리스크 기법(FMECA, PHA 또는 HAZOP)을 사용하여 파악할 수 있다. 초기사상은 다수의 결과 위험을 초래한다. 하나의 결과위험만을 초래할 경우에는 FTA가 분석에 보다 적절한 기법이다. 초기사상은 설계 단계에서 이미 치명적인 사상으로 파악되고 예측되므로 통상 방호벽이나 안전기능이 도입된다.

(2) 안전기능

초기사상에 대응하는 안전기능(방호벽, 안전 시스템, 대응매뉴얼, 작업자 행동 규범 등)은 초기사상이 발생하지 않도록 하는 시스템 방어장치다. 안전기능은 초기사상에 자동적으로 반응하는 자동안전시스템(자동 폐쇄 시스템), 초기사상이 발생할 때 작업자에게 경계태세를 취하게 하는 경보(화재 경보 시스템), 경보에 따른 작업자 행동 규범 및 초기사상의 효과를 제한하는 방호벽이나 억제 대책으로 구분된다. 분석자는 초기사상이 활성화 된다고 가정하여 그들에게 영향을 주는 방호벽과 안전기능을 파악하여야 한다. 가스 누출의 점화 여부, 폭발 여부, 시간대, 바람 방향, 기후 조건 및 액체/가스 누출 여부와 같은 다양한 위험 유발요인(사상 또는 상태)은 사상 체인과 안전기능에 영향을 준다.

(3) 사상나무 작성

사상나무는 초기사상으로 시작하여 초기사상에 반응하는 안전기능의 성공/실패를 거쳐 결과까지 일련의 사상 체인을 순차적으로 왼쪽에서 오른쪽으로 작성된다. 각 안전 기능이나 위험 유발 요인을 사상 나무에서는 노드라고 하며 보통 두 가지(Y/N, 실패/작동) 가능한 결과를 갖는 사상으로 표현한다. 각 노드에서 나무는 두 가지로 분기된다. 위 가지는 그 노드 위에 기술된 사상이 발생하는 것을, 아래 가지는 발생하지 않는 것을 나타낸다. 최악의 결과가 맨 위에 위치하도록 결과는 내림차순으로 정렬한다. 하나의 사상에서 출력은 다른 사상들을 유도하며, 최종 결과까지 계속된다. 도표를 한 쪽에 작성하기 어려우면 가지를 분리하여 전이기호로 연결하여 다른 쪽에 작성하는 것도 가능하다. n개의 사상의 있는 경우 최대 2^n가지가 있지만 발생하지 않는 가지를 제거함으로써 가지 수를 줄인다.

(4) 결과위험의 파악

정성적 분석의 마지막 단계는 초기사상에서 초래된 결과위험을 기술하는 것이다. 결과위험으로는 사고, 안전성 회복과 정상 운용으로 복귀 또는 강제 폐쇄 등이 있다. 분석자는 결과위험을 명확하게 기술하여야 하고 치명도에 따라 순서를 매긴다. 사고의 진행을 보여주는 도표 구조는 분석자가 추가적인 절차 또는 사고를 방지하기 위해 안전시스템의 효과적인 위치를 결정하는데 도움을 준다.

ETA의 결과위험을 그림 6.25에 표시한 바와 같이 다양한 범주로 구분하는 것이 도움이 된다. 예로 사망자 수, 물적 피해 및 환경 피해가 사용된다. '사망자 수' 범주에서는 0, 1－2, 3－5, 6－20 및 ≥21로 구분하고, '물적 피해' 및 '환경 피해' 범주에서는 무시(N), 낮음(L), 중간 (M) 및 높음(H)으로 세분한다. 각 범주의 의미가 정의되고. 결과가 하나의 범주에 속하기 어려울 때는 몇 개의 하위 범주에 걸쳐 확률분포로 나타낸다. 예를 들면, 어떤 결과위험에서 사망자 수가 0명일 확률이 50%, 1～2명일 확률이 40% 및 3～5명일 확률이 10%일 수 있다. 또한 결과의 빈도를 예측할 수 있으면 사망사고율(10^8 노출 시간 당 기대 사망자의 수)을 예측할 수 있게 된다.

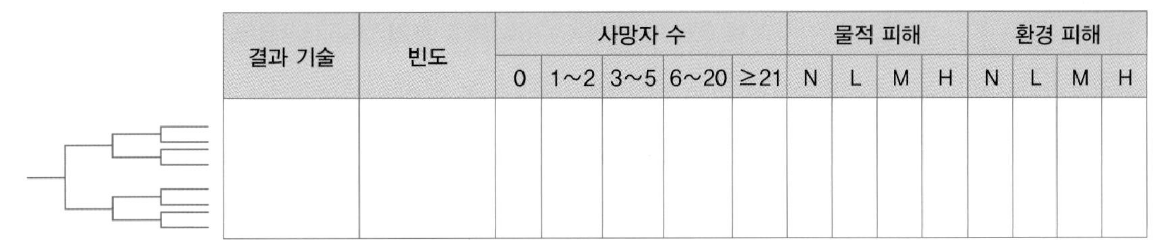

그림 **6.25** ETA에서 결과위험의 표현

(5) 정량적 평가

초기사상, 관련 안전기능 및 위험 유발 요인에 대한 경험 데이터가 가용할 경우, 정량적으로 결과위험의 빈도나 확률을 계산한다. 초기사상의 발생은 단위 기간 당(연간) 발생 기대 횟수로 측정된 발생률 λ를 갖는 정상 포아송 과정(HPP: homogeneous Poisson process)으로 모형화한다.

각 안전기능에 대하여 직전 사상이 발생했을 때 적절하게 기능할 조건부 확률을 추정한다. 어떤 안전기능은 매우 복잡하여 상세한 신뢰성 분석이 요구되기도 한다. 안전기능의 (조건부) 신뢰도는 직전 사상들의 부하 및 마지막 기능시험이후의 경과시간과 같은 광범위한 환경 및 운영요인에 의해 좌우된다. 또한 '작동'과 '비작동'을 구별하기가 어려울 경우가 많다. 일례로 화재펌프는 시동이 되어 작동하더라도 진화되기 전에 멈추기도 한다.

안전기능의 신뢰성 평가는 대부분 FTA나 RBD에 의해 분석된다. 분석과정이 전산화되려면 결과의 빈도와 민감도 분석을 자동으로 업데이트하기 위해 안전기능의 신뢰성 평가와 사상나무 내 대응되는 노드가 연결되어야 한다. 예로 안전밸브의 시험 주기를 변화시키면 결과 빈도에 대한 영향이 바로 반영되어야 한다.

다양한 유발요인(사상/상태)의 확률도 추정하여야 한다. 이들은 직전 사상과 독립적이거나 아닐 수 있다. 사상나무에서는 대부분의 확률은 조건부 확률에 속한다. 그림 6.24에서 브레이크 컨트롤러가 고장 날 확률은 정상 조건에서 추정한 확률과 같지 않다. 즉, 브레이크 센서가 고장나면서 브레이크 컨트롤러에 입힌 피해를 고려하여야 한다. 초기사상 '브레이크 고장'을 사상 A, '브레이크 센서 고장' 사상을 B라고 하면, 사상 A가 이미 발생하고 난 후 사상 B의 조건부 확률은 $\Pr(B|A)$이지만 단순하게 $\Pr(B)=0.2$로 표현한다. 같은 방법으로 사상 A, B가 발생한 후 '브레이크 컨트롤러 고장' 사상을 C라고 하면, $\Pr(C)=0.25$이다. 초기사상의 발생은 HPP에 따라 발생하고 안전기능 및 위험 유발 요인의 확률을 일정하다고 가정하면, 최종 결과는 HPP를 따르게 된다. 따라서 최종 결과위험에 대한 확률은 단순하게 초기사상의 HPP 고장발생률에 최종 결과까지의 경로를 따라 확률을 곱하여 구할 수 있다.

예제 6.5 해저 원유·가스 채굴 분리기(Rausand and Hoyland, 2004)

해저 원유 및 가스 채굴 생산설비의 공정 일부를 보자. 여러 유정에서 원유, 가스 및 물의 혼합물이 유정 다분기관(manifold)에 모여 동일한 2개의 공정 트레인으로 주입된 후에, 분리기에서 원유, 가스 및 물로 분리된다. 다분기관에 수집된 공정 트레인의 가스는 가스 압축기를 통해 외부 파이프라인으로 이동하며, 원유는 유조선 탱크에 적재되고 물은 정수되어 저장소로 주입된다. 유정 다분기관의 원유, 가스 및 물의 혼합물은 분리기로 들어간 후에 가스는 부분적으로 유체에서 분리되며 공정제어 시스템에 의해 공정은 통제된다. 공정제어시스템에 고장이 발생하면, 이와 구분된 공정안전시스템이 주요 사고를 예방하여야 하며, 공정안전시스템은 3가지 방호벽을 가지고 있다. 본 예제는 공정제어 시스템에 대해서만 설명한다.

- 입구 파이프라인에는 2개의 공정 차단(PSD: process shut down) 밸브, PSD1과 PSD2가 직렬로 장착되어 있다. 밸브는 수압(또는 공압)에 의해 열려 있으나, 고장 시 안전(fail-safe) 장치로서 구동기의 힘으로 닫힌다. 그림에서 밸브 구동기에 수압을 제공하는 시스템은 포함되어 있지 않다. 2개의 압력 스위치는 분리기에 장착되어 있으며, 분리기 내 압력이 설정된 값보다 크면, 압력스위치는 논리 유닛(LU : logical unit)에 신호를 보낸다. LU가 압력 스위치로부터 최소한 한 개의 신호를 받으면, PSD 밸브를 닫도록 신호를 보낸다.
- 분리기 내 압력이 규정된 최고 압력을 벗어날 경우, 2개의 압력 안전밸브(PSV: pressure safety valve)는 열려 분리기 내 압력을 낮춘다. PSV 밸브는 미리 설정된 압력을 조정할 수 있도록 스프링을 갖춘 구동기가 장착되어 있다.
- 파열 디스크(RD: rupture disk)는 최종 안전 방호벽으로서 분리기의 정상에 장착되어 있다. 다른 안전시스템이 고장 나면, RD는 열려 분리기가 파열되거나 폭발하는 것을 예방한다. RD가 열리면, 가스는 분리기의 꼭대기에서 배출된 뒤 멈춘다.

이 공정 안전시스템의 신뢰성 분석을 FTA와 ETA로 수행해 보자.

- FTA: 가스누출 라인이 갑자기 막히면, 가장 위험한 상황이 발생한다. 공정안전시스템이 적절하게 기능하지 않으면 분리기 내 압력이 급격하게 증가하여 즉시 임계 과압력에 도달하게 된다. 따라서 FT의 정상사상은 '첫 단계 분리기 내 과압력'이다. 정규 생산 동안 임계 상황이 발생할 수 있으며, 사고가 발생할 때 분리기 내 유체 수준은 정상상태인 것으로 가정한다. FTA에서는 유체 배출구 라인을 무시할 수 있다. 그림 6.26은 정상사상의 FTA를 표현한다.
  FT 작성에 적용된 가정들은 문서에 따로 기록해야 하며, 분석 보고서에 통합하여야 한다. 고장나무의 가장 낮은 수준은 기술적 아이템의 고장 유형이다. 어떤 아이템은 복잡하므로 하부 아이템으로 분해하여 어디서 고장이 유래된 것인지 세분화 한다. 예를 들면 밸브는 밸브 주요부와 작동장치로 분해되며, 그들도 다시 분해될 수 있다. 신호를 보내 주는 압력 스위치의 고장은 개별 고장과 2개의 압력 스위치를 동시에 고장 나게 하는 공통원인고장(CCF)으로 구분된다. 압력 스위치는 고유 구성품의 고장 또는 보전요원의 오교정으로 인해 고장이 발생한다. 분석의 목적에 따라 어느 정도 분해하여 전개할지가 결정된다.

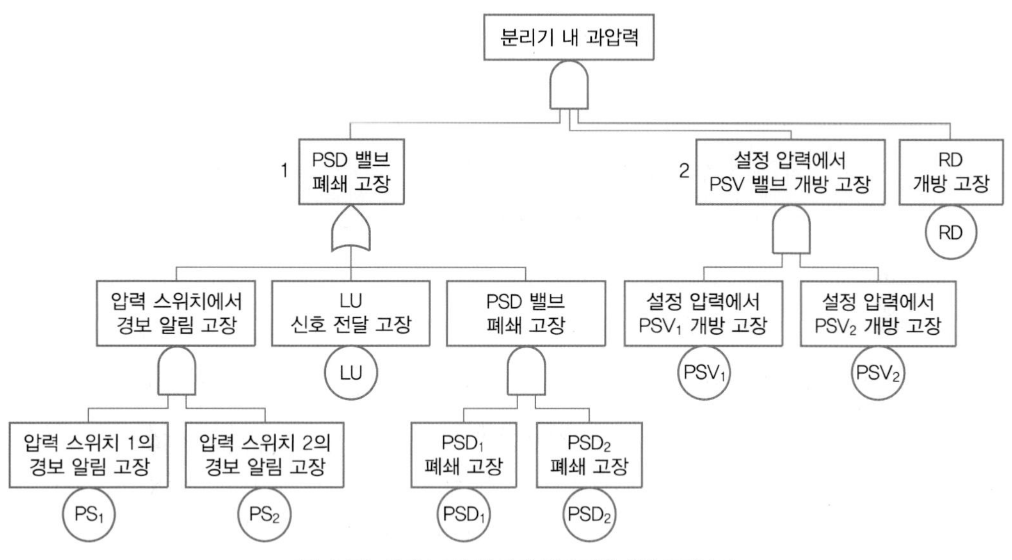

그림 **6.26** 예제 6.5의 첫 단계 분리기에 대한 고장나무

• ETA: 공정제어시스템의 세 가지 방호벽의 기능 여부에 따라 다른 결과가 초래하므로, ETA가 FTA보다 적합하다. 초기사상은 '가스 배출구 봉쇄'이다. 이 초기사상으로부터 그림 6.27의 사상나무가 작성 가능하며, 네 가지 다른 최종 결과위험이 발생한다. 가장 위험한 결과는 '분리기의 파열이나 폭발'이고 가스에 불이 붙으면 모든 장치가 소실될 것이다. RD는 매우 간단하고 신뢰

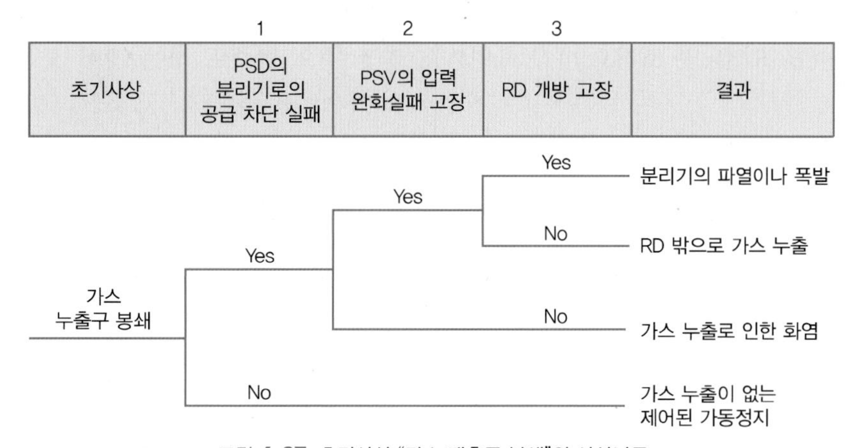

그림 **6.27** 초기사상 "가스 배출구 봉쇄"의 사상나무

할 수 있는 아이템이기 때문에 이런 결과가 발생할 확률은 매우 낮다. 두 번째로 위험한 결과는 'RD 밖으로 가스 누출'이다. 이 결과의 위험성은 시스템의 설계에 좌우되지만 가스에 불이 붙으면 일부 장치에 큰 손실을 입게 된다.

세 번째 위험한 결과는 '가스 누출로 인한 화염'으로 경제적 손실 및 생산 정지를 가져온다. 마지막 결과는 단지 생산 정지를 초래하는 '가스 누출이 없는 제어된 가동정지(shutdown)'이다.

두 가지 분석은 함께 사용되기도 하지만, 이 경우에는 ETA가 FTA보다 상세한 결과를 보여준다. 방호벽 1의 고장 원인 'PSD의 분리기로의 공급 차단 실패'는 그림 6.26의 고장나무에서 첫 번째 가지에, 방어벽 2의 고장원인 'PSV의 압력 완화실패 고장'은 두 번째 가지에 나타나 있다. 모든 기본사상에 대한 신뢰성 데이터가 있으면 사상나무의 여러 가지 확률을 구하는 데 활용할 수 있다.

6.5.2 베이지안 네트워크*

베이지안 신뢰 네트워크를 간략화 한 베이지안 네트워크(BN: Bayesian network)는 시스템 고장과 그 원인 및 기여 요인 간의 관계를 보여주는데 특성요인도와는 달리 계량적 분석의 기초로 사용될 수 있다. BN은 고장원인을 이분한 사상으로 나타나지 않고 여러 가지 요인으로 나타낼 수 있으며, 종속성을 수용할 수 있어 FT보다 광범위하게 모형화할 수 있고 분석도 유연하게 할 수 있다. 또한 FT를 BN으로 대응시키고 FT의 평가 분석법을 BN 추론에 사용할 수 있으며. 계산된 사후확률은 중요도 척도가 될 수 있다.

BN은 방향성 있는 비순환 그래프(DAG: directed acyclic graph)이다. 시스템 고장에서 시작하여 그 다음 원인 및 기여 요인들 $A, B, \cdots$ 가 화살표로 연결되며, 이 과정은 적절한 수준에 도달할 때까지 계속된다. 경우에 따라서는 그림 6.28과 같이 원인 및 기여 요인들을 기술요인(A 요인), 인간요인(B 요인) 및 조직요인(C 요인) 등 몇몇 주요 범주로 묶는 것이 도움이 된다.

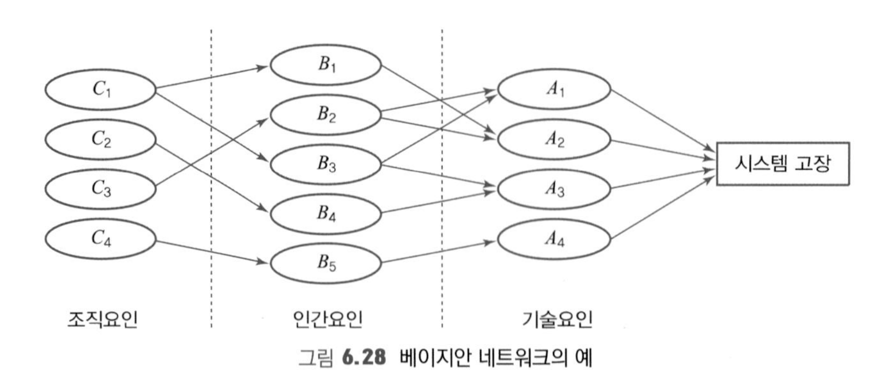

그림 **6.28** 베이지안 네트워크의 예

일반적으로 BN은 하나의 쌍 $N=\langle\langle V,E\rangle,P\rangle$로 표현한다. 여기서 $\langle V,E\rangle$는 DAG의 노드와 모서리(edge)이다. n개 노드에 이산 확률변수 $[X_1, X_2,\cdots X_n]$가 주어지고, 모서리 E는 노드 간의 인과 관계 확률을 표현한다. $P=p_{X_1,X_2,\cdots X_n}(x_1,x_2,\cdots x_n)$는 V 상에서 n개 확률변수 $[X_1, X_2,\cdots X_n]$의 결합 확률질량함수(pmf)이다.

BN에서는 정성적으로는 DAG로 표현된 구조를, 정량적으로는 조건부 확률의 집합을 파악 한다. 정량적 방법은 그래프 이론인 d－분해(d-separation: 조건부 확률로부터 독립 여부를 확인하여 모형을 단순화하는 과정)로써 조건부 독립의 집합을 표현하는데, 변수 X와 변수 Y의 각 모서리에서 사상 간 인과관계의 직접적인 종속성을 고려하여 모형화한다. 즉, BN은 조건부 독립을 가정하여 정량적 분석이 이루어진다. 3개 확률변수X, Y및 Z에서 조건부 결합 pmf가 다음과 같을 때, X는 Z가 주어질 때 Y에 조건부 독립이다.

$$p_{X,Y|Z}(x,y|z)=p_{X|Z}(x|z)\times p_{Y|Z}(y|z)$$

이런 조건부 독립성 가정으로 인해 BN은 모든 가능한 부모(parent) 노드의 국부(local) 조건만을 고려한 확률이 부여되며, 이들 국부 조건부 확률은 각 노드에 조건부 확률표(CPT: conditional probability table)에 표시된다. CPT에는 노드 i에 연관된 변수 X_i의 가능한 값에 대해 부모 노드와 관련된 부모 변수(X_i) 값의 모든 조합에 관해 조건부 확률이 포함된다. 여기서 부모 노드가 없는 변수를 근원 변수(root variable)라 하고 주변(marginal) 사전확률이 관련된다.

d－분해 및 조건부 독립성에 따라, BN의 n개 확률변수의 결합 pmf는 다음 식으로 인수 분해된다.

$$p_{X_1,X_2,\cdots X_n}(x_1,x_2,\cdots x_n)=\prod_{i=1}^{n}p_{X_i|Parent(X_i)}(x_i|Parent(x_i)) \tag{6.13}$$

식 (6.13)의 결합 pmf는 BN을 확률적으로 완전하게 표현한다. 몇몇 변수들에 하나의 값으로 예시한 증거(evidence)라는 또 다른 변수들 E가 관측되면, BN의 기본 추론 작업은 조사 변수(query variable) Q의 주어진 하위 집합의 사후확률을 계산하는 것이 된다. E가 공집합이면 Q의 사전확률 또는 비조건부 확률이 계산된다. 일반적으로 임의의 BN에서 사후확률을 구하는 문제는 NP-hard 문제로 알려져 있지만, 네트워크 구조가 방향성 없는 비순환 그래프이면 다항식 복잡도로 축소된다.

FT에서 이진 기본사상들은 통계적으로 독립이고 사상 및 그들 원인은 AND 게이트와 OR 게이트로 연결된다. 먼저 부울 게이트를 대응되는 BN으로 전환하는 방법을 설명한다. 그림 6.29(a) 및 그림 6.29(b)에서 각각 OR 게이트 및 AND 게이트를 대응되는 BN 내 노드로 전환하고 있다.

FT에서 대응되는 기본사상에 확률 값이 할당되는 것처럼 근원 노드 $\overline{A}, \overline{B}$에 사전확률이 부여되고($\overline{A}$는 A의 여사상(즉, 고장날 사상)을 나타냄). 자식 노드 $\overline{S}$에 CPT가 할당된다. OR 게이트와 AND 게이트는 확정적 인과관계를 표현하므로, CPT 내 $\Pr(\overline{S}|\overline{A},\overline{B})$의 모든 항목은 0 또는 1이다. 그림 6.29(c)는 3중 2 게이트의 BN 전환 결과를 보여준다.

FT에서 BN으로 전환하는 알고리즘은 다음 절차로 진행한다.

- FT의 각 잎 노드(leaf node)에 대해 BN는 근원 노드를 생성한다. 반복사상일 경우 BN에서는 하나의 근원 노드만을 생성한다.
- BN의 근원 노드에 대응되는 FT 내 기본사상의 사전확률을 부여한다.
- FT의 각 게이트에 대해, BN 내 대응 노드를 생성한다.
- FT에서 대응되는 게이트를 연결하는 것처럼 BN에서 노드를 연결한다.
- FT 내 OR 게이트, AND 게이트 및 n중 k 게이트에 대해 그림 6.29와 같이 BN 내 대응 노드에 CPT를 할당한다.

BN 내에서 근원 노드가 아닌 노드는 실제 확정적 노드이고 확률변수로 표현되지 않는다.

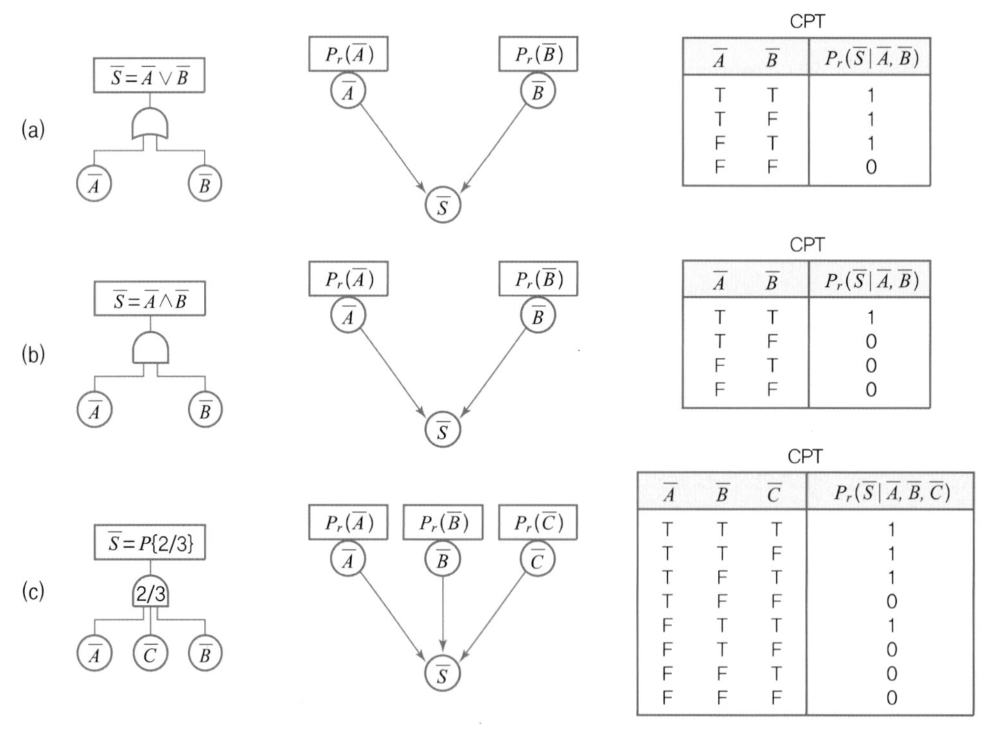

그림 **6.29** 부울 게이트에 대응하는 BN으로 전환 (a) OR 게이트, (b) AND 게이트, (c) 3중2 게이트

예제 6.6 다중 프로세서 시스템(Trivedi and Bobbio, 2017)

시스템은 각각 지역 메모리 뱅크 M_1, M_2를 갖는 2개의 프로세서 P_1, P_2와 공유 메모리 뱅크 M_3를 연결하는 버스 B로 구성된다. 지역 메모리 뱅크가 고장 나면 프로세서가 공유 메모리 뱅크를 사용하게 된다. 각 프로세서는 백업 복제본이 있는 디스크 유니트에 연결되어 있다. 하나의 디스크가 고장 나면 프로세서는 복제본으로 전환된다. 버스 B가 작동하고 하나의 프로세싱 서브시스템이 작동하면 전체 시스템은 작동한다. 전체 시스템은 논리 서브시스템들, 즉 프로세싱 서브시스템 $S_i(i=1,2)$, 백업 복사본이 있는 디스크 유니트 $D_i(i=1,2)$ 및 메모리 서브시스템 $M_{i3}(i=1,2)$으로 구분된다. 이 시스템의 FT가 그림 6.30에 나타나 있다. 여기서 $\overline{B}$는 버스 B가 작동하지 않고 고장 난 사상을 나타낸다. 이 그림으로부터 정상사상을 최소절단집합의 함수로 논리적으로 표현한 식은 다음과 같다.

$$\begin{aligned} TE = {} & \overline{B} \vee (\overline{D}_{11} \wedge \overline{D}_{12} \wedge \overline{D}_{21} \wedge \overline{D}_{22}) \vee (\overline{D}_{11} \wedge \overline{D}_{12} \wedge \overline{M}_2 \wedge \overline{M}_3) \vee (\overline{D}_{11} \wedge \overline{D}_{12} \wedge \overline{P}_2) \\ & \vee (\overline{M}_1 \wedge \overline{M}_3 \wedge \overline{D}_{21} \wedge \overline{D}_{22}) \vee (\overline{M}_1 \wedge \overline{M}_2 \wedge \overline{M}_3) \vee (\overline{M}_1 \wedge \overline{M}_3 \wedge \overline{P}_2) \\ & \vee (\overline{P}_1 \wedge \overline{D}_{21} \wedge \overline{D}_{22}) \vee (\overline{P}_1 \wedge \overline{M}_2 \wedge \overline{M}_3) \vee (\overline{P}_1 \wedge \overline{P}_2) \end{aligned} \tag{6.14}$$

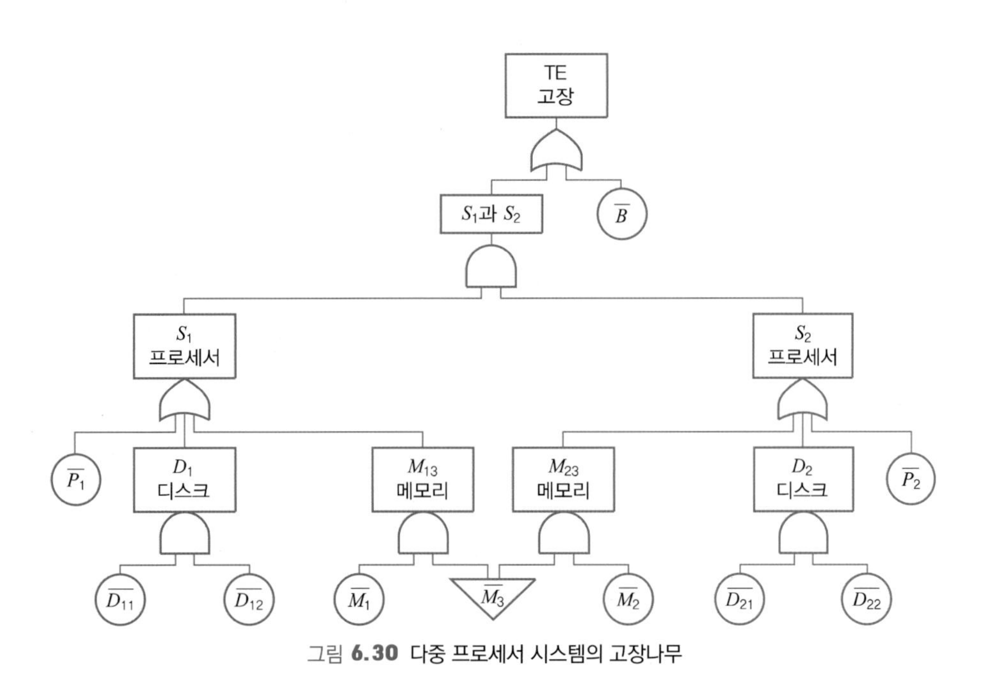

그림 **6.30** 다중 프로세서 시스템의 고장나무

그림 6.31은 대응되는 BN 구조이다.

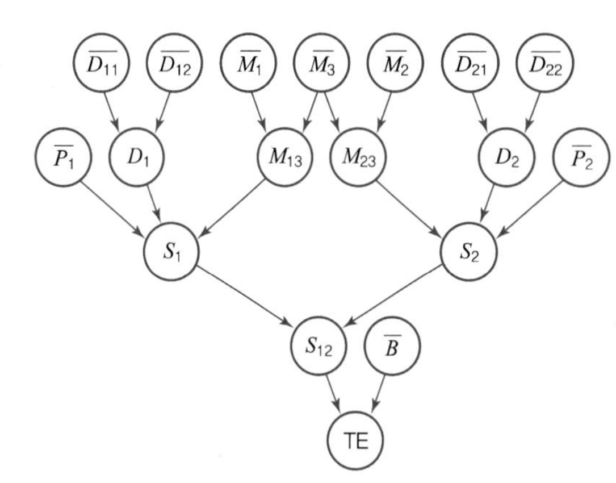

노드 S_{12}의 CPT

$\overline{S_1}$	$\overline{S_2}$	$P_r(S_{12} \mid \overline{S_1}, \overline{S_2})$
T	T	1
T	F	0
F	T	0
F	F	0

노드 TE의 CPT

S_{12}	$\overline{B}$	$P_r(\text{TE} \mid S_{12}, \overline{B})$
T	T	1
T	F	1
F	T	1
F	F	0

그림 **6.31** 다중 프로세서의 베이지안 네트워크

두 개의 모형을 계량화하기 위해 FT의 기본 사상과 대응하는 BN의 근원 노드에 동일한 사전확률을 할당한다. 예로 그림 6.31에 AND 게이트에 대응되는 노드 S_{12}와 OR 게이트에 대응하는 노드 TE의 CPT 항목이 나타나 있다.

앞의 매핑 과정을 통해 어떤 FT도 BN으로 전환될 수 있으며, BN은 종속성 분석을 포함할 수 있어 FT보다 신뢰성 분석에 더 유용하다. BN은 정적(표준) FT방법론에 공통원인고장(확률적 게이트), 잡음 게이트, 다상태 변수, 축차 종속 고장 등을 고려해 모형화할 수 있다. 보다 상세한 내용은 Trivedi and Bobbio(2017)를 참조하기 바란다.

연습 문제

6.1 컴퓨터의 기능나무와 분해구조를 작성하라.

6.2 고장, 결함 및 오차 각각을 구분하여 설명하라. 그리고 고장모드와 고장원인에 대해서도 분류하여 설명하라.

6.3 신뢰성 분석에서 FMEA 및 FTA의 중요성을 설명하고 차이점을 비교하라.

6.4 컴퓨터 부품 등 간단한 전자제품에 대해 FMEA를 실시하라.

6.5 식 (6.1)의 RPN은 1～1,000의 값을 가질 수 있다. RPN의 평균과 중앙값을 구하라.

6.6 자전거 브레이크 레버에 대해 정량적 치명도를 적용하기 위해 조사한 결과 다음 결과를 얻었다. 브레이크 레버의 기대수명은 5년이며, 과거 실적으로부터 5년간 0.5회의 고장이 발생한 것으로 나타났다. 브레이크 레버의 고장모드는 크랙이 25% 그리고 휨이 75%를 차지한다. 크랙과 휨에 의해 시스템 손실이 초래될 확률은 각각 65%와 15%이다. 각 잠재적 고장모드와 브레이크 레버에 대해 운용시간이 10시간일 때 치명도를 계산하라.

6.7 세 대의 동일한 온도 감지기가 병렬로 연결되어 있다. 각 온도 감지기의 고장률은 0.1이고 두 대 이상의 온도 감지기가 규정된 안전수준보다 높으면 경고음이 울린다. '온도 감지기가 불능'을 정상사상으로 한 고장나무를 작성하고, 정상사상이 발생할 확률을 구하라.

6.8 라디오 시스템은 3개의 중요한 구성품(전원공급, 수신장치 및 증폭장치)으로 이루어져 있다. 각 구성품의 고장확률은 0.1, 0.3 및 0.05이다. '라디오가 작동 안 됨'을 정상사상으로 한 고장나무를 작성하고, 정상사상이 발생할 확률을 구하라.

6.9 기본사상이 중복된 다음의 고장나무를 단순화하라.

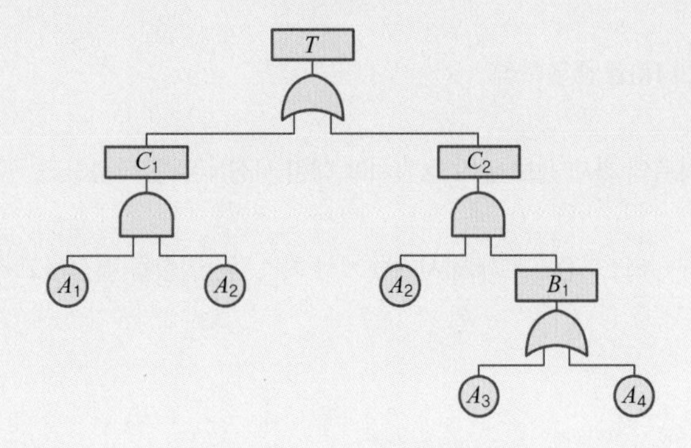

6.10 다음 고장나무에서 MOCUS를 활용하여 모든 최소절단집합을 결정하라.

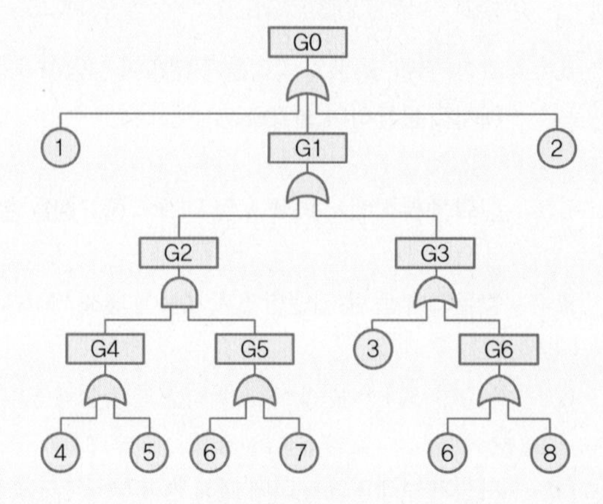

6.11 다음 고장나무에서 기본사상 1, 2, 3, 4의 고장률이 각각 0.05, 0.1, 0.07, 0.2이다. 정상사상 T가 발생할 확률은 얼마인가?

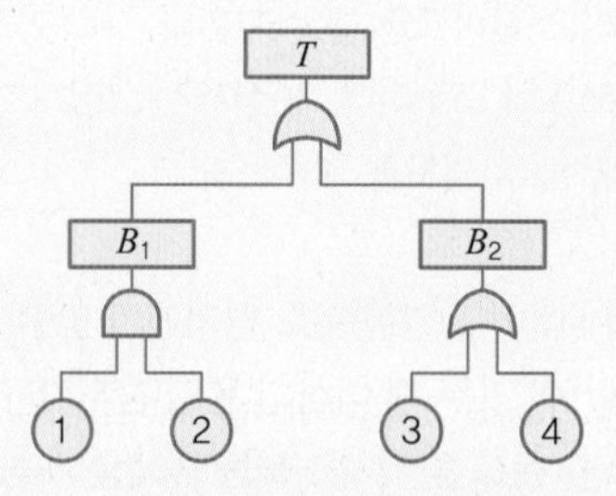

6.12 고장나무에서 기본사상이 중복되지 않으며 각 기본사상은 독립이고, 수명은 지수분포(고장률은 λ_i)를 따른다고 가정한다. 이때 OR게이트로 연결되어 있는 상위 사상에 대한 고장률은 $\lambda(t) = \Sigma \lambda_i$ 이고, AND게이트로 연결되어 있는 상위 사상에 대한 고장률이 다음과 같음을 증명하라.

$$\lambda(t) = \frac{\sum_i \lambda_i (Z_i - 1)}{\prod_i Z_i - 1} \text{ 여기서 } Z_i = \frac{1}{1 - e^{-\lambda_i t}},\ i = 1, 2, \cdots.$$

6.13* 식 (6.12)를 증명하라.

6.14 아파트의 화재 경보 및 보호장치에 대한 사상나무를 작성하라.

6.15* 예제 6.6의 다중프로세서 시스템에서 최소절단집합을 결정하고 식 (6.14)와 비교하라.

CHAPTER 7
수리가능 시스템 분석

CHAPTER

07 수리가능 시스템 분석

7.1 개 요

7장과 8장에서는 수리가능 시스템의 신뢰성 분석과 관련된 문제를 다루고자 한다. 수리가능(repairable) 시스템이란 시스템을 구성하는 부품 하나 혹은 일부가 고장나면 이를 수리하여 다시 사용하거나 새 부품으로 교체할 수 있는 시스템으로, 이 같은 수리가능 시스템을 분석하기 위해서는 먼저 다음과 같은 사항들이 고려되어야 할 것이다.

첫째, 수리가능 시스템을 분석하는 경우 지금까지 수리불가능 시스템의 분석에서 사용된 시스템 평가척도인 시스템 신뢰도만으로는 시스템의 전체적인 특성을 완전하게 평가하기 어려우므로 다른 평가척도가 정의되어야 할 것이다. 예를 들어 추후 상세히 언급하겠지만 대표적인 척도인 가용도 개념을 들 수 있다. 즉 부품의 고장에 의해 시스템이 고장 나는 경우가 있을지라도 수리를 통해 다시 작동되므로 전체적인 운용시간에서 작동된 시간의 비율을 시스템 평가척도로 사용할 수 있다는 것이다.

둘째, 고장이 나서 수리를 실시하는 경우 처음 고장까지의 분포와 더불어 수리 후 재발 고장까지의 시간에 대한 모형이 필요하다. 즉 수리 후 고장분포를 어떻게 가정할 것인지가 매우 중요하다. 이를 위해 나중에 다루겠지만 최소수리(minimal repair), 완전수리(perfect repair), 불완전수리(imperfect repair) 등 다양한 모형들이 제시되어 있으며, 이에 따라 시스템의 성능은 매우 크게 차이가 날 것이다.

셋째, 수리가 이루어지는 시스템의 경우 고장을 예방하는 차원에서 보전을 실시함으로써 전체적으로 시스템의 성능을 향상시킬 수 있다는 것이다. 고장이 날 가능성이 높아지면 미리 시스템에 대한 보전을 선제적으로 실시하여 미래에 발생하게 될 고장을 예방할 수 있다. 따라서 적절한 시점에 적합한 예방보전을 실시하는 것이 매우 중요한데 이 과제는 8장에서 보다 상세히 다루고자 한다.

7, 8장에서 다루는 수리가능 시스템의 분석에서는 용어를 보다 엄밀히 구별하여 사용하여야 그 의미를 보다 명확히 할 수 있고 분석 시의 오류를 최소화할 수 있기 때문에 앞으로 이 장에서는 다음과 같이 정의된 용어들을 사용하고자 한다.

7.1.1 보전

보전(maintenance)은 대상이 되는 시스템이 요구되는 기능을 발휘하도록 유지시키거나 발휘할 수 있도록 복원시키기 위해 필요한 모니터링 행위를 포함한 모든 기술과 적절한 관리 활동 전체로서 정의될 수 있다. 보전은 크게 개량보전(corrective maintenance)과 예방보전(preventive maintenance)으로 크게 구분된다. 개량보전은 고장보전이라고도 하며 시스템 고장이 발생하면 교체나 수리를 통해 작동상태로 복원시키는 활동이며 예방보전은 시스템의 고장을 방지하기 위하여 주기적으로 주요한 부품의 교체나 수리를 실시하여 시스템의 상태를 개선, 즉 시스템이 고장 날 가능성을 낮추는 활동이다.

일반적으로 보전활동은 크게 교체(replacement) 혹은 수리(repair) 활동으로 구분할 수 있는데, 교체는 부품이나 시스템을 새것으로 바꾸는 활동으로 고장난 부품/서브시스템의 교체는 시스템의 수리가 될 수 있다 이외에도 검사(inspection)는 시스템의 상태를 확인하기 위한 활동으로, 일반적으로 검사 또한 보전활동에 포함하는 경우가 많다.

7.1.2 가용도

앞에서 이미 언급한 바와 같이 보전이 이루어지는 시스템의 중요한 신뢰성 척도는 가용도이다. 가용도는 시스템이 규정된 시점이나 규정된 기간 동안 요구되는 기능을 수행할 확률이나 기간의 비율로서 신뢰성과 보전성의 통합적인 관점에서 정의된다. 일부 책이나 표준/규격에서는 가용도(availability) 대신 신인도(dependability)라고 지칭되기도 한다. 가용도는 그림 7.1에 나와 있듯이 시스템의 신뢰성, 보전성, 그리고 보전지원성의 함수이다.

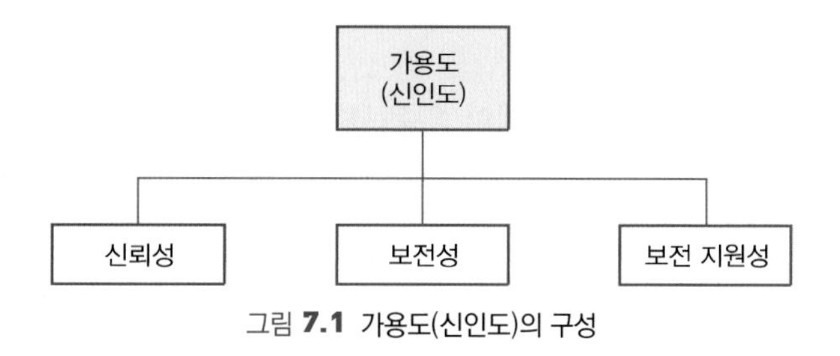

그림 **7.1** 가용도(신인도)의 구성

7.1.3 보전성

시스템의 보전성(maintainability)은 보전이 규정된 조건하에서 규정된 절차와 규정된 자원을 가지고 실시될 때, 요구된 기능을 수행할 수 있는 상태로 유지되거나 복원될 수 있는 능력으로 정의된다. 즉 수리가 용이하다면 보전성은 높다고 할 수 있다. 시스템의 보전성은 시스템의 고장 부위에 접근이 용이하고 고장 난 부품 제거가 수월하며 재설치(새 부품의 교체)가 용이한 정도를 평가하는 것으로 시스템의 설계에 크게 의존한다.

7.1.4 보전지원성

보전지원성(maintenance support)은 보전이 이루어지기 위해 보전에 요구되는 각종 자원(보전 기술자, 보전장비, 예비품 등)이 수리가 요구될 때 적절히 지원될 수 있는가를 평가하는 지표로서 수리 기술자의 숙련도 및 적절한 인원의 배치, 지원 장비의 구비 및 관리, 예비품의 적절한 조달 및 관리 등에 영향을 받게 된다.

보전은 전통적으로 역순(reverse) 엔지니어 활동, 즉 부품들을 조립하여 시스템을 만들어 가는 과정과 반대로 고장 부품을 찾아 이를 분리하기 위해 시스템을 분해하는 과정이 먼저이고, 그런 다음 새 부품으로 교체 후 조립하여 보전을 완료하는 일련의 과정이다. 지금까지 보전은 전문적인 기술자의 업무로서 취급되어 왔으며 보전 기술자의 고유 업무로서 간주되어 관리 차원에서 객관적으로 효율성을 평가하고 개선방안을 마련하는 활동이 상대적으로 미흡했다고 할 수 있다. 따라서 일반적으로 보전관리는 기술자들의 경험에 의존하는 경우가 많으며 한번 정해진 경우에 이를 변경하는 경우는 흔하지 않았다. 특히 보전 기술자의 경우 일반적으로 고장의 확률적인 현상에 대한 적절한 대응방안을 파악하지 못하기 때문에 보전관리 업무의 개선이나 변경에 대단히 보수적인 경향을 보이는 실정이다.

그리고 현장에서의 보전과 관련된 의사결정은 때때로 상충되는 여러 가지 목적을 동시에 달성하여야 하는 경우도 있으며 현 시점의 보전업무 관련 의사결정은 불확실한 미래의 장기적인 관점에서 관리 시스템에 영향을 주기도 하므로 전체적인 상황을 고려하여 결정하여야 하는 복합업무의 성격을 가지고 있다.

이와 같이 보전 관련 의사결정에 포함되어 있는 불확실성과 다양한 요소를 고려하여 최적의 의사결정을 위해 종종 보전 의사결정의 영향을 평가할 수 있는 수학적인 모형을 개발하여 왔다. 즉 고장을 확률적으로 모형화하고 이를 바탕으로 다양한 보전과 관련된 문제들의 수학적 모형들이 개발되었으며 이를 기반으로 최적의 보전관리 정책들이 제안되어 왔으나 아직까지는 현장에서의 적용이 미흡하였다고 판단된다. 그 이유는 제안 모형들이 다양한 가정 하에서 개발되었으며 모형에 필요한 다양한 정보(비용 데이터나 고장 데이터 등)를 요구하므로 그 현장 적용성에서 다소 문제점들이 있었기 때문이다.

수학 모형의 한계를 극복하고자 사용되는 하나의 방법론으로는 고장/보전 상황을 묘사하는 시뮬레이션 시스템을 개발하는 것이다. 예를 들면 몬테카를로/이산사건 시뮬레이션 방법론 등을 이용하여 시스템을 개발, 평가해 보고자 하는 보전방식이나 기간 등을 입력하여 시뮬레이션을 실행하면 다양한 시스템 관련 비용, 가용도 등을 추정할 수 있다. 특히 수학적 모형에서 사용된 가정들(이들 가정은 주로 문제를 단순화하기 위해 고려된 경우도 많다. 예를 들어 수리시간은 변화하는 데 일정하다고 가정)을 적용하지 않고 현실에 보다 근접된 상황을 고려할 수 있다는 장점을 가지고 있다. 시뮬레이션 시스템의 경우 가장 큰 약점은 최적 보전방안을 구하는 것이 쉽지 않다는 문제점이 있다. 그러나 현재 많은 메타휴리스틱(유전자 알고리즘, 시뮬레이티드 어닐링, 타부탐색 등)이 개발되어 있으며 그 성능이 매우 탁월한 것으로 알려져 있으므로 이를 이용한다면 매우 효과적으로 보전 관련 최적화 문제를 다룰 수 있을 것으로 판단된다.

현장에서의 보전관련 문제를 보다 체계적이고 실질적으로 해결하기 위한 통합적 활동으로는 신뢰성기반보전(RCM)이나 종합생산보전(TPM) 등이 개발되고 적용되어 왔다. 특히 신뢰성기반보전의 경우 대형 시스템에 성공사례가 종종 보고되어 앞으로 보다 많은 적용이 기대되며, 종합생산보전의 경우 제조현장에 많이 적용되어 좋은 성과를 내고 있는 사례들이 이미 널리 알려져 있는 실정이다. 이 두 가지 방법론은 현장의 복잡성을 고려하면서도 체계적이고 과학적으로 보전 문제를 다룬다는 점에서 시사하는 바가 크다고 하겠다. 이 부분은 8장에서 상세히 다루고자 한다.

지금까지 수리가능 시스템 분석을 위한 중요한 고려사항과 사용되는 기본 용어들을 설명 하였다. 수리가능 시스템을 계량적으로 분석하기 위해서는 간단한 확률계산이나 분포이론의 응용을 넘어서 정상 포아송 과정(HPP: homogeneous Poisson process), 비정상 포아송 과정(NHPP: nonhomogeneous Poisson process), 재생과정(renewal process), 마르코프체인(Markov chain)과 같은 확률과정(stochastic process)에 대한 기초지식이 필요한데 이는 이 책의 부록 F와 G나 참고문헌들을 참조하기 바란다.

전반적인 7장의 구성은 다음과 같다. 7.2절에서는 재발고장 데이터의 특징, 대표적인 모형 및 재발고장을 도식화하는 방법을 소개하고, 7.3절에서는 일반적인 보전의 유형에 대해 언급한다. 7.4절에서는 시스템의 가용도 분석을 위해 비가동시간 및 가동시간의 분포에 대해 다루며 7.5절에서는 가용도의 정의 및 가용도 모형을 설명한다. 7.6절에서는 여러 부품으로 구성된 시스템의 경우 가용도를 어떻게 평가할 것인가를 다루게 되며, 끝으로 7.7절에서는 시뮬레이션을 이용한 신뢰성 분석 및 관리방법을 다룬다.

7.2 재발고장 모형

수리가능 시스템의 고장간 시간간격의 시간적 순서는 이의 신뢰성 분석 시 중요한 정보를 제공한다. 즉, 고장간 시간간격에 관한 자료가 동일하더라도 그림 7.2의 사건 도시(event plot)와 같이 시스템 A는 고장간격이 증가하는 개선 시스템(happy), 시스템 B는 고장간격이 감소하는 쇠락 시스템(sad)으로 구분할 수 있다.

수리가능 시스템고장 자료는 다음과 같은 계량값을 추정하거나 예측하기 위하여 수집된다.

- 고장간 시간간격 분포
- 시스템 수명 t의 함수로서 구간 $(0, t]$의 누적 고장 수
- 고장간 기대시간(또한 평균 고장 간격 시간(MTBF)으로 불림)
- t의 함수로서 구간 $(0, t]$에서 기대 고장 수
- t의 함수로서 고장발생률(ROCOF: rate of occurrence of failures)
- t의 함수로서 평균 수리비용 등

시스템 A		시스템 B	
15		177	
27		65	
32	· 개선	51	· 쇠락
43	· 감소 ROCOF	43	· 증가 ROCOF
51		32	
65		27	
177		15	

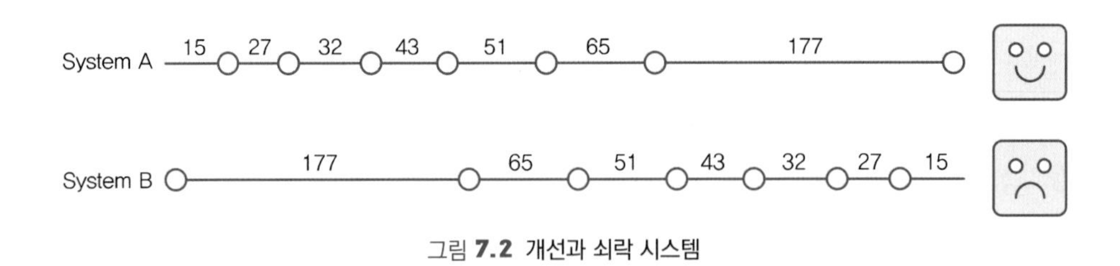

그림 **7.2** 개선과 쇠락 시스템

시간에 따라 하나의 수리가능 시스템에 발생하는 재발고장은 점과정(point process) 혹은 계수과정(count process)에 의해 모형화가 가능하다. 점과정은 시간에 따라 발생하는 사건들을 모형화하는 확률과정 모형으로서 발생하는 사건들은 그림 7.2와 같이 시간축 상의 점들로 볼 수 있다. 계수과정은 일정 시간축 상에 발생하는 고장들의 개수 혹은 고장간 발생 시간간격을 모형화하는 확률과정 모형으로서(부록 F 참조), 고장간 시간간격은 독립임을 가정하고 있지만 일반적

으로 독립적이지 않고 동일한 분포를 따르지 않는 경우가 대부분이다.

구간 $[0,t]$에 발생하는 고장의 수를 $N(t)$라고 할 때 구간 $(a,b]$에 발생하는 고장의 수는

$$N(a,b] = N(b) - N(a) \tag{7.1}$$

와 같다. 재발고장에 대한 확률과정 모형을 구체화하기 위해서는 모든 고장의 개수 n이나 고장 시간 $t_1, t_2, \ldots, t_n$ 에 대하여 확률변수 $N(t_1), N(t_2), \ldots, N(t_n)$의 결합분포를 명시하여야 한다. 계수과정의 재발고장에 대한 재생함수(renewal function)는

$$W(t) = E(N(t)) \tag{7.2}$$

로서, 시간 t까지 고장의 평균 개수이며 비감소함수(nondecreasing function)이다. $W(t)$가 미분가능(differentiable)하면

$$w(t) = \frac{d}{dt} W(t) \tag{7.3}$$

는 강도함수(intensity function)로서 고장발생률(ROCOF: rate of occurrence of failures)이라고 하며, 고장의 평균 개수에 대한 순간변화율(instantaneous rate)로 해석할 수 있다.

이 절에서는 먼저 독립적인 재발고장을 모형화하기 위한 정상 포아송 과정 모형에 대하여 알아보고 다음으로 종속적인 재발고장의 대표적인 비정상 포아송 과정 모형인 거듭제곱 법칙과정 모형(power law process)을 중심으로 설명하기로 한다.

7.2.1 정상 포아송 과정 모형

재발고장에 대한 정상 포아송 과정 모형은 각 고장들 간 시간간격이 독립인 지수분포를 따른다고 가정한다(부록 F.1과 9.4.2절 참조). 정상 포아송 과정은 또한 재생과정, 즉 보전 후 새것과 동일하게 좋은(as-good-as new) 상태를 가정하기 때문에 수리 후에 쇠퇴되거나 개선되는 시스템을 모형화할 수 없다.

재발고장 과정이 강도함수 $\lambda = 1/\theta$를 갖는 포아송 과정은 고장간 시간간격이 독립이며 모수 λ를 갖는 지수분포가 되며, 강도함수 λ는 고장발생률로서 일정한 값을 가진다.

7.2.2 비정상 포아송 과정 모형

정상 포아송 과정의 강도함수가 시간에 따라 일정하지만 비정상 포아송 과정은 이와는 달리 고장발생률이 시간에 따라 일정하지 않고 변하는 포아송 과정에 해당한다.

예제 7.1

고장발생률함수가 $w(t) = 0.02t^{0.8}$로 모형화가 가능한 수리가능 시스템을 고려하자. 재생함수는

$$W(t) = \int_0^t 0.02x^{0.8}dx = \frac{1}{90}t^{1.8}$$

로서 시간 t까지 평균 고장의 개수가 된다.

재발고장에 대한 대표적인 비정상 포아송 과정 모형으로 거듭제곱 법칙과정(power law process) 모형이 있으며, 고장발생률함수는 다음과 같다.

$$w(t) = \frac{\delta}{\theta}\left(\frac{t}{\theta}\right)^{\delta-1} \tag{7.4}$$

거듭제곱 법칙 과정 모형은 단조(monotonic) 형태의 강도함수를 가지는 수리가능 시스템의 재발고장 데이터를 모형화하기 위해 많이 활용된다. 이때 δ는 시간에 따라 시스템이 쇠락 또는 개선되는지를 나타낼 수 있다. 즉, $\delta > 1$이면 $w(t)$는 시간에 따라 고장발생률이 증가하기 때문에 시스템의 쇠퇴를 나타내며, $\delta < 1$이면 $w(t)$는 시간에 따라 고장발생률이 감소하여 시스템의 개선을 의미한다. $\delta = 1$이면 거듭제곱 법칙과정 모형은 $w(t) = \lambda = 1/\theta$인 정상 포아송 과정이 된다. 거듭제곱 법칙과정 모형의 재생함수는

$$W(t) = E[N(t)] = \int_0^t \frac{\delta}{\theta}\left(\frac{x}{\delta}\right)^{\beta-1} dx = \left(\frac{t}{\theta}\right)^{\delta} \tag{7.5}$$

이다.

거듭제곱 법칙과정 모형 이외에도 많이 적용되고 있는 비정상 포아송 과정 모형에는 대수선형과정(log linear process) 모형이 있다. 대수선형모형은 Cox & Lewis (1966)에 의해 비행기 에어컨 고장 데이터를 모형화하기 위하여 처음으로 제안되었으며, 대수선형과정 모형의 고장발생률함수는 다음과 같다.

$$w(t) = \alpha e^{\gamma t} \tag{7.6}$$

대수선형과정 모형은 거듭제곱 법칙과정 모형과 같이 단조형태의 강도함수를 가지는 수리가능 시스템의 재발고장 데이터를 모형화하기 위하여 많이 활용되고 있으며, $\gamma < 0$일 때 고장발생률이 감소하는 고장패턴(시스템 개선)을, $\gamma > 0$일 때 증가하는 고장패턴(시스템 쇠퇴)을, $\gamma = 1$이면 강도함수는 α로 시간에 무관한 정상 포아송 과정 모형이 된다. 대수선형과정 모형의 재생

함수는

$$W(t) = \frac{\alpha}{\gamma}\left(e^{\gamma t} - 1\right) \tag{7.7}$$

와 같다.

7.2.3 재발고장 도식화 기법

수리가능 시스템으로부터 재발고장에 대한 이해를 얻고자 하거나 합당한 모형을 선택하고자 할 때 도식화(graphical) 기법을 활용할 수 있다. 일반적으로 재발고장에 대하여 처음으로 사용할 수 있는 접근방법은 고장간 시간간격에 대한 경향이 있는지, 즉 고장간 간격이 길어지는지 짧아지는지를 판단하는 것이다. 가장 단순하고 강력한 도식화 방법은 고장시간 t_i를 x축에, t_i까지 누적고장 수 $n(t_i)$를 y축에 타점하여 나타내는 것이다.

예제 7.2

다음과 같은 3대의 수리가능 시스템에서 발생한 표 7.1의 고장데이터를 고려해 보자(Rigdon and Basu, 2000). 그림 7.3은 개개 고장시간(t_i)과 해당하는 누적고장 수($n(t_i)$)를 나타낸 그림이다. 시스템 1은 위로 볼록(concave) 형태로 시간이 경과함에 따라 고장간 시간간격이 늘어나므로 시스템이 개선되는 것을 알 수 있다. 이와는 반대로 시스템 3은 아래로 볼록(convex) 형태로 시간이 경과함에 따라 고장간 시간간격이 줄어들어 시스템이 쇠퇴되는 것을 알 수 있다. 시스템 2는 선형형태로 시스템이 시간이 경과함에 따라 고장간 시간간격이 일정한 것을 알 수 있다. 이와 같이 도식화 방법을 통해 재발고장에 어떠한 경향이 있는지 파악한 후 적절한 모형을 선택할 수 있다. 예를 들면, 시스템 2의 경우 정상 포아송 과정 모형을 통해 모형화가 가능하며, 시스템 1과 3은 비정상 포아송 과정 모형, 즉 거듭제곱 법칙과정 모형이나 대수선형과정 모형 등을 통해 모형화할 수 있을 것이다.

표 **7.1** 3대의 수리가능 시스템의 재발고장 데이터 사례

고장 수(i)	시스템		
	1	2	3
1	3	9	45
2	9	20	76
3	20	65	113
4	25	88	129

(계속)

고장 수(i)	시스템		
	1	2	3
5	41	104	152
6	50	107	174
7	69	138	193
8	91	143	199
9	128	149	210
10	151	186	219
11	182	208	224
12	227	227	227

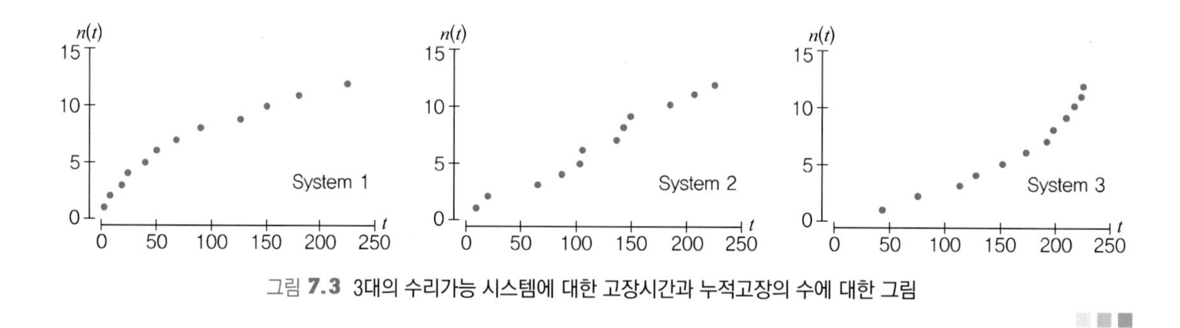

그림 **7.3** 3대의 수리가능 시스템에 대한 고장시간과 누적고장의 수에 대한 그림

재발고장에 대해 거듭제곱 법칙과정 모형의 적합성을 도식화 기법을 통해 판단할 수 있는 대표적인 방법이 Duane 그림이다. Duane 그림은 고장시간 t_i와 $n(t_i)/t_i$를 대수로 변환한 도표에 타점한 것으로, $n(t_i)/t_i$는 종종 누적고장률(cumulative failure rate)이라 불린다. 거듭제곱 법칙과정 $\{N(t),\, t \ge 0\}$에서 기대고장 수는 (7.5)이 되므로 다음 관계가

$$\frac{W(t)}{t} = E\left(\frac{N(t)}{t}\right) = \frac{t^{\delta-1}}{\theta^{\delta}} \tag{7.8}$$

성립한다. 양변에 대수를 취하면

$$\ln E\left(\frac{N(t)}{t}\right) = (\delta-1)\ln t - \delta \ln \theta \tag{7.9}$$

가 되어, $\ln[\,E(N(t))/t\,]$와 $\ln t$는 선형관계가 된다. Duane(1964)은 10장의 신뢰도 성장시험 분석과정에서 거듭제곱 법칙과정 모형을 기반으로 개개의 재발고장 데이터에 대하여 $(\ln t_i,\ \ln(n(t_i)/t_i))$를 타점할 것을 제안하였는데, 거듭제곱 법칙과정 모형이 적합할 경우 기울기는 $\delta-1$이 되며, 절편은 $-\delta\ln\theta$가 될 것이다.

예제 7.3

예제 7.2의 3대의 수리가능 시스템에서 발생한 고장데이터를 다시 고려해 보자. Duane 그림을 작성하기 위해서는 $n(t_i)/t_i$를 구한 결과가 표 7.2에 정리되어 있다. 그림 7.4는 3대의 수리가능시스템에 대하여 Duane 그림을 작성한 것으로, 첫 번째 그림은 음의 기울기를 가지며, 이는 $\delta < 1$인 경우로서 시스템이 개선되고 있음을 의미하며, 세 번째 그림은 양의 기울기를 가지며, $\delta < 1$인 경우로서 시스템이 쇠퇴되고 있음을 의미한다. 두 번째 그림은 처음 2개의 데이터를 제외하고는 x축에 평행하게 산포하며, 이는 시간에 따라 고장이 안정된 형태로 발생, 즉 고장발생률이 시간에 따라 일정함을 알 수 있다.

표 **7.2** 3대의 수리가능 시스템의 고장데이터의 Duane 그림 작성을 위한 데이터 변환 사례

고장 수	시스템					
	1		2		3	
i	t_i	$n(t_i)/t_i$	t_i	$n(t_i)/t_i$	t_i	$n(t_i)/t_i$
1	3	0.333	9	0.111	45	0.022
2	9	0.222	20	0.100	76	0.026
3	20	0.150	65	0.046	113	0.027
4	25	0.160	88	0.045	129	0.031
5	41	0.122	104	0.048	152	0.033
6	50	0.120	107	0.056	174	0.034
7	69	0.101	138	0.051	193	0.036
8	91	0.088	143	0.056	199	0.040
9	128	0.070	149	0.060	210	0.043
10	151	0.066	186	0.054	219	0.047
11	182	0.060	208	0.053	224	0.049
12	227	0.053	227	0.053	227	0.053

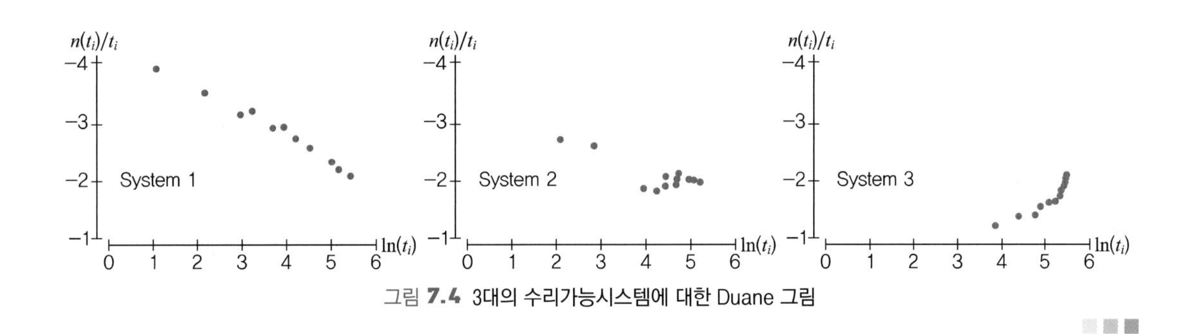

그림 **7.4** 3대의 수리가능시스템에 대한 Duane 그림

한편 거듭제곱 법칙과정 모형을 따르는 수리가능 시스템의 고장자료에 대한 통계적 분석법은 9.8절에서 자세하게 다룬다.

7.3 보전 유형

앞 절에서도 언급하였으나 보전은 시스템을 가동상태로 유지하거나 복귀시키기 위한 일련의 활동으로 다양한 방법으로 분류가 가능하다. 크게는 고장이 발생하지 않거나 적게 일어나게 예방적 차원(현재 시스템은 가동되고 있음)에서 실시하는 보전활동(예방보전)과 고장이 발생한 후에 시스템의 상태를 가동상태로 복귀시키기 위한 보전활동(일반적으로 개량보전 혹은 고장보전 또는 광의의 수리로 통칭)으로 대별하여 설명할 수 있으며 전체적으로 그림 7.5와 같이 구분할 수 있을 것이다.

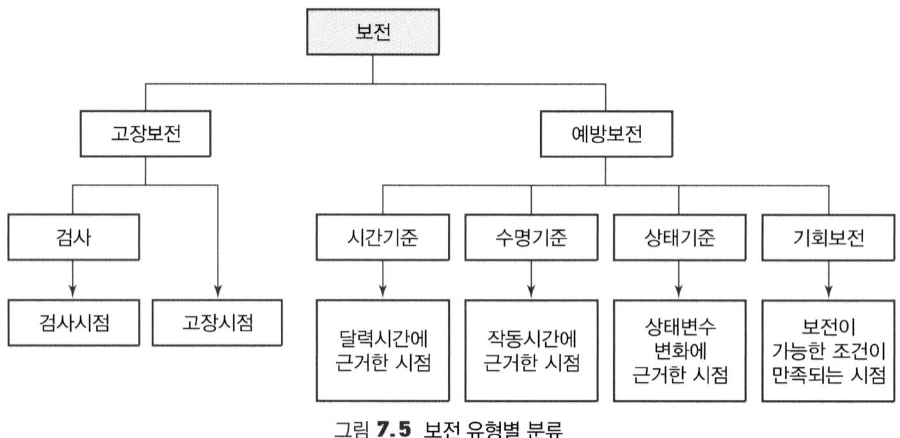

그림 **7.5** 보전 유형별 분류

7.3.1 예방보전

예방보전(PM: preventive maintenance)은 시스템 동작 중 미래에 일어날 수 있는 고장을 예방하기 위해 미리 정해진 기준을 두고 이를 근거로 보전을 실시하는 활동이다. 실시되는 보전활동에는 검사, 조정, 윤활, 부분교체, 눈금조정, 그리고 노화가 시작되는 시스템에 대한 수리 등이 포함된다. 최적의 예방보전을 실시하기 위해서는 기본적으로 고장모형이나 비용요소들이 알려져야 할 것이며 최적화 기준(일반적으로 비용 기준이나 가용도 기준이 사용됨)이 정해져야 한다.

특히 고장모형은 예방보전 정책의 형태를 결정하는 데 결정적인 영향을 준다고 할 수 있다. 고장모형, 즉 고장이 발생하는 현상을 표현하는 수학적인 모형이 고장까지의 시간을 확률분포로 가정하는 모형(지수분포, 와이블 분포 등)이라면 우리는 수명기준 방식(일정 시간 경과 후 예방보전을 실시하는 방식)이 합리적임을 알 수 있다. 왜냐하면 시스템을 가동할수록 비록 고장은 발생하지 않았다 하더라도 고장 가능성이 증가하는 것이 일반적인데, 미리 여유 있는 시간에 시스템을 보전함으로써 가까운 미래의 알 수 없는 시점에서 발생할 수 있는 고장을 예방할 수 있을 것으로 판단되기 때문이다. 여기서 중요한 문제는 예방보전 실시 주기이며, 최적 예방보전 기간 결정을 위해 최적화 기준에 대한 정보가 필요하다. 최적화 기준으로는 예방보전 비용, 고장보전 비용 등 비용요소들을 종합적으로 고려하는 기대 총비용과 예방보전 시간, 고장보전 시간 등 시간적인 요소를 종합적으로 고려하는 시스템 가용도가 주로 사용된다. 예방보전의 종류로는 대표적으로 다음과 같은 방식들이 있다.

(1) 수명기반 보전(age-based maintenance)

위에서 간단히 언급하였는데 이 경우 예방보전을 시스템의 수명에 근거하여 실시한다. 여기서 수명이란 고장모형에서 가정하고 있는 시간축의 척도에 따라 달라질 수 있다. 예를 들어 고장을 달력시간으로 평가할 수도 있으며, 작동시간(시스템은 가동과 휴지상태를 반복하는 경우가 많다. 이 경우 작동된 시간의 합을 시간 축으로 표시하는 경우)을 사용하는 경우 그리고 작동 사이클을 사용하는 경우도 자주 있다. 이에 따라 예방보전도 작동한 달력시간, 작동시간 합 혹은 총 작동 사이클 수가 일정 수준에 도달하면 실시하게 되는 것이다. 예를 들어 스위치의 경우 일정 사이클 수, 비행기 바퀴의 경우 정해진 이착륙 횟수 후에 실시하게 된다. 8장에서 논의될 수명교체 정책은 수명기준 보전의 예이다.

(2) 시간기반 보전(time-based maintenance)

시간기반 보전은 보전활동이 정해진 시점들에서 실시된다. 예를 들어 1개월에 한 번 혹은 6개월마다 보전활동을 실시하는 것이다. 8장에서 논의될 블록교체 정책은 시간기준 보전의 대표적 예로서, 시간기반 보전 정책은 일반적으로 보전업무가 지정된 시점에서 계획적으로 실시되므로 수명기반 보전 정책보다 관리가 수월하다고 할 수 있다. 예를 들어 예방보전을 6개월 단위로 실시하는 경우에 대해 수명기반 방식과의 차이를 고려해 보자. 연초에 보전을 실시한 경우 시간기반 보전은 다음 6개월 후인 6월에 보전을 실시하지만, 수명기준의 경우 만일 6개월 이전인 2월 초에 시스템이 고장 나서 수리를 실시하였다면 수리 후 다시 6개월 후로 계산하므로 8월에 예방보전 실시를 계획하게 된다.

(3) 상태기반보전(condition-based maintenance)

상태기반보전은 예지보전(predictive maintenance)이라고도 부르는데 시스템의 하나 혹은 여러 가지 상태변수의 측정된 수치에 근거하여 예방보전이 실시된다. 즉 상태변수가 임계치에 도달할 경우 보전이 실시된다. 상태변수의 예로는 진동크기, 온도, 윤활유상태, 소음수준, 마모수준 등을 들 수 있다. 상태변수는 연속적으로 혹은 일정한 간격으로 관측되며 측정된 수치에 근거하여 예방보전 실시여부가 결정될 것이다. 이 형태의 예방보전을 고려하기 위해서는 상태변수의 변화를 나타내는 모형이 필요하며, 상태변수와 고장과의 관계가 미리 명시되어야 한다. 이를 위한 고장 모형으로는 열화모형(degradation model), 다상태 고장모형(multi-state failure model) 등이 있으며, 이를 위한 수학적 모형으로 연속형 확률과정, 연속상태 마르코프과정, 이산상태 마르코프 과정 등이 이용 가능하다.

(4) 기회보전(opportunistic maintenance)

이것은 다장비 시스템에서 적용 가능한 보전 방식으로 하나의 장비를 수리하는 경우에 고장 나지 않은 다른 장비들도 함께 보전하는 방식이다. 예를 들어 자동차의 타이어를 교체하는 경우 오일이나 필터들을 점검하고 교체하는 경우가 있을 수 있을 것이다. 이 경우 보전을 위해 우리가 지불해야 하는 시간이나 비용을 전체적으로 줄일 수 있다. 따라서 다장비 시스템의 보전에서 공통 예방보전 주기를 적용하는 문제가 될 것이다. 그러나 단일 장비의 보전을 다루는 경우도 이 개념이 적용 가능한데, 이때 적은 비용의 예방보전 기회가 발생하는 시점이 확률적으로 생긴다고 가정하는 경우가 많다. 이렇게 저비용으로 보전을 실시할 수 있는 기회에 보전을 실시하므로 전체적으로 보전비용을 절감할 수 있을 것이다.

7.3.2 고장보전

개량보전(corrective maintenance)은 고장보전이라 불리기도 하며 시스템 고장 후 이를 복구하기 위해 실시하는 보전으로서 종종 수리(repair)라고도 부르며 시스템들이 고장 난 이후에 수행된다. 고장보전의 목적은 가능한 한 빨리 작동상태로 돌려놓는 것이다. 고장 난 부품들을 수리 혹은 교체하여 시스템을 정상화하기 위해 그 발생시점을 미리 알 수는 없다. 따라서 보전에 필요한 자원(수리기술자, 수리장비 등)과 교체를 위한 예비품들이 적절히 준비되어야 신속한 보전이 이루어질 것이다. 과다한 예비자원의 준비는 비용을 수반하므로 적절한 관리의 필요성이 매우 높은 분야이다. 특히 예비품 관리는 보전관리에서 매우 중요한 의미를 가지게 된다. 과다한 예비품을 준비해 두는 것은 낭비이며 지속적인 재고 유지비용이 발생할 것이다. 반대로 너무 적은 예비품 보유는 부품 부족으로 인한 보전지연을 야기할 수 있기 때문에 적절한 예비품 보유수량을 정하는 것은 보전에서 주요 의사결정 문제 중 하나이다.

7.3.3 고장발견 보전(검사)

이것은 시스템의 기능이나 작동여부 등 시스템의 상태를 체크하는 보전으로서 특히 보호 장비, 백업 시스템과 같은 오프라인 기능의 시스템이 적절한 작동을 하는지를 입증하는 것을 포함한 예방보전의 특별한 형태이다. 고장발견 보전은 이미 발생한 숨어 있는 고장을 파악하기 위한 보전으로서 일정한 간격으로 실시하는 것이 일반적이다. 이 간격을 어떻게 정하는가 하는 문제는 신뢰성 분야에서 최적 검사일정 결정문제에 해당된다.

7.4 비작동시간 분포

보전이 이루어지는 시스템의 상태 변화를 시간에 따라 관측하다 보면 시스템이 작동하는 기간과 작동하지 않는 기간이 일정하게 나타나게 된다. 일반적으로 시스템이 작동하지 않는 기간은 고장으로 인한 수리가 실시되는 기간이거나 예정된 예방보전이 실시되는 기간들일 것이다. 이 절에서는 시스템이 하나 이상의 고장원인에 의해 작동하지 못하거나 예방보전에 의해 작동하지 못하는 시간을 비작동시간으로 정의하고 그 분포를 어떻게 구할 것인가에 관한 문제를 다루고자 한다.

7.4.1 비작동시간의 구성

비작동시간은 계획된 비작동시간과 계획되지 않은 비작동시간 두 가지 유형으로 구분된다. 계획되지 않은 비작동시간은 시스템 외부의 사건과 시스템의 고장에 의해 발생된 비작동시간을 말한다. 예로는 작업자의 실수, 환경적 충격, 시설의 노후, 노사분규 등과 시스템 자체 원인에 의한 시스템의 일시정지나 시스템 고장으로 인한 보전시간 등이 있다. 발전설비의 경우는 계획되지 않은 비작동시간을 외부원인에 의한 운전정지 시간이라고 한다.

계획된 비작동시간은 계획된 예방보전에 의해 발생된 비작동시간으로, 계획된 교체작업(예: 소모품의 교체), 계획된 정지, 휴일 등을 말한다. 계획된 비작동시간으로서 무엇을 포함할 것인가는 어떻게 임무기간을 설정할 것인가에 따라 결정된다. 예를 들어 임무기간을 달력으로서의 1년=365×24=8,760시간으로 정할 수도 있고, 모든 휴일, 정지시간, 모든 계획된 운전정지 시간을 제외한 시간을 임무기간으로 정할 수도 있다. 어떤 분야에서는 계획된 비작동시간을 두 가지로 나누기도 한다. 하나는 장기적으로 계획된 비작동시간들로 계획된 예방보전 시간, 휴식, 공휴일 등이 이에 포함될 것이며, 또 하나는 단기적으로 계획된 비작동시간으로 조건감시, 초기고장 발견, 시스템 기능의 품질을 향상시키거나 유지하기 위한 작업, 그리고 미래의 고장을 감소시키기 위한 작업과 관련된 비작동시간 등이 여기에 포함될 것이다.

장기적으로 계획된 비작동시간은 종종 확정적(deterministic), 즉 고정된 값으로 취급할 수 있을 것이며 이는 시스템 운용계획에서 추정될 수 있을 것이다. 단기적으로 계획된 비작동시간은 확률적인 경우가 많다. 그러므로 현장에서는 이 경우 평균값을 추정하여 확정적인 것으로 간주하여 사용하기도 한다.

비작동의 외부 원인이 여러 가지인 경우의 비계획 비작동시간의 분포에 대해서 간단히 다루어 보자. 만일 시스템이 작동하지 않게 되는 원인이 n개 있으며 각 원인이 발생한 경우 비작동시간(운전정지 시간) D_i의 분포함수가 $F_{D_i}(d)$이며 시스템이 정지된 경우 그 원인이 i일 조건부 확률이 p_i라면 비작동시간 D의 분포함수는

$$F_D(d) = \sum_{i=1}^{n} p_i \cdot TF_{D_i}(d)$$

로서 혼합형 분포함수가 된다. 그리고 각 원인에 의한 비작동시간의 평균(MDT: mean down time)을 $MDT_i = E(D_i)$라고 하면 평균 비작동시간은

$$MDT = \sum_{i=1}^{n} p_i \cdot MDT_i \tag{7.10}$$

이다.

7.4.2 고장에 의한 비작동시간

여기서 우리는 시스템의 고장에 의한 비작동시간에 대해 논의할 것이고 다른 원인에서 오는 계획 비작동시간과 비계획 비작동시간은 분리해서 다룬다는 것을 가정한다. 아래에서 비작동시간은 시스템의 고장에 의해 야기되었다고 가정한다.

시스템의 비작동시간은 일반적으로 접근시간, 진단시간, 실제 수리시간, 마무리 점검시간 등과 같은 요소들의 합으로 여겨진다. 다양한 요소들의 소요시간은 접근 용이성, 수리 용이성, 수

리 기술자의 기술수준, 수리장비, 그리고 예비품 재고수준과 같은 시스템의 특별한 요소에 의해 영향을 받는다. 그래서 특별한 고장과 관련된 비작동시간은 이러한 모든 요소들에 대한 정보를 기반으로 추정될 수 있다.

나중에 보다 복잡한 분석(가용도 분석이나 최적 보전정책 결정 등)을 위해서는 적절한 비작동시간 분포를 선택하는 것이 중요하다. 비작동시간의 분포로서 일반적으로 지수분포, 정규분포 및 대수정규분포가 많이 사용된다. 여기서는 이 분포들이 비작동시간 분포로 사용될 경우의 문제점들을 간략하게 언급하고자 한다.

먼저 지수분포는 단지 하나의 모수(수리율 μ)를 가지므로 우리가 다루기 쉬운 가장 단순한 비작동시간 분포이다(2-모수 지수분포도 존재하지만 일반적으로 많이 사용되지 않는다). 비작동시간 D가 수리율 μ인 지수분포를 따른다면 평균 비작동시간 $MDT=1/\mu$이고, 비작동시간이 주어진 시간 d보다 클 확률은 $\Pr(D>d)=e^{-\mu d}$이다. 그리고 지수분포는 망각성을 가지고 있으므로 비작동시간이 d까지 지속된 시점에서 앞으로 얼마나 더 지속될 것인가는 d값에 관계없이 동일한 지수분포를 따르며 평균 잔여시간은 $1/\mu$이다. 이런 특징은 비작동시간의 중요한 부분이 고장을 찾는 데 소요되는 시간이며 특히 고장을 찾는 것이 무작위로 이루어지는 경우에는 그런대로 사용 가능하나 그 외의 많은 비작동시간에 대해서는 비현실적이다. 많은 보전 분석에서 지수분포는 현실성 때문이 아니라 사용하기 쉽기 때문에 비작동시간 분포로 많이 선택되기도 한다.

예제 7.4

주어진 시스템의 특별한 고장유형을 수리하는 보전용 장비가 있다고 한다. 이 보전장비는 이 유형의 고장을 수리하는 데 걸리는 시간이 지수분포를 따르고 평균 수리시간은 10시간이라고 알려져 있다. 수리율은 얼마인가? 그리고 이 보전장비로 수리를 시작하여 수리가 10시간 안에 끝날 확률은 얼마인가? 그리고 10시간까지 수리가 끝나지 않은 경우 앞으로 평균적으로 얼마나 더 수리시간이 필요한지를 계산해 보자.

수리율 μ=1/MDT=0.1이며 10시간까지 수리가 지속될 확률은

$$\Pr(D>10)=e^{-10\times 0.1}\cong 0.368$$

이므로, 수리를 10시간 안에 마칠 확률은

$$1-0.368=0.632$$

이다. 그리고 잔여 평균 수리시간은 지수분포의 망각성(2.4.1절 참조)에 의해 10시간이다.

다음으로 정규분포를 사용하는 경우를 고려해 보자. 정규분포를 선택한 이유는 비작동시간이 많은 독립적 요소들의 합이라고 여겨진다는 사실 때문이다. MDT와 표준편차가 정규분포의 두 모수이다. 정규분포를 사용할 때 수리율함수 $\mu(d)$는 경과된 비작동시간 d의 일차함수에 근접한다(여기서 수리율함수는 2장의 고장률함수와 그 의미가 동일함). 따라서 일정 기간까지 수리가 진행된 상태에서 짧은 기간 내에 수리작업이 끝날 확률은 경과된 시간에 근사적으로 비례한다(2.4.4절 참조).

마지막으로 대수정규분포는 수리시간 분포를 위한 모형으로서 가장 많이 사용된다. 대수정규분포에서 수리율함수 $\mu(d)$는 d가 증가함에 따라 최고값까지 증가하고 이후 점근적으로 0까지 감소한다. 시스템이 아주 오랜 시간 동안 고장상태일 때 시간이 지나면 지날수록 수리가 마무리되기는 더욱 어려워지는데, 예를 들어 주변에 사용 가능한 재고가 없는 경우라든가 수리공의 접근이 불가능하다든가 하는 등의 이유로 수리가 불가능해질 가능성이 높아지는 경우가 된다는 것이다. 그래서 수리율이 시간의 특정 기간 경과 후에는 감소한다는 가정은 타당한 측면이 있다.

지금까지는 한 장비(부품)의 비작동시간에 대해서 다루었다. 이제 n개의 독립적인 부품을 가진 직렬구조 시스템을 고려해 보자. 직렬구조 시스템이므로 하나의 부품이 고장 나면 시스템이 고장 나서 그 부품을 수리하여야 한다. 부품 i의 고장률은 λ_i이고 부품 i의 고장으로 인한 시스템의 평균 비작동시간이 $MDT_i,\ i=1,2,3,\ldots,n$이라고 하자. 시스템이 고장 난 경우 그 고장이 부품 i에 의한 고장일 확률은

$$\frac{\lambda_i}{\sum_{j=1}^{n}\lambda_j} \tag{7.11}$$

이고, 이 시스템의 평균 비작동시간은 식 (7.11)를 이용하면

$$MDT=\frac{\sum_{i=1}^{n}\lambda_i\cdot MDT_i}{\sum_{j=1}^{n}\lambda_j} \tag{7.12}$$

이다. 식 (7.12)는 하나의 부품이 고장 나면 다른 부품은 고장이 나지 않는다는 가정 하에서 정확히 성립되는 식이다. 만일 부품들의 고장이 독립인 경우에 대해서는 근사적으로 사용할 수 있다. 그러나 대부분의 시스템에서 식 (7.12)는 아주 훌륭한 근사값을 제공한다.

예제 7.5

3개의 독립적인 고장모드를 가진 장비를 생각해 보자. 고장모드들의 고장률은 0.01, 0.02, 0.03이라고 알려져 있다. 각 고장모드의 고장이 발생하였을 때 시스템을 복구하는 데 각각 5, 10, 20시간이 소요된다고 한다. 이때 시스템의 평균 비작동시간은 식 (7.12)을 이용한다면 근사적으로

$$MDT = \frac{0.01 \times 5 + 0.02 \times 10 + 0.03 \times 20}{0.06} = 14.17$$

이다.

7.5 가용도

이 절에서는 수리가능한 단일 부품 시스템의 평가에 사용되는 다양한 종류의 가용도(availability)를 설명하고자 한다. 먼저 시간 $t=0$일 때 작동상태로 투입된 수리가능 시스템을 생각해 보자. 시스템의 고장이 발생할 경우 보전행위는 고장 난 시스템의 기능을 복구시키는 고장보전을 의미한다. 시간 t에서 시스템의 상태를 상태변수로 나타내 보자.

$$X(t) = \begin{cases} 1, & \text{작동} \\ 0, & \text{고장} \end{cases}$$

여기서는 고장에 의해 야기된 계획되지 않은 비작동시간만 고려한다. 시스템의 평균 수리시간은 $MTTR$(mean time to repair)이라고 한다. 전체 평균 비작동시간(MDT)은 시스템이 비작동상태일 때의 평균시간을 의미한다. MDT는 수리시간에 고장발견 시간, 고장진단 시간, 로지스틱 시간, 테스트 시간, 그리고 수리 후 시스템의 작동시작 시간 등을 포함하므로 일반적으로 $MTTR$보다 크다. 완전수리를 가정하여 시스템이 수리 후 다시 작동을 시작할 경우 상태는 새 시스템과 동일하다고 하자. 시스템의 평균 가동시간(MUT: mean up time)은 고장까지의 평균 시간 $MTTF$(mean time to failure)와 동일하다. 신뢰성 분야에서는 $MTTF$와 MUT 둘 다 사용되지만 보전 분야에서는 일반적으로 MUT를 많이 사용한다. 수리가능 시스템의 연속적인 고장 사이의 평균 고장 간격 시간은 $MTBF$(mean time between failures)라고 한다. 그림 7.6에 시스템 상태변수와 다양한 평균 시간들의 관계가 나타나 있다. 수리가능 시스템의 신뢰성은 시간 t에서의 시스템의 가용도에 의해 평가된다.

수리가능시스템의 가용도 $A(t)$는 시점 t에서 시스템이 작동 중일 확률로 정의된다.

$$A(t) = \Pr(X(t) = 1) \tag{7.13}$$

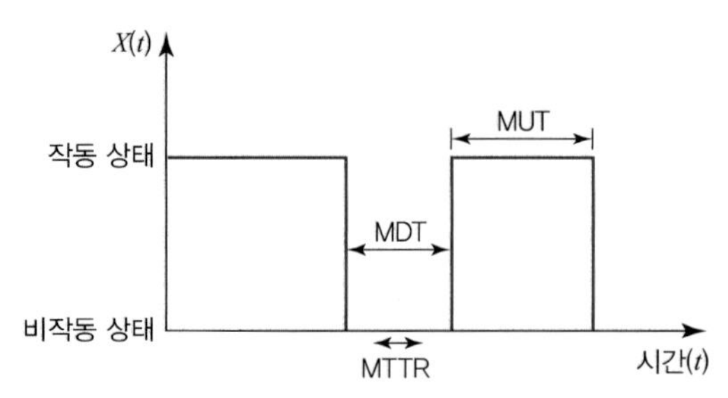

그림 **7.6** 수리가능 시스템의 상태변화와 평균시간 개념들

$A(t)$는 때때로 점 가용도라고 부른다. 만약 시스템이 수리불가능한 경우 $A(t)=R(t)$, 즉 시스템 가용도는 시스템의 신뢰도와 같다. 또한 수리가능시스템의 비가용도 $\overline{A}(t)$는 시점 t에서 시스템이 비작동상태일 확률로 정의된다.

$$\overline{A}(t)=1-A(t)=\Pr(X(t)=0) \tag{7.14}$$

때로는 어떤 장비가 주어진 기간 동안 별 문제 없이 가용될 수 있는지 관심이 있을 경우가 있다. 기간 $(t_1, t_2]$에서 구간(평균) 가용도는 해당 구간에서의 점 가용도의 평균으로 다음과 같이 정의된다.

$$A_{av}(t_1, t_2)=\frac{1}{t_2-t_1}\int_{t_1}^{t_2}A(t)dt \tag{7.15}$$

시작 시점부터 주어진 기간까지의 구간 가용도는 다음과 같이 정의된다.

$$A_{av}(\tau)=\frac{1}{\tau}\int_{0}^{\tau}A(t)dt \tag{7.16}$$

구간 가용도 $A_{av}(t_1, t_2)$와 $A_{av}(\tau)$는 시스템이 주어진 기간에서 작동 가능한 시간의 평균 비율로 설명된다. 또한 $\tau\rightarrow\infty$일 때 구간 가용도의 극한값은 시스템의 장기 평균 가용도를 나타낸다.

$$A_{av}\equiv\lim_{\tau\rightarrow\infty}A_{av}(\tau)=\lim_{\tau\rightarrow\infty}\frac{1}{\tau}\int_{0}^{\tau}A(t)dt \tag{7.17}$$

장기 평균가용도 A_{av}는 시스템이 오랜 기간 동안에 작동 가능한 시간의 평균 비율로 설명된다. 한편 발전소 등에서는 장기 평균 비가용도 $\overline{A_{av}}=1-A_{av}$를 강제정지율(forced outage rate)로 부른다.

일정 조건하에서 점가용도 $A(t)$는 $t\rightarrow\infty$일 때 하나의 값 A에 수렴한다. 수렴 값 A는 시스템의 안정상태(steady-state) 가용도라고 불린다. 안정상태 가용도가 존재한다면 그것은 장기 평

균 가용도와 동일하다. 즉

$$A \equiv \lim_{t \to \infty} A_{av}(t) = \lim_{\tau \to \infty} \frac{1}{\tau} \int_0^{\tau} A(t)dt \tag{7.18}$$

7.5.1 완전수리에서의 가용도

$t=0$ 일 때 작동상태인 수리가능시스템을 생각해 보자. 이 시스템이 고장 나면 새 시스템과 같은 상태로 수리된다고 하자. 시스템의 작동시간들인 $T_1, T_2, \ldots, T_n$은 서로 독립이며 동일한 분포함수 $F_T(t) = \Pr(T_i \le t)$ 를 따른다고 가정한다. 또한 비작동시간들인 $D_1, D_2, \ldots, D_n$도 서로 독립이고 동일한 분포함수 $F_D(t) = \Pr(D_i \le t)$ 를 따른다고 가정한다. 그러면 시스템의 상태변수 $X(t)$는 그림 7.7과 같이 나타날 것이다. n번의 수리가 끝난 시스템을 관찰하였다고 가정하면, 수명시간 $T_1, T_2, \ldots, T_n$과 고장시간 $D_1, D_2, \ldots, D_n$을 얻게 된다. 대수의 법칙에 따라 다음이 성립한다.

$$\frac{1}{n}\sum_{i=1}^{n} T_i \to E(T) = MTTF, \quad n \to \infty \text{ 일 때}$$

$$\frac{1}{n}\sum_{i=1}^{n} D_i \to E(D) = MDT, \quad n \to \infty \text{ 일 때}$$

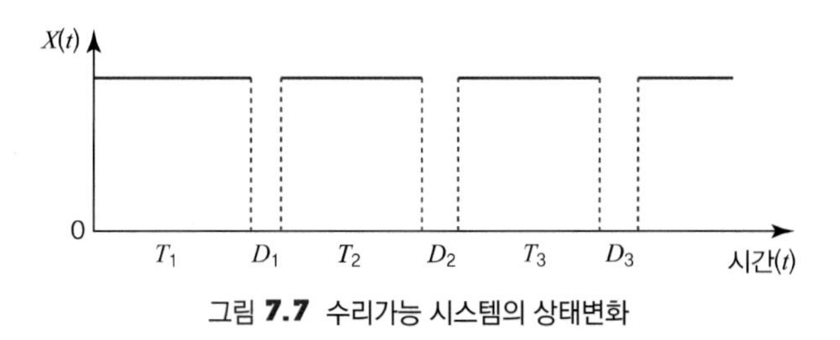

그림 **7.7** 수리가능 시스템의 상태변화

그런데 n번의 작동까지의 총 시간에서 시스템이 작동상태에 있는 비율은

$$\frac{\sum_{i=1}^{n} T_i}{\sum_{i=1}^{n} T_i + \sum_{i=1}^{n} D_i} = \frac{\left(\sum_{i=1}^{n} T_i\right)/n}{\left(\sum_{i=1}^{n} T_i\right)/n + \left(\sum_{i=1}^{n} D_i\right)/n} \tag{7.19}$$

이고 식 (7.19)의 우변은 $n \to \infty$ 이면 $\dfrac{E(T)}{E(T)+E(D)}$ 에 접근하게 되므로 시스템의 장기 평균 가용도는 다음과 같다.

$$A_{av} = \frac{E(T)}{E(T)+E(D)} = \frac{MTTF}{MTTF+MDT} \tag{7.20}$$

예제 7.6

$MTTF = 1000$시간, $MDT = 10$시간인 경우 시스템의 장기 평균 가용도는

$$A_{av} = \frac{MTTF}{MTTF+MDT} = \frac{1000}{1000+10} = 0.99$$

이다. 따라서 평균적으로 총 운용시간의 99% 정도 시스템이 작동상태에 있을 것이다. 이 시스템이 계속해서 사용된다고 가정했을 때 1년(8,760시간)을 고려한다면 1%인 88시간 정도는 비작동 상태에 있을 것이다.

예제 7.7

고장률이 λ이고 독립인 작동시간을 가지는 시스템을 고려해 보자. 비작동시간들은 서로 독립이고 평균 MDT인 동일한 분포를 따른다. 일반적으로 $MTTF \gg MDT$이므로 시스템의 장기 평균 비가용도는 근사적으로

$$\overline{A}_{av} = \frac{MDT}{MTTF+MDT} = \frac{\lambda MDT}{1+\lambda MDT} \approx \lambda MDT$$

이 된다.

수리와 관련된 또 다른 문제를 고려해 보자. 수리를 실시하는 경우 수리에 필요한 예비품이 준비되어 있다면 별 문제가 없으나 예비품이 없다면 이를 주문하고 확보할 때까지 수리는 지연될 것이다. 그러나 너무 많은 예비품을 확보해 두는 것은 비용부담이 클 것이다. 그래서 주어진 기간에 사용될 예비품을 적절히 준비하는 것은 중요한 문제이다. 기간 $(0, t]$ 동안에 수행되는 평균 수리 수를 $W(t)$로 두면 $W(t)$는 가동시간과 고장시간의 분포에 영향을 크게 받을 것이라는 점은 명백하다. 하나의 작동과 하나의 비작동을 하나의 사이클로 본다면 이 사이클의 분포는 작동시간의 분포와 비작동시간의 분포로부터 합의 분포로서 구해진다. 여기에 재생과정 이론을 적용하여 $W(t)$를 재생방정식으로 표현할 수 있다. 따라서 수치적 방법으로 그 값을 구할 수 있을 것이다. 그러나 t가 비교적 클 때 근사적으로 다음과 같이 구할 수 있다.

$$W(t) \approx \frac{t}{MTTF+MDT} \tag{7.21}$$

7.5.2 운용 가용도

시스템의 운용 가용도(operational availability) A_{op}는 시스템이 임무기간에 대해 요구된 기능을 수행할 수 있는 기간의 평균 비율로 정의된다. A_{op}를 결정하기 위해 임무기간을 정해야 하고 임무시간 내의 총 계획된 비작동시간의 평균과 총 비계획된 비작동시간의 평균을 계산하여야 한다. 운용 비가용도 $\overline{A_{op}} = 1 - A_{op}$이며 아래 식으로 구할 수 있다.

$$\overline{A_{op}} = \frac{\text{평균 총 계획된 비작동시간} + \text{평균 총 비계획된 비작동시간}}{\text{임무기간}}$$

지금까지 세 가지(점, 구간, 장기 평균) 가용도와 운용 가용도에 대해 살펴보았다. 이들 가용도에서는 장비에 대해 단지 두 가지 상태(작동상태, 고장상태)만을 고려한다. 따라서 가용도는 시스템 수행도를 정확하고 완전하게 평가하는 척도로서는 부족한 면이 있다. 그래서 몇 가지 대안들이 제안되었다. 예로서 흐름 가용도(on-stream availability)는 특정한 기간 내에서 생산이 0보다 큰 시간의 평균 비율이라고 정의한다. 이 경우 1에서 흐름 가용도를 빼면 이 값은 더 이상 생산을 하지 않는 시간의 평균 비율을 나타낼 것이다. 이를 확장하면 장비의 단위시간당 최대 생산 가능량을 기준으로 퍼센트 생산가용도를 정의할 수 있다. 즉 100% 생산가용도 A_{100}은 시간간격 $(t_1, t_2]$ 기간 동안에 시스템이 완전 생산을 하고 있는 시간의 평균 비율이라고 정의된다.

$$A_{100} = \frac{\text{완전 생산을 하는 } (t_1, t_2] \text{ 사이의 총 기간}}{t_2 - t_1}$$

또한 80% 생산가용도는 다음과 같이 특정 기간 내에 80% 이상의 생산이 이루어지는 기간의 비율이다.

$$A_{80} = \frac{\text{시간간격 } (t_1, t_2] \text{에서 시스템이 80\% 이상 생산하는 총 기간}}{t_2 - t_1}$$

한편으로 응용분야에 따라서는 다음과 같이 가용도를 세 가지로 정의하기도 한다. 먼저 시스템의 고유가용도(inherent availability)는 설계 단계에서의 설계수준을 순수하게 평가하기 위한 것으로 운영단계의 상황을 고려하지 않는다.

$$A_I = \frac{MTBF}{MTBF + MTTR}$$

다음으로 예방보전이 고려된 가용도로서 성취가용도(achieved availability)는

$$A_a = \frac{MTBM}{MTBM + \overline{M}}$$

이다. 여기서 $MTBM$(mean time between maintenance)은 보전간 평균간격이며 $\overline{M}$는 평균 보전시간이다. 운용가용도는 성취가용도에 행정 및 로지시틱 지연시간을 고려한 가용도로서 다음과 같다.

$$A_o = \frac{MTBM}{MTBM + MDT}$$

여기서 MDT는 평균 비작동시간으로 평균 보전시간과 평균 행정 및 로지스틱 지연시간을 합한 것이다.

7.5.3 마르코프 과정을 이용한 가용도 분석

시스템이 다부품으로 이루어져 있으며 부품들의 고장이 지수분포를 따르고 수리시간이 지수분포를 따르는 경우 시스템의 가용도를 구하기 위해서는 부속 G의 연속시간 마르코프체인(continuous-time Markov chain)의 성질을 이용하면 된다. 연속시간 마르코프체인은 시간 t에 대하여 체인의 상태(state) $X(t)$는 이산형 값을 가지며, 임의의 상태 i에서 상태 $j(\neq i)$로의 전이시간은 지수분포를 따르는 것을 가정한다.

연속시간 마르코프체인에서 가능한 이산상태공간 M를 가진다고 가정하자. 임의의 상태로부터 다음 상태로 이동하는 전체적인 경향은 전이율행렬(infinitesimal generator, rate matrix) $\boldsymbol{Q}$에 의해 구체화될 수 있으며 다음과 같은 조건을 만족한다.

비대각 요소(q_{ij}로 표현됨)는 상태 i에서 상태 j로의 전이율로서, 만약 상태 i에서 상태 j로 전이할 수 없으면 $q_{ij} = 0$이 된다. $\boldsymbol{Q}$의 대각요소는 행 i의 다른 요소들의 합과 절댓값은 같지만 부호는 반대이다. 이는 $\boldsymbol{Q}$의 각 행에서의 합은 0이 됨을 의미한다.

연속시간 마르코프체인의 모수를 명시하는 방법에는 두 가지가 있는데 첫 번째 방법은 상태공간 M과 전이율행렬 $\boldsymbol{Q}$를 명시하는 것이며, 두 번째 방법은 상태공간 M을 명시한 후에 관련된 전이 다이어그램(transition diagram)을 작성하는 것이다.

일반적으로 연속시간 마르코프체인을 활용하여 장기 평균 가용도는 쉽게 도출이 가능하지만 다른 가용도들을 구하는 것은 쉽지가 않고 수치적 방법을 통해 도출이 가능하다. 만약 부품(시스템)의 상태가 두 가지 상태(작동 또는 고장)을 가지며 연속시간 마르코프체인에 따라 변할 때, 이런 연속시간 마르코프체인은 마르코프 과정(Markov process)이라 불린다.

시간 정상성(stationary)을 갖는 경우는 전이확률로 이루어진 행렬, $P(t)$는 (G.1)과 같은 콜모로고로프의 전진 방정식(Kolmogorov forward equation)을 만족한다.

예제 7.7

작동시간이 서로 독립적이고 고장률 λ인 지수분포를 가지는 그림 7.8과 같은 단일부품으로 구성된 수리가능 시스템을 고려해 보자. 비작동시간은 서로 독립적이고 모수 μ를 갖는 지수분포를 따른다고 하면 평균 비작동시간 $MDT = 1/\mu$이다. 이 경우 시스템의 상태는 작동과 비작동 두 가지이며 각 상태에서의 체류시간은 서로 독립인 지수분포들을 따르므로 간단한 마르코프 과정으로 모형화되며 시스템의 가용도는 다음과 같이 구할 수 있다. 이 경우 시스템의 상태공간 $M = \{0,1\}$이며, 상태는 아래와 같이 나타낼 수 있다.

- 상태 0 : 고장상태
- 상태 1 : 작동상태

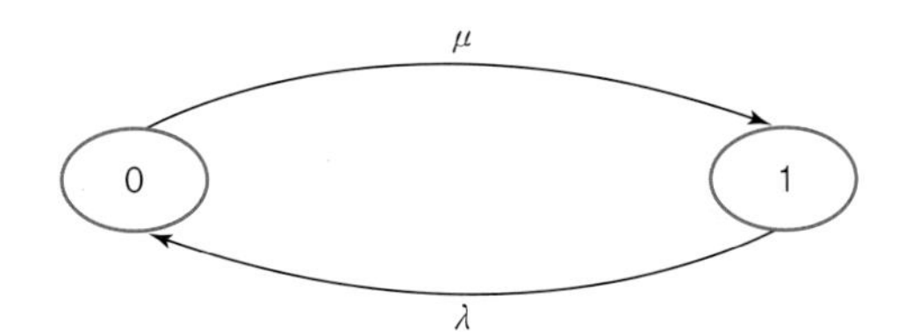

그림 **7.8** 두 가지 상태를 가지는 단일부품의 전이 다이어그램

전이율행렬은 $\boldsymbol{Q} = \begin{pmatrix} -\mu & \mu \\ \lambda & -\lambda \end{pmatrix}$이고, 콜모고로프 전진방정식, $\dot{\boldsymbol{P}}(t) = \boldsymbol{P}(t)\boldsymbol{Q}$ (여기서 $\dot{P}(t)$는 $\dfrac{dP(t)}{dt}$을 나타냄)으로부터 시스템 방정식

$$\left(\dot{P}_0(t)\ \dot{P}_1(t)\right) = \left(P_0(t)\ P_1(t)\right)\begin{pmatrix} -\mu & \mu \\ \lambda & -\lambda \end{pmatrix} \tag{7.22}$$

을 전개하면 다음과 같이 된다.

$$\dot{P}_0(t) = -\mu P_0(t) + \lambda P_1(t)$$

$$\dot{P}_1(t) = \mu P_0(t) - \lambda P_1(t)$$

초기에 부품이 작동상태였다면 $P_0(0) = 0,\ P_1(0) = 1$이다. 위 시스템 방정식을 풀면 임의의 t 시점에서의 시스템이 임의 상태에 있을 확률을 구할 수 있다. 일반적으로 상태의 수가 적은 경우는 라플라스 변환을 이용하여 상태확률을 구할 수 있다(부록 B 참조).

라플라스 변환으로부터 $\mathcal{L}\,(\dot{P}(t)) = sP^*(s) - P(0)$, 단, $P^*(s) = \mathcal{L}\,(P(t))$이므로

$$sP_1^*(s)-1=\mu P_0^*(s)-\lambda P_1^*(s)$$

이며, $P_0(t)+P_1(t)=1$로부터 $P_0^*(s)+P_1^*(s)=1/s$이다. 그러므로 두 식으로부터

$$P_1^*(s)=\frac{s+\mu}{s^2+(\lambda+\mu)s}=\frac{\mu}{\lambda+\mu}\frac{1}{s}+\frac{\lambda}{\lambda+\mu}\frac{1}{s+(\lambda+\mu)}$$

이 된다. 그리고 이를 역라플라스 변환을 하면 식 (7.23)을 유도할 수 있다.

$$A(t)=\frac{\mu}{\lambda+\mu}+\frac{\lambda}{\lambda+\mu}e^{-(\lambda+\mu)t}. \tag{7.23}$$

만약 수리불가능 시스템($\mu=0$)이면, 임의의 t시점에서 가용도는 $P_1(t)=e^{-\lambda t}$로서 신뢰도가 된다. 따라서 안정상태 가용도는 $t\to\infty$일 때 그림 7.9과 같이 $A=A(\infty)=\lim_{t\to\infty}A(t)\equiv P_1=\frac{\mu}{\lambda+\mu}$에 수렴함을 알 수 있다. 이 값은 $A_{av}=\frac{MTTF}{MTTF+MDT}$와 동일하여, 안정상태 가용도 A는 존재하고 장기 평균 가용도 A_{av}와 같게 된다.

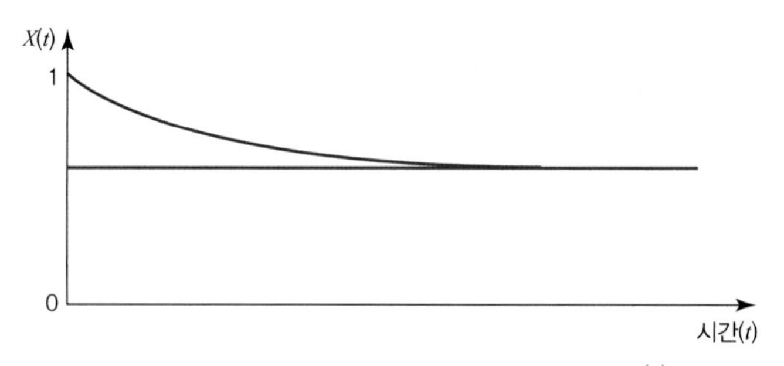

그림 **7.9** 고장률 λ, 수리율 μ일 때 시스템의 가용도 $A(t)$

연속시간 마르코프 체인이 임의의 상태에 머무는 극한 확률을 포함하는 열벡터를 $\boldsymbol{p}=(P_0\,P_1\cdots P_m)'$라고 할 때 부록 G의 식 (G.2)의 안정상태 방정식(steady-state equations)은 다음과 같다.

$$\boldsymbol{pQ}=0,\ \boldsymbol{pe}=1$$

여기서 $\boldsymbol{e}$는 원소가 모두 1인 벡터이다. 위의 방정식을 풀면 안정상태 확률을 구할 수 있다. 이 확률은 또한 일정한 조건하에서 시스템을 장기적으로 운영하는 경우 전체 시간에 대한 특정 상태에 머문 시간의 비율이 안정상태 확률과 같아진다.

예제 7.8

그림 7.8과 같이 두 가지 상태(작동: 1, 고장: 0)를 가지며 고장률 λ와 수리율 μ를 가지는 경우를 다시 고려하자.

안정상태 방정식은

$$(P_0\ P_1)\begin{pmatrix}-\mu & \mu \\ \lambda & -\lambda\end{pmatrix}=\begin{pmatrix}0\\0\end{pmatrix},\qquad (P_0\ P_1)\begin{pmatrix}1\\1\end{pmatrix}=1$$

이며,

$$-\mu P_0+\lambda P_1=0,\qquad P_0+P_1=1$$

의 해를 구하면 $P_0=\dfrac{\lambda}{\lambda+\mu}$, $P_1=\dfrac{\mu}{\lambda+\mu}$이다. 이는 각각 안정상태 비가용도 및 안정상태 가용도(예제 7.7 참조)로서 $t\to\infty$일 때의 비가용도 및 가용도를 나타낸다.

예제 7.9

두 부품 1과 2의 고장률이 λ_1, λ_2인으로 구성된 그림 7.10과 같은 직렬시스템을 고려하자. 부품의 고장은 서로 독립인 지수분포를 따른다고 한다. 수리공은 한 명으로 한 번에 하나의 부품을 수리할 수 있으며, 부품 1과 2의 수리시간은 각각 수리율 μ_1, μ_2을 가지는 지수분포를 따를 때 안정상태에서 가용도를 구하라. 수리 후 부품의 상태는 초기와 동일한 상태로 된다고 가정한다.

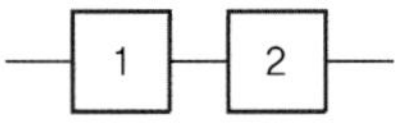

그림 **7.10** 2개의 부품으로 구성된 직렬시스템

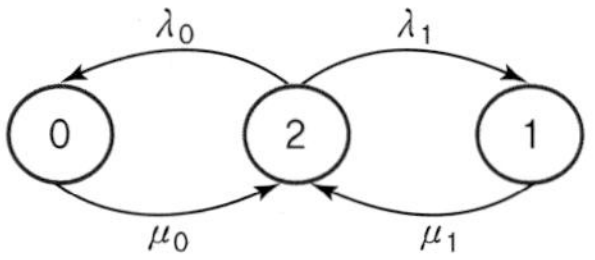

그림 **7.11** 2개의 부품으로 구성된 직렬시스템에 대한 전이 다이어그램

부품의 고장과 수리가 지수분포를 따르는 경우 마르코프 과정 이론을 이용하여 가용도를 구하면 된다. 이를 위해 먼저 시스템 상태들을 정의하여야 한다. 시스템의 상태는

- 상태 0: 부품 1이 고장상태(시스템 고장)
- 상태 1: 부품 2가 고장상태(시스템 고장)
- 상태 2: 두 부품 모두 작동상태(시스템 작동)

로 세 가지 상태를 정의한다(그림 7.11 참조). 즉 마르코프 과정의 상태공간 $M=\{0,1,2\}$이며 이러

한 직렬시스템에서의 부품이 동일한 경우이므로 이 같이 세 상태로 묘사가 가능하다. 이러한 직렬시스템에서의 안정상태 가용도는 P_2이며, 안정상태 방정식 $\boldsymbol{pQ}=0$, $\boldsymbol{pe}=1$을 구하기 위해 전이율행렬을 구하면 다음과 같다.

$$\boldsymbol{Q}=\begin{pmatrix}-\mu_0 & 0 & \mu_0 \\ 0 & -\mu_1 & \mu_1 \\ \lambda_0 & \lambda_1 & -(\lambda_0+\lambda_1)\end{pmatrix}$$

$$(P_0\, P_0\, P_0)\begin{pmatrix}-\mu_0 & 0 & \mu_0 \\ 0 & -\mu_1 & \mu_1 \\ \lambda_0 & \lambda_1 & -(\lambda_0+\lambda_1)\end{pmatrix}=(0\,0\,0),\quad (P_0\, P_0\, P_1)\begin{pmatrix}1\\1\\1\end{pmatrix}=1$$

혹은

$$-\mu_0 P_0+\lambda_0 P_1=0$$

$$-\mu_1 P_0+\lambda_1 P_1=0$$

$$\mu_0 P_0+\mu_1 P_0-(\lambda_0+\lambda_1)P_1=0$$

$$P_0+P_0+P_1=1$$

을 구할 수 있다. 위의 처음 3개의 방정식은 선형 종속이므로, 이 중 하나의 방정식을 제외한 후에 안정상태 방정식의 해를 구하면

$$P_0=\frac{\lambda_0\mu_1}{\lambda_0\mu_1+\lambda_1\mu_0+\mu_0\mu_1},\quad P_1=\frac{\lambda_1\mu_0}{\lambda_0\mu_1+\lambda_1\mu_0+\mu_0\mu_1},\quad P_2=\frac{\mu_0\mu_1}{\lambda_0\mu_1+\lambda_1\mu_0+\mu_0\mu_1}$$

와 같다. 일례로 다음과 같은 고장률 및 수리율을 고려하자.

표 **7.3** 2개의 부품으로 구성된 시스템 고장률 및 수리율

부품	고장률	수리율
1	$\lambda_0=0.01$	$\mu_0=1$
2	$\lambda_1=0.02$	$\mu_1=0.5$

각 상태의 안정상태 확률을 구하면

$$\boldsymbol{p}\equiv\begin{pmatrix}P_0\\P_1\\P_2\end{pmatrix}=\begin{pmatrix}0.005/0.525\\0.020/0.525\\0.500/0.525\end{pmatrix}=\begin{pmatrix}0.0095\\0.0381\\0.9524\end{pmatrix}$$

로서, 안정상태 가용도는 $P_2=0.9524$이다.

예제 7.10

2개의 부품으로 구성된 그림 7.12와 같은 병렬시스템을 고려하자. 부품의 고장은 서로 독립이며 지수분포를 따르며 각각의 고장률은 λ_1과 λ_2을 갖는다. 부품이 고장 나면 시스템이 가동 중에도 수리가 가능하여 수리공이 한 명으로 한 번에 하나의 부품을 수리할 수 있으며, 수리시간은 지수분포를 따르며 수리율은 각각 μ_1과 μ_2이다.

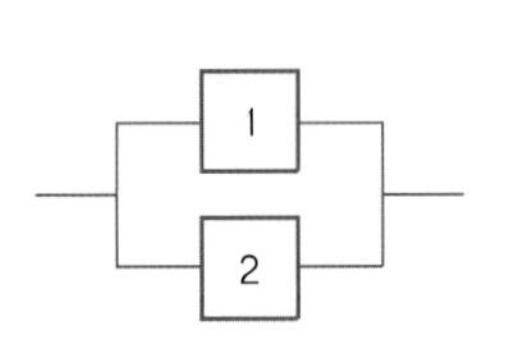

그림 **7.12** 2개의 부품으로 구성된 병렬시스템

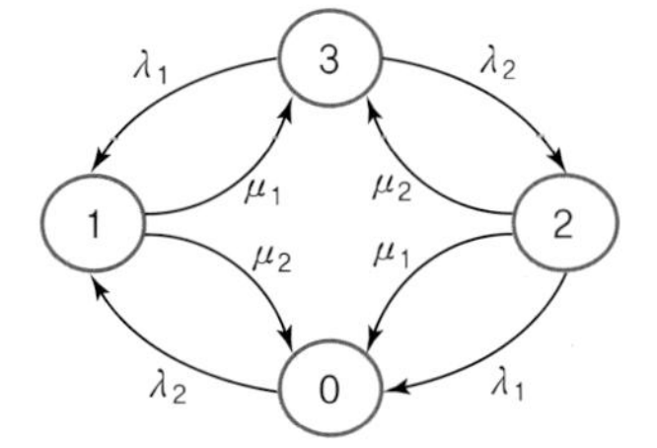

그림 **7.13** 2개의 부품으로 구성된 병렬시스템에 대한 전이 다이어그램

이를 위해 먼저 시스템 상태를 정의하여야 한다. 시스템의 상태는

- 상태 0: 두 부품 모두 고장(시스템 고장)
- 상태 1: 부품 1이 고장상태이며 부품 2는 작동(시스템 작동)
- 상태 2: 부품 2가 고장상태이며 부품 1은 작동(시스템 작동)
- 상태 3: 두 부품 모두 작동상태(시스템 작동)

로 세 가지 상태를 정의하며, 전이 다이어그램은 그림 7.13과 같다. 시스템 상태방정식을 구하기 위하여 전이율행렬 및 안정상태 방정식을 구하면 다음과 같다.

$$\boldsymbol{Q}=\begin{pmatrix} -(\mu_1+\mu_2) & \mu_2 & \mu_1 & 0 \\ \lambda_2 & -(\lambda_2+\mu_1) & 0 & \mu_1 \\ \lambda_1 & 0 & -(\lambda_1+\mu_2) & \mu_2 \\ 0 & \lambda_1 & \lambda_2 & -(\lambda_1+\lambda_2) \end{pmatrix}$$

$$(P_0\ P_1\ P_2\ P_3)\begin{pmatrix} -(\mu_1+\mu_2) & \mu_2 & \mu_1 & 0 \\ \lambda_2 & -(\lambda_2+\mu_1) & 0 & \mu_1 \\ \lambda_1 & 0 & -(\lambda_1+\mu_2) & \mu_2 \\ 0 & \lambda_1 & \lambda_2 & -(\lambda_1+\lambda_2) \end{pmatrix}=(0\,0\,0\,0),$$

$$(P_0\ P_1\ P_2\ P_3)\begin{pmatrix}1\\1\\1\\1\end{pmatrix}=1$$

위의 처음 4개의 방정식은 선형 종속이므로, 하나의 방정식을 제거한 후에 안정상태 방정식의 해를 구하면 다음과 같다.

$$p \equiv \begin{pmatrix} P_0 \\ P_1 \\ P_2 \\ P_3 \end{pmatrix} = \begin{pmatrix} \dfrac{\lambda_1\lambda_2}{\lambda_1\lambda_2+\lambda_1\mu_2+\lambda_2\mu_1+\mu_1\mu_2} \\ \dfrac{\lambda_1\mu_2}{\lambda_1\lambda_2+\lambda_1\mu_2+\lambda_2\mu_1+\mu_1\mu_2} \\ \dfrac{\lambda_2\mu_1}{\lambda_1\lambda_2+\lambda_1\mu_2+\lambda_2\mu_1+\mu_1\mu_2} \\ \dfrac{\mu_1\mu_2}{\lambda_1\lambda_2+\lambda_1\mu_2+\lambda_2\mu_1+\mu_1\mu_2} \end{pmatrix}.$$

표 7.3의 고장률 및 수리율을 사용하여 안정상태 확률을 구하면

$$p \equiv \begin{pmatrix} P_0 \\ P_1 \\ P_2 \\ P_3 \end{pmatrix} = \begin{pmatrix} 0.00038 \\ 0.00952 \\ 0.03808 \\ 0.95202 \end{pmatrix}$$

이며, 안정상태 가용도는 $P_1+P_2+P_3=1-P_0=0.99962$이다. 2개의 부품으로 구성된 병렬시스템의 가용도는 직렬시스템에 비해 월등히 높음을 알 수 있다.

■■■

예제 7.11

동일한 두 부품으로 이루어진 대기 시스템을 고려하자. 즉 먼저 하나의 부품이 작동되고 이 부품이 고장이 나면 대기하고 있던 부품이 작동되며, 고장 난 부품은 수리되고 수리가 마무리되면 작동하는 부품이 있으면 대기상태, 아니면 작동상태로 된다고 하자. 부품의 고장과 수리시간이 지수분포를 따르는 경우 마르코프 과정을 이용하여 안정상태 가용도를 구하라.
이를 위해 먼저 시스템 상태를 다음과 같이 정의한다.

- 상태 0: 한 부품은 작동, 하나는 대기 상태인 경우
- 상태 1: 부품 하나는 작동하고 하나는 수리를 하고 있는 상태
- 상태 2: 부품 하나는 수리를 하고 있고 하나는 수리대기하고 있는 상태

부품은 동일한 경우이므로 이 같이 세 상태로 묘사가 가능하며, 시스템의 상태방정식을 구하기 위하여 전이율행렬을 구하면 다음과 같이 되므로

$$Q = \begin{pmatrix} -\lambda & \lambda & 0 \\ \mu & -(\lambda+\mu) & \lambda \\ 0 & \mu & -\mu \end{pmatrix}$$

안정상태의 가용도는

$$A \equiv \lim_{t \to \infty} A(t) = P_1 + P_2 = \frac{\lambda\mu + \mu^2}{\lambda^2 + \lambda\mu + \mu^2}$$

가 된다. 만일 두 부품의 고장률이 다른 경우에는 상태 1이 두 가지(작동하는 부품의 종류에 따라)로 나누어져야 하고 상태 2도 수리중인 부품의 종류에 따라 두 가지의 서로 다른 상태로 나누어져 총 다섯 가지 상태로 정의되어야 할 것이다.

예제 7.12

두 부품으로 이루어진 직렬시스템에 대하여 다음과 같은 상황을 고려하자. 하나의 부품이 고장 나면 다른 부품은 즉시 가동을 멈추고 고장 난 부품이 수리가 완료될 때까지 작동하지 않는다. 이 경우 고장 나지 않는 부품은 작동하지 않기 때문에 어떠한 외부의 스트레스도 받지 않아 고장 난 부품이 수리가 완료될 때까지 고장 나지 않을 것이다. 이 경우의 안정상태 가용도를 구하라.

부품의 고장과 수리시간이 지수분포를 따르는 경우 이러한 상호 의존성을 고려하여 마르코프 과정을 이용하기 위해서는 먼저 시스템 상태들을 다음과 같이 세 가지 상태로 정의한다.

- 상태 0: 부품 1은 작동, 부품 2는 가동을 중지
- 상태 1: 부품 1은 가동중지, 부품 2는 작동
- 상태 2: 부품 1과 부품 2가 모두 작동

먼저 시스템 상태방정식을 구하면

$$(P_0\ P_1\ P_2)\begin{pmatrix} -\mu_2 & 0 & \mu_2 \\ 0 & -\mu_1 & \mu_1 \\ \lambda_2 & \lambda_1 & -(\lambda_1+\lambda_2) \end{pmatrix} = (0\ 0\ 0), \quad (P_0\ P_1\ P_2)\begin{pmatrix} 1 \\ 1 \\ 1 \end{pmatrix} = 1$$

이 되므로, 이를 전개하면 다음의 연립방정식이 얻어진다.

$$-\mu_2 P_0 + \lambda_2 P_2 = 0$$

$$-\mu_1 P_1 + \lambda_1 P_2 = 0$$

$$\mu_2 P_0 + \mu_1 P_1 - (\lambda_1 + \lambda_2) P_2 = 0$$

$$P_0 + P_1 + P_2 = 1$$

위의 첫 번째 방정식과 두 번째 방정식의 합이 세 번째 방정식에 해당(선형 종속)하여, 하나의 방정식을 제외한 후에 안정상태 방정식의 해를 구하면 다음과 같다.

$$P_2 = \frac{\mu_1\mu_2}{\lambda_1\mu_2 + \lambda_2\mu_1 + \mu_1\mu_2} = \frac{1}{1 + (\lambda_1/\mu_1) + (\lambda_2/\mu_2)}, \quad P_1 = \frac{\lambda_1}{\mu_1}P_2, \quad P_0 = \frac{\lambda_2}{\mu_2}P_2$$

이와 같은 직렬시스템의 경우 두 부품 모두 작동하여야 시스템이 작동하기 때문에 안정상태의 가용도는

$$A \equiv \lim_{t\to\infty} A(t) \equiv P_2 = \frac{\mu_1\mu_2}{\lambda_1\mu_2 + \lambda_2\mu_1 + \mu_1\mu_2} = \frac{1}{1+(\lambda_1/\mu_1)+(\lambda_2/\mu_2)}$$

로서 단순히 각 부품의 가용도의 곱으로 구해지지 않음을 알 수 있다.

■■■

n개의 부품으로 구성된 수리가능 시스템의 가용도를 구하기 위하여 시스템 신뢰도 함수를 활용하여 구할 수 있다. n개의 부품으로 구성된 시스템의 신뢰도 함수를 $r(\mathbf{p})$라고 하자. 부품 i는 고장률 λ_i를 가지는 지수분포를 따라 고장이 발생하며, 수리율 μ_i을 가지는 지수분포를 따라 정비가 진행된다고 한다. 모든 부품들은 상호 독립적으로 고장이 발생하거나 수리가 된다고 가정할 때(즉, 전용 수리공이 확보되거나 충분할 경우 등), t시점에서의 가용도는

$$A(t) = \Pr(\text{시스템이 } t\text{시점에 작동})$$

로 정의된다. 모든 부품들은 상호 독립이기 때문에 시스템의 가용도 함수 $A(t)$는 ϕ가 구조함수를 나타낸다면 신뢰도 함수 측면에서 다음과 같이 정의될 수 있다.

$$A(t) = \phi(A_1(t), \ldots, A_n(t)).$$

이때 $A_i(t) = \Pr(\text{부품 } i\text{가 } t\text{시점에 작동})$이다.

예제 7.13

연속형 마르코프체인을 활용하여 시스템 가용도를 구하는 방법을 예제를 통해 알아보자. 만약 n개의 부품으로 구성된 시스템을 고려할 경우, 부품 i의 가용도는 (7.23)을 활용하여

$$A_i(t) = \frac{\mu_i}{\lambda_i + \mu_i} + \frac{\lambda_i}{\lambda_i + \mu_i} e^{-(\lambda_i + \mu_i)t}$$

와 같으며 시스템 가용도는 다음과 같이 구할 수 있다.

$$A(t) = \phi\left(\frac{\boldsymbol{\mu}}{\boldsymbol{\lambda}+\boldsymbol{\mu}} + \frac{\boldsymbol{\lambda}}{\boldsymbol{\lambda}+\boldsymbol{\mu}} e^{-(\boldsymbol{\lambda}+\boldsymbol{\mu})t}\right)$$

이때 $\boldsymbol{\lambda} = (\lambda\ \lambda \cdots \lambda)'$이며 $\boldsymbol{\mu} = (\mu\ \mu \cdots \mu)'$인 열벡터를 의미한다. 만약 $t \to \infty$이면 다음과 같이 시스템의 장기 평균 가용도를 구할 수 있다.

$$A = A(\infty) = \lim_{t \to \infty} A(t) = \phi\left(\frac{\mu}{\lambda + \mu}\right)$$

예를 들면, 직렬시스템의 신뢰도 함수는 $\phi(\boldsymbol{p}) = \prod_{i=1}^{n} p_i$ (p_i는 부품의 신뢰도) 이므로

$$A(t) = \prod_{i=1}^{n}\left[\frac{\mu_i}{\lambda_i + \mu_i} + \frac{\lambda_i}{\lambda_i + \mu_i} e^{-(\lambda_i + \mu_i)t}\right]$$

이며, $A = \prod_{i=1}^{n} \frac{\mu_i}{\lambda_i + \mu_i}$ 이다.

병렬시스템의 신뢰도는 $\phi(\boldsymbol{p}) = 1 - \prod_{i=1}^{n}(1 - p_i)$이므로,

$$A(t) = 1 - \prod_{i=1}^{n}\left[\frac{\lambda_i}{\lambda_i + \mu_i}\left(1 - e^{-(\lambda_i + \mu_i)t}\right)\right]$$

이며, $A = 1 - \prod_{i=1}^{n} \frac{\lambda_i}{\lambda_i + \mu_i}$ 이다.

7.6 다부품 시스템의 가용도 평가

시스템의 점 가용도는 기본적으로 임의의 시점에서 시스템이 작동상태에 있을 확률로 정의된다. 다부품으로 이루어진 시스템의 경우 임의의 시점에서 시스템의 작동유무는 다양한 요소들에 영향을 받을 것이다. 즉 구성 부품들의 고장분포, 부품들의 상태와 시스템 상태의 관계, 고장보전과 예방보전의 방식, 보전 후의 부품들의 상태변화 등이 시스템의 작동유무에 영향을 줄 것이다. 이 절에서는 시스템 가용도에 영향을 주는 요소들에 대한 정보가 주어져 있을 때 어떻게 시스템 가용도를 구할 것인가에 대해 설명하고자 한다.

시스템 가용도를 구하는 방법은 크게 두 가지로 나누어서 생각할 수 있다. 하나는 해석적인 방법이며 다른 하나는 시뮬레이션을 통해 가용도를 구하는 방법이다. 시뮬레이션을 통해 가용도를 구하는 방법은 다음 소절에 설명하기로 한다. 해석적인 방법으로서 간단하면서도 유용한 방법으로는 4장에서 다룬 수리불가능 시스템의 신뢰도 분석 결과를 수리가능 시스템의 가용도 계산에 이용하는 것이다. 즉 수리불가능한 시스템에 대해 구해진 시스템 신뢰도함수는 부품들의 고장이 독립이라면 부품들의 신뢰도함수들의 함수로서 표현될 것이다. 여기에 각 부품에 대한

수리가 독립적으로 이루어진다면 시스템 가용도함수는 먼저 각 부품의 점 가용도를 구하고 이를 시스템 신뢰도함수에서 부품 신뢰도함수 자리에 대체함으로써 구할 수 있다. 그러나 일반적으로 다부품 시스템의 경우 부품의 고장, 수리나 보전은 부품들에 독립적으로 이루어지지 않는 경우가 많다. 그러므로 시스템 가용도를 구하는 다양한 방법론들이 연구되어 왔다. 예를 들어 신뢰성 블록도, 결함나무 분석, 마르코프 모형, 흐름 네트워크, 페트리네트(Petri nets) 등이 있다.

먼저 n개의 부품으로 구성되고 각 부품의 고장이 독립적으로 발생하는 시스템을 고려해 보자. 각 부품의 상태변수 $X_1(t), X_2(t), ..., X_n(t)$가 독립된 확률변수이고 시스템의 구조함수 $\phi(X(t))$가 상태변수들의 함수로 주어져 있다고 하자. 그러면 시스템 가용도 $A_s(t)$는 다음과 같이 구해진다.

$$A_s(t) = E(\phi(X(t))) \tag{7.24}$$

여기서 각 부품의 상태변수는 수리가 이루어지는 상황 하에서의 변수로서 $A_i(t) = E(X_i(t))$는 부품의 신뢰도함수가 아니라 수리가 독립적으로 이루어진다는 조건하에서 시점 t에서의 부품들의 가용도이다. 그러므로 시스템 가용도는 부품 가용도의 함수이다.

예제 7.14

각 부품의 고장과 수리가 독립적으로 발생한다고 하고 그림 7.14에 주어진 시스템의 장기 평균 가용도를 구해 보자. 시스템 구조함수는 다음과 같다.

$$\varnothing(X(t)) = X_1(t)(X_2(t) + X_3(t) - X_2(t)X_3(t)) \tag{7.25}$$

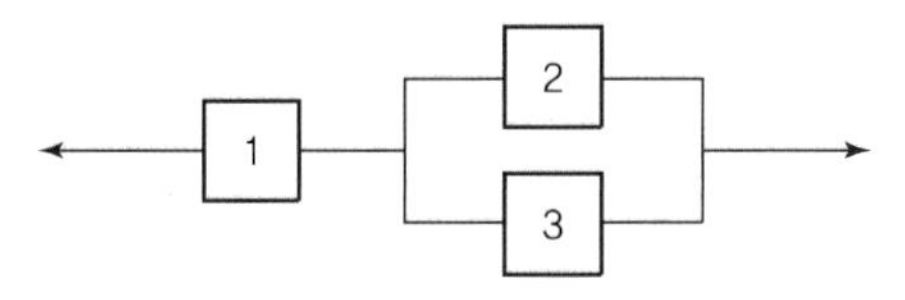

그림 **7.14** 예제 7.19의 신뢰성 블록도

세 부품의 $MTTF$들과 MDT들은 아래 표에 주어져 있다. 그러므로 각 부품의 장기 평균 가용도는 다음과 같다.

$$A_i = \frac{MTTF_i}{MTTF_i + MDT_i}, \quad i = 1, 2, 3$$

i	$MTTF_i$(시간)	MDT_i(시간)	A_i
1	2000	20	0.990
2	1000	20	0.980
3	1000	20	0.980

각 부품의 가용도 $A_i(t) = E(X_i(t))$의 함수로 시스템 가용도 $A_s(t) = E(\phi(X(t)))$을 표현할 수 있다. 식 (7.25)에서 부품들은 서로 독립이므로 $E(X_i(t)X_j(t)) = E(X_i(t))E(X_j(t)), i \neq j$이다. 그러므로 시스템 장기 평균가용도 $A_s = A_1(A_2 + A_3 - A_2A_3) \approx 0.9896$이고, 시스템의 평균 비가용도 $\overline{A_s} \approx 0.0104$이다.

■■■

예제 7.14의 방법을 사용하기 위해서는 각 부품들의 고장 및 수리가 독립적으로 수행된다는 것이 전제되어야 한다. 이것은 한 부품이 고장 났을 때 다른 구성요소들에 영향을 주지 않고 정상적으로 작동한다는 것을 의미한다. 예를 들어 부품 2가 고장 나면 시스템은 가동이 되면서 부품 2는 수리가 된다는 의미이고, 부품 1이 고장 나서 시스템이 작동되지 않는 상태에서도 부품 2, 3은 작동이 되면서 고장이 날 수 있다는 것이다. 이 같은 비현실성에도 불구하고 계산의 편의성 때문에 실제로는 현장문제 분석에 많이 사용된다. 고장나무(fault tree) 분석을 위한 대부분의 컴퓨터 프로그램은 예제 7.14의 접근법을 이용하여 수리가능 시스템의 가용도를 구하는 모듈을 제공하고 있다. 그러나 이 방법을 사용할 때는 항상 다음과 같은 제약사항을 염두에 두어야 한다.

- 각 부품의 운용 및 보전은 다른 부품의 상태에 영향을 받지 않는 경우이다.
- 어느 부품이 고장 나면 작동하는 부품에 가해지는 부하가 증가하는 부하분담 시스템에는 적용이 불가능하다.
- 여러 부품의 수리작업 간에 연관관계가 있거나 시스템이 고장상태일 때는 부품이 고장 나지 않는다는 것과 같이 시스템상태에 따라 부품작동이 영향을 받을 경우는 사용이 불가능하다.
- 수리공, 수리장비 등 수리자원에 관련된 아무런 제약이 없다.

이 중 일부 제약은 고장나무(혹은 신뢰성 블록도)를 주의 깊게 모형화함으로써 부분적으로 극복할 수 있다. 그러나 이것은 간단한 작업이 아니며 실제적 분석에는 일반적으로 사용하지 않는다.

고장나무(신뢰성 블록도)는 시스템의 고장의 원인(시스템 기능의 요구)을 정적으로 분석하는 방법론으로 개발되었으나 보전이나 수리가 이루어지는 동적 특징을 가진 시스템(예를 들어 대기 시스템, 우선순위 AND gate 등) 분석을 위한 동적 고장나무분석(dynamic fault tree analysis)도 연구되고 있다(Yuge and Yanagi, 2008).

한편 다부품 시스템의 가용도에 영향을 미치는 주요한 요소로 긴급회복성(resilience)이 있다. 긴급회복성은 시스템이 정상적인 상태를 벗어나는 경우 얼마나 빨리 정상적인 상태로 돌아올 수 있는가를 평가하는 척도로서, 계량적인 척도는 응용분야에 따라 다양하게 정의될 수 있다. 예를 들어 성능저하와 관련하여 허용되는 한계가 주어진 경우 성능저하가 되도록 강건하게 주어진 시간까지 한계를 벗어나지 않을 확률로 정의가 가능할 것이다. 또한 가정에서의 전기가 들어오지 않는 경우로는

- 전기가 나가는 자체가 시스템의 치명적인 문제인 경우
- 일정시간이내 복구되지 않으면 문제가 되는 경우
- 전기가 들어오지 않는 시간에 따라 단위시간당 손상의 크기가 점점 크게 증가하는 경우 전체 손상의 크기로 시스템을 평가하는 경우

로 구별하여 분석할 수 있을 것이다.

따라서 시스템의 긴급회복성을 평가하기 위해서는 시스템의 상태(성능, 기능성 등)를 평가하는 지표가 있어야 한다. 일반적으로 위의 예시처럼 한계를 벗어나서 손상이 발생하는 경우를 상정한다면 그림 7.15와 같이 성능이 한계를 벗어난 경우 복귀될 때까지의 총 손상을 한계 아래의 전체 면적이 되므로 이의 크기(면적)와 관련하여 다음과 같이 긴급회복성(RL)을 정의할 수 있을 것이다.

$$RL = \frac{\int_{t_0}^{t_1} Q(t)dt}{t_1 - t_0} \tag{7.26}$$

여기서 t_0 : 손상 시작 시점 t_1 : 손상이 회복된 시점 $Q(t)$: 성능함수

예를 들어 식 (7.26) 외에도 일정크기 이상의 손상이 발생할 확률, 총 손상의 크기가 정해진 기준보다 작을 확률 등 다양한 정의가 가능하다.

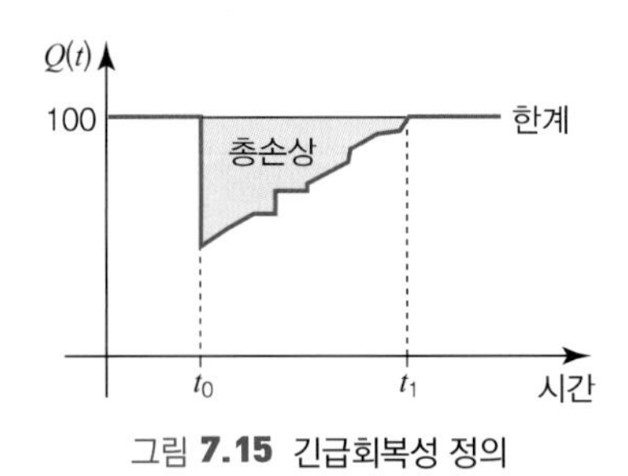

그림 **7.15** 긴급회복성 정의

만일 시스템의 고장(손상)상태가 하나의 동일한 상태인 경우라면 시스템의 비작동시간이 긴급회복성과 직접적으로 관련되며 주어진 시간까지 정해진 한계 이상의 비작동시간이 발생하지 않을 확률, 혹은 총 비작동시간이 정해진 크기보다 작을 확률로 정의 가능하다. 수리적인 모형으로는 작동시간과 비작동시간을 교차 재생과정(alternating renewal process, 혹은 두 상태 마르코프 과정)로 가정하고 일정 크기 이상의 비작동시간이 발생하지 않을 확률 등을 구하기 위해 적분방정식으로 정식화할 수 있다.

만일 손상이 발생하는 것을 여러 가지 서로 다른 크기를 가진 상태들로 근사적으로 모형화가 가능하다. 또한 다수 작동상태와 다수 손상상태를 가지는 마르코프 과정으로 모형화가 가능하며, 이를 바탕으로 주어진 크기이상의 손상이 주어진 시간까지 발생하지 않을 확률은 해당되는 상태에 빠지지 않을 확률로서 상태방정식으로부터 구할 수 있을 것이다. 그리고 총 손상의 크기와 관련된 경우는 각 상태에서의 보상(reward)을 각 상태에서의 단위시간당 손상량으로 정의함으로써 모형화가 가능할 것이다.

지금까지 고려한 긴급회복성의 계량적 척도의 값을 구하는 문제는 관련 참고문헌(Francis and Bekera, 2014)을 참조하면 된다.

7.7 시뮬레이션을 이용한 신뢰성 분석 및 관리

다음사건 시뮬레이션(next event simulation)은 가장 일반적인 시뮬레이션 방법으로 복잡하고 거대한 시스템의 가용도 분석에도 적용 가능한 가장 범용적인 분석방법이다. 먼저 시스템의 구조를 흐름 다이어그램이나 신뢰성 블록도의 형태로 모형화한다. 확률적인 사건(부품고장 등)들이 컴퓨터 모형에서 생성되고 계획된 사건(예를 들어 예방보전 활동 등)과 상태기반 사건들이 발생되므로, 시뮬레이션 수행 결과 실제 수명 시나리오와 유사하게 나타난다. 시뮬레이션 프로그램에는 다음과 같은 다양한 형식의 입력이 가능하다.

- 흐름 다이어그램, 제어형식(control schema), 부품정보와 같은 시스템 관련 정보
- 부품의 고장모드, 고장효과, 고장결과들에 대한 정보 등
- 수명분포, 비작동시간 분포와 모수들의 추정값 등 부품의 고장과 수리 관련 정보
- 고장모드별 수리전략과 기간
- 검사와 계획된 보전의 시간과 주기
- 기회보전 전략

- 예비품과 보전자원의 가용도 등 자원 관련 정보
- 시스템/부품의 용량

컴퓨터에서 특정한 수명 시나리오의 시뮬레이션을 수행할 때 이 시나리오는 실제 실험처럼 취급된다. 이 경우 시스템 수행도와 관련하여 다음과 같은 통계량들이 계산된다.

- 시뮬레이션 기간 동안에 관측된 시스템 가용도(총 시스템 가동시간을 시뮬레이션 기간으로 나눈 값)
- 시스템의 고장 수
- 부품들의 고장 수
- 각 부품의 시스템 비가용도에 대한 기여도(특정 부품 고장으로 인한 시스템 고장의 건수)
- 보전자원 사용량
- 시간함수로서의 시스템 처리량

시뮬레이션을 반복 실행함으로써 관심이 있는 시스템의 수행도에 대해 보다 정밀한 추정량(신뢰구간의 폭이 좁은 구간 추정량 등)을 구할 수 있을 것이다. 일반적으로 추정량의 신뢰구간의 폭은 반복실행 수의 제곱근에 반비례한다. 여기서 다음사건 시뮬레이션의 핵심요소인 부품고장 시간의 생성과 다음사건 진행에 대해 살펴본다.

7.6.1 특정 분포를 가진 확률변수의 생성

고장시간 T는 모든 t에 대해서 증가하는 분포함수 $F_T(t)$를 가지는 확률변수라고 하자(그림 7.16 참조). 그러면 역함수 $F_T^{-1}(y)$는 모든 $y \in (0,1)$에서 유일한 값을 가지고 $Y = F_T(T)$의 분포함수 $F_Y(y)$는 아래와 같다.

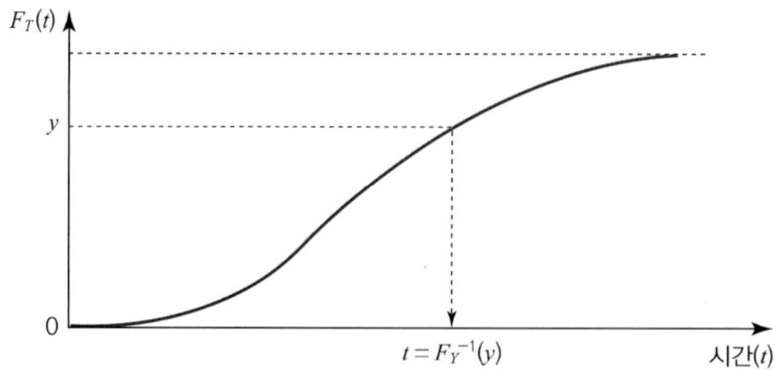

그림 **7.16** 특정 분포를 가지는 확률변수의 일반화

$$F_Y(y) = \Pr(Y \le y) = \Pr(F_T(T) \le y)$$
$$= \Pr(T \le F_T^{-1}(y)) = F_T(F_T^{-1}(y)) = y,\ 0 < y < 1$$

그러므로 $Y = F_T(T)$는 (0, 1) 사이에서 균일분포를 갖는다. 그리고 그 역으로 (0, 1) 사이에 정의된 확률변수 Y가 균일분포를 가진다면 $T = F_T^{-1}(Y)$ 는 분포함수 $F_T(t)$인 확률변수가 된다.

이와 같은 결과를 이용하여 특정한 분포함수 $F_T(t)$를 따르는 확률변수의 표본 $T_1, T_2, T_3, \ldots$을 다음과 같이 생성할 수 있다.

- (0, 1) 사이에 균등하게 분포된 확률변수의 표본 $Y_1, Y_2, \ldots$를 의사난수 발생기에서 생성한다.
- $T_i = F_T^{-1}(Y_i)$ 를 이용하여 $Y_1,\ Y_2, \ldots$로부터 역변환하여 $T_1,\ T_2,\ T_3, \ldots$를 얻는다.

예를 들어 부품의 고장이 평균 100인 지수분포를 따른다고 하며 수리시간은 5로 주어져 있다고 하자. 그리고 수리 후 부품은 새것과 동일하다고 가정한다. 이 부품에 대한 고장, 수리상황의 시뮬레이션을 수행하기 위해서 먼저 고장시간들을 생성하여야 한다. 먼저 (0, 1)에 정의된 균일분포로부터의 난수들을 구한다. 이들이 0.3, 0.2, 0.7이라고 하자. 그러면 $Y = 1 - \exp\left(-\dfrac{T}{100}\right)$로부터 $T = F^{-1}(Y) = -100\ln(1-Y)$ 이므로 3개의 수치를 대입하면 35.7, 22.3, 120.4이므로 먼저 35.7에서 고장이 나고 40.7에서 수리가 되어 다시 작동하게 되며 63.0=40.7+22.3 시점에서 다시 고장이 나며 68.0에서 작동하여 188.4=68.0+120.4에서 다시 고장이 나는 상황이 실현된 것이다.

위의 역변환 방법에 의한 확률표본 생성방법은 모든 분포에 적용이 가능하지만 일반적으로 역함수를 구하는 것이 어려운 경우도 많이 있다. 그래서 특정 분포군(distribution class)에 효율적인 난수생성 방법들이 시뮬레이션 책들에 소개되어 있으므로 참고하면 될 것이다.

7.6.2 단일장비의 예제

한 장비의 고장과 수리상황에 대한 수명 시나리오의 다음사건 시뮬레이션 방법을 살펴보도록 하자.

- 시뮬레이션은 $t = 0$인 시간에서 시작할 것이다(시뮬레이션 시간 = 0).
- 첫 번째 고장시간 t_1은 수명분포 $F_{T_1}(t)$로부터 생성될 것이다. 수명분포 $F_{T_1}(t)$는 시뮬레이션 입력값이다. 시뮬레이터 시간은 시점 t_1으로 이동한다.

- 미리 주어진 수리시간 분포 $F_{T_1}(d)$를 토대로 수리 혹은 복구 시간 d_1을 생성한다. 시뮬레이터 시간은 지금 $t_1 + d_1$으로 이동한다.
- 수명분포 $F_{T_2}(t)$로부터 두 번째 고장이 일어난 시간 t_2를 생성한다. 수리 후의 장비는 새 장비처럼 좋지는 않을 것이며 수명분포 $F_{T_2}(t)$는 $F_{T_1}(t)$와 다를 수 있다. 시뮬레이터 시간은 $t_1 + d_1 + t_2$이다.
- 정해진 수리시간 분포 $F_{D_2}(d)$로부터 수리 혹은 복구 시간 d_2를 생성한다.

이 시뮬레이션은 미리 정해 놓은 시간에 도달할 때까지 계속될 것이다. 컴퓨터는 고장과 수리의 모든 사건과 각 사건들에 대한 시간이 기록된 연대일지 파일(chronological log file)을 생성한다. 시뮬레이션 기간 동안의 고장 수, 수리자원과 시설의 누적된 사용, 그리고 관측된 가용도 등을 계산한다. 다른 종자값(seed value)을 사용하여 이와 같은 시뮬레이션을 n번 독립적으로 반복하고 원하는 모수는 각 시뮬레이션에 대해 계산된다. A_i를 i번째 시뮬레이션에서 관측된 가용도라고 하면 장비의 평균가용도 A는 평균 $\sum_{i=1}^{n} A_i/n$으로 얻어진다. 표본 표준편차는 가용도 A의 불확실성의 척도로 사용될 것이다. 또한 한 번 실행할 경우는 시뮬레이션 기간을 일정 간격(interval, 즉 batch)으로 나눌 수 있으며, 각 간격의 가용도를 계산하며 위의 방법을 적용할 수 있다.

컴퓨터 시뮬레이션에서는 이론적으로 현실과 거의 유사한 모형을 만들어 실험할 수 있다. 예를 들어

- 계절적인 편차와 일일 편차
- 입력과 출력의 편차
- 주기적인 시험과 중단
- 다양한 임무상황
- 부품과 시스템에서의 상호영향(종속성)
- 작동시간과 비작동시간과의 상호종속성

등을 현실상황에 맞추어 고려하므로 보다 현실적인 시스템 수행도의 추정이 가능할 것이다. 복잡한 시스템의 시뮬레이션은 컴퓨터에 많은 입력 자료를 요구한다. 더구나 다양한 사건과 사건의 조합에 따라 어떤 작업이 이루어져야 하는지를 규정하는 결정규칙을 입력해야 한다. 예로서

- 동시에 고장이 발생할 때 수리작업 사이의 우선순위
- 대기 시스템들에서의 전환정책

- 부품 고장 시 같은 서브시스템 내 다른 부품의 교체 혹은 보전(기회보전)
- 부품 수리작업 완료 시까지 전체 서브시스템의 중단여부

등에 대한 규칙이 있어야 할 것이며 이 규칙은 시스템의 가용도에 영향을 줄 수 있다.

시뮬레이션 시간과 반복실행 수는 시스템 수행도에 대한 추정량의 정확도와 정밀도를 결정하는 중요한 요소이다. 이를 정하기 위해 먼저 추정하고자 하는 수행척도의 성격을 파악하는 것이 중요하다. 예를 들어 시스템 가용도를 추정하는 경우에서도 주어진 기간에 대한 구간 가용도를 추정하고자 할 수 있고 장기적 평균 가용도를 추정할 수도 있다. 만일 장기적 평균 가용도를 추정하고자 한다면 한 번 시행의 시뮬레이션 시간이 충분히 길어야 할 것이므로 시뮬레이션 시간이 문제가 된다. 구간 가용도를 추정하고자 한다면 적절한 반복실행의 수를 결정하여야 할 것이다.

신뢰도가 높은 시스템은 고장발생이 적으므로 일반적으로 신뢰도가 낮은 시스템보다 더 많은 반복실행(replication)이 필요하다. 시스템에 주요한 결과를 가져오지만 자주 일어나지 않는 사건이 존재하는 경우는 시뮬레이션 시간을 보다 길게 하여 이 사건의 통계량을 얻을 수 있도록 해야 할 것이다.

복잡한 시스템에서 수만 번의 반복이 필요한 경우가 많으나, 현실적으로 시스템 가용도의 계산시간은 그리 문제가 되지 않는다. 그러나 시스템 가용도를 높이는 다양한 보전전략들을 찾고자 한다면 가용도 계산의 시뮬레이션 프로그램과 최적화 프로그램을 동시에 작성하여 실험하여야 할 것이다.

예제 7.15

그림 7.17에서와 같이 2개의 동일한 부품으로 이루어진 장비를 고려해 보자. 처음에 하나의 부품이 사용되며 한 부품은 대기상태에 있는 대기구조를 이루고 있다고 한다. 사용되는 부품이 고장 나면 대기하여 있는 부품으로 시간지연 없이 전환이 가능하며 고장 난 부품은 수리된다. 장비의 고장이란 두 부품이 모두 고장이 나서 수리되고 있는 상황이라고 한다. 부품의 고장분포는 지수분포(평균 100)이며 수리분포 역시 지수분포(평균 10)를 따른다. 그리고 수리 후 고장분포는 새 부품의 분포와 동일하다. 이 장비의 장기 평균 가용도를 시뮬레이션으로 추정하기 위해서는 다음과 같은 절차를 거쳐야 할 것이다.

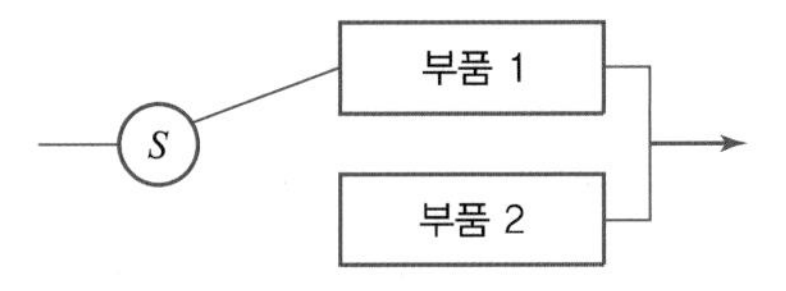

그림 **7.17** 2개의 부품으로 구성된 시스템

① 시뮬레이션 기간(ST)과 같은 입력변수들을 정의한다.
② 가용도와 같은 출력변수들을 정의한다. 이 문제에서는 장기 평균 가용도에 관심이 있으므로 시뮬레이션 기간 중 장비가 고장 난 기간(FT)을 구하여야 한다.
③ 모든 변수 값을 초기화한다. 예를 들어 시뮬레이션 시간 CT=0라고 둔다.
④ 다음사건을 구한다.
⑤ 변수 값들을 수정하고 시뮬레이션 시간을 변경한다.
⑥ 종료조건을 확인한다. 충족되었으면 중단하고 그렇지 않으면 ④로 다시 간다.

단계 ④는 다음사건을 구하는 단계로서 이 문제에서는 먼저 다음과 같은 세 가지 시스템의 상태를 구분한다.

- 상태 1: 한 부품이 작동, 한 부품은 대기상태
- 상태 2: 한 부품은 작동, 한 부품은 수리상태
- 상태 3: 두 부품 모두 수리상태

다음사건은 다음으로 변경되는 상태로 정의 가능하며 이는 현 상태에 따라 다르다. 상태 1에서는 기본적으로 생성된 고장시간 경과 후 상태 2로 이동하게 된다. 상태 2에서는 상태 1과 3 중에 하나로 이동하게 된다. 만일 생성된 고장시간과 수리시간 중에 고장시간이 짧으면 상태 3으로, 아닐 경우에는 상태 1로 이동하게 된다. 상태 3에서는 두 부품 중에 짧은 수리시간을 갖는 부품이 수리되어 상태 2로 가게 된다. 특히 상태이동 중에 상태 3에 머무는 시간은 계속하여 누적되므로 가용도를 구할 수 있을 것이다.

■■■

다음 사건의 종류와 다음 사건 발생시점을 구하기 위해서는 계속하여 고장이나 수리분포로부터 다음 고장시간이나 수리시간들을 생성하여야 한다.

두 부품으로 이루어진 대기구조 시스템의 가용도 계산을 위하여 간단히 사건생성과 시뮬레이션 진행에 대해 기술하였다. 여기서는 고장과 수리시간에 지수분포를 가정하였으나 만일 다른 분포를 가정한다면 단계 ④에서의 다음 고장시간, 수리시간 생성이 보다 복잡하게 될 것이다. 또한 수리인원에 대한 가정, 수리 시 요구되는 예비품의 재고수준 등이 고려된다면 이에 대한 운용전략도 필요하게 되고 문제도 더욱 복잡하게 될 것이다.

연습 문제

7.1 5개의 부품이 직렬로 구성되어 있는 시스템을 고려해 보자. 부품들의 고장률은 0.01, 0.01, 0.01, 0.02, 0.02이다. 그리고 각 부품이 고장 난 경우 평균 수리시간은 각각 1, 1, 1, 0.5, 0.5이다. 이 시스템을 운용하는 경우 시스템 비작동시간의 평균은 얼마인가?

7.2 어느 시스템의 고장발생률(ROCOF)은 $\lambda = 0.01$ 인 정상 포아송 과정을 따른다고 한다.
1) 평균강도함수 $\mu(t)$를 구하라.
2) 200시간까지 평균고장 수 $E[N(200)]$을 구하라.
3) 확률 $\Pr(N(200) \le 5)$ 을 구하라.

7.3 어느 시스템의 고장발생률함수는 $\lambda(t) = \dfrac{2+t}{200}$ 를 가지는 비정상 포아송 과정을 따른다고 할 때 연습문제 7.2의 1)-3)에 대하여 구하라.

7.4 어느 시스템의 고장발생률은 $\lambda = 0.2$인 정상 포아송 과정을 따르며, T_n을 n번째 고장이 발생할 때까지 소요되는 시간이라고 할 때 $\Pr(T_3 < 24)$을 구하라.

7.5 다음은 하나의 시스템에 대하여 재발고장을 나타낸 것이다. 이 고장자료에 대하여 Duane 그림을 작성하고 시스템이 개선 또는 악화되고 있는지를 논하라.

고장 수(i)	1	2	3	4	5	6	7
고장시간	32	103	224	1000	1420	3112	6504

7.6 어느 시스템의 시간당 고장률은 $\lambda = 0.01$ 로 일정하다고 한다. 시스템이 고장 나면 그것은 새것과 같은 상태로 수리된다. 평균 수리시간은 6시간이다. 시스템은 장기적으로 가동된다고 가정하자.
1) 시스템 장기 평균 가용도를 구하라.
2) 시스템이 평균적으로 1000시간 동안 얼마나 비작동상태에 있는가?

7.7 시스템의 고장까지의 시간 T가 척도모수 $\lambda = 0.001$, 형상모수 2인 와이블 분포를 따른다. 시스템이 고장 난 경우 새것과 같은 상태로 수리된다. 수리시간 평균이 5시간인 지수분포를 따른다. 시스템은 계속적으로 가동된다고 가정하자.
1) 시스템의 장기 평균 가용도를 구하라.
2) 2시간이 소요되는 예방보전은 200시간마다 수행된다. 시스템의 장기 운용 가용도를 구하라(단, 예방보전 후 시스템의 상태는 새것과 동일함).

7.8 어떠한 기계가 일정한 고장률 $\lambda = 0.002$ 를 가지며 매일 8시간씩 1년에 200일 운용된다. 기계를 수리하기 위해 필요한 수리시간과 그것이 수리 후 재가동에 들어가는 데 걸리는 시간의 합의 평균인 MDT가 5시간이다. 기계는 작동하는 동안에만 고장이 일어난다.

1) 기계의 장기 평균 가용도를 결정하라(계획된 작업시간 동안).

2) 임의의 날짜에 시작된 수리는 다음 날까지는 넘어가지 않는다고 가정하여(즉 시간 외 작업을 통해) 기계의 장기 평균 가용도를 결정하라.

7.9 4장의 연습문제 6번에서 다룬 5개로 이루어진 시스템을 고려해 보자. 그림에서 부품 1, 2, 3의 고장률은 0.01이며 수리율은 0.1이고 부품 4, 5의 고장률은 0.02이며 수리율은 0.3으로 알려져 있다. 이 시스템의 시점 20에서의 점 가용도를 구하라.

7.10 예제 7.10에서 두 부품의 고장률과 수리율이 동일할 때(즉 $\lambda_1 = \lambda_2 = \lambda, \mu_1 = \mu_2 = \mu$) 상태를 정의하고 전이율행렬을 구하여 안정상태 가용도가 $A = A(\infty) = \dfrac{2\lambda\mu + \mu^2}{2\lambda^2 + 2\lambda\mu + \mu^2}$ 가 됨을 보여라.

7.11 동일한 두 부품으로 구성된 병렬시스템에서 공통방식고장이 존재하는 경우를 고려하자. 개별부품에만 존재하면서 독립인 고장률은 λ_0이고 공통방식고장의 고장률은 λ_c이다. 부품이 고장 나면 시스템이 가동 중에도 수리가 가능하며, 수리공은 한 명으로 하나의 부품만 수리할 수 있다. 수리율이 μ일 때 상태를 정의하고 전이율행렬을 구하여 안정상태 가용도를 구하라.

7.12 다음과 같이 3개의 부품으로 구성된 시스템에서 각각의 부품은 상호 독립이며, 각각 고장률은 λ인 지수분포, 수리율은 μ인 지수분포를 따르며 수리는 독립적으로 수행된다고 한다. 각각 상태공간을 정의하고 전이율행렬 $\boldsymbol{Q}$를 구하여 시스템의 장기 평균 가용도를 구하라. 또한 예제 7.14의 값을 이용하여 시스템 구조함수를 활용하여 구한 결과와 비교하라.

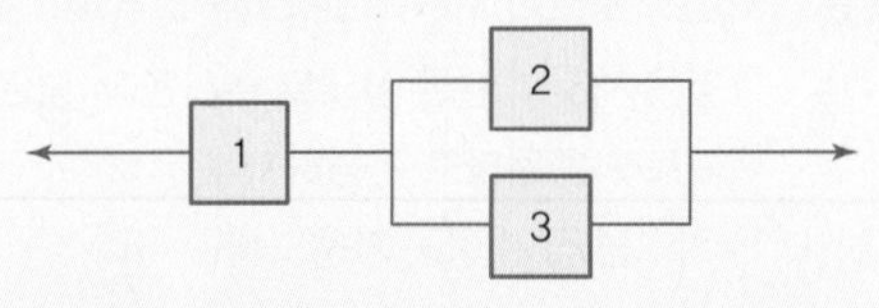

7.13 고장이 형상모수 = 2, 척도모수 = 100인 와이블 분포를 따른다. 고장이 나서 수리를 하면 새것과 같은 상태가 되고 수리시간은 무시할 만하다. 이런 경우 고장시간들을 생성하는 방법을 설명하라.

7.14 2개의 부품이 병렬로 연결된 시스템을 고려해 보자. 두 부품의 고장률은 0.01로 동일하다. 수리 기술자는 한 사람으로 한 번에 하나를 수리하며 수리율은 0.1이다. 다음의 문제들을 수리적 방법으로 풀고 시뮬레이션 프로그램을 작성하여 그 결과를 비교하라.

1) 시스템이 고장 나면 수리가 실시되는 경우 장기 평균 가용도를 구하라.

2) 1)과 같은 상황에서 동일한 능력을 가진 수리공이 두 명인 경우의 장기 평균 가용도를 구하라.

3) 부품 중 하나가 고장 난 경우는 시스템을 정지시키지 않고 수리가 가능하다고 할 때 임의 시점에서의 점 가용도를 구하기 위한 상태방정식을 구하고 연습문제 7.10을 이용하여 장기 평균 가용도를 구하라.

4) 문제 3)에서 만일 동일한 능력을 가진 수리공이 두 명이면 장기 평균 가용도는 얼마로 늘어나는가?

7.15 고장까지의 시간이 지수분포를 따르는 두 부품이 있다. 두 부품의 평균고장시간이 부품 1은 100시간이고 부품 2는 200시간일 때 부품 1이 부품 2보다 늦게 고장 날 확률을 구하라. 그리고 만일 부품이 n개일 때 특정 부품이 가장 먼저 고장 날 확률은 식 (7.11)과 같음을 증명하라.

7.16* 장비의 상태는 작동상태, 고장상태, 수리상태를 가지고 각 상태에 머무는 시간은 평균이 각각 $1/\lambda, 1/\mu_1, 1/\mu_2$인 지수분포를 따른다고 하자. 그리고 작동상태가 끝나면 고장상태, 고장상태가 끝나면 수리상태로 이동하고 수리 후 작동상태로 복귀된다. 이때 임의의 시간에 작동상태에 있을 확률을 구하고자 한다.

1) 먼저 작동상태, 고장상태 및 수리상태에 있을 확률을 각각 $A_0(t), A_1(t), A_2(t)$라고 할 때 전이 다이어그램을 작성하고 전이율행렬 $\boldsymbol{Q}$을 이용하여 다음과 같은 방정식이 성립함을 보여라.

$$A_0(t) + A_1(t) + A_2(t) = 1$$

$$-\mu_1 A_1(t) + \lambda A_0(t) = \dot{A}_1(t)$$

$$\mu_1 A_1(t) - \mu_2 A_2(t) = \dot{A}_2(t)$$

2) 위의 방정식을 라플라스 변환을 통해 $A_0(t)$의 라플라스 변환을 구하고 이것으로 부터 $A_0(t)$를 구하라.

7.17 한 소모품의 고장까지의 분포가 평균 10 인 지수분포를 따르는 경우 고장이 나면 즉시(교체시간 0) 새것으로 교체를 한다고 가정한다. 이 부품을 구입할 때 비용은 고정비 10,000원에 변동비 3,000원이다. 즉 3개를 구입하는 경우 $10{,}000 + 3 \times 3{,}000 = 19{,}000$원을 지불하여야 한다고 한다. 한 번에 많이 구입하면 보관비가 시간당 한 부품에 대해 10원이 들어간다고 한다. 그래서 5개씩 구입하여 사용하는 경우에 대해 5개를 다 사용하는데 걸리는 평균시간을 구하고 5개 사용할 때까지의 평균 총 비용을 구하라. 구입 개수를 얼마로 하는 것이 최적일까?

7.18 두 동일부품(평균고장 시간=100)으로 이루어진 대기 시스템을 고려하자. 먼저 하나의 부품이 작동되고 이 부품이 고장이 나면 대기하고 있던 부품이 작동되면 고장 난 부품은 수리된다. 수리가 마무리되면 작동하는 부품이 있으면 대기상태, 아니면 작동상태로 된다고 하자. 수리공이 한 명이며 평균수리시간은 5시간이다.

1) 이 경우의 안정상태 가용도를 구하라.

2) 수리시간을 50% 개선(2.5시간)하는 것과 고장시간을 50% 개선(150시간)하는 것 중에서 무엇이 더 효과적인가?

7.19 두 부품(평균고장시간 100, 200)으로 이루어진 병렬시스템을 고려하자. 부품이 작동되면 고장 난 부품은 수리되고 수리가 마무리되면 작동하게 된다. 다음 경우들에 대해 각각 안정상태 가용도를 구하라.

1) 수리공 1명(평균수리시간 5)

2) 수리공 2명(평균수리시간 10)

CHAPTER 8
최적보전관리

CHAPTER

08 최적보전관리

8.1 개 요

7장에서는 수리가능 시스템의 수행도 척도로서 가용도를 정의하고 다부품으로 구성된 시스템의 가용도를 구하기 위한 방법론에 대해서 설명하였다. 이 장에서는 시스템 가용도를 향상시키는 전략을 고려하여 보기로 한다. 기본적으로 시스템의 운용 가용도를 향상시키기 위해서는 먼저 시스템 설계단계에서 부품들의 높은 신뢰도와 보전(수리) 용이성이 보장되어야 할 것이다. 고장이 근본적으로 잘 발생하지 않는 시스템이면서 고장이 발생하더라도 빨리 수리가 이루어지면 높은 가용도를 확보할 수 있을 것이다. 한편 운용단계에서 고려할 수 있는 것으로 고장 발생 가능성이 높아지면 예방 차원에서 미리 부품이나 시스템을 보전하는 예방보전을 적절히 수행하는 방법이 있다. 예방보전은 적은 비용과 시간의 투자로 미래에 발생할 큰 비용과 시간을 절약하도록 해 준다.

고장이라는 미래의 불확실한 현상을 예방하기 위한 최적의 예방보전 전략은 주어진 상황에 영향을 받게 된다. 그러므로 최적 예방보전 전략을 논의하기 위해서는 먼저 다음과 같은 사항을 검토하여야 할 것이다.

- 고장 현상의 모형: 두 가지 상태 모형(분포함수), 다상태 모형, 지연시간 모형(delay-time model), 열화 모형 등
- 최적화의 기준: 가용도, 총비용 등
- 부품의 종속성: 시스템을 이루고 있는 부품들을 독립적으로 취급하여 최적 예방보전을 구할 것인가, 여러 부품에 대한 보전을 동시에 고려하여 전체적인 최적 방안을 찾을 것인가?

- 수리효과: 수리나 예방보전의 효과를 어떻게 모형화 할 것인가? 예를 들어 최소수리, 불완전 수리, 완전수리 등 수리의 효과 모형을 가정
- 최적화 기간: 단기적인 관점에서 최적화를 도모할 것인가 아니면 장기적인 관점에서 최적화를 도모할 것인가?

지금까지 이 분야에 대한 연구가 많이 이루어져 왔다. 그 연구 내용에 대해 Barlow and Proschan (1965), Pierskalla and Voelker(1979), Valdez-Flores and Feldman(1989), Cho and Parlar(1991), Gertsbakh(2000), Wang(2002), Nakagawa(2005, 2007) 등의 책이나 논문에 정리되어 있으므로 참고하면 될 것이다. 여기서는 예방보전 전략 가운데 가장 대표적인 것으로 (작동)시간을 기준으로 하는 수명교체 정책(age replacement policy)과 블록교체 정책(block replacement policy)에 대해 다루고 여러 가지 예제와 이 정책들에 대한 발전된 형태와 검사정책도 일부 제시한다. 이 장에서 사용하는 시간개념을 명확히 기술하는 것이 중요하다. 여기서 말하는 시간은 달력시간, 작동시간, 자동차 운행거리와 같은 광의의 시간개념으로 사용된다. 또한 단순히 작동시간을 기준으로 하지 않고 부품이나 시스템의 상태를 점검하여 측정된 상태에 근거하여 예방보전을 실시하는 상태기반교체 정책(condition-based replacement policy)과 그 과정을 다루고자 한다. 이를 위해서는 상태(마모, 노화)를 평가하는 변수가 있어야 할 것이며 이를 측정할 방법이 있어야 할 것이다.

그리고 신뢰성기반보전(RCM: reliability centered maintenance)에 특히 중요한 PF 간격 모형을 살펴본다. 마지막으로 보전관리를 위한 고려사항을 언급하며 신뢰성기반보전과 종합생산보전(TPM: total production management)에 관련된 내용을 간단히 다루고자 한다.

8.2 수명교체

수명교체(age replacement) 정책 하에서 부품이나 시스템은 고장 또는 정해진 수명 t_0 중 어느 것이든 먼저 오는 시점에서 교체된다. 이 정책은 비계획(고장) 교체 비용이 계획(예방) 교체 비용보다 크며 고장률이 시간에 따라 증가하는 경우에 적용 가능하다.

수명 t_0에 근거하여 수명교체가 이루어지는 과정을 고려해 보자. 고장시간 T는 분포함수 $F(t)$, 밀도함수 $f(t)$, 평균고장시간($MTTF$)을 갖는 연속 확률변수라고 하자. 고장 난 부품을 교체하는 데 걸리는 시간은 무시할 수 있으며, 교체 후 부품은 새것처럼 좋은 상태라고 가정한다. 교체주기(replacement interval)는 2개의 연속적인 교체 사이의 기간을 의미한다. 교체수명 t_0에서의 평균 교체간격($MTBR$)은 아래와 같다.

$$MTBR(t_0) = \int_0^{t_0} tf(t)dt + t_0 \cdot \Pr(T \geq t_0) = \int_0^{t_0} (1 - F(t))dt \tag{8.1}$$

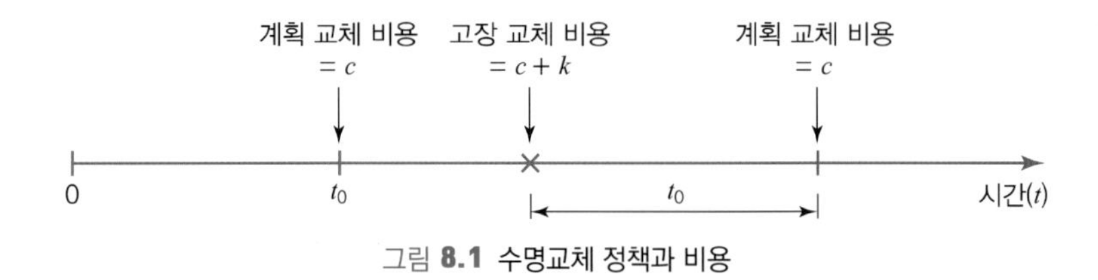

그림 **8.1** 수명교체 정책과 비용

식 (8.1)에서 $MTBR(t_0)$는 항상 t_0보다 작고, $\lim_{t_0 \to \infty} MTBR(t_0) = MTTF$라는 것을 알 수 있다. 충분히 긴 시간 t 동안 평균 교체 수 $E_{t_0}(N(t))$는 근사적으로 아래의 식과 같다.

$$E_{t_0}(N(t)) \approx \frac{t}{MTBR(t_0)} = \frac{t}{\int_0^{t_0} (1 - F(t))dt} \tag{8.2}$$

부품이 수명 t_0가 되어 예방교체 시의 예방 교체비용은 c이며 고장 난(수명 t_0 전에) 한 부품의 교체비용은 $c + k$라고 하자. k는 생산손실과 같은 고장 교체에 의해 발생하는 추가비용이며 비용 c는 교체의 직접 및 간접비용을 나타낸다고 할 수 있다(그림 8.1 참조).

교체주기당 평균 총 비용은 아래와 같다.

$$c + k \cdot \Pr(\text{교체가 고장에 의한 것}) = c + k \cdot \Pr(T < t_0) = c + k \cdot F(t_0)$$

교체수명이 t_0인 경우 단위시간당 기대비용 $C_A(t_0)$는 다음과 같이 구해지므로,

$$C_A(t_0) = \frac{c + k \cdot F(t_0)}{\int_o^{t_0} (1 - F(t))dt} \tag{8.3}$$

최적교체 정책은 $C_A(t_0)$를 최소화하는 수명 t_0가 된다.

만약 식 (8.3)에서 $t_0 \to \infty$ 이면, 아래와 같은 식을 얻을 수 있다.

$$C_A(\infty) = \lim_{t_0 \to \infty} C_A(t_0) = \frac{c + k}{\int_0^{\infty} (1 - F(t))dt} = \frac{c + k}{MTTF} \tag{8.4}$$

$t_0 \to \infty$ 라고 하는 것은 예방교체가 일어나지 않는다는 것을 의미한다. 모든 교체는 고장교체이고 각 교체의 비용은 $c + k$이며 교체간격 시간은 $MTTF$이다. 교체간격 t_0를 가지는 수명교체 정책의 비용효율의 척도로 다음 비율을 생각할 수 있다.

$$\frac{C_A(t_0)}{C_A(\infty)} = \frac{c+kF(t_0)}{\int_0^{t_0}(1-F(t))dt} \cdot \frac{MTTF}{c+k} \tag{8.5}$$
$$= \frac{1+rF(t_0)}{\int_0^{t_0}(1-F(t))dt} \cdot \frac{MTTF}{1+r}$$

여기서 $r=k/c$이며 $C_A(t_0)/C_A(\infty)$가 낮은 값을 가지는 경우는 높은 비용효율을 나타낸다.

예제 8.1

척도모수 λ와 형상모수 β를 가진 와이블 분포함수 $F(t)$를 따르는 부품을 고려해 보자. 최적 교체수명을 찾기 위해 식 (8.3)과 (8.4)를 최소로 하는 t_0를 찾아야 한다. 식 (8.5)를 이용하면

$$\frac{C_A(t_0)}{C_A(\infty)} = \frac{1+r(1-e^{-(\lambda t_0)^\beta})}{\int_o^{t_0} e^{-(\lambda t)^\beta}dt} \cdot \frac{\Gamma(1/\beta+1)/\lambda}{1+r} \tag{8.6}$$

이 되고, $x_0 = \lambda t_0$를 대입하면 식 (8.6)은 아래와 같이 다시 쓸 수 있다.

$$\frac{C_A(x_0)}{C_A(\infty)} = \frac{1+r(1-e^{-(x_0)^\beta})}{\int_0^{x_0} e^{-(x)^\beta}dx} \cdot \frac{\Gamma(1/\beta+1)}{1+r} \tag{8.7}$$

최적 x_0를 해석적인 방법으로 찾기는 어려우므로 수치적 방법으로 찾을 수 있을 것이다. 식 (8.7)을 x_0에 대해 미분하여 최적 x_0가 만족하여야 하는 조건을 검토하면 최적 수명교체 주기는 $\beta > 1$ 인 경우 존재하며 이를 수치적으로 쉽게 구할 수 있음을 파악할 수 있다. 특히 그림 8.2는 $\beta = 2$, $r=1$ 인 경우 $C_A(x_0)/C_A(\infty)$를 나타낸 것이다.

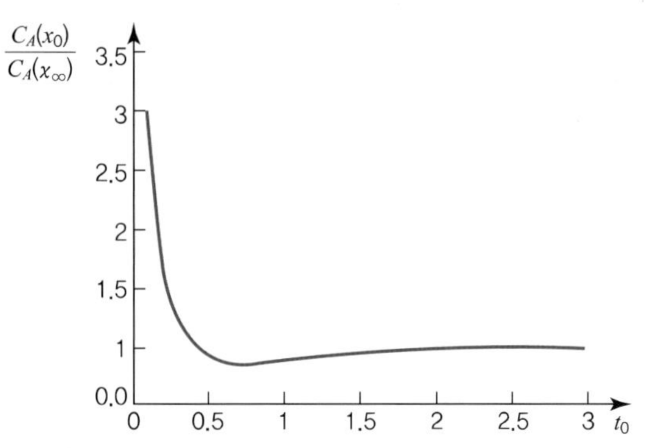

그림 **8.2** 형상모수 $\beta=2$와 $r=1$인 경우 $C_A(x_0)/C_A(\infty)$

수명교체가 이루어진 경우 평균 고장간격이 얼마나 될 것인가도 중요한 관심사가 된다. 수리 시간을 무시한 상황에서 고장간격을 Y_1, $Y_2, \ldots$라고 하면 주어진 시간까지의 고장의 횟수는 고장까지의 시간에 대한 분포함수와 관련된 재생과정(renewal process)으로 표현될 수 있다. 재생주기 Y_i는 고장이 없어 수명교체에 해당되는 시간주기 t_0와 그 횟수 N_i의 곱과 부품이 수명교체 기간 전에 고장 나는 마지막 시간주기 Z_i의 합이다. 즉

$$Y_i = N_i \cdot t_0 + Z_i, \qquad i = 1, 2, \ldots$$

이다. 여기서 확률변수 N_i는 기하분포를 따르므로

$$\Pr(N_i = n) = (1 - F(t_0))^n F(t_0), \qquad n = 0, 1, \ldots$$

이고, 고장이 없어 예방교체되는 평균 교체 수는 아래와 같다.

$$E(N_i) = \sum_{n=0}^{\infty} n \cdot \Pr(N_i = n) = \frac{1 - F(t_0)}{F(t_0)}$$

한편 Z_i의 분포는

$$\Pr(Z_i \le t) = \Pr(T \le t \mid T \le t_0) = \frac{F(t)}{F(t_0)} \qquad 0 \le t \le t_0$$

이므로 그 기댓값은 다음과 같다.

$$E(Z_i) = \int_0^{t_0} \left(1 - \frac{F(t)}{F(t_0)}\right) dt = \frac{1}{F(t_0)} \int_0^{t_0} (F(t_0) - F(t)) dt$$

수명교체 하에서의 평균 고장간격은 다음과 같이 주어진다.

$$E(Y_i) = t_0 \cdot E(N_i) + E(Z_i) = \frac{1}{F(t_0)} \left(t_0 (1 - F(t_0)) + \int_0^{t_0} (F(t_0) - F(t)) dt \right) \tag{8.8}$$
$$= \frac{1}{F(t_0)} \int_0^{t_0} (1 - F(t)) dt$$

지금까지 비용을 최소로 하는 수명교체의 주기결정에 대해 다루었다. 이제 가용도를 최대화하는 수명교체 주기 결정에 대해 살펴보기로 한다. 여기서는 시스템의 장기 평균 비가용도를 최소로 하는 교체수명 t_0를 찾고자 한다. MDT_P를 계획(예방)교체의 평균 비작동시간(mean downtime)이라 하고, MDT_F를 고장으로 인한 평균 비작동시간이라고 하자. 수명교체 주기가 t_0인 경우 총 평균 비작동시간은

$$MDT(t_0) = MDT_F \cdot F(t_0) + MDT_P \cdot (1 - F(t_0))$$
$$= [MDT_F - MDT_P] F(t_0) + MDT_P$$

이며 교체 간 평균 시간은 다음과 같다.

$$MTBR(t_0) = \int_0^{t_0} (1 - F(t))dt + MDT_F \cdot F(t_0) + MDT_P \cdot (1 - F(t_0))$$
$$= \int_0^{t_0} (1 - F(t))dt + MDT_P + [MDT_F - MDT_P] \cdot F(t_0)$$

수명 t_0에서 수명교체 정책의 장기 평균 비가용도는 다음과 같다.

$$\overline{A_{av}}(t_0) = \frac{MDT(t_0)}{MTBR(t_0)} \tag{8.9}$$
$$= \frac{[MDT_F - MDT_P] F(t_0) + MDT_P}{\int_0^{t_0} (1 - F(t))dt + MDT_P + [MDT_F - MDT_P] \cdot F(t_0)}$$

식 (8.9)에서 $\overline{A_{av}}(t_0)$를 최소화하는 t_0가 최적 t_0이다. 이 값은 비용 기준에서 사용된 방법과 유사한 방법으로 구해질 것이다.

다음으로 기회예방교체를 고려하고자 한다. 기존의 예방교체와 다른 점은 임의 시점에서 예방교체를 할 수 있는 것이 아니라, 예방교체를 실시할 수 있는 기회시점이 무작위로 도래하는데 이 시점의 발생이 이 절에서는 포아송 과정을 따른다고 가정하자.

- 예방보전 정책 1: T_0시간 이후 처음 온 기회에서 예방교체 실시
- 예방보전 정책 2: N 번째 기회에서 예방교체 실시

먼저 예방보전 정책 1에 대한 기대비용을 구하기 위해서는 수명 기준 T_0의 경우 실제 예방교체가 이루어지는 시점은 T_0 이후 처음 기회발생시점으로, 이는 포아송 과정의 발생간격이 평균이 $1/\lambda$인 지수분포인 점을 고려하면 $T_0 + T_r$ (T_r : 지수분포)이다. 그러므로 한 주기당 기대비용은

$$c + k \int_0^{\infty} F(T_0 + t) \lambda e^{-\lambda t} dt$$

이며 한 주기의 시간간격은

$$\int_0^{T_0} (1 - F(t))dt + \int_{T_0}^{\infty} (1 - F(T_0 + t)) e^{-\lambda t} dt$$

이다. 그러므로 기대비용함수는 다음과 같이 주어진다.

$$C_{oa}(T_0)=\frac{c+k\int_0^{\infty}F(T_0+t)\lambda e^{-\lambda t}dt}{\int_0^{T_0}(1-F(t))dt+\int_{T_0}^{\infty}(1-F(T_0+t))e^{-\lambda t}dt}$$

이제 예방교체정책 2의 경우에 대해 기대비용함수를 구하여 보자. 먼저 N번째 기회의 시점에 대한 분포함수는 감마분포로서 포아송 분포로 표현하면(연습문제 2.9 참조)

$$H^{(N)}(t)=1-\sum_{j=0}^{N-1}\frac{(\lambda t)^j e^{-\lambda t}}{j!}$$

이다. 그리고 기대비용함수는 다음과 같다.

$$C_o(N)=\frac{c+k-k\int_0^{\infty}(1-F(t))dH^{(N)}(t)}{\int_0^{\infty}[1-H^{(N)}(t)](1-F(t))dt}$$

예제 8.2

기회간격은 지수분포(평균 $1/\lambda$)를 따르고 고장분포는 와이블 분포로서 척도모수는 1이고 형상모수는 2인 경우 다양한 기회간격과 비용 비율에 대한 최적 예방교체 수명과 수(각각 T_0^*, N^*)는 표 8.1과 표 8.2와 같다. 비용비율이 큰 경우 최적수명은 증가하며 기회 평균간격이 커질수록 작어진다. 표에서 $1/\lambda=0$ 경우는 임의 시점에서 예방교체가 가능한 경우이다(Yun and Liu, 2014).

표 **8.1** 기회가 포아송 과정을 따르는 경우 최적 수명주기

c/k	$1/\lambda=0.0$		$1/\lambda=0.1$		$1/\lambda=0.2$		$1/\lambda=0.3$		$1/\lambda=0.5$	
	T_0^*	$C_{oa}(T_0^*)$	T_0^*	$C_{oa}(T_0^*)$	T_0^*	$C_{oa}(T_0^*)$	T_0^*	$C_{oa}(T_0^*)$	T_0^*	$C_{oa}(T_0^*)$
0.01	0.1001	20.0167	0.0428	27.6715	0.0260	40.1860	0.0191	54.2915	0.0153	66.4960
0.02	0.1417	14.1657	0.0755	17.0471	0.0543	22.3580	0.0372	28.7645	0.0301	34.5100
0.05	0.2245	8.9817	0.1493	9.7223	0.1166	11.2430	0.0869	13.2859	0.0730	15.2420
0.10	0.3189	6.3777	0.2392	6.6295	0.1932	7.1619	0.1586	7.9378	0.1368	8.7189
0.20	0.4548	4.5480	0.3727	4.6285	0.3143	4.7996	0.2785	5.0580	0.2489	5.3306
0.50	0.7379	2.9517	0.6558	2.9664	0.6302	2.9894	0.5554	3.0420	0.5214	3.0909
1.00	1.0908	2.1816	1.0112	2.1845	1.0062	2.1393	0.9178	2.1978	0.8827	2.2061
2.00	1.6886	1.6886	1.6148	1.6888	1.5766	1.6892	1.5389	1.6896	1.5086	1.6901
5.00	3.3851	1.3541	3.3259	1.3541	3.3109	1.3541	3.1966	1.3541	3.1460	1.3541

표 8.2 기회가 포아송 과정을 따르는 경우의 최적 N

c/k	$1/\lambda=0.1$		$1/\lambda=0.2$		$1/\lambda=0.3$		$1/\lambda=0.5$	
	N^*	$C_o(N^*)$	N^*	$C_o(N^*)$	N^*	$C_o(N^*)$	N^*	$C_o(N^*)$
0.01	1	29.4627	1	40.6208	1	54.3889	1	66.5357
0.02	2	19.3927	1	22.9867	1	28.9488	1	34.5873
0.05	2	10.8717	1	12.4063	1	13.6848	1	15.4183
0.10	3	7.2568	2	7.8622	1	8.5968	1	9.0286
0.20	5	4.9208	3	5.2009	2	5.4474	2	5.7622
0.50	8	3.0618	5	3.1288	3	3.1923	3	3.2364
1.00	13	2.2112	8	2.2262	6	2.2373	5	2.2445
2.00	22	1.6914	14	1.6921	10	1.6924	9	1.6925
5.00	32	1.3541	19	1.3541	14	1.3541	11	1.3541

8.3 블록교체

블록교체(block replacement) 정책에 의해 관리되는 구성품이나 시스템은 고장이 나면 고장교체가 이루어지고 수명에 상관없이 정해진 시점(t_0, $2t_0$, ...)들에서 예방교체가 이루어진다. 블록교체 정책은 블록교체 기간 사이에 발생하는 고장교체에 상관없이 정해진 시점들에서 예방교체가 이루어지므로 예방보전의 관리가 매우 간단하다. 그래서 블록교체 정책은 운용 중인 부품이 유사하고 수가 많을 경우 주로 사용된다. 블록교체 정책에서는 거의 새것에 가까운 부품도 계획된 예방교체 시점이 되면 교체되기 때문에 낭비적인 경향이 있다.

시간 $t=0$에서 운용에 투입되는 부품을 고려해 보자. 부품의 고장까지의 시간은 분포함수 $F(t)=\Pr(T\le t)$을 따른다. 부품은 정해진 시간 $t_0, 2t_0, \ldots$에 예방적으로 교체되는 블록교체 정책을 따라 관리된다. 부품이 예방교체 주기 사이에 고장이 나면, 즉시 수리되거나 교체되며, 예방교체 비용은 c이고 비계획 수리비용은 k이다. $N(t_0)$를 t_0시간 동안 일어나는 고장이나 수리의 횟수라고 하고, $M(t_0)=E(N(t_0))$ 을 한 예방교체 주기 동안 일어나는 고장이나 수리의 평균 횟수라고 하자.

단위주기 동안의 평균 비용은 $c+k\cdot M(t_0)$이 된다. 블록주기 t_0를 사용할 때 시간당 평균 비용 $C_B(t_0)$는

$$C_B(t_0)=\frac{c+k\cdot M(t_0)}{t_0} \tag{8.10}$$

이다. 전통적인 블록교체 모형에서는 부품이 고장 후 같은 형태의 새 부품으로 교체된다고 가정한다. 따라서 시점 t_0에서 시스템의 상태는 재생되며 고장횟수는 재생과정을 따르고 재생함수는 $M(t_0)$이다.

예제 8.3

고장분포가 다음과 같이 감마분포를 따르는 장비가 있다고 하자.

$$f(t) = \lambda^2 t e^{-\lambda t},\ t > 0,\ \lambda > 0$$

이 장비에 대해 블록교체를 고려하고자 한다. 즉 주어진 기간이 되면 예방교체를 한다. 그리고 이전에 난 고장에 대해서는 모두 고장교체를 한다고 하자. 예방교체나 고장교체의 시간은 무시할 수 있으며 비용은 각각 10만원과 15만원이 소요된다고 한다. 최적예방교체주기를 구하라.

식 (8.10)의 단위시간당 기대비용을 구하기 위해 주어진 $M(t)$ 함수를 구해야 한다. 그런데 감마분포의 경우

$$M(t) = \frac{\lambda t}{2} - \frac{1}{4}(1 - e^{-2\lambda t})$$

를 구할 수 있다(부록 F 및 예제 12.9 참조).

그러므로 단위시간당 기대비용은 다음과 같이 주어진다.

$$C_B(t_0) = \frac{10 + 15\,(2\lambda t_0 - 1 + \exp(-2\lambda t_0))/4}{t_0}$$

만일 $\lambda = 1$인 경우 그림 8.3은 기대비용을 나타내고 있다.

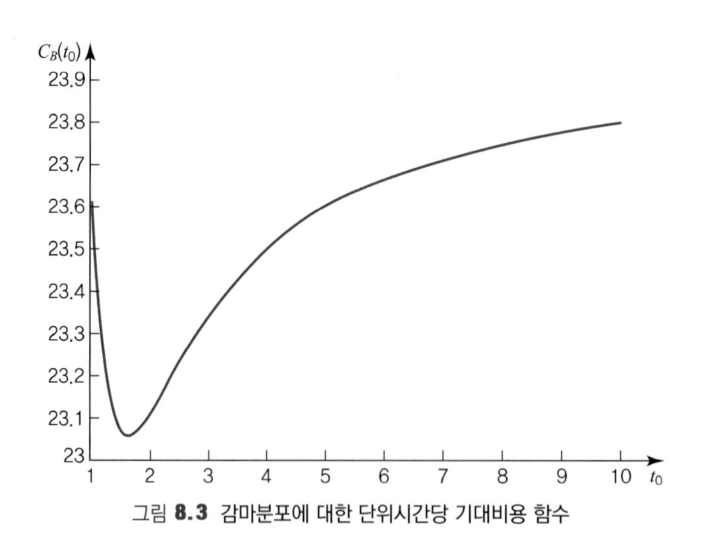

그림 **8.3** 감마분포에 대한 단위시간당 기대비용 함수

8.3.1 최소수리 블록교체

계획된 예방교체 사이의 고장에 대해서는 최소수리를 해 주는 것이 더 합리적이라고 할 수 있다. 여기서 최소수리는 수리 후 시스템의 상태가 고장 직전의 상태로 복구되는 것을 의미한다. 즉 수리 이후 시스템의 고장률 함수가 변화하지 않는다는 것이다. 여기서 수리나 교체 시 걸리는 시간은 무시할 수 있을 정도 짧은 것으로 가정한다.

부품의 첫 번째 고장시간에 대한 고장률함수가 $h(t)$라고 하면, 임의 시간에 고장이 나서 최소수리를 실시한 후의 고장률도 역시 $h(t)$와 같은 값을 가진다.

최소수리 블록교체 정책 하에서는 블록주기 t_0 내에서의 모든 고장이 최소수리되며 블록주기의 끝에서 부품을 새것으로 교체하게 된다. 최소수리와 관련하여 블록주기 내에서 고장 혹은 수리 횟수는 $h(t)$를 고장발생률(강도함수)로 가지는 비정상 포아송 과정(NHPP: nonhomogeneous Poisson process)을 따른다고 알려져 있다. 교체비용을 c, 최소수리 비용을 k라고 하면 시간당 평균 비용은 다음과 같다.

$$C_B(t_0) = \frac{c + k\int_0^{t_0} h(t)dt}{t_0}$$

최소수리 블록교체 정책의 최적 블록교체 주기는 시간당 평균 비용을 최소로 하는 값을 구하면 된다.

예로서 만일 첫 번째 고장이 와이블 분포(척도모수 λ와 형상모수 β)를 따르는 경우 시간당 평균 비용은

$$C_B(t_0) = \frac{c + k(\lambda t_0)^\beta}{t_0} \tag{8.11}$$

이고 $dC_B(t_0)/dt_0 = 0$을 만족시키는 값을 구하면 $t_0^* = \frac{1}{\lambda}\left[\frac{c}{(\beta - 1)k}\right]^{\frac{1}{\beta}}$가 된다.

이 기본 모형(Barlow and Prochan, 1965)이 제안된 이후 수정된 다양한 모형들이 제안되었다(Wang, 2002).

8.3.2 최소수리를 실시하는 경우의 교체 정책: 수리횟수에 근거한 경우와 특정 시점 이후 첫 고장에서 교체

수리횟수에 근거한 교체 정책은 고장이 나면 수리(최소수리)를 실시하고 총 수리횟수가 일정 수

(N)에 이르면 교체를 하는 정책이다. 이 정책 하에서 한 주기의 기대비용은 한 번의 교체와 $(N-1)$번의 수리가 실시되므로 $c+k(N-1)$이고 한 주기의 길이를 구하기 위해서는 비동질 포아송 과정의 N번째 사건의 발생시점의 기댓값을 구하면 된다. 먼저 Y_N 를 N 번째 수리발생시점이라고 하고 $N(t)$를 t 시점까지의 고장발생횟수라고 하면

$$\Pr(Y_N \le x) = \Pr(N(x) \ge N) = 1 - \sum_{j=0}^{N-1} \frac{[H(x)]^j e^{-H(x)}}{j!}$$

이며 식 (8.1)에 의해 $E(Y_N) = \int_0^\infty \sum_{j=0}^{N-1} \frac{[H(x)]^j e^{-H(x)}}{j!} dx$ 이다. 만일 고장 분포가 와이블 분포이면 $H(t) = (\lambda t)^\beta$ 이고 시간당 평균비용은 다음과 같다.

$$C(N) = [c+k(N-1)] \frac{\lambda \Gamma(N)}{\Gamma(N+1/\beta)} \tag{8.12}$$

시간당 기대비용을 최소로 하는 $N^* = 1 + \left\lfloor \frac{c/k-1}{\beta-1} \right\rfloor$ 이다. 여기서 $\lfloor a \rfloor$ 는 a를 넘지 않는 최대의 정수를 의미한다.

다음으로 T_0 시간 이후의 첫 고장시점에서 교체를 하는 정책을 고려해 보자. 이 경우 한 주기당 비용은 교체비용과 T_0시간까지 발생한 고장(수리)횟수에 의존하여

$$C_M(T_0) = \frac{c + k\int_0^{T_0} h(t)dt}{T_0 + MRL(T_0)} \tag{8.13}$$

이다.

여기서 T_0에서의 평균 잔여수명인 $MRL(T_0)$는 식 (2.19)로부터

$$MRL(T_0) = E[T - T_0 | T > T_0] = \frac{\int_{T_0}^\infty (1-F(t))dt}{1-F(T_0)}$$

가 된다. 최소수리가 이루어지는 교체정책에서는 이 정책이 가장 단위시간당 기대비용을 최소화하는 것으로 알려져 있다(Muth, 1977).

예제 8.4

고장시간이 와이블 분포($\lambda = 1, \beta = 2$)를 따를 경우 최소수리비용이 1이며 교체비용이 4인 경우 위의 세 가지 정책(수명교체, 횟수교체, 특정 시점이후 첫 고장에서의 교체)의 비용을 구하여 비교하라.

최소수리 하의 기본적인 블록교체의 경우 최적 교체 주기는 $t_0^* = [4/(2-1)]^{1/2} = 2$ 2이며 단위시간당 기대비용(식 (8.11))의 최솟값은 4이다. 수리횟수에 근거한 교체방식의 최적 교체횟수는 $N^* = 1 + \lfloor (4-1)/(2-1) \rfloor = 4$ 이며 단위시간당 기대비용(식 (8.12))의 최솟값은 3.6이다. 특정시점이후 첫 고장에서의 교체방식에서 최적주기는 수치해법으로 식 (8.13)을 최소화하는 값을 구하면 $T_0^* = 1.50$ 이며 최소 단위시간당 기대비용은 3.5이다. 그러므로 마지막 정책이 최소비용을 가져옴을 알 수 있다.

■■■

8.4 검사정책

시스템의 보전을 위해서는 시스템의 상태를 파악하는 것이 무엇보다 중요하다. 시스템의 상태란 기본적으로 부품의 고장상태, 시스템의 고장상태, 혹은 시스템의 마모정도일 수도 있다. 이 같은 시스템의 상태를 파악하는데 검사가 필요한 경우를 다루고자 한다. 예를 들어 소화기, 에어백 등과 같은 시스템의 경우는 사용 전에는 비록 고장이나 있어도 우리는 알 수가 없다. 이 경우 주기적으로 비파괴검사를 통해 시스템의 상태를 파악하여 고장이 난 경우는 교체하여야 할 것이다.

시스템의 고장시간은 확률변수로서 분포함수 $F(t)$, 고장률함수 $h(t)$를 가지고 있다고 하자. 그리고 다음과 같은 가정을 하고자 한다.

- 시스템의 고장은 검사에 의해서만 알 수 있다.
- 검사는 완벽하며 검사하는데 걸리는 시간은 무시할 만하다.
- 일회 검사 시 검사비용은 c_1이다.
- 고장이 발생한 후 발견 시까지의 지연시간에 대해 시간당 c_2의 비용이 발생한다.
- 고장발견시점까지의 기대비용을 최소로 하고자 한다.

고장발견을 위한 검사시점들을 $t_0 = 0, t_1, t_2, \cdots, t_j, \cdots$ 라고 하면 기대비용은

$$C(t_1, t_2 \cdots) = \sum_{j=0}^{\infty} \int_{t_j}^{t_{j+1}} [(j+1)c_1 + (t_{j+1} - t)c_2] f(t) dt$$

이다. 기대비용을 최소로 하는 검사시점들을 구하기 위해서 먼저 최적 검사시점들이 만족하여야 하는 필요조건은 모든 j에 대해 $\dfrac{\partial C(t_1, \cdots)}{\partial t_j} = 0$ 을 만족하여야 한다. 이를 정리하면 모든 j 대해

다음과 같은 순환식,

$$t_{j+1} - t_j = \frac{F(t_j) - F(t_{j-1})}{f(t_j)} - \frac{c_1}{c_2}$$

을 만족하여야 한다. 만일 $f(t_j) = 0$이면 그 이상의 검사는 필요하지 않는다. 이 순환식에서 알 수 있듯이 만일 최적 t_1^*만 안다면 위의 순환식으로부터 순차적으로 최적 검사시점들을 구할 수 있다.

정리 1(Barlow and Proschan, 1965)

만일 고장분포의 고장률 함수가 증가(비감소)하는 함수라면 최적 검사시점 간의 간격은 점점 감소(비증가)하여야 한다. 그리고 고장률 함수가 증가하는 경우 최적 검사시점 들을 구하는 알고리즘은 다음과 같다.

- 단계 1: $\int_0^{t_1} F(t)dt = \frac{c_1}{c_2}$을 만족하는 t_1을 구하라.
- 단계 2: 순환식을 이용하여 순차적으로 $t_2, t_3, \cdots$를 구하여 나간다.
- 단계 3: 만일 단계 2에서 구한 검사시점간의 간격이 앞의 간격보다 증가하는 경우가 있으면 구한 t_1의 값을 줄이고 단계 2를 반복한다. 간격이 음의 값(즉 다음 검사시점이 이전시점보다 작은 경우)을 가지면 t_1의 값을 늘리고 단계 2을 반복한다.
- 단계 4: 적절한 종료시점까지 단계 2, 3을 반복한다.

위에서 제시된 알고리즘은 최적 검사시점들을 구하는 절차를 제시하고 있으나 초기 검사시점 t_1의 값을 얼마나 줄이고 늘릴 것인가에 따라 계산시간이 달라질 것이다.

검사를 실시할 경우 정기적 검사정책의 경우 편리한 면이 있으므로 정기적 검사정책에서 최적 검사주기를 구하여 보자. 여기서는 고장분포가 지수분포를 따르며 검사정책이 정기적인 경우 최적 검사주기를 구해보자. 이 경우 기대비용은 다음과 같이 되므로,

$$C(T) = \sum_{j=0}^{\infty} \int_{jT}^{(j+1)T} [(j+1)c_1 + ((j+1)T - t)c_2]\lambda e^{-\lambda t} dt = \frac{c_1 + c_2 T}{1 - e^{-\lambda T}} - \frac{c_2}{\lambda} \tag{8.14}$$

$\frac{dC(T)}{dT} = 0$으로 두면 $e^{\lambda T} = 1 + \lambda \frac{c_1}{c_2} + \lambda T$가 된다.

여기서 λ가 매우 적은 경우 $e^{\lambda T} \simeq 1 + \lambda T + \frac{(\lambda T)^2}{2}$로 근사화할 수 있으며 이를 대입하면

$\frac{(\lambda T)^2}{2} = \frac{\lambda c_1}{c_2}$가 되어 근사적으로 최적 검사주기 $T^* = \sqrt{\frac{2c_1}{\lambda c_2}}$가 된다.

8.5 상태기반 보전*

상태기반보전(CBM: condition-based maintenance)은 시스템의 마모나 성능감소에 영향을 미치는 하나 또는 그이상의 변수들의 값을 측정하여 이를 근거로 예방보전 실시여부를 결정하는 보전정책이다. 일반적으로 사용되는 변수들은 재료의 두께, 부식 정도, 온도, 또는 압력 등 물리적 변수(physical variable), 생산된 부품의 품질 또는 폐기된 부품의 개수 등 시스템 성능변수(performance variable), 또는 시스템의 잔여수명(residual life)에 관련된 변수들이다. 잔여수명에 근거한 경우는 예지보전(predictive maintenance)이라는 용어를 사용하기도 한다.

CBM 정책의 구현을 위해서는 선택된 변수들의 값을 측정해 줄 수 있는 모니터링 시스템과 시스템의 마모과정을 예측할 수 있는 수학적 모형이 필요하다. 보전활동의 형태와 시기는 모니터링 시스템과 수학적 모형에 근거하여 측정된 값들의 분석에 의해 결정된다. 일반적으로 측정된 수치가 미리 규정된 임계치를 넘을 때 예방보전 실시가 이루어진다. 그러므로 임계값은 시스템 상태를 두 영역으로 나누게 되는데 이런 형태의 보전정책을 관리한계정책(control limit policy)이라고 부르기도 한다. 이 정책은 변수의 값이 계속해서 증가(또는 감소)하면서 이에 따라 시스템의 고장률이 증가되는 시스템에서 의미를 가진다.

8.5.1 연속상태변화모형에서의 CBM

상태기반 예방보전 정책과 관련된 하나의 모형으로서 상태기반교체(condition-based replacement)에 대해 살펴보자. $Y(t)$를 시간 t에서 부품의 마모상태를 나타내는 확률변수라고 하고, $Y(t)$가 연속적으로 변화한다고 하자. 부품이 지속적으로 마모되고 있다고 가정하면 $Y(t)$는 비감소함수이다. $Y(t)$는 특정 시점 $t_1, t_2, \ldots$에서 검사가 이루어져 수치가 측정된다고 한다. 측정된 $Y(t)$의 값이 $Y(t) \geq y_P$이면, 예방교체가 이루어진다. 만약 $Y(t) \geq y_C(> y_P)$이면, 고장이 일어난 것으로 간주되어 고장보전이 이루어진다. 고장은 $Y(t)$가 고장한계 y_C를 지났을 경우 즉시 검출되지는 않는다. 즉 고장은 y_C를 지난 첫 번째 검사시점에서 검출된다. 고장교체 비용은 예방보전 비용보다 훨씬 크며, 교체 후 부품은 새것과 같은 상태라고 가정한다. 그림 8.4는 시간경과에 따른 부품의 평균 마모량을 보여 주고 있다.

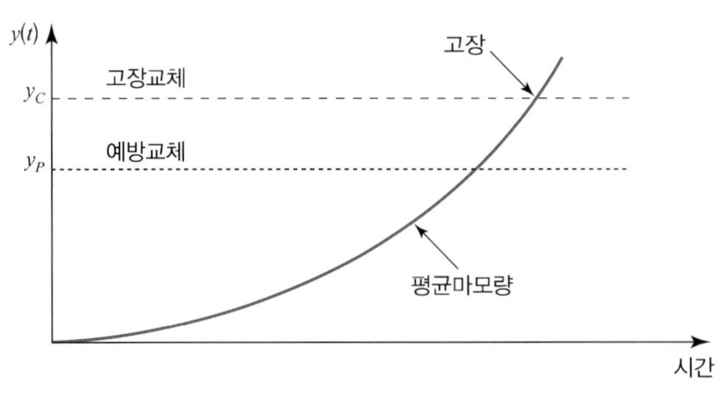

그림 **8.4** 예방 및 고장교체 한계점과 평균 마모

상태기반 보전의 예로 자동차 앞바퀴의 브레이크 패드의 마모를 생각해 보자. $Y(t)$를 시간 t에서의 마모량, 즉 브레이크 패드의 두께 감소량이라고 하자. 여기서 t는 사용시간으로 브레이크 패드가 새것이었을 때부터의 주행거리(킬로미터)이다. $Y(t)$는 자동차 주행거리가 15,000km 증가할 때마다 정기적으로 보전센터에서 점검할 때 측정된다. 브레이크 패드는 마모량이 y_P보다 크면 예방교체된다. 마모량이 y_C보다 크면, 브레이크의 제동효율이 떨어질 뿐만 아니라 패드 홀더가 브레이크 디스크에 상처를 내어 디스크까지 교체해야 한다. 이와 같은 고장교체는 그 비용이 브레이크 패드만 교체하는 예방교체 비용보다 훨씬 클 뿐만 아니라 제동효율 감소로 인한 위험비용도 고려해야 할 것이다.

여기서 시간에 따른 마모량의 변화를 어떻게 모형화할 것인가가 매우 중요한 문제이다. 가장 단순한 모형으로 마모량을 시간의 특정한 함수로 가정하는 방법이 있다. 그러나 함수의 모수들은 사용된 재료의 차이, 제작과정에서의 차이, 사용자의 차이 및 보전(일상보전)의 차이 등을 고려하여 확률변수로서 가정할 수 있다. 예를 들어 시간에 따른 마모량의 변화를 선형으로 간주하여

$$Y(t) = a + bt$$

와 같이 두며 여기서 a, b를 확률변수로 가정하는 모형을 고려할 수 있을 것이다.

8.5.2 확률과정모형에서의 CBM

선형마모 모형보다 복잡한 모형은 마모량의 변화에 대해 확률과정을 가정하는 것이다. 가장 대표적인 마모율(대부분의 문헌에서는 열화율(degradation rate)로 보편적으로 표현됨)의 시간이나 사용 횟수에 따른 확률과정 모형에는 위너과정(Wiener process) 모형, 감마과정(gamma process)

모형 및 역가우스 과정(inverse Gaussian process) 모형이 있다.

위너과정은 가우스 과정(Gaussian process) 또는 브라운 운동(Brownian motion)이라 불리기도 한다. 위너과정은 다음과 같이 정의된다.

- $Y(0)=0$.
- $\{Y(t),\ t \geq 0\}$ 과정은 정상 독립증분(stationary independent increment)의 성질을 갖는다(부록 F 참조).
- 모든 t에 대하여 $Y(t)$는 평균이 ηt이며 분산이 $\sigma^2 t$인 정규분포를 따른다.

시간 t에 대한 열화특성을 $Y(t)$라고 하면 $Y(t)$에 대한 위너과정 모형은

$$Y(t)=\eta t+\sigma B(t), \quad \eta>0, \ \sigma>0 \tag{8.15}$$

이며 $B(t)$는 표준 브라운 운동(standard Brownian motion)으로서 평균이 0이며 분산이 t인 정규분포를 따른다. 이때 η는 추이(drift) 모수, σ^2는 확산(diffusion) 상수라고 한다. 위너과정 하에 $Y(t)$는 모든 t에 대하여 항상 증가하지 않고 감소할 수 있다. 그림 8.5는 추이모수 η, 확산상수 σ^2를 갖는 위너과정을 따르는 시간 t에 따른 열화경로를 보여 주고 있다.

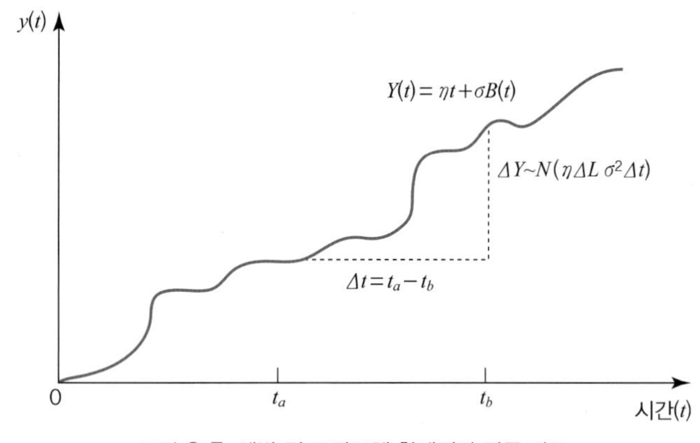

그림 **8.5** 예방 및 고장교체 한계점과 평균 마모

열화모형으로서 위너과정은 다음과 같은 특징을 가지고 있다.

- 임의의 t에 대하여, $Y(t)$는 평균이 ηt이며 표준편차가 $\sigma\sqrt{t}$인 정규분포를 따른다.
- 두 연속적인 측정값 t_{k-1}와 t_k에 대하여 $\Delta t_k \equiv t_k - t_{k-1}$와 $\Delta Y_k \equiv Y(t_k)-Y(t_{k-1})$라고 하면 ΔY_k는 평균이 $\eta \Delta t_k$이며 표준편차가 $\sigma\sqrt{\Delta t_k}$인 정규분포를 따른다. 이때 ΔY_k의 확률밀도함수는 다음과 같다.

$$f(\Delta y) = \frac{1}{\sigma\sqrt{2\pi\Delta t}} exp\left[-\frac{(\Delta y - \eta t)^2}{2\sigma^2 \Delta t}\right], \quad t > 0 \tag{8.16}$$

일반적으로 열화모형에서 고장시간은 열화경로(degradation path)가 고장 임계치(failure threshold) y_D에 도달할 때까지 걸리는 시간 혹은 사용횟수로 정의된다. 언급한 바와 같이 위너과정 하에 열화경로는 시간 t에 대하여 항상 증가하는 것이 아니라 감소할 수 있기 때문에 위너과정 하에 고장시간은 열화경로가 처음으로 고장한계치에 통과하는 시간, 즉 최초 통과시간(first passage time) T로 정의되며, 최초 통과시간 T의 분포는 다음의 역가우스 분포(inverse Gaussian distribution)를 따르게 된다.

$$f_{IG}(t) = \frac{y_D}{\sqrt{2\pi\sigma^2 t^3}} exp\left[-\frac{(\eta t - y_D)^2}{2\sigma^2 t}\right], \quad t > 0 \tag{8.17}$$

위너과정 모형이 열화모형으로 많이 사용되는 이유로는 많은 제품이나 재료에 대하여 시간에 따른 열화량은 많은 작은 외부영향(external effects)의 합으로 볼 수 있으며, 외부영향(사용환경, 충격 등)은 상호 독립적인 경우가 많으며 중심극한 정리에 의해 정규분포로 근사화 될 수 있기 때문이다. 위너과정 모형은 케이블 절연체, 피로데이터, 하드디스크 드라이브 등 다양한 제품 및 재료의 열화에 따른 수명모형으로 적용되고 있다.

다음으로 브레이크 패드 마모처럼 열화량이 항상 증가하며 비가역적(irreversible)인 경우의 대표적인 확률과정 모형으로 감마과정(gamma process)이 있으며 감마과정은 다음과 같이 가정할 수 있다.

- $Y(0) = 0$
- 확률과정 $\{Y(t),\ t \geq 0\}$는 독립증분의 성질을 갖는다.
- 모든 $0 \leq s < t$에 대해, 확률변수 $Y(t) - Y(s)$는 형상모수가 $\alpha(t-s)$, 척도모수가 λ인 감마분포를 따르며, 감마분포의 확률밀도함수는 아래와 같다.

$$f_{(s,t)}(y) = \frac{\lambda}{\Gamma(\alpha(t-s))}(\lambda y)^{\alpha(t-s)-1} e^{-\lambda y}, \quad y \geq 0 \tag{8.18}$$

감마과정을 이용할 때 기간$(s, t]$ 동안에서의 평균 마모 및 분산은 다음과 같다.

$$E(Y(t) - Y(s)) = \frac{\alpha}{\lambda}(t-s), \qquad Var(Y(t) - Y(s)) = \frac{\alpha}{\lambda^2}(t-s).$$

따라서 평균마모량은 마모속도 α/λ을 가지는 시간의 선형 함수이다. 감마과정을 마모 모형에 적용한 예는 Grall et al.(2002) 등의 논문을 참고하기 바란다.

다음으로 열화율에 대한 확률과정 모형 중에 최근에 제시된 역가우스 과정(inverse Gaussian process) 모형은 다음과 같이 가정한다.

- 확률과정 $\{Y(t), t \geq 0\}$은 독립증분을 가진다.
- 증분 $\Delta Y(t) \sim IG(\Delta\mu(t), \xi(\Delta\mu(t))^2)$을 따른다. 이때 ξ는 역가우스 분포의 척도모수에 해당되며(식 (3.15)의 척도모수 λ는 $\xi(\Delta\mu(t))^2$에 대응됨), $\mu(t)$는 평균함수로서 비음수이며 단조증가함수이다. 만약 $\mu(t)=0$, $Y(0)=0$이면 $Y(t) \sim IG(\mu(t), \xi(\mu(t))^2)$을 따르며, $Y(t) \sim IG(\mu, \xi\mu^2)$인 $Y(t)$의 확률밀도함수는

$$f_{IG}(y) = \sqrt{\frac{\xi\mu^2}{2\pi y^3}}\, exp\left(-\frac{\xi(y-\mu)^2}{2y}\right),\ y > 0 \tag{8.19}$$

이며, (누적)분포함수는

$$F_{IG}(y) = \Phi\left(\sqrt{\frac{\xi}{y}}(y-\mu)\right) + \exp(2\xi\mu) \cdot \Phi\left(-\sqrt{\frac{\xi}{y}}(y+\mu)\right),\ y > 0 \tag{8.20}$$

로서 $\Phi(\cdot)$는 표준정규분포의 분포함수를 나타낸다. 역가우스 과정 모형 하에 고장시간은 열화경로가 고장한계치보다 크게 되는 시간으로 정의되므로

$$\begin{aligned} F_T(t) &= \Pr(T \leq t) = \Pr(Y(t) \geq y_D) \\ &= \Phi\left(\sqrt{\frac{\xi}{y_D}}(\mu - y_D)\right) - \exp(2\xi\mu) \cdot \Phi\left(-\sqrt{\frac{\xi}{y_D}}(\mu + y_D)\right) \end{aligned} \tag{8.21}$$

와 같다.

$\xi \cdot \mu(t)^2$가 충분히 크며, 특히 t가 충분히 큰 값을 가질 때 $Y(t)$는 평균이 $\mu(t)$이고 분산이 $\mu(t)/\xi$인 정규분포로 근사가 가능하다(식 (3.18) 참조). 따라서 역가우스 과정을 따르는 $Y(t)$가 y일 때 도출된 고장시간 T의 분포함수는 다음과 같이 근사가 가능하다.

$$F_T(t) \approx 1 - \Phi\left(\frac{y-\mu(t)}{\sqrt{\mu(t)/\xi}}\right). \tag{8.22}$$

예제 8.5

마모량함수 $Y(t)$가 감마과정에 의해 모형화된 상태기반 교체정책을 분석해 보자. 평균 마모량은 시간의 선형 함수이다. 시스템은 주기 τ마다 정기적으로 검사한다고 하자. 마모 $Y(t)$는 검사 시에 측정되고, 두 검사 사이에서는 마모량의 변화를 알 수 없다. $\triangle Y_i$를 검사주기 $i(i=1, 2, \ldots)$ 내의 마

모라고 하자. $\triangle Y_1$, $\triangle Y_2$, …을 감마과정으로 가정했기 때문에 감마과정의 독립증분의 성질에 의해 중첩되지 않는 구간들에서의 마모량들은 서로 독립이고 주어진 구간에서의 마모량은 구간의 길이에만 영향을 받는 확률변수(감마분포를 따름)이다. 즉 $\triangle Y_1$, $\triangle Y_2$, …는 서로 독립적이고 동일한 분포를 따른다. 여기서는 최적의 검사주기 τ를 결정하는 문제를 다루어 보자. 고려되는 최적화 기준은 총 기대비용으로 한다.

한 주기 내에서의 마모량의 분포함수를 $F(t)$, 마모속도를 μ라고 하면 $\mu\tau$는 한 검사주기 내 평균 마모량이 된다. c는 예방교체 비용, k는 고장교체의 추가비용, k_I는 검사비용이라고 하자.

먼저 한 주기를 예방교체나 고장교체까지의 시간으로 정의한다면 주기 후(예방교체나 고장교체 후) 시스템의 상태는 재생되므로 장기적 관점에서 시간당 기대비용은

$$C_{CB}(\tau) = \frac{\text{한 주기 내에서의 기대비용}}{\text{한 주기의 기대길이}}$$

이다. 그러므로 한 주기의 기대길이와 기대비용을 구하여야 한다. 그런데 주기는 검사시점에서 예방교체나 고장교체로 끝나게 된다. 각 검사시점에서 주기가 끝날 확률을 구할 수 있다면 시간당 기대비용은 쉽게 구해진다. 즉 i 검사시점에서 주기가 끝날 확률은 예방교체로 끝날 확률과 고장교체로 끝날 확률의 합이다.

$$\Pr[i] = \Pr[i, PM] + \Pr[i, CM]$$

이 경우 다음과 같이 된다.

$$C_{CB}(\tau) = \frac{\sum_{i=1}^{INF} [(c + ik_I)\Pr[i] + k\Pr[i, CM]]}{\sum_{i=1}^{INF} \tau i \Pr[i]}$$

그러나 여기서 한 사이클이 임의의 주기에서 끝나는 확률을 구하는 문제가 다소 복잡하다. 이 문제는 감마과정에서 최초 도달시간(first passage time)분포와 관련된 문제이다. 그래서 간단한 근사적 방법을 소개하고자 한다.

먼저 마모과정 $\{Y(t), t \geq 0\}$이 감마과정으로 모형화될 수 있다고 가정하자. 부품은 정기적인 검사주기 τ마다 검사된다. 마모 $\triangle Y_1, \triangle Y_2, \ldots$는 모수 $\alpha\tau$와 λ를 가지고 독립적인 감마분포를 따른다. 누적 마모량이 $\sum_{i=1}^{k} \triangle Y_i \geq y_P$가 되어 예방교체 한계점 y_P를 지나는 검사주기의 최소 횟수를 $N(y_P)$라고 하자. $\sum_{i=1}^{n-1} \triangle Y_i < y_P$ 및 $\sum_{i=1}^{n-1} \triangle Y_i + \triangle Y_n \geq y_P$이 동시에 성립한다는 것은 $N(y_P) = n$이라는 의미이다. $\sum_{i=1}^{n-1} \triangle Y_i$의 확률밀도함수 $f^{(n-1)}(y)$는 서로 독립이고 동일한 분포를 갖는 한 주

기 동안의 마모 $\triangle Y$의 $n-1$개의 합의 분포이므로 한 주기 동안 마모의 확률밀도함수 $f(y)$의 $(n-1)$차 중합(convolution)이기 때문에 모수$(n-1)\alpha\tau$와 λ를 가지는 감마분포의 확률밀도함수와 같다. 따라서 마모과정이 한계점 y_P를 지날 때까지 검사주기의 평균은 아래와 같다.

$$E(N(y_P)) = \sum_{n=1}^{\infty} n \cdot \Pr(N(y_P)=n) = \sum_{n=1}^{\infty} n \int_{y_P}^{\infty} \int_{0}^{y_P} f^{(n-1)}(u) f(v-u)\, du\, dv \tag{8.23}$$

그리고 교체 한계점 y_P를 가진 교체 간 평균 시간은

$$MTBR(y_P) - E(N(y_P))\cdot\tau \tag{8.24}$$

이다. 예방교체 비용은 c, 고장이 일어나면 발생하는 추가비용은 k이므로 예방교체 한계점 y_P를 가진 교체주기의 평균 총 비용 $C_{CB}(y_P)$는 $c+k\cdot[1-F(y_C-y_P)]$이다(그림 8.4 참조). 여기서 $F(y)$는 한 주기 동안의 마모에 대한 분포함수이다. 그러면 상태기반 교체정책의 시간당 평균 비용은

$$C_{CB}(y_P) = \frac{c + k_I E(N(y_P)-1) + k \cdot (1-F(y_C-y_P))}{MTBR(y_P)} \tag{8.25}$$

이다. 식 (8.25)는 주어진 검사주기 τ에서 가장 비용 효율적인 예방교체 한계점 y_P를 찾는 데 사용될 수 있다. 특정 한계점 y_P에서 가장 비용 효율적인 검사주기τ의 근사값은 식 (8.25)를 최소화함으로써 결정된다.

■■■

위 예의 특수한 경우로서 한 주기 내의 마모 $\triangle Y_i (i=1,2,\ldots)$가 평균 $1/\lambda$인 지수분포를 따른다고 하자. $Y(\tau)$는 모수가 1(즉, $\alpha\tau=1$)과 λ인 감마분포이다. 처음 j 주기에서의 누적 마모량은 $Y(j\cdot\tau) = \sum_{i=1}^{j} \triangle Y_i$이며 모수가 j와 λ인 감마분포를 따른다. 따라서 구간 $(0, j\tau]$에서의 평균 마모는 $E(Y(j\tau)) = \alpha(j\tau)/\lambda = j/\lambda$이다.

식 (8.24)로부터 교체 간 평균 시간은

$$MTBR(y_P) = (\lambda \cdot y_P + 1)\cdot\tau \tag{8.26}$$

이고, 이 경우 식 (8.25)의 시간당 평균 비용은 다음과 같은 간단한 식으로 표시된다.

$$C_{CB}(y_P) = \frac{C + k_I \lambda y_P + k e^{-\lambda(y_c - y_p)}}{(\lambda y_p + 1)\tau}$$

여기서 $k_I = 0.6$, $c=1$, $k=2$, $y_c=2$, $\lambda=2$라고 하면 시간당 평균 비용은 그림 8.6과 같다.

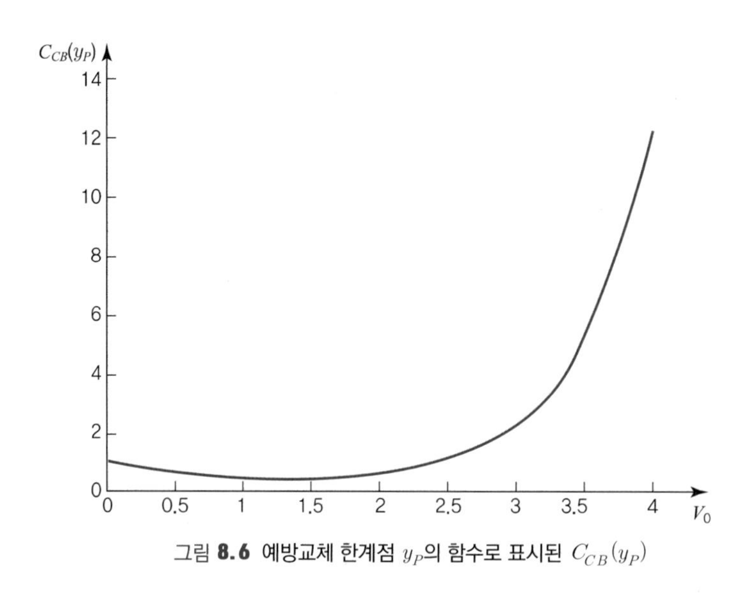

그림 **8.6** 예방교체 한계점 y_P의 함수로 표시된 $C_{CB}(y_P)$

위에 제시된 예에서는 모두 동일 검사간격으로 부품이 검사되는 것으로 가정하였다. 그러나 검사시점에서 우리는 마모량을 측정하므로 측정된 마모량이 만일 예방교체 한계점 y_P에 근접한 수치라면 다음 검사시점은 보다 가까운 미래로 정하는 것이 효과적일 것이다. 예를 들어 검사주기가 15,000km인 브레이크 패드의 교체와 관련하여 생각해 보자. 시점 $t=$90,000km에서 검사되었을 때 측정된 마모량이 y_P에 매우 가깝다고 한다면 수리공은 다음 검사시간인 $t=$105,000km에서의 검사 전에 y_C를 지날 것이라는 걱정을 하게 되므로 차 소유자에게 보통 검사주기의 1/2이 지난 시점인 $t=$97,500km 전에 브레이크 패드를 교체할 것을 권할 수 있다. 즉 검사된 마모량의 크기에 의존하여 다음 검사시점을 정하는 문제도 고려할 수 있을 것이다. 그리고 예방교체 한계점과 다음 검사시간을 동시에 최적화하는 문제도 가능한데 이 최적화 문제에 대해 Grall et al.(2002) 등의 논문을 참고하면 되고 보다 더 복잡한 상태기반 보전정책들에 관심이 있는 경우는 Berenguer et al.(2003)의 논문이 좋은 참고문헌이 될 것이다.

예제 8.6

n개의 독립이며 동일한 분포를 따르는 부품들로 구성된 n 중 k 구조(k-out-of-n) 시스템을 고려하자. n개의 부품들은 위너과정 식 (8.15)를 따라 열화하며, 각각의 열화과정은 서로 독립적으로 진행된다고 한다. 만약 부품의 열화량이 사전에 정한 고장 임계치 y_D를 초과하게 되면 그 부품은 고장이 발생할 것이다. 이러한 n개의 부품으로 구성된 시스템은 k개보다 많은 부품들이 정상적으로 작동해야 만이 임무를 수행할 수 있다. 이러한 시스템은 오직 센서를 통해 주기적인 검사를 실시하여 고장을 감지할 수 있으며 검사는 완전하다고 가정한다. 즉, 센서는 고정된 시간간격 τ에 검사를 실시한다

고 가정하면 각 검사간격은 $0, \tau, 2\tau, \ldots$이 될 것이다.

각 부품의 검사과정에는 부품당 c_i의 비용이 소요되며, 만약 검사 중 고장이 발생하게 되며 고장보전이 실시되고 정비비용 c_c가 소요된다. 정비 엔지니어는 검사를 통해 $m(=1,2,\ldots,n)$개의 부품에 대하여 예방보전을 실시할지, 아니면 다음 검사까지 기다릴지 결정하게 된다. 예방보전에는 각 부품당 c_p의 비용이 발생하며 정비 준비비용(set-up cost) c_s가 발생하여 총 $c_s + mc_p$의 비용이 발생한다. 예방보전이 필요로 하기 위해서는 예방보전비용은 고장보전비용보다 작아야 한다. 즉 $c_s + mc_p < c_c$을 만족해야 한다.

만약 시스템이 검사간격 내에서 고장이 발생하면 고장으로 인한 기회손실비용 c_d가 발생하며, 또한 시간 t에 따라 발생하는 비용은 양의 상수인 명목 할인율 r에 대한 연속복리의 할인율 e^{-rt}을 적용한다. 예방보전 후에 수리한 부품들은 새것과 동일한(as-good-as-new) 상태로 복귀하며 각각의 예방보전 및 고장보전 시간은 무시 가능하다고 할 때 최적의 보전정책을 도출하는 문제를 고려해 보자.

위의 예제에서 시스템에 대한 총 운용비용(total operational cost)는 크게 검사비용(c_i)과 보전비용(c_s, c_p, c_c, c_d)으로 구분할 수 있다. 고정 검사간격 δ에 대하여 총 검사비용은

$$I(\tau) = \sum_{j=0}^{\infty} c_i e^{-rj\tau} = \frac{c_i}{1-e^{-r\tau}}$$

와 같다. 하지만 총 보전비용에 대한 구체적인 형태는 구할 수 없기 때문에 τ에 대하여 비용함수 $V_\tau(y_1,\ldots,y_n)$을 도입할 수 있다. 참고로 $V_\tau(0,\ldots,0)$은 새 시스템을 처음으로 도입할 때 보전비용으로 간주할 수 있다.

마지막 검사로부터 시스템의 고장까지의 시간을 τ_f라고 하면 고장으로 인한 기회손실비용은

$$d(\tau_f) = \int_{\tau}^{\delta} c_d\, e^{-rt} dt = \frac{c_d(e^{-r\tau_f} - e^{-r\tau})}{r}$$

만약 연속한 두 검사구간 사이에 고장이 발생하지 않으면 $d(\tau_f) = 0$이 된다.

위너과정에서 고장은 열화경로가 고장 임계치 y_D에 최초로 통과한 시간으로 정의되며, 개개 부품의 고장시간 T_1, T_2, ..., T_n 은 독립이면 식 (8.17)과 같은 역가우스 분포를 따른다. n 중 k 구조 시스템에서 $n-k$보다 많은 부품에서 고장이 발생하면 시스템 고장이 발생하기 때문에 이러한 시스템에 대한 고장 누적분포함수는

$$F_T(t) = \sum_{j=n-k+1}^{n} \binom{n}{j} (F_{IG}(t))^j (1-F_{IG}(t))^{n-j},\ t \ge 0 \tag{8.27}$$

이며, 확률밀도함수는

$$f_T(t) = \frac{dF_T(t)}{dt} = n\, f_{IG}(t)\binom{n-1}{n-k}(F_{IG}(t))^{n-k}(1-F_{IG}(t))^{k-1},\ t \geq 0 \tag{8.28}$$

와 같다.

본 예제에서는 아주 단순한 2 중 1구조(1-out-of-2) 시스템을 고려하자. 이 경우 검사 시 두 부품 모두 고장일 경우 고장보전이 실시된다. 그렇지 않으면 다음과 같이 세 가지 선택이 가능할 것이다.

- 두 부품 모두 예방보전을 실시한다.
- 열화가 더 많이 진행된 부품에 대해서만 예방보전을 실시한다.
- 아무런 조치를 취하지 않고 다음 검사 때까지 기다린다.

만약 장기할인보전비용(long-run discount maintenance cost)을 $V_\tau(y_1, y_2)$라고 하면

$$V_\tau(y_1, y_2) = \begin{cases} c_c + V_\tau(0, 0), & y_1 > y_D,\ y_2 > y_D \\ \min\{C_0, C_1, C_2\}, & otherwise \end{cases} \tag{8.29}$$

와 같이 나타낼 수 있으며, 비용 C_0, C_1 및 C_2는

$$C_0 = e^{-r\tau}\, U_\tau(y_1, y_2) + D_\tau(y_1, y_2) \tag{8.30}$$

$$C_1 = \begin{cases} c_s + c_p + V_\tau(0, y_2),\ y_1 \geq y_2 \\ c_s + c_p + V_\tau(y_1, 0),\ y_1 < y_2 \end{cases} \tag{8.31}$$

$$C_2 = c_s + 2c_p + V_\tau(0, 0) \tag{8.32}$$

이다. 이때 $U_\tau(y_1, y_2)$는 다음 검사주기에 대한 기대비용함수이며, $D_\tau(y_1, y_2)$는 두 검사간격 동안의 기대기회손실비용으로서 각각

$$U_\tau(y_1, y_2) \equiv E\left(V_\tau\left(Y_1^{(k+1)}, Y_2^{(k+1)}\right) \mid Y_1^{(k)} = y_1,\ Y_2^{(k)} = y_2\right) \tag{8.33}$$

$$D_\tau(y_1, y_2) \equiv E\left(d(T^{(k)}) \mid Y_1^{(k)} = y_1,\ Y_2^{(k)} = y_2\right) \tag{8.34}$$

$$= \int_0^\tau \frac{c_d(e^{-rt} - e^{-r\tau})}{r} f_{T^{(k)}}(t)dt$$

이다. 여기서 $Y_i^{(j)}$는 j번째 검사주기에서 i 부품에 대한 열화수준을 나타내며, $T^{(k)}$는 k번째 검사주기에서 시스템 고장까지 경과시간을 나타내는 확률변수, $f_{T^{(k)}}(\cdot)$는 $T^{(k)}$에 대한 고장밀도함수를 나타낸다. 이때 $T^{(k)}$의 분포는 k번째 검사주기에서 열화상태에 대한 조건부 확률을 나타내기 위하여 위 첨자를 사용하였다.

식 (8.29)는 $y_1 > y_D$이고 $y_2 > y_D$이면 시스템은 고장이 발생하며, 따라서 비용 c_c를 수반하는 고장보전이 실시되고 수리 후에는 새것과 같은(as-good-as-new) 상태로 복귀된다. 그렇지 않을 경우 우리

는 3가지 선택을 할 수 있으며, 식 (8.30)은 다음 검사주기까지 아무런 조치를 취하지 않았을 경우 장기보전비용에 해당되며, 식 (8.31)는 열화가 더 많이 진행된 부품에 대하여 예방보전을 실시할 경우의 장기보전비용, 식 (8.32)는 두 부품 모두 예방보전을 실시할 경우의 장기보전비용에 해당한다. 식 (8.34)의 고장으로 인한 기대 기회손실비용을 계산하기 위하여 $T^{(k)}$의 분포를 결정해야 한다. $T^{(k)}$는 (8.17)와 같은 역가우스 분포를 따르는 두 확률변수의 최대치로 정의되기 때문에 (8.27) 및 (8.28)을 이용하여 $T^{(k)} \equiv \max\left\{T_1^{(k)},\ T_2^{(k)}\right\}$을 구할 수 있으며, 따라서 $T^{(k)}$의 분포는

$$f_{T^{(k)}}(t) = \frac{dF_{T^{(k)}}(t)}{dt} = \frac{d\left(F_{T_1^{(k)}}(t),\ F_{T_2^{(k)}}(t)\right)}{dt} \tag{8.35}$$
$$= f_{T_1^{(k)}}(t) \cdot F_{T_2^{(k)}}(t) + F_{T_1^{(k)}}(t) \cdot f_{T_2^{(k)}}(t)$$

와 같이 구할 수 있다. 자세한 유도과정은 여기에서는 생략하기로 하며, Sun et al.(2018)을 참고하기 바란다.

■■■

8.5.3 누적충격모형에서의 CBM

다음으로 고장은 외부충격에 의한 누적된 마모에 의해 발생하는 것으로 가정하는 누적충격모형에 대해 다루고자 한다. 여기서는 가장 단순한 형태의 충격발생과 누적마모모형을 가정하여 고장 발생과정으로 모형화하고 예방보전을 통해 어떻게 비용을 최소로 하는가에 대해 알아보고자 한다.

먼저 외부로 부터의 충격의 발생은 발생률이 λ인 정상 포아송 과정을 따른다고 하자. 그리고 한 번의 충격에 의한 시스템의 마모량은 서로 독립이며 분포함수 $G(x)$를 가지는 동일한 분포를 따른다고 한다. 마모량은 누적되어 K를 넘으면 시스템은 고장 난 것으로 판정한다. 시스템이 고장 난 경우 교체비용은 $c+k$ 이다. 여기서는 다음과 같은 세 가지 예방정비 정책을 고려하자.

- 정책 1: 일정한 시간 T_0까지 고장이 나지 않으면 예방교체
- 정책 2: 충격발생횟수 N 까지 고장이 나지 않으면 예방교체
- 정책 3: 누적충격량이 $Z(Z<K)$를 넘으면 예방교체

각 예방정비 정책 하에서의 장기적 시간당 평균비용을 구하여 보자. 이를 구하기 위해 먼저 몇 가지 정의하거나 정리하여야 할 것으로 먼저 예방교체비용은 c이다. 그리고 n번째 충격이 발생한 시점은 감마분포(n,λ)를 따르는데 이의 분포함수를 $F^{(n)}(t)$ 라고 표기하며 m번의 충격

에 의한 누적마모량의 분포함수는 $G(x)$의 중합으로 $G^{(m)}(x)$로 표기하자. 그러면 정책 1-3에 대한 장기적 단위시간당 기대비용은 다음과 같이 구해진다(Nakagawa, 2007).

$(0, t]$에서의 충격횟수를 $N(t)$로 두면 $\Pr(N(t)=j)=F^{(j)}(t)-F^{(j+1)}(t)$, $j=1,2....; F^{(0)}\equiv 1$인 점 등을 이용하여 먼저 정책 1에 대한 비용함수를 구하면

$$C_1(T)=\frac{c+k-k\sum_{j=0}^{\infty}[F^{(j)}(T_0)-F^{(j+1)}(T_0)]G^{(j)}(K)}{\sum_{j=0}^{\infty}G^{(j)}(K)\int_0^{T_0}[F^{(j)}(t)-F^{(j+1)}(t)]dt} \tag{8.36}$$

이 되며 이를 최소로 하는 T_0가 최적 예방교체주기가 될 것이다.

정책 2에 대한 비용함수는

$$C_2(N)=\frac{c+k-kG^{(N)}(K)}{\frac{1}{\lambda}\sum_{j=0}^{N-1}G^{(j)}(K)} \tag{8.37}$$

이다. 비용함수는 충격의 발생과정과는 무관함을 알 수 있다. 이를 최소로 하는 N이 최적 예방교체횟수가 될 것이다.

정책 3에 대해서는 비용함수를 구하기 위해서는 먼저 충격당 마모량에 대한 재생과정을 고려하여야 한다. 마모량의 분포함수인 $G(x)$에 대한 재생함수를 $M_G(x)$라고 하면 정책 3의 비용함수는

$$C_3(Z)=\frac{c+k-k\left[G(Z)-\int_0^Z(1-G(K-x))dM_G(x)\right]}{(1+M_G(Z))/\lambda} \tag{8.38}$$

이며 이를 최소하는 Z가 최적 예방교체 누적량이 될 것이다.

예제 8.7

충격이 발생률이 1인 포아송 과정을 따라 발생하며 각 충격에서 야기되는 마모량이 지수분포를 따르고 평균이 1인 누적충격마모모형을 고려하자.

$F^{(j)}(T_0)=\sum_{i=j}^{\infty}\frac{e^{-T_0}(T_0)^i}{i!}$이고 $G^{(j)}(K)=\sum_{i=j}^{\infty}\frac{e^{-K}(K)^i}{i!}$(연습문제 2.9 참조)이며 $M_G(x)=x$(부록 F.1 참조)이므로 쉽게 식 (8.36)~(8.38)를 구할 수 있다. 비교를 위한 수치예제로서 비용으로는 $k=3$, $c=1$에 대해 고장기준 $K=2,4,8,10,...,20$로 변화할 때의 3가지 정책에서 최적 비용을 구하여 보면 표 8.2와 같다.

표 **8.2** 누적충격 모형에서 세 가지 예방정책

K	$C_1(T)$	$C_2(N)$	$C_3(Z)$
2	2.00	1.52	1.05
4	0.94	0.65	0.47
6	0.56	0.39	0.28
8	0.38	0.27	0.19
10	0.28	0.20	0.14
12	0.22	0.16	0.12
14	0.17	0.13	0.10
16	0.15	0.11	0.08
18	0.12	0.10	0.07
20	0.11	0.09	0.06

표에서 알 수 있듯이 누적량에 근거한 정책 3이 가장 비용이 적게 됨을 알 수 있다. 따라서 누적충격 모형에서는 누적량에 기반한 상태기반 교체정책이 유효함을 알 수 있다.

8.5.4 CBM 프로세스

상태기반보전에 대한 프로세스는 크게 신호 추출 및 전처리(signal extraction and preprocessing), 특징추출(feature extraction), 진단 및 예지(diagnostic and prognosis)로 구분된다.

(1) 신호 추출 및 전처리(signal extraction & Preprocessing)

시스템의 이상 여부를 감지하기 위해서는 다수의 주요 구성요소에 센서를 장착하여 다양한 특성치(온도, 가속도, 진동 등)를 측정한다. 일반적인 데이터 전처리 과정은 결측값을 채우거나 잡음값 완화, 이상점을 발견하여 제거하고 불일치를 해결하는 등의 데이터 정제작업을 포함한다. 이 외에도 데이터를 합쳐서 표현하는 데이터 통합, 분석 결과를 동일하게 유지하면서 데이터 사이즈를 줄이는 데이터 정리 및 데이터 마이닝 알고리즘 효율성 극대화를 위한 데이터 변환이 이에 해당된다. 일반적인 데이터 전처리와는 달리, 시스템에서 추출되는 신호 데이터는 잡음을 포함하는 경우가 대부분이며, 원 신호만으로 시스템의 이상 여부를 판단할 수 없다.

신호 데이터로부터 잡음을 제거하고 유의미한 특성을 추출하기 위하여 사용되는 방법으로 대표적인 것이 퓨리에 변환(Fourier transform) 및 웨이블릿 변환(wavelet transform) 등이 있으며, 웨이블릿 변환은 신호 데이터의 전처리 및 잡음제거(denoising) 등에 많이 사용되는데 몇 개의 유의한 웨이블릿 계수로서 전체 신호를 나타낼 수 있는 특성을 가지고 있기 때문에 데이터 축소 및 잡음제거 기법으로 최근 각광을 받고 있다. 웨이블릿 변환은 사인 및 코사인 함수를 기본함수로 하는 퓨리에 변환과 유사하지만 신호 데이터를 다른 주파수 성분들로 분해하고, 각 스케일에 해당하는 해상도 성분들을 파악할 수 있도록 하는 비선형 변환으로써 선형 변환인 퓨리에 변환과는 차이가 있다.

웨이블릿 변환은 유한한 길이의 기저함수(basis function)를 사용하여 원래 신호를 표현하는 방법으로, 웨이블릿의 기저함수는 척도(scale) 함수와 상세(detail) 함수로 구성되어 있다. 또한 변환수준별 척도 계수와 상세 계수를 통해 신호 데이터를 분석할 수 있기 때문에 다중 해상도 분석이 가능한 장점이 있다.

그림 8.7은 신호 데이터에 4수준까지 웨이블릿 변환을 실시한 결과이다. 좌측의 스케일 계수는 신호 데이터의 전반적인 변화를 표현하며, 우측의 디테일 계수는 신호 데이터의 세부 변화를 자세하게 표현한다.

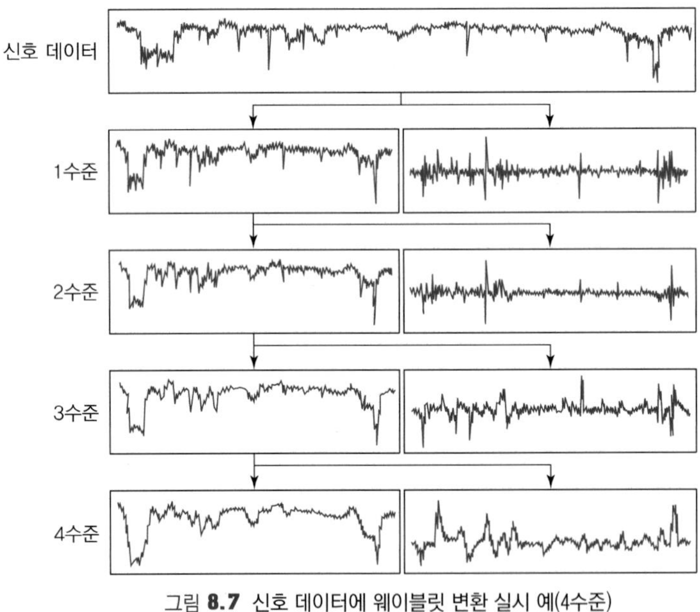

그림 **8.7** 신호 데이터에 웨이블릿 변환 실시 예(4수준)

(2) 특징추출(Feature Extraction)

측정된 신호 데이터는 대부분 다차원 신호 데이터이며, 차원이 커짐에 따라 복잡한 상관관계를 가지게 되어 시스템의 상태를 대변하는 특징추출이 어려워진다. 이러한 다차원 데이터로부터 차원을 축소하고 특성을 추출하기 위한 대표적인 방법으로는 주성분분석(PCA: principal component analysis)이 있다. 주성분분석은 변수의 공분산 행렬(covariance matrix)을 직교분해(orthogonal decomposition)함으로써 주성분이라 불리는 새로운 변수로 변환한다. p차원의 신호 데이터에서 공분산행렬의 고유치(eigenvalue)를 $\lambda_1 \geq \lambda_2 \geq \cdots \geq \lambda_p \geq 0$이라 한다면 주성분은 고유치에 대응되는 고유벡터들의 선형조합으로 표현할 수 있다. 주성분분석은 잡음 데이터에 강건하며, 변수 간에 상관관계를 가지는 문제를 해결할 수 있다. 또한 데이터의 차원을 축소하고, 상위 몇 개의 주성분만으로 원 변수의 변동을 80~90% 이상 설명할 수 있는 장점이 있어 특징추출 방법으로 널리 사용되고 있다.

또한 유의한 변수를 선택하기 위해 다양한 변수선택 방법을 사용할 수 있다. 변수선택 방법이란 다수의 독립변수 중에서 통계적으로 의미있는 변수를 찾는 기법으로 변수선택 방법에는 후진제거법, 전진선택법 및 단계별(stepwise) 방법 등이 있다. 후진제거법은 모든 예측변수를 포함한 완전모형으로부터 시작해서 매번 하나씩 예측변수를 제거시켜 나가는 형식을 취한다. 이 경우 어느 한 예측변수는 그의 제거로 인한 오차제곱합의 감소에 대한 공헌도를 기준으로 그의 제거 여부가 결정된다. 전진선택법은 예측변수 없이 상수항만을 가진 회귀방정식로부터 시작하여, 제1단계에 회귀방정식에 포함되는 첫 예측변수는 반응변수와 가장 큰 상관계수를 가지는 것이 선택되고, 2단계에서는 방정식에 도입되는 예측변수는, 일단 첫 예측변수가 반응변수에 대해 가지는 선형효과를 조정한 후, 이 조정된 반응변수와 최대상관을 가지는 것이 고려대상이 되는 방식으로 변수를 선택하여 공헌도를 평가하게 된다. 단계별 방법은 기본적으로 전진적 선택 절차라고 할 수 있으나, 추가적인 조건으로서 매 단계에서 후진적 제거 절차에서와 같이 이미 모형에 선택되어 있는 특정 예측변수의 제거 가능성을 배제하지 않는다는 점이 다르다고 할 수 있다.

(3) 진단 및 예지(Diagnostic and Prognosis)

시스템의 고장을 사전에 방지하거나 고장 발생 시 빠른 시간 내에 고장을 수리하기 위해서는 사전에 고장 진단 및 예지(diagnostic and prognosis)를 실시하여야 한다. 신호 데이터로부터 웨이블릿 변환 후 주성분분석을 통하여 특징추출을 실시하고, 추출된 특징에 대하여 다양한 통계적 방법을 사용하여 고장 진단 및 예지를 할 수 있다. 대표적인 고장 진단 및 예지 방법으로는 다변량 관리도(multivariate control chart), 인공신경망(ANN: artificial neural network) 및 서포트 벡터머신(SVM: support vector machine) 등이 있다. 다변량 관리도는 제조공정에서 이상을 사전에 감지하기 위해 널리 사용되는 모니터링 기법이며, 제조공정에서 이상원인이 발생할 경우 원인 추적 및 조치를 통하여 제품의 불량을 사전에 억제할 수 있다. 다변량 관리도는 변수 간의 상관관계를 고려할 수 있고, 다수의 변수의 변화를 동시에 탐지할 수 있기 때문에 산업체에서 많이 사용되고 있다. 다변량 관리도 중 가장 많이 사용되는 관리도로서 호텔링 T^2(Hotelling's T^2) 관리도가 있으며, 신호 데이터로부터 추정된 통계량이 관리상한선(UCL: upper control limit)을 초과할 경우 이상이 발생하였다고 판단할 수 있다.

그림 8.8은 특정 시스템에 센서를 장착하여 신호 데이터를 추출하고, 신호 데이터에 대하여 웨이블릿 변환을 실시 후 유의미한 특징을 추출, 이를 기반으로 호텔링 T^2 관리도를 적용한 예이다. 정상 상태의 신호 데이터에 대하여 관리상한선을 설정하고, '고장 전', '고장' 및 수리를 실시한 '고장 후'에 대하여 T^2 통계량을 추정하였다. '고장 전' 및 '고장' 시점에서는 T^2 통계량이 관리상한선을 초과하였으나, 반면에 수리를 실시한 후 운용한 시점 이후부터는 T^2 통계량이 관리상한선을 초과하지 않았다. 특히 고장 전의 T^2 통계량이 관리상한선을 초과하였기 때문에 고장이 발생하기 전 시스템에 이상이 발생하였다고 판단하여 고장을 사전에 방지할 수 있을 것이다.

최근에 시스템의 고장 감지 및 진단 방법으로 이상 신호의 분류 및 예측하기 위하여 인공신경망 및 서포트벡터머신과 같은 데이터마이닝 기법이 많이 사용되고 있다. 인공신경망은 뇌의 정보 처리 방법을 모방한 방법으로 뛰어난 일반화 능력 및 병렬 처리 등으로 현실적인 문제에서 우수한 성능을 보이기 때문에 널리 사용되어 왔다. 인공신경망의 기본단위인 퍼셉트론(perceptron)은 데이터를 입력하는 입력층(input layer), 가중치 $w_0, w_1, ..., w_d$, 속성집합 $x_0, x_1, ..., x_d$ 및 출력층(output layer)을 포함한다. 퍼셉트론은 분류를 하기 위하여 예측오차가 최소가 되는 가중치 $w_0, w_1, ..., w_d$를 산출하고, 의사결정 경계를 설정한다. 다계층 퍼셉트론은 입력층과 출력층 사이에 은닉층(hidden layer)을 포함하며, 사인함수 대신 다른 유형의 다양한 활성함수를 사용하여 이상 신호의

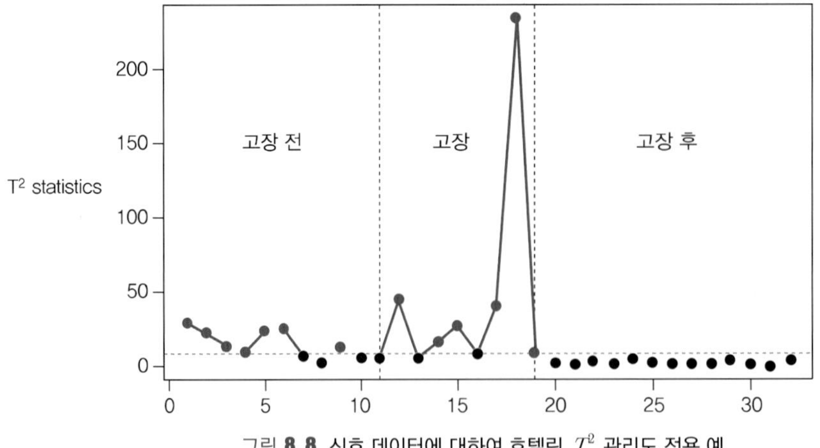

그림 **8.8** 신호 데이터에 대하여 호텔링 T^2 관리도 적용 예

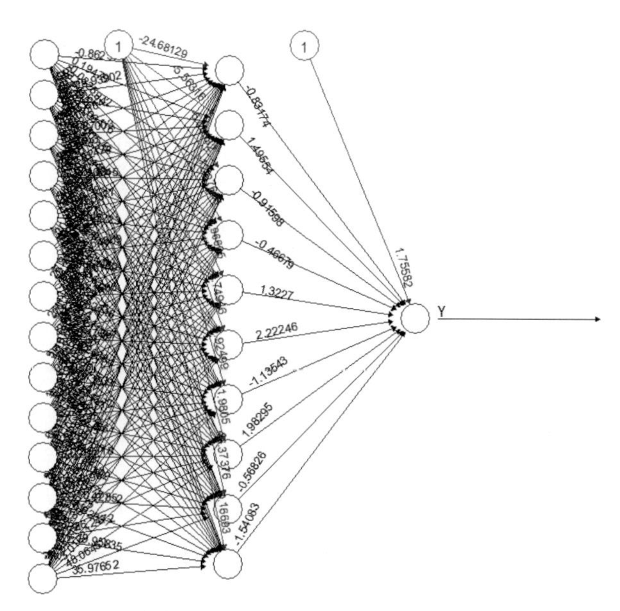

그림 **8.9** 신호 데이터에 다계층 퍼셉트론 인공신경망 적용 예

분류 및 예측 문제에 널리 사용되고 있다. 그림 8.9는 신호 데이터에 대하여 은닉층을 10개로 구성하여 다계층 퍼셉트론을 구축한 예이다. 최근에는 딥러닝 방법으로서 합성곱신경망(convolutional neural network) 혹은 순환신경망(recurrent neural network) 등도 많이 활용되고 있다.

서포트벡터머신은 일반화 오류를 최소화하기 위하여 두 초평면간의 거리(margin)을 최대화하는 의사결정 경계를 산출하게 되는데, 지지도벡터는 초평면과 가장 가까이 있는 벡터를 의미하며, 방향을 정의하는 매개변수 벡터 $\boldsymbol{w}$ 및 위치를 정의하는 매개변수 b로 정의할 때, 의사결정 경계 $\boldsymbol{w}' \cdot \boldsymbol{x} + b = 0$에 대하여 두 초평면 사이의 거리는 $2/\|\boldsymbol{w}\|$ 이다(그림 8.10 참조).

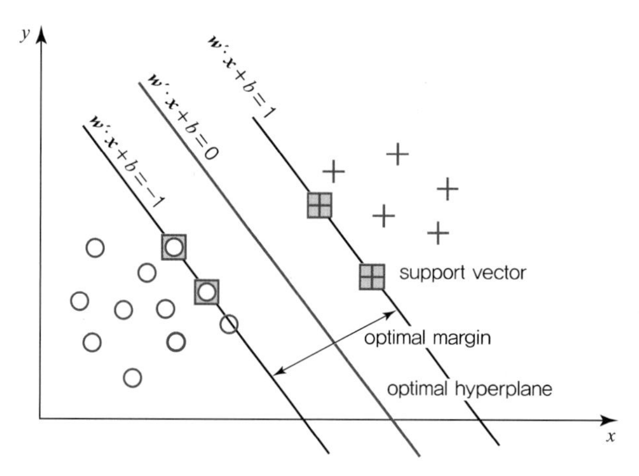

그림 **8.10** 신호 데이터에 다계층 퍼셉트론 인공신경망 적용 예

서포트벡터머신은 훈련오류를 최소화한다는 점에서 인공신경망과 동일하지만 일반화 오류를 최소화한다는 점에서 차이가 있다. 서포트벡터머신은 일반화 오류를 최소화하기 위하여 두 초평면의 마진을 최대화하는 의사결정 경계를 산출한다. 여기서 지지도벡터는 초평면과 가장 가까이 있는 벡터를 의미하며, 마진은 두 초평면 사이의 거리를 의미한다. 서포트벡터머신은 클래스를 나타내는 변수 y_i에 대하여 다음과 같은 최적화 문제로 정의할 수 있으며, 라그랑쥬 승수(Lagrange multiplier)를 통하여 효율적으로 최적해를 산출할 수 있다.

$$\text{minimize} \quad \frac{\| \boldsymbol{w} \|^2}{2}$$

$$\text{subject to} \quad y_i(\boldsymbol{w}' \cdot \boldsymbol{x}_i + b) \geq 1, \quad i = 1,\ 2,\ \cdots$$

비선형 서포트벡터머신일 경우 벡터 내적의 곱 $\boldsymbol{x}_i \cdot \boldsymbol{x}_j$ 대신 RBF 커널(radial basis function kernel), 다항식 커널(polynomial kernel) 및 쌍곡 탄젠트 커널(hyperbolic tangent kernel) 등을 사용하여 최적해를 산출할 수 있다. 그림 8.11은 신호 데이터에 대하여 비선형 서포트벡터머신을 적용한 예시이다.

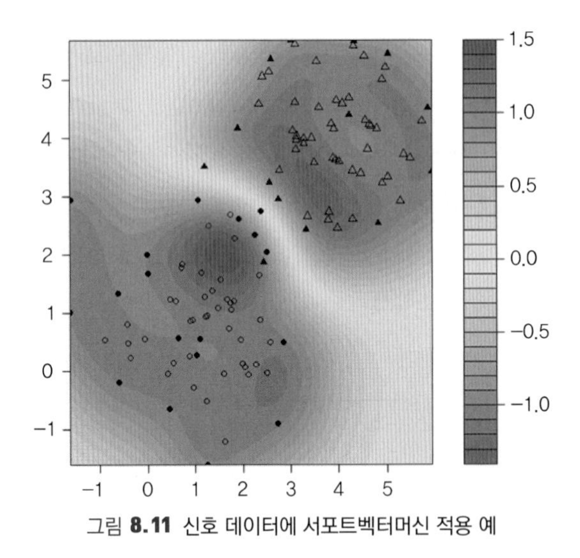

그림 **8.11** 신호 데이터에 서포트벡터머신 적용 예

예제 8.7

이 예제는 발전소 발전기(generator)의 실시간 고장 탐지 및 진단 사례이다(Bae et al., 2019). 현재 발전소 사고를 사전에 방지하거나 고장 발생 시 조속한 시간 내에 고장을 정비할 수 있는 보전방법론의 중요성이 지속적으로 증대되고 있는 여건에서, 본 사례는 상태기반보전을 위한 발전소의 주요한 설비인 발전기의 실시간 고장 탐지 및 진단 방법론을 개발하는 목적으로 수행한 결과이다.

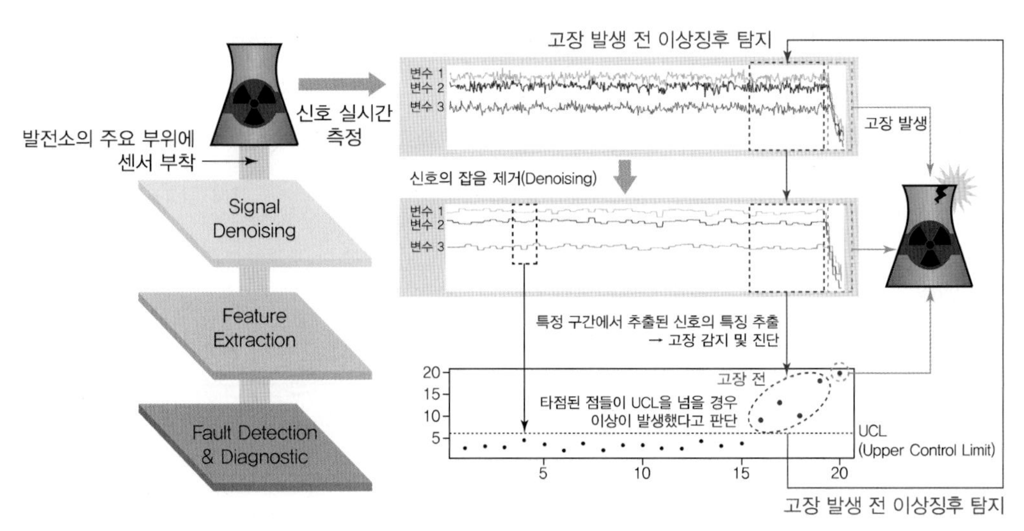

그림 **8.12** 상태기반보전 개념도

이 방법론의 개념을 도식화한 것을 그림 8.12에서 볼 수 있다.

발전기의 주요부위에 센서를 부착하여 온도나 진동을 측정하고, 신호처리 방법을 적용하여 신호에 잡음을 제거한 후 특징을 추출한다. 추출된 특징을 기반으로 이상 유무를 판단할 수 있는 방법론, 예를 들면 관리도 기법을 활용하여 실시간으로 발전기의 이상 유무를 판단한다. 그림 8.13과 같이 먼저 신호의 잡음을 제거하기 위하여 웨이블릿 임계치를 결정하는 방법(soft threshold, hard threshold)을 적용하여 일정 크기 이상의 웨이블릿 계수를 선택한다. 이러한 방법을 통해 또한 데이터 차원을 감소시키는 효과가 있다. 다음으로 웨이블릿 계수를 척도함수와 상세함수로 다수준 분해한 후에 원래의 신호들을 일정간격으로 나눈 윈도우마다 상세함수들의 에너지를 계산하여 허스트(Hurst) 지수를 산출한다. 허스트 지수는 각 수준별 에너지에 대한 기울기로서 본 방법론은 허스트 지수와 절편에 대하여 다변량 정규분포를 가정한 T^2관리도를 적용하여 고장 유무를 판단한다.

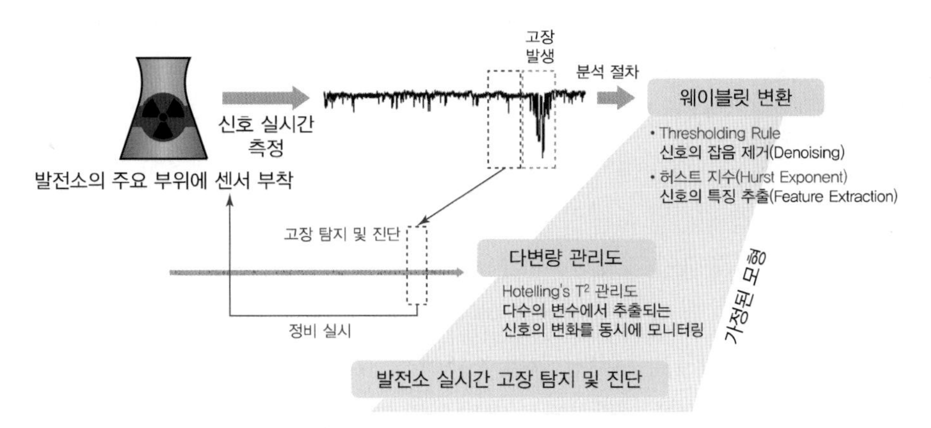

그림 **8.13** 발전소 발전기 고장 탐지 및 진단 프로세스

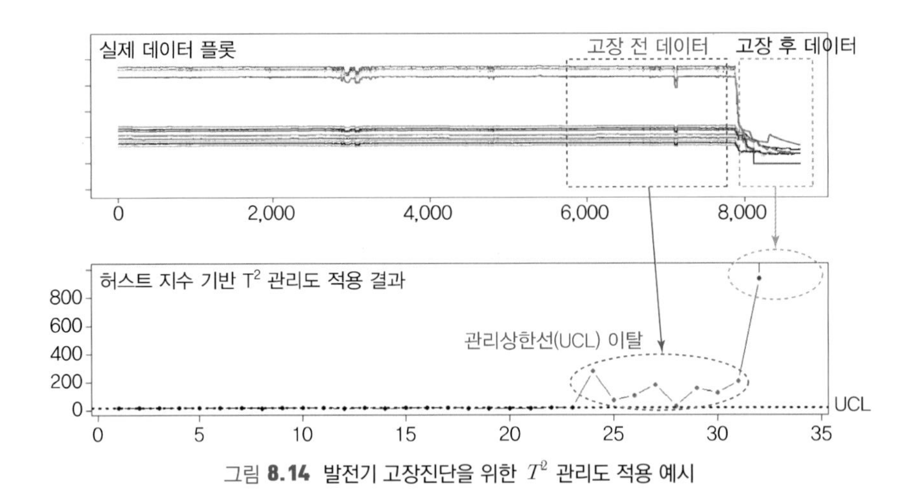

그림 **8.14** 발전기 고장진단을 위한 T^2 관리도 적용 예시

실제로 발전소 발전기에 상기의 방법론을 적용한 결과 이상 발생 전 관리상한선 밖으로 벗어나는 것을 관측할 수 있다(그림 8.14 참조). 따라서 이런 방법론을 적용함으로써 엔지니어가 눈으로 식별하기 힘든 설비의 이상을 신호처리 방법을 통해 조기에 감지, 사전에 조처를 취함으로써 설비의 고장을 미연에 방지할 수 있을 것이다.

8.6 PF 간격*

이 절에서는 PF 간격(PF interval) 접근법으로 알려진 검사와 교체정책에 대해 기술한다. 특히 PF 간격 접근법은 RCM과 관련된 문헌들에서 많이 언급된다.

확률적으로 발생하는 충격에 노출된 부품을 고려해 보자. 충격(사건)의 발생은 λ의 발생률을 가진 포아송과정(HPP: homogeneous Poisson process)을 따른다고 하자. 2개의 연속적 충격 사이의 시간은 평균이 $1/\lambda$인 지수분포를 따른다. 충격이 가해지면 부품은 약해져서 잠재적 고장상태에 있다가 시간이 지나면 치명적 고장으로 발전될 것이다. 우리는 충격을 관찰할 수는 없지만 충격이 가해진 이후에 일정 시간이 흐른 뒤 잠재적 고장을 밝혀낼 수 있을 것이다. P를 충격이 가해진 후 잠재적 고장이 감지될 수 있는 최초의 시점이라 하고, F를 부품이 기능적으로 고장 난 시점이라고 하자. 시점 P에서 시점 F까지의 구간을 PF 간격이라고 부르며 일반적으로 확률변수이다. 그림 8.15에서 검사가 P와 F 사이에 이루어져 잠재적 고장이 감지되면 이것은 고장을 예방하므로 고장으로 인한 사고(피해)를 피할 수 있는 시간구간이다. 이제 예방교체 비용을 c, 치명적인 고장이 일어난 후 고장교체 비용을 $c+k$라고 하자.

부품은 정기적인 주기 τ마다 검사되고, 매 검사비용은 k_I라고 하자. 대부분의 간단한 모형에서는 검사가 완벽하여 모든 잠재적 고장은 검사에 의해 검출된다고 가정한다. 많은 경우에 있어 완벽한 검사는 불가능하며 일반적으로 성공적인 검출의 확률은 P로부터의 경과시간에 따라 증가하는 함수일 것이다. 여기서는 완전한 검사라는 가정 하에서 최적 검사주기 τ를 찾는 문제를 다루어 보고자 한다. 그리고 최적화 기준은 기대 총 평균 비용으로 이를 최소로 하는 τ값을 찾고자 한다.

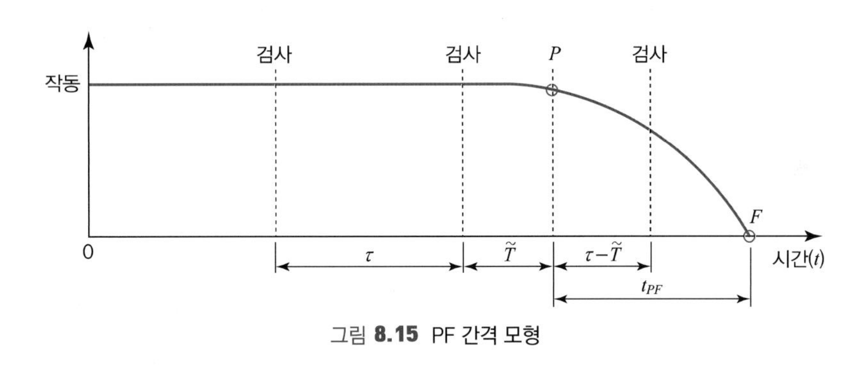

그림 **8.15** PF 간격 모형

PF 간격의 길이는 일반적으로 부품의 재료와 성질, 고장모드, 고장 메커니즘과 환경, 작동조건들에 의존한다. PF 간격의 추정은 신뢰도 자료만으로 불가능하고, 운용자, 마모 메커니즘 전문가, 시스템 설계자 등으로 구성된 전문가들에 의해 추정될 수 있다. PF 간격의 길이는 주관적 분포함수를 가진 확률변수로 생각할 수도 있다.

예제 8.8

Vatn and Svee(2002)는 철도의 선로에서 무작위로 발생하는 균열과 검출에 대해 연구했다. 초기 균열의 빈도 λ는 선로의 단위길이와 시간당 초기 균열의 수로써 측정된다. 빈도는 일반적으로 교통량, 선로의 재료와 구조, 선로 위의 이물질이나 비원형 바퀴 등에 의해 일어나는 충격 등 다양한 환경적 요인들에 의존한다. 선로의 초기 균열은 매우 작아 검출하기 어렵다. 그러나 균열이 다소 커지면 초음파로 검출이 가능하게 된다. 그러므로 초음파 검사 시스템을 갖춘 특수한 선로 차들이 선로를 검사하게 된다. 균열이 초음파로 검사 가능한 크기가 되는 시점이 앞에서 언급한 잠재적 고장발생 시점 P이다. PF 간격은 관찰 가능한 균열 발생시점으로부터 치명적 고장이 일어날 때까지의 시간간격이다. 치명적인 고장이 일어나면 선로의 파손이나 열차의 탈선으로 엄청난 비용이 발생하므로 많은 비용이 들더라도 초음파 검사가 이루어져야 한다. 그래서 검사비용, 교체 관련 비용과 잠재적 사고에 의한 비용을 전체적으로 고려한 최적 검사주기를 찾고자 한다.

즉 우리의 목적은 평균 총 비용을 최소로 하는 검사주기 τ를 찾는 것이다. 일반적으로 모형화 과정이 매우 복잡하므로 PF 간격이 확정적이고 수리시간이 알려져 있으며 완전검사가 이루어지는 간단한 경우들에 대해서만 다루고자 한다.

PF 간격의 길이인 t_{PF}와 잠재적 고장 P가 검출된 시점으로부터 고장을 바로 잡을 때까지의 시간 t_R이 모두 알려진 상수라고 하자. 또한 검사를 통해 잠재적 고장이 검출될 수 있다고 가정한다. 그림 8.7에서와 같이 P의 발생시점이 t일 때 $\tau-t+t_R < t_{PF}$이면 예방교체가 일어나고, $\tau-t+t_R > t_{PF}$이면 고장교체가 일어난다. 먼저 검사주기에 대한 두 경우로 나누어서 고려하고자 한다. 만약 검사주기 $\tau < t_{PF}-t_R$이면 모든 교체가 예방교체가 되는 경우로서 모형이 간단할 것이다. 그러므로 먼저 $\tau > t_{PF}-t_R$인 경우에 대해 고려하고자 한다.

관찰시간은 $t=0$에서부터 시작한다고 가정하고, 잠재적 고장 P는 충격이 일어난 이후 짧은 시간에 관측할 수 있다고 가정하자. 시작부터 P까지의 시간은 고장률이 λ인 지수분포를 따른다. $N(\tau)$는 충격이 일어나기 전까지의 검사주기의 횟수라면, $N(t)=n$라는 것은 아무런 충격 없이 n번째 검사주기까지 검사가 이루어지고, 검사주기 $n+1$내에서 충격이 있었음을 의미한다. 확률변수 $N(\tau)$는 기하분포를 따른다.

$$\Pr(N(\tau)=n)=(e^{-\lambda\tau})^n(1-e^{-\lambda\tau}),\quad n=0,1,\ldots$$

따라서 그 평균은

$$E(N(\tau))=\frac{e^{-\lambda\tau}}{1-e^{-\lambda\tau}}$$

이다. 여기서 충격과 관측 가능한 잠재적 고장 P가 검사주기 $n+1$에서 일어난다고 가정하자. $\widetilde{T}$는 검사 n부터 P까지의 시간을 나타낸다고 하자. $\widetilde{T}$의 확률분포는 아래와 같다.

$$\Pr(\widetilde{T}\le t)=\Pr(T\le t \mid T\le\tau)=\frac{1-e^{-\lambda t}}{1-e^{-\lambda\tau}},\qquad 0<t\le\tau$$

예방교체가 일어날 확률은

$$P_P(\tau)=\Pr(\widetilde{T}>\tau+t_R-t_{PF})=1-\frac{1-e^{-\lambda(\tau+t_R-t_{PF})}}{1-e^{-\lambda\tau}}$$

이고, 고장교체가 일어날 확률은 아래와 같다.

$$P_C(\tau)=\Pr(\widetilde{T}<\tau+t_R-t_{PF})=\frac{1-e^{-\lambda(\tau+t_R-t_{PF})}}{1-e^{-\lambda\tau}}$$

잠재적 고장이 치명적 고장을 유발하여 고장보전으로 이어질 경우, 고장까지의 평균 시간은 $1/\lambda+t_{PF}$

이 된다. 한편 잠재적 고장이 예방교체로 이어질 경우 교체까지의 평균 시간은 $E(N(\tau)+1)\cdot\tau+t_R$이 된다. 따라서 교체 간 평균 시간은 다음과 같다.

$$\begin{aligned} MTBR(\tau) &= \left(\frac{1}{\lambda}+t_{PF}\right)\cdot P_C(\tau)+\left(E(N(\tau)+1)\cdot\tau+t_R\right)\cdot P_P(\tau) \\ &= \left(\frac{1}{\lambda}+t_{PF}\right)\cdot P_C(\tau)+\left(\frac{\tau}{1-e^{-\lambda\tau}}+t_R\right)\cdot P_P(\tau) \end{aligned} \tag{8.39}$$

한 교체 주기의 평균 총 비용 $C_T(\tau)$은

$$C_T(\tau)=c\cdot P_P(\tau)+(c+k)\cdot P_C(\tau)+k_I\cdot\left(E(N(\tau))+\Pr(\widetilde{T}>\tau-t_{PF})\right)$$

이 되고, $\Pr(\widetilde{T}>\tau-t_{PF}))$는 잠재적 고장이 일어난 검사주기 안에서 부품의 고장이 일어나지 않아 다음 검사가 이루어질 확률이다. $\tau-t_{PF}>0$일 때, 이 확률은 다음과 같다.

$$\Pr(\widetilde{T}>\tau-t_{PF})=\Pr(T>\tau-t_{PF}\mid T\le\tau)=\frac{e^{-\lambda(\tau-t_{PF})}-e^{-\lambda\tau}}{1-e^{-\lambda\tau}}$$

따라서

$$\Pr(\widetilde{T}>\tau-t_{PF})=\begin{cases}\dfrac{e^{-\lambda(\tau-t_{PF})}-e^{-\lambda\tau}}{1-e^{-\lambda\tau}}, & \tau-t_{PF}>0\\ 1, & \tau-t_{PF}<0\end{cases}$$

이 된다.

한 교체 주기에서의 평균 총 비용 $C_T(\tau)$는 아래와 같다.

$$C_T(\tau)=\begin{cases} c\cdot P_P(\tau)+(c+k)P_C(\tau)+k_I\cdot\dfrac{e^{-\lambda(\tau-t_{PF})}}{1-e^{-\lambda\tau}}, & \tau-t_{PF}>0\\ c\cdot P_P(\tau)+(c+k)P_C(\tau)+k_I\cdot\left(\dfrac{e^{-\lambda\tau}}{1-e^{-\lambda\tau}}+1\right), & \tau-t_{PF}<0\end{cases}$$

또한 검사주기가 τ일 때 시간당 평균 총 비용은 다음과 같다.

$$C(\tau)=\frac{C_T(\tau)}{MTBR(\tau)} \tag{8.40}$$

식 (8.40)을 최소로 하는 τ는 수치해석적으로 구할 수 있을 것이다. 간단히 τ의 함수로 표현된 $C(\tau)$를 그래프에 도시하여 보면 최적 τ를 찾을 수 있다. 예로서 $\lambda=0.1$, $t_{PF}=3$, $t_R=0.5$, $k=70$, $c=30$, $k_I=20$인 경우 비용함수는 그림 8.16에 나타나 있다.

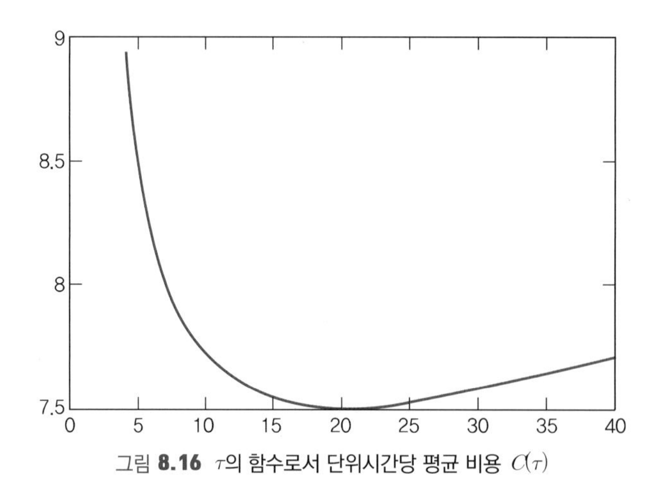

그림 **8.16** τ의 함수로서 단위시간당 평균 비용 $C(\tau)$

한편 $\tau + t_R < t_{PF}$일 때 모든 교체는 예방교체이고, 교체 간 평균 시간은 $MTBR(\tau) = (E(N(\tau)) + 1)\tau + t_R$이다. 한 교체주기 동안 총 비용은 $C_T(\tau) = c + k_I \cdot (E(N(\tau)) + 1)$이다. 최적 교체주기(제약조건이 $\tau + t_R < t_{PF}$)는 다음 식을 최소화함으로써 찾을 수 있다.

$$C(\tau) = \frac{C_T(\tau)}{MTBR(\tau)} = \frac{k_I / (1 - e^{-\lambda\tau}) + c}{\tau / (1 - e^{-\lambda\tau}) + t_R}$$

■■■

이 절에서 설명한 PF 간격 모형은 다양한 방법으로 확장될 수 있다. 예를 들어 PF 간격이 확률변수가 될 수 있으며 수리시간 역시 확률변수로 취급할 수 있을 것이다. 또한 잠재적 고장의 발생이 다양한 분포를 따른다고 할 수 있을 것이다. 즉 잠재적 고장 P 발생시점까지의 분포가 증가하는 고장률함수를 가지는 경우 등이다.

PF 간격 모형과 관련하여 보다 복잡한 수학적 모형을 다룬 신뢰성 분야는 지연시간 모형과 관련된 분야이다. 특히 지연시간 개념을 정의하고 이에 대한 검사정책에 관한 많은 연구들이 수행되었다(Christer, 2002). 고장이 결함(고장의 시초) 발생에 의존하는 지연시간 모형에서 부품의 고장시간 T는 다음 두 가지로 나누어진다. 즉 (1) 시작부터 결함이 검출될 때까지의 시간 T_P, (2) 결함이 검출되고 부품이 고장날 때까지의 지연시간 T_{PF}로 구분된다. 그리고 이 모형에서 다양한 상황을 고려하여 불완전 검사, 결함의 발생에 대해 NHPP 모형 적용, 비주기적 검사간격 등 최적화 문제를 다루었다. 그 외에 현실적인 사례연구도 수행되었다(일례로 Dekker(1966)의 지연시간 모형의 산업체 응용 참조).

8.7 RCM과 TPM

이 장에서 지금까지는 시스템의 가용도를 최대화하거나 비용을 최소로 하는 보전정책에 대한 수학적 모형을 다루었다. 그러나 대형장비나 시스템의 보전을 최적화하는 문제는 간단한 수학적 모형으로 해결될 수 있을 정도로 단순하지는 않다. 그래서 복잡하고 대형인 시스템과 관련된 보전을 최적화하기 위해서는 체계적인 절차와 방법론이 요구된다. 이 절에서는 지금까지 신뢰성 분야에서 제시된 체계적인 보전전략 및 절차에 대해 설명하고자 한다.

전통적으로 시스템 보전 작업에서 보전 관련 자원(인력과 장비)의 운용은 (1) 법규의 요구사항, (2) 사내 표준, (3) 장비 생산자와 협력업체로부터의 추천 사항, (4) 그리고 자체적인 보전 경험에 기반을 두어 이루어진다. 그림 8.17은 이와 같은 보전전략의 결정 요소들을 보여 주고 있다.

지금까지 보전이론과 보전모형은 일반적인 고장상황을 가정하고 다양한 가정 아래에서 개발되었고 특정 시스템의 구체적이고 적용 가능한 보전전략에 대한 연구는 상대적으로 부족하다고 할 수 있다. 보전전략의 개발에서 가장 기본적인 고려사항은 사회의 법 규정이다. 그래서 많은 기업이나 개인은 자신의 시스템에 대한 구체적인 보전전략을 주어진 산업안전법이나 환경보호법 등 법 규정을 만족시키면서 비용을 최소화하도록 수립, 실시하여야 한다.

다음으로 보전 기술자는 사용하는 시스템의 생산자로부터의 추천된 방식이나 선진기업의 사례연구를 통해 경험에 근거하여 보전전략을 수립하는 것이 일반적이다. 또한 많은 경영자는 보전의 문제는 기술적 문제로만 취급하므로 기술자의 판단에 전적으로 일임하는 경우도 많다. 그러나 이 같은 정보들은 불완전하며 개별 기업이나 시스템에 최적이 아닌 경우가 많다. 예를 들어 장비 생산자가 추천하는 보전전략을 살펴보면, 기본적으로 이런 보전전략은 평균적 개념에 근거한 전략이며 특히 다음과 같은 제약 하에서 구해진 전략이다.

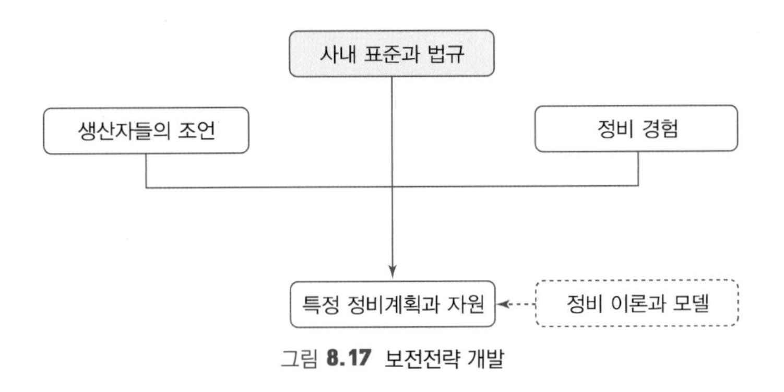

그림 **8.17** 보전전략 개발

- 대부분의 장비 제조회사들은 보증기간이 끝난 후에는 장비 사용자들로부터 장비관련 평가 정보를 수집하는 경우가 매우 드물다.
- 생산자들의 조언은 때때로 사용하는 장비에 대해 고장시간을 최소화하기보다는 예비품의 매출을 최대화하는 경향이 있다.
- 제조물 책임법으로 인해 생산자의 조언이 대단히 보수적으로 결정되었을 가능성이 높다.

그리고 보전전략은 시스템의 초기 개념설계 단계에서부터 고려되어야 하지만 일반적으로 설계단계 후반부에서 고려되므로 적절한 대처가 불가능한 경우도 있다. 세부적인 보전전략은 시스템의 운용 이전에 수립되어야 하지만 이것 역시 잘 수립되지 않는 경우도 있다. 또한 시스템의 운용이 지속되면 기본적으로 개별 시스템에 적합한 보전전략 수립을 위한 자료가 충분히 축적되어서 이를 바탕으로 최적의 보전전략을 수립, 실시할 수 있지만 현장에서는 자료의 축적에 소홀한 경우도 허다하다.

이 절에서는 대형 시스템에 대한 보전전략을 수립, 실시하는 데 유용한 보전 최적화 개념인 신뢰성기반보전(RCM), 종합생산보전(TPM)을 설명하고자 한다. 그리고 다부품으로 이루어진 시스템의 보전 최적화를 위한 시뮬레이션 기반 최적화 방법론을 설명하고자 한다.

8.7.1 신뢰성기반보전(RCM)

신뢰성기반보전(RCM)의 초기 개념은 항공기 산업에서 시작되었다. 이후 군수 사업과 원자력 산업(발전설비 산업), 해양 석유와 가스 산업뿐만 아니라 여러 산업에서 40년 이상 다양하게 적용되어 오고 있다.

지금까지 여러 산업분야에서의 적용과 관련하여 보고된 연구에 의하면 RCM의 적용이 시스템의 가용도를 높이거나 예방보전 비용의 뚜렷한 절감효과를 가져오는 것으로 판단된다.

RCM은 시스템 기능과 고장 메커니즘을 체계적으로 분석하여 적용가능(applicable)하고 효과적인(effective) 예방보전 활동을 경제적인 측면과 안전성을 기준으로 결정하는 방법론이다. RCM에서는 시스템의 하드웨어적인 측면이 아니라 시스템의 기능적인 측면에 초점을 두고 분석한다. RCM의 주요 목적은 불필요한 보전을 제거하고 시스템의 가장 중요한 기능에 초점을 맞춤으로써 보전비용을 줄이는 것이다. 이미 보전 프로그램이 존재한다면, RCM 분석결과는 비효율적인 예방보전 업무를 제거하는 데 도움이 될 것이다.

RCM과 관련하여 그 개념, 표준, 사례연구 등이 다양하게 제정되거나 보고되어 있는데 세부적인 절차는 다소 차이가 있지만 주요한 아이디어는 동일하다(Moubray, 1997).

이 절에서는 RCM의 기본 절차를 설명하고자 한다. RCM에서의 보전작업이란 시스템의 기능 저하나 고장과 관련된 보전만을 고려한다. 예를 들어 외부를 청소하거나 도색작업을 통하여 시스템의 외관을 보기 좋게 하는 작업들은 RCM의 분석범위에 포함되지 않는다. 그러나 이와 같은 보전들의 계획은 RCM에 관계되어 있는 계획과 통합하여 계획되어야 한다.

기본적으로 RCM은 예방보전 프로그램을 개선하기 위한 기술이다. RCM에서는 시스템 고유 신뢰성이 설계와 제조품질에 의해 결정되는 것으로 가정한다. 그리고 효과적인 예방보전이란 그 시스템의 고유 신뢰성이 실현되도록 보증하는 활동이다. 그러므로 RCM이 잘못된 설계, 부적절한 제조(설치)품질과 바람직하지 못한 보전실행들의 문제를 보전단계에서 해결해 주는 만능의 방법론이 아님을 유의하여야 한다. RCM은 시스템의 고유 신뢰성 향상을 목표로 하는 방법론이 아니다. 시스템의 고유 신뢰성을 개선해 주는 것은 재설계나 수정에 의해서 가능하다.

예방보전의 적용과 관련하여 종종 잘못 이해되고 있는 점들이 있다. 예를 들어 시스템에 대해 일상적으로 보전이 많이 될수록 신뢰도가 증가한다고 생각하는 것은 잘못된 것이다. 반대의 경우로 보전을 실시함으로써 고장이 더욱 자주 발생하는 경우도 있다.

RCM은 최대의 비용효율적인 예방보전을 찾기 위해 비용과 이익 관계를 잘 파악하고 조정하여 설계되어야 한다. 이를 달성하기 위해 바람직하다고 판단되는 시스템의 성과표준(performance standard)이 규정되어야 한다. 예방보전이 모든 고장을 사전에 막아 주지는 않는다. 따라서 고장들에 대해 잠재적인 영향이 무엇인지 그리고 어느 정도 자주 발생할 것인가에 대해 분석하여야 한다. 예방보전은 효과성(effectiveness)과 적용 가능성(applicability) 기준에 근거하여 고장에 대처할 수 있도록 선택된다. 예방보전은 자재손상, 생산손실, 환경위험, 그리고 인간의 상해와 관계된 기대손실을 줄여줄 수 있다. RCM 분석을 통해 기본적으로 아래의 일곱 가지 질문에 대한 답을 얻을 수 있다.

① 장비의 현재 운용 상황에서 시스템의 기능과 성능표준은 무엇인가?
② 장비에서 고장이 어떻게 발생하는가?
③ 각 기능 고장의 원인은 무엇인가?
④ 각 고장이 발생하면 어떠한 일이 발생하는가?
⑤ 각 고장이 발생하면 어떠한 방식으로 문제가 되는가?
⑥ 각 고장을 예방하려면 무엇을 해야 하는가?
⑦ 적절한 예방작업이 없다면 무엇을 해야 하는가?

다양한 실제 사례를 통한 연구들에서 보면 RCM 분석노력의 약 30%가 기능정의와 성과표준, 즉 질문 1에 답하는 데 관계있다고 알려져 있다.

RCM 분석을 위한 절차는 다음과 같이 단계적으로 이루어지는데 일부 단계의 경우는 중첩되거나 동시에 이루어지기도 한다.

① 연구 준비
② 시스템 선정과 정의
③ 기능적 고장 분석
④ 중요 아이템 선정
⑤ 자료 수집과 분석
⑥ FMECA
⑦ 보전활동 선택
⑧ 보전간격 결정
⑨ 예방보전 비교분석
⑩ 경미 아이템 처리
⑪ 이행
⑫ 현장 자료 수집과 분석

(1) 1단계(연구 준비)

RCM에서의 첫 단계는 RCM 추진팀을 구성하는 것이다. 추진팀은 분석의 목적과 범위를 명확하게 정의해야 한다. 환경과 안전에 관련된 요구사항, 정책, 그리고 승인기준은 RCM 분석을 위한 경계조건으로서 명확히 되어야 한다. 전체 도면과 공정도면들, 예를 들어 배관 및 설치 다이어그램 등이 준비되어야 한다. 그리고 이상적인 것으로 가정된 자료와 실제 공장과의 차이점들을 확인하여야 한다. 분석을 위해 가용한 자원은 통상 제한되어 있으므로 RCM 팀은 분석비용이 잠재적인 이익을 상회하지 않도록 주의하면서 무엇을 검토/분석할 것인가를 고려하여야 한다.

(2) 2단계(시스템 선정과 정의)

플랜트 수준에서 RCM 분석을 실행하기 이전에 아래 두 가지 사항을 고려해야 한다.

① 보다 전통적인 보전계획과 비교하여 RCM 분석이 유용한 시스템은 어떤 것인가?
② 어떤 수준(공장, 시스템, 서브시스템 등)에서 분석이 수행되어야 하는가?

이론적으로 모든 시스템은 RCM 분석을 통하여 큰 비용절감 효과를 얻을 수 있을 것이다. 그러나 적어도 새로운 플랜트 수준에서 RCM을 처음으로 도입할 때는 제한된 자원 하에서 분석을 실시하므로 우선순위를 매겨야 한다. 분석으로부터 최대의 이익을 얻을 수 있다고 여겨지는 시스템으로부터 분석을 시작해야한다. 운용되는 대부분의 플랜트들에는 나름대로의 계층구조가 있는데 아래에 몇 가지 계층구조 관련 용어들을 정의한다.

- 플랜트(plant): 전기발전 플랜트, 해양가스 생산 플랜트 등과 같이 어떤 종류의 결과물(전기, 가스 등)을 생산하기 위해 함께 기능을 하는 시스템의 집합이다.

• 시스템(system): 전력발생이나 증기공급을 위한 플랜트의 서브시스템이다. 예를 들면 해양가스 플랫폼에서 가스압축 시스템은 시스템으로서 고려되어야 한다. 가스압축 시스템은 많은 중복을 가지는 여러 종류의 압축기로 구성되어 있으나 같은 주 기능을 가지는 중복 부품들은 시스템에 포함되어야 한다.

  시스템 수준은 RCM 분석을 위해 출발점으로 추천된다. 예를 들면 해양오일/가스 플랫폼에서 RCM 분석을 위한 출발점은 전체 시스템이 아닌 가스압축 시스템이 되어야 한다는 것을 의미한다.

• 보전가능 아이템(maintainable items): 시스템은 서브시스템들로 나누어지고 각 서브시스템은 다시 더 낮은 서브시스템들로 나누어질 것이다. RCM 분석용 시스템 계층구조에서 최하위 수준을 보전가능 아이템이라고 부른다.

보전가능 아이템은 단독으로 제 기능을 발휘할 수 있는 아이템(예를 들면 펌프, 밸브, 전기모터)으로서 최소한 하나의 주요한 기능을 수행할 수 있는 아이템이다. 예를 들어 차단밸브는 보전가능 아이템인 반면에 밸브구동 장치는 보전가능 아이템이 아니다. 밸브구동 장치는 차단밸브를 보조하는 기구로서 단지 밸브의 일부로서만 기능을 한다. 보전가능 아이템과 그들을 보조하는 장치와의 구별이 얼마나 중요한가는 6단계의 FMECA에서 보다 명확히 볼 수 있다. 만약 보전가능 아이템이 특별한 고장모드를 가지고 있지 않다고 판단되면, 그 보조장치의 고장모드나 원인들은 모두 중요하지 않으며 언급될 필요가 없다. 반대로 보전 가능 아이템이 특별한 고장모드를 하나 가진다면, 보조장치에 대해 그 고장모드에 영향을 주는 고장원인이 있는지 확인하여야 한다. 그러므로 보전가능 아이템의 고장모드와 영향만이 6단계의 FMECA에서 분석된다.

RCM에서는 모든 보전 작업방식과 보전간격은 보전가능 아이템에 대해 결정된다. 보전가능 아이템에 대해 특별한 보전작업을 시행한다는 것은 보전 가능 아이템의 부품 혹은 구성품의 수리, 교체, 아이템의 검사를 포함한다. 이런 부품이나 구성품은 6단계의 FMECA에서 정의된다. RCM 분석자는 항상 계층구조에서 적용 가능 한도 내의 가장 높은 수준에서 분석을 하여야 한다. 분석 수준이 낮으면 낮을수록 성능표준을 정의하는 것이 더 어렵다.

보전가능 아이템이 RCM 분석의 초기 단계에서 명확하게 정의되고 선택되는 것이 중요하다. 왜냐하면 분석의 다음 단계들이 선택된 아이템에 기반을 두고 있기 때문이다.

(3) 3단계(기능적 고장 분석)

2단계에서 RCM 분석을 위한 시스템이 선택되었다. 그 다음 단계로서 다음이 수행된다.

• 시스템에 요구되는 기능과 성능기준을 확인하고 기술한다.

- 시스템이 작동하기 위해 요구되는 입력 인터페이스를 기술한다.
- 시스템의 기능이 고장을 일으킬 방식들을 확인한다.
- 시스템 기능의 확인: 시스템은 보통 여러 가지 기능을 가지고 있으므로 모든 중요 시스템 기능을 확인하는 것이 RCM 분석에서 중요하다. 이 분석은 이 책의 6장에서 기술된 방법론들을 응용하면 좋을 것이다.
- 인터페이스의 확인: 다양한 시스템의 기능과 입력 인터페이스와의 관계를 기능적 블록도로 나타낸다. 경우에 따라서 시스템의 기능을 보다 세분화된 수준의 세부기능으로 나누고 단계적으로 반복하여 보전가능 아이템의 기능으로 나누고자 할 수 있다. 이것은 기능 블록도 혹은 신뢰성 블록도로 표현 가능하다.
- 기능고장: 다음 단계는 중요한 시스템 고장모드를 기술하고 확인하기 위한 기능적 고장분석(FFA)이다. 대부분의 경우 시스템 고장모드는 기능고장으로 정의된다. 고장모드의 분류방식은 6장에서 논의된 내용을 참고하면 될 것이다.

기능고장은 규정된 FFA 워크시트에 기록된다. 그림 8.18은 FFA 작업시트의 예를 보여 준다.

시스템: 작성자:
번호: 작성 날짜:

운용모드	시스템 기능	기능적 요구사항	기능적 고장	중요도				빈도
				S	E	A	C	

그림 **8.18** 기능고장 분석 워크시트

워크시트의 첫 번째 열에는 시스템의 다양한 운용모드가 기록된다. 각 운용모드에서 관련된 모든 시스템 기능은 두 번째 열에, 각 기능에 대하여 성능 요구사항(성능 목표 값이나 허용범위 등)은 세 번째 열에 기록된다. 두 번째 열의 각 시스템 기능에 관련된 모든 기능고장은 네 번째 열에 기록된다. 다섯 번째 열에서 여덟 번째 열까지는 규정된 운용모드에서의 각 기능고장의 중요도 순위가 기록된다. 중요도 순위가 포함되어 있는 이유는 중요하지 않은 고장에 대하여 시간을 낭비하지 않음으로써 이후 분석의 범위를 한정할 수 있도록 하기 위함이다. 시스템이 크고 복잡한 경우 이 같은 선별작업은 매우 유용한 측면이 있다. 그러나 만일 주요한 모드를 초기에 잘못 삭제하게 되면 그 영향은 매우 크므로 주의해야 한다.

중요도는 플랜트 수준에서 판단되어야 하며 네 가지 결과 범위에서 순위가 매겨져야 한다.

S: 작업자의 안전성

E: 환경 영향

A: 생산 가용도

C: 원재료 손실

이 네 가지 영향의 각각에 대해 높음(H), 중간(M), 낮음(L), 무시할 수 있음(N) 등과 같이 점수를 부여할 수 있을 것이다. 여기서 범주의 정의는 적용분야에 따라 달라질 수 있다. 일반적으로 기능고장에 대한 위의 네 가지 범위에서 최소 하나라도 중간 이상으로 평가되면 그 기능적 고장의 중요도는 높게 분류되고 추가 분석이 필요하게 된다.

기능적 고장의 빈도도 역시 네 가지 범주에서 분류될 수 있다. 빈도 등급들은 중요한 기능고장들 간의 우선순위를 결정하는 데 사용될 수 있다. 만약 기능고장의 4개의 중요도가 모두 낮거나 무시할 수 있고 그 빈도가 낮다면 그 고장은 중요하지 않다고 분류되고, 분석을 하지 않아도 된다.

(4) 4단계(중요 아이템 선정)

이 단계의 목적은 3단계에서 확인된 기능고장에 관하여 잠재적으로 중요성을 가지는 보전가능 아이템을 확정하는 것이다. 이런 보전가능 아이템은 기능적 중요 아이템(FSI: functional significant item)으로 분류된다. 덜 중요한 기능고장 중 일부는 분석 단계에서 배제된다. 단순한 시스템에서는 체계적 분석을 하지 않고도 시스템 기능에 명백하게 영향을 미치는 FSI들을 확인할 수 있을 것이다.

많은 중복 혹은 버퍼를 가지는 복합 시스템에서 FSI들을 확인하기 위하여 체계적인 접근이 필요하다. 시스템의 복잡성에 따라 고장나무분석이나 신뢰성 블록도 혹은 몬테카를로 시뮬레이션 등의 기법을 이용하여 아이템별 중요도 순위결정이 가능하다.

FSI 외에 높은 고장률, 높은 수리비용, 낮은 보전성, 긴 리드타임이 소요되는 예비품, 그리고 외부 보전인원을 요구하는 아이템들을 확인할 필요가 있다. 이들 보전가능 아이템은 보전 비용 중요 아이템(MCSI: maintenance cost significant item)으로 분류하며 FSI와 MCSI를 보전 중요 아이템(MSI: maintenance significant item)이라 한다. 6단계의 FMECA에서 MSI 각각에 대한 중요한 고장모드와 영향분석을 다룬다.

(5) 5단계(자료 수집과 분석)

RCM 분석의 다양한 단계는 설계 자료, 운용 자료, 신뢰성 자료와 같은 다양한 입력 자료를 필요로 한다. 신뢰성 자료는 중요도를 결정하기 위해, 고장과정을 위한 수학적 모형을 만들기 위해, 그리고 최적 PM 주기를 구하기 위하여 필요하다.

새로운 시스템을 위한 보전 프로그램을 개발할 때는 기본적으로 자료가 부족하다. 특히 보전 프로그램 개발은 설비가 서비스에 들어가서 보전 관련 자료가 획득되기 전에 마련되어야 하므로 유사한 설비로부터의 경험 자료, 제조업자로부터의 추천된 내용, 그리고 전문가의 판단 등이 유용한 정보가 된다.

(6) 6단계(FMECA)

이 단계의 목적은 4단계에서 확인된 MSI들의 주요한 고장모드를 확인하는 것이다. RCM 관련 문헌에는 여러 종류의 FMECA용 워크시트가 제안되어 있는데 그림 8.11은 그 중 대표적인 워크시트(양식)를 보여 준다. 워크시트의 여러 항목은 다음과 같다.

① MSI: 보전 가능 아이템의 번호를 기록한다.
② 운용모드: 작동, 대기 등 MSI의 운용모드를 기록한다.
③ 기능: MSI의 각 운용모드에 대한 기능들을 차례로 기술한다.
④ 고장모드: 각 기능에 대한 고장모드를 기술한다.
⑤ 고장의 영향/심각성 분류: 고장의 영향은 S, E, A와 C의 범주에서 최악의 경우에 해당되는 결과를 기술한다. 중요도는 높음(H), 중간(M), 낮음(L), 무시할 수 있음(N)과 같은 네 가지 등급으로 분류하거나 다른 수치로 표시되는 심각성 척도로 정해진다. 중복이나 버퍼용량 등으로 인해 MSI의 고장이 항상 최악의 결과를 야기하는 것은 아니다.
⑥ 최악의 경우 확률: 최악의 경우 확률은 설비의 고장이 최악의 결과를 초래할 확률로 정의된다. 확률 척도를 구하기 위해서는 시스템 모형이 요구되지만 일반적으로 이번 단계에서의 분석에는 부적절하며, 이 단계에서는 서술적인 척도가 그림 8.19의 등급 척도로 사용된다.
⑦ $MTTF$: 각 고장모드에 대한 고장까지의 평균 시간이 기록된다.
⑧ 중요도: 고장모드에 대해 정해진 중요도 척도에 따라 중요도를 평가한다. 중요도 척도는 고장영향, 최악의 경우 확률, 그리고 $MTTF$를 고려한다.

지금까지 기술된 정보는 모든 고장모드에 대하여 기록되어야 한다. 그러나 이후 항목은 중요도가 높은 아이템에 대해서만 기술한다.

시스템: 작성자:
번호: 날짜:

<table>
<tr><th colspan="3">아이템</th><th rowspan="3">고장모드</th><th colspan="8">고장 영향</th><th rowspan="3">$MTTF$</th><th rowspan="3">중요도</th><th rowspan="3">고장원인</th><th rowspan="3">고장 메커니즘</th><th rowspan="3">$\%MTTF$</th><th rowspan="3">고장특성</th><th rowspan="3">보전활동</th><th rowspan="3">고장특성척도</th><th rowspan="3">보전간격</th></tr>
<tr><th rowspan="2">MSI</th><th rowspan="2">운용모드</th><th rowspan="2">기능</th><th colspan="4">결과 등급</th><th colspan="4">최악경우확률</th></tr>
<tr><th>S</th><th>E</th><th>A</th><th>C</th><th>S</th><th>E</th><th>A</th><th>C</th></tr>
<tr><td></td><td></td><td></td><td></td><td></td><td></td><td></td><td></td><td></td><td></td><td></td><td></td><td></td><td></td><td></td><td></td><td></td><td></td><td></td><td></td><td></td></tr>
</table>

그림 **8.19** RCM-FMECA 양식

⑨ 고장원인: MSI의 보조장비는 이 단계에서 처음으로 고려된다. 각 고장모드에 대하여 여러 가지의 고장원인이 있을 수 있는데 MSI 고장모드는 전형적으로 하나 혹은 그 이상의 부품의 고장으로 일어난다. 예를 들어 안전밸브의 닫기 고장은 고장-안전 구동장치의 부러진 스프링에 의해 일어날 수 있다. 이 경우 고장원인은 보조장비의 고장모드이다.

⑩ 고장 메커니즘: 각 고장원인에 대하여 하나 혹은 그 이상의 메커니즘이 관련될 것이다. 고장 메커니즘의 예로는 피로, 부식, 그리고 마모 등이 있다.

⑪ $\%MTTF$: 고장 메커니즘별 $MTTF$를 추정하여 전체에 대한 기여도 $\%MTTF$를 계산한다. 일반적으로 다양한 고장 메커니즘들이 서로 영향을 미치면서 강하게 서로 의존하기 때문에 $\%MTTF$는 근사값이다.

⑫ 고장특성: 특성에 따라 고장을 다음 세 가지로 나눌 수 있다.

- 점진고장: 고장의 확산은 하나 이상의 상태 모니터링 표시기(indicator)에 의해 측정 가능하다.
- 노화고장: 고장확률은 사용시간에 의존하며 예측 가능한 마모한계가 있다.
- 우발고장: 고장은 아이템의 가동시간을 측정함으로써 혹은 상태를 모니터링함으로써 예측될 수 없다. 고장까지의 시간은 지수분포에 의해서 설명될 수 있다.

⑬ 보전활동: 각 고장 메커니즘에 대한 적절한 보전활동은 7단계에서 의사결정 로직(decision logic)에 의해 구할 수 있다. 그러므로 이 부분은 7단계 전까지 완벽하게 결정될 수 없다.

⑭ 고장특성 척도: 점진고장의 경우는 상태 모니터링 표시기의 이름이 기술된다. 노화고장의 경우는 수명분포와 그 모수를 기입하고 우발고장의 경우는 고장률을 기입한다.

⑮ 보전간격: 보전 업무 간격이 기입된다. 간격의 길이는 8단계에서 결정된다.

(7) 7단계(보전활동 선택)

이 단계는 다른 보전계획과 관련된 방법론과 비교하여 가장 새로운 단계이다. 의사결정 로직은 질문과 답을 하는 과정을 통하여 분석자에게 조언을 하는데 사용된다. RCM 의사결정 로직에 대한 입력 자료는 6단계에서 얻은 주요한 고장모드들이다. 각각의 주요 고장모드에 대해 PM 업무가 적용 가능하고 효과적인지 아니면 고장이 날 때까지 의도적으로 내버려 두고 고장이 나면 고장보전을 하는 것이 좋을지를 정하는 것이다. 일반적으로 PM 업무는 다음 세 가지 목적을 위해 수행된다.

- 고장을 방지하기 위해
- 고장의 시작을 인지하기 위해
- 숨겨진 고장을 발견하기 위해

이와 같은 목적을 달성하기 위해 고려되는 보전업무로 다음과 같은 다섯 가지 유형이 있다.

① 계획된 상태기반 보전
② 계획된 분해교체(overhaul)
③ 계획된 교체
④ 계획된 기능검사
⑤ 고장까지 작동(예방보전 없음)

계획된 상태기반 보전은 아이템의 상태를 모니터링하여 그 상태에 따라 적절한 보전활동을 하는 것이다. 상태기반 보전이 적용 가능하기 위해서는 다음 세 가지 조건이 충족되어야만 한다.

- 특정 고장모드에 대해 감소된 강도(고장 저항력의 감소)를 감지하는 것이 가능해야 한다.
- 명확하게 감지될 수 있는 잠재적인 고장상태를 정의할 수 있어야 한다.
- 감지된 잠재적 고장(P) 시점과 기능고장(F) 시점 사이에 합리적이고 일관성 있는 기간이 존재하여야 한다.

현재 사용되는 모니터링 기술에 의하여 감지될 수 있는 잠재적 고장(P) 시점에서 기능고장(F)이 일어나기까지의 간격을 8.6에서 소개한 PF 간격이라고 한다. PF 간격은 기능고장이 일어나기 전에 존재하는 잠재적인 경고기간으로 여길 수 있다. PF 간격이 길수록 좋은 의사결정이나 계획활동이 가능하게 된다.

계획 분해교체는 규정된 수명 한계점에서나 그 이전에 실시되는 것으로 하드타임(hard time) 보전이라고 부르기도 한다. 분해교체 업무는 다음의 기준이 충족되어야 적용 가능하다.

- 아이템 고장률함수에서 빠르게 증가하는 확인 가능한 수명시점이 있어야 한다.
- 대부분의 아이템은 그 수명까지 생존해야 한다.
- 아이템을 재 작업함으로써 그 아이템의 초기 강도(고장 저항력) 수준으로 회복될 수 있어야 한다.

계획교체는 수명이나 시간으로 주어진 한계나 그 이전에 아이템을 교체하는 것이다. 계획교체 업무는 다음 환경 하에서만 적용 가능하다.

- 해당 아이템은 중요한 고장과 관련이 있어야 한다.
- 해당 아이템은 중요한 잠재적인 결과를 가져오는 고장과 관련이 있어야 한다.
- 해당 아이템의 고장률함수에서 빠른 증가를 보이는 수명시점이 확인 가능해야 한다.
- 대부분의 아이템들이 그 수명까지 생존해야 한다.

계획된 기능검사는 계획된 고장발견 업무나 고장을 확인하기 위해 숨겨진 기능을 검사하는 일이다. 숨겨진 기능의 고장을 발견해 내는 것이기 때문에 갑작스러운 고장확인을 예방한다는 의미에서 예방적 활동에 속한다. 계획된 기능검사 업무는 다음의 조건하에서 적용 가능하다.

- 해당 아이템은 일반적인 활동기간 동안에 운전자가 확인할 수 없는 기능고장과 관련이 있어야 한다. 여기서 일반적 활동이란 고장률함수, PM 업무로 예방되는 고장의 결과와 비용, PM 업무의 비용과 위험 등에 관한 정보에 근거하여 실시되어야 하는 업무를 포함한다.
- 해당 아이템에 대해 적용 가능하며 효과적인 다른 유형의 활동이 없다.

마지막 보전업무 유형인 '고장까지 작동'은 다른 예방적 업무가 불가능하거나 경제적인 측면에서 비효율적일 때 적용가능하다.

예방보전 활동은 모든 고장을 예방하지는 못한다. PM 활동을 통해 고장확률을 만족스러운 수준으로 줄일 수 없는 것이 명백하다면 그 고장모드에 관련된 아이템은 수정이나 재설계가 필요하다. 특히 고장의 결과가 안전이나 환경문제에 관련되는 경우는 당연히 재설계되어야 한다. 고장으로 운용적 혹은 경제적 측면에서의 영향만 있을 경우는 비용-편익 관점에서 평가되어야 한다. 여러 가지 보전업무에 관련하여 기준은 적절한 업무를 선택하기 위한 가이드라인으로만 사용되어야 한다. 업무가 비록 기준의 일부를 만족시키지 못하더라도 적절한 것으로 판단될 수 있다.

간단한 구조에서부터 매우 복잡한 구조를 가진 다양한 RCM 의사결정 로직 다이어그램들이 적용영역에 따라 제안되었으나 고려되는 보전업무들은 유사하다.

그림 8.20은 단순화된 의사결정 로직 다이어그램을 나타내고 있다. 로직 다이어그램은 적용되

는 시스템에 따라 다소 차이가 있는 것이 당연하며 구체적인 시스템을 가지고 RCM 분석을 하는 경우는 제안된 로직 다이어그램 중에서 가장 적합한 종류를 검토하여 사용하여야 할 것이다. 예를 들어 노화고장을 가진 숨겨진 기능의 경우 계획된 교체보전과 기능검사가 동시에 필요할 것이다.

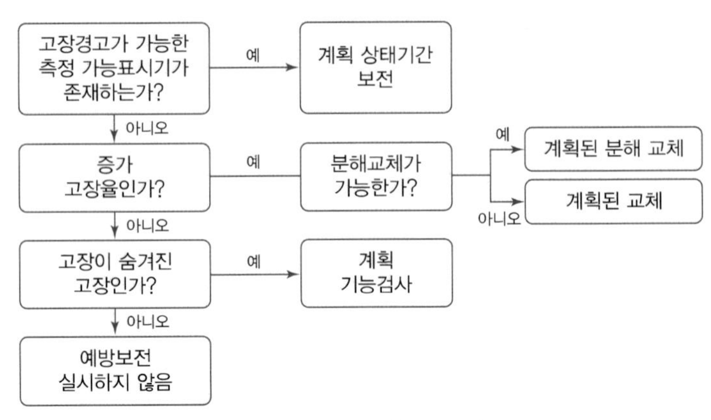

그림 **8.20** 보전작업 선정 절차

(8) 8단계(보전간격 결정)

대개의 PM 업무는 정해진 시간간격으로 수행된다. 최적 보전간격은 고장률함수, PM 업무에 의해 예방되는 결과와 비용, PM 업무 자체의 비용과 위험 등에 근거하여 결정되어야 한다. 몇 가지 수학적 모형은 이미 이 장의 앞 절에서 논의되었다.

시스템의 보전에서는 다양한 부품들을 그룹으로 분류하여 그룹에 관한 공동보전을 고려한다. 예를 들어 대, 중, 소 보전으로 분류하여 대보전은 대개 연 단위로 실시하며 중보전은 6개월마다, 소보전은 주나 월 단위로 실시하는데 이때 각 보전에서 어떤 구체적인 보전을 할 것인가를 결정하는 것이 중요하다. 그러므로 전체적인 경제적 관점에서 보전 체제를 결정하는 것이 필요할 것이다.

(9) 9단계(예방보전 비교분석)

RCM에서는 보전업무 선택을 위한 기준으로 다음의 두 요구조건을 고려한다.

- 적용 가능성
- 효과성

적용 가능성은 업무가 신뢰성 지식이나 고장 결과에 근거하여 적용 가능한가를 의미한다. 만약 하나의 PM 업무가 고장을 제거할 수 있거나 고장이 일어날 확률을 받아들일 수 있는 수준까지 감소시키든지 혹은 고장의 영향을 줄인다면 그 PM 업무는 적용 가능하다.

예방보전 업무의 효과성은 보전업무가 목적을 얼마나 잘 수행하는가 그리고 시행할 만한 가치가 있는가를 평가하는 척도이다. 효과성은 비용을 들여 예방보전을 하는 것이 고장이 발생하고 난 후 처리를 하는 데 드는 비용보다 적게 든다는 것을 의미한다. 보전업무의 효과성을 평가할 때, 보전을 하지 않을 때 드는 비용과 보전수행으로 발생하는 비용을 따져 보아야 하는 것은 당연하다. PM 비용은 다음의 요소들을 포함한다.

- 보전에 의해 발생하는 고장의 위험/비용
- 보전업무와 관련된 보전원의 위험
- 아이템이 작동하지 않는 동안 다른 아이템의 고장 가능성의 증가와 관련된 위험
- 물리적 자원의 사용과 비용
- 물리적 자원이 보전업무에서 사용되는 동안 다른 곳에서 이용할 수 없는 비가용도
- 보전수행 중의 생산 비가용도
- 보전수행 중의 보호기능의 비가용도

반대로 고장의 비용은 다음을 포함한다.

- 생산의 손실, 법이나 규정 위반, 공장이나 작업자의 안전 감소 혹은 다른 설비에 미치는 손상 등 고장의 결과
- 고장이 일어나지 않았더라도 예방보전 업무를 수행하지 않음으로써 야기되는 결과(예: 보증의 손실)
- 잔업, 특별비용, 혹은 높은 교체비용 등과 같은 긴급수리를 함으로써 증가된 비용

10. 10단계(경미 아이템 처리)

중요 아이템(MSI)에 대해 심층 분석이 실시되고 있지만 분석되지 않은 그 외 아이템에 대해서 어떻게 하는가가 문제이다. 기존의 보전 프로그램이 있는 경우는 간략한 비용평가가 수행되어야 한다. 만약 MSI가 아닌 부품에 대한 기존의 보전비용이 경미한 경우 기존의 보전 프로그램을 계속 사용하는 것은 타당하다. 그러므로 간략한 비용분석을 통해 추가분석 필요유무가 결정되어야 하며 분석이 필요한 경우는 중요 아이템의 분석절차를 따르되 일부 불필요한 절차는 생략하면 된다.

11. 11단계(이행)

RCM 분석의 결과를 기반으로 실제로 보전을 이행하기 위한 필수조건으로 조직화된 기술적 보전지원 기능이 있어야 한다. 중요한 것은 이들 지원기능이 이용 가능한가이다. 과거 경험에 의하면 보전을 하는 동안에도 불충분한 보전 때문에 많은 사고가 일어날 수 있다. 그러므로 보전 프로그램이 수행되고 있을 때, 보전업무와 관련된 다양한 위험들은 신중하게 고려해야 한다. 복잡한 보전 운용에서 보전업무와 관련된 작업자 실수나 위험을 찾기 위해 HAZOP(Hazards and Operability) 분석을 이용한 작업안전 분석을 수행하는 것이 필요하다.

12. 12단계(현장 자료 수집과 분석)

RCM 분석을 시작할 시점에서 접근 가능한 신뢰성 자료는 불충분하거나 없는 경우도 있다. RCM의 가장 두드러진 이점 중에 하나는 초기 결정에 대한 근거를 문서화하고 체계적으로 분석하고 나서 그 후 운용경험 자료가 축적되면 이를 차후 의사결정에 반영할 수 있다는 것이다. 따라서 RCM의 최대 이익은 시스템을 운용하면서 얻은 보전 경험이 분석과정으로 피드백될 때 얻어진다.

조정과 개선은 기간의 측면의 세 가지 수준에서 이루어진다.

- 단기적인 조정
- 중기 업무 평가
- 초기 전략에 대한 장기 개정

시스템에서 주요한 고장이 발생하는 경우 고장의 특성은 FMECA와 비교된다. 만약 고장이 FMECA에 충분히 포함되어 있지 않았다면, 관련된 분석부분은 수정되어야 한다.

단기적인 개선은 이전의 분석결과를 수정하는 정도가 될 것이다. 분석을 위한 입력 자료는 수정된 신뢰성 추정량과 고장정보들이 될 것이다. 이 분석은 계획이 이미 세워져 있으므로 많은 자원을 필요로 하지 않는다. RCM 과정의 5~8단계가 단기적인 개선에 영향을 받는다.

중기적인 개선은 7단계의 보전업무의 선택을 위한 토대를 신중하게 재검토해야 한다. 보전 경험의 분석은 초기 분석에서 빠뜨린 주요한 고장원인을 확인할 수 있게 해 준다. 이 경우 6단계에서 FMECA의 갱신이 필요하게 된다.

장기적인 개선은 분석의 모든 단계를 고려대상으로 하며 분석되는 시스템만 고려하는 것으로 충분하지 않다. 예를 들면 계약상의 고려사항, 환경보호 관련 새로운 규제법 등과 같은 외부 환경과의 관계 하에서 전체 플랜트 차원에서 고려해야 할 필요가 있다.

예제 8.9

RCM분석 절차를 진행하기 위하여 OptiRCM이라는 컴퓨터 프로그램이 개발되었는데(Rausand and Vatn, 2008), 이 OptiRCM은 현재 노르웨이 국영철도(NSB: Norwegian National Railway)에 의해 사용되고 있다. OptiRCM은 RCM 분석의 6단계(FMECA) 및 7단계(보전활동 선택)를 수행하며, 비용에 대한 정보는 FMECA에서 구할 수 없기 때문에 예방보전 및 고장보전 비용에 대한 정보가 따로 제공되어야 한다. OptiRCM은 다음과 같은 3가지 절차를 통해 보전 간격을 최적화하고 있다.

- 부품 성능 모형 수립
- 시스템 모델링
- 총비용 및 보전 간격 최적화

① 부품 성능모형 수립

부품 성능모형의 목적은 특정한 고장모드에 대한 유효 고장률을 보전간격(τ)을 고려한 함수로써 나타내기 위함이다. 기존에 보전전략이나 열화모형에 대한 함수로서 유효 고장률을 결정하는 많은 모형들이 제안되었지만 숨겨진 기능들에 대한 유효 고장률을 구하는 것은 그리 단순한 문제는 아니다. OptiRCM의 목적은 다음과 같다.

- 명백한/숨겨진 고장뿐만 아니라, 고장 진행의 유형에 대하여 표준 상황을 다룸
- 많은 신뢰성 파라미터를 요구하지 않는 공식 제공
- 최적화를 위한 기본 확률 모형의 수를 제한

② 시스템 모델링

안전과 관련된 위험을 정량화하기 위해서 OptiRCM은 다음과 같은 입력데이터를 필요로 한다.

- 유효 고장률($\lambda_E(\tau)$)
- 안전과 관련한 최상위 이벤트를 방지할 수 있는 방호장치가 실패할 확률(P_{TE-S})
- j번째 결과 등급(C_j)을 초래하는 최상위 이벤트의 확률(PC_j)

표 8.3과 표 8.4는 노르웨이 국영철도청에서 제시하고 있는 PC_j 등 여러 기준값을 나타내고 있다. 결과 등급 C_j 의 빈도 F_j는 다음과 같이 구할 수 있다.

$$F_j = \lambda_E(\tau) \cdot P_{TE-S} \cdot PC_j \tag{8.41}$$

표 **8.3** 각 결과 등급에 대한 확률 및 비용요소

Consequence	PLL_j	SC_j(Euro)
C_1 : 경미 부상	0.01	2,000
C_2 : 의학적 치료	0.05	30,000
C_3 : 영구 부상	0.1	300,000
C_4 : 1 사망	0.7	1,600,000
C_5 : 2~10 사망	4.5	13,000,000
C_6 : > 10 사망	30	160,000,000

표 **8.4** 각 최상위 이벤트에 따른 결과 등급 C_j에 대한 포괄적 확률값(PC_j)

최상위 이벤트	PC_1	PC_2	PC_3	PC_4	PC_5	PC_6
탈선	0.1	0.1	0.1	0.1	0.05	0.01
열차 간 충돌	0.02	0.03	0.05	0.5	0.3	0.1
열차와 사물 충돌	0.1	0.2	0.3	0.15	0.01	0.001
화재	0.1	0.2	0.2	0.1	0.02	0.005
플랫폼에서의 승객 부상 및 사망	0.3	0.3	0.2	0.05	0.01	0.001
건널목에서의 승객 부상 및 사망	0.1	0.1	0.3	0.3	0.09	0.01
철로에서의 승객 부상 및 사망	0.2	0.2	0.2	0.3	0.1	0.0001

어떤 상황에서는 비용이나 다양한 비용 요소에 대한 인명의 잠재적 손실(PLL: potential loss of life) 기여도를 배분할 수 있다. PLL은 특정 모집단에 대하여 통계적으로 예상되는 연간 사망자 수를 의미한다. 노르웨이 국영철도청이 채택한 제안 값은 표 8.3에 제시되어 있는데 분석된 구성 부품과 관련된 총 PLL 기여도는 다음과 같이 구할 수 있다.

$$PLL(\tau) = P_{TE-S} \cdot \sum_{j=1}^{6} (PC_j \cdot PLL_j) \cdot \lambda_E(\tau) \tag{8.42}$$

또한 구성품과 관련하여 총 비용 기여도는 다음과 같다.

$$C_S(\tau) = P_{TE-S} \cdot \sum_{j=1}^{6} (PC_j \cdot SC_j) \cdot \lambda_E(\tau) \tag{8.43}$$

이때, SC_j는 결과 등급 C_j에 대한 안전비용에 해당한다. OptiRCM의 FMECA 분석에서는 신뢰성 매개변수와 최상위 이벤트의 유형에 기초하여 PLL 기여도와 안전 비용 기여도를 자동으로 계산하는 절차를 수행하고 있다.

동일하게 안전 결과에 대하여 비가용도 비용을 계산할 수 있다. 정시성(punctuality)에 대한 최상위 이

벤트의 기대고정비용($P_C(TOP)$)를 기반으로 다음과 같이 단위시간당 정시성 비용을 구할 수 있다.

$$C_P(\tau) = P_{TE-S} \cdot P_C(TOP) \cdot \lambda_E(\tau) \quad (8.44)$$

③ 총비용 및 보전 간격 최적화

최적 보전 간격은 안전성, 정시성, 가용성 및 재료 손상 등을 고려한 총비용을 최소화를 바탕으로 하고 있다. 위험이 허용 가능하다는 전제 하에 단위시간당 총비용은 다음과 같이 계산할 수 있다.

$$C(\tau) = C_S(\tau) + C_P(\tau) + C_{PM}(\tau) + C_{CM}(\tau) \quad (8.45)$$

이때,

$$C_{PM}(\tau) = PM_{cost}/\tau$$

와 같이 구할 수 있으며, PM_{cost}는 개별 예방보전 활동에 대한 비용에 해당한다. 또한 개별 고장보전 활동에 대한 비용 CM_{cost}에 대하여

$$C_{CM}(\tau) = CM_{cost} \cdot \lambda_E(\tau)$$

와 같다.

수치예로서 기관차의 주 고압 변압기의 오일 냉각펌프를 고려하자. 오일 냉각펌프 고장시에 정시성에 대한 최상위 이벤트는 정시성 결과에 따라 확률값 $P_{TE-P} = 0.75$로 완전 정지될 가능성이 높다. 이를 고려할 시 완전 정지는 평균적으로 15분의 지연을 초래하며, 1분 지연됨에 따라 150 Euro의 비용이 발생한다. 만일 안전성에 대한 잠재적인 상위 이벤트가 화재일 가능성은 $P_{TE-S} = 0.0005$로 매우 낮다. 노화에 대한 펌프의 신뢰성 파라미터인 와이블 분포의 형상모수(β)는 3.5이며, 어떠한 예방보전 없을 경우 평균고장시간 $MTTF = 10^6$km와 같다. 안전비용을 계산할 경우, $\Sigma_j(PC_j \cdot SC_j) = 1.286 \times 10^6$ Euro로써, 총비용 기여도는 식 (8.43)으로부터 $C_s(\tau) = 643 \cdot \lambda_E(\tau)$와 같이 구할 수 있으며, 정시성 비용은 식 (8.44)로부터 $C_P(\tau) = 2250 \cdot \lambda_E(\tau)$이다, 예방보전과 고장보전에 대한 비용으로서 $PM_{\cos t} = 3100$ Euro이고, $CM_{\cos t} = 4400$ Euro이며 Chang et al.(2008)로부터 유효 고장률을 다음과 같이 구할 수 있다.

$$\lambda_E(\tau) = \left(\frac{\Gamma(1+1/\beta)}{MTTF}\right)^{\beta} \tau^{\beta-1}\left[1 - \frac{0.1\beta\tau^2}{MTTF^2} + \frac{(0.09\beta - 0.2)\tau}{MTTF}\right] \quad (8.48)$$

보전간격 τ에 대한 총비용 $C(\tau)$는 식 (8.45)로부터 τ에 대한 함수로 최적화 알고리즘 혹은 그래프를 활용하여 구할 수 있으며, 최적 보전간격은 7.5×10^6km가 된다.

8.7.2 종합생산보전(TPM)

종합생산보전(TPM)은 보전관리에 대한 하나의 방법론으로 적시 생산의 수행과 생산품질을 향상시키기 위한 활동을 지원하기 위하여 일본에서 개발되었다(Nakajima, 1988). TPM 활동은 설비와 관련된 여섯 가지 주요한 손실을 정의하고 이를 제거하기 위한 활동을 전사적 측면에서 단계적으로 실시하는 종합적인 보전개선 활동 방법론이다. 여섯 가지 손실은 다음과 같다.

(1) 가용도 손실

① 설비 고장 손실: 비작동시간, 인력, 그리고 예비품과 관련된 비용들을 포함하는 손실
② 준비 그리고 조정 손실: 생산전환, 교대전환, 운전조건에서의 변화 동안에 발생하는 손실

(2) 성능(속도) 손실

③ 유휴상태와 경미 정지손실: 대개 10분 이내의 짧은 시간 동안 발생하는 것으로 기계 걸림이나 기록하기도 힘든 간단한 정지들로서 보통 효율성 보고에서 드러나지 않는 손실이다. 개별은 경미하나 전체로 보면 그들은 상당한 설비 비작동시간을 나타낼 수 있다.
④ 감소된 속도의 손실: 설비가 품질결함이나 경미정지를 예방하기 위해 속도를 낮추는 경우이다. 대부분의 경우에서 이 손실은 기록되지 않는다. 왜냐하면 그 설비는 낮은 속도이기는 하나, 계속 동작을 하고 있기 때문이다. 속도 손실은 자산 활용도나 생산성 관점에서 부정적인 영향을 미치게 되는 손실이다.

(3) 품질 손실

⑤ 공정 중 결함과 재작업 손실: 재작업이나 폐기되어야 하는 부적합품에 의해 발생한다. 이 손실은 부적합품 생산과 관련된 재료비와 노무비를 포함한다.
⑥ 수율 손실: 초기 생산, 생산전환, 설비한계, 잘못된 설비설계에 의해 불합격되거나 폐기된 원자재와 관련된 손실이다. 그것은 정상적인 생산과정 동안에 발생하는 결함 손실(범주 5)을 제외한 손실이다.

여섯 개의 주요한 손실은 종합적인 설비효과(OEE: overall equipment efficiency)를 결정한다. OEE는 설비 가용도 손실(범주 ①과 ②)와 설비 성능 손실(범주 ③과 ④) 그리고 품질 손실(범주 ⑤와 ⑥)의 곱으로 표시된다. TPM에 사용된 시간 개념은 그림 8.21에 나타나 있다. OEE를 결정하는 데 사용된 요소는 다음과 같다.

운용 가용도 $A_O = t_F / t_R$

성능률 $R_P = t_N / t_F$

품질비율 $R_Q = t_U / t_N$

품질비율은 다음과 같이 측정될 수도 있다.

$$\text{품질비율} = R_Q = \frac{\text{생산공정에서 처리된 제품의 수} - \text{부적합품의 수}}{\text{생산공정에서 처리된 제품의 수}}$$

OEE는 다음과 같이 정의된다.

$$\text{OEE} = A_O \cdot R_P \cdot R_Q \tag{8.49}$$

OEE는 기계나 생산라인 그리고 공정이 가용도, 성능, 품질 측면에서 얼마나 손실 없이 운용되는지를 나타내는 종합적 척도이다. OEE ≥ 85%이면 일반적으로 설비의 효율성이 만족할 만한 수준이라고 할 수 있을 것이다.

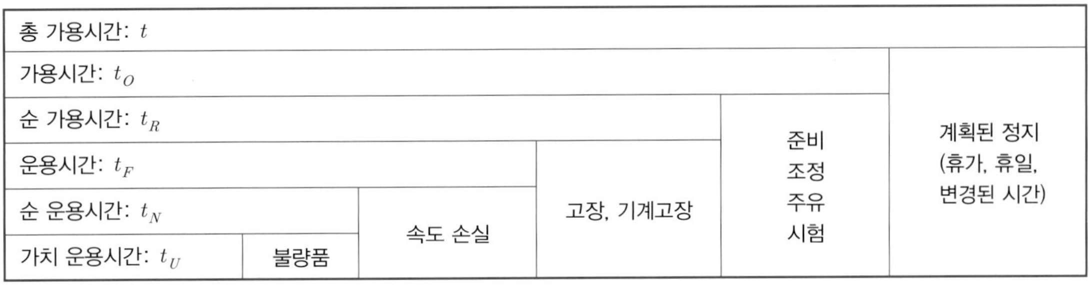

<table>
<tr><td colspan="6">총 가용시간: t</td></tr>
<tr><td colspan="5">가용시간: t_O</td><td rowspan="5">계획된 정지
(휴가, 휴일,
변경된 시간)</td></tr>
<tr><td colspan="4">순 가용시간: t_R</td><td rowspan="4">준비
조정
주유
시험</td></tr>
<tr><td colspan="3">운용시간: t_F</td><td rowspan="3">고장, 기계고장</td></tr>
<tr><td colspan="2">순 운용시간: t_N</td><td rowspan="2">속도 손실</td></tr>
<tr><td>가치 운용시간: t_U</td><td>불량품</td></tr>
</table>

그림 **8.21** 종합생산보전에서 시간의 개념

종합생산보전에서는 보전과 관련된 부서들이 체계적이고 협력적으로 활동하는 것을 요구한다. 일반적으로 보전은 보전부서에서 전적으로 담당하는 기술적인 문제로서 고장이 나면 보전부서에 일임하면 되는 것으로 인식되어 있다. 그러나 TPM에서는 생산과 보전 관련 그룹이나 팀은 보전과 생산 사이에 협력적인 관계를 만들어 낸다. 생산에 종사하는 작업자들은 설비를 모니터링하고 유지함에 있어서 일정한 역할들을 수행하므로 보전작업과 연관된다. 이는 생산에서 작업자의 기술을 향상시키고 좋은 환경에서 시스템 보전을 더 효율적으로 만들도록 허용한다. 이를 자주보전 체계라고 한다. 그리고 TPM에서는 팀을 기반으로 한 활동이 중요한 역할을 한다. 여기서 팀은 보전, 생산, 그리고 엔지니어링 부문의 여러 부서 소속의 기술자들로 구성된다. 엔지니어들의 기술과 보전 기술자나 설비 운용자의 경험이 이 팀을 통하여 공유된다. 팀을 기반으로 한 활동의 목적은 잠재적이거나 현재의 설비문제에 대한 의사소통을 통해 설비성능을 개선하고자 하는 것이다.

보전성 개선과 보전예방(maintenance prevention)은 모두 팀을 기반으로 한 TPM 활동이다. TPM은 여러 이점을 가진다. 보전개선 팀의 노력으로 설비 가용도가 개선되며 보전비용도 줄어들 것이다. 보전성 개선은 보전효율의 증가와 수리시간의 감소를 가져오게 될 것이다. TPM은 (1) 최고경영자로부터 프로그램의 종합적인 실행이 요구되며, (2) 개선활동을 수행하기 위한 권한과 능력이 작업자들에게 주어지거나 지원되어야 하며, (3) TPM이 구축되어 운용되기 위해 수년이 소요될 수 있으므로 장기적인 관점을 가지고 접근하여야 하는 등 여러 관점에서 TQM과 유사하다.

현장에서 TPM 전개를 위한 프로그램의 단계는 크게 도입준비단계, 도입개시, 도입실시단계, 정착단계로 나누어지며, 세부적인 각 단계는 12단계로서

도입준비단계

1. Top의 TPM 도입선언
2. TPM 도입을 위한 교육 및 캠페인
3. TPM 추진기구 구성(위원회, 전문분과회, 사무국)
4. 기본 방침과 목표설정
5. 전개 마스트플랜 작성(도입준비에서 심사받을 시기까지 반영)

도입개시단계

6. TPM 도입선언

도입실시단계

7. 설비효율화 개별 개선: 모델설비의 선정 및 프로젝트팀 편성
8. 자주보전체제 만들기
9. 보전부문의 계획보전체제 만들기
10. 운전, 보전의 기술향상 훈련
11. 설비초기관리 체제 만들기: PM 설계, 초기유동관리, LCC

정착단계

12. TPM 완전실시 및 레벨업

으로 나누어 단계적으로 실시되고 점검되어야 할 것이다.

8.7.3 다부품 시스템의 보전 최적화

실제 현장에서는 시스템 수준에서 보전에 관해 고려되어야 하는 여러 가지 요소들이 존재하며 적용 가능한 보전의 종류도 많을 것이다. 그와 더불어 조직(운용관리)의 문제 역시 간단한 것이 아닐 것이다. 그래서 이 절에서는 가장 포괄적인 플랜트 차원에서 보전의 최적화를 위해 제안된 방법론으로 종합생산보전(TPM) 개념을 소개하였다. 여기서는 보전활동을 조직, 운용관리, 관리 목표 등 플랜트 전반을 평가, 개선하는 방법 및 지표들에 대해 간단히 언급하였다.

그리고 시스템 차원에서 보진 최적화를 고려하지만 보다 기술적인 문제에만 집중하여 최적 보전 방법을 수립하고 실시하는 RCM에 대해서도 논의하였다. RCM에서는 기술적인 문제만을 고려하지만 수학적인 모형에 근거한 최적 보전정책의 적용이나 최적화는 깊이 있게 다루지 못하고 이미 제안된 수학적 모형들의 결과를 응용하기를 제안하고 있다.

그러나 기존에 개발된 많은 수학적인 보전 관련 연구는 단일 부품의 경우에 관한 것이거나 그 가정이 너무 많고 현실성이 떨어져서 일반적으로 현장에서 다부품으로 이루어진 시스템의 보전 최적화를 위해 이용하기에는 어려움이 있다.

다부품 시스템의 보전 최적화와 관련된 연구로는 Ozekici(1996)의 책에서 다양한 문제들이 다루어졌다. 이 절에서는 다부품으로 이루어진 시스템의 보전 최적화를 위한 방법론으로 이산사건 시뮬레이션을 이용한 방법론을 제안하고자 한다. 그리고 이 방법론을 구현하기 위한 다양한 문제점들을 제시함으로써 앞으로 이 분야의 연구에 대한 방향을 언급한다. 여기서는 구체적인 시뮬레이션의 설계나 코딩부분을 생략하고 설계 전에 하여야 하는 시스템 분석에 초점을 맞추어 설명하고자 한다.

다부품 시스템의 보전 최적화를 다루기 위해서는 다음과 같은 내용이 필요하다.

- 시스템은 기본적으로 다양한 부품들로 구성되어 있고 이 부품들은 항상 동시에 사용되는 것은 아니다. 그러므로 시스템의 운용 시나리오와 이 시나리오의 주기가 주어져야 한다.
- 시나리오에 필요한 부품(시스템의 구조를 어느 수준까지 분석할 것인가는 결정되어야 할 것임)들의 그룹을 정의한다. 이 분석은 FTA 방법론을 이용하면 될 것이며 각 시나리오에 대하여 필요한 서브시스템, 부품 순으로 단계적으로 분석한다.
- 각 부품(최하위 분석단위)들의 고장분포를 정의한다. 이 정의에서 유의하여야 하는 점은 각 부품은 항상 사용되지 않는다는 것이다. 그러므로 고장분포의 정의에서 달력시간과 작동시간을 구별하여 명확히 정의하여야 한다.
- 예방보전의 종류를 정의한다. 기본적으로 고장분포를 가정하므로 수명교체와 블록교체의 적용이 가능할 것이다. 고장/예방보전 후의 보전단위(부품)의 상태를 어떻게 모형화할 것인가

가 매우 중요하다. 일반적으로 보전이 부품의 교체인 경우는 단순하지만 그렇지 않은 경우는 다양한 기존의 수리효과 모형들(불완전 보전, 고장률 감소/ 수명감소 모형 등)을 이용하여 정의할 수 있을 것이다.

- 각 보전단위(부품)의 고장, 예방보전에 필요한 보전자원(보전인원, 보전 시스템)의 소요 대수와 시간들이 정의되어야 한다.
- 추정하고자 하는 통계량을 정의한다. 예를 들어 시스템 가용도, 총 보전비용, 보전인원의 활용도 등이 될 것이다.

위와 같은 기본적인 분석이 마무리되면 이제는 시뮬레이션 프로그램을 작성하여야 한다. 기본적으로 다음과 같은 모듈들이 개발되어야 한다(윤원영 등, 2000).

- 시뮬레이션 기본 입력모듈(시뮬레이션 시간, 반복횟수 등)
- 부품고장시간 생성 등 사건시간 생성모듈
- 시스템－서브시스템－부품 상태 결정모듈
- 예방보전 관련 시간 점검모듈
- 다음사건 결정모듈
- 통계량 계산모듈
- 출력모듈

위의 시뮬레이션 프로그램은 주어진 예방보전 정책에 대한 시스템 평가척도의 추정량을 제공하게 된다. 그러므로 보전 최적화를 위해서는 시뮬레이션 결과를 파악하여 보다 최적의 보전정책을 찾아 나가는 방법론이 필요하다. 그러나 이 최적화에서 주어진 정책에 대한 평가함수를 시뮬레이션을 통해 추정하므로, 현재까지의 연구결과들을 보면 메타휴리스틱(유전자 알고리즘, 시뮬레이티드 어닐링, 타부탐색 등)이 유용하게 응용 가능한 것으로 알려져 있다. 그러므로 보전 최적화를 위해서는 메타휴리스틱이 구현된 최적화 모듈이 필요하다(그림 8.22 참조).

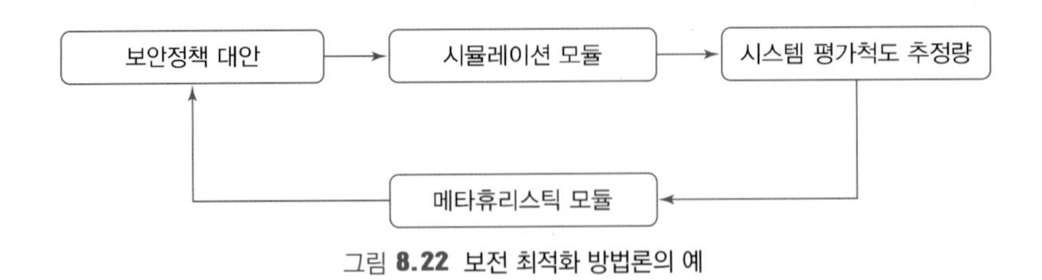

그림 **8.22** 보전 최적화 방법론의 예

연습 문제

8.1 RCM과 관련된 참고문헌들을 조사하여 이 책에 제시한 내용과 다른 의사결정 로직 다이어그램을 제시하라.

8.2 부품에서 마모가 일어나며 고장률함수 $h(t)=\beta t$ 를 가진다.

1) $\beta=0.0005$ 일 때, 시간 $t=20$에서의 부품의 신뢰도 $R(t)$를 구하라.

2) 부품이 일정 간격(τ)마다 분해교체된다. 분해교체는 고장률을 감소시킨다고 가정하고 아래의 고장률 모형을 가정한다.

$$h(t)=\beta t-\alpha k\tau \ (k\tau<t<(k+1)\tau)$$

이때 k는 시간 $t=0$ 후의 분해교체한 횟수이다.

$h(t)$를 그려 보아라. $\alpha k\tau$가 의미하는 것은 무엇인지 설명하라. 이 모형이 현실적이라고 할 수 있는가?

3) 시간 $t=k\tau$ 에서, 즉 k번째 분해교체가 일어나기 직전의 신뢰도 $R(t)$를 구하라. t의 함수로서 $R(t)$를 그려 보아라.

4) k번째 분해교체 직전에 동작하고 있었다는 것을 알고 있을 때, 부품이 $k+1$번째 분해교체가 일어나기 직전에 가동되고 있을 조건부 확률을 구하라.

8.3 수명교체 정책을 고려하는 경우 아이템의 고장까지의 시간 T의 분포가 아래와 같이 주어질 때 실제 부품의 고장 사이의 평균 시간 $E(Y_i)$를 다음 경우에 대하여 구하라.

1) 고장률 λ를 가지는 지수분포이다. 문제로부터 얻은 결과에 대한 물리적 해석을 하라.

2) 모수 $(2, \lambda)$를 가지는 감마분포이다.

8.4 고장까지의 시간 T는 모수 (2, 100)을 가지는 감마분포로 가정한다. 그리고 블록교체 정책을 고려하여 고장이 나면 수리(수리비용 1000)를 하고(완전수리) 100시간마다 완전수리(500)를 실시한다. 수리 시 부품교환이 이루어져야 한다. 블록교체가 이루어지는 100시간 동안 사용될 예비품을 미리 준비하여 가지고 있다고 한다. 만일 준비된 예비품이 없으면 100시간까지 고장상태가 지속되며 단위시간당 비용(200)이 발생한다. 예비품을 유지하는 경우 단위시간당 부품당 유지비용은 C_s 라고 한다.

1) 준비되는 예비품의 수에 대한 장기적 측면에서의 단위시간당 비용을 시뮬레이션으로 추정하라.

2) 블록교체 시간과 예비품 수를 동시에 변화시키면서 장기적 측면에서의 단위시간당 비용을 시뮬레이션으로 추정하라.

8.5 형상모수 $\beta=2$, 척도모수 $\lambda=0.01$을 가지는 와이블 분포를 따르는 고장까지의 시간을 10개월 발생시켜 보고 이 표본의 평균, 표준편차를 구하여 분포의 평균 및 표준편차들과 비교하라. 고장시간 발생은 Minitab에서 먼저 표준균일분포(0, 1)를 발생시키고 변수변환을 하여 구하라.

8.6 2개의 부품이 병렬로 되어 있는 시스템을 고려하여 보자. 각 부품의 수명은 평균이 100, 200인 지수분포를 따른다. 부품을 수리하면 새것과 같은 상태가 된다. 시스템이 고장 나지 않은 상태에서 부품을 수리하면 부품당 10만 원이 소요된다. 그러나 시스템이 고장 난 상태에서 부품을 수리하면 20만 원이 추가적으로 들어 두 부품을 수리하므로 총 40만 원이 소요된다. 수리시간은 무시할 수 있다. 다음과 같은 정책 하에서의 장기적인 관점에서 단위시간당 기대비용을 구하라.

1) 100시간 전에 시스템이 고장이 나면 두 부품을 수리하고 100시간에서 2개의 부품을 모두 수리(시스템 교체)하는 정책
2) 100시간 전에 고장이 나지 않으면 100시간에서 두 부품을 모두 수리하며, 이전에 시스템이 고장 나면 두 부품을 수리하고 고장시점으로부터 다시 100시간을 고려하는 정책
3) 100시간 전에 고장이 나지 않으면 100시간에서 고장 난 부품만 수리하며, 이전에 시스템이 고장 나면 두 부품을 수리하고 고장시점으로부터 다시 100시간을 고려하는 정책

8.7 고장까지의 시간이 지수분포(평균 100)를 따른다고 한다. 그러나 고장은 검사(검사시간 무시)에 의해서만 발견된다고 한다. 검사비용은 1회당 1만 원이며 고장이 발생한 후 발견할 때까지의 지연시간에 대해 단위시간당 5만 원의 비용이 발생한다고 하자.

1) 10시간마다 검사를 실시한다고 하면 고장발견까지의 총 기대비용은 얼마인가?
2) 고장발견까지의 총 기대비용을 최소로 하는 검사주기는 얼마인가?
3) 고장까지의 분포가 평균이 100이고 형상모수가 2인 와이블 분포를 따르는 경우 10시간마다 검사를 한다면 고장발견까지의 총 기대비용은 얼마가 되는가?
4) 고장발견까지의 총 기대비용을 최소로 하는 주기는 얼마인가?
5) 문제 3)에서 주기적으로 검사를 하지 않고 다른 간격으로 검사를 한다면 어떻게 하는 것이 좋겠는가?

8.8* 서로 독립이며 동일한 감마분포(α, λ)를 따르는 n개의 확률변수들의 합의 분포를 구하라. 먼저 감마분포의 적률생성함수(moment generating function)을 구하고 합의 적률생성함수를 구하여 분포를 확인하라.

8.9* 첫 고장까지의 분포가 주어져 있으며 고장이 나면 최소수리를 실시하며 수리시간은 무시 할 수 있다면 주어진 시간 T까지 고장횟수는 첫 고장까지 분포의 고장률함수를 고장발생률함수로 하는 비정상 포아송 과정(NHPP)을 따름을 보여라(Murthy, 1991).

8.10* 부품의 초기상태 Y는 [1, 2]사이의 균일 분포를 따르고, 시간에 따라 상태가 Ye^{-zt}로 변환되어간다 여기서, Z는 [0, 1]사이의 균일분포를 따른다. 상태가 1인 경우가 고장이라고 할 때 고장까지 시간분포를 구하라.

8.11* 식 (8.7)을 최소로 하는 x_0가 유일하게 존재하는 것을 보이기 위하여 먼저 x_0가 0인 경우와 무한대인 경우의 값을 구하라. 그리고 식 (8.7)을 x_0로 미분한 1차 도함수를 이용하여 1차 도함수가 0가 되는 값은 유일함을 보이고 이 값이 최솟값임을 증명하라.

8.12 부품의 수명이 지수분포를 따르는 경우의 수명교체의 단위 시간당 기대비용 식 (8.3)을 구하고 이를 최소로 하는 교체주기는 무한대임을 보여라.

8.13* 식 (8.12)을 증명하라.

8.14* 예제 8.5에서 교체 간의 평균시간이 식 (8.26)과 같이 $(\lambda \cdot y_p + 1) \cdot \tau$임을 보여라.

8.15* 식 (8.19)를 활용하여 고장 임계치 y_D까지의 최초 통과시간이 식 (8.21)과 같이 됨을 보여라.

8.16* 예제 8.6에서 $T^{(k)}$의 분포가 식 (8.35)가 됨을 보여라.

8.17 소화기의 고장은 검사를 통해서만 파악이 가능하다. 일반적으로 소화기의 고장은 와이블 분포(척도모수 100, 형상모수 2)를 따른다고 알려져 있다. 그리고 검사비용은 한번에 100,000원이며 고장발견이 지연되면 시간당 10,000원의 비용이 발생한다고 한다(시간은 무시됨). 다음 검사방식이 적용될 경우 고장발견까지의 기대비용을 구하라.
1) 10시간마다 검사를 실시하는 경우
2) 검사간격이 최초 30 시간에서 매번 절반으로 줄어드는 경우

8.18 장비의 고장은 와이블 분포(척도모수 0.01, 형상모수 2)를 따른다고 알려져 있다. 고장이 나면 수리(최소수리, 수리시간 무시)를 실시하고 수리비용은 50,000원 교체비용은 1,000,000원 이라고 알려져 있다. 먼저 다음과 같은 교체정책에서의 기대 비용을 최소로 하는 정책을 구하고 비교하라.
1) 일정시점에서 교체
2) 일정횟수에서 교체
3) 일정시점 이후 첫 고장에서 교체

8.19* 부품의 고장은 외부로 부터의 충격에 의한 손상에 의해 발생한다고 한다. 충격은 포아송 과정(발생률=1)에 의해 발생하며 한 충격에 의해 가해지는 손상량은 평균 2인 지수분포를 따른다고 한다. 손상량은 누적되며 이 총량이 10이면 부품고장으로 판정한다고 하자. 고장이 발생하면 1백만원의 비용이 발생하고 이를 예방하기 위해 미리보전(예방보전)을 실시하면 손상량은 0이 되며, 그 비용은 50만원이 된다고 한다. 다음과 같은 예방보전에서의 기대비용 함수를 구하라.
1) 8시점까지 고장 나지 않으면 예방보전 실시
2) 4번 충격까지 고장이 나지 않으면 예방보전 실시
3) 누적충격량이 8을 초과하면 예방보전을 실시

8.20 $\lambda = 0.05,\ t_{PF} = 5,\ t_R = 0.4,\ C_C = 200,\ C_P = 20,\ C_I = 15$인 경우 식 (8.40)을 최소화하는 τ을 구하라

8.21 어떤 회사의 1교대시간은 점심시간을 제외한 8시간 근무기간 중에 10분의 6회 휴식시간, 20분의 간식시간, 평균적으로 15분의 계획정지시간이 포함된다, 시간 당 12,000개를 생산할 계획 하에서, 총 74,200개를 생산하였는데 그 중에서 부적합품이 42개이다. TPM의 종합적 설비효율(OEE)을 계산하라.

CHAPTER 9
수명자료 분석

CHAPTER 09 수명자료 분석

9.1 개 요

특정 부품(대상 제품의 수준이 시스템 등 다양하지만 주 대상이 부품이므로 이로 통칭함)의 수명분포에 관한 정보를 얻기 위해서는 그 부품에 대한 수명자료가 필요하다. 수명자료는 주로 여러 개의 동일한 부품을 작동시키는 수명시험을 통해 얻을 수 있다. 만약 모든 부품이 고장 날 때까지 시험을 수행했다면 여기서 얻은 자료를 완전자료(complete data)라고 부른다. 그러나 시간 혹은 경제상의 이유로 어느 시점에서 시험을 중단했다면 이때 얻어진 자료는 관측중단자료(censored data)라고 한다. 불완전자료는 관측중단자료를 포함하여 시험 중이던 부품이 어떤 이유로 유실되는 등 우리의 통제 범위를 벗어난 상황에서도 얻어질 수 있다. 또 통제된 수명시험 대신 실제 가동 상황을 관측하여 부품의 수명자료를 얻을 수도 있는데 이런 자료를 사용현장자료(field data)라고 부른다.

이 장에서는 일반적인 관측 중단 유형에 대해 살펴본 후 수명자료를 분석하여 여러 가지 신뢰성 척도를 추정하는 방법에 대해 학습한다. 수명자료를 이용한 통계적 추론 방법에는 수명분포에 대해 특정 모형을 가정하지 않는 비모수적(nonparametric) 방법과 특정 수명분포 모형을 가정하는 모수적(parametric) 방법이 있다. 여기서는 완전자료 혹은 관측중단 자료를 토대로 한 비모수적 분석 방법을 먼저 소개하고 다음으로 모수적 분석 방법을 다룬다.

9.2 완전자료와 관측중단 유형

여러 개의 동일한 부품을 작동시킨 상황에서 고장시간을 관측한다고 하자. 이미 설명한 대로 시험이 시작된 시점부터 모든 부품이 다 고장 날 때까지 관측했다면 완전자료가 얻어진다. 그러나 도중에 시험을 종료하여 관측이 중단되면 그 시점 이후의 고장 정보는 얻을 수 없게 된다. 이와 같은 유형의 관측중단을 우측 관측중단이라 한다. 한편 각 부품의 정확한 작동 개시 시점을 모르는 상황에서 특정 시점에 고장을 관측하였을 경우를 좌측 관측중단이라고 한다. 즉 관측을 시작할 때 부품이 작동하고 있었으나 얼마 동안 작동하였는지는 모르는 상황이 여기에 속한다. 경우에 따라서는 우측 관측중단과 좌측 관측중단이 더불어 발생할 수도 있다. 이 경우를 이중(doubly)관측중단이라고 부른다.

여기서 관측중단은 이전에 고장난 부품에서 얻은 정보와는 독립적으로 발생한다고 가정한다. 또한 여러 가지 관측중단 유형 중에서 실제로 가장 많이 발생하는 우측 관측중단을 중심으로 설명하기로 한다. 따라서 우리가 이 장에서 주로 취급하는 자료는 완전자료와 우측 관측중단 자료다.

이 장 전체를 통해 수명시간 $T_1, T_2, \ldots, T_n$은 서로 독립이고 동일한(i.i.d.) 연속 수명분포 $F(t)$를 따른다고 가정한다. 수명 시간이 동일한 분포를 따른다는 가정은 부품들이 외형상 같은 제품이고 거의 동일한 작업 환경과 부하에 노출되어 있다는 전제와 일치한다. 또한 독립이라는 가정은 각 부품이 다른 부품의 작동이나 고장에 영향을 미치지 않는다는 것을 의미한다.

9.2.1 완전자료

전술한 바와 같이 n개 부품의 실제 고장시간을 모두 관측하여 얻어진 자료를 완전자료라고 한다. 완전자료는 $T_1, T_2, \ldots, T_n$으로 구성되며, T_i는 부품 i의 고장시간이다. 이 자료는 다음과 같이 오름차순으로 다시 정렬할 수 있다.

$$T_{(1)} \leq T_{(2)} \leq \cdots \leq T_{(n)}$$

여기서 $T_{(i)}$를 표본의 i번째 순서통계량이라 부르며, 그림 9.1의 (a)는 6개의 모든 부품이 모두 고장 난 완전자료의 형태를 나타내고 있다.

9.2.2 제1종 관측중단

시점 $t=0$에서 수명시험을 시작하여 경제적 혹은 시간적 이유로 특정 시점 t_0에서 시험을 종결하는 것을 제1종(type I) 관측중단시험이라고 한다. 이 경우 t_0 시간 이전에 고장 나는 부품들의 수명만을 정확하게 파악할 수 있고, 나머지 부품들에 대해서는 수명이 t_0보다 길다는 사실만 알 수 있다.

여기서 관측된 $s(\leq n)$개의 수명 시간을 순서대로 정렬하면 다음과 같이 적을 수 있다.

$$T_{(1)} \leq T_{(2)} \leq \cdots \leq T_{(s)}$$

제1종 관측중단의 경우 시점 t_0 이전에 고장 난 부품의 수(S)는 확률변수가 된다. 따라서 t_0 이전에 고장 난 부품이 없거나 적어서 충분한 정보를 주지 못할 수도 있다는 단점이 있다. 그러나 사전에 시험 시간을 미리 확정할 수 있다는 장점도 있다. 그림 9.1의 (b)는 관측중단시간 t_0까지 시험하는 제1종 관측중단 경우를 예시하고 있다.

9.2.3 제2종 관측중단

시점 $t=0$에서 시작하여 미리 정해진 $r(0<r<n)$개의 부품이 고장 날 때까지 실시하는 시험을 제2종(type II) 관측중단시험이라 한다. 제2종 관측중단시험에서 얻어지는 자료는 다음과 같은 r개의 고장시간

$$T_{(1)} \leq T_{(2)} \leq \cdots \leq T_{(r)}$$

에 대한 관측값과 $(n-r)$개의 관측중단자료다. 이 경우 고장 개수(r)는 미리 정해지는 상수이며, 시험 종료 시간 $T_{(r)}$는 확률변수가 된다. 따라서 제2종 관측중단시험의 장점은 필요한 수만큼의 고장시간 자료를 확보할 수 있다는 점이다. 반면에 시험 시간이 얼마나 소요될지를 미리 알 수 없다는 단점도 있다. 그림 9.1의 (c)는 6개 중 4번째 고장이 관측된 후 나머지 고장 나지 않은 제품은 그 시점에서 시험이 종료되는 제2종 관측중단을 보여 주고 있다.

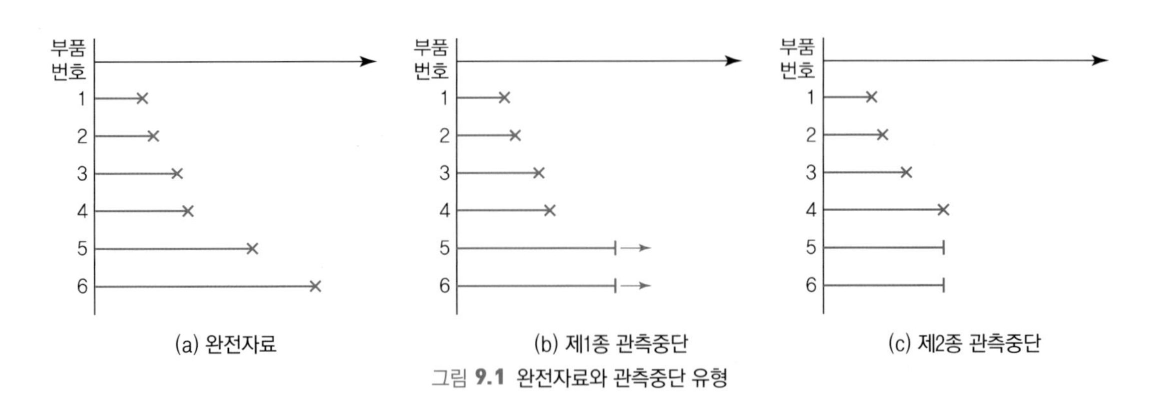

그림 9.1 완전자료와 관측중단 유형

9.2.4 기타 관측중단

우측 관측중단 유형으로서 앞의 두 유형을 결합한 혼합(hybrid) 관측중단이 있다. 이런 유형에 속하는 수명시험에서는 미리 설정된 t_0나 r번째 고장 중 먼저 발생하는 시점에 시험이 종결되는데 이를 제3종 관측중단이라고도 한다. 또한 n개의 동일한 부품들에 대해 서로 다른 시점에서 시험을 시작하여 부품 i, $i = 1, 2, ..., n$ 에 대해 확률적 시점 C_i에서 종료될 경우 확률적 혹은 제4종 관측중단시험이라고 한다.

제4종 관측중단의 예로 그림 9.2(a)의 시험은 부득이한 사정으로 시점 t_0에서 시험이 종료될 경우 각 부품이 작동한 시간은 확률적이 된다.

만약 이 상황에서 개개 부품의 작동 시점을 $t = 0$으로 설정하면 관측중단 시점을 그림 9.2(b)와 같이 확률적으로 간주할 수 있다. 예를 들면 의학 연구에 관한 실험에서 환자들이 확률적으로 도착하는 경우다. 또한 두 종류의 부품 A와 B로 구성된 직렬 시스템에서 부품 A의 고장으로 인한 시스템 고장에 주된 관심이 있을 경우 부품 B로 인한 고장은 확률적 관측중단으로 취급할 수 있다.

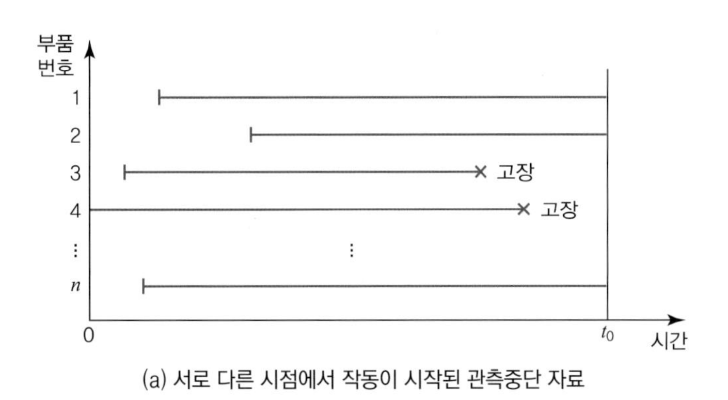

(a) 서로 다른 시점에서 작동이 시작된 관측중단 자료

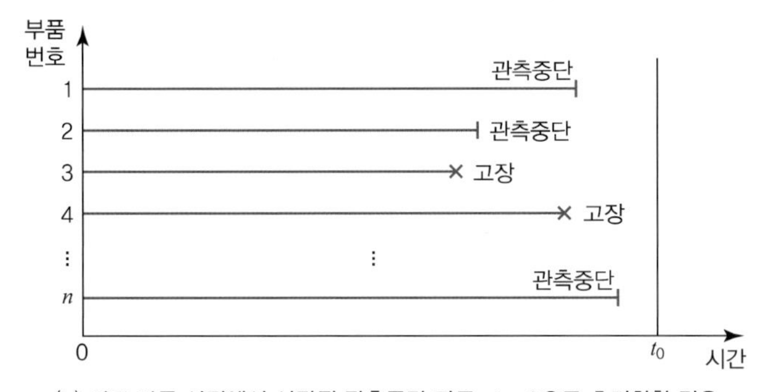

(b) 서로 다른 시점에서 시작된 관측중단 자료: $t = 0$으로 초기화할 경우

그림 **9.2** 확률적 관측중단 유형

9.3 비모수적 방법

이 절에서는 수명분포 $F(t)$가 연속이고, 몇몇 경우에만 t에 따라 순증가(strictly increasing)한다는 것 외에 어떤 가정도 설정하지 않는다. 이와 같이 수명분포에 대해 특정한 확률분포를 가정하지 않고 여러 가지 추론을 하는 것을 비모수적 추론이라고 한다. 여기서는 완전자료 또는 관측중단자료 집합을 토대로 대상 부품의 신뢰도 및 관련 척도에 대한 비모수적 추정량을 구한다.

9.3.1 표본 통계값

완전자료 $t_1, t_2, ..., t_n$을 오름차순으로 정리하여 $t_{(1)},\ t_{(2)},\ ...,\ t_{(n)}$과 같이 나타내자. 이 자료를 토대로 다음과 같은 표본 통계값을 얻을 수 있다.

- 표본 평균

$$\bar{t} = \frac{1}{n}\sum_{i=1}^{n} t_i \tag{9.1}$$

- 표본 중앙값

$$t_m = \begin{cases} t_{(k+1)}, & n = 2k+1 \\ (t_{(k)} + t_{(k+1)})/2, & n = 2k \end{cases} \tag{9.2}$$

- 표본 분산

$$s^2 = \frac{1}{n-1}\sum_{i=1}^{n}(t_i - \bar{t})^2 = \frac{1}{n-1}\left[\sum_{i=1}^{n} t_i^2 - \frac{1}{n}\left(\sum_{i=1}^{n} t_i\right)^2\right] \tag{9.3}$$

- 표본 표준편차

$$s = \sqrt{\frac{1}{n-1}\sum_{i=1}^{n}(t_i - \bar{t})^2} \tag{9.4}$$

- 표본 변동계수

$$CV = s/\bar{t} \times (100\%) \tag{9.5}$$

이 외에 백분위수, 비대칭도(왜도), 첨도 등도 구할 수 있다. 표본 통계값을 활용하는 예로서 지수분포가 주어진 수명자료의 분포모형으로 적절한지 판단할 경우를 생각해 보자. 지수분포를 따른다면 평균이 표준편차와 같으므로 표본 변동계수 CV의 값이 1에 가깝게 될 것이다. 따라서 CV가 1.0과 차이가 크다면 지수분포가 적절한 분포가 아닐 가능성이 높다.

9.3.2 경험적 분포함수와 신뢰도함수

n개 부품의 수명을 독립적으로 관측하여 얻은 완전자료를 사용하여 수명분포함수 $F(t)$와 신뢰도(또는 생존)함수 $R(t)=1-F(t)$를 추정하고자 한다. t 시점의 경험적 분포함수 $F_n(t)$는 다음과 같이 정의된다.

$$F_n(t)=\frac{\text{수명} \le t\text{를 만족시키는 자료 개수}}{n} \tag{9.6}$$

수명자료 내에 동일 값이 없으면 경험적 분포함수는 식 (9.7)과 같이 표현된다.

$$F_n(t)=\begin{cases}0, & \text{for} \quad t<t_{(1)} \\ i/n, & \text{for} \quad t_{(i)} \le t < t_{(i+1)};\ i=1,2,\ldots,(n-1) \\ 1, & \text{for} \quad t_{(n)} \le t\end{cases} \tag{9.7}$$

한편 경험적 신뢰도함수는 식 (9.8)과 같으므로

$$R_n(t)=1-F_n(t)=\frac{\text{수명} > t\text{를 만족시키는 자료 개수}}{n} \tag{9.8}$$

자료에 동일 값이 없을 경우 경험적 신뢰도함수는 식 (9.9)와 같다.

$$R_n(t)=\begin{cases}1, & t<t_{(1)} \\ 1-\dfrac{i}{n}, & t_{(i)} \le t < t_{(i+1)};\ i=1,2,\ldots,(n-1) \\ 0, & t_{(n)} \le t\end{cases} \tag{9.9}$$

따라서 이 경우 $R_n(t)$는 각각의 고장이 관측되기 직전에 $1/n$씩 감소하는 계단형 함수가 된다. 여기서 유의할 점은 $F_n(t)$와 같이 $R_n(t)$도 우측 연속(right-continuous)함수라는 점이다.

식 (9.9)로부터 $R_n(t_{(i)})$는 다음과 같이 적을 수 있다.

$$R_n(t_{(i)})=1-\frac{i}{n}$$

$t_{(i)-}$를 $t_{(i)}$ 직전 시점이라 정의하면 $t_{(i)-}$에서 경험적 신뢰도함수는 다음과 같다.

$$R_n(t_{(i)-}) = 1 - \frac{i-1}{n}$$

이를 이용하여 $t_{(i)}$ 근방에서 R_n의 평균을 구하면 다음과 같이 된다.

$$\overline{R_n}(t_{(i)}) = \frac{1}{2}\left[R_n(t_{(i)}) + R_n(t_{(i)-})\right] = 1 - \frac{i - \frac{1}{2}}{n} \tag{9.10a}$$

경험적 신뢰도함수로서 식 (9.9)보다 평활한 식 (9.10a)가 더 적절한 것으로 보는 학자도 있다. 이를 이용한 경험적 분포함수는 식 (9.10a)의 경험적 신뢰도함수로부터 다음과 같이 얻어진다.

$$\overline{F_n}(t_{(i)}) = \frac{i-0.5}{n} \tag{9.10b}$$

예제 9.1

$n = 16$개의 부품에 대해 수명시험을 독립적으로 실시한 결과 다음 자료를 얻었다(단위: 주).

31.7	39.2	57.5	65.0	65.8	70.0	75.0	75.2
87.7	88.3	94.2	101.7	105.8	109.2	110.0	130.0

이 자료로부터 수명분포가 지수분포라고 할 수 있는지 판단하고, 경험적 분포함수 및 신뢰도함수를 구해 보자.

표본 통계값으로 표본 평균 $\bar{t}$, 표본 중앙값 t_m, 표본 표준편차 s를 계산하면 각각 다음과 같다.

$$\bar{t} = \frac{1}{16}\sum_{i=1}^{16} t_i \approx 81.64$$

$$t_m = (t_{(8)} + t_{(9)})/2 = (75.2 + 87.7)/2 = 81.45$$

$$s = \sqrt{\frac{1}{16-1}\sum_{i=1}^{16}(t_i - \bar{t})^2} \approx 26.78$$

지수분포를 따르면 표본 평균과 표본 표준편차의 값이 같거나 비슷하게 되어 변동계수의 값이 1에 가깝게 될 것이다. 그런데 이 자료의 경우 $\bar{t} \gg s$이므로 가정하는 분포가 지수분포를 따른다고 보기 힘들다.

식 (9.7)과 (9.10a)에 의거하여 계산된 경험적 분포함수 및 이에 따르는 신뢰도함수의 값이 표 9.1에 수록되어 있고, 식 (9.7) 및 (9.8)에 의해 계산된 두 가지 경험적 함수가 각각 그림 9.3과 그림 9.4(생존함수는 2.2절에서 기술한 바와 같이 신뢰도함수와 동일함)에 도시되어 있다.

표 **9.1** 경험적 분포함수 및 신뢰도함수의 계산

i	$t_{(i)}$	$F_n(t_{(i)})=\frac{i}{16}\ \left(\overline{F_n}(t_{(i)})=\frac{i-0.5}{16}\right)$	$R_n(t_{(i)})=1-F_n(t_{(i)})\,(\overline{R_n}(t_{(i)}))$
1	31.7	0.063(0.031)	0.937(0.969)
2	39.2	0.125(0.094)	0.875(0.906)
3	57.5	0.188(0.156)	0.812(0.844)
4	65.0	0.250(0.219)	0.750(0.781)
5	65.8	0.313(0.281)	0.687(0.719)
6	70.0	0.375(0.344)	0.625(0.656)
7	75.0	0.438(0.406)	0.562(0.594)
8	75.2	0.500(0.469)	0.500(0.531)
9	87.7	0.563(0.531)	0.437(0.469)
10	88.3	0.625(0.594)	0.375(0.406)
11	94.2	0.688(0.656)	0.312(0.344)
12	101.7	0.750(0.719)	0.250(0.281)
13	105.8	0.813(0.781)	0.187(0.219)
14	109.2	0.875(0.844)	0.125(0.156)
15	110.0	0.938(0.906)	0.062(0.094)
16	130.0	1.000(0.969)	0.000(0.031)

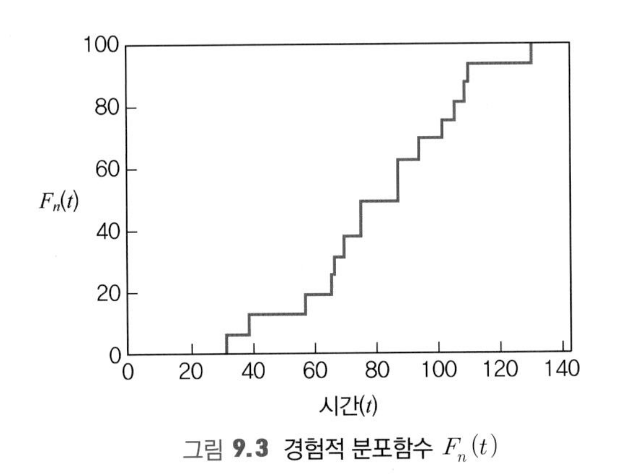

그림 **9.3** 경험적 분포함수 $F_n(t)$

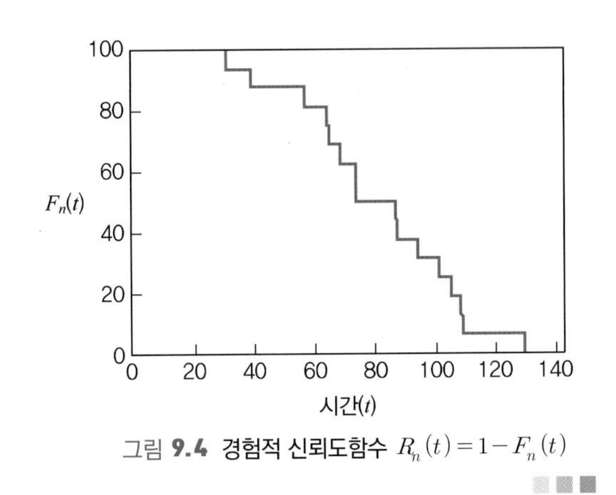

그림 **9.4** 경험적 신뢰도함수 $R_n(t)=1-F_n(t)$

9.3.3 확률지

경험적 분포함수를 나타낸 그림을 보고 수명분포가 무슨 분포인지 판단하는 것은 쉽지 않다. 그러나 직교좌표 축의 척도를 적절하게 변환하여 분포에 대한 판단을 좀 더 쉽게 할 수 있는 방법

이 있다. 여기서는 와이블 분포를 예로 들어 설명한다.

척도모수 λ, 형상모수 β인 와이블 분포의 누적분포함수는 $F(t)=1-e^{-(\lambda t)^\beta}$이므로 대수변환을 2회 취하면 식 (9.11)과 같이 나타낼 수 있다.

$$\ln[1-F(t)] = -(\lambda t)^\beta$$
$$\ln[-\ln\{1-F(t)\}] = \beta\ln\lambda + \beta\ln t \tag{9.11}$$

즉 $\ln[-\ln\{1-F(t)\}]$는 $\ln t$의 선형 식이 된다. 따라서 만약 수명분포가 와이블 분포를 따른다면 식 (9.10b)를 이용하여 추정된 분포함수의 값을 $\ln[-\ln\{1-F(t)\}]$로 변환하여 $\ln t$와 함께 직교좌표 상에 타점하면 직선 모양에 가깝게 나타날 것이다. 이 경우 형상모수 β는 직선의 기울기로 추정되고 척도모수 λ는 y축과 교차하는 값으로부터 추정할 수 있다.

와이블 확률지는 이와 같은 원리를 이용하여 가로축 및 세로축 눈금을 조정하여 개발된 그림 9.6(a)와 같은 모눈 그래프 용지다. 와이블 확률지에서 모수 β와 λ를 직접 추정할 수 있도록 구성되어 있으며, 와이블 확률지 적용 절차는 다음과 같다. 이와 같은 확률지는 분포에 따라 달라지므로 분포별로 확률지가 필요하다.

- **1단계** 수명자료를 올림차순으로 정렬하여 i 번째 수명 $t_{(i)}$와 이 t에 대한 $F_n(t_{(i)})$의 값을 추정하여 확률지상에 타점한다.
  $F_n(t_{(i)})$ 값의 추정값으로 중앙순위(median rank)법, 대칭시료 누적분포법 등이 주로 활용된다. 여기서는 대칭시료 누적분포법인 식 (9.10b)의 $\overline{F_n}(t_{(i)})=100(i-0.5)/n(\%)$를 택하고자 한다.
- **2단계** 타점된 점들을 가장 잘 적합하는 직선을 그린다.
- **3단계** 형상모수 β는 직선의 기울기와 같다. 상측의 $\ln t$의 눈금 읽기와 우측의 $\ln\ln[1/\{1-F(t)\}]$의 눈금 읽기를 사용하여 기울기를 구할 수 있으나 다음의 방법을 주로 이용한다.
  ① 그림 9.5의 β 추정점($(x, y)=(1, 0)$)에서 [단계 2]의 직선에 평행선을 긋는다.
  ② 확률지의 세로 '주축($x=0$)'과의 교점을 구하고 그 점을 그대로 오른쪽으로 연장하여 오른쪽의 눈금($\ln\ln[1/\{1-F(t)\}]$ 눈금)을 읽는다.
  ③ 이 값의 절대치가 β가 된다.
- **4단계** λ는 적합된 직선이 $F(t)$가 63.2%인 가로축과 만나는 점에서 시간축에 수선을 내려 만나는 t 눈금의 역수가 된다.

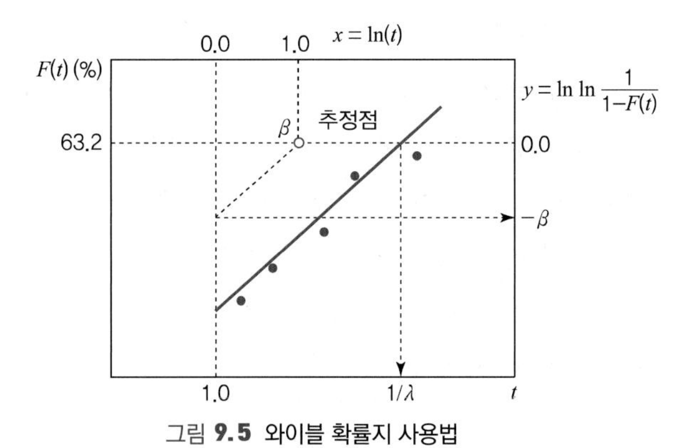

그림 **9.5** 와이블 확률지 사용법

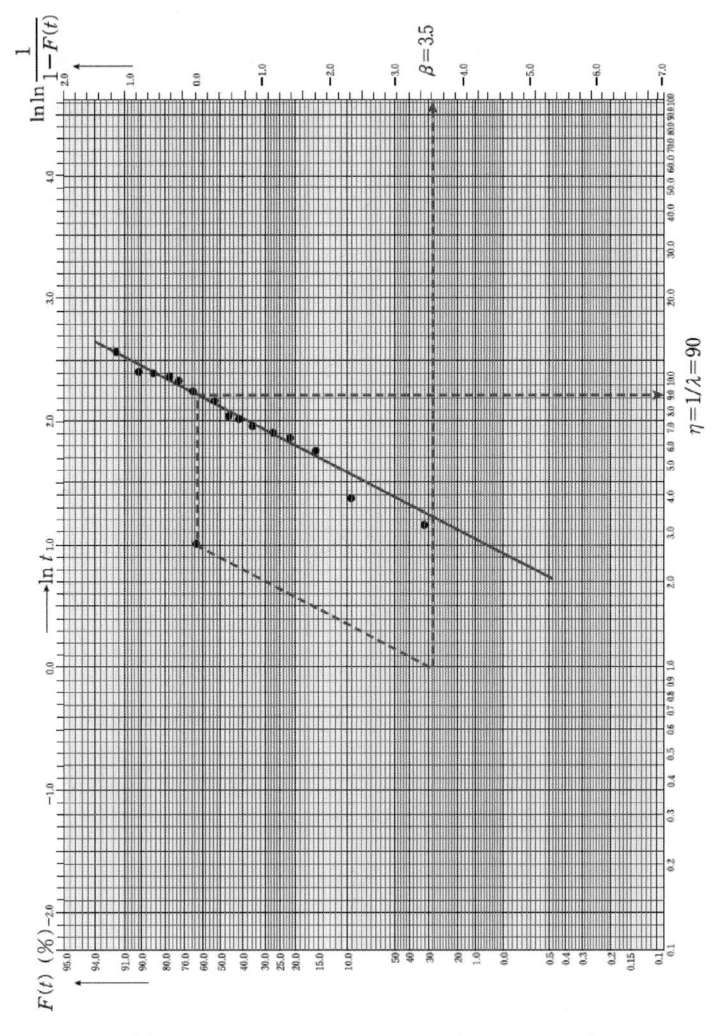

(a) 와이블 확률지를 이용한 도식화 방법(예제 9.1의 자료)

그림 **9.6** 와이블 확률지 적합결과

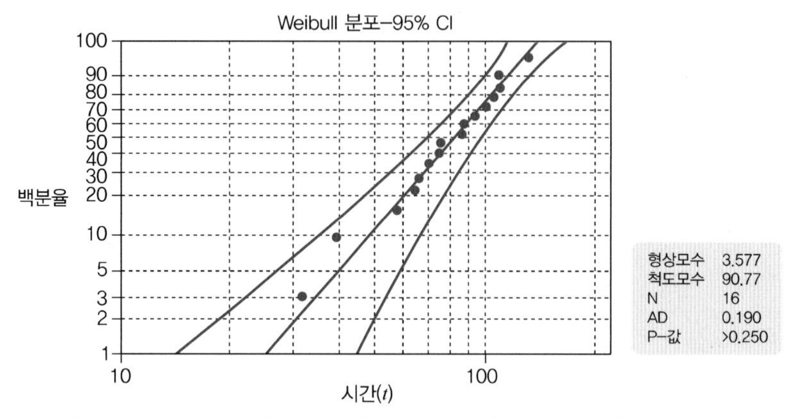

(b) 예제 9.1의 자료에 대한 와이블 확률지 도시 결과(Minitab 출력물)

그림 **9.6** 와이블 확률지 적합결과

그림 9.6(a)는 예제 9.1의 수명자료를 대상으로 상기의 적용 절차에 따라 수작업에 의해 와이블 확률지에 표 9.1의 $(t_{(i)}, \overline{F_n}(t_{(i)}))$, $i = 1, \ldots, 16$을 타점한 것이다. 타점된 점들이 직선에 가까우므로 이 수명자료는 와이블 분포를 따른다고 볼 수 있다. 또한 확률지에는 형상모수는 3.5, 척도모수는 $\lambda = 1/90$로 각각 추정하는 과정이 도시되어 있다. 또한 그림 9.6(b)는 이 자료를 Minitab으로 와이블 확률지에 도시한 것인데 타점된 점들은 직선에 가깝고 형상모수와 척도모수 값도 수작업의 결과와 유사하다. 여기서의 척도모수($\eta \equiv 1/\lambda$)는 특성수명으로 불리는 $1/\lambda$을 추정한 값이다.

그리고 분포에 대한 판정법으로 확률지 등을 이용한 도식화 방법보다 엄밀하게 통계적 검정을 실시하여 판단하는 방법도 있다.

9.3.4 Kaplan-Meier 추정량

1958년에 E. Kaplan과 P. Meier는 다음과 같이 추정 절차를 제시하였다. 고장 또는 관측중단될 때까지 얻은 값들을 순서대로 정렬하여 $t_{(1)} < t_{(2)} < \cdots < t_{(n)}$과 같이 나타낸다. 주어진 $t > 0$에 대해 J_t를 고장시간 중에서 $t_{(j)} \le t$인 첨자 j의 집합, n_j, $j = 1, 2, \ldots, n$은 $t_{(j)}$ 이전까지 작동되고 있는 부품의 수라고 정의한다. 이때 $R(t)$의 Kaplan-Meier 추정량은 식 (9.12)와 같이 정의된다.

$$\hat{R}(t) = \prod_{j \in J_t} \hat{p}_j = \prod_{j \in J_t} \frac{n_j - 1}{n_j} \tag{9.12}$$

여기서 n_j는 시점 $t_{(j)}$ 직전까지 작동하고 있는 부품의 수로 이해할 수 있으므로 $\hat{p}_j$는 시점

$t_{(j-1)}$에서 작동하던 부품이 $t_{(j)}$ 직후에도 작동할 조건부 생존확률이 된다. 완전자료인 경우 Kaplan-Meier 추정량은 경험적 신뢰도함수인 식 (9.9)의 $R_n(t)$와 같다.

예제 9.1의 일부 자료의 성격을 바꾼 다음 수명자료로부터 Kaplan-Meier 추정량을 구해 보자. *로 표시된 시간은 관측중단된 시점을 나타낸다.

31.7	39.2	57.5	65.0*	65.8	70.0	75.0*	75.2*
87.7*	88.3*	94.2*	101.7*	105.8	109.2*	110.0	130.0*

이해를 돕기 위하여 고장 시점 $t = 31.7, 39.2, 57.5, 65.8$인 경우에 대해 식 (9.12)의 적용 과정을 다음과 같이 예시한다.

- 먼저 $t_{(1)} = 31.7$이므로 $J_t = \{1\}$이다. 또 $n_1 = 16$이 되어 $\hat{p}_1 = (16-1)/16$이 된다. 따라서 $\hat{R}(t_{(1)}) = \prod_{j \in J_t} \hat{p}_j = \hat{p}_1 = 15/16 = 0.938$이 된다.
- 다음으로 $t_{(2)} = 39.2$이면 $J_t = \{1, 2\}$로서 $n_2 = 15$, $\hat{p}_2 = (15-1)/15$이고 $\hat{R}(t_{(2)}) = \prod_{j \in J_t} \hat{p}_j = \hat{p}_1 \hat{p}_2 = (15/16)(14/15) = 0.875$가 된다.
- $t_{(3)} = 57.5$까지 고장 난 부품의 첨자 집합은 $J_t = \{1, 2, 3\}$, $\hat{p}_3 = (14-1)/14$이므로 $\hat{R}(t_{(3)}) = \prod_{j \in J_t} \hat{p}_j = \hat{p}_1 \hat{p}_2 \hat{p}_3 = (15/16)(14/15)(13/14) = 0.813$으로 구해진다.
- 관측중단된 시점 $t_{(4)} = 65.0$을 뛰어넘어 $t_{(5)} = 65.8$에서의 신뢰도를 추정할 수 있다. 이 시점까지 고장 난 부품의 첨자 집합은 $J_t = \{1, 2, 3, 5\}$이고 $\hat{p}_5 = (12-1)/12$이므로 $\hat{R}(t_{(4)}) = \prod_{j \in J_t} \hat{p}_j = \hat{p}_1 \hat{p}_2 \hat{p}_3 \hat{p}_5 = (15/16)(14/15)(13/14)(11/12) = 0.745$로 구해진다. 따라서 관측중단된 시점 $t_{(4)} = 65.0$에서의 신뢰도는 바로 직전 부품의 고장 시점 $t_{(3)} = 57.5$에서의 신뢰도와 똑같이 추정된다는 점에 주의하자.

한편 첫 고장이 발생할 때까지의 (0, 31.7) 구간에서 $\hat{R}(t)$는 1로 두는 것이 합리적이다. 표 9.2는 이와 같은 방법으로 각 시점에서의 신뢰도를 추정하는 과정을 보여 준다. 표 9.2의 추정값이 시간 구간별로 알기 쉽게 표 9.3으로 재정리되어 그림 9.7에 도시되어 있다.

식 (9.12)와 그림 9.7에서 $\hat{R}(t)$는 계단형 함수이고 우측으로부터 연속이며 $t = 0$에서 1임을 알 수 있다. $\hat{R}(t)$는 각 고장시간 $t_{(j)}$에서 $(n_j - 1)/n_j$의 크기만큼 떨어지지만 관측중단 시간에서는 변하지 않는다. 그러나 관측중단의 효과는 n_j의 값과 $\hat{R}(t)$의 계단 크기에 영향을 미친다. 여기서 한 가지 사소한 문제점으로는 가장 긴 시간 $t_{(n)}$이 관측중단 시간일 때 $\hat{R}(t)$가 절대 0이 되지 않으므로 $\hat{R}(t)$는 $t > t_{(n)}$인 경우에 대해 정의되지 않는다는 것을 들 수 있다.

표 **9.2** Kaplan-Meier 추정값 계산

순위 j	n_j	J_t	$t_{(j)}$	$\hat{p}_j$	$\hat{R}(t_{(j)})$
0	–		–	1	1.000
1	16	1	31.7	15/16	0.938
2	15	1, 2	39.2	14/15	0.875(0.938×14/15)
3	14	1, 2, 3	57.5	13/14	0.813
4	13	1, 2, 3	65.0*	1	0.813
5	12	1, 2, 3, 5	65.8	11/12	0.745
6	11	1, 2, 3, 5, 6	70.0	10/11	0.677
7	10	1, 2, 3, 5, 6	75.0*	1	0.677
8	9	1, 2, 3, 5, 6	75.2*	1	0.677
9	8	1, 2, 3, 5, 6	87.7*	1	0.677
10	7	1, 2, 3, 5, 6	88.3*	1	0.677
11	6	1, 2, 3, 5, 6	94.2*	1	0.677
12	5	1, 2, 3, 5, 6	101.7*	1	0.677
13	4	1, 2, 3, 5, 6, 13	105.8	3/4	0.508
14	3	1, 2, 3, 5, 6, 13	109.2*	1	0.508
15	2	1, 2, 3, 5, 6, 13, 15	110.0	1/2	0.254
16	1	1, 2, 3, 5, 6, 13, 15	130.0*	1	0.254

*: 관측중단 시간

표 **9.3** 시간함수로서의 Kaplan-Meier 추정값

구간	$\hat{R}(t)$	
$0 \le t < 31.7$	$\frac{16}{16}$	= 1.000
$31.7 \le t < 39.2$	$\frac{15}{16}$	= 0.938
$39.2 \le t < 57.5$	$\frac{15}{16} \cdot \frac{14}{15}$	= 0.875
$57.5 \le t < 65.8$	$\frac{15}{16} \cdot \frac{14}{15} \cdot \frac{13}{14}$	= 0.813
$65.8 \le t < 70.0$	$\frac{15}{16} \cdot \frac{14}{15} \cdot \frac{13}{14} \cdot \frac{11}{12}$	= 0.745
$70.0 \le t < 105.8$	$\frac{15}{16} \cdot \frac{14}{15} \cdot \frac{13}{14} \cdot \frac{11}{12} \cdot \frac{10}{11}$	= 0.677
$105.8 \le t < 110.0$	$\frac{15}{16} \cdot \frac{14}{15} \cdot \frac{13}{14} \cdot \frac{11}{12} \cdot \frac{10}{11} \cdot \frac{3}{4}$	= 0.508
$110.0 \le t$	$\frac{15}{16} \cdot \frac{14}{15} \cdot \frac{13}{14} \cdot \frac{11}{12} \cdot \frac{10}{11} \cdot \frac{3}{4} \cdot \frac{1}{2}$	= 0.254

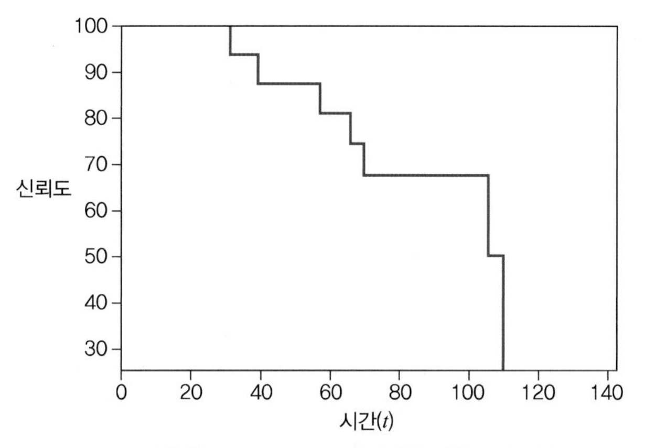

그림 **9.7** Kaplan-Meier 추정량에 의한 신뢰도함수 그림

수명시험을 실시하는 과정에서 동일한 고장시간이 관측되면 식 (9.12)의 신뢰도함수는 다소 수정되어야 한다. 만약 시점 $t_{(i)}$, $i = 1, 2, ..., n$에서 d_i개의 부품들이 고장이라고 가정하면 Kaplan-Meier 추정량은 다음 식과 같다.

$$\hat{R}(t) = \prod_{j \in J_t} \frac{n_j - d_j}{n_j} \tag{9.13}$$

또한 고장시간과 관측중단 시간이 동일하다면 관례적으로 관측중단 시간이 고장시간보다 극소량만큼 크다고 간주하여 적용한다. 시점 t에서 관측중단된 부품은 시점 t에도 거의 확실히 작동하고 있으므로 이런 전제가 현실과 어긋나지 않는다.

Kaplan-Meier 추정량 $\hat{R}(t)$는 비모수적 최우추정법(MLE : maximum likelihood estimator)으로 도출된 것으로, 최우추정량의 통계적 성질을 가지고 있다. 즉

- $\hat{R}(t)$는 $R(t)$의 일치추정량이며, 이것의 점근적 분산은 다음 식으로부터 구할 수 있다.

$$\widehat{Var}[\hat{R}(t)] = [\hat{R}(t)]^2 \sum_{j \in J_t} \frac{d_j}{n_j(n_j - d_j)} \tag{9.14}$$

- Kaplan-Meier 추정량은 최우추정량이므로 근사적으로 정규분포를 따른다. 따라서 $R(t)$에 대한 신뢰구간은 정규근사를 이용하여 구할 수 있다.

9.3.5 Nelson 추정량*

수명자료가 주어져 있을 때 신뢰도함수는 누적고장률함수와의 관계를 이용하여 추정할 수도 있

다. 2장에서 다룬 고장률함수, 누적고장률함수, 신뢰도함수의 관계를 다시 정리해 보면 각각 다음과 같다.

$$\begin{aligned} h(t) &= \frac{f(t)}{R(t)} = -\frac{d}{dt}\ln R(t) \\ H(t) &= \int_0^t h(u)du = -\ln R(t) \\ R(t) &= e^{-H(t)} \end{aligned} \tag{9.15}$$

일반적으로 누적고장률함수 $H(t)$의 추정량은 Kaplan-Meier 추정량 $\hat{R}(t)$로부터 다음과 같이 유도된다.

$$\hat{H}(t) = -\ln \hat{R}(t) \tag{9.16}$$

만약 신뢰도함수를 먼저 추정하지 않고 누적고장률함수를 수명자료로부터 직접 추정하고자 한다면 어떻게 하는 것이 좋을까? $t_{(j)}$가 고장시간일 때 $t_{(j)} \leq t$를 만족시키는 첨자 j의 집합을 J_t라 하면 식 (9.16)을 Taylor 급수 전개하여 다음과 같이 적을 수 있다.

$$\begin{aligned} \hat{H}(t) &= -\ln \hat{R}(t) = -\ln \prod_{j \in J_t} \left(\frac{n_j - 1}{n_j} \right) = -\sum_{j \in J_t} \ln\left(1 - \frac{1}{n_j}\right) \\ &= \sum_{j \in J_t} \left(\frac{1}{n_j} + \frac{1}{2n_j^2} + \cdots \right) \end{aligned} \tag{9.17}$$

따라서 식 (9.17)에서 어느 정도의 오차를 감내하여 특정 항 이하를 버림으로써 누적고장률함수의 추정값을 근사적으로 구할 수 있을 것이다.

이제 1969년 W. Nelson이 제안한 방법으로 이와 다른 각도에서 접근해 보자. 여기서는 자세한 유도 과정이나 증명은 생략하고 전체 골격만을 살펴본다. 수명자료 $T_1, T_2, \ldots, T_n$이 서로 독립이고 동일한 순증가 분포함수 $F(t)$를 갖는다고 하자. 수명자료의 순서통계량 $T_{(1)} < T_{(2)} < \cdots < T_{(n)}$에 대해 $H_{(j)} = H(T_{(j)})$를 다음과 같이 정의하자.

$$H_{(j)} = H(T_{(j)}) = -\ln[1 - F(T_{(j)})], \quad j = 1, 2, \ldots, n \tag{9.18}$$

그러면 $H_{(1)} < H_{(2)} < \cdots < H_{(n)}$은 서로 독립이고 평균 1인 지수분포를 따르는 n개의 순서통계량이 된다. 따라서

$$E(H_{(j)}) = E[H(T_{(j)})] = \frac{1}{n} + \frac{1}{n-1} + \cdots + \frac{1}{n-j+1} \tag{9.19}$$

이 성립한다.

Nelson은 완전자료인 경우 누적고장률함수 $H(t)$의 추정량을 $T_{(i)}$의 관측값을 소문자로 표시할 때 식 (9.19)로부터 역순위(reverse rank)의 역수를 합한 형태인 식 (9.20)과 같이 제안하였다.

$$\hat{H}(t)=\begin{cases} 0, & t<t_{(1)} \\ \sum_{j=1}^{r}\frac{1}{n-j+1}, & t_{(r)}\le t<t_{(r+1)}\ ;r=1,2,\ldots,n-1 \end{cases} \tag{9.20}$$

신뢰도함수는 추정된 누적고장률 $\hat{H}(t)$를 이용하여 다음 식과 같이 구할 수 있다.

$$R^{*}(t)=e^{-\hat{H}(t)} \tag{9.21}$$

표 9.4는 예제 9.1의 완전자료에 대해 Nelson 추정값 $\hat{H}(t)$와 이에 대응되는 신뢰도함수 $R^{*}(t_{(j)})$ 및 Kaplan-Meier 추정값 $\hat{R}(t_{(j)})$를 비교하고 있다.

표 **9.4** 완전자료에 대한 Nelson 추정량과 Kaplan-Meier 추정량의 비교

순위 j	수명 $t_{(j)}$	역순위의 역수 $(n-j+1)^{-1}$	Nelson 추정값 $\hat{H}(t_{(j)})$	신뢰도함수 추정값	
				Nelson $R^{*}(t_{(j)})$	Kaplan-Meier $\hat{R}(t_{(j)})$
1	31.7	$\frac{1}{16}$	0.0625	0.939	0.938
2	39.2	$\frac{1}{15}$	0.1292	0.879	0.875
3	57.5	$\frac{1}{14}$	0.2006	0.818	0.813
4	65.0	$\frac{1}{13}$	0.2775	0.758	0.750
5	65.8	$\frac{1}{12}$	0.3609	0.697	0.688
6	70.0	$\frac{1}{11}$	0.4518	0.637	0.625
7	75.0	$\frac{1}{10}$	0.5518	0.576	0.563
8	75.2	$\frac{1}{9}$	0.6629	0.515	0.500
9	87.5	$\frac{1}{8}$	0.7879	0.455	0.448
10	88.3	$\frac{1}{7}$	0.9307	0.394	0.375
11	94.2	$\frac{1}{6}$	1.0974	0.334	0.313

(계속)

순위 j	수명 $t_{(j)}$	역순위의 역수 $(n-j+1)^{-1}$	Nelson 추정값 $\hat{H}(t_{(j)})$	신뢰도함수 추정값	
				Nelson $R^*(t_{(j)})$	Kaplan-Meier $\hat{R}(t_{(j)})$
12	101.7	$\frac{1}{5}$	1.2974	0.273	0.250
13	105.8	$\frac{1}{4}$	1.5474	0.213	0.188
14	109.2	$\frac{1}{3}$	1.9807	0.138	0.125
15	110.0	$\frac{1}{2}$	2.4807	0.084	0.063
16	130.0	$\frac{1}{1}$	3.4807	0.031	0.000

관측중단 자료인 경우에는 고장 또는 관측중단될 때까지의 시간을 순서대로 $t_{(1)} \le t_{(2)} \le \cdots \le t_{(n)}$이라고 표기한다. w는 $t_{(j)} < t$, $j = 1, 2, \ldots$를 만족시키는 고장시간의 j로, 누적고장률에 대한 Nelson 추정량은 다음과 같다.

$$\hat{H}(t) = \sum_{w} \frac{1}{n-w+1} = \sum_{j \in J_t} \frac{1}{n_j} \tag{9.22}$$

Nelson 추정량 $\hat{H}(t)$는 Kaplan-Meier 추정량에서 유도된 식 (9.17)에 대한 일차 근사식임을 알 수 있다. 또한 시점 t에서 신뢰도함수의 Nelson 추정량은 식 (9.21)로부터 구해진다.

앞에서 사용한 수명자료를 대상으로 Nelson 추정량을 구해 보자. *로 표시된 시간은 관측중단 시점을 나타낸다.

31.7	39.2	57.5	65.0*	65.8	70.0	75.0*	75.2*
87.7*	88.3*	94.2*	101.7*	105.8	109.2*	110.0	130.0*

따라서 w는 고장이 발생한 1, 2, 3, 5, 6, 13, 15가 된다. 누적고장률 및 신뢰도에 대한 Nelson 추정값 $\hat{H}(t)$ 및 $R^*(t)$는 고장시간 $t_{(1)}, t_{(2)}, t_{(3)}, t_{(5)}, t_{(6)}, t_{(13)}, t_{(15)}$를 기준으로 식 (9.21)과 식 (9.22)에 의해 계산된다. 표 9.5는 정리된 Nelson 추정값과 Kaplan-Meier 추정값을 비교하고 있다. 이 결과를 보면 관측중단자료인 경우도 신뢰도함수의 Kaplan-Meier 추정값과 Nelson 추정값이 상당히 일치함을 알 수 있다.

표 9.5 관측중단 자료에 대한 Nelson 추정량과 Kaplan-Meier 추정량의 비교

j	w	고장시간	Nelson 추정값 $\hat{H}(t_j)$		Nelson $R^*(t_{(j)})$	Kaplan-Meier $\hat{R}(t_{(j)})$
				$=0.0000$	1.000	1.000
1	1	31.7	$\frac{1}{16}$	$=0.0625$	0.939	0.938
2	2	39.2	$\frac{1}{16}+\frac{1}{15}$	$=0.1292$	0.879	0.875
3	3	57.5	$\frac{1}{16}+\frac{1}{15}+\frac{1}{14}$	$=0.2006$	0.818	0.813
5	5	65.8	$\frac{1}{16}+\frac{1}{15}+\frac{1}{14}+\frac{1}{12}$	$=0.2839$	0.753	0.745
6	6	70.0	$\frac{1}{16}+\frac{1}{15}+\cdots+\frac{1}{11}$	$=0.3748$	0.687	0.677
13	13	105.8	$\frac{1}{16}+\cdots+\frac{1}{11}+\frac{1}{4}$	$=0.6248$	0.535	0.508
15	15	110.0	$\frac{1}{16}+\cdots+\frac{1}{4}+\frac{1}{2}$	$=1.1248$	0.320	0.254

누적고장률과 고장률의 관계식으로부터 고장률이 시간에 따라 증가하는 형태이면 누적고장률은 아래로 볼록(convex)하게 되고, 고장률이 시간에 따라 감소하는 형태이면 누적고장률은 위로 볼록(concave)하게 된다. 따라서 누적고장률의 추정값을 직교좌표 상에 타점해 보면 그 모양에 따라 고장률의 형태를 판단할 수 있다. 만약 직교좌표 상에 $(t_{(i)}, \hat{H}(t_{(i)}))$를 타점하여 형태가 그림 9.8(a)와 같으면 이 수명분포는 고장률이 증가(IFR)하는 형태가 된다. 그림 9.8(b)는 고장률이 감소(DFR)형인 수명분포, 그림 9.8(c)는 고장률이 욕조곡선(bathtub) 형태의 수명분포임을 각각 보여 주고 있다. 이런 도시법은 Nelson(1969)이 제안하였으므로 Nelson 그림(Nelson plot)이라 부르며, 고장률 그림(hazard plot)이라고도 한다.

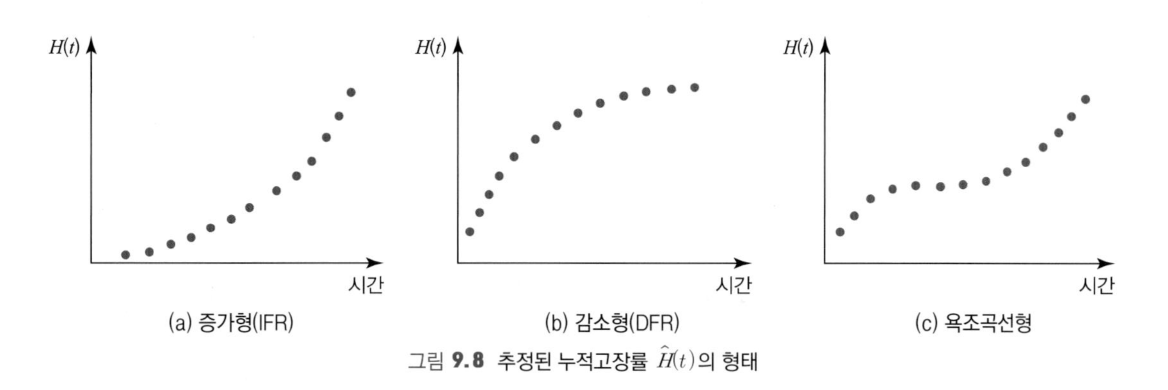

그림 9.8 추정된 누적고장률 $\hat{H}(t)$의 형태

이런 원리를 채택한 특정 분포에 대한 고장률 용지(hazard paper)는 수명자료가 실제로 분포함수 $F(t)$를 따른다면 $(t_{(j)}, \widehat{H}(t_{(j)}))$를 타점한 점들이 직선을 따르도록 설계되어 있다. 만약 도시된 결과가 직선에 근접하면 분포모수는 이 직선으로부터 직접 추정할 수 있다.

특정분포를 따르는 고장률 용지를 사용하지 않는다면, 수명분포 $F(t)$의 적합 여부를 조사하기 위한 Nelson 방법은 다음 두 단계로 구성된다. 먼저 최우추정법 등을 이용하여 분포 $F(t)$의 모수를 추정하고 추정된 누적고장률 곡선을 직교좌표 상에 도시한다. 다음으로 $(t_{(j)}, \widehat{H}(t_{(j)}))$를 동일한 직교좌표 상에 타점한 후 그 결과가 추정된 누적고장률 곡선에 근접하다면 분포 $F(t)$가 적합하다고 판단한다.

그림 9.9는 표 9.5의 $(t_{(j)}, \widehat{H}(t_{(j)}))$를 도시한 것이다. 이 경우 와이블 분포의 모수 β와 λ의 최우추정값은 $\hat{\beta} = 2.38$, $\hat{\lambda} = 8.12 \cdot 10^{-3}$ 이다. 추정된 누적고장률함수 $\widehat{H}(t) = (\hat{\lambda} t)^{\hat{\beta}}$ 는 그림 9.9의 곡선으로 도시된다. 그림을 보면 점들이 곡선에 가까운 거리에 위치하고 있으므로 이 경우 와이블 분포가 수명분포로 적합하다고 볼 수 있다. 이와 같이 시각적 평가를 실시하거나 정형화된 적합도 검정을 통해 와이블 분포의 적합도를 조사할 수 있다.

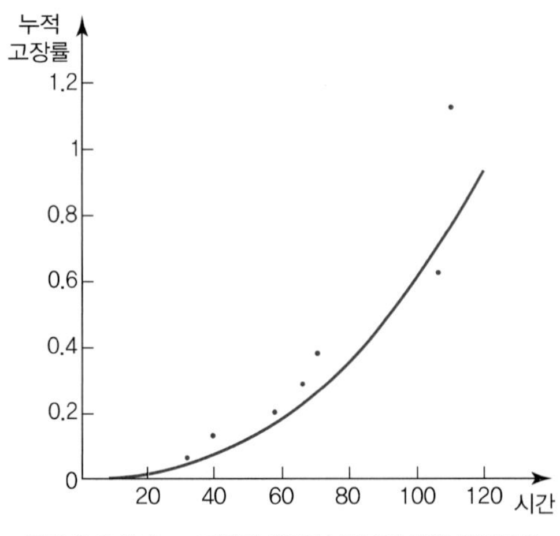

그림 **9.9** Nelson 그림과 와이블 분포에 대한 적합곡선

9.3.6 TTT 그림*

n개 부품에 대해 시점 $t=0$에서 시험을 시작하여 시점 t에서 관측을 종결한다고 하자. 시간 구간 $(0, t]$에서 i개의 부품이 고장 날 경우 i개 부품의 총 작동 시간은 $\sum_{j=0}^{i} T_{(j)}$이며, 고장 나지 않은 나머지 $n-i$개 부품의 총 작동 시간은 $(n-i)t$가 된다. 따라서 시점 t에서 총 시험시간

(TTT: total time on test) $TTT(t)$는 다음과 같이 얻어질 것이다.

$$TTT(t) = \sum_{j=1}^{i} T_{(j)} + (n-i)t \tag{9.23}$$

여기서 i는 $T_{(i)} \le t < T_{(i+1)}$, $i = 0, 1, ..., n$ 을 만족시키는 정수이다. $T_{(0)}$는 0, $T_{(n+1)} = +\infty$로 둔다.

만약 수명시험에서 r개의 부품이 고장 날 때까지 관측한다면 $TTT(T_{(r)})$는 다음과 같이 구할 수 있다.

$$TTT(T_{(r)}) = \sum_{j=1}^{r} T_{(j)} + (n-r)T_{(r)}, \quad r = 1, 2, ..., n \tag{9.24}$$

또한 모든 부품이 고장 날 때까지 관측한다면 $TTT(T_{(n)})$은 다음 식과 같이 적을 수 있다.

$$TTT(T_{(n)}) = \sum_{j=1}^{n} T_{(j)} = \sum_{j=1}^{n} T_j$$

n개 부품이 모두 고장 날 때까지 관측하여 얻어진 완전자료에서 i번째 고장 시점에서의 $TTT(T_{(i)})$를 생각해 보자. 만약 이것을 $TTT(T_{(n)})$으로 나눈다면 시점 t에서 0과 1 사이의 축척화된(scaled) TTT인 $TTT(t)/TTT(T_{(n)})$을 얻을 수 있을 것이다.

직교좌표 상에 $\left(\frac{i}{n}, \frac{TTT(T_{(i)})}{TTT(T_{(n)})}\right)$, $i = 1, 2, ..., n$ 을 타점한 그림이 TTT 그림이다.

만약 고장률이 일정(CFR)하다면 대체로 고장 횟수는 경과 시간에 비례하여 증가할 것이므로 다음 식을 충족시키게 될 것이다.

$$\frac{TTT(T_{(i)})}{TTT(T_{(n)})} \approx \frac{i}{n}, \quad i = 1, 2, ..., (n-1) \tag{9.25}$$

고장률이 증가형(IFR)이라면 초기에는 경과 시간에 비해 고장 횟수가 작다가 차츰 고장이 빈번하게 발생하게 될 것이다. 즉 초기에는 $i/n < TTT(T_{(i)})/TTT(T_{(n)})$이 성립하고, i가 커짐에 따라 차츰 두 값이 비슷해질 것이다. 또 고장률이 감소형(DFR)이라면 초기에는 시간 경과에 비해 빈번한 고장으로 $i/n > TTT(T_{(i)})/TTT(T_{(n)})$이 성립하고, 이후 고장이 감소하여 차츰 두 값이 같아지게 될 것이다. 욕조형 고장률인 경우는 세 가지 고장률이 혼합된 형태로서 처음에는 $i/n > TTT(T_{(i)})/TTT(T_{(n)})$이 성립하고, 이후 두 값이 비슷해졌다가 다시 $i/n < TTT(T_{(i)})/TTT(T_{(n)})$으로 진행된 후 최종으로는 두 값이 같아지게 될 것이다. i/n와 $TTT(T_{(i)})/TTT(T_{(n)})$을 각각 분포함수 $F(t)$에 대한 v와 $g_F(v)$(즉 $v = F(t)$, $g_F(v) = \int_0^{F^{-1}(v)}$

$[1-F(u)]du/MTTF,\ 0 \le v \le 1;\ g_F(v)$는 $F(t)$의 축척화된 TTT변환으로 불림)로 대응시킬 때 그림 9.10은 이론적 확률분포의 고장률 유형별로 TTT 그림을 도시한 것이다.

그림 9.10에서 실선 부분은 CFR, (a)는 IFR, (b)는 DFR, (c)는 욕조형 고장률에 각각 해당된다. 앞에서 설명한 직관적 논리와 비교해 보기 바란다.

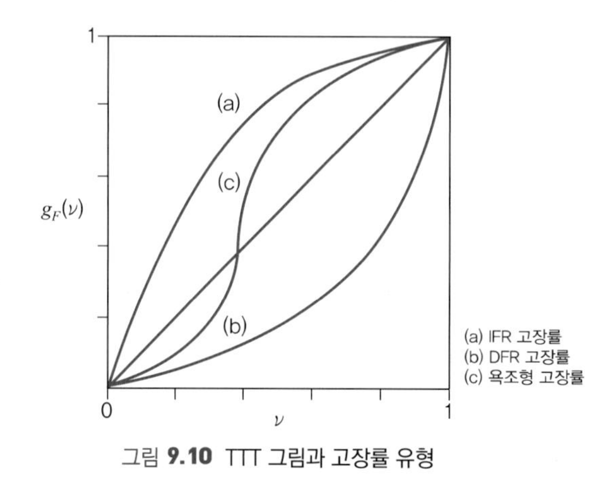

그림 **9.10** TTT 그림과 고장률 유형

다음의 예시를 통하여 고장률 형태를 판단해 보자. 10개의 동일한 부품들의 수명(단위: 시간)을 다음과 같이 관측하였다.

6.3	11.0	21.5	48.4	90.1
120.2	163.0	182.5	198.0	219.0

이 자료에 대한 TTT 그림은 표 9.6과 같이 필요한 값들을 계산한 후에 그림 9.11과 같이 작성할 수 있다. 이 예의 경우는 수명분포가 욕조형 고장률을 가진 것으로 판단된다.

표 **9.6** 완전자료에 대한 TTT 추정값(예)

i	$T_{(i)}$	$\sum_{j=1}^{i} T_{(j)}$	$\sum_{j=1}^{i} T_{(j)} + (n-i)T_{(i)} = TTT(T_{(i)})$	$\frac{i}{n}$	$\frac{TTT(T_{(i)})}{TTT(T_{(n)})}$
1	6.3	6.3	6.3 + 9·6.3 = 63.0	0.1	0.06
2	11.0	17.3	17.3 + 8·11.0 = 105.3	0.2	0.10
3	21.5	38.8	38.8 + 7·21.5 = 189.3	0.3	0.18
4	48.4	87.2	87.2 + 6·48.4 = 377.6	0.4	0.36
5	90.1	177.3	177.3 + 5·90.1 = 627.8	0.5	0.59
6	120.2	297.5	297.5 + 4·120.2 = 778.3	0.6	0.73
7	163.0	460.5	460.5 + 3·163.0 = 949.5	0.7	0.90
8	182.5	643.0	643.0 + 2·182.5 = 1008.0	0.8	0.95
9	198.0	841.0	841.0 + 1·198.0 = 1039.0	0.9	0.98
10	219.0	1060.0	1060.0 + 0 = 1060.0	1.0	1.00

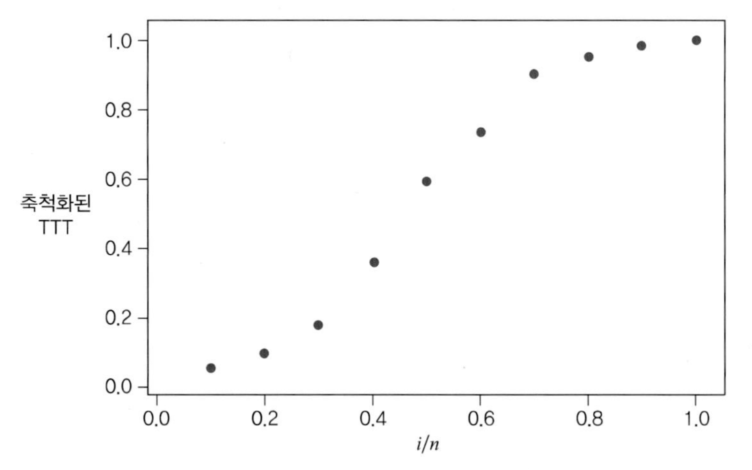

그림 **9.11** 표 9.6의 완전자료에 대한 TTT 그림(Minitab 출력물)의 예시

수명분포와 고장률은 1 대 1 대응 관계에 있으므로 고장률의 정확한 함수 형태를 알면 수명분포는 바로 결정된다. 따라서 TTT 그림을 작성하여 적절한 수명분포에 대해 추측해 볼 수도 있다. 여기서는 지수분포와 와이블 분포에 대해 TTT 그림의 형태를 살펴본다. 먼저 분포함수가

$$F(t) = 1 - e^{-\lambda t}, \quad t \geq 0, \quad \lambda > 0$$

인 지수분포의 TTT 그림은 고장률이 일정하므로 그림 9.12와 같게 되며, 여기서 $g_F(v) = v$가 성립된다(식 (9.25)와 연습문제 9.18 참조).

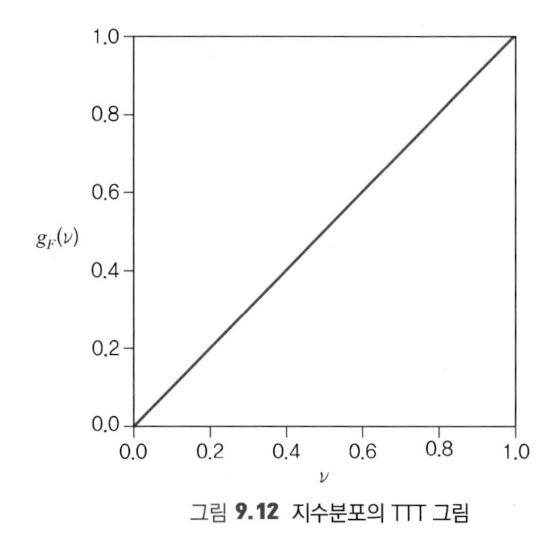

그림 **9.12** 지수분포의 TTT 그림

다음으로 아래와 같은 누적분포를 가지는 와이블 분포의 TTT 그림에 대해 고려해 보자.

$$F(t) = 1 - e^{-(\lambda t)^{\beta}}, \quad t \geq 0,\ \lambda > 0,\ \beta > 0$$

와이블 분포의 고장률은 형상모수 β의 값에 따라 다양한 고장률 형태를 가진다. 와이블 분포는 $\beta = 1$이면 CFR, $\beta < 1$이면 DFR, $\beta > 1$이면 IFR 형태의 고장률을 가지므로 TTT도 역시 그림 9.13과 같이 다양한 형태로 나타날 수 있다.

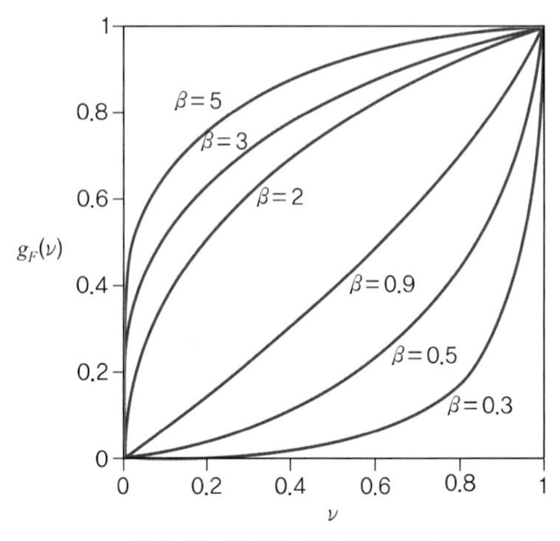

그림 **9.13** β 값에 따른 와이블 분포의 TTT 그림

예제 9.2

다음 자료는 23개 볼베어링 각각에서 고장이 발생할 때까지의 회전 주기수(단위 : 100만)로, 원 자료를 크기 순으로 정렬하였다(Rausand and Hoyland, 2004).

17.88	28.92	33.00	41.52	42.12	45.60	48.40
51.84	51.96	54.12	55.56	67.80	68.64	68.64
68.88	84.12	93.12	98.64	105.12	105.84	127.92
128.04	173.40					

표 9.6과 같이 $(i/n, TTT(T_{(i)})/TTT(T_{(n)}))$을 계산하여 타점한 그림 9.14의 TTT 그림으로부터 고장률이 증가함을 알 수 있다. 이 자료를 와이블 분포에 적합하면 모수 β와 λ는 $\hat{\beta} = 2.10$, $\hat{\lambda} = 0.0122$로 각각 추정된다. 그림에서 실선 부분은 와이블 분포의 이론적인 TTT 곡선을 나타낸다.

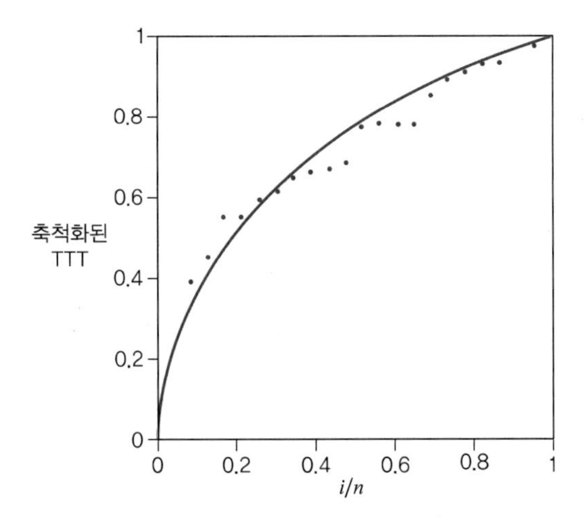

그림 **9.14** 예제 9.2의 자료에 대한 TTT 그림과 형상모수 $\hat{\beta}=2.10$인 와이블 분포의 TTT 곡선

다음으로 관측중단에 의해 불완전자료가 얻어졌을 경우 TTT 그림을 작성하는 방법을 알아본다. n개 부품에 대해 수명시험을 실시하여 다수 회 관측중단으로 인해 k개의 고장시간만이 관측되었다고 할 때 고장시간을 순서대로 열거하여 $T_{(1)}, T_{(2)}, \dots, T_{(k)}$로 표기하자. 이 수명자료를 토대로 먼저 신뢰도함수의 Kaplan-Meier 추정량 $\hat{R}(T_{(i)})$, $i=1, 2, \cdots, k$를 구한다. 이를 이용한 완전자료의 i/n에 대응되는 $v_{(i)}$와 관측중단을 수용한 TTT변환 형태인 $TTT_c(v_{(i)})$를 다음과 같이 정의할 수 있다(자세한 이론 전개 과정은 Rausand and Hoyland, 2004를 참조).

$$v_{(i)} = 1 - \hat{R}(T_{(i)}), \quad i = 1, 2, \dots, k \tag{9.26}$$

$$TTT_c(v_{(i)}) = \sum_{j=0}^{i-1} (T_{(j+1)} - T_{(j)}) \hat{R}(T_{(j)}) \quad \text{단, } T_{(0)} = 0 \tag{9.27}$$

TTT 그림은 식 (9.28)의 점들을 타점하여 구할 수 있다.

$$\left(\frac{v_{(i)}}{v_{(k)}}, \ \frac{TTT_c(v_{(i)})}{TTT_c(v_{(k)})} \right), \quad i = 1, 2, \dots, k \tag{9.28}$$

9.3.7 비모수적 방법의 비교

여기서는 완전자료와 관측중단 자료에 적용할 수 있는 비모수적 추정값과 도식화 방법에 대해 간략하게 비교해 본다. 경험적 신뢰도함수는 Kaplan-Meier 추정법의 특수한 경우로 취급할 수 있으므로 따로 언급하지 않는다. Kaplan-Meier와 Nelson 방법을 이용하여 구한 추정값들은 거의 유사하므로 어느 방법을 사용하든 별반 차이가 없다.

도식화 방법으로 Kaplan-Meier 그림은 부품 수명의 초기와 중간 단계의 변동에 매우 민감하지만 분포의 오른쪽 꼬리 부분에서 민감하지 않다. 한편 Nelson 그림은 최초점이 (0, 0)에서 시작되므로 수명분포의 초기 단계에서 전혀 민감하지 않다. 또한 TTT 그림은 수명분포의 중간 단계에서 매우 민감하지만 최초점 (0, 0)과 최종점 (1, 1)을 통과하므로 초기 단계와 오른쪽 꼬리 부분에서 덜 민감하다. 분포의 전 범위에 대해 적합한 정보를 얻기 위해서는 이런 세 가지 도식화 방법을 동시에 활용해야 한다.

9.4 모수적 방법: 이항분포와 포아송 과정

이 절에서는 모수적 모형 중에서 먼저 비교적 단순한 두 가지 이산모형인 이항분포모형과 포아송 과정 모형에 대해 소개한다. 다음 세 절에 걸쳐 수명분포로 가장 널리 쓰이는 지수분포 모형과 와이블 및 대수정규분포 모형에 대해 살펴본다.

9.4.1 이항자료

소방펌프의 시동이나 대기구조의 스위치 전환 등 장비의 상태를 작동 혹은 고장의 두 가지로 나누어 분석하고자 할 경우 이항분포 모형을 적용할 수 있다. 확률변수 X가 이항분포를 따르면 확률함수는 다음 식과 같다.

$$\Pr(X=x)=\binom{n}{x}p^{x}(1-p)^{n-x}, \quad x=1, 2, \ldots, n \tag{9.29}$$

여기서 모수는 n과 p로서 $X \sim B(n, p)$로 나타낸다. 이항분포의 평균은 $E(X)=np$이고 분산은 $Var(X)=np(1-p)$이다. p의 최우추정량 $\hat{p}$과 그 분산은 다음과 같다.

$$\hat{p}=\frac{X}{n}, \quad Var(\hat{p})=\frac{p(1-p)}{n} \tag{9.30}$$

F_{α,ν_1,ν_2}를 자유도 ν_1과 ν_2인 F 분포의 $100(1-\alpha)\%$ 백분위수라 할 때 p에 대한 정확한 $100(1-\alpha)\%$ 신뢰구간은 다음과 같다.

$$\left[\frac{x}{x+(n-x+1)F_{\alpha/2,2(n-x+1),2x}},\ \frac{(x+1)F_{\alpha/2,2(x+1),2(n-x)}}{n-x+(x+1)F_{\alpha/2,2(x+1),2(n-x)}}\right] \tag{9.31}$$

여기서 이항분포의 응용 예를 하나 들어 보자. n개 수명 시간 가운데 특정한 시간 t^*보다 큰 개수 $X(t^*)$는 이항분포 $B(n,\ R(t^*))$를 따르게 된다. 따라서 $X(t^*)$의 평균은 $n \cdot R(t^*)$, 식 (9.8)의 $R_n(t^*)$는 $R(t^*)$의 불편추정량이 된다. 이로부터 고장 나지 않은 개수 혹은 고장 개수 x가 관측되면 $R(t^*)$(또는 $F(t^*)$)에 대한 (비모수적) 신뢰구간을 식 (9.31)로부터 구할 수 있다.

또한 np와 $n(1-p)$가 모두 클 경우 다음과 같은 정규근사를 이용하여 신뢰구간을 구할 수 있다.

$$\frac{X-np}{\sqrt{np(1-p)}}=\frac{(\hat{p}-p)}{\sqrt{p(1-p)/n}} \text{ 또는 } \frac{(\hat{p}-p)}{\sqrt{\hat{p}(1-\hat{p})/n}}\approx N(0,\ 1) \tag{9.32}$$

여기서 np와 $n(1-p)$(또는 $n\hat{p}$와 $n(1-\hat{p})$)가 모두 5보다 큰 경우에 근사도가 높으며, p에 대한 $100(1-\alpha)\%$ 근사 신뢰구간은 식 (9.38)의 두 번째 정규근사에 의해 다음과 같이 구성된다.

$$\left[\hat{p}-z_{\alpha/2}\sqrt{\hat{p}(1-\hat{p})/n},\quad \hat{p}+z_{\alpha/2}\sqrt{\hat{p}(1-\hat{p})/n}\right]$$

단 $z_{\alpha/2}$는 표준정규분포 $N(0,\ 1)$의 $100(1-\alpha/2)\%$ 백분위수이다.

또한 식 (9.32)의 첫 번째 정규근사를 이용하면 $n(\hat{p}-p)^2 \le z^2_{\alpha/2}p(1-p)$가 되므로 p에 관한 이차부등식으로부터 신뢰구간을 구성하는 방법도 있다.

예제 9.3

2년 전에 판매된 전자제품 100대 가운데 AS 센터에 보고된 고장 대수는 6대다. 무상보증기간이 2년인 경우 이 자료로부터 무상보증 기간의 신뢰도에 대한 90% 신뢰구간을 구하라.

먼저 식 (9.31)를 이용하여 $p=F(2)$와 $R(2)$에 대한 정확한 90% 신뢰구간을 구하면 다음과 같다.

$$F(2):\ \left[\frac{6}{6+95F_{0.05,190,12}}=0.026,\ \frac{7F_{0.05,14,188}}{94+7F_{0.05,14,188}}=0.137\right]$$

$$R(2):\ [1-0.137=0.863,\quad 1-0.026=0.974]$$

또한 정규분포 근사를 적용할 수 있으므로 $F(2)$와 $R(2)$에 대한 90% 신뢰구간은 다음과 같이 각각 추정된다.

$$F(2):\ [0.06-1.645\sqrt{0.06\times0.94/100}=0.021,\ 0.06+1.645\sqrt{0.06\times0.94/100}=0.099]$$

$$R(2):\ [1-0.099=0.901,\quad 1-0.021=0.979]$$

9.4.2 포아송 과정 자료

총 가동 시간 t 동안 일정한 고장률 λ인 서로 독립이고 동일한 부품들의 수명 시간을 관측한다고 가정하자. 이런 고장 양상은 정상 포아송 과정(HPP: homogeneous Poisson process)에 따라 발생하게 된다(부록 F 참조). 따라서 이 기간에 관측된 고장수 X는 모수 λt인 포아송 분포를 따른다.

$$\Pr(X=x)=\frac{(\lambda t)^x}{x!}e^{-\lambda t},\quad x=0,\,1,\,\ldots \tag{9.33}$$

X의 평균은 $E(X)=\lambda t$ 이고 분산은 $Var(X)=\lambda t$ 이며, λ의 최우추정량 및 분산은 각각 다음과 같다.

$$\hat{\lambda}=\frac{X}{t},\quad Var(\hat{\lambda})=\frac{\lambda}{t} \tag{9.34}$$

또한 $\chi^2_{\alpha,\nu}$를 자유도 ν인 χ^2 분포의 $100(1-\alpha)\%$ 백분위수라 할 때 포아송 분포와 χ^2 분포(또는 감마분포) 간의 관계로부터 λ에 대한 $100(1-\alpha)\%$ 신뢰구간은 고장수가 x일 때 다음과 같이 구할 수 있다(연습문제 9.7 참조).

$$\left[\frac{1}{2t}\chi^2_{1-\alpha/2,2x},\ \frac{1}{2t}\chi^2_{\alpha/2,2(x+1)}\right] \tag{9.36}$$

λ에 대한 $100(1-\alpha)\%$ 신뢰상한에 관심이 있을 경우에는 다음과 같이 단측 신뢰구간을 구하면 된다.

$$\left(0,\ \frac{1}{2t}\chi^2_{\alpha,2(x+1)}\right] \tag{9.37}$$

이 신뢰구간은 총 가동 시간 t 동안 고장이 하나도 발생하지 않을 경우($X=0$)에도 적용할 수 있다.

예제 9.4

일정한 고장률 λ를 가지는 독립이고 동일한 부품들을 고려하자. 누적 작동시간 5년 $=5\times 8760=$ 43,800시간 동안 $X=3$을 관측하였다.
먼저 λ는 다음과 같이 추정된다.

$$\hat{\lambda}=\frac{3}{43,800}(\text{시간})^{-1}\approx 6.85\cdot 10^{-5}(\text{시간})^{-1}$$

또한 λ의 90% 신뢰구간은 식 (9.36)으로부터 다음과 같이 구해진다.

$$\left[\frac{1}{2 \cdot 43,800}\chi^2_{0.95,6},\ \frac{1}{2 \cdot 43,800}\chi^2_{0.05,8}\right] = \left[1.87 \cdot 10^{-5},\ 17.71 \cdot 10^{-5}\right]$$

이 추정값과 신뢰구간을 도시하면 그림 9.15와 같다. 고장수가 더 많이 관측되고 누적 작동시간(t)이 길어질수록 신뢰구간의 길이는 더욱 짧아진다. 또한 그림 9.15에서 추정값과 신뢰상한 간 거리가 신뢰하한과의 거리와 다르다는 것을 알 수 있다. 이것은 비대칭분포 모형의 일반적인 현상이다.

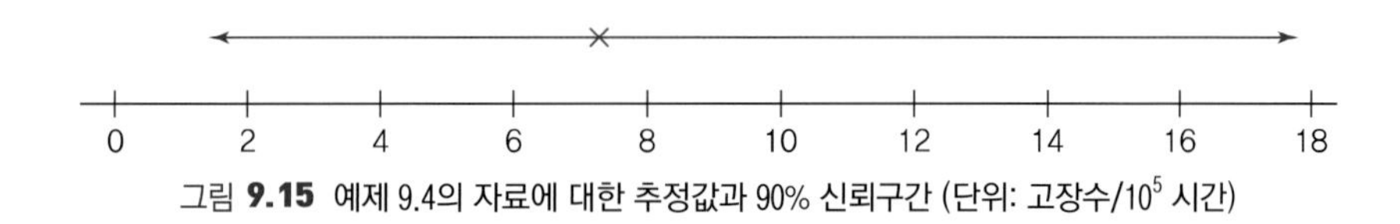

그림 **9.15** 예제 9.4의 자료에 대한 추정값과 90% 신뢰구간 (단위: 고장수/10^5 시간)

또한 λt가 클 경우(즉 $\lambda t > 15$) 포아송 분포는 다음과 같이 정규분포 $N(\lambda t,\ \lambda t)$에 근사화할 수 있다.

$$\frac{X-\lambda t}{\sqrt{\lambda t}} \approx N(0,\ 1) \quad \text{또는} \quad \frac{X-\hat{\lambda} t}{\sqrt{\hat{\lambda} t}} \approx N(0,\ 1) \tag{9.38}$$

따라서 고장수 X가 x로 관측되면 식 (9.38)의 두 번째 정규근사에 의해 λ에 대한 근사 $100(1-\alpha)\%$ 신뢰구간은 다음과 같이 구할 수 있다.

$$\left[\frac{x}{t} - z_{\alpha/2}\sqrt{\frac{\hat{\lambda}}{t}},\quad \frac{x}{t} + z_{\alpha/2}\sqrt{\frac{\hat{\lambda}}{t}}\right]$$

또한 식 (9.38)의 첫 번째 정규근사를 이용하면 $(x-\lambda t)^2 \le z^2_{\alpha/2}\lambda t$가 되므로 λ에 관한 이차부등식으로부터 신뢰구간을 구성하는 방법도 있다(9.8절 참조).

9.5 모수적 방법: 지수 수명분포

이 절에서는 수명이 지수분포를 따를 때 완전자료와 관측중단자료로 구분하여 모수의 점추정과 구간추정 방법을 다루며, 대상 자료의 모형으로 지수분포를 선택할 때 이의 적합 여부를 판정하는 적합도 검정법을 소개한다.

9.5.1 완전자료

n개의 수명 시간 $T_1, T_2, \ldots, T_n$이 서로 독립이고 고장률 λ인 지수분포를 따른다고 가정할 때 우도함수는 다음 식과 같이 적을 수 있다(부록 E의 최우추정법 참조).

$$L(\lambda;\, t_1, t_2, \ldots, t_n) = \lambda^n e^{-\lambda \sum_{j=1}^{n} t_j}, \quad \lambda > 0,\ t_j > 0,\ j = 1, \ldots, n \tag{9.38}$$

이를 대수변환하여 구한 λ의 최우추정량(MLE)은 다음과 같이 주어진다(부록 E의 도출 과정 참조).

$$\hat{\lambda} = \frac{n}{\sum_{j=1}^{n} T_{(j)}} = \frac{n}{TTT(T_{(n)})} \tag{9.39}$$

여기서 $TTT(T_{(n)})$은 총 시험시간인 TTT다. 이 추정량이 불편추정량인지 먼저 조사해 보자. $T_j,\ j = 1, \ldots, n$은 모수 λ인 지수분포이므로 $2\lambda T_j$는 자유도가 2인 χ^2 분포를 따르게 된다. 또한 T_j는 독립이므로 $Y = 2\lambda \sum_{j=1}^{n} T_j = 2\lambda \sum_{j=1}^{n} T_{(j)}$는 자유도가 $2n$인 χ^2 분포를 따른다(9.5.2절의 (3) 참조). 그런데

$$\hat{\lambda} = \frac{n}{\sum_{j=1}^{n} T_{(j)}} = \frac{2n\lambda}{2\lambda \sum_{j=1}^{n} T_{(j)}} = \frac{2n\lambda}{Y}$$

이므로, 다음 식이 성립한다.

$$E(\hat{\lambda}) = 2n\lambda E\left(\frac{1}{Y}\right)$$

상기 식의 $E\left(\frac{1}{Y}\right)$은 다음과 같이 구할 수 있다.

$$E\left(\frac{1}{Y}\right) = \int_0^{\infty} \frac{1}{y} \cdot \frac{1}{2^n} \frac{1}{\Gamma(n)} \cdot y^{n-1} e^{-y/2} dy$$

$$= \frac{1}{2(n-1)} \int_0^{\infty} \frac{1}{2^{n-1}\Gamma(n-1)} y^{n-2} e^{-y/2} dy = \frac{1}{2(n-1)}$$

따라서 $E(\hat{\lambda})$는 다음과 같다.

$$E(\hat{\lambda}) = 2n\lambda \cdot \frac{1}{2(n-1)} = \frac{n}{n-1} \cdot \lambda$$

그러므로 최우추정량 $\hat{\lambda}$은 λ에 대한 불편추정량이 아니다(지수분포의 모수를 λ대신에 $\theta = 1/\lambda$로 정의하면 θ에 대한 최우추정량은 $TTT(T_{(n)})/n$이 되며, 이 추정량은 불편추정량에 속한다). 보편적으로 쓰이는 최우추정량의 대안으로 불편추정량인 $\tilde{\lambda}$는 최우추정량을 다음과 같이 약간 수정하여 구해진다.

$$\tilde{\lambda} = \frac{n-1}{n} \cdot \hat{\lambda} = \frac{n-1}{\sum_{j=1}^{n} T_j} = \frac{n-1}{TTT(T_{(n)})} \tag{9.40}$$

한편

$$Var\left(\frac{1}{Y}\right) = E\left(\frac{1}{Y^2}\right) - \left[E\left(\frac{1}{Y}\right)\right]^2$$

$$E\left(\frac{1}{Y^2}\right) = \int_0^\infty \frac{1}{y^2} \frac{1}{2^n} \frac{1}{\Gamma(n)} y^{n-1} e^{-y/2} dy = \frac{1}{4(n-1)(n-2)}$$

이므로, 최우추정량 $\hat{\lambda}$의 분산은 다음과 같이 구할 수 있다.

$$\begin{aligned} Var(\hat{\lambda}) &= 4n^2\lambda^2\, Var\left(\frac{1}{Y}\right) = 4n^2\lambda^2\left[\frac{1}{4(n-1)(n-2)} - \frac{1}{4(n-1)^2}\right] \\ &= \frac{n^2\lambda^2}{(n-1)^2(n-2)} \end{aligned} \tag{9.41}$$

이로부터 구한 불편추정량 $\tilde{\lambda}$의 분산은 다음과 같이 $\hat{\lambda}$의 분산보다 작으므로,

$$Var(\tilde{\lambda}) = \left(\frac{n-1}{n}\right)^2 \cdot Var(\hat{\lambda}) = \frac{\lambda^2}{n-2} < Var(\hat{\lambda})$$

이 상황에서는 $\tilde{\lambda}$가 $\hat{\lambda}$보다 우수한 추정량이지만, 이 책에서는 일반적인 상황에서 부록 E에서 언급된 우수한 통계적 성질을 가지는 최우추정량을 우선적으로 다룬다.

다음으로 λ에 대한 신뢰구간을 구해 보자. $2\lambda \sum_{j=1}^{n} T_j = 2n\lambda/\hat{\lambda}$는 자유도가 $2n$인 χ^2 분포를 따르므로(다음 소절의 제2종 관측중단인 경우 참조) 다음 식이 성립한다.

$$\Pr\left(\chi^2_{1-\alpha/2,\,2n} \le 2\lambda \sum_{j=1}^{n} T_j \le \chi^2_{\alpha/2,\,2n}\right) = 1-\alpha$$

$$\Pr\left(\frac{\chi^2_{1-\alpha/2,\,2n}}{2\sum_{j=1}^{n} T_j} \le \lambda \le \frac{\chi^2_{\alpha/2,\,2n}}{2\sum_{j=1}^{n} T_j}\right) = 1-\alpha$$

따라서 λ에 대한 $100(1-\alpha)\%$ 양측 신뢰구간과 더불어 단측 신뢰구간(신뢰상한)을 다음과 같이 구한다.

$$\text{양측: } \left[\frac{\chi^2_{1-\alpha/2,\,2n}}{2\sum_{j=1}^{n} T_j},\quad \frac{\chi^2_{\alpha/2,\,2n}}{2\sum_{j=1}^{n} T_j}\right] = \left[\frac{\hat{\lambda}\chi^2_{1-\alpha/2,\,2n}}{2n},\quad \frac{\hat{\lambda}\chi^2_{\alpha/2,\,2n}}{2n}\right] \tag{9.42}$$

$$\text{단측: } \left(0,\quad \frac{\chi^2_{\alpha,\,2n}}{2\sum_{j=1}^{n} T_j}\right] = \left(0,\quad \frac{\hat{\lambda}\chi^2_{\alpha,\,2n}}{2n}\right]$$

또한 널리 쓰이는 상황인 다음과 같은 가설검정 문제를 생각해 보자.

$$H_0: \lambda = \lambda_0 \quad \text{대} \quad H_1: \lambda < \lambda_0 \tag{9.43}$$

H_0일 때 기각역은 대립가설의 형태에 맞추어 $\hat{\lambda} \le k$의 형태로 정의된다. k는 유의 수준 α에서 다음 식에 의해 결정된다.

$$\Pr\left(\hat{\lambda} \le k \mid H_0\right) \le \alpha \tag{9.44}$$

여기서

$$\hat{\lambda} \le k \iff \frac{1}{\hat{\lambda}} \ge \frac{1}{k} \iff \frac{1}{n}\sum_{j=1}^{n} T_j \ge \frac{1}{k}$$

$$\iff 2\lambda_0 \sum_{j=1}^{n} T_j \ge \frac{2n}{k} \cdot \lambda_0$$

이므로, $2n\lambda_0/k = c$ 로 두면 기각역은 $2\lambda_0 \sum_{j=1}^{n} T_j \ge c$와 같이 된다. 한편 H_0에서 $2\lambda_0 \sum_{j=1}^{n} T_j = 2n\lambda_0/\hat{\lambda}$는 자유도가 $2n$인 χ^2 분포를 따르므로 유의 수준 α인 기각역은 다음과 같이 설정된다.

$$\left\{2\lambda_0 \sum_{j=1}^{n} T_j = 2n\lambda_0/\hat{\lambda} \ge \chi^2_{\alpha,\,2n}\right\} \tag{9.45}$$

이 가설검정의 검정력함수는 다음 식으로 구할 수 있다.

$$\begin{aligned}\Pr\left(2\lambda_0 \sum_{j=1}^{n} T_j \ge \chi^2_{\alpha,\,2n} \,\middle|\, \lambda\right) &= \Pr\left(2\lambda \sum_{j=1}^{n} T_j \ge \frac{\lambda\chi^2_{\alpha,\,2n}}{\lambda_0}\right) \\ &= 1 - F_{\chi^2}\left(\frac{\lambda\chi^2_{\alpha,\,2n}}{\lambda_0};\, 2n\right)\end{aligned} \tag{9.46}$$

단, $F_{\chi^2}(z;\nu)$는 자유도 ν인 χ^2 분포의 누적분포함수임

대립가설이 다른 형태인 경우에는 유사한 방법으로 기각역을 설정할 수 있다.

예제 9.5

지수분포를 따른다고 알려진 기계 부품 20개에 대해 수명시험을 실시하여 고장시간(단위: 시간)을 다음과 같이 얻었다.

2.37, 17.56, 34.84, 36.38, 58.93, 71.48, 71.84, 79.31, 80.90, 90.87, 91.22, 96.35, 108.92, 112.26, 126.87, 127.05, 167.59, 282.49, 335.33, 341.19

먼저 총 시험 시간인 $TTT(T_{(20)}) = 2333.75$로부터 고장률에 대한 최우추정값과 불편추정값을 구하면 각각 $\hat{\lambda} = 20/2333.75 = 0.00857$, $\tilde{\lambda} = (20-1)/2333.75 = 0.00814$가 된다. λ에 대한 95% 신뢰구간은 다음과 같다.

$$\left[\frac{\hat{\lambda}\chi^2_{1-0.05/2,40}}{2n}, \frac{\hat{\lambda}\chi^2_{0.05/2,40}}{2n}\right] = \left[\frac{0.00857(24.43)}{2(20)}, \frac{0.00857(59.34)}{2(20)}\right]$$
$$= [0.00523, \ 0.01271]$$

또한 고장률이 0.01보다 작은지를 유의 수준 5%에서 검정하면, $2n\lambda_0/\hat{\lambda} = 40 \times 0.01/0.00857 = 46.67 < \chi^2_{0.05,40} = 55.76$이므로 고장률이 0.01보다 작다고 볼 수 없다.

9.5.2 관측중단 자료

고장률이 λ로 동일한 n개의 부품을 독립적으로 관측한다고 하자. U를 고장 난 부품들의 집합, C를 고장 나지 않고 관측중단된 부품들의 집합이라고 하면 우도함수(식 (9.38)의 우도함수 기호를 간략화하여 표기함)는 다음 식과 같다(부록 E 참조).

$$L(\lambda) = \prod_{j \in U} f(t_j; \lambda) \prod_{i \in C} R(t_i; \lambda)$$
$$= \prod_{j \in U} \lambda e^{-\lambda t_j} \prod_{i \in C} e^{-\lambda t_i} \tag{9.47}$$

(1) 제2종 관측중단인 경우

수명시험은 r개 고장이 관측될 때 종결한다. 따라서 이 자료는 r개 고장시간과 $n-r$개 관측중단 시간 자료로 구분되므로 식 (9.47)로부터 우도함수는 다음과 같이 된다.

$$L(\lambda;\, t_{(1)},\, \dots,\, t_{(r)}) \propto \frac{n!}{(n-r)!}\lambda^r e^{-\lambda\left[\sum_{j=1}^{r} t_{(j)} + (n-r)t_{(r)}\right]}$$

$$= \frac{n!}{(n-r)!}\lambda^r e^{-\lambda \cdot TTT(t_{(r)})},\ 0 < t_{(1)} < t_{(2)} < \cdots < t_{(r)}$$

이로부터 λ의 최우추정량 $\hat{\lambda}$를 식 (9.48)과 같이 구할 수 있다.

$$\hat{\lambda} = \frac{r}{TTT(T_{(r)})} \tag{9.48}$$

이 추정량이 어떤 성질을 가지는지 파악하기 위해 먼저 $\hat{\lambda}$의 확률분포에 대해 알아보자. D_j를 $(j-1)$번째 고장에서 j번째 고장까지의 구간 간격이라고 정의하면 다음 관계가 성립한다.

$$\begin{aligned} T_{(1)} &= D_1 \\ T_{(2)} &= D_1 + D_2 \\ \vdots \quad & \quad \vdots \quad \vdots \\ T_{(r)} &= D_1 + D_2 + \cdots + D_r \\ \sum_{j=1}^{r} T_{(j)} &= rD_1 + (r-1)D_2 + \cdots + D_r \end{aligned}$$

더욱이 $(n-r)T_{(r)} = (n-r)(D_1 + D_2 + \cdots + D_r)$ 이므로 시간 $T_{(r)}$에서 TTT는 다음과 같이 적을 수 있다.

$$\begin{aligned} TTT(T_{(r)}) &= nD_1 + (n-1)D_2 + \cdots + [n-(r-1)]D_r \\ &= \sum_{j=1}^{r} [n-(j-1)]\, D_j \end{aligned}$$

여기서

$$D_j^* = [n-(j-1)]\, D_j\ ,\quad j = 1,\, 2,\, \dots,\, r$$

이라 하면 $2\lambda D_1^*,\, 2\lambda D_2^*,\, \dots,\, 2\lambda D_r^*$는 독립이고 각각 자유도가 2인 χ^2 분포를 따른다(부록 D의 정리 D.4를 참조). 따라서 $2\lambda TTT(T_{(r)})$는 자유도가 $2r$인 χ^2 분포를 따르게 되고, $E(\hat{\lambda})$를 다음과 같이 구할 수 있다.

$$E(\hat{\lambda}) = E\left[\frac{r}{TTT(T_{(r)})}\right] = 2\lambda r \cdot E\left[\frac{1}{2\lambda \cdot TTT(T_{(r)})}\right] = 2\lambda r \cdot E\left(\frac{1}{Y}\right)$$

$$= 2\lambda r \cdot \frac{1}{2(r-1)} = \lambda \cdot \frac{r}{r-1}$$

λ의 불편추정량은 최우추정량을 약간 수정하여 다음과 같이 얻을 수 있다.

$$\tilde{\lambda} = \frac{r-1}{r}\hat{\lambda} = \frac{r-1}{TTT(T_{(r)})} \tag{9.49}$$

완전자료인 경우와 같은 방법으로 $\hat{\lambda}$와 $\tilde{\lambda}$의 분산을 각각 다음과 같이 유도할 수 있다.

$$Var(\hat{\lambda}) = \frac{r^2\lambda^2}{(r-1)^2(r-2)}$$

$$Var(\tilde{\lambda}) = \frac{\lambda^2}{r-2}$$

또한 λ의 신뢰구간과 가설검정의 기각역은 $2\lambda TTT(T_{(r)}) = 2r\lambda/\hat{\lambda}$가 자유도 $2r$인 χ^2 분포를 따른다는 점을 이용하여 쉽게 유도할 수 있다.

예제 9.6

예제 9.5에서 처음 15개의 고장시간만 관측하고 시험을 중단할 경우 고장률의 추정값과 이것의 90% 신뢰구간을 구해 보자.

TTT는 $TTT(T_{(15)}) = (2.37 + \cdots + 126.87) + 126.87(20-15) = 1714.45$가 되므로 고장률의 두 추정값은 다음과 같이 계산된다.

$$\hat{\lambda} = \frac{r}{TTT(T_{(r)})} = \frac{15}{1714.45} = 0.00875$$

$$\tilde{\lambda} = \frac{r-1}{TTT(T_{(r)})} = \frac{14}{1714.45} = 0.00817$$

또한 λ의 90% 양측 신뢰구간은 다음과 같다.

$$\left[\frac{\hat{\lambda}\chi^2_{1-0.1/2,30}}{2(15)}, \frac{\hat{\lambda}\chi^2_{0.1/2,30}}{2(15)}\right] = \left[\frac{0.00875(18.49)}{30}, \frac{0.00875(43.77)}{30}\right]$$
$$= [0.00539, 0.01277]$$

(2) 제1종 관측중단인 경우

수명시험은 정해진 시점 t_0에서 종결되므로 시점 t_0 이전에 고장 난 부품의 수(S)는 확률변수가 된다. 이 사실은 제2종 관측중단인 경우보다 복잡한 상황을 만든다.

λ에 대한 최우추정량은 완전자료 혹은 제2종 관측중단 자료인 경우 분자가 고장수, 분모는

TTT인 분수 형태로 유도되므로, 직관적으로 제1종 관측중단인 경우도 이와 동일한 형태가 될 것으로 추측된다. 관측중단시간이 t_0인 n개의 시험단위에 대해 고장수 S인 경우에 이를 유도해 보자.

먼저 S의 관측된 고장수가 r일 때(s보다 전 소절처럼 r로 표기) 식 (9.47)와 부록 E로부터 우도함수와 대수우도함수를 다음과 같이 적을 수 있다.

$$L(\lambda)=\prod_{j=1}^{r}\lambda e^{-\lambda t_{(j)}}\prod_{j=r+1}^{n}e^{-\lambda t_0}$$

$$l(\lambda)=\ln L(\lambda)=r\ln\lambda-\lambda\left[\sum_{j=1}^{r}t_{(i)}+(n-r)t_0\right]$$

λ의 최우추정량을 구하기 위해 대수우도함수를 λ에 대해 미분하면

$$\frac{dl(\lambda)}{d\lambda}=\frac{r}{\lambda}-\left[\sum_{j=1}^{r}t_{(i)}+(n-r)t_0\right] \tag{9.50}$$

이 되어, λ의 최우추정량은 총 시험시간을 $TTT(t_0)=\sum_{j=1}^{S}T_{(j)}+(n-S)t_0$ 로 나타낼 수 있으므로 다음과 같다.

$$\hat{\lambda}=\frac{S}{TTT(t_0)} \tag{9.51}$$

최우추정량은 완전 자료와 제2종 관측중단 경우와 동일하게 고장수를 TTT로 나눈 형태가 되며, λ의 대안 추정량으로 제2종 관측중단 경우와 유사하게 다음을 채택할 수 있다.

$$\tilde{\lambda}=\frac{S-1}{TTT(t_0)} \tag{9.52}$$

이 추정량은 완전자료 혹은 제2종 관측중단 자료인 경우와는 달리 편의추정량이므로, 여기서 더 이상 다루지는 않지만 점근적인 불편성을 가진다.

한편 제1종 관측중단 자료인 경우는 전 소절과 달리 추정량의 분산을 도출하기 힘드므로, 대안으로 이의 점근적 분산을 구하기 위해 식 (9.50)을 한 번 더 미분하면

$$\frac{d^2l(\lambda)}{d\lambda^2}=-\frac{r}{\lambda^2}$$

이 된다. 따라서 점근적 분산($Avar(\cdot)$)의 역수인 Fisher 정보량은 다음과 같이 구할 수 있다(부록 E 참조).

$$I(\lambda) = E\left[-\frac{d^2 l(\lambda)}{d\lambda^2}\right] = E\left[\frac{S}{\lambda^2}\right] = \frac{E[S]}{\lambda^2}$$

확률변수인 고장수 S는 이항분포를 따르므로

$$E[S] = n(1 - e^{-\lambda t_0})$$

이 되어, Fisher 정보량은 다음과 같이 되며, 이의 추정값은 $I(\hat{\lambda})$로 구해진다.

$$I(\lambda) = \frac{n(1 - e^{-\lambda t_0})}{\lambda^2} \tag{9.53}$$

또한 관측된 고장수가 r일 때 $\hat{\lambda}$에서의 국소(local 또는 관측(observed)) 정보량 $O(\hat{\lambda})$은 식 (9.54)와 같다(부록 E 참조).

$$O(\hat{\lambda}) = -\frac{d^2 l(\lambda)}{d\lambda^2}\bigg|_{\lambda = \hat{\lambda}} = \frac{r}{\hat{\lambda}^2} \tag{9.54}$$

제1종 관측중단일 때 이 소절의 대상인 고장난 시험단위를 교체하지 않는 비교체 상황일 경우 $\hat{\lambda}$의 분포를 구할 수 있는 절차는 개발되어 있으나, 이의 정확한 분포를 찾기는 컴퓨터를 이용하더라도 쉽지 않다. 따라서 다음과 같은 $\hat{\lambda}$의 분포에 관한 네 가지 근사법을 소개한다.

Cox의 방법

D. Cox에 의해 제시된 방법으로 단순하면서도 비교적 정밀도가 높은 방법이지만 두 번째와 세 번째 방법보다는 근사의 정확도가 떨어진다(Sundberg, 2001). t_0 직전과 직후의 고장수는 r과 $r+1$이므로 각각 제2종 관측중단인 경우를 적용하면 식 (9.51)의 자유도는 $2r$과 $2r+2$이므로 이의 중간을 택하여 다음과 같이 근사화할 수 있다.

$$\frac{2r\lambda}{\hat{\lambda}} \sim \chi^2(2r+1) \tag{9.55}$$

이로부터 λ에 대한 양측 또는 단측 신뢰구간은 다음과 같이 설정할 수 있다.

- λ에 대한 $100(1-\alpha)\%$ 신뢰구간: 제1종 관측중단 경우

양측일 경우: $$\left[\frac{\hat{\lambda}\chi^2_{1-\alpha/2,\, 2r+1}}{2r},\ \frac{\hat{\lambda}\chi^2_{\alpha/2,\, 2r+1}}{2r}\right] \tag{9.56}$$

단측(상한 설정)일 경우: $\left(0,\ \dfrac{\hat{\lambda}\chi^2_{\alpha,\, 2r+1}}{2r}\right]$

$\ln\hat{\lambda}$의 점근적 분포 이용

$\ln\hat{\lambda}$을 이용한 정규근사가 $\hat{\lambda}$을 이용한 정규 근사방법보다 항상 우수하다고 보증할 수는 없지만, 분포의 대칭성과 신뢰하한도 항상 양이 되는 점에서 전자를 추천하고 있으며(Meeker and Escobar, 1998), Minitab 등에서도 이 방법을 채택하고 있다.

근사적으로 $\dfrac{\ln\hat{\lambda}-\ln\lambda}{\sqrt{Avar(\ln\hat{\lambda})}} \sim N(0,\ 1)$를 따르므로,

$$\text{여기서, } Avar(\ln\hat{\lambda}) = \left(\frac{1}{\hat{\lambda}}\right)^2 Avar(\hat{\lambda}) = \left(\frac{1}{\hat{\lambda}}\right)^2 \frac{\hat{\lambda}^2}{r} = \frac{1}{r} \tag{9.57}$$

λ에 대한 $100(1-\alpha)\%$ 근사 신뢰구간은 다음과 같으며,

$$\left[\hat{\lambda}_L = \hat{\lambda}/\omega,\ \hat{\lambda}_U = \hat{\lambda}\times\omega\right] \tag{9.58}$$

$$\text{단, } \omega = \exp\left(z_{\alpha/2}/\sqrt{r}\right)$$

단측 신뢰구간(상한)은 $z_{\alpha/2}$대신 z_α를 대입하여 쉽게 구할 수 있다.

$Avar(\ln\hat{\lambda})$의 추정값으로 부록 D의 델타 방법을 이용한 식 (9.57)의 국소 정보량 대신에 식 (9.53)의 Fisher 정보량과 델타 방법을 이용한 추정값도 사용될 수 있으나 계산이 보다 용이한 전자가 보다 널리 쓰인다.

Sprott의 방법

D. Sprott(1973)가 제안한 방법으로 우도함수의 왜도(skewness)를 고려하여 정규근사를 높이기 위해 $\hat{\phi}=\hat{\lambda}^{1/3}$로 변환한 근사방법를 추천하였다.

$$\frac{\hat{\phi}-\phi}{[\hat{\phi}^2/(9r)]^{1/2}} \sim N(0,\ 1) \tag{9.59}$$

$$\text{단, } Avar(\hat{\phi}) = \left(\frac{d\phi}{d\lambda}\right)^2_{\lambda=\hat{\lambda}} Avar(\hat{\lambda}) = \frac{\hat{\lambda}^{-4/3}}{9}\cdot\frac{\hat{\lambda}^2}{r} = \frac{\hat{\phi}^2}{9r}$$

따라서 이를 이용하여 ϕ에 대한 양측(단측) 신뢰구간을 구한 후 $\lambda=\phi^3$ 에 대해 변환시키면 된다. 특히 이 근사방법은 소표본일 때 상당히 우수하다고 알려져 있다(Sundberg, 2001).

교체시험의 신뢰구간 공식을 적용하는 방법

제1종 관측중단일 때 정확한 신뢰구간을 구할 수 있는 경우로, 다음 소절에서 소개되는 교체시험(고장난 시험단위를 바로 교체하여 시험을 계속함)에서 얻은 공식을 비교체 시험에 근사적으

로 적용하는 방법이다. 즉, λ에 대한 $100(1-\alpha)\%$ 근사 신뢰구간은 다음과 같이 설정된다.

$$\text{양측일 경우: } \left[\frac{\hat{\lambda}\chi^2_{1-\alpha/2,\,2r}}{2r},\ \frac{\hat{\lambda}\chi^2_{\alpha/2,\,2r+2}}{2r}\right] \tag{9.60}$$

$$\text{단측(상한 설정)일 경우: } \left(0,\ \frac{\hat{\lambda}\chi^2_{\alpha,\,2r+2}}{2r}\right]$$

예제 9.7

다음의 자료는 10개의 전자부품을 수명시험을 실시하여 55일 동안 관측한 8개의 고장시간이 다음과 같으며 나머지 시험단위는 55일에서 관측중단되었다.

2, 51, 33, 27, 14, 24, 4, 41(일)

이 전자부품의 수명은 지수분포를 따른다고 알려져 있으며, 고장률 λ의 95% 신뢰구간을 상기의 4가지 방법으로 구하라.

먼저 TTT를 구하면

$$TTT(55) = (2+4+\cdots+51)+55(10-8) = 306$$

이므로, λ의 최우추정값인 $\hat{\lambda}$는 다음과 같이 계산된다.

$$\hat{\lambda} = 8/306 = 0.0261$$

Cox의 방법

$r=8$이고, $\chi^2_{0.025,\,17} = 30.19$, $\chi^2_{0.975,\,17} = 7.56$이므로, λ에 대한 95% 신뢰구간은 식 (9.56)으로부터 다음과 같이 된다.

$$\left[\frac{\hat{\lambda}\chi^2_{0.975,\,17}}{2(8)},\ \frac{\hat{\lambda}\chi^2_{0.025,\,17}}{2(8)}\right] = \left[\frac{0.0261(7.56)}{2(8)} = 0.0123,\ \frac{0.0261(30.19)}{2(8)} = 0.0492\right]$$

$\ln\hat{\lambda}$의 점근적 분포 이용

$\sqrt{Avar(\ln\hat{\lambda})} = 1/\sqrt{r} = 1/\sqrt{8} = 0.3536$이고 $\omega = \exp\left(z_{0.025}/\sqrt{8}\right) = \exp[1.96(0.3536)] = 2.000$이므로 식 (9.58)로부터 λ에 대한 95% 신뢰구간은 다음과 같다.

$$[\hat{\lambda}_L = \hat{\lambda}/\omega,\ \hat{\lambda}\times\omega = \hat{\lambda}_U] = \left[\frac{0.0261}{2.000} = 0.0131,\ 0.0261(2.000) = 0.0522\right]$$

Sprott의 방법

$\hat{\phi}= \hat{\lambda}^{1/3} = 0.0261^{1/3} = 0.2966$이고, $\sqrt{Avar(\hat{\phi})} = \sqrt{\hat{\phi}^2/(9r)} = \sqrt{0.2966^2/72} = 0.03495$이 되어 식 (9.59)로부터 ϕ의 95% 신뢰구간은 $0.2966 \pm 1.96(0.03495) = 0.2966 \pm 0.0685$ 이므로, λ에 대한 95% 신뢰구간은 다음과 같다.

$$[0.2281^3,\ 0.3651^3] = [0.0119,\quad 0.0487]$$

교체시험 시의 공식

$r = 8$이고, $\chi^2_{0.025,\,18} = 31.53$, $\chi^2_{0.975,\,16} = 6.91$이므로, 식 (9.60)으로부터 λ에 대한 95% 신뢰구간을 다음과 같이 구한다.

$$\left[\frac{\hat{\lambda}\chi^2_{0.975,\,16}}{2(8)},\ \frac{\hat{\lambda}\chi^2_{0.025,\,16+2}}{2(8)}\right] = \left[\frac{0.0261(6.91)}{2(8)} = 0.0113,\ \frac{0.0261(31.53)}{2(8)} = 0.0514\right]$$

(3) 교체시험일 경우

시험시간을 단축하기 위해서 고장난 시험단위를 교체하면서 시험할 수도 있다. 이럴 경우 제1종과 제2종 관측중단여부와 관계없이 다음의 지수분포의 성질 1에 의하면 발생률이 $n\lambda$인 포아송 과정으로 모형화 할 수 있으므로 성질 2에 의하여 정확한 신뢰구간을 구할 수 있다.

- **성질 1**

$G_i, i = 1,\ldots,n$가 독립이고 동일한 exp(λ)를 따르며 계수과정(고장발생횟수에 관심)의 고장 발생간격일 때 구간 $(0, t]$의 고장발생횟수 $N(t)$는 평균 λt인 포아송 분포를 따른다.

부록 F에서 $\sum_{i=1}^{n} G_i \sim \text{gamma}(n,\lambda)$이고, '$N(t) \le n-1$'과 '$\sum_{i=1}^{n} G_i > t$'의 동치관계를 이용하면 $\Pr(\sum_{i=1}^{n} G_i > t) = \Pr(N(t) \le n-1) = \sum_{k=0}^{n-1} \frac{(\lambda t)^k}{k!} e^{-\lambda t}$이 성립한다.

따라서 다음과 같이 보일 수 있다.

$$\begin{aligned}\Pr(N(t) = n) &= \Pr(\sum_{i=1}^{n} G_i \le t < \sum_{i=1}^{n+1} G_i) \\ &= \Pr(\sum_{i=1}^{n+1} G_i > t) - \Pr(\sum_{i=1}^{n} G_i > t) \\ &= \sum_{k=0}^{n} \frac{(\lambda t)^k}{k!} e^{-\lambda t} - \sum_{k=0}^{n-1} \frac{(\lambda t)^k}{k!} e^{-\lambda t} = \frac{(\lambda t)^n}{n!} e^{-\lambda t}, \qquad n = 0, 1, \cdots\end{aligned}$$

• **성질 2**

$G_i, i=1,\dots,n$가 독립이고 동일한 exp(λ)를 따르면 $2\lambda\sum_{i=1}^{n} G_i$는 자유도 $2n$인 χ^2분포를 따른다.

부록 F.1에서 독립이고 동일한 지수 확률변수의 합인 $\sum_{i=1}^{n} G_i \sim \text{gamma}(n,\lambda)$를 따르므로 $\lambda\sum_{i=1}^{n} G_i \sim \text{gamma}(n,1)$이며, $2\lambda\sum_{i=1}^{n} G_i \sim \text{gamma}(n,1/2)$가 된다.

그런데 $\text{gamma}(k,\lambda) \xrightarrow{\lambda=1/2,\ k=n/2} \chi^2(n)$이므로, $2\lambda\sum_{i=1}^{n} G_i \sim \chi^2(2n)$가 된다.

완전자료 및 제2종 관측중단일 경우

성질 1에서 고장발생간격 $G_i, i=1,2,\dots,r$은 독립이고 동일한 exp($n\lambda$)를 따르므로(그림 9.16 참조), 성질 2에 의해 $2n\lambda\sum_{i=1}^{r} G_i \sim \chi^2(2r)$를 따른다. r번째 고장시점 $T_{(r)} = \sum_{i=1}^{r} G_i$이므로 최우추정량 $\hat{\lambda}$은 고장수를 TTT로 나눈 $r/TTT = r/(nT_{(r)})$이 되며, $2r\lambda/\hat{\lambda} = 2n\lambda T_{(r)} \sim \chi^2(2r)$를 따른다. 따라서 다음과 같이 λ에 대한 $100(1-\alpha)\%$ 신뢰구간을 구할 수 있다.

$$\text{양측: } \left[\frac{\hat{\lambda}\chi^2_{1-\alpha/2,\,2r}}{2r},\ \frac{\hat{\lambda}\chi^2_{\alpha/2,\,2r}}{2r}\right]$$

$$\text{단측: } \left(0,\ \hat{\lambda}\frac{\chi^2_{\alpha,\,2r}}{2r}\right] \tag{9.61}$$

단, $t_{(r)}$: 교체상황에서 r번째 시험단위가 고장난 시간

(r번째 시험단위의 수명과 혼동하지 말 것)

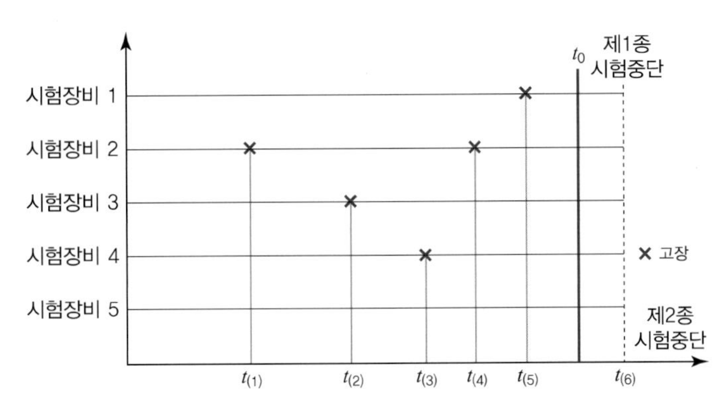

그림 **9.16** 교체시험을 할 경우의 예시: $n=5$, $r=6$(제2종 관측중단)

그림 9.16은 교체일 경우 제2종 관측중단(제1종도 포함)을 나타내는 그림으로서 5대의 시험 장비로서 시험하여 6번째 고장이 발생한 시점에서 시험이 중단되는 경우를 나타내며 총 시험 시간은 $5\times t_{(6)}$이고 고장개수는 6개이므로 λ의 최우추정값은 $\hat{\lambda}=6/(5\times t_{(6)})$가 됨을 알 수 있다.

제1종 관측중단일 경우

t_0에서 시험을 종결하는 제1종 관측중단일 경우는 성질 1에 의해 t_0까지의 고장수 $N(t_0)$는 Poisson($n\lambda t_0$)를 따른다. 그림 9.16에서 $TTT=nt_0$가 되므로, λ의 추정량은 $\hat{\lambda}=r/TTT=r/nt_0$이 된다.

또한 $\Pr(N(t_0)\le r)=\Pr(T_{(r+1)}=\sum_{i=1}^{r+1}G_i>t_0)=\Pr(\chi^2(2r+2)>2n\lambda t_0)$가 성립하므로, λ에 대한 $100(1-\alpha)\%$ 신뢰하한과 신뢰상한은

$$\Pr(N(t_0)\le r)=\Pr\left(\chi^2(2r+2)>\frac{2r\lambda}{\hat{\lambda}}\right)=\frac{\alpha}{2}\quad\Rightarrow\quad\hat{\lambda}_U=\frac{\hat{\lambda}\chi^2_{\alpha/2,\,2r+2}}{2r}$$

$$\Pr(N(t_0)\ge r)=1-\Pr(N(t_0)\le r-1)=1-\Pr\left(\chi^2(2r)>\frac{2r\lambda}{\hat{\lambda}}\right)=\frac{\alpha}{2}$$

$$\Rightarrow\quad\hat{\lambda}_L=\frac{\hat{\lambda}\chi^2_{1-\alpha/2,\,2r}}{2r}$$

이 구해진다(또한 연습문제 9.7 참조). 따라서 다음과 같이 λ에 대한 $100(1-\alpha)\%$ 신뢰구간을 구할 수 있다.

$$\text{양측: }\left[\frac{\hat{\lambda}\chi^2_{1-\alpha/2,2r}}{2r},\ \frac{\hat{\lambda}\chi^2_{\alpha/2,\,2r+2}}{2r}\right]\tag{9.62}$$

$$\text{단측: }\left(0,\ \frac{\hat{\lambda}\chi^2_{\alpha,\,2r+2}}{2r}\right]$$

예제 9.8

지수분포를 따르는 8개의 자동차 부품이 직렬로 연결된 제품을 고장이 발생하면 즉시 새 부품으로 교체하여 100시간 동안 수명시험을 실시한 결과 다음과 같이 14회의 고장이 발생하였다.

26.3, 35.6, 41.5, 58.5, 61.1, 67.6, 69.0, 71.2, 76.4, 81.5, 84.8, 87.3, 92.5, 99.8

λ의 최우추정값을 구하고 95% 단측 신뢰상한을 구하라.

$t_0=100,\ n=8, r=14$ 이므로 $\hat{\lambda}=\frac{r}{nt_0}=\frac{14}{8(100)}=0.0175$가 된다.

식 (9.62)에 $\chi^2_{0.05,\, 2\times 14+2=30} = 43.77$을 대입하면 다음과 같이 λ의 95% 단측 신뢰상한이 구해진다.

$$\left(0,\ \frac{0.0175(43.77)}{2(14)} = 0.0274\right]$$

■■■

9.5.3 적합도 검정*

모수적 방법을 적용하기 위해서는 대상 부품에 대한 적합한 수명분포모형을 선택해야 한다. 어떤 경우에는 부품이 노출되어 있는 열화 메커니즘에 대한 공학적 판단에 근거하여 수명분포를 선택할 수도 있다. 예를 들면 피로시험 자료인 경우 와이블 또는 역가우스(inverse Gaussian) 모형을 적합한 분포로 선택하기도 한다. 또한 비모수적 방법을 이용하여 자료를 도시할 수 있으므로 모수적 분석에서 적합화하고자 하는 수명분포를 결정하기 위해 이런 도식화 방법을 활용할 수 있다. 9.3절의 비모수적 방법에 언급한 세 가지 도식화 방법은 부품의 수명 단계에 따라 각각 민감도가 다르므로 세 가지 방법 모두를 활용하는 것이 좋다.

예를 들어 도식화 방법에 의해 지수분포가 적합할 것으로 생각된다고 하자. 그러면 다음과 같은 절차에 따라 분석을 진행할 수 있다.

- 지수분포를 가정하여 자료로부터 모수 λ의 최우추정값을 구한다.
- Kaplan-Meier, Nelson, TTT 그림에서 고장시간에 대응되는 $R(t)$와 $H(t)$의 최우추정값 또는 축척화된 TTT 값을 타점하고 이들을 적합한 곡선과 더불어 시각적 관점에서 적합도를 판정한다.
- 만약 적합도 조사에서 적절하다고 판정되면 지수분포 모형을 채택하고 이 모형을 이용하여 심층 분석을 실시한다.

어떤 경우에는 대상 분포의 적합성 여부를 판단하기 위해 정형화된 통계적 검정을 실시할 수 있다. 이러한 검정을 적합도 검정(goodness-of-fit test)이라고 하며, 여기서는 지수분포에 적합한지를 판정하는 Barlow-Proschan의 검정을 소개한다.

Barlow and Proschan(1969)은 다음과 같이 정의된 검정통계량 W에 기반한 검정법을 제안하였다. 검정통계량 W는 가정 분포의 고장률이 증가(감소)할 때 큰(작은) 값을 가지도록 설정된다. 완전자료인 경우($T_1, T_2, \ldots, T_n$)에 Barlow-Proschan 통계량 W는 각 고장 시점에서 축척화된 TTT에 의해 다음과 같이 표현된다.

$$W = U_1 + U_2 + \cdots + U_n \tag{9.63}$$

$$단,\ U_i = \frac{TTT(T_{(i)})}{TTT(T_{(n)})},\quad i = 1, 2, \ldots, n$$

제1종 관측중단을 포함한 확률적 관측중단 자료인 경우 검정통계량 W는 다음과 같이 수정된다. $T_{(1)}, T_{(2)}, \ldots, T_{(k)}$를 n개 수명자료에서 순서대로 정렬한 고장시간이라고 하자. 관측중단은 $T_{(i)}$와 $T_{(i+1)}$ 사이에 발생할 수 있으므로, 고장 개수 k는 확률변수가 된다. $(i-1)$번째와 i번째 고장 사이의 TTT를 τ_i, $i = 1, 2, \ldots, k$로 나타내면 Barlow-Proschan의 검정통계량 W는 다음 식과 같이 정의된다.

$$W = \frac{\sum_{i=1}^{k-1}(k-i)\tau_i}{\sum_{i=1}^{k}\tau_i} \tag{9.64}$$

고장률이 일정(λ_0)할 때 W는 다음과 같이 쓸 수 있다.

$$W = U_1 + U_2 + \cdots + U_{k-1}$$

여기서 U_i, $i = 1, 2, \ldots, k-1$은 [0, 1]에서 독립인 균일 확률변수가 되는데, 이로부터

$$E_{\lambda_0}(W) = \frac{k-1}{2}$$

이 되므로, k가 크면 중심극한정리에 의해 다음과 같이 근사할 수 있다.

$$W \sim N\left(\frac{k-1}{2},\ \frac{k-1}{12}\right) \tag{9.65}$$

$$\frac{W-(k-1)/2}{\sqrt{(k-1)/12}} \sim N(0, 1)$$

Barlow-Proschan 검정을 적용하기 위해 두 가설을 다음과 같이 설정하자.

H_0: '일정 고장률($\lambda = \lambda_0$)'

H_1: '고장률은 IFRA(increasing failure rate on the average)'

이에 대한 Barlow-Proschan 검정의 기준은 다음과 같다.

$W \geq w_\alpha$일 때 H_0를 기각한다

여기서 임계값 w_α는 유의 수준 α에 의해 결정된다. 표 9.7에서 고장수 k와 α에 따른 Barlow and Proschan(1969)의 임계값 w_α를 찾을 수 있다. 이 표는 $k \geq 13$일 때 식 (9.65)의 정규근사를 이용한 다음 식이 적용된다.

$$w_\alpha = z_\alpha \sqrt{\frac{(k-1)}{12}} + \frac{(k-1)}{2}$$

표 **9.7** Barlow–Proschan 검정통계량 W에 대한 임계값(Barlow and Proschan, 1969)

$k-1$	α				
	0.100	0.050	0.025	0.010	0.005
2	1.553	1.684	1.776	1.859	1.900
3	2.157	2.331	2.469	2.609	2.689
4	2.753	2.953	3.120	3.300	3.411
5	3.339	3.565	3.754	3.963	4.097
6	3.917	4.166	4.376	4.610	4.762
7	4.489	4.759	4.988	5.244	5.413
8	5.056	5.346	5.592	5.869	6.053
9	5.619	5.927	6.189	6.487	6.683
10	6.178	6.504	6.781	7.097	7.307
11	6.735	7.077	7.369	7.702	7.924
12	7.289	7.647	7.953	8.302	8.535

예제 9.9

다음 자료에 대한 Barlow-Proschan 검정통계량 W를 구하여 지수분포를 따르는지를 검정하라. 단 관측중단 시간은 *로 표시되어 있다.

1,350	1,500*	1,750*	2,000	2,300	2,800
4,000*	4,150*	5,850*	6,500	6,500*	7,250*

먼저 이 자료로부터 τ_i를 계산한다.

$$\tau_1 = 12 \cdot 1,350 = 16,200$$

$$\tau_2 = (1,500 - 1,350) + (1,750 - 1,350) + 9(2,000 - 1,350) = 6,400$$

$$\tau_3 = 8(2,300 - 2,000) = 2,400$$

$$\tau_4 = 7(2,800 - 2,300) = 3,500$$

$$\tau_5 = (4,000 - 2,800) + (4,150 - 2,800) + (5,850 - 2,800) + 3(6,500 - 2,800) = 16,700$$

따라서 W는 다음과 같이 계산된다.

$$W = \frac{4\tau_1 + 3\tau_2 + 2\tau_3 + \tau_4}{\tau_1 + \tau_2 + \tau_3 + \tau_4 + \tau_5} = \frac{92,300}{45,200} = 2.042$$

유의 수준 $\alpha = 0.10$에서 고장률이 일정형 또는 IFRA인지를 조사하기 위해 Barlow-Proschan 검정을 적용하면 $(k-1) = 4$ 이므로 표 9.7로부터 임계값은 $w_{0.10} = 2.753$이 된다. 계산된 검정통계량 W는 2.042로 $w_{0.10} = 2.753$보다 작아 고장률이 일정하다는 귀무가설을 기각할 충분한 근거가 없다.

■■■

또한 귀무가설(H_0): '일정 고장률' 대 대립가설(H_1): '고장률은 DFRA(decreasing failure rate on the average)'의 Barlow-Proschan 검정통계량도 W를 사용하며, 의사결정 기준은 다음과 같이 바뀐다.

$(k-1-W) > w_\alpha$일 때 H_0를 기각한다.

예제 9.9의 경우 $(k-1-W) = 5-1-2.042 = 1.958$ 이고 $w_{0.10} = 2.753$이므로 고장률이 일정하다는 귀무가설을 기각할 충분한 근거가 없는 것으로 보인다.

9.6 모수적 방법: 와이블 수명분포

이 절에서는 수명분포로 가장 널리 쓰이는 와이블 분포의 두 모수 추정법(최우추정법과 최소제곱법)과 최소극치의 검벨분포를 변환하여 모수에 대한 점근적 신뢰구간을 구하는 절차를 살펴본다.

9.6.1 최우추정법

(1) 완전자료

$T_1, T_2, \ldots, T_n$은 독립이고 동일한 다음과 같은 확률밀도함수를 가지는 와이블 분포를 따른다.

$$f_T(t) = \beta\lambda^\beta t^{\beta-1} e^{-(\lambda t)^\beta}, \quad t > 0, \quad \beta > 0, \quad \lambda > 0$$

완전자료인 경우의 우도함수는

$$L(\beta, \lambda;\, t_1, t_2, \ldots, t_n) = \beta^n \lambda^{\beta n} \prod_{j=1}^{n} t_j^{\beta-1} e^{-(\lambda t_j)^\beta} \tag{9.66}$$

이므로, 대수우도함수는 다음과 같다.

$$l(\beta, \lambda) = \ln L(\beta, \lambda; t_1, t_2, ..., t_n) = n\ln\beta + n\beta\ln\lambda + (\beta - 1)\sum_{j=1}^{n}\ln t_j - \lambda^{\beta}\sum_{j=1}^{n} t_j^{\beta}$$

이를 두 모수에 대해 편미분한 우도방정식은 다음과 같다.

$$\frac{\partial l(\beta, \lambda)}{\partial \lambda} = \frac{n\beta}{\lambda} - \beta\lambda^{\beta-1}\sum_{j=1}^{n} t_j^{\beta} = 0 \tag{9.67}$$

$$\frac{\partial l(\beta, \lambda)}{\partial \beta} = \frac{n}{\beta} + n\ln\lambda + \sum_{j=1}^{n}\ln t_j - \sum_{j=1}^{n}(\lambda t_j)^{\beta}\ln(\lambda t_j) = 0 \tag{9.68}$$

이 우도방정식의 해가 최우추정량 $\hat{\beta}$와 $\hat{\lambda}$가 된다. 식 (9.67)로부터

$$\hat{\lambda} = \left(\frac{n}{\sum_{j=1}^{n} t_j^{\hat{\beta}}}\right)^{1/\hat{\beta}} \tag{9.69}$$

로 나타낼 수 있으므로, 식 (9.68)에 대입하여 $\hat{\beta}$에 관한 다음 방정식을 얻는다.

$$\frac{n}{\hat{\beta}} + \sum_{j=1}^{n}\ln t_j - \frac{n\sum_{j=1}^{n} t_j^{\hat{\beta}}\ln t_j}{\sum_{j=1}^{n} t_j^{\hat{\beta}}} = 0 \tag{9.70}$$

추정값 $\hat{\beta}$는 수치적 방법을 통해 식 (9.70)로부터 구할 수 있으며, $\hat{\lambda}$는 이 추정값을 식 (9.69)에 대입하여 구할 수 있다.

예제 9.10

와이블 분포를 따른다고 알려져 있는 전자 부품 20개의 수명자료(단위: 시간)이다. 와이블 분포의 형상모수와 척도모수에 대한 추정값을 구해 보자.

800	350	730	1770	390	110	100	160	940	320
40	190	590	1260	420	250	490	1060	630	290

수작업으로 직접 계산하여 구하는 것은 어려우므로 통계 소프트웨어인 Minitab을 사용하도록 한다. 그림 9.17에는 와이블 분포의 모수 추정 결과가 요약되어 있으며, 그림 9.18에는 적합화된 와이블 확률지와 분위수에 대한 95% 신뢰구간이 도시되어 있다.

추정방법: 최대우도법
분포: 와이블 분포

모수 추정값

모수	추정값	표준오차	95.0% 정규 CI 하한	95.0% 정규 CI 상한
형상모수	1.29000	0.223588	0.918454	1.81186
척도모수	590.056	107.975	412.222	844.610

로그 우도 = −145.045

적합도
Anderson-Darling(수정된) = 0.457

분포의 특성

	추정값	표준오차	95.0% 정규 CI 하한	95.0% 정규 CI 상한
평균(MTTF)	545.822	95.4292	387.463	768.903
표준편차	426.494	95.1789	275.394	660.499
중위수	444.122	90.6784	297.652	662.668
제1 사분위수(Q1)	224.619	63.9844	128.522	392.571
제3 사분위수(Q3)	760.079	132.228	540.479	1068.90
사분위간 범위(IQR)	535.459	100.892	370.120	774.660

그림 **9.17** 예제 9.10의 자료에 대한 Minitab 세션 출력 창의 일부

Minitab 실행 결과를 보면 와이블 분포의 형상모수(β)는 1.2900, 척도모수($1/\lambda$)는 590.056으로 추정되었다. 또한 그림 9.18의 확률지 그림에서 와이블 분포가 적절한 수명분포임을 확인할 수 있다.

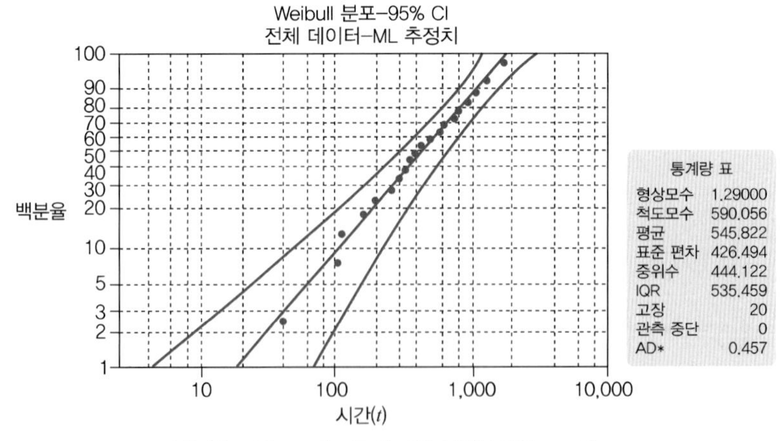

그림 **9.18** 예제 9.10의 자료에 대한 와이블 확률지 그림

(2) 관측중단 자료

제1종 관측중단의 경우보다 덜 복잡한 제2종 관측중단인 경우를 먼저 고려하자. 이 경우의 수명시험 자료에는 r개의 고장시간과 $n-r$개의 관측중단 시간이 포함되어 있으며, $t_{(r)}$시간에서 관측중단이 발생한다. 따라서 지수 수명분포인 경우와 유사하게 우도함수는 다음 식에 비례한다(부록 E 참조).

$$L(\beta,\lambda;\boldsymbol{t}) \propto \left[\prod_{j=1}^{r}\beta\lambda^{\beta}t_{(j)}^{\beta-1}e^{-(\lambda t_{(j)})^{\beta}}\right]\left[e^{-(\lambda t_{(r)})^{\beta}}\right]^{n-r}$$
$$= \beta^{r}\lambda^{\beta r}\left(\prod_{j=1}^{r}t_{(j)}^{\beta-1}\right)e^{-\left[\sum_{j=1}^{r}(\lambda t_{(j)})^{\beta}+(n-r)(\lambda t_{(r)})^{\beta}\right]}$$

여기서 $\boldsymbol{t}$는 r개의 고장시간과 동일한 $n-r$개의 관측중단 시간 $t_{(r)}$로 구성된 자료 집합이라고 정의한다. 대수우도함수는

$$l(\beta,\lambda) = \ln L(\beta,\lambda;\boldsymbol{t})$$
$$= r\ln\beta + r\beta\ln\lambda + (\beta-1)\sum_{j=1}^{r}\ln t_{(j)} - \sum_{j=1}^{r}(\lambda t_{(j)})^{\beta} - (n-r)(\lambda t_{(r)})^{\beta}$$

이므로 이를 β와 λ에 대해 편미분한 다음의 우도방정식에 의해 최우추정값 $\hat{\beta}$와 $\hat{\lambda}$를 구할 수 있다.

$$\hat{\lambda} = \left(\frac{r}{\sum_{j=1}^{r}t_{(j)}^{\hat{\beta}} + (n-r)t_{(r)}^{\hat{\beta}}}\right)^{1/\hat{\beta}} \tag{9.71}$$

$$\frac{r}{\hat{\beta}} + \sum_{j=1}^{r}\ln t_{(j)} - \frac{r\sum_{j=1}^{r}t_{(j)}^{\hat{\beta}}\ln t_{(j)} + (n-r)t_{(r)}^{\hat{\beta}}\ln t_{(r)}}{\sum_{j=1}^{r}t_{(j)}^{\hat{\beta}} + (n-r)t_{(r)}^{\hat{\beta}}} = 0 \tag{9.72}$$

제1종 관측중단인 경우 두 모수의 최우추정값은 식 (9.71)과 식 (9.72)의 $t_{(r)}$ 대신 관측중단 시간 t_0를 대입하여 구하면 된다.

완전자료를 포함한 관측중단자료일 때 β와 λ의 최우추정량에 대한 정확한 확률분포를 구하거나 통계적 성질을 규명하는 것은 쉽지 않다. 따라서 β와 λ에 대한 신뢰구간은 최우추정량의 점근 성질을 이용하는데 이는 9.6.3절에서 다룬다.

9.6.2 최소제곱법

관측중단이 한 번 발생할 경우에 2개 이상의 고장자료가 얻어진다면 단순 회귀분석(simple linear regression)의 최소제곱법(least squares estimation: LSE)을 이용하여 β와 λ의 추정값을 용이하게 구할 수 있다.

와이블 분포의 누적분포함수를 양변에 대수를 두 번(ln ln) 취하면 식 (9.11)은 다음과 같이 선형 관계로 변환할 수 있다.

$$y' = \beta \ln\lambda + \beta x' \tag{9.73}$$

$$\text{단, } y' = \ln\ln\frac{1}{1-F(t)}, \quad x' = \ln t$$

우측 관측중단의 경우에 n개 중에서 r개의 고장시간을 획득할 때 y_i'의 추정값은 확률지 도시에 사용되는 $F_n(t_{(i)})$의 추정값인 $\overline{F_n}(t_{(i)}) = (i-0.5)/n$ (대칭시료 누적분포법)를 이용하여 구할 수 있으며, 대칭시료 누적분포법 대신 메디안 랭크법($\widetilde{F_n}(t_i) \approx (i-0.3)/(n+0.4)$)을 채택하고 LSE로 모수를 추정하면 MRR(median rank regression) 방법으로 불리고 있다. 이 절에서는 엔지니어들에게 널리 알려진 MRR 방법을 다룬다.

한편 식 (9.73)보다 설명변수와 반응변수를 바꾸어 식 (9.74)의 선형 관계를 설정할 수 있는데 최근 들어서는 변동이 더 큰 변수를 반응변수로 설정하는 것이 더 좋은 통계적 성질을 가진다고 알려져 있다(Minitab은 이 방식을 택하고 있음).

$$y_i = -\ln\lambda + \frac{1}{\beta}x_i \tag{9.74}$$

$$\text{여기서 } y_i = \ln t_i, \; x_i = \ln\ln\frac{n+0.4}{n-i+0.7}$$

식 (9.74)의 단순 선형 회귀모형에 대해 최소제곱법을 적용하여 추정한 기울기(b_1)와 절편(b_0)을 통해 두 모수의 MRR 추정값을 다음과 같이 구할 수 있다.

$$\hat{\beta}' = \frac{1}{b_1}, \quad \hat{\lambda}' = e^{-b_0}$$

최근까지도 MRR 추정법은 확률지를 이용할 수 있는 시각적 효과, 소표본일 때 최우추정법에 비해 편의가 작은 점, 수치해법이 필요하지 않는 등의 장점을 가지고 있어 현업의 엔지니어를 중심으로 널리 쓰이고 있다. 한편 근년에 정규성, 효율성, 일치성 등의 우수한 점근 성질을 가지고 있는 최우추정법이 소프트웨어 개발과 더불어 시뮬레이션 수치실험 연구(Genschela and Meeker(2010)와 이 논문에 인용된 문헌)를 통해 MRR 추정법보다 소표본일 경우를 포함한 거의 모든 시험 상황(특히 제1종 관측중단)에 우수하다고 인정되어 MRR 추정법보다 최우추정법을 선호하는 추세로 바뀌고 있다.

9.6.3 최소극치의 검벨 분포를 이용한 최우추정법*

와이블 분포 모수의 점추정과 신뢰구간을 구할 때 수치적 안정성을 고려하여 최소극치의 검벨 분포로 대수변환하여 적용하는 경우가 많다. 수명 T가 와이블 분포(Weibull(λ, β))를 따르면 $X=\ln T$는 위치모수 $v=-\ln\lambda$와 척도모수 $\alpha=1/\beta$인 최소극치의 검벨분포(3.3.4절)를 따른다. 최소극치의 검벨분포의 확률밀도함수와 신뢰도함수는 각각 다음과 같다.

$$f(x)=\frac{1}{\alpha}e^{\frac{x-v}{\alpha}}e^{-e^{\frac{x-v}{\alpha}}}$$

$$R(x)=e^{-e^{\frac{x-v}{\alpha}}}$$

(1) 최우추정법

9.6.1절과 같이 제1종 관측중단의 경우보다 덜 복잡한 제2종 관측중단인 경우(완전자료도 포함)를 먼저 고려하자. 이 경우 $x_{(j)}=\ln t_{(j)}$, $j=1, ..., r$ 이고 $x_{(r)}=\ln t_{(r)}$에서 관측중단이 발생하므로 우도함수는 와이블 분포와 유사하게 다음 식에 비례한다.

$$\begin{aligned}L(\alpha, v; \boldsymbol{x}) &\propto \left[\prod_{j=1}^{r}\frac{1}{\alpha}e^{\frac{x_{(j)}-v}{\alpha}}e^{-e^{\frac{x_{(j)}-v}{\alpha}}}\right]\left[e^{-e^{\frac{x_{(r)}-v}{\alpha}}}\right]^{n-r}\\ &=\frac{1}{\alpha^{r}}\left(e^{\sum_{j=1}^{r}\frac{x_{(j)}-v}{\alpha}}\right)e^{-\left(\sum_{i=1}^{r}e^{\frac{x_{(j)}-v}{\alpha}}+(n-r)e^{\frac{x_{(r)}-v}{\alpha}}\right)}\end{aligned}$$

여기서 $\boldsymbol{x}$는 r개의 대수변환된 고장시간과 동일한 $n-r$개의 관측중단 시간 $x_{(r)}$로 구성된 자료 집합이라고 정의한다. 대수우도함수는

$$\begin{aligned}l(\alpha, v) &= \ln L(\alpha, v; \boldsymbol{x})\\ &=-r\ln\alpha+\sum_{j=1}^{r}\frac{x_{(j)}-v}{\alpha}-\sum_{j=1}^{r}\exp\left(\frac{x_{(j)}-v}{\alpha}\right)-(n-r)\exp\left(\frac{x_{(r)}-v}{\alpha}\right)\end{aligned} \tag{9.75}$$

이므로 α와 v에 대해 편미분한 스코어 통계량을 0으로 둔 다음의 우도방정식에 의해 최우추정값 $\hat{\alpha}$와 $\hat{v}$를 구할 수 있다.

$$U_1(\alpha,v) = \frac{\partial l(\alpha,\, v)}{\partial \alpha} = -\frac{r}{\alpha} - \frac{1}{\alpha}\sum_{j=1}^{r}\frac{x_{(j)}-v}{\alpha} + \frac{1}{\alpha}\sum_{j=1}^{r}\frac{x_{(j)}-v}{\alpha}\exp\left(\frac{x_{(j)}-v}{\alpha}\right)$$

$$+(n-r)\frac{x_{(r)}-v}{\alpha^2}\exp\left(\frac{x_{(r)}-v}{\alpha}\right) = 0 \tag{9.76}$$

$$U_2(\alpha,v) = \frac{\partial l(\alpha,\, v)}{\partial v} = -\frac{r}{\alpha} + \frac{1}{\alpha}\sum_{i=1}^{r}\exp\left(\frac{x_{(j)}-v}{\alpha}\right) + \frac{n-r}{\alpha}\exp\left(\frac{x_{(r)}-v}{\alpha}\right) = 0 \tag{9.77}$$

제1종 관측중단인 경우 두 모수의 최우추정값은 식 (9.76)과 식 (9.77)의 $x_{(r)}$ 대신 관측중단 시간 $x_0 = \ln t_0$를 대입하여 구할 수 있는데 이때 두 모수의 최우추정값을 구하기 위해서는 Newton-Raphson법 등의 수치해법이 필요하다.

제1종과 제2종 관측중단을 통합하여 $w_j = \min(x_j,\, x_{(r)} \text{ or } x_0)$, $w_j' = (w_j - v)/\alpha$, $j = 1, \ldots, n$으로 두면 식 (9.76)와 식 (9.77)을 각각 다음과 같이 간략화할 수 있다.

$$U_1(\alpha,v) = -\frac{r}{\alpha} - \frac{1}{\alpha}\sum_{j=1}^{r} w_j' + \frac{1}{\alpha}\sum_{j=1}^{n} w_j' \exp(w_j') = 0 \tag{9.78}$$

$$U_2(\alpha,v) = -\frac{r}{\alpha} + \frac{1}{\alpha}\sum_{i=1}^{n}\exp(w_j') = 0 \tag{9.79}$$

최우추정량의 불변 성질을 이용하여 식 (9.78)과 식 (9.79)로부터 구한 $\hat{\alpha}$와 $\hat{v}$로부터 와이블 분포의 두 모수에 대한 최우추정량은 각각 다음과 같이 추정된다.

$$\hat{\lambda} = e^{-\hat{v}} \tag{9.80}$$

$$\hat{\beta} = \frac{1}{\hat{\alpha}} \tag{9.81}$$

(2) 공분산 행렬과 근사 신뢰구간

최우추정량의 대표본 성질에 의해 $(\hat{\alpha},\, \hat{v})$의 점근 공분산 행렬을 Fisher정보량 행렬 $\boldsymbol{I}(\alpha, v)$의 역행렬로 구할 수 있다(부록 E 참조). 이에 관한 자세한 내용은 Meeker and Escobar(1998)와 Lawless(2003)를 참조하기 바란다.

식 (9.75)의 대수우도함수를 두 모수에 대해 2회 편미분한 함수의 음의 기댓값으로 구성된 대칭인 Fisher 정보량 행렬은 다음과 같이 구해진다.

$$I\,(\alpha, v) = \left[\sum_{j=1}^{n} f_{lk}^{(j)}\right]_{2\times 2} \tag{9.82}$$

단, $f_{11}^{(j)} = \frac{1}{\alpha^2}\left[\int_0^{w_j'}(1+z^2e^z)\exp(z-e^z)dz + w_j'^2\exp(w_j' - e^{w_j'})\right]$

$$f_{12}^{(j)} = f_{21}^{(j)} = \frac{1}{\alpha^2}\left[\int_0^{w_j'} ze^z\exp(z-e^z)dz + w_j'\exp(w_j' - e^{w_j'})\right]$$

$$f_{22}^{(j)} = \frac{1}{\alpha^2}[1-\exp(-e^{w_j'})]$$

식 (9.82)의 Fisher 정보량 행렬은 수치적분을 통해 구해야 하는 어려움이 있으므로 이의 추정값으로 보통 대수우도함수의 이차 편미분식에 $(\hat{\alpha}, \hat{v})$를 대입한 다음의 국소(local, observed) 정보량 행렬 $\boldsymbol{O}(\hat{\alpha}, \hat{v})$가 쓰인다.

$$\boldsymbol{O}(\hat{\alpha}, \hat{v}) = \begin{bmatrix} -\dfrac{\partial^2 l(\alpha, v)}{\partial\alpha^2} & -\dfrac{\partial^2 l(\alpha, v)}{\partial\alpha\partial v} \\ -\dfrac{\partial^2 l(\alpha, v)}{\partial\alpha\partial v} & -\dfrac{\partial^2 l(\alpha, v)}{\partial v^2} \end{bmatrix}$$

$\boldsymbol{O}(\hat{\alpha}, \hat{v})$는 $\hat{w}_j' = (w_j - \hat{v})/\hat{\alpha}$라 두고 $U_1(\hat{\alpha}, \hat{v}) = 0,\ U_2(\hat{\alpha}, \hat{v}) = 0$을 만족하는 조건을 이용하여 정리하면

$$\boldsymbol{O}(\hat{\alpha}, \hat{v}) = \frac{1}{\hat{\alpha}^2}\begin{bmatrix} r + \sum_{j=1}^{n}\hat{w}_j'^2 e^{\hat{w}'_j} & \sum_{j=1}^{n}\hat{w}_j' e^{\hat{w}'_j} \\ \sum_{j=1}^{n}\hat{w}_j' e^{\hat{w}'_j} & r \end{bmatrix} \tag{9.83}$$

와 같이 되고(연습문제 9.19 참조), 공분산 행렬($\boldsymbol{\Sigma}$)의 추정값 $\hat{\boldsymbol{\Sigma}}$는 $\boldsymbol{O}(\hat{\alpha}, \hat{v})^{-1}$이 된다.

α^*와 v^*의 점근적 분산과 공분산을 각각 $Avar(\hat{\alpha})$, $Avar(\hat{v})$와 $Acov(\hat{\alpha}, \hat{v})$라 하면 두 모수의 점근 분산의 제곱근으로부터 표준오차를 구할 수 있다. 또한 와이블 분포의 두 모수 β, λ의 최우추정량인 $\hat{\beta}$와 $\hat{\lambda}$의 점근적 분산과 공분산도 델타 방법(부록 D 참조)을 적용하여 다음과 같이 추정된다.

$$Avar(\hat{\beta}) \approx \frac{Avar(\hat{\alpha})}{\hat{\alpha}^4} \tag{9.84}$$

$$Avar(\hat{\lambda}) \approx e^{-2\hat{v}}Avar(\hat{v}) \tag{9.85}$$

$$Acov(\hat{\beta}, \hat{\lambda}) \approx \frac{e^{-\hat{v}}Acov(\hat{\alpha}, \hat{v})}{\hat{\alpha}^2} \tag{9.86}$$

따라서 이들 값과 최우추정량의 점근 성질인 정규성을 이용하면, 와이블 분포의 모수, 분위수, 신뢰도에 대해 정규분포로 근사한 신뢰구간을 구할 수 있다.

예제 9.11

와이블 분포를 따른다고 알려져 있는 예제 9.10의 전자 부품 20개의 수명자료(단위: 시간)에 대해 590시간에서 다음과 같이 제2종 관측중단되었다고 가정하자. 와이블 분포의 형상모수와 척도모수에 대한 추정값을 구해 보자.

590*	350	590*	590*	390	110	100	160	590*	320
40	190	590	590*	420	250	490	590*	590*	290

Minitab 통계 소프트웨어를 사용하여 최우추정법과 최소제곱법(MRR)에 의한 와이블 분포의 두 모수에 대한 추정값과 수명자료를 대수로 변환하여 구한 최소극치의 검벨 분포의 두 모수에 대한 최우추정값과 이들의 표준오차, 95% 근사 신뢰구간이 그림 9.19에 요약되어 있다.

먼저 원자료에 대해 최우추정법과 MRR법에 의해 와이블 분포를 적합한 두 모수(형상모수는 β, 척도모수는 $1/\lambda$임)의 추정값은 상당히 근접한 결과를 보여 주고 있다. 그리고 대수변환한 자료를 적합한 최소극치의 검벨 분포의 두 모수(위치모수는 $v = -\ln\lambda$, 척도모수는 $\alpha = 1/\beta$임)에 대한 최우추정값으로부터 $\hat{\beta} = 1/\hat{\alpha} = 1/0.734315 = 1.36181$, $1/\hat{\lambda} = e^{\hat{v}} = e^{6.33293} = 562.80$이 되어 와이블 분포의 두 모수에 대한 최우추정값과 일치한다.

그리고 대수변환한 자료에 대해 최소극치의 검벨 분포를 적합하여 구한 $(\hat{\alpha}, \hat{v})$의 점근 공분산 행렬은 다음과 같이 계산되므로(Minitab에서 제공됨), 대각원소의 제곱근을 취한 두 모수의 표준오차 값과 더불어 식 (9.84)~(9.86)으로부터 $(\hat{\beta}, 1/\hat{\lambda})$의 점근 공분산 행렬을 구한 결과가 일치함을 확인할 수 있다.

$$\hat{\Sigma} = \begin{bmatrix} 0.0329101 & 0.0071249 \\ 0.0071249 & 0.0430209 \end{bmatrix}$$

예를 들면 $Avar(\hat{\beta}) \approx Avar(\hat{\alpha})/\alpha^4$이므로 $Avar(\hat{\beta}) \approx Avar(\hat{\alpha})/\hat{\alpha}^4 = 0.0329101/0.734315^4$ $= 0.1131878$이 되어, 와이블 분포의 형상모수에 대한 표준오차는 0.33643이 된다.

한편 양수 값을 가지는 모수일 때 대수변환하여 정규분포로 근사하는 것이 근사도가 좀 더 높다고 알려져 있다. 와이블 분포의 형상모수 β는 양수이고 델타 방법에 의해 $Avar(\ln\hat{\beta}) = Avar(\hat{\beta})/\beta^2$이므로, Minitab에서는 β에 대한 95% 신뢰구간은 $Avar(\ln\hat{\beta}) \approx Avar(\hat{\beta})/\hat{\beta}^2$를 이용하여 다음과 같이 대수변환하여 계산되고 있음을 확인할 수 있다.

$$\ln\hat{\beta} \pm z_{\alpha/2}\sqrt{Avar(\ln\hat{\beta})} = \ln 1.36181 \pm 1.96 \times \frac{0.33643}{1.36181} = 0.30881 \pm 0.48421$$

$$\left[e^{0.30881 - 0.48421} = 0.8391, \quad e^{0.30881 + 0.48421} = 2.2101\right]$$

관측 중단 정보 카운트
관측 중단되지 않은 값 13
우측 관측 중단 값 7

14에 관측 중단된 유형 2(고장)

추정 방법: 최대우도법 → '최우추정법'
분포: Weibull 분포
모수 추정치

			95.0% 정규 CI	
모수	추정치	표준 오차	하한	상한
형상 모수	1.36181	0.336434	0.839130	2.21007
척도 모수	562.801	116.733	374.803	845.097

추정 방법: 최소 제곱법 (순위(Y)에 대한 수명(X)) → 'MRR법'
분포: Weibull 분포

모수 추정치

			95.0% 정규 CI	
모수	추정치	표준 오차	하한	상한
형상 모수	1.29170	0.337963	0.773484	2.15711
척도 모수	562.401	122.266	367.278	861.185

추정 방법: 최대우도법 → '최우추정법'
분포: 최소극단값 분포 → '최소극치의 검벨분포'

모수 추정치

			95.0% 정규 CI	
모수	추정치	표준 오차	하한	상한
위치 모수	6.33293	0.207415	5.92640	6.73945
척도 모수	0.734315	0.181411	0.452475	1.19171

그림 **9.19** 예제 9.11의 자료에 대한 Minitab 세션 출력 창의 일부

9.7 모수적 방법: 대수정규 수명분포

대수정규분포는 와이블 분포와 함께 수명분포의 모형으로 널리 사용되는 분포 중의 하나이다. 확률변수 T의 대수 $X=\ln T$가 확률분포 $N(\mu,\sigma^2)$를 따르면 T의 확률밀도 함수는

$$f_T(t)=\frac{1}{\sqrt{2\pi}\,\sigma t}\exp\left[-\frac{1}{2}\left(\frac{\ln t-\mu}{\sigma}\right)^2\right],\quad t>0,\ \sigma>0$$

가 되며, 2장에서 정의한 방식인 $LN(\mu,\sigma^2)$로 표기한다. 대수정규분포는 대수변환된 확률변수가 정규분포를 따르므로 정규분포가 갖는 여

러 특성을 이용하여 분석할 수 있는 장점이 있어 수명분포로서 활용도가 높다.

일반적으로 와이블 분포와 같이 제1종 관측중단 자료에 대해서는 최우추정법이 사용되고, 제2종 관측중단된 경우에도 표본 수가 많으면 최우추정법을 적용할 수 있으며 분석법은 제1종 관측중단의 경우와 동일하므로, 이 절에서는 최우추정법을 소개한다.

9.7.1 완전자료

대수정규분포의 모수 μ와 σ의 최우추정값은 대수정규분포로부터 직접 구하는 것보다 대수변환된 자료에 대해 정규분포를 적합하는 것이 편리하다.

$X_i = \ln T_i,\ i = 1, 2, \ldots n$은 독립이고 동일한 다음과 같은 확률밀도함수를 가지는 정규분포를 따를 때

$$f_X(x) = \frac{1}{\sqrt{2\pi}\,\sigma} \exp\left[-\frac{1}{2}\left(\frac{x-\mu}{\sigma}\right)^2\right], \quad -\infty < x < \infty,\ \sigma > 0$$

기초통계학에서 학습한 바와 같이 완전자료인 경우의 두 모수에 관한 최우추정량은 다음과 같다.

$$\hat{\mu} = \overline{X} = \frac{\sum_{i=1}^{n} X_i}{n}, \quad \hat{\sigma} = \sqrt{\frac{1}{n}\sum_{i=1}^{n}(X_i - \overline{X})^2} \tag{9.87}$$

σ^2에 대한 대안 추정량으로 불편추정량에 속하는 $S^2 = \sum_{i=1}^{n}(X_i - \overline{x})^2/(n-1) = n\hat{\sigma}^2/(n-1)$도 널리 쓰이며, 특히 $\overline{X}$와 S^2은 μ와 σ^2의 최소분산불편추정량이다.

또한 널리 알려진 $Z_1 = \dfrac{\sqrt{n}(\overline{X} - \mu)}{S}$은 자유도 $n-1$인 t분포를, $Z_2 = \dfrac{(n-1)S^2}{\sigma^2}$은 자유도가 $n-1$인 χ^2분포를 따르는 성질을 이용하면 두 모수에 관한 구간추정과 가설검정을 수행할 수 있다.

예제 9.12

대수정규분포를 따른다고 알려져 있는 전자기기 8개의 고장시간(단위: 일)이 다음과 같이 관측될 경우 두 모수에 대한 추정값을 구해 보자.

48, 63, 77, 85, 94, 97, 100, 82

먼저 8개의 자료를 대수변환하면 3.87120, 4.14313, 4.34381, 4.44265, 4.43082, 4.57471, 4.60517, 4.40672이 되며, 이로부터 구하면 $\overline{x} = 4.35228$, $s^2 = 0.05800$이다. 따라서 두 모수에 관한 최우추

정값은 식 (9.87)로부터 $\hat{\mu}=4.35228$, $\hat{\sigma}=\sqrt{(7/8)s^2}=\sqrt{0.05075}=0.2253$로 구해진다.
또한 μ와 σ에 관한 95% 신뢰구간은 부록의 표 I.2와 I.3을 이용하여 다음과 같이 구할 수 있다.

$$\mu:\ \bar{x}-t_{0.025,7}s/\sqrt{8}\le\mu\le\bar{x}+t_{0.025,7}s/\sqrt{8}$$

$$\Rightarrow 4.35228-2.365\sqrt{0.05800/8}=4.151\le 4.35228+2.365\sqrt{0.05800/8}=4.554$$

$$\sigma:\ \sqrt{\frac{7s^2}{\chi^2_{0.0.025,7}}}\le\sigma\le\sqrt{\frac{7s^2}{\chi^2_{0.975,7}}}$$

$$\Rightarrow\sqrt{\frac{7(0.05800)}{16.01}}=\sqrt{0.0254}=0.159\le\sigma\le\sqrt{\frac{7(0.05800)}{1.69}}=\sqrt{0.2402}=0.490$$

9.7.2 관측중단자료

제1종과 제2종 관측중단을 구분하지 않고, 수명자료에는 r개의 고장시간과 $n-r$개의 관측중단 시간이 포함되어 있으며, $x_0=\ln t_0$(제2종 관측중단이면 t_0는 $t_{(r)}$이 됨)에서 관측중단이 발생한 상황을 상정하자. 이런 자료집합을 $\boldsymbol{x}$로 표기할 때 우도함수는 와이블 분포인 경우와 유사하게 다음 식에 비례하며(부록 E 참조), 여기서 $\phi(\cdot)$, $\Phi(\cdot)$는 각각 표준정규분포($\mu=0$, $\sigma=1$)의 확률밀도함수와 누적분포함수이다.

$$L(\mu,\sigma;\boldsymbol{x})\ \propto\ \left[\prod_{j=1}^{r}\frac{1}{\sigma}\phi\left(\frac{x_j-\mu}{\sigma}\right)\right]\left[1-\Phi\left(\frac{x_0-\mu}{\sigma}\right)\right]^{n-r}$$

대수우도함수는

$$l(\mu,\sigma)=\ln L(\mu,\sigma;\boldsymbol{x})=-r\ln\sigma-\frac{1}{2\sigma^2}\sum_{j=1}^{r}(x_j-\mu)^2+(n-r)\ln\left[1-\Phi\left(\frac{x_0-\mu}{\sigma}\right)\right]\quad(9.88)$$

가 되므로, 식 (9.88)의 대수우도함수를 μ와 σ에 대해서 일차편미분하여 0으로 둔 우도방정식은 다음과 같다.

$$U_1(\mu,\sigma)=\frac{\partial l(\mu,\sigma)}{\partial\mu}=\frac{1}{\sigma}\left[\sum_{j=1}^{r}z_j+(n-r)h(z_0)\right]=0\quad(9.89)$$

$$U_2(\mu,\sigma)=\frac{\partial l(\mu,\sigma)}{\partial\sigma}=\frac{1}{\sigma}\left[-r+\sum_{j=1}^{r}z_j^2+(n-r)z_0h(z_0)\right]=0\quad(9.90)$$

$$\text{단, } h(z_i) = \frac{\phi(z_i)}{1-\Phi(z_i)}, \ z_i = \frac{x_i - \mu}{\sigma}, \ i = 1, \ldots, r, \ z_0 = \frac{x_0 - \mu}{\sigma}$$

식 (9.89)와 (9.90)을 μ와 σ에 대해서 풀어 최우추정값 $\hat{\mu}$, $\hat{\sigma}$를 구하는데, 이 해는 Newton-Raphson법과 같은 수치적 방법을 사용하여 구할 수 있으나 수치해법에 사용되는 초기치에 따라 수렴하지 못하는 경우도 있으며, $\hat{\sigma}$가 음수로 도출될 수 있으므로 유의해야 한다. 이러한 문제점을 해결하기 위해 제안된 방법이 EM 알고리즘(expectation maximization algorithm)이다(Sampford and Taylor, 1959; Dempster et al., 1977).

즉, $X \sim N(\mu, \sigma^2)$를 따르면 $E(X|X>L) = \mu + \sigma h\left(\frac{L-\mu}{\sigma}\right)$가 됨을 이용하면(여기서 $h(z)$는 정규분포의 고장률함수이며, 연습문제 9.20 참조), 관측중단된 $(n-r)$개의 수명은 $\mu + \sigma h(z_0)$로 대체할 수 있으므로, n개의 관측치를 다음과 같이 정의한다.

$$w_i = \begin{cases} x_i, & i = 1, \ldots, r \\ \mu + \sigma h(z_0), & i = r+1, \ldots, n \end{cases}$$

따라서 식 (9.89)와 (9.90)의 우도방정식은 다음과 같이 적을 수 있다.

$$U_1(\mu, \sigma) = \sum_{j=1}^{n} \frac{w_j - \mu}{\sigma} = 0$$

$$\begin{aligned} U_2(\mu, \sigma) &= -r + \sum_{j=1}^{n}\left(\frac{w_j - \mu}{\sigma}\right)^2 - \sum_{j=r+1}^{n}\left(\frac{w_j - \mu}{\sigma}\right)^2 + (n-r) z_0 h(z_0) \\ &= -r + \sum_{j=1}^{n}\left(\frac{w_j - \mu}{\sigma}\right)^2 - (n-r)[h(z_0)^2 - z_0 h(z_0)] \\ &= -r + \sum_{j=1}^{n}\left(\frac{w_j - \mu}{\sigma}\right)^2 - (n-r) h'(z_0) = 0 \end{aligned}$$

$$\text{단, } h'(z) = \frac{dh(z)}{dz} = h(z)[h(z) - z]$$

여기서 $h'(z)$는 정규분포의 고장률함수를 미분한 함수이다. 이로부터 두 모수의 추정값은 다음과 같이 구해진다.

$$\tilde{\mu} = \frac{1}{n}\sum_{j=1}^{n} w_j \tag{9.91}$$

$$\tilde{\sigma}^2 = \frac{\sum_{j=1}^{n}(w_j - \tilde{\mu})^2}{r + (n-r)h'(z_0)} \tag{9.92}$$

μ와 σ의 초기 추정값을 설정하여 w_i와 $h'(z_0)$를 구한 후에 이들을 식 (9.91)과 (9.92)에 대입하여 μ와 σ의 추정값을 갱신하는 절차를 반복적으로 수행하면, 수렴하는 μ와 σ의 최우추정값을 얻을 수 있다. 이 방법은 식 (9.89)와 식 (9.90)으로부터 수치해법에 의해 최우추정값을 구하는 방법보다 더 확실하게 수렴함을 보장한다.

제2종 관측중단자료일 때 모수들의 추정량에 대한 정확한 분포를 구할 수 있는 경우도 있지만, 관측중단인 경우는 일반적으로 근사분포를 이용하여 구간추정 등을 수행한다. 즉, 와이블 분포인 경우와 유사하게 Fisher 정보량으로부터 최우추정량의 점근분포를 이용한 정규분포 근사(Minitab 제공)나 우도비 검정법(부록 E)을 사용하는 것이 보통이다. 여기서는 전자를 다룬다.

식 (9.89)와 식 (9.90)을 두 모수에 대해 한 번 더 편미분하면

$$\frac{\partial^2 l(\mu,\sigma)}{\partial\mu}=-\frac{1}{\sigma^2}\left[r+(n-r)h'(z_0)\right]=0 \tag{9.93}$$

$$\frac{\partial^2 l(\mu,\sigma)}{\partial\mu\partial\sigma}=-\frac{1}{\sigma^2}\left[2\sum_{j=1}^{r}z_j+(n-r)\{h(z_0)+z_0h'(z_0)\}\right] \tag{9.94}$$

$$\frac{\partial^2 l(\mu,\sigma)}{\partial\sigma^2}=-\frac{1}{\sigma^2}\left[-r+3\sum_{j=1}^{r}z_j^2+(n-r)\{2z_0h(z_0)+z_0^2h'(z_0)\}\right] \tag{9.95}$$

되는데, $U_1(\hat{\mu},\hat{\sigma})=0$, $U_2(\hat{\mu},\hat{\sigma})=0$을 만족하는 조건을 이용하면 식 (9.94)와 식 (9.95)는 식 (9.93)과 같이 $\hat{z}_0=(x_0-\hat{\mu})/\hat{\sigma}$에만 의존하는 다음과 같은 형태로 간략화 된다.

$$\left.\frac{\partial^2 l(\mu,\sigma)}{\partial\mu\partial\sigma}\right|_{\mu=\hat{\mu},\sigma=\hat{\sigma}}=-\frac{n-r}{\sigma^2}\left[-h(\hat{z}_0)+\hat{z}_0h'(\hat{z}_0)\right] \tag{9.96}$$

$$\left.\frac{\partial^2 l(\mu,\sigma)}{\partial\sigma^2}\right|_{\mu=\hat{\mu},\sigma=\hat{\sigma}}=-\frac{1}{\sigma^2}\left[2r-(n-r)\hat{z}_0\{h(\hat{z}_0)-\hat{z}_0h'(\hat{z}_0)\}\right] \tag{9.97}$$

보통 Fisher 정보량 행렬의 추정값으로 대수우도함수의 이차 편미분식에 음을 곱하여 두 모수의 최우정값 $(\hat{\mu},\hat{\sigma})$를 대입한 다음의 국소 정보량 행렬 $\boldsymbol{O}(\hat{\mu},\hat{\sigma})$이 쓰인다.

$$\boldsymbol{O}(\hat{\mu},\hat{\sigma})=\begin{bmatrix}-\dfrac{\partial^2 l(\mu,\sigma)}{\partial\mu^2} & -\dfrac{\partial^2 l(\mu,\sigma)}{\partial\mu\partial\sigma}\\ -\dfrac{\partial^2 l(\mu,\sigma)}{\partial\mu\partial\sigma} & -\dfrac{\partial^2 l(\mu,\sigma)}{\partial\sigma^2}\end{bmatrix} \tag{9.98}$$

따라서 공분산 행렬(Σ)의 추정값 $\hat{\Sigma}$는 $\boldsymbol{O}(\hat{\mu},\hat{\sigma})^{-1}$이 된다.

예제 9.13

기관차에 탑재된 96개 제어장치 중에서 37개가 고장이 발생한 자료(단위: 1,000마일)로 135,000마일까지 관측된 데이터이다(Lawless(2003)에서 재인용). 대수정규분포의 두 모수에 대한 추정값을 구해 보자.

22.5 37.5 46.0 48.5 51.5 53.0 54.5 57.5 66.5 68.0 69.5 76.5 77.0 78.5 80.0
81.5 82.0 83.0 84.0 91.5 93.5 102.5 107.0 108.5 112.5 113.5 116.0 117.0
118.5 119.0 120.0 122.5 123.0 127.5 131.0 132.5 134.0

$n=96$, $r=37$이므로 최우추정법에 의한 대수정규분포의 두 모수에 대한 추정값($\hat{\mu}=5.11692$, $\hat{\sigma}=0.705494$)과 이들의 표준오차, 95% 근사 신뢰구간이 그림 9.20(Minitab 통계 소프트웨어 출력물)에 요약되어 있다.

이로부터 $\hat{z}_0=(\ln 135-5.11692)/0.705494=-0.299996$가 되므로 $\phi(\hat{z}_0)=0.398942$, $\Phi(\hat{z}_0)=0.382090$로부터 $h(\hat{z}_0)=0.617223$, $h'(\hat{z}_0)=0.566129$를 구하여 식 (9.93), (9.96), (9.97)에 대입한 식 (9.98)의 국소 정보량 행렬은 다음과 같이 구해진다.

$$\boldsymbol{O}(\hat{\mu},\hat{\sigma})=\begin{bmatrix}141.4477 & -93.2981\\ -93.2981 & 176.6665\end{bmatrix}$$

이의 역행렬로 구한 $(\hat{\mu},\hat{\sigma})$의 점근 공분산 행렬은 다음과 같이 계산되므로, 대각원소의 제곱근(일례로 $\sqrt{0.0108487}=0.104157$)을 취하면 그림 9.20의 두 모수에 관한 표준오차 값과 일치함을 확인할 수 있다.

$$\hat{\Sigma}=\begin{bmatrix}0.0108487 & 0.0057292\\ 0.0057292 & 0.0086860\end{bmatrix}$$

관측 중단

관측 중단 정보	카운트
관측 중단되지 않은 값	37
우측 관측 중단 값	59

135에 관측 중단된 유형 1(시간)

추정 방법: 최대우도법
분포: 로그 정규 분포

모수 추정치

			95.0% 정규 CI	
모수	추정치	표준오차	하한	상한
위치모수	5.11692	0.104157	4.91278	5.32107
척도모수	0.705494	0.0931986	0.544561	0.913988

그림 **9.20** 예제 9.13의 자료에 대한 Minitab 세션 출력 창의 일부

9.8 수리가능 시스템의 고장자료 분석*

9.4절의 포아송 과정과 9.5절의 지수 수명분포 하의 분석법을 기반으로 수리가능 시스템의 고장현상이 7.2절에서 소개한 재발과정 모형을 따를 때 획득한 고장자료를 분석하는 방법을 살펴보자.

9.8.1 정상 포아송 과정을 따를 경우

재발고장 과정 중에서 고장간격이 독립이며 모수 λ인 지수분포, 즉, 고장발생률 $\lambda = 1/\theta$를 갖는 정상 포아송 과정을 고려하자. 강도함수 λ는 고장발생률이며, θ는 평균고장시간(MTBF)에 해당된다.

먼저 제2종 관측중단(정수종결) 하에서 고장시간이 $0 < t_{(1)} < t_{(2)} < \cdots < t_{(r)}$일 경우, θ에 대한 최우추정값은 9.4절 포아송 과정 자료의 식 (9.34)로부터 $\hat{\theta} = t_{(r)}/r$이 된다. 9.4절과는 달리 여기서는 관심대상을 고장발생률보다는 MTBF로 삼는 것이 보편적이다. 또한 식 (9.61)에 의해 (단일 시스템인 $n=1$일 때) $2t_{(r)}/\theta$는 자유도 $2r$을 가지는 χ^2분포를 따르므로, θ에 대한 $100(1-\alpha)\%$ 신뢰구간은 다음과 같이 설정된다.

$$\left[\frac{2t_{(r)}}{\chi^2_{\alpha/2,2r}}, \frac{2t_{(r)}}{\chi^2_{1-\alpha/2,2r}}\right] \tag{9.99}$$

예제 9.14

표 9.8은 어떤 수리가능 시스템 고장시간으로 시스템 악화나 개선패턴이 나타나지 않기 때문에 정상 포아송 과정을 모형화할 수 있다. MTBF를 추정하고 95% 신뢰구간을 구하라.

표 **9.8** 수리가능 시스템의 고장시간: 정상 포아송 과정

고장수(i)	1	2	3	4	5	6	7	8	9	10	11	12
고장발생시간	27	60	195	264	618	321	414	429	447	558	624	681

MTBF θ의 최우추정값을 구하면 $\hat{\theta} = 681/12 = 25.22$이다. 부록 I.3으로부터 $\chi^2_{0.975,24} = 12.40$, $\chi^2_{0.025,24} = 39.36$이므로, θ에 대한 95% 신뢰구간은 식 (9.99)로부터 $\left[\frac{2\times 681}{39.36}, \frac{2\times 681}{12.40}\right] =$ $[34.60, 109.84]$이 된다.

다음으로 데이터가 제1종 관측중단(정시종결)인 경우, 즉, 시험이 미리 결정된 시간 t_0에 종료되는 경우를 고려해 보자. 이 경우 관측된 고장수 $N(t_0)$는 확률변수로 평균이 $\lambda t_0 = t_0/\theta$인 포아송 분포를 따른다. 고장관측시간이 $t_{(1)} < t_{(2)} < \cdots < t_{N(t_0)}$일 때, MTBF의 최우추정값은 $\hat{\theta} = t_0/N(t_0)$가 된다.

θ에 대한 신뢰구간은 포아송 과정 또는 포아송 분포의 정규근사를 통하여 구할 수 있다. 즉, 만약 $N(t_0) = r$개의 고장이 관측된다면, λ에 관한 식 (9.36)으로부터 이의 역수인 θ에 대한 $100(1-\alpha)\%$ 신뢰구간은 다음과 같이 구해진다.

$$\left[\frac{2t_0}{\chi^2_{\alpha/2,2(r+1)}},\ \frac{2t_0}{\chi^2_{1-\alpha/2,2r}}\right] \tag{9.100}$$

또한 고장개수가 충분히 큰 경우, 즉 λt_0가 충분히 크면 정규분포로 다음과 같이 근사화가 가능하다.

$$\Pr\left(-z_{\alpha/2} \le \frac{N(t_0) - \lambda t_0}{\sqrt{\lambda t_0}} \le z_{\alpha/2}\right) \simeq 1-\alpha \tag{9.101}$$

r개의 고장이 관측될 경우에 식 (9.101)에서 $(r - \lambda t_0)^2 \le \lambda t_0 z^2_{\alpha/2}$이므로

$$t_0^2\lambda^2 - t_0(2r + z^2_{\alpha/2})\lambda + r^2 \le 0 \tag{9.102}$$

이 된다. 이 부등식의 해를 구하여 역수를 취하면 θ에 대한 $100(1-\alpha)\%$ 신뢰구간을 다음과 같이 구할 수 있다.

$$\left[\frac{t_0}{r + (z^2_{\alpha/2}/2) + z_{\alpha/2}\sqrt{r + (z^2_{\alpha/2}/4)}},\ \ \frac{t_0}{r + (z^2_{\alpha/2}/2) - z_{\alpha/2}\sqrt{r + (z^2_{\alpha/2}/4)}}\right] \tag{9.103}$$

예제 9.15

어떤 수리가능 시스템이 $t = 4{,}000$시간동안 작동되어 총 28개의 고장이 발생하였다. 고장간 시간간격에 대하여 어떠한 경향이 발견되지 않아 정상 포아송 과정으로 모형화할 수 있다. MTBF를 추정하고 95% 신뢰구간을 구하라.

MTBF θ에 대한 최우추정값은 $\hat{\theta} = 4{,}000/28 = 142.86$가 된다. θ에 대한 95% 신뢰구간은 식 (9.100)에 대입하면 다음이 얻어진다.

$$\left[\frac{2\times 4{,}000}{\chi^2_{0.025,58}}, \frac{2\times 4{,}000}{\chi^2_{0.975,56}}\right] = \left[\frac{8{,}000}{80.94}, \frac{8{,}000}{37.21}\right] = [98.84,\ 215.00]$$

참고적으로 기대 고장발생 수(재생함수) $E(N(4{,}000)) = 4{,}000\lambda = 4{,}000/\theta$에 대한 95% 신뢰구간은 상기결과로부터 $[4{,}000/215.00 = 18.60,\ 4{,}000/98.84 = 30.35]$이 된다.
만약 정규분포로 근사하는 식 (9.103)을 활용할 경우 θ에 대한 95% 신뢰구간은

$$\left[\frac{4{,}000}{28+(1.96^2/2)+1.96\sqrt{28+(1.96^2/4)}},\ \frac{4{,}000}{28+(1.96^2/2)-1.96\sqrt{28+(1.96^2/4)}}\right]$$
$$=\left[\frac{4{,}000}{40.47}=98.94,\ \frac{4{,}000}{19.37}=206.54\right]$$

이며, 여기서 고장개수가 28로서 충분히 크기 때문에 정규분포 근사가 잘 적용될 수 있다.

■■■

9.8.2 비정상 포아송 과정 모형

수리가능 시스템의 고장자료에 관한 대표적인 재발고장에 대한 비정상 포아송 과정 모형으로 7.2절에 소개한 고장발생률이 식 (9.104)의 거듭제곱 법칙과정 모형과 식 (9.105) 형태의 대수선형과정 모형을 들 수 있다.

$$w(t) = \frac{\delta}{\theta}\left(\frac{t}{\theta}\right)^{\delta-1} \tag{9.104}$$

$$w(t) = \alpha e^{\gamma t} \tag{9.105}$$

이 절에서는 7.2절과 같이 거듭제곱 법칙과정 모형을 중점적으로 다룬다.

수리가능 시스템이 r개의 고장이 발생할 때까지 관측된 제2종 관측중단일 경우에 고장시간은 $0 < t_{(1)} < t_{(2)} < \cdots < t_{(r)}$라고 하자. 이와 같은 정수종결된 경우 비정상 포아송 과정의 결합 밀도함수는

$$\begin{aligned} f(t_{(1)}, t_{(2)}, \cdots, t_{(r)}) &= \left(\prod_{i=1}^{r} w(t_{(i)})\right)\exp\left(-\int_0^{t_{(r)}} w(x)dx\right) \\ &= \left(\prod_{i=1}^{r} \frac{\delta}{\theta}\left(\frac{t_{(i)}}{\theta}\right)^{\delta-1}\right)\exp\left(-\int_0^{t_{(r)}} \frac{\delta}{\theta}\left(\frac{x}{\theta}\right)^{\delta-1} dx\right) \\ &= \frac{\delta^r}{\theta^{r\delta}}\left(\prod_{i=1}^{r} t_{(i)}\right)^{\delta-1} \exp\left[-\left(\frac{t_{(r)}}{\theta}\right)^{\delta}\right] \end{aligned} \tag{9.106}$$

이므로, 대수우도함수는 다음과 같이 된다.

$$l(\theta,\delta) = r\ln\delta - r\delta\ln\theta + (\delta-1)\sum_{i=1}^{r}\ln t_{(i)} - \left(\frac{t_{(r)}}{\theta}\right)^{\delta}$$

대수우도함수를 θ와 δ에 대하여 편미분하여 구한 우도방정식은

$$U_1(\theta,\delta) = -\frac{r\delta}{\theta} + \frac{\delta}{\theta}\left(\frac{t_{(r)}}{\theta}\right)^{\delta} = 0 \tag{9.107}$$

$$U_2(\theta,\delta) = \frac{r}{\delta} - r\ln\theta + \sum_{i=1}^{r}\ln t_{(i)} - \left(\frac{t_{(r)}}{\theta}\right)^{\delta}(\ln t_{(r)} - \ln\theta) = 0 \tag{9.108}$$

되므로, 식 (9.107)에서 얻은 $(t_{(r)}/\theta)^{\delta} = r$를 식 (9.108)에 대입하여 구한 δ의 최우추정값은

$$\hat{\delta} = \frac{r}{\sum_{i=1}^{r}\ln(t_{(r)}/t_{(i)})} = \frac{r}{\sum_{i=1}^{r-1}\ln(t_{(r)}/t_{(i)})} \tag{9.109}$$

이 된다. 이를 식 (9.107)에 대입하면 θ의 최우추정값이 다음과 같이 얻어진다,

$$\hat{\theta} = \frac{t_{(r)}}{r^{1/\hat{\delta}}} \tag{9.110}$$

여기서 제2종 관측중단일 경우에 $2r\delta/\hat{\delta}$은 자유도 $2(r-1)$인 χ^2분포를 따름을 보일 수 있으므로(Rigdon and Basu, 2000), 다음 관계가 성립한다.

$$\Pr\left(\chi^2_{1-\alpha/2,2(r-1))} \le \frac{2r\delta}{\hat{\delta}} \le \chi^2_{\alpha/2,2(r-1)}\right) = 1-\alpha$$

그러므로 고장패턴 판정에 중요한 역할을 하는 거듭제곱 지수 δ에 대한 $100(1-\alpha)\%$ 신뢰구간은 다음과 같이 설정된다.

$$\left[\frac{\chi^2_{1-\alpha/2,2(r-1)}\hat{\delta}}{2r}, \frac{\chi^2_{\alpha/2,2(r-1)}\hat{\delta}}{2r}\right] \tag{9.111}$$

예제 9.16

표 9.9는 비행기 발전기에 대해 4,596시간에 제2종 관측중단하여 얻은 고장자료(Duane, 1964)이다. 표 9.9의 $t_{(i)}$로부터 구한 고장간 시간간격(또는 누적고장률 $n(t_{(i)})/t_{(i)}$)은 대체적으로 증가(감소)하는 경향을 보이므로, 정상 포아송 과정보다 비정상 포아송 과정의 거듭제곱 법칙과정을 따른다고 볼 수 있다. 모형의 모수를 추정하고 거듭제곱 모수 δ에 대한 95% 신뢰구간을 구하라.

표 **9.9** 비행기 발전기 고장자료

고장수($n(t_{(i)})$)	고장시간($t_{(i)}$)	$n(t_{(i)})/t_{(i)}$	$\ln(t_{(14)}/t_{(i)})$
1	10	0.1000	6.130
2	55	0.0727	4.426
3	166	0.0542	3.321
4	205	0.0780	3.110
5	341	0.0733	2.601
6	488	0.0738	2.243
7	567	0.0864	2.093
8	731	0.0876	1.839
9	1308	0.0619	1.257
10	2050	0.0488	0.807
11	2453	0.0493	0.628
12	3115	0.0462	0.389
13	4017	0.0421	0.135
14	4596	0.0426	0.000

$r=14$이고, 표 9.9의 네 번째 열의 합인 $\sum_{i=1}^{14-1}\ln(4{,}596/t_{(i)})=28.97$이므로 식 (9.109)와 식 (9.110)에 대입하여 δ와 θ의 최우추정값을 구하면

$$\hat{\delta}=\frac{14}{28.97}=0.483$$

$$\hat{\theta}=\frac{4{,}596}{14^{1/0.483}}=19.47$$

이다. 이를 이용해 고장발생률 함수 $w(t)$의 최우추정값을 구하면 $\hat{w}(t)=\left(\frac{\hat{\delta}}{\hat{\theta}}\right)\left(\frac{t}{\hat{\theta}}\right)^{\hat{\delta}-1}=\frac{0.483}{19.47}\left(\frac{t}{19.47}\right)^{0.483-1}=0.115t^{-0.517}$이 된다.

고장개수 $r=14$일 때 $\chi^2_{0.975,26}=13.84$와 $\chi^2_{0.025,26}=41.92$을 이용하여 σ에 대한 95% 신뢰구간의 하한을 구하면

$$\frac{\chi^2_{0.975,26}\hat{\delta}}{2r}=\frac{13.84\times0.483}{2\times14}=0.239$$

이고, 상한은

$$\frac{\chi^2_{0.025,26}\hat{\delta}}{2r}=\frac{41.92\times0.483}{2\times14}=0.723$$

이므로, δ에 대한 95% 신뢰구간은 $[0.239,\ 0.723]$이 된다. 이 구간 범위가 1보다 작기 때문에 시스템은 시간이 진전됨에 따라 개선되고 있음을 확인할 수 있다.

다음으로 제1종 관측중단의 경우에 대하여 고려해 보자. 즉, 관측이 사전에 결정된 t_0시간 동안 수행되어 총 r개의 고장이 관측될 때, 고장시간은 $0 < t_{(1)} < t_{(2)} < \cdots < t_{(r)} < t_0$ 라고 하자. 먼저 거듭제곱 법칙과정모형은 비정상 포아송 과정에 속하므로, t_0까지 고장개수 $N(t_0)$는 다음과 같이 평균이 $(t_0/\theta)^\delta$인 포아송 분포를 따른다(부록 F.2 참조).

$$f_{N(t_0)}(n) = \frac{[(t_0/\theta)^\delta]^n \exp[-(t_0/\theta)^\delta]}{n!}, \quad n = 0, 1, \cdots \tag{9.112}$$

또한 $N(t_0) = r \geq 1$일 때 고장시간들에 대한 결합밀도함수는

$$f(t_{(1)}, t_{(2)}, \cdots, t_{(r)} \mid r) = r! \prod_{i=1}^{r} \frac{\delta}{t_0} \left(\frac{t_{(i)}}{t_0} \right)^{\delta - 1},$$
$$0 < t_{(1)} < t_{(2)} < \cdots < t_{(r)} < t_0 \tag{9.113}$$

가 된다(연습문제 9.24 참조). 따라서 r과 고장시간에 대한 결합밀도함수는 다음과 같이 나타낼 수 있다.

$$\begin{aligned} f(r, t_{(1)}, t_{(2)}, \cdots, t_{(r)}) &= \frac{(t_0/\theta)^{r\delta} \exp\left[-(t_0/\theta)^\delta\right]}{r!} \times r! \prod_{i=1}^{r} \frac{\delta}{t_0} \left(\frac{t_{(i)}}{t_0} \right)^{\delta - 1} \\ &= \frac{\delta^r}{\theta^{r\delta}} \left(\prod_{i=1}^{r} t_{(i)} \right)^{\delta - 1} \exp\left[-(t_0/\theta)^\delta\right], \\ & \qquad r \geq 1;\ 0 < t_{(1)} < t_{(2)} < \cdots < t_{(r)} < t_0 \end{aligned} \tag{9.114}$$

그리고 $r = 0$일 때는 $f(0) = \exp\left[(-(t_0/\theta)^\delta\right]$이 된다.

따라서 식 (9.114)로부터 대수우도함수는

$$l(\theta, \delta) = r \ln\delta + (\delta - 1) \sum_{i=1}^{r} \ln t_{(i)} - r\delta \ln\theta - \left(\frac{t_0}{\theta} \right)^\delta \tag{9.115}$$

이며, θ와 δ에 대하여 미분한 후 0을 만족하는 연립방정식의 해를 제2종 관측중단 경우처럼 구하면

$$\hat{\delta} = \frac{r}{\sum_{i=1}^{r} \ln(t_0/t_{(i)})} \tag{9.116}$$

$$\hat{\theta} = \frac{t_0}{r^{1/\hat{\delta}}} \tag{9.117}$$

이 된다. 관측중단시간 t_0동안 고장개수 $N(t_0) = r \geq 1$의 조건 하에서 거듭제곱 법칙과정의

$2r\delta/\hat{\delta}$은 자유도 $2r$을 갖는 χ^2분포를 따름을 보일 수 있다(Rigdon and Basu, 2000). 이로부터, δ에 대한 $100(1-\alpha)\%$ 신뢰구간은

$$\left[\frac{\chi^2_{1-\alpha/2,2r}\hat{\delta}}{2r}, \frac{\chi^2_{\alpha/2,2r}\hat{\delta}}{2r}\right] \tag{9.118}$$

이 된다.

예제 9.17

2,000시간에 관측중단된 표 9.10의 제1종 관측중단 자료로부터(Crow, 1990) 거듭제곱 법칙과정 모형의 모수를 추정하고 거듭제곱 모수 δ에 대한 95% 신뢰구간을 구하라.

표 **9.10** Crow(1990)의 고장자료

고장수$(n(t_{(i)}))$	고장시간$(t_{(i)})$	$\ln(2,000/t_{(i)})$
1	1.2	7.419
2	55.6	3.583
3	72.7	3.315
4	111.9	2.883
5	121.9	2.798
6	303.6	1.885
7	326.9	1.811
8	1568.4	0.243
9	1913.5	0.044

이 자료의 고장간 시간간격 자료를 보면 대체적으로 증가하는 경향이 있으므로, 정상 포아송 과정보다 비정상 포아송 과정이 적절하다. $t_0 = 2,000$, $r = 9$이고, 표 9.10의 세 번째 열의 합인 $\sum_{i=1}^{9}\ln(2,000/t_{(i)}) = 23.98$이므로 식 (9.116)과 식 (9.117)에 대입하여 거듭제곱 법칙과정 모형의 두 모수의 최우추정값은

$$\hat{\delta} = \frac{9}{\sum_{i=1}^{9}\ln(t_0/t_{(i)})} = \frac{9}{23.98} = 0.375$$

$$\hat{\theta} = \frac{2,000}{9^{1/\hat{\theta}}} = 5.773$$

이다. 이로부터 δ에 대한 95% 신뢰구간을 구하면 $\chi^2_{0.975,18} = 8.23$, $\chi^2_{0.025,18} = 31.53$으로부터

$$\left[\frac{0.375 \times 8.23}{18}, \frac{0.375 \times 31.53}{18}\right] = [0.171, 0.657]$$

가 된다. 이 시스템도 예제 9.15처럼 δ가 1보다 작아 시간이 진전됨에 따라 점차 개선되고 있음을 알 수 있다.

■■■

대수선형과정 고장발생률 모형의 모수를 추정하는 방법은 거듭제곱 법칙과정 모형과 같이 우도함수를 최대화하는 모수 값을 추정값으로 삼는 최우추정법을 적용할 수 있지만, 거듭제곱 법칙과정 모형과 같이 폐쇄형(closed-form)의 해를 구할 수 없는 단점이 있다. 대수선형과정 모형의 모수를 추정하는 구체적인 방법은 이 책의 수준을 벗어나므로 Tobias and Trindade(20126) 등을 참고하기 바란다.

또한 지금까지 다룬 경우는 단일 수리가능 시스템의 고장자료인데, 다수 시스템으로 확장할 수 있다. 보다 자세한 내용은 Rigdon and Basu(2000)을 참조하면 된다.

연습문제

※ 연습문제의 양측 및 단측 신뢰구간을 구할 때 단측인 경우는 명시하며, 교체시험여부도 교체일 경우만 이를 명시한다. 따라서 명시되어 있지 않으면 양측 신뢰구간, 비교체 시험일 경우이다.

9.1 23개의 동일한 부품의 고장자료를 다음과 같이 획득하였다(단위: 시간).

17.88, 28.92, 33.00, 41.52, 42.12, 45.60, 48.48, 51.84, 51.96, 54.12, 55.56, 67.80, 68.64, 68.64, 68.88, 84.12, 93.12, 98.64, 105.12, 105.84, 127.92, 128.04, 173.40

1) 이 자료에 대한 표본 평균과 표본 표준편차를 구하라. 표본 평균과 표본 표준편차를 비교해 보면 지수분포를 따른다고 볼 수 있는가?
2) 이 자료에 대한 경험적 신뢰도함수를 구하고 도시하라.
3) 와이블 확률지에 자료를 도시하라. 도시한 결과로부터 어떤 결론을 내릴 수 있는가?
4)* 이 자료에 대해 축척화된 TTT를 구하여 TTT 그림을 도시하라. 이로부터 대상 부품의 수명분포에 대해 어떤 결론을 내릴 수 있는가?

9.2 1998년부터 2019년까지 어떤 가공 공장에서 발생한 압축기 고장 양상을 분석하였다. 이 기간에 총 90회의 치명적인 고장이 발생하였는데 이 고장은 압축기의 가동을 중단시키는 고장이라고 정의된다. 압축기는 가공 공장의 작업에서 가장 중요하며, 고장 난 압축기를 다시 가동하기 위해서는 많은 노력이 필요하다. 90회의 고장에 따른 수리 시간을 발생 순으로 정리하였다. 즉 첫 번째 고장에 따른 수리 시간은 1.25시간, 두 번째 수리 시간은 135.00시간 등이다.

1.25	135.00	0.08	5.33	154.00	0.50	1.25	2.50	15.00
6.00	4.50	32.50	9.50	0.25	81.00	12.00	0.25	1.66
5.00	7.00	39.00	106.00	6.00	5.00	17.00	5.00	2.00
2.00	0.33	0.17	0.50	18.00	2.50	0.33	0.50	2.00
0.33	4.00	20.00	6.00	6.30	15.00	23.00	4.00	5.00
28.00	16.00	11.50	0.42	38.33	10.50	9.50	8.50	17.00
34.00	0.17	0.83	0.75	1.00	0.25	0.25	2.25	13.50
0.50	0.25	0.17	1.75	0.50	1.00	2.00	2.00	38.00
0.33	2.00	40.50	4.28	1.62	1.33	3.00	5.00	120.00
0.50	3.00	3.00	11.58	8.50	13.50	29.50	29.50	112.00

1) 수리 시간이 어떤 경향이 있는지를 조사하기 위해 발생순으로 수리 시간을 도시하라. 수리 시간이 압축기의 수명에 따라 증가한다고 할 수 있는가?
2) 수리 시간은 독립이고 동일한 분포를 따른다고 가정하자. 수리 시간에 대한 경험적 분포함수를 구하라.
3) 대수정규 확률지에 수리 시간을 도시하여 이 자료가 대수정규분포를 따르는지 조사하라(Minitab 등 소프트웨어 활용).

9.3 Crowder 등(1991, p. 46)에 의해 인용된 재료 강도 자료를 고려하자. 48개 코드의 재료 강도를 얻기 위한 실험을 수행하였는데 '*'로 표시된 7개의 코드는 우측 관측중단된 강도 값을 표시하고 있다.

26.8*	29.6*	33.4*	35.0*	36.3	40.0*	41.7	41.9*	42.5*
43.9	49.9	50.1	50.8	51.9	52.1	52.3	52.3	52.4
52.6	52.7	53.1	53.6	53.6	53.9	53.9	54.1	54.6
54.8	54.8	55.1	55.4	55.9	56.0	56.1	56.5	56.9
57.1	57.1	57.3	57.7	57.8	58.1	58.9	59.0	59.1
59.6	60.4	60.7						

1) 재료 강도 자료에 대해 Kaplan-Meier 그림을 그려라.

2)* 재료 강도 자료에 대해 Nelson 추정값 $\hat{H}(t)$를 구하여 Nelson 그림을 도시하라.

3)* 이 자료에 대해 축척화된 TTT를 구하여 TTT 그림을 그려라.

4)* 세 가지 그림 결과로부터 어떤 범주의 수명분포를 따른다고 볼 수 있는가?

9.4 X가 이항분포 $(20, p)$를 따른다고 하자. X를 관측한 결과 6으로 기록되었다.

1) p에 대한 정확한 95% 신뢰구간을 구하라.

2) p에 대한 95% 정규 근사 신뢰구간을 구하라.

9.5 정상 포아송 과정(HPP)에서 $N(t)$를 구간 간격 t일 때의 고장수라고 정의하면 $N(t)$는 모수 λt인 포아송 분포를 따른다. 이 과정을 구간 간격 $t=3$년 동안 관측하니 9개의 고장이 발생하였다.

1) λ의 추정값을 구하라.

2) λ에 대한 90% 신뢰구간을 구하라.

9.6 X는 모수 λ인 포아송 분포를 따른다고 하자.

1) 1 단위 시간 동안 관측한 결과 X가 10일 때 λ에 대한 정확한 95% 신뢰구간을 구하라. 또한 포아송 분포를 $N(\lambda, \lambda)$에 근사한 λ에 대한 95% 정규 신뢰구간을 구하여 비교하라.

2) 1 단위 시간 동안 관측한 결과 X가 20일 때 1)의 물음에 답하라.

3) 1 단위 시간 동안 관측한 결과 X가 0일 때 95% 단측 신뢰상한을 구하라.

9.7* 모수 λ인 포아송 분포의 분포함수를 $P_o(x;\lambda)$, 자유도 ν인 χ^2 분포의 분포함수를 $F_{\chi^2}(z;\nu)$라고 각각 정의하자.

1) $P_o(x;\lambda)=1-F_{\chi^2}[2\lambda;\, 2(x+1)]$ 임을 증명하라.

※ 힌트: 먼저 $1-F_{\chi^2}[2\lambda;\, 2(x+1)]=\int_{\lambda}^{\infty}\frac{u^x}{x!}e^{-u}du$ 임을 보인 후에 부분적분을 반복하여 적용함

2) $\lambda_u(x)$와 $\lambda_l(x)$를 다음과 같이 정의할 때

$$P_o[x;\lambda_u(x)]=\frac{\alpha}{2}$$

$$P_o[x-1;\lambda_l(x)]=1-\frac{\alpha}{2}$$

1)의 결과를 이용하여 다음 식을 증명하라. 이 식들은 제1종 관측중단에서 고장 난 부품을 즉시 교체하여 시험할 경우에 정확한 신뢰구간을 구하는 데 활용할 수 있다.

$$\lambda_u(x) = \frac{1}{2}\chi^2_{\alpha/2,\,2x+2}$$

$$\lambda_l(x) = \frac{1}{2}\chi^2_{1-\alpha/2,\,2x}$$

여기서 $\chi^2_{\alpha,\nu}$는 자유도가 ν인 χ^2 분포의 $100(1-\alpha)\%$ 백분위수다.

9.8 다음은 11개의 절연액에 대해 30kV에서 100분 동안 수명시험을 실시한 결과로 7개의 고장 자료 (단위 : 분)를 다음과 같이 획득하였다.

7.74, 17.05, 20.46, 21.02, 22.06, 43.40, 47.30

1) 와이블 확률지에 도시하라.

2) 이 자료가 지수분포를 따른다고 볼 수 있는가?

3) 지수분포를 따른다고 간주하여 λ의 최우추정값을 구하고 Cox의 방법에 의해 95% 신뢰구간을 설정하라.

9.9 어떤 유형의 부품이 미지의 고장률 λ인 지수분포를 따르는 수명 T에 대해 고려하자. 12개의 부품에 대한 다음의 수명 시간(단위: 시간)을 획득하였는데 T에 대한 관측값들은 독립이라고 하자.

10.2, 89.6, 54.0, 96.0, 23.3, 30.4, 41.2, 0.8, 73.2, 3.6, 28.0, 31.6

1) λ의 최우추정값과 불편추정값을 구하라.

2) λ에 대한 95% 신뢰구간을 구하라.

3) 귀무가설 $\lambda = 0.025$ 대 대립가설 $\lambda < 0.025$에 대해 검정하라. 단 유의 수준 $\alpha = 0.05$ 다.

4)* 상기 자료에 대해 축척화된 TTT를 구하고 TTT 그림을 도시하여 지수분포를 따르는지를 조사하라.

5)* 유의 수준 5%에서 Barlow-Proschan 검정에 의해 지수분포를 따르는지를 검토하라.

9.10 연습문제 9.9의 자료를 20개의 동일한 부품에서 동시에 시험하여 12번째 고장 시점에서 시험을 종결하였다고 가정하자.

1) 어떤 유형의 관측중단인가?

2) 이 경우에 λ를 두 가지(최우추정값과 불편추정값)로 추정하라.

3) λ에 대한 95% 신뢰구간을 구하라.

4) 연습문제 9.9에서 구한 결과와 비교하라.

9.11 연습문제 9.9의 자료를 20개의 동일한 부품에서 동시에 시험하여 100시간에서 시험을 종결하였다고 가정하자.

1) 어떤 유형의 관측중단인가?

2) 이 경우에 λ의 최우추정값을 구하라.

3) λ에 대한 95% 신뢰구간을 네 가지 근사방법에 의해 구하라.

9.12 예제 9.8에 관한 다음 물음에 답하라.

1) λ에 대한 90% 신뢰구간을 구하라.

2) 14번째 고장시점에서 관측중단한 경우로 가정하여 λ의 최우추정값을 구하라.

3) 2)의 상황에서 λ에 대한 90% 신뢰구간을 구하라.

3) 2)의 상황에서 λ에 대한 90% 신뢰상한을 구하라.

9.13 다음 자료는 지수분포를 따른다고 알려져 있는 부품 12개에 대해 수명시험을 실시한 결과이다.

3, 9, 21, 47, 54, 59, 63, 82, 109, 147, 181, 192(일)

1) 최우추정법으로 고장률 λ를 추정하라.

2) λ에 대한 90% 신뢰구간을 구하라.

3) 70일까지의 고장확률 $F(70)$을 추정하라.

4) 위의 고장시간 대신에 70일까지의 고장개수가 7개라는 정보만 얻을 경우 고장확률 $F(70)$을 추정하고 이에 대한 정확한 90% 신뢰구간(식 (9.31))을 구하라.

9.14 지수분포를 따른다고 알려진 10개 전자부품을 60시간동안 가속시험을 실시하였는데, 다음은 고장난 부품의 수명(단위: 시간)이다.

7, 16, 18, 27, 42, 51

1) 시험조건에서 λ의 최우추정값을 구하라.

2) B_{10} 수명을 추정하라.

3) 20시간에서의 신뢰도를 추정하라.

4) 네 가지 근사방법에 의해 λ에 관한 95% 신뢰상한을 구하라.

5) 만약 상기자료가 10개의 시험장치에 의해 60시간 동안 고장난 부품을 교체하여 시험한 결과인 6회의 고장시점일 경우 λ를 추정하라.

6) 5)에서 λ에 관한 95% 신뢰구간을 구하라.

9.15 다음 수명자료를 토대로 물음에 답하라. '*'는 관측중단 시간을 나타낸다.

31.7	39.2*	57.5	65.5	65.8*	70.0	75.0*	75.2*
87.5*	88.3*	94.2	101.7*	105.8*	109.2	110.0	130.0*

1) Kaplan-Meier 추정값 $\hat{R}(t)$를 구하고 이를 그래프로 도시하라.

2)* 누적고장률과 신뢰도함수에 대한 Nelson 추정값 $\hat{H}(t),\ R^*(t)$를 구하라.

3)* 2)에서 Nelson 그림을 그리고 분석하라.

4) 와이블 확률지에 적합하고 최우추정법과 MRR법에 의해 두 모수를 추정하라(Minitab 등 소프트웨어 활용).

9.16 다음 자료는 와이블 분포를 따른다고 알려진 두 가지 품종의 폴리에틸렌(polyethylene) 케이블 절연물에 대해 수명 시험을 실시한 결과다. 품종 A와 B는 10개의 부품으로 시험하여 9번째 고장 시점에서 관측중단하였다.

품종 A	5.1, 9.2, 9.3, 11.8, 17.7, 19.4, 22.1, 26.7, 37.3 (시간)
품종 B	11.0, 15.1, 18.3, 24.0, 29.1, 38.6, 44.2, 45.1, 50.9

1) 각각을 와이블 확률지에 도시하여 적합 여부를 검토하라.
2) 두 시험 자료에 대한 최우추정법에 의해 분포모수를 추정하라(Minitab 등 소프트웨어 활용).
3) 50시간의 신뢰도를 구하여 두 품종을 비교하라.

9.17 다음은 대수정규분포를 따른다고 알려진 전기부품을 시험한 결과이다(단위: 일). 다음의 두 경우에 대해 최우추정법으로 두 모수를 추정하고, B_5 수명과 70(일)일 때의 신뢰도도 구하라.

71, 79, 86, 92, 96, 98, 102(일)

1) 7개를 시험하여 모두 고장시간을 관측한 결과이다.
2) 10개를 시험하여 110일에 시험을 중단한 결과이다(Minitab 등 소프트웨어 활용).

9.18* 이론적 확률분포 F의 누적확률과 축척화된 TTT를 각각 $v=F(t)$와 $g_F(v)$라 할 때 $g_F(v)=\int_0^{F^{-1}(v)}[1-F(u)]du\,/\,MTTF,\ 0\le v\le 1$로 주어진다.
1) 그림 9.12에서 고장률이 λ인 지수분포를 따를 때 $g_F(v)=v$로 주어짐을 보여라.
2) 그림 9.13에서 모수가 λ와 β인 와이블 분포를 따를 때 $g_F(v)$는 β에 의존하지만 λ와 무관함을 보여라.

9.19* 9.6.3절의 식 (9.83)을 증명하라.

9.20* 9.7.2절에서 $X\sim N(\mu,\sigma^2)$를 따르면 $E(X|X>L)=\mu+\sigma h\left(\frac{L-\mu}{\sigma}\right)$가 됨을 보여라.

9.21* 예제 9.15에서 수리가능 시스템이 $t=2{,}000$시간동안 작동되어 총 14개의 고장이 발생하였을 경우에 MTBF를 추정하고 식 (9.100)과 식 (9.103)에 의한 95% 신뢰구간을 구하고 예제 9.15의 결과와 비교하라.

9.22* 표 7.1의 세 가지 수리가능 시스템의 고장자료를 제2종 관측중단된 경우로 간주하여 각각 거듭제곱 법칙과정 모형의 모수를 추정하고 거듭제곱 모수 δ에 대한 90% 신뢰구간을 구하라.

9.23* 표 7.1의 세 종의 수리가능 시스템의 고장자료가 각각 250, 240, 230시간에 제1종 관측중단된 경우로 간주하여 각각 거듭제곱 법칙과정 모형의 모수를 추정하고 거듭제곱 모수 δ에 대한 90% 신뢰구간을 구하라.

9.24* 9.8절의 식 (9.113)이 도출됨을 보여라.

CHAPTER 10
신뢰성시험

CHAPTER

10 신뢰성시험

10.1 개 요

소비자의 제품 신뢰성과 안전성에 대한 요구가 점점 높아짐에 따라, 생산자는 제품 경쟁력을 제고하기 위해 미연 고장방지가 목적인 신뢰성에 대해 보다 높은 관심과 노력을 집중하고 있다. 이런 여건에서 생산자가 제품의 수명에 관한 올바른 정보를 획득하는데 중요한 역할을 하는 신뢰성시험은 경제적 관점과 납기 측면에서 매우 중요한 주제로 대두되고 있다. 이 장에서는 시험 대상 제품에 따른 적절한 신뢰성시험 방법의 유형과 제품이 가지고 있는 신뢰성에 대한 문제를 통계적·경제적 기준 하에서 보다 짧은 기간에 발견하기 위한 여러 신뢰성시험의 시험계획에 관하여 소개한다.

10.1.1 신뢰성시험의 분류

일본의 JIS Z 8115 신뢰성 용어에 의하면 신뢰성시험을 신뢰성 결정시험과 신뢰성 적합시험의 총칭으로 정의하고 있다. 따라서 시험 목적, 주요인자, 시험스트레스 수준 등에 따라 다음과 같이 신뢰성시험을 대별할 수 있다(塩見弘 外, 1983; 서순근, 2018).

(1) 시험의 실시 목적

- 신뢰도 결정시험(reliability determination test): 시험단위의 신뢰성 특성값을 결정하기 위한 시험으로 통계적 추론 중 추정에 대응된다.
- 신뢰도 적합시험(reliability compliance test): 시험단위의 신뢰성 특성값이 규정된 신뢰성 요구에 합치되는지의 여부를 판정하기 위한 시험으로 통계적 가설검정에 대응된다.

(2) 주요인자: 시간 또는 환경인자

- 수명시험(life test): 어떤 규정조건 하에서의 시험단위의 수명을 평가하거나 비교하기 위한 시험으로, 아이템의 수명보다 고장과 밀접한 관련이 있는 성능특성이나 열화량을 측정하는 열화시험(degradation test; 11장 5절)도 포함된다.
- 환경시험(environmental test): 아이템에 대한 환경의 영향을 조사하는 시험으로서 제품이 저장, 운송, 사용 중 경험하게 될 여러 가지 환경조건에서 또는 특정 환경조건에 노출된 후 정상적인 기능을 수행할 수 있는지를, 즉 내환경성을 평가하는 시험으로 다음 절에서 자세하게 다룬다.

(3) 시험스트레스 수준

- 정상(수명)시험: 기준 또는 사용조건 하에서 시험되는 수명시험의 일종이다.
- 가속시험(accelerated test): 시험시간을 단축할 목적으로 기준조건보다 가혹한 조건에서 실시하는 시험으로서 관찰대상에 따라 다음 두 가지로 분류할 수 있다.
  - 가속수명시험(ALT: accelerated life test): 관찰 대상이 고장 발생시간으로 11장 2~4절에서 다룬다.
  - 가속열화시험(ADT: accelerated degradation test): 관찰 대상이 고장에 관련된 성능 특성치나 열화량으로 11장 6절에서 소개한다.

(4) 시험의 실시장소

- 실험실 신뢰성시험(laboratory reliability test): 실험실에서 실제 사용 시의 조건을 모의하거나 규정된 동작 및 환경조건에 실시하는 신뢰성시험에 속한다.
- 현장 신뢰성시험(field reliability test): 실사용 상태에서 시험단위의 동작·환경·보전·관측결과에 대한 정보를 기록하면서 행하는 신뢰성시험이다.

(5) 시험단위의 파괴여부

- 파괴시험(destructive test): 시험단위가 파손되는 시험으로 대부분의 수명시험이 이에 해당된다.
- 비파괴시험(nondestructive test): 시험단위를 파손시키지 않고 대상물의 각종 결함을 탐지하거나 결함 발생을 검지하는 시험에 속한다.

(6) 개발 · 생산 단계에서 실시되는 시험

- 신뢰도 성장시험(RGT: reliability growth test): 장치를 실제와 가깝거나 가속한 상태에서 시험하여 개발 및 양산검증 단계에서 결함을 발견, 개선하고자 하는 목적으로 시행하는 시험으로 10.3절에서 소개한다.
- 신뢰성 인정(입증, 인증)시험(RQT: reliability qualification test): 사용자가 생산인가의 목적으로 규정된 신뢰성 요구에 대한 만족 여부를 파악하기 위해 실시하는 시험으로 신뢰성 샘플링검사(reliability acceptance sampling plan) 방식을 채택한 정시종결(제1종 관측중단) 시험(fixed-length test)과 시간 단축 축차시험(time truncated sequential test) 계획이 주로 사용된다(10.4절 참조). 신뢰성 실증시험(RDT: reliability demonstration test)도 RQT의 일종이라 볼 수 있으며 10.5절에서 다룬다.
- 생산 신뢰도 수락시험(PRAT: production reliability acceptance test): 생산된 출하가능 제품을 규정된 실제 사용 조건에서 평가하여 규정된 신뢰성 요구를 만족하는지를 확인하는 시험으로 전술된 두 가지 RQT 방식을 일정한 간격으로 반복 적용하거나 일정기간 생산된 전 장비에 대해 축차시험방식을 적용한다.
- 번인(burn-in): 시험단위를 길들이거나 특성을 안정시키기 위해 사용 전 일정한 시간동안 동작을 시켜 고장률을 경감시키는 시험으로 스크리닝 시험의 일종이다. 번인과 ESS는 10.7절에서 자세히 다룬다.
- ESS(environmental stress screening): 부품 및 장치의 취약부분이나 기능상 결함을 찾아내어 개선을 촉진하기 위한 시험으로서, 특히 초기의 잠재적 결함을 촉진하는 조건에서 실시한다. 스크리닝은 원칙적으로 비파괴시험과 전수검사가 적용되며, 단시간에 실시하므로 가속시험에 속할 가능성이 높다.

MIL-STD-785B를 기초로 상기 시험들을 시험의 실시 단계별, 즉 개발, 설계, 생산단계에 따라 구분하여 그림 10.1에 도시하였으며, 이 시험들의 6가지로 구별된 주요 용도가 표 10.1에 요약되어 있다(Elsayed, 2012). 이 중에서 신뢰성 인정시험과 생산 신뢰도 수락 시험에 주로 사용되는 시험 방식인 신뢰성 샘플링검사 형식으로 개발된 시험법으로, IEC 61124, 미 군용규격인 MIL-STD-781D, MIL-STD-690C과 더불어 10.4절에서 자세히 다루는 H 108 등이 있다.

한편 표 10.1에는 전술한 신뢰성시험과 함께 가혹한 시험조건을 설정하지만 시험목적이 아이템의 신뢰도(수명) 평가인 가속수명시험과는 다르게 제품의 약점 발견이나 설계개선을 목적으로 실시하는 HALT(highly accelerated life test, 초가속수명시험; 11.1절 참조)와 HALT에서 얻은

표 **10.1** 신뢰성시험의 용도

신뢰성시험	고장모드 조사와 설계 개량	개발 단계 신뢰도 향상	신뢰도 입증	신뢰도 예측	제조 결함 단위 제거	로트 채택 여부
신뢰도 성장시험(RGT)		○				
신뢰성 실증시험(RDT)			○			○
사용조건 수명시험(LT)			○	○		
가속수명시험(ALT)			○	○		
HALT	○	○				
HASS					○	○
열화시험(DT)			○	○		
가속열화시험(ADT)			○	○		
번인					○	
ESS					○	
신뢰도 수락 시험			○			○

스트레스 한계를 이용하여 생산과정의 제품 품질 및 신뢰성을 모니터링하는 스크리닝 시험 용도(즉, HALT와는 달리 ESS와 유사하게 합부판정을 함)에 속하는 HASS(highly accelerated stress screen)도 포함되어 있다.

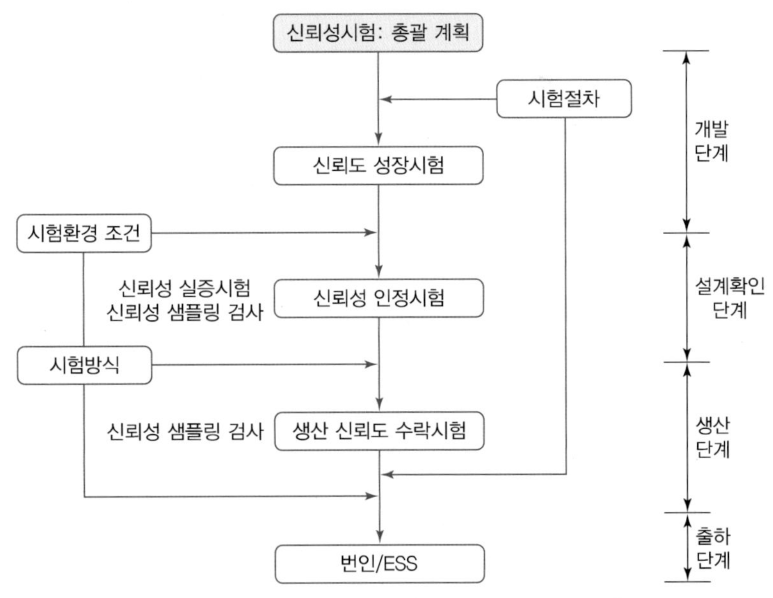

그림 **10.1** 개발, 설계, 생산단계에서 실시되는 신뢰성시험

10.1.2 신뢰성시험 계획의 수립

신뢰성시험의 종류, 방법, 규모 등은 대상 제품의 성격과 시험 목적에 따라 선택된다. 실제 시험을 실시하게 되면 시간적 및 경제적인 제약이 있으므로 시험계획의 사전 검토가 상당히 중요하다. 즉, 본 시험에 앞서 예비시험을 실시하거나 유사제품의 신뢰성시험 방법과 시험결과를 수집하고, 사내 및 국내외 신뢰성시험 규격의 설정 근거를 확인하거나 사용현장 자료를 수집하여 신뢰성시험 계획을 수립해야 한다. 오랫동안 성공과 실패의 반복으로부터 얻은 경험과 축적된 기술이 신뢰성시험 계획 수립의 기반이 되겠지만, 종래의 관행이나 외부 규격에 주로 의존하는 안이한 시험을 계획하지 않아야 한다.

신뢰성시험 계획을 수립할 때 검토해야 할 항목들은 다음과 같다.

- 시험 목적 및 평가 척도의 명확화
- 성능특성 파라미터의 선정과 측정방법
- 고장의 정의와 고장 판정조건의 명확화
- 시험조건: 스트레스의 종류와 수준 및 인가하는 방법
- 시험단위 수의 결정
- 시험시간
- 시험장치
- 시험비용
- 고장 제품의 분석 수준과 방법
- 시험결과의 문서화와 사후처리 등

다음 예제에서는 신뢰성시험 계획의 검토 항목 중에서 알루미늄 전해 콘덴서를 대상으로 2번째와 3번째를 예시하고 있다.

예제 10.1

알루미늄 전해 콘덴서의 특성치로는 누설전류, 정전용량 변화율, 손실각 탄젠트, 외관을 들 수 있으며 이들의 고장판정기준 예시가 표 10.2에, 이들의 시간에 따른 형태를 그림 10.2에서 볼 수 있다(日本信頼性學會, 2014). 이 그림에서 특히 누설전류에 의한 고장은 이의 시간에 따른 형태를 감안하여 정격전압을 몇 분 인가한 후의 값에 의해 판정하고 있다.

표 **10.2** 알루미늄 전해 콘덴서의 특성치와 고장판정기준

특성치		고장판정기준
누설전류(leakage current)		초기 규격치 이하
정전용량(capacitance) 변화율	규격전압 160V 이하	시험 직전 ±20%
	규격전압 160V 초과	시험 직전 ±15%
손실각 탄젠트(dissipation factor; 전류의 위상각)		초기 규격치의 175% 이하
외관		드러나게 이상하지 않을 것

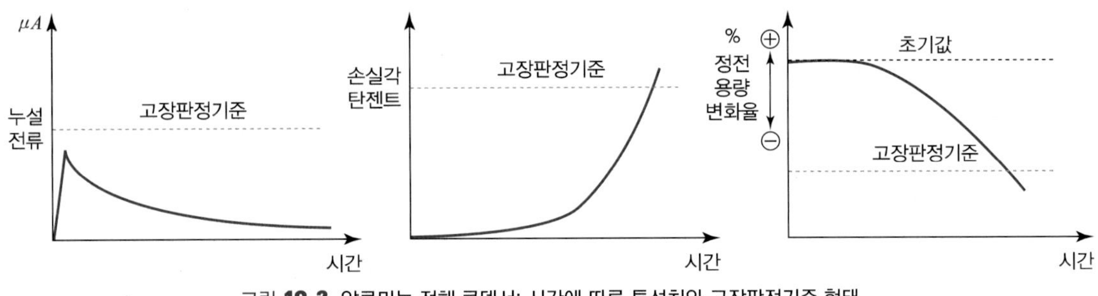

그림 **10.2** 알루미늄 전해 콘덴서: 시간에 따른 특성치와 고장판정기준 형태

10.2 환경시험

일반적으로 제품은 성능·기능도 우수해야 하지만, 신뢰성도 충족해야 하는 것은 당연한 요건이다. 이런 제품을 구현하기 위해서는 표 10.3과 같이 사용 중의 각종 운용 및 주변여건을 충분히 조사하여, 제품이 당면하는 환경조건 하에서 일정한 기간 동안 충분한 성능을 발휘할 수 있도록 설계와 제조과정 상에서 이를 검증하는 각종 환경시험이 수행되고 있다.

가전제품 중에서 세탁기를 예로 들면 반드시 지정된 양호한 조건에서만 사용되는 것은 아니다. 실내에 비치하는 경우와 더불어 실외에 비치하는 경우도 제법 있어 겨울에는 야간에 배수관의 남아 있는 물이 결빙되다가 낮에는 태양광으로 인해 녹는 사이클이 반복되어 배수관의 열화가 빠르게 진행된다. 또한 실내에 있는 경우에도 염분(바닷가 지역)이나 물방울(욕조 근처)이 떨어져 녹이 보다 빨리 발생할 수 있으며, 절연 불량 등의 고장이 일어나기 쉽거나 성능 열화, 감전의 위험이 생길 수도 있다. 그리고 수출용 세탁기는 더운 물을 직접 세탁조로 공급하는 지역도 있어 국내용보다 내열성을 강화할 필요성도 생긴다.

신뢰성 기술자는 이런 프로필을 고려하여 필요한 환경시험의 범주와 방법을 정하는 것이 임무의 하나가 된다. 더욱이 우주환경에 사용되는 제품은 매우 높은 진공, 초저온, 무중력, 가속도,

방사선, 우주 먼지 등에 지상에서는 접할 수 없는 특수 사용조건을 견딜 수 있음을 확인하는 시험방법이 요구된다.

표 10.3 환경조건의 분류

대분류	환경요인
기후 조건	온도, 습도, 강우, 기압, 바람, 일사량 등
생물적 조건	동물계, 식물계
화학적 활성물질	염수, 눈에 용해된 염분, 오존, 염소, 염화수소, 불화 수소, 암모니아, 황화수소, 이황화물, 질소화합물 등
기계적 활성물질	먼지, 모래 등
기계적 조건	진동, 충격, 동적하중 등

또한 환경시험을 통해 제품이 당면하게 되는 환경에서의 지속적인 감내 여부를 조사할 뿐만 아니라, 제품성능과 고장에 미치는 영향을 파악할 수 있다. 예를 들면 전기제품에 대해 개별 환경조건이 미치는 주요 영향을 정리한 표 10.4에 의해 예상되는 고장 메커니즘과 고장모드를 파악하여 6장의 FMEA의 작성에 이용할 수 있으며, 11장의 가속수명시험과 (가속)열화시험의 스트레스 선정에도 활용할 수 있다.

제품이 사용되는 자연환경 중에서 온도와 습도가 가장 많이 언급된다. MIL-STD-810G에서는 온도와 상대습도와 더불어 일사량을 기준으로 기후범주를 고온, 기본, 저온 및 혹한의 4 범주로 대별하고, 이를 9 범주로 세분한 내용이 표 10.5에 요약되어 있다. 최근 들어 이 군용규격에서는 추가로 남위 66°33’의 남쪽 지역(남극지역)을 배제한 연안 및 해상지역을 별도 기후범주로 구별하고 있다.

표 10.4 환경조건의 영향 예시

환경조건	주요 영향	환경조건	주요 영향
고온	열적 노화(산화, 크랙, 화학반응), 연화, 용융, 기화, 점도 저하, 증발, 팽창	저온	취약, 결빙, 점도 증가 및 응고, 기계적 강도 상실, 물리적 수축
높은 상대습도	수분 흡수 또는 흡착, 팽창, 기계적 강도 상실, 화학반응(부식, 전해), 절연물 전도율 증가	낮은 상대습도	탈수(취약화), 기계적 강도 상실, 수축, 운동 접촉부 마멸 증대
고기압	압축, 변형	저기압	팽창, 공기의 전기적 강도 감소, 오존 발생, 냉각효과 감소
태양광 복사	화학/물리/광화학적 반응(표면열화, 취약화, 퇴색, 오존 발생, 가열, 국소 가열 및 기계적 스트레스)	모래/먼지	마멸, 막힘, 고착, 열적 절연, 전하 발생
부식 여건	화학반응(부식, 전해, 표면열화, 전도율의 증가, 접점재료의 저항증가)	바람	힘의 인가, 피로, 막힘, 마멸, 진동영향, 재료 쌓임
강우	수분 흡수, 습도충격, 침식, 부식	우박	마멸, 온도충격, 기계적 변화
눈/결빙	기계적 부하, 수분흡수, 온도충격	습도 급변	습도 충격, 국소 가열영향
오존	급격한 산화, 취약화(고무), 공기의 전기적 절연의 열화	진동	피로
소음	공진	충돌	기계적 스트레스

표 **10.5** 기후 범주: 온도/일사량/상대습도 기준

<table>
<tr><th colspan="2" rowspan="2">기후 범주</th><th rowspan="2">하루 주기</th><th colspan="3">실외 주위조건</th></tr>
<tr><th>대기 온도(℃)
(일당 최저~최고)</th><th>일사량(W/m²)</th><th>상대습도(%, RH)</th></tr>
<tr><td colspan="2" rowspan="2">고온</td><td>고온 건조</td><td>32~49</td><td>0~1,120</td><td>3~8</td></tr>
<tr><td>고온 다습</td><td>31~41</td><td>0~1,080</td><td>59~88</td></tr>
<tr><td rowspan="5">기본</td><td rowspan="2">다습 열도</td><td>일정한 높은 습도</td><td>거의 일정, 24</td><td>경미함</td><td>95~100</td></tr>
<tr><td>가변적 높은 습도</td><td>26~35</td><td>0~970</td><td>74~100</td></tr>
<tr><td rowspan="3">온대</td><td>기본 고온</td><td>30~43</td><td>0~1,120</td><td>14~44</td></tr>
<tr><td>중간</td><td>28~39</td><td>0~1,020</td><td>43~78</td></tr>
<tr><td>기본 저온</td><td>−32~−21</td><td>경미함</td><td>포화 근접</td></tr>
<tr><td colspan="2">저온</td><td>저온</td><td>−46~−37</td><td>경미함</td><td>포화 근접</td></tr>
<tr><td colspan="2">혹한</td><td>혹한</td><td>− 51</td><td>경미함</td><td>포화 근접</td></tr>
</table>

표 10.5의 수치는 전형적이면서 극한적인 하루의 기후조건의 값으로, 예를 들면 고온 건조 지역의 대기 온도는 여름의 하루 온도 사이클의 상한과 하한을 나타낸다.

한편 기본 범주는 인구 밀도가 높으면서 공업화된 지역이 포함되는데, 특히 연중 고온과 고습이 병행하지 않는 중간 위도의 기본-중간 범주(우리나라 포함)에는 표 10.5의 기준 외에 상대습도가 포화근접(95~100%) 상태이며, 일사량은 경미하면서 하루 온도주기가 빙점 근처(−4~2℃)가 되는 습하면서 저온(cold-wet)인 지역도 포함된다.

또한 이 규격에서는 모든 군수품은 최소한 통상적인 환경조건에 해당되는 기본지역의 기후환경(−32~43℃)을 견디도록 설계되어야 한다고 규정하고 있다.

예제 10.2

운용환경 별로 환경온도를 설정하여 시험을 실시할 필요가 있다. 표 10.6에는 민수품과 군수품으로 구별하여 운용환경에 따른 환경온도의 범위 표준을 규정한 'KS C 0214(2007-2017 확인): 환경시험방법'에서 발췌한 것이다.

일례로 보호 실내장치의 민수품은 건축법에서 옥내의 정의를 빙결이 없는 조건으로 설정하고 있어 하한온도는 0℃로, 최고온도는 한반도에서 가장 높은 온도 분포를 보이는 대구지역의 1% 고온 발생빈도값(즉, 제99백분위 온도)인 36℃로 설정하고 있다. 그리고 MIL-STD-810에서 대부분의 아시아 지역을 포함하는 기본권의 온도를 −31.7~43.4℃로 나타내고 있으므로 한반도 및 주변지역은 이 범위를 기준으로 설정하고 있다. 전 세계로 확장하면 지상 이동장비 등은 저온지역의 20% 극단값 온도인 −51℃까지를, 해상 이동장비는 연안/해상 지역의 1% 저온/고온 발생값인 −34와 48℃를 포함하는 범위로 규정하고 있다.

표 10.6 운용환경 별 환경온도 표준

환경 구분	종류		
	민수품	군수품	적용 범위
보호 실내장치	실내/옥내 전용 0~36℃	• 전술용 장비: −32~43℃ • 실내/옥외 설치장비: −20~43℃ • 실내전용/옥내전용: 0~43℃	한반도
옥외 설치장비	−32~43℃	• 일반장비: −32~43℃ • 대공포, 자주포: −32~50℃	한반도
휴대 장비	−32~71℃	• 일반장비: −32~71℃ −32~43℃ • 소화기: −51~71℃	한반도 한반도 및 주변지역 전 세계
지상 이동장비	−46~71℃	−46~71℃ −51~71℃	한반도 및 주변지역 전 세계
해상 이동장비	−35~50℃	−35~50℃	전 세계
항공 이동장비	−57~71℃	−57~71℃	전 세계

10.2.1 환경시험방법

환경시험은 새로 개발된 제품이 환경 스트레스에 견딜 수 있는 가를 확인하거나, 제품 간의 비교, 개선점을 찾기 위해 실시하므로, 보통 내환경 특성의 일정한 기준에 따른 표준화된 방법에 의해 시험이 실시된다.

표준화된 시험방법으로는 IEC, MIL, ISO, KS, JIS 등이 주로 사용되며, 특히 MIL 규격은 미군이 조달하는 병기와 보급품의 환경시험 방법을 규정하고 있는데, 역사도 오래 되고 수차례 개정도 행해졌으며, 엄격한 시험방법으로 알려져 있다.

이 중에서 대표적인 환경시험에 관한 규격은 다음과 같다.

- MIL-STD-810H(2019): Environmental Engineering Considerations and Laboratory Tests
- MIL-STD-202H(2015): Test Methods for Electronic and Electrical Component Parts
- MIL-HDBK-310(1997): Global Climate Data for Developing Military Products
- DEF STAN 00-35 Issue 5(2018): Environmental Handbook for Defense Materiel
- IEC 60068 Environmental Testing 시리즈
  Part 1: 총칙(2013), Part 2: 시험방법, Part 3: 지원 문서 및 지침

이런 규격들을 맹목적으로 적용하는 것보다는 이를 기반으로 기업 실정과 상황에 따라 맞춤

(tailoring)하여 활용하는 것이 좋다.

그리고 표 10.3에 열거된 환경조건에 따라 채택할 수 있는 환경시험의 종류가 표 10.7에 예시되어 있다.

표 **10.7** 환경시험의 종류

구분	환경요인	환경시험 항목
기후적 조건	온도	• 저온시험 • 고온시험 • 온도변화시험
	습도	• 고온·고습시험 • 온·습도 사이클 시험
	압력	• 감압시험
	비	• 내수성시험
	태양광	• 일사시험
생물학적 조건	식물성 해로운 물질	• 곰팡이 시험
화학적 활성 물질	염분	• 염수분무시험 • 염수 사이클 시험
	이산화황 농도	• 이산화황 시험

구분	환경요인	환경시험 항목
기계적 조건	진동	• 정현파 진동 시험 • 진동·시간 이력 시험 • 진동·사인 비트 시험 • 광대역 랜덤 진동시험 • 진동·음향적 유도시험
	자유 낙하	• 자연낙하시험
	충격	• 충격시험 • 반복 충격시험 • 충격(bounce) 시험 • 충격(hammer) 시험
	가속도	• 가속도시험
	토플링(toppling)	• 면/각 낙하 및 전도시험
기계적 활성 물질	모래 및 먼지	• 먼지 및 모래 시험

10.2.2 환경시험의 설계

환경시험의 설계는 다음 절차로 수행된다.

① 제품수명주기에서 제품이 겪는 예상경로를 파악한다.

② 표 10.3과 10.4 등을 활용하여 제품의 성능과 고장에 영향을 미치는 주요 환경 요인을 선정한다.

③ ②에서 선정된 주요 환경요인의 조건과 운용범위를 조사한다.

④ ② 및 ③의 결과와 관련 표준규격과 기술정보를 바탕으로 표 10.7에 열거된 환경시험 중에서 포함시켜야 할 개별시험과 이를 결합한 복합시험을 선정한다.

⑤ ④에서 선정된 환경시험의 조건을 결정한다. 일례로 온도가 환경요인으로 선택 되면 표 10.5와 표 10.6을 활용할 수 있다.

그림 10.3은 국내 신뢰성규격에서 채택된 고온시험에 관한 시험주기와 온도 프로필(그림에서 4시간 고온저장, 4시간 고온시험, 2시간 상온시험)을 예시한 것으로 운용환경과 제

품의 특성을 고려하여 각 단계의 시험시간과 온도가 정해진다. 또한 사전, 중간, 사후에 성능시험을 실시하여 내환경성 여부를 조사하는 과정이 포함되어 있다.

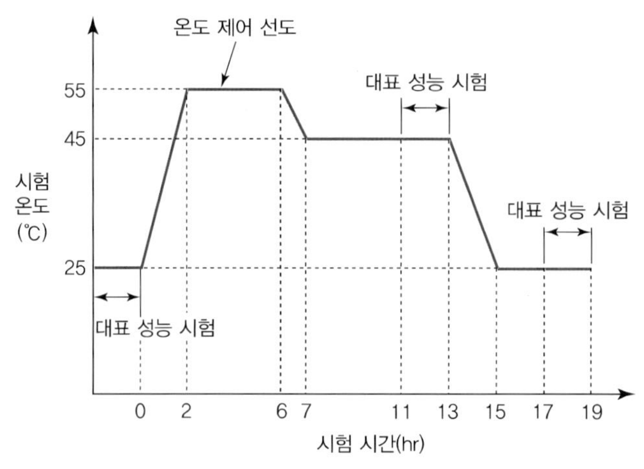

그림 **10.3** 고온시험: 시험주기와 온도 프로필

⑥ ⑤에서 선택된 환경시험의 시험계획(표본크기, 시험조건, 합격 판정기준 등)을 정한다.

이 단계에서는 10.4절의 신뢰성 샘플링 검사계획과 10.5절의 실증시험 계획, 11.4절의 가속수명시험 계획, 품질관리의 샘플링 검사계획 등을 활용할 수 있을 것이다.

⑦ 여러 환경시험이 실시될 경우 이들의 순서를 정한다.

환경시험을 실시할 때 단계 ⑦에서의 시험 순서도 중요하다. 환경시험의 순서는 발생하기 쉬운 환경조건 순 또는 영향이 큰 순으로, 아니면 후속 시험의 고장을 촉진시키는 순 등이 될 수 있다. 하지만 개발과정 상에서는 시험단위가 한정되어 있어, 제품 손상이 발생하기 전에 많은 정보를 얻기 위해 엄격성이 낮은 순으로, 비파괴에서 파괴시험 순으로 정할 수도 있다. 제품별로, 그리고 부품과 장치 수준에 따라 달라지겠지만 대체적인 경향은 최초 발생한 결함(크랙 등)을 촉진하기 위해 온도에 관련된 환경시험, 기계적 환경시험 순으로 실시한다. 이후 습도관련 환경시험을 실시하여 수분의 침입을 촉진시키고 밀봉(seal)의 확인을 용이하게 한다.

이와 같이 설계된 환경시험에서 고장에 큰 영향을 미치는 환경인자의 전형적인 조건과 프로필은 수명시험을 비롯한 여러 신뢰성시험에 반영되므로, 신뢰성시험의 시험방법을 구체적으로 규정하는 중요한 기반이 된다.

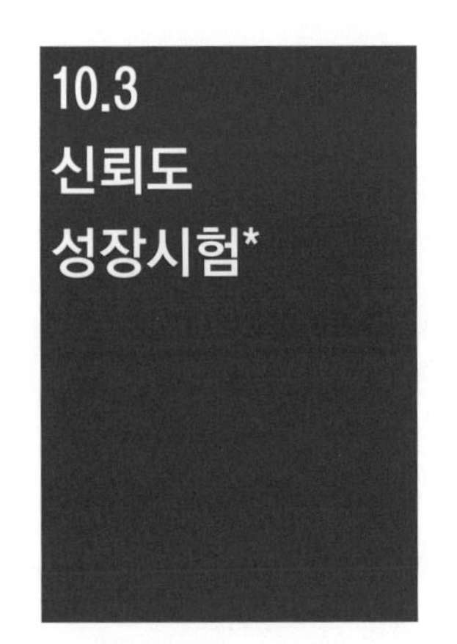

10.3.1 신뢰도 성장모형

신뢰도 성장(reliability growth, 신뢰성 성장)은 개발과 설계, 제조단계에서 학습에 의한 신뢰성 척도(MTBF, 고장률) 등이 개선되어 가는 현상을 지칭한 것으로 그림 10.4와 같이 시험-문제점 분석-문제점 시정조치(TAAF: test, analyze, and fix) 과정을 통해 실현된다. 즉, 시제품이 만들어지면 신뢰성 목표의 달성여부에 관한 시험평가가 실시되는데, 만약 목표에 미달되면 FMECA 등을 통해 중요한 고장모드와 원인을 파악하는 철저한 공학적 고장분석이 수행된다. 이후 확인된 고장모드를 제거할 수 있는 공학적 재설계를 통해 목표 신뢰성 척도를 달성할 수 있도록 유효성 확인(validation), 개발시험(development testing), 운영시험(operational test) 단계에서 TAAF 사이클이 반복된다.

이런 신뢰도 성장모형을 통해 제품의 개발과 설계과정에 적용되는 있는 신뢰성 프로그램의 진전 과정을 모니터링하며, 더불어 시정활동(corrective action) 프로그램의 효율성을 평가하는 정량적 척도로 사용할 수 있다.

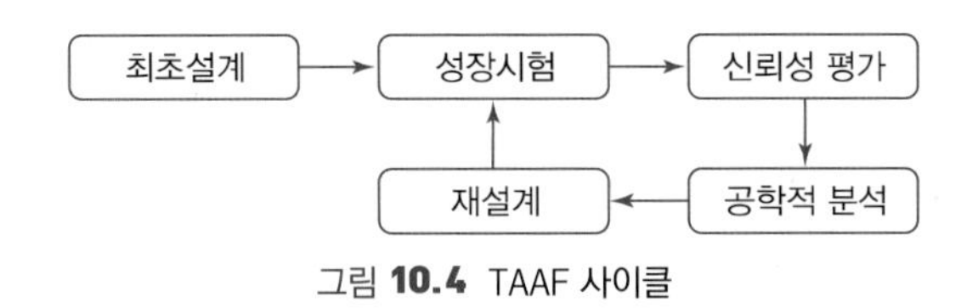

그림 **10.4** TAAF 사이클

또한 TAAF 사이클에 의해 개발 대상 제품의 신뢰도가 성장되는 현상을 나타내는 그림 10.5의 신뢰도 성장모형은 누적 시험시간에 따른 순간 MTBF의 관계로부터 특정시점의 MTBF 또는 고장률을 추정할 수 있는 정보를 제공한다. 특히 신뢰도 성장모형은 TAAF 과정이 종료되면 이 프로그램에서 가장 중요한 개발 대상 제품의 신뢰성 척도인 고장률 또는 이의 역수인 MTBF는 일정하다고 가정하여 예측한다. 즉, 신뢰도 성장 현상을 잘 표현하는 모형이 얻어지면. 이로부터 유의미한 신뢰도 성장의 발생여부 파악, 성장 목표 성취여부 예측, 추가로 요구되는 개발 자원과 노력의 필요성 조사, 목표 신뢰도 달성까지의 소요시간 추산, 신뢰도 실증시험계획의 수립 등에 활용된다.

그리고 이 절에서 다룬 모형과 자료 분석방법은 소프트웨어 신뢰도와 8장의 수리가능(repairable) 시스템의 신뢰성 분석에도 유용하다.

그림 10.5와 같이 학습(learning) 현상을 수용하는 전형적인 신뢰도 성장곡선을 MIL-HDBK 189에서는 이상적 성장곡선으로 칭하고 있으며, 시점 t에서의 MTBF인 순간 MTBF $\mu(t)$는 다음과 같이 나타낼 수 있다.

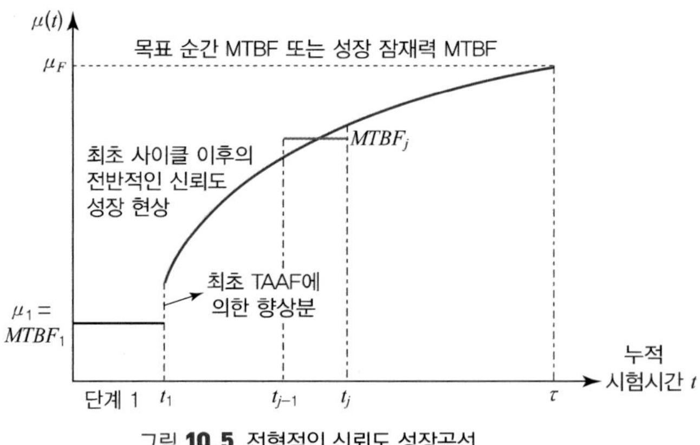

그림 **10.5** 전형적인 신뢰도 성장곡선

$$\mu(t)=\begin{cases}\mu_1 & , \quad 0<t\le t_1\\ \dfrac{\mu_1}{1-b}\left(\dfrac{t}{t_1}\right)^b, & t>t_1\end{cases} \tag{10.1}$$

여기서, t는 누적 시험시간

μ_1는 최초 사이클(단계 1) 동안의 MTBF

t_1는 최초 사이클의 시험시간

b는 성장률

여기서 t_1은 (첫 번째) 고장시점과 일치하지 않을 수 있으므로 μ_1가 다른 값을 가질 수 있다. 식 (10.1)를 보면 $t \ge t_1$일 때 양 대수척도 용지(두 축을 모두 대수변환한 용지)에서 선형이 됨을 알 수 있으며, 이 직선의 기울기는 성장률이 된다.

j번째 사이클 $(t_{j-1}, t_j]$ 동안의 $MTBF_j$(그림 10.5 참조)는 t_j까지의 누적 고장개수가 $n(t_j)$이면

$$MTBF_j=\frac{t_j-t_{j-1}}{n(t_i)-n(t_{j-1})} \tag{10.2}$$

로 구할 수 있다.

만약 μ_1과 μ_F, 그리고 성장시험의 종료시점 τ가 주어지면 다음과 같은 b에 관한 근사값을 얻을 수 있다(연습문제 10.3 참조).

$$b\approx -\ln(\tau/t_1)-1+\left[\{1+\ln(\tau/t_1)\}^2+2\ln(\mu_F/\mu_1)\right]^{1/2} \tag{10.3}$$

그리고 λ가 $(t_1, \tau]$동안의 평균 고장률이면 $n(t)$는 식 (10.2)로부터

$$n(\tau)-n(t_1)=\lambda(\tau-t_1) \tag{10.4}$$

이므로, λ는 $n(t)$의 순간 변화율이 $\mu(t)$의 역수인 점을 이용하면 다음과 같이 얻어진다.

$$\lambda = \frac{1}{\tau - t_1}\int_{t_1}^{\tau}\frac{1}{\mu(x)}dx = \frac{1-b}{(\tau - t_1)\mu_1}\int_{t_1}^{\tau}(x/t_1)^{-b}dx$$
$$= \frac{t_1}{(\tau - t_1)\mu_1}\left[(\tau/t_1)^{1-b} - 1\right]$$

따라서 $n(\tau)$는 $\mu_1 = t_1/n(t_1)$로부터 다음 식과 같이 나타낼 수 있다.

$$n(\tau) = n(t_1) + \lambda(\tau - t_1) = \frac{t_1}{\mu_1}\left(\frac{\tau}{t_1}\right)^{1-b} \tag{10.5}$$

예제 10.3

200hr 동안의 첫 번째 신뢰도 성장시험에서 MTBF가 150hr이었고, 목표 순간 MTBF가 3,000hr이며, 활용 가능한 누적 시험시간이 12,000hr이다. 4,000hr을 추가로 시험한 시점에서 회사사정으로 시험이 일시 중단될 경우에서 그 시점에서 구한 순간 MTBF와 그 때까지의 누적 고장개수를 구하라.
$t_1 = 200$, $\mu_1 = 150$, $\tau = 12{,}000$, $\mu_F = 3{,}000$이므로 먼저 식 (10.3)으로부터 성장률 b의 근사값을 구하면

$$b \approx -\ln(12{,}000/200) - 1 + \left[\{1 + \ln(12{,}000/200)\}^2 + 2\ln(3{,}000/150)\right]^{1/2} = 0.558$$

이다. 따라서 성장곡선은 다음과 같이 나타낼 수 있다.

$$\mu(t) = \begin{cases} 150, & 0 < t \le 200 \\ 339.4\left(\dfrac{t}{150}\right)^{0.558}, & t > 200 \end{cases}$$

그리고 $n(4{,}200)$는 식 (10.5)로부터, $\mu(4{,}200)$는 상기 식으로부터 구하면 각각 5.12개와 1,856hr이 된다.

$$n(4{,}200) = \frac{200}{150}\left(\frac{4{,}200}{200}\right)^{0.442} = 5.12$$

$$\mu(4{,}200) = 339.4\left(\frac{4{,}200}{200}\right)^{0.558} = 1{,}856$$

신뢰도 성장 개발 계획을 추진하는데 있어 최초 신뢰성 척도의 설정은 중요한 업무 중의 하나이다. 이 값은 대상 제품에 대한 기본 신뢰성업무 유효성(basic reliability tasks effectiveness, BRTE)을 근거로 설정된다. 기본 신뢰성 업무는 신뢰도 성장시험 등 개발 및 생산 시험을 수행

하기 이전의 신뢰성 활동으로, 신뢰성 프로그램의 감독 및 관리, 설계 및 검증에 관한 업무가 포함된다. BRTE는 최종 순간 MTBF μ_F에 대한 최초 MTBF인 μ_1의 비율로서 신뢰성업무의 달성 정도로 다음과 같이 나타낸다.

$$BRTE = \frac{MTBF_1}{\mu_F} = \frac{\mu_1}{\mu_F}$$

신뢰도 성장시험은 시제품을 대상으로 수행되는데, 성장시험이 충분하다면 시스템 MTBF는 더 이상의 시정조치가 필요하지 않는 완결된 MTBF로 성장한다. 이런 이론적인 MTBF의 상한을 성장 잠재력(growth potential)이라 부르며(그림 10.5 참조), MTBF가 성숙되면 최종 MTBF가 성장 잠재력 MTBF가 될 수 있다. 따라서 이 비율이 높다는 것은 신뢰도 성장시험에서 신뢰성업무의 효율성이 낮음을 의미한다.

BRTE의 값을 이용하여 신뢰성 달성 시점을 다음과 같이 예상할 수 있다. 신뢰도 성장을 위한 개발단계에서 이에 소요되는 누적 시험시간은 관련 시험비용을 산정할 수 있는 기초자료에 속한다. 즉, 첫 번째 사이클의 t_1과 μ_1, 성장률 b를 고려한 목표 μ_F를 달성하기 위한 누적 개발 시험시간 τ는 식 (10.1)로부터

$$\tau = t_1 \left[\frac{(1-b)\mu_F}{\mu_1} \right]^{1/b} = t_1 \left(\frac{1-b}{BRTE} \right)^{1/b} \tag{10.6}$$

로 설정할 수 있다.

예제 10.4

예제 10.3에서 $t_1 = 200$, $\mu_1 = 150$이고 μ_F가 3,000hr이지만 성장률이 0.48로 추산될 경우, 성장시험의 종료시점을 구하라.

BRTE가 200/3,000=1/15이므로, 식 (10.6)에 대입하면 14,440hr이 된다.

$$\tau = 200 \left(\frac{1-0.48}{1/15} \right)^{1/0.48} = 14,440$$

10.3.2 Duane 모형

미국 GE사에 근무한 J. Duane는 1964년에 TAAF 신뢰도 성장시험을 적용한 다양한 제품자료를 기초로 그림 10.6과 같이 누적 시험시간(t)과 누적 MTBF가 양 대수척도 용지에서 직선관계가

성립함을 파악하였다(7.2절의 Duane 그림에서 수직축은 1/누적 MTBF를 대수변환한 값임). 누적된 성장시험의 정보로부터 얻은 MTBF(또는 고장률)을 누적 MTBF(누적 MTBF의 역수인 평균 고장률)로, 특정시점이나 성장시험이 종료된 직후에 예측된 MTBF를 순간 MTBF로 구별하여 부른다. 그리고 성장시험의 대상제품은 동일한 제품으로 볼 수 없으므로, 이 소절에서의 고장률과 MTBF는 이전의 정의보다 덜 엄격한 용도로 쓰이고 있다.

신뢰도 성장시험이 t에서 종료될 경우 $(0, t]$동안의 MTBF인 누적 MTBF($MTBF_C(t)$)는 식 (10.2)로부터 다음과 같이 구해진다.

$$MTBF_C(t) = \frac{t}{n(t)} \tag{10.7}$$

따라서 대상 제품이 그림 10.6과 같이 Duane 모형을 따르면 누적 MTBF는 다음과 같이 적을 수 있다.

$$MTBF_C(t) = \frac{t}{n(t)} = kt^b \tag{10.8}$$

단, k는 제품의 복잡성, 설계 수명, 신뢰도 표준 등에 따른 상수

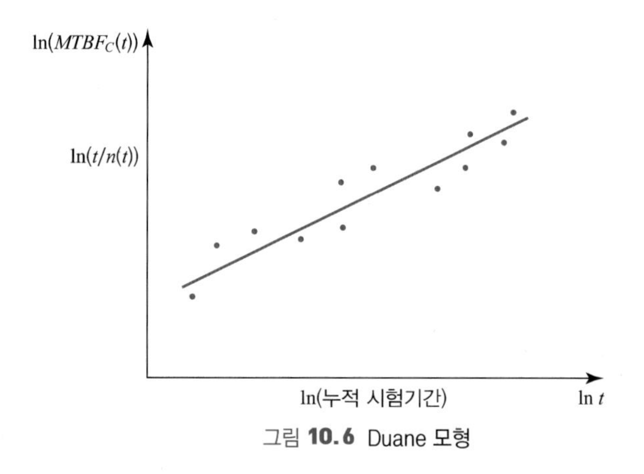

그림 **10.6** Duane 모형

성장률의 대체적인 범위는 0.2와 0.6사이로 알려져 있으며, 시정조치의 시의 적절성과 성과에 의존한다. 식 (10.8)에서 $n(t)$는 t^{1-b}/k이 되므로 순간 고장률은 식 (7.4)의 형태에 속하는

$$\frac{dn(t)}{dt} = \lambda(t) = \frac{(1-b)}{k} t^{-b}$$

이 되며, 신뢰도 성장시험이 종료된 후에는 고장률은 일정하다고 가정하여 성장시험이 중단된 t시점의 순간 MTBF를 다음과 같이 구할 수 있다.

$$\mu(t) = \frac{kt^b}{1-b} = \frac{MTBF_C(t)}{1-b} \tag{10.9}$$

식 (10.9)는 전통적인 성장곡선의 식 (10.1)과 거의 일치하는 형태(즉, $k = \mu_1 / t_1^b$)가 된다. 따라서 식 (10.8)을 대수변환하면

$$\ln(t/n(t)) = \ln k + b \ln t = a + b \ln t$$

단순 선형모형이 되므로, 최소제곱법을 적용하여 모수(기울기$=b$와 절편$=a=\ln k$)를 다음과 같이 쉽게 추정할 수 있는 장점이 있다.

$$\hat{b} = \frac{\sum_{j=1}^{m}(x_j - \overline{x})(y_j - \overline{y})}{\sum_{j=1}^{m}(x_j - \overline{x})^2} \tag{10.10}$$

$$\hat{a} = \overline{y} - \hat{b}\overline{x}$$

단, m은 TAAF 사이클(설계변경)의 횟수,

$$\overline{x} = \frac{\sum_{j=1}^{m} x_j}{m}, \quad \overline{y} = \frac{\sum_{j=1}^{m} y_j}{m}$$

$$x_j = \ln t_j, \quad y_j = \ln(t_j / n(t_j))$$

따라서 k와 성장시험의 종료시점인 τ에서의 순간 MTBF의 추정값은

$$\hat{k} = e^{\hat{a}} \tag{10.11}$$

$$\hat{\mu}(\tau) = \frac{\hat{k}\tau^{\hat{b}}}{1-\hat{b}} \tag{10.12}$$

이 되며, 목표 순간 MTBF가 M_F일 때 이를 달성하는데 필요한 시간 τ는 다음과 같이 구할 수 있다.

$$\tau = \left[\frac{(1-\hat{b})\mu_F}{\hat{k}}\right]^{1/\hat{b}} \tag{10.13}$$

그런데 경험적으로 얻어진 Duane 모형 하에서는 모수나 순간 MTBF에 관한 신뢰구간을 설정할 수 없으며, 적합된 모형의 적정성에 대한 가설검정도 불가능하다. 또한 자료 간에 매우 높은 상관관계를 가지거나 다른 모형을 따를 수도 있으므로, 적용된 최소제곱추정량이 우수한 통계적 성질을 가지지 못할 가능성이 존재한다.

예제 10.5

표 10.8은 자동차 중요부품의 개발단계에 실시한 신뢰도 성장시험의 일부자료로 시험종료시간은 1,600시간이고, 누적된 고장(설계변경) 횟수는 12회이다. 이를 토대로 계산된 $MTBF_C = t_j/n(t_j)$가 부기되어 있다. Duane 모형으로 분석하고, 시험종료 시점에서 순간 MTBF를 추정해라.

표 **10.8** 자동차 부품 신뢰도 성장시험 자료: 예제 10.5

고장 번호, j	t_j	$MTBF_C$	$x_j = \ln t_j$	$y_j = \ln(MTBF_C)$	$(x_j - \bar{x})^2$	$(x_j - \bar{x})(y_j - \bar{y})$
1	6	6.000	1.79176	1.79176	11.5073	5.85582
2	21	10.500	3.04452	2.35138	4.5774	2.49597
3	35	11.667	3.55535	2.45674	2.6525	1.72843
4	57	14.250	4.04305	2.65676	1.3018	0.98263
5	104	20.800	4.64439	3.03495	0.2912	0.26066
6	177	29.500	5.17615	3.38439	0.0001	0.00105
7	292	41.714	5.67675	3.73084	0.2428	0.10488
8	473	59.125	6.15910	4.07965	0.9508	0.54767
9	757	84.111	6.62936	4.43214	2.0891	1.32126
10	1005	100.500	6.91274	4.61016	2.9886	1.88806
11	1329	120.818	7.19218	4.79429	4.0328	2.56302
12	1600	133.333	7.37776	4.89285	4.8126	3.01609

그림 10.7의 $(\ln t_j, \ln(MTBF_C))$를 타점한 Duane 모형에 관한 그림을 보면 성장시험 자료가 이 모형에 잘 적합함을 알 수 있다.

표 10.8에서 $m = 12$, $\sum_{j=1}^{12} x_j = 62.203$, $\bar{x} = 5.184$, $\sum_{j=1}^{12} y_j = 42.216$, $\bar{y} = 3.518$, $\sum_{j=1}^{12} (x_j - \bar{x})^2 = 35.4468$, $\sum_{j=1}^{12} (x_j - \bar{x})(y_j - \bar{y}) = 20.7655$ 이므로, 성장률은 $\hat{b} = 20.7655/35.4468 = 0.586$이고, 식 (10.10)과 (10.11)로부터 $\hat{a} = 3.518 - 0.586 \times 5.184 = 0.480$이 되어 $\hat{k} = e^{0.480} = 1.616$으로 추정된다. 따라서 1,600hr에서 순간 MTBF는 식 (10.12)로부터 다음과 같이 294.5hr로 예상된다.

$$\hat{\mu}(1,600) = \frac{1.616 \cdot 1,600^{0.586}}{0.414} = 294.5$$

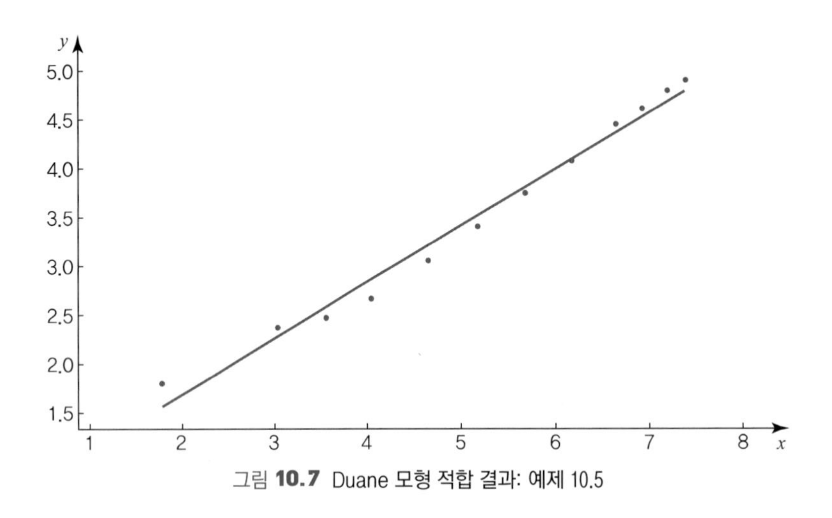

그림 **10.7** Duane 모형 적합 결과: 예제 10.5

10.3.3 Crow 모형

1974년 미국의 L. Crow는 Duane의 경험적 모형의 이론적 기초를 제공하는 거듭제곱 함수(멱함수) 형태의 비정상 포아송 과정(NHPP)를 따르는 확률모형을 제안하였다. 이 모형은 미국의 Army Materiel Systems Analysis Activity를 위해 수행되어 AMSAA 모형으로 불리기도 한다.

그림 10.8과 같이 고장발생률이 설계변경이 이루어지는 단계별로 감소하는 형태를 따르며, 각 단계에서 고장발생률은 일정하다고 가정하여 계단형이 된다. 이런 계단형태를 연속함수인 $k't^{\delta}$로 근사할 수 있으므로, 양 대수척도 용지에 타점하면 직선이 된다. 따라서 고장발생률과 MTBF의 관계를 고려하면 Duane 모형과 Crow 모형은 동일한 모형이라 볼 수 있으며, 이를 통합하여 Crow-AMSAA-Duane 모형이라 칭하기도 한다. Duane 모형은 여러 단계로 구성된 신뢰도 성장 프로그램의 전반적인 신뢰도 성장 패턴을 나타내는 모형으로 쓰이는데 반해, Crow 모형은 단일 단계에도 적용할 수 있으며, 경험적으로 개발된 Duane 모형과 달리 Crow 모형은 이론적 기반 하에서 개발되었다.

즉, j번째 단계인 $(t_{j-1}, t_j]$에서 고장발생률이 λ_j(여기서 $\lambda_1 > \lambda_2 > \cdots > \lambda_m$ 임)로 일정하면 이 구간의 고장횟수 N_j는 다음과 같이 평균이 $\lambda_j(t_j - t_{j-1})$인 포아송 분포를 따른다.

$$\Pr(N_j = x) = \frac{[\lambda_j(t_j - t_{j-1})]^x e^{-\lambda_j(t_j - t_{j-1})}}{x!}$$

따라서 누적 시험시간 t까지의 고장발생 과정은 고장발생률(7.2절의 강도함수)이 각 단계에서 $w(t) = \lambda_j,\ t_{j-1} < t \le t_j$인 비정상 포아송 과정(NHPP)을 따른다. 고장발생률을 모형의 실용성

을 제고하기 위해 거듭제곱 함수 형태로 다음과 같이 근사화하면 식 (7.4)의 형태에 속하는

$$w(t) = k'\delta t^{\delta - 1}, \ k' > 0, \ 0 < \delta < 1 \tag{10.14}$$

이 되며, 기대 누적 고장발생 수와 시험종료 시점 τ_c에서의 순간 MTBF는 다음과 같이 구해진다.

$$W(t) = k' t^{\delta} \tag{10.15}$$

$$m(\tau_c) = \frac{\tau_c^{1-\delta}}{k'\delta} \tag{10.16}$$

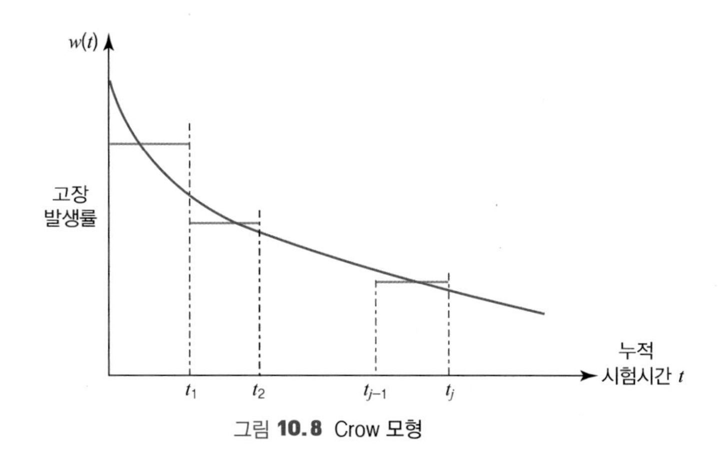

그림 **10.8** Crow 모형

식 (10.9)와 식 (10.16)을 비교하면 δ와 k'는 각각 Duane 모형의 $1-b$, $1/k$에 해당되며, 고장발생률이 Crow 모형인 식 (10.14)를 따르는 NHPP는 7.2절 및 9.8절의 거듭제곱 법칙과정(power law process) 또는 식 (10.14)가 와이블 분포의 고장률과 같은 형태를 가지는 점을 반영하여 와이블과정(Weibull process)으로 부르고 있다.

(1) 모수추정

m회의 설계변경시점은 $t_1 < t_2 \cdots < t_m$ 이고 τ_c에서 고장과 무관하게 시험이 종료될 경우(제 1종 관측중단)에 우도함수는

$$L(\delta, k') = \prod_{j=1}^{m} w(t_j) \times \exp(-W(\tau_c)) \tag{10.17}$$

로 나타낼 수 있으므로(Meeker and Escobar, 1998), Crow 모형의 대수 우도함수는 다음과 같이 적을 수 있다.

$$l(\delta, k') = m \ln k' + m \ln \delta + (\delta - 1) \sum_{j=1}^{m} \ln t_j - k' \tau_c^{\delta} \tag{10.18}$$

식 (10.18)을 두 모수에 대해 편미분한 우도방정식은

$$\frac{\partial l}{\partial \delta}=\frac{m}{\delta}+\sum_{j=1}^{m}\ln t_j-k'\tau_c^{\delta}\ln\tau_c=0 \tag{10.19}$$

$$\frac{\partial l}{\partial k'}=\frac{m}{k'}-\tau_c^{\delta}=0 \tag{10.20}$$

이며, 최우추정량 $\hat{\delta}$와 $\hat{k'}$는 식 (10.20)에서 $\hat{k'}=m/\tau_c^{\hat{\delta}}$이므로 식 (10.19)에 대입하면 다음과 같이 간략화 된다.

$$\frac{\partial l}{\partial \delta}=\frac{m}{\hat{\delta}}+\sum_{j=1}^{m}\ln t_j-m\ln\tau_c=0$$

따라서 Crow 모형의 두 모수에 관한 최우추정량은 다음과 같이 구해진다.

$$\hat{\delta}=\frac{m}{\sum_{j=1}^{m}\ln(\tau_c/t_j)} \tag{10.21}$$

$$\hat{k}'=\frac{m}{\tau_c^{\hat{\delta}}} \tag{10.22}$$

그리고 t_m에서 시험이 종료될 경우(제 2종 관측중단)는 τ_c를 t_m으로 대체하면 식 (10.21)은

$$\hat{\delta}=\frac{m}{\sum_{j=1}^{m}\ln(t_m/t_j)}=\frac{m}{\sum_{j=1}^{m-1}\ln(t_m/t_j)} \tag{10.23}$$

이 되며, 식 (10.22)는 $\hat{k}'=m/t_m^{\hat{\delta}}$이 된다. 제 2종 관측중단될 경우는 $2m\delta/\hat{\delta}$가 자유도 $2(m-1)$인 χ^2분포를 따르므로, 성장률에 관한 신뢰구간과 가설검정을 수월하게 적용할 수 있다(Riden and Basu, 2000; 9.8절 참조).

한편 식 (10.21)과 식 (10.23)의 δ에 관한 최우추정량은 편의 추정량에 속하므로, Crow(1974)는 다음과 같은 불편추정량(여기서 제 1종 관측중단일 경우는 τ_c까지 설계변경 횟수가 m이라는 조건 하에서의 불편추정량임)을 제안하고, 수정된(modified) 최우추정량이라 부르고 있다. m이 50이하일 때는 최우추정량이 δ를 과대추정하여 MTBF가 과소추정될 가능성이 높으므로, 수정된 추정량($\tilde{k}'$는 $\hat{\delta}$대신에 $\tilde{\delta}$를 대입함)이 최우추정량보다 대체적으로 우수하다고 알려져 있다.

$$\tilde{\delta}=\begin{cases}\dfrac{m-2}{m}\hat{\delta} & :\text{제2종 관측중단}\\[2ex] \dfrac{m-1}{m}\hat{\delta} & :\text{제1종 관측중단}\end{cases} \tag{10.24}$$

(2) 순간 MTBF 추정

τ_c 또는 t_m에서 신뢰도 성장시험이 종료될 때 이 시점에서의 순간 MTBF의 추정량은 다음과 같이 구할 수 있다.

$$\hat{\mu}(\tau_c) = \frac{\tau^{1-\hat{\delta}}}{\hat{k}'\hat{\delta}}: \text{ 제1종 관측중단} \tag{10.25a}$$

$$\hat{\mu}(t_m) = \frac{t_m^{1-\hat{\delta}}}{\hat{k}'\hat{\delta}}: \text{ 제2종 관측중단} \tag{10.25b}$$

여기서 $\hat{\delta}$와 $\hat{k}'$ 대신에 $\tilde{\delta}$와 $\tilde{k}'$를 대입하여 구해도 된다.

그리고 시험종료시점에서 순간 MTBF에 관한 $100\times(1-\alpha)\%$ 신뢰구간은

$$\left[R_1\hat{\mu}(\tau_c),\ R_2\hat{\mu}(\tau_c)\right]: \text{ 제1종 관측중단} \tag{10.26a}$$

$$\left[R_1\hat{\mu}(t_m),\ R_2\hat{\mu}(t_m)\right]: \text{ 제2종 관측중단} \tag{10.26b}$$

으로 구할 수 있으며, R_1과 R_2는 제1종 관측중단일 때는 표 10.9, 제2종 관측중단일 때는 표 10.10에서 찾을 수 있다. 이 표에서는 m가 100 이하만 수록되어 있으므로 이를 초과할 경우는 다음 근사식을 이용하면 된다(Crow, 1982).

$$R_1 = \left(\frac{m}{m + z_{\alpha/2}\sqrt{m/2}}\right)^2,\quad R_2 = \left(\frac{m}{m - z_{\alpha/2}\sqrt{m/2}}\right)^2: \text{ 제1종 관측중단} \tag{10.27a}$$

$$R_1 = \frac{1}{1 + z_{\alpha/2}\sqrt{2/m}},\quad R_2 = \frac{1}{1 - z_{\alpha/2}\sqrt{2/m}}: \text{ 제2종 관측중단} \tag{10.27b}$$

단, z_α는 표준정규분포의 $100(1-\alpha)$백분위수임(즉, 우측 꼬리확률이 α)

예제 10.6

예제 10.5에서 고장과 무관하게 성장시험을 1,800hr에서 종료할 경우에 Crow 모형으로 분석하여 시험종료시점에서 순간 MTBF를 추정해라. 이의 90% 신뢰구간도 구하라.

제1종 관측중단자료이며, $m = 12$, $\tau_c = 1,800$, $\sum_{j=1}^{12}\ln(\tau_c/t_j) = 27.7434$이므로 식 (10.21)와 (10.22)에 대입하면 최우추정값은

$$\hat{\delta} = \frac{12}{27.7434} = 0.433,\quad \hat{k}' = \frac{12}{1,800^{0.433}} = 0.467$$

이 되며, 수정된 최우추정값은 다음과 같이 구해진다.

$$\tilde{\delta} = \frac{11}{12} \times 0.433 = 0.397$$

$$\tilde{k}' = \frac{12}{1,800^{0.397}} = 0.612$$

여기서는 m이 12로 50보다 작은 값을 가지므로 이후의 분석에서는 수정된 최우추정값을 채택한다. 따라서 1,800시간에 시험이 종료된 시점에서의 순간 MTBF 추정값은 식 (10.25a)로부터

$$\hat{\mu}(1,800) = \frac{1,800^{0.603}}{0.612 \cdot 0.397} = 377.9$$

이므로, 이의 90% 신뢰구간은 식 (10.26a)와 표 10.9로부터 다음과 같이 구해진다.

$$[0.507 \times 377.9 = 191.6,\ 2.324 \times 377.9 = 878.2]$$

표 **10.9** 순간 MTBF에 관한 신뢰구간 승수: Crow 모형-제1종 관측중단

m	신뢰수준							
	80%		90%		95%		98%	
	R_1	R_2	R_1	R_2	R_1	R_2	R_1	R_2
2	0.261	18.66	0.200	38.66	0.159	78.66	0.124	198.7
3	0.333	6.326	0.263	9.736	0.217	14.55	0.174	24.10
4	0.385	4.243	0.312	5.947	0.262	8.093	0.215	11.81
5	0.426	3.386	0.352	4.517	0.300	5.862	0.250	8.043
6	0.459	2.915	0.385	3.764	0.331	4.738	0.280	6.254
7	0.487	2.616	0.412	3.298	0.358	4.061	0.305	5.216
8	0.511	2.407	0.436	2.981	0.382	3.609	0.328	4.539
9	0.531	2.254	0.457	2.750	0.403	3.285	0.349	4.064
10	0.549	2.136	0.476	2.575	0.421	3.042	0.367	3.712
11	0.565	2.041	0.492	2.436	0.438	2.852	0.384	3.441
12	0.579	1.965	0.507	2.324	0.453	2.699	0.399	3.226
13	0.592	1.901	0.521	2.232	0.467	2.574	0.413	3.050
14	0.604	1.846	0.533	2.153	0.480	2.469	0.426	2.904
15	0.614	1.800	0.545	2.087	0.492	2.379	0.438	2.781
16	0.624	1.759	0.556	2.029	0.503	2.302	0.449	2.675
17	0.633	1.723	0.565	1.978	0.513	2.235	0.460	2.584
18	0.642	1.692	0.575	1.933	0.523	2.176	0.470	2.503
19	0.650	1.663	0.583	1.893	0.532	2.123	0.479	2.432
20	0.657	1.638	0.591	1.858	0.540	2.076	0.488	2.369
21	0.664	1.615	0.599	1.825	0.548	2.034	0.496	2.313
22	0.670	1.594	0.606	1.796	0.556	1.996	0.504	2.261
23	0.676	1.574	0.613	1.769	0.563	1.961	0.511	2.215
24	0.682	1.557	0.619	1.745	0.570	1.929	0.518	2.173
25	0.687	1.540	0.625	1.722	0.576	1.900	0.525	2.134

(계속)

m	신뢰수준							
	80%		90%		95%		98%	
	R_1	R_2	R_1	R_2	R_1	R_2	R_1	R_2
26	0.692	1.525	0.631	1.701	0.582	1.873	0.531	2.098
27	0.697	1.511	0.636	1.682	0.588	1.848	0.537	2.068
28	0.702	1.498	0.641	1.664	0.594	1.825	0.543	2.035
29	0.706	1.486	0.646	1.647	0.599	1.803	0.549	2.006
30	0.711	1.475	0.651	1.631	0.604	1.783	0.554	1.980
35	0.729	1.427	0.672	1.565	0.627	1.699	0.579	1.870
40	0.745	1.390	0.690	1.515	0.646	1.635	0.599	1.788
45	0.758	1.361	0.705	1.476	0.662	1.585	0.617	1.723
50	0.769	1.337	0.718	1.443	0.676	1.544	0.632	1.671
60	0.787	1.300	0.739	1.393	0.700	1.481	0.657	1.591
70	0.801	1.272	0.756	1.356	0.718	1.435	0.678	1.533
80	0.813	1.251	0.769	1.328	0.734	1.399	0.695	1.488
100	0.831	1.219	0.791	1.286	0.758	1.347	0.722	1.423

표 **10.10** 순간 MTBF에 관한 신뢰구간 승수: Crow 모형-제2종 관측중단

m	신뢰수준							
	80%		90%		95%		98%	
	R_1	R_2	R_1	R_2	R_1	R_2	R_1	R_2
2	0.8065	33.76	0.5552	72.67	0.4099	151.5	0.2944	389.9
3	0.6840	8.927	0.5137	14.24	0.4054	21.96	0.3119	37.60
4	0.6601	5.328	0.5174	7.651	0.4225	10.65	0.3368	15.96
5	0.6558	4.000	0.5290	5.424	0.4415	7.147	0.3603	9.995
6	0.6600	3.321	0.5421	4.339	0.4595	5.521	0.3815	7.388
7	0.6656	2.910	0.5548	3.702	0.4760	4.595	0.4003	5.963
8	0.6720	2.634	0.5668	3.284	0.4910	4.002	0.4173	5.074
9	0.6787	2.436	0.5780	2.989	0.5046	3.589	0.4327	4.469
10	0.6852	2.287	0.5883	2.770	0.5171	3.286	0.4467	4.032
11	0.6915	2.170	0.5979	2.600	0.5285	3.054	0.4595	3.702
12	0.6975	2.076	0.6067	2.464	0.5391	2.870	0.4712	3.443
13	0.7033	1.998	0.6150	2.353	0.5488	2.721	0.4821	3.235
14	0.7087	1.933	0.6227	2.260	0.5579	2.597	0.4923	3.064
15	0.7139	1.877	0.6299	2.182	0.5664	2.493	0.5017	2.921
16	0.7188	1.829	0.6367	2.144	0.5743	2.404	0.5106	2.800
17	0.7234	1.788	0.6431	2.056	0.5818	2.327	0.5189	2.695
18	0.7278	1.751	0.6491	2.004	0.5888	2.259	0.5267	2.604
19	0.7320	1.718	0.6547	1.959	0.5954	2.200	0.5341	2.524
20	0.7360	1.688	0.6601	1.918	0.6016	2.147	0.5411	2.453
21	0.7398	1.662	0.6652	1.881	0.6076	2.099	0.5478	2.390
22	0.7434	1.638	0.6701	1.848	0.6132	2.056	0.5541	2.333
23	0.7469	1.616	0.6747	1.818	0.6186	2.017	0.5601	2.281
24	0.7502	1.596	0.6791	1.790	0.6237	1.982	0.5659	2.235

(계속)

m	신뢰수준							
	80%		90%		95%		98%	
	R_1	R_2	R_1	R_2	R_1	R_2	R_1	R_2
25	0.7534	1.578	0.6833	1.765	0.6286	1.949	0.5714	2.192
26	0.7565	1.561	0.6873	1.742	0.6333	1.919	0.5766	2.153
27	0.7594	1.545	0.6912	1.720	0.6378	1.892	0.5817	2.116
28	0.7622	1.530	0.6949	1.700	0.6421	1.866	0.5865	2.083
29	0.7649	1.516	0.6985	1.682	0.6462	1.842	0.5912	2.052
30	0.7676	1.504	0.7019	1.664	0.6502	1.820	0.5957	2.023
35	0.7794	1.450	0.7173	1.592	0.6681	1.729	0.6158	1.905
40	0.7894	1.410	0.7303	1.538	0.6832	1.660	0.6328	1.816
45	0.7981	1.378	0.7415	1.495	0.6962	1.606	0.6476	1.747
50	0.8057	1.352	0.7513	1.460	0.7076	1.562	0.6605	1.692
60	0.8184	1.312	0.7678	1.407	0.7267	1.496	0.6823	1.607
70	0.8288	1.282	0.7811	1.367	0.7423	1.447	0.7000	1.546
80	0.8375	1.259	0.7922	1.337	0.7553	1.409	0.7148	1.499
100	0.8514	1.225	0.8100	1.293	0.7759	1.355	0.7384	1.431

10.4 신뢰성 인정시험

10.1절에 소개된 신뢰성 인정시험과 이와 유사한 용도인 생산 신뢰도 수락시험에는 아이템의 신뢰도 입증 또는 제품의 수락여부를 판정하기 위한 샘플링 검사가 많이 쓰인다. 샘플링 검사는 양산 제품에 대해 로트로부터 일부를 표집하여 시험하고 품질(신뢰성에서는 평균수명, 고장률 등)을 조사하여 인정 혹은 채택 등의 합격 여부 판정을 행하는 방법을 총칭하고 있다. 비교적 소수의 단위로 파괴하지 않아도 단시간에 합격 여부를 간단하게 정할 수 있는 것과 매우 중요한 특성의 경우(예를 들어 잠재 고장을 제거하는 스크리닝 시험 등)는 전수검사를 행하지만 수명시험과 같이 파괴 시험이거나 비용 또는 시간이 소요되는 경우에는 전체를 조사할 수 없기 때문에 보통 표본을 추출하여 판정하게 된다.

따라서 이 절에서는 신뢰성 인정시험에 널리 쓰이는 신뢰성 샘플링 검사의 기초이론, 시험계획, 이의 활용방법을 다룬다.

10.4.1 신뢰성 샘플링 검사 방식의 종류

신뢰성 샘플링 검사(reliability acceptance sampling plan)의 종류는 여러 가지로 분류할 수 있다.

먼저 계수 데이터(예를 들어 고장수)를 기초로 하여 판정하는 계수형 샘플링 검사와 계량 데이터(예를 들어 평균수명의 추정값)에 의거해 판정하는 계량형 샘플링 검사로 나눌 수 있다

샘플링 횟수에 대해서는 로트로부터 1회만 표본을 채취하여 판정하는 1회 샘플링 방식, 2회 이상을 표집하여 판정하는 다회 샘플링 방식, 시험 단위의 표집이나 시험 시간의 진척에 따라 판정을 시도하는 축차 샘플링 방식이 있다. 또 과거의 실적에 따라 판정의 엄정성을 바꾸는 조정형 샘플링 방식도 이용되고 있다. 이것들은 신뢰성 관점에서 주로 평균 수명의 추정값이나 고장수에 의해 합격 여부에 대한 판정을 행한다.

샘플링 검사 도중에 샘플이 고장 나더라도 그대로 규정된 시간(일정시간(정시종결) 방식, 제1종 관측중단)이 될 때까지 혹은 일정 고장수(일정 개수(정수종결) 방식, 제2종 관측중단)에 도달할 때까지 고장 난 시험 단위를 교체하지 않고 시험을 행하는 방법을 비교체(sampling without replacement)방법, 고장 난 단위를 동일 로트의 다른 단위로 교환하면서 검사를 행하는 방식을 교체(sampling with replacement)방법이라고 부른다. 또 표본이 모두 고장 나는 것을 기다리지 않고 일정 시간이나 일정한 고장 개수가 되면 도중에 검사를 중단하고 합격 여부 판정을 행하는 방식을 단축(truncated) 방식이라고 부른다. 이는 수명시험의 특징이기도 하다.

샘플링 검사 방식의 관측중단 시간이나 표본 크기는 제품의 고장시간이 어떤 분포를 따르는가에 따라서 달라진다. 신뢰성 분야에서는 지수분포를 가장 기초적인 고장 패턴(즉 고장률 일정형)이라고 보고 있으며, 모수가 하나이기 때문에 수식적으로도 다루기 쉬워 이에 대한 연구와 샘플링 검사 방식의 개발이 가장 잘 수행되어 있다. 일례로 미군 규격 DOD-HDBK-H 108(이하 H 108)이나 MIL-STD-690D, MIL-HDBK-781A 등에 포함되어 있다. 한층 더 복잡한 분포에 대한 샘플링 방식, 예를 들면 와이블 분포를 바탕으로 한 샘플링 검사 방식도 발표되어 있지만 현업에서 활용되지 않는 편이다.

10.4.2 검사특성곡선

샘플링 검사 방식의 특징을 나타내는 용도로 검사특성곡선(operating characteristic curve)이 주로 쓰인다. 이를 OC곡선이라고 부르기도 한다. 그림 10.9처럼 종축에는 적용된 샘플링 방식에서의 로트 합격 확률, 횡축에는 고장률(혹은 불량률, 평균수명, 신뢰도, 불신뢰도 등)과 같은 품질 척도를 각각 표시한다. 품질 분야에서는 QC곡선의 횡축에 일반적으로 불량률을 표기하므로 이것과 구별하기 위해 특히 신뢰성의 OC곡선을 reliability를 앞에 부가하여 ROC곡선이라고도 부른다. 이 책에서는 지수분포의 고장률을 주로 채택하기 때문에 이하에서는 고장률을 횡축으로 취한 경우를 상정하여 설명한다.

그림의 횡축에 표기된 λ_0는 AFR(acceptable failure rate)로 합격시키고자 하는 고장률의 상한이며, 계수 규준형 샘플링 검사에서 불량률 p_0로 표현되는 AQL(acceptable quality level)에 해당한다. 이 그림과 같은 OC곡선을 가진 샘플링 검사 방식에 따르면 품질 λ_0을 가진 로트의 합격 확률은 $1-\alpha'$가 된다. 즉 고장률이 λ_0보다 낮은 좋은 품질을 가진 로트에서도 샘플링에 수반되는 통계적 위험에 의해 불합격이 될 확률이 $\alpha' \times 100\%$ 정도 존재함을 나타내고 있다. 좋은 로트의 $100 \times \alpha'$가 불합격이 되면 손실을 입는 쪽이 생산자 측이므로 α'를 생산자 위험이라고 한다.

한편 λ_1는 LTFR(lot tolerance failure rate, 로트 허용 고장률)라고 하며, 불량률 p_1로 표현되는 LTPD(lot tolerance percent defective)에 대응된다. 이는 불합격시키고자 하는 로트 고장률의 하한이다. 즉 이러한 바람직하지 않은 로트의 합격 확률은 최대 $100 \times \beta'$ %으로 제어된다(즉, 소비자 위험의 기호로 보편적으로 쓰이는 β가 이 책에서는 와이블 분포의 형상모수로 쓰이므로 이와 구별하기 위해 소비자 위험과 생산자 위험을 각각 β', α'로 표기함). 소비자가 고장률 λ_1이라고 하는 바람직하지 않은 로트를 받아들일 경우는 많아야 β' 정도라는 의미로 β'를 소비자 위험이라고 부른다.

OC곡선은 다른 시각에서 보면 샘플링 검사 방식이 어느 정도의 민감도로, 제출된 로트로부터 양품과 불량품을 고를 수 있는가를 나타내고 있다. 가장 이상적인 OC곡선은 λ_0인 고장률에서는 100%가 합격되고 λ_1인 고장률에서는 100%가 불합격, 다시 말해서 $\alpha' = \beta' = 0$인 경우가 된다. 그러나 이러한 이상적인 OC곡선의 샘플링 검사 방식을 실현하기 위해서는 표본으로부터 얻어지는 정보가 무한대여야 한다. 이는 무한대의 표본 크기와 무한대의 검사 시간이 주어질 때나 가능하다. 따라서 실용적으로 사용 가능한 검사 방식은 통계적 위험 (α', β')를 허용하는 경사가 매끄러운 형태의 OC곡선을 가지게 된다.

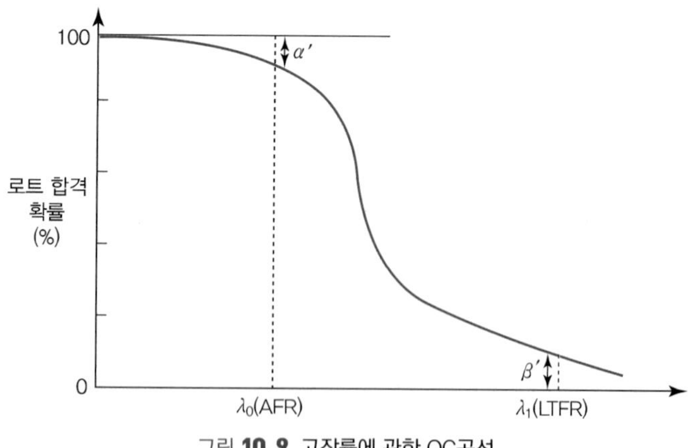

그림 **10.9** 고장률에 관한 OC곡선

여기서 $\lambda_1/\lambda_0 = \theta_0/\theta_1$를 판별비(discrimination ratio) dr이라고 하는데 OC곡선은 α', β'를 작게 하거나 λ_0와 λ_1의 간격이 적을수록(즉 판별비를 1에 가깝게 할수록) 요구되는 표본 크기와 시험 시간이 증가하게 된다. 즉 시험에 드는 비용이 증가하게 된다. 통상 α'와 β'는 5~10% 전후, 판별비 dr은 1.5에서 3 정도의 값을 취하는 경우가 많이 다루어지고 있다.

10.4.3 지수분포를 따를 때의 샘플링 검사 방식

수명분포로 지수분포를 가정하는 경우에도 제1종 관측중단과 제2종 관측중단, 1회 샘플링 검사와 축차 샘플링 검사, 교체와 비교체 등 여러 가지 조합의 샘플링 검사 방식이 있을 수 있다. 먼저 이론적으로 수월한 편인 제2종 관측중단인 경우의 샘플링 검사 방식을 설계하는 과정을 살펴보자.

(1) 제2종 관측중단의 경우

n개를 동시에 비교체 시험하여 r번째 고장 시에 관측을 중단할 경우에 9.5.2절의 제2종 관측중단 자료에서 고장률 λ의 최우추정량 $\hat{\lambda}$를 식 (9.48)과 같이 구하였다. 여기서 $TTT(T_{(r)}) = \sum_{j=1}^{r} T_{(j)} + (n-r)T_{(r)}$로 표시되며, 고장률의 역수인 평균수명의 최우추정량은 $\hat{\theta} = TTT(T_{(r)})/r$이 된다.

그림 10.9의 OC곡선을

$$H_0 : \lambda = \lambda_0 \quad \text{대} \quad H_1 : \lambda = \lambda_1 \tag{10.28}$$

와 같이 가설검정 문제로 정식화 할 수 있으며, H_0일 때의 기각역은 $\hat{\lambda} > k$의 형태로 둘 수 있다. k의 값은 유의 수준에 따라 결정된다.

생산자 위험(제1종 오류)과 소비자 위험(제2종 오류)을 각각 α', β'라 하면,

$$\Pr(\hat{\lambda} > k | \lambda = \lambda_0) \le \alpha' \tag{10.29}$$

$$\Pr(\hat{\lambda} > k | \lambda = \lambda_1) \ge 1 - \beta' \tag{10.30}$$

가 된다.

9.5.2절에서 $2\lambda \cdot TTT(T_{(r)}) = 2r\lambda/\hat{\lambda}$는 자유도가 $2r$인 χ^2분포를 따르므로 식 (10.29)로부터

$$k = \frac{2r\lambda_0}{\chi^2_{1-\alpha', 2r}} \tag{10.31}$$

가 되며, 또한 식 (10.30)에서

$$k = \frac{2r\lambda_1}{\chi^2_{\beta', 2r}} \tag{10.32}$$

이 된다. 두 식으로부터

$$dr = \frac{\lambda_1}{\lambda_0} = \frac{\chi^2_{\beta', 2r}}{\chi^2_{1-\alpha', 2r}} \tag{10.33}$$

가 되므로 식 (10.33)을 만족하는 정수 r를 근사적으로 구한다. 여기서 구해진 r(즉 r_0)로부터 식 (10.31) 또는 식 (10.32)에 대입하여 k를 구한다.

따라서 샘플링 검사 방식은 n개로 비교체 시험을 시작하여 r_0개의 고장이 발생하면 시험을 중지하고, $\hat{\lambda}$을 구하여 k와 비교한다. 만일 $\hat{\lambda} > k$이면 로트를 불합격시키고, $\hat{\lambda} \leq k$이면 로트를 합격시킨다.

교체시험일 경우(9.5.2절의 (3)) λ의 최우추정량도 비교체인 경우와 동일한 형태인 $\hat{\lambda} = r_0 / TTT(T_{(r_0)})$로 주어지지만 총 시험 시간(TTT)는 $TTT(T_{(r_0)}) = nT_{(r_0)}$가 된다. $2\lambda \cdot TTT(T_{(r_0)}) = 2r_0\lambda/\hat{\lambda}$는 교체여부와 관련 없이 자유도가 $2r_0$인 χ^2분포를 따르므로, 샘플링 검사방식도 비교체 경우와 동일한 방법으로 구할 수 있다.

예제 10.7

$\lambda_0 = 0.000333$, $\lambda_1 = 0.001$/시간, $\alpha' = 0.1$, $\beta' = 0.1$일 때 제2종 관측중단 경우의 비교체 샘플링 검사 방식을 구해보자. 식 (10.33)으로부터

$$dr = \frac{\lambda_1}{\lambda_0} = \frac{0.001}{0.000333} = \frac{\chi^2_{0.1, 2r}}{\chi^2_{1-0.1, 2r}}$$

를 만족하는 r의 정수값 r_0는 근삿값 6으로 얻어진다. 또한 k는 식 (10.32)로부터 구하면

$$k = \frac{2r_0\lambda_1}{\chi^2_{0.1, 2r_0}} = \frac{12 \cdot 0.001}{18.549} = 0.000647$$

이 된다. 따라서 여섯 번째 고장이 발생할 때까지 비교체 시험을 수행하여 얻어진 $\hat{\lambda}$가 0.000647 이하이면 로트를 합격시킨다.

(2) 제1종 관측중단의 경우

수명시험을 실시할 때 제1종 관측중단이 제2종 관측중단에 비해 시험 시간이 정해져 있는 장점이 있다. 하지만 비교체의 경우 9.5.2절에서 언급한 바와 같이 샘플링 검사 방식을 구하는 이론 과정도 상당히 복잡하다. 여기서는 교체인 경우만 다룬다.

가설 $H_0 : \lambda = \lambda_0$ 대 $H_1 : \lambda = \lambda_1$에 대해 미리 정해진 시점 t_0까지의 고장수를 X라 하면 기각역을 $X \geq r_c$로 둘 수 있다. 교체인 경우에도 제2종 관측중단의 식 (10.33)과 같이 r_c를 설정할 수 있지만 이산분포에 의해 두 위험에 관한 조건을 충족하는 검사 방식의 설정은 쉽지 않다. 따라서 고장률이 λ_1인 조건에서 소비자 위험 β'를 만족하는 경우만을 고려하자. 즉 식 (10.30)을 변형하면

$$\Pr(X \leq r_c - 1 | \lambda = \lambda_1) \leq \beta' \tag{10.34}$$

를 만족해야 된다.

그런데 t_0까지의 고장수 X는 지수분포의 성질에 의해 평균이 $n\lambda t_0 = \lambda \cdot TTT(t_0)$(여기서 $TTT(t_0) = nt_0$)인 포아송 분포를 따른다. 포아송 분포와 χ^2분포의 누적확률 관계에 의해 ($\Pr(V \leq v) = \Pr(W \geq 2m)$, V는 평균이 m인 포아송 분포, W는 자유도가 $2(v+1)$인 χ^2분포를 각각 따르는 확률변수임), 식 (10.34)에서 W가 자유도가 $2r_c$인 χ^2분포가 따른다면

$$\Pr(X \leq r_c - 1 | \lambda = \lambda_1) = \Pr(W \geq 2n\lambda_1 t_0) \leq \beta' \tag{10.35}$$

으로 변환된다(9.5.2절의 (3) 또는 연습문제 9.7 참조).

식 (10.35)를 만족하는 표본 크기 n과 t_0의 곱인 TTT는

$$TTT(t_0) = nt_0 = \frac{\chi^2_{\beta', 2r_c}}{2\lambda_1} \tag{10.36}$$

로 주어진다. n과 t_0는 곱이 일정하므로 n을 크게 하면 t_0가 작아지고, 그 반대도 성립한다. n과 t_0의 설정은 시험에 투입하는 시간과 샘플비용을 고려하여 결정하게 된다.

이와 같이 도출된 샘플링 검사 방식은 바람직하지 못하다고 생각되는 고장률(LTFR) λ_1에서 로트가 합격되는 비율, 즉 소비자 위험 β'만을 보증하는 샘플링 검사 방식이 된다. 즉 LTFR가 λ_1보다 이하임을 신뢰수준 $(1-\beta') \times 100\%$로 보증하는 방식으로, MIL-STD-690D와 KS C 6032에서 채택되는 방식이다.

(3) 축차 샘플링 검사 방식

1회 샘플링 검사는 한 번의 표본 결과에 따라 로트의 합격 여부를 판정한다. 가끔 표본의 결과가 아주 좋거나 아주 나쁜 경우 많은 수의 표본을 취하지 않고서도 그 결과를 조기에 파악할 수 있는 경우가 있다. 축차 샘플링 검사 방식은 총 시험 시간을 누적해 가면서(즉 평균 수명이나 고장률에 관한 정보가 축적됨에 따라) 로트의 합격 여부 판정을 내리거나, 판정 시점에서 합격 여부를 필요한 정보가 충분하게 축적되었다고 판단하기 곤란한 경우에는 판정을 보류하고 시험을 더 진행하여 판정 여부를 결정하는 샘플링 검사 방식이다. 이런 검사 방식은 기대 표본 수를 줄일 수 있다는 면에서 매우 효율적인 검사 방식이라 할 수 있다.

축차 샘플링 검사 방식은 고장률이 λ_1과 λ_0가 되는 확률비에 따라 합격, 불합격, 검사 속행에 대한 판정을 실시하므로 확률비 축차 샘플링 검사(PRST: Probability Ratio Sequential Test) 방식이라 한다.

제1종 관측중단이 적용될 경우에 총 시험 시간(TTT)은 교체일 때 $TTT(t_0)=nt_0$, 비교체일 때 $TTT(t_0)=\sum_{j=1}^{r}T_{(j)}+(n-r)t_0$로 각각 주어진다. 교체 여부와 관련 없이 TTT 기간에 r개의 고장이 관측될 확률은 포아송 분포를 따른다. $\lambda=\lambda_i,\ i=0,1$일 때 TTT까지 r개의 고장이 관측될 확률은

$$\Pr(X=r|\lambda=\lambda_i)=e^{-\lambda_i\cdot TTT}(\lambda_i\cdot TTT)^r/r!,\quad i=0,1 \tag{10.37}$$

이다. 이때 축차 확률비는

$$\frac{\Pr(X=r|\lambda=\lambda_1)}{\Pr(X=r|\lambda=\lambda_0)}=\frac{e^{-\lambda_1\cdot TTT}(\lambda_1\cdot TTT)^r/r!}{e^{-\lambda_0\cdot TTT}(\lambda_0\cdot TTT)^r/r!}=\left(\frac{\lambda_1}{\lambda_0}\right)^r e^{-(\lambda_1-\lambda_0)\cdot TTT} \tag{10.38}$$

가 되므로, 축차 확률비 검정은

- $\dfrac{\Pr(X=r|\lambda=\lambda_1)}{\Pr(X=r|\lambda=\lambda_0)}\le B$ 이면 로트 합격
- $\dfrac{\Pr(X=r|\lambda=\lambda_1)}{\Pr(X=r|\lambda=\lambda_0)}\ge A$ 이면 로트 불합격
- $B<\dfrac{\Pr(X=r|\lambda=\lambda_1)}{\Pr(X=r|\lambda=\lambda_0)}<A$ 이면 검사 속행

을 적용한다.

경곗값인 A, B의 값은 생산자위험과 소비자위험을 각각 α', β'라 할 때 근사적으로 $A=(1-\beta')/\alpha'$, $B=\beta'/(1-\alpha')$로 각각 설정할 수 있다. 식 (10.38)에 이를 대입하고 양변에

로그를 취한 후 TTT로 표현하면 합부 판정 및 검사 속행 영역(합격 판정선은 TTT_a, 불합격 판정선은 TTT_c 임)은 각각 다음과 같이 설정된다.

- $TTT \geq TTT_a = sr + h_a$ 이면 로트 합격
- $TTT \leq TTT_c = sr + h_c$ 이면 로트 불합격
- $TTT_c = sr + h_c < TTT < TTT_a = sr + h_a$ 이면 검사 속행

여기서 s, h_a, h_c는 다음 식에 의해 구해진다.

$$s = \frac{\ln\left(\frac{\lambda_1}{\lambda_0}\right)}{\lambda_1 - \lambda_0} \tag{10.39}$$

$$h_a = \frac{\ln\left(\frac{1-\alpha'}{\beta'}\right)}{\lambda_1 - \lambda_0} \tag{10.40}$$

$$h_c = \frac{\ln\left(\frac{\alpha'}{1-\beta'}\right)}{\lambda_1 - \lambda_0} \tag{10.41}$$

한편 샘플링 검사는 확률이 매우 낮지만 시험은 무한히 계속될 가능성이 있다. 따라서 시험이 어느 정도 지속될 때에는 시험을 중단하고 합격 여부를 결정할 필요가 있다. 그림 10.10과 같이 합격과 불합격 판정선(각각 TTT_a와 TTT_c) 외에 종축 r와 횡축 TTT에 대해 최대 허용 고장수 $r_{\max}$와 최대 허용시험시간 $TTT_{\max}$을 설정하여 시험 결과가 $r_{\max}$선을 넘으면 불합격, $TTT_{\max}$의 선을 넘게 되면 합격으로 각각 판정한다.

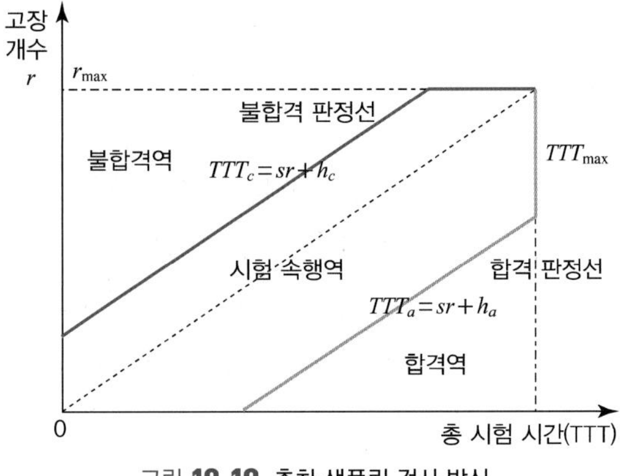

그림 **10.10** 축차 샘플링 검사 방식

(4) 샘플링 검사 계획

지수분포를 대상으로 개발된 여러 샘플링 검사 규격이 있지만 앞 소절에서 전개된 샘플링 검사의 설계 방식과 가장 유사한 H 108(생산자와 소비자 위험을 동시 고려)과 MIL-STD-690D(소비자 위험만 고려)를 중심으로 소개하고자 한다.

H 108은 여러 유형의 샘플링 검사 계획을 제공하고 있지만 제1종과 제2종 관측중단, 비교체와 교체, 축차 시험 방식을 모두 제공하는 샘플링 검사 계획의 한 종류를 살펴보자.

H 108은 고장률보다 이의 역수인 평균을 기준으로 제공하므로 먼저 두 위험률 α', β' (단 β'는 10%로 한정됨)와 판별비의 역수인 $\theta_1/\theta_0 = \lambda_0/\lambda_1 = 1/dr$ 에 의거하여 표 10.11에서 가장 가까운 H 108의 검사 계획 코드를 찾는다.

제2종 관측중단(교체/비교체)인 경우의 샘플링 검사 계획이 표 10.12에 r_0와 $C/\theta_0 = \lambda_0/k$가 주어져 있다. 이때 n개를 시험하여 r_0 번째 고장이 발생하면 시험을 중단하며, θ의 최우추정량을

표 **10.11** H 108 샘플링 검사 계획 총괄표

$\alpha' = 0.01$ $\beta' = 0.10$		$\alpha' = 0.05$ $\beta' = 0.10$		$\alpha' = 0.10$ $\beta' = 0.10$		$\alpha' = 0.25$ $\beta' = 0.10$		$\alpha' = 0.50$ $\beta' = 0.10$	
code	θ_1/θ_0	code	θ_1/θ_0	code	θ_1/θ_0	code	θ_1/θ_0	code	θ_1/θ_0
A-1	.004	B-1	.022	C-1	.046	D-1	.125	E-1	.301
A-2	.038	B-2	.091	C-2	.137	D-2	.247	E-2	.432
A-3	.082	B-3	.154	C-3	.207	D-3	.325	E-3	.502
A-4	.123	B-4	.205	C-4	.261	D-4	.379	E-4	.550
A-5	.160	B-5	.246	C-5	.304	D-5	.421	E-5	.584
A-6	.193	B-6	.282	C-6	.340	D-6	.455	E-6	.611
A-7	.221	B-7	.312	C-7	.370	D-7	.483	E-7	.633
A-8	.247	B-8	.338	C-8	.396	D-8	.506	E-8	.652
A-9	.270	B-9	.361	C-9	.418	D-9	.526	E-9	.667
A-10	.291	B-10	.382	C-10	.438	D-10	.544	E-10	.681
A-11	.371	B-11	.459	C-11	.512	D-11	.608	E-11	.729
A-12	.428	B-12	.512	C-12	.561	D-12	.650	E-12	.759
A-13	.470	B-13	.550	C-13	.597	D-13	.680	E-13	.781
A-14	.504	B-14	.581	C-14	.624	D-14	.703	E-14	.798
A-15	.554	B-15	.625	C-15	.666	D-15	.737	E-15	.821
A-16	.591	B-16	.658	C-16	.695	D-16	.761	E-16	.838
A-17	.653	B-17	.711	C-17	.743	D-17	.800	E-17	.865
A-18	.692	B-18	.745	C-18	.774	D-18	.824	E-18	.882

다음과 같이 구하여 $\hat{\theta} \geq C$이면 로트를 합격시키고 그렇지 않으면 불합격시킨다.

$$\hat{\theta} = \frac{TTT(T_{(r_0)})}{r_0} = \begin{cases} \dfrac{\sum_{j=1}^{r_0} T_{(j)} + (n-r_0)T_{(r_0)}}{r_0}, & \text{비교체} \\ \dfrac{nT_{(r_0)}}{r_0}, & \text{교체} \end{cases} \tag{10.42}$$

여기서 규정되지 않은 n은 기대 시험종료시간($\sum_{j=1}^{r_0} 1/[(n-j+1)\lambda]$) 혹은 시험비용을 고려하여 설정할 수 있다. 예를 들면 $r_0 = 5$일 때 $n = 10$이면 기대 시험종료시간은 $0.6456/\lambda$, $n = 15$이면 $0.3893/\lambda$으로 표본 크기를 전자의 1.5배로 설정하면 시험 시간이 약 40% 절감된다.

한편 제1종 관측중단인 경우는 두 위험률을 충족하는 검사 계획을 구하기 힘들어 계량형 대신 계수형으로 설계된 샘플링 검사 계획이 제공되고 있다. 비교체와 교체일 때 표 10.13과 표 10.14 (각각 $\alpha' = 5\%$)에 r_c, n(r_c의 배수), $t_0/\theta_0 = \lambda_0 t_0$가 주어져 있다.

즉 n개의 시험 단위를 t_0까지 관측하여 고장 개수가 $r_c - 1$ 이하이면 로트를 합격시키고 r_c 이상이면 불합격시킨다. 따라서 불합격될 경우는 t_0 이전에 시험이 종료될 수 있다. 그리고 α'가 다른 값을 가질 경우의 샘플링 검사 계획을 구하고자 할 때는 H 108을 참조하면 된다. 한편 H 108에는 r_c의 배수로 규정된 n 대신에 $t_0/\theta_0 = \lambda_0 t_0$이 주어지면 r_c와 더불어 n을 찾는 표도 있지만 여기서는 생략한다.

표 **10.12** 제2종 관측중단인 경우 샘플링 검사 계획(비교체/교체): $\beta' = 10\%$일 때 C/θ_0

r_0	생산자 위험(α')									
	0.01		0.05		0.10		0.25		0.50	
	Code	C/θ_0	Code	C/θ_0	Code	C/θ_0	Code	C/θ_0	Code	C/θ_0
1	A–1	0.010	B–1	0.052	C–1	0.106	D–1	0.288	E–1	0.693
2	A–2	.074	B–2	.178	C–2	.266	D–2	.481	E–2	.839
3	A–3	.145	B–3	.272	C–3	.367	D–3	.576	E–3	.891
4	A–4	.206	B–4	.342	C–4	.436	D–4	.634	E–4	.918
5	A–5	.256	B–5	.394	C–5	.487	D–5	.674	E–5	.934
6	A–6	.298	B–6	.436	C–6	.525	D–6	.703	E–6	.945
7	A–7	.333	B–7	.469	C–7	.556	D–7	.726	E–7	.953
8	A–8	.363	B–8	.498	C–8	.582	D–8	.744	E–8	.959
9	A–9	.390	B–9	.522	C–9	.604	D–9	.760	E–9	.963

(계속)

r_0	생산자 위험(α')									
	0.01		0.05		0.10		0.25		0.50	
	Code	C/θ_0	Code	C/θ_0	Code	C/θ_0	Code	C/θ_0	Code	C/θ_0
10	A–10	.413	B–10	.543	C–10	.622	D–10	.773	E–10	.967
15	A–11	.498	B–11	.616	C–11	.687	D–11	.816	E–11	.978
20	A–12	.554	B–12	.663	C–12	.726	D–12	.842	E–12	.983
25	A–13	.594	B–13	.695	C–13	.754	D–13	.859	E–13	.987
30	A–14	.625	B–14	.720	C–14	.774	D–14	.872	E–14	.989
40	A–15	.669	B–15	.755	C–15	.803	D–15	.889	E–15	.992
50	A–16	.701	B–16	.779	C–16	.824	D–16	.901	E–16	.993
75	A–17	.751	B–17	.818	C–17	.855	D–17	.920	E–17	.996
100	A–18	.782	B–18	.841	C–18	.874	D–18	.931	E–18	.997

표 **10.13** 제1종 관측중단인 경우 샘플링 검사 계획(비교체): $\alpha' = 5\%$, $\beta' = 10\%$일 때 t_0/θ_0

코드	r_c	표본 크기									
		$2r_c$	$3r_c$	$4r_c$	$5r_c$	$6r_c$	$7r_c$	$8r_c$	$9r_c$	$10r_c$	$20r_c$
B–1	1	0.026	0.017	0.013	0.010	0.009	0.007	0.006	0.006	0.005	0.003
B–2	2	.104	.065	.048	.038	.031	.026	.023	.020	.018	.009
B–3	3	.168	.103	.075	.058	.048	.041	.036	.031	.028	.014
B–4	4	.217	.132	.095	.074	.061	.052	.045	.040	.036	.017
B–5	5	.254	.153	.110	.086	.071	.060	.052	.046	.041	.020
B–6	6	.284	.170	.122	.095	.078	.066	.057	.051	.045	.022
B–7	7	.309	.185	.132	.103	.084	.072	.062	.055	.049	.024
B–8	8	.330	.197	.141	.110	.090	.076	.066	.058	.052	.025
B–9	9	.348	.207	.148	.115	.094	.080	.069	.061	.055	.027
B–10	10	.363	.216	.154	.120	.098	.083	.072	.064	.057	.028
B–11	15	.417	.246	.175	.136	.112	.094	.082	.072	.065	.032
B–12	20	.451	.266	.189	.147	.120	.102	.088	.078	.070	.034
B–13	25	.475	.280	.199	.154	.126	.107	.093	.082	.073	.036
B–14	30	.493	.290	.206	.160	.131	.111	.096	.085	.076	.037
B–15	40	.519	.305	.216	.168	.137	.116	.101	.089	.079	.039
B–16	50	.536	.315	.223	.173	.142	.120	.104	.092	.082	.040
B–17	75	.564	.331	.235	.182	.149	.126	.109	.096	.086	.042
B–18	100	.581	.340	.242	.187	.153	.130	.112	.099	.089	.043

표 10.14 제1종 관측중단인 경우 샘플링 검사 계획(교체): $\alpha' = 5\%$, $\beta' = 10\%$일 때 t_0/θ_0

코드	r_c	표본 크기									
		$2r_c$	$3r_c$	$4r_c$	$5r_c$	$6r_c$	$7r_c$	$8r_c$	$9r_c$	$10r_c$	$20r_c$
B-1	1	0.026	0.017	0.013	0.010	0.009	0.007	0.006	0.006	0.005	0.003
B-2	2	.089	.059	.044	.036	.030	.025	.022	.020	.018	.009
B-3	3	.136	.091	.068	.055	.045	.039	.034	.030	.027	.014
B-4	4	.171	.114	.085	.068	.057	.049	.043	.038	.034	.017
B-5	5	.197	.131	.099	.079	.066	.056	.049	.044	.039	.020
B-6	6	.218	.145	.109	.087	.073	.062	.054	.048	.044	.022
B-7	7	.235	.156	.117	.094	.078	.067	.059	.052	.047	.023
B-8	8	.249	.166	.124	.100	.083	.071	.062	.055	.050	.025
B-9	9	.261	.174	.130	.104	.087	.075	.065	.058	.052	.026
B-10	10	.271	.181	.136	.109	.090	.078	.068	.060	.054	.027
B-11	15	.308	.205	.154	.123	.103	.088	.077	.068	.062	.031
B-12	20	.331	.221	.166	.133	.110	.095	.083	.074	.066	.033
B-13	25	.348	.232	.174	.139	.116	.099	.087	.077	.070	.035
B-14	30	.360	.240	.180	.144	.120	.103	.090	.080	.072	.036
B-15	40	.377	.252	.189	.151	.126	.108	.094	.084	.075	.038
B-16	50	.390	.260	.195	.156	.130	.111	.097	.087	.078	.039
B-17	75	.409	.273	.204	.164	.136	.117	.102	.091	.082	.041
B-18	100	.421	.280	.210	.168	.140	.120	.105	.093	.084	.042

예제 10.8

$\lambda_0 = 0.000333$, $\lambda_1 = 0.001$, $\alpha' = 0.05$, $\beta' = 0.1$일 때 제1종 관측중단인 경우 비교체와 교체 샘플링 검사 방식을 구해 보자.

비교체일 때 $\theta_1/\theta_0 = (1/0.001)/(1/0.000333) = 0.333$이므로 표 10.11에서 B-8 계획, 표 10.13에서 $n = 5r_c$로 설정하면 $r_c = 8$, $n = 40$, $t_0 = 0.110 \times (1/0.000333) = 330.33$이 된다. 교체일 때는 표 10.14에서 $n = 5r_c$로 설정하면 $r_c = 8$, $n = 40$, $t_0 = 0.100 \times (1/0.000333) = 300.30$이 된다. 따라서 비교체(교체)일 때는 40개에 대해 시험을 시작하여 고장 난 단위를 그대로 두면서(신품으로 교체하면서) 330.33(300.30)시간 내에 고장수가 7 이하이면 로트를 합격시키고 8개 이상이면 불합격시킨다.

한편 축차 시험을 채택할 경우 $\alpha' = 5\%$, $\beta' = 10\%$ 인 때의 두 판정선과 평균에 대한 여러 조건에서 축차 샘플링 검사가 종료될 때까지의 고장수에 대한 기댓값(일례로 $E_{\theta_0}(r)$는 $\theta(=1/\lambda)$이 θ_0일 때 기대 고장수)을 구할 수 있는 검사 계획이 표 10.15에 수록되어 있다. 특히 최대 고장 개수와 시험 시간은 다음을 적용한다.

$$r_{\max} = 3r_0\,,\ \ TTT_{\max} = s\,r_{\max}$$

여기서 r_0는 식 (10.33)에서 구한 표 10.13의 r_c를 적용한다.

표 **10.15** 축차 샘플링 검사 계획: $\alpha' = 5\%$, $\beta' = 10\%$

code	$r_{\max}$	h_a/θ_0	h_c/θ_0	s/θ_0	$E_0(r)$	$E_{\theta_1}(r)$	$E_s(r)$	$E_{\theta_0}(r)$
B-1	3	0.0506	−0.0650	0.0859	0.8	0.8	0.4	0.0
B-2	6	0.2254	−0.2894	0.2400	1.2	1.6	1.1	0.3
B-3	9	0.4098	−0.5261	0.3405	1.5	2.3	1.9	0.6
B-4	12	0.5805	−0.7453	0.4086	1.8	3.0	2.6	0.9
B-5	15	0.7345	−0.9430	0.4576	2.1	3.7	3.3	1.2
B-6	18	0.8842	−1.1352	0.4972	2.3	4.3	4.1	1.6
B-7	21	1.0209	−1.3107	0.5282	2.5	5.0	4.8	1.9
B-8	24	1.1495	−1.4757	0.5538	2.7	5.6	5.5	2.3
B-9	27	1.2719	−1.6329	0.5756	2.8	6.3	6.3	2.7
B-10	30	1.3916	−1.7866	0.5948	3.0	6.9	7.0	3.0
B-11	45	1.9101	−2.4523	0.6607	3.7	10.0	10.7	5.0
B-12	60	2.3620	−3.0325	0.7024	4.3	13.1	14.5	7.0
B-13	75	2.7516	−3.5327	0.7307	4.8	16.1	18.2	9.1
B-14	90	3.1217	−4.0079	0.7530	5.3	19.2	22.1	11.2
B-15	120	3.7522	−4.8173	0.7833	6.2	25.0	29.5	15.3
B-16	150	4.3314	−5.5610	0.8053	6.9	31.5	37.1	19.7
B-17	225	5.5386	−7.1109	0.8391	8.5	45.6	55.9	30.5
B-18	300	6.5773	−8.4444	0.8600	9.8	60.4	75.1	41.6

예제 10.9

$\alpha' = 0.05$, $\beta' = 0.1$, $\theta_0 = 1{,}000$시간, $\theta_1 = 500$시간인 경우에 $n = 10$개를 대상으로 비교체 시험 방식으로 축차 샘플링 검사를 적용해 보자.

$\theta_1/\theta_0 = 500/1{,}000 = 0.5$이므로 표 10.11에서 B-12 계획, 표 10.15에서 $h_a = 2.3620 \times 1{,}000 = 2{,}362.0$, $h_c = -3.0325 \times 1{,}000 = -3{,}032.5$, $s = 0.7024 \times 1{,}000 = 702.4$가 되므로 합격과 불

합격 판정선 등은 각각 다음과 같이 된다.

$$TTT_a = 702.4r + 2,362.0$$

$$TTT_c = 702.4r - 3,032.5$$

$$r_{\max} = 3 \times 20 = 60, \quad TTT_{\max} = 702.4 \times 60 = 42,144$$

만약, 100, 180, 300, 520, 690시간에서 각각 고장이 발생하였다면 합격 여부를 판정하는 과정을 보자. 고장이 발생한 시점마다 표 10.16처럼 TTT를 계산하여 두 판정선과 비교한다. 다섯 번째 고장이 발생하는 690시간이 되기 전에 합격판정선(5,171.6)을 통과하므로 이 로트는 합격된다.

표 **10.16** 축차 샘플링 검사계획의 적용: 예제 10.9

r	고장시간	TTT	TTT_c	TTT_a
0	0	0	–	2,362.0
1	100	10×100=1,000	–	3,064.4
2	180	1,000+9×(180−100)=1,720	–	3,766.8
3	300	1,720+8×120=2,680	–	4,469.2
4	520	2,680+7×220=4,220	–	5,171.6
5	690	4,220+6×170=5,240	479.5	5,874.0

그리고 MIL-STD-690D는 식 (10.34)와 같이 λ_1이 규정될 때 소비자 위험 조건만을 고려한 제1종 관측중단(비교체/교체)인 경우의 샘플링 검사계획을 제공하고 있는데 H 108과 달리 고장률을 기준으로 삼고 있다. 표 10.17은 신뢰수준 60%와 90%에서(β'가 각각 40%와 10%) MIL-STD-690D가 제공하는 시험계획을 약간 변형하여 통합한 표로 누적 시험 시간이 표 10.17에서 구한 TTT_0가 될 때까지 관측하여 고장 개수가 $c+1$(즉 식 (10.34)의 r_c)이상이면 로트를 불합격시키며, c이하이면 합격을 시킨다.

이 시험계획은 식 (10.37)과 같이 TTT가 포아송 분포를 따른다는 점을 이용하고 있으므로 제1종 관측중단과 교체를 적용할 때 n 또는 t_0가 미리 정해지면 나머지 시험계획의 값을 $TTT_0 = nt_0$로부터 설정할 수 있다. 따라서 n개의 표본을 t_0까지 교체 시험하여 고장 개수가 c 이하이면 합격시키는 규칙을 적용하면 된다. 만약 c가 1이상이고 비교체를 적용할 경우에는 n을 미리 정하더라도 교체인 경우와 달리 t_0를 설정할 수 없으므로 TTT_0가 될 때까지 관측하여 고장 개수가 c 이하이면 로트를 합격시킨다.

표 **10.17** MIL-STD-690D의 시험계획; $\lambda_1 \cdot TTT_0$

신뢰수준	$c=0$	$c=1$	$c=2$	$c=3$	$c=4$	$c=5$	$c=6$	$c=7$	$c=8$	$c=9$	$c=10$
60%	0.916	2.02	3.11	4.18	5.24	6.29	7.35	8.39	9.43	10.48	11.52
90%	2.30	3.89	5.32	6.68	7.99	9.27	10.54	11.71	13.00	14.21	15.44

예제 10.10

고장률 $\lambda_1 = 10^{-4}$인 로트를 합격시킬 확률이 10% 이내로 하고자 한다. 즉 신뢰수준 90%에서 $t_0 = 1{,}000$ 시간을 $c=0$인 시험방식을 적용한다.

표 10.17에서 $\lambda_1 \cdot TTT_0 = \lambda_1 n t_0 = 2.30$이므로 $nt_0 = 23{,}000$이고, n은 23이 된다. 즉, 23개의 표본을 1,000시간 동안 시험하여 하나의 고장도 없으면 로트를 합격시킨다.

10.4.4 와이블 분포를 따를 때 신뢰성 샘플링 검사

수명이 와이블 분포를 따르고 형상모수 β를 알고 있을 경우에 특성수명 $\eta = 1/\lambda$ 를 기준으로 한 샘플링검사 계획에 대한 귀무가설과 대립가설은 다음과 같이 설정할 수 있다.

$$H_0 : \eta = \eta_0$$
$$H_1 : \eta = \eta_1$$

그리고 수명 T가 형상모수 β, 척도모수 η인 와이블 분포를 따를 때, $T' = T^{\beta}$은 고장률 $\lambda = \eta^{-\beta}$인 지수분포를 따르므로 상기의 가설검정은 다음과 같이 재표현할 수 있다.

$$H_0 : \lambda = \eta_0^{-\beta} (= \lambda_0 = 1/\theta_0) \tag{10.43}$$
$$H_1 : \lambda = \eta_1^{-\beta} (= \lambda_1 = 1/\theta_1)$$

따라서 전 소절의 지수분포에 관한 H 108의 샘플링 검사 방식을 다음 예제와 같이 적용할 수 있다.

예제 10.11

어떤 로트에 속한 부품 B_5수명이 3,600사이클 이상인 경우 95% 이상의 확률로 합격시키고 싶고, 2,000 사이클 이하인 경우 90% 이상의 확률로 불합격 처리하고 싶다. 수명은 와이블 분포를 따르며 형상모수는 2.5로 알려져 있다. 고장난 단위를 비교체하며, n을 r_c의 7배정도를 요구한다면 필요 시험단위 수와 시험시간을 구하라.

(1) 먼저 가설을 설정하는데, 두 종의 모수에 대해 3가지 형태로 표현할 수 있다.

① $H_0: \ t_{0.05} = 3,600$

$H_1: \ t_{0.05} = 2,000$

② $H_0: \ \eta = 11,811 (= \eta_0)$

$H_1: \ \eta = 6,562 (= \eta_1)$

단, $\eta = \dfrac{t_q}{[-\ln(1-q)]^{1/\beta}} = \dfrac{t_{0.05}}{(-\ln 0.95)^{1/2.5}} = 3.2808 t_{0.05}$

③ $H_0: \ \lambda = 11,811^{-2.5} (= \lambda_0)$

$H_1: \ \lambda = 6,562^{-2.5} (= \lambda_1)$

단, $\lambda = \eta^{-\beta_0} = \eta^{-2.5}$

(2) 시험 종료시간은 $t_0{}' = t_0^{\beta} = 5,000^{2.5}$ 에 해당된다.

(3) $\alpha' = 0.05$, $\beta' = 0.10$, $\lambda_0/\lambda_1 = (\eta_1/\eta_0)^{2.5} \approx 0.230$이므로 표 10.11에서 B-5 계획, 표 10.12에서 $n = 7r_c$로 설정하면 $r_c = 5$, $n = 35$, $t_0{}' = 0.060 \times 11,811^{2.5}$이 된다. 따라서 35개를 $0.060^{1/2.5} \times 11,811 = 3,833$사이클까지 시험하여 고장 개수가 5개 이상이면 불합격으로 판정한다.

또한 형상모수를 알고 있는 와이블 분포일 경우에 축차 샘플링검사도 상기와 같이 지수분포로 변환한 방식으로 적용할 수 있다.

예제 10.12

예제 10.11을 대상으로 적용할 수 있는 축차 시험계획을 구하라.

먼저 통계량은 r번째 고장 시 $TTT_r = \sum_{j=1}^{r} t_j^{2.5} + (n-r)t_r^{2.5}$($n$은 시험에 투입된 최초 표본 크기)으로 주어지고, 표 10.15로부터

$$h_a = 0.7345 \times 11,811^{2.5} = 1.1135 \times 10^{10}$$

$$h_c = -0.9430 \times 11,811^{2.5} = -1.4296 \times 10^{10}$$

$$s = 0.4576 \times 11,811^{2.5} = 0.6937 \times 10^{10}$$

이므로, 계속 시험영역은 다음과 같이 된다.

$$10^{10}(0.6937r-1.4296) < TTT_r < 10^{10}(0.6937r+1.1135)$$

10.5 신뢰성 실증시험

10.5.1 신뢰성 실증시험이란?

제품 수명주기의 설계 및 개발 단계에서 완성된 설계안에 따른 시제품이 제품기획단계에서 규정된 기능적, 환경적, 신뢰성, 법적인 요건을 만족하는지 검증이 필요하다. 이런 업무를 산업계에서 설계검증(design verification, DV)이라 부르며 신뢰성 DV시험은 설계검증의 중요한 요소가 되며, 특히 설계 신뢰도를 검증하는데 유용하다(Yang, 2007).

이런 시제품이 DV시험을 통과하면 생산단계로 넘어가 최소 변동으로 설계요건을 만족하는 제품을 제조하는 공정설계를 수행한다. 따라서 양산단계 이전에 산업계에서 공정 타당성확인(process validation, PV)이라 명명되는 인정시험을 통과해야 한다. DV와 PV 단계에 실시되는 신뢰성 인정시험에는 전 절의 샘플링 검사 형태의 신뢰성 수락시험(reliability acceptance test)과 더불어 신뢰성 실증시험(reliability demonstration or substantiation test, RDT)이 포함된다. 이 절에서는 신뢰성 실증시험과 시험계획을 다룬다.

신뢰성 실증시험에서는 생산자 위험과 소비자 위험을 동시에 만족하는 샘플링 검사 계획 대신 소비자 위험만을 고려하는 시험계획(일례로 앞 소절의 MIL-STD-690D)이 널리 쓰이고 있다. 또한 대상 수명분포도 와이블 분포 등 다양한 분포에 적용할 수 있도록 개발되어 있다.

신뢰성 실증시험에서 가장 널리 쓰이는 무고장 시험(자동차 업계는 'bogey test'로 부름; Wasserman, 2003)은 보통 미리 정해진 크기의 표본으로 일정 기간에 시험하여 하나의 고장이라도 발생하지 않으면 요구되는 신뢰도 요건을 충족한다고 판정한다. 특히 자동차, 건설 및 농기계용 중장비, 산업용 기계 부품 중에는 고가의 품목이 많고 수명시험에 소요되는 비용도 전기·전자 부품 등에 비해 월등히 높아 작은 시험 단위나 시험시간이 요구되는 이런 시험 방식을 선호한다. 또한 이런 유형의 시험법은 시험 기간 동안 성능의 측정이나 고장 모니터링을 요구하지 않기 때문에 실시하기가 용이하여 자동차 업계를 비롯한 산업계에서 널리 쓰이고 있다.

신뢰성 실증시험은 특정 신뢰수준(CL)에 대해 신뢰도가 주어진 기준을 초과하였는지를 실증하기 위한 신뢰성 시험이다. 신뢰도 기준은 모수, 신뢰도, 분위수(B 수명) 등 여러 가지가 쓰일 수 있다.

일례로 제품의 제조자가 구매처로부터 보증기간이 1년인 부품을 구입하고자 하며, 구매처에게 $t_{0.1}$이 $24 \times 365 = 8,760$(hr)을 초과하는지를 실증하도록 요구할 수 있다. 상기 규정방법을 고장확률 또는 신뢰도 요구조건으로 바꾸면 $F(8,760) < 0.1$ 또는 $R(8,760) \geq 0.9$로 규정할 수 있다.

신뢰도 기준이 분위수, 즉 t_q(B_{100q} 수명)로 규정된다면 고객들은 $t_q > t_0$(단 t_0는 규정된 값으로 미국 자동차 업계는 'bogey 수명'으로 칭함)에 대한 실증시험을 요구할 수 있다. 일반적으로 $\underline{t}_q$가 t_q에 대한 $100CL\%$ 신뢰구간의 하한이라고 할 때 $\underline{t}_q > t_0$이면 $t_q > t_0$는 $100CL\%$ 신뢰수준에서 성공임을 실증하는 것이 된다. 이와 같은 신뢰성 실증시험 방식이 국내 신뢰성 규격에서 채택되는 전형적 신뢰성시험 방법이 되고 있다.

10.5.2 이항분포를 이용한 시험계획

신뢰수준 $100CL\%$에서 특정 시점 t_0에서의 신뢰도가 R_0 이상임을 보여 주고자 할 때 다음의 귀무가설과 대립가설로 표현할 수 있다.

$$H_0 : R(t_0) \geq R_0, \quad H_1 : R(t_0) < R_0 \tag{10.44}$$

즉, 크기 n의 확률표본을 추출하여 각 시험 단위는 t_0까지 시험하여 이 시점 이전에 고장 난 개수($X(t_0)$)가 임계 고장 개수 c보다 크면 H_0가 기각된다. 여기서 $X(t_0)$는 이항분포를 따르므로 H_0가 채택될 확률은 다음과 같이 표현된다.

$$\Pr[X(t_0) \leq c] = \sum_{i=0}^{c} \binom{n}{i} (1-R_0)^i R_0^{n-i}$$

대립가설이 참일 때 이를 기각할 확률인 제2종 오류(소비자 위험률)가 $1-CL$ 이하가 되도록 하려면 다음 조건을 만족해야 한다.

$$\Pr[X(t_0) \leq c] = \sum_{i=0}^{c} \binom{n}{i} (1-R_0)^i R_0^{n-i} \leq 1-CL \tag{10.45}$$

따라서 c, R_0, CL가 주어지면 식 (10.45)를 충족하는 최소 표본 크기가 구해진다.

가장 단순한 $c=0$인 무고장 시험인 경우 식 (10.45)는

$$R_0^n \leq 1-CL$$

로 단순화되므로, 필요 표본 크기는 다음을 만족하는 최소의 정수가 된다.

$$n \geq \frac{\ln(1-CL)}{\ln(R_0)} \tag{10.46}$$

이런 실증시험에서 n개의 표본을 t_0까지 시험하여 무고장이 되면 대상 제품이 신뢰수준 $100CL$%에서 요구 신뢰도 R_0를 실증한다고 표현할 수 있다. 특히 식 (10.46)의 n이 무고장 시험이므로 식 (10.45)의 조건을 충족하는 n 중에서 최소가 된다.

표 10.18에는 CL이 50, 60, 70, 80, 95%이고 R_0가 0.5, 0.9, 0.95, 0.97, 0.99(즉 t_0가 $q_{0.5}$, $q_{0.1}$, $q_{0.05}$, $q_{0.03}$, $q_{0.01}$ 수명일 때)의 무고장 시험 표본 크기가 정리되어 있다. 이 표를 보면 주어진 신뢰수준에서 R_0가 커지면 필요 표본 크기는 증가되며, 또한 주어진 요구 신뢰도에서 CL이 커지면 필요 표본 크기가 증가된다. 이 표는 수명분포와 관련 없이 적용할 수 있다.

표 **10.18** 무고장 실증시험 계획

$100R_0$ \ $100CL$	50	60	70	80	90	95
50	1	2	2	3	4	5
90	7	9	12	16	22	29
95	14	18	24	32	45	59
97	23	31	40	53	76	99
99	69	91	120	161	230	299

예제 10.13

무상보증 기간 1년(8,760시간) 동안의 신뢰도가 0.95가 되도록 신뢰수준 90%인 무고장 실증시험의 표본 크기를 구해 보자.
식 (10.46)에 대입하면

$$n \geq \frac{\ln(1-0.9)}{\ln(0.95)} = 44.9$$

이므로 표 10.18의 결과와 일치하며, 45개를 8,760시간 동안 시험하여 고장이 하나도 발생하지 않으면 이 실증시험을 통과한다. 시험시간이 상당히 긴 이런 실증시험은 11장의 가속수명시험을 적용할 필요가 있다.

식 (10.46)의 무고장 시험계획 외에 허용 고장 개수를 일반화한 c-고장 허용 시험계획의 표본 크기도 수치적 방법으로 구할 수 있으나 이 중에서 1-고장 허용 시험계획 정도가 무고장 실증시험 계획의 대용으로 활용되고 있다.

10.5.3 지수분포를 따를 때의 실증시험 계획

적절한 시험계획 또는 바람직한 실험설계는 성공적인 실험의 가장 중요한 요소이다. 실증시험을 포함한 시험계획에 관한 이론은 관측중단자료에 따른 복잡성과 신뢰성 분석에 활용되는 다양한 수명분포의 형태로 인해 전형적인 경우에도 대부분 쉽게 해결할 수 없는 해석적 및 수치적 분석에 어려움이 존재하고 있다.

그러나 지수분포인 경우는 다른 분포와 달리 이론적 어려움이 존재하지 않으므로, 실증시험을 실시할 경우에 사전에 결정해야 되는 필요한 표본크기 또는 시험시간 등을 설정하는 수리적 방법을 살펴보고자 한다.

다음 정보가 사전에 정해지면 시험단위의 수(표본 또는 시료크기)를 결정할 수 있다.

- 실증하고자 하는 고장률(λ_0) 또는 평균(θ_0)
- 원하는 신뢰수준(CL)
- 가능한 시험시간(t_0)
- 허용 가능한 합격 고장개수(c)

상기 조건이 규정되면 식 (10.45)는 식 (10.47)과 같이 설정할 수 있다

$$\sum_{i=0}^{c}\binom{n}{i}(1-e^{-\lambda_0 t_0})^i e^{-(n-i)\lambda_0 t_0} \le 1-CL \tag{10.47}$$

상기 식은 고장 난 시험단위를 교체하는 교체시험일 경우에 적용할 수 있으며 λ에 대한 $100CL\%$ 신뢰상한은 $\chi^2_{1-CL,\,2c+2}/(2nt_0)$가 되므로(식 (9.62) 참조), 필요 표본크기는 식 (10.47)을 만족하는 가장 작은 정수값인 식 (10.48)이 된다. 여기서 교체시험일 경우는 정확한 식이지만, 비교체시험인 경우는 근사식이 된다.

$$n \ge \frac{\chi^2_{1-CL,\,2c+2}}{2\lambda_0 t_0} \tag{10.48}$$

또한 표본크기(n)가 주어지면 시험시간(t_0)도 식 (10.48)로부터 쉽게 구할 수 있다. 한편 신뢰성 실증시험에서 시험단위의 크기 또는 시험시간을 가장 적게 설정하려면 허용 고장개수를 '0'

으로 설정하면 된다. 즉, 이 경우에 하나 이상의 고장이 발생하면 요구 신뢰수준 하에서 목표 평균을 실증할 수 없는 상황이 된다.

식 (10.48)으로부터 고장 난 시험단위의 교체여부와 관련없이 설정할 수 있는 무고장 시험의 필요 표본크기 또는 시험시간을 구하려면 다음 두 공식을 이용하면 된다.

$$n = \frac{\chi^2_{1-CL,2}}{2\lambda_0 t_0} = \frac{-\ln(1-CL)}{\lambda_0 t_0} \tag{10.49}$$

$$t_0 = \frac{-\ln(1-CL)}{\lambda_0 n} \tag{10.50}$$

예제 10.14

다음과 같은 경우에 무고장 실증시험을 실시할 경우 무고장 시험계획을 구하라.

(1) 신뢰수준 80%와 시험시간 4,000hr으로 목표 고장률이 0.00002/hr임을 실증하려면 시험표본의 최소 크기는?

식 (10.49)에 대입하면 다음과 같이 21이 된다.

$$n = \frac{-\ln(0.2)}{0.00002 \times 4{,}000} = 20.1 \approx 21$$

(2) 목표 고장률이 30FIT(30×10^{-9}/hr)임을 신뢰수준 90%로 실증하고 싶다. 대상 부품은 값싼 저항기로 5,000개를 시험할 수 있을 때 필요 시험시간은?

식 (10.50)으로부터 다음과 같이 구해진다.

$$t_0 = \frac{-\ln(0.1)}{30 \times 10^{-9} \times 5{,}000} = 15{,}351\text{hr}$$

■■■

예제 10.15

신뢰수준 95%로 고장률이 0.00005/hr임을 실증하기 위해 100개의 시험단위를 준비하고 있다. 허용 가능 고장개수가 10개일 때 비교체 시 필요 시험시간은 얼마인가?

식 (10.48)으로부터 최소 필요 시험시간은 다음과 같이 3,392hr이 된다.

$$t_0 = \frac{\chi^2_{0.05,22}}{2 \times 0.00005 \times 100} = \frac{33.92}{0.01} = 3{,}392$$

■■■

한편 이 예제를 SW(Minitab 등)로 실행하면 필요 시험시간이 3,576hr이 되어 위의 계산 결과와 조금 다름을 파악할 수 있는데, 식 (10.48)은 교체일 경우의 식을 차용하고 있으므로 상기 결과는 근삿값이 된다.

10.5.4 와이블 분포를 따를 때의 실증시험 계획

(1) 무고장 시험계획

실증시험 계획을 포함한 신뢰성 샘플링 검사 계획은 관측중단 자료에 따른 복잡성과 비정규분포를 따르는 수명분포의 형태로 인해 특수한 경우 외는 이를 도출할 수 없는 문제에 속한다.

그러나 형상모수가 알려져 있는 와이블 분포인 경우의 무고장 시험계획은 이론상 어려움이 존재하지 않으므로, 실증시험을 실시할 경우 사전에 결정해야 되는 필요한 표본 크기 또는 시험시간 등을 설정하는 방법을 살펴보자.

수명이 와이블 분포를 따르는 제품이나 부품의 신뢰도 실증을 위한 실증시험 계획은 $100q\%$ 백분위수명 t_q를 주어진 신뢰수준 $100CL\%$로 보증하는 시험 방식이 된다. 일반적으로 와이블 분포의 형상모수 β는 대상 제품에 대한 과거 자료, 유사 제품, 다양한 정보원으로부터 추정할 수 있으므로 신뢰성 실증시험에서는 형상모수 값을 알고 있다고 가정한다.

즉 수명 T는 형상모수가 β이고 척도모수가 λ인 와이블 분포(Weibull(λ, β))를 따르면 T^β은 평균이 $1/\lambda^\beta$인 지수분포(exp(λ^β))를 따름을 이용한다. 이런 신뢰성 실증시험 계획에서 최소 표본 크기 시험계획은 무고장 시험계획으로, n개 단위를 t_0까지 시험하여 고장이 하나도 발생하지 않으면 이 실증시험은 성공하게 된다. 여기서 표본 크기 n 또는 시험시간 t_0는 신뢰수준 CL, 신뢰도 R_0(분위수이면 $100q$ 또는 $100(1-R_0)$ 백분위 수명), 와이블 형상모수 β에 의존한다.

따라서 실증시험 계획은 대상모수를 분위수로 바꾸어 식 (10.44)를 다음의 가설검정으로 재표현할 수 있다.

$$H_0 : t_q = t_0 \ (\text{또는} \geq t_0),\ \ H_1 : t_q < t_0 \tag{10.51}$$

식 (10.51)의 가설검정을 수행하기 위해 앞 소절과 달리 시험시간을 t_0로 한정하지 않고 일반화하는 시험계획을 고려해 보자. 즉 표본 크기 n을 랜덤하게 추출하여 t_1동안 시험할 경우 귀무가설에서 $t_1 = kt_0$ 시점(여기서 시험시간 계수 $k = t_1/t_0$는 bogey 비율로도 불림)의 특정 시험 단위의 신뢰도는 다음과 같다.

$$R(t_1) = \exp\left[-(\lambda_0 t_1)^\beta\right] = \exp\left[-(k\lambda_0 t_0)^\beta\right] = \left[\exp\left\{-(\lambda_0 t_0)^\beta\right\}\right]^{k^\beta} = (1-q)^{k^\beta} \quad (10.52a)$$

$$단,\ \lambda_0 = \frac{1}{t_0}\left[-\ln(1-q)\right]^{1/\beta} \quad (10.52b)$$

만약 $X(t_1)$를 t_1까지의 고장 개수로 정의할 때 n개 중에서 t_1 동안 고장이 하나도 발생하지 않는다면, 식 (10.51)의 귀무가설 하에서 다음과 같은 조건을 만족해야 한다.

$$\Pr(X(t_1) = 0) = (1-q)^{nk^\beta} \le 1 - CL \quad (10.53)$$

따라서 필요한 표본 크기 n 또는 시험시간 t_1은 한 쪽이 주어지면 식 (10.53)에 의해 다음과 같은 관계를 만족하는 최소(정수) 값으로부터 구할 수 있다.

$$n \ge \frac{1}{k^\beta} \times \frac{\ln(1-CL)}{\ln(1-q)} \quad (10.54)$$

$$t_1 = kt_0 \ge \left[\frac{1}{n} \times \frac{\ln(1-CL)}{\ln(1-q)}\right]^{1/\beta} t_0 \quad (10.55)$$

예제 10.16

엔진 부품의 신뢰도 목표는 20,000사이클에서 적어도 0.97 이상 되어야 한다. 엔진 부품의 고장까지 사이클 수는 형상모수(β)가 2.5인 와이블 분포를 따른다고 알려져 있다. 각 엔진 부품에 대해 40,000 사이클 동안 실증시험을 실시한다고 할 때 무고장 시험계획을 이용하여 신뢰도 목표를 실증하는데 필요한 엔진 부품의 수를 90% 신뢰수준에서 구하라.

최소한 신뢰수준 90%에서 제3백분위 수명($t_{0.03}$)이 적어도 20,000사이클임을 입증하고자 할 때 시험시간 계수 k가 2가 되므로 다음과 같이 식 (10.54)에 대입하면 필요한 시험 단위의 수는 14개가 된다.

$$n \ge \frac{1}{2^{2.5}} \times \frac{\ln(1-0.9)}{\ln(1-0.03)} = 13.4$$

한편 주어진 시험시간에서 식 (10.54)에 의해 표본크기를 설정하는 시험계획은 충분한 시험 장비와 표본의 비용이 높지 않을 때 적용 가능한 것으로, 현업에서는 비교적 활용도가 높지 않다. 이에 비해 먼저 표본 크기를 설정하고 식 (10.55)에 의해 시험시간을 설정하는 실증시험 계획이 보다 널리 쓰인다. 특히 기계 분야에서는 후자가 더욱 선호되고 있다.

여기서 형상모수 β가 1보다 클 경우 $k > 1$인 무고장 실증시험을 실시하는 경우 참값보다 더 작은 $\beta(>1)$ 값을 상정하는 경우는 안전하지만(식 (10.53)의 실증확률이 $1 - CL$ 보다 작아짐),

규정된 β값이 참값보다 더 크다면 식 (10.53)으로부터 설정된 실증시험의 타당성이 상실될 수 있다(식 (10.53)의 실증확률이 $1-CL$ 보다 커짐). 한편 $k<1$ 인 최소 표본 크기 무고장 시험계획도 가능하다. 이 경우는 $k>1$일 때와 반대로 참값보다 더 큰 β값을 가지는 상황에서는 안전하다.

예제 10.17

어떤 업체에서 제조한 제품에 5,000시간 동안 10%보다 적게 고장이 발생하는 기계 부품이 필요하다. 따라서 $t_0 = 5,000$ 시간이 된다. 이 회사는 구매처로부터 이런 조건을 만족하면서 저가인 새로운 기계 부품을 구입할 계획이며, 구매처에게 95% 신뢰수준을 실증하도록 요구하고자 한다. 이와 유사한 기계 부품의 수명자료를 조사한 결과 형상모수 $\beta = 2$인 와이블 분포를 따르므로 4개의 시험 표본으로 시험할 경우에 시험시간을 구하라.
식 (10.55)에 대입하면 다음과 같이 k는 2.67이 되어 13,350시간까지 무고장 실증시험이 수행되어야 한다.

$$t_1 = kt_0 \geq \left[\frac{1}{4} \times \frac{\ln(1-0.95)}{\ln(1-0.1)}\right]^{1/2} \times 5,000 = 2.67 \times 5,000 = 13,350$$

즉, 제10백분위 수명이 5,000시간 이상임을 실증하려면 4개를 13,350시간 동안 시험하여 무고장이어야 95% 확신할 수 있다.

설정된 시험시간이 너무 길어 이 시간동안 실증시험을 실시하기 힘든 경우가 자주 발생된다. 이럴 경우 가혹한 스트레스 수준에서 시험하는 가속수명시험(11.2~11.4절)이 채택된다. 즉, 사용수준과 채택된 가속 스트레스 수준에서의 가속계수(AF: 11.2절 참조)가 알려져 있다면 실제 시험시간(t_a)은 다음과 같이 주어진다.

$$t_a = \frac{t_1}{AF}$$

또한 신뢰수준을 낮추면 시험시간을 줄일 수 있다. 보통 실증시험 방식은 기준수명 t_0에서 신뢰도가 R_0일 때 이 시험을 통과할 확률이 $1-CL$ 이므로 상당히 엄격한 조건을 부과하고 있다. 따라서 양산단계에서 정기적으로 행해지는 PV시험과 같이 공정이 안정되어 있는가를 확인하는 경우에는 리스크가 적으므로 현업에서는 신뢰수준을 낮추어 60% 등을 택하기도 한다.

(2) 하나 이하의 고장 시험계획

무고장 시험계획은 단지 하나의 미지 모수를 가지는 다양한 수명 분포에 대해 적용될 수 있으며 또한 하나 이상의 고장을 가지는 시험계획으로 확장할 수 있다. 이런 시험계획은 더 많은 시험단위들이 필요하지만 $t_q > t_0$ 에 관한 실증시험이 성공할 확률, 즉 검정력을 무고장 시험보다 높일 수 있다.

새로운 설계가 기존 설계보다 부분적으로 개선된 것으로 믿을 수 있도록 신 설계 제품의 고장모드를 비롯한 신뢰성 정보를 충분히 얻을 수 있는 경우에도 새로운 설계에 따른 제품이 가끔 무고장 시험에 실패할 수도 있다. 즉, 하나 이하의 고장 시험계획(one or zero failure test plan; 이하 1-고장 시험계획)은 이런 경우에 실증시험이 실패할 확률을 감소시킬 수 있다.

표 10.19의 값 k'(시험시간 t_2를 λ_0(식 (10.52b))의 역수인 η_0의 배수로 나타낸 값)은 수명이 와이블 분포를 따를 경우 다음과 같이 신뢰수준 CL과 t_2에서의 신뢰도 $R(t_2)$일 때 이항분포를 이용한 다음 조건을 만족하도록 계산된다.

$$1 - CL = R(t_2)^n + nR(t_2)^{n-1}[1 - R(t_2)] \quad (10.56)$$

단, $t_2 = k'\eta_0$

표 **10.19** β에 따른 하나 이하의 고장시험계획에 대한 특성수명의 배수 k' (신뢰수준 90%)

n \ β	0.5	1.0	1.5	2.0	2.5	3.0	3.5	4.0	4.5	5.0
2	8.819	2.969	2.066	1.723	1.545	1.437	1.365	1.313	1.274	1.243
3	2.659	1.630	1.385	1.277	1.216	1.177	1.150	1.130	1.115	1.103
4	1.295	1.138	1.090	1.067	1.053	1.044	1.037	1.033	1.029	1.026
5	0.769	0.876	0.916	0.936	0.949	0.957	0.963	0.968	0.971	0.974
6	0.510	0.714	0.799	0.845	0.874	0.894	0.908	0.919	0.928	0.935
7	0.363	0.603	0.713	0.776	0.817	0.845	0.865	0.881	0.894	0.904
8	0.272	0.521	0.648	0.722	0.771	0.805	0.830	0.850	0.865	0.878
9	0.211	0.459	0.595	0.678	0.733	0.772	0.801	0.823	0.841	0.856
10	0.169	0.411	0.553	0.641	0.701	0.743	0.776	0.801	0.821	0.837
12	0.115	0.339	0.486	0.582	0.649	0.697	0.734	0.763	0.786	0.805
14	0.083	0.289	0.437	0.537	0.608	0.661	0.701	0.733	0.759	0.780
16	0.063	0.251	0.398	0.501	0.575	0.631	0.674	0.708	0.736	0.759
18	0.049	0.222	0.367	0.472	0.548	0.606	0.651	0.687	0.716	0.740
20	0.040	0.200	0.342	0.447	0.525	0.584	0.631	0.668	0.699	0.725
25	0.025	0.159	0.293	0.399	0.479	0.542	0.591	0.631	0.664	0.692
30	0.017	0.132	0.259	0.363	0.445	0.509	0.561	0.603	0.638	0.667
40	0.010	0.098	0.213	0.314	0.396	0.462	0.515	0.560	0.597	0.629
50	0.006	0.079	0.183	0.280	0.362	0.428	0.483	0.529	0.568	0.601

식 (10.56)은 비선형 방정식으로 이의 해를 구하려면 수치해법이 필요하다. 따라서 Abernethy (2006)의 표 10.19를 통해 신뢰수준 90%일 때 하나 이하의 고장을 허용하는 시험계획을 설정할 수 있다.

예제 10.18

어떤 기계부품의 수명은 와이블 분포를 따르며 형상모수 3이고 B_{10}수명이 400시간으로 알려져 있다. 새로 개발된 부품에 대해 신뢰수준 90% 하에서 4개의 시험단위로 하나의 고장을 허용하는 실증시험 계획을 구하고자 한다.

식 (10.52b)에서 $\lambda_0 = \frac{1}{400}[-\ln(1-0.1)]^{1/3} = 0.00118$이 되므로, 실증해야 될 특성수명은 847시간이 된다. 표 10.19에서 대응되는 표의 값을 찾으면 1.044이므로 이 실증시험 계획에서 필요한 시험시간은 1.044×847=884시간이다. 따라서 이와 같은 조건하에서 1-고장 시험계획은 4개의 시험단위 각각에 대해 884시간을 시험하여, 한 단위 이하가 시험시간 내에 고장이 발생한다면 90% 신뢰수준 하에서 요구 신뢰도를 실증하고 있다고 볼 수 있다. 이 경우에 무고장 시험을 적용하면 식 (10.55)로부터 시험시간이 705시간이 되므로 하나 이하의 고장을 허용함으로써 지불되는 대가는 시험단위당 179시간, 즉, 총 716시간이다. 그런데 만약 부품들을 순차적으로 시험했을 때 처음 3개가 고장이 나지 않았다면 조기에 합격판정을 할 수 있으므로 총 시험시간 감소측면에서 성공적이라 볼 수 있는 경우도 발생할 수 있다.

■■■

예제 10.18에 관한 실증시험의 합격확률(probability of passing the demonstration test)을 표시하는 그림 10.11은 시험계획의 모수값이 변할 때 합격확률의 변화를 보여주고 있다. 즉, 90% 신뢰수준 하에서 본 예제의 무고장 시험계획이 합격할 확률은 먼저 개선 비율(w=참 모수값/실증하고자 하는 모수값)이 1일 때 10%임을 알 수 있다. 즉, 참값이 실증하기 위한 값에 미달할 때 합격할 확률이 $1-CL$ (즉, 10%) 미만임을 보증하고 있음을 알 수 있다. 이 그림을 보면 무고장 시험계획과 비교한 1-고장 실증시험 계획은 참값이 실증 모수값보다 클 때 전자보다 시험계획의 합격확률이 더욱 높아짐을 알 수 있다.

한편 식 (10.56)의 1-고장 실증시험에서 다음과 같이 다수(c) 고장 실증시험으로 쉽게 확장할 수 있지만 활용도가 높지 않다.

$$1-CL = \sum_{i=0}^{c}\binom{n}{i}R(t_2)^i[1-R(t_2)]^{n-i} \tag{10.57}$$

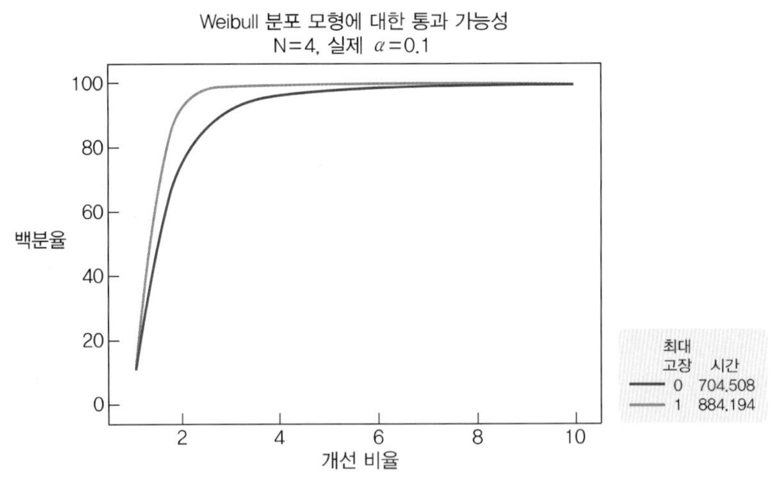

그림 **10.11** 1-고장과 무고장 시험의 합격확률 그림(Minitab 출력물): 예제 10.18

10.6 시동 실증시험

잔디 깎는 기계, 전기 톱, 분사식 제설기, 수중 펌프, 자동차 용 배터리, 발전기 같은 제품의 시동 성능을 밝히기 위한 신뢰성시험의 일종으로 시동 실증시험(start-up demonstration test)을 들 수 있다. 이 시험은 연속적 시동 성공횟수(즉, s)가 규정되면, 납품된 제품의 시동 시 신뢰성 및 품질을 평가하기 위해 납품업체에 연속적으로 s회의 시동이 성공해야 되는 요건이 부과되는데, 이를 시동 실증시험이라 부른다. 일례로 잔디 깎는 기계를 구입하기 전에 납품업체에게 연속적으로 15회의 시동 성공을 요구할 수 있다.

제품이 합격되기 전에 s회의 연속적 시동 성공을 요구하는 시동 실증시험이 Hahn and Gage (1983)에 의해 최초로 제시되었으며, Viveros and Balakrishnan(1993)는 시험에 필요한 시동횟수에 관한 평균과 분산을 도출하고 시동의 성공확률 p를 추정하는 방법을 제시하였다. 하지만 이들은 실증시험이 실패하여 시험을 종료하는 규칙을 규정하지 않아 실제 활용하기는 힘들다. 이에 대한 기초적인 개선안으로 일정한 시동 총 횟수를 제한하는 방식이 제안되었는데, 이 방식도 열등한 제품이 조기에 불합격되지 않고 총 횟수까지 시험해야 합격여부를 판정해야 하는 약점이 존재한다. 이외에도 여러 가지 개선된 시동 실증시험방법이 제안되었는데, 그 중에서 가장 실용적인 다음 방법을 이 소절에서 소개한다. 즉, d개의 시동 실패가 발생하기 전에 s회의 연속적 시동 성공을 요구하는 시동 실증시험을 CSTF(consecutive successes total failures) 방식으로 칭하는데, $(d,\ s)$계획으로 표기한다. 이외의 다른 실증시험 방식과 각 시동이 베르누이 시행이 아니고 마르코프 종속인 경우 등에 관심이 있는 독자는 Balakrishnan et al.(2014)과 여기에 포함된 참고문헌을 참조하기 바란다.

각 시동 시의 성공확률이 독립이고 p로 동일할 때 $(d,\ s)$계획에서 대상 제품이 합격할 확률 P_A는 첫 번째 실패 전에 합격할 확률에 두 번째 실패 전에 합격할 확률 등을 d번째 실패 전의 합격확률까지 더하면 다음과 같이 얻어진다.

$$\begin{aligned} P_A &= p^s + (1-p^s)p^s + (1-p^s)^2 p^s + \cdots + (1-p^s)^{d-1} p^s \\ &= 1-(1-p^s)^d = 1-a^d \end{aligned} \tag{10.58}$$

여기서 $a = 1 - p^s$이고, 이 실증시험의 불합격 확률 P_R은 a^d가 된다.

$(j-1)$번째 시동 실패의 다음부터 j번째 시동 실패까지를 j번째 불합격 사이클로 명명하고, 각 불합격 사이클 내의 시동횟수를 그림 10.12와 같이 W_j로 나타낼 때 이의 확률은

$$\Pr(W_j = n) = \frac{(1-p)p^{n-1}}{1-p^s},\quad n = 1, 2, \ldots, s\ ;\ j = 1, 2, \ldots, d$$

로 j와 무관하게 동일한 분포를 따르며, 이의 기댓값은

$$E(W) = \frac{1}{1-p} - \frac{s(1-a)}{a} \tag{10.59}$$

가 된다(연습문제 10.18 참조). 그리고 불합격 사이클의 수 N(그림 10.12 참조)의 확률도 위와 유사하게 식 (10.60)의 절단(truncated) 기하분포를 따르며, 기댓값도 다음과 같이 구할 수 있다(연습문제 10.18 참조).

$$\Pr(N = n) = \frac{(1-a)a^n}{1-a^d},\quad n = 0, 1, \ldots, d-1 \tag{10.60}$$

$$E(N) = \frac{a}{1-a} - \frac{da^d}{1-a^d} \tag{10.61}$$

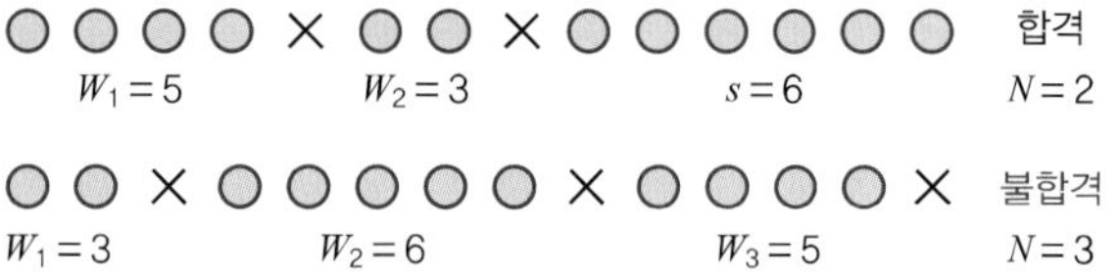

○ ○ ○ ○ × ○ ○ × ○ ○ ○ ○ ○ ○ 합격
$W_1 = 5$ $W_2 = 3$ $s = 6$ $N = 2$

○ ○ × ○ ○ ○ ○ ○ ○ × ○ ○ ○ ○ × 불합격
$W_1 = 3$ $W_2 = 6$ $W_3 = 5$ $N = 3$

그림 **10.12** 시동 실증시험의 예시: $(d = 3,\ s = 6)$ 계획

따라서 시동시험이 종료될 때까지의 총 시험횟수 Y는

$$Y = \begin{cases} \sum_{j=1}^{d} W_j, & \text{불합격} \\ \sum_{j=1}^{N} W_j + s, & \text{합격} \end{cases}$$

로 표시된다. 이의 기댓값인 ASN(average sample number) $E(Y)$은 $E\left(\sum_{j=1}^{N} X_i\right) = E(N)E(X)$을 이용하면

$$\begin{aligned} E(Y) &= E\left(\sum_{j=1}^{d} W_j\right)P_R + \left(\sum_{j=1}^{N} W_j + s\right)P_A \\ &= d\,P_R\,E(W) + E(N)E(W)P_A + s\,P_A \end{aligned}$$

이 되므로, 이에 식 (10.58), (10.59), (10.61)를 대입하여 다음과 같이 구할 수 있다(Govindaraju and Lai, 1999)).

$$\begin{aligned} E(Y) &= da^d\left[\frac{1}{1-p} - \frac{s(1-a)}{a}\right] + (1-a^d)\left[\frac{1}{1-p} - \frac{s(1-a)}{a}\right]\left(\frac{a}{1-a} - d\frac{a^d}{1-a^d}\right) + s(1-a^d) \\ &= \frac{1-a^d}{1-a}\left[\frac{a}{1-p} - s(1-a)\right] + s(1-a^d) \qquad (10.62) \\ &= \frac{a(1-a^d)}{(1-a)(1-p)} \end{aligned}$$

10.6.1 소비자 위험만 고려할 경우

전절의 신뢰성 실증시험과 같이 소비자 위험(제2종 오류)만을 고려하는 시험계획을 여기서, 10.4절의 신뢰성 샘플링검사 계획처럼 생산자 위험(제1종 오류)까지 동시에 고려하는 시험계획은 다음 소절에서 소개한다.

소비자가 받아들이기 힘든 시동 성공확률(신뢰도에 해당)의 상한이 p_1일 때 (d, s)시험계획의 합격확률이 β'(신뢰성 실증시험의 $1-CL$) 이하임을 보여 주고자 할 경우, 즉 시동시험을 순차적으로 실시하여 d개의 실패가 발생하기 전에 s개의 연속된 성공(즉, 런)이 발생하면 실증된다고 판정하는 시험방식으로 볼 수 있으며, 따라서 이 시험계획은 식 (10.58)로부터 다음 조건을 만족해야 한다.

$$1-(1-p_1^s)^d \le \beta' \qquad (10.63)$$

따라서 s가 미리 정해지면 d는 다음을 만족하는 최댓값을 가지는 자연수로 설정할 수 있으며,

$$d \le \frac{\ln(1-\beta')}{\ln(1-p_1^s)} \tag{10.64}$$

d가 먼저 규정되면 s는 다음 조건을 충족하는 최솟값을 가지는 자연수로 정할 수 있다.

$$s \ge \frac{\ln[1-(1-\beta')^{1/d}]}{\ln p_1} \tag{10.65}$$

예제 10.19

이번에 납품한 발전기에 대해 20회의 연속적 시동 성공을 요구하고 있다. 시동 성공확률이 0.83일 때 합격확률을 0.1이하로 제어하려면 20회의 연속적 시동 성공까지 몇 회의 실패까지 허용해야 하는가?
식 (10.64)로부터

$$d \le \frac{\ln 0.9}{\ln(1-0.83^{20})} = 4.32$$

이므로, d는 4회가 되어 20회의 연속적 시동 성공까지 세 번의 실패를 허용할 수 있다.

10.6.2 생산자와 소비자 위험을 동시에 고려할 경우

$(d,\ s)$ 시동 실증시험 계획을 설정하려면 두 종의 요건이 필요하다. 즉, 전 소절의 소비자 위험 요건과 더불어 생산자 위험 요건을 충족하는 샘플링 검사 형태의 실증시험 계획을 도출할 수 있다.

즉, 생산자 입장에서 기준이 되는 시동 성공확률의 하한이 p_0일 때 시동 실증시험의 합격확률을 $1-\alpha'$(α'는 생산자 위험)이상으로 하려면

$$1-(1-p_0^s)^d \ge 1-\alpha' \tag{10.66}$$

가 되어야 한다.

식 (10.65)와 식 (10.66)를 만족하는 여러 시험계획 중에서 Smith and Griffth(2005)는 되도록 작은 d와 c를 도출할 수 있는 알고리즘을 제시하고 표로 $(d,\ c)$ 시동 실증시험 계획을 제공하고 있다. 표 10.20은 $\alpha' = 0.05$, $\beta' = 0.05$의 다양한 p_0와 p_1의 조합에 대한 시험계획으로 이 논문에서 대부분 발췌했으며, 표 10.21의 $\alpha' = 0.05$, $\beta' = 0.1$에 관한 시험계획은 Smith and Griffth (2005)의 알고리즘에 따라 보충하여 작성한 것이다. 두 표의 마지막 칸은 참고용으로 p가 p_0일 때 시험계획의 기대 시동 시험횟수인 ASN을 부기하고 있다.

표 10.20 $\alpha' = 0.05, \beta' = 0.05$일 때의 시동 실증시험 계획

p_0	p_1	d	s	ASN(p_0)
0.995	0.95	3	80	95.11
	0.90	2	35	37.36
	0.85	2	23	24.15
	0.80	2	17	17.67
0.99	0.90	3	39	46.35
	0.85	2	23	24.90
	0.80	2	17	18.17
	0.75	2	13	13.75
0.95	0.85	19	37	108.25
	0.80	9	24	46.33
	0.75	6	17	26.75
	0.70	5	13	18.44
0.9	0.70	16	15	41.93
	0.65	11	13	28.18
	0.60	10	7	17.75

표 10.21 $\alpha' = 0.05, \beta' = 0.1$일 때의 시동 실증시험 계획

p_0	p_1	d	s	ASN(p_0)
0.995	0.95	3	66	76.67
	0.90	2	29	30.72
	0.85	2	19	19.82
	0.80	2	14	14.47
0.99	0.90	3	32	37.14
	0.85	2	19	20.40
	0.80	2	14	14.85
	0.75	2	11	11.56
0.95	0.85	13	29	65.35
	0.80	7	19	31.80
	0.75	5	14	20.27
	0.70	4	11	14.64
0.9	0.70	12	14	32.22
	0.65	7	10	17.75
	0.60	6	8	12.78

예제 10.20

p_0와 p_1가 각각 0.99와 0.9이고, α'와 β'가 5%와 10%일 때 시동 실증시험 계획을 구하라.

표 10.21로부터 $d = 3$, $s = 32$가 된다. 즉, 3회의 시동 실패가 발생하기 전에 32회의 연속적 시동

성공이 되어야 합격할 수 있다.

그림 10.13(a)에는 생산자와 소비자 위험 요건을 포함한 각 시공 성공확률에 따른 (3, 32) 시동 실증시험 계획의 합격확률이, 그림 10.13(b)에는 이 시험계획의 기대 시동 시험횟수(ASN)가 도시되어 있다. 그림 10.13(b)을 보면 성공확률 0.99에서 표 10.21과 유사한 값을, 0.97 근방에서 ASN이 가장 크며, 그 값은 42를 초과하지 않음을 알 수 있다.

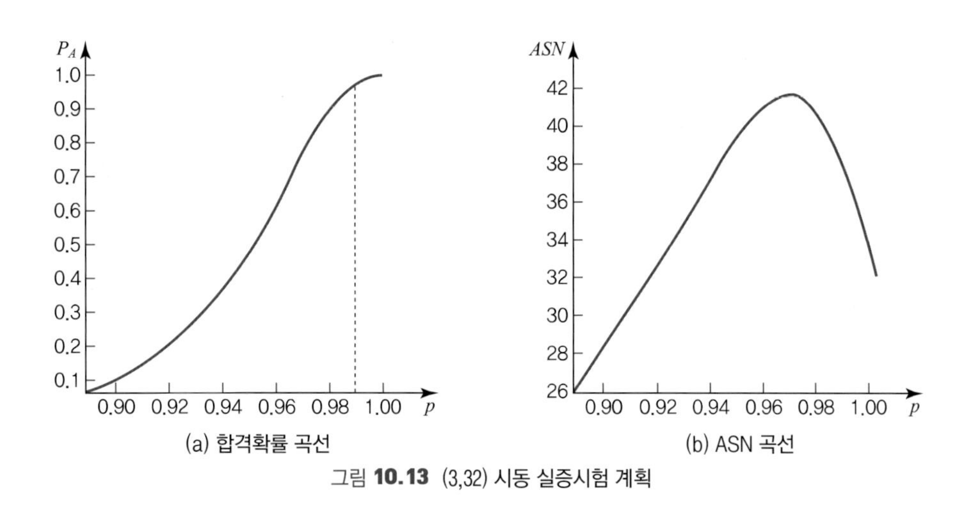

그림 **10.13** (3,32) 시동 실증시험 계획

10.7 Burn-In과 ESS*

신뢰성시험에서 스크리닝(screening) 용도로는 신뢰도 인정시험과 신뢰도 실증시험을 실시하기 전에 제품의 설계단계나 설계된 제품의 제반 요건을 확인하는 단계에서 초기결함을 제거하기 위한 경우와 이전의 여러 신뢰성시험에 합격하여 생산된 제품이 출하되기 전에 초기고장 발생 가능성이 높은 단위를 제거하기 위한 경우로 구분되는데, 이 절에서는 주로 후자에 속하는 시험인 번인(burn-in)과 ESS(environmental stress screening)을 소개한다.

10.7.1 번인

전자장비의 제조자와 소비자가 당면하는 대부분의 일반적인 신뢰도 문제는 초기고장(infant mortality)에 의한 것이다. 이런 고장은 제조된 제품의 적은 비율에서 나타나는 전형적인 제조상의 결함에 의해서 야기된다. 전자제품의 제조상에서 이런 결함 부품을 '변종(freak) 또는 취약(weak)' 부품이라 부른다. 초기고장의 문제는 다른 유형의 제품에서도 나타나는데 가끔 품질 문제로서 취급되기도 한다.

번인은 사용자에게 인도될 부품이나 제품의 신뢰도를 제고하기 위해 출하 전에 정상조건이나 가속상태 하에서 시험을 실시하는 기법으로, 출하되는 결함 제품을 제거하거나 줄이기 위해 제품 모집단에 대한 전수검사 혹은 스크리닝의 유형에 속한다. 또한 생산제품이 신뢰도 규격을 만족하지 못할 경우에도 번인이 필요할 수 있다. 즉, 번인은 출하품질을 향상시키거나 약한 부품을 선별하기 위해 제품수명의 일부를 소진시키는 시험을 하게 된다. 초기고장률이 높은 아이템의 신뢰성을 높이는 독보적인 방법으로 수명이 짧은 제품을 소비자에게 인도하기 전에 선별하는 장점을 가지고 있지만, 대개 전수검사를 채택하므로 높은 비용이 발생하는 단점을 가지고 있다. 보통 부품 모집단에서 수명이 매우 긴 정상 아이템과 매우 짧은 수명을 가진 아이템들이 혼합되는 경우가 많은데, 이럴 경우에 번인은 매우 효과적인 시험방법이 된다.

미군에서 개발된 번인은 부품이나 이들로 구성된 시스템에 적용할 수 있으며, 전자는 반도체 칩과 인쇄회로기판을, 후자로는 회로보드, 에어컨 등을 들 수 있다. 번인은 전자산업에 널리 쓰이며, 반도체 웨이퍼, 마이크로프로세서나 메모리 같은 전자부품 패키징과 더불어 베어링, 모터, 소프트웨어 등에 적용된다. 또한 우주 및 해양 시스템 같은 대단히 중대한 시스템인 경우는 충분한 고 신뢰성을 달성하고 수명 초기에 고장이 발생하지 않은 제품의 선별을 위하여 부품과 시스템에 번인을 적용해 오고 있다.

번인은 주로 스트레스로 온도를 채택하며, 전압과 다른 스트레스를 복합하여 적용하는 일종의 가속시험 형태가 될 가능성이 높다. 번인은 비용이 많이 소요되므로 번인 시간은 일반적으로 제한된다. 따라서 번인시간은 신뢰도에 관한 요구 수준과 스크리닝 동안에 관측된 수명분포를 기초로 설정할 수 있다.

번인은 대상 아이템의 수준에 따라 부품, 하위시스템, 시스템의 세 수준으로 구분할 수 있다. 이 경우에 8종류의 번인 정책(번인을 실시하지 않음, 세 수준별로 한 수준만 실시, 두 수준만 실시, 서브시스템과 시스템, 모든 수준의 번인)을 적용할 수 있다. 그런데 시스템 번인은 고 비용과 번인에서 발견된 설계문제의 대응 조치의 제약 등 약점이 있을 수 있지만, 상당한 효과를 달성할 수 있으므로 현업에서 많이 활용되고 있다.

또한 스트레스를 인가하는 방식으로 따라 정적(static) 번인과 동적(dynamic) 번인으로, 대상 아이템의 수리가능 여부에 따라 구분할 수도 있다. 즉, 축차(sequential) 번인은 수리불가능 아이템에, 수리가능 제품에 적용되는 번인 중에서 지수분포를 따르는 경우를 마르코프 번인이라 부르는데, 이들의 특징은 다음과 같다. 축차번인과 마르코프 번인에 관한 자세한 방법은 공학적 접근법으로 번인을 최초로 주제를 삼아 정리한 Jensen and Petersen(1982)의 전문서적을 참조하기 바란다.

- 정적번인: 스트레스를 대상제품에 고정된 수준 또는 패턴으로 인가하므로 부품수준의 번인에 적용된다.
- 동적번인: 대상제품에 스트레스를 실제 작동조건을 모의하여 인가하며, 부품 수준과 하위시스템 및 시스템에 적용할 수 있다. (하위) 시스템 수준에 적용할 경우 예상하지 못한 손상을 피할 수 있도록 부품수준보다 낮은 스트레스(온도)가 가해진다.
- 축차 번인: 수리불가능 제품에 적용되는 시험법으로 일정 개수의 시험단위로 번인을 시작해서 고장간격이 어떤 지정시간에 도달할 때까지 번인하는 방법이다.
- 마르코프 번인: 수리 가능한 아이템(주로 시스템 수준)에 적용되는 시험법으로 고장 난 시험단위는 지수분포를 따르는 시간에 의존하여 수리된다고 가정한다. 즉, 번인시험기간 동안 대상제품은 연속적으로 관측되며, 고장 난 제품은 수리되어 다시 시험에 투입되고 번인시간은 재설정된다. 대상제품이 일정시간의 번인시험기간 동안 고장이 나지 않으면, 검사 후에 출하되는 시험법이다.

그리고 번인의 효과는 10.7.3절에서, 번인의 시간 설정방법은 10.7.4절에서 다룬다.

10.7.2 ESS

ESS(environmental stress screening)란 온도주기와 랜덤진동 등의 스트레스를 제품에 가하는 일종의 스크리닝시험으로서 설계 및 제조상의 문제점을 파악하고 제품의 신뢰도를 향상시키는 프로세스 또는 프로그램이라고 정의된다.

미국의 군수기관에서 개발된 ESS는 10.2절의 환경시험과 번인에 그 기원을 두고 있다. 2차 대전 전후에 본격적으로 개발되기 시작한 전자제품의 고장은 대부분 제품수명의 초기에 발생하였으므로, 제품의 초기단계를 모방하여 이 단계의 발생가능 고장을 제거하는 시험방법론이 거론되었다. 1960년대에 제조자들은 번인을 전자부품에 적용했었는데 이 시험은 작은 수의 초기고장을 촉진하는 데는 성공했지만 사용현장의 고장률을 감소시키는 측면에서는 충분하지 못하였다. 이에 따라 미군용 표준(Military Standard)에 의해 환경모의실험이라는 새로이 고안된 방법이 대두되었는데 이 표준은 제품이 특정 환경의 극단값에서 동작되는 것을 요구하고 있었다(Kececioglu and Sun, 1997).

이의 기본원리는 사용현장에서의 제품은 여러 가지 환경의 주기적인 변화에 노출되는 것처럼 환경의 다양한 조건하에서 사용될 수 있도록 한다는 것이었다. 그러나 번인과 같은 정적인 시험은 적절한 환경모의실험을 제공하지 못하였다. 따라서 여러 스트레스 조합의 적용을 통해 환경모의실험이 소개되었는데 온도주기와 확률진동을 스트레스로 채택하였다. 이러한 기본 개념에 기반하여 미션 프로필(mission profile) 시험이 개발되었으며, 이를 통해 제품은 실제로 사용조건에 맞는 자극환경에 노출되게 된다.

미션 프로필은 몇 가지 중요한 성과를 보여주고 있다. 첫째로, 대부분의 제품은 온도 극한값에서 성공적으로 동작할 수 있더라도 다양한 온도주기에 의해서는 고장이 유발된다는 것이며, 이것이 ESS 활용의 기반이 되었다. 둘째로, 번인보다 특히 많은 개수의 고장을 유발함으로써 현장에서 일어나는 고장모드를 파악하는데 큰 도움을 주었다. 세 번째로, 온도주기는 아주 짧은 시간에 고장을 발생시키기 때문에 이전에 검출되지 않는 잠재적 결함들이 제품고장으로 나타나게 된다는 것이다. 이러한 발견들로부터 온도 번인 방법에 대한 개선기법으로 개발된 ESS 시험방식이 탄생하였다.

ESS는 시스템 혹은 하위시스템 수준에서 시험될 때 제품 모집단으로부터 결함 제품의 제거를 위해 보다 경제적이고 효율적인 방법을 제공한다. 시스템과 하위시스템은 긴 시간동안 고 스트레스 수준을 견딜 수 없기 때문에, ESS는 낮은 복합 가속 스트레스를 가하는 가속시험 형태를 취한다. 부품 수준에서의 높은 온도와 전압은 결함 제품의 확인을 위하여 완화된 온도주기, 물리적 진동 등의 복합스트레스 운용 체제로 전환된다. 이런 스트레스는 11.1절에서 소개되는 계단형 스트레스 시험의 일반화로서 생각할 수 있으며 때때로 'shake and bake' 시험이라고 부른다. 이 시험의 목적은 제품에 다른 피해를 주지 않고 효과적으로 가능한 빨리 결함 제품을 검출하는 것이다.

Kececioglu and Sun(1997)는 ESS 프로그램의 최적화와 관리를 포함하는 ESS 방법의 포괄적인 해석방법을 제공하고 있으며, MIL-STD-2164(1985)와 MIL-HDBK-2164A(1996)는 전자 장비의 ESS에 관한 표준 절차를 다루고 있다.

한편 ESS는 대부분 공학 지식을 기반으로 하고 있으므로 통계적 방법이 기여할 수 있는 ESS 영역은 한정되어 있다. 즉, 복잡한 스트레스를 가하는 것이 결함과 무결함 단위의 두 가지 수명분포에 미치는 영향과 관련된 보다 실용적인 모형의 개발, 정상 제품에 손상을 가할 기회를 최소화하면서 제조상의 결함을 검출할 수 있는 최적의 스트레스 조건의 선택, 스크리닝 자료를 이용한 사용현장 신뢰도 평가 등을 들 수 있다. 그러나 제품 수명에 대한 ESS 스트레스 유형의 영향을 나타내는 물리적·통계적 모형의 개발은 유용하지만 아직까지 연구성과가 뚜렷하지 않는 편이다.

번인과 같이 ESS는 검사·선별 계획이다. 이 방법들은 비용이 많이 소요되는 것에 반하여 항상 효과가 있는 것은 아니므로 대부분 제조자는 번인 또는 ESS의 사용을 선호하지 않을 수 있다.

그리고 ESS는 번인 기술로부터 발전되었기 때문에 비슷한 시험처럼 인식되기도 하지만 여러 가지 차이점을 보이는 상당히 발전된 프로세스이다. 번인은 일정한 (가속) 온도조건을 가하지만 ESS는 제품의 사용환경과 유사한 조건에서 시간에 따라 변하는 스트레스를 채택한다. 따라서 번인 시험은 초기 고장단위를 제거하지만 ESS는 가속환경을 통해 잠재적 결함을 명백한 결함으로 드러나게 한다. 또한 번인은 제품 출하후의 고장률에 영향을 주지 않지만 ESS는 제품 출하후의 고장률에도 영향을 주기 때문에 사용환경 하에서 높은 신뢰도를 달성할 수 있으므로 번인보다 효과적이라고 알려져 있다. 또한 시험 방법에도 뚜렷한 차이를 보이고 있는데, 이들이 표 10.22에 요약되어 있다.

표 **10.22** 번인과 ESS의 비교

기준	번인	ESS
온도	사용환경 또는 가속	주기적으로 동작
진동	사인곡선형	확률적, 보통 20–2000 Hz
온도변화율	일반적으로 상수	최소 분당 5℃
시험시간	일반적으로 168시간 또는 보다 작은 시간	온도주기는 10에서 20 사이클 진동은 5에서 10분

출처: Kececioglu and Sun(1995)

최근 들어 ESS의 보다 진전된 유형의 시험으로 통상적인 사용조건에서 발생가능한 유관 결함을 촉진시키기 위해 매우 높은 가속스트레스를 인가하는 HALT(highly stress life test; 11장 1절 참조)를 토대로 개발된 HASS(highly accelerated stress screening)도 있다. 이 시험은 번인과 ESS보다 출하 후의 제품에 대한 강건성(robustness)을 보장할 수 있으나 초기 투자비용이 크다는 단점을 가지고 있다.

ESS에서 주로 사용되는 스트레스 유형으로, 미리 정해진 극한값 범위의 온도를 주기적으로 변화시키는 온도주기(temperature cycling), 미리 정해진 프로필에 따른 진동 범위로 제품에 자극을 주는 확률진동(random vibration; 일반적으로 20~2000Hz의 진동범위를 가짐), 높은 온도에 노출함으로써 스트레스를 가하는 고온 번인, 특정한 간격을 두고 전원을 끄고 켜고 하는 전원인가 사이클링(power cycling)과 제품의 통상 전압보다 더 높거나 낮은 전압을 가하는 방법(voltage margining) 등의 전기 스트레스(electrical stress), 온도 극한값에 연속적으로 노출시키는 프로세스로서 제품을 극히 뜨거운 환경에서 차가운 환경으로 자동 또는 수동으로 이동시키는 열적 충격(thermal shock)이 있다. 이 중에서 가장 널리 사용되는 것이 온도주기 스트레스와 확률진동 스트레스이다. 확률진동 스트레스는 일정한 환경을 제공하는데 있어서는 온도주기 스트레스보다 효과적이지 못하다고 알려져 있으며, 종종 온도주기 스트레스와 결합되어 사용된다.

제품에 포함되어 있는 모든 잠재적 고장을 하나의 스트레스로써 검출하기가 힘들기 때문에 ESS에서의 스트레스는 각각의 고장유형에 따라 채택되는 스트레스들의 종류와 결합정도가 달라진다. 따라서 제조자의 시험환경과 비용적인 측면을 고려하여 적절한 스트레스를 선택하여 사용하여야 한다.

10.7.3 번인의 효과

번인이 효과가 있으면서 널리 쓰이는 수명분포로 DFR 형태를 따르는 분포, 변종 하위 모집단이 일부 포함된 혼합형 분포, 구간별로 분포가 달라지는 복합형 분포 등이 널리 쓰인다. 여기서는 먼저 혼합형과 복합형 분포 중심으로 살펴보자.

(1) 혼합형과 복합형 분포

상당한 아이템이 따른다고 알려진 전형적인 욕조형 고장유형은 2장에서 기술한 바와 같이 그림 10.14의 형태이다.

그런데 Jensen and Petersen(1982)은 그림 10.14의 욕조곡선보다 한 단계가 더 포함된 고장률 형태가 전자부품 등에서 나타난다고 보고하고 있다. 즉, 그림 10.14의 3단계로 구분되는 전통적인 욕조곡선의 대안으로 그림 10.15의 4단계로 구성된 수정된 욕조곡선이 대두되고 있다. 제품의 초기고장이 제조나 운영, 공정관리의 결함에 의해 고장률 증가형(IFR)의 한 단계가 더 포함된 욕조곡선으로, 특히 마이크로 전자부품이 이런 유형을 나타낸다고 알려져 있다. 이런 형태를 갖는 고장률을 가지는 수명분포로 다음과 같은 형태로 표현되는 그림 10.16의 변종집단과 주 집단이 혼합된 수명분포(mixture of lifetime distributions)를 들 수 있다.

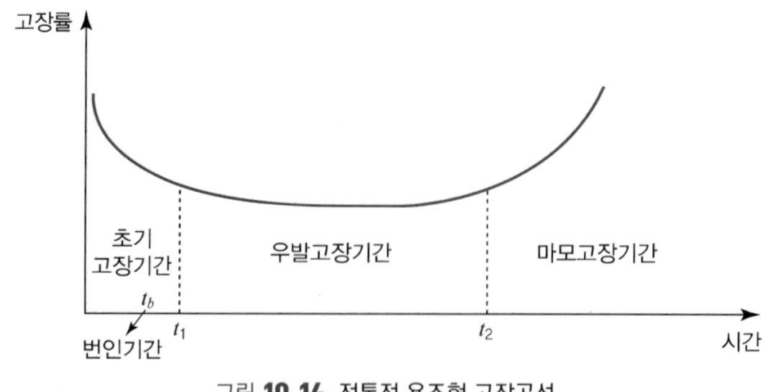

그림 10.14 전통적 욕조형 고장곡선

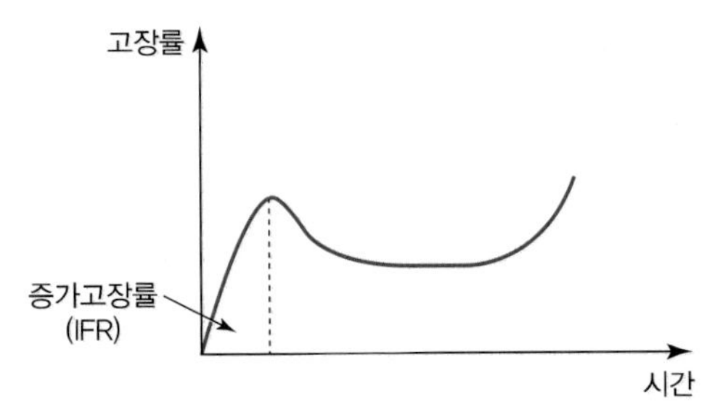

그림 **10.15** 초기 IFR 기간을 가지는 수정된 욕조곡선

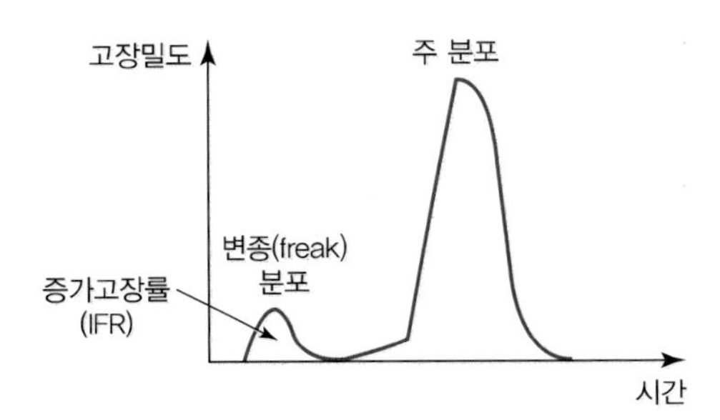

그림 **10.16** 변종 하위모집단이 포함된 혼합분포

$$f(t) = pf_1(t) + (1-p)f_2(t) \tag{10.67}$$

여기서 1과 2는 변종과 주 모집단을 나타내며, p는 변종 모집단의 점유비율이다.

이 모형에서는 두 유형의 수명분포 중 열등한 하위 모집단(변종 모집단)에서 초기고장이 발생한다고 볼 수 있다. 이러한 초기고장이 나타나는 원인으로 부식, 오염, 전자이주 등에 의한 표면 이상, 정전기 방전, 습기과다, 작업자 실수, 공정결함, 가끔 발생하는 품질결함, 랜덤 고장 등이 있다.

예제 10.21

변종 모집단이 형상과 척도모수가 5, 1/20, 주 모집단이 형상과 척도모수가 3, 1/200인 와이블 분포를 따르며, p가 0.1일 때 확률분포와 고장률의 형태를 조사하라.

식 (10.67)로부터 확률밀도, 신뢰도와 고장률함수는

$$f(t) = 1.5625 \times 10^{-7} t^4 e^{-(t/20)^5} + 3.375 \times 10^{-7} t^2 e^{-(t/200)^3}$$

$$R(t) = 0.1e^{-(t/20)^5} + 0.9e^{-(t/200)^3}$$

$$h(t) = \frac{f(t)}{R(t)}$$

이 되며, 그림 10.17(a)의 수명분포를 보면 그림 10.16과 유사한 형태를 따르는데, 그림 10.17(b)의 고장률은 그림 10.15와 비슷하지만 CFR기간이 존재하지 않는다.

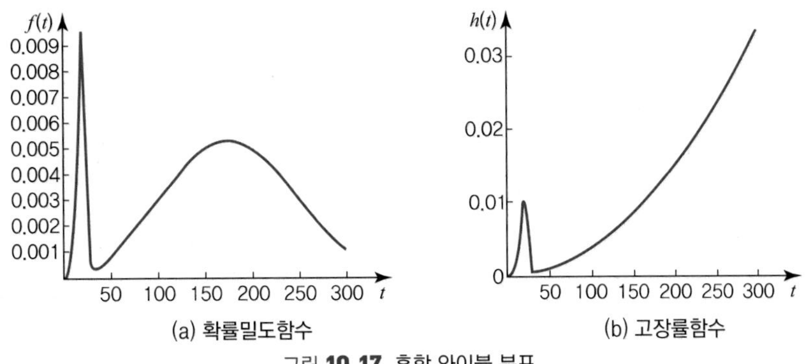

그림 **10.17** 혼합 와이블 분포

한편 번인이 효과적이려면 그림 10.14의 초기고장기간처럼 높은 고장률을 가지다가 감소하는 고장률 감소형(DFR) 기간을 가져야 한다. 또한 상당수의 마이크로 전자제품은 그림 10.16과 같이 소수의 이종 모집단으로 구성되어 있다고 볼 수 있다. 하위 모집단의 고장률이 욕조곡선 형태를 따르지 않지만 이들로 구성된 혼합 모집단은 욕조곡선 형태를 따른 경우가 많다(Jensen and Petersen, 1982). 즉, 약한(변종) 모집단의 높은 고장률에 의해 주로 고장이 발생하다가 시간이 지남에 따라 강한(주) 모집단의 낮은 고장률이 고장을 결정함에 따라 고장률은 감소하는 DFR형태가 될 수 있다.

i번째 하위모집단의 $f_i(t),\ i=1,2,...,k$이 DFR(CFR도 포함)이면 이의 혼합분포 $f(t)=\sum_{i=1}^{k} p_i f_i(t)$ (단, $\sum_{i=1}^{k} p_i = 1$)는 DFR이 되는데, IFR인 경우는 이런 관계가 성립하지 않는다(Barlow and Proschan, 1981). 따라서 욕조곡선상의 초기고장기간의 확률분포로서 하위 모집단이 DFR를 따르는 분포의 혼합분포로서 나타낼 수 있다.

예제 10.22

평균수명이 다른 지수분포로 구성된 하위모집단의 혼합 수명분포는 DFR를 따름을 예시해 보자. 두 집단의 평균이 100과 10,000시간이고, 구성비율이 0.02과 0.98일 때 확률밀도, 신뢰도와 고장률은 다음과 같이 적을 수 있다.

$$f(t)=0.02(0.01)e^{-0.01t}+0.98(0.0001)e^{-0.0001t}$$

$$R(t)=0.02e^{-0.01t}+0.98e^{-0.0001t}$$

$$h(t)=\frac{f(t)}{R(t)}=\frac{0.0002e^{-0.01t}+0.000098e^{-0.0001t}}{0.02e^{-0.01t}+0.98e^{-0.0001t}}$$

$h(t)$가 DFR임을 미분하여 보여줄 수도 있지만, 이 분포의 고장률 그림을 통해 조사해보자. 즉, 그림 10.18은 혼합분포의 고장률을 도시한 그림으로 고장률이 초기고장기간에 합당한 DFR임을 확인할 수 있다.

이 예제를 통해 혼합분포의 하위 모집단의 분포가 모두 CFR 형태를 따르더라도 혼합분포의 고장률은 시간이 지나감에 따라 낮은 고장률의 분포가 지배하므로 고장률이 DFR 형태가 됨을 알 수 있다.

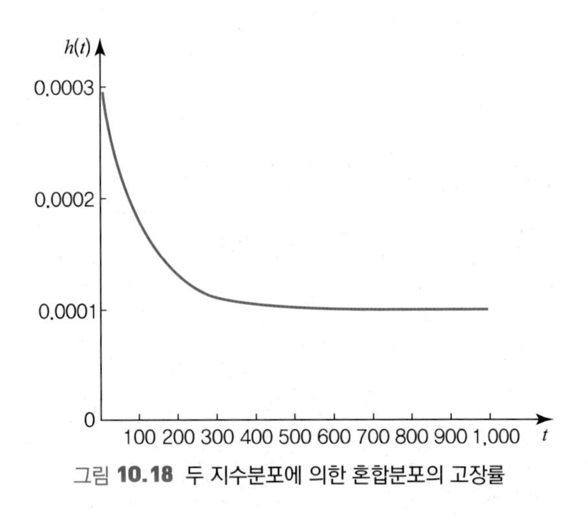

그림 **10.18** 두 지수분포에 의한 혼합분포의 고장률

전자부품의 고장률에 쓰이는 대안모형의 하나로 혼합형 분포 외에 복합형 분포를 들 수 있다. 이에 속하는 대표적인 고장률 모형은 AT&T 모형으로, 지수분포와 와이블 분포의 복합형 분포 형태로 주어진다(Klinger et al., 1990). 초기고장기간은 DFR 형태를 따르는 와이블 분포로, 그 후는 지수분포로 다음과 같이 모형화된다.

$$h(t) = \begin{cases} \lambda_0 t^{-\alpha}, & 0 < t < t_1 \\ h_L = \lambda_0 t_1^{-\alpha}, & t_1 \le t \end{cases} \tag{10.68}$$

여기서 α는 와이블 분포의 형상모수(β)와 연관된 $1-\beta$로 1보다 작으며, 척도모수(λ)는 $[\lambda_0/(1-\alpha)]^{1/(1-\alpha)} = (\lambda_0/\beta)^{1/\beta}$이고, λ_0는 $t=1$ 시점의 고장률, h_L은 장기 고장률에 해당된다.

이 모형은 마모고장기간을 고려하지 않는데, 그 이유로서 AT&T의 전자장비는 교체되거나 퇴역되기 전에 정격조건을 초과한 환경에서 작동시키지 않으며, 설계수명까지만 사용하기 때문에 마모고장기간에 들어가기 전에 퇴역되어, 노후화되는 과정을 가지지 않는다고 주장하고 있다.

예제 10.23

전자부품의 고장률이 $h_L = 10\text{FITs}$, $\alpha = 0.6$, $t_1 = 10{,}000$hr인 식 (10.68)를 따를 때 첫 1달과 2년 동안 고장날 비율을 구하라.

먼저 다음 조건을 이용하여 λ_0을 구하면

$$\lambda_0(10{,}000)^{-0.6} = h_L = 10(\times 10^{-9}) \quad \Rightarrow$$

$$\lambda_0 = (10)(10{,}000)^{0.6} = 2{,}512\text{FITs} = 2.512 \times 10^{-6}/\text{hr}$$

이 되고, 1달은 $365\times24/12=730$시간이며 고장날 확률은 형상모수가 0.4인 와이블 분포를 따르므로

$$F(730)=1-\exp\left(-\frac{\lambda_0\cdot730^{0.4}}{1-\alpha}\right)=1-\exp\left(-\frac{2.512\times10^{-6}\times730^{0.4}}{0.4}\right)$$
$$=1-e^{-0.00009}=0.00009=0.009\%$$

이 된다.

2년(17,520시간)간의 고장비율을 구하려면 10,000시간과 이를 초과한 부분으로 나누어 다음과 같이 계산하면

$$F(10,000)=1-\exp\left(-\frac{\lambda_0\cdot10,000^{0.4}}{0.4}\right)=1-e^{-0.00025}=0.00025$$
$$\Pr(10,000\leq T<17,520)=1-\exp\left(-\int_{10,000}^{17,520}10^{-8}dt\right)$$
$$=1-\exp(-0.0000752)=0.000075$$

이므로, 2년간 고장비율은 0.025+0.0075=0.0325%가 된다.

■■■

(2) 번인의 성능척도

대부분의 고 신뢰도를 요하는 부품은 제품결함을 제거하기 위해 번인기간을 설정하여 초기고장이 출하 전에 발생하도록 촉진함으로써 신뢰도를 높이고 있다. 여기서 번인의 수행 목적으로 번인을 통과한 단위의 평균 잔여수명(mean residual life: MRL)을 최대로 하거나, 규정된 일정 기간의 신뢰도(또는 고장률, 고장확률 등)의 최소화로 설정할 수 있다.

① 잔존신뢰도

번인시간인 t_b까지 생존한 아이템이 x까지 더 경과하더라도 고장 나지 않을 확률인 식 (2.12)의 조건부 생존확률 형태인 잔존신뢰도(residual reliability)를 다음과 같이 구할 수 있다.

$$R(x|t_b)=\Pr(T>x+t_b \mid T>t_b)=\frac{R(x+t_b)}{R(t_b)} \tag{10.69}$$

따라서 임무시간, 설계수명, 보증기간이 되는 x와 달성 잔존신뢰도가 정해지면 식 (10.69)로부터 번인시간 t_b를 설정할 수 있다.

예제 10.24

전자부품은 $\lambda = 1/180$, $\beta = 0.5$(DFR)인 와이블 분포를 따른다. 설계수명을 신뢰도가 0.9일 경우로 설정할 때 0.1월의 번인을 실시할 경우 설계수명 측면에서 번인효과를 조사하라.

- 번인을 실시하지 않을 경우

$$R(t) = \exp\left[-\left(\frac{t}{180}\right)^{0.5}\right] = 0.9$$

이므로 설계수명은 1.998월이 된나.

- 0.1월의 번인을 실시할 경우

$$R(t+0.1 \mid 0.1) = \frac{R(t+0.1)}{R(0.1)} = \exp\left[-\left(\frac{t+0.1}{180}\right)^{0.5} + \left(\frac{0.1}{180}\right)^{0.5}\right] = 0.9$$

에서 설계수명을 구하면 2.892월이 되어 약 1.5배로 증가된다. 하지만 번인기간 중에 이를 통과하지 못하는 제품비율(즉, $1 - R(0.1)$)이 2.33%가 된다.

따라서 고장률이 DFR일 때 t_b를 늘이면 잔존신뢰도가 항상 증가되므로 다음 소절에서 소개하는 비용모형을 통해 최적 번인시간을 설정해야 한다.

예제 10.25

식 (10.69)에서 f_1, f_2가 고장률이 각각 λ_1. $\lambda_2(\lambda_1 > \lambda_2)$이고 구성비율이 각각 p, $1-p$인 혼합 지수 분포를 따를 때 임무시간인 τ에서 잔존신뢰도가 R_G가 되도록 하려면 번인시간은 얼마가 되는가? 번인시간이 t_b일 때 τ에서의 잔존신뢰도가 R_G가 되는 조건은

$$R(\tau|t_b) = \frac{pe^{-\lambda_1(\tau+t_b)} + (1-p)e^{-\lambda_2(\tau+t_b)}}{pe^{-\lambda_1 t_b} + (1-p)e^{-\lambda_2 t_b}} = R_G$$

이 되므로, 이를 풀어 양변을 $e^{-\lambda_2 t_b}$로 나누어 정리하면

$$(1-p)(e^{-\lambda_2\tau} - R_G) = p(R_G - e^{-\lambda_1\tau})e^{-(\lambda_1-\lambda_2)t_b}$$

된다. 따라서 $t_b = \dfrac{1}{\lambda_1 - \lambda_2}\ln\left[\dfrac{p(R_G - e^{-\lambda_1\tau})}{(1-p)(e^{-\lambda_2\tau} - R_G)}\right]$가 되며, $e^{-\lambda_1\tau} < R_G < e^{-\lambda_2\tau}$를 충족해야 t_b가 존재한다.

② 평균 잔여수명

잔여신뢰도와 더불어 유용한 척도인 잔여 기대수명 함수(mean residual life function) $MRL(t)$를 다음과 같이 정의할 수 있으므로

$$MRL(t) = E[T-t \mid T \geq t]$$

t_b동안 고장이 발생하지 않은 아이템의 평균 잔여수명은 식 (2.19)로부터 다음과 같이 적을 수 있다.

$$MRL(t_b) = \int_0^\infty R(x \mid t_b)dx = \frac{1}{R(t_b)}\int_{t_b}^\infty R(x)dx \tag{10.70}$$

목표 MRL이 주어지면 t_b를 설정할 수 있으며, 여기서 $MRL(0)$는 MTTF가 된다. 그리고 고장률이 DFR(IFR)이면 MRL은 t_b의 증가(감소)함수가 되지만(그림 2.14와 연습문제 10.27 참조) 그 역은 성립하지 않는다. 만약 MRL이 증가(감소)함수이고 위로 볼록한(concave)(아래로 볼록한(convex)) 형태이면 고장률은 DFR(IFR)이 된다(Lai and Xie, 2006).

예제 10.26

신뢰도 함수가 다음과 같을 때 t_b동안 번인을 실시할 때 MRL을 구하여 번인의 효과를 조사하라.

$$R(t) = \frac{a^2}{(a+t)^2}, \quad t \geq 0, \quad a > 0$$

• 번인을 실시하지 않을 경우

$$MTTF = \int_0^\infty R(t)dt = \left[-\frac{a^2}{a+t}\right]_0^\infty = a$$

• t_b동안 번인을 실시할 경우

$$MRL(t_b) = \frac{1}{R(t_b)}\int_{t_b}^\infty R(x)dx = \frac{(a+t_b)^2}{a^2}\int_{t_b}^\infty \frac{a^2}{(a+t)^2}dt$$
$$= a + t_b \geq a$$

따라서 번인의 효과를 확인할 수 있으며, $h(t) = \dfrac{-dR(t)}{dt}\Big/R(t) = \dfrac{2}{a+t}$이므로 DFR에 속한다.

한편 예제 10.25의 혼합 지수분포를 따를 때 목표 MRL M_G을 달성하기 위한 t_b는 다음과

같이 됨을 보일 수 있다(연습문제 10.24 참조)

$$t_b = \frac{1}{\lambda_1 - \lambda_2} \ln \frac{p[M_G - (1/\lambda_1)]}{(1-p)[(1/\lambda_2) - M_G]} \tag{10.71}$$

10.7.4 번인의 시간설정

번인은 비용이 많이 소요되므로 적절한 번인시간의 설정은 매우 중요하다. 번인시간을 설정하기 위한 기준으로 전 소절의 잔존신뢰도와 평균 잔여수명 등의 성능척도를 삼을 수 있다. 또한 이보다 복잡하지만 유용한 모형으로 비용모형을 구축할 수 있다. 여기서 비용에는 번인의 시험비용, 번인 시 손실 또는 고장 제품비용, 제품보증비용 등이 포함된다.

일반적으로 번인시간은 욕조곡선(그림 10.14)의 t_1근처까지 시험되는 것으로 알려져 있으며, 제품의 수명분포가 다음 사항을 만족할 때 번인의 효과가 존재한다.

- 분포의 특징: 번인은 번인기간의 제품이 감소 고장률(DFR)일 때 유효하다. 초기고장을 주 대상으로 하므로 고장률은 시간에 따라 감소하는 경향을 보이며, 흔히 형상모수 β값이 1보다 작은 와이블 분포로 모형화된다.
- 번인에서 생존한 제품의 수명분포 유형: 번인이 경제적으로 효과적이기 위해서는, 즉 번인의 시험비용을 상쇄할 수 있기 위해서 생존 단위의 수명분포가 시험을 거치지 않은 제품의 분포보다 양호해야만 한다.

(1) 성능척도 기준

t_b를 설정하는 데는 전 소절에서 소개한 두 가지 성능척도에 기반한 다음의 2가지가 주로 쓰이는데(Leemis and Beneke, 1990; Block and Savits, 1997),

① 정해진 임무시간(τ)을 고려한 잔존신뢰도($R(\tau + t_b \mid t_b)$)의 최대화

② 평균 잔여수명의 최대화

여기서는 엔지니어의 관심과 연구성과가 활발한 ②에 대해서만 소개한다.

t_b까지 번인을 실시한 아이템의 평균 잔여수명(MRL)은 식 (10.70)으로부터

$$MRL(t_b) = \frac{1}{R(t_b)} \int_{t_b}^{\infty} R(x)dx = \exp(H(t_b)) \int_{t_b}^{\infty} e^{-H(x)} dx \tag{10.72}$$

단, $H(t) = \int_0^t h(x)$는 누적 고장률함수임

가 되므로, 이를 t_b에 대해 미분하면 다음과 같다.

$$MRL'(t_b) = h(t_b)e^{H(t_b)}\int_{t_b}^{\infty} e^{-H(x)}dx - 1 \tag{10.73}$$
$$= h(t_b)e^{H(t_b)}\int_{t_b}^{\infty} e^{-H(x)}dx - \exp(H(t_b))\int_{t_b}^{\infty} h(x)e^{-H(x)}dx$$
$$= \exp(H(t_b))\int_{t_b}^{\infty} (h(t_b) - h(x))e^{-H(x)}dx$$

고장률이 욕조곡선 형태를 따를 때 MRL을 최대로 하는 $t_b(t_b^*)$를 다음의 세 가지 경우로 나누어 검토해 보자.

① $t_1 = 0,\ t_2 < \infty$: 초기고장기간은 없으며, 우발(CFR) 및 마모고장기간(IFR영역)만 있는 경우

식 (10.73)의 마지막 식에서 적분내의 $h(t_b) - h(x)$가 모두 0이하가 되므로 $MRL'(t_b) < 0$가 되어 MRL은 t_b의 순 감소형태(strictly decreasing)가 된다. 따라서 $t_b^* = 0$이다.

② $t_1 > 0,\ t_2 = \infty$: 미모고장기간은 없으며, 초기(DFR) 및 우발고장기간(CFR영역)만 있는 경우

식 (10.73)의 적분내의 $h(t_b) - h(x)$가 $t_b < t_1$에서는 양수, 그 외의 영역에서는 0이 되므로 $MRL'(t_b) > 0$가 된다. MRL은 t_1까지는 t_b의 순 증가형태(strictly increasing)이며 그 이후는 상수값을 가지므로 $t_b^* = t_1$이다.

③ $0 < t_1 \le t_2 < \infty$: 우발고장기간이 없을 수도 있는 욕조곡선 형태

①과 유사하며, $t_b \ge t_1$이면 $MRL'(t_b) < 0$이므로 $t_b^* \le t_1$이 된다.

예제 10.27

고장률이 다음과 같이 복합 와이블 분포로 주어질 때 MRL를 최대로 하는 t_b(단위: 년)를 구하라.

$$h(t) = \begin{cases} 0.8t^{-0.2}, & 0 \le t < 0.2 \\ 0.8(0.2)^{-0.2} + 1.5t^{0.5}, & t \ge 0.2 \end{cases}$$

$h(t)$는 그림 10.19(a)와 같이 0.2까지는 DFR, 그 이후는 IFR 형태이며, 10.19(b)에는 확률밀도함수가 수록되어 있다. 먼저 누적고장률을 구하면

$$H(t) = \begin{cases} t^{0.8}, & 0 \le t < 0.2 \\ (0.2)^{0.8} + t^{1.5}, & t \ge 0.2 \end{cases}$$

이며, 식 (10.73)의 첫 번째 식이 '0'이 되는 관계를 식 (10.72)에 대입하면 최적 $t_b(t_b^*)$는 다음을 만족한다.

$$MRL(t_b^*) = \frac{1}{h(t_b^*)}$$

그리고 이 문제는 $t_1 = t_2$인 (iii)에 속하므로 $t_b^* \le t_1$을 만족해야 한다. 다음 식의 해를

$$e^{t_b^{0.8}} \int_{t_b}^{\infty} e^{-H(x)} dx - 1.25 t_b^{0.2} = 0$$

수치해법으로 구하면 0.0179가 된다(그림 10.19(c) 참고). 이 값은 $t_1 = 0.2$보다 작으므로 최적 t_b는 0.0179가 되며, 이 때의 MRL은 0.5589로 번인이 없을 때의 $MRL(0)$인 0.5546보다 큰 값을 가진다.

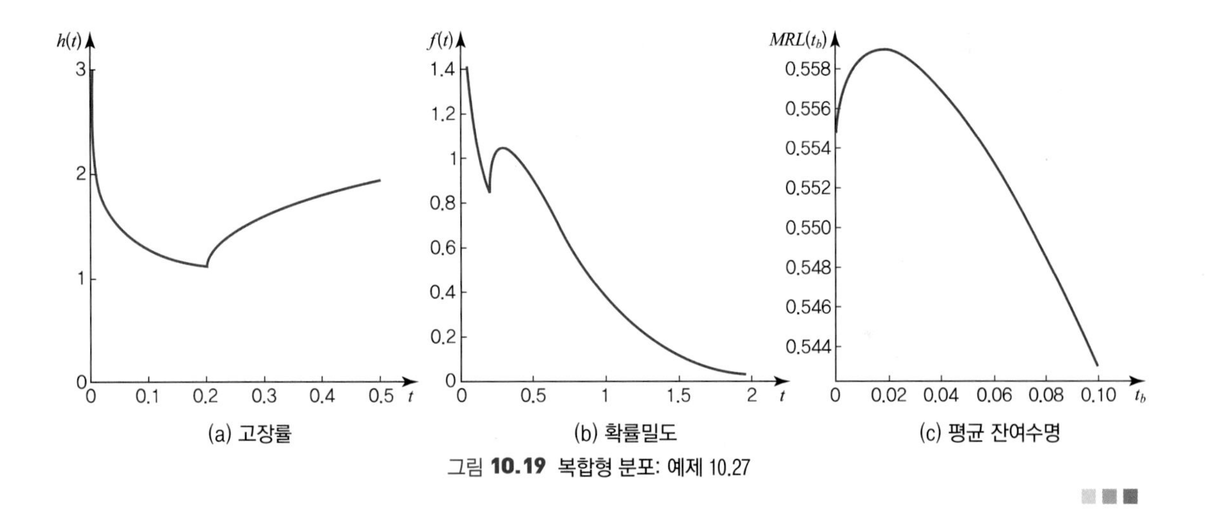

그림 **10.19** 복합형 분포: 예제 10.27

예제 10.28

변종 모집단이 형상과 척도모수(λ)가 0.6, 1/5, 주 모집단이 형상과 척도모수가 2, 1/100인 와이블 분포를 따르며, p가 0.3일 때 MRL을 최대로 하는 번인시간(단위: 월)을 구하라.

먼저 혼합분포의 신뢰도함수를 식 (10.67)로부터 다음과 같이 구할 수 있으므로 확률밀도와 고장률 함수도 수월하게 도출할 수 있다.

$$R(t) = 0.3e^{-(t/5)^{0.6}} + 0.7e^{-(t/100)^2}$$

이를 도시한 그림 10.20(a)를 보면 고장률은 DFR에서 IFR로 변하며, 그림 10.20(b)에는 형상모수가 1보다 작은 분포와 1보다 큰 분포가 혼합되어 있음을 확인할 수 있다.

MRL은 $\int_a^{\infty} e^{-(t/\eta)^\beta} dt = \frac{\eta}{\beta}\int_{(a/\eta)^\beta}^{\infty} x^{(1/\beta)-1} e^{-x} dx = \frac{\eta}{\beta}\Gamma(1/\beta;(a/\eta)^\beta)$(여기서 $\eta = 1/\lambda$이고 감마함수 형태는 불완전(incomplete) 감마함수로 불림; 연습문제 10.23 참조)임을 이용하면 다음과 같이 구해진다.

$$MRL(t_b) = \frac{2.5\Gamma(5/3;(t_b/5)^{0.6}) + 35\Gamma(1/2;(t_b/100)^2)}{0.3e^{-(t/5)^{0.6}} + 0.7e^{-(t/100)^2}}$$

그림 10.20(c)의 MRL를 보면 증가하다가 감소하므로, 최적 t_b를 수치적 방법으로 구하면 6.748이 되며, 번인을 할 경우의 MRL이 74.38이 되어 번인을 하지 않을 경우의 64.29보다 증가됨을 파악할 수 있다.

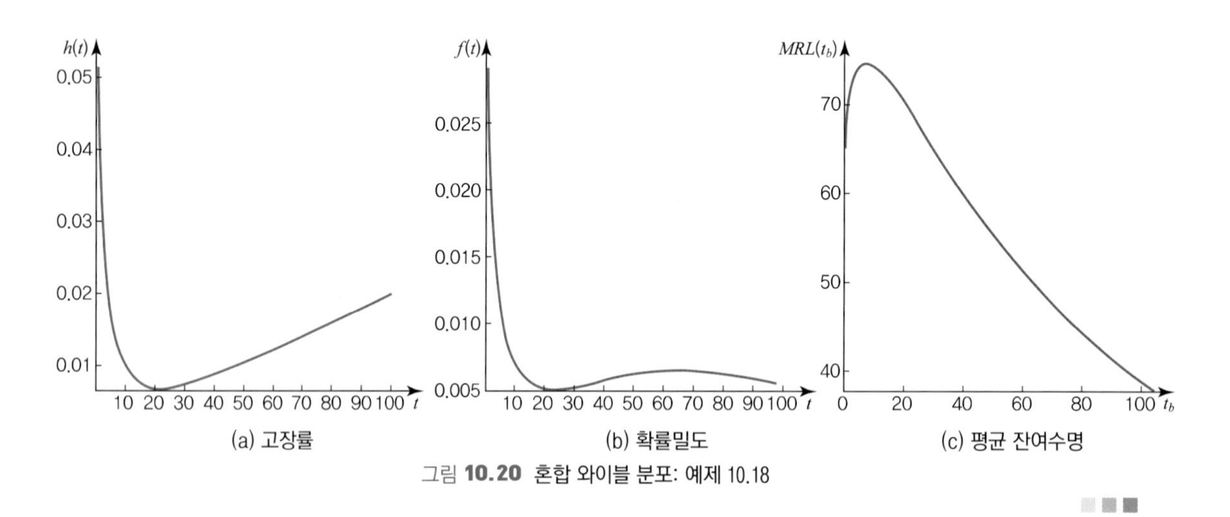

(a) 고장률 (b) 확률밀도 (c) 평균 잔여수명

그림 **10.20** 혼합 와이블 분포: 예제 10.18

(2) 비용 최소화 모형

전술된 MRL 등의 성능척도를 최적화하여 번인시간을 설정하는 모형은 가장 중요한 요소인 비용을 고려하고 있지 않다. 환언하면, 가능한 경제적인 방법으로 성능척도에 대한 요구조건 등을 만족하도록 번인시간을 설정하는 것이 바람직하다.

번인시간을 짧게 설정하면 일부 열등제품이 출하되어 손실을 초래하며, 번인시간을 길게 가져가면 번인 관련비용이 증가하므로 이를 절충한 시험시간의 설정이 가능하다.

① 수리불가능 제품일 경우

여러 비용모형이 쓰이고 있지만 비교적 이해가 용이하면서 널리 알려진 비용모형인 Kuo(1984)

의 모형을 기반으로 세 가지 비용요소로 구성된 다음 모형을 대상으로 삼는다. 즉, t_b의 일차선형 함수 형태인 번인의 시험비용($c_0 + c_1 b_t$: c_0는 고정비 성격의 간접비, c_1는 시간 당 번인의 시험비용), 번인을 통과하지 못한 기대 단위 수($n(1-R(t_b))$, n :총 시험개수)에 단위 당 폐기 또는 수리 비용(c_2)을 곱한 공장 내에서 발생하는 비용, 번인을 통과하여 임무 또는 보증기간(τ) 내에 고장이 발생하는 기대 수($nR(t_b)[1-R(\tau \mid t_b)]$)에 단위 당 현장 수리 또는 무상 보증비용 $c_3(>c_2)$을 곱한 출하 이후에 발생한 비용의 합으로 단위당 기대비용 $C(t_b)$은 다음과 같이 표현된다.

$$
\begin{aligned}
C(t_b) &= \frac{c_0 + nc_1 t_b + nc_2[1-R(t_b)] + nc_3 R(t_b)[1-R(\tau \mid t_b)]}{n} \qquad (10.74) \\
&= c_0/n + c_1 t_b + c_2[1-R(t_b)] + c_3[R(t_b) - R(\tau + t_b)]
\end{aligned}
$$

여기서 c_0와 n은 최적 t_b의 설정과 무관하므로 이후의 과정에서는 이에 대한 고려를 하지 않으며, c_3에 출하 후 고장에 의한 브랜드 가치 하락 비용까지 포함시킬 수 있다. 만약 형상모수가 β이고 척도모수가 $1/\eta$인 와이블 분포를 따르면 다음 식을 최소화하는 t_b를 구하는 문제가 된다.

$$
C(t_b) = c_1 t_b + c_2[1-e^{-(t_b/\eta)^\beta}] + c_3\left[e^{-(t_b/\eta)^\beta} - e^{-\{(\tau+t_b)/\eta\}^\beta}\right] \qquad (10.75)
$$

예제 10.29

형상과 척도모수가 각각 0.5와 1/(7,000일)인 DFR 형태의 와이블 분포를 따르는 제품에 대해 번인을 실시하고자 한다. c_1, c_2. c_3각 0.4/일, 10만원, 200만원이며 임무기간이 10년(3,650일)일 때 비용을 최소화하는 최적 번인시간을 구하라.

먼저 식 (10.75)의 기대비용함수에 대입하면

$$
C(t_b) = 0.4t_b + 10[1-e^{-(t_b/7,000)^{0.5}}] + 200\left[e^{-(t_b/7,000)^{0.5}} - e^{-\{(3,650+t_b)/7,000\}^{0.5}}\right]
$$

가 되며, 이를 t_b에 대해 미분하여 0으로 둔 방정식은 다음과 같다.

$$
\begin{aligned}
\frac{dC(t_b)}{dt_b} &= 0.4 - \frac{19}{1,400}(t_b/7,000)^{-0.5} e^{-(t_b/7,000)^{0.5}} \\
&\quad + \frac{1}{70}[(3,650+t_b)/7,000)]^{-0.5} e^{-[(3,650+t_b)/7,000)]^{0.5}} = 0
\end{aligned}
$$

그림 10.21의 기대비용함수 곡선을 보면 최소점이 존재함을 알 수 있으며 상기 식의 해를 수치해법으로 구하면 t_b^*는 7.207, 그 때의 비용은 99.81만원으로 번인을 하지 않을 경우의 비용($C(0)$인 102.85만원)보다 작아진다.

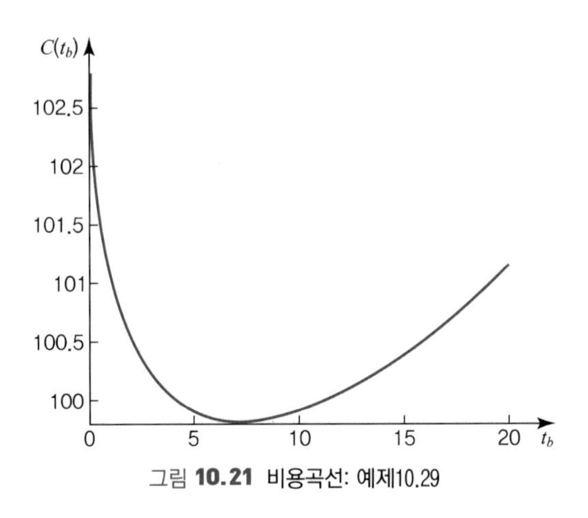

그림 **10.21** 비용곡선: 예제10.29

전술한 경우보다 비교적 복잡한 혼합 와이블 분포와 수리 불능 제품일 경우의 비용모형을 자세히 검토해보자. 이 비용모형은 수명분포가 그림 10.20(b)와 유사한 이봉 혼합 와이블 분포를 따르며, 보증기간동안에 아이템이 2회 이상 고장이 발생하지 않는다는 가정 하에서 번인과 보증기간동안(τ)의 총비용인 식 (10.74)를 최소화하는 번인시간을 구한다.

수명분포는 변종 하위모집단의 비율이 p이고 변종과 주 하위모집단의 형상과 척도모수가 각각 β_1, $1/\eta_1$과 β_2, $1/\eta_2$인 두 와이블 분포의 혼합형으로 번인과 보증기간까지의 신뢰도는 다음과 같으므로

$$R(t_b) = pe^{-\left(\frac{t_b}{\eta_1}\right)^{\beta_1}} + (1-p)e^{-\left(\frac{t_b}{\eta_2}\right)^{\beta_2}}$$

$$R(\tau + t_b) = pe^{-\left(\frac{\tau + t_b}{\eta_1}\right)^{\beta_1}} + (1-p)e^{-\left(\frac{\tau + t_b}{\eta_2}\right)^{\beta_2}}$$

식 (10.74)에 대입한 단위당 기대비용모형에서 최적 번인시간을 설정하면 된다. 이런 과정을 다음의 예제로서 살펴보자.

예제 10.30

혼합 와이블 분포의 모수와 비용요소는 다음과 같은데, c_3에는 아래의 c_3에 보증기간 내 고장발생에 따른 브랜드가치 하락비용인 160,000원이 부가된다.

$$p = 0.05 \quad \beta_1 = 0.7, \eta_1 = 100\text{hr} \quad \beta_2 = 1.3,\ \eta_2 = 80{,}000\text{hr}$$

$$c_1 = 50/\text{hr}, c_2 = 5{,}000,\ c_3 = 80{,}000$$

보증기간이 10,000hr일 때 최적 번인시간을 구하라.

예를 들어 $t_b = 100$일 때 먼저 두 시점의 신뢰도를 구하면,

$$R(t_b) = R(100) = 0.9682, \quad R(\tau + t_b) = R(10,100) = 0.8877$$

이므로 식 (10.74)(첫 항 무시)에 대입하면 다음과 같이 된다.

$$\begin{aligned} C(100) &= 50(100) + 5,000(1 - 0.9682) + (80,000 + 160,000)(0.9682 - 0.8877) \\ &= 24,493\text{원} \end{aligned}$$

그리고 그림 10.22에서 t_b에 따른 기대비용곡선을 보면 최소점이 존재하므로, 식 (10.74)의 기대비용함수를 최소화하는 t_b를 수치적 방법으로 구하면 54.3시간이 된다. 그 때의 비용은 23,942원으로 번인을 하지 않을 경우의 26,772원보다 절감된다.

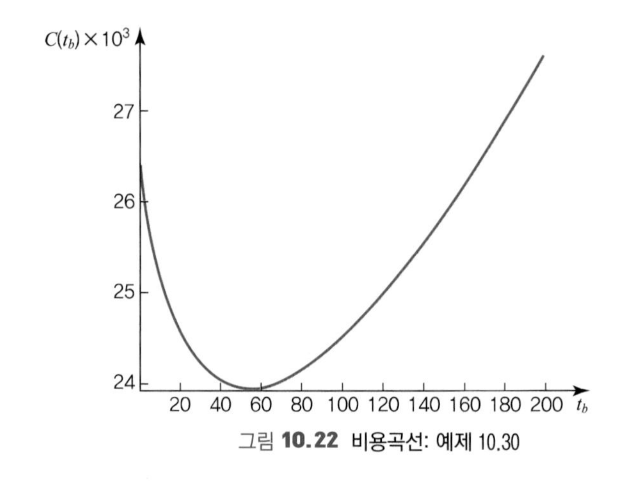

그림 **10.22** 비용곡선: 예제 10.30

② 수리가능 제품일 경우

여기서는 이전 모형과 달리 수리가능한 제품에 대해 고장발생률 $w(t)$가 식 (10.68)의 AT&T 모형을 보다 일반화하여 t_1까지는 와이블 분포에서 DFR($\beta = 1 - \alpha < 1$)인 감소형태의 고장발생률 $w_1(t)$를, t_1 이후는 일정한 고장발생률 $w_L = w(t_1)$을 따르는 경우를 고려하자(Plesser and Field, 1977). 고장 난 아이템은 최소수리를 통해 회복한다고 가정하며, 이에 따라 그림 10.23처럼 t_1 이전에는 비정상 포아송 과정을, t_1 이후에는 정상 포아송 과정을 따르게 된다(부록 F 참조). τ를 임무기간이라 할 때 N_b와 N_m를 각각 번인기간과 $(t_b, t_b + \tau]$에 발생한 고장횟수를 나타내면, 단위당 기대비용함수는 다음과 같이 적을 수 있다.

$$C(t_b) = c_1 t_b + c_2 E(N_b) + c_3 E(N_m) \tag{10.76}$$
$$= c_1 t_b + c_2 \int_0^{t_b} w_1(t)dt + c_3 \int_{t_b}^{t_b+\tau} w(t)dt$$
$$= c_1 t_b + c_2 \int_0^{t_b} w_1(t)dt + c_3 \int_{t_b}^{t_1} w_1(t)dt + c_3 w_L (t_b + \tau - t_1)$$

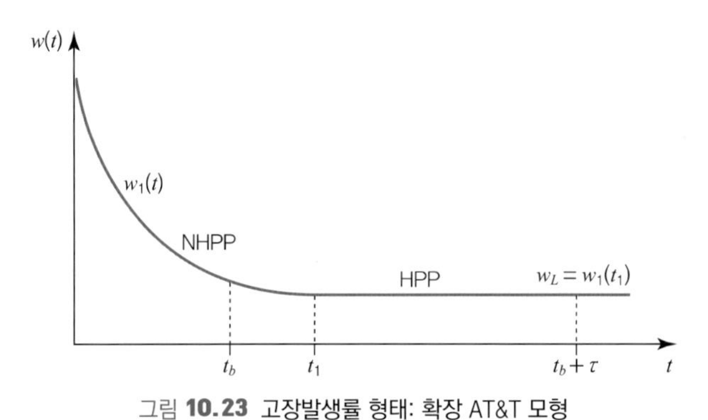

그림 **10.23** 고장발생률 형태: 확장 AT&T 모형

$C(t_b)$를 t_b에 대해 미분하면

$$\frac{dC(t_b)}{dt_b} = c_1 + (c_2 - c_3) w_1(t_b) + c_3 w_L = 0 \tag{10.77}$$

가 되므로, 최적 t_b는 다음 방정식의 해가 된다(연습문제 10.30 참조).

$$w_1(t_b^*) = \frac{c_1 + c_3 w_L}{c_3 - c_2} \tag{10.78}$$

식 (10.77)을 한 번 더 미분하면 $c_2 < c_3$이고 $w_1(t_b)$는 t_1까지는 감소형이므로

$$\frac{d^2 C(t_b)}{dt^2} = (c_2 - c_3) \frac{dw_1(t_b)}{dt_b} > 0$$

가 되어 식 (10.78)에서 구한 t_b가 최소가 됨을 확인할 수 있다.

연습 문제

10.1 환경조건의 하나인 상대습도는 어떤 방식으로 구하는가?

10.2 환경시험에서 대기 압력(P, 단위: Pa)은 고도(해발 hm)에 따라 다음 식에 의해 구할 수 있다. 해발 500m와 2,000m일 때의 대기 압력을 구하라.

$$P = 101,325(1 - 2.25577 \times 10^{-5} h)^{5.25588}$$

10.3* 식 (10.1)과 $\ln(1+x) \approx x - \frac{x^2}{2}$를 이용하여 식 (10.3)이 도출됨을 보여라.

10.4* 신뢰도 성장시험을 실시한 결과 첫 번째 고장 난 누적 시험시점이 120시간, 누적 시험시점이 9,000시간일 때 성장시험을 종료하였다. 목표 순간 MTBF가 700시간일 때 전형적인 성장곡선 모형(식 (10.1))을 적용하고자 한다. 물음에 답하라.

1) 성장률은 얼마인가?

2) 피치 못할 사정으로 누적 시험시간이 5,000hr에 시험을 중단하였다. 이 시점에서 순간 MTBF와 그 때까지의 누적 고장개수를 추산하라.

3) 만약 성장률이 0.4라면 목표 순간 MTBF를 달성하는데 요구되는 누적 시험시간은 얼마인가?

10.5* 신뢰도 성장시험을 실시한 결과 첫 번째 고장 난 누적 시험시점이 120시간, 마지막 9번째 고장 난 누적 시험시점이 9,000시간일 때 Duane 모형을 적용하고자 한다.

1) 먼저 $MTBF_C$를 계산하라.

2) 상기의 자료와 1)를 이용하여 b와 k를 추정하라.

3) 신뢰도 성장시험이 끝난 시점에서 순간 MTBF를 추정하라.

10.6* 고객이 MTBF로 300시간 이상을 요구하는 전기제품에 대한 신뢰도 성장시험을 10번째 고장과 이에 따른 설계변경이 행해진 시점에서 종료하였다. 누적 시험시간으로 고장발생 시간은 84, 122, 362, 524, 830, 1,180, 1,440, 1,510, 1,930, 2,330시간이다.

1) Duane 모형을 적합하라.

2) 고객 요구조건을 충족하는지를 판정하라.

10.7* 연습문제 10.6의 성장시험자료에 대해 Crow모형을 적합하고자 한다.

1) Crow 모형의 모수를 구하라.

2) 시험종료시점에서 순간 MTBF를 추정하라.

3) 2)에서 90% 신뢰구간을 구하라.

4) 만약 2,700시간에서 시험을 종료한(즉, 제1종 관측중단) 결과일 경우에 1) ~ 3)을 풀어라.

10.8* 예제 10.6에서 마지막 고장시점인 1,600hr에서 성장시험이 종료되었을 경우에 대해 Crow 모형을 적합하고 시험종료시점에서 순간 MTBF와 이의 95% 신뢰구간도 구하라.

10.9 $\alpha' = 0.05$, $\beta' = 0.1$, $\theta_0 = 2{,}000$시간, $\theta_1 = 800$시간일 때 다음 경우에 H 108의 샘플링 검사 계획을 구하라.

1) 제2종 관측중단이고 비교체와 교체일 때
2) 제1종 관측중단이고 $n = 6r_c$이고 비교체일 때
3) 제1종 관측중단이고 $n = 6r_c$이고 교체일 때
4) 축차 샘플링 검사 계획을 구하고 이 방식의 판정 기준을 도해하라.

10.10 $\beta' = 0.1$, $\lambda_1 = 0.0005$, $c = 2$인 경우에 MIL-STD-690D 샘플링 검사 계획에 관해 답하라.

1) 제1종 관측중단일 때 $n = 5$이고 교체인 경우에 샘플링 검사 계획을 구하라.
2) 제2종 관측중단일 때 비교체인 경우에 샘플링 검사 방식의 판정 기준을 설명하라.

10.11 $\alpha' = 0.05$, $\beta' = 0.1$, 판별비 = 1/3하에서 H 108의 축차 샘플링검사 계획을 적용하고자 한다.

1) θ_0가 3,000시간일 때 θ_1 과 $T_{\max}$(최대 총시험시간)은?
2) 합격판정과 불합격판정, 시험계속 영역을 도시하라.
3) 20개를 동시에 시험하여 다음과 같이 고장발생 시간이 관측되었다. 몇 개가 고장이 발생한 시점에서 합격 또는 불합격이 판정되는가?

$$154, 376, 525, 750, \cdots$$

10.12 예제 10.7과 동일한 시험상황 하에서 와이블 분포의 형상모수가 2일 때 필요 시험단위 수와 판정 고장 개수를 구하라.

10.13 예제 10.8과 동일한 시험상황 하에서 와이블 분포의 형상모수가 2일 때 계속 시험영역을 구하라.

10.14 설계수명까지의 요구 신뢰도가 0.98일 때, 신뢰수준이 50, 60, 70, 80, 90, 95%일 경우에 설계수명까지 시험하는 무고장 시험방식의 표본크기는 얼마인가?

10.15 1,000시간에서 신뢰도가 0.95가 되도록 1,000시간까지 시험할 경우에 신뢰수준 80%인 무고장 실증시험의 표본크기를 구하고 시험의 판정 기준을 적어라.

10.16 지수분포를 따르는 전자부품을 새로 개발하였다. 95% 신뢰수준 하에서 20개의 시험단위로 무고장 및 1-고장시험으로 0.00004/hr의 고장률을 실증하기 위한 최소 시험시간을 구하라.

10.17 형상모수 3인 와이블 분포를 따른다고 알려져 있는 제품에 대해 신뢰수준 95%에서 제 10백분위 수명이 2년(1년=8,760시간)임을 보증하기 위하여 신뢰성 실증시험을 설계하고자 한다. 시험에 투입되는 시험 단위 수가 각각 5개와 10개인 경우에 무고장 실증시험계획의 시험시간을 구하라.

10.18 식 (10.59)와 식 (10.61)이 도출됨을 보여라.

10.19 잔디 깎는 기계에 대해 30회의 연속적 시동 성공을 요구하고 있다. 시동 성공확률이 0.9일 때 합격확률을 0.2이하로 제어하는 시동 실증시험의 d는 얼마가 되는가? 만약 d를 4로 설정한다면 연속적 시동 성공횟수는 30회에서 얼마로 바뀌어야 하는가?

10.20 p_0와 p_1가 각각 0.995와 0.9이고, α'와 β'가 모두 5%일 때 시동 실증시험 계획을 구하라. 또한 β'가 10%일 때의 시험계획도 구하라.

10.21* ESS의 특징을 번인과 비교하여 약술하라.

10.22* 와이블 분포를 따르는 두 혼합모집단의 모수가 다음과 같을 때 고장률이 감소형인지 조사하라.
변종 하위모집단: $\beta = 0.6,\ 1/\lambda = \eta = 100\text{hr}$
주 하위모집단: $\beta = 1.0,\ 1/\lambda = \eta = 5{,}000\text{hr}$
변종 하위모집단 비율: $p = 0.03$

10.23* 형상모수가 β이고 척도모수가 $1/\eta$인 와이블 분포를 따를 경우에 불완전 감마함수가 $\Gamma(\alpha;a) = \int_a^\infty t^{\alpha-1}e^{-t}dt$로 주어질 때 $MRL(t_b)$를 구하라.

10.24* $\beta = 0.8,\ \eta = 70{,}000\text{hr}$ 인 와이블 분포를 따르는 제품에 대해 번인을 적용하고자 한다. MRL 목표가 80,000시간일 경우 필요한 번인시간을 구하라.

10.25* 예제 10.25의 혼합 지수분포를 따를 경우 식 (10.71)이 성립함을 보여라.

10.26* 지수분포를 따르는 두 하위모집단의 모수는 다음과 같다.
변종 하위모집단: $1/\lambda = 100\text{hr}$
주 하위모집단: $1/\lambda = 5{,}000\text{hr}$
변종 모집단 비율: $p = 0.06$

1) 이 모집단의 신뢰도와 고장률함수를 구하라.
2) 40hr에서 신뢰도는 얼마가 되는가?
3) 2)에서 생존된 아이템이 40hr동안 더 작동할 확률을 구하고 2)의 결과와 비교하라
4) MRL이 4,800hr이 되려면 필요 번인시간은?
5) 번인 후 100시간에서의 목표 신뢰도가 최소 0.95가 되려면 번인시간은 얼마로 설정해야 하는가?

10.27* 고장률이 DFR이면 MRL은 t_b의 증가함수가 됨을 보여라.

10.28* 예제 10.28에서 변종 모집단의 점유비율 p가 각각 0.05, 0.15일 때 MRL을 최대로 하는 번인시간을 구하라.

10.29* 고장률이 식 (10.68)의 AT&T 모형을 따르고 수리불가능 제품이다. 분포와 비용 파라미터가 다음과 같을 때 5년(1,825일)의 임무기간동안 식 (10.74)의 단위당 기대비용모형(첫 항 무시)을 최소화 하는 번인시간을 구하라.

$$\alpha = 0.35,\ \lambda_0 = 0.05/\text{일},\ t_1 = 365\text{일}$$

$$c_1 = 2{,}000\text{원/일},\ c_2 = 50{,}000\text{원},\ c_3 = 50{,}000\text{원}$$

10.30* 연습문제 10.29에서 대상제품이 수리가능할 경우 고장률을 고장발생률로 간주하여 기대 비용을 최소화하는 번인시간을 구하라. 그리고 c_0가 20,000원일 때 번인을 하지 않을 경우와 비교하여 번인을 통한 단위당 절감액을 구하라.

CHAPTER 11 가속시험

CHAPTER
11
가속시험

11.1 가속수명시험

오늘날 대부분의 첨단 제품들은 수많은 부품으로 구성되어 있다. 일반적으로 이와 같은 제품들은 다년간에 걸쳐 사용되기 때문에 구입 당시의 품질 요건도 만족시켜야 하지만 사용 기간에 고장 없이 안정적으로 제 기능을 수행하는 것이 매우 중요하다. 많은 부품으로 구성된 시스템 제품의 신뢰성을 보증하기 위해서는 서브시스템이나 부품의 신뢰도가 요구되는 수준 이상이 되어야 한다. 제품의 신뢰성에 대한 이 같은 요구는 재료, 부품, 시스템에 적용되는 신뢰성 시험의 필요성을 증대시키고 있다.

고신뢰도 제품은 수년, 수십 년 혹은 그 이상 고장 없이 사용이 가능하도록 설계된다. 따라서 일상적인 사용 조건에서 짧은 시험 기간 내에 적절한 고장 또는 성능 저하 자료를 확보하는 것은 거의 불가능하다. 이 같은 문제에 대한 해결책으로서 가속시험(AT: accelerated test)은 정상적인 사용 환경보다 가혹한 조건을 부가하여 조기에 고장을 유발시키는 방법을 통해 고신뢰도 제품이나 단순 부품 혹은 재료의 고장자료를 단시일 내 얻기 위해 널리 활용되고 있다.

다양한 형태로 고장이 발생할 수 있는 복잡한 제품의 수명을 가속화시키는 데는 실용 및 통계적 해석 측면에서 어려운 문제들이 수반된다. 물리적 측면의 핵심 문제는 가장 적절한 가속 변수들을 찾아 제품 수명과의 관계를 설명할 수 있는 가장 적합한 모형을 설정하는 것이다. 통계적 측면의 핵심 문제는 시험자가 원하는 목표를 달성하기 위해 가속시험을 어떻게 효율적으로 설계하는 것이 좋으며, 획득된 자료를 토대로 사용 조건에서의 신뢰성에 대해 가장 진실에 가까운 추정값을 어떻게 도출할 것인가이다.

이와 같은 문제들을 완벽하게 해결해 줄 수 있는 가속시험법을 찾는 것은 현실적으로 불가능하다. 그러나 가속시험은 적절한 모형의 선택을 통해 우리가 관심을 가진 범위 내에서 상당히 유용한 정보를 제공해 줄 수 있다. 따라서 가속시험의 결과는 부품과 서브시스템의 신뢰도 평가 또는 실증, 부품 인증, 수정 가능한 고장모드의 발견, 다수 제조자의 비교 등을 위해 신뢰도 설계 과정에서 폭넓게 활용된다. 이 장에서는 가속시험 중에서도 가속수명시험과 (가속)열화시험을 중심으로 주요 모형과 시험방법 및 분석방법과 더불어 시험계획도 살펴본다.

11.1.1 가속수명시험 유형

가속수명시험은 시험 목적에 따라 정성적 및 정량적 시험으로 대별된다. 정성적 가속수명시험은 제품 설계를 향상시키기 위해 발생 가능한 고장과 고장모드를 조기에 발견하는 것을 목적으로 한다. 또 정성적 시험은 AST(accelerated stress test), HALT(highly accelerated life test), STRIFE (stress-life, stress for life, stressful life) 시험 등으로 명명된다. 이 시험법은 서브시스템이나 조립품 수준에서 제품의 약점 발견이나 설계 개선을 위해 복합 스트레스(온도, 온도 사이클, 습도, 진동, 전압 등)를 가하여 동작 및 파괴 한계(설계마진)를 평가하거나 잠재적 결함을 찾아 조기에 신뢰성을 향상시키는 신뢰성 시험법이다. 정량적 가속수명시험은 사용 조건의 수명을 예측하기 위해 가속 조건 하에서의 수명자료를 획득하는 데 관심이 있다. 또한 정량적 가속수명시험은 주로 재료나 부품을 대상으로 실시되며, 가속모형을 토대로 외삽(extrapolation)에 의해 사용 조건에서의 수명을 추정하게 된다. 표 11.1은 이 두 가지 시험 방법의 목적, 특징, 시험방법, 대상, 고장모드 등 여러 측면에서 비교하고 있다.

표 **11.1** 정성적 및 정량적 가속수명시험의 비교

항목 \ 시험	정성적 가속수명시험	정량적 가속수명시험
목적	설계 약점 발견 및 개선	사용 조건에서의 수명 추정
특징	동작 한계 평가(설계마진)	수명-스트레스 관계식 사용
시험방법	계단형, 점진적, 복합 환경시험	일정형 스트레스 시험
대상	서브시스템, 조립품	부품
고장모드	예기치 못한 고장모드	예기된 고장모드

11.1.2 가속수명시험 방법

가속수명시험은 시험 기간을 단축하기 위한 목적으로 사용 조건보다 가혹한 조건에서 실시하는 시험이다. 가속수명시험에서는 일반적으로 높은 스트레스 수준에서 환경 또는 운용 스트레스를

인가하는 스트레스 가속 혹은 간헐동작 시 반복 횟수를 증가시키거나 연속동작 시 지속 시간을 늘리는 시간 가속을 실시하여 제품의 고장 메커니즘을 촉진하여 수명을 측정한다. 시험 결과로부터 사용 조건의 수명 또는 고장률을 추정하는데 유용한 가속계수는 사용 조건과 가속 조건 사이에 존재하는 규칙성을 활용하여 구하며, 원칙적으로 두 조건에서의 고장 메커니즘이 동일해야 한다. 그리고 가속수명시험을 계획할 때는 다음의 가속변수에 따른 가속 방법과 스트레스의 부과 방식 등을 고려하여 설정해야 한다.

(1) 가속 방법

신뢰성 시험에서 많이 활용되는 가속 방법에는 다음과 같은 세 가지가 있다(Meeker and Escobar, 1998).

① 제품의 사용률을 증가시켜 가속하는 방법: 자동차 엔진을 쉴 새 없이 연속 작동시키거나 스위치를 반복해서 켰다 껐다 하는 등 제품의 사용률을 정상적인 경우보다 높게 하는 방법을 말한다. 사용률에 의한 가속 방법은 유효수명이 사용률과 시험 시간을 기준으로 적절하게 모형화될 수 있고, 사용 빈도나 지속시간이 고장시간 분포에 영향을 미치지 않을 경우에 적용할 수 있다.

② 제품의 노화율(aging rate)을 증가시킴으로써 가속하는 방법: 온도 혹은 습도 등 환경 스트레스의 수준을 사용 조건보다 가혹한 상태로 유지하여 고장 메커니즘의 물리·화학적 과정을 가속화하는 방법이다. 예를 들면 점착 본드의 화학적 열화, 전도성 필라멘트가 절연체를 넘어 성장함으로써 결과적으로 단락을 유발하는 시험 등은 이 방법에 속한다.

③ 시험 단위의 운용 스트레스 수준을 증대시켜 가속하는 방법: 온도 주기, 전압, 압력 등 운용 스트레스 수준을 정규 사용 조건보다 높게 설정함으로써 고장을 가속화하는 방법이다. 제품의 고장은 일반적으로 낮은 스트레스 수준보다 높은 스트레스 수준에서 급속하게 발생되는 점을 활용한다.

②와 ③을 합하여 스트레스 가속시험이라 칭하며, 여기서는 어떤 스트레스를 택하여 고장유발을 가속화시킬 것인가가 중요한 대상이 된다. 그림 11.1에서는 온도, 상대습도, 전압 등의 스트레스(가속변수)와 자주 접할 수 있는 고장 메커니즘(타원)의 관계가 도시되어 있다(Jakob et al., 2017). 또한 그림 11.1의 좌측하단의 'and'처럼 여러 가지 가속 방법을 조합하여 사용할 수도 있다. 일례로 전압 및 온도 주기와 같은 변수들은 전기화학 반응률의 증가(노화율 가속)와 더불어 제품의 강도보다 더 크게 되도록 운용 스트레스를 증가시킬 수 있다.

특히 가속변수의 영향이 복합 성격인 경우 적절한 모형 구축에 이용할 수 있는 충분한 물리·화학적 지식이 없을 수도 있다. 이런 경우 경험적으로 얻은 모형이 사용 조건으로의 외삽을 위해 유용할 수도 있다.

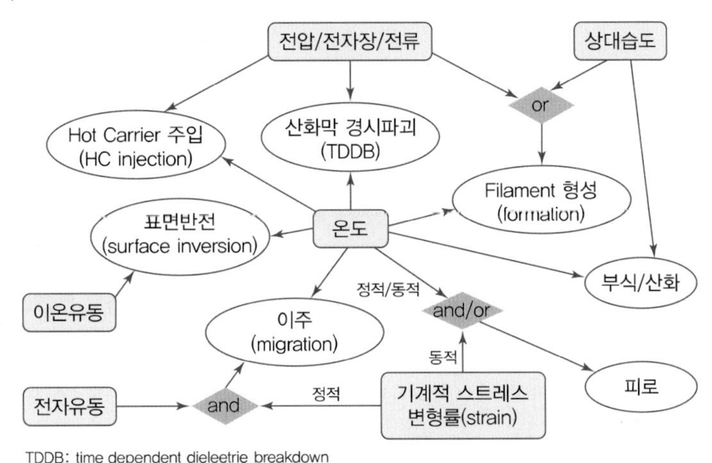

그림 **11.1** 주요 스트레스와 고장 메커니즘의 관계

(2) 스트레스 부과 방법

시험 단위에 스트레스를 가하는 주요 방법으로는 다음 네 가지가 있다. 그림 11.2는 스트레스 부과 방법을 비교하여 보여 주고 있다. 이 외에 특정한 유형을 따르지 않고 랜덤하게 스트레스를 가하는 방법도 있다.

① 일정형 스트레스 시험(constant-stress accelerated test): 가장 대표적인 스트레스 부과 방법은 시험 단위에 일정한 수준의 스트레스를 시험 종료시점까지 유지하는 방법이다(그림 11.2(a)). 이 방법은 시험에 적용하기가 편리하고 스트레스를 유지하기가 용이하다. 또한 일정 스트레스 수준에서의 가속모형이 널리 개발되어 있고 경험적 검증도 많이 이루어져 있는 장점이 있다.

② 계단형 스트레스 시험(step-stress accelerated test): 그림 11.2(b)와 같이 스트레스 수준을 계단형으로 변환(주로 증가)시키는 시험 방법이다. 이 방법은 시험 단위의 고장을 빨리 유발할 수 있는 장점이 있으나 시험 단위의 고장까지 각 스트레스에서 노출된 누적 효과가 전이되는 모형이 필요하다. 아직까지 고장물리에 의해 입증된 누적효과 전이 모형에 대한 검증이 부족하여 현업에서의 활용도는 일정형보다 낮은 편이다.

③ 점진형 스트레스 시험(progressive-stress accelerated test): 시간에 따라 스트레스를 연속으로 증가시키면서 시험하는 방법이다. 특히 이 방법 중에서 그림 11.2(c)와 같이 선형적으로 증가하는 경우를 램프(ramp-stress)시험이라 한다. 계단형 스트레스 시험과 동일한 장단점

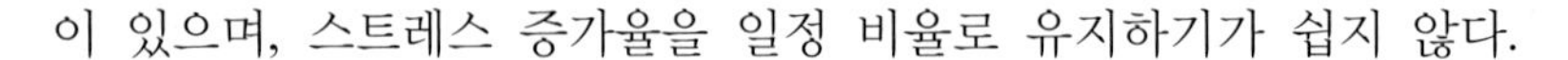
이 있으며, 스트레스 증가율을 일정 비율로 유지하기가 쉽지 않다.

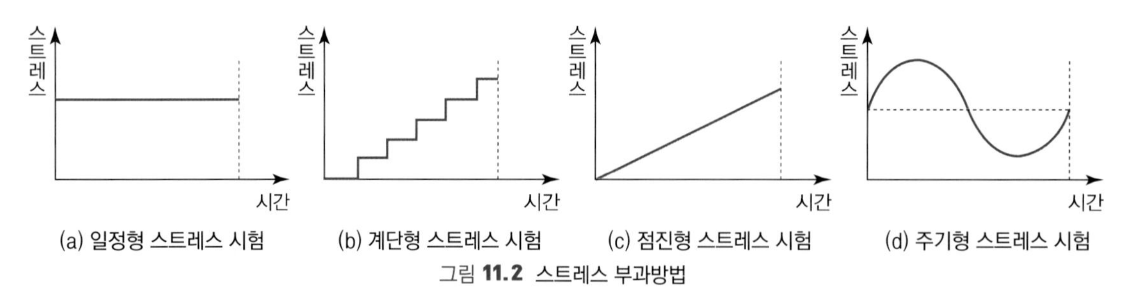

그림 **11.2** 스트레스 부과방법

④ 주기형 스트레스 시험(cyclic-stress accelerated test): 시험 제품에 가하는 스트레스 수준이 그림 11.2(d)의 사인곡선 등과 같이 주기적으로 변하는 시험 방법으로, 금속 부품들의 스트레스 부과 방법 등에 많이 적용된다. 예를 들면 금속의 강도를 파악하기 위하여 금속 시료에 대해 일정 기간 동안 반복적으로 인장-압축 시험을 실시한다. 이와 같이 주기적으로 기계적 스트레스를 반복하는 시험 등이 여기에 속한다.

11.1.3 가속수명시험 절차

가속시험은 대상 선정과 기초자료 수집부터 가속시험법 확정 및 사후 관리까지 그림 11.3의 시험 절차에 따라 보증기간의 신뢰성 평가, 신제품의 신뢰도 예측 및 비교 등의 신뢰성 분석에 활용된다. 이 장에서는 그림 11.3에 열거된 가속시험 절차 중에서 이론의 배경 설명이 필요한 가속모형, 시험계획, 가속시험의 통계적 분석 과정을 주로 설명한다.

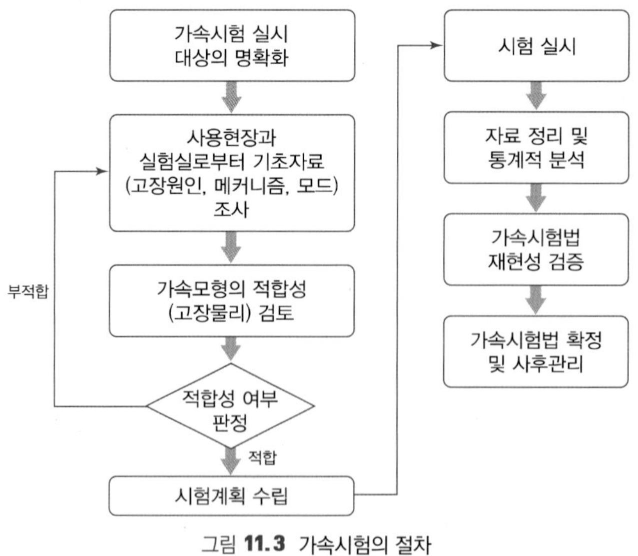

그림 **11.3** 가속시험의 절차

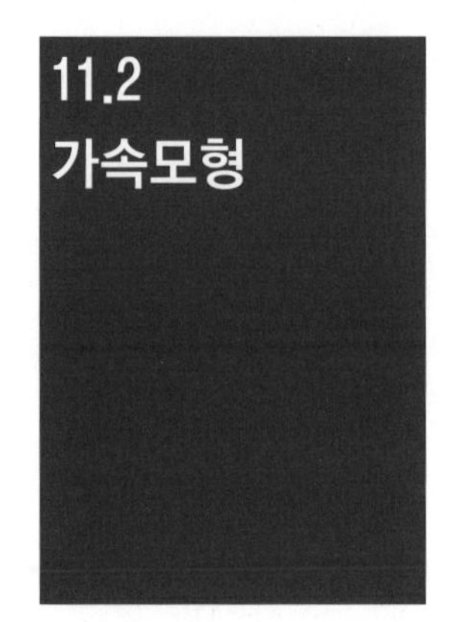

가속모형은 스트레스 가속 시에 적용할 수 있으며, 시험 제품의 수명과 스트레스 간의 관계를 나타낸다. 평균, 분위수, 표준편차 등 수명분포의 모수를 스트레스 변수들의 함수로 표현하는데 가속수명시험 계획의 수립 및 자료 분석 시에 매우 중요하다. 여기서는 고장 유발 과정을 기술하는 물리·화학 이론을 기초로 한 가속모형 중에서 활용도가 높은 모형들을 소개한다(Nelson, 1990; 서순근, 2017).

11.2.1 Arrhenius 모형

Arrhenius 모형은 화학적 반응률에 대한 Arrhenius 법칙에 근거한다. 온도와 반응 속도가 밀접한 관계에 있는 경우에 적용할 수 있는 가속수명 모형이다. 이 모형의 적용 제품은 다음과 같다.

- 전기 절연체와 유전체
- 반도체 기기
- 축전지
- 윤활유와 그리스
- 플라스틱
- 백열전구 필라멘트 등

Arrhenius 모형은 온도 스트레스에 의한 물리적 및 화학적 반응 속도의 의존성을 나타낸다. 따라서 반응률 v_r과 온도(절대온도) $Temp$의 관계식은 다음과 같이 나타낸다.

$$v_r = \gamma \cdot \exp\left(-\frac{E_a}{k \cdot Temp}\right) \tag{11.1}$$

단, v_r : 반응률 또는 반응속도

γ : 대상 제품의 고장 메커니즘과 시험 조건의 특성에 따른 상수

E_a : 활성화 에너지(단위는 전자볼트, eV)

k : Boltzmann 상수($8.6171 \times 10^{-5} = \frac{1}{11,604.83}$ eV/K)

$Temp$: 절대온도(K , ℃+273.15)

여기서 화학적 반응이 일어나기 위해서는 이를 일으킬 수 있을 정도의 에너지를 가진 분자들이 알맞은 방향으로 충돌해야 하는데 활성화 에너지는 분자들이 만나 반응을 진행시키는 데 필요한 최소한의 에너지로, 이 값이 크면 반응 속도가 느리게 된다.

즉, 제품의 화학반응량 혹은 열화량(성능저하) x는 수명 t에 대하여 $x = v_r\, t$의 관계에 있다.

이때 열화량이 x_0에 도달하면 고장이 발생한다고 할 때 명목수명 L은 식 (11.2)와 같이 나타낼 수 있다.

$$x_0 = \gamma \cdot \exp\left(-\frac{E_a}{k \cdot Temp}\right) \cdot L$$

$$L = \left(\frac{x_0}{\gamma}\right)\exp\left(\frac{E_a}{k \cdot Temp}\right) = \beta_0 \cdot \exp\left(\frac{E_a}{k \cdot Temp}\right) \tag{11.2}$$

단, $\beta_0 = \dfrac{x_0}{\gamma}$

식 (11.2)의 양변에 대수를 취하면 다음과 같으므로 $\ln L$과 $1/Temp$은 직선 관계가 성립된다.

$$\ln L = \ln\beta_0 + \left(\frac{E_a}{k}\right)\frac{1}{Temp} = \beta_0' + \frac{\beta_1}{Temp} = \beta_0' + E_a s \tag{11.3}$$

단, $\beta_0' = \ln\beta_0$, $\beta_1 = \dfrac{E_a}{k}$, $s = \dfrac{11,604.83}{Temp}$

따라서 L의 대수 값과 절대온도의 역수 $1/Temp$을 그래프에 도시했을 때 직선이 되면 Arrhenius 모형을 따른다고 볼 수 있다. 가로축을 수명의 대수척도, 세로축을 절대온도의 역수척도로 한 눈금의 간격으로 재획정하여 온도(℃)를 도시할 수 있는 용지를 Arrhenius 도시 용지라 한다. 이는 부록 J에 수록되어 있다.

11.2.2 역거듭제곱 법칙 모형

역거듭제곱 법칙 모형(inverse power law model)은 전기 절연체, 베어링, 금속피로(metal fatigue) 등에 널리 사용되고 있는 가속모형이다. 다음과 같은 제품에 적용할 수 있다.

- 전기 절연체와 유전체(전압을 이용한 내구시험)
- 플래시 램프
- 볼과 롤러 베어링
- 기계적 스트레스에 따른 단순 금속 피로
- 백열전구(진공관 필라멘트) 등

역거듭제곱 법칙 모형의 관계식은 일반적으로 분모에 멱함수 형태가 포함되는 다음 식으로 표현된다.

$$L = \frac{\beta_0}{s^{\beta_1}} \tag{11.4}$$

단, β_0과 β_1은 상수, L은 명목수명, s는 스트레스(전압 등)의 값

식 (11.4)의 양변에 대수를 취하면 $\ln L$과 $\ln s$는 직선 관계가 됨을 알 수 있다.

$$\ln L = \ln\beta_0 - \beta_1 \ln s = \beta_0' + \beta_1' \ln s$$

역거듭제곱 법칙 모형에 포함시킬 수 있는 몇 가지 관련 모형을 소개하면 다음과 같다.

(1) 전압 스트레스 모형

$L(V_a)$와 $L(V_0)$를 고전압과 사용전압 조건에서 시험한 부품의 수명이라고 정의하면 전압 스트레스 모형에 관한 역거듭제곱 법칙 관계식은 다음과 같이 표현할 수 있다.

$$L(V_a) = \frac{L(V_0)}{(V_a/V_0)^{\beta_1}} = \frac{\beta_0}{V_a^{\beta_1}} \tag{11.5}$$

단, 두 전압의 관계는 $V_a > V_0$이며, $\beta_0 = V_0^{\beta_1} L(V_0)$와 $\beta_1 > 0$으로 제품의 특성 값

(2) Coffin-Manson 관계식

온도 주기에 의한 금속의 피로 고장에 사용되는 모형이다. 고장까지의 사이클 수를 N, 온도 주기의 온도 범위를 $\Delta Temp$라고 할 때 N은 다음 식과 같이 표현된다.

$$N = \frac{\beta_0}{(\Delta Temp)^{\beta_1}} \tag{11.6}$$

(3) Palmgren 공식

롤러와 볼 베어링의 수명에 적용되는 모형으로 C를 베어링 가용능력(bearing capacity), P를 등가 회전부하(equivalent radial load)라고 할 때 수명의 제10백분위수인 B_{10}을 구하는 식은 다음과 같이 설정된다.

$$B_{10} = \left(\frac{C}{P}\right)^{\beta_1} \times 10^6 = \frac{\alpha}{P^{\beta_1}} \times 10^6 \tag{11.7}$$

단, $\alpha = C^{\beta_1}$이고 볼 베어링인 경우 $\beta_1 = 3$, 롤러 베어링인 경우 $\beta_1 = 10/3$

(4) $S-N$ 곡선

기계 및 금속공학 분야에서는 재료의 인장-압축 시험을 통하여 재료의 피로한도를 구할 때 $S-N$ 곡선을 이용하여 응력과 수명 간 관계를 표현한다. $S-N$ 곡선은 세로축에 응력진폭(stress amplitude) 또는 최대응력(S), 가로축에 피로파괴까지의 응력 반복수(number of cycles to failure) N을 각각 취해 실험값을 적합화하는 곡선이다. $S-N$ 곡선은 응력의 감소에 따라 반복횟수는 증가한다.

$S-N$ 곡선은 그림 11.4와 같이 시간강도를 나타내는 경사부와 피로한도(fatigue limit)에 해당하는 수평부로 나누어진다. 시간강도는 지정된 반복횟수에서 파괴가 발생하는 응력값을 나타내며, 피로한도는 파괴가 일어나지 않는 최대응력 수준으로, 내구한도(endurance limit)라고도 한다. 철이 함유된 재료는 피로한도가 대부분 존재하지만, 철이 함유되지 않은 재료에서는 피로한도가 존재하지 않을 수도 있는데 이 경우에는 $N=10^7$에 대한 시간강도를 피로한도 대신 사용한다. 그리고 수명이 10^4 정도보다 짧은 저 사이클 피로에서는 응력과 수명 관계 대신 변형률과 수명 간 관계가 사용된다. 그림 11.4는 피로한도가 있는 재료의 $S-N$ 곡선(양 대수척도 축)을 나타내고 있다.

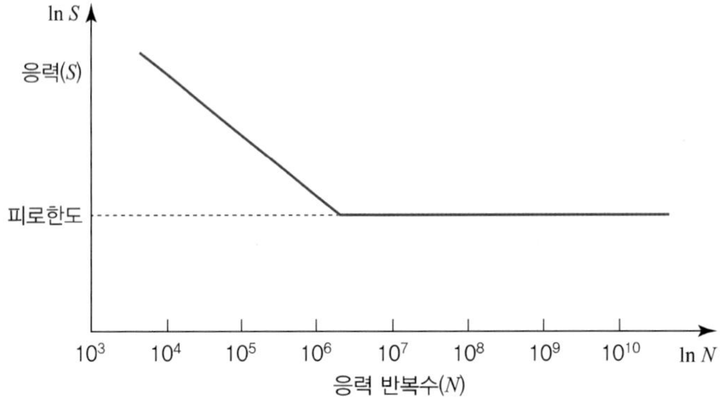

그림 **11.4** 피로한도를 나타내는 재료의 $S-N$ 곡선

이와 같은 $S-N$ 곡선을 표현하는 모형은 다음 식과 같이 적을 수 있다.

$$N=\begin{cases}\beta_0/(S-S_0)^{\beta_1}, & S>S_0\\ \infty, & S\le S_0\end{cases} \tag{11.8}$$

단, β_0와 β_1은 상수

또한 식 (11.8)을 주로 대수변환하여 사용하는데 S'을 $S-S_0$로 두면 다음과 같이 역거듭제곱법칙 모형과 동일한 형태가 된다.

$$\ln N = \begin{cases} \ln\beta_0 - \beta_1 \ln S', & S' > 0 \\ \infty, & S' \leq 0 \end{cases} \quad (11.9)$$

11.2.3 일반화 Eyring 모형

예를 들어 온도 $Temp$와 그 외의 스트레스 s를 함께 인가하는 경우와 같이 스트레스 변수가 두 가지 이상 존재하는 시험에 사용되는 모형으로, 다음 식과 같이 나타낼 수 있다.

$$L = \frac{\beta_0}{Temp} \cdot \exp\left(\frac{\beta_1}{k \cdot Temp}\right) \cdot \exp\left\{s\left(\beta_2 + \frac{\beta_3}{k \cdot Temp}\right)\right\} \quad (11.10)$$

단, β_0, β_1, β_2, β_3는 상수

일반화 Eyring 모형은 양자역학의 Eyring 방정식으로부터 유도되었으며, 이 중에서 식 (11.10)을 단순화한 다음 식이 많이 활용된다.

$$L = \beta_0 \cdot \exp\left(\frac{E_a}{k \cdot Temp}\right) \cdot \exp(\beta_1 s) \quad (11.11)$$

11.2.4 온·습도 가속모형

이 모형에는 여러 가지가 알려져 있으며, 일반적으로 식 (11.12)와 같은 관계식이 주로 사용된다.

$$L = \beta_0 \exp\left(\frac{E_a}{k \cdot Temp}\right) \cdot f(RH) \quad (11.12)$$

단, β_0는 상수, RH는 상대습도

여기서 자주 활용되는 함수 f 형태로는 다음의 세 가지를 들 수 있다.

$$f_1(RH) = \beta_1 \exp\left(\frac{\gamma}{RH}\right) \quad (11.13a)$$

$$f_2(RH) = RH^{\beta_1} \quad (11.13b)$$

$$f_3(RH) = \left(\frac{RH}{1 - RH}\right)^{\beta_1} \quad (11.13c)$$

11.2.5 온도-비열 스트레스 모형

가속 스트레스로 온도와 더불어 전압, 진동, 전류밀도 등 비열(non-thermal) 스트레스를 적용하는 모형이다. 주로 Arrhenius 모형과 역거듭제곱 법칙 관계를 조합한 다음 식이 활용되고 있다.

$$L = \frac{\beta_0}{s^{\beta_1}} \exp\left(\frac{E_a}{k \cdot Temp}\right) \tag{11.14}$$

단, s는 비열 스트레스, β_0와 β_1은 상수

지금까지 서술된 11.2.1~11.2.5절에 속하는 가속모형을 AL(accelerated life) 모형이라 통칭할 수 있는데, 이 모형은 SAFT(scaled-accelerated failure time) 모형으로 불리기도 한다. AL 모형은 명목수명을 확률변수로 전환하는 방법으로 척도모수에 스트레스와 수명 간 관계를 나타내는 가속모형을 도입하고 있다. 예를 들어 와이블 분포와 Arrhenius 모형을 따른다면 절대온도가 $Temp$일 때 와이블 분포의 척도모수인 λ와의 관계를 식 (11.15)와 같이 표현할 수 있다. 이로부터 각 스트레스(절대온도) 수준에서 확률밀도함수, 신뢰도, 고장률함수 등을 구할 수 있다(표 11.2와 11.4.2절 참조).

$$1/\lambda = \beta_0 \cdot \exp\left(\frac{E_a}{k \cdot Temp}\right) \tag{11.15}$$

11.2.6 비례 고장률(PH) 모형*

두 스트레스 수준 $s^{(i)}$와 $s^{(j)}$에 대응하는 고장률 $h(t;\, s^{(i)})$와 $h(t;\, s^{(j)})$의 비율이 시간과 관계없이 일정한 경우를 생각해 보자. 즉,

$$\frac{h(t;\, s^{(i)})}{h(t;\, s^{(j)})} = q(s^{(i)},\, s^{(j)}) \tag{11.16}$$

단, q는 $(s^{(i)},\, s^{(j)})$의 함수

가 되는 모형을 비례 고장률(PH: proportional hazard) 모형이라고 부른다. 식 (11.16)에서 $h(t;\, s^{(0)})$ 대신 $h_0(t)$로 대체하고 $q(s^{(1)},\, s^{(0)})$ 대신 $q_1(s)$를 대입하면 PH 모형은 다음 식과 같이 단순화될 수 있다.

$$h(t;\, s) = h_0(t) \cdot q_1(s) \tag{11.17}$$

고장률함수가 식 (11.17)로 표현될 경우 두 스트레스 수준에서 두 고장률함수의 비가 시간 t와 무관하게 비례함을 의미한다. 여기서 $h_0(t)$를 기준 고장률함수(baseline hazard function)라 부른다.

PH 모형에서 스트레스 $s^{(0)}$와 s에서 신뢰도함수는 식 (11.18a) 및 식 (11.18b)와 같이 표현된다.

$$R(t;\, s^{(0)}) = e^{-\int_0^t h_0(u)du} \tag{11.18a}$$

$$R(t;\, s) = e^{-\int_0^t h_0(u)q_1(s)du} \tag{11.18b}$$

따라서 신뢰도함수 $R(t;\, s)$와 $R(t;\, s^{(0)})$는 다음과 같은 관계식을 만족시키게 된다.

$$R(t;\, s) = R(t;\, s^{(0)})^{q_1(s)} \tag{11.19}$$

이 모형은 1972년 D. R. Cox에 의해 제안된 것으로, 비모수적 모형의 한 부분에만 모수를 도입하므로 수명분포에 대한 가정이 적은 준모수적 접근(semi-parametric approach)방법에 속한다. 식 (11.16)을 만족시키는 모수적 모형으로 s와 무관한 일정한 형상모수 β와 스트레스 요인에 종속적인 척도모수 λ를 가지는 2-모수 와이블 분포를 들 수 있다. PH 모형은 생물 및 의학통계 분야에서 널리 활용되고 있다.

스트레스 변수가 m개인 일반적인 경우는 다음 식과 같이 쉽게 확장할 수 있다.

$$q(\boldsymbol{s}) = \exp\left(\sum_{i=1}^{m} \beta_i s_i\right) = \exp(\boldsymbol{\beta}'\boldsymbol{s}) \tag{11.20}$$

여기서 $\boldsymbol{s}' = (s_1,\, s_2,\, \ldots,\, s_m)$은 $(m \times 1)$ 스트레스 변수의 벡터, $\boldsymbol{\beta}' = (\beta_1,\, \beta_2,\, \ldots,\, \beta_m)$은 회귀계수 벡터이다. 신뢰도는 식 (11.21)과 같이 표현된다.

$$R(t;\boldsymbol{s},\, \boldsymbol{\beta}) = R(t,\, \boldsymbol{s}^{(0)})^{\exp(\boldsymbol{\beta}'\boldsymbol{s})} \tag{11.21}$$

표 11.2는 PH 모형과 11.2.5절에서 설명된 AL 모형의 신뢰도 관련 함수를 비교하여 요약한 표이다. 표의 수식에서 AF는 가속계수(acceleration factor, 다음 소절 참조)를 나타낸다.

표 **11.2** AL과 PH 모형의 비교(사용조건 '0', 가속조건 'a')

가속조건	AL 모형	PH 모형
$R_a(t)$	$R_0(t \cdot AF)$	$[R_0(t)]^{AF}$
$f_a(t)$	$AF \cdot f_0(t \cdot AF)$	$f_0(t) \cdot AF \cdot [R_0(t)]^{AF-1}$
$h_a(t)$	$AF \cdot h_0(t \cdot AF)$	$AF \cdot h_0(t)$

예제 11.1

사용조건에서의 기준 고장률함수가 다음과 같고 사용조건에 대한 가속조건의 가속계수(AF)가 2라고 하자.

$$h_0(t) = \begin{cases} 1, & 0 \le t < 1 \\ t, & t \ge 1 \end{cases}$$

그림 11.5는 AL 모형과 PH 모형의 고장률함수를 비교한 것이다. 그림으로부터 AL 모형이 PH 모형보다 가속성이 높음을 알 수 있다.

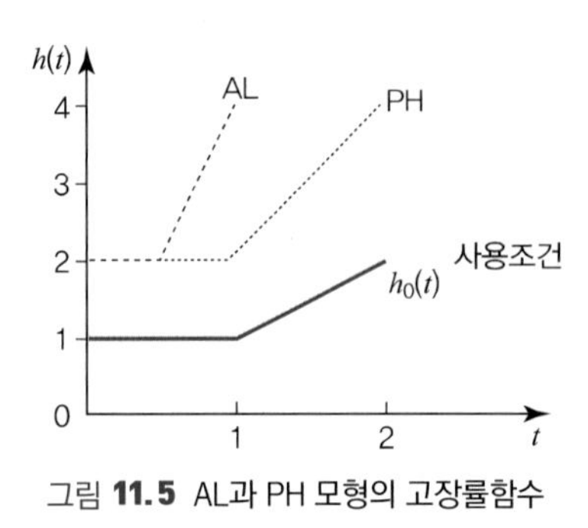

그림 **11.5** AL과 PH 모형의 고장률함수

11.2.7 가속성과 가속계수

(1) 가속성의 성립 조건

가속수명시험 모형에서 두 조건 사이에 가속성이 성립하면 각 조건에서 얻어진 수명자료를 확률지에 타점하여 적합화한 직선이 서로 평행하게 된다. 예를 들어 와이블 분포에서 두 직선의 형상모수 β가 같은 경우나 대수정규분포에서 척도모수 σ가 같은 경우에 가속성이 성립한다.

(2) 가속계수

임의의 두 스트레스 조건 1과 2 사이에 가속성이 성립한다고 하고 그 가속계수를 AF라 하자. 그러면 두 조건에서 전 절의 명목수명 L에 해당되는 t_1과 t_2 사이에 다음 관계가 성립한다.

$$t_1 = (AF)t_2 \tag{11.22}$$

식 (11.22)는 두 수명분포의 모든 분위수에 대해 성립하므로 가속계수는 다음과 같이 구할 수 있다.

$$AF = \frac{t_{1,0.632}}{t_{2,0.632}} = \frac{\eta_1}{\eta_2} = \frac{\lambda_2}{\lambda_1}: \text{ 와이블 분포}$$

$$AF = \frac{t_{1,0.5}}{t_{2,0.5}} = \frac{\exp(\mu_1)}{\exp(\mu_2)} = \exp(\mu_1 - \mu_2): \text{ 대수정규분포}$$

여기서 η는 와이블 분포의 제63.2 백분위수인 특성수명을 나타낸다. 표 11.3은 중요한 가속모형들의 가속계수를 정리한 것이다.

표 **11.3** 가속모형별 가속계수

가속모형	가속계수	비고
Arrhenius 모형	$AF=\dfrac{L_1}{L_2}=\exp\left\{\dfrac{E_a}{k}\left(\dfrac{1}{Temp_1}-\dfrac{1}{Temp_2}\right)\right\}$	온도 스트레스
역거듭제곱 법칙 모형	$AF=\dfrac{L_1}{L_2}=\left(\dfrac{s_2}{s_1}\right)^{\beta_1}$	
Eyring 모형	$AF=\exp\left[\dfrac{E_a}{k}\left(\dfrac{1}{Temp_1}-\dfrac{1}{Temp_2}\right)\right]\cdot\exp[\beta_1(s_1-s_2)]$	두 스트레스 변수 경우
온·습도 가속모형	$AF=\exp\left[\dfrac{E_a}{k}\left(\dfrac{1}{Temp_1}-\dfrac{1}{Temp_2}\right)\right]\cdot\exp\left[\gamma\left(\dfrac{1}{RH_1}-\dfrac{1}{RH_2}\right)\right]$	식 (11.13a)의 관계일 경우
온도-비열 스트레스 모형	$AF=\exp\left[\dfrac{E_a}{k}\left(\dfrac{1}{Temp_1}-\dfrac{1}{Temp_2}\right)\right]\cdot\left(\dfrac{s_2}{s_1}\right)^{\beta_1}$	

예제 11.2

어떤 고장 메커니즘의 활성화 에너지는 0.3 eV이며 정상 사용온도는 25℃이고 가속시험 조건은 100℃이다. Arrhenius 모형을 따를 때 가속계수를 구해 보자.

$$AF=\frac{L_1}{L_2}=\exp\left\{\frac{0.3\text{eV}}{8.6171\times10^{-5}}\left(\frac{1}{298.15}-\frac{1}{373.15}\right)\right\}=10.45$$

또한 표 11.3에서 AL모형의 가속계수를 구할 수 있으므로 표 11.2로부터 두 시험조건에서의 누적분포함수와 고장률함수 간의 관계를 다음과 같이 적을 수 있다.

$$F_2(t)=F_1(AF\cdot t) \tag{11.23}$$

$$h_2(t)=AF\cdot h_1(AF\cdot t) \tag{11.24}$$

예제 11.3

지수분포를 따르는 전자부품의 정상 사용 온도는 23℃이고 가속시험 조건은 60℃이다. Arrhenius 모형을 따르고 60℃에서의 가속계수가 6일 때 활성화 에너지를 구하라. 또한 60℃에서 이 부품의 고장률이 0.004/hr으로 추정될 때 사용 조건에서 고장률을 구하고 가속시험 조건에서 50hr에서의 신뢰도를 추정하라.

표 11.3의 Arrhenius 모형의 가속계수 식으로부터 다음 식이 유도되므로

$$E_a = \frac{k\ln(AF)}{\frac{1}{Temp_1} - \frac{1}{Temp_2}} = \frac{(8.6171 \times 10^{-5})\ln 6}{\frac{1}{296.15} - \frac{1}{333.15}} = 0.412\text{eV}$$

활성화 에너지는 0.412eV가 된다.

또한 지수분포를 따르므로 사용 조건의 평균은 $6(1/0.004) = 1{,}500$hr, 고장률은 $1{,}500^{-1} = 0.00067$ /hr이 된다. 그리고 사용 조건을 '1', 가속 조건을 '2'로 각각 두면 식 (11.23)에 의해 다음 관계가 성립하므로,

$$R_2(t) = 1 - F_2(t) = 1 - F_1(6t) = \exp(-6t/1{,}500)$$

$R_2(50)$의 추정값은 0.819로 구해진다.

■■■

11.3 가속수명시험 자료의 분석

이 절에서는 사용법이 비교적 간편한 확률지를 이용한 가속수명시험 자료의 분석 방법과 지수수명분포와 역거듭제곱 법칙 가속모형을 따르고 제2종 관측중단을 적용할 때 최우추정법에 의한 수리적 분석과정을 예시한다. 또한 일반화된 가속모형에서 최우추정법에 의한 분석법을 소개한다.

11.3.1 확률지에 의한 분석법

여러 가속 조건에서의 수명자료를 확률지에 타점하여 서로 다른 스트레스 수준에서의 자료들을 적합화한 직선들의 기울기가 동일한 경우에 가속성이 성립한다. 여기서는 완전 또는 단일 우측 관측중단일 때 확률지를 이용한 도식적 방법으로 가속성의 성립 여부를 확인하고 가속계수를 구하는 방법을 소개한다. 확률지를 이용한 가속수명시험 자료의 분석 절차는 다음과 같다(서순근, 2017).

- 1단계 확률지에 수명자료 도시: 각 시험 스트레스에서 수명자료의 크기 순으로 자료를 정렬하여 순위를 정하고 적합하고자 하는 분포의 확률지에 각 스트레스 수준에서 $(t_{(j)}, \overline{F_n}(t_{(j)}))$의 쌍을 도시한다(여기서 $\overline{F_n}(t_{(j)})$는 식 (9.10b) 참조).

- 2단계 분포적합 평가: 각 스트레스 수준에서 도시된 점들이 직선에 근접하면 선택된 분포가 적절함을 의미한다.
- 3단계 스트레스 수준별 직선적합: 각 스트레스 수준에서 자료를 잘 적합화하는 직선을 그린다. 각 스트레스에 적합화된 직선의 기울기가 정확하게 평행으로 나타나지는 않지만 기울기가 유사하다면 가속성이 성립한다고 판정한다. 이는 와이블 분포의 경우 형상모수(β), 대수정규분포의 경우 척도모수(σ)가 스트레스 수준과 무관하다는 가정을 만족시키고 있는 것을 나타낸다. 만약 어떤 스트레스 수준에서의 기울기가 현저하게 차이가 날 경우에는 적합화된 직선으로부터 멀리 떨어진 점을 확인하여 제거시킬 수 있는지에 관한 검토가 필요하다.
- 4단계 평행한 직선적합: 각 스트레스에서의 수명자료들이 공통 기울기를 갖도록 평행한 직선을 적합화하여 도시한다.
- 5단계 사용조건의 수명 및 모수 추정: 확률지로부터 모수, 백분위수, 신뢰도함수 등의 수명 정보와 관련된 특성값들을 추정한다.

온도 스트레스인 경우에 와이블-Arrhenius 모형을 가정하고 확률지 및 Arrhenius 도시 용지를 이용하여 분석하는 방법을 예시해 보자. 표 11.4는 세 가지 온도 스트레스 40℃, 60℃, 80℃에서 '전자장치'의 가속수명시험을 실시한 결과다. 이 장치의 수명분포는 와이블 분포를 따른다고 알려져 있고, 사용 조건의 온도는 30℃이다.

표 **11.4** 전자 장치의 온도-가속수명시험 자료

수명	상태	개수	온도	수명	상태	개수	온도
521	Failed	1	40	4106	Failed	1	60
1390	Failed	1	40	4674	Failed	1	60
2560	Failed	1	40	5000	Censored	11	60
3241	Failed	1	40	283	Failed	1	80
3261	Failed	1	40	361	Failed	1	80
3313	Failed	1	40	515	Failed	1	80
4501	Failed	1	40	638	Failed	1	80
4568	Failed	1	40	854	Failed	1	80
4841	Failed	1	40	1024	Failed	1	80
4982	Failed	1	40	1030	Failed	1	80
5000	Censored	90	40	1045	Failed	1	80
581	Failed	1	60	1767	Failed	1	80
925	Failed	1	60	1777	Failed	1	80
1432	Failed	1	60	1856	Failed	1	80
1586	Failed	1	60	1951	Failed	1	80
2452	Failed	1	60	1964	Failed	1	80
2734	Failed	1	60	2884	Failed	1	80
2772	Failed	1	60	5000	Censored	1	80

출처: Meeker and Escobar(1998)

먼저 각 온도 수준에서 와이블 분포를 가정하고 분포적합을 실시하여 그림 11.6과 같은 와이블 확률지의 도시 결과(Minitab 활용)를 얻을 수 있다.

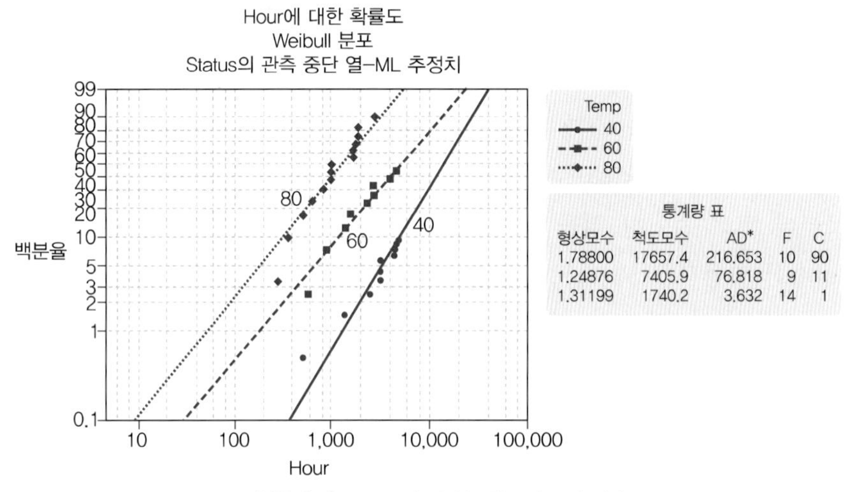

그림 **11.6** 온도 수준별 와이블 확률지 도시 결과

그림 11.7에서 3개의 기울기 중에서 온도가 40℃인 경우는 다른 직선과 차이가 있는 것처럼 보이므로, 각 스트레스 수준에서의 형상모수 β가 동일한지 가설 검정을 실시하여 가속성이 성립하는지를 확인할 수 있다.

그림 11.7은 와이블 분포의 형상모수가 동일하여 가속성이 성립한다고 했을 때 공통의 기울기로 설정하여 확률지에 도시한 결과다. Minitab 출력물에는 추정된 모수 값도 함께 보여

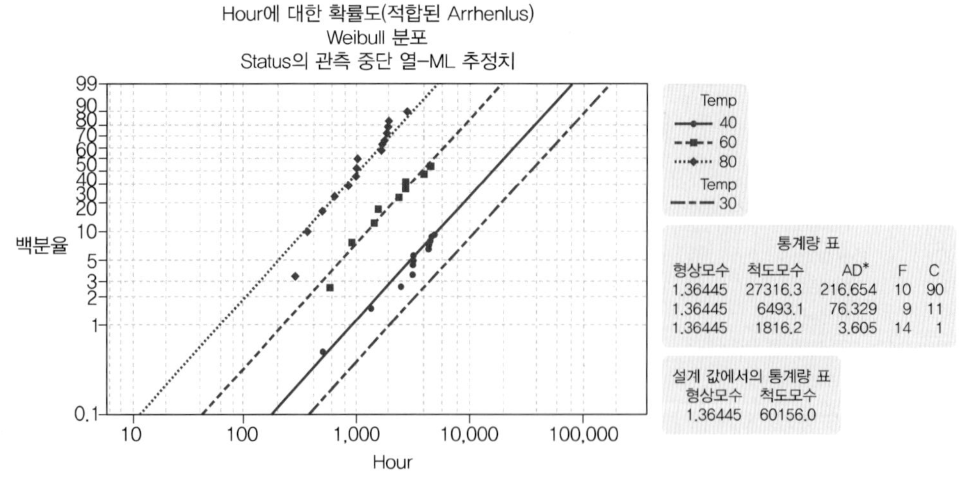

그림 **11.7** 동일한 기울기의 와이블 확률지 도시

준다(그림 11.7에서 Hour는 수명자료가 입력되는 Minitab worksheet의 열 명칭이고, Status는 데이터의 관측중단 여부를 인식할 수 있도록 작성된 열 명칭으로 저자가 지정한 것이다. 서순근(2017)을 참조하기 바람). 와이블 분포에서는 각 스트레스 수준의 척도모수 $\eta(\equiv 1/\lambda)$의 값이 그 스트레스 수준의 특성수명을 나타내게 된다. 여기서 스트레스 수준별로 특성수명은 $\eta_{40℃} = 27,316.3$, $\eta_{60℃} = 6,493.1$, $\eta_{80℃} = 1,816.2$로 추정된다.

사용조건(30℃)에서의 수명 추정과 활성화 에너지 E_a는 부록 J의 Arrhenius 도시 용지를 이용하여 좀 더 쉽게 구할 수 있다. 먼저 그림 11.8과 같이 각 스트레스 수준(온도)에서 추정된 특성수명(η) 값을 타점한 후에 이 점들을 지나는 직선을 적합시킨다. 사용 조건에서의 특성수명 값은 온도 30℃일 때의 직선 값을 읽어 얻는다. 활성화 에너지 값은 Arrhenius 도시 용지의 위쪽에 있는 참고점을 지나도록 적합화된 직선을 평행 이동한 후 이를 연장하여 활성화 에너지 축의 값을 읽는다. 사용 조건에서의 수명은 약 60,000, E_a 값은 약 0.68로 각각 추정할 수 있다.

또한 가속계수는 $AF = \eta_U/\eta_a$ (U는 사용조건, a는 가속조건)이므로 정상조건(30℃)에 대한 60℃ 가속 조건의 가속계수는 다음과 같이 구할 수 있다.

$$AF = \frac{60,000}{6493.1} = 9.24$$

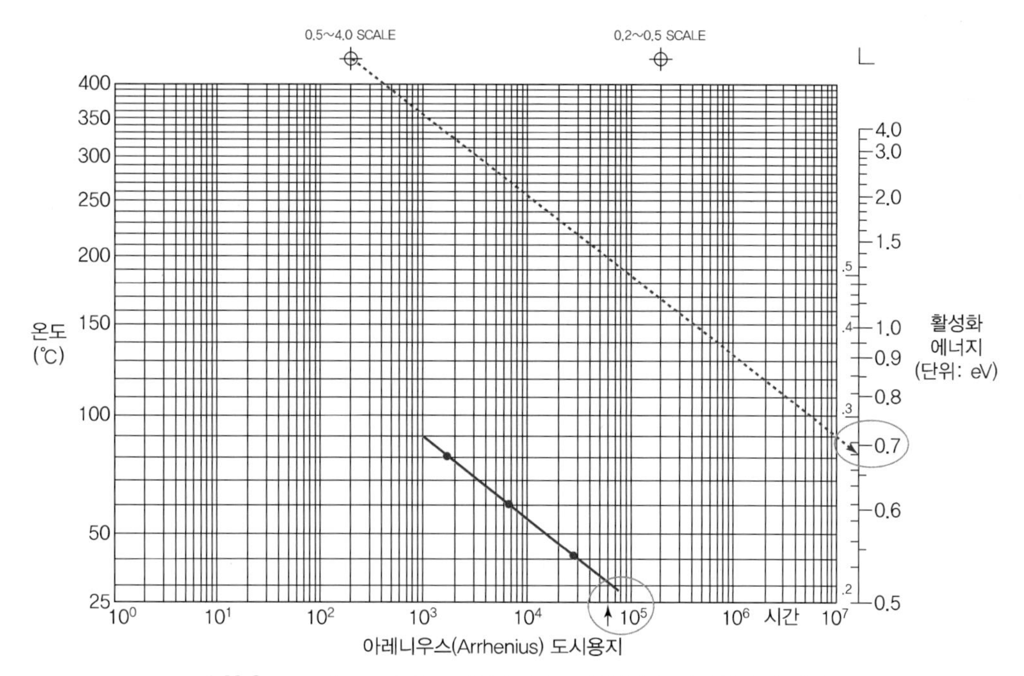

그림 **11.8** Arrhenius 도시 용지를 이용한 사용 조건에서의 특성수명과 E_a 추정

그림 11.9의 Minitab의 세션 출력 창으로부터 좀 더 정확한 가속계수 값과 활성화 에너지 등을 확인할 수 있다. 와이블 분포의 형상모수 β는 1.36445이고 특성수명(제63.2 백분위수)은 $\eta_{40℃} = 27,309.7$, $\eta_{60℃} = 6,491.55$, $\eta_{80℃} = 1,815.73$이다. 사용 조건에서의 특성수명은 60,141.6시간으로 추정된다.

추정방법: 최대우도법
분포: 와이블 분포
가속변수와의 관계: Arrhenius

회귀분석표

예측변수	계수	표준오차	Z	P	95.0% 정규 CI 하한	95.0% 정규 CI 상한
절편	−13.7180	3.42535	−4.00	0.000	−20.4316	−7.00444
Temp	0.645846	0.100180	6.45	0.000	0.449496	0.842196
형상모수	1.36445	0.200293			1.02331	1.81932

로그 우도 = −323.946
백분위수표

백분율	Temp	백분위수	표준오차	95.0% 정규 CI 하한	95.0% 정규 CI 상한
63.2	30	60141.6	26171.3	25630.9	141119
63.2	40	27309.7	8780.84	14542.3	51286.4
63.2	60	6491.55	1002.55	4796.11	8786.32
63.2	80	1815.73	346.537	1249.10	2639.40

그림 **11.9** Minitab 세션 출력 창의 일부

따라서 가속계수는 $AF = \eta_{U(30℃)}/\eta_{a(60℃)}$이므로 정상 조건에 대한 60℃ 조건의 가속계수는 $AF = 60,141.6/6,491.55 = 9.26$이 된다(그림 11.7과 그림 11.9의 특성수명 값들의 미세한 차이는 적용된 63.2%가 근사값이라 발생한 현상임).

그림 11.9의 세션 출력 창의 회귀분석 결과에서 활성화 에너지($Temp$의 계수)를 0.645846으로 추정할 수 있으므로 다음과 같이 Arrhenius 모형으로 정식화할 수 있다.

$$
\begin{aligned}
\ln\eta = \ln(1/\lambda) &= \ln\beta_0 + \frac{E_a}{k} \cdot \frac{1}{Temp} \\
&= -13.7180 + \frac{0.645846}{8.6171 \times 10^{-5}} \cdot \frac{1}{Temp} \\
&= -13.7180 + 0.645846 \cdot \frac{11,604.83}{Temp}
\end{aligned}
$$

11.3.2 최우추정법에 의한 모수추정*

일반적인 가속수명시험 상황에서 모수의 추정에 관한 수리적 분석과정을 나타낼 수 있는 경우는 매우 한정적이다. 가속수명시험 자료에 대한 모수 추정법으로 널리 쓰이는 최우추정법의 개괄적인 전개 과정은 다음 소절에서 소개하며, 여기서는 수명이 지수분포를, 가속모형은 스트레스 변수가 하나인 역거듭제곱 법칙 모형을 따를 때, 제2종 관측중단 형태일 경우를 대상으로 모수를 추정하는 통계적 방법의 수리적 분석과정을 예시한다(Mann et al., 1974).

스트레스 변수가 s일 때 $s^{(0)}(\leq s^{(1)})$를 사용 조건의 스트레스 수준이라고 정의하면 스트레스 수준별로 다음과 같은 관계가 성립한다고 가정한다.

$$s^{(1)} < s^{(2)} < \cdots < s^{(k)} \tag{11.25}$$

k개의 스트레스 수준에서 일정형 가속수명시험을 수행한다고 하자. 수명분포가 지수분포이고 평균을 $\theta(s)$라 하면 고장률은 $\lambda(s) = \theta(s)^{-1}$이 된다. 스트레스와 고장률 간의 관계는 다음과 같은 역거듭제곱 법칙 모형으로 설명된다고 가정하자.

$$\theta(s) = \beta_0 s^{-\beta_1} \tag{11.26}$$

단, β_0와 β_1은 미지의 상수

이 모형에 포함된 상수 β_0, β_1은 가속 스트레스 조건에서 시험된 수명자료를 기초로 추정된다. 주어진 스트레스 수준 $s^{(j)}$, $j = 1, 2, \ldots, k$에서 $F_T(t_j; s^{(j)})$는 상수 β_0, β_1을 제외하고 알려져 있다고 가정한다. 이 상수를 시험 자료로부터 최우추정법 또는 최소제곱법을 적용하여 추정할 수 있다. 이와 같이 추정된 값들을 $\hat{\beta}_0$와 $\hat{\beta}_1$이라고 표현하자. 수명의 분포함수에 사용 스트레스 $s^{(0)}$와 더불어 이 추정값들을 대입하면 가속 스트레스 조건의 수명자료를 기반으로 사용 조건의 스트레스 수명분포 $F_T(t;\ s^{(0)})$의 추정값($\widehat{F_T}(t;\ s^{(0)})$)을 구할 수 있다.

각 스트레스 수준에 할당된 시험 단위의 수와 고장 개수가 각각 n_j, r_j(제2종 관측중단)이고 TTT_j를 스트레스 수준 $s^{(j)}$에서 관측중단 시간 T_{r_j}(확률변수이며 실제 관측중단 시간은 t_{r_j}로 표시함)까지의 총 시험 시간이라 할 때 가속수명시험을 통해 얻은 모든 정보는 다음과 같이 요약할 수 있다.

$$(s^{(j)}, n_j, r_j, TTT_j), \quad j = 1, 2, \ldots, k \tag{11.27}$$

$$TTT_j = \sum_{i=1}^{r_j} t_{ji} + (n_j - r_j) t_{r_j}, \quad j = 1, 2, \ldots, k \tag{11.28}$$

단, t_{ji}는 $s^{(j)}$에서 관측된 i번째 고장시간

$\theta(s^{(j)})$는 스트레스 수준 $s^{(j)}$에서 평균고장시간이고, $\lambda(s^{(j)})$은 이에 대응되는 고장률일 때 $Y_j = 2\lambda(s^{(j)}) \cdot TTT_j$, $j = 1, 2, ..., k$는 다음과 같이 자유도가 $2r_j$인 χ^2 분포를 따른다(9.5.2절 참조).

$$f_{Y_j}(y_j) = \frac{1}{2^{r_j}\Gamma(r_j)} y_j^{r_j - 1} e^{-y_j/2}, \quad y_j > 0, \ j = 1, 2, ..., k \tag{11.29}$$

따라서

$$f_{TTT_j}(t_j) = \frac{1}{2^{r_j}\Gamma(r_j)} \left[2\lambda(s^{(j)})t_j\right]^{r_j - 1} e^{-\lambda(s^{(j)})t_j} \cdot 2\lambda(s^{(j)})$$

$$= \frac{1}{\Gamma(r_j)} \cdot \lambda(s^{(j)})^{r_j} t_j^{r_j - 1} e^{-\lambda(s^{(j)})t_j}, \quad t_j > 0, \ j = 1, 2, ..., k$$

이고 $f_{TTT_1, ..., TTT_k}(\cdot)$는 다음 식과 같이 나타낼 수 있다.

$$f_{TTT_1, ..., TTT_k}(t_1, ..., t_k) = \prod_{j=1}^{k} \left[\frac{1}{\Gamma(r_j)} \lambda(s^{(j)})^{r_j} t_j^{r_j - 1} e^{-\lambda(s^{(j)})t_j}\right],$$
$$t_j > 0, \ j = 1, 2, ..., k \tag{11.30}$$

여기서는 역거듭제곱 법칙 모형을 가정하고 있으므로 고장률에 대해 다음 식이 성립한다.

$$\lambda(s^{(j)}) = \frac{1}{\beta_0}(s^{(j)})^{\beta_1} \tag{11.31}$$

식 (11.31)의 골격을 유지하면서 다음 형태로 정의하는 것이 유도과정에서 편리하다.

$$\lambda(s^{(j)}) = \frac{1}{\beta_0}\left(\frac{s^{(j)}}{\dot{s}}\right)^{\beta_1} \tag{11.32}$$

여기서 $\dot{s}$는 s_j의 가중 기하평균으로 다음 식과 같다.

$$\dot{s} = \prod_{j=1}^{k} (s^{(j)})^{r_j / \sum_{i=1}^{k} r_i} \tag{11.33}$$

식 (11.32)를 이용하여 β_0와 β_1의 최우추정량인 $\hat{\beta}_0$와 $\hat{\beta}_1$은 점근적으로 독립임을 보일 수 있다. 식 (11.32)를 식 (11.30)에 대입하여 다음 식을 얻을 수 있다.

$$f_{TTT_1, ..., TTT_k}(t_1, ..., t_k; \beta_0, \beta_1) = \prod_{j=1}^{k} \frac{1}{\Gamma(r_j)} \left[\frac{1}{\beta_0}\left(\frac{s^{(j)}}{\dot{s}}\right)^{\beta_1}\right]^{r_j} t_j^{r_j - 1} e^{-(s^{(j)}/\dot{s})^{\beta_1} t_j / \beta_0} \tag{11.34}$$

이에 대응하는 우도함수는 다음 식과 같다.

$$L(\beta_0, \beta_1; t_1, ..., t_k) = \prod_{j=1}^{k} \frac{1}{\Gamma(r_j)} \left[\frac{1}{\beta_0} \left(\frac{s^{(j)}}{\dot{s}} \right)^{\beta_1} \right]^{r_j} t_j^{r_j - 1} e^{-(s^{(j)}/\dot{s})^{\beta_1} t_j / \beta_0} \tag{11.35}$$

따라서 대수우도함수는

$$\begin{aligned} l(\beta_0, \beta_1) &= \ln L(\beta_0, \beta_1; t_1, ..., t_k) \\ &= \sum_{j=1}^{k} \left[-\ln\Gamma(r_j) - r_j \ln\beta_0 + \beta_1 r_j \ln\left(\frac{s^{(j)}}{\dot{s}} \right) + (r_j - 1)\ln t_j - \frac{1}{\beta_0} \left(\frac{s^{(j)}}{\dot{s}} \right)^{\beta_1} t_j \right] \end{aligned} \tag{11.36}$$

이므로 β_0와 β_1의 최우추정량인 $\hat{\beta}_0$와 $\hat{\beta}_1$은 식 (11.37)과 식 (11.38)의 두 방정식을 풀어서 얻은 해가 된다.

$$\frac{\partial l(\beta_0, \beta_1)}{\partial \beta_1} = -\sum_{j=1}^{k} r_j (\ln s^{(j)} - \ln \dot{s}) - \sum_{j=1}^{k} \frac{1}{\beta_0} \left(\frac{s^{(j)}}{\dot{s}} \right)^{\beta_1} \ln\left(\frac{s^{(j)}}{\dot{s}} \right) t_j = 0 \tag{11.37}$$

$$\frac{\partial l(\beta_0, \beta_1)}{\partial \beta_0} = \sum_{j=1}^{k} \left(-\frac{r_j}{\beta_0} \right) + \sum_{j=1}^{k} \left(\frac{s^{(j)}}{\dot{s}} \right)^{\beta_1} \frac{t_j}{\beta_0^{\ 2}} = 0 \tag{11.38}$$

한편 식 (11.33)에서 양변에 로그를 취하면 다음과 같이 되므로,

$$\ln \dot{s} = \sum_{j=1}^{k} \frac{r_j}{\sum_{i=1}^{k} r_i} \ln s^{(j)}$$

이를 변형하여 식 (11.39)를 얻을 수 있다.

$$\sum_{j=1}^{k} r_j (\ln s^{(j)} - \ln \dot{s}) = 0 \tag{11.39}$$

따라서 식 (11.39)를 이용하면 식 (11.37)은 다음과 같이 단순화된다.

$$\sum_{j=1}^{k} \left(\frac{s^{(j)}}{\dot{s}} \right)^{\beta_1} \ln\left(\frac{s^{(j)}}{\dot{s}} \right) t_j = 0 \tag{11.40}$$

단, 여기서 t_j는 TTT_j 임

이 식에서 β_1의 최우추정량 $\hat{\beta}_1$ 값을 구할 수 있으며, 모수 β_0의 최우추정량 $\hat{\beta}_0$를 식 (11.38)로부터 다음과 같이 구할 수 있다.

$$\hat{\beta}_0 = \frac{1}{\sum_{i=1}^{k} r_i} \sum_{j=1}^{k} \left(\frac{s^{(j)}}{\dot{s}} \right)^{\hat{\beta}_1} \tag{11.41}$$

식 (11.40)과 식 (11.41)로부터 해석적으로 $\hat{\beta}_0$와 $\hat{\beta}_1$값을 구할 수 없으므로 반복적인 수치해법이 적용되어야 한다.

$\hat{\beta}_0$와 $\hat{\beta}_1$의 점근적 분산은 Fisher 행렬(부록 E 참조)으로부터 다음과 같이 구할 수 있으며, 점근적 공분산은 0이 된다(연습문제 11.8 참조).

$$Avar(\hat{\beta}_1) = \left[\sum_{j=1}^{k} r_j \left(\ln \frac{s^{(j)}}{\dot{s}} \right)^2 \right]^{-1} \tag{11.42}$$

$$Avar(\hat{\beta}_0) = \beta_0^2 \left(\sum_{j=1}^{k} r_j \right)^{-1} \tag{11.43}$$

$$Acov(\hat{\beta}_0, \hat{\beta}_1) = 0 \tag{11.44}$$

따라서 $\hat{\beta}_0$와 $\hat{\beta}_1$은 점근적으로 독립이다.

사용 스트레스 $s^{(0)}$에서 고장률의 추정량은 식 (11.45)와 같으므로,

$$\hat{\lambda}_0 = \frac{1}{\hat{\beta}_0} \left(\frac{s^{(0)}}{\dot{s}} \right)^{\hat{\beta}_1} \tag{11.45}$$

사용 스트레스 조건에서 수명의 확률밀도함수는 다음과 같이 추정할 수 있다.

$$f_T(t) = \hat{\lambda}_0 e^{-\hat{\lambda}_0 t}, \quad t > 0$$

예제 11.4

지수분포와 역거듭제곱 법칙 모형(스트레스는 전압)을 따르는 커패시터의 신뢰도를 평가하기 위해 세 수준의 가속조건(80, 100, 120V)에서 각각 8개를 시험하여 모두 고장이 발생할 때까지 관측하였다. 세 조건에서 TTT가 33,600, 22,400, 10,800시간으로 구해졌다면 사용조건 50V의 고장률과 100V에서의 가속계수를 구하라.

가속수명시험으로 얻은 수명자료 정보(식 (11.27))는 다음과 같이 표시된다.

$$k = 3, \quad (80,\ 8,\ 8,\ 33{,}600),\ (100,\ 8,\ 8,\ 22{,}400),\ (120,\ 8,\ 8,\ 10{,}800)$$

$r = 24$이고 $\dot{s} = 80^{8/24} \cdot 100^{8/24} \cdot 120^{8/24} = 98.65$가 되므로 이를 식 (11.40)에 대입하면 다음의 방정식이 구해진다.

$$(80/98.65)^{\hat{\beta}_1} \ln(80/98.65)(33{,}600) + (100/98.65)^{\hat{\beta}_1} \ln(100/98.65)(22{,}400) +$$
$$(120/98.65)^{\hat{\beta}_1} \ln(120/98.65)(10{,}800) = 0$$

이를 만족하는 β_1을 수치적 해법으로 구하면 2.74로 추정된다. 이 값을 식 (11.41)에 대입하면 β_0의 추정값은 다음과 같이 구해진다.

$$\hat{\beta}_0 = \frac{1}{24}[(80/98.65)^{2.74}(33,600) + (100/98.65)^{2.74}(22,400) + (120/98.65)^{2.74}(10,800)] = 2,527$$

여기서 모형을 식 (11.32)로 변환하였으므로 역거듭제곱 법칙 모형의 실제 β_0의 추정값은 $2,527 \cdot 98.65^{2.74} = 7.352 \times 10^8$ (즉, 가속모형은 $\lambda(s) = s^{2.74}/(7.352 \times 10^8)$으로 표현됨)가 된다.
사용조건 50V의 고장률은 식 (11.45)에 대입하여

$$\hat{\lambda}_0 = \frac{1}{2,527}\left(\frac{50}{98.75}\right)^{2.74} = 0.000061/\text{hr}$$

를 구할 수 있으며, 또한 100V에서의 가속계수 추정값은 $(100/50)^{2.74} = 6.68$이 된다.

■■■

11.3.3 복합 가속수명시험 자료의 분석*

단일 가속 스트레스에 의한 가속수명시험을 실시할 경우에 가속수준이 상당히 높아 외삽이 커지거나 사용조건에서 발생하지 않는 다른 고장모드가 발생할 가능성이 높아진다. 이런 외삽의 영향을 완화시키는 방법으로 전 절의 단일 스트레스보다 두 가지 이상의 스트레스를 가속화하는 복합 가속수명시험을 대안으로 채택할 수 있다.

복합 가속수명시험에 관한 분석은 회귀모형을 통해 수행할 수 있다. 즉, 회귀모형의 보편화된 표현방식은 $\boldsymbol{x} = (x_1, \cdots, x_k)$로 정의된 k개의 설명변수의 함수로 수명분포를 나타내는 것으로서, 예를 들면 다음과 같다.

$$\Pr(T \le t; \boldsymbol{x}) = F(t; \boldsymbol{x}) = F(t)$$

여기서 상기 표기를 간소화하기 위하여 어떤 경우에는 $F(t)$가 $\boldsymbol{x}$에 의존하는 표기를 삭제하며, 설명변수에는 온도, 전압, 압력 등의 연속 스트레스 변수 외에 다음과 같은 이산 또는 범주형 변수도 쓰일 수 있다.

- 시스템의 동시 사용자 수 또는 경화제 처리횟수와 같은 이산 변수
- 제조자, 설계, 그리고 위치와 같은 범주형 변수

회귀모형의 중요한 형태는 모형의 모수벡터 $\boldsymbol{\theta} = (\theta_1, \cdots, \theta_k)$ 중에서 하나 이상의 요소가 설명

변수의 함수가 되도록 정식화한다. 일반적으로 자료로부터 추정될 필요가 있는 하나 이상의 미지모수를 가지는 특정 형태의 함수를 고려한다.

널리 쓰이는 척도-가속고장시간(이하 SAFT) 모형은 설명변수 $\boldsymbol{x}$의 시간에 따른 영향을 표현하는데, 이 모형은 $\boldsymbol{x}$의 함수인 시간 척도 가속계수를 이용하여 식 (11.46)과 같이 정의된다.

$$T(\boldsymbol{x}) = T(\boldsymbol{x}_0)/AF(\boldsymbol{x}), \quad AF(\boldsymbol{x}) > 0, AF(\boldsymbol{x}_0) = 1 \tag{11.46}$$

여기서 $T(\boldsymbol{x})$는 조건 $\boldsymbol{x}$에서의 수명이며, $T(\boldsymbol{x}_0)$는 대응되는 기준 조건 $\boldsymbol{x}_0$의 수명이다. 가속계수 $AF(\boldsymbol{x})$는 보편적으로 사용되는 형태로서 다음과 같은 대수선형관계가 채택된다($AF(\boldsymbol{x}) > 0$).

- 스칼라 x의 경우: $AF(x) = 1/\exp(\beta_1 x)$ 단, $x_0 = 0$.
- 벡터 $\boldsymbol{x} = (x_1, \cdots, x_k)$인 경우, $AF(\boldsymbol{x}) = 1/\exp(\beta_1 x_1 + \cdots + \beta_k x_k)$ 단, $\boldsymbol{x}_0 = \mathbf{0}$.

식 (11.46)은 $AF(\boldsymbol{x})$가 시간에 따라 미치는 효과를 나타내고 있으며 누적분포함수에 이를 대입하면 기준 누적분포함수가 $F(t;\boldsymbol{x}_0)$일 때 $F(t;\boldsymbol{x}) = F(AF(\boldsymbol{x}) \times t; \boldsymbol{x}_0)$ 가 된다. 또한 분포의 분위수에 적용하면, $t_q(\boldsymbol{x}) = t_q(\boldsymbol{x}_0)/AF(\boldsymbol{x})$ 가 되므로, 대수를 취하여 $\ln[AF(\boldsymbol{x})]$ 항을 분리하면 다음 식 (11.47)와 같이 나타낼 수 있다.

$$\ln[t_q(\boldsymbol{x}_0)] - \ln[t_q(\boldsymbol{x})] = \ln[AF(\boldsymbol{x})] \tag{11.47}$$

식 (11.47)에 대한 예를 들면 그림 11.10처럼 대수척도 시간 축을 가지는 대수정규분포의 확률지에서 $F(\boldsymbol{x})$가 $\ln t$ 축에 따라 $F(t, \boldsymbol{x}_0)$를 좌측으로 평행 이동한 함수에 속하는 경우이다.

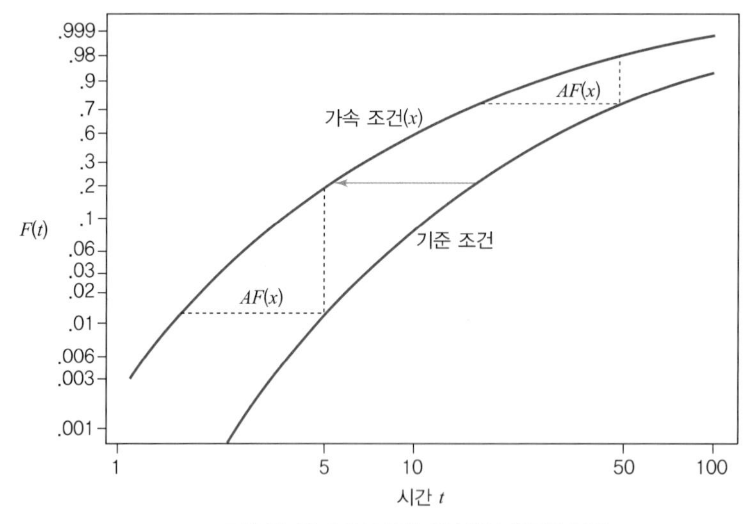

그림 **11.10** SAFT 모형: 대수정규 확률지 도시

SAFT 모형은 해석이 비교적 용이하므로, 단순한 고장 메커니즘의 물리적 이론에 의해 종종 채택되지만, 항상 이 모형이 성립되는 것은 아니다.

SAFT 모형을 신뢰성 분석에 활용하려면 대수-위치-척도 분포(예: 와이블, 대수정규 분포 등)에 기반한 선형회귀모형과 위치-척도 분포군(최소극치의 검벨분포, 정규분포 등)에 기초한 선형회귀모형을 이해해야 한다. 이를 위해 설명변수가 2개인 경우를 예시하며, 셋 이상(단일 변수 포함)의 설명변수가 있는 경우나 이차 이상의 관계가 있을 경우로 쉽게 확장할 수 있을 것이다. 이 모형들은 전통적인 선형회귀모형과 상당한 관련이 있지만, 관측중단자료와 비정규분포를 다루기 위해 최소제곱법 대신에 최우(ML) 추정법을 채택해야 되는 특징이 있다.

두 설명변수를 가지는 경우에 Y에 관한 위치-척도 분포 선형회귀모형(정규와 최소극치의 검벨분포 분포가 포함됨)의 누적분포함수와 $100 \times q\%$ 백분위 수명은 각각 식 (11.48) 및 식 (11.49)로 나타낼 수 있으며, 이 식에서 위치모수 $\mu(\boldsymbol{x}) = \beta_0 + \beta_1 x_1 + \beta_2 x_2$이고 척도모수 σ는 설명변수 $\boldsymbol{x} = (x_1, x_2)$에 의존하지 않는다.

$$\Pr(Y \le y) = F(y; \beta_0, \beta_1, \beta_2, \sigma) = \Phi\left(\frac{y - \mu(\boldsymbol{x})}{\sigma}\right) \tag{11.48}$$

$$y_q(\boldsymbol{x}) = \mu(\boldsymbol{x}) + \Phi^{-1}(q)\sigma = \beta_0 + \beta_1 x_1 + \beta_2 x_2 + \Phi^{-1}(q)\sigma \tag{11.49}$$

여기서 Φ는 정규분포일 때 Φ_{nor}, 그리고 최소극치의 검벨분포 분포일 때 Φ_{sev}로 나타내며, 이들 분포는 $(y - \mu(\boldsymbol{x}))/\sigma$로 변환하면 모수에 의존하지 않는 형태가 된다. 이 모형에서 β_0는 $x_1 = 0$, $x_2 = 0$일 때의 $\mu(\boldsymbol{x})$로 해석될 수 있으며, $\beta_1(\beta_2)$은 $x_1(x_2)$가 한 단위 증가하는 경우에 $\mu(\boldsymbol{x})$ 또는 $y_q(\boldsymbol{x})$의 변화량이다.

우측 관측중단일 때 n개의 독립인 관측단위의 표본(y_i)에 대한 우도함수는 식 (11.50)와 같이 표현할 수 있다.

$$\begin{aligned} L(\beta_0, \beta_1, \beta_2, \sigma) &= \prod_{i=1}^{n} L_i(\beta_0, \beta_1, \beta_2, \sigma; y_i) \\ &= \prod_{i=1}^{n} \left[\frac{1}{\sigma}\phi\left(\frac{y_i - \mu_i}{\sigma}\right)\right]^{\delta_i} \left[1 - \Phi\left(\frac{y_i - \mu_i}{\sigma}\right)\right]^{1-\delta_i} \end{aligned} \tag{11.50}$$

여기서 ϕ는 대응되는 Φ의 확률밀도함수이고, i번째 관측치에 대해 $\mu_i = \beta_0 + \beta_1 x_{1i} + \beta_2 x_{2i}$ 이며, 정확한 고장시간일 때 $\delta_i = 1$이고 우측 관측중단이면 $\delta_i = 0$이다. 좌측 관측중단 또는 구간 관측중단자료일 경우에 유사한 항이 부가될 수 있다. ML 추정값은 식 (11.50) 또는 이를 대응하는 대수 우도함수를 최대화하는 β_j, $j = 0, 1, 2$와 σ값을 찾음으로써 구할 수 있다. 정규분포를 따르고 완전자료인 경우에 ML 추정값은 폐쇄형(closed form)으로 구할 수 있지만, 일반적으로 대수 우도를 최대화하기 위해서는 수치해법이 필요하다.

T에 관한 대수-위치-척도 분포 선형회귀모형(대수정규분포와 와이블 분포가 포함됨)의 누적 분포함수와 $100 \times q\%$ 백분위 수명은 각각 식 (11.51) 및 식 (11.52)로 나타낼 수 있으며, $\mu(\boldsymbol{x}) = \beta_0 + \beta_1 x_1 + \beta_2 x_2$이고 σ는 $\boldsymbol{x}$에 의존하지 않는다.

$$\Pr(T \le t) = F(t; \beta_0, \beta_1, \beta_2, \sigma) = \Phi\left(\frac{\ln t - \mu(\boldsymbol{x})}{\sigma}\right) \quad (11.51)$$

$$y_q(\boldsymbol{x}) = \ln[t_q(\boldsymbol{x})] = \mu(\boldsymbol{x}) + \Phi^{-1}(q)\sigma = \beta_0 + \beta_1 x_1 + \beta_2 x_2 + \Phi^{-1}(q)\sigma \quad (11.52)$$

$t_q(\boldsymbol{x})$와 x간의 관계는 식 (11.52)와 같이 대수선형 형태가 되며, Φ는 대수정규분포일 때 Φ_{nor}, 와이블 분포일 때 Φ_{sev}로 나타내며, 이들 분포는 $\{\ln t - \mu(\boldsymbol{x})\}/\sigma$로 변환하면 모수에 의존하지 않는 형태가 된다. 백분위 수명에 대한 함수를 다시 표현하면 $t_q(\boldsymbol{x}) = \exp[y_q(\boldsymbol{x})] = \exp(\beta_1 x_1 + \beta_2 x_2) t_q(\boldsymbol{x}_0)$가 되어, 이 모형은 $AF(\boldsymbol{x}) = 1/\exp(\beta_1 x_1 + \beta_2 x_2)$인 SAFT 모형이 된다.

독립이고 우측 관측중단된 관측치(t_i)가 n개일 경우의 우도함수는 식 (11.53)로 나타낼 수 있으며, 여기서 i번째 관측치에 대해 $\mu_i = \beta_0 + \beta_1 x_{1i} + \beta_2 x_{2i}$이고, 정확한 고장시간자료일 경우에 $\delta_i = 1$, 우측 관측중단자료일 경우에 $\delta_i = 0$ 이다.

$$\begin{aligned} L(\beta_0, \beta_1, \beta_2, \sigma) &= \prod_{i=1}^{n} L_i(\beta_0, \beta_1, \beta_2, \sigma; t_i) \\ &= \prod_{i=1}^{n} \left\{\frac{1}{\sigma t_i}\phi\left[\frac{\ln t_i - \mu_i}{\sigma}\right]\right\}^{\delta_i} \left\{1 - \Phi\left[\frac{\ln t_i - \mu_i}{\sigma}\right]\right\}^{1-\delta_i} \end{aligned} \quad (11.53)$$

ML 추정값은 식 (11.53) 또는 이에 대응하는 대수 우도를 최대화하는 β_0, β_1, β_2, σ값을 수치해법 등을 이용해 구할 수 있다.

예제 11.5

표 11.5는 대수정규분포를 따른다고 알려진 전기부품을 온도와 전압을 가속 스트레스로 택하여 가속수명시험을 실시한 결과이다. 사용조건이 45℃, 9V일 때 반년 간(4,380시간)의 신뢰도를 추정하고, 75℃와 12V과 더불어 100℃와 15V일 때의 가속계수를 구하라.

온도는 Arrhenius 모형을, 전압은 역거듭제곱 법칙 모형을 따른다고 알려져 있으므로, 대수-위치-척도 분포 선형회귀모형(일반화 아이링 모형에 속함)을 채택하면 다음과 같이 적을 수 있다(여기서 두 스트레스 간에 교호작용까지 고려할 경우는 연습문제 11.13 참조).

$$\mu(\boldsymbol{x}) = \ln\alpha + E_a\left(\frac{1}{k \cdot Temp}\right) - \gamma\ln V = \beta_0 + \beta_1 x_1 + \beta_2 x_2 \tag{11.54}$$

$$y_q(\boldsymbol{x}) = \ln t_q = \beta_0 + \beta_1 x_1 + \beta_2 x_2 + \sigma\Phi_{nor}^{-1}(q)$$

여기서 $\beta_0 = \ln\alpha,\ \beta_1 = E_a,\ \beta_2 = -\gamma,\ x_1 = \dfrac{1}{k \cdot Temp} = \dfrac{11{,}604.83}{Temp},\ x_2 = \ln V$

표 **11.5** 온도와 전압-가속수명시험 자료

온도(℃)	전압(V)	수명(hr)	온도(℃)	전압(V)	수명(hr)
75	12	1,240	75	15	1,190
75	12	1,370	75	15	1,400+
75	12	1,520	100	12	510
75	12	1,640	100	12	590
75	12	2,000+	100	12	660
75	15	760	100	12	800+
75	15	870	100	12	800+
75	15	990	–	–	–

㈜ +: 관측중단 표시임

먼저 두 스트레스 수준의 3가지 조합별로 대수정규 확률지에 타점한 그림 11.11에서 3개의 기울기 중 온도가 75℃이고 전압이 12V인 경우는 다른 두 직선과 약간의 차이가 있다고 보이지만, 그리 차이가 크지 않으므로 같다고 볼 수 있다(Minitab 등을 이용해 세 스트레스 수준에서의 기울기(대수정규분포의 경우이므로 척도모수(σ))가 동일한지 가설검정을 실시하여 가속성이 성립함을 확인할 수 있다).

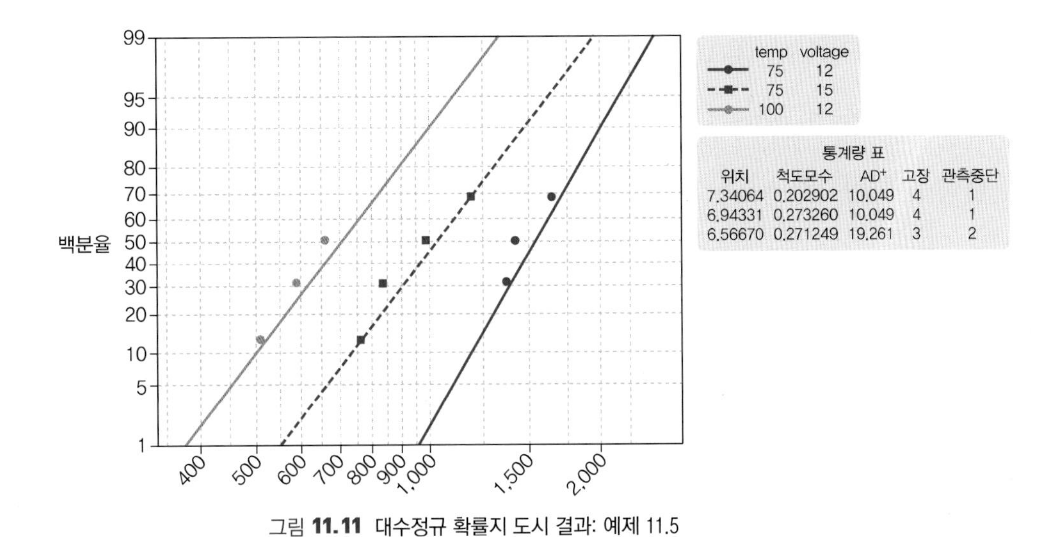

그림 **11.11** 대수정규 확률지 도시 결과: 예제 11.5

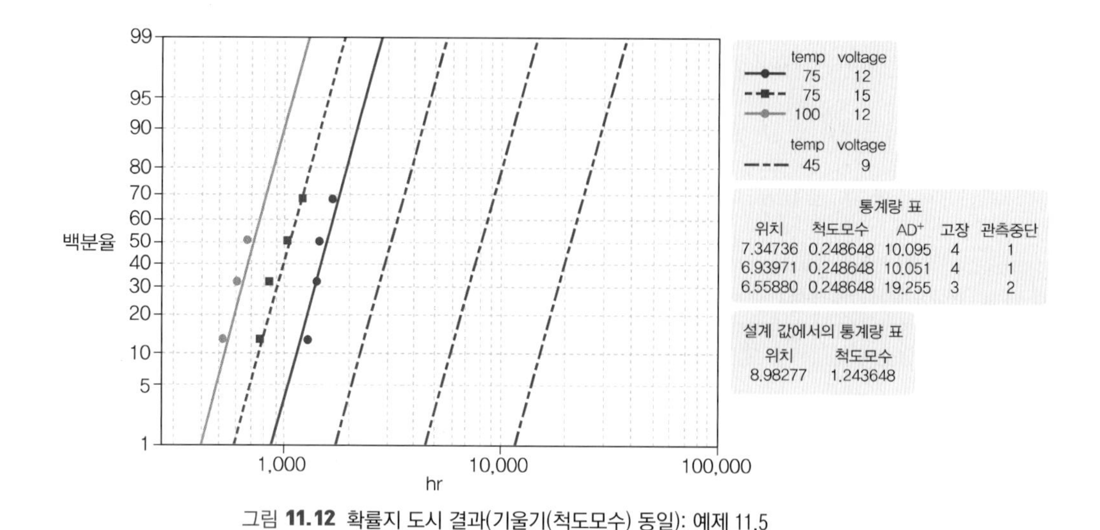

그림 **11.12** 확률지 도시 결과(기울기(척도모수) 동일): 예제 11.5

기울기를 동일하게 설정하여 확률지에 타점한 그림 11.12의 결과로부터 세 수준별로 중앙값은 $t_{0.5}$(75℃, 12 V)= $e^{7.34736}$ =1,552, $t_{0.5}$(75℃, 15 V)= $e^{6.93971}$ =1,032, $t_{0.5}$(100℃, 12 V)= $e^{6.55880}$ = 705.4로, σ는 0.2486, $\beta_0, \beta_1, \beta_2$는 각각 0.1166, 0.3531, −1.8269로 추정되므로(Minitab 활용), 사용조건 하의 중앙값은 다음과 같이 구할 수 있다(자릿수 차이로 그림 11.12와 미세한 차이 발생).

$$\mu(45℃,9\,V) = 0.1166 + 0.3531\left(\frac{11,604.83}{273.15+45}\right) - 1.8269\ln 9 = 8.9822$$

$$t_{0.5}(45℃,9\,V) = e^{8.9822} = 7,960$$

또한 가속조건('a')과 사용조건('U') 사이의 가속계수를 구해보자. 11.2절에서 가속계수는 $AF = \mu_U/\mu_a$이므로 사용조건(45℃, 9V)에 대한 가속조건(75℃,12V)의 가속계수를 구하면

$$AF(75℃,12\,V) = e^{8.9822-7.34736} = 5.13$$

5.13이 되며, 시험에 포함되지 않는 가속조건(100℃,15V)의 가속계수도 다음과 같이 구할 수 있다.

$$\mu(100℃,15\,V) = 0.1166 + 0.3531\left(\frac{11,604.83}{273.15+100}\right) - 1.8269\ln 15 = 6.1505$$

$$AF(100℃,15\,V) = e^{8.9822-6.1505} = 17.0$$

그리고 사용조건 하에서 반년 간(4,380시간)의 신뢰도는

$$R_U(4,380) = \Pr\left(Z \geq \frac{\ln 4,380 - 8.9822}{0.24865}\right) = 1 - \Phi_{nor}(-2.403) = 1 - 0.008 = 0.992$$

0.992로 추정된다.

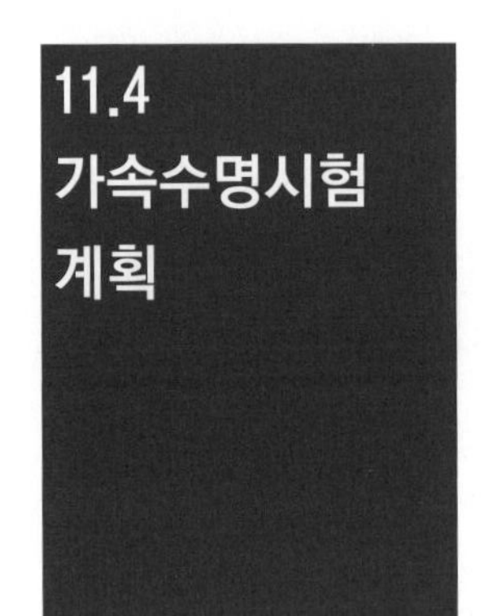

11.4.1 개요

가속수명시험(ALT)은 통상적으로 비용과 시간 제약 하에서 수행되므로 주도면밀한 계획 수립은 필수적이다. 시험에 투입되는 자원은 효율적으로 활용되어야 하며, ALT에 따른 외삽의 양도 최소한으로 유지해야 한다. 시험의 계획 단계에서 담당 기술자는 규정된 모형 하에서 통계적 효율성과 경제성 등을 고려한 시험계획을 수립해야 하며, 이로부터 도출된 시험계획과 모형에 의해 얻을 수 있는 결과의 변동정도와 파급영향에도 유의해야 한다.

특히 ALT 계획의 제반 성질은 수명분포와 가속모형 등과 그 모형의 모수에 의존한다. 일반적으로 주된 모형의 형태와 이 중 적어도 몇 개의 모수는 알려져 있다. 즉, 시험계획 후보들의 평가와 비교를 위하여 모형에 관해 어느 정도의 계획 정보를 가지고 있어야 한다. 이런 계획 정보들은 유사한 제품 및 고장모드에 관한 과거 경험과 축적 자료, 전문가의 의견, 그리고 기타 제품관련 정보 등에서 얻을 수 있다.

11.4.2 기본 모형

이 절에서의 기본 모형은 11.3.3절에서 소개한 대수-위치-척도 분포를 대상으로 삼는다.

즉, 대부분의 모수적 ALT 모형은 고장시간의 가변성을 표현하기 위하여 대수-위치-척도 분포(일례로 와이블 분포이면 최소극치의 검벨분포가 됨)를 채택한다. 고장시간 T에 대한 누적분포함수는 식 (11.55)와 같다.

$$\Pr(T \le t) = F(t;\mu,\sigma) = \Phi\left(\frac{\ln t - \mu}{\sigma}\right) \tag{11.55}$$

여기서 확률변수 $\ln T$의 위치모수인 $\mu = \mu(x)$는 가속변수의 함수이고 σ는 상수이다. 수명과 온도의 관계가 Arrhenius 모형일 경우 다음과 같이 정의할 수 있는데,

$$\mu(x) = \beta_0 + \beta_1 x \tag{11.56}$$

β_0, β_1는 가속모형의 절편과 기울기가 되며, 식 (11.3)에서 $x = 11{,}604.83/(\text{온도℃} + 273.15)$가 된다.

예제 11.6

대상 제품의 신뢰성 평가 책임이 있는 기술자는 사용조건의 온도 25℃에서 고장시간 분포의 10% 백분위수(B_{10} 수명)에 대해 추정하고자 하며, 이 수명은 2.5년 이상으로 예상되었다. 120개 제품을 가용할 수 있으며 이용가능한 시험시간은 단지 100일인데, 만약 시험이 25℃에서 수행된다면 고장이 하나도 발생하지 않을 것으로 여겨진다. 그러나 100일 동안의 무고장도 B_{10}수명이 적어도 2.5년이라는 확신을 제공하지는 않아 이런 요구를 실증하기 위하여 ALT가 제안되었다.
엔지니어는 이 제품의 화학적 반응이 적절한 고온대에서 Arrhenius 관계를 갖도록 모형화할 수 있음을 알고 있다. 또한 엔지니어는 25℃에서 100일 내에 해당 제품의 0.1% 정도가 고장이 발생하며, Arrhenius 모형이 성립한다고 여겨지는 높은 온도수준인 85℃(S_H)에서 100일 내에 90% 정도의 고장이 발생할 것으로 판단하고 있다. 그리고 과거 경험에 의하면 수명분포로 와이블 분포가 적절하다고 보이며, 형상모수는 $\beta = 2$ (최소극치의 검벨분포의 σ는 1/2)쯤 될 것으로 여겨진다.
수명분포의 형태와 형상모수가 모든 온도 수준에서 동일함을 고려하면 11장 2절의 가속모형이 적용될 수 있다. 두 스트레스 수준의 고장 확률로부터 β_0/σ, β_1/σ가 다음 식으로부터 구해지므로 β_0와 β_1값을 파악할 수 있다.

$$P_U = \Phi_{sev}\left(\frac{\ln 100 - \beta_0 - \beta_1 x_U}{\sigma}\right) = 0.001$$

$$P_H = \Phi_{sev}\left(\frac{\ln 100 - \beta_0 - \beta_1 x_H}{\sigma}\right) = 0.90$$

단, x_U, x_H는 Arrhenius 온도로 명명되는 식 (11.3)의 $11{,}604.83/Temp$
(즉, 각각 11,604.83/278.15, 11604.83/358.15)에 해당됨

따라서 어떤 온도수준에서도 100일 내에 고장확률을 구할 수 있는 상황이 된다.

상기 예제에서 ALT 계획의 수립에 필요한 입력값을 잘못 규정할 경우를 고려하여 ALT 계획의 민감도를 평가하는 것은 중요하다. 즉, 주어진 계획 값으로 시험계획을 설정할 경우에 계획값의 변화에 따라 제안된 계획이 받는 영향을 평가할 수 있는 민감도 분석이 수행되어야 한다.

한편 예전 현업에서 주로 채택한 전통적 시험계획은 가속변수 수준의 동일한 간격(등 간격)과 각 수준에 동일한 크기의 시험표본을 할당하는 방법을 적용하는 방식으로, 예제 11.6에서 일례로 45, 65, 85℃에서 40개씩 시험하는 방식을 들 수 있다. 이럴 경우에 계획값으로부터 도출된 세 모수값을 대입하면 45, 65, 85℃에서 기대 고장개수가 각각 1, 8, 36개로 특히 낮은 수준에서의 고장개수가 너무 작은 현상이 발생된다.

그러나 추정의 관심대상은 25℃ 스트레스 수준 하에서 수명분포의 낮은 꼬리(즉, 저분위수)에 집중되어 있으므로, 분포의 위쪽 꼬리의 자료는 제한적 가치만을 가진다. 더욱이 낮은 온도에서 상당히 작은 시험표본에서만 고장이 발생할 수 있더라도, 온도를 되도록 낮추고 더 많은 시험표본을 할당하여 시험하는 것이 보다 타당하다. 즉, 이를 통해 시험제품을 사용조건과 근접한 조건에서 시험함으로써 가속수명시험의 리스크를 줄일 수 있다. 이런 점을 고려하면 낮은 온도에서 작은 고장확률을 감안하여 적정한 고장개수가 발생할 것이라는 확신을 가질 수 있도록 보다 많은 시험표본을 할당하는 것이 바람직하다.

따라서 시험수준을 어떻게 설정할 것인가? 또한 각 수준별로 얼마큼 시험제품을 할당할 것인가가 중요한 의사결정 문제가 된다.

이런 문제에 대한 기초이론의 상당부분은 기본적으로 수리적 어려움이 존재하지만, 이 책에서 다루는 대수-위치-척도 분포 외의 다른 수명분포에도 비교적 수월하게 적용할 수 있다.

11.4.3 가속수명시험의 설계

바람직한 가속수명시험 계획을 수립하는 것을 ALT의 설계라고 부르며, 두 가지 접근법, 즉, 몬테카를로 시뮬레이션을 이용한 설계와 대표본 근사를 활용한 설계로 대별할 수 있다.

시뮬레이션은 실험계획의 설계와 평가 시 매우 강력한 도구이다. 규정된 모형과 모수에 관한 계획값에 대하여, ALT 시험을 모의실험하고 시행 간의 다양한 결과를 시각화하기 위해서 컴퓨터의 활용이 요구된다. 이런 시뮬레이션을 통하여 제한된 수의 시험표본을 사용한 결과로부터 발생되는 샘플링의 불확실성에 대한 평가를 수행할 수 있지만, 전용 SW가 요구되는 등 실용적이지 않아 이 절에서는 대표본 근사에 의한 설계방법을 채택한다.

(1) 가속수명시험 계획의 규정

가속수명시험 계획에는 다음 사항이 포함된다.

- 가속(또는 실험) 변수의 실험 범위를 결정한다.
- 가속변수의 수준을 선택한다.
- 각 가속변수의 수준에 할당하는 할당비율과 이에 따른 시험표본의 수를 정한다.

이 절에서는 이러한 의사결정 변수를 결정하는 기초개념을 다루는데, 상기의 기본적인 실험조건에 대한 보다 상세한 이해가 필요하다.

① 실험 범위: 가속변수의 보다 넓은 범위에 대한 시험은 이론적으로 더 높은 정밀도를 제공한다. 그러나 가속변수의 최고 수준은 가속 모형이 성립되는 적절한 범위를 벗어난 시험이 되지 않도록 제약을 가진다. 반면에, 너무 낮은 가속변수의 수준에서의 시험은 가능한 시험시간 동안에 거의 고장이 없거나 전혀 고장이 발생하지 않으므로 이러한 현상 등을 포함한 제약조건들이 가속변수의 범위를 제한시킨다.

② 가속변수의 수준: 이 절에서 다루는 ALT 계획은 가속변수의 둘 또는 세 수준에서 시험된다. s_H와 x_H를 각각 원래와 선형으로 변환된 가속변수의 허용가능한 최고 수준으로, s_U와 x_U를 각각 변환 전과 후의 사용조건이라고 정의하자. 세 수준 시험계획에서 $x_L\,(s_L)$과 $x_M\,(s_M)$은 각각 변환 후(전) 가속변수의 낮은 그리고 중간 수준으로 정의된다.

한편 ALT 계획의 가속변수 수준을 특수한 시험상황과 독립적으로 표현하기 위하여, $a_U=0$, $a_H=1$과 $0<a_i<1$이 되도록 표준화된 가속수준 $a_i=(x_i-x_U)/(x_H-x_U)$을 사용하는 것이 편리할 수 있다. 여기서 만약 a_i가 음의 값을 가지면 사용 조건 x_U보다 더 낮은 실험변수의 수준을 의미한다.

③ 시험표본의 할당: ALT 계획의 시험표본의 할당방법은 전체 시험표본의 수와 독립적으로 표현하기 위해서 x_i(혹은 표준화된 수준 a_i)에 할당되는 시험표본의 비율인 π_i로 나타낸다.

(2) 계획 기준

시험계획의 선정을 위한 적절한 기준은 실험의 목적에 의존한다. 어떤 경우에 특정 기준 하에서 최적은 다른 기준 하에서 우수하지 못한 계획이 될 수 있으므로, 만족할만한 ALT 계획을 얻기 위해서는 절충(trade-off)하는 것이 유용하다. 시험계획을 개발할 때, 다음의 설계기준이 유용하게 사용되고 있다(Meeker and Escobar, 1998).

① ALT 실험의 전형적인 목적은 사용조건에서 수명분포의 낮은 꼬리에 있는 특정 분위수 t_q을 추정하는 것이다. 따라서 널리 쓰이는 기준은 사용조건 x_U에서 목표 분위수의 최우추정량 $\ln(\hat{t}_q)$의 대표본 근사 분산(또는 표준오차)인 $Avar[\ln(\hat{t}_q)]$을 최소화하는 것이다.

② 일부 실험에서는 관심있는 $\boldsymbol{\theta}$의 모수에 대한 추정 정밀도에 더 관심을 가진다. $\boldsymbol{I_\theta}$를 모형 모수에 대한 Fisher 정보량 행렬이라고 정의하면 유용한 두 번째 기준은 $\boldsymbol{I_\theta}$의 행렬식 $|\boldsymbol{I_\theta}|$을 최대화하는 것이다. 이 기준은 $\boldsymbol{\theta}$에 포함되는 모든 모형 모수에 대한 근사적 동시 신뢰구간 영역의 크기가 $\sqrt{|\boldsymbol{I_\theta}|}$의 추정값에 반비례하기 때문에 사용된다.

널리 쓰이는 상기의 두 기준 외에 적합된 모형으로부터 이탈 시의 강건성(robustness)을 평가하기 위하여 보다 일반화된 대안 모형 하에서 시험의 특성을 평가하는 것도 유용하다. 예를 들면, 만약 선형모형 하에서 단일변수 ALT 시험을 설계한다면 이차 모형 하에서 시험계획의 성질을 평가하는 것도 유용하다. 또한 어떤 추정값이 유용한 정밀도를 가지기 위해서는 가속변수의 두 수준 그리고 보다 바람직한 세 혹은 네 수준에서 최우추정에 필요한 최소한의 고장개수(최소 4～5개)보다 많도록 설계하는 것이 필요하다. 그러므로 각 시험조건에서 기대 고장개수의 평가도 중요하다.

대표적으로 쓰이는 ALT 계획으로, 먼저 예제 11.6에서 등 간격으로 구분된 각 온도의 수준에서 시험표본을 동일하게 할당한 전통적 ALT 계획을 살펴보면 관측중단과 외삽으로 인해 이 시험계획은 최적 대안이 될 수 없음을 지적할 수 있다(일례로 낮은 수준(45℃)의 기대 고장개수가 너무 작음). 즉, 이와는 달리 상기 기준 ①과 같이 관심있는 분위수의 최우추정량의 대표본 근사 분산을 최소화하는 가속변수의 수준과 이에 대응되는 시험표본의 할당비율을 설정할 수 있다. 이러한 통계적 기준을 만족하도록 개발된 시험계획을 '최적계획(optimum plan)'이라고 하며 최적계획은 추정의 정밀도 측면에서는 최고일지 모르지만 대체적으로 실용적인 결함을 가진다. 이러한 문제점은 실용적 제약조건 하에서 최적화하는 절충계획(compromise plan)에 의해 완화될 수 있으므로, 절충계획과 이를 보완한 실용적 시험계획들이 최적계획의 대안 계획으로 널리 쓰인다.

(3) 대표본 근사 설계방법*

대표본 근사방법을 이용한 설계는 먼저 모형과 모형 모수의 계획값에 따른 시험계획이 규정되면, 모형 모수 $\boldsymbol{\theta}$ 의 최우추정량의 대표본 분산-공분산 행렬을 구하여 추정치의 표준오차를 근사적으로 계산한다. 즉, 이 행렬을 이용함으로써 최우추정량의 근사 표준오차를 용이하게 계산할 수 있으며, 이 값은 다른 시험계획과 비교할 수 있으므로 시험을 설계하는데 매우 유용하다.

예를 들면, 식 (11.55)의 대수-위치-척도 분포와 Arrhenius 모형(식 (11.3)) 및 역거듭제곱 법칙 모형과 같은 식 (11.56) 형태의 단순 선형 회귀모형 하에서 $\boldsymbol{\theta}$의 최우추정량 $\hat{\boldsymbol{\theta}} = (\hat{\beta}_0, \hat{\beta}_1, \hat{\sigma})$에 대한 대표본 근사 분산-공분산 행렬은 9.6.3절에서 다룬 바와 같이 대수우도를 각 모수에 대해 2차 편미분한 도함수의 음에 대한 기대치를 각 요소로 하는 Fisher 정보량 행렬(information matrix)의 역행렬로부터 식 (11.57)과 같이 구할 수 있다(부록 E 참조).

$$\sum(\hat{\beta}_0, \hat{\beta}_1, \hat{\sigma}) = \begin{pmatrix} Avar(\hat{\beta}_0) & Acov(\hat{\beta}_0, \hat{\beta}_1) & Acov(\hat{\beta}_0, \hat{\sigma}) \\ Acov(\hat{\beta}_0, \hat{\beta}_1) & Avar(\hat{\beta}_1) & Acov(\hat{\beta}_1, \hat{\sigma}) \\ Acov(\hat{\beta}_0, \hat{\sigma}) & Acov(\hat{\beta}_1, \hat{\sigma}) & Avar(\hat{\sigma}) \end{pmatrix} \quad (11.57)$$

단, $Avar$: 점근적 분산, $Acov$: 점근적 공분산

변환된 가속변수 x 에서 $\ln T$의 q분위수의 최우추정량과 이의 점근적 분산($Avar(\cdot)$)은 다음 식과 같이 구할 수 있다.

$$\ln \hat{t}_q = \hat{\beta}_0 + \hat{\beta}_1 x + \Phi^{-1}(q)\hat{\sigma} = \hat{\mu} + \Phi^{-1}(q)\hat{\sigma}$$

$$Avar(\ln \hat{t}_q) = Avar(\hat{\mu}) + [\Phi^{-1}(q)]^2 Avar(\hat{\sigma}) + 2\Phi^{-1}(q) Acov(\hat{\mu}, \hat{\sigma}) \tag{11.58}$$

단, $\Phi(\cdot)$: 누적분포함수

여기서 $Avar(\hat{\mu}) = Avar(\hat{\beta}_0) + 2x Acov(\hat{\beta}_0, \hat{\beta}_1) + x^2 Avar(\hat{\beta}_1)$이고, $Acov(\hat{\mu},\ \hat{\sigma}) = Acov(\hat{\beta}_0, \hat{\sigma}) + x Acov(\hat{\beta}_1, \hat{\sigma})$이며, $\ln\hat{t_q}$의 표준오차는 $\sqrt{Avar[\ln(\hat{t_q})]}$가 된다.

모수, 신뢰도, 고장률 등의 관심 있는 다른 척도의 대표본 근사 분산도 부록 D의 델타방법으로 계산할 수 있으므로 이를 최소화하는 가속수명시험의 설계도 가능하다.

이 설계기준들은 모형 모수의 최우추정량의 대표본 근사 공분산 행렬 Σ에 의존하며, 대체로 컴퓨터 프로그램을 이용하여 평가할 수 있다. 또한 모든 평가 기준이 예제 11.6와 같이 알려지지 않은 모수값에 의존하여 국소 최적설계(locally optimal design)로 불리고 있다(Meeker, 1984). 이러한 모수가 알려져 있지 않아 계획값을 대신 사용하므로, 앞에서 언급한 바와 같이 모수값의 적정 범위에 대하여 민감도 분석을 실시하는 것도 또한 매우 중요하다.

11.4.4 전 고장 시험계획

일정 스트레스 가속수명시험의 계획은 ALT의 기본이 되므로 이 책에서는 여기에 한정하고자 한다. 이런 일정 스트레스 가속수명시험 계획은 계단형 스트레스 시험을 포함한 다른 시험계획에 비해 통계적 최적시험계획(statistically optimum plan), 표준시험계획(standard test plan), 절충시험계획(compromise test plan), 실용적 시험계획(practical test plan) 등의 이름으로 많은 연구가 이루어졌다.

가속수명시험 계획은 시험방법(전 고장 시험, 제1종 관측중단시험, 제2종 관측중단시험 등)과 수명분포(와이블 분포, 대수정규분포, 지수분포 등)에 따라 결과가 다르게 나타난다. 이 소절에서는 최적시험계획에 대한 기본개념을 모든 시험단위의 고장이 관측될 때까지 시험하는 전 고장 시험의 경우를 중심으로 살펴본다.

(1) 기본 가정

가속수명시험이 다음과 같은 조건에서 수행된다고 하자.

- 일정한 가속변수의 수준에서 시험표본의 수명 T는 대수-위치-척도 분포(와이블 분포일 때는 최소극치의 검벨분포, 대수정규분포일 때는 정규분포)를 따른다. 즉, 대수정규분포를 따르면 $Y=\ln T\sim N(\mu(x),\sigma^2)$로, 와이블 분포이면 $\mu(x)=\ln\eta(x)=-\ln\lambda(x)$, $\sigma=1/\beta$ 라 두면 $Y=\ln T\sim Sev(\mu(x),\sigma)$ (최소극치의 검벨분포)이므로 일반적으로 대수변환한 수명 Y의 분포를 이용하며 시험계획을 도출한다.
- 가속변수 수준 혹은 변환된 가속변수 수준 x에서 대수수명의 위치모수 $\mu(x)$는 식 (11.56)과 같이 가속변수와 일차 선형관계(예를 들면, Arrhenius 모형과 역거듭제곱 모형 등)를 가지며, 척도모수 σ는 가속변수의 수준과 관계없이 동일하다. 여기서 β_0, β_1 그리고 σ는 가속수명시험 자료로부터 추정해야 할 모수이다.
- 시험표본들의 수명은 통계적으로 서로 독립이다.

(2) 최적시험계획

모든 시험단위를 고장날 때까지 시험을 수행할 때 사용조건 x_0에서 제100q백분위수 $y_q(x_U)=\mu(x_U)+z_q\sigma$의 추정량의 점근적 분산을 최소화하는 시험계획은 대수수명의 평균 $\mu(x_U)$의 추정량의 분산을 최소화하는 시험계획과 동일하게 됨을 보일 수 있다(Nelson, 1990).

기본가정 하에서 N가 시험표본의 총 개수일 때 $\hat{\mu}(x_U)$의 점근적 분산은 다음과 같으며, 여기서 $\bar{x}$는 x의 평균이다(배도선과 전영록 1999).

$$Avar[\hat{\mu}(x_U)]=\frac{\sigma^2}{N}\left\{1+\frac{N(x_U-\bar{x})^2}{\sum_{i=1}^{N}(x_i-\bar{x})^2}\right\} \tag{11.59}$$

식 (11.59)을 보면 ALT 계획의 최적 시험수준은 시험 가능한 가속변수의 범위 내에서 가장 높은 수준과 가장 낮은 수준의 두 수준이 되며, 시험 가능한 가속변수 범위 내의 중간수준들은 최적수준이 아니다. 따라서 최적의 시험방법은 시험표본의 일정비율을 가장 높은 수준에, 나머지를 가장 낮은 수준에 할당하여 시험하는 것이 된다. 가속변수의 시험 가능한 범위에서 가장 높은 수준을 x_H, 가장 낮은 수준을 x_L이라 하고, 가속변수의 수준 x의 외삽인자(extrapolation factor) $d(x)$를 다음 식 (11.60)과 같이 정의한다.

$$d(x)=\frac{x_H-x}{x_H-x_L} \tag{11.60}$$

$d(x)$는 가속변수의 수준 x가 x_H로부터 시험이 가능한 가속변수의 범위 (x_H-x_L)에 대해

얼마만큼 떨어져 있는가를 나타낸다. 즉, x_H 에서의 외삽인자는 $d(x_H)=0$, x_L에서의 외삽인자는 $d(x_L)=1$ 그리고 사용조건 x_U 에서의 외삽인자는 $d(x_U)=(x_H-x_U)/(x_H-x_L)$로 용어의 의미처럼 1보다 큰 값을 가진다.

따라서 낮은 시험수준 x_L 에 할당하는 시험표본의 비율 π_L 일 때 식 (11.59)의 분산은 다음과 같이 표현되므로,

$$Avar[\hat{\mu}(x_U)] = \frac{\sigma^2}{N}\left[1+\frac{(d(x_U)-\pi_L)^2}{\pi_L(1-\pi_L)}\right] \tag{11.61}$$

점근적 분산인 식 (11.61)을 최소화하는 π_L^* 은 식 (11.62)와 같이 구할 수 있다.

$$\pi_L^* = \frac{d(x_U)}{2d(x_U)-1} \tag{11.62}$$

낮은 시험수준이 사용조건과 같으면 $d(x_U)=1$이므로 최적시험계획은 $\pi_L^*=1$이 되어 모든 시험표본을 사용조건에 할당하여 시험하는 것이 된다. 그리고 사용조건이 낮은 시험수준으로부터 많이 떨어져 있으면, 즉 $d(x_U) \to \infty$ 이면 $\pi_L^* \to 1/2$ 이 되므로, 이 경우의 최적시험계획은 x_L 과 x_H 에 동일한 개수의 시험표본을 할당하여 시험하는 것이 된다. 따라서 기본가정을 만족하는 전 고장 최적계획은 식 (11.56)의 β_0와 β_1, 그리고 σ에 의존하지 않음을 알 수 있다.

예제 11.7

어떤 전기부품의 수명은 와이블 분포를 따른다고 알려져 있으며, 수명은 제품의 시험조건인 온도와 Arrhenius 관계가 성립한다. 이 제품의 사용조건의 온도는 60℃이다. 시험 가능한 범위에서 가장 높은 온도는 100℃로 알려져 있으며, 가장 낮은 시험온도를 80℃로 할 때 최적의 시험제품 할당비율을 구해보자.

먼저 Arrhenius 모형의 가속변수인 Arrhenius 온도(x)를 다음과 같이 구한다.

$$x_U = 11{,}604.83/(60+273.15) = 34.83$$

$$x_L = 11{,}604.83/(80+273.15) = 32.86$$

$$x_H = 11{,}604.83/(100+273.15) = 31.10$$

사용조건의 외삽도는 $d(x_U)=(31.10-34.83)/(31.10-32.86)=2.12$가 되므로 낮은 시험수준에서 할당하는 시험 제품의 최적비율은 $\pi_L^*=2.12/(2\times 2.12-1)=0.65$가 된다. 즉 시험 제품의 65%를 80℃에서 시험하고, 나머지 35%를 100℃에서 시험하는 것이 최적이다.

11.4.5 관측중단 시험계획*

전 고장 시험이나 정수(제2종) 관측중단시험에서는 시험 종료시점을 사전에 파악하기 힘들다. 따라서 현업에서 가장 널리 활용되는 경우는 시험종결시간이 주어지는 정시 관측중단시험(즉, 제1종 관측중단)이다. 정시 관측중단 시험계획에는 2수준 최적시험계획과 3수준 시험계획(최량 표준시험계획, 최량 절충시험계획, 최량 동일 고장수 시험계획, 4 : 2 : 1 시험계획 등)이 있다. 이 절에서는 관측중단 시험계획의 기본개념과 설정방법을 기술한다.

(1) 기본개념

시험표본의 수명이 와이블 분포 또는 대수정규분포를 따르는 경우의 기본가정은 전 소절과 같으며, 이 소절부터 추가로 고려하는 시험상황은 다음과 같다.

- 시험표본은 미리 정한 시점 t_{ci} 까지 시험한다.
- 시험가능한 변환된 가속변수의 가장 높은 수준 x_H 는 알려져 있다.

이때 시험기간 t_{ci} 는 길수록 고장자료를 많이 얻을 수 있으므로 추정량의 분산이 작아진다. 따라서 t_{ci} 는 시간적·경제적 측면에서 허용되는 한 가급적 길게 설정하는 것이 좋다. 또한 가속변수의 가장 높은 시험수준 x_H 는 시험표본의 고장 메커니즘이 변하지 않는 범위에서 가능한 한 높게 설정하는 것이 추정량의 분산을 작게 한다.

(2) 시험계획 설정기준과 결정변수

제1종 관측중단시험의 경우 모수추정은 최우추정법을 채택하는 것이 일반적이므로 여기서 고려되는 시험계획은 최우추정법에 의해 모수 β_0, β_1 그리고 σ를 추정하는 것으로 가정한다. 최우추정법을 사용하는 이유는 다른 추정법보다 시험계획을 설정하는 것이 수월하며 최우추정량이 갖는 바람직한 통계적 성질(불편성, 유효성, 불변성, 점근적 정규성 등 부록 E 참조)을 이용할 수 있기 때문이다.

가속수명시험으로 추정해야 될 중요 모수로는 사용조건 하에서 시험단위 수명의 제100q백분위수 t_q(또는 대수수명의 제100q백분위수 y_q)가 주로 활용되는데, 분포 모수의 함수(예를 들면 특정시점의 신뢰도)가 되면 모두 대상이 될 수 있다. 이를 고려한 최적시험계획은 사용조건 x_U 에서 대수수명의 제100q백분위수 $y_q(x_U)$의 최우추정량의 점근적 분산(asymptotic variance)을 최소화하는 것으로 한다. z_q를

$$z_q = \begin{cases} \Phi_{nor}^{-1}(q), & \text{대수정규분포의 경우} \\ \ln[-\ln(1-q)], & \text{와이블 분포의 경우} \end{cases} \tag{11.63}$$

라 할 때, $y_q(x_U) = \beta_0 + \beta_1 x_U + z_q \sigma$ 이고, β_0, β_1, σ의 최우추정량을 $\hat{\beta}_0, \hat{\beta}_1, \hat{\sigma}$ 라 하면 $\hat{y}_q(x_U)$ 는 다음과 같이 나타낼 수 있다.

$$\hat{y}_q(x_U) = \hat{\beta}_0 + \hat{\beta}_1 x_U + z_q \hat{\sigma} \tag{11.64}$$

이 절에서 고려하고자 하는 가속수명시험은 그림 11.13의 시험상황을 상정한다.

- 스트레스 수준 $x_1 < x_2 < \dots < x_m \ (m \geq 2)$ 에서 시험이 행해진다. 사용조건 x_U와 가장 높은 스트레스수준 x_m(즉, x_H)은 알려져 있다.
- 사용 가능한 시험단위의 총 개수는 N이며, 스트레스 수준 x_i에 할당되는 시험 단위의 개수 n_i는 다음과 같이 나타낼 수 있다.

$$n_i = \pi_i N, \qquad \sum_{i=1}^{m} \pi_i = 1, \qquad \pi_i > 0$$

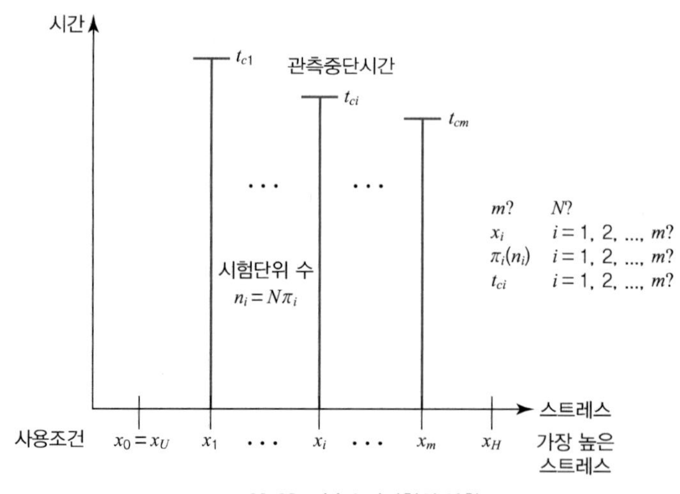

그림 **11.13** 가속수명시험의 상황

- 스트레스 수준 x_i에서의 가속수명시험은 다음과 같이 수행된다. 시각 0에서 n_i개의 시료에 대한 시험을 독립적으로 실시하여 미리 정해진 관측중단시간 t_{ci}에서 관측중단을 실시한다.

스트레스수준 x_i 에서 관측중단시간이 t_{ci} 인 가속수명시험의 관측치 y 의 대수우도는 다음과 같이 구할 수 있다. 여기서 y 는 대수수명을 나타내고, y_{ci} 는 대수 관측중단 시점으로 $y_{ci} = \ln t_{ci}$이다.

지시함수 $I(y)$를

$$I(y) = \begin{cases} 1, y \le y_{ci} \\ 0, y > y_{ci} \end{cases}$$

로 정의하며, 기호를 간략하기 위해 첨자 i를 생략한다.

$$z = \frac{y - \mu(x)}{\sigma} = \frac{y - \beta_0 - \beta_1 x}{\sigma}$$

$$z_c = \frac{y_c - \mu(x)}{\sigma} = \frac{y_c - \beta_0 - \beta_1 x}{\sigma}$$

여기서 z와 z_c는 표준화된 고장시간과 관측중단시간이 된다. 그리고 $\Phi(z)$가 표준 최소극치의 검벨분포($\Phi_{sev}(\cdot)$)와 표준 정규분포의 누적분포함수($\Phi_{nor}(\cdot)$)를 통칭하며, 스트레스 수준 x에서 얻은 하나의 관측치 y의 대수우도(기호를 간략하게 표시한 $\ln L$)는 다음과 같다.

- 와이블 분포의 경우

$$\ln L = I(y)(-\ln\sigma - e^z + z) + [1 - I(y)]\ln[1 - \Phi_{sev}(z_c)]$$

- 대수정규분포의 경우

$$\ln L = I(y)\left[-\ln\sigma - \frac{1}{2}\ln(2\pi) - \frac{1}{2}z^2\right] + [1 - I(y)]\ln[1 - \Phi_{nor}(z_c)]$$

i 번째 관측값 y_i에 대응하는 시험수준을 x_i, 대수우도를 $\ln L_i$라 할 때 N개의 표본으로부터 구한 대수우도함수 $\ln L$는 다음과 같다.

$$\ln L = \sum_{i=1}^{N} \ln L_i \tag{11.65}$$

여기서 모수 β_0, β_1, σ의 최우추정값은 $\ln L$를 최대화하는 $\hat{\beta}_0, \hat{\beta}_1, \hat{\sigma}$가 된다.

Fisher 정보량행렬은 대수우도함수를 모수 β_0, β_1, σ에 대해서 이차 편미분한 식에서 음의 기댓값으로부터 구한다. 하나의 관측치 y에 대한 대수우도 $\ln L$을 일차 편미분한 식은 다음과 같다.

- 와이블 분포의 경우

$$\frac{\partial \ln L}{\partial \beta_j} = \frac{x^j}{\sigma}\left[I(y)(e^z - 1) + \{1 - I(y)\}e^{z_c}\right], \quad j = 0, 1$$

$$\frac{\partial \ln L}{\partial \sigma} = \frac{1}{\sigma}\left[I(y)(ze^z - z - 1) + \{1 - I(y)\}z_c e^{z_c}\right]$$

• 대수정규분포의 경우

$$\frac{\partial \ln L}{\partial \beta_j} = \frac{x^j}{\sigma}\left[I(y)z + \{1 - I(y)\}\frac{\phi(z_c)}{1 - \Phi(z_c)}\right], \quad j = 0, 1$$

$$\frac{\partial \ln L}{\partial \sigma} = \frac{1}{\sigma}\left[I(y)(z^2 - 1) + \{1 - I(y)\}\frac{z_c\phi(z_c)}{1 - \Phi(z_c)}\right]$$

각 분포에 대해 세 연립 방정식을 모든 관측값 y_i, $i = 1, \cdots, N$에 대해서 합하여 0으로 둔 식이 우도방정식이라 부르며, 우도방정식을 만족하는 해인 $\hat{\beta}_0, \hat{\beta}_1, \hat{\sigma}$이 모수 β_0, β_1, σ 의 최우추정값이 된다.

또한 상기 식을 β_0, β_1, σ 에 대해 이차 편미분하면 다음과 같이 구할 수 있다.

• 와이블 분포의 경우

$$\frac{\partial^2 \ln L}{\partial \beta_j \partial \beta_k} = -\frac{x^j x^k}{\sigma^2}\left[I(y)e^z + (1 - I(y))e^{z_c}\right], \quad j, k = 0, 1$$

$$\frac{\partial^2 \ln L}{\partial \beta_j \partial \sigma} = -\frac{1}{\sigma}\left(\frac{\partial \ln L}{\partial \beta_j}\right) - \frac{x^j}{\sigma^2}\left[I(y)ze^z + (1 - I(y))\zeta e^{z_c}\right], \ j = 0, 1$$

$$\frac{\partial^2 \ln L}{\partial \sigma^2} = -2\frac{1}{\sigma}\left(\frac{\partial \ln L}{\partial \sigma}\right) - \frac{1}{\sigma^2}\left[I(y)(z^2 e^z + 1) + (1 - I(y))z_c e^{z_c}\right]$$

• 대수정규분포의 경우

$$\frac{\partial^2 \ln L}{\partial \beta_j \partial \beta_k} = \frac{x^j x^k}{\sigma^2}\left\{-I(y) + (1 - I(y))\left[\frac{z_c\phi(z_c)}{1 - \Phi(z_c)} - \frac{[\phi(z_c)]^2}{(1 - \Phi(z_c))^2}\right]\right\}, \quad j, k = 0, 1$$

$$\frac{\partial^2 \ln L}{\partial \beta_j \partial \sigma} = -\frac{1}{\sigma}\frac{\partial \ln L}{\partial \beta_j} + \frac{x^j}{\sigma^2}\left\{-I(y)z + (1 - I(y))\left[\frac{z_c^2\phi(z_c)}{1 - \Phi(z_c)} - \frac{z_c[\phi(z_c)]^2}{(1 - \Phi(z_c))^2}\right]\right\}, \quad j = 0, 1$$

$$\frac{\partial^2 \ln L}{\partial \sigma^2} = -\frac{1}{\sigma}\frac{\partial \ln L}{\partial \sigma} + \frac{1}{\sigma^2}\left\{-2I(y)z^2 + (1 - I(y))\left[-\frac{z_c\phi(z_c)}{1 - \Phi(z_c)} + \frac{z_c^3\phi(z_c)}{1 - \Phi(z_c)} - \frac{z_c^2[\phi(z_c)]^2}{(1 - \Phi(z_c))^2}\right]\right\}$$

이차 편미분식에서 Z는$Sev(0,1)$(와이블 분포일 때) 또는$N(0,1)$(대수정규분포일 때)를 따르고, $I(y) \sim B(1, \Phi(z_c))$(단,$B$는 이항분포를 나타냄)이므로 $E[I] = \Phi(z_c)$인 점과 부록 E에서 $E[\partial \ln L / \partial \beta_j] = 0, j = 0, 1$, $E[\partial \ln L / \partial \sigma] = 0$임을 이용하여 음의 이차 편미분식에 대한 기댓값을 구하면 다음과 같다.

• 와이블 분포의 경우

$$E\left[-\frac{\partial^2 \ln L}{\partial\beta_j\partial\beta_k}\right]=\frac{x^j x^k}{\sigma^2}\Phi(z_c),\quad j,k=0,1$$

$$E\left[-\frac{\partial^2 \ln L}{\partial\beta_j\partial\sigma}\right]=\frac{x^j}{\sigma^2}\left[\int_0^{e^{z_c}}(\ln z)ze^{-z}dz+[1-\Phi(z_c)]z_c e^{z_c}\right],\quad j=0,1$$

$$E\left[-\frac{\partial^2 \ln L}{\partial\sigma^2}\right]=\frac{1}{\sigma^2}\left\{\Phi(z_c)+\int_0^{e^{z_c}}(\ln z)^2 ze^{-z}du+[1-\Phi(z_c)]z_c^2 e^{z_c}\right\}$$

• 대수정규분포의 경우

$$E\left[-\frac{\partial^2 \ln L}{\partial\beta_j\partial\beta_k}\right]=\frac{x^j x^k}{\sigma^2}\left\{\Phi(z_c)-\phi(z_c)\left[z_c-\frac{\phi(z_c)}{1-\Phi(z_c)}\right]\right\},\quad j,k=0,1$$

$$E\left[-\frac{\partial^2 \ln L}{\partial\beta_j\partial\sigma}\right]=\frac{x^j}{\sigma^2}\left\{-\phi(z_c)\left[1+z_c\left(z_c-\frac{\phi(z_c)}{1-\Phi(z_c)}\right)\right]\right\},\quad j=0,1$$

$$E\left[-\frac{\partial^2 \ln L}{\partial\sigma^2}\right]=\frac{1}{\sigma^2}\left\{2\Phi(z_c)-z_c\phi(z_c)\left[1+z_c^2-\frac{z_c\phi(z_c)}{1-\Phi(z_c)}\right]\right\}$$

$\hat{\beta}_0$, $\hat{\beta}_1$, $\hat{\sigma}$에 대한 모든 시험제품에 대한 총 Fisher 정보량은 m개의 스트레스 수준(각 수준에서 시험단위 할당비율은 π_i임)에서 구한 각 정보량의 합이므로 총 정보량 행렬을

$$\boldsymbol{I}=N(f_{jk}),\quad j,k=0,1,2 \tag{11.66}$$

로 나타낼 수 있으며, 식 (11.66)의 각 성분을 다음과 같이 구할 수 있다.

• 와이블 분포의 경우(Nelson and Meeker, 1978)

$$f_{00}=\sigma^{-2}\sum_{i=1}^{m}\pi_i H_i^{(1)},\quad f_{01}=f_{10}=\sigma^{-2}\sum_{i=1}^{m}\pi_i x_i H_i^{(1)}$$

$$f_{02}=f_{20}=\sigma^{-2}\sum_{i=1}^{m}\pi_i H_i^{(2)},\ f_{11}=\sigma^{-2}\sum_{i=1}^{m}\alpha_i x_i^2 H_i^{(1)}$$

$$f_{12}=f_{21}=\sigma^{-2}\sum_{i=1}^{m}\pi_i x_i H_i^{(2)},\ f_{22}=\sigma^{-2}\sum_{i=1}^{m}\pi_i H_i^{(3)}$$

단, $H_i^{(1)}=\int_{-\infty}^{z_{ci}}g(z)dz=G(z_{ci}),\ H_i^{(2)}=\int_{-\infty}^{z_{ci}}(1+z)g(z)dz,$

$$H_i^{(3)}=\int_{-\infty}^{z_{ci}}(1+z)^2 g(z)dz,\ z_{ci}=\frac{\ln t_{ci}-\beta_0-\beta_1 x_i}{\sigma}$$

• 대수정규분포의 경우(Nelson and Kilepinski, 1976): ϕ, Φ의 첨자 nor는 생략함

$$f_{00} = \sum_{i=1}^{m} \frac{\pi_i}{\sigma^2}\left[\Phi - \phi\left(z_{ci} - \frac{\phi}{1-\Phi}\right)\right] = \frac{1}{\sigma^2}\sum_{i=1}^{m}\pi_i A_i$$

$$f_{01} = f_{10} = \sum_{i=1}^{m} \frac{\pi_i x_i}{\sigma^2}\left[\Phi - \phi\left(z_{ci} - \frac{\phi}{1-\Phi}\right)\right] = \frac{1}{\sigma^2}\sum_{i=1}^{m}\pi_i x_i A_i$$

$$f_{02} = f_{20} = \sum_{i=1}^{m} \frac{\pi_i}{\sigma^2}\left\{-\phi\left[1 + z_{ci}\left(z_{ci} - \frac{\phi}{1-\Phi}\right)\right]\right\} = \frac{1}{\sigma^2}\sum_{i=1}^{m}\pi_i B_i$$

$$f_{11} = \sum_{i=1}^{m} \frac{\pi_i x_i^2}{\sigma^2}\left[\Phi - \phi\left(z_{ci} - \frac{\phi}{1-\Phi}\right)\right] = \frac{1}{\sigma^2}\sum_{i=1}^{m}\pi_i x_i^2 A_i$$

$$f_{12} = \sum_{i=1}^{m} \frac{\pi_i x_i}{\sigma^2}\left\{-\phi\left[1 + z_{ci}\left(z_{ci} - \frac{\phi}{1-\Phi}\right)\right]\right\} = \frac{1}{\sigma^2}\sum_{i=1}^{m}\pi_i x_i B_i$$

$$f_{22} = \sum_{i=1}^{m} \frac{\pi_i}{\sigma^2}\left[2\Phi - z_{ci}\phi\left(1 + z_{ci}^2 - \frac{x_i\phi}{1-\Phi}\right)\right] = \frac{1}{\sigma^2}\sum_{i=1}^{m}\pi_i C_i$$

단, $A_i = \Phi - \phi\left(z_{ci} - \dfrac{\phi}{1-\Phi}\right)$, $B_i = -\phi\left[1 + z_{ci}\left(z_{ci} - \dfrac{\phi}{1-\Phi}\right)\right]$

$C_i = 2\Phi - z_{ci}\phi\left(1 + z_{ci}^2 - \dfrac{x_i\phi}{1-\Phi}\right)$, $\phi = \phi(z_{ci}) = \phi[(\ln t_{ci} - \beta_0 - \beta_1 x_i)/\sigma]$

$\Phi = \Phi(z_{ci}) = \Phi[(\ln t_{ci} - \beta_0 - \beta_1 x_i)/\sigma]$

상기의 두 분포에 관한 Fisher 정보량 행렬을 구하기 위한 알고리즘은 Escobar and Meeker(1994)로부터 얻을 수 있다.

이로부터 세 모수에 대한 점근적 분산-공분산을 총 정보량 행렬의 역행렬로서 구할 수 있다. 따라서 관심있는 사용 스트레스 수준에서의 q분위수는

$y_q = \ln t_q = \beta_0 + \beta_1 x_U + z_q \sigma$

단, z_q는 표준 최소극치의 검벨분포 또는 정규분포의 q분위수임

이므로, y_q의 최우추정량($\hat{y}_q$)은 다음과 같이 구할 수 있다.

$\hat{y}_q = \hat{\beta}_0 + \hat{\beta}_1 x_U + z_q \hat{\sigma}$

따라서 $\boldsymbol{w}$를 $\left(\dfrac{\partial y_q}{\partial \beta_0}, \dfrac{\partial y_q}{\partial \beta_1}, \dfrac{\partial y_q}{\partial \sigma}\right)$로 두면 $\hat{y}_q$의 표준화된 점근적 분산은 다음과 같이 구할 수 있다.

$$v_0 = \frac{N}{\sigma^2} \cdot Avar\left[\hat{y_q}(x_0)\right] = \frac{N}{\sigma^2}\boldsymbol{w}\boldsymbol{I}^{-1}\boldsymbol{w}' \tag{11.67}$$

단, $\boldsymbol{w} = (1\ x_U\ z_q)$

여기서 점근적 분산 $Avar$은 β_0, β_1, σ의 함수이며 이를 표준화한 v_0은 N에 의존하지 않는다.

한편 지수분포인 경우는 확률변수의 대수변환없이 점근적 분산을 직접적으로 구할 수 있다. 변환된 스트레스 수준 x에서 평균이 $\theta(x)=e^{\beta_0+\beta_1 x}$일 때, 모든 시험제품에 대한 총 Fisher 정보량행렬과 각 성분을 다음과 같이 구할 수 있다(Yum and Choi, 1989).

$$\boldsymbol{I}=N(f_{jk}), \quad j,k=0,1 \tag{11.68}$$

$$f_{00}=\sum_{i=1}^{m}\pi_i Q_i\,, \quad f_{01}=f_{10}=\sum_{i=1}^{m}\pi_i x_i Q_i\,, \; f_{11}=\sum_{i-1}^{m}\pi_i x_i^2 Q_i$$

단, $Q_i=1-e^{-t_{ci}/\theta_i}$

지수분포일 때는 사용조건하에서 대수수명의 평균과 q분위수의 점근적 분산이 동일하므로 식 (11.67)의 $\boldsymbol{w}$의 세 번째 요소를 제외하고 계산하면 된다. 특히 다음 소절에서 다루는 최적계획($x_U=0$로 표준화하면)을 구할 수 있는 $m=2$인 경우는 다음과 같이 간략한 형태로 주어진다(연습문제 11.17 참조).

$$v_0=N\cdot Avar(\hat{y}_q)=N\cdot Aavar(\hat{\mu}_0)=N\cdot Avar(\hat{\beta}_0) \tag{11.69}$$

$$=\frac{x_2^2Q_2+(x_1^2Q_1-x_2^2Q_2)\pi_1}{Q_1Q_2(x_1-x_2)^2(-\pi_1^2+\pi_1)}$$

11.4.6 관측중단 최적시험계획

전 고장 시험의 최적계획은 앞 소절에서와 같이 높은 시험수준과 낮은 시험수준의 두 스트레스 조건에서 시험하는 것이 최적이다. 관측중단시험의 경우에도 수명-스트레스 관계 또는 가속모형이 식 (11.56)과 같을 때 높은 시험수준(x_H)과 낮은 시험수준(x_L)의 두 스트레스 수준에서 시험하는 것이 최적으로 알려져 있다(Nelsen, 1990).

시험 가능한 가속변수의 범위에서 가장 높은 수준을 고 스트레스 수준 x_H로 칭하며, 이 수준은 보통 기술적으로 미리 정할 수 있는 값이다. 낮은 시험수준은 사용조건에 근접하도록 설정하면 관측중단시점 이전에 고장이 나는 시험제품의 수가 작아지고, x_H에 가깝도록 설정하면 외삽률이 커져서 결과적으로 추정량의 분산이 결과적으로 크게 되므로 최적의 낮은 시험수준의 값이 존재하게 된다. 이 값을 저 스트레스 수준 x_L를 표기하며, 최적 관측중단 가속수명시험계획은 이런 점을 반영한 시험수준 x_L과 x_H에서 시험표본의 할당비율 π_L과 $1-\pi_L$까지 제공한다.

따라서 이 절에서 다루는 최적계획은 다음과 같은 상황에서 설계되었다.

- 최적계획은 두 스트레스($m=2$)에서의 부분실험이 수행된다.
- 최적계획은 고 스트레스의 부분시험이 포함된다.
- 각 스트레스에서의 시험종결시간은 동일하다. 즉, $t_c = t_{ci},\ i=1,2.$
- 스트레스 수준을 [0, 1]로 표준화하기 위해 식 (11.70)의 표준시험수준 $a(x)$을 정의하여 최적계획을 도출한다.

$$a(x) = \frac{x - x_U}{x_H - x_U} \tag{11.70}$$

따라서 $a_U = a(x_U) = 0,\ a_H = a(x_2) = a(x_H) = 1$로 표준화 할 수 있다. 원래의 모수(‘ ’)들은 표준화된 모수(‘ ' ’)로 다음과 같은 관계에 의하며 상호 변환할 수 있으며 이런 변환은 문제의 성질을 변화시키지 않는다(Seo and Yum, 1991; 연습문제 11.21 참조).

$$x = a(x)(x_H - x_U) + x_U \tag{11.71}$$

$$\beta_1 = \frac{\beta_1'}{x_H - x_U}$$

$$\beta_0 = -\left[\beta_1' x_U / (x_H - x_U)\right] + \beta_0'$$

최적계획은 저 스트레스 수준과 이의 시험단위 할당비율($a_L = a(x_L),\ \pi_L$)을 구하는 다음과 같은 제약조건하의 최적화 문제로 정식화 할 수 있다.

$$\min_{a_L, \pi_L} \ v_0 \tag{11.72}$$

$$\text{s.t.} \quad 0 < a_L < 1,\ 0 < \pi_L < 1$$

식 (11.72)의 제약식을 다음과 같이 변환하면 비제약 최적화문제로 바꿀 수 있다.

$$g_1 = \ln \frac{a_L}{1 - a_L}, \quad g_2 = \ln \frac{\pi_L}{1 - \pi_L}$$

식 (11.72)를 최소화하는 a_L, π_L의 최적값을 M. Powell의 직교켤레 방향벡터 방법(conjugate direction method)을 적용하여 구할 수 있으며, 이로부터 다음과 같이 역변환하여 최적계획의 a_L^*, π_L^*를 구한다.

$$a_L^* = \frac{e^{g_1}}{1 + e^{g_1}}, \quad \pi_L^* = \frac{e^{g_2}}{1 + e^{g_2}}$$

그림 11.14에는 예제 11.6의 시험여건에서 a_L, π_L에 관한 v_0의 등고선도를 그린 것으로 해석

적으로 증명할 수는 없지만, v_0의 최솟값이 존재함을 확인할 수 있다.

시험계획의 입력요소로서 모수값보다는 사용조건과 고 시험수준에서 관측중단시점까지 시험단위가 고장날 확률을 채택하는 것이 보다 편리하고 유용하다. P_U와 P_H를 각각 사용조건 x_U와 고 스트레스수준 x_H에서 관측중단시점 t_c까지 시험단위가 고장날 확률로 정의하면 β_0/σ와 β_1/σ는 다음과 같이 P_U와 P_H에 의해서 구해진다.

$$\frac{\beta_0}{\sigma} = \Phi\left(\frac{\ln t_c - \beta_0}{\sigma}\right) \tag{11.73}$$

$$\frac{\beta_1}{\sigma} = \Phi\left(\frac{\ln t_c - \beta_0 - \beta_1}{\sigma}\right)$$

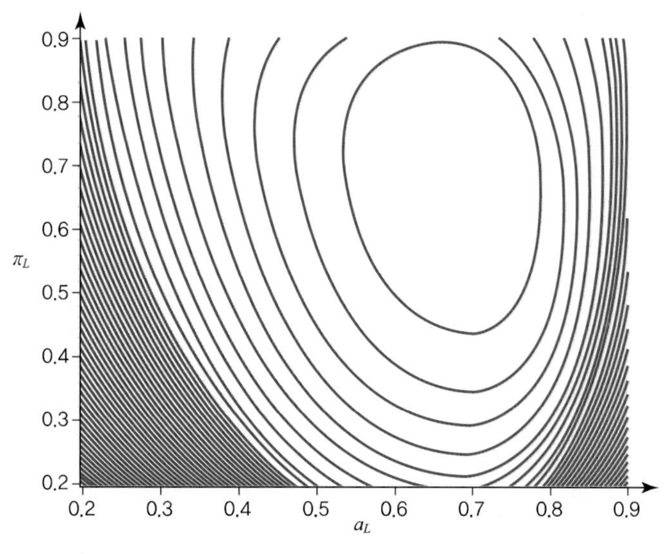

그림 **11.14** v_0의 등고선도: 예제 11.6의 시험 상황

식 (11.67)을 자세히 살펴보면 v_0에서 σ를 미리 규정할 필요가 없이 식 (11.73)의 두 값이 필요함을 확인할 수 있다.

Meeker and Nelson(1975)과 Kielpinski and Nelson(1975)은 각각 와이블 분포와 대수정규분포의 경우에 사용할 수 있도록 최적시험계획에 관한 도표를 제시하였으며, Meeker ana Hahn(1985)은 P_U와 P_H의 조합에 대해 표준시험수준으로 최적계획을 제공하였다. 따라서 이들 표를 이용하여 용이하게 최적시험계획을 구할 수 있다.

표 11.6과 표 11.7에는 사용조건 하의 백분위 수명으로 10%($q=0.1$)가 대상일 때 각각 와이블과 대수정규분포를 따를 경우의 최적시험계획(최적 저 스트레스 수준 a_L^*과 a_L^*에서 시험표

본의 최적 할당비율 π_L^*)이 P_U와 P_H의 실용적인 값의 조합에 따라 정리되어 있다. 표에서 P_L은 저 시험수준에서 특정 시험단위가 관측중단시점까지 고장날 확률을 나타내며, v_0^*는 표준화된 점근적 분산(v_0)의 최솟값, 그리고 $E[R_L]$은 1,000개의 시험표본으로 시험할 때 저 시험수준에서의 기대 고장수이다. q가 0.1 외의 다른 값을 가질 경우의 최적시험계획은 Meeker(1984)와 Meeker and Hahn(1985)을 참조하면 된다.

표 **11.6** 와이블 분포를 따를 때 최적과 Meeker-Hahn 4 : 2 : 1 시험계획(q=0.10인 경우)

고장확률		최적시험계획					최적 4:2:1 할당비 시험계획					
P_U	P_H	a_L^*	π_L^*	P_L	$E[R_L]$	v_0^*	a_L^*	a_M^*	P_L	P_M	$E[R_L]$	$R(q)$
0.0001	0.25	0.733	0.641	0.034	21	1124	0.715	0.968	0.029	0.200	16	1.14
0.0001	0.40	0.745	0.653	0.056	36	707.9	0.710	0.903	0.042	0.200	24	1.25
0.0001	0.60	0.753	0.663	0.092	61	445.7	0.709	0.855	0.062	0.216	35	1.24
0.0001	0.80	0.758	0.671	0.143	95	289.1	0.708	0.854	0.091	0.324	51	1.25
0.0001	0.90	0.758	0.675	0.183	123	221.8	0.705	0.852	0.112	0.407	63	1.26
0.0001	0.99	0.750	0.680	0.270	183	137.1	0.691	0.845	0.153	0.583	87	1.30
0.0001	1.00	0.732	0.681	0.351	239	89.53	0.672	0.836	0.196	0.757	111	1.36
0.001	0.25	0.629	0.663	0.035	22	534.0	0.603	0.955	0.03	0.200	17	1.13
0.001	0.40	0.652	0.679	0.057	38	350.2	0.605	0.867	0.043	0.200	24	1.22
0.001	0.60	0.669	0.692	0.092	63	228.8	0.605	0.803	0.06	0.212	34	1.20
0.001	0.80	0.679	0.701	0.140	98	153.4	0.610	0.805	0.086	0.317	49	1.21
0.001	0.90	0.682	0.706	0.178	125	120.0	0.609	0.804	0.106	0.398	60	1.22
0.001	0.99	0.676	0.712	0.259	184	76.78	0.598	0.799	0.143	0.570	81	1.26
0.001	1.00	0.657	0.714	0.332	239	51.90	0.581	0.791	0.182	0.744	104	1.32
0.01	0.25	0.394	0.721	0.037	26	161.1	0.346	0.924	0.032	0.200	18	1.14
0.01	0.40	0.454	0.742	0.058	43	116.8	0.383	0.789	0.044	0.200	25	1.18
0.01	0.60	0.497	0.757	0.090	68	83.42	0.390	0.695	0.057	0.207	32	1.13
0.01	0.80	0.524	0.767	0.134	102	60.26	0.417	0.709	0.08	0.307	45	1.15
0.01	0.90	0.534	0.771	0.168	129	49.21	0.427	0.714	0.097	0.385	55	1.16
0.01	0.99	0.537	0.775	0.236	183	34.04	0.430	0.715	0.131	0.553	74	1.21
0.01	1.00	0.520	0.775	0.295	228	24.80	0.426	0.713	0.167	0.717	95	1.28

표 **11.7** 대수정규분포를 따를 때 최적과 Meeker-Hahn 4 : 2 : 1 시험계획(q=0.10인 경우)

고장확률		최적시험계획					최적 4 : 2 : 1 할당비 시험계획					
P_U	P_H	a_L^*	π_L^*	P_L	$E[R_L]$	v_0^*	a_L^*	a_M^*	P_L	P_M	$E[R_L]$	$R(q)$
0.0001	0.25	0.577	0.636	0.025	15	103.7	0.560	0.945	0.022	0.200	12	1.13
0.0001	0.40	0.568	0.658	0.040	26	66.16	0.528	0.830	0.029	0.200	16	1.28
0.0001	0.60	0.552	0.678	0.063	43	42.22	0.498	0.749	0.041	0.228	23	1.28
0.0001	0.80	0.530	0.698	0.096	67	27.64	0.476	0.738	0.061	0.362	34	1.29
0.0001	0.90	0.512	0.710	0.123	87	21.26	0.460	0.730	0.078	0.472	44	1.31
0.0001	0.99	0.465	0.734	0.183	134	13.07	0.425	0.712	0.125	0.722	71	1.35
0.0001	1.00	0.405	0.760	0.239	181	8.396	0.382	0.691	0.190	0.922	108	1.38

(계속)

고장확률		최적시험계획					최적 4 : 2 : 1 할당비 시험계획					
P_U	P_H	a_L^*	π_L^*	P_L	$E[R_L]$	v_0^*	a_L^*	a_M^*	P_L	P_M	$E[R_L]$	$R(q)$
0.001	0.25	0.475	0.657	0.026	17	61.64	0.452	0.931	0.023	0.200	13	1.13
0.001	0.40	0.477	0.683	0.041	28	41.23	0.429	0.793	0.031	0.200	17	1.25
0.001	0.60	0.470	0.707	0.064	45	27.56	0.404	0.702	0.041	0.228	23	1.24
0.001	0.80	0.455	0.728	0.097	70	18.85	0.391	0.696	0.060	0.361	34	1.26
0.001	0.90	0.440	0.741	0.122	90	14.90	0.381	0.691	0.077	0.472	44	1.28
0.001	0.99	0.400	0.766	0.178	136	9.648	0.357	0.679	0.124	0.721	70	1.33
0.001	1.00	0.345	0.791	0.229	181	6.530	0.324	0.662	0.189	0.922	107	1.37
0.01	0.25	0.267	0.707	0.030	20	25.41	0.223	0.889	0.025	0.200	14	1.13
0.01	0.40	0.303	0.741	0.045	33	18.91	0.238	0.716	0.033	0.200	19	1.19
0.01	0.60	0.321	0.768	0.067	51	13.96	0.231	0.616	0.042	0.230	23	1.18
0.01	0.80	0.324	0.789	0.097	76	10.43	0.246	0.623	0.061	0.362	34	1.22
0.01	0.90	0.319	0.801	0.120	96	8.688	0.251	0.626	0.078	0.472	44	1.25
0.01	0.99	0.294	0.822	0.169	138	6.197	0.252	0.626	0.124	0.721	70	1.32
0.01	1.00	0.253	0.841	0.213	178	4.598	0.238	0.619	0.188	0.992	107	1.38

예제 11.8

예제 11.6의 ALT를 대상으로 최고 수준이 85°C일 때 최적계획을 구해보자. 최적화 기준은 25℃의 사용조건에서 B_{10}수명의 대수값에 해당되는 $\ln(\hat{t}_{0.1})$의 대표본 근사표준오차를 최소화하는 것이다. P_U와 P_H가 0.001과 0.9이고 수명과 가속변수의 수준은 Arrhenius 모형을 만족한다고 알려져 있으므로 변환된 가속변수 수준 x를 $x = 11{,}604.83/(Temp\ + 273.15)$라 하면 식 (11.56)의 대수 선형모형에 속한다. 사용조건과 가장 높은 온도수준을 변환된 가속변수의 수준으로 나타내면 다음과 같다.

$$x_U = 11{,}604.83/(25 + 273.15) = 38.92$$

$$x_H = 11{,}604.83/(85 + 273.15) = 32.40$$

$P_U = 0.001$, $P_H = 0.9$일 때 제품의 사용조건에서 대수수명의 제10백분위수의 최우추정량의 정밀도를 가장 높일 수 있는 최적시험계획은 표 11.6으로부터 찾으면 (a_L^*, π_L^*)=(0.682, 0.706)이 된다. 따라서 $x_L = x_U + a_L^*(x_H - x_U) = 38.92 + 0.682(32.40 - 38.92) = 34.47$이므로 저 수준의 실제 시험온도는 $s_L = 11{,}604.83/34.47 - 273.15 = 64$℃ 가 된다. 즉, 최적시험계획은 64°C(저 시험수준)에서 시험품의 70.6%(즉, 85개)를, 85°C(고 시험수준)에서 나머지 29.4%(즉, 35개)를 100일까지 시험하는 것이 된다. 120개의 표본으로 시험할 때, $\hat{y}_{0.1}(x_U)$의 점근적 분산은 $v_0\sigma^2/N = 120.0 \times 0.5^2/120 = 0.25$이며, 120개의 표본으로 시험하는 경우에 기대 고장수는 저 시험수준에서 $15(85 \times 0.178(P_L))$개, 고 시험수준에서 $32(35 \times 0.9(P_H))$개가 되며, 표 11.8에는 최적계획의 수치값($i = U, L, H$)이 정리되어 있다.

표 **11.8** 통계적 최적 계획: 예제 11.8

시험 조건(i)	수준 ℃	표준화 수준 a_i	고장확률 P_i	할당		기대 고장수 $E(R_i)$
				비율 π_i	단위수 n_i	
사용(U)	25	0.000	0.001	–	–	–
저(L)	64	0.682	0.178	0.71	85	15
고(H)	85	1.000	0.90	0.29	35	32

예제 11.9

자동차에 쓰이는 절연체는 멱지수가 2.5인 전압에 의존하는 역거듭제곱 법칙 모형과 대수정규분포를 따른다고 알려져 있다, 사용조건은 9V, 가장 높은 수준은 15V이며 두 수준에서 1,000시간까지의 고장확률은 0.0001과 0.8이다. 시험에 투입되는 시험제품의 크기는 49개이며, 사용조건에서 B_{10}수명을 추정하고자 할 때 최적계획을 구하라.

역거듭제곱 법칙 모형을 선형으로 변환하면

$$\mu(x) = \ln\alpha - \beta\ln V = \beta_0 + \beta_1 x$$

$$\text{단, } \beta_0 = \ln\alpha,\ \beta_1 = -\beta,\ x = \ln V$$

가 되며, $x_U = \ln 9 = 2.197$, $x_H = \ln 15 = 2.708$이 된다. $P_U = 0.0001$, $P_H = 0.8$일 때 제품의 사용조건에서 대수수명의 제10백분위수의 최우추정량의 정밀도를 가장 높일 수 있는 최적시험계획은 표 11.7로부터 찾으면 (a_L^*, π_L^*)=(0.530, 0.698)이 된다.

따라서 x_L=2.197+0.530(2.708−2.197)=2.468이므로 저 시험수준의 전압은 $s_L = e^{2.468} = 11.8$V가 된다.

즉, 최적시험계획은 11.8V(저 시험수준)에서 시험품의 69.8%(즉, 34개)를, 15V(고 시험수준)에서 나머지 30.2%(즉, 15개)를 시험하는 것이 된다. 49개의 표본으로 시험할 때, 기대 고장수는 저 시험수준에서 3(34×0.096))개, 고 시험수준에서 12(15×0.8)개가 된다.

이 소절에서 소개하는 최적계획은 가속변수에 따른 외삽이 너무 크며, 두 가속변수 수준에서만 시험되므로 Arrhenius이나 역거듭제곱 법칙 모형(대수선형관계)의 적정성을 파악할 수 없다. 또한 와이블과 대수정규 수명분포 하에서 도출된 ALT 시험계획들이 상당한 차이가 나므로(연습문제 11.18과 11.20 참조), 최적계획은 실제 모형 모수와 계획값과의 편차와 모형의 이탈에 대해 강건하지 않음을 알 수 있다. 이런 최적계획은 ALT 시험계획이 가지고 있어야 할 특성(낮은 스트레스 수준에 보다 많은 시험단위의 할당과 고 스트레스 수준에 대한 제약)을 파악할 수 있으므로 ALT 설계 시 벤치마크 역할로 활용될 수 있으며, 더불어 우수한 통계적 성질과 실용적 제약조건(예를 들면 강건성)을 만족하는 3수준 시험계획을 개발하는 출발점으로 활용할 수 있다.

11.4.7 관측중단 3수준 시험계획

2수준 최적시험계획은 관심대상 모수에 대한 추정량의 분산이 최소가 된다는 장점이 있으나 다음과 같은 몇 가지 단점이 있다. 첫째, 저 시험수준에서 관측중단시점까지 고장자료를 얻을 수 없는 경우가 발생할 수 있다. 이 경우 모수들의 추정값을 구하는 것은 불가능하며, 하나의 고장을 관측한 경우에는 σ 값이 시험수준에 관계없이 일정하다는 가속성 조건의 타당성을 검증하기 어렵다. 둘째, 대수선형모형(식 (11.56))의 타당성을 검증하기 위해서는 세 수준 이상의 시험조건에서 얻은 고장자료가 있어야 하지만 최적시험계획은 두 시험수준에서 시험되므로 이의 타당성을 검토할 수 없다. 마지막으로 와이블 분포를 가정한 경우와 대수정규분포를 가정한 경우의 시험계획에 차이가 크므로, 분포의 타당성에 문제가 있는 경우에 통계적으로 최적시험계획이 아닐 가능성이 높다.

이러한 문제점을 해결하는 방법은 고 시험수준과 저 시험수준의 사이에 하나 이상 시험점을 추가하는 것이다. 이 절에서는 가장 널리 쓰이는 Meeker-Hahn의 4 : 2 : 1 시험계획을 소개하며 이외의 3수준 계획인 최량 표준 시험계획, 최량 절충 시험계획, 최량 동일 고장수 시험계획, 실용적 시험계획에 대해서는 Kielpinski and Nelson(1975), Meeker(1984), Seo and Yum(1991) 등을 참조하기 바란다.

(1) 4 : 2 : 1 할당비 시험계획의 개요

Meeker and Hahn(1984)은 가속수명시험 자료의 설계와 분석에서 발생되는 두 가지 형태의 외삽, 즉, 스트레스 외삽(extrapolation in stress)과 시간 외삽(extrapolation in time)을 동시에 고려한 시험계획을 제안하였다.

스트레스 외삽은 제품의 수명이 매우 길어 제한된 시험시간 내에서는 사용조건에서 고장이 적게 일어날 때 발생된다. 즉, 가속수명시험은 높은 시험수준에서 시험하여 고장을 촉진시키고, 이러한 고장자료와 제품의 물리·화학적 특성에 근거한 가속모형을 이용하여 사용조건에서의 수명을 추정한다. 이런 시험을 실시하면 너무 큰 스트레스 외삽에 의해 가정된 모형과 다른 고장 메커니즘이 나타나게 되어 쓸모가 없을 수 있다. 또한 외삽이 클수록 사용조건에서 추정된 수명의 정밀도가 떨어진다. 따라서 스트레스 외삽으로 인한 위험을 줄이려면 가급적 사용조건에 가까운 시험수준에서 시험하여야 한다.

시간외삽은 특정 시험수준에서 고장난 제품이 $100q\%$ 미만인 자료로 수명분포의 제$100q$백분위수를 추정할 때 발생된다. 예를 들어, 제10백분위수의 추정을 위한 시험에서 실제 시험으로부터 얻은 고장자료 수가 10% 미만인 경우(일례로 시험제품 100개 중 10개미만의 고장자료)에 시간외삽을 적용하여 제10백분위수를 추정해야 한다. 시간외삽은 사용조건에 가까운 시험수준에서 시험하는 경우에 발생하게 된다. 시간외삽을 파악하기 위해서는 수명분포 모형을 가정해야 하는데 시험계획의 목적인 추정값은 가정된 분포에 매우 민감하다. 따라서 제$100q$백분위수를 추정하려면 시험제품 중 적어도 $100q\%$ 이상이 고장나는 시험수준이 2~3개는 되어 시간외삽이 발생되지 않도록 시험하는 것이 좋다.

위에서 살펴본 바와 같이 시험시간이 한정되어 있으면 스트레스 외삽을 최소화하는 것과 시간외삽을 최소화하는 것이 서로 상충하게 된다. 즉, 사용조건에 가까운 시험수준이 하나 이상 있어야 스트레스 외삽을 최소화할 수 있는데 이럴 경우 고장개수가 작게 되어 시간 외삽을 많이 해야 한다. 반면에 비교적 높은 시험수준에서 시험하여 고장수가 많아지면(적어도 $100q\%$ 이상) 시간외삽을 최소화할 수 있으나 이런 경우에는 스트레스 외삽을 많이 해야 한다.

이런 점을 고려하여 Meeker and Hahn(1984)은 시간 외삽과 스트레스 외삽을 고려하여 4 : 2 : 1 할당비 시험계획을 제안하였다. 4 : 2 : 1 할당비 시험계획에서 x_H는 가속모형이 만족되는 가장 높은 수준으로 설정하고, 중간수준인 x_M에서의 기대 고장비율이 $200q\%$, x_L에서 기대 고장비율이 $100(q/3)\%$ 이상이 되는 조건을 고려하며, x_H, x_M, x_L에서의 시험표본의 할당비가 4 : 2 : 1이 되도록 배정하였다. 그들은 시간과 스트레스 외삽을 고려하여 '최적 4 : 2 : 1 할당비 시험계획'을 구하였으며, 스트레스 외삽이 만족스럽지 못할 경우에 최적 4 : 2 : 1 할당비 시험계획을 조정한 '조정 4 : 2 : 1 할당비 시험계획'도 추가적으로 제안하였다. 이 소절에서는 전자만 소개한다.

(2) 4 : 2 : 1 할당비 시험계획

4 : 2 : 1 할당비 시험계획은 저, 중간, 고 시험수준에 할당하는 시험표본의 비율이 4 : 2 : 1이 되도록 하는 시험계획이다. 최적 4 : 2 : 1 할당비 시험계획은 다음의 조건을 만족하도록 시험계획을 구한 것이다. 0과 1사이로 표준화한 a_L, a_M, a_H를 각각 저 시험수준, 중간 시험수준, 고 시험수준이라 하자.

- a_L, a_M, a_H에 시험제품을 4 : 2 : 1 비율로 할당한다.
- 추정하고자 하는 백분위수가 $100q$이고, P_M을 a_M에서 관측중단시점 이전에 시험 표본이 고장날 확률이라 할 때, a_M을 다음과 같이 설정한다. $a_M = (a_L + a_H)/2$에서 $P_M \geq 2q$를 만족하면 a_M을 그대로 정하고, 그렇지 않으면 $P_M \geq 2q$가 되도록 a_M을 높인다.
- a_L은 사용조건에서 대수수명의 제$100q$백분위수의 최우추정량의 점근적 분산이 최소가 되도록 결정한다.

Meeker and Hahn(1984)은 (P_U, P_H, q)의 실용적 범위를 고려하여 최적 4 : 2 : 1 할당비 시험계획인 a_L, a_M, P_L, P_M, $R(q)$(최적계획에 대한 최적 4 : 2 : 1 할당비 계획의 점근적 분산 비율)을 q=0.0001~0.1; P_U=0.0001 ~ 0.01; P_H=0.25~1.0의 범위에 속하는 대표적인 조합에 관해 시험계획을 표로 제시하였다. 표 11.7(와이블 분포)과 표 11.8(대수정규분포)에 q=0.10인 경우의 Meeker-Hahn의 4 : 2 : 1 할당비 시험계획이 포함되어 있다.

세 스트레스 수준에서 4 : 2 : 1로 시험단위를 할당하는 최적 4 : 2 : 1 할당비 시험계획 활용 절차는 다음과 같다.

- 최적계획과 같이 백분위수 값 q, 시험표본 수 N, 사용조건의 스트레스수준 s_U을 규정하고 이로부터 변환된 가속변수 수준 x_U를 구다.
- 먼저 P_U를 추측하며, 고 스트레스수준 s_H와 변환된 가속변수 수준 x_H가 정해지면 P_H $(P_H \geq 2q)$를 추산한다.
- 4 : 2 : 1 시험계획표(표 11.6과 11.7)에서 a_L^*을 찾아 $x_L = x_U + (x_H - x_U)a_L^*$을 계산하여 s_L을 구한다.
- 시험계획표에서 a_M^*을 찾아 $x_M = x_L + (x_H - x_U)a_M^*$을 계산하여 s_M을 구한다.
- 세 수준에 할당되는 시험표본 크기를 구한 후에 필요한 추가 정보를 파악한다.

예제 11.10

예제 11.6과 같이 와이블 분포를 따른다고 알려진 제품의 제10백분위수 수명을 추정하기 위하여 $n = 120$개의 시험표본으로 $t_c = 100$일 동안 시험하고자 한다. 가속변수는 온도(℃)이며, 사용조건은 25℃(변환된 가속변수 수준 $x_U = 38.92$)이다. 고장 메커니즘이 변하지 않는 가장 높은 시험온도는 85℃(변환된 가속변수 수준 $x_H = 32.40$)이다. 그리고 예제 11.6과 같이 과거의 경험으로 $P_U = 0.001$, $P_H = 0.90$로 추측하고 있다.

상기의 순서대로 시험계획을 도출해보자.

- $q=0.1,\ n=120,\ q=0.10,\ s_U=25°C,\ x_U=38.92$
- $P_U=0.001,\ s_H=85℃,\ x_H=32.40,\ P_H=0.90$
- 저 시험수준 찾기: 표 11.6의 최적 4 : 2 : 1 할당비 시험계획표에서 $(q,\ P_U,\ P_H)=(0.1,\ 0.001,\ 0.9)$인 경우의 a_L^*을 찾으면 a_L^*=0.609이고 이때의 $P_L=0.106$이다. 따라서 저 시험수준은 다음과 같이 구할 수 있다.

  $x_L=38.92+0.609(32.40-38.92)=34.95$

  $a_L=11{,}604.83/34.95-273.15=59$ °C
- 중간 시험수준 찾기

  a_M^*는 0.804(즉, $(0.609+1)/2\approx 804,\ P_M=0.398>2\times 0.1$)이므로 중간 시험수준은

  $x_M=38.92+0.804(32.40-38.92)=33.68$

  $s_M=11{,}604.83/33.68-273.15=71$ ℃이 된다.
- 4 : 2 : 1 할당비 시험계획은 59, 71, 85°C에 각각 69, 34, 17개의 시험제품을 할당하면 된다. 이 시험계획을 적용하면 표 11.6에서 최적시험계획보다 점근적 분산이 22% 증가됨을 알 수 있다.

예제 11.11

예제 11.9와 같이 대수정규분포를 따른다고 알려진 제품의 제10백분위수 수명을 추정하기 위하여 $n=49$개의 시험표본으로 $t_c=1{,}000$시간까지 시험하고자 한다. 가속변수는 전압(V)이며, 사용조건은 9V(변환된 가속변수 수준 $x_U=2.197$)이고, 가장 높은 전압수준은 15V(변환된 가속변수 수준 $x_H=2.708$)이다. 그리고 예제 11.9와 같이 과거의 경험으로 $P_U=0.0001,\ P_H=0.80$로 추측하고 있다.

표 11.7에서 $a_L^*=0.476,\ a_M^*=0.738$ 이므로,

$$s_L=e^{2.197+0.476(2.708-2.197)}=e^{2.440}=11.5\text{V}$$

$$s_M=e^{2.197+0.738(2.708-2.197)}=e^{2.574}=13.1\text{V}$$

11.5, 13.1, 15V에서 각각 28, 14, 7개를 할당하여 1,000시간까지 관측한다.

11.4.8 기타 가속수명시험 계획*

전술된 3수준 가속수명시험 계획 외에 Meeker(1984)는 대수수명의 제100q백분위수의 최우추정량의 점근적 분산 v_0를 되도록 최소화하기 위해서는 중간 시험수준에 할당되는 시험제품의 비율을 되도록 작게 배정해야 하므로, 중간 시험수준을 저 시험수준과 고 시험수준의 중간으로 설정하고 이의 할당비율 π_M을 0.0~0.3의 범위에서 미리 정한 조건하의 v_0을 최소화하는 a_L과 π_L을 구한 최량 절충(best compromise) 시험계획을 제안하였다. 또한 Nelson(1990)은 Meeker and Hahn(1985)의 4 : 2 : 1 및 조정된 4 : 2 : 1할당비 시험방법의 할당비율이 실제 최적화된 것이 아님을 고려하여 $\pi:\pi:(1-2\pi)$ 할당비 시험방법을 제안하였다. 즉, 세 수준의 할당비를 $\pi:\pi:(1-2\pi)$로 하고, 중간 시험수준을 저 시험수준과 고 시험수준의 중간으로 설정하며 v_0가 최소가 되도록 하는 낮은 시험수준 a_L과 π_L를 결정하는 시험방법이다. 전 소절의 계획들은 모든 스트레스 수준에서 와이블 분포의 형상모수는 동일하다고 가정하고 있는데, Meeter and Meeker (1994)는 와이블 분포의 형상모수가 시험수준에 영향을 받는 경우에 최적시험계획을 구할 수 있도록 확장하였다.

그리고 Yum and Choi(1989), Seo and Yum(1991), 서순근과 정원기(1997)는 각각 지수, 와이블, 대수정규분포를 따를 때 시험제품의 고장관측이 시간에 따라 연속적으로 이루어지지 못하고 주기적 또는 간헐적으로 이루어지는 경우의 최적 및 실용적 시험계획을 포함한 여러 가속수명시험계획을 제공하였다.

한편 Eyring모형과 같은 두 스트레스 변수인 경우에 활용할 수 있는 두 변수 가속수명시험계획에 관한 자세한 사항은 Meeker and Escobar(1998)의 20장 4절을 참조하기 바란다.

또한 계단형 스트레스 가속수명시험은 일정시간 동안의 시험 후 시험수준을 변경하는 시간-계단형 시험(time-step stress test)과 일정 개수의 고장이 발생하면 시험수준을 변경하는 고장-계단형 시험(failure-step stress test)으로 구분되며, 높은 수준에서 시작하여 낮은 수준으로 이행하는 하향형(step-down)과 거꾸로 낮은 수준에서 시작하여 높은 수준으로 이행하는 상향형(step-up)으로 구분되는데, 실용적으로는 후자가 전자보다 널리 쓰이나, 통계적 정밀도 측면에서는 전자가 우수하다고 보고되고 있다(Ma and Meeker, 2008).

계단형 가속수명시험 계획에 기존 연구로는 지수분포일 때의 Miller and Nelson(1983)과 Bai, Kim and Lee(1989)와 더불어 와이블과 대수정규분포일 경우의 Ma and Meeker(2008)를, 일정형 스트레스 시험계획과의 비교는 Ma and Meeker(2008)와 Han and Ng(2013)을 참조하기 바란다.

그리고 Nelson(2005)과 Limon et al.(2017)을 통해 가속수명시험계획에 관한 전반적인 연구실적과 최신 동향을 파악할 수 있을 것이다.

한편 가속수명시험을 설계하는 기준은 식 (11.58)과 같이 대표본 하의 점근적 분산이지만, 현실적으로 당면하는 소표본일 때도 통계적(점근적 분산 관점에서 최적성 등) 및 실용적 특성(모형에 대한 강건성과 추정량의 존재 확률 등)이 상당히 우수하다고 알려져 있다(서순근, 정원기, 1997; King, 2019).

11.5 열화시험

11.5.1 개요

고신뢰도 시스템의 설계를 위해서는 장시간 사용 이후에도 극히 높은 신뢰도를 가지는 개별 부품이 요구된다. 짧은 제품개발 기간 하에서 부품 수준의 신뢰성 시험은 엄격한 시간 제약조건에서 수행되어 종종 가속수명시험을 통해서도 고장이 발생하지 않을 수 있으므로 전통적인 가속수명시험으로 신뢰성을 평가하기가 어렵다. 이 경우 시간에 따른 열화량 또는 성능 저하량을 측정할 수 있으면 부품의 고장과 열화량의 관계를 이용하여 고장시간에 관한 추론과 예측이 가능하다. 여기서 열화고장은 제품의 특성이 점차 열화되어 어떤 치명적인 수준에 도달될 때 고장이라고 판정한다. 이런 열화고장은 고장사건을 명확하게 파악할 수 있는 하드(hard) 고장과 구별하여 소프트(soft) 고장이라 부르며 이를 묘사하는 모형을 열화모형이라고 한다.

그러나 일부 제품에서는 사용 조건에서 열화율이 너무 낮아서 감지가능한 열화가 통상의 시험기간 동안에 관측되지 않을 수 있다. 이런 경우에는 열화과정을 가속화시킬 필요가 있으며 이를 가속열화시험이라고 부르며, 11.6절에서 소개한다.

일례로서 표 11.9의 어느 합금 A의 피로 크랙 크기 자료를 고려해 보자. 각 시료의 초기 크랙 크기는 0.9인치였다. 관측자는 금속의 크랙 성장모수와 크랙 표본들의 50%가 위험하다고 판정되는 크기인 1.6인치에 도달하는 시간(사이클의 수로 측정됨)을 알고자 한다. 각 시료에 대한 피로시험은 특정 시료가 고장 판정기준인 1.6인치에 도달하면 시험이 종결되지만 그렇지 않으면 12만 사이클의 시험 후 관측이 중단된다. 이런 열화시험에서는 고장 판정기준까지 도달하지 않는 열화자료도 포함시켜 수명분포와 관심 있는 신뢰성 척도를 추정할 수 있다(예제 11.17 참조). 그림 11.15는 표 11.9의 자료를 이용하여 이 합금의 열화과정을 도시한 것이다.

수명시험과 비교한 열화시험의 장점과 단점은 다음과 같다.

- 장점
  - 시료가 고장 나기 전에 자료분석이 가능하고 외삽을 통해 고장시점을 추정할 수 있다.
  - 고장이 하나도 없는 경우에도 (가속)수명시험보다 정확한 추정값을 제공한다.

- 단점
  - 열화자료의 외삽을 위한 적절한 모형 설정과 명확한 고장기준의 정의가 선행되어야 한다.
  - 제품의 수명과 관련된 특성을 획득하기 힘들 수 있다.
  - 측정오차가 포함될 수 있으며 분석과정이 복잡하다.

표 **11.9** 합금 피로 크랙 자료

시료 \ Mcycle	0.00	0.01	0.02	0.03	0.04	0.05	0.06	0.07	0.08	0.09	0.10	0.11	0.12
1	0.90	0.95	1.00	1.05	1.12	1.19	1.27	1.35	1.48	1.64			
2	0.90	0.94	0.98	1.03	1.08	1.14	1.21	1.28	1.37	1.47	1.60		
3	0.90	0.94	0.98	1.03	1.08	1.13	1.19	1.26	1.35	1.46	1.58	1.77	
4	0.90	0.94	0.98	1.03	1.07	1.12	1.19	1.25	1.34	1.43	1.55	1.73	
5	0.90	0.94	0.98	1.03	1.07	1.12	1.19	1.24	1.34	1.43	1.55	1.71	
6	0.90	0.94	0.98	1.03	1.07	1.12	1.18	1.23	1.33	1.41	1.51	1.68	
7	0.90	0.94	0.98	1.02	1.07	1.11	1.17	1.23	1.32	1.41	1.52	1.66	
8	0.90	0.93	0.97	1.00	1.06	1.11	1.17	1.23	1.30	1.39	1.49	1.62	
9	0.90	0.92	0.97	1.01	1.05	1.09	1.15	1.21	1.28	1.36	1.44	1.55	1.72
10	0.90	0.92	0.96	1.00	1.04	1.08	1.13	1.19	1.26	1.34	1.42	1.52	1.67
11	0.90	0.93	0.96	1.00	1.04	1.08	1.13	1.18	1.24	1.31	1.39	1.49	1.65
12	0.90	0.93	0.97	1.00	1.03	1.07	1.10	1.16	1.22	1.29	1.37	1.48	1.64
13	0.90	0.92	0.97	0.99	1.03	1.06	1.10	1.14	1.20	1.26	1.31	1.40	1.52
14	0.90	0.93	0.96	1.00	1.03	1.07	1.12	1.16	1.20	1.26	1.30	1.37	1.45
15	0.90	0.92	0.96	0.99	1.03	1.06	1.10	1.16	1.21	1.27	1.33	1.40	1.49
16	0.90	0.92	0.95	0.97	1.00	1.03	1.07	1.11	1.16	1.22	1.26	1.33	1.40
17	0.90	0.93	0.96	0.97	1.00	1.05	1.08	1.11	1.16	1.20	1.24	1.32	1.38
18	0.90	0.92	0.94	0.97	1.01	1.04	1.07	1.09	1.14	1.19	1.23	1.28	1.35
19	0.90	0.92	0.94	0.97	0.99	1.02	1.05	1.08	1.12	1.16	1.20	1.25	1.31
20	0.90	0.92	0.94	0.97	0.99	1.02	1.05	1.08	1.12	1.16	1.19	1.24	1.29
21	0.90	0.92	0.94	0.97	0.99	1.02	1.04	1.07	1.11	1.14	1.18	1.22	1.27

(주) 출처: Meeker and Escobar(1998)

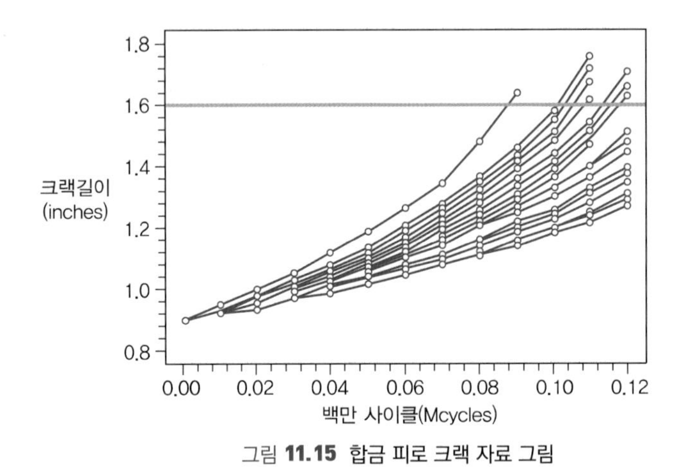

그림 **11.15** 합금 피로 크랙 자료 그림

11.5.2 열화모형

(1) 열화자료

신뢰성 연구 과정에서 시간의 함수로서 타이어의 마모처럼 물리적 열화의 측정이 가능하거나, 실제 물리적 열화를 직접적으로 측정할 수 없지만 그림 11.16과 같이 제품에 대한 성능 열화(저하)의 측정(일례로 전력 출력)이 가능할 수 있다. 이러한 종류의 자료를 보통 '열화자료(degradation data)'라고 부른다. 다만 성능은 하나 이상의 주요한 열화과정에 의하여 영향을 받을 수 있기 때문에 모형이 복잡할 수 있다.

(2) 열화과정과 모형

대부분 고장은 가장 주요한 열화과정에 의해 추적될 수 있는데, 실제 문제에 적용할 경우 하나 이상의 열화변수 또는 주요 열화과정이 존재할 수도 있다.

보통 공학자와 물리·화학 전공자는 유관 문헌에서 모형을 찾거나 주요한 열화과정에 관련된 기본 원리로부터 열화모형을 도출해야 한다. 대체적으로 이런 모형은 열화과정(종종 단일 미분 방정식 또는 미분 방정식 시스템 형태)의 확정적인 형태로서 출발하며, 이로부터 모형 모수에 관한 확률분포를 통해 적절하게 확률현상(randomness)을 수용할 수 있다.

예제 11.12

선형 열화(linear degradation)는 단순 마모 과정에서 자주 발생된다.
예를 들면, 자동차 타이어의 마모가 대상이 될 경우에 $D(t)$가 시간 t에서 자동차 타이어 접촉면 마모량이라면, 마모율은 $dD(t)/dt = c$로 표현할 수 있으므로, $D(t) = D(0) + ct$가 된다. 모수 $D(0)$와 c는 개별 제품에 대하여 상수로 취급할 수 있지만 제품 간에는 확률적이다.

Nelson(1990)은 열화특성 $D(t)$(또는 이의 변환함수)가 t(또는 이의 함수)의 선형형태가 되는 열화율 모형을 다음과 같이 세분하고 있으며, 이때 확률증분 모형은 확률계수 모형으로 변환이 가능하므로, 일반적으로 활용도가 높은 확률계수 모형이 가장 널리 활용되는 열화모형이다. 이런 선형 열화율 모형은 비교적 분석이 용이하며, 실제 여러 제품에 적용할 수 있는 열화모형에 속한다.

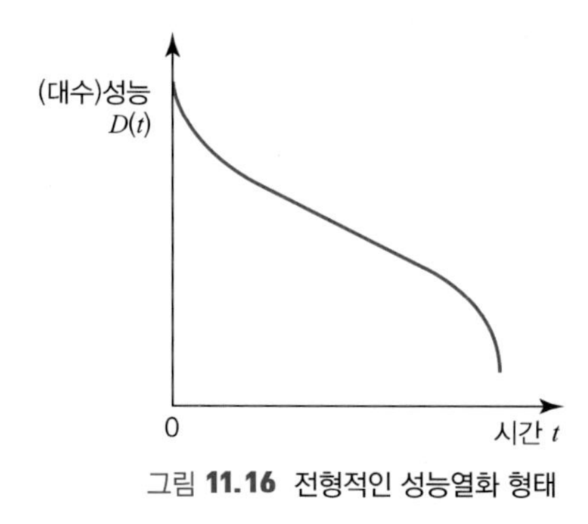

그림 **11.16** 전형적인 성능열화 형태

① 단순 일정비율(simple constant rate) 모형

$$D(t) = \phi + \theta t \quad (\text{단, } \phi, \ \theta \ : \text{ 상수})$$

열화량 $D(t)$가 선형이면서 열화율 θ가 제품에 관계없이 일정한 모형으로 가장 단순하다.

그림 2.3을 단순화시킨 그림 11.16은 시간에 따른 전형적인 성능열화의 경향을 나타내는데, 초기에는 열화율이 매우 높은 상태로 진행되다가(wear-in period) 이후 상당한 기간 동안 일정한 열화율 형태로, 말기에는 열화율이 급속하게 증가하는 형태(wear-out period)가 된다. 따라서 상당부분을 차지하는 중간부분은 (대수 변환된) 성능이나 열화량이 시간에 관한 선형형태에 속하므로, 열화율이 일정하다고 간주할 수 있는 일정계수 열화율 모형(이후부터는 단순 일정비율 모형보다 이 용어를 사용함)을 적용할 수 있다. 또한 ϕ는 고정된 값이나 '0'으로 취급할 수 있다.

② 확률계수(random coefficients) 모형

$$D(t) = \phi + \Theta t \quad (\text{단, } \Theta\text{는 확률변수}) \tag{11.74}$$

제조된 모든 제품이 동일하고, 같은 환경 하에서 운영되며, 모든 제품이 특정 치명적 열화 수준에 도달할 때 고장이라고 판정한다면, 단순 일정비율 모형이 유용할 것이다. 하지만 모형 모수

와 더불어 모형에 포함되어 있지 않은 모수에도 어느 정도의 변이성이 포함되어 있으므로 제품별 열화곡선과 고장시간의 가변성에 대한 원인이 된다. 확률계수 모형은 열화현상을 최초 제품 성능, 재료물성, 부품 등에 의한 제품간 가변성과 운용 및 환경조건에 따른 가변성을 표현할 수 있으므로 일정비율 모형에 비하여 현실에 부합되어 활용도가 높다. 식 (11.74)의 ϕ는 확률변수가 될 수 있으며, 일정계수가 되면 혼합모형(mixed model)에 속한다.

③ 확률증분(random increment) 모형

$$D(jt) = \eta[(j-1)t] + \Theta_i t$$

확률계수 모형의 다른 형태로 짧은 구간별로 각 시험표본의 열화율이 확률적으로 변하는 모형이며 (11.74)의 모형으로 변환이 가능하다.

또한 ②와 ③의 모형을 통칭하여 확률계수 열화율 모형으로 칭하며, 이 모형을 다음과 같이 확장할 수 있다(Nelson, 1990).

$$D(t) = \phi + \Theta t^{\alpha} \tag{11.75}$$

그림 11.17은 열화와 시간 단위에 따라 열화곡선에 관한 세 가지 일반적인 형태(선형(linear), 아래로 볼록(convex), 위로 볼록(concave))를 예시하고 있는데(유사한 그림 2.2와 표 2.1 참조), 식 (11.75)의 확률계수 열화율 모형은 세 가지 형태를 수용할 수 있다. 여기서 열화량 0.6에서의 수평선은 고장으로 판정하는 치명적 수준을 의미하며, 열화곡선 형태에 따라 고장시간이 상당히 달라질 수 있다.

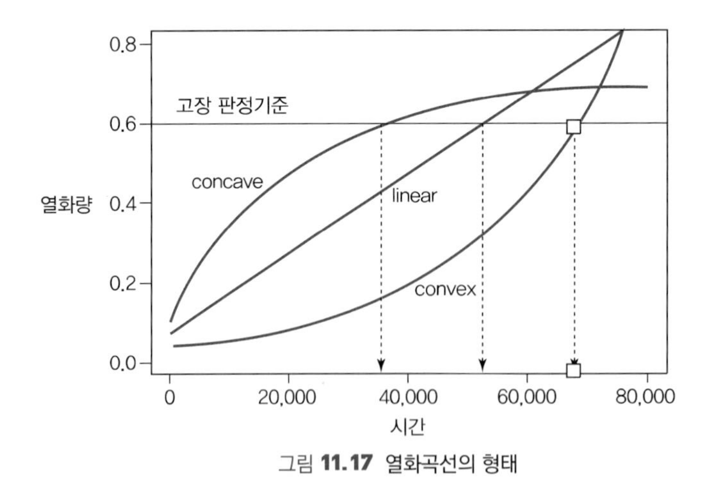

그림 **11.17** 열화곡선의 형태

식 (11.75)에서는 (변환된) 열화량을 이 시간의 멱함수형태로 나타낼 수 있는데, α값에 따라 여러 가지 적용 사례를 들 수 있다. 예를 들어 $\alpha=0.5$일 경우는 발광다이오드(LED) 제품의 열화경로를 설명하는데 적용이 가능하며, $\alpha=1$일 경우는 자동차 타이어의 마모(열화)경로로 쓰이며, $\alpha=2$일 경우는 방사능에 쪼인 금속 연료 핀의 열화경로로 활용되고 있다(서순근 등, 2006).

예제 11.13

LED(Light Emitting Diode)는 최초 광밀도(light intensity, 단위는 lumens)의 50% 이하가 되면 고장으로 판정한다. 시간에 관한 멱함수 형태 t^{α}와 이 시점의 열화량 $D(t)$는 선형이 아니지만 이를 적절히 변환하면 다음과 같이 선형으로 변환시킬 수 있다.

$$w[D(t)]=\theta t^{\alpha}$$

여기서 $w(z)=\ln z,\ \alpha=1$ 또는 0.5로 선형모형화가 가능하다고 알려져 있는데, Yu and Tseng(2004)은 25개 LED를 24시간마다 측정하여 696시간에 시험을 종결한 열화시험자료를 대상으로 그림 11.18과 같이 $w(z)=1-(1/z),\ \alpha=0.65$가 더 적절한 변환이 될 수 있다고 제안하고 있다.

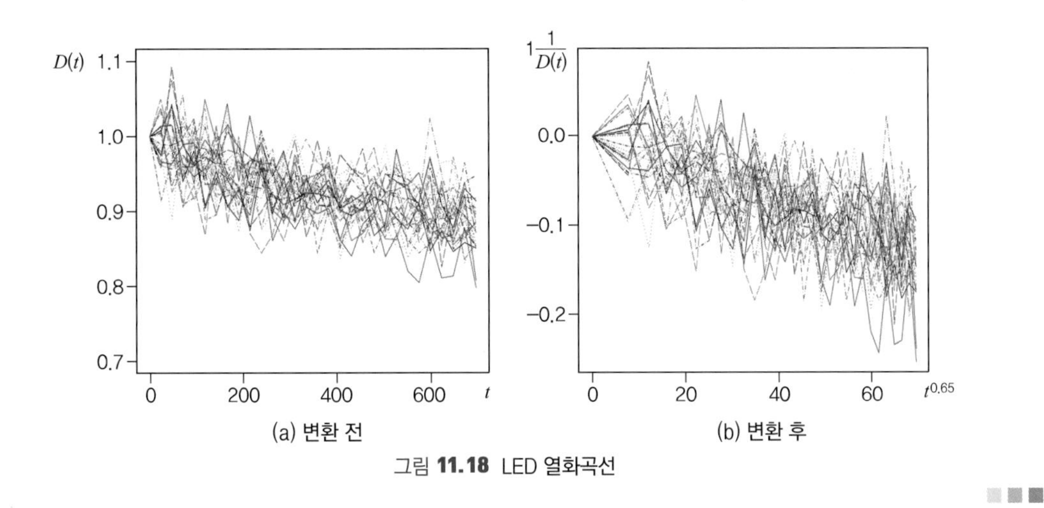

그림 **11.18** LED 열화곡선

(3) 일반적 열화경로 모형과 확률과정 모형*

전 소절의 확률계수 모형과 같이 시간에 따른 특정 제품의 실제 열화경로를 $y(t),\ t>0$로 정의하자. 그림 11.19(a)에서 $y(t)$의 값은 이산적 시간 $t_1, t_2, \cdots$에서 시험단위의 열화경로를 나타내며, D_f에 도달하면 고장으로 판정한다. i 번째 제품의 j 번째 시점에서 관측된 표본 경로 y_{ij}는 식 (11.76)의 일반적 열화경로(general degradation path) 모형으로 나타낼 수 있으며(Lu and

Meeker, 1993; Meeker et al., 1998), 전 소절의 선형 열화모형은 이 모형의 비교적 단순한 경우에 속한다.

$$y_{ij} = D_{ij} + \epsilon_{ij},\ i = 1,\cdots,n,\ j = 1,\cdots,m_i \tag{11.76}$$

여기서 $D_{ij} = D(t_{ij},\beta_{0i},\cdots,\beta_{k-1,i})$는 t_{ij} 시점(모든 제품에 대해 동일한 측정시간이 요구되지는 않음)에서 i 번째 제품의 실제 경로이며, $\epsilon_{ij} \sim N(0,\sigma_\epsilon^2)$는 i 번째 제품의 t_j 시점에서 편차이고 i 번째 제품의 총 측정횟수를 m_i 로 정의한다. 시간 t 로는 달력 시간, 운용 시간, 혹은 자동차 타이어에 대한 마일리지와 같은 적절한 운용척도, 혹은 피로시험에서 사이클의 수 등이 가능하다. i 번째 시험단위에 대해 $\beta_{0i},\cdots,\beta_{k-1,i}$는 k개의 미지모수로 이루어진 벡터이다. 전형적인 표본 경로는 $k=1\sim4$개의 모수를 갖는데, 모수 $\beta_0,\cdots,\beta_{k-1}$ 의 일부는 개별 제품에 따라 확률적이다.

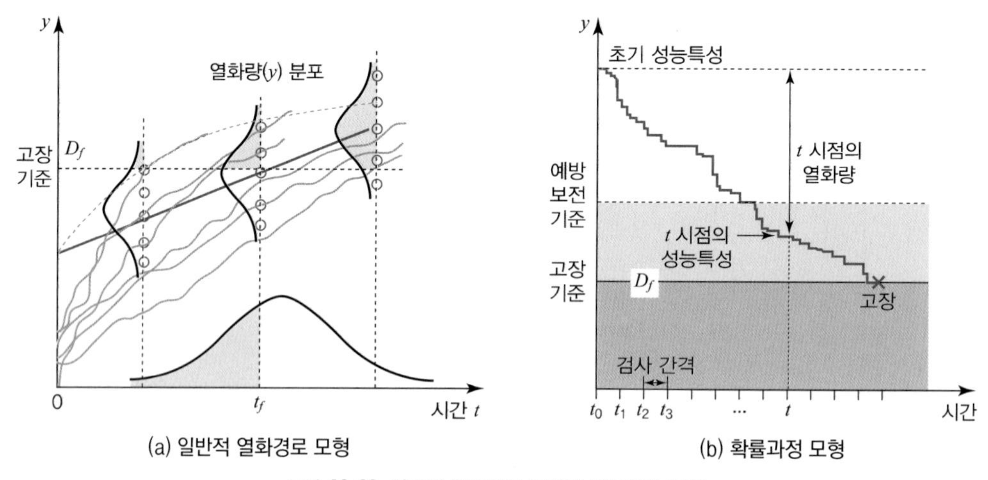

그림 **11.19** 일반적 열화경로 모형과 확률과정 모형

일반적으로 확률계수 $\beta_0,\cdots,\beta_{k-1}$는 편차 ϵ_{ij}에 독립이라고 가정하며, 더불어 σ_ϵ을 상수로 취급한다. 그러나 y_{ij}가 제품별로 연속적으로 얻어지기 때문에, $\epsilon_{ij}, j=1,\cdots,m_i$ 사이에 자기상관(autocorrelation, 특히 측정시간 간격이 매우 좁을 때)이 잠재적으로 존재할 수 있다. 그러나 모집단 혹은 프로세스로부터 제품 열화에 대한 추론을 포함하는 다양한 실제적인 문제에 적용할 때 통상적인 시간간격 하에서 자기상관의 영향은 약하며, 더욱이 $\beta_0,\cdots,\beta_{k-1}$ 에 의한 제품 간의 변이성이 우세하므로 자기상관은 무시될 수 있다. 특히 성능특성의 검사 시에 시험단위가 (부분) 손상을 입는 경우에 시험단위가 기능을 이전처럼 회복하지 못하므로(예를 들면 땜납 부위(solder joint)의 접착강도와 절연체의 절연내력측정 시), 시험단위에 대해 한 번만 관측 가능한 파단열화시험(DDT: destructive degradation test)이 적용될 때는 자기상관이 존재하지 않는다.

한편 일반적 열화경로 모형 외에 열화과정의 고유한 확률적인 성질과 환경요인에 의해 초래되는 확률적 현상을 자연스럽게 나타낼 수 있는 확률과정(stochastic process) 모형도 널리 채택된다. 그림 11.19(b)(감소하는 성능특성일 경우)의 예시와 같이 열화현상의 시간적 진전 과정을 위너(Wiener) 과정, 기하 브라운 운동(geometric Brownian motion), 감마(gamma) 과정, 역가우스 과정(inverse Gaussian process) 등으로 모형화하여 고장시간 분포를 구한다.

확률과정 모형의 기본이 되는 위너과정은 특정 구간의 열화 증분량이 독립적인 정규분포를 따른다고 가정하는데, 이 증분량이 음수가 될 수 있고 단조증가하지 않을 수 있다. 음수가 될 수 있는 점을 피하기 위한 기하 브라운 운동은 대수 열화 증분량이 위너과정을 따른다고 가정하는데, 이 모형도 열화량이 단조 증가하는 경우에는 사용할 수 없다.

마모나 누적손상량 같은 단조증가하는 열화량을 모형화하는데 유용한 감마과정은 독립증분 성질을 가지면서 열화 증분량이 감마분포를 따른다고 가정한다. 이 모형은 충격이 포아송 과정으로 도착하는 복합 포아송 분포의 극한 형태가 되는 물리·화학적 고장현상을 나타낼 수 있는 유용한 성질을 가지고 있다. 한편 최근 들어 단조증가하는 열화량을 모형화하는 역가우스 과정 모형이 제안되고 있는데, 이 모형도 독립증분 성질을 가지면서 열화 증분량은 역가우스 분포를 따르고 충격이 포아송 과정으로 도착하는 복합 포아송 분포의 극한 형태에 속하는 장점을 가지고 있다. 또한 감마분포보다 비교적 생소한 역가우스 분포(3.3절 참조)는 위너 과정에서 고장판정기준에 도달하는 시간에 관한 분포가 되므로, 이런 점을 이용하면 감마과정보다 가속 및 환경조건이나 확률영향을 보다 잘 수용할 수 있다는 이점을 가지고 있다.

일반경로 모형이 확률과정 모형에 비해 사용하기 쉬우며, 이론도 잘 확립되어 있고, 독자들에게 비교적 친숙한 혼합모형에 의한 회귀모형에 속하므로, 이론적 전개 수준이 이 책의 범위를 벗어나는 확률과정 모형은 제외하고 여기서는 경로모형에 한정하여 다룬다.

11.5.3 열화자료의 분석법*

(1) 모수 추정

일반적 열화경로 모형의 우도함수는 식 (11.77)과 같이 표현할 수 있다.

$$L(\boldsymbol{\theta}_\beta, \sigma_\epsilon) = \prod_{i=1}^{n} \int_{-\infty}^{\infty} \cdots \int_{-\infty}^{\infty} \left[\prod_{j=1}^{m_i} \frac{1}{\sigma_\epsilon} \phi_{nor}(z_{ij}) \right] f_\beta(\beta_{0i}, \cdots, \beta_{k-1,i}; \boldsymbol{\theta}_\beta) d\beta_{0i}, \cdots, d\beta_{k-1,i} \tag{11.77}$$

여기서 $\boldsymbol{\theta}_\beta$는 기본적인 경로모형의 모수집합(즉, β_i들과 분포모수)이며, $z_{ij} = [y_{ij} - D(t_{ij},$

$\beta_{0i}, \cdots, \beta_{k-1,i})]/\sigma_\epsilon$이고, $f_\beta(\beta_{0i},\cdots,\beta_{k-1,i};\boldsymbol{\theta}_\beta)$는 다변량 정규분포의 확률밀도함수이다. 일반적으로 식 (11.77)에서 차원 k의 적분을 n회 반복하는 수치적 근사방법이 필요하다(여기서 n은 표본 경로의 수이고, k는 각 경로의 확률계수 모수의 개수임). 만약 $D(t)$ 가 선형함수가 아니라면, 오늘날의 컴퓨터 능력을 활용하더라도, 모수에 대해 직접적으로 식 (11.77)을 최대화하는 값을 구하기는 쉽지 않다.

Pinheiro and Bates(1995)는 이런 여건을 감안하여 모수의 근사적 최우추정량을 구하는 LME(linear mixed effect models)와 NLME(nonlinear mixed effect models) 알고리즘을 개발하고 프로그램을 제공하였다. 하지만 여기서는 이론적으로 고장시간 분포를 구할 수 있는 특수한 경우로 한정하거나, 근사적으로 고장시간을 구하여 분석하는 방법을 중심으로 소개한다.

(2) 분포함수 $F(t)$ 의 평가

D_f 및 $D(t)$ 에 관해 규정된 모형으로부터 수명분포를 정의할 수 있으며, 일반적으로 이런 분포는 열화모형 모수의 함수로 표현할 수 있다. 만약 시점 t 에서 열화수준 D_f 에 도달할 때 시각 t 에서 제품이 고장이라고 정의하면 다음과 같이 정식화할 수 있다.

$$\Pr(T \le t) = F(t) = F(t;\boldsymbol{\theta}_\beta) = \Pr[y(t,\beta_0,\cdots,\beta_{k-1}) \ge D_f] \tag{11.78}$$

고정된 D_f에 대하여 T의 분포는 $\boldsymbol{\theta}_\beta$ 의 기본적인 경로모수와 연관된 $\beta_0,\cdots,\beta_{k-1}$의 분포에 의존한다. 분포함수 $F(t)$는 특정하면서 단순한 경우에는 폐쇄형(closed-form)으로 표현이 가능하나, 대체로 폐쇄형이 되지 않는다. 이에 따라 대부분 실제적인 경로 모형에서, 특히 $D(t)$가 비선형이고 $\beta_0,\cdots,\beta_{k-1}$의 하나 이상이 확률변수일 때 수치적 방법을 이용하여 $F(t)$를 구할 수 있다.

어떤 특수한 단순 경로 모형에서는 $F(t)$ 가 폐쇄형인 기본적인 경로모수의 함수로 표현될 수 있다. 다음 예제를 고려해 보자.

예제 11.14

특정 제품의 실제 열화경로(식 (11.76))에서 편차항이 무시할 정도로 작을 때 다음의 단순 선형관계라고 가정할 수 있는 경우를 고려하자.

$$y = D(t) = \beta_0 + \beta_1 t$$

여기서, 식 (11.74)의 절편과 열화율을 회귀모형에 널 쓰이는 기호인 β_0 와 β_1 로 표기한 것으로, β_1은 다음의 분포를 따른다.

$$\Pr(\beta_1 \le b) = \Phi_{nor}\left(\frac{\ln b - \mu_D}{\sigma_D}\right)$$

모수 β_0는 시점 0에서 모든 시험 제품의 초기 열화량을 나타내며, β_1은 제품 간 확률적인 열화율을 의미한다. 따라서 증가하는 열화량일 경우 분포함수 $F(t)$를 다음과 같이 나타낼 수 있다.

$$\begin{aligned} F(t) &= \Pr(D(t) > D_f) = \Pr(\beta_0 + \beta_1 t > D_f) \\ &= \Pr\left(\beta_1 > \frac{D_f - \beta_0}{t}\right) = 1 - \Phi_{nor}\left(\frac{\ln(D_f - \beta_0) - \ln t - \mu_D}{\sigma_D}\right) \\ &= \Phi_{nor}\left(\frac{\ln t - [\ln(D_f - \beta_0) - \mu_D]}{\sigma_D}\right) \end{aligned} \tag{11.79}$$

따라서 T는 기본적 경로모수 $\boldsymbol{\theta}_\beta = (\beta_0, \mu_D, \sigma_D)$와 D_f에 의존하는 모수를 가지는 대수정규분포를 따르며, $\exp[\ln(D_f - \beta_0) - \mu_D]$와 σ_D는 각각 대수정규분포의 중앙값과 형상모수(정규분포와 연관시켜 척도모수로도 불림)가 된다.

이로부터 요약하면 열화율이 대수정규분포를 따르면 수명 역시 대수정규분포를 따른다. 또한 열화율 분포가 역와이블(reciprocal 또는 inverse Weibull; 이하 R-Weibull로 표기) 분포를 따르면 수명은 와이블 분포를 따른다. 이에 따라 열화율을 이용하여 수명분포에 대해 직접 추정이 가능하다. 다음 두 예제는 단순 선형 확률계수 열화모형을 식 (11.75)의 멱함수 형태의 확률계수 열화율 모형으로 확장한 경우이다

예제 11.15

식 (11.75)에서 ϕ가 0이고 열화율 Θ가 대수정규분포($\Theta \sim LN(\mu_D, \sigma_D^2)$)를 따를 때 확률밀도함수와 누적분포함수를 다음과 같이 표현할 수 있다.

$$g(\theta) = \frac{1}{\sigma_D \theta}\phi_{nor}\left(\frac{\ln\theta - \mu_D}{\sigma_D}\right)$$

$$G(\theta) = \Phi_{nor}\left(\frac{\ln\theta - \mu_D}{\sigma_D}\right)$$

시험제품의 측정된 열화량이 고장으로 판정할 수 있는 기준 열화량 D_f를 초과하면 고장이라고 판정되며, 이때 식 (11.76)의 편차 관련항이 존재하지 않거나 무시할 수 있을 정도로 작다면 식 (11.75)로부터 멱함수 형태로 다음과 같이 나타낼 수 있다.

$$T = \left(\frac{D_f}{\Theta}\right)^{1/\alpha} \tag{11.80}$$

식 (11.80)을 이용하여 수명 T의 분포함수를 구하면 다음과 같이 나타낼 수 있다.

$$F(t) = \Pr\left[\left(\frac{D_f}{\Theta}\right)^{1/\alpha} \le t\right] = \Phi_{nor}\left[\frac{\ln t - \frac{1}{\alpha}(\ln D_f - \mu_D)}{\sigma_{D_f}/\alpha}\right] \tag{11.81}$$

즉, 수명 T는 대수정규분포($LN(\mu = (\ln D_f - \mu_D)/\alpha,\ \sigma^2 = (\sigma_D/\alpha)^2)$)를 따른다. 따라서 열화율 Θ는 $LN(\mu_D = \ln D_f - \mu\alpha,\ \sigma_D^2 = (\sigma\alpha)^2)$로 표현된다(Yu and Tseung, 2004).

또한 열화율 Θ가 R-Weibull 분포를 따를 때의 확률밀도함수와 누적분포함수는 다음과 같이 표현할 수 있으며,

$$g(\theta) = \frac{\beta_D}{\theta}\left(\frac{1}{\eta_D\theta}\right)^{\beta_D}\exp\left[-\left(\frac{1}{\eta_D\theta}\right)^{\beta_D}\right] \tag{11.82}$$

$$G(\theta) = \exp\left[-\left(\frac{1}{\eta_D\theta}\right)^{\beta_D}\right]$$

단, η_D는 척도모수, β_D는 형상모수

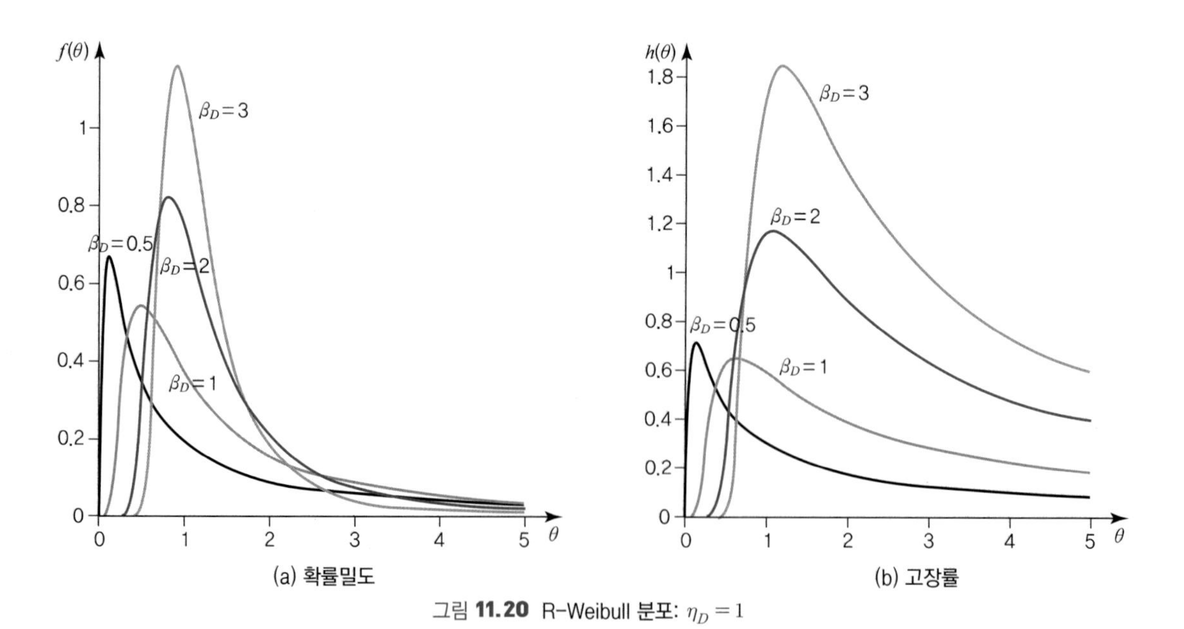

그림 11.20 R-Weibull 분포: $\eta_D = 1$

형상모수에 따른 R-Weibull 분포의 확률분포(확률밀도)와 고장률이 그림 11.20(a)와 (b)에 각각 수록되어 있는데, 그림 11.20(a)을 보면 꼬리가 우측으로 긴 분포이며, (b)의 고장률은 대수정규분포의 형상과 비슷하다. 그리고 식 (11.82)를 보면 어떤 확률변수가 와이블 분포를 따르며 이의 역수는 R-Weibull 분포를 따름을 알 수 있다. 또한 $\ln\Theta$는 위치모수가 $-\ln\eta_D$이고 척도모수가 $1/\beta_D$인 최대극치의 검벨 분포를 따른다.

예제 11.16

예제 11.15에서 대수정규분포 대신 R-Weibull 분포를 따를 경우는 직전 예제와 동일한 방법으로 수명 T의 분포함수를 구하면 다음과 같이 나타낼 수 있다.

$$F(t) = \Pr\left[\left(\frac{D_f}{\Theta}\right)^{1/\alpha} \le t\right] \tag{11.83}$$

즉, 수명 T는 와이블 분포(Weibull($\lambda = \eta^{-1} = (\eta_D D_f)^{-1/\alpha}$, $\beta = \alpha\beta_D$)를 따르므로, 열화율 Θ는 척도모수 $\eta_D = \eta^\alpha / D_f$이고, 형상모수 $\beta_D = \beta/\alpha$인 R-Weibull 분포를 따른다.

한편 일반적 경로모형에 적용할 수 있는 $F(t)$의 수치적 평가 방법은 원칙적으로 다차원 적분 계산이 필요하며, 이를 위한 컴퓨터 연산 시간은 적분의 차원에 따라 지수적으로 증가한다. 또한 이로부터 도출된 우도방정식을 풀기 위해서는 여러 번의 수치적 근사방법이 필요하며, 일반적으로 현재 컴퓨터 능력을 활용하더라도 상기 모수를 직접적으로 구하기는 쉽지 않다.

$F(t)$는 식 (11.77)의 우도함수에 대해 근사적 최우추정법에 의해 모수를 추정한 후에, 이 추정된 모수를 이용한 몬테카를로 시뮬레이션(Monte Carlo simulation)을 통해서 수치적으로 추정이 가능하다. 몬테카를로 시뮬레이션은 특히 $F(t)$를 평가하기 위해 다방면으로 이용되는 방법이다. 가정된 경로 모형으로부터 임의의 많은 표본 경로를 발생시키는 알고리즘을 이용하여 시점 t 에서 D_f를 초과하는 경로의 비율로서 $F(t)$를 추정하고 이의 신뢰구간도 붓스트랩(bootstrap) 방법 등에 의해 구할 수 있다. 이에 관한 자세한 절차와 분석법은 Meeker and Escobar(1998)를 참조하기 바라며, 이 책에서는 의사 고장시간을 근사적으로 구하여 9장과 11장 3절의 (가속)수명시험 자료 분석법을 적용하는 방법론을 소개한다.

(3) 의사 고장시간 분석법

이 소절에서 다루는 일반적 열화경로 모형에 적용할 수 있는 근사방법은 두 단계로 구성된다.

첫 단계에는 n 개의 각 제품단위에 대하여 고장에 상응하는 치명적 열화수준에 도달할 시간을 추산하며, 이렇게 계산된 시간을 '의사(pseudo) 고장시간'이라고 부른다. 두 번째 단계에서는 n 개 의사 고장시간은 완전자료가 되므로, 이로부터 수명분포를 적합하고 모수를 추정한다. 이 방법의 절차를 다음과 같이 정리할 수 있다.

- i 번째 제품에 대해 경로 모형 $y_{ij} = D_{ij} + \epsilon_{ij}$와 표본 경로자료 $(t_{i1}, y_{i1}), \cdots, (t_{im_i}, y_{im_i})$를 이용하여 $\boldsymbol{\beta}_i = (\beta_{0i}, \cdots, \beta_{k-1,i})$의 최우추정값, 즉 $\hat{\boldsymbol{\beta}}_i$을 구한다. 이때 비선형 최소제곱법을 이용할 수도 있다.
- i 번째 제품에 대해 t 에 대한 식 $D_i(t, \hat{\boldsymbol{\beta}}_i) = D_f$의 해를 구하고 그 해를 $\hat{t}_i$라고 둔다.
- 각 표본 경로에 대한 의사 고장시간 $\hat{t}_1, \cdots, \hat{t}_n$을 구하기 위해서 상기 절차를 반복한다.
- $F(t)$ 을 추정하기 위해 의사 고장자료 $\hat{t}_1, \cdots, \hat{t}_n$를 이용하여 분포적합을 실시하고 관심있는 모수 등을 추정한다.

단순한 확률계수 열화율 모형일 경우 한 단위제품의 열화경로에서 $D(t) = \beta_0 + \beta_1 t$로 표현할 수 있다. 더욱이 비선형이더라도 시험단위의 열화량 또는 시간 축 혹은 두 가지 모두에 대하여 대수 변환을 실시하면 단순 선형경로 모형으로 변환시킬 수 있는 경우도 제법 존재한다.

이런 경우에 의사 고장시간을 다음 식으로부터 구한다.

$$\hat{t}_i = \frac{D_f - \hat{\beta}_{0i}}{\hat{\beta}_{1i}} \tag{11.84}$$

여기서, $\hat{\beta}_{0i} = \bar{y}_i - \hat{\beta}_{1i} \times \bar{t}_i$, $\hat{\beta}_{1i} = \dfrac{\sum_{j=1}^{m_i} (t_{ij} - \bar{t}_i) y_{ij}}{\sum_{j=1}^{m_i} (t_{ij} - \bar{t}_i)^2}$ 이며,

$\bar{t}_i$ 와 $\bar{y}_i$ 는 각각 $t_{i1}, \cdots, t_{im_i}$ 와 $y_{i1}, \cdots, y_{im_i}$ 의 평균임

또한 모든 경로가 원점에서 시작하는 경우를 자주 접할 수 있다(즉, $t_{il} = 0$, $y_{il} = 0$). 이때 열화경로는 $D(t) = \beta_1 t$ 의 형태를 따르므로 의사 고장시간은 식 (11.85)로부터 구한다.

$$\hat{t}_i = \frac{D_f}{\hat{\beta}_{1i}} \tag{11.85}$$

단, $\hat{\beta}_{1i} = \dfrac{\sum_{j=1}^{m_i} t_{ij} y_{ij}}{\sum_{j=1}^{m_i} t_{ij}^2}$

이 근사방법은 상대적으로 계산이 단순하기 때문에 분석상의 장점도 있지만, 열화경로가 변환되더라도 비선형일 경우에 분석이 쉽지 않다. 따라서 근사방법은 다음과 같은 조건하에서 적절한 분석결과를 도출할 수 있다.

- 열화경로가 상대적으로 단순한 경우
- 적합된 경로모형이 근사적으로 정확한 경우
- β_i의 정확한 추정을 위한 충분한 자료가 있는 경우
- 측정오차의 크기가 작은 경우
- 고장시간 $\hat{t}_i$를 예측 시 외삽이 크지 않는 경우

그러나 근사적 열화분석은 다음의 이유 때문에 잠재적 문제점을 가지고 있지만, 관측중단비율이 매우 높아 고장정보가 매우 부족할 경우에 열화자료를 이용하면 보다 정확한 분석을 수행할 수 있을 것이다.

- $\hat{t}$ 의 추정 시 예측 오차가 무시되고 있으며 관측 표본경로에서 측정오차를 반영하지 않고 있다.
- 의사 고장시간을 적합한 분포는 열화모형에 의해 유도된 분포와 일치하지 않을 수 있다.
- 어떤 경우에 모든 열화경로 모수를 추정할 수 있는 충분한 정보를 포함하지 않는 표본 경로가 발생할 수 있다(예를 들면 경로모형은 수평 점근선을 가지고 있지만 표본 경로가 수평화되지 않는 경우).

예제 11.17

레이저 장치의 열화는 수명기간 동안 발생하는 광출력(light output)의 저하가 원인이다. 어떤 레이저 장치는 열화되면 작동 전류를 증가시킴으로써 거의 일정하게 광출력이 유지될 수 있는 피드백 메커니즘을 보유하고 있다. 따라서 전류가 꽤 높을 때, 이 장치는 고장이 발생한 것으로 판단할 수 있다. 15개 시료에 대해 250시간 간격으로 4,000시간까지 측정한 전류의 증가량이 표 11.10에 수록되어 있다(Meeker and Escobar(1998)에서 인용한 자료로 데이터의 자릿수를 조정한 것임).
이 열화자료를 시간에 따라 도시한 그림 11.21은 레이저 장치의 수명시험 자료로 원점을 지나는 형태가 되므로, 식 (11.85)를 적용하여 의사 고장시간을 구한다. 여기서 고장판정은 유사 장치의 사례를 참조하여 전류 증가량 $D_f = 10\%$를 고장 수준으로 규정한다. 고장시간(4,000시간 전에 $D_f = 10\%$를 초과하는 경로)외에 각 경로에 대한 자료를 적합한 직선을 연장하여 의사 고장시간을 구하였다.
즉, 시료 101, 106, 110은 4,000시간 이전에 고장수준(10%)에 도달하여 이 수준이 포함되는 구간에서 선형보간법(시료 106 예시: $3,500 + 250(10 - 9.95)/(10.49 - 9.95) = 3,523$)으로 고장시간을 추산하였다. 이를 제외한 12개 시료에 대해 의사 고장시간을 식 (11.85)에 의해 구했는데, 시료 102

에 대해 예시하면 다음과 같다('0' 시점은 배제함).

표 **11.10** 레이저 장치 열화자료(단위: %)

표본 \ 시간	0	250	500	750	1000	1250	1500	1750	2000	2250	2500	2750	3000	3250	3500	3750	4000
101	0.00	0.47	0.93	2.11	2.72	3.51	4.34	4.91	5.48	5.99	6.72	7.13	8.00	8.92	9.49	9.87	10.94
102	0.00	0.71	1.22	1.90	2.30	2.87	3.75	4.42	4.99	5.51	6.07	6.64	7.16	7.78	8.42	8.91	9.28
103	0.00	0.71	1.17	1.73	1.99	2.53	2.97	3.30	3.94	4.16	4.45	4.89	5.27	5.69	6.02	6.45	6.88
104	0.00	0.36	0.62	1.36	1.95	2.30	2.95	3.39	3.79	4.11	4.50	4.72	4.98	5.28	5.62	5.95	6.14
105	0.00	0.27	0.61	1.11	1.77	2.06	2.58	2.99	3.38	4.05	4.63	5.24	5.62	6.04	6.32	7.10	7.59
106	0.00	0.36	1.39	1.95	2.86	3.46	3.81	4.53	5.35	5.92	6.71	7.70	8.61	9.15	9.95	10.49	11.01
107	0.00	0.36	0.92	1.21	1.46	1.93	2.39	2.68	2.94	3.42	4.09	4.58	4.84	5.11	5.57	6.11	7.17
108	0.00	0.46	1.07	1.42	1.77	2.11	2.40	2.78	3.02	3.29	3.75	4.16	4.76	5.16	5.46	5.81	6.25
109	0.00	0.51	0.93	1.57	1.96	2.59	3.29	3.61	4.11	4.60	4.91	5.34	5.84	6.40	6.84	7.20	7.88
110	0.00	0.41	1.49	2.38	3.00	3.84	4.50	5.25	6.26	7.05	7.80	8.32	8.93	9.55	10.45	11.28	12.21
111	0.00	0.44	1.00	1.57	1.96	2.51	2.84	3.47	4.01	4.51	4.80	5.20	5.66	6.20	6.54	6.96	7.42
112	0.00	0.39	0.80	1.35	1.74	2.98	3.59	4.03	4.44	4.79	5.22	5.48	5.96	6.23	6.99	7.37	7.88
113	0.00	0.30	0.74	1.52	1.85	2.39	2.95	3.51	3.92	5.03	5.47	5.84	6.50	6.94	7.39	7.85	8.09
114	0.00	0.44	0.70	1.05	1.35	1.80	2.55	2.83	3.39	3.72	4.09	4.83	5.41	5.76	6.14	6.51	6.88
115	0.00	0.51	0.83	1.29	1.52	1.91	2.27	2.78	3.42	3.78	4.11	4.38	4.63	5.38	5.84	6.16	6.62

$$\sum_{j=1}^{16} t_{2j} y_{2j} = 224{,}036, \quad \sum_{j=1}^{16} t_{2j}^2 = 93{,}500{,}000$$

$$\hat{\beta}_{12} = 224{,}036/93{,}500{,}000 = 0.002396, \quad \hat{t}_2 = 10/0.002396 = 4{,}173$$

이와 같이 구한 의사 고장시간은 시료 번호순으로 3,780, 4,173, 5,621, 5,983, 5,433, 3,523, 6,141, 6,415, 5,066, 3,375, 5,268, 4,948, 4,781, 5,819, 6,121시간으로 추정되었다.

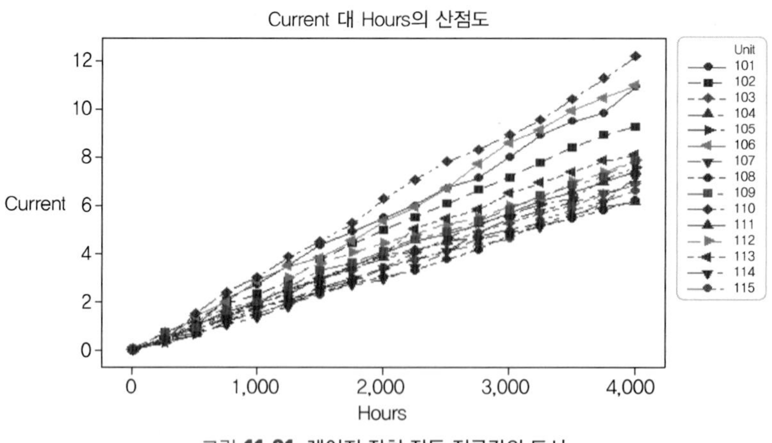

그림 **11.21** 레이저 장치 작동 전류값의 도시

그림 11.22는 Minitab으로 분포적합을 실행한 결과로 의사 고장시간이 와이블 분포 및 대수정규분포 중에서 와이블 분포에 보다 적합도가 높음을 알 수 있다. 이로부터 와이블 분포를 따를 경우에 확률 밀도함수, 확률지 그림, 신뢰도, 고장률 등이 그림 11.23에 수록되어 있으며, 우측에는 최우추정법으로 추정된 와이블 분포의 모수에 대한 추정값이 요약되어 있다. 이를 보면 형상모수가 매우 큰 IFR 형태의 고장률을 보여주고 있다.

pseudo_1에 대한 확률도
ML 추정치-전체 데이터
Weibull 분포
로그 정규 분포
백분율
pseudo_1
Anderson-Darling(수정)
Weibull 분포
1.140
로그 정규 분포
1.382

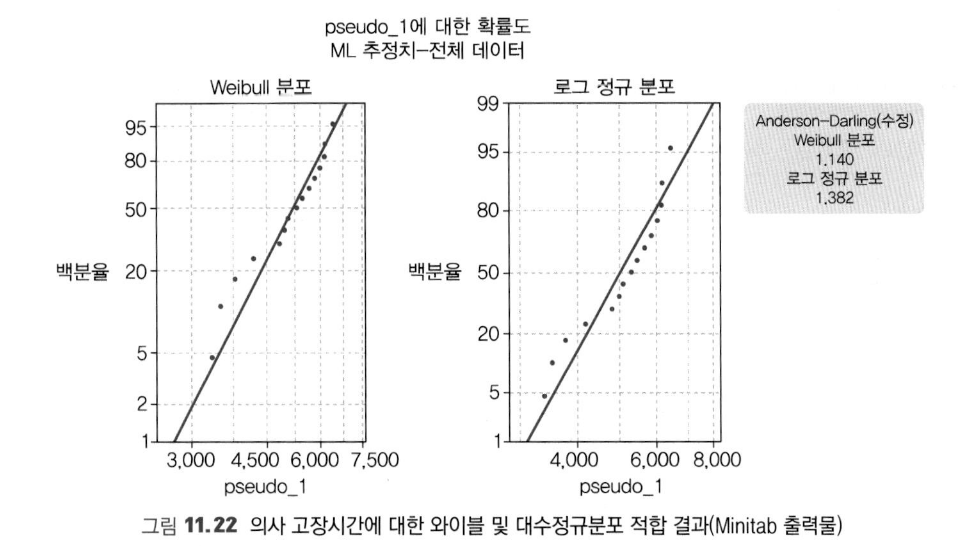

그림 **11.22** 의사 고장시간에 대한 와이블 및 대수정규분포 적합 결과(Minitab 출력물)

pseudo_1에 대한 분포 개관 그림
ML 추정치-전체 데이터
확률밀도함수
PDF
Weibull 분포
백분율
생존 함수
위험 함수
비율
pseudo_1
통계량 표
형상모수 6.63280
척도모수 5484.64
평균 5116.01
표준 편차 903.645
중위수 5189.79
IQR 1216.11
고장 15
관측 중단 0
AD* 1.140

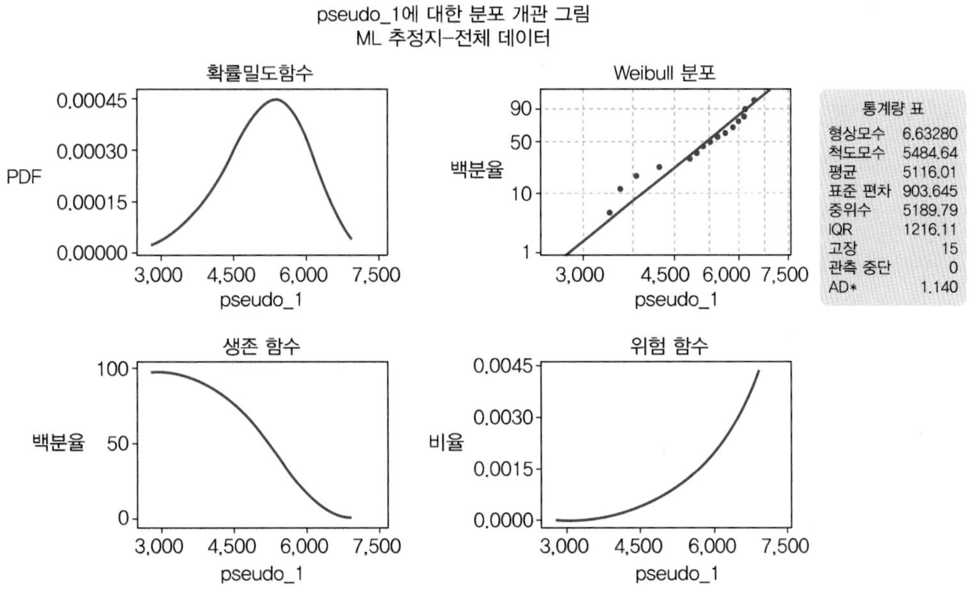

그림 **11.23** 적합한 와이블 분포와 신뢰도 관련 함수(Minitab 출력물)

11.6 가속열화시험*

어떤 제품은 사용조건에서 열화 진전량이나 열화율이 너무 낮아서 유의미한 열화가 통상의 시험기간 내에 관측되지 않을 수 있다. 이런 경우에는 열화과정을 가속화할 필요가 있으며 이런 가속시험을 가속열화시험(ADT: accelerated degradation test)이라고 부르고 있다.

가속열화시험은 먼저 열화량의 분포와 열화량의 시간과 스트레스에 대한 의존성을 파악하여 모형화한다. 다음으로 가속수명시험과 같이 정상적인 사용조건보다 가혹한 스트레스 조건에서 성능특성이 시간에 따라 열화되는 정도를 측정한다. 마지막으로 시간에 따라 열화량이 변화하는 모형의 모수를 추정하고, 추정된 모형으로부터 정상 사용조건에서의 수명 등의 신뢰성 척도를 추정한다.

11.6.1 가속열화모형

11.5.2절에서 열화자료에 관한 모형을 다루었는데 이러한 모형은 일반적으로 시간에 따른 특정 열화 혹은 측정되는 제품 성능(크랙 길이, 저항기, 전력 출력 등)의 양상 외에 열화경로에 존재하는 시험 표본간의 가변성을 포함하고 있다. 가속열화자료에 대한 열화모형은 열화량과 가속변수(예: 전압이나 온도) 사이의 관계를 나타내는 모형이 추가적으로 필요하다.

t_{ij} 시간에서 i 번째 시험표본의 관측된 열화 y_{ij} 는 시료의 실제 열화량에 측정오차가 포함된 형식으로 11.5.2절의 식 (11.76)과 같이 정의된다.

시간에 따라 특성치가 열화하는 정도는 시험조건(즉, 스트레스 수준)마다 다르며, 스트레스의 수준에 따른 열화 정도의 차이를 스트레스 의존성(stress dependency)이라 부른다. 이러한 스트레스 의존성은 11.5.2절에 기술된 열화경로 모형의 분포모수($\theta(\boldsymbol{\theta})$)에 주로 반영되며 스트레스의 종류에 따라 대표적인 모형을 다음과 같이 분류할 수 있다(Nelson, 1990). 아래의 모형들은 감소하는 형태의 성능열화에 적용할 수 있도록 표현되고 있으므로, 증가할 경우는 지수부호 등에 관한 조정이 필요하다.

(1) Arrhenius 의존성(Arrhenius dependency)

$$\theta = \beta_0 \cdot \exp\left(-\frac{\beta_1}{Temp}\right) \tag{11.86}$$

단, $Temp$ 는 절대온도

Arrhenius 의존성의 대표적인 적용 아이템은 다음과 같다.

- 접착제
- 절연체와 유전체
- 플라스틱과 중합체
- 배터리와 전지
- 약품

(2) 파워 의존성(power dependency)

$$\theta = \beta_0 \cdot V^{\beta_1} \tag{11.87}$$

단, V는 전압 등의 스트레스

(3) 지수 의존성(exponential dependency)

$$\theta = \beta_0 \cdot \exp(\beta_1 W) \tag{11.88}$$

단, W는 습도 등의 기후 변수

(4) 아이링 의존성(Eyring dependency)

$$\theta = \beta \cdot \exp\left[-\frac{\beta_1}{Temp} - \beta_2 V - \beta_3\left(\frac{V}{Temp}\right)\right] \tag{11.89}$$

일반적으로, $Temp$는 절대온도, V는 전압 등의 스트레스

11.6.2 가속열화시험 자료의 분석

확률계수 열화모형에 대한 우도함수는 식 (11.77)과 기본적으로 동일한 형태이며, 11.5.3절에서 소개한 추정방법들이 앞 소절의 스트레스 의존성을 반영한 가속 열화모형에 직접적으로 적용될 수 있는데, 이 책의 수준을 벗어나므로 관심있는 독자는 Meeker and Escober(1998)를 참조하기 바란다. 즉, 열화경로 모형이 선형이더라도 스트레스 의존성을 열화율에 도입하는 가속열화시험은 변환해도 선형이 되지 않는 비선형 경로모형이 되어 분석과정이 상당히 복잡해진다. 따라서 여기서는 11.5.3절의 마지막에서 다룬 의사 고장시간을 구하고, 이로부터 11.3절의 가속수명시험자료의 분석법을 적용하는 과정을 소개한다.

11.5.3절에서 다루었던 열화자료 분석에 관한 근사방법을 가속열화시험 자료를 분석하는 경우에 바로 확장할 수 있다. 즉, 각 표본 경로에 대하여 의사 고장시간을 추정하는 알고리즘을 그대로 적용할 수 있지만, 이런 분석방법은 11.5.3절에 기술된 동일한 한계점을 가지고 있으며, 추가

적으로 앞 소절의 스트레스 의존성을 직접적으로 반영할 수 없는 약점도 있다.

예제 11.18

표 11.11은 슬라이딩 금속 마모 자료로서 특정 금속 합금의 내마모성 시험을 위한 실험을 수행한 결과의 일부이다(Meeker and Esccober, 1998). 즉, 하중의 영향에 관한 조사와 마모 메커니즘의 보다 명확한 규명을 위해 3수준의 하중 범위에 대하여 슬라이딩 시험을 수행하였으며, 사용조건은 5g이다. 이 조건에서 B_{10}수명을 추정하라.

그림 11.24(a)는 열화자료를 시간에 따라 도시한 그림이며, 그림 11.24(b)는 이를 양 대수척도 축으로 변환하여 도시한 결과로, 이를 보면 후자의 선형성이 높음을 쉽게 확인할 수 있다.

예측된 의사 고장시간은 대수변환-대수변환 척도(그림 11.24(b))로 도시된 각 표본 경로($\ln D(t) = \beta_0 + \beta \ln t$)를 최소제곱법으로 일차 직선을 적합하였으며, 식 (11.84)에 의해 흠의 너비가 50마이크론(microns)이 되는 시간까지 외삽하여 추정하였다. 이 예측된 의사 고장시간은 표 11.12에 정리되어 있는데, 100g에서 변동의 폭이 작음을 파악할 수 있다.

표 **11.11** 슬라이딩 금속 마모 자료

적용하중(g)	시험표본	측정시간							
		2.00	5.00	10.00	20.00	50.00	100.00	200.00	500.00
10	101	3.168	4.063	4.453	4.744	5.838	6.786	7.737	9.593
	102	2.727	3.449	3.790	3.870	5.359	5.670	6.315	8.417
	104	2.633	3.498	4.013	4.012	5.192	6.123	6.705	8.512
50	106	7.497	8.080	9.779	10.928	14.797	16.116	17.334	20.179
	108	7.805	8.889	9.996	11.524	13.697	16.176	16.233	21.041
100	109	12.530	15.380	17.210	20.480	24.100	26.970	29.440	37.870
	110	10.960	13.870	16.070	18.560	22.220	27.820	31.040	36.630
	111	13.050	15.120	18.580	20.180	23.900	29.710	31.470	39.650
	112	11.660	13.680	16.710	17.520	22.300	25.280	31.990	38.160

표 **11.12** 금속 마모 고장시간(단위: 사이클)

적용 하중(g)	의사 고장시간			
100	2,387	1,815	1,688	1.929
50	44,446	75,202	–	–
10	3,637,648	6,281,169	3,602,944	–

그림 11.25는 3개의 서로 다른 하중의 수준에서 각각의 자료를 와이블, 대수정규, 정규, 지수분포 확률지에 적합한 결과(Minitab으로 분석)인데, 표본 크기가 작은 경우이지만 와이블 분포의 적합도가 가장 높다. 스트레스가 하중일 때 자주 채택되는 역거듭제곱 법칙 가속모형과 와이블 분포로 가속수명시험 자료에 대해 분석한 결과는 그림 11.26에서 볼 수 있는데, 적합된 모형과 도시된 점들을 살펴보면 자료를 비교적 잘 표현할 수 있는 모형이라고 여겨진다. 다만 이 모형이 경험적인 모형에 속하여 낮은 하중의 수준까지 외삽하는 것은 위험할 수 있다.

또한 보다 자세한 정보는 세션 출력 창인 그림 11.27에서 확인할 수 있다. 이를 보면 와이블 분포의 형상모수는 1.79, 역거듭제곱 법칙 모형의 멱지수는 3.22, 사용조건 5g에서의 B_{10}수명은 약 16백만 사이클, 95% 신뢰수준에서 최소 4.6백만 사이클 이상으로 추정된다.

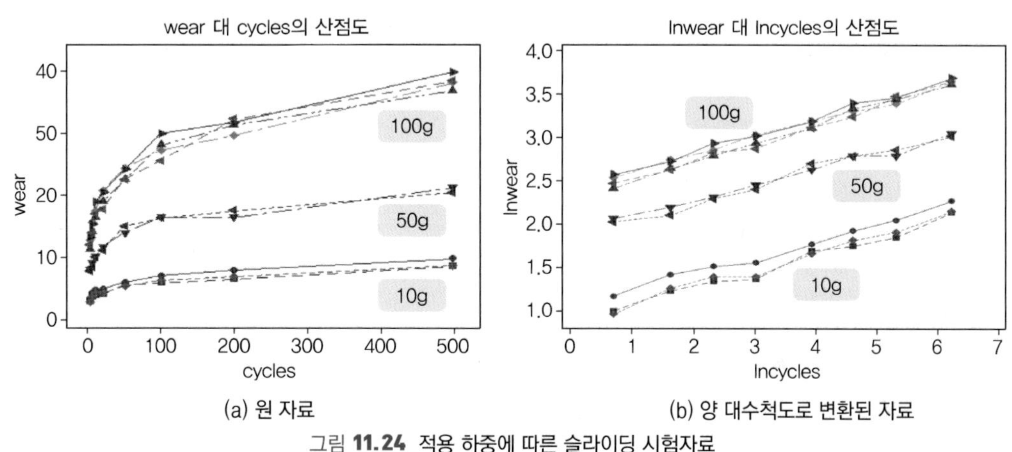

그림 **11.24** 적용 하중에 따른 슬라이딩 시험자료

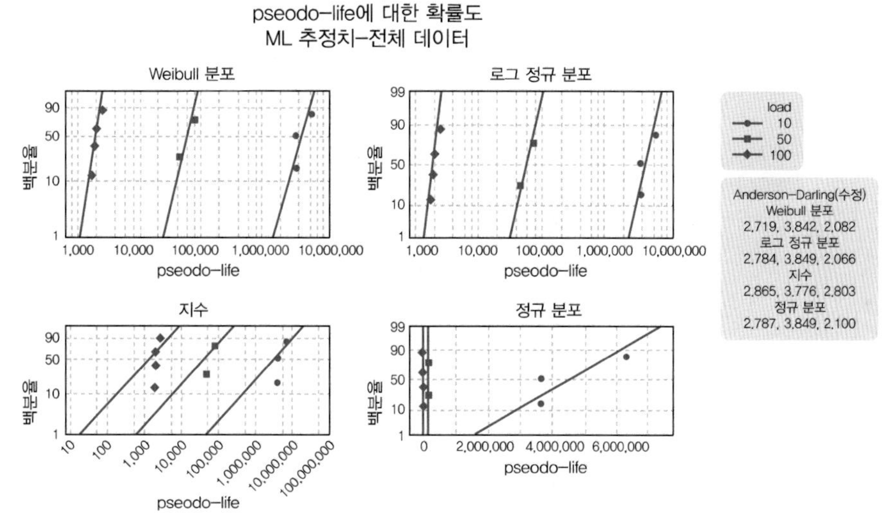

그림 **11.25** 의사 고장시간에 대한 네 가지 분포의 적합결과: 확률지(Minitab 출력물)

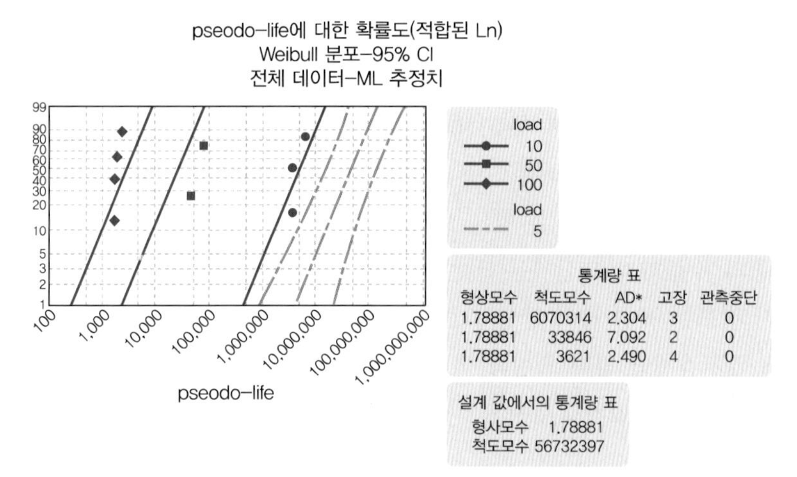

그림 **11.26** 의사 고장시간에 대한 가속수명시험 분석 결과(Minitab 결과물)

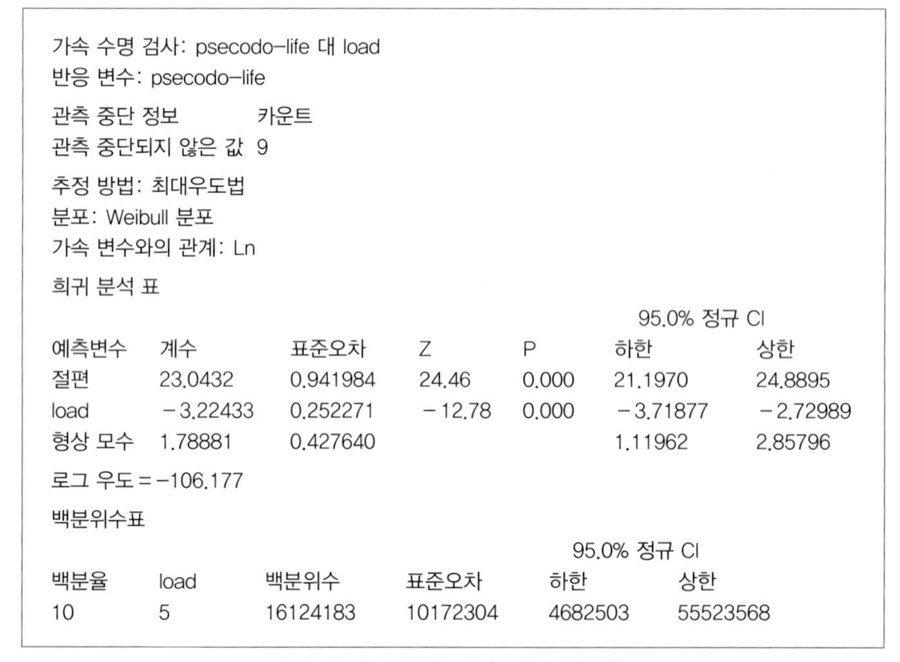

가속 수명 검사: psecodo-life 대 load
반응 변수: psecodo-life

관측 중단 정보 카운트
관측 중단되지 않은 값 9

추정 방법: 최대우도법
분포: Weibull 분포
가속 변수와의 관계: Ln

희귀 분석 표

					95.0% 정규 CI	
예측변수	계수	표준오차	Z	P	하한	상한
절편	23.0432	0.941984	24.46	0.000	21.1970	24.8895
load	-3.22433	0.252271	-12.78	0.000	-3.71877	-2.72989
형상 모수	1.78881	0.427640			1.11962	2.85796

로그 우도 = -106.177

백분위수표

				95.0% 정규 CI	
백분율	load	백분위수	표준오차	하한	상한
10	5	16124183	10172304	4682503	55523568

그림 **11.27** 세션 출력 창(Minitab 결과물)

한편 (가속)열화시험의 장점을 확인해 보자. 상기 예와는 달리 가속수명시험을 실시하여 고장시간 자료로부터 모형을 적합시킬 수 있다고 하더라도, 낮은 수준에서 전혀 고장이 발생하지 않은 경우에 스트레스 수준을 보다 더 높게 설정해야 하므로, 사용조건으로의 외삽의 크기는 실용적인 관점에서 수용하기 힘들 수 있다. 하지만 가속열화시험을 통해 얻은 열화자료는 거의 고장이 발생되지 않는 낮은 스트레스의 수준에서라도 중요한 정보를 제공하므로 외삽의 크기를 줄일 수 있다. 이런 비교정보는 열화자료를 사용하는 신뢰성시험의 주요 장점 중의 하나가 된다.

11.6.3 가속열화시험계획

스트레스 수준, 표본의 할당비율, 측정횟수, 시험종료시간 등을 규정하는 가속열화시험계획은 관련연구가 최근까지 지속적으로 발표되고 있으며(Yum et al., 2007), 전 소절에서 다룬 열화시험의 시험계획도 이 범주의 설계문제의 특수한 형태로 볼 수 있다.

가속열화시험의 설계문제는 가속수명시험계획보다 복잡한 이론전개 과정이 요구되어 이 책의 수준과 범위를 벗어나므로, 관심 있는 독자는 일정형 ADT에서 반복측정 가능한 경우는 Weaver et al.(2013)과 Weaver and Meeker(2014)를, 가속파단열화시험(ADDT: accelerated destructive degradation test)은 Shi et al.(2009)을, 계단형 ADT는 Liao and Tseng(2006)을, 그리고 확률과정 모형 하의 (가속)열화시험은 Ye and Xie(2015)와 언급된 참고문헌 등을 참조하기 바란다.

연습 문제

11.1 가속수명시험을 실시할 때 고장 메커니즘에 대한 물리 · 화학적 가속모형의 중요성을 약술하라.

11.2 점착본드는 60℃의 대기 온도에서 10년의 목표 수명을 가지도록 설계되며, 시간이 경과함에 따라 화학적으로 열화되어 고장이 발생한다. 화학반응률은 온도에 의존하며, 활성화 에너지 값은 1.2 eV로 알려져 있다. Arrhenius 모형에 의해 80℃에서의 가속계수를 구하라.

11.3 실험실에서 125℃의 온도로 시험한 부품 수명의 중앙값이 4,500시간으로 추정되며, 이 부품의 수명은 대수정규분포를 따른다. 사용 조건의 온도는 32℃이며, 두 조건의 가속계수는 35이다. 수명과 온도의 관계가 Arrhenius 모형을 따른다면 활성화 에너지는 얼마인가?

11.4 어떤 축전기의 수명은 400 V의 작동 조건에서 평균이 10,000시간인 지수분포를 따른다. 수명과 전압의 관계는 β_1이 10인 역거듭제곱 법칙 모형을 따를 경우 800 V에서 가속계수를 구하라.

11.5 매일 2회 사용을 가정하여 25년의 중앙값 수명을 가지도록 설계된 토스터에 대해 신뢰도에 대한 정보를 더 빨리 얻기 위하여 토스터를 매일 365회 시험하는 사용률 가속시험을 적용하고자 한다. 좀 더 신속한 정보를 얻기 위해 횟수를 증가시킬 경우의 현실적인 한계점에 대하여 논의하라.

11.6 수명 T는 척도모수 λ, 형상모수 β인 와이블 분포를 따르고 스트레스(s)와 역거듭제곱 법칙 모형의 관계가 성립되는 경우 대수수명의 백분위수명은 $\ln s$의 선형 함수임을 보여라.

11.7* 어떤 장치의 수명이 스트레스 s에 노출되었을 때 고장률이 $\lambda(s)=\beta_0 s$ 인 지수분포를 따른다고 하자. c는 미지의 양수이고, 이 실험의 목적은 정상 사용스트레스 $s^{(0)}$에서 $\lambda(s)^{(0)}=\beta_0 s^{(0)}$ 를 추정하고자 하는 데 있다. 스트레스 $s^{(0)}$에서 기대수명은 매우 길므로 사용 스트레스에서의 수명보다 더 짧은 수명을 얻기 위해 가속수명시험이 수행되었다. 여기서 적용된 스트레스 $s^{(1)} < s^{(2)} < \cdots < s^{(k)}$는 $s^{(0)}$보다 매우 높아 모든 시험 단위에서 고장이 발생하여 다음 자료가 얻어졌다.

스트레스 수준	관측된 고장시간
$s^{(1)}$	$T_{11},\ T_{12},\ \ldots,\ T_{1n_1}$
$s^{(2)}$	$T_{21},\ T_{22},\ \ldots,\ T_{2n_2}$
⋮	⋮
$s^{(k)}$	$T_{k1},\ T_{k2},\ \ldots,\ T_{kn_k}$

그리고 고장시간 T_{ij}, $i=1, 2, ..., k$, $j=1, 2, ..., n_i$ 는 독립이라고 가정한다.

1) $2\beta_0 s^{(i)} \sum_{j=1}^{n_i} T_{ij}$, $i=1, 2, ..., k$가 독립이고 자유도가 $2n_i$인 χ^2 분포를 따름을 보여라.

2) 1)의 결과를 이용하여 β_0의 추정량 $\hat{\beta}_0$을 유도하라.

3) 사용 조건 $s^{(0)}$에서 장치의 기대수명시간(평균)을 추정하라.

11.8* 식 (11.42)~(11.44)를 유도하라.

11.9 표 11.4의 전자 장치 가속수명시험 자료에 대해 수명분포는 대수정규분포, 수명과 스트레스 간의 관계는 Arrhenius 모형을 각각 따른다고 가정하여 분석하고자 한다.

1) Minitab 등을 활용하여 대수정규 수명분포와 Arrhenius 모형의 타당성을 조사하라.

2) 수명분포의 모수를 추정하고 사용조건(30℃)에 대한 가속 스트레스(60℃)의 가속계수를 구하라.

3) 와이블 분포로 적합한 결과와 대수정규분포의 결과를 비교하라.

11.10 표 11.13의 자료는 동일 제품 40개의 자료를 네 가지 스트레스(압력, 단위: psi)에서 시험한 자료(단위: 시간)이다. 사용 조건의 스트레스 수준은 170psi이며, 수명과 스트레스 간의 관계와 수명분포는 각각 역거듭제곱 법칙 모형과 와이블 분포를 따를 경우 다음의 물음에 답하라.

1) 와이블 확률지에 도시하라(Minitab 등 소프트웨어 활용).

2) 모수를 추정하고 가속 스트레스 250psi에서 가속계수를 추정하라.

표 **11.13** 압력 스트레스 가속수명시험 자료

스트레스 수준	220psi	230psi	240psi	250psi
수명	165	93	72	26
	177	106	73	44
	238	156	99	63
	290	170	124	68
	320	185	134	69
	340	214	150	72
	341	220	182	77
	380	236	186	96
	449	252	190	131
	544	288	228	140

11.11 세라믹 볼 베어링의 굴림 접촉피로에 대한 시험으로부터 수명자료를 얻었다. 네 수준의 스트레스에서 각각 10개의 시험편으로 시험하였으며, 고장시간 자료는 표 11.14와 같으며, 시험 담당자는 이 자료를 스트레스에 의존하지 않는 형상모수를 가지는 와이블 분포에 적합하고자 한다.

표 **11.14** 볼 베어링 가속수명시험 자료

스트레스(10^6psi)	수명(10^6cycle)
0.87	1.67, 2.20, 2.51, 3.00, 3.90, 4.70, 7.53, 14.70, 27.80, 37.40
0.99	0.80, 1.00, 1.37, 2.25, 2.95, 3.70, 6.07, 6.65, 7.05, 7.37
1.09	0.012, 0.18, 0.20, 0.24, 0.26, 0.32, 0.32, 0.42, 0.44, 0.88
1.18	0.073, 0.098, 0.117, 0.135, 0.175, 0.262, 0.270, 0.350, 0.386, 0.456

1) 양 대수척도 축에 스트레스(s) 대 고장시간을 도시하라.

2) 고장시간의 중앙값은 변환된 스트레스의 거듭제곱에 비례한다. 즉 $t_{0.5} = e^{\beta_0} s^{\beta_1}$ 또는 $\ln t_{0.5} = \beta_0 + \beta_1 \ln(s)$이다. 이 경우에 제시된 모형이 합당한가? 이 질문에 답하기 위하여 1)의 그래프에 표본 중앙값을 도시하라.

3) 멱지수(즉, 기울기) β_1의 추정값을 구하기 위해 표본 중앙값 대 스트레스를 통과하는 직선을 그리고, 이 직선으로부터 β_1의 개략적 추정 값을 구하라.

4) 스트레스 수준별로 와이블 확률지에 도시하라. 와이블 확률지 결과로부터 스트레스 수준에 따라 와이블 분포의 형상모수가 동일한지 검토하라.

11.12* 표 11.15는 어떤 제품을 두 가지 스트레스인 온도와 습도의 각 두 수준에서 가속시험을 실시한 결과이다. 사용조건하에서의 스트레스는 온도 75℃, 상대습도 0.2이다.

표 **11.15** 온도-습도 스트레스 가속수명자료

수명(hr)	온도(℃)	상대습도
775	105	0.4
790	105	0.4
822	105	0.4
1028	105	0.4
520	105	0.8
545	105	0.8
610	105	0.8
770	105	0.8
370	125	0.4
307	125	0.4
415	125	0.4
450	125	0.4

1) 이 제품의 수명분포가 와이블 분포를 따른다고 간주하여 식 (11.13b) 형태의 온도 – 습도 스트레스에 관한 선형회귀모형을 설정하여 분석하라.

2) 사용조건하에서 B_{10}수명을 추정하라.

11.13* 예제 11.5에서 교호작용의 포함 여부를 확인하기 위해 100℃와 15V에서 두 부품을 추가 시험한 결과 320, 350hr에서 고장이 발생하였다. 교호작용의 포함 여부에 따라 예제 11.5와 같이 반년 간(4,380시간)의 신뢰도를 추정하고 100℃와 15V일 때의 가속계수를 구해 비교하라. 그리고 교호작용 포함 여부를 고찰하라.

11.14 가속수명시험의 계획값은 시험계획(스트레스 수준, 표본 크기의 할당 등)을 규정하는데 요구된다.

1) 이러한 계획값이 필요한 이유를 설명하라.

2) 제품 또는 신뢰성 기술자는 유익한 정보를 제공할 수도 있지만, 정확한 계획값이라고 보기는 힘들다. 잘못 설정될 수 있는 계획값을 사용하는 데 대한 보호수단은 무엇인가?

11.15 예제 11.8에서 설정된 두 스트레스 수준에서 전 고장 시험계획을 실시할 경우 각 스트레스에 할당되는 시험단위 수를 구하라.

11.16 예제 11.9에서 설정된 두 스트레스 수준에서 전 고장 시험계획을 실시할 경우 각 스트레스에 할당되는 시험단위 수를 구하라.

11.17* 11.4절에서 지수분포를 따를 때 Fisher 정보량 행렬인 식 (11.68)과 $m=2$일 때의 식 (11.69)를 유도하라. 또한 두 스트레스가 주어질 때 저 스트레스 수준에서의 최적 할당비율은 $\pi_1^* = \dfrac{x_2\sqrt{Q_2}}{x_1\sqrt{Q_1}+x_2\sqrt{Q_2}}$ 이 됨을 보여라.

11.18 예제 11.8과 예제 10.10에서 와이블 분포보다 대수정규분포를 따른다고 할 경우에 최적시험계획과 4:2:1 할당비 계획을 구하여 예제 11.8과 11.10의 결과와 각각 비교하라.

11.19 예제 11.7의 상황에서 관측중단시간까지의 고장확률인 P_U와 P_H가 각각 0.001, 0.99일 때 사용조건하의 B_{10}수명을 추정하는 최적시험계획과 4:2:1 할당비 계획을 구하라. 여기서 시험제품의 총 개수는 90개이다.

11.20 예제 11.9와 예제 11.11에서 대수정규분포보다 와이블 분포를 따른다고 할 경우 최적시험계획과 4:2:1 할당비 계획을 구하여 예제 11.9와 예제 11.11의 결과와 비교하라.

11.21* 식 (11.71)의 관계가 성립함을 보여라.

11.22* 확률계수 모형(식 (11.74))에서 절편이 상수가 아니고 확률변수인 경우를 고려하자. (ϕ, Θ)가 이변량 정규분포 $N((\mu_1, \mu_2), (\sigma_1^2, \mu_2^2, \rho)$를 따를 때 누적 고장확률 $F(t) = \Pr(D(t) \ge D_f)$를 구하라. 여기서 ρ는 ϕ와 Θ의 상관계수이며, 이들의 공분산은 σ_{12}로 표기한다.

11.23* 예제 11.17의 레이저 장치 열화자료에 대해 다음 물음에 답하라.
1) 고장판정기준을 전류가 15% 증가하는 경우로 정의하여 재분석하라.
2) 예제 11.17과 1)의 결과를 비교하라.

11.24* 내부 연소기관에 장착된 배기판(exhaust valve)의 열화량은 밸브 시트의 마모량(recession; 단위: 인치)으로 측정되는데, 이 값이 0.025인치를 넘으면 고장으로 판정한다. 여기서 열화모형은 원점을 지나는 단순 확률계수 모형이 되며, 이로부터 7개 시료에 대해 6회 측정한 마모량으로부터 의사 고장시간을 구한 결과(단위: 시간)가 다음과 같을 때 500시간에서의 신뢰도를 추정하고자 한다.

538.5 441.6 537.6 673.9 564.7 520.3 455.9

1) 의사 고장시간을 대수정규분포 확률지에 도시하여 적합도를 조사하라.
2) 확률계수를 구하여 대수정규분포를 따르는지를 조사하라.
3) 1)과 2)로부터 500시간의 신뢰도를 구하여 비교하라.

11.25* 표 11.16의 자료는 디스크의 오류율에 관한 자료이다(원 자료에 10^5 을 곱한 값임). 이 열화자료는 2,000시간동안 80℃ 온도와 85% 상대습도 조건 하에서 시험된 자료로(Murray, 1993), 먼저 기준 열화량 값이 5×10^{-5}일 경우에 16개의 디스크에 관한 의사 고장시간을 계산하라. 여기서 대수변환된 열화량은 시험시간의 단순 선형관계가 보다 적합하다고 알려져 있다. 이를 토대한 지수, 와이블, 대수정규분포 중에서 적절한 수명분포를 찾고 모수와 B_{10}수명을 추정하라.

표 **11.16** 디스크 오류율 자료

디스크 \ 시간	0	500	1000	1500	2000
1	0.621	0.663	1.200	1.260	1.210
2	0.624	0.660	0.733	1.010	1.840
3	0.526	0.562	0.630	0.841	0.862
4	0.444	0.542	0.573	0.815	0.903
5	1.330	1.430	1.430	1.590	1.750
6	0.414	0.456	0.446	0.606	0.759
7	0.435	0.483	0.541	0.525	0.615
8	0.313	0.382	0.451	0.515	0.695
9	0.824	0.637	0.806	1.220	1.450
10	0.499	0.642	0.663	1.220	1.080
11	0.467	0.568	0.630	0.716	0.844
12	0.536	0.626	0.658	0.759	0.870
13	0.865	0.934	1.050	1.130	1.250
14	0.398	0.462	0.557	0.615	0.737
15	0.430	0.499	0.546	0.510	0.669
16	0.308	0.324	0.371	0.493	0.658

11.26* 예제 11.18에 대해 다음 물음에 답하라.

1) 고장판정기준을 40마이크론으로 설정하여 의사 고장시간을 구하고, 와이블 분포의 적합도를 조사하라. 이로부터 사용조건 하의 B_{10}수명을 추정하라.

2) 1)과 예제 11.18의 결과를 비교하라.

11.27* 표 10.17은 탄소피막(carbon-film) 저항기에 대해 50℃에서 300,000시간 동안 최초 저항값에서 6%를 초과하는 저항기의 비율과 B_5수명을 추정하고자 8,084시간 동안 시험한 자료이다(Meeker and Escobar, 1998). 즉, 총 16개 시료를 대상으로 두 온도수준(133, 173℃)에서 10개와 6개로 배분하여, 각 단위에 대해 최초 저항값에서 증가된 백분율을 4회 측정하였다.

1) 원점을 지나는 회귀분석(무변환)으로 의사 고장시간을 구하라.

2) Arrhenius 모형과 와이블 분포로 가정하여 가속수명시험자료 분석을 실시하라.

표 **11.17** 탄소피막 자료(단위: %)

온도	시료 \ 시간	452	1,030	4,341	8,084
133	1	0.88	1.19	2.06	3.15
	2	0.53	0.64	0.99	1.60
	3	0.47	0.62	1.00	1.50
	4	0.57	0.75	1.26	2.03
	5	0.55	0.67	1.09	1.79
	6	0.78	0.96	1.48	2.27
	7	0.83	1.12	1.96	3.29
	8	0.64	0.80	1.23	1.84
	9	0.55	0.74	1.29	2.03
	10	0.87	1.29	2.62	4.44
173	1	1.25	1.88	3.54	5.23
	2	0.98	1.36	2.66	4.42
	3	1.62	2.34	3.82	6.14
	4	0.98	1.37	2.47	3.74
	5	1.04	1.54	2.77	4.16
	6	1.19	1.59	3.03	4.52

CHAPTER 12
신뢰성관리

CHAPTER

12 신뢰성관리

12.1 개 요

우리가 사용하는 모든 종류의 제품 또는 시스템은 시간의 흐름에 따라 노후화되고 고장이 발생하여 신뢰할 수 없게 된다. 이런 과정에서 제품 성능이 변하게 되며, 사용자(구매자)의 구매 행태에도 영향을 미친다. 예로 개인의 경우에는 제품에 고장이 발생하면 만족감의 상실뿐만 아니라, 경제적 손실(냉장고의 음식이 부패하는 경우)을 초래하거나 수리나 교체에 들어가는 비용도 불만족을 야기한다. 기업의 경우에는 고장 발생으로 운용비용의 증대, 납기지연, 판매 상실 등 전반적으로 경영성과에 좋지 않은 영향을 받을 수 있다. 고객을 만족시키지 못한다는 것은 생산자에게는 매우 중요한 의미를 갖는다. 생산자에게 가장 중요한 것은 제품이 고객의 니즈나 만족감을 충족시켜야 하며, 더 나아가 능가할 수 있어야 한다는 것이다. 이러한 점은 기술혁신과 더불어 급증하고 있는 신제품 출시의 경우에는 더욱 중요하다. 갈수록 경쟁이 치열하고 글로벌화 됨에 따라, 고객의 요구 사항은 계속 증대하고 있다. 따라서 생산자들은 제품의 신뢰성을 효과적으로 관리할 수 있는 체계를 구축해야만 한다. 마찬가지로 구매자들도 신뢰성의 의미가 무엇이며, 목적 달성이나 만족감에 어떤 역할을 하는지에 대해 이해해야 한다.

신뢰성관리는 신뢰할 수 없는 제품의 생산이나 운용과 관련된 신뢰성 제반 문제를 다루는 분야로서 여러 가지 의사결정 문제를 취급한다. 신뢰성관리는 생산자와 사용자 측면에서 제품의 수명주기 비용을 고려하여 의사결정이 이루어진다. 특별히 전략적 관리 체계를 적용하여 제품의 수명주기 및 전체 사업 관점에서 최적 전략을 수립한다. 이 장에서는 주로 하드웨어에 대한 신뢰성관리를 설명한다. 먼저 제품 수명주기와 전략적 신뢰성관리를 다루고, 이어서 생산자 및 사용자(구매자) 측면에서 전략적 신뢰성관리를 기술한다. 다음으로 신뢰성관리의 중요한 요소로 구매자에게 인도된 제품이 신뢰성이 있다는 것을 보증해 주는 보증을 설명한다. 마지막으로 효과적인 신뢰성관리를 위하여 필수적인 안전성과 기능안전성을 소개한다.

12.2 제품수명주기와 전략적 신뢰성관리

제품수명주기의 개념은 생산자나 구매자에 따라 의미, 내용 및 중요도가 다르고, 생산자나 구매자가 관심을 갖는 제품에 따라 수명주기도 달라진다. 제품수명주기는 거시적인 관점에서 바라보아야 하고 전략적 의미를 가져야 한다. 이런 구조에서 제품 수명주기는 제품군 수명주기에 포함되고, 또한 제품군 수명주기는 기술 수명주기에 포함된다.

'제조설비 및 장비에 대한 신뢰성/보전성 가이드라인 (Reliability and Maintainability Guideline for Manufacturing Machinery and Equipment)'에서는 신뢰성관리를 위한 제품 수명주기를 다음과 같이 5 단계로 구분한다(SAE M-110, 1999).

① 기획(개념형성)　　② 개발 및 설계
③ 제조/설치(필요한 경우)　　④ 운용 및 보전
⑤ 수정(업그레이드) 또는 폐기

여기서 처음 세 단계에 관련된 신뢰성 활동은 주로 생산자에 의하여 수행되고 구매자의 기대를 만족시킬 수 있도록 의사결정이 이루어져야 한다. 마지막 두 단계에서의 신뢰성 활동은 구매자에 의하여 수행된다. 하지만 생산자도 이 두 단계를 처음 세 단계의 활동에서 고려해야 한다. 예를 들면 보전 요구사항을 설계에 반영해야 한다.

효과적인 신뢰성관리를 위하여 전략적 경영의 원칙들이 통합되어야 한다. 전략적 경영은 기업의 장기계획을 위한 프로세스인데, 그림 12.1과 같이 여러 단계로 구성된다. 먼저 임무(mission)와 비전으로부터 출발한다. 임무는 기업의 존재이유를 정의하며, 특히 "왜 이 사업을 하고 있는가"라는 질문에 답을 하는 것이다. 보통 생산하는 제품이나 서비스를 정의하거나, 사용되는 기술, 고객의 요구사항, 차별적 능력 등을 기술한다. 비전은 그 기업이 어떤 방향으로 나아가고 있고, 장래에는 어떤 기업이 되고자 하는 가를 표현한다.

다음 단계는 기업의 전략적 목표(goal)를 기술하는 것으로, 기업의 임무를 실현하기 위하여 기업이 취해야 하는 방향을 정립하는 다소 광범위한 편이다. 전략(strategy)은 장기적인 목표와 단기적 운영 목적(objective)을 달성하기 위한 중요한 활동들을 나타낸다.

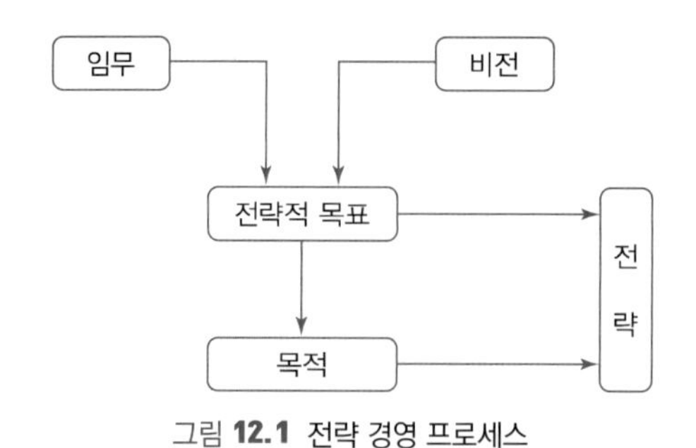

그림 **12.1** 전략 경영 프로세스

여러 사업부를 갖고 있는 기업에서는 그림 12.2와 같이 기업 전략은 계층적 구조를 갖게 된다. 최상위에는 전반적인 미래 경영 계획을 나타내는 기업 전략이 있고, 하부에 각 사업부의 장기 경영 계획인 사업부 전략이 나타나게 된다. 그러한 목표를 달성해야 하는 책임은 각 사업부의 공동의 몫이다. 하나의 사업부는 특정한 기능부서로 구분되는데, 각 기능부서는 고유한 기능과 전략을 갖는다. 이를 기능전략(부서 전략)이라고 한다. 제조 기업이건 서비스 기업이건 기업의 기능 활동들은 기술, 영업, 지원 등으로 대개 세 가지 범주로 나눌 수 있다. 제조 기업에서 기술 활동은 설계, 개발, 제조, 품질경영 등이고, 영업 활동은 마케팅, A/S, 회계, 재무 등이며, 지원 활동은 법규 준수 및 문제해결, 인적 자원 관리 등이다. 기능전략은 운영전략으로 전개되며, 운영전략의 달성은 해당 관리자의 책임이며 해당 부서의 기능전략에 의해 평가된다.

전략적 경영은 이런 다양한 전략을 전체적인 사업 전략으로 통합하는 것이다. 전체적인 사업 전략은 중장기적인 기업의 방향을 결정하는 것이며, 운영전략은 그러한 전략 목표를 달성하기 위하여 매일 중간 단계를 밟아 가는 것이다. 효과적인 중·단기 전략경영을 위하여 하위 전략은 상위 전략의 달성에 도움이 되는 구조로 되어 있어야 한다. 이런 구조를 전략경영에서는 사업계획이라고 부른다.

기업 전략은 기업 내·외부의 많은 요소에 의하여 영향을 받으며, 기업의 전략구조를 설계하는 과정에 철저히 반영해야 한다. 내적 요소로는 강점, 약점, 시장에서의 경쟁력, 최고 경영진의 철학 및 원칙 등이 해당되고, 외적 요소로는 규제, 정치적 분위기, 산업의 변화, 그리고 여러 가지 외적인 기회와 위협 등이 해당된다. 전략은 수립된 후 당연히 수행되어야 하며, 수행과정이 모니터링 되어 피드백 되어야 한다. 전략 계획에서 발생가능한 모든 사항을 예측할 수 없기 때문에 기업은 항상 학습하고 적응하는 노력을 기울여야 한다. 만약 비전과는 맞지만 계획에서 예상하지 못한 새로운 상황이 발생하면 전략계획은 재평가되어야 한다. 새로운 아이디어와 프로세스를 실험적으로 수행할 수 있도록 융통성을 발휘해야 하며, 다른 부서에도 피드백 하여 사업이 개선되고 목적을 달성할 수 있도록 해야 한다.

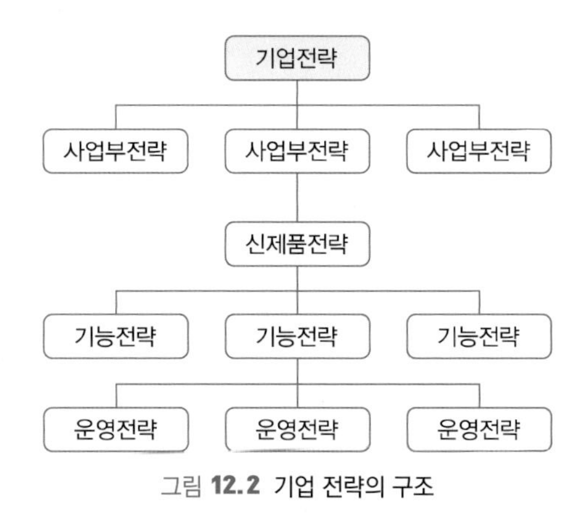

그림 **12.2** 기업 전략의 구조

신뢰성관리는 전략적 경영 체계를 채택하여 제품의 수명주기 관점에서 의사결정이 이루어진다. 먼저 생산자 측면에서 전략적 신뢰성관리를 설명하고 난 뒤 구매자 측면에서 전략적 신뢰성관리를 소개한다.

12.2.1 생산자 측면

소비재와 산업용 제품에 대한 전략적 신뢰성관리를 설명한다. 그림 12.3에 나타난 바와 같이 생산자의 전략적 계층구조는 전반적인 사업 전략으로부터 시작한다. 특히 제조업에서는 장기 계획을 수립하는 과정에서 기업 전체 전략의 부분으로 여러 가지 제품이나 제품군을 고려하여 신제품 개발과 관련된 목표와 그것들을 달성하기 위한 전략이 나오게 된다. 목표는 매우 광범위할 수 있지만 기본적으로 시장점유율, 목표수익, 제품 제조원가 등을 포함하게 된다. 이러한 목표를 달성하기 위하여 기술 문제와 영업 문제에 대한 전략을 수립해야 하며, 전략들은 논리적이어야 하고 총체적으로 통합되어야 한다. 기술 문제는 제품의 설계나 제조에 관련된 것이며, 영업 문제는 마케팅과 서비스에 관련된 것들이다. 그림 12.3에 나타나지 않은 다른 문제들, 즉 인적 자원이나 회계 등에 대하여도 정의되어야 한다. 기술과 영업 문제를 적절히 고려하지 않는다면 수익 달성에 크게 영향을 미칠 것이다. 특히 기술 문제를 고려하지 않는 경우에는 제품 품질이 나빠지게 될 것이고, 고객의 클레임과 불만족이 증대될 것이다. 고객의 클레임이 증가하면 보증비용의 증가를 불러오게 되며, 고객 불만족의 결과는 현재 제품이나 미래 제품에 대한 판매 기회 상실로 이어지게 될 것이다. 또한 수리 지연이나 부적절한 수리, 부적절한 서비스 제공 등은 고객에게는 보이지 않는 비용을 유발하여 불만족을 증대시키게 된다. 이런 결과는 수익 감소로 나타나게 된다. 따라서 신제품에 대한 전략경영의 첫 단계는 기술 및 영업 문제와 그들 사이의 관계를 이해하는 것이다.

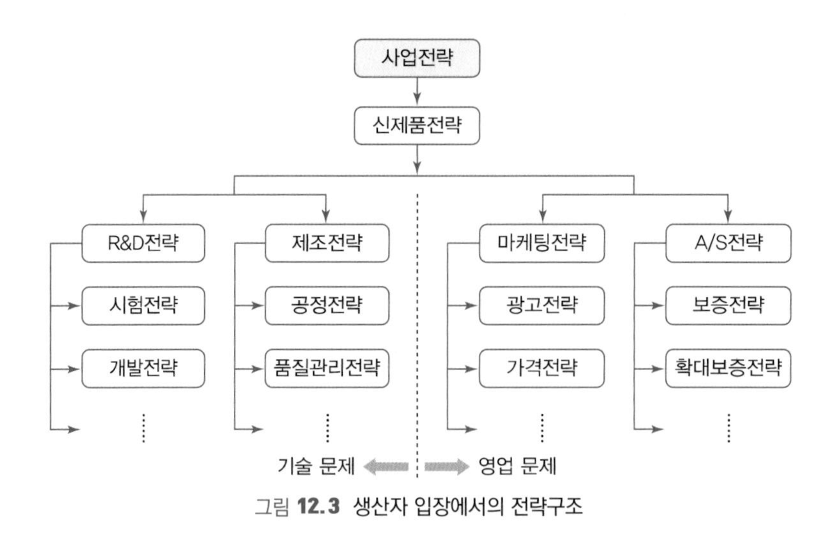

그림 **12.3** 생산자 입장에서의 전략구조

(1) 기술 문제

기술 문제 중 가장 중요한 관심사항은 품질이다. 제품의 품질은 기본적으로 설계와 제조 방법의 의사결정에 좌우된 것으로, 기술 문제들은 성능과 적합성 차원에서 품질과 관련된다. 또한 시험 방법과 고장의 종류와 빈도의 예측, 수리나 교체에 들어가는 비용의 추정 등이 기술 문제에 포함된다. 그림 12.3에서 제품과 공정 설계에서의 기술 문제들이 광범위하게 표현되고 있다. R&D 전략은 신제품 설계 전략에 따른 기본적 설계 방안과 신뢰성 목표에 부합되는 방향으로 결정되고 최종 제품의 설계 방안의 개발로 이어진다. 제조 전략도 시작 단계에서 결정되는데, 원재료의 선택, 원재료 공급업자의 선정, 협력업체 선정 및 공정에 대한 전략 등이 포함된다. 또한 제조 공정에 적합한 모니터링을 위한 샘플링 검사, 시험방법, 합격기준 등과 같은 품질관리 전략도 구축되어야 한다.

고품질의 제품을 위하여 초기 설계단계에서부터 제품특성에 관심을 기울여야 하는데, 신뢰성 예측 방법이 중요한 역할을 담당한다. 신뢰성 예측은 유사 제품에 대한 과거 실적, 설계 변수의 절충에 따른 분석, 공학적 판단 등에 의하여 이루어진다(3.5절 참조). 이러한 신뢰성 예측은 R&D 단계에서 개선되어 프로토타입의 제작이나 시험 실시, 재설계, 최종 제품설계 등에 따라 발전하게 된다.

효과적이고 효율적인 제조 공정을 개발하기 위하여 제조성(producibility) 문제가 다루어져야 한다. 제조성은 최소의 비용으로 최대의 양품을 생산하는 공정설계이다. 제품설계와 제조 간 쌍방 피드백 체계를 만들어 제조성과 설계 유효성을 향상시킬 수 있을 것이다. 제품과 공정에 대한 분석과 시험은 시간의 함수로서 고장률을 합리적으로 예측할 수 있다. 기술 혁신이 크지 않은 신제품일 경우에는 신뢰성 예측이 단순할 수도 있지만, 일반적으로 신뢰성 예측은 복잡하다. 보전성이나 가용성에 대한 예측은 더 어렵다.

(2) 영업 문제

영업 전략은 기술 전략과 동시에 수립되어야 한다. 영업 문제는 마케팅, A/S, 재무 및 관련 분야 등을 포함하고, 가격결정, 보증 방법 결정, 판매촉진, 보증서비스 등의 문제를 다룬다. 경쟁업체의 활동이나 제품이 출시될 시장의 환경 등도 역시 중요한 요소들이다.

마케팅과 A/S 활동은 보증을 직·간접적으로 포함한다. 신제품에 대한 전략을 수립하기 위하여 초기부터 시장에 대한 정밀한 분석이 필요하며, 여기서 신제품에 대한 마케팅 전략이 나온다. 광고 전략도 마케팅 전략의 일부이다. 시장평가와 전반적 마케팅 목표설정은 제품 가격이나 보증비용을 결정하는 방향을 제시하게 된다. 보증정책이 마케팅 전략의 요소로 사용되는 경우에, 보증비용 분석이 선행되어야 가격 정책을 수립할 수 있게 된다. 만약 경쟁업체보다 훨씬 긴 보증기간을 제공하여 고객에게 자사 제품의 신뢰성을 보증하는 경우에는 필연적으로 보증비용의 증가가 수반될 것이다. 이런 경우에 신뢰성이 충분하지 못하면 커다란 문제가 될 것이다.

(3) 기술 문제와 영업 문제 사이의 상호작용

제품의 수익을 결정하는데 기술 문제와 영업 문제는 상호 작용을 하고, 이런 상호작용을 고려하여 여러 전략을 수립한다. 예로 보증비용을 낮추기 위하여 고품질(성능, 적합성, 신뢰성)이 요구된다. 신뢰성을 제고하는데 드는 설계 및 제조비용과 보증비용과는 절충 관계가 있다. 한 요소가 증가하면 다른 요소는 감소하게 된다. 이 문제를 해결하기 위하여 신뢰성을 높이기 위한 설계 및 제조비용과 보증비용 사이의 균형을 이루는 비용 최적화를 고려해야 한다. 최적점을 구하기 위해서는 엔지니어링, 제조, 마케팅, 관리 기능 사이의 긴밀한 협조관계가 필수적이다. 그림 12.4는 통합된 기능전략을 수립하기 위하여 기업 내 여러 부서를 연결하는 체계가 도시되어 있다.

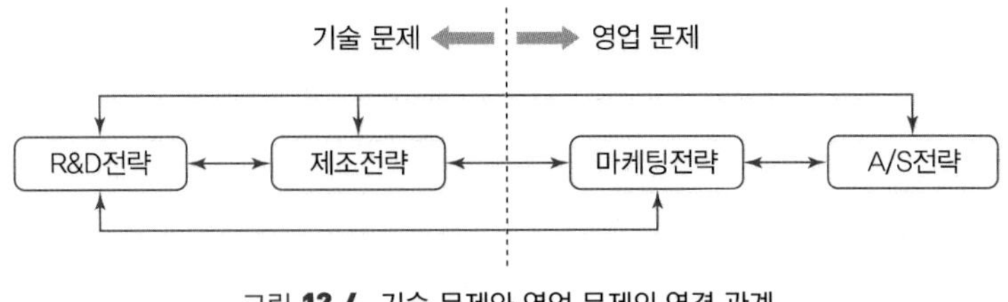

그림 **12.4** 기술 문제와 영업 문제의 연결 관계

(4) 신뢰성 관련 문제와 전략

제품 신뢰성은 제품 수명주기를 고려하여 관리해야 한다. 생산자는 처음 3단계－① 제품 기획, ② 개발/설계, ③ 제조 단계－에서 신뢰성과 관련된 여러 가지 의사결정을 하는데, 의사결정은 신뢰성과 관련된 여러 활동들에 대한 다양한 신뢰성 목표를 정의하고 전략을 수립한다.

① 제품기획 단계: 신뢰성과 보전성 관점에서 목적을 정의한다. 생산자는 시장분석과 구매자 조사를 실시하며, 이를 바탕으로 초기 개략설계안을 정립하고 평가한다.

② 개발/설계 단계: 초기에 선정되었던 개략 설계안들에 대한 우선순위를 부여하고, 서브시스템이나 조립품 또는 단품에 이르기까지 신뢰성 배분이 확정되고, 목표들이 달성되도록 방안을 모색한다. 이런 활동들은 신뢰성 개발 전략을 포함할 수도 있고, 개발될 프로토타입에 대한 신뢰성 시험 방안도 결정해야 한다. 시험 결과를 바탕으로 여러 수준에서의 신뢰도를 평가하고, 개발 및 시험 전략을 수정한다. 어떤 특정 제품은 구매자에게 평가를 의뢰하여 피드백을 받음으로써 제품 성능을 향상시킬 수도 있다. 이런 경우에도 구매자에게 시험을 의뢰할 방법에 대한 전략이 필요하다.

③ 제조 단계: 주요 관심사항은 적합도 품질로 원자재나 공정관리에 의해 영향을 받는다. 적합도 품질은 적절한 공정관리나 검사, 또는 시험에 의하여 관리될 수 있다.

제품 수명주기의 나머지 두 단계－④ 운용 및 보전, ⑤ 수정 또는 폐기－에서의 신뢰성 활동은 구매자에 의하여 수행되지만, 생산자는 처음 3단계에서 구매자의 활동을 고려해야 한다.

제품수명주기의 각 단계에서 구체적으로 활용되는 신뢰성 기법들이 그림 12.5에 도시되어 있

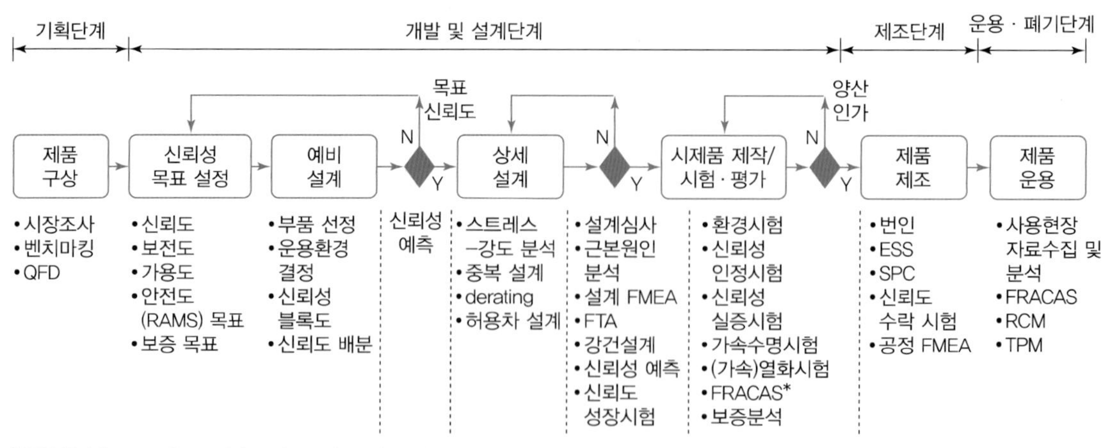

그림 12.5 제품 수명주기 단계별 관련 신뢰성 기법

다. 이들 기법의 대부분은 이전 장들에서 상세하게 다루었던 것이며, 그렇지 않는 기법은 품질관리 분야(예: SPC, 강건 설계)에 속하거나 이론적 기반보다 실용적 측면이 강조된 것(예; 설계심사, FRACAS)으로 이 책에서 자세한 설명은 생략한다.

12.2.2 구매자 측면

소비재와 산업용 제품(컴퓨터와 같은 기계나 장비)을 구입한 구매자는 제품을 사용하여 다른 제품이나 서비스를 생산한 후 고객에게 전달하거나, 그 과정을 지원하는데 사용한다. 그림 12.6은 사업 관점에서 구매자의 계층적 전략구조를 나타내고 있다. 구매자 측면에서도 기술 문제와 영업 문제로 구분하여 설명한다. 기술 문제는 구입, 운용, 보전에 관계된다. 제품 구입에 영향을 주는 인자로는 기능과 성능, 구입 가격, 보전 요구사항 등 다양하다. 보전 전략에는 내부 보전이나 외부 아웃소싱 등이 포함된다. 내부 보전의 경우에도 예방보전, 고장보전, 예비품 등에 대한 전략이 수립되어야 한다. 또한 운용 전략은 영업 문제와 밀접한 관련이 있는데, 배치 생산의 경우 경제적 생산량이나 수요 변동에 대응하는 전략 등이 있다.

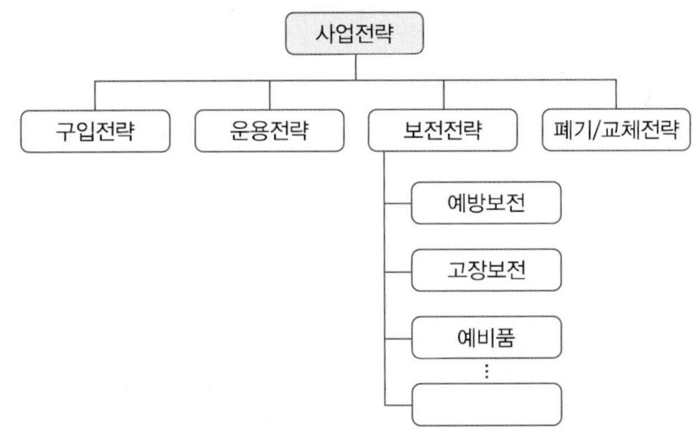

그림 12.6 구매자 입장에서의 계층적 전략구조

제품의 신뢰성은 운용이나 보전에 많은 영향을 미친다. 신뢰성이 낮은 제품은 구입가격은 싸지만 운용과 보전에 들어가는 비용이 높은 반면, 신뢰성이 높은 제품은 구입가격은 비싸나 운용과 보전비용은 낮아진다. 이것은 신뢰성이 구매제품에 많은 영향을 주고 있음을 의미한다. 제품 수명주기비용은 제품의 구입, 운용, 보전, 폐기에 따르는 총 비용을 말한다. 제품 수명주기비용을 분석하여 구입, 운용 및 보전에 대한 전략을 결정하는데, 제품의 신뢰성과 보전 전략에 따라 크게 달라진다.

구매자(개인 또는 기업)의 고객만족 차원에서 제품의 고장 발생은 구매자의 성과에 매우 중요한 의미를 갖는다. 고장에 수반되는 불만족은 손실비용, 고객 상실, 기업의 이미지 실추 등의 비용으로 나타나게 되어, 구매자는 장비 구입을 결정하는데 이러한 비용들을 감안해야 한다. 이는 기술 문제와 영업 문제가 통합되어 기업의 전략경영에 반영되어야 함을 의미한다.

표준제품의 경우에는 생산자가 표준제품을 만들어 다수 구매자에게 판매하므로, 구매자는 생산자에게 큰 영향을 미칠 수 없지만, 구매자의 요청으로 제품이 생산되는 경우에는 구매자가 성능 요구조건을 결정한다. 예로 정부가 구매하는 방산 제품의 경우에는 생산자가 제품에 요구된 성능을 만족시키고 있음을 보증해야 한다.

12.3 보 증

효과적인 신뢰성관리를 위해서 생산자는 구매자에게 제품의 신뢰성을 확신시켜 주는 한 가지 방법으로 제품 또는 서비스의 판매 시 보증(warranty)을 제공하는 것이다. 요즘에는 판매하거나 대여하는 거의 모든 제품 또는 서비스에 명시적 혹은 묵시적으로 보증이 제공된다. 복잡한 군사 장비를 판매하는 경우에도 특정 형태의 보증제도가 활용되는데, 사용하고 있는 아이템의 신뢰성을 개선하면 생산자에게 보상으로 인센티브를 주는 보증제도이다. 이와 같은 보증제도를 신뢰성개선보증(RIW: reliability improvement warranty)이라고 한다.

생산자는 보증을 제공함으로써 발생하는 추가 비용을 줄이기 위하여 다양한 보증정책을 제공한다. 보증비용 분석은 제품가격을 결정하는데 매우 중요하다. 보증과 가격은 총 매출액을 결정하는데 중요한 역할을 하므로 보증비용과 밀접한 신뢰성 의미는 생산자에게 더욱 중요하게 된다. 보증분석은 전략적 계획 수준에서 신뢰성 목표에 관한 의사결정에 관계한다. 최근 보증제도의 법제화의 일환으로 자동차 소비자(사용자)의 권리를 개선하기 위한 자동차에 관한 한국형 레몬법이 2019년 1월부터 시행되고 있는 등 보증분석은 더욱 중요해지고 있다. 제품의 내용수명이 점점 길어져 보증기간이 증가됨에 따라 제품수명주기 관점에서 보증과 보전이 함께 다루어지고 있다. 본 절에서는 다양한 보증정책들에 대해 알아보고 제품 신뢰도와 불신뢰도 함수로써 기대보증비용을 구하는 모형을 살펴본다.

12.3.1 보증의 개념과 역할

보증은 생산자가 구매자에게 만족스럽게 기능을 발휘하지 못하는 제품을 수리 또는 교체해주거나 판매가격의 일부 또는 전체를 환불해 주는 제도로, 구매자와 생산자 사이의 일종의 계약으로 볼 수 있다. 보증은 묵시적 또는 명시적으로 표현된다. 넓은 의미에서 보증은 제품이 적절하게 사용되었을 때 고장이 발생하거나 또는 의도된 기능을 발휘할 수 없을 때 생산자의 책임임을 확립시켜 준다. 따라서 보증은 제품이 고장 나거나 기대되는 성능을 만족시키지 못할 때 구매자에게 제공할 배상을 특정화한 것이다.

보증과 보장(guarantee)은 동의어로 쓰이는 경우가 많으나, 차이점은 보장은 특정한 무엇을 보증하는 것이라면, 보증은 그 중에서도 제품이나 서비스에 대한 보장이다. 또 다른 개념으로 서비스 계약 또는 확장 보증(extended warranty)이 있다. (기본)보증과 확장보증 간의 차이점은 기본보증은 제품구매의 일부분이며 판매 시 제공되지만 확장보증은 중고자동차 구매 시 가능한 보증으로 선택 사항이며 독립적으로 구매된다.

보증의 역할은 구매자와 생산자 간에 다르다. 구매자 관점에서는 보증의 첫째 역할은 보호를 받는 것이다. 제품이 적절하게 사용될 때 생산자(판매자)가 의도한대로 기능을 발휘하지 못하면 배상을 받는다. 이때 보증은 결함제품이 무상으로 또는 할인된 가격으로 수리되거나 교체될 것임을 확인시킨다. 두 번째 역할은 정보제공 역할이다. 많은 구매자들은 보증기간이 비교적 긴 제품이 보증기간이 짧은 제품보다 더 신뢰성이 있고 오래 사용할 수 있는 제품이라고 추정한다.

생산자(판매자)의 관점에서는 보증의 첫째 역할은 역시 보호를 받는 것이다. 보증조항은 제품이 의도하는 사용 및 사용조건을 특정화하고 제품이 잘못 사용될 경우 보증을 제한적으로 제공하거나 제공하지 않을 수 있다. 더욱이 제품 취급 및 보전 표준규격이나 법규에 의해 판매자가 보호받기도 한다. 두 번째 중요한 목적은 판매촉진책이다. 구매자는 종종 긴 보증기간이 제공될 때 더 신뢰성 있는 제품이라고 추정하므로, 보증은 효과적인 홍보도구로 사용된다. 불확실하게 보여 질 수 있는 혁신적인 신제품을 잠재고객에게 마케팅 할 때 보증이 특별히 중요하게 된다. 추가적으로, 보증은 제품성능 및 가격과 같이 시장에서 다른 생산자와의 경쟁에서 사용될 수 있는 제품성능 및 가격과 같이 하나의 차별화할 수 있는 도구가 될 수 있다.

12.3.2 보증의 분류

보증의 종류가 그림 12.7에 도시되어 있다. 보증을 분류하기 위한 첫 번째 기준은 제품 판매 후 보증계약으로 생산자에게 제품개발 요구가 포함되느냐의 여부이다. 제품개발을 포함하지 않는 정책은 두 그룹으로 구분된다(그룹 A: 단일 제품판매에 적용되는 정책, 그룹 B: 다수 제품판매(로트)에 적용되는 정책). 그룹 A내의 정책은 갱신(renewing)과 비갱신(non-renewing)으로 나누어진다. 갱신정책의 경우에는 제품이 교체될 때마다 보증기간이 새롭게 시작하지만, 비갱신정책의 경우 교체

제품은 이전 제품의 잔여 보증기간만을 보증하게 된다. 다시 단순(simple)보증과 혼합(combination) 보증으로 세분된다. 단순보증정책으로는 무료보증(FRW: free replacement warranty)과 할인보증(PRW: pro-rata warranty)정책이 있다. 혼합보증정책은 추가로 다른 특성을 갖는 단순보증정책이거나 두 가지 이상의 단순보증을 조합한 정책이다.

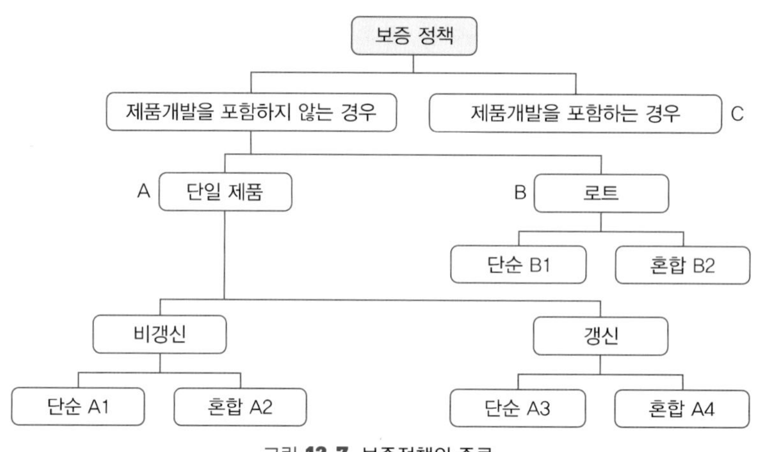

그림 **12.7** 보증정책의 종류

그룹 A에 속한 보증은 그림 12.7에서 보는 바와 같이 A1～A4로 분류된다. 이들 네 가지 그룹은 각각 1차원 보증(one-dimensional warranty)과 2차원 보증(two-dimensional warranty)의 하위 그룹으로 구분된다. 1차원 보증정책은 시간 또는 제품의 사용기간, 사용량 등 하나의 척도(보증기간으로 표현)에 의해 보증여부를 결정하고, 2차원 보증정책은 두 가지 척도(보증영역으로 표현)에 기초해서 보증여부를 결정한다. 예를 들면, 자동차의 경우 5년 또는 10만km 이내 보증이 제공되면 이는 2차원 보증에 해당되는 것이다.

그룹 B도 단순보증(B1)과 혼합보증(B2)으로 구분되고, 하위그룹으로 1차원과 2차원 보증으로 세분된다. 마지막으로, 제품개발과 관련이 있는 보증정책(C)은 보전계약이 이루어지고 상용제품 또는 제품의 규모가 크고 복잡한 정부 조달품(예: 비행기, 군사장비)에 사용된다.

다음은 기업에서 많이 채택하는 대표적인 몇 가지 보증 정책을 기술한다. 즉, 가장 많이 사용하는 세 가지 1차원 보증정책과 한 가지 2차원 보증정책을 살펴본다. 보다 자세한 내용은 Blischke and Murthy(2000)를 참조하기 바란다. 먼저 사용될 기호로 $W=$ 보증기간, $c_b=$단위 판매가격(구매 비용), $X=$제품의 고장시간(수명)을 나타낸다.

(1) 정책 1: 1차원 비갱신 무료보증(FRW) 정책

생산자는 제품구입으로부터 W 시점 내에 제품고장이 발생하면 무상으로 수리 또는 교체를 해 주는 보증이다. 최초 구입으로부터 W 기간이 지나면 보증은 종료된다. 수리불가능한 제품의 경우, 고장이 $X(X < W)$에서 발생하면 교체된 제품은 처음 보증의 잔여기간$(W-X)$동안만 보증을 받게 된다. 이 과정은 처음 제품과 교체 제품의 총 서비스 시간이 W가 될 때까지만 반복적으로 적용된다. 수리 가능한 제품의 경우, 총 서비스 시간이 최소한 W까지만 무상으로 수리가 이루어진다. 이러한 보증정책은 싼 소비재에서부터 비싼 수리 가능한 제품(자동차, 냉장고, 대형컬러 TV 등) 및 비싼 수리불가능한 제품(마이크로 칩 및 전자 구성품) 등에 적용된다.

(2) 정책 2: 1차원 비갱신 할인(비례환불) 보증(PRW) 정책

PRW는 제품구입으로부터 W 시점 이전에 고장이 발생하면 생산자는 구입가의 일부분을 구매자에게 환불해주거나 교체 또는 수리 시에 구매자가 보증되지 않는 차액을 부담하는 보증정책이다. 여기서 정책 2는 환불해 주는 방식에 한정하며 구매자는 교체품을 최초의 생산자로부터 구입해야할 필요는 없다. 환불은 고장시점(X)에 좌우되고, 주로 잔여보증기간$(W-X)$의 선형(드물게 비선형) 함수로 표현된다. $q(x)$을 환불금액이라 할 때, 가장 보편적으로 제공되는 두 가지 형태는 다음과 같다.

- 선형 함수: $q(x) = [(W-x)/W]c_b$
- 비례 함수: $q(x) = [\alpha(W-x)/W]c_b$ 여기서 $0 < \alpha < 1$

이러한 할인보증 정책을 비례환불 보증 정책으로 칭하며, 주로 싸고 수리불가능한 제품(배터리, 타이어, 도자기 등)에 적용된다.

(3) 정책 3: 1차원 비갱신 혼합(FRW/PRW) 정책

생산자는 보증기간 W 보다 작은 W_1 시점까지 고장 나는 제품에 대해서는 무상으로 교체 또는 수리해주고 W_1 시점부터 W 시점까지의 고장은 사용량에 따른 비율로 환불해준다. 이 보증은 비갱신이고 할인은 선형 또는 비선형일 수 있으며, 최초 보증이 전체 시스템에 제공되는 상황에서 교체부품 또는 구성품에 제공된다. 소비재에도 광범위하게 적용된다.

(4) 정책 4: 2차원 비갱신 무료보증(FRW) 정책

생산자는 제품판매로부터 고장시간이 W 보다 작고 사용량이 U 보다 작을 경우에 무상으로 수리 또는 교체해준다. 이 정책 하에서는 보증이 최대 W 시간 동안 또는 최대 사용량 U를 보증해 준다. 사용량이 많으면 보증은 W 이전에 끝날 수 있고, 사용량이 적으면 보증은 U에 도달하기 전에 끝날 수 있다. 즉, 고장이 수명 X 및 사용량 Y에서 발생할 때, X가 W 보다 작고 Y가 U보다 작을 때만 보증이 제공된다. 교체된 제품의 잔여 보증은 시간에 대해서는 $(W-X)$ 이고, 사용량에 대해서는 $(U-Y)$ 이다. 대부분의 자동차 생산자는 이 형태의 정책을 제공한다. 이때 사용량은 주행거리가 된다.

12.3.3 보증비용 분석

생산자(판매자)는 제품을 생산하여 특정한 보증정책 하에서 구매자(소비자)에게 판매한다. 제품 성능은 제품특성과 소비자의 사용행태 간 상호작용에 의해 결정되며, 제품특성은 생산자의 설계 및 제조 의사결정에 영향을 받는다. 보증 하에서는 소비자가 제품성능에 만족하지 못하면, 클레임(claim)이 제기되고, 클레임을 해결하는데 보증이 사용된다. 보증비용의 규모는 보증정책 조항과 제품신뢰성에 좌우된다.

보증에서는 생산자와 구매자 관점에서 단위 제품당 기대 보증비용과 제품 수명주기 동안 운영에 대한 기대 수명주기 비용(LCC: life cycle cost)이 중요하다. 보증 하에서 제품의 수리를 포함한 수정활동이 요구될 때 생산자는 취급, 재료, 노무, 설비, 처리 등 여러 가지 비용을 부담하며, 이들 비용은 하나의 확률변수가 된다. 보증기간 동안 제기되는 클레임의 수가 확률변수이므로 단위 판매 당 보증비용은 랜덤합(random sum)이 된다. 또한 구매자가 제품수명주기(L)동안 계속하여 구매한다고 가정할 때 반복 구매 수도 확률변수가 된다. 결과적으로 기대 수명주기 비용은 반복구매 수와 단위 제품당 기대 보증비용의 곱이 된다.

단위 제품당 보증비용은 제품의 가격 결정에 중요하다. 판매가격은 제조비용과 보증비용을 합한 금액보다 클 것이다. 신뢰성이 향상되면 단위 제품당 보증비용은 감소하며, 구매자가 보증정책을 선택할 때 제품당 보증비용은 중요한 고려요소가 된다. 따라서 제품에 대한 수명주기 비용은 구매자 및 생산자에게 관계된다. 본 절에서는 앞에서 언급된 정책 1, 정책 2 및 정책 4에 대하여 단위 제품당 기대 보증비용과 기대 수명주기비용을 도출한다.

(1) 정책 1: 1차원 비갱신 무료보증(FRW)

먼저 수리불가능한 제품의 경우를 보자. 보증기간 동안 고장이 발생하면 고장 제품은 새로운 제품과 교체된다. 단위 제품당 제조비용(고장 제품을 교체하는 비용)을 c_s라고 한다.

① 단위 제품당 생산자 기대비용(수리불가능 제품)

FRW 보증 하에서 고장이 발생하면 새로운 제품으로 즉시 교체되므로, $(0,t]$ 동안 발생한 고장수 $N(t)$는 재생 간의 시간이 $F(t)$에 따라 분포되는 재생과정(renewal process)으로 모형화된다. 보증기간 W 동안에 생산자가 부담하는 비용 $C_m(W)$는 처음 제품의 제조비용 c_s가 포함되어 $C_m(W)=c_s[1+N(W)]$ 로 하나의 확률변수로 주어진다. 여기서 보증기간 동안 발생한 고장의 기대횟수 $E[N(W)]$는 $E[N(W)]=M(W)$로 두면, $M(t)$는 재생함수(renewal function)로 다음 식에 의해 구해진다(부록 F.3 참조).

$$M(t)=F(t)+\int_0^t M(t-x)f(x)dx \tag{12.1}$$

따라서 단위 제품당 생산자 기대비용 $E[C_m(W)]$는 다음과 같다.

$$E[C_m(W)]=c_s[1+M(W)] \tag{12.2}$$

예제 12.1

어느 전자 구성품은 보증기간 W를 갖는 FRW 정책으로 판매된다고 하자. 단위제품의 생산자 부담비용 c_s =8만원이라 하고, 세 가지 보증기간 W=0.5, 1.0 및 2.0년에서 단위 제품당 생산자 기대비용 $E[C_m(W)]$을 구해보자. 전자구성품의 고장시간은 $\lambda=0.5$/년과 $\beta=1.5$인 와이블 분포, $F(t)=1-e^{-(\lambda t)^\beta}$를 따른다면, MTTF= $\frac{1}{\lambda}\Gamma(1+\frac{1}{\beta})=1.805$ 년이고, 고장률은 시간이 경과함에 따라 증가하는 형태이다. 와이블 분포에 대한 재생함수의 해석적 식이 존재하지 않아 재생함수 표(Blischke and Murthy, 1994)나 다음의 근사방법(Deligönül, 1985) 등에 의해 구할 수 있다.

$$M(t)\approx\frac{t}{\mu}-F_e(t)+\int_0^t[1-F_e(t-x)]\left[f(x)+\frac{F^2(x)}{\mu F_e(x)}\right]dx \tag{12.3}$$

여기서, $F_e(t)=\frac{1}{\mu}\int_0^t(1-F(x))dx$, μ는 제품의 MTTF이다.

그림 12.8은 식 (12.3)의 근사방법에 의해 형상모수가 1.5, 2.0, 3.0이고 $\lambda t\le 1$일 때의 재생함수 값을 보여주고 있다. 이 근사방법에 의해 재생함수의 값을 구한 결과가 표 12.1에 정리되어 있다. 한편 형상모수 $\beta=1$인 경우 지수분포가 되어 MTTF $=2$년이 되며 $M(W)=\lambda W=0.5W$가 되어, 보증기간 W가 증가할수록 보증비용은 증가한다. 이는 생산자가 보증비용을 관리하기 위하여 보다 큰 MTTF를 갖는 전자 구성품을 사용하든지 보증기간이 짧아야 함을 의미한다.

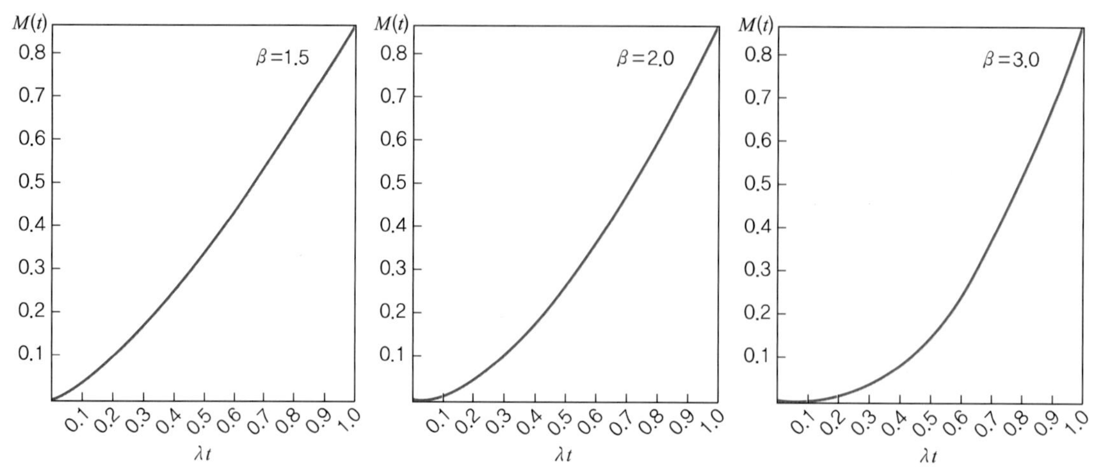

그림 **12.8** 와이블 분포의 재생함수; Deligönül의 근사방법(식 (12.3))

표 **12.1** 기대보증비용

β	W(년)	$M(W)$	$E[C_m(W)]$(만원)
1.5	0.5	0.122	8.976
	1.0	0.334	10.672
	2.0	0.856	14.848
1.0	0.5	0.25	10.00
	1.0	0.50	12.00
	2.0	1.00	16.00

② 기대수명주기 비용(수리불가능 제품)

보증기간의 완료 후 첫 번째 고장시점에서 구매자는 새로운 제품을 구매하며 동일한 보증이 제공된다. $t=0$ 시점에서 첫 번째 구매가 이루어지고 구매 간의 시간 간격을 Y_i, $i=1,2,\cdots$ 라고 하자. $Y(Y_i)$들은 $Y=W+\gamma(W)$ 형태를 갖는다. 여기서 $\gamma(W)$는 보증이 완료된 시점 W에서 사용되고 있는 제품의 전향잔존수명으로 재생과정 $N(t)$의 초과(excess)수명이 된다(부록 F 참조). 초과수명의 분포함수 $F_\gamma(t)$는 재생밀도함수가 $m(x)$일 때 다음 식으로 구해진다.

$$F_\gamma(t)=F(W+t)-\int_0^W[1-F(W+t-x)]m(x)dx$$

Y는 $\gamma(W)$의 선형변환으로 Y의 분포함수는 다음 식으로 주어진다.

$$F_Y(t)=F(t)-\int_0^W[1-F(t-x)]\,m(x)\,dx$$

L이 수명주기일 때 구매자가 부담하는 수명주기비용 $C_b(L, W)$를 구해 보자. 구매자는 단위 구매가격 c_b로 재생 간의 분포함수가 $F_Y(t)$를 갖는 재생과정에 따라 동일한 새 제품들을 구매하므로,

$$E[C_b(L, W)] = c_b[1 + M_Y(L)] \tag{12.4}$$

이 된다. 여기서 $M_Y(t)$는 $F_Y(t)$에 관련되는 재생함수이다.

L이 W 및 $E(Y)$에 비교해 클 경우에는 다음의 점근적 근사법(Blischke and Murthy, 1996)을 사용할 수 있다.

$$M_Y(L) \approx \frac{L}{\mu[1 + M(W)]} \tag{12.5}$$

여기서 $M(W)$는 식(12.1)에서 구해진다. 생산자가 부담하는 수명주기비용 $C_m(L, W)$는 수명주기 동안 총합으로 다음 식으로 표현된다.

$$E[C_m(L, W)] = c_s[1 + M(W)][1 + M_Y(L)] \tag{12.6}$$

따라서 수명주기 동안 생산자의 기대수익 $E[P(L, W)]$는 다음 식으로 주어진다.

$$E[P(L, W)] = \{c_b - c_s[1 + M(W)]\}[1 + M_Y(L)] \tag{12.7}$$

예제 12.2

예제 12.1에서 고장분포가 $\lambda = 0.5$/년을 갖는 지수분포 $F(t) = 1 - e^{-\lambda t}$를 따른다면 MTTF는 2년이고, Y의 분포는 우측으로 이동된 지수분포가 된다.

$$F_Y(t) = 1 - e^{-\lambda(t - W)}$$

$F_Y(t)$와 관련된 재생함수는 다음의 분석적 해를 갖는다(연습문제 12.9 참조).

$$M_Y(L) = \left\lfloor \frac{L}{W} \right\rfloor - \sum_{i=1}^{\lfloor L/W \rfloor} e^{-\lambda(L - iW)} \sum_{j=0}^{i-1} \frac{(\lambda(L - iW))^j}{j!} \tag{12.8}$$

여기서 $\lfloor x \rfloor$는 x를 넘지 않는 가장 큰 정수이다. $L = 7.5$년과 $W = 1$을 가정할 경우

$$M_Y(7.5) = 7 - \sum_{i=1}^{7} e^{-0.5(7.5 - i)} \sum_{j=0}^{i-1} \frac{(0.5(7.5 - i))^j}{j!} = 2.222$$

가 된다. 따라서 식 (12.4)로부터 구매자가 부담하는 LCC는 $3.222c_b$가 된다. $c_b = 10$만원이면 기대수명주기 비용은 32.22만원이다. λ가 0.4로 변경되면 $M_Y(7.5)$가 1.898이 되어 구매자 기대 수명주

기 비용은 28.98만원이 된다. 이는 제품이 보다 신뢰성이 있으면 구매자 기대 수명주기 비용은 감소함을 의미한다. $c_s = 8$만원이고 $\lambda = 0.5$일 때 생산자 기대 수명주기 비용은 식 (12.6)에서 38.67만원이 되고, 기대이익은 −6.44만원으로 손실이 발생한다. $\lambda = 0.4$로 변경되면 신뢰성의 증가로 인해 생산자 기대 수명주기 비용이 32.46만원이 되어, 6.21만원 감소되었다.

■■■

③ 구매자와 생산자의 무차별 가격

구매자에게 c_u 가격으로 판매되는 무보증 제품에서는 구매자가 제품수명주기 동안 제품이 고장 날 때마다 대체 제품을 구매하므로 수명주기(L)동안 구매자가 부담하는 LCC는 $C_u[1+M(L)]$이 된다. 보증제품에 대해서는 식 (12.4)에 주어진 $E[C_b(L, W)]$가 되므로, 이들 장기 비용을 등식으로 놓고 c_b에 대해 풀면, 무차별(indifference) 가격 c_b^*가 구해진다.

$$c_b^* = \frac{c_u[1+M(L)]}{1+M_Y(L)} \tag{12.9}$$

여기서 L 값이 클 경우 식 (12.5)를 이용하면 다음 근사식으로 표현된다.

$$c_b^* = \frac{c_u\,\mu[1+M(L)][1+M(W)]}{\mu[1+M(W)]+L} \tag{12.10}$$

예제 12.3

$\lambda = 0.5$일 때, 식 (12.10)에서 $c_b^* = \left(\frac{1+0.5\times 7.5}{1+2.222}\right)c_u = 1.474\,c_u$가 된다. 이는 구매자가 무보증 제품보다 보증 제품에 대하여 47.4% 더 부담해야 한다는 의미이다. 생산자가 c_b^*보다 더 높은 가격으로 판매하면, 구매자는 무보증으로 제품을 구매하는 것이 더 경제적이다.

■■■

생산자의 무차별 가격을 구해보자. 생산자가 무보증으로 제품을 판매하면, 제품 수명주기 동안 기대되는 수익은$(c_u - c_s)[1+M(L)]$이 된다. 판매가격 c_b로 보증 하에서 판매할 때는 수명주기 동안 기대수익은 식 (12.7)의 $E[P(L, W)]$가 된다. 장기적으로 기대수익이 같을 때 생산자는 보증 또는 무보증에 무차별한 상황이 된다. 무차별가격 c_b^{**}는 다음과 같다.

$$c_b^{**} = \frac{c_u\,\mu[1+M(L)][1+M(W)]}{\mu[1+M(W)]+L} \tag{12.11}$$

즉 $c_b^{**} = c_b^*$ 이다.

생산자는 $c_b > c_b^{**}$ 이면 무보증으로 제품가격 c_u로 판매하는 것보다 보증 하에서 c_b로 판매할 것을 선호하고 구매자는 $c_b < c_b^*$ 이면 보증 하에서 판매되는 제품을 선호하며, 두 값 사이이면 생산자와 소비자는 무보증 제품을 선호한다.

다음으로 수리 가능한 제품의 경우를 보자.

④ 제품당 생산자 기대 비용(수리 가능한 제품)

단위 제품당 생산자 기대비용은 수리 정도에 따라 달라진다. 수리시간이 MTBF와 비교하여 짧아 무시할 수 있고 최소수리를 가정하면, 보증기간 동안 고장과정은 고장발생률(강도)함수(intensity function)가 고장률 $h(t)$인 비정상 포아송 과정(NHPP: non-homogeneous Poisson process)을 따른다(Ross, 2015). 평균 개별 수리비용이 c_r이면, 생산자가 부담하는 제품당 기대보증 비용은 다음과 같다.

$$E[C_m(W)] = c_s + c_r \int_0^W h(x)dx \tag{12.12}$$

예제 12.4

고장분포가 와이블 분포를 따르는 가전제품을 고려하자. 가전제품은 보증기간 W와 $c_s = 40$만원인 FRW 보증으로 판매된다. 이 보증에서 모든 고장은 $c_r = 5$만원으로 최소수리가 된다. 이때 $E[C_m(W)] = c_s + c_r(\lambda W)^\beta$가 된다. $\lambda = 0.25$/년, 형상모수 $\beta = 1.5$로 가정하고 다양한 보증기간에 따른 기대 보증 비용을 구한 결과가 표 12.2에 나타나 있다.

표 **12.2** 기대보증비용

W(년)	1	2	3	4
$E[C_m(W)]$(만원)	40.625	41.768	43.248	45.000

(2) 정책 2: 1차원 비갱신 비례환불보증(PRW)

환불이 다음 식과 같이 선형함수로 제공된다고 가정한다.

$$q(x) = \begin{cases} (1 - x/W)c_b & 0 \le x < W \\ 0 & \text{다른경우} \end{cases} \tag{12.13}$$

① 단위 제품당 생산자 기대 비용

단위 제품당 생산자 비용은 $C_m(W) = c_s + q(X)$가 되며 여기서 X는 제품의 수명이고 분포함수 $F(x)$를 갖는 확률변수이다. 따라서 단위 제품당 생산자 기대 비용은 다음과 같다.

$$E[C_m(W)] = c_s + \int_0^W q(x)f(x)dx$$

위 식을 적분하고 $\mu_W = \int_0^W xf(x)dx$로 놓으면 다음 식으로 정리된다.

$$E[C_m(W)] = c_s + c_b\left[F(W) - \frac{\mu_W}{W}\right] \tag{12.14}$$

따라서 생산자의 단위제품 판매 당 기대수익 $\pi(W)$ 다음 식과 같게 된다.

$$\pi(W) = c_b - E[C_m(W)] = c_b\left[1 - F(W) + \frac{\mu_W}{W}\right] - c_s \tag{12.15}$$

② 단위 제품당 구매자 기대 비용

단위 제품당 구매자 비용은 $C_b(W) = c_b - q(X)$이다. 식 (12.14)를 이용하면 단위 제품당 구매자 기대비용은 다음 식과 같게 된다.

$$E[C_b(W)] = c_b\left[\frac{\mu_W}{W} + 1 - F(W)\right] \tag{12.16}$$

예제 12.5

자동차 배터리의 고장은 모수 $\lambda = 0.5$/년을 갖는 지수분포에 따라 발생한다. c_b =5만원이고 c_s =3만원으로 가정하자. 기댓값 μ_W와 단위 제품당 생산자 기대비용 $E[C_m(W)]$ 및 구매자 기대비용 $E[C_b(W)]$은 다음과 같이 표현된다.

$$\mu_W = \frac{1}{\lambda}[1 - (1 + \lambda W)e^{-\lambda W}]$$

$$E[C_m(W)] = c_s + c_b\left[1 - \frac{1 - e^{-\lambda W}}{\lambda W}\right]$$

$$E[C_b(W)] = c_b\frac{1 - e^{-\lambda W}}{\lambda W}$$

보증기간이 1년으로 주어질 경우 $E[C_m(W)] = c_s + 0.2131c_b = 4.065$만원이고, 단위 제품당 구매자 기대비용은 $E[C_b(W)]$ =3.935만원이며, 단위 제품당 생산자 기대수익은 $\pi(W)$ =0.935만원이 된다. 만일 생산자가 제품의 신뢰성을 향상시켜 $\lambda = 0.4$/년이 되면, $E[C_m(W)] = c_s + 0.1758c_b = 3.879$만원이고 기대수익은 1.121만원이 된다.

③ 기대수명주기비용

$C_b(L, W)$을 구매자가 부담하는 수명주기비용이라 하자. 첫 번째 고장시점 X_1에 조건화시키면, 다음 식을 갖게 된다.

$$E[C_b(L, W) \mid X_1 = x] = \begin{cases} c_b + c_b x/W + E[c_b(L-x, W)] & 0 \le x < W\text{일 경우} \\ 2c_b + E[c_b(L-x, W)] & W \le x < L\text{일 경우} \\ c_b & x \ge L\text{일 경우} \end{cases}$$

$$= \begin{cases} c_b + c_b \min\{x/W, 1\} + E[c_b(L-x, W)] & 0 \le x < L\text{일 경우} \\ c_b & x \ge L\text{일 경우} \end{cases}$$

상기 식에서 조건을 제거하면 다음 식이 된다.

$$E[C_b(L, W)] = c_b + \int_0^L c_b \min\{x/W, 1\} f(x)dx + \int_0^L E[c_b(L-x, W)] f(x)dx \tag{12.17}$$

위 식은 다음 식으로 표현될 수 있다(연습문제 12.10 참조)

$$E[C_b(L, W)] = c_b \left\{ \begin{array}{l} 1 + F(L) - [F(W) - \mu_W/W] \times [1 + M(L-W)] \\ + \int_0^{L-W} F(L-x)m(x)dx + \int_{L-W}^{L} \int_0^{L-x} (u/W) f(u) m(x) du\, dx \end{array} \right\} \tag{12.18}$$

생산자가 부담하는 수명주기 비용 $C_m(L, W)$은 수명주기 동안 제품을 공급하는 비용이다. 고장은 재생과정에 따라 발생하므로, $E[C_m(L, W)] = c_s[1 + M(L)]$으로 표현된다. 따라서 생산자 기대수익 $E[P(L, W)]$는 기대수입(구매자 기대비용)과 기대비용과의 차이로 다음 식으로 주어진다.

$$E[P(L, W)] = E[C_b(L, W)] - c_s[1 + M(L)]$$

예제 12.6

예제 12.4의 자동차 배터리의 경우를 보자. 고장분포가 지수분포이므로, $m(t) = \lambda$를 식 (12.18)에 대입하여 구하면 $E[C_b(L, W)]$에 대한 해석적 표현이 가능하다.

$$E[C_b(L, W)] = c_b \left\{ 1 + e^{-\lambda W} + \frac{(\lambda L - 1)(1 - e^{-\lambda W})}{\lambda W} \right\} \tag{12.19}$$

보증기간 $W=1$년으로 척도모수 $\lambda=0.5$일 때 구매자 부담 기대 수명주기 보증비용 $E[C_b(L, W)]$ $=(0.8196+0.3935L)c_b$이고, 생산자 부담 기대수명주기비용 $E[C_m(L, W)]=(1+0.5L)c_s$가 된다.

■■■

(3) 정책 4: 2차원 비갱신 무료보증(FRW)

정책 4에 대한 비용분석은 고장 분석 방법에 따라 1차원과 2차원 접근법으로 구분된다. 1차원 접근법에서는 제품고장을 1차원 점과정(point process)으로 보며, 2차원 접근법에서는 제품고장을 이변량 분포함수로 나타내어 보증영역 내에 발생하는 2차원 점으로서 모형화한다. 1차원 접근법은 사용량을 수명의 함수로 표현하여 고장을 수명과 사용량의 함수로 모형화한다. 일반적으로 1차원 접근법이 2차원 보증연구에 많이 적용된다. 여기서는 먼저 1차원 접근법을 설명하고 난 뒤 2차원 접근법을 간략하게 소개한다.

1차원 접근법에서는 제품사용률(예: 자동차의 경우 연간 주행거리) R이 사용자마다 다르며 특정 사용자에 대한 제품사용률이 일정하다고 가정하고 분석한다. 시점 t에서의 사용량 $Y(t)$는 제품사용률의 선형함수로서 $Y(t)=Rt$로 표현가능하며, 여기서 R은 확률밀도함수 $g(r)$를 갖는 비음(nonnegative)인 확률변수이다. 제품은 수리가능하고 생산자는 보증 시 최소수리를 행하며 수리시간이 무시될 수 있다고 가정하면 고장 프로세스는 비정상 포아송 과정(NHPP)을 따르게 되어, 보증기간 동안의 고장분포는 강도함수 $\lambda(\cdot)$로 표현할 수 있다. 조건 $R=r$일 때 다음의 선형강도함수를 고려할 경우, 이 강도함수는 수명(t), 사용률(r) 및 t시점까지의 사용량 (rt)의 함수로 표현된다.

$$\lambda(t\,|\,r)=\theta_0+\theta_1 t+\theta_2 r+\theta_3 rt$$

정책 4 하에서 단위 제품당 생산자 기대비용을 구하기 위해, 보증기간 W와 한계 사용량 U에 의해 δ를 $\delta=U/W$로 정의한다. 조건 $R=r$이 주어질 때, 사용률 r이 δ보다 작으면 W에서 보증이 종료되고, r이 δ보다 크면 $Z_r=U/r$에서 보증이 종료된다(그림 12.9 참조). 사용률에 따라 보증종료시점이 달라지므로 보증분석에는 사용률을 이분하여 분석해야 한다. 이 두 가지 경우에 보증기간 동안 발생되는 기대 고장개수는 각각 다음과 같다.

$$E[N(W, U)|r]=\begin{cases}\displaystyle\int_0^W \lambda(t\,|\,r)dt, & r<\delta \text{일 경우}\\[2ex] \displaystyle\int_0^{Z_r} \lambda(t\,|\,r)dt, & r\geq\delta \text{일 경우}\end{cases}$$

따라서 단위 제품당 생산자 기대비용 $E[C_m(W, U)]$은 다음 식으로 정리되며,

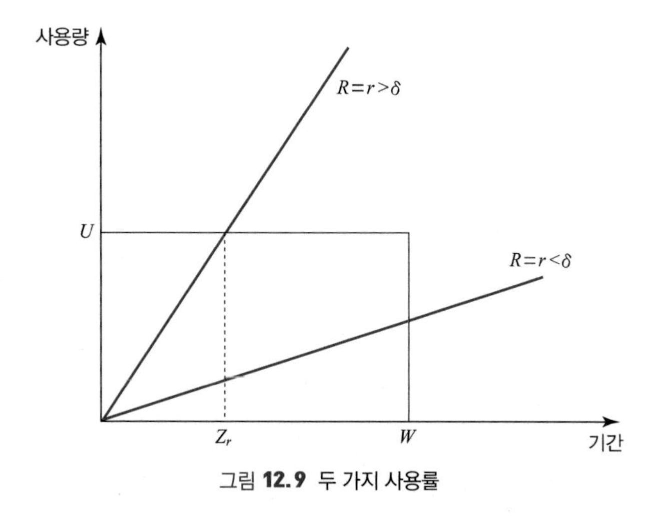

그림 **12.9** 두 가지 사용률

$$E[C_m(W, U)] = c_r\left[\int_0^{\delta}\left(\int_0^{W}\lambda(t|r)dt\right)g(r)dr + \int_{\delta}^{\infty}\left(\int_0^{Z_r}\lambda(t|r)dt\right)g(r)dr\right] \quad (12.20)$$

여기서 c_r은 단위 수리비용이다.

예제 12.7

사용량 단위가 10^4km이고 수명단위가 연수로 표시되는 자동차 보증의 경우를 보자. $W=1$ 및 $U=2$는 보증기간이 1년이고 보증주행거리가 20,000km에 해당된다. R의 확률밀도함수 $g(r)$은 평균이 2.5(즉, 25,000km)인 균일(uniform)분포를 따른다. 즉

$$g(r) = 0.2, \quad 0 \le r \le 5$$

일 때, 세 가지 고장 강도함수를 생각해 보자.

- 경우 (i): $\theta_0 = 0.003, \theta_1 = 0.007, \theta_2 = 0.003, \theta_3 = 0.003$
- 경우 (ii): $\theta_0 = 0.003, \theta_1 = 0.007, \theta_2 = 0.000, \theta_3 = 0.003$
- 경우 (iii): $\theta_0 = 0.003, \theta_1 = 0.007, \theta_2 = 0.000, \theta_3 = 0.000$

경우 (ii)는 사용률에 영향을 받지 않으며 경우 (iii)는 사용률 및 사용량에 영향을 받지 않고 수명에만 영향을 받는다.

$U=1.0, 1.5$ 및 2.0과 $W=0.50, 1.00, 1.50$ 및 2.00일 때 세 가지 경우에 대해 식 (12.20)을 수치적 방법에 의해 구한 $E[C_m(W, U)]/c_r$의 값이 표 12.3에 정리되어 있다.

표 **12.3** 기대 보증비용: 예제 12.7

(a) 경우 (i)				
$U\setminus W$	0.50	1.00	1.50	2.00
1.0	0.0024	0.0034	0.0040	0.0046
1.5	0.0031	0.0048	0.0059	0.0069
2.0	0.0035	0.0061	0.0070	0.0091
(b) 경우 (ii)				
$U\setminus W$	0.50	1.00	1.50	2.00
1.0	0.0014	0.0021	0.0026	0.0031
1.5	0.0017	0.0027	0.0036	0.0043
2.0	0.0018	0.0033	0.0043	0.0053
(c) 경우 (iii)				
$U\setminus W$	0.50	1.00	1.50	2.00
1.0	0.0017	0.0022	0.0025	0.0031
1.5	0.0021	0.0029	0.0033	0.0036
2.0	0.0023	0.0034	0.0040	0.0044

수명주기 비용 분석은 정책 1에서와 같이 유사하게 접근할 수 있으며, 그 결과는 Blishke and Murthy(1994)을 참조하기 바란다.

한편 정책 4하에서 수리-교체 전략에 대한 다양한 연구가 1차원 접근법으로 이루어졌다. Iskandar et al.(2005)은 보증영역의 초기 및 후반에는 수리가 경제적이라고 생각하여 수리-교체 전략을 제시하고, 그에 따른 두 가지 한계 파라미터 값을 결정하였다. Chukova and Johnston(2006)은 수리가능한 제품에 대하여 보증영역을 수리 정도가 다른 3개의 하위 보증영역으로 나누고 보증비용을 최소화하는 보증영역을 결정하였다. Jack et al.(2009)은 사용률의 성능저하(degradation)에 대한 효과를 AFT(accelerated failure time) 모형을 활용하여 수리-교체 전략을 제시하였다.

반면에 2차원 접근법은 수명과 사용량 간 상관관계를 고려하여 결합확률분포 $F(t,x)$로 고장을 모형화하고, 앞의 정책 1과 유사하게 보증비용을 분석할 수 있다. 2차원 접근법을 사용한 연구로 Kim and Rao(2000)는 수리불가능한 제품에 대하여 제품고장을 이변량 지수분포로 표현하고 재생함수를 도출하여 무료보증 정책을 분석하였다. 또한 Jung and Bai(2007)는 최우추정법으로 수명분포를 추정하는 방법을 제안하고 주변(marginal)분포가 와이블 분포일 경우에 최우추정량을 구하였다.

12.3.4 보증서비스

생산자는 그림 12.10의 보증서비스 프로세스에 따라 보증을 제공함으로써 추가 비용을 부담해야 한다. 즉, 보증 청구량은 신뢰도, 판매량, 보증정책, 사용환경 및 사용유형 등의 함수이며, 보증서비스는 서비스 능력, 서비스 전략과 그 수준, 예비품 재고관리 등에 의존한다. 생산자는 최적 서비스 전략 및 효과적인 보증 로지스틱관리를 통해 보증기간 내에의 모든 청구를 서비스하는데 투입되는 보증서비스 비용을 최소화할 필요가 있다. 이와 관련된 문제로 보증서비스에서 보증충당금 산정, 예비품 수량과 수리소요 횟수 추산, 수리 대 교체의 결성 눈제를 살펴보자.

이 소절에서는 판매율(단위시간 당 판매량) $s(t)$, $0 \le t \le L$은 연속함수로 나타내며, 수명주기 $L(> W)$동안 총 판매량 S는 다음과 같이 주어진다.

$$S = \int_0^L s(t)dt \tag{12.21}$$

여기서 마지막 판매가 이루어진 시점 L에서 보증기간을 감안하면 고려해야 될 대상기간은 $[0, L+W]$가 된다.

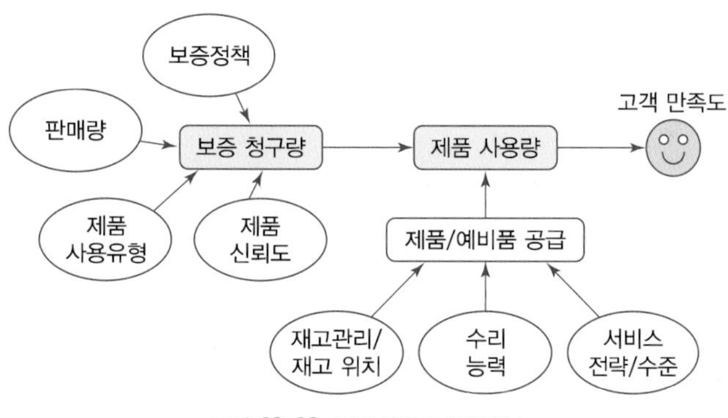

그림 **12.10** 보증서비스 프로세스

(1) 보증충당금 추산

정책 2의 PRW 하에서는 보증기간 중 고장발생분에 대하여 생산자는 판매가의 일정비율을 환불해야 하므로, 미리 이 금액을 손비로 계상하거나 환불을 대비한 충당금을 확보해야 한다. 식 (12.13)의 비례환불보증 정책을 고려하자.

제품 고장에 따른 구간 $[t, t+\Delta t)$의 환불액은 구간 $[t-a, t)$, 단, $a = \max(0, t-W)$에 판매되어 a기간 작동하다가 $[t, t+\Delta t)$에 고장 난 단위들에 의존한다. 따라서 $[t, t+\Delta t)$의 환불액 $v(t)\Delta t$은

$$v(t)\Delta t \approx c_b \int_a^t s(x) f(t-x)\left(1-\frac{t-x}{W}\right)dx \cdot \Delta t$$

이므로, $\Delta \to 0$이면 다음과 같이 구할 수 있다.

$$v(t) = c_b \int_a^t \tilde{v}(x,t)dx = \begin{cases} c_b \int_0^t \tilde{v}(x,t)dx, & t \le L \\ c_b \int_{t-1}^t \tilde{v}(x,t)dx, & 1 < t \le L \\ c_b \int_{t-W}^L \tilde{v}(x,t)dx, & L < t \le L+W \end{cases} \tag{12.22}$$

단, $\tilde{v}(x,t) = s(x)f(t-x)\left(1-\dfrac{t-x}{W}\right)$

따라서 제품 수명주기 동안 적립하는 보증충당금의 기댓값 ETR은

$$ETR = \int_0^{L+W} v(t)dt \tag{12.23}$$

이며, 판매 단위당 보증충당금 비율 b는 다음과 같이 나타낼 수 있다.

$$b = \frac{\int_0^{L+W} v(t)dt}{c_b S} = \frac{ETR}{c_b S} \tag{12.24}$$

여기서 보증충당금을 감안하면 이 제품의 실제 판매가는 $(1-b)c_b$로 볼 수 있다.

제품당 b의 일정한 비율로 보증충당금을 적립할 때 t에서의 보증충당금 잔액은 그 동안의 환불액을 차감하면

$$J(t) = bc_b \int_0^t s(x)dx - \int_0^t v(x)dx, \quad 0 \le t \le L+W \tag{12.25}$$

이 된다. $J(t)$는 $t=0$에서 시작하여 초반에는 증가하다가 t가 $L+W$에 근접해가면 0으로 접근해 간다.

예제 12.8

예제 12.5에서 자동차 배터리의 고장은 모수 $\lambda = 0.5$/년을 갖는 지수분포에 따라 발생하며, $c_b = 5$만원, $c_s = 3$만원, L은 7년, W는 1년이다. L까지 판매율은 $s(t) = kte^{-t}$로 나타낼 수 있으며, 총 판매량이 50,000개이다. $S(t)$, $v(t)$, ETR, b, $J(t)$를 구하라.

먼저 식 (12.21)에서 $S=\int_0^7 kte^{-t}dt = k(8e^{-7}) = 50,000$에서 k는 50,370이 된다. 이를 식 (12.22)에 대입하면

$$v(t) = 5\int_0^t 50,370xe^{-0.5t-0.5x}(1-t+x)dx$$
$$= 10^6 \times \begin{cases} (2.5185-0.5037t)e^{-0.5t} - (2.5185+0.75555t)e^{-t}, & t \le 1 \\ (1.5111-0.5037t)e^{-(t-0.5)} - (2.5185+0.75555t)e^{-t}. & 1 < t \le 7 \\ (1.5111-0.5037t)e^{-(t-0.5)} - (23.7639-2.26665t)e^{-(3.5+0.5t)}, & 7 < t \le 8 \end{cases}$$

이 된다. ETR은 식 (12.23)으로부터 53,268(만원), $b = 53,268/(5\times 50000) = 0.2131$이며, 이를 감안한 실 판매가는 $5(1-0.2131) = 3.935$(만원)이다.

그림 12.11의 (a)에는 $s(t)$를. (b)에는 $v(t)$와 $J(t)$에 도시되어 있으며, $s(t)$와 $v(t)$의 형태가 거의 동일한 형태이지만 후자가 전자를 약간 뒤로 처져 따라가는 현상을 볼 수 있다.

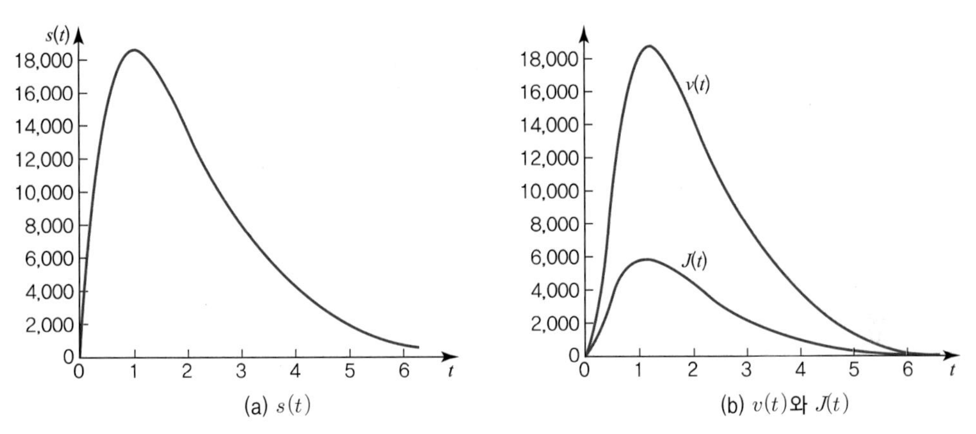

그림 **12.11** 판매율과 환불액, 환불잔액 곡선: 예제 12.7

(2) 예비품 수량 관리

수리불가능한 제품이 비갱신 무료 보증으로 판매될 때(정책 1의 FRW), 생산자는 보증기간 W 동안 제품에 고장이 발생하면 고장 난 제품에 대해 동일한 제품으로 교체를 해주어야 한다. 이때 보증서비스에 필요한 예비품(spares)의 기대개수를 구하고자 한다.

구간 $[t-a, t)$에서 판매된 제품의 고장으로 인해 $[t, t+\Delta t)$에서 교체 요구를 대비한 예비품이 필요하게 된다. t에서 판매율이 $s(t)$일 때 필요한 예비품에 관한 기대 수요율 $d(t)$는 다음 식으로 주어진다.

$$d(t) = \int_a^t s(x)m(t-x)dx \tag{12.26}$$

$$= \begin{cases} \int_0^t s(x)m(t-x)dx \quad , & t \le L \\ \int_{t-1}^t s(x)m(t-x)dx \ , & 1 < t \le L \\ \int_{t-W}^L s(x)m(t-x)dx \ , & L < t \le L+W \end{cases}$$

여기서 $m(t)$는 고장분포함수 $F(t)$와 관련된 재생밀도함수로 다음 식으로부터 구할 수 있다.

$$m(t) = f(t) + \int_0^t m(t-x)f(x)dx \tag{12.27}$$

따라서 보증서비스에 필요한 예비품의 총 기대개수 ETS는 다음과 같다.

$$ETS = \int_0^{L+W} d(t)dt \tag{12.28}$$

예제 12.9

컴퓨터에 사용되는 디스크 드라이브는 기술혁신으로 인해 수명주기가 $L=4$년 정도이다. 제품수명주기 동안 수요율은 $s(t) = k_1 t^{\beta-1} e^{-k_2 t^\beta}$로 주어지고, 고장시간 분포는 2단계 얼랑분포(감마분포에서 형상모수가 2인 분포) $F(x) = 1-(1+\lambda x)e^{-\lambda x}$를 따른다고 하자. 제품은 수리불가능하며, $W=1$년을 갖는 FRW정책으로 판매되고, 4년간 총 판매량이 800,000대가 되도록 $k_1 = 800,300$, $\beta = 2.0$, $k_2 = 0.5$로 설정되었다.

먼저 식 (12.21)으로부터 4년간 총 판매 예상 대수가 맞는지를 검토하면,

$$S = \int_0^4 800300te^{-0.5t^2}dt = 800032 \approx 800000$$

로 거의 일치한다. 상기의 얼랑분포를 따르는 디스크 드라이버의 평균수명은 2년이며, 이 분포를 따르는 재생함수의 라플라스 변환은 $M^*(s) = \lambda^2/[s(2\lambda s + s^2)]$이므로, 이를 역변환하면 재생함수와 재생밀도함수는 각각

$$M(t) = \frac{-1+2\lambda t + e^{-2\lambda t}}{4} \tag{12.29}$$

$$m(t) = M'(t) = \frac{\lambda(1-e^{-2\lambda t})}{2}$$

이다(연습문제 12.14 참조).

이를 식 (12.26)에 대입하여 식 (12.28)로부터 구한 ETS는 227,067대가 되며, 표 12.4에는 연도별 판매량과 예비품 기대 수요량이 정리되어 있다. 그리고 판매량과 예비품 기대 수요량의 그래프를 그림 12.12의 (a)와 (b)에서 볼 수 있는데, 두 곡선은 처음에는 증가하다가 감소하는 형태를 가지며, 후자가 전자보다 늦게 진행됨을 확인할 수 있다.

표 **12.4** 연간 판매량과 예비품 수요량

	0~1(년)	1~2(년)	2~3(년)	3~4(년)	4~5(년)	ETS
$\int s(t)dt$	314,894	377,098	99,418	8,622	–	
$\int d(t)dt$	21,090	116,076	74,784	14,209	908	227,067

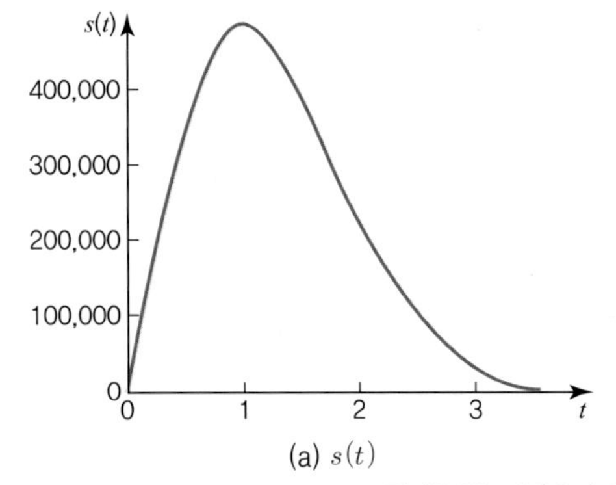

(a) $s(t)$

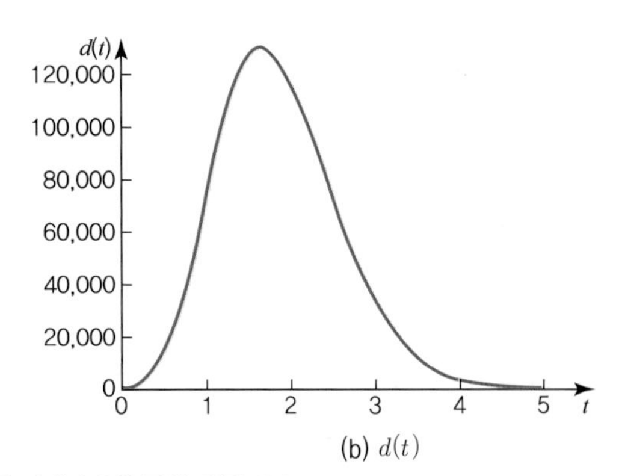

(b) $d(t)$

그림 **12.12** 판매율과 예비품 기대 수요율 곡선: 예제 12.9

(3) 수리소요 횟수 추산

정책 1의 FRW 하에서 앞 소절과는 달리 수리 가능 제품이 비갱신 무료 보증으로 판매될 때를 고려하자. 생산자는 보증기간 W 동안 제품에 고장이 발생하면 수리를 수행하는데 여기서는 최소수리를 가정하자. 이때 생산자는 보증서비스에 필요한 수리소요 기대횟수를 추산하여 제품가격에 반영해야 한다.

최소수리 하에서 각 제품의 고장은 고장발생률이 $h(t)$인 비정상 포아송 과정을 따르며(8.3절 참조), 고장발생률은 고장시간의 수명분포에 의존한다. t에서 판매율이 $s(t)$일 때 수리소요 횟수에 기대 수요율 $d_r(t)$는 전 소절과 유사하게 다음 식으로 주어진다.

$$d_r(t) = \int_a^x s(x)h(t-x)dx,\ 0 \le t \le L+W \tag{12.30}$$

단, $s(t)$는 $(L, L+W]$에서는 0임

따라서 보증서비스에 필요한 총 수리소요 기대횟수 EDR은

$$EDR = \int_0^{L+W} d_r(t)dt \tag{12.31}$$

로 구할 수 있다.

예제 12.10

예제 12.9에서 대상 제품이 수리가능하다고 가정하자. 2단계 얼랑분포의 고장발생률함수는

$$h(x) = \frac{\lambda^2 x}{1+\lambda x}$$

이므로, 이를 식 (12.30)에 대입한 후에 이로부터 식 (12.31)에 의한 구한 총 수리소요 기대횟수는 245,482이다. 각 연도별 연간 수리소요 횟수가 표 12.5에 정리되어 있으며, 기대 수요율 $d_r(t)$의 그래프는 전 소절의 기대 수요율 곡선과 유사함을 그림 12.13에서 확인할 수 있다.

표 **12.5** 수리의 연간 기대 소요횟수

	0~1(년)	1~2(년)	2~3(년)	3~4(년)	4~5(년)	EDR
$\int d_r(t)dt$	21,902	125,103	81,785	15,681	1,011	245,482

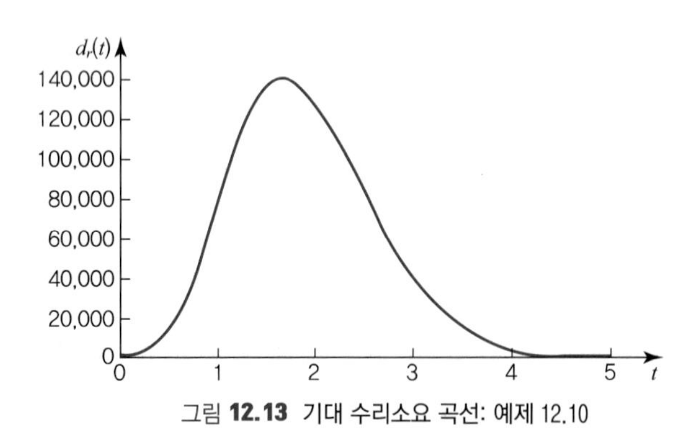

그림 **12.13** 기대 수리소요 곡선: 예제 12.10

예제 12.9와 비교하면 연간 기대 수리소요 횟수가 기대 예비품 수요대수보다 약간 큰 값을 가진다. 만약 c_s, c_r, c_h가 각각 단위 최소수리 비용, 예비품 제조비용, 보증청구 취급비용일 때 $W=1$일 경우 $245,482(c_r+c_h) < 227,067(c_s+c_h)$이면 수리가 예비품으로의 교체보다 유리하며, $245,482(c_r+c_h) > 227,067(c_s+c_h)$이면 교체가 유리하다.

(4) 수리와 교체의 전환 전략*

정책 1의 FRW 하에서 수리 가능한 제품이 수리를 위해 생산자에게 왔을 때, 생산자는 수리할 것인지 새로운 제품으로 교체할 것인지를 결정해야 한다. 이때 최적 전략은 보증기간 동안 기대 보증서비스 비용을 최소화하는 방식을 정하는 것이다. 다음과 같이 두 가지 단순한 전략을 살펴보자.

- 전략 1: 고장 난 제품이 만약 $[0, W-\tau]$에서 고장이 발생하면 새것으로 교체하고, $(W-\tau, W]$에서 고장이 발생하면 최소수리를 수행한다.
- 전략 2: 고장 난 제품이 만약 $[0, \tau]$에서 고장이 발생하면 최소수리를 행하고, $(\tau, W]$에서 고장이 발생하면 새것으로 교체한다.

각 전략에서 기대 보증서비스 비용을 최소화하는 결정변수인 수리와 교체의 전환시점 $\tau(0 \le \tau \le W)$를 설정하고자 한다. 전략 1은 설계요건에 미달된 제품이 일부 제조될 때 초기 고장률이 높은 열등한 품질을 가진 제품을 선별하기 위해 적용한다. 전략 2는 제품이 초기에는 감소 고장률(DFR)을 가지며 고장제품이 비교적 낮은 비용으로 수리될 수 있을 때 적용한다. 그리고 시간이 지날수록 고장률은 보통 증가하게 되므로 긴 시간 사용된 제품은 새것으로 교체해주는 것이 보다 합리적일 것이다.

c_s와 c_r은 단위당 제조비용 및 수리비용이며, 전략 1에 대한 제품 판매단위 당 기대 보증서비스 비용 $C_1(\tau, W)$은 재생함수 $M(\bullet)$와 신뢰도 함수 $R(\bullet)$을 사용하여 다음 식으로 표현된다(Blischke and Murthy, 1994).

$$C_1(\tau, W) = c_s M(W-\tau) - c_r \ln R_Y(\tau) \tag{12.32}$$

여기서 전향잔존수명 Y의 분포함수 $F_Y(x)$는 $F(x)$의 재생밀도함수 $m(x)$로부터 다음과 같이 주어진다.

$$F_Y(x) = F(W-\tau+x) - \int_0^{W-\tau} R(W-\tau+x-y)m(y)dy, \quad x \ge 0$$

전략 2에서 제품 판매단위 당 기대 보증서비스 비용, $C_2(\tau, W)$는 다음과 같이 나타낼 수 있다(Blischke and Murthy, 1994).

$$C_2(\tau, W) = c_s M_d(W-\tau) - c_r \ln R(\tau) \tag{12.33}$$

여기서 교체 시 τ이후에 발생한 첫 고장시간의 분포와 후속되는 고장시간의 분포가 달라지는 지연재생과정(delayed renewal process)이 된다. 첫 고장에 대한 분포함수 $G(x)$와 후속 고장에 대한 분포함수 $F(x)$를 갖는 지연재생과정에서의 재생함수 $M_d(W-\tau)$는 각각 다음과 같이 나타낼 수 있다.

$$G(x) = \frac{F(x+\tau)-F(\tau)}{R(\tau)}$$

$$M_d(W-\tau) = 1 + M(W-\tau) - \frac{R_Y(\tau)}{R(\tau)}$$

W가 주어질 때 $C_j(\tau, W),\ j=1.2$를 최소화하는 수리와 교체의 최적 전환시점 τ^*는

$$\frac{dC_j(\tau, W)}{d\tau} = 0\ ,\ \ j = 1.2$$

에서 구할 수 있는데, τ^*가 존재하면 다음 식을 만족하는 해가 되고 두 가지 전략에 동일하게 적용된다.

$$-c_s + \frac{c_r R(\tau)}{R_Y(\tau)} = 0 \tag{12.34}$$

일반적으로 식 (12.34)에서 τ^*를 얻기 위해서는 수치해법이 요구되며, τ^*는 국소(local) 최소일 수 있으므로 경계값(즉, $\tau=0,\ W$)과 비교할 필요가 있다.

예제 12.11

고장시간은 감마분포의 특수한 형태인 형상모수 $\alpha=2$, 척도모수 λ를 갖는 다음의 얼랑분포를 따른다.

$$F(x) = 1-(1+\lambda x)e^{-\lambda x}$$

여기서 λ=2.0/년일 때, $\mu=\alpha/\lambda=1$년이며, 고장률은 증가형에 속한다. c_s =10만원이고 $W=1$년일 때 전략 1과 2에서 각각 최적 τ를 구해 보자.

전략 1에서의 τ^*의 존재여부는 제조비용에 대한 수리비용의 비율 c_r/c_s에 의존한다. 먼저 $c_r/c_s <$ 0.78일 때는 식 (12.34)를 만족하는 $\tau(0 \le \tau \le 1)$는 존재하지 않으며, $C_1(\tau=W, W)$가 최솟값이다. 즉, 수리가 구간 $[0, W]$에서 수행되기 때문에 $c_r/c_b < 0.78$일 때 최적 전략은 항상 수리하는 것임을 의미한다. $0.78 \le c_r/c_m < 1$일 때는 2개의 해 τ_1과 τ_2가 존재하며(표 12.6 참고), 이 중에서 낮은 $C_1(\tau, W)$을 갖는 τ가 τ^*의 후보가 된다. 표 12.6은 여러 가지 c_r값에 대한 수치실험한 결과로서, $C_1(0, W)$, $C_1(W, W)$도 포함되어 있다. 전자는 항상 교체하는 전략, 후자는 항상 수리하는 전략에 해당된다.

즉, 항상 교체할 때는 식 (12.32)에 의해 $C_1(0, W) = c_s M(W) = c_s(-1+2\lambda W + e^{-2\lambda W})/4$이며,

항상 수리할 때는

$$C_1(W, W) = -c_r \ln R_Y(W) = c_r \int_0^W h(x)dx = c_r[\lambda t - \ln(1+\lambda t)]$$

이 된다. 여기서 얼랑분포의 고장률 함수는 $h(x) = \frac{\lambda^2 t}{1+\lambda t}$ 이다.

표 12.6을 보면 $c_r = 7.5$만원이면 항상 수리하는 전략이 최적이며, $c_r = 8$만원인 경우는 τ_1, τ_2에 대한 총 기대비용이 작은 값보다 $\tau = W$일 때가 더 작은 값을 가지므로 $\tau^* = W = 1$ 이 되어 항상 수리하는 전략이 가장 좋다. c_r이 8만원에서 9.5만원으로 증가하면 최적 전환시점 τ^*는 존재하며, 이 값이 점점 감소됨을 알 수 있다.

표 **12.6** 수리 대 교체의 최적 전환시점: 전략

c_r	τ_1	$C_1(\tau_1, W)$	τ_2	$C_1(\tau_2, W)$	$C_1(0, W)$	$C_1(W, W)$	τ^*	$C_1(\tau^*, W)$
7.5	–	–	–	–	7.55	6.76	1.00	6.76
8.0	0.39	7.23	0.72	7.27	7.55	7.21	1.00	7.21
8.5	0.23	7.39	0.84	7.68	7.55	7.66	0.23	7.39
9.0	0.13	7.49	0.91	8.12	7.55	8.11	0.13	7.49
9.5	0.06	7.53	0.96	8.56	7.55	8.56	0.06	7.53

전략 2에 대한 결과가 표 12.7에 정리되어 있다. 이 전략의 τ^*도 식 (12.34)에서 구해지므로 표 12.6의 값과 동일하나, 최적 기대 보증서비스 비용 $C_2(\tau^*, W)$는 더 큰 값을 가짐을 알 수 있다. 예를 들어 $c_r = 8$만원과 9만원에 대한 전략 1과 전략 2의 비교해 보자. $c_r = 8$만원인 경우에 어떤 전략을 택하더라도 최적 의사결정은 보증기간 동안 모든 고장을 수리하는 것이다. $c_r = 9$만원인 경우 전략 1에서의 최적 의사결정은 구간 [0, 0.87]에서는 교체하는 것이며, 구간 (0.87, 1.0]에서는 수리해주는 것이다. 반면에 전략 2에서는 [0, 0.13]에서는 수리하고 구간 (0.13, 1.0]에서는 교체하는 것이다.

표 **12.7** 수리 대 교체의 최적 전환시점: 전략 2

c_r	τ_1	$C_2(\tau_1, W)$	τ_2	$C_2(\tau_2, W)$	$C_2(0, W)$	$C_2(W, W)$	τ^*	$C_2(\tau^*, W)$
7.5	–	–	–	–	7.55	6.76	1.00	6.76
8.0	0.39	7.23	0.72	7.49	7.55	7.21	1.00	7.21
8.5	0.23	7.51	0.84	7.80	7.55	7.66	0.23	7.51
9.0	0.13	7.54	0.91	8.17	7.55	8.11	0.13	7.54
9.5	0.06	7.55	0.96	8.58	7.55	8.56	0.06	7.55

전략 1이 전략 2보다 우수하지만 이 전략 자체가 최적은 아니다. Jack and Van der Duyn Schouten (2000)은 전략 1은 준최적(suboptimal)이며 최적전략은 보증기간을 세 구간으로 구분하여 첫 구간과 마지막 구간에서는 최소수리를, 중간 구간에서는 제품의 수명을 고려하여 최소수리와 교체 중에서 선택하는 방식이 최적전략임을 보였다(Jiang et al.(2006)은 중간 구간에 적용하는 이 방식이 최적임을 증명함). 또한 Iskandar and Murthy(2003)은 두 전략을 이차원 보증정책으로 확장하였으며, Yun et al.(2008)은 고가제품을 대상으로 세 구간으로 나눌 경우에 최소수리와 함께 교체 대신 불완전 수리(최소 수리와 완전 수리의 중간형태)를 적용할 수 있는 전략을 제안하고 있다.

(5) 수리비용 한계 전략*

수리비용이 일정하지 않고 수리 유형에 따라 확률적으로 변하는 경우 무료보증 하에 판매되는 수리가능 제품의 보증모형(정책 1: 최소수리가 포함된 FRW)을 고려하자. 제품이 보증 하에서 반품될 때, 고장 난 제품을 검사하고 수리비용을 추정한다. 추정된 수리비용이 미리 설정된 한계값 c_l보다 작으면, 고장 난 제품은 수리하여 되돌려주며 최소수리를 가정한다. 그렇지 않을 경우는 고장 난 제품을 폐기하고 무상으로 고객에게 c_s의 비용으로 새로운 제품으로 교체한다. 고장 난 제품에 대한 수리비용 C_r은 확률변수이며 분포함수 $F_r(z)$로 표현하자. 고장률의 개념과 유사하게 수리비용률은 $f_r(z)/R_r(z)$(단, $R_r(z)=1-F_r(z)$)로 정의한다. 수리비용 분포함수 $F_r(z)$에 따라 수리비용률이 증가, 감소 또는 일정한 형태가 된다. 일반적으로 감소형 수리비용률이 적절한 것으로 알려져 있다.

보증기간 동안의 교체횟수 $N_1(W)$와 수리횟수 $N_2(W)$는 각각 다음과 같이 구할 수 있다(Murthy and Nguyen, 1988).

$$E[N_1(W)] = M_U(W;c_l) \tag{12.35}$$

$$E[N_2(W)] = \frac{F_r(c_l)M_U(W;c_l)}{R_r(c_l)} \tag{12.36}$$

여기서 U는 재생간격(즉, 교체간격)을 나타내며, 고장시간의 신뢰도 함수가 $R_T(\cdot)$일 때 U의 분포함수 $G_U(u;c_l)$는

$$G_U(u;c_l) = 1-[R_T(u)]^{R_r(c_l)} \tag{12.37}$$

이 되고, $M_U(\cdot\,;c_l)$는 $G_U(\cdot\,;c_l)$에 관한 재생함수이다.

또한 수리가 행해질 때 수리의 기대 비용 $\bar{c}_r$는

$$\bar{c}_r = E(C_r | C_r < c_l] = \frac{\int_0^{c_l} z\ f_r(z)dz}{F_r(c_l)} \tag{12.38}$$

로 주어지며, $E(C_r) = \int_0^{\infty} zf_r(z)dr$ 보다는 작은 값을 가진다.

따라서 판매단위 당 기대 보증서비스 비용 $C(c_l,\ W)$은

$$C(c_l,\ W) = c_s E[N_1(W)] + \bar{c}_r E[N_2(W)]$$

로 나타낼 수 있으므로, 식 (12.35), (12.36), (12.38)을 대입하면 다음과 같은 간략한 형태가 된다.

$$C(c_l,\ W) = M_U(W; c_l)\left[c_s + \left(\frac{\int_0^{\nu} zF_r(z)dz}{R_r(c_l)}\right)\right] \tag{12.39}$$

W가 주어질 때 $C(c_l,\ W)$를 최소화하는 최적 c_l가 존재하면 다음 식을 만족하는 값이 c_l^*이 된다.

$$\frac{dC(c_l,\ W)}{dc_l} = 0 \tag{12.40}$$

일반적으로 c_l^*를 해석적으로 구하는 것은 쉽지 않으며, 수치해법이 요구된다. c_l^*에 관한 다음의 성질을 통해 이의 기초적인 범위를 파악할 수 있다.

- $F(t)$가 IFR이면, $0 \le c_l^* \le c_s$이다.
- $F(t)$가 DFR이면, $c_l^* \ge c_s$이다.

즉, 증가형 고장률이면 수리된 제품은 새 제품보다 신뢰성이 낮아 수리비용의 한계는 새 제품의 가격보다 작을 것이다. 그러나 감소형 고장률에서는 수리된 제품이 새 제품보다 고장률이 낮아 새 제품보다 더 신뢰할 수 있으므로, 수리비용이 교체비용보다 더 높더라도 수리를 수행하는 경우에 해당된다. 다만 이러한 상황은 현실적으로 거의 일어나지 않는다.

한편 Chung(1994)은 수리비용 한계 전략을 이 소절의 생산자 입장에서 구매자 입장으로 정식화하고 최적 수리비용 한계를 구하는 방법을 제시하였다.

예제 12.12

제품 고장시간이 모수 $\lambda = 0.886$과 $\beta = 2$를 갖는 와이블 분포 $F(t) = 1 - e^{-(\lambda t)^{\beta}}$를 따른다고 하자.

$F(t)$는 고장까지의 평균시간(MTTF)이 1.0이고 증가형 고장률을 가진다. 비용요소 중에서 c_s를 1.0으로 정규화 한다. 수리비용은 모수 $\lambda_r = 2.0$와 $\beta_r = 0.5$를 갖는 와이블 분포 $F_r(z)$를 따른다고 가정한다. 여기서 수리비용의 기댓값은 1로 설정되고 수리비용률은 감소형에 속한다. 이에 따라 이 전략에 의한 수리 당 기대비용 $\bar{c}_r$은 c_l에 의존하지만, c_s보다 항상 작게 된다.

식 (12.37)에서 $G_U(u; c_l) = 1 - [e^{-(0.886t)^2}]^{R_r(c_l)} = 1 - e^{-[0.886 \cdot R_r(c_l)^{1/2} t]^2}$이 되어 U도 형상모수가 2이고 척도모수가 $0.886 \cdot R_r(c_l)^{1/2}$인 와이블 분포를 따른다. 근사방법에 의해 $M_U(W; c_l)$를 구한 후에 수치해법을 이용하여 식 (12.40)의 최적 c_l를 구할 수 있다. 보증기간 $W = 1, 2, 3$일 때 각각 $c_l^* = 0.86, 0.64, 0.55$가 얻어진다. c_l^*는 기대한 바와 같이 $c_s = 1$보다 작고, c_l^* 는 W 가 증가할수록 감소함을 알 수 있다. 이는 보증기간이 증가할수록 수리비용 한계가 감소하므로, 고장 난 제품은 새 제품으로 자주 교체한다는 것을 의미한다.

■■■

한편 보증정책과 보증비용분석에 관한 최근 연구동향으로 제품수명주기 관점에서 보증과 보전이 함께 다루어지는 경향을 들 수 있다. 또한 보증제도의 법제화가 이루어져 한국형 레몬법이 2019년 1월부터 시행되고 있다. 한국형 레몬법에서는 자동차가 인도된 이후 1년 이내이고 주행거리 2만 km 이내 고장이 발생한 경우 중재를 거쳐 교환 및 환불을 요청할 수 있다. 요건은 중요부품(원동기, 동력전달장치, 조향, 제동장치 등)에 대한 고장으로 동일한 부품에 3번째 고장이 발생한 경우, 중요부품 이외의 일반 부품에서는 4번째 고장이 발생한 경우 그리고 총 수리기간이 30일 초과하는 경우에 교환 및 환불이 가능하다. 이에 관련된 최근 연구로 김호균 외(2020)는 한국형 레몬법에 근거하여 2차원 비갱신 무료보증 정책 하에서 보증비용을 추정하였다.

12.4 안전성과 기능안전성

신뢰성과 안전성은 서로 밀접한 관계를 가지고 있어 '신뢰성과 안전성'이란 용어로 자주 사용된다. 신뢰성은 시스템이나 부품 기능의 수행 및 상실을 기준으로 대상이 되는 아이템에 따르는 개념으로 정의되지만, 안전성은 사람(사용자)의 관점에서 아이템을 수용하고 있는 상태 및 상황에 의해 판단된다. 표 12.8은 양자 간의 관계를 보여주고 있다.

안전시스템은 제어대상장치(EUC: equipment under control)의 가동 중에 위험상황이 발생하면 인명이나 환경 혹은 기타 자원의 보호를 위해 작동되도록 설계된 시스템이다. 안전시스템은 작동빈도에 따라 낮은 요구 작동(low demand mode)과 높은 요구 작동(high demand mode) 안전시스템으로 구분할 수 있다. 전자의 대표적인 예로 자동차 에어백시스템, 후자의 예로는 브레이크시스템을 들 수 있다. 전자의 경우 평소에는 EUC에 문제 발생이 없으면 작동하지 않기 때문에 별도의 시험이나 점검을 하지 않고서는 안전시스템의 고장 여부를 확인할 수 없지만 후자의 경우 거의 연속적으로 사용되기 때문에 안전시스템의 오작동이나 고장이 즉시 발견된다. 이와 같이 안전시스템은 인명 및 환경보호라는 목적 측면뿐만 아니라 운용 측면에서 일반시스템과 다른 속성을 가지고 있으므로 안전시스템의 신뢰도는 일반시스템의 신뢰도와는 다르게 분석된다.

표 **12.8** 신뢰성과 안전성

구 분		신뢰성	
		정 상	고 장
안전성	안 전	아이템이 정상적으로 작동하고 사람에 대해 안전한 상태	아이템이 고장 또는 파괴되어 있으나 사람에게는 안전한 상태
	위 험	아이템은 정상이지만 사용 시에 위험을 초래하는 상태 (예) 표면이 뜨거워 화상 위험 있음. 모서리에 의해 상처 가능	아이템이 위험한 상태로 고장 (예) 측로(by-pass) 콘덴서의 임피던스 저하에 의해 줄열이 발생하여 PCB기판이 발화함

안전시스템 중에서도 센서와 제어기 및 구동기를 모두 갖춘 시스템을 자동안전시스템(SIS: safety instrumented system)이라 한다. 자동안전시스템은 EUC의 가동에 관련된 위험을 경감시키기 위해 독립적으로 작동하도록 설계된 방호장치이다. 화학공장의 비상폐쇄시스템, 화재 및 가스 탐지시스템, 고압방어시스템, 선박이나 해상 플랫폼의 자동시스템, 위치제어시스템, 열차의 자동정차시스템(ATS: automatic train stop), 항공기의 조종시스템, 자동차의 ABS(anti-lock brake system)과 에어백 등 자동안전시스템은 우리 사회의 여러 분야에서 광범위하게 활용되고 있다. 안전시스템 신뢰도 분석 내용의 대부분은 자동안전시스템의 신뢰도에 관련된 것이다.

한편 제품의 신뢰성이 안전성에 영향을 끼칠 때 부품 결함이 생산자에게 심각한 법적 비용을 초래할 수 있다. 2010년 도요타 자동차의 미국에서 타의적 리콜 사태(230만 대), 2009년 국내 유수 가전업체에서 만든 양문형 냉장고의 폭발사고(21만 대 리콜)와 2010년 또 다른 국내 유수 가전업체에서 생산한 드럼세탁기에서 발생한 어린이 안전사고를 계기로 국내에서 안전성과 밀접하게 관련된 품질(안전품질)이 기업체의 중요한 관리목표로 대두되고 있다. 또한 그동안 플랜트와 철도차량 등에 한정적으로 적용되고 있던 기능안전성이 여러 산업분야로 확산되었으며, 자동차에 대한 기능안전성 표준인 ISO 26262가 2012년에 국내에도 제정됨에 따라 이에 대한 관심도 급속하게 증대되고 있다. 이 절에서는 안전시스템 신뢰도의 주요 개념과 분석에 대해 설명한 후, 기능안전성 및 관련표준에 대해서 소개한다.

12.4.1 자동안전시스템의 기능과 고장분류

자동안전시스템의 제어 대상이 되는 EUC에는 제조 활동뿐만 아니라 수송, 의료 또는 기타 다양한 활동을 위한 기계, 설비, 장치, 플랜트 등이 포함된다. 자동안전시스템은 그림 12.14에 도시한 바와 같이 센서와 제어기 및 구동기로 구성된다. 여기서 센서는 EUC의 오동작 혹은 고장 발생을 탐지하기 위한 장치, 제어기는 센서로부터 입력된 정보를 해석하여 구동기로 하여금 대응동작을 취하도록 할 것인지를 논리적으로 결정해주는 장치(주로 컴퓨터)이며, 구동기는 EUC 문제로 인한 위험 발생을 방지하기 위해 실제로 동작을 취하는 장치이다.

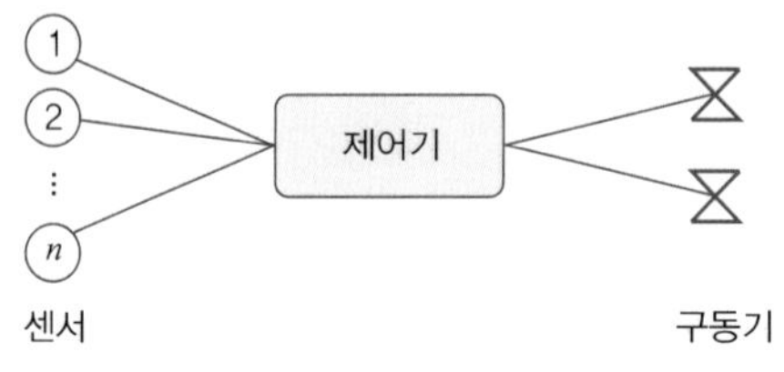

그림 **12.14** 자동안전시스템의 구성

자동안전기능은 위험상황이 발생했을 때 EUC를 안전한 상태에 있도록 유지하거나 안전한 상태를 확보하기 위해 자동안전시스템에 구현된 기능을 말한다. 하나의 자동안전시스템에 2개 이상의 자동안전기능이 구현될 수도 있으며 기본적으로 자동안전시스템에는 다음과 같은 두 가지 기능이 구비되어 있다.

- EUC에 사전에 정의되어 있는 오작동 혹은 고장이 발생했을 때 센서를 통해 이를 감지하고 구동기를 작동시켜 자동안전시스템이 의도된 목적기능을 수행하도록 한다.
- EUC에 사전에 정의되어 있는 오작동 혹은 고장이 발생하지 않았음에도 자동안전시스템이 잘못 작동되는 일이 없도록 한다.

전자의 기능을 제대로 수행하지 못하는 고장을 위험고장(fail-to-danger)이라 하고 후자에 관련된 고장을 안전고장(safe failure)이라 한다. 지금까지는 시스템에 발생하는 모든 고장을 한 종류의 동일한 고장으로 취급하였으나 위험고장인가 안전고장인가에 따라 상당히 다른 결과를 초래할 수 있다. 이 경우 여러 고장들의 발생 관계를 고려하여 중복설계를 해야 한다. 예로 5.4절에서 두 고장을 가지는 n 중 k 경보 및 안전 시스템의 설계문제를 예시하고 있다. 전자는 위험상황의 발생에도 불구하고 작동하지 않는 고장이고 후자는 위험상황이 아님에도 잘못된 경보를 발생시키는 고장이다. 일반적으로 위험고장 확률이 안전고장 확률보다 더 작게 시스템을 설계한다. 안전고장 및 위험고장의 관계에 있어서 두 가지 요인에 주목할 필요가 있다. 첫째는 위험고장을 줄이려는 노력이 안전고장 확률을 높일 수 있다는 사실이다. 예를 들어 화재경보 시스템에서 화재 발생에도 불구하고 경보가 울리지 않는 위험고장을 방지하기 위해 조금의 열기만 발생하더라도 경보가 울리도록 센서를 매우 민감하게 설계했다고 하자. 이 경우 위험고장 확률은 낮아졌을지 모르지만 화재에 의한 열기가 아님에도 불구하고 경보 시스템이 작동함으로써 안전고장 확률은 높아질 수밖에 없다. 두 번째는 위험고장 확률을 줄이기 위해 중복구조를 많이 도입할수록 안전고장의 발생 확률은 점점 높아지게 된다는 사실이다.

많은 자동안전시스템은 수동적인 시스템으로서 평상시에는 동작하지 않고 대기 상태에 있다가 특정 상황이 발생하면 동작할 수 있도록 설계되어 있다. 예를 들어 화재감지 및 진화시스템은 화재가 발생했을 경우에만 작동되고 그렇지 않은 경우에는 작동되어서는 안 된다. 이와 같은 시스템은 평상시에는 동작하지 않고 있으므로 설사 고장이 나 있는 상태라고 하더라도 별도의 시험이나 점검을 통해 확인하지 않는 한 고장이 드러나지 않고 숨겨지게 된다. 그러나 자동안전시스템의 숨겨진 고장을 방치하게 되면 결정적인 순간에 대재앙을 초래할 수 있으므로 반드시 시험이나 점검을 통해 고장여부를 확인해야 한다. 자동안전시스템의 고장여부를 확인하기 위해서 다음 두 가지 시험방식이 많이 사용된다.

- 자가진단시험(diagnostic self testing): 최근의 기술을 적용된 자동안전시스템에서는 제어기가 프로그램이 가능할 경우가 많으므로 평상 시 EUC의 가동 중에 자가진단을 수행할 수 있다. 제어기에서 센서와 구동기에 빈번하게 신호를 보내어 얻어진 반응값을 사전에 정의된 기준 값들과 비교해봄으로써 자동안전시스템의 고장여부를 진단하는 것이다. 자가진단을 통해 입출력장치의 고장뿐만 아니라 센서나 구동기의 고장도 밝혀낼 수 있다. 대부분 제어기는 서로의 자가진단을 수행할 수 있는 둘 이상의 컴퓨터를 병렬 연결한 중복구조를 하고 있다. 자가진단을 통해 자동안전시스템의 고장을 밝혀낼 수 있는 비율을 진단범위(diagnostic coverage)라고 한다.
- 기능시험(function or proofing testing): 자가진단시험을 통해 자동안전시스템의 모든 고장을 다 밝혀낼 수 있는 것은 아니므로 자동안전시스템의 여러 부품들에 대해 주기적으로 기능시험을 실시하게 된다. 기능시험의 목적은 자동안전시스템의 숨겨진 고장을 밝혀내고 특정 상황이 발생하면 요구된 기능을 문제없이 수행할 수 있다는 것을 입증하기 위한 것이다. 그러나 기능시험을 실제 상황과 같이 실시하는 것은 기술적으로 불가능하거나 많은 시간이 소요될 수 있고 경우에 따라서는 시험 그 자체가 수용 불가능한 위험상황을 초래할 수도 있다. 따라서 기능시험의 경우 보통은 시험에 따르는 제반 경비와 시간 혹은 위험도 등을 고려하여 유사상황에서 시험하거나 부분시험으로 대신하게 된다. 예를 들어 유독가스 탐지기의 기

능시험을 위해 실제로 유독가스를 사용한다면 그로 인한 사고발생의 위험이 있으므로 유해하지 않은 유사가스를 사용하여 시험하게 될 것이다.

일반적인 장치나 시스템의 고장과 달리 자동안전시스템의 경우 그 특성을 고려하여 전술한 두 가지 고장을 다음과 같이 세분하여 분석하는 것이 유용하다.

① 위험고장(dangerous failure)

위험상황이 발생할 경우 자동안전시스템이 의도된 기능을 수행하지 못하는 고장으로 다음 두 유형으로 분류된다.

- 미탐지 위험고장(DU: dangerous undetected failure): 위험고장 중 탐지되지 않은 것으로 시험을 통해 발견되거나 위험상황이 발생했을 때 발견된다. 미탐지 위험고장은 휴면고장이라고도 한다.
- 탐지 위험고장(DD: dangerous detected failure): 발생하는 즉시 탐지되는 위험고장으로 보통은 내장된 자가진단시험에 의해 자동으로 발견된다. DD고장으로 인한 평균 비가용시간은 MDT, 즉, 자가진단시험에 의해 고장이 발견된 시점으로부터 기능이 회복될 때까지의 시간과 같게 된다.

② 안전고장(safe failure)

발생하더라도 위험하지는 않은 고장으로 다음 두 유형으로 분류된다.

- 미탐지 안전고장(SU: safe undetected failure): 안전고장 중 자가진단에 의해 탐지되지 않은 고장을 말한다.
- 탐지 안전고장(SD: safe detected failure): 안전고장 중 내장된 자가진단시험에 의해 자동으로 발견되는 고장을 말한다. 설계에 따라서는 SD고장의 조기 발견이 실제 시스템의 안전고장을 방지할 수도 있다.

12.4.2 안전시스템의 신뢰성 척도와 신뢰성 평가

안전시스템은 일반 시스템과는 다르게 상시 작동하는 것이 아니라 요구가 있을 경우에만 작동하게 된다. 여기서 요구가 있다고 하는 것은 제어대상인 EUC의 고장 혹은 오동작으로 인한 위험을 회피하거나 완화시키기 위해 안전시스템이 작동되어야 하는 상황을 말한다. 요구는 자동차 브레이크시스템의 동작과 같이 운전자의 조종에 의해 발생하는 경우도 있다. 따라서 안전시스템의 경우는 요구가 있을 때 위험으로부터의 방호기능을 충실하게 수행할 수 있는가가 중요하다.

상시 작동되지 않는 시스템이 필요한 순간, 즉, 요구가 있을 때 작동될 것이라는 확신을 가지려면 지속적인 자가진단기능을 갖추거나 주기적으로 기능시험을 실시하여 작동여부를 확인할 수밖에 없다. 여기서는 자가진단기능을 갖추지 않은 안전시스템의 신뢰성 척도에 대해 소개한다.

(1) 방호실패확률

시점 0에서 운용되기 시작한 센서나 제어기 혹은 구동기 등 안전부품을 생각해보자. 이 안전부품은 일정한 시간 τ를 주기로 하여 기능시험이 실시되며 고장일 경우 수리 혹은 교체를 통하여 당초의 의도된 기능을 수행할 수 있도록 유지된다. 분석을 쉽게 하기 위해 시험 및 수리시간을 무시할 수 있다고 가정하자. 또한, 기능시험이 종료되면 안전부품은 새것과 똑같은 상태로 유지 혹은 복구된다고 하자. 여기서 안전부품이 방호기능을 제대로 수행하고 있다는 것은 DU(미탐지위험)고장이 없음을 의미한다.

미탐지 위험고장과 관련하여 시점 t에서 안전부품의 상태변수는 다음과 같이 정의된다.

$$X(t) = \begin{cases} 1, & \text{안전부품이 방호기능 수행 성공} \\ 0, & \text{안전부품이 방호기능 수행 실패} \end{cases}$$

시간 t에 따른 $X(t)$ 값의 변화를 도시하면 그림 12.15와 같다. 만약, $X(t)=0$인 시간구간에서 안전부품의 작동 요구가 발생하면 위험한 결과를 초래하게 된다. 따라서 시점 t에서 안전부품의 방호실패확률(PFD: probability of failure on demand)은 시점 t에서의 안전부품의 비가용도와 같게 되므로

$$\begin{aligned} \overline{A}(t) &= \Pr(X(t)=0) \\ &= \Pr(T \le t) = F(t) \end{aligned} \tag{12.41}$$

와 같이 얻어진다. 단, 여기서 T는 안전부품이 고장 날 때까지의 경과시간이고 F는 T의 분포함수이다.

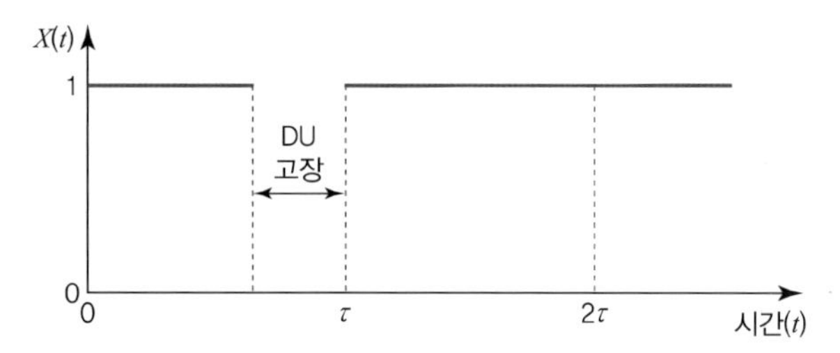

그림 **12.15** 시점 t에 대한 안전부품의 상태변수 $X(t)$ 값의 변화

안전시스템은 보통 대기상태에 있다가 어느 시점이든 필요할 때 작동해야 하는 것이므로 특정

시점 t에 대해서는 별로 관심을 갖지 않는 것이 일반적이다. 즉, 안전시스템의 경우 요구가 있을 때 제대로 작동할 확률이 얼마인가가 중요하지 그 요구된 시점이 언제였는지는 그다지 중요하지 않은 것이다. 따라서 안전시스템의 신뢰도를 평가할 때는 시점을 고려하지 않고 다음 식으로 주어지는 방호실패확률의 장기적인 평균을 많이 사용한다.

$$PFD = \frac{1}{\tau}\int_0^\tau \overline{A}(t)dt = \frac{1}{\tau}\int_0^\tau F(t)dt \tag{12.42}$$

만약 $R(t)$를 안전부품의 신뢰도함수, 즉, $R(t) = 1 - F(t)$라고 한다면 식 (12.42)는 다음 식으로 나타낼 수도 있다.

$$PFD = 1 - \frac{1}{\tau}\int_0^\tau R(t)dt \tag{12.43}$$

주어진 시험간격 τ에 대해 T_τ를 τ 중 안전시스템이 방호기능을 수행할 수 있는 시간, D_τ를 안전시스템이 고장상태에 있는 시간 길이라고 한다면 $T_\tau + D_\tau = \tau$ 로서 PFD는

$$PFD = \frac{E(D_\tau)}{\tau} \tag{12.44}$$

와 같이 나타낼 수 있고, 한 시험간격 중 안전시스템의 평균 비작동시간 MDT_τ는

$$MDT_\tau = E(D_\tau) = \int_0^\tau F(t)dt$$

이고, 안전시스템의 평균 작동시간 MUT_τ는

$$\begin{aligned} MUT_\tau = E(T_\tau) &= \tau - \int_0^\tau F(t)dt \\ &= \int_0^\tau R(t)dt \end{aligned}$$

과 같이 구할 수 있다. 식 (12.44)의 PFD는 안전시스템이 방호기능을 수행하지 못하는 시간의 평균 비율로 생각할 수 있으므로 평균 감지불능시간 비율(MFDT: mean fractional deadtime)이라고도 한다.

예제 12.13

시간간격 τ마다 주기적으로 점검하는 화재감지기의 미탐지 위험 고장률이 λ라고 하자. 이 화재감지기의 신뢰도함수는 $R(t) = e^{-\lambda t}$로서 PFD는 식 (12.43)으로부터

$$PFD = 1 - \frac{1}{\tau}\int_0^{\tau} e^{-\lambda t}dt$$
$$= 1 - \frac{1}{\lambda\tau}\left(1 - e^{-\lambda\tau}\right) \quad (12.45)$$

과 같이 구해진다. 식 (12.45)의 $e^{-\lambda\tau}$를 테일러급수로 전개하여 PFD의 근사 값을 다음 식에 의해 계산할 수 있다.

$$PFD = \frac{\lambda\tau}{2} - \frac{(\lambda\tau)^2}{3!} + \frac{(\lambda\tau)^3}{4!} - \cdots$$
$$\approx \frac{\lambda\tau}{2}$$

이 근사식은 현장에서 PFD를 산정할 때 자주 사용되는 것으로 실제 PFD의 참값보다 크게 계산되어 보수적인 결과를 보여주게 된다. 만약, 특정 화재감지기의 고장률이 $\lambda = 0.21 \times 10^{-6}$/시간이라고 하고 이 화재감지기의 점검주기를 3개월(약 2,190시간)이라고 한다면 PFD는

$$PFD = \frac{0.21 \times 10^{-6} \times 2190}{2} \approx 0.00023$$

으로서 이 탐지기는 화재 발생 4,350건 중 한건 꼴로 탐지하지 못하게 된다. 이를 시간, 즉, MFDT 관점에서 1년을 8,760시간으로 하여 계산해보면 $8760 \times 0.00023 \approx 2$로서 연간 두 시간 정도 화재로부터 보호받지 못하게 된다.

■■■

(2) 첫 방호실패 시까지의 평균 작동시간

PFD와 더불어 첫 방호실패 시까지의 평균 작동시간이 안전시스템의 신뢰성 척도가 된다. 이를 구하기 전에 첫 방호실패 시에 조건부 평균 비작동시간을 구해 보자. 일정 주기 τ마다 안전시스템을 점검한다고 할 때, 만약 특정 점검에서 안전시스템이 고장 상태였다면 도대체 얼마동안 고장 상태에 있었을 것인가가 관심거리일 수도 있다. 그런데 점검주기 τ인 안전시스템의 점검주기 동안의 평균 비작동시간 MDT_τ는 다음과 같이 조건부 기댓값에 대해 다시 기댓값을 취함으로써 구할 수 있다.

$$MDT_\tau = E(D_\tau) = E\left[E(D_\tau | X(\tau))\right]$$
$$= E\left(D_\tau | X(\tau) = 0\right) \cdot \Pr\left[X(\tau) = 0\right] + E\left(D_\tau | X(\tau) = 1\right) \cdot \Pr\left[X(\tau) = 1\right]$$
$$= E\left(D_\tau | X(\tau) = 0\right) \cdot \Pr\left[X(\tau) = 0\right]$$
$$= E\left(D_\tau | X(\tau) = 0\right) \cdot F(\tau)$$

여기서 $\Pr[X(\tau)=1]$은 점검주기 $(0,\tau]$ 동안 고장이 발생하지 않았다는 것이고 $D_\tau = 0$이라는 것을 의미한다. 따라서 $E(D_\tau|X(\tau)=1)=0$이다. 또한, $\Pr[X(\tau)=0]$는 시점 τ 이전에 고장이 발생했다는 것을 뜻하므로 $\Pr[X(\tau)=0] = \Pr(T \le \tau) = F(\tau)$이 성립한다. 따라서 방호실패 조건부 평균 비작동시간은 다음 식으로 구할 수 있다.

$$E(D_\tau|X(\tau)=0) = \frac{MDT_\tau}{F(\tau)} = \frac{\tau}{F(\tau)} \cdot \frac{MDT_\tau}{\tau} = \frac{\tau}{F(\tau)} \cdot PFD \qquad (12.46)$$

예제 12.14

(예제 12.13의 계속) 이 화재경보기의 방호실패 조건부 평균비작동시간을 구하면

$$E(D_\tau|X(\tau)=0) = \frac{\tau}{F(\tau)} \cdot PFD \approx \frac{\tau}{1-e^{-\lambda\tau}} \cdot \frac{\lambda\tau}{2} \approx \frac{\tau}{2}$$

로서 직관적인 결과와 일치한다. 즉, 고장률이 일정한 경우 만약 점검주기 동안 고장이 발생했다면 어느 순간이든 고장 가능성은 동일하게 될 것이므로 균일분포의 기댓값으로 구해진 평균 비작동시간과 평균 작동시간은 똑같이 $\tau/2$가 될 것이다.

첫 방호실패 시까지의 평균 작동시간을 구하려면 $E(D_\tau|X(\tau)=0)$와 더불어 이때까지의 평균 점검횟수가 필요하다. 점검주기 τ인 안전부품이 몇 회의 점검을 거친 후 고장 나게 될 것인가, 즉, 고장 없이 점검만으로 지나가는 주기 수 N을 생각해 보자. 특정 주기 중에 안전부품이 고장 없이 제 기능을 할 수 있을 확률은 $\Pr(T>\tau)=R(\tau)$이므로 N의 확률함수는

$$\Pr(N=n) = R^n(\tau)[1-R(\tau)] = R^n(\tau)F(\tau), \quad n=0,1,2,\ldots$$

와 같이 기하분포 형태로 주어진다. 단, 여기서 안전부품이 각기 다른 점검주기 중에 고장 날 사상은 서로 독립적이며 각 주기별 수명분포는 동일하다고 전제되어 있다.
따라서 안전부품이 처음 고장 날 때까지 평균 점검횟수(기하분포의 평균)는

$$E(N) = \frac{R(\tau)}{F(\tau)}$$

로 구할 수 있다. 또, T_τ를 점검주기 τ인 안전부품이 처음 고장 날 때까지 경과시간, 즉, 이 안전부품을 고장 없이 운용하는 시간이라 한다면 그 기댓값은 다음과 같이 얻어진다.

$$\begin{aligned} E(T_\tau) &= \tau E(N) + \{\tau - E(D_\tau | X(t)=0)\} \\ &= \tau \cdot \frac{R(\tau)}{F(\tau)} + \left\{\tau - \frac{1}{F(\tau)}\int_0^\tau F(t)dt\right\} \\ &= \tau \cdot \frac{R(\tau)}{F(\tau)} + \tau - \frac{1}{F(\tau)}\int_0^\tau \{1-R(t)\}dt \\ &= \tau \cdot \frac{R(\tau)}{F(\tau)} + \tau - \frac{\tau}{F(\tau)} + \frac{1}{F(\tau)}\int_0^\tau R(t)dt \\ &= \frac{1}{F(\tau)}\int_0^\tau R(t)dt \end{aligned} \tag{12.47}$$

예제 12.15

(예제 12.14의 계속) 미탐지 위험고장률이 λ이고 시간간격 τ마다 주기적으로 점검하는 화재감지기의 경우,

$$E(T_\tau) = \frac{1}{F(\tau)}\int_0^\tau R(t)dt = \frac{1}{1-e^{-\lambda\tau}}\int_0^\tau e^{-\lambda t}dt = \frac{1}{\lambda}$$

이 된다.

(3) 위험고장과 안전고장 확률

화재 등 특정 유형의 사고에 대비하여 일정 주기 τ마다 점검되는 안전시스템을 구축하여 운영하는 상황을 생각해보자. 사고 발생은 강도(발생률) α인 정상 포아송 과정(HPP: homogeneous Poisson process)에 따라 발생한다고 가정하자. 그러면 $(0, t]$ 동안의 사고 발생횟수 $N_\alpha(t)$의 확률함수는

$$\Pr[N_\alpha(t) = n] = \frac{e^{-\alpha t}(\alpha t)^n}{n!}, \quad n = 0, 1, 2, \ldots$$

로 주어지게 된다. 그런데 그림 12.16에서 보는 바와 같이 사고가 발생하더라도 안전시스템이 방어기능을 수행할 수 있을 경우에는 위험상황으로 이어지지 않고 안전시스템이 고장 난 상태일 경우에만 위험상황을 초래하게 된다. 만약, 사고발생 시 안전시스템의 비가용도가 q라고 한다면 $(0, t]$ 동안의 위험사고 발생횟수 $N_c(t)$의 확률함수는

$$\Pr[N_c(t) = n] = \frac{e^{-q\alpha t}(q\alpha t)^n}{n!}, \quad n = 0, 1, 2, \ldots$$

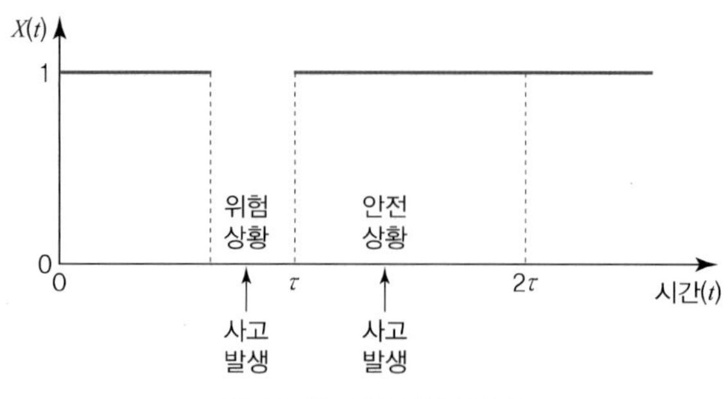

그림 **12.16** 위험 상황의 발생

임을 보일 수 있다.

따라서 점검주기 τ를 고려할 때, 위험상황이 발생할 확률은

$$\Pr\left[N_c(\tau) \geq 1\right] = 1 - e^{-q\alpha\tau} \tag{12.48}$$

이 된다. 또한, 한 점검주기 동안 위험상황의 평균 발생횟수는

$$E\left[N_c(\tau)\right] = q\alpha\tau \tag{12.49}$$

로 구할 수 있다.

예제 12.16

(예제 12.15의 계속) τ=2,190시간(3개월)마다 주기적으로 점검하는 화재감지기의 미탐지 위험고장률을 λ=0.2×10−4/시간이라고 하자. 그리고 화재 발생빈도는 1년에 한 번꼴로 α =0.0001/시간이라고 하자. 그러면 3개월 동안 화재가 발생했지만 탐지하지 못할 확률은

$$q = PFD = \frac{0.2 \times 10^{-4} \times 2190}{2} = 0.0219$$

이므로 위험상황이 발생할 확률은

$$\Pr\left[N_c(2190) \geq 1\right] = 1 - e^{-0.0219 \times 0.0001 \times 2190} = 0.004784$$

정도이며 3개월 동안 위험상황의 평균 발생횟수는

$$E\left[N_c(2190)\right] = 0.0219 \times 0.0001 \times 2190 = 0.004796$$

이다.

한편 안전시스템은 그 특수성으로 인해 위험상황이 아님에도 불구하고 작동(안전고장)되는 고

장이 있을 수 있다. 예를 들어 화재경보기의 경우 음식물 조리 중 연기가 발생하게 되면 실제 화재가 발생하지 않았음에도 작동하는 일이 간혹 발생한다. 이와 같은 안전고장은 비용이나 손실문제를 유발시킬 뿐만 아니라 안전시스템에 대한 신뢰를 떨어뜨려 정작 중요한 순간에 방심하여 대응을 소홀히 하도록 함으로써 치명적인 재앙을 초래할 수도 있다. 따라서 안전시스템의 안전고장도 위험고장 못지않게 중요하게 취급되어야 할 것이다.

안전시스템의 안전고장률이 λ_S로 일정하다고 하고 안전고장 발생시점까지 경과시간을 T라 한다면 시점 t이내에 안전고장이 발생할 확률은 다음과 같게 된다.

$$\Pr(T \leq t) = F(t) = 1 - e^{-\lambda_S t} \tag{12.50}$$

예제 12.17

(예제 12.15의 계속) τ=2,190시간(3개월) 마다 주기적으로 점검하는 화재감지기의 안전고장률을 λ_S=2.5×10−4/시간이라고 하자. 이 화재감지기가 잘못된 경보를 울릴 확률은

$$F(2190) = 1 - e^{-2.5 \times 10^{-4} \times 2190} = 0.4216$$

정도 된다.

(4) 안전시스템의 신뢰성 평가

안전부품으로 구성된 안전시스템의 경우 EUC의 오동작으로 인한 위험의 크기가 어느 정도인가에 따라 허용되는 비가용도가 달라질 수 있다. 즉, 위험의 크기가 클수록 안전시스템의 비가용도를 낮추고자 여러 가지 방안을 강구하게 될 것이다. 여기서는 그중에서도 보편적으로 많이 사용되는 중복구조 설계일 경우를 살펴본다. 즉, 단순한 병렬구조와 3중 2구조의 간단한 예를 토대로 소개한다.

미탐지 위험고장률이 λ인 똑같은 종류의 화재감지기 두 대를 독립적으로 운용하는 화재경보시스템을 생각해 보자. 두 대 모두 똑같이 τ시간을 주기로 점검한다고 하자. 두 대의 탐지기 중에서 어느 하나만 작동해도 화재는 탐지되므로 이 시스템은 병렬 구조로 볼 수 있다. 먼저 시스템의 신뢰도함수가

$$R(t) = 2e^{-\lambda t} - e^{-2\lambda t} \tag{12.51}$$

이므로 PFD는 식 (12.43)을 이용하면

$$PFD = 1 - \frac{1}{\tau}\int_0^{\tau}\left[2e^{-\lambda t} - e^{-2\lambda t}\right]dt \tag{12.52}$$
$$= 1 - \frac{2}{\lambda\tau}\left(1 - e^{-\lambda\tau}\right) + \frac{1}{2\lambda\tau}\left(1 - e^{-2\lambda\tau}\right)$$
$$\approx \frac{(\lambda\tau)^2}{3}$$

이 된다. 단 식 (12.52)의 마지막 근사식은 테일러급수로 3차 항까지 전개한 것으로, $\lambda\tau$의 값이 충분히 작을 때 성립한다.

예제 12.18

(예제 12.17의 계속) $\tau=2{,}190$시간(3개월)마다 주기적으로 점검하는 화재감지기의 미탐지 위험고장률을 $\lambda=0.2\times10^{-4}$/시간이라고 하자. 만약 이 탐지기 두 대를 병렬 구조로 운영한다면 평균 화재탐지실패확률은 $PFD = \frac{1}{3}(0.2\times10^{-4}\times2190)^2 \approx 6.4\times10^{-4}$이 된다.

동일한 세 대의 독립된 화재감지기로 운영되는 화재경보시스템을 생각해보자. 각 화재감지기의 미탐지 위험고장률은 똑같이 λ이고 3중 2 구조 형태로 운영된다고 한다면 이 시스템의 신뢰도함수는

$$R(t) = 3e^{-2\lambda t} - 2e^{-3\lambda t}$$

이다. 이로부터 PFD를 구하면

$$PFD = 1 - \frac{1}{\tau}\int_0^{\tau}\left(3e^{-2\lambda t} - 2e^{-3\lambda t}\right)dt \tag{12.53}$$
$$= 1 - \frac{3}{2\lambda\tau}\left(1 - e^{-2\lambda\tau}\right) + \frac{2}{3\lambda\tau}\left(1 - e^{-3\lambda\tau}\right)$$
$$\approx (\lambda\tau)^2$$

와 같다.

예제 12.19

(예제 12.18의 계속) $\tau=2{,}190$시간(3개월)마다 주기적으로 점검하는 화재감지기의 미탐지 위험고장률을 $\lambda=0.2\times10^{-4}$/시간이라고 하자. 만약 이 탐지기 세 대를 3중 2 구조로 운영한다면, 평균 화재탐

지실패확률은 $PFD \approx \left(0.2 \times 10^{-4} \times 2190\right)^2 \approx 1.9 \times 10^{-3}$이 된다.

■■■

안전시스템은 특성상 여러 부품 혹은 기능의 중복구조를 포함하고 있는 경우가 많다. 모든 부품 혹은 하위 시스템들이 확률적으로 서로 독립이라고 한다면 이와 같은 중복구조가 안전시스템의 신뢰도를 높이는데 큰 역할을 할 것이다. 그러나 만약 이들 부품 혹은 서브시스템들의 고장이 동일한 원인에 의해 동시에 발생할 수 있다면 중복구조의 의미가 퇴색될 수 있을 것이다. 따라서 안전시스템을 설계할 때 이와 같은 공통원인에 의해 발생되는 고장에 대해 충분히 분석하여 예방책을 마련하는 것이 중요하다. 종속고장분석에 대한 자세한 내용은 Rausand and Hoyland(2004)를 참조하기 바란다.

12.4.3 기능안전성과 기능안전 국제표준

기능안전이란 자동안전시스템의 오동작에 기인된 위험원으로부터 발생하는 불합리한 위험이 없는 상태를 말한다. 기능안전성은 안전기능이나 안전대책에 의해 허용되지 않는 리스크를 미연에 방지하는 기술의 총칭으로, 지금까지 주로 기계 및 전자부품 수준의 신뢰성에 초점이 맞추어진 안전의 개념이 하드웨어와 소프트웨어를 통합한 시스템에 적용될 수 있는 기능안전성이라는 신개념으로 발전되어 시스템 수준의 신뢰성과 안전성을 확보하기 위한 새로운 패러다임으로 전개되고 있다고 볼 수 있다.

이런 기능안전성은 범용적인 기능안전성 규격인 IEC 61508이 1998년 최초 발행된 이래 여러 산업분야로 확산되어 각 산업분야에 특화된 기능안전성 규격이 지속적으로 제정되고 있다. 그림 12.17에 보는 바와 같이 IEC 61508을 모 표준(기본 안전규격)으로 그룹 또는 제품 안전규격에

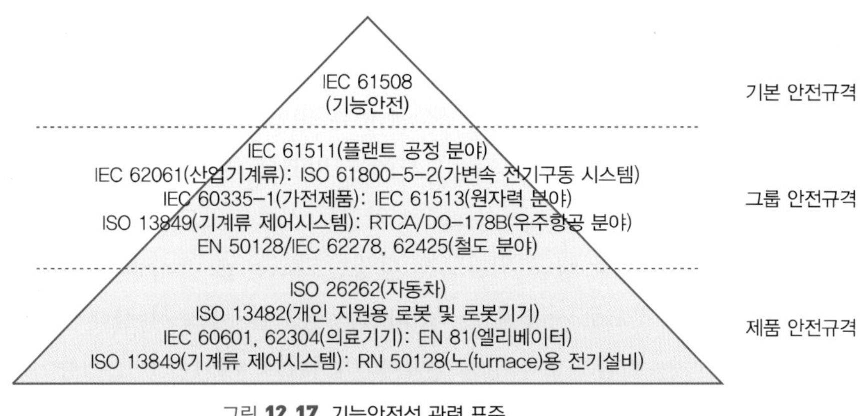

그림 **12.17** 기능안전성 관련 표준

속하는 프로세스 산업, 원자력 발전설비, 철도차량, 기계류 제품, 의료기기 등 다양한 산업분야의 기능안전성 관련 국제표준이 제정되었다. 기능안전성 규격 중 최초로 일반용 양산제품에 적용되는 규격인 자동차에 관한 기능안전성 국제표준인 ISO 26262가 2011년에 제정되었다.

IEC 61508은 자동안전시스템의 안전요건 및 시스템의 타당성 검토와 검증에 대해 기술하고 있으며 시스템의 하드웨어 및 소프트웨어 신뢰성과 위험평가를 포함하여 총 7부로 되어 있다. 표준에서 규정하고 있는 요건들은 시스템의 개발부터 사용 및 폐기에 이르는 안전수명주기를 토대로 하고 있다. 안전수명주기 접근법의 핵심으로서 안전 확보 접근법은 발생가능한 위험사건에 대해 안전 무결성 수준을 나타내는 SIL(Safety Integrity Level)로 불리는 안전의 달성목표를 설정하고 그 등급수준에 따라 달성에 필요한 안전기술이나 대책을 도입하는 것이다. 안전 무결성은 안전관련 시스템이 구체적으로 명시된 기간 동안 규정된 모든 조건하에서 요구된 안전 기능을 만족스럽게 수행할 확률을 말한다. 안전무결성은 안전무결성수준(SIL: safety integrity level)이라 불리는 4등급(4 등급이 가장 안전한 수준)으로 구분된다. SIL은 방호실패확률과 관련지어 재정의할 수 있으며 표 12.9는 IEC 61508-1의 표 2와 3을 합쳐 재정리한 것이다.

표 **12.9** SIL 등급과 방호실패 확률

SIL	PFD: 낮은 요구 작동	PFH: 높은 요구 작동
4	$10^{-5} \le PFD < 10^{-4}$	$10^{-9} \le PFH < 10^{-8}$
3	$10^{-4} \le PFD < 10^{-3}$	$10^{-8} \le PFH < 10^{-7}$
2	$10^{-3} \le PFD < 10^{-2}$	$10^{-7} \le PFH < 10^{-6}$
1	$10^{-2} \le PFD < 10^{-1}$	$10^{-6} \le PFH < 10^{-5}$

IEC 61508은 SIS의 작동모드를 두 가지, 낮은 요구 작동모드(low demand mode)와 높은 요구 작동모드(high demand mode)로 구별한다. 즉, 요구율이 연간 1회보다 클 경우는 높은 요구 작동모드로 보며, 연속적인 작동도 포함된다. 그리고 요구율이 연간 1회 이하일 경우는 낮은 요구 작동모드로 구별한다. 일반적으로 SIS는 낮은 고장모드에 속하는 경우가 많다고 알려져 있다. 낮은 요구 작동모드 자동안전시스템의 고장에 따른 위험평가척도로는 12.4.2절에서 소개된 바와 같이 PFD가 사용된다. 높은 요구 작동모드에는 PFH를 사용하도록 하고 있다. 원래 PFH는 'probability of dangerous failure per hour'의 약어로 사용되었으나 표준에서는 더 이상 이런 의미로 사용하지 않고 시간당 평균 위험고장 발생빈도(average frequency of a dangerous failure per hour)를 나타내는 것으로 사용된다. 즉, PFH는 방호실패율로서 정해진 기간 동안 특정 안전기능 수행에 실패하는 위험고장의 평균 빈도를 의미한다. PFH는 안전기능이 요구될 때 시간당

평균 위험고장빈도로서 고장률에 가까운 개념이지만 고장률과 같은 의미는 아니다. PFH는 특정 기간에 걸친 고장발생빈도 혹은 절대고장강도(unconditional failure intensity) $w(t)$의 평균값으로 다음과 같다.

$$PFH(T) = \frac{1}{T}\int_0^T w(t)dt \tag{12.54}$$

만약 안전 시스템이 연속적으로 운영되고 있고 더 이상의 방호시스템이 없는 상황, 즉 이 안전 시스템이 고장 나면 바로 위험에 처하게 되는 상황이라면 PFH는 다음 식으로 근사 계산할 수 있다.

$$PFH(T) = \frac{F(T)}{T} \tag{12.55}$$

IEC 61508은 안전무결성(SIL)수준을 표 12.9와 같이 4 등급으로 구분하며, 낮은 요구 작동모드는 PFD와 높은 요구 작동모드는 PFH를 신뢰성 평가척도로 삼고 있는데, 동일 등급의 두 값의 비율은 10^{-4}로 일정하다. SIL 등급수준은 우리가 접할 수 있는 재해나 사고의 발생확률을 기초하고 있다. 그림 12.18을 보면 10^{-4}를 1년당(1년이 8,760시간이지만 10,000시간으로 개략적으로 설정) 1회 정도 발생빈도로 이보다 크면 수용 불가능한 리스크로 보며, 10^{-5}는 10년간 1회 정도 발생비율이 된다. PFH의 최고수준인 10^{-8}는 교통사고로 인해 사망하는 빈도 수준으로 설정하고 있고, 자연재해 발생빈도인 10^{-10} 이하를 수용가능 리스크로서, SIL 등급 수준을 허용가능한 리스크로 간주하고 있다(日經 Automotive Technology, 2012).

IEC 61508의 기본적인 목표는 개발하려고 하는 자동안전시스템에 요구되는 기능안전요건을 식별하여 그에 대해 성취되어야 할 SIL을 결정하고 이를 만족시킬 수 있는 시스템을 구현하는 것이다. IEC 61508에서는 이와 같은 목표를 달성하기 위해 안전수명주기의 표준 모형을 제시하

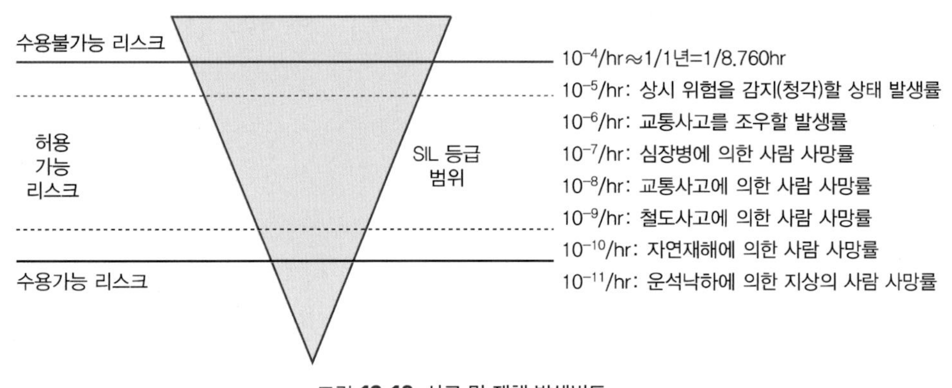

그림 **12.18** 사고 및 재해 발생빈도

고 수명주기의 각 단계별 활동이 충족시켜야 할 요건들을 기술하고 있다. 따라서 IEC 61508의 요건 충족을 위해서는 안전수명주기를 고려하여 시스템 개발이 진행되어야 할 것이다.

그림 12.19는 자동안전시스템 개발 절차를 예시하여 도시한 것이다. 1단계는 안전기능이 내재되지 않은 기본 시스템의 개념설계로부터 시작한다. 이 개념설계는 시스템 계장도나 기타 흐름도 및 여러 가지 산출결과에 의해 최종적으로 묘사되는 시스템의 개념과 유사하다. 시스템 계장도는 시스템의 정상 혹은 비상 운영 및 정지 시에 필요한 모든 장치, 동력기계, 배관 제어 및 계기 등을 상호 연관관계를 포함하여 나타내어 상세설계나 구현, 운전 및 유지보수를 실행하는데 기본이 되는 도면을 의미한다. 2단계는 시스템을 서브시스템으로 나누어 EUC를 정의한다. 서브시스템으로 나누어 정의된 EUC의 예로서 압력용기, 압축기, 양수 장치 등이 있다. 3단계는 각 EUC에 대해 수용가능하거나 허용할 수 있는 위험의 기준을 정의한다. 예로서 치명적인 사고의 연간 발생률이 얼마 이하라야 한다든가 대기 중 유독가스가 방출될 확률이 얼마 이하라야 한다는 식의 허용기준을 결정하는 것을 말한다. 4단계는 위험원 분석을 실시하여 모든 잠재적 위험원들을 식별하고 정상적인 운전으로부터 벗어나 인간이나 환경 혹은 법규에 위험을 초래할 수 있는 조건들을 찾아낸다. 사용될 수 있는 위험원분석 방법에는 PHA, HAZOP, FME(C)A, 안전분석표, 체크리스트 등이 있다. 위험원 분석 시 가능한 결함조건, 오사용, 극한 환경조건 등 합리적인 관점에서 예측가능한 모든 상황을 고려해야 한다. 여기에는 인간적 오류를 포함하여 EUC의 비정상적인 작동과 자주 사용하지 않는 기능의 작동도 포함된다. 5단계는 FTA, ETA, 결과분석, 시뮬레이션 등으로 정량적인 위험평가를 실시한다.

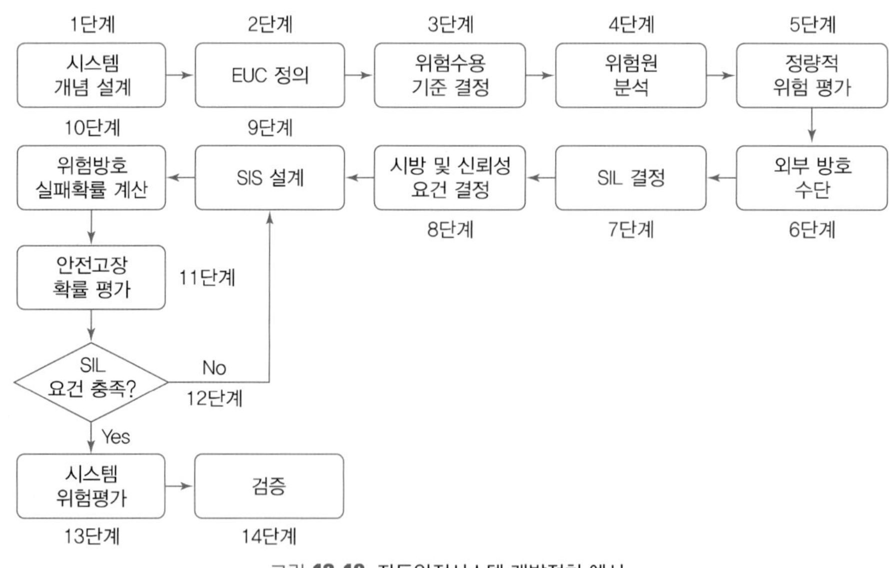

그림 12.19 자동안전시스템 개발절차 예시

정량적인 위험평가를 통해서 안전시스템 작동 요구빈도 및 그 잠재적 결과를 평가하고 주어진 EUC에 관련된 위험추정치 및 허용 가능한 수준 이하로의 위험감소 요건을 도출할 수 있다. 6단계는 기계적 장치, 방화벽 등 위험감소에 기여할 수 있는 외부방호수단을 식별하고 평가한다. 이 과정에서 시스템 내부에 안전기능을 따로 구현할 필요가 있는지 결정할 수 있다. 7단계는 5단계에서 정해진 EUC의 위험감소 요건을 충족할 수 있도록 각 안전기능에 요구되는 SIL을 결정한다. SIL 결정을 위한 정성적인 방법과 정량적인 방법에 대해서는 표준(IEC 61508-5)을 참고하면 된다. 8단계는 결정된 SIL을 토대로 안전기능에 요구되는 사양과 신뢰성 요건을 정의한다.

9단계부터 12단계까지는 이전 단계에서 도출된 요건을 충족할 수 있도록 자동안전시스템을 설계하는 과정으로서 설계, 방호실패확률 계산, 안전고장확률 평가, 요건충족 여부 확인의 작업이 되풀이된다. 만약, 설계가 8단계에서 도출된 요건을 모두 충족하면 13단계로 제안된 자동안전시스템에 의한 시스템 위험감소 정도를 평가하고 마지막으로 제안된 자동안전시스템이 결정된 SIL의 위험감소요건을 만족한다는 것을 검증하기 위한 분석과 수정을 실시한다.

12.4.4 ISO 26262: 자동차 산업 기능안전

ISO 26262는 무게 3.5톤을 초과하지 않는 승용 자동차의 전장품에 적용되는 표준으로 2011년에 초판이, 2018년에 2판이 발행되었다. 이 표준의 도입 배경은 최근의 기술발전에 따라 자동차에 장착되는 전자제어장치의 수가 급증하게 되어 관련 부품들의 복합적인 고장요인에 의한 오작동이 빈발하게 되었다는데서 찾을 수 있다. 즉, ISO 26262는 자동차에 장착되는 자동안전시스템의 오작동으로 인해 발생하는 위험으로부터 운전자 및 탑승자와 주변 보행자들의 안전성을 확보하기 위한 목적에서 제정된 표준이라 할 수 있다. 또한 이 표준은 기능안전 관련 표준들 중에서 가장 최근에 제정된 표준으로 최신 기술이 반영되어 있어 다른 산업의 기능안전성에도 원용할 수 있는 가장 발전된 표준으로 볼 수 있다. ISO 26262 표준의 목적은 다음과 같다(서순근 외, 2013).

첫째, 자동차의 안전수명주기는 개념, 개발, 생산, 운용, 서비스, 폐기의 단계로 구성되는데, ISO 26262는 기능안전성을 확보하기 위하여 각 단계별로 수행되는 제반 활동에 관한 요건을 명시하고 나아가 이러한 활동을 각 기업의 상황에 따라 맞춤화할 수 있도록 지원한다.

둘째, 자동차 분야의 특성을 반영한 안전무결성 수준을 나타내는 ASIL(automotive safety integrity level) 등급에 따라 안전수명주기 전반의 제반 활동에 대한 요건이 달라지므로 ASIL 등급을 결정하는 것은 매우 중요하다. ISO 26262에서는 리스크 기반의 접근방법을 제공함으로써 해당 기업이 ASIL 등급을 결정할 수 있도록 한다.

셋째, 표준에 제시된 절차를 철저히 준수하여 제품개발을 수행하더라도 어느 정도의 잔류 리스크(residual risk)는 불가피한 경우가 대부분이다. 그럼에도 불구하고 합리적으로 납득하기 어려운 잔류 리스크는 방지해야 하며, 이를 위하여 제품의 ASIL 등급에 따라 적용할 수 있는 요건을 제시하고 있다.

넷째, 충분하고 만족스러운 안전수준이 달성되고 있음을 보장하기 위한 타당성 확인(validation) 및 입증(confirmation)을 위한 수단(measure)이 갖추어야 할 요건을 제시하고 있다.

마지막으로 안전관련 전장품의 개발은 하드웨어뿐만 아니라 소프트웨어 개발과 이들 간의 통합이 요구되므로 공급자와의 관계는 매우 중요하다. ISO 26262에서는 제품개발 시 공급자와의 관계에 관한 요건을 규정하고 있다.

기능안전성은 요구사항 명세, 설계, 구현, 통합, 검증, 타당성확인, 형상 등에 관한 제반 활동을 포괄하는 개발 프로세스의 영향을 받을 뿐만 아니라 제조 프로세스, 서비스 프로세스 및 관리 프로세스의 영향을 받기도 한다. 또한 안전 관련 이슈는 기능이나 품질 중심의 개발활동 및 산출물과 밀접한 관련이 있으므로 ISO 26262는 개발활동과 산출물을 안전 관련 측면에서 다루고 있다. ISO 26262는 총 10(2판은 12)개의 부(Part)로 구성되어 있으며, 각 부의 세부적인 내용은 절로 나뉘고 각 절의 세부항목은 항으로 나뉘어 설명된다. ISO 26262는 여러 단계의 제품개발을 위하여 그림 12.20과 같은 기준 프로세스 모델을 사용하는데 이를 V 모형이라고 한다. 그림에서 3-5는 제3부 5절을 지칭하며 음영으로 표시된 V자형은 제3부~제7부 사이의 관계를 나타내는 것이다.

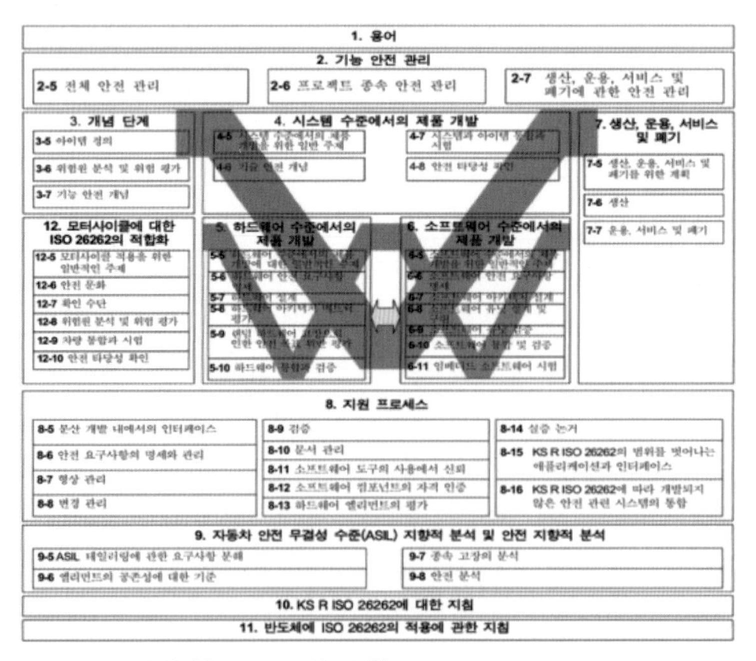

그림 **12.20** ISO 26262의 V 모형(출처: KS R ISO 26262:2018, 2019)

연습 문제

12.1 전략적 경영을 위한 계획을 비즈니스 계획이라고 한다. 관심 있는 특정 제조 또는 서비스 기업의 비전, 임무, 목표 및 전략을 평가하라.

12.2 생산자 측면과 구매자 측면에서 냉장고, 세탁기, TV 등 내구소비재 중에서 한 품목을 택하여 수명주기 비용을 분석하라.

12.3 우산을 만드는 생산자가 값싸고 신뢰성이 낮은 제품을 만들 것인지, 값비싼 좋은 제품을 만들 것인지를 결정하고자 한다. 어떻게 의사결정해야 하는가?

12.4 제품신뢰성은 생산자가 관리하는 설계와 제조 의사결정에 따라 영향을 받지만 구매자(사용자)가 행하는 다양한 보전과 취급 상황에도 영향을 받는다. 생산자는 이런 점들을 어떻게 설계 단계에서 고려해야 하는가?

12.5 어느 제품에 보증기간 $W=1$을 갖는 FRW 정책으로 보증이 제공된다. 제품고장은 와이블 분포에 따라 발생하며, 척도모수는 MTTF가 2년이 되도록 주어진다. 형상모수 β-가 0.5, 1.0, 2.0일 때 생산자의 기대 보증비용을 구하라. 그리고 환불이 선형함수로 제공되는 PRW 정책 경우에도 구하라.

12.6 다음과 같은 보증정책으로 어느 수리불가능한 제품을 판매한다. 고장이 $[0, W_1)$에 발생하면 구매자는 전체 금액을 환불받고, $[W_1, W)$에서는 선형 비례환불을 받는다. 이 보증정책에서 생산자의 기대 보증비용을 구하라.

12.7 구매자는 보증클레임을 활용하지 않는 경우가 있다. 어떤 제품이 보증기간 $W=1$을 갖는 선형 PRW 정책으로 판매된다고 하자. 고장분포함수는 $F(x)$이며 시간 t에서 발생한 고장에 대하여 보증클레임이 없을 확률이 $q_c(t)$라고 하자. 일반적으로 $q_c(t)$는 $t(0 \le t \le W)$의 증가함수이다. 생산자의 기대 보증서비스비용을 구하고 $q_c(t)=0$일 경우와 비교하라.

12.8 예제 12.2에서 다양한 L(즉, 5∼20) 값에 대하여 구매자 무차별 가격을 구하고 비교하라.

12.9* 12.3절 식 (12.8)이 도출됨을 보여라.

12.10* 12.3절의 식 (12.17)로부터 식 (12.18)이 유도됨을 보여라. 또한 식 (12.18)로부터 식 (12.19)가 도출되는 것을 확인하라.

12.11 예제 12.8에서 수요율이 연간 1만 개로 일정할 때 보증충당금을 구하라. 여기서 다른 조건은 예제 12.8과 동일하다.

12.12 예제 12.9에서 고장시간 분포가 평균이 2년인 지수분포를 따를 경우에 예비품의 총 기대 대수를 구하라. 여기서 다른 조건은 예제 12.9와 동일하다.

12.13 예제 12.10에서 고장시간 분포가 평균이 2년인 지수분포를 따를 경우에 총 수리소요 횟수를 구하라. 여기서 다른 조건은 예제 12.10과 동일하다.

12.14* 예제 12.9에서 2단계 얼랑분포를 따르는 재생함수의 라플라스 변환은 $M^*(s)=\lambda^2/[s(2\lambda s+s^2)]$이다. 이를 역변환하여 재생함수가 $M(t)=\dfrac{-1+2\lambda t+e^{-2\lambda t}}{4}$임을 보여라.

12.15 3개월(2,190시간)마다 주기적으로 점검하는 어느 화재감지기의 미탐지 위험고장률은 $\lambda=3.0\times10^{-4}$/시간이라고 한다.

1) 이 탐지기의 PFD를 구하라.

2) 정기점검에서 이 탐지기가 고장 났음을 알게 되었다면 얼마 동안 고장상태로 있었을 것으로 추측되는가?

3) 이 탐지기가 고장 나지 않고 제 기능을 수행할 수 있는 평균 시간은 얼마인가?

4) 화재발생빈도가 연간 2회 정도라고 한다면 화재로 인해 위험상황이 발생할 확률은 어느 정도 되는가?

12.16 연습문제 12.15의 2)에서 화재감지기의 안전고장률이 $\lambda=4.0\times10^{-3}$/시간이라고 한다면 잘못된 경보를 울리게 될 확률은?

12.17 연습문제 12.15에서 화재감지기 3대를 3 중 2 구조로 설계하여 운영한다고 하자. PFD를 구하라.

12.18 연습문제 12.15에서 미탐지 위험고장률이 각각 $\lambda=3.0\times10^{-4}$/시간 및 $\lambda=2.0\times10^{-4}$/시간인 2대의 화재감지기를 병렬 구조로 설계하여 운영한다고 하자. PFD를 구하라.

SUPPLEMENT
부록

부록 A 감마 및 베타함수

A.1 감마함수

감마함수는 임의의 양의 실수 α에 대해 다음과 같이 정의된다.

$$\Gamma(\alpha) = \int_0^\infty t^{\alpha-1} e^{-t} dt \tag{A.1}$$

식 (A.1)을 이용하여 $\Gamma(1) = 1$임을 쉽게 알 수 있고, 부분적분법에 의해 임의의 양의 실수 α에 대해 다음 등식이 성립함을 보일 수 있다.

$$\Gamma(\alpha+1) = \alpha\Gamma(\alpha) \tag{A.2}$$

따라서 임의의 양의 정수 k에 대해

$$\Gamma(k+1) = k(k-1)\cdots 2 \cdot 1 = k! \tag{A.3}$$

이 성립한다.

확률 및 통계의 응용문제에서는 특히 $\alpha = \frac{m}{2}$(단, m은 양의 정수)일 경우의 감마함수가 많이 사용된다. 먼저 $\alpha = \frac{1}{2}$이면 식 (A.1)은

$$\Gamma\left(\frac{1}{2}\right) = \int_0^\infty t^{-\frac{1}{2}} e^{-t} dt$$

이 되고, $u = \sqrt{2t}$로 치환하여 적분함으로써 그 값을 다음과 같이 구할 수 있다.

$$\Gamma\left(\frac{1}{2}\right) = \int_0^\infty t^{-\frac{1}{2}} e^{-t} dt = \sqrt{2}\int_0^\infty e^{-\frac{u^2}{2}} du = \frac{1}{\sqrt{2}}\int_{-\infty}^\infty e^{-\frac{u^2}{2}} du = \sqrt{\pi}$$

다음으로 $\alpha = \frac{2k+1}{2}$이면 감마함수 값은 다음과 같이 구할 수 있다.

$$\Gamma\left(\frac{2k+1}{2}\right) = \frac{2k-1}{2} \cdot \frac{2k-3}{2} \cdots \frac{1}{2} \cdot \sqrt{\pi} \tag{A.4}$$

표 A.1은 $1.00 \le \alpha \le 2.00$인 α 값에 대해 감마함수 값을 구하여 정리한 것이다. 보다 일반적인 감마함수의 값도 표 A.1과 식 (A.2)를 이용하여 쉽게 구할 수 있다.

표 **A.1** 감마함수의 값

α	$\Gamma(\alpha)$	α	$\Gamma(\alpha)$
1.00	1.00000	1.31	0.89600
1.01	0.99433	1.32	0.89464
1.02	0.98884	1.33	0.89338
1.03	0.98355	1.34	0.89222
1.04	0.97844	1.35	0.89115
1.05	0.97350	1.36	0.89018
1.06	0.96874	1.37	0.88931
1.07	0.96415	1.38	0.88854
1.08	0.95973	1.39	0.88785
1.09	0.95546	1.40	0.88726
1.10	0.95135	1.41	0.88676
1.11	0.94740	1.42	0.88636
1.12	0.94359	1.43	0.88604
1.13	0.93993	1.44	0.88581
1.14	0.93642	1.45	0.88566
1.15	0.93304	1.46	0.88560
1.16	0.92980	1.47	0.88563
1.17	0.92670	1.48	0.88575
1.18	0.92373	1.49	0.88595
1.19	0.92089	1.50	0.88623
1.20	0.91817	1.51	0.88659
1.21	0.91558	1.52	0.88704
1.22	0.91311	1.53	0.88757
1.23	0.91075	1.54	0.88818
1.24	0.90852	1.55	0.88887
1.25	0.90640	1.56	0.88964
1.26	0.90440	1.57	0.89049
1.27	0.90250	1.58	0.89142
1.28	0.90072	1.59	0.89243
1.29	0.89904	1.60	0.89352
1.30	0.89747	1.61	0.89468
1.62	0.89592	1.82	0.93685
1.63	0.89724	1.83	0.93969
1.64	0.89864	1.84	0.94261
1.65	0.90012	1.85	0.94561
1.66	0.90167	1.86	0.94869
1.67	0.90330	1.87	0.95184
1.68	0.90500	1.88	0.95507
1.69	0.90678	1.89	0.95838
1.70	0.90864	1.90	0.96177
1.71	0.91057	1.91	0.96523
1.72	0.91258	1.92	0.96877
1.73	0.91467	1.93	0.97240
1.74	0.91683	1.94	0.97610
1.75	0.91906	1.95	0.97988
1.76	0.92137	1.96	0.98374
1.77	0.92376	1.97	0.98768
1.78	0.92623	1.98	0.99171
1.79	0.92877	1.99	0.99581
1.80	0.93138	2.00	1.00000
1.81	0.93408		

A.2 베타함수

베타함수 $B(r,s)$는 임의의 양의 실수 r과 s에 대해 다음과 같이 정의된다.

$$B(r,s) = \int_0^1 u^{r-1}(1-u)^{s-1}du \tag{A.5}$$

베타함수와 감마함수 간에 다음 관계식이 성립함을 보일 수 있다.

$$B(r,s) = \frac{\Gamma(r)\Gamma(s)}{\Gamma(r+s)} \tag{A.6}$$

베타함수를 포함하는 다음 함수는 확률밀도함수가 되며, 이때 확률변수 U는 모수 (r,s)인 베타분포를 따른다고 한다.

$$f_U(u) = \frac{u^{r-1}(1-u)^{s-1}}{B(r,s)}, \quad 0 \le u \le 1;\ r > 0,\ s > 0 \tag{A.7}$$

베타분포는 모수 값에 따라 균일분포, U형 분포, 좌측 편향, 우측 편향 등 다양한 모양을 갖는다. 또한 베타분포의 평균과 분산은 다음과 같다.

$$E(U) = \frac{r}{r+s} \tag{A.8}$$

$$Var(U) = \frac{rs}{(r+s)^2(r+s+1)} \tag{A.9}$$

부록 B 라플라스 변환

$f(t)$를 구간 $(0,\infty)$ 상에 정의되는 함수라 할 때, $f(t)$의 라플라스 변환 $\mathcal{L}[f(t)]$ 혹은 $f^*(s)$는 다음과 같이 정의된다.

$$\mathcal{L}[f(t)] = f^*(s) = \int_0^\infty e^{-st}f(t)dt \tag{B.1}$$

여기서 s는 실수로 정의하지만 라플라스 변환을 보다 깊이 있게 다루기 위해 복소수로 정의할 수도 있다. 함수 $f(t)$를 $f^*(s)$의 역 라플라스 변환이라 부르고 다음과 같이 나타내기도 한다.

$$f(t) = \mathcal{L}^{-1}[f^*(s)] \tag{B.2}$$

함수 $f(t)$의 형태에 따라서 라플라스 변환이 존재하지 않을 수도 있다. 예로서 만약 $f(t)=e^{t^2}$이면 식 (B.1)의 모든 s 값에 대해 적분이 불가능하다. 만약 $f(t)$가 비음의 확률변수 T의 확률밀도함수라면, $f(t)$의 라플라스 변환은 확률변수 e^{-sT}의 기댓값과 같다. 즉

$$E(e^{-sT})=\int_0^{\infty} e^{-st}f(t)dt=f^*(s)$$

만약 함수 $f(t)$가 영역 $t\geq 0$ 내의 모든 유한 구간에서 부분연속(piecewise continuous)이고 어떤 상수 α와 M에 대해

$$|f(t)| \leq Me^{\alpha t},\quad t\geq 0 \tag{B.3}$$

이 성립하면, 모든 $s>\alpha$에 대해 $f(t)$의 라플라스 변환이 존재한다.

예로서 만약 $f(t)=e^{\alpha t}$(단, α는 상수)라 한다면 부등식 (B.3)를 만족시키도록 M을 정할 수 있다. 실제로 $f(t)$의 라플라스 변환을 구하면 다음과 같다.

$$\mathcal{L}[e^{\alpha t}]=\int_0^{\infty} e^{-st}e^{\alpha t}dt=\int_0^{\infty} e^{-t(s-\alpha)}dt=\frac{1}{s-\alpha},\quad s>\alpha$$

표 B.1은 여러 가지 함수 $f(t)$에 따른 라플라스 변환을 정리한 것이다.

표 **B.1** 라플라스 변환표

$f(t),\ t\geq 0$	$f^*(s)=\mathcal{L}[f(t)]$	$f(t),\ t\geq 0$	$f^*(s)=\mathcal{L}[f(t)]$
1	$\frac{1}{s}$	$e^{\alpha t}t^n$	$\frac{n!}{(s-\alpha)^{n+1}},\ n=0, 1, 2, \cdots$
t	$\frac{1}{s^2}$	$\cos \omega t$	$\frac{s}{s^2+\omega^2}$
t^2	$\frac{2!}{s^3}$	$\sin \omega t$	$\frac{\omega}{s^2+\omega^2}$
t^n	$\frac{n!}{s^{n+1}},\ n=0, 1, 2, \cdots$	$\cosh \alpha t$	$\frac{s}{s^2-\alpha^2}$
t^α	$\frac{\Gamma(\alpha+1)}{s^{\alpha+1}},\ \alpha>0$	$\sinh \alpha t$	$\frac{\alpha}{s^2-\alpha^2}$
$e^{\alpha t}$	$\frac{1}{s-\alpha}$		

다음에 라플라스 변환과 관련하여 성립하는 공식들이 정리되어 있다.

- $\mathcal{L}[f_1(t)+f_2(t)]=\mathcal{L}[f_1(t)]+\mathcal{L}[f_2(t)]$

- $\mathcal{L}[\alpha f(t)] = \alpha \mathcal{L}[f(t)]$
- $\mathcal{L}[f(t-\alpha)] = e^{-\alpha s}\mathcal{L}[f(t)]$
- $\mathcal{L}[e^{\alpha t}f(t)] = f^{*}(s-\alpha)$
- $\mathcal{L}[f'(t)] = s\mathcal{L}[f(t)] - f(0)$
- $\mathcal{L}\left[\int_0^t f(u)du\right] = \frac{1}{s}\mathcal{L}[f(t)]$
- $\mathcal{L}\left[\int_0^t f_1(t-u)f_2(u)du\right] = \mathcal{L}[f_1(t)]\mathcal{L}[f_2(t)]$
- $\lim_{s\to\infty} sf^{*}(s) = \lim_{t\to 0} f(t)$
- $\lim_{s\to 0} sf^{*}(s) = \lim_{t\to\infty} f(t)$

부록 C 순열과 조합

순열(permutation)

서로 다른 n개의 기호 중에서 r개를 뽑아 한 줄로 나열하는 순열의 수는

$$ {}_nP_r = n(n-1)\cdots(n-r+1) = \frac{n!}{(n-r)!} $$

이며, 특히 $r=n$일 때는 $n!$이다.

조합(combination)

서로 다른 n개의 기호 중에서 r개를 뽑는 조합의 수는 다음과 같다.

$$ \binom{n}{r} = \frac{n!}{r!(n-r)!} = \frac{n(n-1)\cdots(n-r+1)}{r!} $$

다음은 조합과 관련된 중요한 등식들이다.

- $\binom{n}{r} = \binom{n}{n-r}$
- $\binom{n}{r-1} + \binom{n}{r} = \binom{n+1}{r}$

이항정리(binomial theorem)

두 실수 a, b와 양의 정수 n에 대하여 다음이 성립한다.

$$(a+b)^n = \sum_{k=0}^{n} \binom{n}{k} a^k b^{n-k}$$

같은 것이 여러 있는 경우의 순열

서로 다른 k개의 기호가 각각 $n_1, n_2, \cdots, n_k$ 개 있을 때, 이들을 모두 한 줄로 나열하는 순열의 수(다항계수)는 다음과 같다. 조합은 $k=2$인 경우에 해당된다.

$$\binom{n}{n_1, n_2, \cdots, n_k} = \frac{n!}{n_1!\, n_2! \cdots n_k!}$$

단, $n = n_1 + n_2 + \cdots + n_k$

중복순열

서로 다른 n개의 기호 중에서 중복을 허용하여 r개를 뽑아 한 줄로 나열하는 순열의 수는 n^r이다.

중복조합

서로 다른 n개의 기호 중에서 중복을 허용하여 r개를 뽑는 조합의 수는

$${}_nH_r = \binom{n+r-1}{r}$$

이다.

그리고 조합은 다음 성질을 가진다.

- $\sum_{r=0}^{n} \binom{n}{r} = 2^n$
- $\sum_{r=0}^{n} (-1)^r \binom{n}{r} = 0$
- $\sum_{r=0}^{k} \binom{m}{r} \binom{n}{k-r} = \binom{m+n}{k}$
- $\sum_{r=0}^{n} \binom{n}{r}^2 = \binom{2n}{n}$
- $\sum_{j=r}^{n} \binom{j}{r} = \binom{n+1}{r+1}$
- $\sum_{j=0}^{r} \binom{n+j}{j} = \binom{n+r+1}{r}$

부록 D 확률분포에 관한 정리들

정리 D.1

X를 표본공간 S_X 상에 정의된 연속형 확률변수라 하고 그 확률밀도함수를 $f_X(x)$라 하자. 그리고 $a(x)$를 모든 x에 대해 미분 가능한 단조함수라 하자. 그러면 $y=a(x)$는 역함수 $x=b(y)$인 S_X로부터 S_Y로의 1 대 1 변환이 되고 $Y=a(X)$의 확률밀도함수는 다음과 같이 주어진다.

$$f_Y(y)=f_X(b(y))\,|\,b'(y)\,| \tag{D.1}$$

정리 D.2

$X_1, X_2, \ldots, X_n$을 표본공간 $S_{X_1, X_2, \cdots, X_n}$ 상에 정의된 연속형 확률벡터라 하고 그 결합 확률밀도함수를 $f_{X_1, X_2, \cdots, X_n}(x_1, x_2, \ldots, x_n)$이라 하자. 만약

$$y_i=a_i(x_1, x_2, \ldots, x_n),\ \ i=1, 2, \ldots, n$$

이 표본공간 $S_{X_1, X_2, \ldots, X_n}$으로부터 $S_{Y_1, Y_2, \ldots, Y_n}$으로의 1 대1 변환이고 그 역변환을

$$x_i=b_i(y_1, y_2, \ldots, y_n),\ \ i=1, 2, \ldots, n$$

이라 한다면, $Y_i=a_i(X_1, X_2, \ldots, X_n)$, $i=1, 2, \ldots, n$의 결합 확률밀도함수는 다음과 같이 주어진다.

$$\begin{aligned} &f_{Y_1, \ldots, Y_n}(y_1, \cdots, y_n) \\ &=f_{X_1, X_2, \ldots, X_n}(b_1(y_1, \ldots, y_n), \ldots, b_n(y_1, \cdots, y_n))\cdot\ |\,J\,| \end{aligned} \tag{D.2}$$

여기서

$$J=\begin{vmatrix} \dfrac{\partial b_1(y_1, \ldots, y_n)}{\partial y_1} & \cdots & \dfrac{\partial b_1(y_1, \cdots, y_n)}{\partial y_n} \\ \vdots & \ddots & \vdots \\ \dfrac{\partial b_n(y_1, \ldots, y_n)}{\partial y_1} & \cdots & \dfrac{\partial b_n(y_1, \cdots, y_n)}{\partial y_n} \end{vmatrix}$$

이다.

정리 D.3

$X_1, X_2, \ldots, X_n$을 서로 독립이고 동일한 분포를 따르는 확률변수들이라 하고, 그 공통 분포함수

및 확률밀도함수를 각각 $F_X(x)$, $f_X(x)$라 하자. 그러면 이들의 순서통계량 $X_{(1)}, X_{(2)}, \dots, X_{(r)}$, $r \le n$의 결합 확률밀도함수는 다음과 같이 주어진다.

$$f_{X_{(1)}, X_{(2)}, \dots, X_{(r)}}(x_1, x_2, \dots, x_r) = \frac{n!}{(n-r)!}[1 - F_X(x_r)]^{n-r} \cdot \prod_{i=1}^{r} f_X(x_i),$$
$$0 < x_1 < x_2 < \cdots < x_r \tag{D.3}$$

정리 D.4

$X_1, X_2, \dots, X_n$을 서로 독립이고 동일한 분포를 따르는 확률변수들이라 하고, 그 확률밀도함수를 $f_X(x) = \lambda e^{-\lambda x}$, $x > 0, \lambda > 0$이라 하자. 그리고 이들의 순서통계량을 $X_{(1)}, X_{(2)}, \dots, X_{(n)}$이라 하고 새로운 확률변수 D_j를 다음과 같이 정의하자.

$$D_j = X_{(j)} - X_{(j-1)}, \quad j = 1, 2, \dots, n$$

단, 여기서 $X_{(0)} = 0$으로 약속한다. 그러면 다음 사실이 성립한다.

- $D_1, D_2, \dots, D_n$은 서로 독립인 확률변수들이다.
- D_j, $j = 1, 2, \dots, n$은 모수가 $(n-j+1)\lambda$인 지수분포를 따른다.
- $D_j^* = (n-j+1)D_j$, $j = 1, 2, \dots, n$은 모수 λ인 지수분포를 따른다.

정리 D.5(델타 방법)

$g(\boldsymbol{\theta})$가 $\boldsymbol{\theta} = (\theta_1, \dots, \theta_m)$에 관해 2계 편미분 가능 연속함수일 때 $\hat{\boldsymbol{\theta}} = (\hat{\theta}_1, \dots, \hat{\theta}_m)$이고 $g(\hat{\boldsymbol{\theta}})$를 $g(\boldsymbol{\theta})$의 추정치로 두면 $\boldsymbol{\mu} = (E(\hat{\theta}_1), \dots, E(\hat{\theta}_m))$에서 1차 테일러 급수전개하면 다음과 같이 나타낼 수 있다.

$$g(\hat{\boldsymbol{\theta}}) \approx g(\boldsymbol{\mu}) + \sum_{j=1}^{m} \frac{\partial g(\boldsymbol{\theta})}{\partial \theta_j} \left(\hat{\theta}_j - E(\hat{\theta}_j)\right)$$

이로부터 다음과 같이 모수들의 함수 $g(\boldsymbol{\theta})$의 근사 기댓값, 분산 등을 구할 수 있다.

$$E(g(\hat{\boldsymbol{\theta}})) \approx g(\boldsymbol{\mu})$$
$$Var(g(\hat{\boldsymbol{\theta}})) \approx \sum_{j=1}^{m} \left(\frac{\partial g(\boldsymbol{\theta})}{\partial \theta_j}\right)^2 Var(\hat{\theta}_j) + \sum_{j=1}^{m} \sum_{k=1, k \ne j}^{m} \left(\frac{\partial g(\boldsymbol{\theta})}{\partial \theta_j}\right)\left(\frac{\partial g(\boldsymbol{\theta})}{\partial \theta_k}\right) Cov(\hat{\theta}_j, \hat{\theta}_k)$$

또한 $g_1(\hat{\boldsymbol{\theta}})$과 $g_2(\hat{\boldsymbol{\theta}})$가 실수값을 가지는 함수일 때 이들의 근사 공분산은 다음 식으로부터 구할 수 있다.

$$Cov(g_1(\hat{\boldsymbol{\theta}}), g_2(\hat{\boldsymbol{\theta}})) \approx \sum_{j=1}^{m}\left(\frac{\partial g_1(\boldsymbol{\theta})}{\partial \theta_j}\right)\left(\frac{\partial g_2(\boldsymbol{\theta})}{\partial \theta_j}\right) Var(\hat{\theta}_j)$$
$$+ \sum_{j=1}^{m} \sum_{k=1, k\neq j}^{m}\left(\frac{\partial g_1(\boldsymbol{\theta})}{\partial \theta_j}\right)\left(\frac{\partial g_2(\boldsymbol{\theta})}{\partial \theta_k}\right) Cov(\hat{\theta}_j, \hat{\theta}_k)$$

만약 g가 단일 모수 θ의 함수이고, g_1, g_2도 각각 θ_1, θ_2의 함수일 때 상기 정리는 다음과 같이 간략화 된다.

$$E(g(\hat{\theta})) \approx g(E(\hat{\theta}))$$
$$Var(g(\hat{\theta})) \approx (g'(\theta))^2 Var(\hat{\theta})$$
$$Cov(g_1(\hat{\theta}_1), g_2(\hat{\theta}_2)) \approx \left(\frac{dg_1(\theta_1)}{d\theta_1}\right)\left(\frac{dg_2(\theta_2)}{d\theta_2}\right) Cov(\hat{\theta}_1, \hat{\theta}_2)$$

부록 E 최우추정법

$X_1, X_2, \ldots, X_n$을 n개의 서로 독립이고 동일한 분포를 따르는 확률변수들이라 하자. 또한 이들은 공통된 확률밀도함수 $f(x; \theta_1, \theta_2, \ldots, \theta_m)$을 가지며 f의 함수 형태는 알려져 있으나 모수 $\boldsymbol{\theta} = (\theta_1, \theta_2, \ldots, \theta_m)$에 대해서는 m차원 공간의 부분집합 Θ에 속해 있다는 사실만 알려져 있고 그 자세한 값은 모른다고 하자.

여기서는 $X_1, X_2, \ldots, X_n$을 동일한 제품 단위(부품 혹은 시스템)들의 수명이라 하고 모수 $\boldsymbol{\theta} = (\theta_1, \theta_2, \ldots, \theta_m)$을 추정하는 가장 보편적인 방법을 설명한다. 먼저 관측을 중단하지 않을 경우, 즉 완전한 자료가 얻어질 경우를 고려하면 $X_1, X_2, \ldots, X_n$의 결합 확률밀도함수는 $\prod_{i=1}^{n} f(x_i; \boldsymbol{\theta})$로 주어진다. 이 결합 확률밀도함수는 $X_1, X_2, \ldots, X_n$의 관측값 $\boldsymbol{x} = (x_1, x_2, \ldots, x_n)$이 주어진다면 다음과 같이 $\boldsymbol{\theta}$의 함수로 나타낼 수 있을 것이다.

$$L(\boldsymbol{\theta}; x_1, x_2, \ldots, x_n) = L(\boldsymbol{\theta}; \boldsymbol{x}) \tag{E.1}$$

여기서 $L(\boldsymbol{\theta}; \boldsymbol{x})$를 우도함수라고 부르는데 이는 주어진 $\boldsymbol{\theta}$에 대해 $X_1, X_2, \ldots, X_n$의 관측값이 $x_1, x_2, \ldots, x_n$으로 나타날 가능성이 어느 정도 되는지를 나타내게 된다. 만약 $X_1, X_2, \ldots, X_n$이 이산형 확률벡터라면 $L(\boldsymbol{\theta}; \boldsymbol{x})$는 주어진 $\boldsymbol{\theta}$에 대해 관측값이 $x_1, x_2, \ldots, x_n$이 될 확률이 된다.

최우추정법의 기본 아이디어는 $X_1, X_2, \cdots, X_n$의 관측값으로서 $x_1, x_2, \cdots, x_n$이 얻어질 가능성을 가장 크게 해 주는 $\boldsymbol{\theta}$ 값, 즉, $L(\boldsymbol{\theta}; \boldsymbol{x})$를 최대화하는 $\boldsymbol{\theta}$ 값을 $\boldsymbol{\theta}$에 대한 추정량으로 삼겠다는 것이다. 이와 같은 최우추정법에 의해 얻은 추정량 $\hat{\boldsymbol{\theta}}$를 최우추정량(MLE: Maximum Likelihood Estimator))이라 한다. 대부분의 경우 $L(\boldsymbol{\theta}; \boldsymbol{x})$를 최대화하기 위해서는 $\boldsymbol{\theta}$에 대해 편미분하여 0이 되는 방정식에서 $\boldsymbol{\theta}$ 값을 찾으면 된다. 최우추정법에서는 $L(\boldsymbol{\theta}; \boldsymbol{x})$의 최댓값 그 자체보다는 $\hat{\boldsymbol{\theta}}$의 값에 더 관심이 있으므로 보통 수학 풀이 과정을 수월하게 하기 위하여 로그를 취한 대수 우도함수 $l(\boldsymbol{\theta}) = \ln L(\boldsymbol{\theta}; \boldsymbol{x})$를 미분하는 방식을 사용한다.

예를 들어 어느 전자 부품의 수명이 지수분포를 따른다고 하자. 이 부품 n개의 수명을 관측하여 $t_1, t_2, \ldots, t_n$를 얻었다고 하고 수명 모수를 최우추정법으로 추정해 보자. 지수분포의 확률밀도함수는

$$f(t; \lambda) = \begin{cases} \lambda e^{-\lambda t}, & t > 0,\ \lambda > 0 \\ 0, & \text{그 외} \end{cases}$$

와 같으므로 우도함수를 다음과 같이 얻을 수 있다.

$$L(\lambda; t_1, t_2, \ldots, t_n) = \prod_{j=1}^{n} f(t_j; \lambda) = \lambda^n e^{-\lambda \sum_{j=1}^{n} t_j}$$

이로부터 대수 우도함수 $l(\lambda)$를 구하면

$$l(\lambda) = \ln L(\lambda; t_1, t_2, \ldots, t_n) = n \ln \lambda - \lambda \sum_{j=1}^{n} t_j$$

가 되고, 이것을 λ에 대해 미분하면 다음 식이 얻어진다.

$$\frac{dl(\lambda)}{d\lambda} = \frac{n}{\lambda} - \sum_{j=1}^{n} t_j$$

이 식을 0으로 두어 λ에 대해 풀면 λ의 최우추정량 $\hat{\lambda}$는 다음과 같이 얻어진다.

$$\hat{\lambda} = \frac{n}{\sum_{j=1}^{n} t_j} = \frac{1}{\bar{t}}, \quad \text{단 } \bar{t} = \frac{1}{n} \sum_{j=1}^{n} t_j$$

물론 여기서 $\lambda = \hat{\lambda}$일 때 $l(\lambda) = \ln L(\lambda; t_1, t_2, \ldots, t_n)$가 최대가 되는지는 2차 미분을 통해 확인해 보아야 하겠지만 여기서는 생략한다.

다음으로 관측중단 등의 사유로 인하여 일부 자료의 완전한 관측값을 얻지 못했을 경우를 생각해 보자. 여기서는 전체 자료의 집합을 다음 두 부분집합으로 나눌 수 있는 경우를 고려한다.

- U: 제품 혹은 부품의 수명이 다할 때까지 관측하여 얻어진 완전한 자료 집합
- C: 제품 혹은 부품의 수명이 특정 값보다 크다는 사실만 알고 그 구체적인 값은 모르는 형태의 자료 집합

이럴 경우의 관측중단자료에 대한 우도함수는 여러 가지 다른 형태로 적을 수 있다. 확률 표본의 $t_1, \dots, t_n$에 대응되는 우측 관측 중단시간이 $c_1, \dots, c_n$이면 관측중단된 표본 번호의 집합 C와 고장난 표본번호의 집합 U를 다음과 같이 정의할 수 있다.

$$U = \{ j \mid t_j \le c_j \}$$

$$C = \{ j \mid t_j > c_j \}$$

이로부터 수명자료의 형태는 (w_j, δ_j)에 의해 주어진다.

$$w_j = \min\{ t_j, c_j \} \qquad \delta_j = \begin{cases} 0 & t_j > c_j \\ 1 & t_j \le c_j \end{cases}$$

즉, 표본번호 j에 관한 δ_j가 '1'('0')이면 고장(관측중단)을, w_j는 수명(고장시간; $\delta_j = 1$) 또는 우측 관측중단시간($\delta_j = 0$)을 나타낸다.

이와 같은 상황에서 상수항을 무시하고 다수 개의 분포 모수집합을 벡터 $\boldsymbol{\theta}$로 나타내면 우도함수는 다음과 같이 정의된다.

$$\begin{aligned} L(\boldsymbol{\theta}; \boldsymbol{w}) &= \prod_{j=1}^{n} f(w_j; \boldsymbol{\theta})^{\delta_j} R(w_j; \boldsymbol{\theta})^{1-\delta_j} \\ &= \prod_{j \in U} f(t_j; \boldsymbol{\theta}) \prod_{j \in C} R(c_j; \boldsymbol{\theta}) \end{aligned}$$

앞에서와 마찬가지로 최우추정량을 구할 때 대부분 우도함수에 로그를 취하여 대수 우도함수를 최대화하는 $\boldsymbol{\theta}$ 값을 구하는 방법을 사용하므로, 대수우도함수를 다음과 같이 구한다.

$$l(\boldsymbol{\theta}) = \ln L(\boldsymbol{\theta}; \boldsymbol{w}) = \sum_{j \in U} \ln f(t_j; \boldsymbol{\theta}) + \sum_{j \in C} \ln R(c_j; \boldsymbol{\theta}) \tag{E.2}$$

식 (E.2)를 w_i로 표기한 고장률과 누적고장률 함수를 이용하여 다음과 같이 여러 가지 형태로 표현할 수 있다.

$$\begin{aligned} l(\boldsymbol{\theta}) &= \sum_{j \in U} \ln h(w_j; \boldsymbol{\theta}) + \sum_{j \in U} \ln R(w_j; \boldsymbol{\theta}) + \sum_{j \in C} \ln R(w_j; \boldsymbol{\theta}) \\ &= \sum_{j \in U} \ln h(w_j; \boldsymbol{\theta}) + \sum_{j=1}^{n} \ln R(w_j; \boldsymbol{\theta}) = \sum_{j \in U} \ln h(w_j; \boldsymbol{\theta}) - \sum_{j=1}^{n} H(w_j; \boldsymbol{\theta}) \end{aligned} \tag{E.3}$$

예를 들어 수명분포가 지수분포인 전자 부품 n개에 대해 t_0 시간 동안 수명 시험을 실시한 결과 r개의 부품은 시험 기간에 고장이 나서 완전한 수명자료 $t_1, t_2, ..., t_r$를 얻었고 나머지 $n-r$개의 부품은 고장 나지 않은 상태에서 시험이 종료되었다고 하자. 지수분포에서 하나의 부품이 t_0 시간 동안 고장나지 않고 제 기능을 수행할 확률, 즉 생존확률인 신뢰도는

$$R(t_0;\lambda)=\int_{t_0}^{\infty}\lambda e^{-\lambda x}dx=e^{-\lambda t_0}$$

이므로, 우도함수는 다음과 같이 얻어진다.

$$L(\lambda)=\prod_{j=1}^{r}\lambda e^{-\lambda t_j}\prod_{j=r+1}^{n}e^{-\lambda t_0}=\lambda^r e^{-\lambda\sum_{j=1}^{r}t_j}e^{-(n-r)\lambda t_0}$$

따라서 대수 우도함수는 양변에 로그를 취하여 다음과 같이 얻어지므로, 식 (E.3)의 첫 번째 형태와 같아진다.

$$l(\lambda)=r\ln\lambda-\lambda\sum_{j=1}^{r}t_j-(n-r)\lambda t_0$$

대수 우도함수를 λ에 대해 미분하면

$$\frac{dl(\lambda)}{d\lambda}=\frac{r}{\lambda}-\left\{\sum_{j=1}^{r}t_j+(n-r)t_0\right\}$$

되므로, 이 식을 0으로 두고 풀면 λ에 대한 최우추정량을

$$\hat{\lambda}=\frac{r}{TTT}$$

와 같이 구할 수 있다. 단 여기서 $TTT=\sum_{j=1}^{r}t_j+(n-r)t_0$이며 이것은 n개 부품의 총 시험 시간을 나타낸다.

한편 대수 우도함수를 각 모수에 대해 편미분한 벡터 $\boldsymbol{U}(\boldsymbol{\theta})=(U_1(\boldsymbol{\theta}), U_2(\boldsymbol{\theta}), \ ..., U_m(\boldsymbol{\theta}))'$를 스코어 벡터(score vector)라 부르며,

$$U_i(\boldsymbol{\theta})=\frac{\partial l(\boldsymbol{\theta})}{\partial\theta_i}\quad i=1,\cdots,m$$

이의 기댓값은 다음과 같이 모두 0이 된다.

$$E[\boldsymbol{U}(\boldsymbol{\theta})]=\mathbf{0} \tag{E.4}$$

단, $\mathbf{0}$은 0으로 구성된 열벡터

최우추정량은 여러 가지 좋은 성질을 가지고 있는데 그 가운데 중요한 몇 가지를 소개하면 다음과 같다.

- 최우추정량은 불편추정량이 되거나 약간의 수정을 통해 불편추정량이 될 수 있다.
- 최우추정량은 충분통계량이 된다.
- 최우추정량은 몇 가지 약한 조건에서 일치추정량이 된다.
- $\theta_1, \theta_2, ..., \theta_m$의 최우추정량이 $\hat{\theta}_1, \hat{\theta}_2, ..., \hat{\theta}_m$이면 $g(\theta_1, \theta_2, ..., \theta_m)$의 최우추정량은 $g(\hat{\theta}_1, \hat{\theta}_2, ..., \hat{\theta}_m)$이 된다.
- 최우추정량은 다음과 같은 점근적 정규성을 가진다.

$X_i, i=1,\cdots,n$가 분포 $\{f(\cdot;\boldsymbol{\theta})|\boldsymbol{\theta}\in\Theta\}$을 따르는 크기 n의 확률표본일 때 $\boldsymbol{\theta}=(\theta_1,...,\theta_m)$의 MLE $\hat{\boldsymbol{\theta}}=(\hat{\theta}_1,...,\hat{\theta}_m)$는 정칙조건(지수, 와이블, 정규, 대수정규분포 등이 책에서 다루는 대부분의 분포가 이 조건을 충족하지만 3-모수 와이블 분포는 이에 속하지 않음) 하에서 $n\to\infty$에 따라

$$\sqrt{n}(\hat{\boldsymbol{\theta}}-\boldsymbol{\theta})=(\sqrt{n}(\hat{\theta}_1-\theta_1),...,\sqrt{n}(\hat{\theta}_m-\theta_m))\to N(\mathbf{0},\boldsymbol{\Sigma}) \tag{E.5}$$

다변량 정규분포를 따른다(Meeker and Escobar, 1998). 여기서 Σ는 $(i,k)-$요소를

$$f_{ik}=E\left[\frac{\partial \ln f(w;\boldsymbol{\theta})}{\partial\theta_i}\frac{\partial \ln f(w;\boldsymbol{\theta})}{\partial\theta_k}\right]=-E\left[\frac{\partial^2 \ln f(w;\boldsymbol{\theta})}{\partial\theta_i\partial\theta_k}\right],\quad i,k=1,...,m \tag{E.6}$$

로 하는 $m\times m$ 행렬 $\boldsymbol{F}=(f_{ij})$의 역행렬이다. 그리고 행렬 $\boldsymbol{F}$에 표본크기 n을 곱하여 구한 행렬 $I(\boldsymbol{\theta})$를 Fisher 정보량 행렬(Fisher information matrix)이라 한다.

식 (E.6)으로부터 $\hat{\boldsymbol{\theta}}$의 점근적 분산의 추정값은 Fisher 정보량 행렬 $I(\boldsymbol{\theta})$에 모수 $\boldsymbol{\theta}$의 최우추정값을 대입한 추정값 $\boldsymbol{I}(\hat{\boldsymbol{\theta}})$로부터 구할 수 있다. 여기서 $I(\boldsymbol{\theta})$의 원소 nf_{ik}는 대수우도함수의 이차 편미분식의 기댓값으로 구해지는데, 이 기댓값을 구하는 과정이 복잡하거나 어려운 경우에는 이와 점근적으로 일치하는 성질을 가진

$$o_{ik}=-\sum_{j=1}^{n}\left[\frac{\partial^2 \ln f(w_j;\boldsymbol{\theta})}{\partial\theta_i\partial\theta_k}\right]_{\boldsymbol{\theta}=\hat{\boldsymbol{\theta}},\ i,k=1,...,m} \tag{E.7}$$

를 채택할 수 있다. 이때 o_{ik}를 원소로 하는 행렬 $\boldsymbol{O}(\hat{\boldsymbol{\theta}})$를 국소 정보량 행렬(local or observed information matrix)이라 부른다.

한편 단일 모수 θ의 일대일 변환 함수 $g(\theta)$의 Fisher 정보량은 부록 D의 델타방법을 이용하여 다음과 같이 구할 수 있다.

$$I(g(\theta)) = I(\theta) / [g'(\theta)]^2 \tag{E.8}$$

- 우도비 검정

$X_1, \ldots, X_n$을 확률밀도함수 $f(x;\boldsymbol{\theta})$, $\boldsymbol{\theta} \in \boldsymbol{\Theta}$인 모집단에서의 확률표본일 때, 가설 $\mathrm{H}_0 : \boldsymbol{\theta} \in \boldsymbol{\Theta}_0$ 대 $\mathrm{H}_1 : \boldsymbol{\theta} \in \boldsymbol{\Theta}_1 = \boldsymbol{\Theta} - \boldsymbol{\Theta}_0$에 관한 검정을 고려하자.

$L(\boldsymbol{\theta}; \boldsymbol{x})$을 $f(x;\boldsymbol{\theta})$에서의 확률표본 $X_1, \ldots, X_n$으로부터의 우도함수라 할 때

$$R(\boldsymbol{X}) = \frac{\max_{\boldsymbol{\theta} \in \boldsymbol{\Theta}_0} L(\boldsymbol{\theta}; \boldsymbol{x})}{\max_{\boldsymbol{\theta} \in \boldsymbol{\Theta}} L(\boldsymbol{\theta}; \boldsymbol{x})} \tag{E.9}$$

을 우도비(likelihood ratio)라 한다. 이를 이용한 우도비 검정은 자주 사용하는 가설검정 방법이지만 많은 경우 $R(\boldsymbol{X})$의 분포를 구하는 것이 복잡하거나 어렵다. 더구나 관측중단인 경우는 더욱 힘들다.

따라서 $f(x;\boldsymbol{\theta})$에 대한 정칙조건(여기서의 정칙조건은 최우추정량의 5의 정칙조건과 동일한 것으로 알려져 있음) 하에서 $-2\ln R(\boldsymbol{X})$는 n이 크면 점근적으로 자유도 p인 χ^2 분포를 따르는 성질을 이용한다. 여기서 자유도 p는 모수공간 $\boldsymbol{\Theta}_0$와 $\boldsymbol{\Theta}$에서 제약되지 않은 모수 개수의 차와 같다.

우도비 $R(\boldsymbol{X})$는 $0 < R(\boldsymbol{X}) < 1$이고, 이 값이 충분히 작으면 H_0를 기각하게 된다. 우도비 통계량을 이용한 가설검정은 $R(\boldsymbol{X})$의 관측값을 $R(\boldsymbol{x})$이라 할 때, $-2\ln R(\boldsymbol{x}) > \chi^2_{\alpha, p}$이면 유의수준 α로 H_0를 기각한다.

부록 F 계수과정

확률과정(stochastic process) $X(t), t \in \Theta$는 확률변수들의 집합이다. 집합 Θ은 인덱스 집합이라 불린다. Θ에 속한 인덱스 t에 대해서, $X(t)$는 확률변수이다. 인덱스 t는 시간으로 이해되는 경우가 많고, $X(t)$는 시간 t에서의 상태라 불린다. 인덱스 집합 Θ가 가산(countable)이면, 이 과정을 이산시간 확률과정(discrete-time stochastic process)이라 부르고, Θ가 연속체(continuum)이면, 연속시간 확률과정(continuous-time stochastic process)이라 부른다.

시점 $t = 0$에서 작동을 시작하는 수리가능 시스템에 대해 생각해 보자. 시스템이 고장나면, 작동이 가능한 상태로 수리가 된다. 수리시간은 무시할 수 있다고 가정한다. 두 번째 고장이 나

도 마찬가지로 수리가 된다. 이렇게 되면 고장이 난 시점들로 이루어진 수열을 얻게 된다. 이때 우리는 구간 $(0,t]$에서 고장이 발생한 횟수 $N(t)$도 얻을 수 있다. $N(t)$는 0과 자연수의 값을 갖는다. $N(t)$는 확률과정으로 계수과정(counting process)이라 불린다.

수리가능 시스템이 $t=0$에서 가동에 들어갔다고 하자. 시스템의 첫 번째 고장(혹은 사건)시점을 S_1, 다음 번 고장시점을 S_2, 세 번째 고장시점을 S_3 등으로 나타낸다. 시스템이 수리 가능하기에 고장이 나면 시스템은 수리가 되어 작동이 되는 상태로 돌아간다. 시스템의 수리시간은 매우 짧아서 무시할 수 있다고 가정한다. 또한 시스템의 고장발생 간격(inter-occurrence time)을 T_i라 정의하는데 $T_i = S_i - S_{i-1}$이다. 여기서 S_0는 0으로 둔다.

정의 F.1

확률과정 $\{N(t),\ t \geq 0\}$가 다음의 조건들을 만족시키면 계수과정(counting process)이라 한다.

- $N(t) \geq 0$.
- $N(t)$는 정수 값을 갖는다.
- 만일 $s < t$이면, $N(s) \leq N(t)$ 이다.
- $s < t$에 대해서, $\{N(t) - N(s)\}$는 $(s,\ t]$ 구간에서 발생한 사건의 횟수이다.
- $N(0) = 0$.

계수과정 $\{N(t),\ t \geq 0\}$는 고장시점들의 수열인 $S_1,\ S_2,\ \ldots$, 또는 고장발생 간격들의 수열 $T_1,\ T_2,\ \ldots$로 표현될 수 있다.

계수과정과 관련된 기본적인 개념들은 다음과 같다.

- 독립증분(independent increment): 계수과정 $\{N(t),\ t \geq 0\}$는 $0 \leq t_1 < t_2 < t_3 < \cdots < t_n$에 대해서 $n-1$개의 독립변수$\{N(t_2) - N(t_1)\}, \{N(t_3) - N(t_2)\},\ \ldots, \{N(t_n) - N(t_{n-1})\}$가 서로 독립이면, 독립증분이라 한다.
- 정상증분(stationary increment): 계수과정 $\{N(t),\ t \geq 0\}$는 $s > 0$인 s에 대해서, $\{N(t_1 + s) - N(t_1)\}$와 $\{N(t_2 + s) - N(t_2)\}$가 같은 분포함수를 갖는다면 정상증분이라 한다. 즉 $\{N(t+s) - N(t)\}$의 분포가 t에 종속되지 않는다.
- 정상과정(stationary process): 계수과정이 정상증분이면 정상과정 혹은 동질(homogeneous) 과정이라 한다.
- 비정상과정(nonstationary process): 계수과정이 비정상이거나 궁극적으로 정상이 될 수 없으면 비정상과정이라 한다.

- 정규과정(regular process): 계수과정이 다음의 성질을 가지면 정규과정이라 한다.

$$\Pr(N(t+\Delta t)-N(t)\geq 2)=o(\Delta t)$$

Δt가 작을 때이며, $o(\Delta t)$는 Δt의 함수로 $\lim_{\Delta t\to 0} o(\Delta t)/\Delta t=0$을 만족시키는 함수이다. 실제로 이것은 두 개 이상의 고장을 동시에 겪을 확률은 거의 없다는 것을 의미한다.

- 과정률(rate of the process): 시점 t에서 과정률은 다음과 같이 정의된다.

$$w(t)=W'(t)=\frac{d}{dt}E(N(t))$$

여기서 $W(t)=E(N(t))$는 구간 $(0,t]$에서의 평균 고장수이다. 따라서

$$w(t)=W'(t)=\lim_{\Delta t\to 0}\frac{E(N(t+\Delta t)-E(N(t))}{\Delta t}$$

이며, Δt가 작은 값이면 다음과 같다.

$$w(t)\approx\frac{E(N(t+\Delta t)-N(t))}{\Delta t}$$

따라서 $w(t)$의 추정량은

$$\hat{w}(t)=\frac{(t,t+\Delta t)\text{에서의 평균 고장수}}{\Delta t}$$

이다. 계수과정에서의 $w(t)$는 시점 t에서 단위시간당 평균 고장수로 이해될 수 있다. 정규과정에서는 Δt가 작을 때, 구간 $(t,t+\Delta t]$에서 두 번 이상의 고장이 발생할 확률은 무시할 수 있다. 따라서 Δt가 작을 때

$$N(t+\Delta t)-N(t)=0 \text{ 또는 } 1$$

로 가정할 수 있다. 그러므로 $(t,t+\Delta t]$에서의 평균 고장수는 $(t,t+\Delta t]$에서의 고장발생률과 같다. 즉

$$w(t)\approx\frac{(t,t+\Delta t)\text{에서의 고장발생률}}{\Delta t}$$

따라서 $w(t)\Delta t$는 $(t,t+\Delta t]$에서의 고장발생률로 이해될 수 있다.

- 고장발생률(rate of occurrence of failure): 계수과정에서의 사건이 고장이라면, $w(t)$는 고장발생률이다.
- 전향잔존수명(forward recurrence time): 전향잔존수명 $Y(t)$는 임의의 시점 t로부터 다음 번 고장이 발생할 때까지의 시간이다. 즉 $Y(t)=S_{N(t)+1}-t$이다.
- 나이(age or backward recurrence time): 나이(후향잔존수명) $A(t)$는 임의의 시점 t로부터 최근의 고장이 발생한 시점까지의 시간이다. 즉 $Y(t)=t-S_{N(t)}$이다.

F.1 정상 포아송 과정

다음의 정의들 E.2~E.4는 모두 같은 정의로 이들 중 하나를 만족시키는 계수과정을 정상 포아송 과정이라 한다.

정의 F.2

계수과정 $\{N(t),\ t \geqq 0\}$가 다음의 조건들을 만족시키면 고장발생률 $\lambda > 0$를 갖는 정상 포아송 과정이라 한다.

- $N(0) = 0$.
- 독립증분을 갖는다.
- 길이 s인 구간에서 발생하는 사건의 횟수는 모수가 λs인 포아송 분포를 따른다.

  즉, $\Pr\{N(t+s) - N(t) = n\} = \dfrac{e^{-\lambda s}(\lambda s)^n}{n!}$, $n = 0, 1, 2, 3, \ldots$, 모든 $s > 0,\ t > 0$

정의 F.3

계수과정 $\{N(t),\ t \geq 0\}$가 다음의 조건들을 만족시키면 고장발생률 $\lambda > 0$를 갖는 정상 포아송 과정이라 한다.

- $N(0) = 0$.
- 과정이 정상증분과 독립증분을 갖는다.
- $\Pr(N(\Delta t) = 1) = \lambda \Delta t + o(\Delta t)$.
- $\Pr(N(\Delta t) \geq 2) = o(\Delta t)$.

정의 F.4

계수과정 $\{N(t),\ t \geq 0\}$가 $N(0) = 0$이고, 고장들 간의 시간간격들인 $T_1,\ T_2, \ldots$가 서로 독립이고 모두 모수 λ인 지수분포를 따른다면 이 계수과정은 고장발생률 $\lambda > 0$를 갖는 정상 포아송 과정이다.

다음은 정상 포아송 과정의 중요한 성질들이다.

- 정상 포아송 과정은 독립이며, 정상증분을 갖는 계수과정이다.
- 정상 포아송 과정의 고장발생률은 일정하며, 시간에는 무관하다.

  $w(t) = \lambda$ 모든 $\lambda \geq 0$
- 구간 $(t, t+v]$에서의 고장수는 평균이 λv인 포아송 분포를 따른다.

  $$\Pr(N(t+v) - N(t) = n) = \frac{(\lambda v)^n}{n!} e^{-\lambda v} \quad \text{모든 } t \geq 0,\ v > 0$$

- 구간 $(t, t+v]$에서의 평균 고장수는

$$W(t+v) - W(t) = E(N(t+v) - N(t)) = \lambda v$$

이고, $E(N(t)) = \lambda t$, $Var(N(t)) = \lambda t$이다.

- 고장들 간의 시간간격들인 T_1, T_2, …는 서로 독립이고, 모두 평균이 $1/\lambda$인 지수분포를 따른다.

- n번째 고장까지의 시간인 $S_n = \sum_{i=1}^{n} T_i$는 모수들이 (n, λ)인 감마분포를 따른다. 확률밀도함수는 다음과 같다.

$$f_{S_n}(t) = \frac{\lambda}{(n-1)!}(\lambda t)^{n-1} e^{-\lambda t}, \quad t \geq 0$$

– 근사적 성질

정상 포아송 과정에서는 다음의 근사적 결과가 성립한다.

$$\lim_{t \to \infty} \frac{N(t)}{t} \to \lambda \text{ (확률 1로)}$$

그리고

$$\frac{N(t) - \lambda t}{\sqrt{\lambda t}} \to N(0,1)$$

이며, 따라서

$$\Pr\left(\frac{N(t) - \lambda t}{\sqrt{\lambda t}} \leq x\right) \approx \Phi(x), \quad t \to \infty$$

이다. 여기서 $\Phi(\cdot)$는 표준정규분포의 분포함수이다.

– 점추정과 신뢰구간

λ의 추정량은

$$\hat{\lambda} = \frac{N(t)}{t}$$

가 사용되는데 $E(\hat{\lambda}) = \lambda$ 이므로 이 추정량은 불편추정량이다. 또한 $Var(\hat{\lambda}) = \lambda / t$ 이다. 길이가 t인 시간 구간에서 $N(t) = n$이 관측되었을 때, λ에 대한 $1-\alpha$ 신뢰구간은

$$\left[\frac{1}{2t}\chi^2_{1-\alpha/2, 2n}, \quad \frac{1}{2t}\chi^2_{\alpha/2, 2(n+1)}\right]$$

이다. 여기서 $\chi^2_{\alpha, \nu}$는 자유도가 ν인 χ^2 분포의 $100(1-\alpha)$ 백분위수이다. α, ν의 여러 가지 값에서의 $\chi^2_{\alpha, \nu}$가 부록 I에 실려 있다. 어떤 경우에는 λ에 대한 $1-\alpha$ 신뢰상한만을 주는 경우가 있는데, 이때는

$$\left(0,\ \frac{1}{2t}\chi^2_{\alpha,2(n+1)}\right]$$

가 된다. 이 구간은 $(0,\ t]$에서 고장이 발생하지 않아도, 즉 $N(t)=0$이어도 성립한다.

– 정상 포아송 과정들의 합과 분해

$\{N_1(t), t \geq 0\}$과 $\{N_2(t), t \geq 0\}$이 각각 고장발생률 λ_1과 λ_2이고 서로 독립인 정상 포아송 과정을 따른다고 하자. $N(t)=N_1(t)+N_2(t)$라 하면, $\{N(t), t \geq 0\}$는 고장발생률 $\lambda=\lambda_1+\lambda_2$인 정상 포아송 과정을 따른다.

정상 포아송 과정을 따르는 $\{N(t), t \geq 0\}$를 각각 발생확률이 p와 $1-p$인 두 가지 종류의 사건으로 분류할 수 있다고 하자. 고장형태 1을 따르는 고장발생 비율이 p이고, 고장형태 2를 따르는 고장의 발생비율이 $1-p$이다. 구간 $(0,\ t]$에서 발생하는 고장형태 1의 사건수 $N_1(t)$와 고장형태 2의 사건수 $N_2(t)$는 각각 고장발생률 $p\lambda$와 $(1-p)\lambda$를 따르는 정상 포아송 과정이 된다. 이들은 또한 서로 독립이다.

– 고장시간의 조건부 분포

고장발생률 λ인 정상 포아송 과정에서 하나의 고장이 구간 $(0,\ t_0]$에서 발생하였다고 하자. 고장이 발생한 시점 T_1의 분포를 구해 보자.

$$\begin{aligned}
\Pr[T_1 \leq t \mid N(t_0)=1] &= \frac{\Pr(T_1 \leq t \cap N(t_0)=1)}{\Pr(N(t_0)=1)} \\
&= \frac{\Pr((0,t]\text{에서 하나의 고장} \cap (t,t_0]\text{에서 고장이 없다})}{\Pr(N(t_0)=1)} \\
&= \frac{\Pr(N(t)=1)\cdot\Pr(N(t_0)-N(t)=0)}{\Pr(N(t_0)=1)} \\
&= \frac{\lambda t e^{-\lambda t} e^{-\lambda(t_0-t)}}{\lambda t_0 e^{-\lambda t_0}} \\
&= \frac{t}{t_0},\quad 0 < t \leq t_0
\end{aligned}$$

위의 결과를 일반화시키면 다음과 같다. 시간 t_0까지 n개의 고장이 발생하였다면 즉 $N(t_0)=n$, 고장이 발생한 시점들 $T_1, T_2, \cdots, T_n$들은 $(0,t_0]$사이에 정의되는 균일분포에서 추출된 크기 n의 확률표본의 순서통계량들의 분포와 동일하다. 즉 결합밀도함수가 다음과 같다.

$$f(t_1,t_2,\cdots,t_n|n)=\frac{n!}{t_0^n}, 0<t_1<t_2<\cdots<t_n<t_0$$

그리고 $E(T_i|N(t_0)=n)=i\frac{t_0}{n+1}$ 이다.

– 복합 포아송 과정

고장발생률 λ인 정상 포아송 과정$\{N(t),\ t\geq 0\}$을 생각해 보자. 확률변수 V_i는 사건 $i(=1, 2, \ldots)$와 관련된 확률변수로 V_1, V_2, …는 서로 독립이고, 모두 다음과 같은 분포를 따른다고 하자.

$$F_V(v)=\Pr(V\leq v)$$

또한 V_1, V_2, …는 $N(t)$와도 서로 독립이라고 가정한다. 그러면 시점 t까지 누적된 결과는

$$Z(t)=\sum_{i=1}^{N(t)} V_i,\ \ t\geq 0$$

이다. 이때 $\{Z(t), t\geq 0\}$는 복합 포아송 과정(compound Poisson process)이라 한다. 이 모형은 누적 충격 모델(cumulative damage model)이라고도 부른다. $Z(t)$의 기댓값을 구하기 위해서는 다음과 같은 정리가 필요하다.

정리 F.1(Wald 방정식)

X_1, X_2, X_3, …이 서로 독립이고, 평균이 μ인 같은 분포를 따르는 확률변수들이라 하자. 또한 정수값을 갖는 확률변수 N을 모든 $n=1, 2, 3, \ldots$에 대해서, 사건$(N=n)$이 X_{n+1}, X_{n+2}, X_{n+3}, … 과 독립이라고 가정한다. 그러면 다음이 성립한다.

$$E(\sum_{i=1}^{N} X_i)=E(N)\cdot\mu$$

$$Var(\sum_{i=1}^{N} X_i)=E(N)\cdot\ Var(X_i)+[E(X_i)]^2\cdot\ Var(N)$$

F.2 비정상 포아송 과정

정상 포아송 과정에서는 고장발생률이 시간에 관계없이 일정하다. 고장발생률이 시간에 따라 변화하는 경우는 비정상 포아송 과정으로 그 정의는 다음과 같다.

정의 F.5

계수과정 $\{N(t),\ t\geq 0\}$가 다음의 조건을 만족시키면, 고장발생률 $w(t)$인 비정상 포아송 과정이라 한다.

- $N(0)=0$.
- $\{N(t), t \geq 0\}$ 이 독립증분을 갖는다.
- $\Pr(N(t+\Delta t)-N(t) \geq 2)=o(\Delta t)$. 이것은 시스템이 같은 시간에 두 번 이상 고장이 발생하지 않음을 의미한다.
- $\Pr(N(t+\Delta t)-N(t)=1)=w(t)\Delta t+o(\Delta t)$.

비정상 포아송 과정의 기본적인 모수는 고장발생률함수 $w(t)$이며, 이 과정의 누적 고장발생률은

$$W(t)=\int_0^t w(u)du$$

이다.

비정상 포아송 과정의 정의로부터 구간 $(0, t]$에서의 고장수는 포아송분포를 따름을 쉽게 보일 수 있다.

$$\Pr(N(t)=n)=\frac{[W(t)]^n}{n!}e^{-W(t)}, \quad n=0, 1, 2, \ldots \tag{F.1}$$

따라서 구간 $(0,t]$에서의 평균 고장수는

$$E(N(t))=W(t)$$

이고, 분산은 $Var(N(t))=W(t)$ 이다. 누적 고장발생률 $W(t)$는 구간 $(0,t]$에서의 평균 고장수이다. n이 크면, $\Pr(N(t) \leq n)$ 은 다음과 같이 정규분포로 근사화하여 구할 수 있다.

$$\begin{aligned}\Pr(N(t) \leq n) &= \Pr\left(\frac{N(t)-W(t)}{\sqrt{W(t)}} \leq \frac{n-W(t)}{\sqrt{W(t)}}\right) \\ &= \Phi\left(\frac{n-W(t)}{\sqrt{W(t)}}\right)\end{aligned}$$

식 (F.1)로부터 구간 $(v,t+v]$에서의 고장수는 다음과 같이 포아송 분포를 따른다.

$$\Pr(N(t+v)-N(v)=n)=\frac{[W(t+v)-W(v)]^n}{n!}e^{-[W(t+v)-W(v)]}$$
$$n=0, 1, 2, \ldots$$

구간 $(v,t+v]$에서의 평균 고장수는

$$E(N(t+v)-N(v))=W(t+v)-W(v)=\int_v^{t+v} w(u)du$$

이다. 구간 $(t_1, t_2]$에서 고장이 발생하지 않을 확률은

$$\Pr(N(t_2)-N(t_1)=0)=e^{-\int_{t_1}^{t_2} w(t)dt} \tag{F.2}$$

이다. S_n, $n=1, 2, \ldots$을 n번째 고장이 발생할 때까지의 시간이라 하자. 단, $S_0=0$이다. S_n의 분포는 다음과 같이 얻어진다.

$$\Pr(S_n > t) = \Pr(N(t)) \le n-1) = \sum_{k=0}^{n-1} \frac{W(t)^k}{k!} e^{-W(t)}$$

$W(t)$가 작으면, 포아송 분포표를 이용하여 확률을 구할 수 있다. $W(t)$가 클 때는 다음과 같이 정규분포 근사화를 이용할 수 있다.

$$\begin{aligned}\Pr(S_n > t) &= \Pr(N(t) \le n-1) \\ &\approx \Phi\left(\frac{n-1-W(t)}{\sqrt{W(t)}}\right)\end{aligned}$$

과정이 시점 t_0에서 관측되었다고 하고, $Y(t_0)$를 다음 번 고장까지의 시간이라 하자. $Y(t_0)$를 전향잔존수명이라 하면, 식 (F.2)를 사용하여 $Y(t_0)$의 분포를 다음과 같이 구할 수 있다.

$$\begin{aligned}\Pr(Y(t_0) > t) &= \Pr(N(t+t_0) - N(t_0) = 0) = e^{-[W(t+t_0) - W(t_0)]} \\ &= e^{-\int_{t_0}^{t+t_0} w(u)du} = e^{-\int_0^t w(u+t_0)du}\end{aligned}$$

이 결과는 t_0가 고장시간이든 아니든 관계없다.

F.3 재생과정

재생과정은 기술적인 부품들의 교체정책을 연구하는 과정에서 유래되었고, 후에 확률과정의 일반이론으로 발전되었다. 이름에서 나타나듯이 장비의 재생 혹은 교체를 모형화하는 데 사용된다.

재생과정은 발생간격 시간 T_1, T_2, $\ldots$이 서로 독립이며, 같은 분포함수 $F_T(t) = \Pr(T_i \le t)$, $t \ge 0$, $i = 1, 2, \ldots$를 갖는 계수과정 $\{N(t),\ t \geqq 0\}$이다. 관측되는 사건들은 재생(renewal)이라 불리며, $F_T(t)$는 재생과정의 분포라 한다. 여기서 $E(T_i) = \mu$, $Var(T_i) = \sigma^2 < \infty$, $i = 1, 2, 3, \ldots$를 가정한다. 앞에서 다루어진 정상 포아송 과정은 분포가 모수 λ를 갖는 지수분포인 재생과정이라 할 수 있다. 따라서 재생과정은 정상 포아송 과정의 일반화된 형태라 할 수 있다.

재생과정의 기본적인 개념과 용어들에 대해 살펴보도록 한다.

- n번째 재생까지의 시간(n번째 도착시간) S_n

$$S_n = T_1 + T_2 + \cdots + T_n = \sum_{i=1}^{n} T_i$$

- 구간 $(0,t]$에서의 재생수

$$N(t) = \max\{n : S_n \le t\}$$

• 재생함수(renewal function)

$$W(t) = E(N(t))$$

따라서 $W(t)$는 구간 $(0,t]$에서의 평균 재생 수이다.

• 재생밀도(renewal density)

$$w(t) = \frac{d}{dt} W(t)$$

재생밀도는 F.1에서 정의된 과정률과 같다. 구간 $(t_1,t_2]$에서의 평균 재생 수는

$$W(t_2) - W(t_1) = \int_{t_1}^{t_2} w(t)dt$$

이다.

– S_n의 분포

일반적으로 n번째 재생까지의 시간 S_n의 정확한 분포를 구하는 것은 매우 복잡하다. 여기서는 일부 경우에 적용이 될 수 있는 방법에 대해 소개하도록 한다. $F^{(n)}(t)$를 $S_n = \sum_{i=1}^{n} T_i$의 분포함수라 하자.

S_n은 $S_n = S_{n-1} + T_n$이고, S_{n-1}과 T_n은 서로 독립이기 때문에, S_n의 분포함수는 S_{n-1}과 T_n의 중합(convolution)이다.

$$F^{(n)}(t) = \int_0^t F^{(n-1)}(t-x)dF_T(x) \tag{F.3}$$

두 분포함수 F와 G의 중합은 $F * G$라 표기하며, $F * G(t) = \int_0^t G(t-x)dF(x)$이다. 식 (F.3)은 $F^{(n)}(t) = F_T * F^{(n-1)}$로 쓸 수 있다. $F_T(t)$가 절대 연속이고 확률밀도함수 $f_T(t)$를 가지면, S_n의 확률밀도함수 $f^{(n)}(t)$는 다음과 같이 유도될 수 있다.

$$f^{(n)}(t) = \int_0^t f^{(n-1)}(t-x)f_T(x)dx \tag{F.4}$$

식 (F.3)을 $n = 2, 3, 4, ...$에 대하여 연속하여 적분을 하면, S_n의 분포함수를 구할 수 있다. S_n의 분포함수를 구하는데 라플라스 변환(Laplace transform)을 사용할 수도 있다. 식 (F.4)의 라플라스 변환은 다음과 같다(부록 B 참조).

$$f^{*(n)}(s) = (f_T^*(s))^n \tag{F.5}$$

따라서 S_n의 확률밀도함수는 식 (F.5)의 역변환을 취하여 얻을 수 있다.

사실 식 (F.3)~(F.5)에서 S_n의 정확한 분포함수를 구하기는 시간도 많이 걸리고 복잡하다. 따라서 S_n의 분포함수를 근사적으로 구하는 방법이 종종 유용하다.

대수의 강법칙(strong law of large numbers)에 의하면, 확률 1로

$$\frac{S_n}{n} \rightarrow \mu, \quad n \rightarrow \infty$$

이다. 또한 중심극한정리에 따르면, $S_n = \sum_{i=1}^{n} T_i$는 근사적으로 정규분포를 따른다. 즉

$$\frac{S_n - n\mu}{\sigma\sqrt{n}} \rightarrow N(0, 1)$$

이다. 따라서

$$F^{(n)}(t) = \Pr(S_n \le t) \approx \Phi\left(\frac{t - n\mu}{\sigma\sqrt{n}}\right) \tag{F.6}$$

이며, 여기서 $\Phi(\bullet)$는 표준정규분포, 즉 $N(0,1)$의 분포함수이다.

- $N(t)$의 분포

  $N(t)$와 S_n의 정의로부터

$$\Pr(N(t) \ge n) = \Pr(S_n \le t) = F^{(n)}(t)$$

  이고, 그리고

$$\begin{aligned} \Pr(N(t) = n) &= \Pr(N(t) \ge n) - \Pr(N(t) \ge n+1) \\ &= F^{(n)}(t) - F^{(n+1)}(t) \end{aligned}$$

  이다. n이 크면, 식 (F.6)를 적용할 수 있다.

$$\Pr(N(t) = n) \approx \Phi\left(\frac{t - n\mu}{\sigma\sqrt{n}}\right) - \Phi\left(\frac{t - (n+1)\mu}{\sigma\sqrt{n+1}}\right)$$

- 재생함수

  $N(t) \ge n$과 $S_n \le t$은 동치이므로, 다음을 얻을 수 있다.

$$W(t) = E(N(t)) = \sum_{n=1}^{\infty} \Pr(N(t) \ge n) = \sum_{n=1}^{\infty} \Pr(S_n \le t) = \sum_{n=1}^{\infty} F^{(n)}(t) \tag{F.7}$$

  식 (F.3)과 (F.7)를 이용하면, $W(t)$의 적분방정식을 다음과 같이 얻을 수 있다.

$$\begin{aligned} W(t) &= F_T(t) + \sum_{r=2}^{\infty} F^{(r)}(t) = F_T(t) + \sum_{r=1}^{\infty} F^{(r+1)}(t) \\ &= F_T(t) + \sum_{r=1}^{\infty} \int_0^t F^{(r)}(t-x) dF_T(x) \\ &= F_T(t) + \int_0^t \sum_{r=1}^{\infty} F^{(r)}(t-x) dF_T(x) \\ &= F_T(t) + \int_0^t W(t-x) F_T(x) dx \end{aligned} \tag{F.8}$$

이 방정식은 기본 재생 방정식(fundamental renewal equation)이라 불리며, $W(t)$의 해를 구할 수 있는 경우도 있다.

– 재생밀도

$F_T(t)$가 밀도함수로 $f_T(t)$를 갖는다면, 식 (F.7)를 미분하여 다음을 얻을 수 있다.

$$w(t) = \frac{d}{dt}W(t) = \frac{d}{dt}\sum_{n=1}^{\infty} F_T^{(n)}(t) = \sum_{n=1}^{\infty} f_T^{(n)}(t)$$

이 식은 재생밀도(renewal density) $w(t)$를 얻는 데 사용된다. 다른 방법으로는 식 (F.8)을 t에 관해서 미분하는 것이다.

$$w(t) = f_T(t) + \int_0^t w(t-x) f_T(x)\,dx \tag{F.9}$$

또 다른 접근방법으로는 라플라스 변환을 사용하는 것이다. 부록 B에서 식 (F.8)의 라플라스변환을 구하면

$$w^*(s) = f_T^*(s) + w^*(s) \cdot f_T^*(s)$$

이다. 따라서 다음과 같이 된다.

$$w^*(s) = \frac{f_T^*(s)}{1 - f_T^*(s)}$$

– 나이 및 전향잔존수명

시점 t에서 가동 중인 부품의 나이 $Z(t)$는 다음과 같이 정의된다.

$$Z(t) = \begin{cases} t, & N(t) = 0 \\ t - S_{N(t)}, & N(t) > 0 \end{cases}$$

또한 시점 t에서 가동 중인 부품의 전향잔존수명 $Y(t)$는 다음과 같다.

$$Y(t) = S_{N(t)+1} - t$$

재생이 고장이고, T를 시작에서부터 첫 번째 고장인 경우를 생각해 보자. 시점 t에서 부품의 전향잔존수명 $Y(t)$의 분포는

$$\Pr(Y(t) > y) = \Pr(T > y + t \mid T > t) = \frac{\Pr(T > y + t)}{\Pr(T > t)}$$

이고, 시점 t에서 부품의 전향잔존수명 $Y(t)$의 기댓값은

$$E(Y(t)) = \frac{1}{\Pr(T > t)} \int_t^{\infty} \Pr(T > u)\,du$$

이다. T가 고장률 λ인 지수분포를 따른다면 잔존수명의 기댓값은 $1/\lambda$가 되며, 이는 지수분포의 망각성 때문에 분명하다.

부록 G 연속시간 마르코프체인

정수공간 I를 상태공간으로 갖는 확률과정 $\{X(t),\ t \geq 0\}$를 생각해 보자. 임의의 정수 $i,\ j,\ k$에 대해서 $\Pr[X(t+s)=j \mid X(s)=i,\ X(u)=k,\ 0 \leq u < s] = \Pr[X(t+s)=j \mid X(s)=i]$을 만족시키면, 연속시간 마르코프체인(continuous-time Markov chain)이라 한다.

마르코프체인의 분석을 위해 먼저 임의의 상태 i에서 출발하여 시간 t 이후에 j 상태에 있을 확률 즉 전이확률 $P_{ij}(t) = \Pr[X(t) = j|X(0) = i] = \Pr[X(t+s) = j|X(s) = i]$를 구하여야 한다. 시간 정상성(stationary)을 갖는 경우는 전이확률로 이루어진 행렬, $P(t)$는 다음과 같은 행렬 방정식을 만족하여야 한다. 이를 콜모로고로프의 전진 방정식(kolmogorov equation)이라 한다.

$$\frac{d}{dt}\boldsymbol{P}(t) = \boldsymbol{P}(t)\boldsymbol{Q},\quad (\boldsymbol{P}(0) = I) \tag{G.1}$$

여기서 $\boldsymbol{Q} = \lim_{\Delta t \to 0} \frac{\boldsymbol{P}(\Delta t) - \boldsymbol{I}}{\Delta t}$로 전이율행렬(infinitesimal generator, rate matrix)이라 부르며, $\boldsymbol{Q}$의 (i,j)원소 q_{ij}는 다음과 같다.

$$q_{ii} = \lim_{\Delta t \to 0} \frac{P_{ii}(\Delta t) - 1}{\Delta t},\quad q_{ij} = \lim_{\Delta t \to 0} \frac{P_{ij}(\Delta t)}{\Delta t},\ (i \neq j)$$

q_{ij}를 i로부터 j로의 전이율(transition rate)라고 부르며, 이것은 'i에 있다는 조건하에서' 단위 시간당 j로 전이하는 평균횟수이다. 따라서 현재 i에 있을 때 다음 상태가 j일 확률은 $\frac{q_{ij}}{q_i} = \frac{q_{ij}}{\sum_{k,\,k \neq i} q_{ik}}$이다.

이 방정식을 풀면 임의 시점에서의 상태확률, 전이확률을 구할 수 있다. 전이확률을 구하면 이제 초기상태에 대한 정보를 알면 시스템이 임의의 시점에서 어떤 상태에 있을 확률을 구할 수 있다.

한편 확률과정의 모수 값들이 안정조건(stability condition)을 만족시키면, 시간이 지남에 따라 상태확률 $P_n(t)$의 변화가 둔화되며, 어떤 상수값 P_n으로 수렴하게 된다.

$$\lim_{t \to \infty} P_n(t) = P_n$$

$$\lim_{t \to \infty} \frac{d}{dt} P_n(t) = 0$$

따라서 무한의 시간후 안정상태에서 시스템이 어떤 상태에 있을 확률 즉 안전상태 확률은 초기조건에 무관하며 안정상태 확률로 이루어진 백터를 $\boldsymbol{p} = (P_0, P_1, \cdots)$라 하면 안정상태 방정식(steady-state equations)은 다음과 같다.

$$\boldsymbol{pQ} = 0, \ \ \boldsymbol{pe} = 1 \tag{G.2}$$

여기서 $\boldsymbol{e}$는 요소가 모두 1인 백터이다. 위의 방정식을 풀면 안정상태 확률을 구할 수 있다. 이 확률은 또한 일정한 조건하에서는 시스템을 장기적으로 운영하는 경우 전체 시간에 대한 특정 상태에 머문시간의 비율이 안정생태 확률과 동일하다.

출생사망과정(birth-death process) $\{X(t),\ t \geq 0\}$는 유한하거나, 가산적인 상태공간 0, 1, 2, ... 에서의 연속시간 마르코프체인으로 순간적으로는 이웃하는 상태로만 전이가 가능하다. 출생사망과정은 출생률 $\lambda_k,\ k \geq 0$과 사망률 $\mu_k,\ k \geq 0$에 의해 결정된다.

$$\Pr[X(t, t+\Delta t) = n+1 | X(t) = n] = \lambda_n \Delta t + o(\Delta t)$$

$$\Pr[X(t, t+\Delta t) = n-1 | X(t) = n] = \mu_n \Delta t + o(\Delta t)$$

$P_n(t) = \Pr[X(t) = n]$를 시점 t에서 상태 n에 있을 확률이라 하면 다음의 미분방정식이 성립한다(식 (G.1) 참고).

$$\frac{d}{dt} P_0(t) = -\lambda_0 P_0(t) + \mu_1 P_1(t)$$

$$\frac{d}{dt} P_n(t) = \lambda_{n-1} P_{n-1}(t) - (\lambda_n + \mu_n) P_n(t) + \mu_{n+1} P_{n+1}(t),\ \ n \geq 1$$

만일 상태가 0, 1, 2, ..., m이라면

$$\frac{d}{dt} P_m(t) = \lambda_{m-1} P_{m-1}(t) - \mu_m P_m(t)$$

이다. 상태확률 $P_n(t)$는 초기상태에 따라 달라진다.

여기서 $t \to \infty$일 때 출생사망과정의 시스템 방정식은 식 (G.2)로부터 다음과 같은 안정상태 방정식으로 바뀐다.

$$0 = -\lambda_0 P_0 + \mu_1 P_1$$

$$0 = \lambda_{n-1} P_{n-1} - (\lambda_n + \mu_n) P_n + \mu_{n+1} P_{n+1},\ \ n \geq 1$$

위의 식으로부터 안정상태 확률을 다음과 같이 구할 수 있다.

$$P_n = \frac{\lambda_0 \lambda_1 \cdot \cdots \cdot \lambda_{n-1}}{\mu_1 \mu_2 \cdot \cdots \cdot \mu_n} \cdot P_0$$

모든 확률의 합은 1이므로 다음과 같은 정규화 조건이 성립한다.

$$\sum_{n=0}^{\infty} P_n = 1$$

이 정규화 조건을 이용하면, 결국 출생사망과정의 안정상태 확률은 다음과 같다.

$$P_0 = \left[1 + \sum_{n=1}^{\infty} \left\{ \frac{\prod_{i=0}^{n-1} \lambda_i}{\prod_{i=1}^{n} \mu_i} \right\} \right]^{-1}, \quad P_n = \frac{\prod_{i=0}^{n-1} \lambda_i}{\prod_{i=1}^{n} \mu_i} P_0, \ n \geq 1 \tag{G.3}$$

여기서 모든 상태확률이 양의 값을 가질 조건은 .

$$0 < \left[1 + \sum_{n=1}^{\infty} \left\{ \frac{\prod_{i=0}^{n-1} \lambda_i}{\prod_{i=1}^{n} \mu_i} \right\} \right]^{-1} < 1$$

이므로, 이로부터 다음 조건이 얻어진다.

$$\sum_{n=1}^{\infty} \left\{ \frac{\prod_{i=0}^{n-1} \lambda_i}{\prod_{i=1}^{n} \mu_i} \right\} = \sum_{n=1}^{\infty} \frac{\lambda_0 \lambda_1 \cdot \cdots \cdot \lambda_{n-1}}{\mu_1 \mu_2 \cdot \cdots \cdot \mu_n} < \infty \tag{G.4}$$

구간 $(0, T]$에서 $X(t)$를 생각해 보자. T_k를 이 구간에서 상태 k에 머무는 시간, 즉 상태체재 시간(state sojourn time)이라 하면, 확률 1로

$$\frac{T_k}{T} \to P_k, \ T \to \infty$$

이다. $X(t) = k$라고 가정하자. 만일 $X(t)$가 시점 $t + Y$에서 상태 k로부터 벗어나게 되었다면 다음이 성립한다.

$$Y \sim \text{Exp}(r_k)$$

여기서

$$r_k = \begin{cases} \lambda_0 & k=0 \\ \lambda_k + \mu_k & k \geq 1 \end{cases}$$

이다. 상태 k에서 상태 $k+1$로 전이될 확률 $P_{k,k+1}$는

$$P_{k,k+1} = \frac{\lambda_k}{\lambda_k + \mu_k}$$

이고, 상태 k에서 상태 $k-1$로 전이될 확률 $P_{k,\,k-1}$는

$$P_{k,k-1} = \frac{\mu_k}{\lambda_k + \mu_k}$$

이다.

부록 H 부울대수

부울변수는 두 가지 값을 가지는 변수인데 여기서는 (0,1)을 가지는 것으로 가정한다. 이들 변수들의 연산과 관련된 부울대수에서는 3가지 연산이 정의된다. 곱(disjunction), 합(conjunction), 부정(negation)이 그들인데 부울변수인 x, y에 대해 각 연산들은 다음과 같이 정의된다.

- 곱(disjunction): $x \wedge y = \begin{cases} 1, x=y=1 \\ 0, \text{기타} \end{cases}$
- 합(conjunction): $x \vee y = \begin{cases} 0, x=y=0 \\ 1, \text{기타} \end{cases}$
- 부정(negation): $\overline{x} = \begin{cases} 1, x=0 \\ 0, x=1 \end{cases}$

그리고 위의 연산을 일반 연산으로 표현하면 다음과 같다.

- 곱합(disjunction): $x \wedge y = xy = \min(x,y)$
- 합곱(conjunction): $x \vee y = 1-(1-x)(1-y) = x+y-xy = \max(x,y)$
- 부정(negation): $\overline{x} = 1-x$

정의 H.1

부울 변수 x, y가 $x \vee y = x + y$이면 두 변수는 서로 소(disjoint, orthogonal) 한 경우라고 한다.

부울변수에 대해서는 다음과 같은 성질이 성립된다.

$$x \wedge x = x,\ x \vee x = x$$

- 교환법칙: $x \wedge y = y \wedge x,\ x \vee y = y \vee x$
- 결합법칙: $(x \wedge y) \wedge z = x \wedge (y \wedge z), (x \vee y) \vee z = x \vee (y \vee z)$
- 배분법칙: $x \wedge (y \vee z) = (x \wedge y) \vee (x \wedge z),\ x \vee (y \wedge z) = (x \vee y) \wedge (x \vee z)$
- 흡수법칙: $x \vee (x \wedge y) = x, x \wedge (x \vee y) = x$
- de Morgan 법칙: $\overline{x \wedge y} = \overline{x} \vee \overline{y}, \overline{x \vee y} = \overline{x} \wedge \overline{y}$

정리 H.2

$x \vee y = x \vee y - x \wedge y = x \vee \overline{x} \wedge y$

부록 I 통계분포표

표 I.1 표준정규분포표

$$\Phi(z) = \Pr(Z \le z) = \int_{-\infty}^{z} \frac{1}{\sqrt{2\pi}} e^{-u^2/2}\, du$$

z	0.00	0.01	0.02	0.03	0.04	0.05	0.06	0.07	0.08	0.09
0.0	.5000	.5040	.5080	.5120	.5160	.5199	.5239	.5279	.5319	.5359
0.1	.5398	.5438	.5478	.5517	.5557	.5596	.5636	.5675	.5714	.5753
0.2	.5798	.5832	.5871	.5910	.5948	.5987	.6026	.6064	.6103	.6141
0.3	.6179	.6217	.6255	.6293	.6331	.6368	.6406	.6443	.6480	.6517
0.4	.6554	.6591	.6628	.6664	.6700	.6736	.6772	.6808	.6844	.6879
0.5	.6915	.6950	.6985	.7019	.7054	.7088	.7123	.7157	.7190	.7224
0.6	.7257	.7291	.7324	.7357	.7389	.7422	.7454	.7486	.7518	.7549
0.7	.7580	.7611	.7642	.7673	.7704	.7734	.7764	.7794	.7823	.7852
0.8	.7881	.7910	.7939	.7967	.7995	.8023	.8051	.8078	.8106	.8133
0.9	.8159	.8186	.8212	.8238	.8264	.8289	.8315	.8340	.8365	.8389
1.0	.8413	.8438	.8461	.8485	.8508	.8531	.8554	.8577	.8599	.8621
1.1	.8643	.8665	.8686	.8708	.8729	.8749	.8770	.8790	.8810	.8830
1.2	.8849	.8869	.8888	.8907	.8925	.8944	.8962	.8980	.8997	.9015
1.3	.9032	.9049	.9066	.9082	.9099	.9115	.9131	.9147	.9162	.9117
1.4	.9192	.9207	.9222	.9236	.9251	.9265	.9279	.9292	.9306	.9319
1.5	.9332	.9345	.9357	.9370	.9382	.9394	.9406	.9418	.9429	.9441
1.6	.9452	.9463	.9474	.9484	.9495	.9505	.9515	.9525	.9535	.9545
1.7	.9554	.9564	.9573	.9582	.9591	.9599	.9608	.9616	.9625	.9633
1.8	.9641	.9649	.9656	.9664	.9671	.9678	.9686	.9693	.9699	.9706
1.9	.9713	.9719	.9726	.9732	.9738	.9744	.9750	.9756	.9761	.9767
2.0	.9772	.9778	.9783	.9788	.9793	.9798	.9803	.9808	.9812	.9817
2.1	.9821	.9826	.9830	.9834	.9838	.9842	.9846	.9850	.9854	.9857
2.2	.9861	.9864	.9868	.9871	.9875	.9878	.9881	.9884	.9887	.9890
2.3	.9893	.9896	.9898	.9901	.9904	.9906	.9909	.9911	.9913	.9916
2.4	.9918	.9920	.9922	.9925	.9927	.9929	.9931	.9932	.9934	.9936
2.5	.9938	.9940	.9941	.9943	.9945	.9946	.9948	.9949	.9951	.9952
2.6	.9953	.9955	.9956	.9957	.9959	.9960	.9961	.9962	.9963	.9964
2.7	.9965	.9966	.9967	.9968	.9969	.9970	.9971	.9972	.9973	.9974
2.8	.9974	.9975	.9976	.9977	.9977	.9978	.9979	.9980	.9980	.9981
2.9	.9981	.9982	.9983	.9983	.9984	.9984	.9985	.9985	.9986	.9986
3.0	.9987	.9987	.9987	.9988	.9988	.9989	.9989	.9989	.9990	.9990
3.1	.9990	.9991	.9991	.9991	.9992	.9992	.9992	.9992	.9993	.9993

표 **I.2** t 분포표

$\Pr(T \geq t_{\alpha,\phi}) = \alpha$

자유도 \ α	0.10	0.05	0.025	0.01	0.005	0.0005
1	3.078	6.314	12.706	31.821	63.657	636.619
2	1.886	2.920	4.303	6.965	9.925	31.598
3	1.638	2.353	3.182	4.541	5.841	12.924
4	1.533	2.132	2.776	3.747	4.604	8.610
5	1.476	2.015	2.571	3.365	4.032	6.869
6	1.440	1.943	2.447	3.143	3.707	5.959
7	1.415	1.895	2.365	2.998	3.499	5.408
8	1.397	1.860	2.306	2.896	3.355	5.041
9	1.383	1.833	2.262	2.821	3.250	4.781
10	1.372	1.812	2.228	2.764	3.169	4.587
11	1.363	1.796	2.201	2.718	3.106	4.437
12	1.356	1.782	2.179	2.681	3.055	4.318
13	1.350	1.771	2.160	2.650	3.012	4.221
14	1.345	1.761	2.145	2.624	2.977	4.140
15	1.341	1.753	2.131	2.602	2.947	4.073
16	1.337	1.746	2.120	2.583	2.921	4.015
17	1.333	1.740	2.110	2.567	2.898	3.965
18	1.330	1.734	2.101	2.552	2.878	3.922
19	1.328	1.729	2.093	2.539	2.861	3.833
20	1.325	1.725	2.086	2.528	2.845	3.850
21	1.323	1.721	2.080	2.518	2.831	3.819
22	1.321	1.717	2.074	2.508	2.819	3.792
23	1.319	1.714	2.069	2.500	2.807	3.767
24	1.318	1.711	2.064	2.492	2.797	3.745
25	1.316	1.708	2.060	2.485	2.787	3.725
26	1.315	1.706	2.056	2.479	2.779	3.707
27	1.314	1.703	2.052	2.473	2.771	3.690
28	1.313	1.701	2.048	2.467	2.763	3.674
29	1.311	1.699	2.045	2.462	2.756	3.659
30	1.310	1.697	2.042	2.457	2.750	3.646
40	1.303	1.684	2.021	2.423	2.704	3.551
60	1.296	1.671	2.004	2.390	2.660	3.460
120	1.289	1.658	1.980	2.358	2.617	3.373
∞	1.282	1.645	1.960	2.326	2.576	3.291

표 **I.3** 카이제곱(χ^2) 분포표 $\Pr[\chi^2 \geq \chi^2_{\alpha,\phi}] = \alpha$

자유도 \ α	0.995	0.990	0.975	0.950	0.900	0.100	0.050	0.025	0.010	0.005
1	0.0^4393	0.0^3157	0.0^3982	0.0^2393	0.0158	2.71	3.84	5.02	6.63	7.88
2	0.0100	0.0201	0.0506	0.103	0.211	4.61	5.99	7.38	9.21	10.60
3	0.072	0.115	0.216	0.352	0.584	6.25	7.81	9.35	11.34	12.84
4	0.207	0.297	0.484	0.711	1.064	7.78	9.49	11.14	13.28	14.86
5	0.412	0.554	0.831	1.145	1.61	9.24	11.07	12.83	15.09	16.75
6	0.676	0.872	1.24	1.64	2.20	10.64	12.59	14.45	16.81	18.55
7	0.989	1.24	1.69	2.17	2.83	12.02	14.07	16.01	18.48	20.28
8	1.34	1.65	2.18	2.73	3.49	13.36	15.51	17.53	20.09	21.96
9	1.73	2.09	2.70	3.33	4.17	14.68	16.92	19.02	21.67	23.59
10	2.16	2.56	3.25	3.94	4.87	15.99	18.31	20.48	23.21	25.19
11	2.60	3.05	3.82	4.57	5.58	17.28	19.68	21.92	24.73	26.76
12	3.07	3.57	4.40	5.23	6.30	18.55	21.03	23.34	26.22	28.30
13	3.57	4.11	5.01	5.89	7.04	19.81	22.36	24.74	27.69	29.82
14	4.07	4.66	5.63	6.57	7.79	21.06	23.68	26.12	29.14	31.32
15	4.60	5.23	6.26	7.26	8.55	22.31	25.00	27.49	30.58	32.80
16	5.14	5.81	6.91	7.96	9.31	23.54	26.30	28.85	32.00	34.27
17	5.70	6.41	7.56	8.67	10.09	24.77	27.59	30.19	33.41	35.72
18	6.26	7.01	8.23	9.39	10.86	25.99	28.87	31.53	34.81	37.16
19	6.84	7.63	8.91	10.12	11.65	27.20	30.14	32.85	36.19	38.58
20	7.43	8.26	9.59	10.85	12.44	28.41	31.41	34.17	37.57	40.00
21	8.03	8.90	10.28	11.59	13.24	29.62	32.67	35.48	38.93	41.40
22	8.64	9.54	10.98	12.34	14.04	30.81	33.92	36.78	40.29	42.80
23	9.26	10.20	11.69	13.09	14.85	32.01	35.17	38.08	41.64	44.18
24	9.89	10.86	12.40	13.85	15.66	33.20	36.42	39.36	42.98	45.56
25	10.52	11.52	13.12	14.61	16.47	34.38	37.65	40.65	44.31	46.93
26	11.16	12.20	13.84	15.38	17.29	35.56	38.89	41.92	45.64	48.29
27	11.81	12.88	14.57	16.15	18.11	36.74	40.11	43.19	46.96	49.64
28	12.46	13.56	15.31	16.93	18.94	37.92	41.34	44.46	48.28	50.99
29	13.12	14.26	16.05	17.71	19.77	39.09	42.56	45.72	49.59	52.34
30	13.79	14.95	16.79	18.49	20.60	40.26	43.77	46.98	50.89	53.67
40	20.71	22.16	24.43	26.51	29.05	51.81	55.76	59.34	63.69	66.77
50	27.99	29.71	32.36	34.76	37.69	63.17	67.50	71.42	76.15	79.49
60	35.53	37.48	49.48	43.19	46.46	74.40	79.08	83.30	88.38	91.95
70	43.28	45.44	48.76	51.74	55.33	85.53	90.53	95.02	100.4	104.2
80	51.17	53.54	57.15	60.39	64.28	96.58	101.9	106.6	112.3	113.6
90	59.20	61.75	65.65	69.13	73.29	107.6	113.1	118.1	124.1	128.3
100	67.33	70.06	74.22	77.93	82.36	118.5	124.3	129.6	153.8	140.2

표 I.4 F 분포표

$\Pr\left[F \geq F_{\alpha, \phi_1, \phi_2}\right] = \alpha$ $\qquad F_{\alpha, \phi_1, \phi_2} = 1/F_{1-\alpha, \phi_2, \phi_1}$

ϕ_2	α	ϕ_1								
		1	2	3	4	5	6	7	8	9
1	0.10	39.9	49.5	53.6	55.8	57.2	58.2	58.9	59.4	59.9
	0.05	161	200	216	225	230	234	237	239	241
	0.025	648	800	864	900	922	937	948	957	963
	0.01	4,052	5,000	5,403	5,625	5,7634	5,859	5,928	5,981	6,022
2	0.10	8.53	9.00	9.16	9.24	9.29	9.33	9.35	9.37	9.38
	0.05	18.5	19.0	19.2	19.2	19.3	19.3	19.4	19.4	19.4
	0.025	35.5	39.0	39.2	39.3	39.3	39.3	39.4	39.4	39.4
	0.01	88.5	99.0	99.2	99.2	99.3	99.3	99.4	99.4	99.4
3	0.10	5.54	5.46	5.39	5.34	5.31	5.28	5.27	5.25	5.24
	0.05	10.1	9.55	9.28	9.12	9.01	8.94	8.89	8.85	8.81
	0.025	17.4	16.0	15.4	15.1	14.9	14.7	14.6	14.5	14.5
	0.01	34.1	30.8	29.5	28.7	28.2	27.9	27.7	27.5	27.3
4	0.10	4.54	4.32	4.19	4.11	4.05	4.01	3.98	3.95	3.94
	0.05	7.71	6.94	6.59	6.39	6.26	6.16	6.09	6.04	6.00
	0.025	12.2	10.7	9.98	9.60	9.36	9.20	9.07	8.98	8.90
	0.01	21.2	18.0	16.7	16.0	15.5	15.2	15.0	14.8	14.7
5	0.10	4.06	3.78	3.62	3.52	3.45	3.40	3.37	3.34	3.32
	0.05	6.61	5.79	5.41	5.19	5.05	4.95	4.88	4.82	4.77
	0.025	10.0	8.43	7.76	7.39	7.15	6.98	6.85	6.76	6.68
	0.01	16.3	13.3	12.1	11.4	11.0	10.7	10.5	10.3	10.2
6	0.10	3.78	3.46	3.29	3.18	3.11	3.05	3.01	2.98	2.96
	0.05	6.99	5.14	4.76	4.53	4.39	4.28	4.21	4.15	4.10
	0.025	8.81	7.26	6.60	6.23	5.99	5.82	5.70	5.60	5.52
	0.01	13.7	10.9	9.78	9.15	8.75	8.47	8.26	8.10	7.98
7	0.10	3.59	3.26	3.07	2.96	2.88	2.83	2.78	2.75	2.72
	0.05	5.59	4.74	4.35	4.12	3.97	3.87	3.79	3.73	3.68
	0.025	8.07	6.51	5.89	5.52	5.29	5.12	4.99	4.90	4.82
	0.01	12.2	9.55	8.45	7.85	7.46	7.19	6.99	6.84	6.72
8	0.10	3.46	3.11	2.92	2.81	2.73	2.67	2.62	2.59	2.56
	0.05	5.32	4.46	4.07	3.84	3.69	3.58	3.50	3.44	3.39
	0.025	7.57	6.06	5.42	5.05	4.82	4.65	4.53	4.43	4.36
	0.01	11.3	8.65	7.59	7.01	6.63	6.37	6.18	6.03	5.91

(계속)

ϕ_2	α	ϕ_1								
		1	2	3	4	5	6	7	8	9
9	0.10	3.36	3.01	2.81	2.69	2.61	2.55	2.51	2.47	2.44
	0.05	5.12	4.26	3.86	3.63	3.48	3.37	3.29	3.23	3.18
	0.025	7.21	5.71	5.08	4.72	4.48	4.32	4.20	4.10	4.03
	0.01	10.6	8.02	6.99	6.42	6.06	5.80	5.61	5.47	5.35
10	0.10	3.29	2.92	2.73	2.61	2.52	2.46	2.41	2.38	2.35
	0.05	4.96	4.10	3.71	3.48	3.33	3.22	3.14	3.07	3.02
	0.025	6.94	5.46	4.83	4.47	4.24	4.07	3.95	3.85	3.78
	0.01	10.0	7.56	6.55	5.99	5.64	5.39	5.20	5.06	4.94
11	0.10	3.23	2.86	2.66	2.54	2.45	2.39	2.34	2.30	2.27
	0.05	4.84	3.98	3.59	3.36	3.20	3.09	3.01	2.95	2.90
	0.025	6.72	5.26	4.63	4.28	4.04	3.88	3.76	3.66	3.59
	0.01	10.0	7.21	6.22	5.67	5.32	5.07	4.89	4.74	4.63
12	0.10	3.18	2.81	2.61	2.48	2.39	2.33	2.28	2.24	2.21
	0.05	4.75	3.89	3.49	3.26	3.11	3.00	2.91	2.85	2.80
	0.025	6.55	5.10	4.47	4.12	3.89	3.73	3.61	3.51	3.44
	0.01	9.33	6.93	5.95	5.41	5.06	4.82	4.64	4.50	4.39
13	0.10	3.14	2.76	2.56	2.43	2.35	2.28	2.23	2.20	2.16
	0.05	4.67	3.81	3.51	4.18	3.03	3.92	3.83	2.77	2.71
	0.025	6.41	4.97	4.35	4.00	3.77	3.60	3.48	3.39	3.31
	0.01	9.07	6.70	5.74	5.21	4.86	4.62	4.44	4.30	4.19
14	0.10	3.10	2.73	2.52	2.39	2.31	2.24	2.19	2.15	2.12
	0.05	4.60	3.74	3.34	3.11	2.96	2.85	2.76	2.70	2.65
	0.025	6.30	4.86	4.24	3.89	3.66	3.50	3.36	3.29	3.26
	0.01	8.86	6.51	5.56	5.04	4.69	4.46	4.28	4.14	4.03
15	0.10	3.07	2.70	2.49	2.36	2.27	2.21	2.16	2.12	2.09
	0.05	4.54	3.68	3.29	3.06	2.90	2.79	2.71	2.64	2.59
	0.025	6.20	4.77	4.15	3.80	3.58	3.41	3.29	3.20	3.12
	0.01	8.68	6.36	5.42	4.89	4.56	4.32	4.14	4.00	3.89
16	0.10	3.05	2.67	2.46	2.33	2.24	2.18	2.13	2.09	2.06
	0.05	4.49	3.59	3.24	3.01	2.85	2.74	2.66	2.59	2.54
	0.025	6.12	4.62	4.08	3.73	3.50	3.34	3.22	3.12	3.05
	0.01	8.53	6.11	5.29	4.77	4.44	4.20	4.03	3.89	3.78
17	0.10	3.03	2.62	2.44	2.31	2.22	2.15	2.10	2.06	2.03
	0.05	4.45	3.55	3.20	2.96	2.81	2.70	2.61	2.55	2.49
	0.025	6.04	4.56	4.01	3.66	3.44	3.28	3.16	3.06	2.98
	0.01	8.40	6.01	5.18	4.67	4.34	4.10	3.93	3.79	3.68

(계속)

ϕ_2	α	ϕ_1								
		1	2	3	4	5	6	7	8	9
18	0.10	3.01	2.62	2.42	2.29	2.20	2.13	2.08	2.04	2.00
	0.05	4.41	3.55	3.16	2.93	2.77	2.66	2.58	2.51	2.46
	0.025	5.98	4.56	3.95	3.61	3.38	3.22	3.10	3.01	2.93
	0.01	8.29	6.01	5.09	4.58	4.25	4.01	3.84	3.71	3.60
19	0.10	2.99	2.61	2.40	2.27	2.18	2.11	2.06	2.02	1.98
	0.05	4.38	3.52	3.13	2.90	2.74	2.63	2.54	2.48	2.42
	0.025	5.92	4.51	3.90	3.56	3.33	3.17	3.05	2.96	2.88
	0.01	8.18	5.93	5.01	4.50	4.17	3.94	3.77	3.63	3.52
20	0.10	2.97	2.59	2.38	2.25	2.16	2.09	2.04	2.00	1.96
	0.05	4.35	3.49	3.10	2.87	2.71	2.60	2.51	2.45	2.39
	0.025	5.87	4.46	3.86	3.51	3.29	3.13	3.01	2.91	2.84
	0.01	8.10	5.85	4.94	4.43	4.10	3.87	3.70	3.56	3.46
24	0.01	2.93	2.54	2.33	2.19	2.10	2.04	1.97	1.94	1.91
	0.05	4.26	3.40	3.01	2.78	2.62	2.51	2.42	2.36	2.30
	0.025	5.72	4.32	3.72	3.38	3.15	2.99	2.87	2.78	2.70
	0.01	7.82	5.61	4.72	4.22	3.90	3.67	3.50	3.36	3.26
30	0.10	2.88	2.49	2.28	2.14	2.05	1.98	1.93	1.88	1.85
	0.05	4.17	3.32	2.92	2.69	2.53	2.42	2.33	2.27	2.21
	0.025	5.57	4.18	3.59	3.25	3.03	2.87	2.75	2.65	2.57
	0.01	7.56	5.39	4.51	4.02	3.70	3.47	3.30	3.17	3.07
60	0.10	2.79	2.39	2.1318	2.04	1.95	1.87	1.82	1.77	1.74
	0.05	3.00	3.15	2.6876	2.53	2.37	2.25	2.17	2.10	1.06
	0.025	5.29	3.93	3.2334	3.01	2.79	2.63	2.51	2.41	2.33
	0.01	7.08	4.98	4.1313	3.65	3.34	3.12	2.95	2.82	2.72
120	0.10	2.75	2.36	2.13	1.99	1.90	1.82	1.77	1.72	1.68
	0.05	3.92	3.07	2.68	2.45	2.29	2.18	2.09	2.02	1.96
	0.025	5.15	3.80	3.23	3.89	2.67	2.52	2.39	2.30	2.22
	0.01	7.08	4.98	4.13	3.65	3.34	3.12	2.95	2.82	2.72
∞	0.10	2.71	2.30	2.08	1.94	1.85	1.77	1.72	1.67	1.63
	0.05	3.84	3.00	2.60	2.37	2.21	2.10	2.01	1.94	1.88
	0.025	5.02	3.69	3.12	2.79	2.57	2.41	2.29	2.19	2.11
	0.01	6.63	4.61	3.78	3.32	3.02	2.80	2.64	2.51	2.41

ϕ_2	α	ϕ_1									
		10	11	12	15	20	24	30	60	120	∞
1	0.10	60.2	60.5	60.7	61.2	61.7	62.0	62.3	62.8	63.1	63.3
	0.05	242	243	244	246	248	249	250	252	253	254
	0.025	969	973	977	985	993	997	1,001	1,010	1,014	1,018
	0.01	6,056	6,082	6,106	6,157	6,209	6,235	6,261	6,313	6,339	6,366
2	0.10	9.39	9.40	9.41	9.42	9.44	9.45	9.46	9.47	9.48	9.49
	0.05	19.4	19.4	19.4	19.4	19.4	19.5	19.5	19.5	19.5	19.5
	0.025	39.4	39.4	39.4	39.4	39.5	39.5	39.5	39.5	39.5	39.5
	0.01	99.4	99.4	99.4	99.4	99.4	99.5	99.5	99.5	99.5	99.5
3	0.10	5.23	5.22	5.22	5.20	5.18	5.18	5.17	5.15	5.14	5.13
	0.05	8.79	8.76	8.74	8.70	8.66	8.64	8.62	8.57	8.55	8.53
	0.025	14.4	14.4	14.3	14.3	14.2	14.1	14.1	14.0	14.0	13.9
	0.01	27.2	27.1	27.1	26.9	26.7	26.6	26.5	26.3	26.2	26.1
4	0.10	3.92	3.91	3.90	3.87	3.84	3.83	3.82	3.79	3.78	3.76
	0.05	5.96	5.94	5.91	5.85	5.80	5.77	5.75	5.69	5.66	5.63
	0.025	8.84	8.80	8.75	8.66	8.56	8.51	8.46	8.36	8.31	8.26
	0.01	14.5	14.4	14.4	14.2	14.0	13.9	13.8	13.7	13.6	13.5
5	0.10	3.30	3.28	3.27	3.24	3.21	3.19	3.17	3.14	3.12	3.11
	0.05	4.74	4.71	4.68	4.62	4.56	4.53	4.50	4.43	4.40	4.37
	0.025	8.62	8.57	8.52	8.43	8.33	8.28	8.23	8.12	8.07	8.02
	0.01	10.1	9.96	9.89	9.72	9.55	9.47	9.38	9.20	9.11	9.02
6	0.10	2.94	2.92	2.90	2.87	2.84	2.82	2.80	2.76	2.74	2.72
	0.05	4.06	4.03	4.00	3.94	3.87	3.84	3.81	3.74	3.70	3.67
	0.025	5.46	5.41	5.27	5.27	5.17	5.12	5.07	4.96	4.90	4.85
	0.01	7.87	7.79	7.72	7.56	7.40	7.31	7.23	7.06	6.97	6.88
7	0.10	2.70	2.68	2.67	2.63	2.59	2.58	2.56	2.51	2.49	2.47
	0.05	3.64	3.60	3.57	3.51	3.44	3.41	3.38	3.30	3.27	3.23
	0.025	4.76	4.71	4.67	4.57	4.47	4.42	4.36	4.25	4.20	4.14
	0.01	6.62	6.54	6.47	6.31	6.16	6.07	5.99	5.82	5.74	5.65
8	0.10	2.54	2.52	2.50	2.46	2.42	2.40	2.38	2.34	2.32	2.29
	0.05	3.35	3.31	3.28	3.22	3.15	3.12	3.08	3.01	2.97	2.93
	0.025	4.30	4.25	4.20	4.10	4.00	3.95	3.89	3.78	3.73	3.67
	0.01	5.814	5.73	5.67	5.52	5.36	5.28	5.20	5.03	4.95	4.86
9	0.10	2.42	2.40	2.38	2.34	2.30	2.28	2.25	2.21	2.18	2.16
	0.05	3.14	3.10	3.07	3.01	2.94	2.90	2.86	2.79	2.75	2.71
	0.025	3.96	3.91	3.87	3.77	3.67	3.61	3.56	3.45	3.39	3.33
	0.01	5.26	5.18	5.11	4.96	4.81	4.73	4.65	4.48	4.40	4.31

(계속)

ϕ_2	α	ϕ_1									
		10	11	12	15	20	24	30	60	120	∞
10	0.10	2.32	2.30	2.28	2.24	2.20	2.18	2.16	2.11	2.08	2.06
	0.05	2.98	2.94	2.91	2.84	2.77	2.74	2.70	2.62	2.58	2.54
	0.025	3.72	3.67	3.62	3.52	3.42	3.37	3.31	3.20	3.14	3.08
	0.01	4.85	4.77	4.71	4.56	4.41	4.33	4.25	4.08	4.00	3.91
11	0.01	2.25	2.23	2.21	2.17	2.12	2.10	2.08	2.03	1.99	1.97
	0.05	2.85	2.82	2.79	2.72	2.65	2.61	2.57	2.49	2.43	2.40
	0.025	3.53	3.48	3.43	3.33	3.23	3.17	3.12	3.00	2.94	2.88
	0.01	4.54	4.46	4.40	4.25	4.10	4.02	3.94	3.78	3.66	3.60
12	0.10	2.19	2.17	2.15	2.10	2.06	2.04	2.01	1.96	1.93	1.90
	0.05	2.75	2.72	2.69	2.62	2.54	2.51	2.47	2.38	2.34	2.30
	0.025	3.37	3.32	3.28	3.18	3.07	3.02	2.96	2.85	2.79	2.72
	0.01	4.30	4.22	4.16	4.01	3.86	3.78	3.70	3.54	3.45	3.36
13	0.10	2.14	2.12	2.10	2.05	2.01	1.98	1.96	1.90	1.86	1.85
	0.05	2.67	2.63	2.60	2.53	2.46	2.72	2.38	2.30	2.23	2.21
	0.025	3.25	3.20	3.15	3.05	2.95	2.89	2.84	2.72	2.66	2.60
	0.01	4.10	4.02	3.96	3.82	3.66	3.59	3.51	3.34	3.22	3.17
14	0.10	2.10	2.08	2.05	2.01	1.96	1.94	1.91	1.86	1.83	1.80
	0.05	2.60	2.57	2.53	2.46	2.39	2.35	2.31	2.22	2.18	2.13
	0.025	3.15	3.10	3.05	2.95	2.84	2.79	2.73	2.61	2.55	2.49
	0.01	3.94	3.86	3.38	3.66	3.51	3.43	3.35	3.18	3.09	3.00
15	0.10	2.06	2.04	2.02	1.97	1.82	1.90	1.87	1.82	1.79	1.76
	0.05	2.54	2.51	2.48	2.40	2.33	2.29	2.25	2.16	2.11	2.07
	0.025	3.06	3.01	2.96	2.86	2.76	2.70	2.64	2.52	2.46	2.40
	0.01	3.80	3.73	3.67	3.52	3.37	3.29	3.21	3.05	2.96	2.87
16	0.10	2.03	2.01	1.99	1.94	1.89	1.87	1.84	1.78	1.75	1.72
	0.05	2.49	2.46	2.42	2.35	2.28	2.24	2.19	2.11	2.06	2.01
	0.025	2.99	2.94	2.89	2.79	2.68	2.63	2.57	2.45	2.38	2.32
	0.01	3.69	3.62	3.55	3.41	3.26	3.18	3.10	2.93	2.84	2.75
17	0.10	2.00	1.98	1.96	1.91	1.86	1.84	1.81	1.75	1.72	1.69
	0.05	2.45	2.41	2.38	2.31	2.23	2.19	2.15	2.06	2.01	1.96
	0.025	2.92	2.87	2.82	2.72	2.62	2.56	2.50	2.38	2.32	2.25
	0.01	3.59	3.52	3.46	3.31	3.16	3.08	3.00	2.83	2.75	2.65
18	0.10	1.98	1.96	1.93	1.89	1.84	1.81	1.78	1.72	1.69	1.66
	0.05	2.41	2.37	2.34	2.27	2.19	2.15	2.11	2.02	1.97	1.92
	0.025	2.87	2.82	2.77	2.67	2.56	2.50	2.44	2.32	2.26	2.19
	0.01	3.51	3.43	3.37	3.23	3.08	3.00	2.92	2.75	2.66	2.57

(계속)

ϕ_2	α	ϕ_1									
		10	11	12	15	20	24	30	60	120	∞
19	0.10	1.96	1.94	1.91	1.86	1.81	1.79	1.76	1.70	1.67	1.63
	0.05	2.38	2.34	2.31	2.23	2.15	2.11	2.07	1.98	1.93	1.88
	0.025	2.82	2.77	2.72	2.62	2.50	2.45	2.39	2.27	2.20	2.13
	0.01	3.43	3.36	3.30	3.15	3.00	2.92	2.84	2.67	2.58	2.49
20	0.10	1.94	1.92	1.89	1.84	1.79	1.77	1.74	1.68	1.64	1.61
	0.05	2.35	2.31	2.28	2.20	2.12	2.08	2.04	1.95	1.90	1.84
	0.025	2.77	2.72	2.68	2.57	2.46	2.41	2.35	2.22	2.16	2.09
	0.01	3.37	3.29	3.23	3.09	2.94	2.86	2.78	2.61	2.52	2.42
24	0.10	1.88	1.85	1.83	1.79	1.73	1.70	1.67	1.61	1.57	1.53
	0.05	2.25	2.21	2.18	2.11	2.03	1.98	1.94	1.84	1.79	1.73
	0.025	2.64	2.59	2.54	2.44	2.33	2.27	2.21	2.08	2.01	1.94
	0.01	3.17	3.09	3.03	2.89	2.74	2.66	2.58	2.40	2.31	2.21
30	0.01	1.82	1.79	1.77	1.72	1.67	1.64	1.61	1.54	1.50	1.46
	0.05	2.16	2.13	2.09	2.01	1.93	1.89	1.84	1.74	1.68	1.62
	0.025	2.51	2.46	2.41	2.31	2.20	2.14	2.07	1.94	1.87	1.79
	0.01	2.98	2.91	2.84	2.70	2.55	2.47	2.39	2.21	2.11	2.01
60	0.10	1.71	1.68	1.66	1.60	1.54	1.51	1.48	1.40	1.35	1.29
	0.05	1.99	1.95	1.92	1.84	1.75	1.70	1.65	1.53	1.47	1.39
	0.025	2.27	2.22	2.17	2.06	1.94	1.88	1.82	1.67	1.58	1.48
	0.01	2.63	2.56	2.50	2.35	2.20	2.12	2.03	1.84	1.73	1.60
120	0.10	1.65	1.62	1.60	1.55	1.48	1.45	1.41	1.32	1.26	1.19
	0.05	1.91	1.87	1.83	1.75	1.66	1.61	1.55	1.43	1.35	1.25
	0.025	2.16	2.11	2.05	1.94	1.82	1.76	1.69	1.53	1.43	1.31
	0.01	2.47	2.40	2.34	2.19	2.03	1.95	1.86	1.66	1.53	1.38
∞	0.10	1.60	1.57	1.55	1.49	1.42	1.38	1.34	1.24	1.17	1.00
	0.05	1.83	1.79	1.75	1.67	1.57	1.52	1.46	1.32	1.22	1.00
	0.025	2.05	2.00	1.94	1.83	1.71	1.64	1.57	1.39	1.27	1.00
	0.01	2.32	2.25	2.18	2.04	1.88	1.79	1.70	1.47	1.32	1.00

부록 J Arrhenius 도시 용지

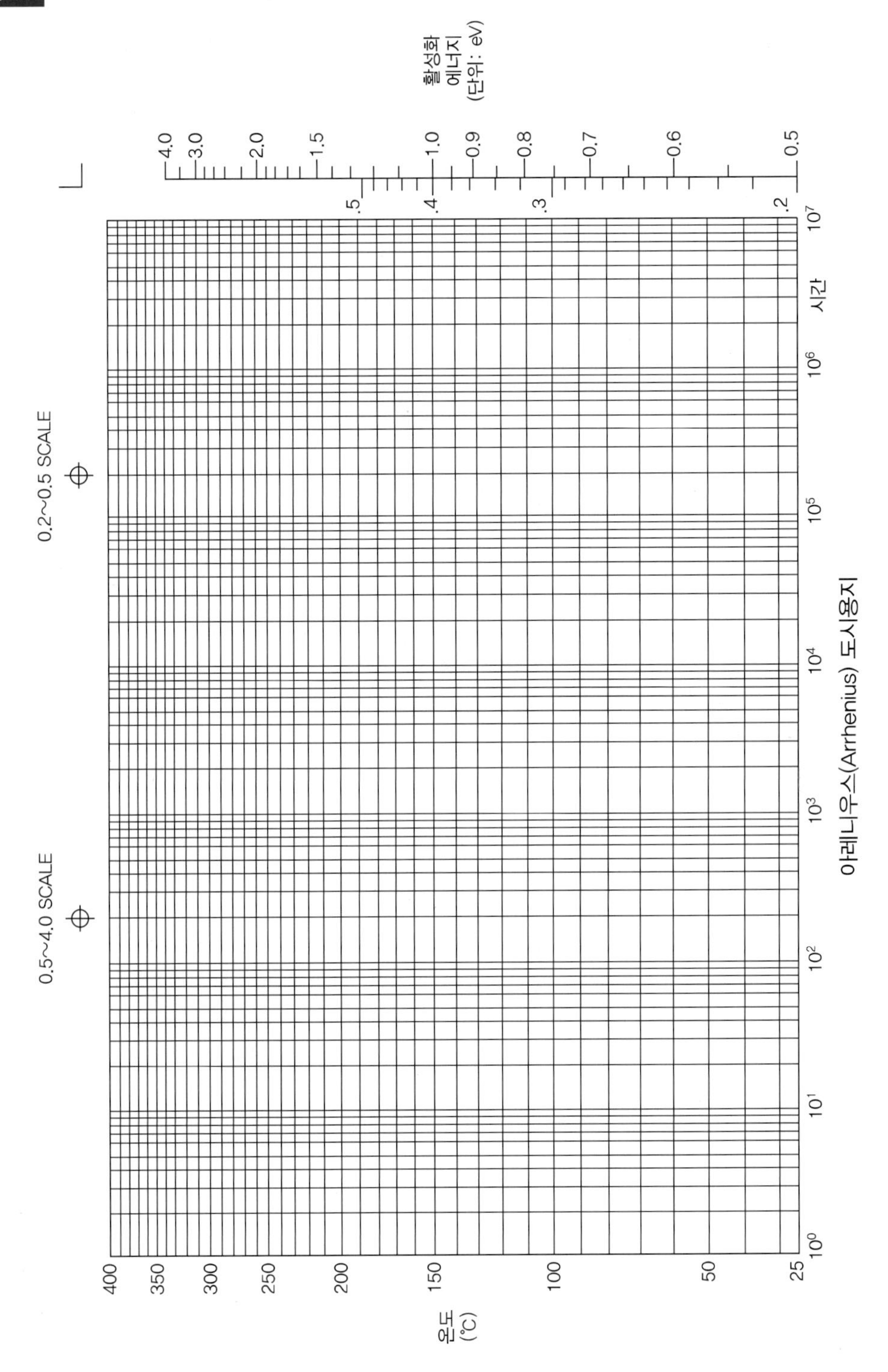

김호균, 윤원영, 정일한, “한국형 레몬법 하에서 2차원 보증비용의 추정”, 대한산업공학회지, 2020(발간 예정).

배도선, 전영록, 신뢰성 분석(대우학술총서 본서 444), 아르케, 1999.

서순근, Minitab 신뢰성분석, 개정3판, 이레테크, 2017.

서순근, SMART 신뢰성공학, 민영사, 2018.

서순근, 김호균, 권혁무, 윤원영, 차명수, 신뢰성공학, 2판, 교보문고, 2015.

서순근, 김호균, 권혁무, 이승훈, 김영진, 송하주, 차명수, 윤원영, ASIL인증을 위한 제품개발 프로세스, 청람, 2013.

서순근, 이수진, 조유희, “확률계수 열화율 모형하에서 열화자료의 통계적 분석”, 품질경영학회지, 34, 19-30, 2006.

서순근, 정원기, “수명이 대수정규분포를 따를 때 연속 및 간헐적 검사 하에서 가속 수명시험의 설계와 소표본연구”, 대한산업공학회지, 23, 115-129, 1997.

염봉진, 서순근, 윤원영, 변재현, “품질 및 신뢰성 분야의 동향과 발전 방향”, 대한산업공학회지, 40, 526-554, 2014.

윤원영, 손성민, 김종운, “신뢰성기반보전을 위한 시뮬레이션시스템개발”, 산업공학, 13, 521-527, 2000.

임태진, 시스템신뢰도공학, 숭실대학교 출판부, 2004.

제무성, 계통신뢰도공학, 시그마프레스, 2014.

Abernethy, R. B., *The New Weibull Handbook*, 5th ed., Published by R. B. Abernethy, 2006.

Aven, T., “Reliability/availability evaluation of coherent systems based on minimal cut sets,” *Reliability Engineering*, 13, 93-104, 1986.

Azakhail, M. R. and Modarres, M., “The evolution and history of reliability engineering-rise of mechanistic reliability modeling,” *International Journal of performability Engineering*, 8, 35-47, 2012.

Bae, S. J., Mun, B. M., Chang, W. J. and Vidakovic, B., “Condition monitoring of a steam turbine generator using wavelet spectrum based control chart”, *Reliability Engineering and System Safety*, 84, 13-20, 2019.

Bai, D., S. Kim, M. S., and Lee, S. H., “Optimum simple step-stress accelerated life tests with censoring”, *IEEE Transactions on Reliability*, R-38, 528-532, 1989.

Bain, L. J. and Engelhardt, M., *Introduction to Probability and Mathematical Statistics*, 2nd ed., Duxbury Press, 1991.

Balakrishnan, N., Koutras, M. V., and Milienos, F. S., “Start-up demonstration test: models, methods and applications, with some unifications”, *Applied Stochastic Models in Business and Industry*, 30, 373-413, 2014.

Barlow, R. E. and Campo, R., “Total time on test processes and applications to failure data analysis,” *Reliability and Fault Tree Analysis*, R. E. Barlow, J. B. Fussel and N. D. Singpurwalla (eds.), SIAM, 451-481, 1975.

Barlow, R. E. and Proschan, F., "A note on tests for monotone failure rate," *Annals of Mathematical Statistics*, 40, 595–600, 1969.

Barlow, R. E. and Proschan, F., *Mathematical Theory of Reliability*, John Wiley & Sons, 1965.

Barlow, R. E. and Proschan, F., *Statistical Theory of Reliability and Life Testing*, To Begin With, 1981.

Barlow, R. E., "Mathematical theory of reliability: a historical perspective", *IEEE Transactions on Reliability*, R–33, 16–20, 1984.

Berenguer, C., Grall, A., Dieulle, L., and Roussignol, M., "Maintenance policy for a continuously monitored deteriorating system", *Probability in Engineering and Informational Science*, 17, 235–250, 2003.

Birnbaum, Z. W., "On the importance in a multicomponent system", *In Multivariate Analysis,* P. R. Krishnaiah (ed.) Academic Press, 581–592, 1969.

Blischke, W. R., and Murthy, D. N. P., *Reliability: Modeling, Prediction, and Optimization*, Wiley, 2000.

Block, H. W. and Savits, T. H., "Burn–in", *Statistical Science*, 12, 1–19, 1997.

Carlson, C., *Effective FMEAs Achieving Safe, Reliable, and Economical Products and Processes Using Failure Mode and Effects Analysis*, John Wiley & Sons, 2012.

Chang, K. P., Rausand, M., and Vatn, J., "Reliability assessment of reliquefaction systems on LNG carriers", *Reliability Engineering and System Safety*, 93, 1345–1353, 2008.

Cho, D. I. and Parlar, M., "A survey of maintenance models for multi–unit systems", *European Journal of Operational Research*, 51, 1–23, 1991.

Christer, A. H., "A review of delay time analysis for modelling plant maintenance", *In Stochastic Models in Reliability and Maintenance*, S. Osaki, ed. Springer, 89–123, 2002.

Chukova, S. and Johnston, M. R., "Two–dimensional warranty repair strategy based on minimal and complete repairs", *Mathematical and Computer Modelling*, 44, 1133–1143, 2006.

Chung, K. J., "Optimal repair cost limit for a consumer following expiry of a warranty", *Microelectronics and Reliability*, 34, 1689–1692, 1994.

Cox, D. R. and Lewis, P. A. W., *The Statistical Analysis of Series of Events*, Chapman and Hall, 1966.

Cox, D. R. and Oakes, D., *Analysis of Survival Data*, Chapman and Hall, 1984.

Crow, L. H., "Confidence interval procedures for the Weibull process with applications to reliability growth", *Technometrics*, 24, 67–72, 1982.

Crow, L. H., "Reliability analysis for complex repairable systems", in *Reliability and Biometry*, F. Proschan and R. J. Serfling (eds.), SIAM, 379–410, 1974.

Crow, L. R., "Evaluating the reliability of repairable systems", *1990 Annual Reliability and Maintainability Symposium*, 275–279, 1990.

Crowder, M. J., Kimber, A. C., Smith, R. L., and Sweeting, T. J., *Statistical Analysis of Reliability Data*, Chapman and Hall, 1991.

Dasgupta, A., and Pecht, M., "Material failure mechanisms and damage model," *IEEE Transactions on Reliability*, R–40, 531–536, 1991.

Dekker, R., "Application of maintenance optimization models: A review and analysis", *Reliability Engineering and System Safety*, 51, 229–240, 1996.

Deligönül, Z. Ş., "An approximate solution of the integral equation of renewal theory", *Journal of Quality Technology*, 22, 926–931, 1985.

Dempster, A. P., Laird, N. M., and Rubin, D. B., "Maximum likelihood from incomplete data via the EM algorithm (with discussion)", *Journal of Royal Statistical Society Series B*, 39, 1–38, 1977.

Department of Defense, Military Handbook 189, *Reliability Growth Management*, Naval Publications and Form Center, 1981.

Duane, J. T., "Learning curve approach to reliability monitoring", *IEEE Transactions on Aerospace and Electronic Systems*, 2, 563–566, 1964.

Elsayed, E. A., *Reliability Engineering*, 2nd ed., Wiley, 2012.

Escobar, L. A., and Meeker, W. Q., "Algorithm AS 292: Fisher information matrix for the extreme value, normal, and logistic distributions and censored data", *Applied Statistics*, 43, 533–540, 1994.

Fleming, K. N., "A reliability model for common mode failures in redundant safety systems", *General Atomic Report*, GA–13284, Pittsburgh, PA., 1974.

Francis, R. and Bekera, B., "A metric and frameworks for resilience analysis of engineered and infrastructure systems", *Reliability Engineering and System Safety*, 121, 90–103, 2014.

Gertsbakh, I., *Statistical Reliability Theory*, Marcel Dekker, 1989.

Ghosh, R., Longo, V. K., and Trivedi, K. S., "Modeling and performance analysis of large scales cloud", *Future Generation Computer Systems*, 29, 1216–1234, 2013.

Govindaraju, K. and Lai, C. D., "Design of multiple run sampling plan", *Communications in Statistics–Simulation and Computation*, 28, 1-11, 1999.

Grall, A., L. Dieulle, Berenguer C., and Roussignol, M., "Continuous–time predictive maintenance scheduling for a deteriorating system", *IEEE Transactions on Reliability*, R–51, 141–150, 2002.

Hahn, G. J., and Gage, J. B., "Evaluation of a start–up demonstration test", *Journal of Quality Technology*, 15, 103–106, 1983.

Han, D. and Ng, H. K. T., "Comparison between constant–stress and step–stress accelerated life tests under time constraint", *Naval Research Logistics*, 60, 541–556, 2013.

Iskandar, B. P., Murthy, D. N. P., and Jack, N. "A new repair–replace strategy for items sold with a two–dimensional warranty", *Computer & Operations Research*, 32, 669–682, 2005.

Iskandar, B. P., Murthy, D. N. P., and Jack, N., "Repair-replace strategies for two–dimensional warranty policies", *Mathematical and Computer Modelling*, 38, 1233–1241, 2003.

Jack, N. and Van der Duyn Schouten, F., "Optimal repair-replace strategies for a warranted product", *International Journal of Production Economics*, 67, 95-100, 2000.

Jack, N., Iskander, B. P., and Murthy, D. N. P., "A repair–replace strategy based on usage rate for tems sold with a two–dimensional warranty", *Reliability Engineering and System Safety*, 94, 611–617, 2009.

Jakob, F., Kimmelmann, M., and Bertsche, B., "Selection of acceleration models for test planning and model usage", *IEEE Transactions on Reliability*, R–66, 298–398, 2017.

Jensen, F. and Petersen, N. E., *Burn-In*. John Wiley & Sons, 1982.

Jiang, X., Jardine, A. K., and Lugitigheid, D., "On a conjecture of optimal repair-replacement strategies for warranted products", *Mathematical and Computer Modelling*, 44, 963-972, 2006.

Jung, M. and Bai, D. S., "Analysis of field data under two-dimensional warranty", *Reliability Engineering and System Safety*, 92, 135-143, 2007.

Kapur, K. C. and Pecht, M., *Reliability Engineering*, Wiley, 2014.

Kececioglu, D. and Sun, B.-S., *Burn-In Testing: Its Quantification and Optimization*, Prentice Hall PTR, 1997.

Kececioglu, D. and Sun, B.-S., *Environmental Stress Screening: Its Quantification, Optimization and Management*, Prentice Hall PTR, 1995.

Kielpinski, T. J. and Nelson, W., "Optimum censored accelerated life tests for normal and lognormal Distributions", *IEEE Transactions on Reliability*, R-24, 310-320, 1975.

Kim, H. G. and Rao, B. M., "Expected warranty cost of two-attribute free-replacement warranties based on a bivariate exponential distribution," *Computer & Industrial Engineering*, 38, 425-434, 2000.

King, C., "Robustness of asymptotic accelerated life test plans to small-sample settings", *Quality and Reliability Engineering International*, 35, 2178-2201, 2019.

Klinger, D. J., Nakada, Y. and Menendez, M. A., *AT&T Reliability Manual*, Van Nostrand Reinhold, 1990.

KS C 0214 : 2007, 환경시험방법, 산업표준심의회, 2007.

Kuo, M. and Zuo, M. J., *Optimal Reliability Modelling*, Wiley, 2003.

Kuo, W., "Reliability enhancement through optimal burn-in", *IEEE Transactions on Reliability*, R-33, 145-156, 1984.

Lai, C.-D. and Xie, M., *Stochastic Ageing and Dependence for Reliability*, Springer, 2006.

Lawless, J. F., *Statistical Models and Methods for Lifetime Data*, 2nd ed., John Wiley & Sons, 2003.

Leemis, L. M. and Beneke, M., "Burn-in models and methods: a review", *IIE Transactions*, 22, 172-180, 1990.

Leemis, L. M., *Reliability: Probabilistic Models and Statistical Methods*, 2nd ed., Lighting Source, 2017.

Liao, C.-M. and Tseng, S.-T., "Optimal design for step-stress accelerated degradation tests", *IEEE Transactions on Reliability*, R-55, 59-66, 2006.

Limon, S., Yadav, O. P., and Liao, H., "A literature review on planning and analysis of accelerated testing for reliability assessment", *Quality and Reliability Engineering International*, 33, 2361-2383, 2017.

Lu, C. J., and Meeker, W. Q., "Using degradation measures to estimate a time-to-failure distribution", *Technometrics*, 35, 161-174, 1993.

Ma, H. and Meeker, W. Q., "Optimum step-stress accelerated life test plans for log-location-scale distributions", *Naval Research Logistics*, 55, 551-562, 2008.

Mann, N. K., Schafer, A. E., and Singpurwalla, N. D., *Methods for Statistical Analysis of Reliability and Life Data*, John Wiley & Sons, 1974.

Mann, N. R., Schafer, R. E., and Singpurwalla, N. D., *Methods for Statistical Analysis of Reliability and Life Data*, John Wiley & Sons, 1974.

Meeker, W. Q. and Escobar, L. A., *Statistical Methods for Reliability Data*, John Wiley & Sons, 1998.

Meeker, W. Q. and Hahn, G. H., *How to Plan an Accelerated Life Test-Some Practical Guidelines*, The ASQC Basic References in Quality Control, Vol. 10, ASQC, 1985.

Meeker, W. Q. and Nelson, W., "Optimum accelerated life tests for the Weibull and extreme value Distributions", *IEEE Transactions on Reliability*, R-24, 321-332, 1975.

Meeker, W. Q., "A comparison of accelerated life test plans for Weibull and lognormal distributions and type I censoring", *Technometrics*, 26, 157-171, 1984.

Meeker, W. Q., Escobar, L. A., and Lu, C. J., "Accelerated degradation tests: modeling and analysis", *Technometrics*, 40, 89-99, 1998.

Meeter, C. A. and Meeker, W. Q., "Optimum accelerated life tests with a nonconstant scale parameter", *Technometrics*, 36, 71-83, 1994.

Melchers, R. E., *Structural Reliability: Analysis and Prediction,* 2nd ed., John Wiley & Sons, 1999.

Miller, R. and Nelson, W., "Optimum simple step stress plans for accelerated life testing", *IEEE Transactions on Reliability*, R-32, 59-65, 1983.

Minitab, *MINITAB Release 18 for Windows*, Minitab Inc., 2017.

Moubray, J., *Reliability-Centered Maintenance II*, 2nd ed., Industrial Press, 1997.

Murthy, D. N. P., "A note on minimal repair", *IEEE Transactions on Reliability*, R-40, 245-246, 1991.

Murthy, D. N. P., "An optimal repair cost limit policy for servicing warranty", *Mathematical and Computer Modelling*", 11, 595-599, 1988.

Muth, E. J., "An optimal decision rule for repair vs replacement", *IEEE Transactions on Reliability*, R-26, 179-181, 1977.

Nakajima, S., *Total Productive Maintenance*, Productivitiy Press, 1988.

Nelson, W. A., "Bibliography of accelerated test plans", *IEEE Transactions on Reliability*, R-54, 194-197, 2005.

Nelson, W. and Kielpinski, T. J., "Theory for optimum censored accelerated life tests for normal and lognormal life distributions", *Technometrics*, 18, 105-114, 1976.

Nelson, W. and Meeker, W. Q., "Theory for optimum accelerated censored life tests for Weibull and extreme value distributions", *Technometrics*, 20, 171-177, 1978.

Nelson, W., *Accelerated Testing*, John Wiley & Sons, 1990.

Nelson, W., *Applied Life Data Analysis*, John Wiley & Sons, 1982.

Ozekici, S., *Reliability and Maintenance of Complex Systems*, Springer-Verlag, 1996.

Pascoe, N., *Reliability Technology: Principles and Practice of Failure Prevention in Electronic Systems*, 5th ed., John Wiley & Sons, 2011.

Pearson, E. S. and Hartley, H. O., *Biometrika Tables for Statisticians*, Vol. 1, 3rd ed., Cambridge University Press, 1966.

Pierskalla, W. P., and Voelker, J. A., "A survey of maintenance models: The control and surveillance of deteriorating systems", *Naval Research Logistics Quarterly*, 23, 353-388, 1976.

Pinheiro, J. C. and Bates, D. M., "Approximations to the loglikelihood function in the nonlinear mixed effects model", *Journal of Computational and Graphical Statistics*, 4, 12-35, 1995.

Plesser, K. T. and Field, T. O., "Cost-optimized burn-in duration for repairable electronic systems", *IEEE Transactions on Reliability*, R-26, 195-197, 1977.

Rausand, M. and Vatn, J., "Reliability centered maintenance", in *Complex System Maintenance Handbook*, K. A. H. Kobbacy, and D. N. P. Murthy (eds.), Springer, 79-108, 2008.

Rausand, M., and Hoyland, M., *System Reliability Theory: Models, Statistical Methods, and Applications*, 2nd ed., John Wiley & Sons, 2004.

Rigdon, S. E. and Basu, A. P., *Statistical Methods for the Reliability of Repairable Systems*, John Wiley & Sons, 2000.

Ross, S. M., *Introduction to Probability Models*, 11th ed., Elsevier, 2015.

Ross, S. M., *Stochastic Processes*, 2nd ed., Wiley, 1995.

SAE M-110, *Reliability and Maintainability Guideline for Manufacturing Machinery and Equipment*, Society of Automotive Engineers Inc., 1999.

Saleh, J. H. and Marais, K., "Highlights from the early (and pre-) history of reliability Engineering", *Reliability Engineering and System Safety*, 91, 249-256, 2006.

Sampford, M. R. and Taylor, J., "Censored observations in randomized block experiments", *Journal of Royal Statistical Society Series* B, 21, 214-237, 1959.

Satyanarayana, A. and Prabhakar, A., "New topological formula and rapid algorithm for reliability analysis", *IEEE Transactions on Reliability*, R-27, 82-100, 1978.

Seo, S-K. and Yum, B-J., "Accelerated life test plans under intermittent inspection and type 1 censoring: the case of Weibull failure distribution", *Naval Research Logistics*, 38, 1-22, 1991.

Shi Y., Escobar L. A., and Meeker, W. Q., "Accelerated destructive degradation test planning", *Technometrics*, 51, 1-13, 2009.

Smith, M. L. and Griffith, W. S., "Start-up demonstration tests based on consecutive successes and total failures", *Journal of Quality Technology*, 37, 186-198, 2005.

Sprott, D. A., "Normal likelihoods and their relation to large sample theory of estimation", *Biometrika*, 60, 457-465, 1973.

Sun, Q., Ye, Z.-S., and Chen, N., "Optimal inspection and replacement policies for multi-unit systems subject to degradation", *IEEE Transactions on Reliability*, R-67, 401-413, 2018.

Sundburg, R., "Comparison of confidence procedures for type I censored exponential lifetimes", *Lifetime Data Analysis*, 7, 393-413, 2001.

Tang, D. and Trivedi, K. "Hierarchical computation of interval availability and related metrics," *International Conference on Dependable Systems and Networks*, 693-698, 2004.

Tobias, P. A. and Trindade, D. C., *Applied Reliability*, 3rd ed., CRC Press, 2012.

Trivedi, K. S. and Bobbio, A., *Reliability and Availability Engineering*, Cambridge University Press, 2017.

Valsez-Flores, C. and Feldman, R. M., "A survey of preventive maintenance models for stochastically deteriorating single-unit systems", *Naval Research Logistics Quarterly*, 36, 419-446, 1989.

Vatn, J. and Svee, H., "A risk based approach to determine ulterasonic inspection frequencies in railway applications", *ESReDA Conference*, 27-28, 2002.

Vesely, W. E., "Estimating common cause failure probabilities in reliability and risk analysis: marshall-olkin specializations", *In Nuclear Systems Reliability and Risk Assessment*, J. B. Fussell and G. R. Burdick. (eds.), SIAM, Philadelphia, 314-341, 1977.

Villemeur, A., *Reliability, Availability, Maintainability and Safety Assessment*, Vol. 1, John Wiley & Sons, 1992.

Viveros, R. and Balakrishnan, N., "Statistical inference from start-up demonstration test data", *Journal of Quality Technology*, 25, 119-130, 1993.

Wang, H., "A survey of maintenance policies deteriorating systems", *European Journal of Operational Research*, 139, 469-489, 2002.

Wasserman, G. S., *Reliability Verification, Testing, and Analysis in Engineering Design*, Marcel Dekker, 2013.

Weaver B. P. and Meeker, W. Q., "Methods for planning repeated measures accelerated degradation tests", *Applied Stochastic Models in Business and Industry*, 30, 658-671, 2014.

Weaver B. P., Meeker, W. Q., Escobar, L. A., and Wendelberger, J., "Methods for planning repeated measures degradation studies", *Technometrics*, 55, 122-134, 2013.

Witherell, C. E. *Mechanical Failure Avoidance*, McGraw-Hii, 1994.

Yang, G., *Life Cycle Reliability Engineering*, John Wiley & Sons, 2007.

Ye, Z.-S. and Xie, M., "Stochastic modelling and analysis of degradation for highly reliable products", *Applied Stochastic Models in Business and Industry*, 31, 316-321, 2015.

Yu, H. F., and Tseng, S. T., "Designing a degradation experiment with a reciprocal Weibull degradation rate", *Quality Technology and Quantitative Management*, 1, 47-63, 2004.

Yuge, T. and Yanagi, S. "Quantitative analysis of fault tree with priority AND gate", *Reliability Engineering and System Safety*, 94, 125-141, 2008.

Yum, B.-J., Lim, H., and Seo, S.-K., "Planning performance degradation tests-a review", *International Journal of Industrial Engineering*, 14, 372-381, 2007.

Yum, B-J. and Choi, S-C., "Optimal design of accelerated life tests under periodic inspection", *Naval Research Logistics Quarterly*, 36, 779-795, 1989.

Yun, W. Y. and Liu, L., "Random replacement policies", in *Reliability Modeling with Applications*, S. Nakamura, C. H. Quian, and M. Chen (eds.), World Scientific, 51-66, 2014.

Yun, W. Y., Murthy, D. N. P., and Jack, N., "Warranty servicing with imperfect repair", *International Journal of Production Economics*, 111, 159-169, 2011.

Zio, E., "Reliability engineering: old problems and new challenges", *Reliability Engineering and System Safety*, 94, 125-141, 2009.

鈴木和幸, 信頼性七つ道具 R7, 日科技連, 2008.

塩見弘 外, 日科技連信頼性工學ツリーズ 第10巻：信頼性試験－総論·部品, 日科技連, 1985.

日經 Automotive Technology(編), ISO26262實踐ガイドブッ 入門編, 日經BP社, 2012.

日本信頼性學會(編), 新版 信頼性ハンドブック, 日科技連, 2014.

ㄱ

저자소개

서순근
서울대 산업공학과를 졸업하고 KAIST 산업공학과에서 석·박사 학위를 취득하였으며, 동아대학교 산업경영공학과에서 38년간 교수로 재직하였다.
2019년부터는 동아대학교의 명예교수 직함을 가지고 활동하고 있다.

김호균
서울대 자원공학과를 졸업하고 서울대 산업공학과에서 석·박사 학위를 취득하였다.
현재 동의대학교 산업융합시스템공학부에 교수로 재직하고 있다.

배석주
한양대 산업공학과를 졸업하고 한양대 산업공학과에서 석사, Georgia Tech의 School of Industrial & Systems Engineering에서 박사학위를 취득하였다.
현재 한양대학교 산업공학과에서 교수로 재직하고 있다.
2012년부터 현재까지 IEEE Transactions on Reliability 편집위원으로 활동하고 있다.

윤원영
서울대 산업공학과를 졸업하고 KAIST 산업공학과에서 석·박사 학위를 취득하였다.
현재 부산대학교 산업공학과에 교수로 재직하고 있다.

3판 신뢰성공학

2020년 8월 24일 초판 인쇄
2020년 8월 31일 초판 발행

지은이 서순근 · 김호균 · 배석주 · 윤원영
펴낸이 류원식
펴낸곳 **교문사**
편집팀장 모은영
책임진행 모은영
표지디자인 신나리
본문편집 디자인이투이

주소 (1088) 경기도 파주시 문발로 116
전화 031-955-6111
팩스 031-955-0955
홈페이지 www.gyomoon.com
E-mail genie@gyomoon.com
등록번호 1960. 10. 28. 제406-2006-000035호
ISBN 978-89-363-2094-2 (93530)
값 32,500원